완벽한 자율학습서

완자는 친절하고 자세한 설명, 효율적인 맞춤형 학습법으로
학생들에게 학습의 자신감을 향상시켜 미소 짓게 합니다.

ω는 완자(ωJ)와 미소(ω)가 만든 완자의 새로운 얼굴입니다.

세상이 변해도
배움의 즐거움은
변함없도록

시대는 빠르게 변해도
배움의 즐거움은
변함없어야 하기에

어제의 비상은
남다른 교재부터
결이 다른 콘텐츠
전에 없던 교육 플랫폼까지

변함없는 혁신으로
교육 문화 환경의 새로운 전형을
실현해왔습니다.

비상은 오늘, 다시 한번
새로운 교육 문화 환경을 실현하기 위한
또 하나의 혁신을 시작합니다.

오늘의 내가 어제의 나를 초월하고
오늘의 교육이 어제의 교육을 초월하여
배움의 즐거움을 지속하는 혁신,

바로, 메타인지 기반 완전 학습을.

상상을 실현하는 교육 문화 기업 비상

메타인지 기반 완전 학습
초월을 뜻하는 meta와 생각을 뜻하는 인지가 결합한 메타인지는
자신이 알고 모르는 것을 스스로 구분하고 학습계획을 세우도록 하는
궁극의 학습 능력입니다. 비상의 메타인지 기반 완전 학습 시스템은
잠들어 있는 메타인지를 깨워 공부를 100% 내 것으로 만들도록 합니다.

화학 I

Structure 구성과 특징

01 단원 시작하기

본 학습에 들어가기에 앞서
중등 과학이나 통합과학에서
배운 내용들을 간단히 복습한다.

02 단원 핵심 내용 파악하기

이 단원에서 꼭 알아야 하는 핵심 포인트를 확인하고,
친절하게 설명된 개념 정리로 개념을 이해한다.

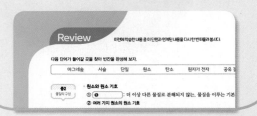

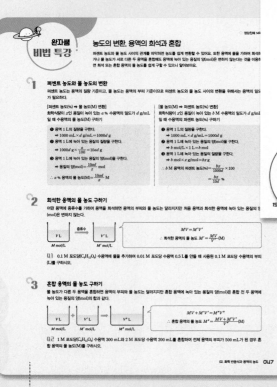

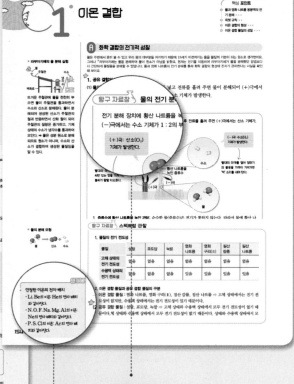

탐구 자료창

교과서에 나오는 중요한 탐구를 명료하게
정리했으니 관련된 문제에 대비할 수 있어.

암기해! 주의해! 궁금해?

암기해야 하는 내용이나 주의해야 하는
내용이 꼼꼼하게 제시되어 있어.

완자쌤 비법 특강

더 자세하게 알고 싶거나 반복 학습이 필요한
경우 활용할 수 있도록 비법 특강을 준비했어.

03 내신 문제 풀기

개념을 확인하고, 대표 자료를 철저하게 분석한다.
내신 기출을 반영한 내신 만점 문제로 기본을 다지고,
실력 UP 문제에 도전하여 실력을 키운다.

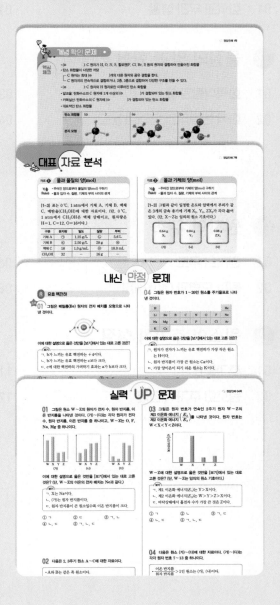

04 반복 학습으로 실력 다지기

중단원 핵심 정리와 중단원 마무리 문제로
단원 내용을 완벽하게 내 것으로 만든 후,
수능 실전 문제에도 도전한다.

중단원
핵심 정리

중단원
마무리 문제

수능
실전 문제

시험 전 핵심 자료로 정리하기

시험에 꼭 나오는 핵심 자료만 모아놓아
시험 전에 한 번에 정리할 수 있다.

완자쌤의
비밀노트

QR 코드를 찍으면
완자쌤의 비밀노트로
최종 복습할 수 있어.

Contents 차례

Ⅰ 화학의 첫걸음

❶ 화학과 우리 생활

01 화학과 우리 생활   010

❷ 물질의 양과 화학 반응식

01 화학식량과 몰   030
02 화학 반응식과 용액의 농도   040

Ⅱ 원자의 세계

❶ 원자의 구조

01 원자의 구조   066
02 원자 모형과 전자 배치   080

❷ 원소의 주기적 성질

01 주기율표   114
02 원소의 주기적 성질   124

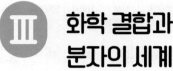 **화학 결합과 분자의 세계**

1 화학 결합

01 이온 결합   154

02 공유 결합과 금속 결합   168

2 분자의 구조와 성질

01 결합의 극성   194

02 분자의 구조와 성질   208

Ⅳ 역동적인 화학 반응

1 화학 반응에서의 동적 평형

01 동적 평형   234

02 물의 자동 이온화   242

03 산 염기 중화 반응   256

2 화학 반응과 열의 출입

01 산화 환원 반응   284

02 화학 반응에서 열의 출입   298

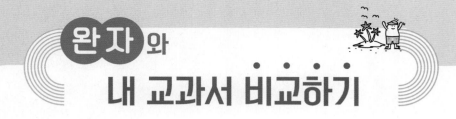

완자와 내 교과서 비교하기

대단원	중단원	소단원	완자	비상교육	교학사	금성	동아	미래엔	상상	지학사	천재교육	YBM
I 화학의 첫걸음	1 화학과 우리 생활	01 화학과 우리 생활	010~027	11~22	13~23	13~25	11~23	14~27	15~19 23~27	13~23	11~18	13~19 23~30
	2 물질의 양과 화학 반응식	01 화학식량과 몰	030~039	27~39	27~35	29~33	29~35	28~35	31~37	27~33	23~29	35~40
		02 화학 반응식과 용액의 농도	040~063	40~42	39~45	34~43	36~40 42~45	36~47	41~45 49~51	34~42	30~38 40~43	41~43 47~56
II 원자의 세계	1 원자의 구조	01 원자의 구조	066~079	55~59	57~61	55~61	57~58 60~63	58~67	63~66	57~61	55~64	67~73
		02 원자 모형과 전자 배치	080~111	60~68	65~77	62~73	66~74	68~79	71~79	62~65 67~70	65~77	77~87
	2 원소의 주기적 성질	01 주기율표	114~123	75~79	81~85	77~82	81~87	82~87	83~87	77~82	81~86	91~97
		02 원소의 주기적 성질	124~151	80~85	86~91	83~87	89~97	88~95	91~98	84~91	87~94	101~109
III 화학 결합과 분자의 세계	1 화합 결합	01 이온 결합	154~167	99~105	103~107	99~108	109~119	106~116	109~110 113~116	107~115	107~115	119~126
		02 공유 결합과 금속 결합	168~191	106~111	108~111	109~114	120~124 126~130	118~125	119~122	116~119	116~123	127~133
	2 분자의 구조와 성질	01 결합의 극성	194~207	112~116	115~117 121~125	115~117 121~124	137~140 142~145	126~133	125~127 131~135	120~122	127~136	137~141 145~151
		02 분자의 구조와 성질	208~231	123~130	129~135	125~133	146~157	134~145	139~143 147~150	123~125 133~142	138~146	155~159

대단원	중단원	소단원	완자	비상교육	교학사	금성	동아	미래엔	상상	지학사	천재교육	YBM
Ⅳ 역동적인 화학 반응	1 화학 반응 에서의 동적 평형	01 동적 평형	234~241	143~147	147~153	145~148	169~171	156~159	161~163	157~160	159~162	169~173
		02 물의 자동 이온화	242~255	148~152	154~157 163~164	149~153 157~161	172~173 175~176	160~165	167~170 173~174	165~169	163~172	174~177 181~184
		03 산 염기 중화 반응	256~281	159~165	161~163 165~171	162~167	176~178 180~183	166~173	175~180	170~174	173~181	185~189
	2 화학 반응과 열의 출입	01 산화 환원 반응	284~297	166~171	175~181	168~173	189~196	176~186	183~189	175~180	185~192 194~196	193~199
		02 화학 반응에서 열의 출입	298~319	172~175	185~189	174~176	201~208	188~193	193~198	187~191	197~199	203~209

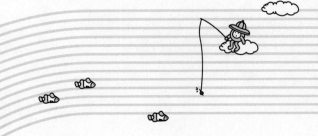

I. 화학의 첫걸음

1 화학과 우리 생활

01 화학과 우리 생활   010

Review

다음 단어가 들어갈 곳을 찾아 빈칸을 완성해 보자.

| 마그네슘 | 사슬 | 단일 | 원소 | 탄소 | 원자가 전자 | 공유 결합 | 칼슘 |

중2
물질의 구성

• **원소와 원소 기호**

① [**❶**] : 더 이상 다른 물질로 분해되지 않는, 물질을 이루는 기본 성분

② 여러 가지 원소의 원소 기호

원소	원소 기호	원소	원소 기호	원소	원소 기호
수소	H	헬륨	He	리튬	Li
[**❷**]	C	질소	N	산소	O
나트륨	Na	[**❸**]	Mg	알루미늄	Al
황	S	염소	Cl	[**❹**]	Ca

통합과학
자연의 구성 물질

• **탄소 화합물**

① **탄소 화합물**: 탄소(C)로 이루어진 기본 골격에 수소, 산소, 질소 등의 원소가 [**❺**]을 하여 만들어진 물질

② **생명체를 구성하는 탄소 화합물**: 탄수화물, 포도당, 단백질 등

• **탄소 화합물의 결합 규칙성**

① 탄소는 [**❻**] 수가 4이며, 최대 4개의 다른 원자와 결합을 할 수 있다.

② **탄소의 결합 방식**

• 탄소는 다른 탄소와 결합하여 [**❼**] 모양, 가지 달린 사슬 모양, 고리 모양 등 다양한 모양의 구조를 만들 수 있다.

• 탄소는 다른 탄소와 [**❽**] 결합, 2중 결합, 3중 결합을 할 수 있다.

사슬 모양	가지 달린 사슬 모양	고리 모양	2중 결합	3중 결합
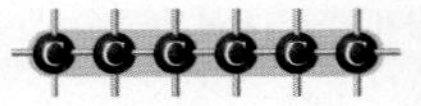	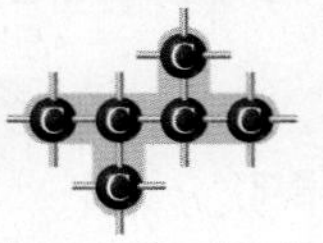	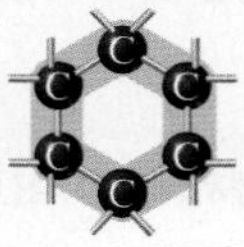	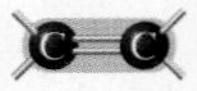	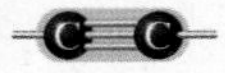

01 화학과 우리 생활

핵심 포인트
1. 식량 문제의 해결 ★★★
2. 의류, 주거, 건강 문제의 해결 ★★
3. 탄소 화합물 ★★
4. 탄소 화합물의 종류 ★★★

A 화학의 유용성

화학은 물질의 구조나 성질을 알아내고 물질들 사이의 반응을 연구하는 학문이에요. 화학은 식량, 의류, 주거, 건강 등 일상생활의 문제 해결에 큰 기여를 해왔을 뿐 아니라 인류의 풍요롭고 편안한 생활을 돕고 있죠. 그럼 화학이 어떻게 식량, 의류, 주거, 건강 등의 문제를 해결해 왔는지 살펴볼까요?

1. 식량 문제의 해결 19쪽 대표 자료 ①

(1) **⭐식량 문제**: 산업 혁명 이후 인구의 급격한 증가로 인해 식물의 퇴비나 동물의 분뇨와 같은 천연 ❶비료에 의존하던 농업이 한계에 이르러 식량 부족 문제가 발생하였다.

(2) 식량 부족 문제의 해결

① 화학 비료의 개발

화학 비료의 필요성 대두	⭐질소(N), 인(P), 칼륨(K)이 식물 생장에 꼭 필요한 원소라는 것이 밝혀져 질소를 포함한 화학 비료를 개발하기 위해 노력하였다.

⬇

암모니아 합성	1906년 하버는 공기 중의 질소를 수소와 반응시켜 암모니아를 대량으로 합성하는 제조 공정을 개발하였다.─● 하버와 보슈가 함께 개발하여 하버-보슈법이라고 한다.

$$질소(N_2) + 수소(H_2) \xrightarrow[고온 \cdot 고압]{철 ❷촉매} 암모니아(NH_3)$$

➡ 질소 기체와 수소 기체를 높은 온도와 압력에서 촉매와 함께 반응시켜 암모니아를 합성한다. └ 반응 속도를 빠르게 하는 촉매를 사용한다.

⬇

화학 비료의 대량 생산	대량 합성이 가능해진 암모니아를 원료로 화학 비료(질소 비료)를 대량 생산하게 되어 농업 생산량이 증대되었다.

② **⭐살충제, 제초제의 사용**: 잡초나 해충의 피해가 줄어 농산물의 질이 향상되고 생산량이 증대되었다.

③ **비닐의 등장**: 비닐하우스나 밭을 덮는 비닐의 등장으로 계절에 상관없이 작물 재배가 가능하게 되어 농업 생산량이 증대되었다.

(3) **미래의 식량 문제 해결**: 최근에는 곤충을 이용하여 식량을 개발하는 연구가 진행되고 있다. └● 단백질이 풍부하고 바이타민이 많으며, 가축보다 키우기 쉽고 메테인 기체 배출량이 적으며 좁은 면적에서 많이 키울 수 있어 효율이 크다.

어업 분야에서의 식량 생산량 증대 🔶 동아 교과서에만 나와요.

• 과거: 천연 소재로 만든 그물과 작살로 물고기를 잡아 식량을 얻었다. 그러나 천연 소재의 그물은 무겁고 물에 젖으면 쉽게 망가지며, 작살은 효율성이 낮아 물고기를 잡는 데 어려움이 있었다.
• 현재: 가볍고 질기며 물을 흡수하지 않는 합성 섬유로 그물을 만들어 물고기를 대량으로 잡거나 가두리 양식을 한다.

↑ 가두리 양식

좌측 여백

🔶 동아 교과서에만 나와요.

◆ 원시 인류의 식량 생산
원시 인류는 사냥, 채집을 통해 식량을 얻다가 우연한 기회에 농사를 짓기 시작했다. 처음 농사를 지을 때에는 돌로 만든 도구를 이용하였으나, 불을 이용하게 된 이후 청동 농기구와 철제 농기구를 만들어 이용하게 되면서 식량 생산량이 증가하였다.

◆ 생명체와 질소
질소(N)는 생명체 내에서 단백질, 핵산 등을 구성하는 원소이지만 생명체는 공기 중의 질소(N_2)를 직접 이용하지 못한다.

◆ 살충제와 제초제 사용의 피해
살충제와 제초제의 화학 물질은 토양 생태계를 파괴하고 지하수나 강을 오염시키기도 한다. 따라서 독성이 적고, 생태계에 미치는 영향이 적은 살충제와 제초제를 개발하기 위해 노력하고 있다.

용어
❶ 비료(肥 살찌다, 料 재료) 식물이 잘 자라나도록 뿌려주는 영양 물질로, 주성분은 질소, 인, 칼륨, 황, 칼슘, 마그네슘 등이다.
❷ 촉매(觸 닿다, 媒 매개) 자신은 변하지 않으면서 다른 물질의 화학 반응에 참여하여 반응 속도를 조절하는 물질

2. 의류 문제의 해결

(1) 의류 문제: 식물에서 얻은 면이나 마, 동물에서 얻은 모, 비단(실크) 등의 천연 섬유는 흡습성과 촉감 등이 좋지만, 질기지 않아서 쉽게 닳고 대량 생산이 어려웠다.

(2) 의류 문제의 해결

① 합성 섬유의 개발: *화석 연료를 원료로 하여 질기고 값이 싸며, 대량 생산이 쉬운 합성 섬유를 개발하였다. ─● 값싸고 다양한 기능이 있는 의복을 제작하고 이용할 수 있게 되었다.

합성 섬유	특징	이용
┌● C, H, O, N로 이루어진 고분자 화합물 나일론 (폴리아마이드)	• 최초의 합성 섬유이다. • 1937년 미국의 캐러더스가 개발하였다. • 매우 질기고 유연하며 신축성이 좋다. • 스타킹, 밧줄, 그물, 칫솔 등의 재료로 이용된다.	밧줄
폴리에스터 (테릴렌)	• 가장 널리 사용되는 합성 섬유이다. • 강하고 탄성과 신축성이 있으며 잘 구겨지지 않는다. • 와이셔츠, 양복 등 다양한 의류용 섬유로 이용된다.	양복
폴리아크릴 (폴리아크릴로 나이트릴)	• 모와 유사한 보온성이 있다. • 니트, 양말 등에 이용된다.	니트

② 합성염료의 개발: 천연염료는 구하기 어렵고 귀했지만, 합성염료가 개발되면서 다양한 색깔의 섬유와 옷감을 만들 수 있게 되었다.

ㅤ예 모브: 최초의 합성염료로, 영국의 퍼킨이 말라리아 치료제를 연구하던 중 발견하였다.

(3) 미래의 의류 문제 해결

① 최근에는 기능성 섬유나 첨단 소재의 섬유를 이용한 다양한 기능성 의복이 개발되고 있다.

② 정보 기술과 섬유 기술을 융합한 스마트 의류, 자동차의 차체 및 우주선의 동체에도 이용되는 슈퍼 섬유 등이 개발 중이다.
ㅤㅤ└● 고강도, 고탄성의 특성을 지닌 섬유로, 금속 이상의 강도를 지닌다.

3. 주거 문제의 해결

(1) 주거 문제: 산업 혁명 이후 인구의 급격한 증가로 안락한 주거 환경과 대규모 주거 공간이 필요해졌다.

(2) 주거 문제의 해결

① 화석 연료의 이용

• 가정에서 화석 연료를 난방과 취사에 이용하면서 안락한 주거 환경이 만들어졌다.

• 화석 연료를 화학 반응시켜 만든 *플라스틱 소재를 사용하면서 삶의 질이 높아졌다.

| 플라스틱(합성수지) |

플라스틱은 원유에서 분리한 나프타를 원료로 합성하며, 미국의 과학자 베이클랜드가 최초로 합성하였다. 플라스틱은 다음과 같은 특징이 있어 생활용품뿐만 아니라 가전제품, 건축 자재 등 우리 생활에 다양하게 이용된다.
• 가볍고, 외부의 힘과 충격에 강하며, 녹이 슬지 않는다.
• 다양한 색깔과 모양이 가능하다.
• 대량 생산이 가능하며, 값이 싸다.

⬆ 다양한 플라스틱 제품

◆ **화석 연료**
화석 연료는 석탄, 석유, 천연가스 등의 연료로, 동물이나 식물의 사체가 땅속에서 오랜 세월에 걸쳐 분해되어 생성된 것이다.

🔍 금성 교과서에만 나와요.

◆ **플라스틱의 종류와 재활용**
• 열가소성 플라스틱: 가열하면 물러져서 모양이 쉽게 변한다.
• 열경화성 플라스틱: 굳어지면 가열해도 모양이 변하지 않는다.
• 플라스틱의 재활용: 음료수병으로 사용되는 페트(PET)는 가공 처리를 통해 폴리에스터 옷감으로 재활용할 수 있고, 포장지로 많이 쓰이는 폴리에틸렌은 모조 나무로 재활용할 수 있다.

② 건축 재료의 변화

천연 재료	나무, 흙, 돌과 같은 천연 재료는 건축에 시간이 오래 걸리고, 대규모로 건축하기도 어려웠다.

↓

건축 재료 개발	화학의 발달과 함께 건축 재료가 바뀌면서 주택, 건물, 도로 등의 대규모 건설이 가능해졌다.

건축 재료	특징	이용
철	• 철의 제련: 철광석(Fe_2O_3)을 코크스(C)와 함께 용광로에서 높은 온도로 가열하여 얻는다. • 단단하고 내구성이 뛰어나 현재 가장 많이 사용되는 금속이다. • 크로뮴(Cr)을 섞어 더 단단하고 녹슬지 않는 합금(스테인리스강)으로 만들기도 한다. • 건축물의 골조나 배관 등 건축 자재로 이용될 뿐만 아니라 가전제품, 생활용품 등에도 이용된다.	↑ 철로 만든 다리
시멘트	• 석회석($CaCO_3$)을 가열해 생석회(CaO)로 만든 후 점토를 섞은 건축 재료이다.	
콘크리트	• 모래와 자갈 등에 시멘트를 섞어 반죽한 건축 재료이다. • 압축하는 힘에는 강하지만 잡아당기는 힘에는 약하다.	
철근 콘크리트	• 콘크리트 속에 철근을 넣어 콘크리트 강도를 높인 건축 재료이다. • 대규모 건축물에 이용된다.	↑ 철근 콘크리트로 만든 도로
알루미늄	• 알루미늄의 제련: 알루미늄 광석인 보크사이트를 가열하여 액체 상태로 녹인 후 전기 분해하여 얻는다. • 가볍고 단단하여 창틀, 건물 외벽 등에 이용된다.	
유리	• 모래에 포함된 이산화 규소(SiO_2)를 원료로 하여 만든다. • 다양한 기능을 갖춘 유리는 건물의 외벽, 창 등에 이용된다.	↑ 유리로 꾸민 건물

(3) **미래의 주거 문제 해결**: 건축 재료의 성능이 점차 개량되고, 단열재, 바닥재, 창틀, 외장재 등도 새로운 소재로 변화되고 있다.

YBM 교과서에만 나와요.

4. 건강 문제의 해결 화학의 발전으로 합성 의약품이 개발되어 인간의 평균 수명이 과거보다 늘어나고 질병의 예방과 치료가 쉬워졌다.

합성 의약품	특징	이용
◆아스피린	• 최초의 합성 의약품이다. • 호프만이 버드나무 껍질에서 분리한 살리실산으로 합성한 아세틸 살리실산의 상품명이다. 　└● 살리실산의 부작용을 줄이기 위해 화학적으로 합성한 물질이다. • 진통·해열제로 널리 이용된다.	↑ 아스피린
페니실린	• 최초의 ❶항생제이다. • 플레밍이 푸른곰팡이에서 발견하였다. • 제2차 세계대전 중에 상용화되어 수많은 환자의 목숨을 구하였다.	↑ 페니실린

◆ 그 밖의 건축 재료
• 스타이로폼: 단열재로 이용하여 건물 내부의 열이 밖으로 빠져나가는 것을 막는다.
• 페인트: 건물 벽이 손상되지 않도록 보호하고, 건물을 아름답게 꾸민다.

◆ 아스피린 분자 모형

● 탄소　● 산소　○ 수소

YBM 교과서에만 나와요.

◆ 녹색화학(green chemistry)
녹색화학은 환경을 오염시킬 수 있는 물질이나 위험 물질의 사용을 최소화하면서 화합물을 생산하는 과정을 설계하는 과학이다. 녹색화학은 과학의 발달과 함께 제기될 수 있는 문제를 예방하고 해결함으로써 인류의 삶을 더욱 풍요롭게 할 것이다.

(용어)
❶ 항생제(抗 막다, 生 살다, 劑 약) 미생물에 의해 만들어진 물질로 다른 미생물의 성장이나 생존을 막는 물질

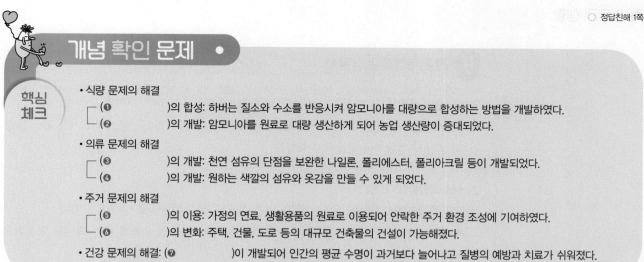

개념 확인 문제

핵심체크

• 식량 문제의 해결
┌ (❶   )의 합성: 하버는 질소와 수소를 반응시켜 암모니아를 대량으로 합성하는 방법을 개발하였다.
└ (❷   )의 개발: 암모니아를 원료로 대량 생산하게 되어 농업 생산량이 증대되었다.

• 의류 문제의 해결
┌ (❸   )의 개발: 천연 섬유의 단점을 보완한 나일론, 폴리에스터, 폴리아크릴 등이 개발되었다.
└ (❹   )의 개발: 원하는 색깔의 섬유와 옷감을 만들 수 있게 되었다.

• 주거 문제의 해결
┌ (❺   )의 이용: 가정의 연료, 생활용품의 원료로 이용되어 안락한 주거 환경 조성에 기여하였다.
└ (❻   )의 변화: 주택, 건물, 도로 등의 대규모 건축물의 건설이 가능해졌다.

• 건강 문제의 해결: (❼   )이 개발되어 인간의 평균 수명이 과거보다 늘어나고 질병의 예방과 치료가 쉬워졌다.

---

1 하버가 공기 중의 질소와 수소를 반응시켜 대량 생산하는 데 성공하였으며 화학 비료의 원료가 되는 물질의 이름과 화학식을 쓰시오.

2 의류 문제의 해결과 화학에 대한 설명으로 옳은 것은 ○, 옳지 않은 것은 ×로 표시하시오.

(1) 천연 섬유는 값이 싸고 대량 생산이 쉽다. …… (   )

(2) 합성 섬유가 개발되면서 천연 섬유를 완전히 대체하게 되었다. ……………………………………… (   )

(3) 나일론은 최초의 합성 섬유로 캐러더스가 개발하였다.
……………………………………………………… (   )

(4) 폴리에스터는 가장 널리 사용되는 합성 섬유이다.
……………………………………………………… (   )

(5) 합성염료의 개발로 다양한 색깔의 의류를 입을 수 있게 되었다. ………………………………………… (   )

3 합성 섬유와 그 이용을 옳게 연결하시오.

(1) 나일론 •   • ㉠ 니트
(2) 폴리에스터 •   • ㉡ 스타킹
(3) 폴리아크릴 •   • ㉢ 양복

4 주거 문제의 해결과 화학에 대한 설명으로 옳은 것은 ○, 옳지 않은 것은 ×로 표시하시오.

(1) 화석 연료는 가정에서 난방과 취사에 이용된다.
……………………………………………………… (   )

(2) 현대의 건축 재료를 얻는 데 화학적 방법이 이용되고 있다. ……………………………………………… (   )

(3) 철과 알루미늄은 철광석을 코크스와 함께 용광로에서 높은 온도로 가열하여 얻는다. ………………… (   )

5 다음 설명과 관련된 건축 재료를 쓰시오.

• 모래와 자갈 등에 시멘트를 섞고 물로 반죽한 것이다.
• 철근을 넣어 강도를 높여 주택, 건물, 도로 건설에 이용한다.

6 다음 설명에 알맞은 물질의 이름을 각각 쓰시오.

(가) 플레밍이 푸른곰팡이에서 발견한 최초의 항생제
(나) 호프만이 버드나무 껍질에서 분리한 물질로 만든 최초의 합성 의약품의 상품명

B 탄소 화합물의 유용성

우리 몸은 탄소 화합물로 이루어져 있고, 우리가 먹는 음식도 탄소 화합물이에요. 또, 우리 주위에는 탄소 화합물로 이루어진 물질이 정말 많아요. 탄소 화합물이란 무엇일까요? 탄소 화합물에 대해 알아보고 어떻게 이용되고 있는지 살펴보아요.

1. 탄소 화합물 탄소(C) 원자가 수소(H), 산소(O), 질소(N), 황(S), 할로젠(F, Cl, Br, I) 등의 원자와 결합하여 만들어진 화합물

2. 탄소 화합물의 다양성

(1) **우리 주변의 탄소 화합물**: 우리 주위의 많은 물질은 탄소 화합물로 이루어져 있다.

➡ 탄소 화합물은 생명 유지에 중요한 역할을 하며, 삶을 풍요롭게 하는 데에도 이용되고 있다.

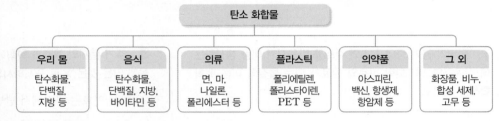

◆ **합성 고분자 물질**
고분자 물질은 수없이 많은 분자들이 결합하여 이루어진 물질을 뜻하며, 합성 고분자 물질은 합성 섬유, 플라스틱, 고무처럼 화학적으로 합성한 고분자 물질을 뜻한다.

⬆ 합성 고분자 물질에 속하는 폴리에틸렌의 분자 모형

◆ **탄소 원자의 구조**
탄소(C) 원자는 원자핵과 전자 6개로 구성되어 있다. C의 전자 6개 중 2개는 안쪽 전자 껍질에 있고, 4개는 바깥 전자 껍질에 있는데, 바깥 전자 껍질에 있는 4개의 전자(원자가 전자)가 여러 종류의 다른 원자와 공유 결합을 할 수 있기 때문에 다양한 탄소 화합물을 만들 수 있다.

⬆ 탄소의 원자 모형

원유의 분리

급성, YBM 교과서에만 나와요.

• 원유는 여러 가지 탄소 화합물이 섞여 있는 혼합물이다.
• 원유를 끓는점 차를 이용하여 분별 증류하면 석유 가스, 휘발유(나프타), 등유, 경유, 중유, 아스팔트를 얻을 수 있다.
• 원유를 분별 증류하여 얻은 물질을 원료로 다양한 석유 화학 제품을 만들 수 있는데, 이러한 제품은 모두 탄소 화합물이다.

우리는 일상생활에 필요한 많은 물질을 원유로부터 얻고 있어요.

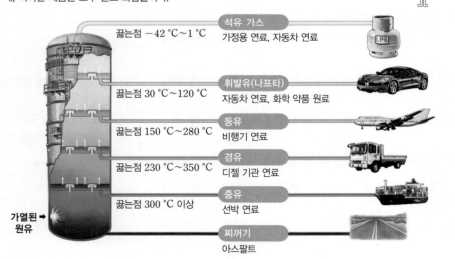

(2) 현재까지 알려진 탄소 화합물의 종류는 수천만 가지에 이르며, 매년 수만 가지의 새로운 탄소 화합물이 발견되거나 합성된다.

(3) **탄소 화합물이 다양한 까닭**

① *탄소(C) 원자는 원자가 전자 수가 4로, 최대 4개의 다른 원자(C, H, O, N 등)와 ❶공유 결합을 할 수 있다.

용어

❶ **공유 결합**(共 함께, 有 있다, 結 맺다, 合 합하다) 두 원자가 서로 전자쌍을 공유함으로써 형성되는 화학 결합

② 탄소(C) 원자끼리 결합하여 다양한 길이와 구조의 화합물을 만들 수 있다.

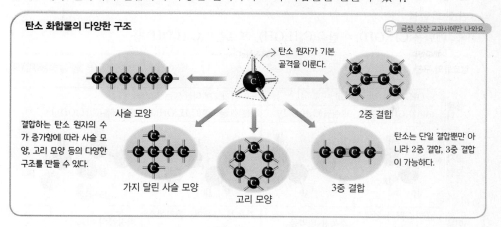

탄소 화합물의 다양한 구조 〔금성, 상상 교과서에만 나와요.〕

탄소 원자가 기본 골격을 이룬다.

결합하는 탄소 원자의 수가 증가함에 따라 사슬 모양, 고리 모양 등의 다양한 구조를 만들 수 있다.

사슬 모양

가지 달린 사슬 모양

고리 모양

2중 결합

3중 결합

탄소는 단일 결합뿐만 아니라 2중 결합, 3중 결합이 가능하다.

2중 결합과 3중 결합은 Ⅲ−1−02. 공유 결합과 금속 결합에서 더 자세히 배워요.

3. 탄소 화합물의 종류 〔19쪽 대표 자료❷〕

(1) 탄화수소: 탄소(C) 원자와 수소(H) 원자로만 이루어진 탄소 화합물

예 *메테인(CH_4), 에테인(C_2H_6), 프로페인(C_3H_8), 뷰테인(C_4H_{10}) 등

① 원유의 주성분으로, 완전 연소하면 이산화 탄소(CO_2)와 물(H_2O)이 생성된다.

② 연소할 때 많은 에너지를 방출하므로 연료로 많이 이용된다.

탄화수소의 끓는점 〔상상 교과서에만 나와요.〕

탄화수소는 탄소 수가 많을수록 분자 사이의 인력이 커서 끓는점이 높다.

탄화수소	메테인(CH_4)	에테인(C_2H_6)	프로페인(C_3H_8)	뷰테인(C_4H_{10})
분자 모형				
끓는점(℃)	−162	−89	−42	−0.5

└ 액화 천연가스(LNG)의 주성분이다. └ 액화 석유가스(LPG)의 주성분이다.┘

③ 대표적인 탄화수소의 구조와 특징 예 메테인(CH_4)

구조	• C, H만으로 이루어진 가장 간단한 탄소 화합물이다. • 정사면체 중심에 C 원자가 1개 있고, C 원자에 H 원자 4개가 결합하여 안정한 구조를 이룬다. 정사면체의 입체 구조이다. ↑ 분자 모형 ↑ *구조식
특징	• 천연가스에서 주로 얻으며, 냄새와 색깔이 없다. ─ 음식물이 소화되는 과정이나 쓰레기가 부패하는 과정에서도 발생한다. • 실온에서 기체 상태이며, 공기보다 가볍다. → 이산화 탄소와 함께 대표적인 온실 기체 중 하나이다. • 물에 대한 용해도가 작아 물에 거의 녹지 않는다. • 완전 연소하면 이산화 탄소와 물을 생성하며 많은 에너지를 방출한다. ─ $CH_4(g) + 2O_2(g) \longrightarrow CO_2(g) + 2H_2O(l)$
이용	가정용 연료인 *액화 천연가스(LNG), 시내버스의 연료인 압축 천연가스(CNG)의 주성분

$$H-\overset{\displaystyle H}{\underset{\displaystyle H}{C}}-H$$

구조식

◆ 탄소 수에 따른 탄소 화합물의 이름

탄소 화합물의 이름은 탄소 수에 따라 다음과 같은 규칙성을 갖는다.

탄소 수	물질 이름	
1	metha	메타
2	etha	에타
3	propa	프로파
4	buta	뷰타
5	penta	펜타
6	hexa	헥사

◆ 화학식의 종류

• 화학식: 원소 기호와 숫자를 사용하여 물질을 구성하는 원자의 종류와 수를 나타낸 것
• 분자식: 화학식 중에서 분자를 이루는 원자의 종류와 수를 나타낸 것
• 구조식: 공유 결합 물질에서 각 원자 사이의 결합을 선으로 나타낸 화학식
• 시성식: 알코올의 하이드록시기(−OH)나 카복실산의 카복실기(−COOH)처럼 분자의 특성을 나타내는 부분을 작용기라고 하는데, 작용기를 따로 나타낸 화학식 예 에탄올의 분자식은 C_2H_6O이지만, 시성식은 C_2H_5OH이다.

◆ 액화 천연가스(LNG)

천연가스를 주성분인 메테인의 끓는점 이하로 냉각하여 액화한 것이다. 발열량이 크고 공해 물질을 배출하지 않아서 가정용 연료로 사용한다.

(2) 알코올: 탄화수소의 탄소(C) 원자에 1개 이상의 하이드록시기(−OH)가 결합되어 있는 탄소 화합물

예 *메탄올(CH_3OH), 에탄올(C_2H_5OH), 프로판올(C_3H_7OH) 등

◆ **메탄올**
메탄올은 인체에 흡수되었을 때 폼알데하이드라는 독성 물질로 변환되어 실명하거나 사망에 이를 수 있다.

알코올의 구분 〔금성 교과서에만 나와요.〕

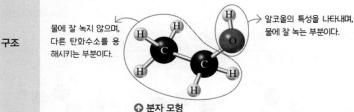

종류	−OH가 1개 있는 알코올		−OH가 2개 이상 있는 알코올	
	메탄올(CH_3OH)	에탄올(C_2H_5OH)	에틸렌 글리콜($C_2H_4(OH)_2$)	글리세롤($C_3H_5(OH)_3$)
분자 모형				
이용	플라스틱의 원료, 연료 전지	소독용 의약품	자동차 부동액, 폴리에스터의 원료	화장품의 원료

① 특유의 냄새가 있는 ❶가연성 물질이다.
② 완전 연소하면 이산화 탄소(CO_2)와 물(H_2O)이 생성된다. → $2CH_3OH(l) + 3O_2(g)$
  → $2CO_2(g) + 4H_2O(l)$
③ 대표적인 알코올의 구조와 특징 예 에탄올(C_2H_5OH)

주의해!

알코올 수용액의 액성
알코올은 분자 내에 −OH를 가지고 있어 물에 잘 녹지만, 물에 녹았을 때 수산화 이온(OH^-)을 내놓지 않으므로 염기성을 나타내지 않는다. 알코올의 액성은 중성이다.

구조	• C 원자 2개로 이루어진 탄화수소인 에테인(C_2H_6)에 H 원자 1개 대신 −OH 1개가 결합한 구조이다.

물에 잘 녹지 않으며, 다른 탄화수소를 용해시키는 부분이다.

알코올의 특성을 나타내며, 물에 잘 녹는 부분이다.

↑ 분자 모형

```
  H   H
  |   |
H-C - C - O - H
  |   |
  H   H
```
↑ 구조식

특징	• 예로부터 과일과 곡물을 발효시켜 얻을 수 있었다.─ 과일이나 곡물 속 녹말이나 당이 효소에 의해 발효되어 에탄올이 된다. $C_6H_{12}O_6(s) \longrightarrow 2C_2H_5OH(l) + 2CO_2(g)$ • 현대에는 에텐(C_2H_4)과 물을 반응시켜 얻는다.─ $C_2H_4(g) + H_2O(l) \longrightarrow C_2H_5OH(l)$ • 특유의 냄새가 나고, 무색이다. • 실온에서 액체 상태로 존재하지만 ❷휘발성이 강하며, 불이 잘 붙는다. • 물에 잘 녹고, 기름과도 잘 섞일 수 있다.── 물에 잘 녹는 부분과 다른 탄화수소를 용해시키는 부분이 함께 존재하기 때문이다. • 단백질을 응고시켜 살균, 소독 작용을 한다.
이용	술의 성분, 소독용 알코올과 약품의 원료, 실험실 시약, 용매, 연료 등

〔탐구 자료창〕 **손 소독제 만들기** 〔금성, 상상 교과서에만 나와요.〕

비커에 소독용 에탄올과 끓인 물(정제수)을 4 : 1의 비율로 넣고 섞은 다음 글리세롤과 고농축 오일을 조금 넣고 저어 주어 완성한다.

소독용 에탄올+끓인 물+ 글리세롤+고농축 오일

1. **물과 고농축 오일이 잘 섞이는 까닭**: 에탄올이 물에 잘 녹고, 기름과도 잘 섞일 수 있기 때문이다.
2. **손 소독제를 손에 뿌리면 시원한 느낌이 든다.**
  ➡ 에탄올은 휘발성이 강하기 때문이다.

〔용어〕
❶ **가연성**(可 옳다, 燃 타다, 性 성질) 물질의 타기 쉬운 성질
❷ **휘발성**(揮 흩어지다, 發 떠나다, 性 성질) 끓는점이 낮은 액체의 표면에서 분자가 잘 떨어져 나오는 성질

(3) 카복실산: 탄화수소의 탄소(C) 원자에 카복실기($-COOH$)가 결합되어 있는 탄소 화합물

① 물에 녹으면 수소 이온(H^+)을 내놓으므로 약한 산성을 나타낸다.

② 대표적인 카복실산의 구조와 특징 예 아세트산(CH_3COOH)

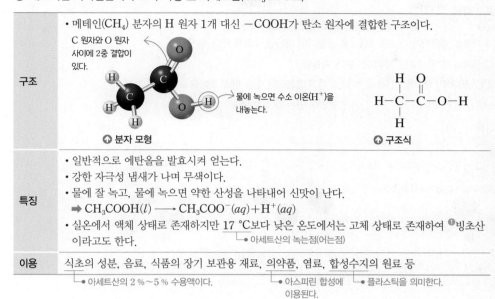

구조	• 메테인(CH_4) 분자의 H 원자 1개 대신 $-COOH$가 탄소 원자에 결합한 구조이다.
특징	• 일반적으로 에탄올을 발효시켜 얻는다. • 강한 자극성 냄새가 나며 무색이다. • 물에 잘 녹고, 물에 녹으면 약한 산성을 나타내어 신맛이 난다. 　➡ $CH_3COOH(l) \longrightarrow CH_3COO^-(aq) + H^+(aq)$ • 실온에서 액체 상태로 존재하지만 17 ℃보다 낮은 온도에서는 고체 상태로 존재하여 ❶빙초산이라고도 한다.　└• 아세트산의 녹는점(어는점)
이용	식초의 성분, 음료, 식품의 장기 보관용 재료, 의약품, 염료, 합성수지의 원료 등 └• 아세트산의 2 %~5 % 수용액이다.　└• 아스피린 합성에 이용된다.　└• 플라스틱을 의미한다.

암기해!

탄소 화합물의 이용
• 메테인(CH_4): LNG, CNG의 주성분
• 에탄올(C_2H_5OH): 술의 성분, 소독용 알코올, 용매, 연료
• 아세트산(CH_3COOH): 식초의 성분, 의약품, 염료의 원료

(4) 그 밖의 탄소 화합물 〔비상 교과서에만 나와요.〕

① 폼알데하이드(HCHO)

구조	• C 원자 1개에 H 원자 2개와 O 원자 1개가 결합한 구조이다.
특징	• 자극적인 냄새가 나고, 무색이며, 물에 잘 녹는다. └• 새집 증후군의 원인 물질이다.
이용	플라스틱이나 가구용 접착제의 원료

② 아세톤(CH_3COCH_3)

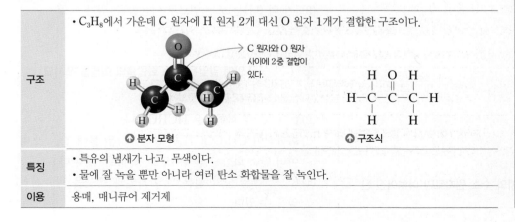

구조	• C_3H_8에서 가운데 C 원자에 H 원자 2개 대신 O 원자 1개가 결합한 구조이다.
특징	• 특유의 냄새가 나고, 무색이다. • 물에 잘 녹을 뿐만 아니라 여러 탄소 화합물을 잘 녹인다.
이용	용매, 매니큐어 제거제

용어

❶ 빙초산(氷 얼음, 醋 식초, 酸 산) 언 식초라는 뜻, 피부에 닿으면 심한 염증을 일으킨다.

개념 확인 문제

핵심 체크

- (**❶**): C 원자가 H, O, N, S, 할로젠(F, Cl, Br, I) 등의 원자와 결합하여 만들어진 화합물
- 탄소 화합물이 다양한 까닭
  - C 원자는 최대 (**❷**)개의 다른 원자와 공유 결합을 한다.
  - C 원자끼리 연속적으로 결합하거나, 2중, 3중으로 결합하여 다양한 구조를 만들 수 있다.
- (**❸**): C 원자와 H 원자로만 이루어진 탄소 화합물
- 알코올: 탄화수소의 C 원자에 1개 이상의 (**❹**)가 결합되어 있는 탄소 화합물
- 카복실산: 탄화수소의 C 원자에 (**❺**)가 결합되어 있는 탄소 화합물
- 대표적인 탄소 화합물

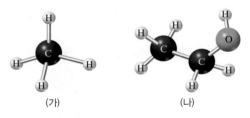

탄소 화합물	(**❻**)	(**❼**)	(**❽**)
분자 모형			
이용	LNG, CNG의 주성분	술의 성분, 소독용 알코올, 용매, 연료	식초의 성분, 의약품, 염료의 원료

1 탄소 화합물에 대한 설명으로 옳은 것은 ○, 옳지 **않은** 것은 ×로 표시하시오.

(1) 탄소로만 이루어진 화합물이다. ·············· (   )
(2) 탄소는 원자가 전자 수가 4로, 최대 4개의 다른 원자와 결합할 수 있다. ·············· (   )
(3) 탄소 원자는 탄소 원자끼리 사슬 모양, 가지 달린 사슬 모양, 고리 모양 등 다양한 구조를 형성할 수 있다.
 ·············· (   )
(4) 탄화수소가 완전 연소하면 이산화 탄소와 물이 생성된다. ·············· (   )
(5) 탄화수소는 일반적으로 탄소 수가 많을수록 끓는점이 낮다. ·············· (   )

2 탄화수소는 (   ) 원자와 수소 원자로만 이루어진 탄소 화합물이다.

3 그림은 2가지 탄소 화합물의 분자 모형을 나타낸 것이다.

(가)   (나)

이에 대한 설명으로 옳은 것은 ○, 옳지 **않은** 것은 ×로 표시하시오.

(1) (가)는 메테인, (나)는 에탄올이다. ·············· (   )
(2) (가)와 (나)는 모두 탄화수소이다. ·············· (   )
(3) (가)와 (나)는 모두 연료로 이용할 수 있다. ··· (   )

4 (   ) 안에 알맞은 탄소 화합물의 이름을 쓰시오.

(1) (   )은 식초의 성분이다.
(2) (   )의 화학식은 HCHO이다.
(3) 화학식이 CH_3COCH_3인 (   )은 물에 잘 녹으며 여러 탄소 화합물을 녹이므로 용매로 이용된다.
(4) (   )은 술의 성분으로, 과일과 곡물을 발효시켜 얻을 수 있다.

대표 자료 분석

자료 ❶ 화학의 유용성

기출 Point • 식량, 의류, 주거 문제의 해결에 기여한 사례의 특징

[1~3] 다음은 화학이 우리 생활의 문제를 해결하는 데 기여한 사례들에 대한 설명이다.

> (가) 하버는 ⊙ 를 대량으로 합성하는 제조 공정을 고안하여 화학 비료를 대량 생산할 수 있게 되었다.
> (나) 철광석을 제련하여 ⓒ 을 만드는 기술이 개발되었다.
> (다) 캐러더스는 최초의 합성 섬유인 ⓒ 을 개발하였고, 이후 다양한 합성 섬유가 개발되었다.

1 ⊙~ⓒ에 알맞은 말을 각각 쓰시오.

2 식량 문제, 의류 문제, 주거 문제의 해결에 기여한 사례를 (가)~(다)에서 각각 고르시오.

3 빈출 선택지로 완벽 정리!

(1) ⊙은 공기 중의 질소와 산소를 반응시켜 합성한다.
　　　　　　　　　　　　　　　　　　(○ / ×)
(2) ⓒ에 크로뮴을 섞어 합금을 만들면 더 단단해지고, 녹이 슬지 않는다. ───── (○ / ×)
(3) ⓒ은 질기고 신축성이 좋아 스타킹, 밧줄, 그물 등에 이용된다. ─────── (○ / ×)
(4) 철근 콘크리트는 콘크리트 속에 ⓒ을 넣어 강도를 높인 건축 재료이다. ───── (○ / ×)
(5) (가)의 영향으로 농업 생산량이 크게 증대되었다.
　　　　　　　　　　　　　　　　　　(○ / ×)
(6) (나)와 합성염료의 개발은 같은 문제의 해결에 기여하였다. ─────────── (○ / ×)
(7) (다)의 합성 섬유는 대량 생산이 어려워 값이 비싸다.
　　　　　　　　　　　　　　　　　　(○ / ×)

자료 ❷ 탄소 화합물의 종류

기출 Point • 탄소 화합물의 구분
　　　　　• 탄소 화합물의 특성과 이용

[1~3] 다음은 탄소 화합물 (가)~(다)의 구조식을 나타낸 것이다. (가)~(다)는 각각 메테인, 에탄올, 아세트산 중 하나이다.

$$\begin{matrix} H & H & & & H & & & H & O \\ | & | & & & | & & & | & \| \\ H-C-C-O-H & & & H-C-H & & & H-C-C-O-H \\ | & | & & & | & & & | \\ H & H & & & H & & & H \end{matrix}$$

(가)　　　　　　　(나)　　　　　　(다)

1 (가)~(다)의 이름을 각각 쓰시오.

2 (가)~(다)가 완전 연소할 때 생성되는 공통적인 물질을 있는 대로 쓰시오.

3 빈출 선택지로 완벽 정리!

(1) (가)는 살균 효과가 있어 손 소독제의 원료로 이용된다.
　　　　　　　　　　　　　　　　　　(○ / ×)
(2) (나)는 가정용 연료나 시내버스의 연료로 이용된다.
　　　　　　　　　　　　　　　　　　(○ / ×)
(3) (가)와 (나)는 모두 물에 잘 녹는다. ───── (○ / ×)
(4) (다)는 (가)를 발효시켜 얻을 수 있다. ──── (○ / ×)
(5) (가)와 (다)는 물에 녹아 수소 이온을 내놓는다.
　　　　　　　　　　　　　　　　　　(○ / ×)
(6) 실온에서 액체 상태로 존재하는 물질은 (가)와 (다)이다.
　　　　　　　　　　　　　　　　　　(○ / ×)
(7) (가)~(다) 중 $\dfrac{\text{H 원자 수}}{\text{C 원자 수}}$ 는 (나)가 가장 크다.
　　　　　　　　　　　　　　　　　　(○ / ×)

내신 만점 문제

A 화학의 유용성

01 다음은 인류의 문제 해결에 기여한 반응식이다.

$$aN_2 + bH_2 \longrightarrow cNH_3$$

이에 대한 설명으로 옳은 것만을 [보기]에서 있는 대로 고른 것은? (단, $a \sim c$는 가장 간단한 정수이다.)

보기
ㄱ. $a+b=c$이다.
ㄴ. 식물 생장에 필요한 원소가 포함된 반응이다.
ㄷ. NH_3의 합성 과정은 공기 중에서 쉽게 일어난다.

① ㄴ
② ㄷ
③ ㄱ, ㄴ
④ ㄴ, ㄷ
⑤ ㄱ, ㄴ, ㄷ

중요 02 다음은 화학이 인류의 문제 해결에 기여한 사례에 대한 자료이다.

• 20세기 초 하버는 ⑦ 를 합성하는 방법을 개발하여 화학 비료의 생산을 가능하게 함으로써 ⓒ 문제의 해결에 기여하였다.
• ⓒ 은 석유를 원료로 하여 개발한 최초의 합성 섬유이며, 이후 다양한 합성 섬유가 개발되어 의류 문제의 해결에 기여하였다.

이에 대한 설명으로 옳은 것만을 [보기]에서 있는 대로 고른 것은?

보기
ㄱ. ⑦은 탄소 화합물이다.
ㄴ. '식량'은 ⓒ으로 적절하다.
ㄷ. '나일론'은 ⓒ으로 적절하다.

① ㄱ
② ㄷ
③ ㄱ, ㄴ
④ ㄴ, ㄷ
⑤ ㄱ, ㄴ, ㄷ

03 합성 섬유의 개발은 인류의 생활에서 의류 문제 해결에 기여하였다. 이에 대한 설명으로 옳지 <u>않은</u> 것은?

① 대량 생산이 가능하다.
② 천연 섬유에 비해 질기고 값이 싸다.
③ 합성 섬유의 주요 성분 원소는 탄소와 수소이다.
④ 폴리에스터는 가장 널리 사용되는 합성 섬유이다.
⑤ 폴리아크릴은 질기고 신축성이 좋아 스타킹, 밧줄 등의 재료로 이용된다.

04 다음은 인류의 문제 해결에 기여한 물질에 대한 설명이다.

• 자연에서 산화물로 존재하므로 코크스(C)와 함께 용광로에 넣고 고온으로 가열하여 얻는다.
• 단단하고 내구성이 뛰어나 건축물의 골조 등에 이용된다.

이 물질은?

① 철
② 유리
③ 알루미늄
④ 플라스틱
⑤ 스타이로폼

05 다음은 화학의 주거 문제 해결과 관련된 자료이다.

(가) 자연 상태의 석회석을 잘게 부숴 가열하고, 점토를 섞어서 만드는 건축 재료이다.
(나) 모래와 자갈 등에 (가)를 섞고 물로 반죽하여 사용하는 건축 재료이다.

이에 대한 설명으로 옳은 것만을 [보기]에서 있는 대로 고른 것은?

보기
ㄱ. (가)는 시멘트이다.
ㄴ. (나)는 철근을 넣는 공법이 개발되어 건물, 도로 건설에 이용되고 있다.
ㄷ. (가)와 (나)는 화학의 발달과 함께 점차 성능이 개량되고 있다.

① ㄱ
② ㄷ
③ ㄱ, ㄴ
④ ㄴ, ㄷ
⑤ ㄱ, ㄴ, ㄷ

06 화학이 인류의 문제 해결에 기여한 긍정적 사례로 옳지 <u>않은</u> 것은?

① 합성 의약품의 개발로 질병의 예방과 치료가 쉬워졌다.
② 비닐의 등장으로 계절에 상관없이 작물 재배가 가능해졌다.
③ 염료의 합성으로 다양한 색깔의 의류를 생산할 수 있게 되었다.
④ 화석 연료를 가정에서 이용하게 되면서 안락한 주거 환경을 누리게 되었다.
⑤ 플라스틱 제품이 널리 쓰이게 되면서 일회용품의 사용이 급격히 증가하였다.

B 탄소 화합물의 유용성

07 탄소 화합물에 대한 설명으로 옳은 것만을 [보기]에서 있는 대로 고른 것은?

> **보기**
> ㄱ. 탄소 원자는 원자가 전자 수가 4이다.
> ㄴ. 탄소는 여러 종류의 원자들과 안정한 공유 결합을 형성한다.
> ㄷ. 탄소는 다른 탄소 원자와 결합하여 다양한 길이와 구조의 화합물을 생성할 수 있다.

① ㄱ   ② ㄴ   ③ ㄱ, ㄷ
④ ㄴ, ㄷ   ⑤ ㄱ, ㄴ, ㄷ

08 탄소 화합물에 해당하는 물질만을 [보기]에서 있는 대로 고른 것은?

> **보기**
> ㄱ. 물(H_2O)   ㄴ. 프로페인(C_3H_8)
> ㄷ. 암모니아(NH_3)   ㄹ. 에탄올(C_2H_5OH)
> ㅁ. 포도당($C_6H_{12}O_6$)   ㅂ. 염화 나트륨($NaCl$)

① ㄱ, ㄴ   ② ㄷ, ㄹ   ③ ㅁ, ㅂ
④ ㄱ, ㄷ, ㅂ   ⑤ ㄴ, ㄹ, ㅁ

09 그림은 3가지 탄소 화합물의 모형을 나타낸 것이다.

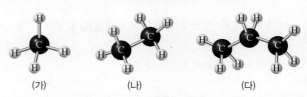

(가)   (나)   (다)

(가)~(다)의 공통점으로 옳은 것만을 [보기]에서 있는 대로 고른 것은?

> **보기**
> ㄱ. 물에 잘 녹는다.
> ㄴ. 완전 연소하면 이산화 탄소와 물이 생성된다.
> ㄷ. 연소할 때 에너지를 많이 방출하여 연료로 이용된다.

① ㄱ   ② ㄷ   ③ ㄱ, ㄴ
④ ㄴ, ㄷ   ⑤ ㄱ, ㄴ, ㄷ

중요 10 다음은 어떤 탄소 화합물의 구조식을 나타낸 것이다.

$$\begin{array}{ccc} & H & H \\ & | & | \\ H- & C- & C-O-H \\ & | & | \\ & H & H \end{array}$$

이에 대한 설명으로 옳은 것만을 [보기]에서 있는 대로 고른 것은?

> **보기**
> ㄱ. 물에 녹으면 $-OH$를 내놓는다.
> ㄴ. 휘발성이 강하며, 불이 잘 붙는다.
> ㄷ. 살균·소독 작용을 한다.

① ㄱ   ② ㄴ   ③ ㄱ, ㄷ
④ ㄴ, ㄷ   ⑤ ㄱ, ㄴ, ㄷ

서술형 11 폼알데하이드($HCHO$)와 아세트산(CH_3COOH)의 공통점을 <u>두 가지</u> 서술하시오.

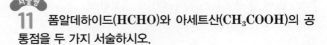

정답친해 4쪽

중요 12 다음은 어떤 탄소 화합물 X에 대한 설명이다.

- 탄화수소의 C 원자에 카복실기가 결합되어 있는 구조이다.
- 신맛이 나며 식초의 원료이다.

X의 분자 모형으로 옳은 것은?

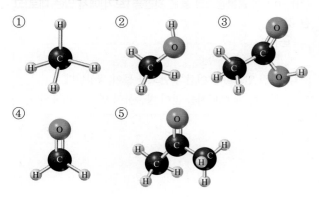

13 그림은 메테인(CH_4), 에탄올(C_2H_5OH), 아세트산(CH_3COOH)을 2가지 기준에 따라 분류한 것이다. ㉠과 ㉡에 해당하는 분자 수는 각각 1이다.

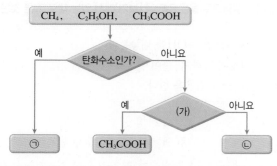

이에 대한 설명으로 옳은 것만을 [보기]에서 있는 대로 고른 것은?

보기
ㄱ. ㉠은 LNG의 주성분이다.
ㄴ. 분자당 원자 수는 ㉠<㉡이다.
ㄷ. '물에 잘 용해되는가?'는 (가)로 적절하다.

① ㄱ ② ㄷ ③ ㄱ, ㄴ
④ ㄴ, ㄷ ⑤ ㄱ, ㄴ, ㄷ

01 다음은 탄소 화합물 (가)와 (나)에 대한 자료이다.

탄소 화합물	(가)	(나)
분자식	CH_xO	CH_yO
O 원자와 결합한 H 원자 수	0	1
용도	㉠	연료

이에 대한 설명으로 옳은 것만을 [보기]에서 있는 대로 고른 것은?

보기
ㄱ. $x+y=6$이다.
ㄴ. '가구용 접착제 원료'는 ㉠에 해당될 수 있다.
ㄷ. (나) 수용액의 액성은 산성이다.

① ㄱ ② ㄷ ③ ㄱ, ㄴ
④ ㄴ, ㄷ ⑤ ㄱ, ㄴ, ㄷ

02 다음은 우리 생활에서 이용되는 4가지 물질을 3가지 기준에 따라 분류한 결과이다.

암모니아, 아스피린, 나일론, 메테인

분류 기준	예	아니요
탄소 화합물인가?	㉠	㉡
고분자 화합물인가?	㉢	㉣
(가)	아스피린, 나일론	암모니아, 메테인

이에 대한 설명으로 옳은 것만을 [보기]에서 있는 대로 고른 것은?

보기
ㄱ. '산소(O)가 포함된 화합물인가?'는 (가)로 적절하다.
ㄴ. ㉠과 ㉣에 공통으로 해당되는 물질은 2가지이다.
ㄷ. 분류한 물질의 가짓수는 ㉡>㉢이다.

① ㄴ ② ㄷ ③ ㄱ, ㄴ
④ ㄱ, ㄷ ⑤ ㄱ, ㄴ, ㄷ

중단원

핵심 정리

Q1° 화학과 우리 생활

1. 화학의 유용성

(1) 식량 문제 해결

① 식량 문제: 산업 혁명 이후 인구의 급격한 증가로 천연 비료에 의존하던 농업이 한계에 이르렀다.

② 식량 문제 해결

화학 비료의 개발	하버가 공기 중의 질소를 수소와 반응시켜 (❶)를 대량 합성하는 제조 공정 개발 ➡ (❶)를 원료로 화학 비료를 대량 생산하게 되어 농업 생산량 증대
살충제와 제초제의 사용	잡초나 해충의 피해가 줄어 농산물의 질이 향상되고 생산량 증대
비닐의 등장	비닐하우스를 이용하여 계절에 상관없이 작물 재배가 가능하게 되어 농업 생산량 증대

(2) 의류 문제 해결

① 의류 문제: 천연 섬유는 질기지 않아서 쉽게 닳고 대량 생산이 어려웠으며, 천연염료는 구하기 어렵고 귀했다.

② 의류 문제 해결

합성 섬유의 개발	• 천연 섬유의 단점을 보완한 합성 섬유 개발 • (❷): 최초의 합성 섬유로, 매우 질기고 유연하며 신축성이 좋아 스타킹, 밧줄 등에 이용 • (❸): 가장 널리 사용되는 합성 섬유로, 강하고 구겨지지 않아 양복 등에 이용 • (❹): 모와 유사한 보온성이 있어 니트, 양말 등에 이용
합성염료의 개발	다양한 색깔의 섬유와 옷감을 만들 수 있게 됨

(3) 주거 문제 해결

① 주거 문제: 산업 혁명 이후 인구의 급격한 증가로 안락한 주거 환경과 대규모 주거 공간이 필요해졌다.

② 주거 문제 해결

(❺)의 이용	화석 연료가 가정의 연료, 생활용품의 원료로 이용되어 안락한 주거 환경 조성에 기여
(❻)의 변화	흙, 나무 등의 천연 재료에서 철, 시멘트, 콘크리트 등으로 건축 재료가 바뀌면서 대규모 건축물의 건설 가능

(4) 건강 문제 해결: (❼   )이 개발되어 인간의 평균 수명이 과거보다 길어지고 질병의 예방과 치료가 쉬워졌다.

2. 탄소 화합물의 유용성

(1) 탄소 화합물: C 원자가 H, O, N, S, 할로젠(F, Cl, Br, I) 등의 원자와 결합하여 만들어진 화합물

① 우리 주변의 탄소 화합물: 우리 몸, 음식, 의류, 플라스틱, 의약품, 화장품, 비누, 합성세제, 고무 등

② 현재까지 알려진 탄소 화합물의 종류는 수천만 가지에 이를 정도로 매우 다양하다.

③ 탄소 화합물이 다양한 까닭: C 원자는 원자가 전자 수가 4로 최대 (❽   )개의 다른 원자와 공유 결합을 하며, C 원자끼리 결합하여 다양한 길이와 구조의 화합물을 만들 수 있기 때문이다.

(2) 탄소 화합물의 종류

① (❾   ): C 원자와 H 원자로만 이루어진 탄소 화합물로, 원유의 주성분이며 연료로 많이 이용된다.

예 메테인(CH_4)

• 천연가스에서 주로 얻음
• 냄새와 색깔이 없음
• 실온에서 기체 상태
• 물에 거의 녹지 않음
• 연소하면 많은 에너지를 방출
• (❿   )와 CNG의 주성분

② (⓫   ): 탄화수소의 C 원자에 1개 이상의 $-OH$가 결합되어 있는 탄소 화합물로, 특유의 냄새가 있는 가연성 물질이다.

예 에탄올(C_2H_5OH)

• 예로부터 과일과 곡물을 발효시켜 얻음
• 현대에는 C_2H_4과 물을 반응시켜 얻음
• 특유의 냄새가 나고, 무색임
• 실온에서 (⓬   ) 상태, 휘발성 강함
• 물에 잘 녹고, 기름과 잘 섞일 수 있음
• 살균, 소독 작용
• 술의 성분, 소독용 알코올, 약품, 용매, 연료로 이용

③ (⓭   ): 탄화수소의 C 원자에 $-COOH$가 결합되어 있는 탄소 화합물로, 물에 녹으면 약한 산성을 나타낸다.

예 아세트산(CH_3COOH)

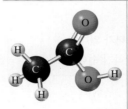

• 일반적으로 에탄올을 발효시켜 얻음
• 강한 자극성 냄새가 나고 무색임
• 물에 잘 녹으며, 물에 녹으면 약한 (⓮   )을 나타내어 신맛이 남
• 17 °C보다 낮은 온도에서 고체 상태
• 식초의 성분, 합성수지, 의약품, 염료의 원료로 이용

중단원

마무리 문제

하 중 상

01 다음은 식량 문제의 해결과 관련하여 공기 중의 질소로부터 화학 비료가 공업적으로 생산되기까지의 과정을 모식도로 나타낸 것이다. (가)의 대량 생산이 가능해지면서 농업 생산량이 크게 증대되었다.

이에 대한 설명으로 옳은 것만을 [보기]에서 있는 대로 고른 것은?

> **보기**
> ㄱ. (가)는 암모니아이다.
> ㄴ. ⊙의 반응에 산소가 필요하다.
> ㄷ. ⓒ의 과정에 하버 보슈법이 이용된다.

① ㄱ   ② ㄷ   ③ ㄱ, ㄴ
④ ㄴ, ㄷ   ⑤ ㄱ, ㄴ, ㄷ

하 중 상

02 다음은 의류 문제 해결과 관련된 자료이다. ⊙과 ⓒ은 각각 천연 섬유와 합성 섬유 중 하나이다.

> • ⊙ 는 흡습성과 촉감이 좋지만 쉽게 닳는다.
> • ⓒ 는 화석 연료를 원료로 만들며, 질기고 값이 싸다.

이에 대한 설명으로 옳은 것만을 [보기]에서 있는 대로 고른 것은?

> **보기**
> ㄱ. ⊙은 천연 섬유이다.
> ㄴ. ⓒ의 예에는 나일론, 폴리에스터가 있다.
> ㄷ. ⊙과 ⓒ은 모두 대량으로 생산하기 쉽다.

① ㄱ   ② ㄷ   ③ ㄱ, ㄴ
④ ㄴ, ㄷ   ⑤ ㄱ, ㄴ, ㄷ

하 중 상

03 주거 문제 해결에 대한 설명으로 옳은 것만을 [보기]에서 있는 대로 고른 것은?

> **보기**
> ㄱ. 제련 기술의 발달로 생산된 철과 알루미늄이 건축 재료로 이용될 수 있게 되었다.
> ㄴ. 화석 연료가 연소할 때 발생하는 열을 이용하여 가정에서 난방과 조리를 한다.
> ㄷ. 건축 재료의 성능이 점차 개량되고 새로운 소재로 변화되고 있다.

① ㄱ   ② ㄷ   ③ ㄱ, ㄴ
④ ㄴ, ㄷ   ⑤ ㄱ, ㄴ, ㄷ

하 중 상

04 합성 의약품에 대한 설명으로 옳은 것만을 [보기]에서 있는 대로 고른 것은?

> **보기**
> ㄱ. 아스피린은 최초의 항생제이다.
> ㄴ. 페니실린은 최초로 합성된 의약품이다.
> ㄷ. 합성 의약품의 개발로 인간의 평균 수명이 늘어났다.

① ㄱ   ② ㄷ   ③ ㄱ, ㄴ
④ ㄴ, ㄷ   ⑤ ㄱ, ㄴ, ㄷ

하 중 상

05 그림은 2가지 탄소 화합물의 분자 모형을 나타낸 것이다.

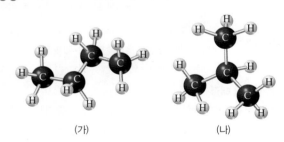

(가)   (나)

이에 대한 설명으로 옳은 것만을 [보기]에서 있는 대로 고른 것은?

> **보기**
> ㄱ. (가)와 (나)는 분자식이 같다.
> ㄴ. (가)와 (나)는 모두 탄화수소이다.
> ㄷ. (가)와 (나)는 같은 물질이다.

① ㄱ   ② ㄷ   ③ ㄱ, ㄴ
④ ㄴ, ㄷ   ⑤ ㄱ, ㄴ, ㄷ

06 하**중**상 그림은 3가지 탄소 화합물의 분자 모형을 나타낸 것이다.

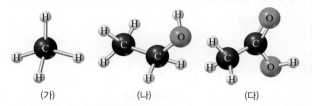

(가)   (나)   (다)

이에 대한 설명으로 옳은 것만을 [보기]에서 있는 대로 고른 것은?

보기
ㄱ. 모두 물에 잘 녹는다.
ㄴ. (가)와 (나)는 연료로 이용된다.
ㄷ. (다)는 (나)를 발효시켜 얻을 수 있다.

① ㄱ   ② ㄴ   ③ ㄱ, ㄷ
④ ㄴ, ㄷ   ⑤ ㄱ, ㄴ, ㄷ

07 하 중 **상** 다음은 탄소 화합물 (가)~(다)에 대한 자료이다. (가)~(다)는 각각 폼알데하이드(HCHO), 아세트산(CH₃COOH), 에탄올(C_2H_5OH) 중 하나이다.

• (가)와 (나)에는 O 원자에 결합된 H 원자가 있다.
• (나)와 (다)는 $\dfrac{O\ 원자\ 수}{C\ 원자\ 수}=1$이다.

이에 대한 설명으로 옳은 것만을 [보기]에서 있는 대로 고른 것은?

보기
ㄱ. 분자당 탄소 수는 (가)>(다)이다.
ㄴ. (나) 수용액의 액성은 산성이다.
ㄷ. (다)는 손 소독제의 원료이다.

① ㄱ   ② ㄷ   ③ ㄱ, ㄴ
④ ㄴ, ㄷ   ⑤ ㄱ, ㄴ, ㄷ

서술형 문제

08 하**중**상 인류의 (가)식량 문제와 (나)의류 문제를 각각 해결하는 데 기여한 화학의 역할을 다음 용어를 모두 포함하여 서술하시오.

| 암모니아 | 화학 비료 | 천연 섬유 | 합성 섬유 |

09 하**중**상 수많은 탄소 화합물이 존재할 수 있는 까닭을 **두 가지** 서술하시오.

10 하**중**상 그림은 메테인(CH₄), 아세트산(CH₃COOH), 폼알데하이드(HCHO)를 분류 기준에 따라 분류한 결과이다.

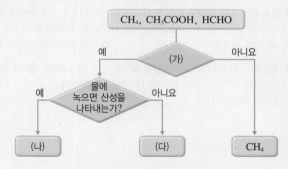

(1) (가)에 들어갈 조건으로 적절한 것을 **한 가지** 서술하시오.

(2) (나)와 (다)의 이름을 각각 쓰시오.

● 수능 출제 경향

이 단원에서는 화학의 유용성과 관련하여 식량, 의류, 주거 문제의 해결에 대한 문제가 출제된다. 또, 탄소 화합물의 유용성과 관련하여 다양한 종류의 탄소 화합물이 일상생활에서 인간의 생명 유지와 편리한 삶을 위해 어떻게 이용되고 있는지를 묻는 문제와 다양한 구조의 탄소 화합물에 대한 문제가 출제된다.

수능 이렇게 나온다!

표는 일상생활에서 이용되고 있는 물질에 대한 자료이다.

❶ 카복실기(−COOH)가 결합되어 있다.
└ 물에 녹으면 수소 이온(H^+)을 내놓는다.

물질	이용 사례
아세트산(CH_3COOH)	식초의 성분이다.
암모니아(NH_3)	질소 비료의 원료로 이용된다.
에탄올(C_2H_5OH)	㉠

❷ 암모니아의 성분 원소는 질소와 수소이다.
❸ 하이드록시기(−OH)가 결합되어 있는 알코올이다.

이에 대한 설명으로 옳은 것만을 [보기]에서 있는 대로 고른 것은?

보기

ㄱ. CH_3COOH을 물에 녹이면 산성 수용액이 된다.
ㄴ. NH_3는 탄소 화합물이다.
ㄷ. '의료용 소독제로 이용된다.'는 ㉠으로 적절하다.

① ㄱ   ② ㄴ   ③ ㄱ, ㄷ   ④ ㄴ, ㄷ   ⑤ ㄱ, ㄴ, ㄷ

전략적 풀이

❶ **아세트산(CH_3COOH)은 카복실기(−COOH)가 결합되어 있음을 파악한다.**

ㄱ. CH_3COOH은 CH_4 분자의 H 원자 1개 대신에 −COOH가 결합한 구조이며, 물에 녹으면 −COOH에서 (   )을 내놓으므로 약한 (   )을 나타낸다. 아세트산은 (   )의 성분이다.

❷ **탄소 화합물의 정의를 파악한 뒤 암모니아(NH_3)의 성분 원소를 확인한다.**

ㄴ. 탄소 화합물은 (   ) 원자가 H, O, N, S, 할로젠 등의 원자와 결합하여 만들어진 화합물이다. 암모니아의 성분 원소는 (   )와 (   )이므로 암모니아는 탄소 화합물이 아니다.

❸ **에탄올(C_2H_5OH)이 알코올임을 파악하고, 이용 사례를 생각해 본다.**

C_2H_5OH은 에테인(C_2H_6) 분자의 H 원자 1개 대신에 (   ) 1개가 결합한 구조로, 의료용 소독제와 연료 등으로 이용된다.

출제개념

탄소 화합물의 유용성
▶ 본문 14~17쪽

출제의도

탄소 화합물의 종류를 파악하고, 탄소 화합물이 일상생활에서 다양한 용도로 이용되는 예를 확인하는 문제이다.

❸ −OH
❷ C, N, H
❶ 수소 이온(H^+), 산성, 식초

目 ③

01 다음은 암모니아(NH_3)에 대한 자료이다.

> 20세기 초 ㉠암모니아의 대량 합성 방법이 개발되어 화학 비료의 대량 생산이 가능해졌다. 암모니아는 화학 비료 이외에도 약품의 제조나 토양의 산성화 방지 등 여러 분야에 이용되고 있다.

이에 대한 설명으로 옳은 것만을 [보기]에서 있는 대로 고른 것은?

> **보기**
> ㄱ. 암모니아의 구성 원소는 질소와 수소이다.
> ㄴ. 암모니아 수용액의 액성은 산성이다.
> ㄷ. ㉠은 인류의 식량 부족 문제를 해결하는 데 기여하였다.

① ㄱ   ② ㄴ   ③ ㄱ, ㄷ
④ ㄴ, ㄷ   ⑤ ㄱ, ㄴ, ㄷ

02 그림은 4가지 사슬 모양 탄화수소에 대하여 분자당 원자 수와 $\dfrac{H\ 원자\ 수}{C\ 원자\ 수}$의 관계를 나타낸 것이다.

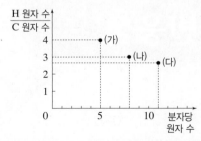

이에 대한 설명으로 옳은 것만을 [보기]에서 있는 대로 고른 것은?

> **보기**
> ㄱ. (가)는 온실 기체 중 하나이다.
> ㄴ. (다)는 액화 천연가스의 주성분 중 하나이다.
> ㄷ. 끓는점은 (나)가 (다)보다 높다.

① ㄱ   ② ㄴ   ③ ㄱ, ㄷ
④ ㄴ, ㄷ   ⑤ ㄱ, ㄴ, ㄷ

03 다음은 물질 (가)~(다)에 대한 자료와 분자 모형을 순서 없이 나타낸 것이다.

- (가)와 (나)는 분자당 H 원자 수가 같다.
- (가)와 (다)는 $\dfrac{O\ 원자\ 수}{H\ 원자\ 수}$가 같다.

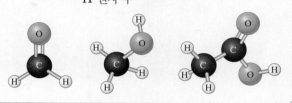

이에 대한 설명으로 옳은 것만을 [보기]에서 있는 대로 고른 것은?

> **보기**
> ㄱ. (가)는 물에 녹아 수소 이온을 내놓는다.
> ㄴ. (나)는 새집 증후군의 원인 물질이다.
> ㄷ. (다)는 O 원자에 결합한 H 원자가 존재한다.

① ㄱ   ② ㄴ   ③ ㄱ, ㄷ
④ ㄴ, ㄷ   ⑤ ㄱ, ㄴ, ㄷ

04 그림은 3가지 탄소 화합물을 분류 기준에 따라 분류한 결과이다.

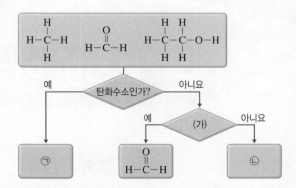

이에 대한 설명으로 옳은 것만을 [보기]에서 있는 대로 고른 것은?

> **보기**
> ㄱ. ㉠의 분자식은 CH_4이다.
> ㄴ. ㉡은 물에 잘 녹는다.
> ㄷ. (가)에는 '다중 결합이 있는가?'가 해당된다.

① ㄱ   ② ㄷ   ③ ㄱ, ㄴ
④ ㄴ, ㄷ   ⑤ ㄱ, ㄴ, ㄷ

I. 화학의 첫걸음

2 물질의 양과 화학 반응식

01 화학식량과 몰   030

02 화학 반응식과 용액의 농도   040

Review

다음 단어가 들어갈 곳을 찾아 빈칸을 완성해 보자.

| 질량비 | 질량 보존 | 용액 | 용해 |

중3
화학 반응의
규칙성

• **화학 반응과 관련된 법칙**

① [**❶**] **법칙**(1772년, 라부아지에): 화학 변화가 일어날 때 반응물의 총질량과 생성물의 총질량은 같다.

반응물의 총질량 = 생성물의 총질량

  • **성립하는 까닭**: 화학 반응이 일어날 때 물질을 이루는 원자의 종류와 수가 변하지 않기 때문이다.
  • 화학 변화와 물리 변화에서 모두 성립한다.

② **일정 성분비 법칙**(1799년, **프루스트**): 화합물을 구성하는 성분 원소 사이에는 항상 일정한 [**❷**]가 성립한다.

  • **성립하는 까닭**: 화합물이 만들어질 때 원자는 항상 일정한 개수비로 결합하기 때문이다.
  • 화합물에서는 성립하지만, 혼합물에서는 성립하지 않는다.

③ **기체 반응 법칙**(게이뤼삭): 같은 온도와 압력에서 기체가 반응하여 새로운 기체를 생성할 때 각 기체의 부피 사이에는 간단한 정수비가 성립한다.

  • **성립하는 까닭**: 일정한 온도와 압력에서 모든 기체는 같은 부피 속에 같은 수의 분자가 들어 있기 때문이다.

중2
물질의 특성

• **용해와 용액**

① [**❸**]: 한 물질이 다른 물질에 녹아 고르게 섞이는 현상
② **용매**: 다른 물질을 녹이는 물질
③ **용질**: 다른 물질에 녹는 물질
④ [**❹**]: 용매와 용질이 고르게 섞여 있는 물질

물   **+**   황산 구리(Ⅱ) 오수화물   **→**   황산 구리(Ⅱ) 수용액

용매   용질   용액

01 화학식량과 몰

핵심 포인트
❶ 원자량, 분자량, 화학식량 ★★
❷ 몰과 아보가드로수 ★★★
❸ 몰과 입자 수, 질량, 기체의 부피 사이의 관계 ★★★

A 화학식량

1. 원자량 ✦질량수가 12인 탄소(^{12}C) 원자의 질량을 12로 정하고 이를 기준으로 하여 나타낸 원자들의 상대적인 질량 ➡ 단위가 없다.

| 탄소 원자와 다른 원자의 원자량 비교 |

C 원자 1개   H 원자 12개

H 원자 1개의 질량 $= \dfrac{1}{12} \times$ C 원자 1개의 질량

➡ H의 원자량 $= \dfrac{1}{12} \times 12 = 1$

C 원자 4개   O 원자 3개

O 원자 1개의 질량 $= \dfrac{4}{3} \times$ C 원자 1개의 질량

➡ O의 원자량 $= \dfrac{4}{3} \times 12 = 16$

(1) 원자량을 사용하는 까닭: 원자는 ✦질량이 매우 작아서 실제의 값을 그대로 사용하는 것이 불편하므로 특정 원자와 비교한 상대적인 질량을 원자량으로 사용한다.

(2) 여러 가지 원소의 원자량

원소	수소(H)	탄소(C)	질소(N)	산소(O)	나트륨(Na)	염소(Cl)
원자량	1	12	14	16	23	35.5

2. 분자량 분자의 상대적인 질량으로 분자를 구성하는 모든 원자들의 원자량을 합한 값

| 물의 분자량 |

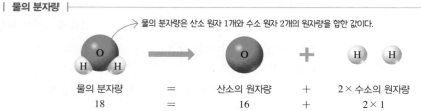

➡ 물의 분자량은 산소 원자 1개와 수소 원자 2개의 원자량을 합한 값이다.

| 물의 분자량 | = | 산소의 원자량 | + | 2 × 수소의 원자량 |
| 18 | = | 16 | + | 2 × 1 |

3. ✦**화학식량** 물질의 화학식을 이루는 각 원자들의 원자량을 합한 값

| 염화 나트륨의 화학식량 |

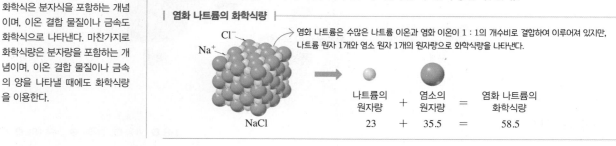

➡ 염화 나트륨은 수많은 나트륨 이온과 염화 이온이 1 : 1의 개수비로 결합하여 이루어져 있지만, 나트륨 원자 1개와 염소 원자 1개의 원자량으로 화학식량을 나타낸다.

Cl⁻
Na⁺
NaCl

| 나트륨의 원자량 | + | 염소의 원자량 | = | 염화 나트륨의 화학식량 |
| 23 | + | 35.5 | = | 58.5 |

왼쪽 여백:

✦ **질량수**
원자핵을 구성하는 양성자수와 중성자수의 합을 질량수라고 한다.

질량수＝양성자수＋중성자수

✦ **원자 1개의 실제 질량**

원자	질량(g)
수소(H)	1.67×10^{-24}
탄소(C)	1.99×10^{-23}
산소(O)	2.66×10^{-23}

주의해!
✦ **평균 원자량**
같은 원소이지만 중성자수가 달라 질량수가 다른 동위 원소의 존재 비율을 고려하여 계산한 원자량을 평균 원자량이라고 한다. 이 단원에서 사용하는 원자량이라는 표현은 평균 원자량을 뜻한다.

동위 원소와 평균 원자량은 Ⅱ-1-01. 원자의 구조에서 더 자세히 배워요.

✦ **화학식과 화학식량**
화학식은 분자식을 포함하는 개념이며, 이온 결합 물질이나 금속도 화학식으로 나타낸다. 마찬가지로 화학식량은 분자량을 포함하는 개념이며, 이온 결합 물질이나 금속의 양을 나타낼 때에도 화학식량을 이용한다.

ⓑ 몰

1. ①몰

(1) **몰(mol)**: 원자, 분자, 이온 등과 같이 매우 작은 입자의 양을 나타내는 묶음 단위

(2) **몰과 ②아보가드로수의 관계**: 1 mol은 입자 6.02×10^{23}개를 뜻하며, 6.02×10^{23}을 아보가드로수라고 한다.

$$1 \text{ mol} = \text{입자} \ 6.02 \times 10^{23}\text{개}$$

① 물질의 종류에 관계없이 물질 1 mol에는 물질을 구성하는 입자 6.02×10^{23}개가 들어 있다.

| 몰과 입자 수의 관계 |

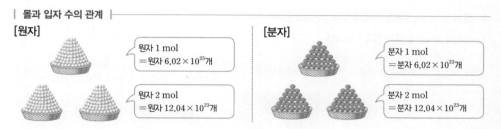

② 물질의 양(mol)을 알면 그 물질을 구성하는 입자의 양(mol)도 알 수 있다.

| 물 분자 1 mol을 이루는 원자의 양(mol) |

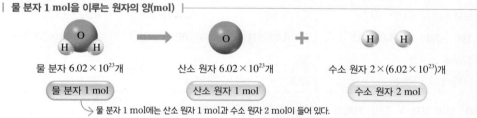

물 분자 6.02×10²³개 → 산소 원자 6.02×10²³개 + 수소 원자 2×(6.02×10²³)개

물 분자 1 mol / 산소 원자 1 mol / 수소 원자 2 mol

└ 물 분자 1 mol에는 산소 원자 1 mol과 수소 원자 2 mol이 들어 있다.

(3) **묶음 단위를 사용하는 까닭**: 원자, 분자와 같은 입자는 매우 작고 가벼워서 물질의 양이 적어도 그 속에는 매우 많은 수의 입자가 포함되어 있으므로 묶음 단위를 사용하면 편리하다.

2. 몰과 질량

(1) *1 mol의 질량**: 화학식량 뒤에 g을 붙인 값과 같다.

구분	1 mol	예
원자	원자량 g	*탄소(C)의 원자량: 12 ➡ C 원자 1 mol의 질량=12 g
분자	분자량 g	물(H_2O)의 분자량: 18 ➡ H_2O 분자 1 mol의 질량=18 g
이온 결합 물질	화학식량 g	염화 나트륨(NaCl)의 화학식량: 58.5 ➡ NaCl 1 mol의 질량=58.5 g

(2) **몰 질량**: 물질 1 mol의 질량으로, 단위는 g/mol로 나타낸다. ─┐•물질을 구성하는 입자의 종류와 수에 따라 몰 질량은 달라진다.

(3) **물질의 양(mol)**: 물질의 질량을 몰 질량으로 나누어서 구할 수 있다.

$$\text{물질의 양(mol)} = \frac{\text{물질의 질량(g)}}{\text{몰 질량(g/mol)}}$$

예 물(H_2O) 54 g의 양(mol)$= \dfrac{H_2O\text{의 질량}}{H_2O\text{의 몰 질량}} = \dfrac{54 \text{ g}}{18 \text{ g/mol}} = 3 \text{ mol}$

◆ 여러 가지 단위

1다스 / 1판 / 12 / 30 / 1접 / 1 mol / 100 / 6.02×10^{23}

◆ 물질 1 mol의 질량 비교

탄소 / 염화 나트륨 / 황 / 구리

· 탄소 1 mol=12 g
· 염화 나트륨 1 mol=58.5 g
· 황 1 mol=32 g
· 구리 1 mol=63.5 g

◆ **탄소(C) 원자 1 mol의 질량과 탄소(C) 원자 1개의 질량**

원자량이 12인 탄소(C) 원자 1 mol, 즉 6.02×10^{23}개의 질량은 12 g이다. 따라서 탄소(C) 원자 1개의 질량은 $\dfrac{12 \text{ g}}{6.02 \times 10^{23}} = 1.99 \times 10^{-23}$ g이다.

(용어)

❶ **몰** '더미'를 뜻하는 라틴어인 mole에서 유래되었으며, 분자를 뜻하는 molecule에서 따온 용어로, 물질을 구성하는 입자의 묶음 단위이다.

❷ **아보가드로수**(avogardro's number) 분자의 개념을 도입하고 아보가드로 법칙을 제안한 과학자인 아보가드로를 기념하기 위해 물질 1 mol에 들어 있는 입자 수를 아보가드로수라고 한다.

화학식량과 몰

◆ 같은 온도와 압력에서 기체의 부피

기체는 분자의 크기를 무시할 수 있을 정도로 분자의 크기보다 분자 사이의 공간이 훨씬 크다. 따라서 기체 분자의 크기가 서로 달라도 같은 온도와 압력에서 같은 부피 속에 들어 있는 기체 분자의 수가 같다.

3. 몰과 기체의 부피

(1) 아보가드로 법칙: 온도와 압력이 같을 때 모든 기체는 같은 부피 속에 같은 수의 분자가 들어 있다. → 아보가드로 법칙은 기체의 종류에 관계없이 모든 기체에 대하여 성립한다.

(2) 기체 1 mol의 부피: 0 °C, 1 atm에서 모든 기체 1 mol의 부피는 22.4 L이다.

> 기체 1 mol의 부피$=22.4$ L(0 °C, 1 atm)

(3) 기체 물질의 양(mol): 0 °C, 1 atm에서 기체의 부피를 22.4 L/mol로 나누어 구한다.

$$기체\ 물질의\ 양(mol)=\frac{기체의\ 부피(L)}{22.4(L/mol)}(0\ °C,\ 1\ atm)$$

4. 몰과 입자 수, 질량, 기체의 부피 사이의 관계

(1) 기체 1 mol의 양(0 °C, 1 atm)

주의해!

부피와 양(mol)의 관계
부피와 양(mol)의 관계는 고체와 액체에서는 적용되지 않고, 기체의 경우에만 적용된다. 그리고 기체 1 mol의 부피가 22.4 L인 것은 0 °C, 1 atm에서만 적용된다.

기체	수소(H_2) 1 mol	산소(O_2) 1 mol	이산화 탄소(CO_2) 1 mol	암모니아(NH_3) 1 mol
모형	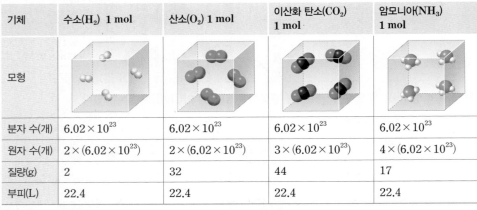			
분자 수(개)	6.02×10^{23}	6.02×10^{23}	6.02×10^{23}	6.02×10^{23}
원자 수(개)	$2\times(6.02\times10^{23})$	$2\times(6.02\times10^{23})$	$3\times(6.02\times10^{23})$	$4\times(6.02\times10^{23})$
질량(g)	2	32	44	17
부피(L)	22.4	22.4	22.4	22.4

암기해!

1 mol의 입자 수, 질량, 기체의 부피(0 °C, 1 atm)
$1\ mol=6.02\times10^{23}$개
$=$몰 질량 g
$=22.4$ L

(2) 몰과 입자 수, 질량, 기체의 부피 사이의 관계 `34쪽 대표` `자료❶, ❷`

$$물질의\ 양(mol)=\frac{입자\ 수}{6.02\times10^{23}/mol}=\frac{질량(g)}{몰\ 질량(g/mol)}=\frac{기체의\ 부피(L)}{22.4(L/mol)}(0\ °C,\ 1\ atm)$$

심화 **+** **아보가드로 법칙을 이용하여 기체의 분자량 구하기** 천재 교과서에만 나와요.

❶ 같은 온도와 압력에서 모든 기체는 같은 부피 속에 같은 수의 분자가 들어 있으므로 같은 부피의 두 기체의 질량비는 분자량 비와 같다. 즉, 한 기체의 분자량을 알고 있다면 두 기체의 질량을 비교하여 다른 기체의 분자량을 구할 수 있다.

❷ 밀도$=\dfrac{질량}{부피}$이므로 부피가 같을 때 두 기체의 질량비는 두 기체의 밀도비와 같다. 즉, 한 기체의 분자량을 알고 있다면 두 기체의 밀도를 비교하여 다른 기체의 분자량을 구할 수 있다.

> $$\frac{기체\ A의\ 질량}{기체\ B의\ 질량}=\frac{기체\ A의\ 분자량}{기체\ B의\ 분자량}=\frac{기체\ A의\ 밀도}{기체\ B의\ 밀도}$$

◆ 몰과 입자 수, 질량, 기체의 부피(0°C, 1 atm) 사이의 관계

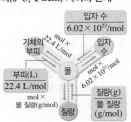

예제 0 °C, 1 atm에서 기체 Y와 이산화 탄소(CO_2) 기체 5.6 L의 질량이 각각 8 g과 11 g일 때, 기체 Y의 분자량을 구하시오. (단, CO_2의 분자량은 44이다.)

해설 $\dfrac{기체\ Y의\ 질량}{CO_2의\ 질량}=\dfrac{기체\ Y의\ 분자량}{CO_2의\ 분자량}$이므로 $\dfrac{8\ g}{11\ g}=\dfrac{기체\ Y의\ 분자량}{44}$에서 기체 Y의 분자량은 32이다.

개념 확인 문제 ●

• (**①**   질량): 질량수가 12인 탄소(^{12}C) 원자의 질량을 12로 정하고, 이를 기준으로 하여 나타낸 원자들의 상대적인 질량

• (**②**   ): 분자의 상대적인 질량으로 분자를 구성하는 모든 원자들의 원자량을 합한 값

• (**③**   ): 물질의 화학식을 이루는 각 원자들의 원자량을 합한 값

• (**④**   ): 원자, 분자, 이온 등과 같이 매우 작은 입자의 양을 나타내는 묶음 단위

   ┌ (**⑤**   ): 1 mol에 들어 있는 입자 수, 6.02×10^{23}

   ├ (**⑥**   ): 물질 1 mol의 질량

   ├ (**⑦**   ): 온도와 압력이 같을 때 모든 기체는 같은 부피 속에 같은 수의 분자가 들어 있다는 법칙

   └ 기체 1 mol의 부피: 0 °C, 1 atm에서 (**⑧**   ) L

• 몰과 입자 수, 질량, 기체의 부피 사이의 관계

$$물질의\ 양(mol) = \frac{입자\ 수}{(⑨\qquad)/mol} = \frac{질량(g)}{(⑩\qquad)(g/mol)} = \frac{기체의\ 부피(L)}{(⑪\qquad)(L/mol)}(0\ °C,\ 1\ atm)$$

---

1 원자량, 분자량, 화학식량에 대한 설명으로 옳은 것은 ○, 옳지 **않은** 것은 ×로 표시하시오.

(1) 원자량은 질량수가 12인 탄소 원자의 질량을 1로 정하여 나타낸 상대적인 질량이다. ·························· (   )

(2) 분자량은 분자를 구성하는 모든 원자들의 원자량을 합한 값이다. ·· (   )

(3) 염화 나트륨($NaCl$)의 화학식량은 나트륨(Na) 원자와 염소(Cl) 원자의 원자량을 합한 값이다. ·········· (   )

(4) 원자량, 분자량, 화학식량의 단위는 모두 그램(g)을 사용한다. ·· (   )

2 다음 물질의 화학식량을 각각 구하시오. (단, 원자량은 H=1, C=12, O=16, Ca=40이다.)

(1) 수소(H_2)   (2) 메테인(CH_4)

(3) 이산화 탄소(CO_2)   (4) 탄산 칼슘($CaCO_3$)

3 몰(mol)에 대한 설명으로 옳은 것은 ○, 옳지 **않은** 것은 ×로 표시하시오. (단, 원자량은 H=1, O=16이다.)

(1) 분자 1 mol은 분자를 이루는 원자 6.02×10^{23}개를 의미한다. ·· (   )

(2) 물(H_2O)의 몰 질량은 18 g/mol이다. ·········· (   )

(3) 기체 1 mol의 부피는 항상 22.4 L이다. ········· (   )

4 0 °C, 1 atm에서 메테인(CH_4) 기체 11.2 L가 있다. 이 메테인(CH_4) 분자의 양(mol)과 분자 수를 구하시오.

5 표는 0 °C, 1 atm에서 몇 가지 기체의 양을 나타낸 것이다. ㉠~㉤에 알맞은 값을 쓰시오.

기체	분자량	양(mol)	질량(g)	부피(L)
질소	28	㉠	28	22.4
산소	32	㉡	㉢	11.2
프로페인	㉣	0.25	11	㉤

6 다음 기체의 질량(g)을 각각 구하시오. (단, 원자량은 H=1, C=12, N=14, O=16이다.)

(1) 수소(H) 원자 1 mol이 포함된 물(H_2O) 분자

(2) 수소(H_2) 분자 5 mol

(3) 0 °C, 1 atm에서 산소(O_2) 기체 5.6 L

(4) 암모니아(NH_3) 분자 12.04×10^{23}개

(5) 이산화 탄소(CO_2) 분자 0.25 mol

대표 자료 분석

자료 ❶ 몰과 물질의 양(mol)

기출 Point
• 주어진 양으로부터 물질의 양(mol) 구하기
• 몰과 입자 수, 질량, 기체의 부피 사이의 관계

[1~3] 표는 0 ℃, 1 atm에서 기체 A, 기체 B, 액체 C, 메탄올(CH_3OH)에 대한 자료이다. (단, 0 ℃, 1 atm에서 CH_3OH은 액체 상태이고, 원자량은 H=1, C=12, O=16이다.)

구분	분자량	밀도	질량	부피
기체 A	㉠	1.25 g/L	㉡	5.6 L
기체 B	㉢	2.50 g/L	28 g	㉣
액체 C	18	1.0 g/mL	㉤	18.0 mL
CH_3OH	32	—	16 g	—

1 ㉠~㉤에 알맞은 값을 쓰시오.

2 기체 A, 기체 B, 액체 C, CH_3OH 중 물질의 양(mol)이 가장 많은 것을 쓰시오.

3 빈출 선택지로 완벽 정리!

(1) 기체의 분자 수비는 A : B=1 : 2이다. ──── (○ / ×)
(2) 1 mol의 질량이 가장 큰 것은 기체 B이다. (○ / ×)
(3) 질량이 가장 작은 것은 액체 C이다. ──── (○ / ×)
(4) 액체 C의 분자 수는 $6.02×10^{23}$개이다. ──── (○ / ×)
(5) 같은 온도와 압력에서 기체의 밀도는 분자량에 비례한다. ──────────────── (○ / ×)
(6) CH_3OH 16 g에 들어 있는 원자는 총 6 mol이다.
──────────────────── (○ / ×)
(7) CH_3OH 48 g을 구성하는 H의 질량은 12 g이다.
──────────────────── (○ / ×)

자료 ❷ 몰과 기체의 양(mol)

기출 Point
• 주어진 양으로부터 기체의 양(mol) 구하기
• 몰과 입자 수, 질량, 기체의 부피 사이의 관계

[1~3] 그림과 같이 일정한 온도와 압력에서 부피가 같은 3개의 금속 용기에 기체 X_2, Y_2, ZX_2가 각각 들어 있다. (단, X~Z는 임의의 원소 기호이다.)

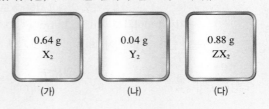

1 (가)~(다)에서 각 기체의 양(mol)을 >, =, <를 이용하여 비교하시오.

2 (가)~(다)에서 각 기체의 분자량 비(X_2 : Y_2 : ZX_2)를 구하시오.

3 빈출 선택지로 완벽 정리!

(1) (가)와 (나)에서 두 기체의 분자 수는 같다. ∙∙ (○ / ×)
(2) (가)와 (다)에 들어 있는 X 원자의 양(mol)은 같다.
──────────────────── (○ / ×)
(3) X와 Z의 원자량 비는 8 : 3이다. ────────── (○ / ×)
(4) Z의 원자량은 Y의 원자량의 12배이다. ────── (○ / ×)
(5) 밀도가 가장 큰 기체는 Y_2이다. ────────── (○ / ×)
(6) (다)에서 X가 차지하는 질량은 0.64 g이다. (○ / ×)

A 화학식량   **B** 몰

01 표는 몇 가지 물질의 분자식과 분자량을 나타낸 것이다.

화합물	분자식	분자량
메테인	CH_4	x
물	H_2O	18
이산화 탄소	㉠	44

이에 대한 설명으로 옳은 것만을 [보기]에서 있는 대로 고른 것은? (단, C의 원자량은 12이다.)

[보기]
ㄱ. x는 16이다.
ㄴ. ㉠은 CO_2이다.
ㄷ. 물 분자 1개의 질량은 18 g이다.

① ㄱ   ② ㄷ   ③ ㄱ, ㄴ
④ ㄴ, ㄷ   ⑤ ㄱ, ㄴ, ㄷ

중요
02 표는 X와 Y로 이루어진 분자 (가)와 (나)에 대한 자료 이다.

분자	(가)	(나)
분자당 원자 수	2	4
분자량(상댓값)	10	17

이에 대한 설명으로 옳은 것만을 [보기]에서 있는 대로 고른 것은? (단, X와 Y는 임의의 원소 기호이고, 원자량은 X > Y 이다.)

[보기]
ㄱ. $\dfrac{Y \text{ 원자 수}}{X \text{ 원자 수}}$ 는 (가) > (나)이다.
ㄴ. $\dfrac{Y \text{ 원자량}}{X \text{ 원자량}} > \dfrac{1}{2}$ 이다.
ㄷ. 1 g에 들어 있는 Y 원자 수비는 (가) : (나) = 1 : 3이다.

① ㄱ   ② ㄴ   ③ ㄱ, ㄷ
④ ㄴ, ㄷ   ⑤ ㄱ, ㄴ, ㄷ

03 그림은 2가지 물질의 분자 모형을 나타낸 것이다.

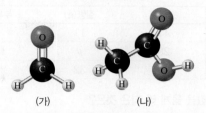

(가)   (나)

이에 대한 설명으로 옳은 것만을 [보기]에서 있는 대로 고른 것은? (단, 원자량은 H=1, C=12, O=16이다.)

[보기]
ㄱ. 분자량은 (나)가 (가)의 2배이다.
ㄴ. 1 mol에 들어 있는 전체 원자 수는 (나)가 (가)의 2배 이다.
ㄷ. 1 g에 들어 있는 전체 원자 수는 (가)와 (나)가 같다.

① ㄱ   ② ㄷ   ③ ㄱ, ㄴ
④ ㄴ, ㄷ   ⑤ ㄱ, ㄴ, ㄷ

04 그림은 질소(N)와 산소(O)로 이루어진 화합물 X와 Y 에서 성분 원소의 질량 관계를 나타낸 것이다.

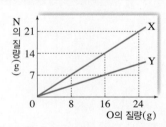

이에 대한 설명으로 옳은 것만을 [보기]에서 있는 대로 고른 것은? (단, 원자량은 N=14, O=16이고, X의 분자량은 30 이며, Y는 삼원자 분자이다.)

[보기]
ㄱ. X의 분자식은 NO이다.
ㄴ. Y를 구성하는 원자 수비는 N : O=1 : 2이다.
ㄷ. 1 g에 들어 있는 산소 원자 수는 X > Y이다.

① ㄱ   ② ㄷ   ③ ㄱ, ㄴ
④ ㄴ, ㄷ   ⑤ ㄱ, ㄴ, ㄷ

05 표는 0 °C, 1 atm에서 몇 가지 기체에 대한 자료이다.

기체	분자량	질량(g)	부피(L)
(가)	44	11	x
(나)	28	y	11.2
(다)	z	32	22.4

$x \sim z$의 값을 옳게 짝 지은 것은?

	x	y	z		x	y	z
①	5.6	14	16	②	5.6	14	32
③	5.6	28	32	④	11.2	14	16
⑤	22.4	28	32				

06 0 °C, 1 atm에서 입자 수가 가장 많은 것은? (단, 원자량은 C=12, O=16이다.)

① 산소(O₂) 32 g에 들어 있는 산소 분자의 수
② 메테인(CH₄) 기체 22.4 L에 들어 있는 수소 원자의 수
③ 염화 나트륨(NaCl) 1 mol에 들어 있는 전체 이온의 수
④ 이산화 탄소(CO₂) 44 g에 들어 있는 전체 원자의 수
⑤ 수소(H₂) 분자 6.02×10^{23}개에 들어 있는 수소 원자의 수

07 같은 온도와 압력에서 산소(O₂) 기체 1 mol과 질소(N₂) 기체 1 mol이 같은 값을 갖는 것을 [보기]에서 있는 대로 고른 것은? (단, 원자량은 N=14, O=16이다.)

[보기]
ㄱ. 화학식량　　ㄴ. 질량　　ㄷ. 부피
ㄹ. 밀도　　ㅁ. 분자 수　　ㅂ. 원자 수

① ㄱ, ㄴ　　② ㄷ, ㄹ　　③ ㅁ, ㅂ
④ ㄱ, ㄴ, ㄹ　　⑤ ㄷ, ㅁ, ㅂ

08 그림은 원자 X~Z의 질량 관계를 나타낸 것이다. X 원자 1개의 질량은 a g이고, 아보가드로수는 N_A이다.

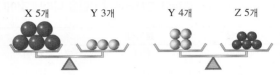

이에 대한 설명으로 옳은 것만을 [보기]에서 있는 대로 고른 것은? (단, X~Z는 임의의 원소 기호이다.)

[보기]
ㄱ. Y의 원자량은 $\frac{5}{3}a$이다.
ㄴ. 1 g에 들어 있는 원자 수비는 X : Z=4 : 3이다.
ㄷ. XZ_2 1 mol의 질량은 $\frac{11}{3}aN_A$ g이다.

① ㄱ　　② ㄷ　　③ ㄱ, ㄴ
④ ㄴ, ㄷ　　⑤ ㄱ, ㄴ, ㄷ

09 표는 X와 Y로 이루어진 분자 (가)~(다)에 대한 자료이다. 원자량은 X>Y이다.

분자	(가)	(나)	(다)
분자당 원자 수	2	3	5
몰 질량(g/mol)	$15m$	$22m$	$38m$

이에 대한 설명으로 옳은 것만을 [보기]에서 있는 대로 고른 것은? (단, X와 Y는 임의의 원소 기호이고, 아보가드로수는 N_A이다.)

[보기]
ㄱ. (다)의 분자식은 X_2Y_3이다.
ㄴ. X 원자 1개의 질량은 $\frac{8m}{N_A}$ g이다.
ㄷ. $\dfrac{Y의 질량}{전체 질량}$ 은 (가)가 (나)의 $\frac{22}{15}$ 배이다.

① ㄱ　　② ㄴ　　③ ㄱ, ㄷ
④ ㄴ, ㄷ　　⑤ ㄱ, ㄴ, ㄷ

10 표는 t °C, 1 atm에서 기체 A와 액체 B, 메탄올(CH_3OH)에 대한 자료이다.

물질	기체 A	액체 B	CH_3OH
분자량		18	32
밀도	1.28 g/L	1.0 g/mL	—
질량			16 g
부피	12.5 L	9.0 mL	—

이에 대한 설명으로 옳은 것만을 [보기]에서 있는 대로 고른 것은? (단, 원자량은 H=1, C=12, O=16이고, t °C, 1 atm에서 기체 1 mol의 부피는 25 L이다.)

[보기]
ㄱ. 분자량은 A가 B보다 작다.
ㄴ. B와 CH_3OH의 분자 수는 같다.
ㄷ. CH_3OH에서 $\dfrac{C의 질량}{전체 질량} = \dfrac{3}{4}$이다.

① ㄱ ② ㄴ ③ ㄱ, ㄷ
④ ㄴ, ㄷ ⑤ ㄱ, ㄴ, ㄷ

11 표는 t °C, 1 atm에서 기체 (가)~(다)에 대한 자료이다.

기체	(가)	(나)	(다)
분자식	XZ_4	XY_2	XY
1 g의 부피(상댓값)	77	28	44

이에 대한 설명으로 옳은 것만을 [보기]에서 있는 대로 고른 것은? (단, X~Z는 임의의 원소 기호이다.)

[보기]
ㄱ. 분자량 비는 $XZ_4 : XY_2 = 4 : 11$이다.
ㄴ. 1 mol의 질량은 X_2Z_6와 XYZ_2가 서로 같다.
ㄷ. 1 g에 들어 있는 전체 원자 수비는 (나) : (다)= 21 : 22이다.

① ㄱ ② ㄷ ③ ㄱ, ㄴ
④ ㄴ, ㄷ ⑤ ㄱ, ㄴ, ㄷ

12 표는 t °C, 1 atm에서 기체 (가)~(다)에 대한 자료이다. (가)~(다)에 포함된 수소(H) 원자의 전체 질량은 서로 같다.

기체	분자식	질량(g)	전체 원자 수
(가)	C_xH_y	4	㉠
(나)	NH_3	w	
(다)	H_2S	$3w$	$1.5N_A$

이에 대한 설명으로 옳은 것만을 [보기]에서 있는 대로 고른 것은? (단, 원자량은 H=1, C=12, N=14이고, N_A는 아보가드로수이다.)

[보기]
ㄱ. $x+y=5$이다.
ㄴ. ㉠은 $1.2N_A$이다.
ㄷ. 기체의 부피비는 (나) : (다)=2 : 3이다.

① ㄴ ② ㄷ ③ ㄱ, ㄴ
④ ㄱ, ㄷ ⑤ ㄱ, ㄴ, ㄷ

13 그림과 같이 0 °C, 1 atm에서 부피가 2.24 L인 2개의 플라스크에 메테인(CH_4) 기체와 이산화 탄소(CO_2) 기체가 각각 들어 있다.

이에 대한 설명으로 옳은 것만을 [보기]에서 있는 대로 고른 것은? (단, 원자량은 H=1, C=12, O=16이다.)

[보기]
ㄱ. (가)에서 CH_4의 질량은 1.6 g이다.
ㄴ. (가)와 (나)에서 두 기체의 분자 수는 같다.
ㄷ. 기체의 밀도는 (나)가 (가)보다 크다.

① ㄱ ② ㄷ ③ ㄱ, ㄴ
④ ㄴ, ㄷ ⑤ ㄱ, ㄴ, ㄷ

14 그림은 t °C, 1 atm에서 실린더에 기체 AB_2와 C_2B가 각각 들어 있는 것을 나타낸 것이다.

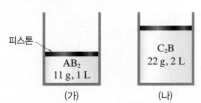

피스톤

AB_2
11 g, 1 L
(가)

C_2B
22 g, 2 L
(나)

이에 대한 설명으로 옳은 것만을 [보기]에서 있는 대로 고른 것은? (단, A~C는 임의의 원소 기호이고, (가)와 (나)에서 각각 B만의 질량은 4 g으로 같다.)

[보기]
ㄱ. 분자량은 AB_2와 C_2B가 같다.
ㄴ. 원자량 비는 A : C=7 : 9이다.
ㄷ. 같은 질량에 들어 있는 B 원자 수비는 AB_2 : C_2B =2 : 1이다.

① ㄴ ② ㄱ, ㄴ ③ ㄱ, ㄷ
④ ㄴ, ㄷ ⑤ ㄱ, ㄴ, ㄷ

15 그림 (가)는 피스톤으로 분리된 용기에 기체 XY_2 11 g과 기체 ZY_2 x g이 들어 있는 것을, (나)는 ZY_2가 들어 있는 부분에 기체 ZY_3 40 g을 더 넣은 것을 나타낸 것이다. 온도는 일정하고, 각 기체는 서로 반응하지 않으며, 원자량은 Z가 Y의 2배이다.

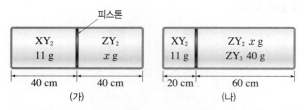

피스톤

XY_2
11 g

ZY_2
x g

40 cm | 40 cm
(가)

XY_2
11 g

ZY_2 x g
ZY_3 40 g

20 cm | 60 cm
(나)

이에 대한 설명으로 옳은 것만을 [보기]에서 있는 대로 고른 것은? (단, X~Z는 임의의 원소 기호이며, 피스톤의 마찰은 무시한다.)

[보기]
ㄱ. x=16이다.
ㄴ. 원자량 비는 X : Y=3 : 4이다.
ㄷ. (나)에서 전체 원자 수는 ZY_2가 ZY_3의 $\frac{3}{8}$배이다.

① ㄴ ② ㄷ ③ ㄱ, ㄴ
④ ㄱ, ㄷ ⑤ ㄱ, ㄴ, ㄷ

16 표는 t °C, 1 atm에서 실린더에 들어 있는 기체 (가)와 (나)에 대한 자료이다. 실린더 안에 들어 있는 전체 기체에서 $\dfrac{Y의\ 질량}{X의\ 질량} = \dfrac{3}{4}$이고, (가)와 (나)는 서로 반응하지 않으며, 원자량 비는 X : Y=8 : 7이다.

기체	분자식	분자량	$\dfrac{Y의\ 질량}{X의\ 질량}$ (상댓값)
(가)	XY_2	a	3
(나)	X_xY_{5-x}	76	1

이에 대한 설명으로 옳은 것만을 [보기]에서 있는 대로 고른 것은? (단, X와 Y는 임의의 원소 기호이다.)

[보기]
ㄱ. x=2이다.
ㄴ. a=44이다.
ㄷ. 실린더에서 $\dfrac{기체\ (가)의\ 양(mol)}{전체\ 기체의\ 양(mol)} = \dfrac{2}{3}$이다.

① ㄴ ② ㄷ ③ ㄱ, ㄴ
④ ㄱ, ㄷ ⑤ ㄱ, ㄴ, ㄷ

17 t °C, 1 atm에서 그림 (가)는 실린더에 기체 X_2 1 g이 들어 있는 것을, (나)는 (가)의 실린더에 기체 X_4Y_2 12 g을 첨가한 것을 나타낸 것이다. X_2의 분자량은 2이고, X_2와 X_4Y_2는 서로 반응하지 않는다. (단, X와 Y는 임의의 원소 기호이고, 기체의 온도와 압력은 일정하며, t °C, 1 atm에서 기체 1 mol의 부피는 24 L이다.)

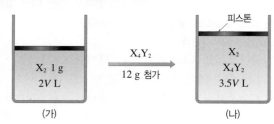

피스톤

X_2 1 g
$2V$ L
(가)

X_4Y_2
12 g 첨가
→

X_2
X_4Y_2
$3.5V$ L
(나)

(1) Y_2 V L의 질량(g)을 구하시오.

(2) (나)에서 $\dfrac{Y\ 원자\ 수}{전체\ 원자\ 수}$의 값을 구하시오.

01 표는 t °C, 1 atm에서 기체 (가)~(다)에 대한 자료의 일부이다.

기체	(가)	(나)	(다)
분자식	XY_3	X_2Y_2	X_2Y_4
질량(g)	34	40	㉠
부피(L)	$2V$	$\frac{4}{3}V$	
원자 수(상댓값)	8		3

이에 대한 설명으로 옳은 것만을 [보기]에서 있는 대로 고른 것은? (단, X와 Y는 임의의 원소 기호이다.)

[보기]
ㄱ. ㉠은 16이다.
ㄴ. 원자량 비는 X : Y=12 : 1이다.
ㄷ. 기체의 밀도비는 (나) : (다)=3 : 4이다.

① ㄱ   ② ㄷ   ③ ㄱ, ㄴ
④ ㄴ, ㄷ   ⑤ ㄱ, ㄴ, ㄷ

02 다음은 분자 (가)~(다)에 대한 자료이다. (나)의 분자식은 X_2Z이고, (가)~(다)는 분자당 Z 원자 수가 같다.

분자	(가)	(나)	(다)
구성 원소	X, Y, Z	X, Z	Y, Z
분자당 원자 수	4	3	5
분자량	㉠	㉡	88
성분 원소의 질량비	X : Y : Z =8 : 19 : 6	X : Z =8 : 3	Y : Z =19 : 3

이에 대한 설명으로 옳은 것만을 [보기]에서 있는 대로 고른 것은? (단, X~Z는 임의의 원소 기호이다.)

[보기]
ㄱ. 원자량 비는 X : Z는 3 : 4이다.
ㄴ. (가)의 분자식은 XY_2Z이다.
ㄷ. (가)와 (나)의 분자량 비 ㉠ : ㉡=3 : 2이다.

① ㄱ   ② ㄷ   ③ ㄱ, ㄴ
④ ㄴ, ㄷ   ⑤ ㄱ, ㄴ, ㄷ

03 표는 원소 X와 Y로 이루어진 기체 (가)~(다)에 대한 자료이다. (가)~(다)의 분자당 원자 수는 4 이하이다.

기체	(가)	(나)	(다)
$\frac{Y의\ 질량}{X의\ 질량}$ (상댓값)	1	4	2
기체의 질량(g)	44	23	a
전체 분자의 양(mol) (상댓값)	4		3
전체 원자의 양(mol) (상댓값)	2	1	2

이에 대한 설명으로 옳은 것만을 [보기]에서 있는 대로 고른 것은? (단, X와 Y는 임의의 원소 기호이다.)

[보기]
ㄱ. (다)의 분자식은 X_2Y_2이다.
ㄴ. $a=45$이다.
ㄷ. 전체 질량에서 X가 차지하는 질량은 (나)가 (다)의 $\frac{2}{3}$배이다.

① ㄱ   ② ㄷ   ③ ㄱ, ㄴ
④ ㄴ, ㄷ   ⑤ ㄱ, ㄴ, ㄷ

04 표는 20 °C, 1 atm에서 기체 (가)~(다)에 대한 자료이다.

기체	분자식	질량(상댓값)	부피(상댓값)
(가)	A_3B_x	3	1
(나)	A_4B_{x+2}	4	1
(다)	A_yB_{6-y}	4	2

이에 대한 설명으로 옳은 것만을 [보기]에서 있는 대로 고른 것은? (단, A와 B는 임의의 원소 기호이다.)

[보기]
ㄱ. $x+y=8$이다.
ㄴ. $\frac{A의\ 질량}{기체의\ 질량}$은 (나)>(가)이다.
ㄷ. 같은 양(mol)의 B 원자를 포함하는 기체의 질량은 (나)와 (다)가 같다.

① ㄱ   ② ㄴ   ③ ㄱ, ㄷ
④ ㄴ, ㄷ   ⑤ ㄱ, ㄴ, ㄷ

02 화학 반응식과 용액의 농도

핵심 포인트
❶ 화학 반응식 ★★
❷ 화학 반응에서의 양적 관계 ★★★
❸ 몰 농도 ★★★

A 화학 반응식

1. 화학 반응식

(1) **화학 반응식**: 화학 반응을 화학식과 기호를 이용하여 나타낸 식

(2) **화학 반응식을 나타내는 방법**

◆ 화학 반응식을 나타낼 수 있는 까닭
화학 반응이 일어날 때는 반응 전과 후에 원자가 새로 생겨나거나 없어지지 않으므로 반응물과 생성물을 구성하는 원자의 종류와 수가 같다. 따라서 이를 이용하여 화학 반응식을 나타낼 수 있다.

1단계 | 반응물과 생성물을 화학식으로 나타낸다.

- 반응물: 수소 기체(H_2), 산소 기체(O_2)
- 생성물: 수증기(H_2O)

2단계 | '→'를 기준으로 반응물은 왼쪽에, 생성물은 오른쪽에 쓴다. 반응물이나 생성물이 2가지 이상일 경우에는 각 물질을 '+'로 연결한다.

수소+산소 ⟶ 수증기 ➡ $H_2+O_2 \longrightarrow H_2O$

3단계 | 반응 전후 반응물과 생성물을 구성하는 원자의 종류와 수가 같도록 화학식 앞의 ❶계수를 맞춘다. 이때 계수는 가장 간단한 정수로 나타내고, 1이면 생략한다.

① 산소(O) 원자 수를 맞추기 위해 H_2O 앞에 계수 2를 붙인다.
➡ $H_2+O_2 \longrightarrow 2H_2O$
② 수소(H) 원자 수를 맞추기 위해 H_2 앞에 계수 2를 붙인다.
➡ $2H_2+O_2 \longrightarrow 2H_2O$

◆ 앙금과 기체가 생성될 때의 표시
화학 반응에서 앙금이 생성될 때는 화학식 뒤에 '↓'를 표시하고, 기체가 발생할 때는 화학식 뒤에 '↑'를 표시하기도 한다.
예 • 앙금 생성 반응
$NaCl(aq)+AgNO_3(aq)$
$\longrightarrow NaNO_3(aq)+AgCl(s)\downarrow$
• 기체 발생 반응
$Mg(s)+2HCl(aq)$
$\longrightarrow MgCl_2(aq)+H_2(g)\uparrow$

4단계 | 물질의 상태는 (   ) 안에 기호를 써서 화학식 뒤에 표시한다.

고체(solid): s, 액체(liquid): l, 기체(gas): g, 수용액(aqueous solution): aq
➡ $2H_2(g)+O_2(g) \longrightarrow 2H_2O(g)$

심화 ➕ 미정 계수법을 이용하여 화학 반응식의 계수 맞추기

복잡한 화학 반응식은 방정식을 이용하여 완성할 수 있다. 이를 미정 계수법이라고 한다.

예 메탄올(CH_3OH)의 연소 반응

[1단계] 반응물과 생성물의 계수를 a, b, c, d 등으로 나타낸다.
➡ $aCH_3OH+bO_2 \longrightarrow cCO_2+dH_2O$

[2단계] 반응 전과 후에 원자의 종류와 수가 같도록 방정식을 세운다.
➡ C 원자 수: $a=c$, H 원자 수: $4a=2d$, O 원자 수: $a+2b=2c+d$

[3단계] 방정식의 계수 중 하나를 1로 놓고 다른 계수를 구한 다음, 구한 계수를 방정식에 대입하여 계수가 가장 간단한 정수가 되도록 조정한다.
➡ $a=1$이라면 $b=\frac{3}{2}$, $c=1$, $d=2$이다. 따라서 계수 전체에 2를 곱한다.
$2CH_3OH+3O_2 \longrightarrow 2CO_2+4H_2O$

[4단계] 물질의 상태를 표시하고, 반응 전과 후에 원자의 종류와 수가 같은지 확인한다.
➡ $2CH_3OH(l)+3O_2(g) \longrightarrow 2CO_2(g)+4H_2O(l)$

(용어)
❶ 계수(係 걸리다, 잇다 數 숫자)
기호 문자와 숫자로 된 식에서 숫자를 가리키는 말

2. 화학 반응식으로 알 수 있는 것 반응물과 생성물의 종류를 알 수 있고, 반응물과 생성물의 계수비로부터 물질의 양(mol), 분자 수, 기체의 부피, 질량 등의 양적 관계를 파악할 수 있다.

(1) 화학 반응식의 계수비는 몰비 또는 분자 수비와 같다.

(2) 기체인 경우 일정한 온도와 압력에서 화학 반응식의 계수비는 기체의 부피비와 같다.

암기해!

화학 반응식의 계수비
계수비＝몰비＝분자 수비
＝부피비(기체의 경우)

궁금해?

화학 반응식의 계수비와 질량비는 왜 같지 않을까?
물질의 질량(g)＝물질의 양(mol) × 몰 질량(g/mol)인데 물질에 따라 몰 질량이 다르기 때문에 화학 반응식의 계수비와 질량비는 같지 않다.

주의해!

화학 반응에서의 부피 관계
화학 반응에서의 부피 관계는 기체에 대해서만 성립하며, 모든 기체는 종류에 관계없이 온도와 압력이 일정할 때 1 mol의 부피가 같다는 사실을 이용한다.

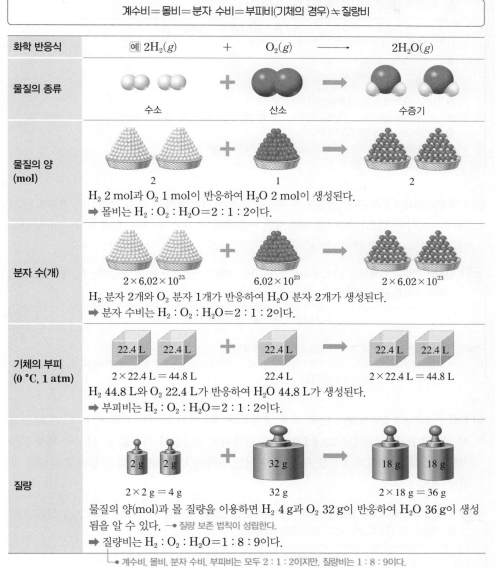

계수비＝몰비＝분자 수비＝부피비(기체의 경우)≒질량비

화학 반응식	예 $2H_2(g)$ ＋ $O_2(g)$ ⟶ $2H_2O(g)$
물질의 종류	수소 ＋ 산소 ⟶ 수증기
물질의 양 (mol)	2 ＋ 1 ⟶ 2 H_2 2 mol과 O_2 1 mol이 반응하여 H_2O 2 mol이 생성된다. ➡ 몰비는 $H_2 : O_2 : H_2O = 2 : 1 : 2$이다.
분자 수(개)	$2 \times 6.02 \times 10^{23}$ ＋ 6.02×10^{23} ⟶ $2 \times 6.02 \times 10^{23}$ H_2 분자 2개와 O_2 분자 1개가 반응하여 H_2O 분자 2개가 생성된다. ➡ 분자 수비는 $H_2 : O_2 : H_2O = 2 : 1 : 2$이다.
기체의 부피 (0 °C, 1 atm)	22.4 L 22.4 L ＋ 22.4 L ⟶ 22.4 L 22.4 L 2×22.4 L ＝ 44.8 L 22.4 L 2×22.4 L ＝ 44.8 L H_2 44.8 L와 O_2 22.4 L가 반응하여 H_2O 44.8 L가 생성된다. ➡ 부피비는 $H_2 : O_2 : H_2O = 2 : 1 : 2$이다.
질량	2 g 2 g ＋ 32 g ⟶ 18 g 18 g 2×2 g ＝ 4 g 32 g 2×18 g ＝ 36 g 물질의 양(mol)과 몰 질량을 이용하면 H_2 4 g과 O_2 32 g이 반응하여 H_2O 36 g이 생성됨을 알 수 있다. → 질량 보존 법칙이 성립한다. ➡ 질량비는 $H_2 : O_2 : H_2O = 1 : 8 : 9$이다.

└● 계수비, 몰비, 분자 수비, 부피비는 모두 2 : 1 : 2이지만, 질량비는 1 : 8 : 9이다.

3. 화학 반응에서의 양적 관계 화학 반응식에서 각 물질의 계수비는 몰비와 같다는 것을 이용하여 반응물과 생성물의 질량이나 부피를 구할 수 있다. → 이때 물질의 질량이나 부피를 양(mol)으로 먼저 환산하는 것이 편리하다.

(1) 화학 반응에서의 질량 관계

① 화학 반응 전후에 질량은 같다.

② 화학 반응식의 계수비가 몰비와 같으므로 이를 이용하면 반응물과 생성물 중 어느 한쪽의 질량만 알아도 다른 한쪽의 질량을 알 수 있다.

반응물과 생성물의 질량 관계를 알기 위해서는 반응물과 생성물의 양이 몇 mol인지 알아야 한다.

예제 14 g의 질소(N_2)가 충분한 양의 수소(H_2)와 모두 반응할 때 생성되는 암모니아(NH_3)의 질량을 구해 본다. (단, N_2의 분자량은 28, NH_3의 분자량은 17이다.)

$$N_2(g) + 3H_2(g) \longrightarrow 2NH_3(g)$$

해설 ❶ 반응물의 질량(g)을 양(mol)으로 바꾼다.

➡ N_2의 양(mol) = $\dfrac{질량(g)}{몰\ 질량(g/mol)}$ = $\dfrac{14\ g}{28\ g/mol}$ = 0.5 mol

❷ '계수비=몰비'를 이용하여 생성물의 양(mol)을 구한다.

➡ N_2와 NH_3의 계수비가 1 : 2이므로 몰비도 1 : 2이다. 따라서 N_2 0.5 mol이 모두 반응하면 NH_3 1 mol이 생성된다.

❸ 생성물의 양(mol)을 질량(g)으로 바꾼다.

➡ NH_3의 질량(g) = 양(mol) × 몰 질량(g/mol) = 1 mol × 17 g/mol = 17 g

즉, NH_3는 17 g이 생성된다.

(2) 화학 반응에서의 부피 관계: 반응물과 생성물이 기체인 반응에서 화학 반응식의 계수비는 기체의 부피비와 같으므로 이를 이용하면 반응물과 생성물 중 어느 한쪽의 부피만 알아도 다른 한쪽의 부피를 알 수 있다.

반응물과 생성물의 부피 관계에서는 반응물과 생성물의 양을 mol로 전환하지 않아도 된다.

예제 일정한 온도와 압력에서 10 L의 프로페인(C_3H_8) 기체가 완전 연소할 때 생성되는 이산화 탄소(CO_2) 기체의 부피를 구해 본다.

$$C_3H_8(g) + 5O_2(g) \longrightarrow 3CO_2(g) + 4H_2O(l)$$

해설 '계수비=기체의 부피비'를 이용하여 생성물의 부피(L)를 구한다.

➡ C_3H_8과 CO_2의 계수비가 1 : 3이므로 기체의 부피비도 1 : 3이다. 따라서 일정한 온도와 압력에서 C_3H_8 기체 10 L가 모두 반응하면 CO_2 기체 30 L가 생성된다.

> **주의해!**
>
> **화학 반응에서의 부피 관계 구하기**
> 온도와 압력이 일정한 조건에서만 기체의 부피를 구할 수 있다.

(3) 화학 반응에서의 질량과 부피 관계: 화학 반응식의 계수비가 몰비와 같으며, 0 °C, 1 atm에서 기체 1 mol의 부피가 22.4 L인 것을 이용하여 반응물과 생성물 중 어느 한쪽의 질량으로부터 다른 한쪽의 부피를 구하거나, 어느 한쪽의 부피로부터 다른 한쪽의 질량을 구할 수 있다.

화학 반응식의 계수비는 질량비와 같지 않다. 따라서 질량과 부피 관계를 따질 때에는 반응물과 생성물의 양이 몇 mol인지 알아야 한다.

예제 0 °C, 1 atm에서 에탄올(C_2H_5OH) 11.5 g이 완전 연소할 때 생성되는 이산화 탄소(CO_2) 기체의 부피를 구해 본다. (단, C_2H_5OH의 분자량은 46이다.)

$$C_2H_5OH(l) + 3O_2(g) \longrightarrow 2CO_2(g) + 3H_2O(l)$$

해설 ❶ 반응물의 질량(g)을 양(mol)으로 바꾼다.

➡ C_2H_5OH의 양(mol) = $\dfrac{질량(g)}{몰\ 질량(g/mol)}$ = $\dfrac{11.5\ g}{46\ g/mol}$ = 0.25 mol

❷ '계수비=몰비'를 이용하여 생성물의 양(mol)을 구한다.

➡ C_2H_5OH과 CO_2의 계수비가 1 : 2이므로 몰비도 1 : 2이다. 따라서 C_2H_5OH 0.25 mol이 모두 반응하면 CO_2 0.5 mol이 생성된다.

❸ 생성물의 양(mol)을 부피(L)로 바꾼다.

➡ 0 °C, 1 atm에서 CO_2 기체 1 mol의 부피는 22.4 L이므로 CO_2 기체 0.5 mol의 부피는 11.2 L이다. 즉, CO_2 기체 11.2 L가 생성된다.

탄산 칼슘과 묽은 염산의 반응에서의 양적 관계

과정 ▶ ❶ 탄산 칼슘($CaCO_3$) 가루 1.0 g, 2.0 g, 3.0 g을 각각 측정한다.

❷ 3개의 삼각 플라스크에 묽은 염산($HCl(aq)$)을 30 mL씩 넣고 질량을 측정한다.

❸ ◆묽은 염산이 들어 있는 삼각 플라스크를 저울 위에 올려놓은 후, 탄산 칼슘 1.0 g을 넣어 반응시킨다.

❹ 반응이 완전히 끝나면 삼각 플라스크 전체의 질량을 측정한다.

❺ 탄산 칼슘 2.0 g, 3.0 g을 사용하여 과정 ❸, ❹를 반복한다.

탄산 칼슘
묽은 염산

결과 ▶ 1. 화학 반응식: $CaCO_3(s) + 2HCl(aq) \longrightarrow CaCl_2(aq) + CO_2(g) + H_2O(l)$

2. 이산화 탄소 기체가 발생하여 플라스크 밖으로 빠져나가므로 반응 후 질량이 감소한다.
   ➡ ◆반응 전과 후의 질량 차이는 발생한 이산화 탄소의 질량에 해당한다.

3. 반응한 탄산 칼슘과 발생한 이산화 탄소의 양(mol) (단, 화학식량은 탄산 칼슘이 100, 이산화 탄소가 44이다.)

실험	I	II	III
반응한 탄산 칼슘의 질량(g)	1.0	2.0	3.0
발생한 이산화 탄소의 질량(g)	0.4	0.9	1.3
반응한 탄산 칼슘의 양(mol)	$\frac{1.0}{100}=0.01$	$\frac{2.0}{100}=0.02$	$\frac{3.0}{100}=0.03$
발생한 이산화 탄소의 양(mol)	$\frac{0.4}{44}≒0.01$	$\frac{0.9}{44}≒0.02$	$\frac{1.3}{44}≒0.03$

해석 ▶ 반응한 탄산 칼슘과 발생한 이산화 탄소의 몰비는 1 : 1이며, 화학 반응식의 계수비와 같다.

같은 탐구 다른 실험

마그네슘과 묽은 염산의 반응에서의 양적 관계 교학사, 상상 교과서에만 나와요.

과정 ▶ 그림과 같이 장치하고 충분한 양의 묽은 염산($HCl(aq)$)에 마그네슘(Mg) 리본 0.02 g을 넣어 반응시켰을 때 유리 주사기에 모이는 기체의 부피를 측정한다. 마그네슘 0.04 g, 0.06 g에 대해서도 같은 과정을 반복하여 기체의 부피를 측정한다.

묽은 염산
마그네슘
유리 주사기

결과 ▶ 1. 화학 반응식: $Mg(s) + 2HCl(aq) \longrightarrow MgCl_2(aq) + H_2(g)$

2. 반응한 마그네슘과 발생한 수소의 양(mol) (단, 마그네슘의 원자량은 24이고, 25 °C, 1 atm에서 기체 1 mol의 부피는 24.5 L이다.) ◆발생한 수소의 양(mol)을 계산할 때는 발생한 수소의 부피를 mL에서 L로 바꾸어 1 mol의 부피로 나누어 준다.

실험	I	II	III
반응한 마그네슘의 질량(g)	0.02	0.04	0.06
발생한 수소의 부피(mL)	20	41	61
반응한 마그네슘의 양(mol)	$\frac{0.02}{24}≒0.0008$	$\frac{0.04}{24}≒0.0017$	$\frac{0.06}{24}=0.0025$
발생한 수소의 양(mol)	$\frac{0.02}{24.5}≒0.0008$	$\frac{0.041}{24.5}≒0.0017$	$\frac{0.061}{24.5}≒0.0025$

해석 ▶ 반응한 마그네슘과 발생한 수소의 몰비는 1 : 1이며, 화학 반응식의 계수비와 같다.

◆ **실험 오차 줄이기**
탄산 칼슘과 묽은 염산이 반응하면 열이 발생하는데, 이 열에 의해 묽은 염산 중의 물이 증발하여 플라스크 밖으로 빠져나갈 수 있다. 수증기가 빠져나가면 발생한 이산화 탄소의 질량이 실제보다 크게 측정되어 오차의 요인이 된다. 따라서 실험을 더 정확히 하기 위해 솜으로 플라스크 입구를 느슨하게 막아 발생한 이산화 탄소는 통과시키고 수증기는 응축시켜 빠져나가지 못하게 한다.

◆ **발생한 이산화 탄소의 질량을 구하는 방법**
발생한 이산화 탄소의 질량은 반응 전 묽은 염산이 들어 있는 삼각 플라스크의 질량과 탄산 칼슘의 질량을 합한 값에서 반응 후 삼각 플라스크 전체의 질량을 빼서 구한다.

확인 문제

1 탄산 칼슘 10 g을 충분한 양의 묽은 염산과 반응시킬 때 생성되는 물의 질량은 몇 g인지 구하시오. (단, 물의 분자량은 18이다.)

2 마그네슘 0.24 g을 충분한 양의 묽은 염산과 반응시킬 때 발생하는 수소 기체의 부피는 0 °C, 1 atm에서 몇 L인지 구하시오.

확인 문제 답
1 1.8 g
2 0.224 L

개념 확인 문제

- (❶   ): 화학 반응을 화학식과 기호를 이용하여 나타낸 식
- 화학 반응식으로 알 수 있는 것

   (❷   )=몰비=분자 수비=(❸   )(기체의 경우)≒질량비

- 화학 반응에서의 양적 관계

질량(g)	÷ 몰 질량 =	반응물의 양(mol)	계수비 =몰비	생성물의 양(mol)	× 몰 질량 =	질량(g)
0 °C, 1 atm에서 기체의 부피(L)	÷ 22.4 =				× 22.4 =	0 °C, 1 atm에서 기체의 부피(L)

1 화학 반응식에 대한 설명으로 옳은 것은 ○, 옳지 않은 것은 ×로 표시하시오.

(1) 화학 반응에서 반응물과 생성물을 구성하는 원자의 종류와 수가 같음을 이용하여 나타낸다. ············· (   )

(2) 화학 반응식의 계수비는 몰비와 같다. ············· (   )

(3) 반응물과 생성물이 기체인 경우 화학 반응식의 계수비는 질량비와 같다. ············· (   )

(4) 화학 반응식이 $2H_2(g)+O_2(g) \longrightarrow 2H_2O(g)$인 경우 H_2 1 mol이 모두 반응하면 H_2O 1 mol이 생성된다.
············· (   )

2 다음은 암모니아(NH_3)의 합성 반응을 화학 반응식으로 나타낸 것이다.

$$N_2(g)+3H_2(g) \longrightarrow 2NH_3(g)$$

이 화학 반응식으로 알 수 있는 화학 반응 관계로 옳지 않은 것은? (단, 원자량은 H=1, N=14이다.)

		$N_2(g)$	$H_2(g)$	$NH_3(g)$
①	몰비	1	3	2
②	분자 수비	1	3	2
③	원자 수비	1	3	2
④	부피비	1	3	2
⑤	질량비	14	3	17

3 다음 화학 반응식에 대한 설명으로 옳은 것은 ○, 옳지 않은 것은 ×로 표시하시오. (단, 원자량은 C=12, O=16이다.)

$$2CO(g)+O_2(g) \longrightarrow 2CO_2(g)$$

(1) 일산화 탄소와 산소를 각각 1 mol씩 반응시키면 이산화 탄소 1 mol이 생성된다. ············· (   )

(2) 온도와 압력이 일정할 때 산소 기체 1 L가 충분한 양의 일산화 탄소 기체와 완전히 반응하면 이산화 탄소 기체 2 L가 생성된다. ············· (   )

(3) 일산화 탄소 10 g은 산소 5 g과 완전히 반응한다.
············· (   )

(4) 반응물의 전체 질량은 생성물의 전체 질량보다 크다.
············· (   )

4 다음은 에탄올(C_2H_5OH)의 연소 반응을 화학 반응식으로 나타낸 것이다.

$$C_2H_5OH(l)+3O_2(g) \longrightarrow 2CO_2(g)+3H_2O(l)$$

이 반응에서 생성된 이산화 탄소(CO_2) 기체의 부피가 0 °C, 1 atm에서 22.4 L였다. 다음에 해당되는 물질의 양을 구하시오. (단, 원자량은 H=1, C=12, O=16이고, 0 °C, 1 atm에서 기체 1 mol의 부피는 22.4 L이며, 아보가드로수는 6.02× 10²³이다.)

(1) 반응한 에탄올의 질량

(2) 반응한 산소 기체의 부피(0 °C, 1 atm)

(3) 생성된 물 분자 수

B 용액의 농도

우리 주변의 화학 반응은 물을 용매로 한 수용액에서 일어나는 경우가 많아요. 이때 물에 섞여 있는 용질의 양을 농도로 표현하면 화학 반응의 양적 관계를 구할 때 편리해요. 그럼 용액의 농도에 대해 알아봅시다.

1. 퍼센트 농도 (완자쌤 비법특강 47쪽)

(1) 퍼센트 농도: *용액 100 g에 녹아 있는 용질의 질량(g)을 백분율로 나타낸 것으로, 단위는 %이다.

$$퍼센트 농도(\%) = \frac{용질의 질량(g)}{용액의 질량(g)} \times 100$$

예 염화 나트륨(NaCl) 10 g을 물에 녹여 만든 염화 나트륨 수용액 100 g의 퍼센트 농도는 10 %이다.

(2) 특징

① *일상생활에서 가장 많이 사용되는 농도이다.

② 온도나 압력에 영향을 받지 않고 일정한 값을 갖는다.

③ 용액의 퍼센트 농도가 같더라도 용질의 종류에 따라 일정한 질량의 용액에 녹아 있는 용질의 입자 수가 다르다. → 화학 반응의 양적 관계는 입자 수와 관련이 있으므로 양적 관계를 파악하기에 불편하다.

| 퍼센트 농도가 같은 용액에 포함된 용질의 입자 수 |

[10 % 포도당 수용액 100 g]

포도당 10 g　＋　물 90 g　용해→　10 % 포도당 수용액

• 용액에 포함된 포도당의 질량: 10 g
• 용액에 포함된 포도당 분자의 수: 포도당의 분자량은 180이므로 $\frac{10\text{ g}}{180\text{ g/mol}} ≒ 0.056$ mol이다.

➡ $0.056 \times (6.02 \times 10^{23})$개의 포도당 분자가 용액에 포함되어 있다.

[10 % 설탕 수용액 100 g]

설탕 10 g　＋　물 90 g　용해→　10 % 설탕 수용액

• 용액에 포함된 설탕의 질량: 10 g
• 용액에 포함된 설탕 분자의 수: 설탕의 분자량은 342이므로 $\frac{10\text{ g}}{342\text{ g/mol}} ≒ 0.029$ mol이다.

➡ $0.029 \times (6.02 \times 10^{23})$개의 설탕 분자가 용액에 포함되어 있다.

2. 몰 농도 49쪽 대표 자료 2

(1) 몰 농도: 용액 1 L 속에 녹아 있는 용질의 양(mol)으로, 단위는 M 또는 mol/L이다.

$$몰 농도(M) = \frac{용질의 양(mol)}{용액의 부피(L)}$$

예제 수산화 나트륨(NaOH) 4.0 g을 물에 녹여 만든 수산화 나트륨(NaOH) 수용액 100 mL의 몰 농도(M)를 구해 본다. (단, NaOH의 화학식량은 40이다.)

해설 ❶ 용질의 양(mol)을 구한다.

$$용질의 양(mol) = \frac{질량(g)}{몰 질량(g/mol)} = \frac{4.0\text{ g}}{40\text{ g/mol}} = 0.1\text{ mol}$$

❷ 용액의 부피와 용질의 양(mol)을 이용하여 몰 농도(M)를 구한다.

$$몰 농도(M) = \frac{용질의 양(mol)}{용액의 부피(L)} = \frac{0.1\text{ mol}}{0.1\text{ L}} = 1\text{ M}$$

◆ 용액, 용해, 용매, 용질
• 용액: 두 종류 이상의 순물질이 균일하게 섞여 있는 혼합물
• 용해: 두 종류 이상의 순물질이 균일하게 섞이는 현상
• 용매: 다른 물질을 녹이는 물질
• 용질: 다른 물질에 녹아 들어가는 물질 → 용매에 녹는 물질

◆ 일상생활에서 사용되는 퍼센트 농도

⬆ 식초와 식염수

암기해!

몰 농도

$$몰 농도 = \frac{용질의 양(mol)}{용액의 부피(L)}$$

(2) 특징

① 용액의 부피는 온도에 따라서 달라질 수 있으므로 몰 농도는 온도에 따라 달라진다.

② 용액의 몰 농도가 같으면 용질의 종류에 관계없이 일정한 부피의 용액에 녹아 있는 용질의 입자 수가 같다. ─• 반응물과 생성물이 용액인 화학 반응에서 양적 관계를 파악하기에 편리하다.

몰 농도가 같은 용액에 포함된 용질의 입자 수

🔵 동아 교과서에만 나와요.

[몰 농도와 부피가 같은 용액]

0.1 M
50 mL

0.1 M
50 mL

→ $0.1 \text{ M} \times 0.05 \text{ L} = 0.005 \text{ mol}$이므로 용액에 녹아 있는 용질의 입자 수는 $0.005 \times (6.02 \times 10^{23})$개로 같다.

[몰 농도는 같지만 부피가 다른 용액]

0.1 M
50 mL

0.1 M
25 mL

→ 부피가 $\frac{1}{2}$이 되면 용액에 녹아 있는 용질의 입자 수도 $\frac{1}{2}$이 된다.

---

③ 용액의 몰 농도와 부피를 알면 녹아 있는 용질의 양(mol)을 구할 수 있다.

[예제] 0.2 M 포도당($C_6H_{12}O_6$) 수용액 500 mL에 녹아 있는 포도당의 양(mol)과 질량을 구해 본다. (단, $C_6H_{12}O_6$의 분자량은 180이다.)

[해설] ❶ 몰 농도는 용액 1 L 속에 녹아 있는 용질의 양(mol)이므로 용액 속에 녹아 있는 용질의 양(mol)은 몰 농도(M)와 용액의 부피(L)를 곱해서 구한다.

포도당의 양(mol) $= 0.2 \text{ mol/L} \times 0.5 \text{ L} = 0.1 \text{ mol}$

❷ 포도당 1 mol의 질량이 180 g인 것을 이용하여 포도당의 질량을 구한다.

포도당의 질량 $= 0.1 \text{ mol} \times 180 \text{ g/mol} = 18 \text{ g}$

[탐구 자료창] 0.1 M 황산 구리(Ⅱ) 수용액 만들기

❶ 황산 구리(Ⅱ) 오수화물($CuSO_4 \cdot 5H_2O$) 0.1 mol의 질량을 계산하여 비커에 담아 측정하고, 여기에 적당량의 증류수를 붓고 유리 막대로 저어 모두 녹인다.

❷ 황산 구리(Ⅱ) 수용액을 깔때기를 이용하여 1 L •부피 플라스크에 넣는다. 증류수로 비커를 씻어 비커에 묻어 있는 용액까지 넣는다.

❸ 부피 플라스크에 증류수를 채운다. 스포이트나 •씻기병을 이용하여 눈금선까지 증류수를 넣는다.

❹ 부피 플라스크의 마개를 막고, 잘 흔들어 섞는다.

황산 구리(Ⅱ) 오수화물 → 황산 구리(Ⅱ) 수용액 → 부피 플라스크

1. ❶에서 녹인 황산 구리(Ⅱ) 오수화물의 질량: 황산 구리(Ⅱ) 오수화물의 화학식량이 249.7이므로 황산 구리(Ⅱ) 오수화물 0.1 mol의 질량은 24.97 g이다.

$0.1 \text{ mol} \times 249.7 \text{ g/mol} = 24.97 \text{ g}$

2. **황산 구리(Ⅱ) 오수화물을 모두 녹인 후 증류수를 더 넣어 용액의 부피를 1 L로 맞추는 까닭:** 황산 구리(Ⅱ) 오수화물 0.1 mol이 녹아 있는 용액의 전체 부피가 1 L가 되어야 하기 때문이다.
─• 증류수 1 L에 황산 구리(Ⅱ) 오수화물 0.1 mol을 넣어 녹이면 용액의 부피가 1 L를 넘으므로 용액의 몰 농도가 0.1 M보다 작아진다.

주의해!

몰 농도의 성질
몰 농도는 온도의 영향을 받는다. 온도가 변할 때 용질의 양(mol)은 변하지 않지만, 용액의 부피가 변하기 때문이다. 따라서 일정한 몰 농도의 용액을 만드는 실험을 할 때는 온도를 일정하게 유지해야 한다.

◆ **부피 플라스크**

눈금선

부피 플라스크는 눈금선까지 용액을 채워 일정 부피의 용액을 만들 때 사용한다.

◆ **씻기병을 이용하는 경우**

부피 플라스크 — 씻기병

완자쌤 비법 특강

농도의 변환, 용액의 희석과 혼합

퍼센트 농도와 몰 농도 사이의 관계를 파악하면 농도를 쉽게 변환할 수 있어요. 또한 용액에 물을 가하여 희석하거나 몰 농도가 서로 다른 두 용액을 혼합해도 용액에 녹아 있는 용질의 양(mol)은 변하지 않는다는 것을 이용하면 희석 또는 혼합 용액의 몰 농도를 쉽게 구할 수 있으니 알아보아요.

1 퍼센트 농도와 몰 농도의 변환

퍼센트 농도는 용액의 질량 기준이고, 몰 농도는 용액의 부피 기준이므로 퍼센트 농도와 몰 농도 사이의 변환을 위해서는 용액의 밀도가 필요하다.

[퍼센트 농도(%) ➡ 몰 농도(M) 변환]
화학식량이 x인 용질이 녹아 있는 a % 수용액의 밀도가 d g/mL일 때 수용액의 몰 농도(M) 구하기

❶ 용액 1 L의 질량을 구한다.
➡ $1000 \text{ mL} \times d \text{ g/mL} = 1000d \text{ g}$
❷ 용액 1 L에 녹아 있는 용질의 질량을 구한다.
➡ $1000d \text{ g} \times \dfrac{a}{100} = 10ad \text{ g}$
❸ 용액 1 L에 녹아 있는 용질의 양(mol)을 구한다.
➡ 용질의 양(mol) $= \dfrac{10ad}{x}$ mol

∴ a % 용액의 몰 농도(M) $= \dfrac{10ad}{x}$ M

[몰 농도(M) ➡ 퍼센트 농도(%) 변환]
화학식량이 x인 용질이 녹아 있는 b M 수용액의 밀도가 d g/mL일 때 수용액의 퍼센트 농도(%) 구하기

❶ 용액 1 L의 질량을 구한다.
➡ $1000 \text{ mL} \times d \text{ g/mL} = 1000d \text{ g}$
❷ 용액 1 L에 녹아 있는 용질의 양(mol)을 구한다.
➡ $b \text{ mol/L} \times 1 \text{ L} = b \text{ mol}$
❸ 용액 1 L에 녹아 있는 용질의 질량을 구한다.
➡ $b \text{ mol} \times x \text{ g/mol} = bx \text{ g}$

∴ b M 용액의 퍼센트 농도(%) $= \dfrac{bx}{1000d} \times 100$
$= \dfrac{bx}{10d}$ %

2 희석한 용액의 몰 농도 구하기

어떤 용액에 증류수를 가하여 용액을 희석하면 용액의 부피와 몰 농도는 달라지지만 처음 용액과 희석한 용액에 녹아 있는 용질의 양(mol)은 변하지 않는다.

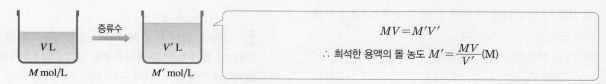

$$MV = M'V'$$
∴ 희석한 용액의 몰 농도 $M' = \dfrac{MV}{V'}$(M)

Q1 0.1 M 포도당($C_6H_{12}O_6$) 수용액에 물을 추가하여 0.01 M 포도당 수용액 0.5 L를 만들 때 사용된 0.1 M 포도당 수용액의 부피(L)를 구하시오.

3 혼합 용액의 몰 농도 구하기

몰 농도가 다른 두 용액을 혼합하면 용액의 부피와 몰 농도는 달라지지만 혼합 용액에 녹아 있는 용질의 양(mol)은 혼합 전 두 용액에 녹아 있는 용질의 양(mol)의 합과 같다.

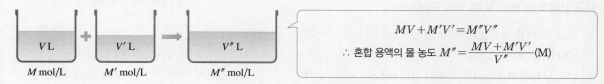

$$MV + M'V' = M''V''$$
∴ 혼합 용액의 몰 농도 $M'' = \dfrac{MV + M'V'}{V''}$(M)

Q2 1 M 포도당($C_6H_{12}O_6$) 수용액 300 mL와 2 M 포도당 수용액 200 mL를 혼합하여 전체 용액의 부피가 500 mL가 된 경우 혼합 용액의 몰 농도(M)를 구하시오.

개념 확인 문제

핵심 체크

- 퍼센트 농도(%) = $\dfrac{\text{용질의 질량(g)}}{(\text{❶} \qquad)(g)} \times 100$
- 몰 농도(M) = $\dfrac{\text{용질의 양(mol)}}{(\text{❷} \qquad)(L)}$

➡ 몰 농도가 같으면 용질의 종류에 관계없이 일정한 부피의 용액에 녹아 있는 용질의 입자 수가 같다.

1 용액의 농도에 대한 설명으로 옳은 것은 ○, 옳지 않은 것은 ×로 표시하시오.

(1) 퍼센트 농도는 용매 100 g에 녹아 있는 용질의 질량을 백분율로 나타낸 것이다. ──────────── ( )

(2) 몰 농도는 용액 1 L 속에 녹아 있는 용질의 양(mol)이다. ──────────── ( )

(3) 몰 농도와 용액의 부피를 알면 용질의 양(mol)을 구할 수 있다. ──────────── ( )

(4) 용액에 용매를 추가하여 희석하면 용액에 녹아 있는 용질의 양(mol)이 변한다. ──────────── ( )

2 ( ) 안에 알맞은 숫자를 쓰시오.

(1) 염화 나트륨 10 g이 녹아 있는 수용액 50 g의 퍼센트 농도는 ( )%이다.

(2) 35 % 염산 50 g에는 염화 수소 ( )g이 녹아 있다.

3 표는 3가지 물질의 화학식량에 대한 자료이다.

물질	질산 나트륨	염화 나트륨	수산화 나트륨
화학식량	85	58.5	40

다음 용액의 몰 농도(M)를 각각 구하시오.

(1) 질산 나트륨 8.5 g이 녹아 있는 질산 나트륨 수용액 100 mL

(2) 염화 나트륨 0.3 mol을 녹여서 100 mL로 만든 수용액

(3) 수산화 나트륨 40 g이 녹아 있는 수산화 나트륨 수용액 500 mL

4 다음은 0.1 M 탄산수소 나트륨($NaHCO_3$) 수용액 1 L를 만드는 실험 과정을 나타낸 것이다.

> (가) 탄산수소 나트륨 ( )g을 정확히 측정하여 증류수가 들어 있는 비커에서 완전히 녹인다.
>
> (나) 1 L ( )에 탄산수소 나트륨 수용액을 넣고 증류수로 비커를 헹구어 다시 넣는다.
>
> (다) 눈금선까지 증류수를 정확히 채운 후 수용액이 잘 섞이도록 흔들어 준다.

(가)와 (나)의 ( ) 안에 알맞은 말이나 숫자를 각각 쓰시오. (단, $NaHCO_3$의 화학식량은 84이다.)

5 그림과 같이 0.1 M 아세트산(CH_3COOH) 수용액 100 mL를 1 L 부피 플라스크에 넣고 증류수를 가하여 1 L 용액으로 만들었다. 이에 대한 설명으로 옳은 것은 ○, 옳지 않은 것은 ×로 표시하시오. (단, CH_3COOH의 분자량은 60이다.)

0.1 M 아세트산 수용액
100 mL
(가) 증류수 → 1 L (나)

(1) (가)에서 아세트산은 0.1 mol이 들어 있다. ── ( )

(2) (가)에서 아세트산은 0.6 g이 들어 있다. ────── ( )

(3) (나)에서 아세트산 수용액의 몰 농도(M)는 0.01 M이다. ──────────── ( )

대표 자료 분석

자료 ❶ 화학 반응에서의 양적 관계

기출 Point
· 반응물의 양(mol) 계산
· 생성물의 분자량, 양(mol), 부피 계산

[1~3] 다음은 탄산 칼슘($CaCO_3$)과 묽은 염산($HCl(aq)$)의 반응에 대한 화학 반응식과 실험이다. (단, $CaCO_3$의 화학식량은 100이고, 0 °C, 1 atm에서 기체 1 mol의 부피는 22.4 L이다.)

[화학 반응식]
$$CaCO_3(s) + aHCl(aq)$$
$$\longrightarrow bCaCl_2(aq) + A(g) + bH_2O(l)$$
$$(a, b는 반응 계수)$$

[실험 과정 및 결과]
(가) 탄산 칼슘의 질량을 측정하였더니 w_1 g이었다.
(나) 충분한 양의 묽은 염산이 들어 있는 삼각 플라스크의 질량을 측정하였더니 w_2 g이었다.
(다) (나)의 삼각 플라스크에 (가)의 탄산 칼슘을 넣었더니 A 기체가 발생하였다.
(라) 반응이 완전히 끝난 뒤 용액이 들어 있는 삼각 플라스크의 질량을 측정하였더니 w_3 g이었다.

1 A 기체의 이름을 쓰시오.

2 반응 계수 a, b를 구하시오.

3 빈출 선택지로 완벽 정리!

(1) 탄산 칼슘과 염산의 반응 몰비는 1 : 2이다. (○ / ×)
(2) 반응 전후의 전체 질량을 비교하면 $w_1 + w_2 > w_3$이다. ············· (○ / ×)
(3) (가)에서 탄산 칼슘의 양(mol)은 $\dfrac{w_1}{100}$이다. (○ / ×)
(4) 발생한 A 기체의 질량은 $\{w_3 - (w_1 + w_2)\}$ g이다. ············· (○ / ×)
(5) 발생한 A 기체의 부피는 0 °C, 1 atm에서 $\dfrac{w_2}{100} \times$ 22.4 L이다. ············· (○ / ×)
(6) A의 분자량은 $\dfrac{(w_1 + w_2) - w_3}{w_1} \times 100$이다. (○ / ×)

자료 ❷ 몰 농도

기출 Point
· 특정한 몰 농도의 수용액 만들기
· 수용액의 몰 농도와 수용액에 포함된 용질의 양(mol) 계산

[1~4] 다음은 0.1 M 포도당($C_6H_{12}O_6$) 수용액 1 L를 만드는 실험 과정을 순서 없이 나타낸 것이다. (단, $C_6H_{12}O_6$의 화학식량은 180이다.)

(가) 증류수를 1 L [㉠]의 눈금선까지 넣고 잘 섞는다.
(나) 비커에 남은 포도당 수용액을 증류수로 씻어 1 L [㉠]에 넣는다.
(다) 소량의 증류수가 들어 있는 비커에 포도당 x g을 넣어 녹인 후, 이 수용액을 1 L [㉠]에 넣는다.

1 실험 기구 ㉠의 이름을 쓰시오.

2 실험 과정을 순서대로 옳게 나열하시오.

3 필요한 포도당의 질량 x를 구하시오.

4 빈출 선택지로 완벽 정리!

(1) 과정 (나)에서 비커에 남은 포도당 수용액을 증류수로 씻어 넣지 않으면 수용액의 농도가 0.1 M보다 작아진다. ············· (○ / ×)
(2) 포도당 18 g에 증류수 1 L를 넣고 완전히 녹인 용액의 몰 농도는 0.1 M이다. ············· (○ / ×)
(3) 0.1 M 포도당 수용액 200 mL에 녹아 있는 포도당의 양(mol)은 0.02 mol이다. ············· (○ / ×)
(4) 포도당 9 g이 녹아 있는 0.1 M 수용액의 부피는 200 mL이다. ············· (○ / ×)
(5) 0.1 M 포도당 수용액 100 mL에 증류수를 가하여 전체 부피를 1 L로 하면 포도당 수용액의 몰 농도는 0.01 M이다. ············· (○ / ×)

내신 만점 문제

A 화학 반응식

01 다음은 철(Fe)의 제련과 관련된 반응을 화학 반응식으로 나타낸 것이다.

$$Fe_2O_3(s)+aCO(g) \longrightarrow bFe(s)+c \boxed{\ \ㄱ\ \ }(g)$$
$$(a\sim c는 반응 계수)$$

이에 대한 설명으로 옳은 것만을 [보기]에서 있는 대로 고른 것은?

보기
ㄱ. a와 c는 같다.
ㄴ. b는 2이고, ㉠은 CO_2이다.
ㄷ. 전체 기체의 양(mol)은 반응 후가 반응 전보다 크다.

① ㄱ ② ㄷ ③ ㄱ, ㄴ
④ ㄴ, ㄷ ⑤ ㄱ, ㄴ, ㄷ

02 그림은 강철 용기에 기체 A_2와 B_2를 넣고 반응시켰을 때 새로운 기체가 생성되는 반응을 모형으로 나타낸 것이다.

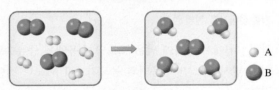

이에 대한 설명으로 옳은 것만을 [보기]에서 있는 대로 고른 것은? (단, A와 B는 임의의 원소 기호이다.)

보기
ㄱ. 화학 반응식은 $2A_2(g)+B_2(g) \longrightarrow 2A_2B(g)$이다.
ㄴ. A_2 1 mol이 모두 반응하려면 B_2 2 mol이 필요하다.
ㄷ. 용기에 B_2를 더 첨가하면 생성물의 양(mol)이 증가한다.

① ㄱ ② ㄴ ③ ㄱ, ㄷ
④ ㄴ, ㄷ ⑤ ㄱ, ㄴ, ㄷ

03 다음은 수증기(H_2O) 생성 반응을 화학 반응식으로 나타낸 것이다.

$$2H_2(g)+O_2(g) \longrightarrow 2H_2O(g)$$

0 °C, 1 atm에서 부피가 4.48 L인 수소(H_2) 기체를 충분한 양의 산소(O_2) 기체와 모두 반응시켜 얻을 수 있는 수증기(H_2O)의 질량은? (단, 원자량은 H=1, O=16이고, 0 °C, 1 atm에서 기체 1 mol의 부피는 22.4 L이다.)

① 1.8 g ② 3.2 g ③ 3.6 g
④ 4.8 g ⑤ 6.4 g

04 금속 나트륨(Na) 조각을 물(H_2O)에 넣어 반응시키면 수소(H_2) 기체가 발생한다.

(1) 이 반응을 화학 반응식으로 나타내시오.

(2) 나트륨(Na) 9.2 g을 충분한 양의 물에 넣어 반응시켰을 때 발생한 수소(H_2) 기체의 부피는 0 °C, 1 atm에서 몇 L인지 구하시오. (단, Na의 원자량은 23이고, 0 °C, 1 atm에서 기체 1 mol의 부피는 22.4 L이다.)

05 다음은 프로페인(C_3H_8)의 연소 반응을 화학 반응식으로 나타낸 것이다.

$$C_3H_8(g)+aO_2(g) \longrightarrow bCO_2(g)+cH_2O(l)$$
$$(a\sim c는 반응 계수)$$

이에 대한 설명으로 옳은 것만을 [보기]에서 있는 대로 고른 것은? (단, 원자량은 H=1, C=12, O=16이며, 아보가드로 수는 6.02×10^{23}이다.)

보기
ㄱ. $a+b+c=12$이다.
ㄴ. C_3H_8 22 g을 완전 연소시키면 H_2O 36 g이 생성된다.
ㄷ. 1.204×10^{24}개의 CO_2 분자가 생성되려면 O_2가 최소한 3.5 mol 필요하다.

① ㄱ ② ㄷ ③ ㄱ, ㄴ
④ ㄴ, ㄷ ⑤ ㄱ, ㄴ, ㄷ

06 다음은 2가지 연소 반응의 화학 반응식이다. ㉡은 탄화수소이다.

> · $C_2H_5OH(l) + xO_2(g) \longrightarrow 2\ \boxed{㉠}\ (g) + xH_2O(l)$
> · $2\ \boxed{㉡}\ (g) + 7O_2(g) \longrightarrow y\ \boxed{㉠}\ (g) + 2xH_2O(l)$
>
> $(x, y$는 반응 계수$)$

이에 대한 설명으로 옳은 것만을 [보기]에서 있는 대로 고른 것은?

> **[보기]**
> ㄱ. ㉠은 CO_2이다.
> ㄴ. ㉡은 C_2H_6이다.
> ㄷ. $x + y = 5$이다.

① ㄱ   ② ㄷ   ③ ㄱ, ㄴ
④ ㄴ, ㄷ   ⑤ ㄱ, ㄴ, ㄷ

07 다음은 C_mH_n 연소 반응의 화학 반응식이다.

> $C_mH_n(g) + aO_2(g) \longrightarrow 3CO_2(g) + 2H_2O(g)$
>
> $(a$는 반응 계수$)$

그림 (가)는 실린더에 C_mH_n x g과 충분한 양의 O_2가 들어 있는 것을, (나)는 C_mH_n이 완전 연소된 후에 실린더에 들어 있는 기체를 나타낸 것이다.

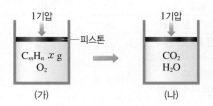

이에 대한 설명으로 옳은 것만을 [보기]에서 있는 대로 고른 것은? (단, 원자량은 $H = 1$, $C = 12$, $O = 16$이고, 온도와 압력은 일정하며, 반응물과 생성물은 모두 기체이고, (가)와 (나)의 부피는 같다.)

> **[보기]**
> ㄱ. $a = 4$이다.
> ㄴ. $m + n = 7$이다.
> ㄷ. 생성된 H_2O는 $0.9x$ g이다.

① ㄱ   ② ㄷ   ③ ㄱ, ㄴ
④ ㄴ, ㄷ   ⑤ ㄱ, ㄴ, ㄷ

08 다음은 아세트알데하이드(C_2H_4O)의 연소 반응을 화학 반응식으로 나타낸 것이다.

> $2C_2H_4O(l) + aO_2(g) \longrightarrow bCO_2(g) + bH_2O(l)$
>
> $(a, b$는 반응 계수$)$

이에 대한 설명으로 옳은 것만을 [보기]에서 있는 대로 고른 것은? (단, 원자량은 $H = 1$, $C = 12$, $O = 16$이다.)

> **[보기]**
> ㄱ. $a < b$이다.
> ㄴ. 1 mol의 C_2H_4O가 완전 연소하면 2 mol의 H_2O이 생성된다.
> ㄷ. 0.5 mol의 C_2H_4O가 완전 연소하면 전체 생성물의 질량은 51 g이다.

① ㄴ   ② ㄷ   ③ ㄱ, ㄴ
④ ㄱ, ㄷ   ⑤ ㄱ, ㄴ, ㄷ

09 기체 AB_2와 B_2가 반응하면 기체 AB_3이 생성된다. 같은 온도와 압력에서 그림과 같이 3 g의 AB_2와 B_2가 각각 들어 있는 두 용기를 연결한 꼭지를 열어 어느 한 물질이 모두 소모될 때까지 반응시켰다.

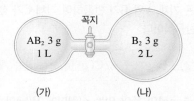

이에 대한 설명으로 옳은 것만을 [보기]에서 있는 대로 고른 것은? (단, A와 B는 임의의 원소 기호이고, 기체의 온도는 일정하다.)

> **[보기]**
> ㄱ. 꼭지를 열기 전 전체 원자 수비는 (가) : (나) $= 1 : 2$이다.
> ㄴ. 원자량은 A가 B의 2배이다.
> ㄷ. 생성된 AB_3의 질량은 3.5 g이다.

① ㄱ   ② ㄴ   ③ ㄱ, ㄷ
④ ㄴ, ㄷ   ⑤ ㄱ, ㄴ, ㄷ

중요 **10** 다음은 A(g)와 B(g)가 반응하여 C(g)가 생성되는 반응의 화학 반응식이다.

$$aA(g) + bB(g) \longrightarrow aC(g) \ (a, b\text{는 반응 계수})$$

표는 x g의 B(g)가 들어 있는 실린더에 A(g)의 질량을 달리하여 넣고 반응을 완결시켰을 때에 대한 자료이다.

실험	반응 전 전체 기체의 양 (mol)	반응 후 실린더 속 기체의 종류	반응 후 전체 기체의 양(mol)
(가)	1.6	B(g), C(g)	0.8
(나)	2.0		
(다)	2.4	A(g), C(g)	1.2

이에 대한 설명으로 옳은 것만을 [보기]에서 있는 대로 고른 것은? (단, 온도와 압력은 일정하다.)

[보기]
ㄱ. $a > b$이다.
ㄴ. B(g) 1 mol의 질량은 $\dfrac{5}{6}x$ g이다.
ㄷ. (나)에서 반응 후 $\dfrac{\text{기체 C의 양(mol)}}{\text{전체 기체의 양(mol)}} = \dfrac{1}{2}$이다.

① ㄱ ② ㄴ ③ ㄱ, ㄷ
④ ㄴ, ㄷ ⑤ ㄱ, ㄴ, ㄷ

11 다음은 기체 A와 B가 반응하여 기체 C가 생성되는 반응의 화학 반응식이다.

$$aA(g) + B(g) \longrightarrow cC(g) \ (a, c\text{는 반응 계수})$$

표는 A(g) 5 mol이 들어 있는 실린더에 B(g)의 양(mol)을 달리하여 넣고 반응시켰을 때에 대한 자료이다. (나)와 (다)에서 반응 후 실린더 속 물질의 종류는 같다.

실험	(가)	(나)	(다)
반응 전 B(g)의 양(mol)	1	2	3
반응 후 $\dfrac{\text{생성물의 양(mol)}}{\text{반응물의 양(mol)}}$	x	$\dfrac{10}{3}$	$\dfrac{10}{7}$

$x \times (a+c)$는?

① 10 ② 12 ③ 15
④ 18 ⑤ 20

서술형 **12** 다음은 금속 M과 묽은 염산(HCl(aq))의 반응에 대한 화학 반응식이다.

$$2M(s) + 6HCl(aq) \longrightarrow 2MCl_3(aq) + 3H_2(g)$$

금속 M 5.4 g을 충분한 양의 묽은 염산(HCl(aq))과 반응시켰을 때 t °C, 1 atm에서 수소(H$_2$) 기체 7.2 L가 생성되었다. 금속 M의 원자량을 풀이 과정과 함께 서술하시오. (단, M은 임의의 원소 기호이며, t °C, 1 atm에서 기체 1 mol의 부피는 V L이다.)

중요 **13** 그림은 탄산 칼슘(CaCO$_3$)과 묽은 염산(HCl(aq))의 반응에서 양적 관계를 알아보기 위한 실험 장치이고, 다음은 이 실험에서 일어나는 반응의 화학 반응식과 실험 결과를 나타낸 것이다.

느슨하게 막은 솜
묽은 염산
탄산 칼슘

$$CaCO_3(s) + 2HCl(aq) \\ \longrightarrow CaCl_2(aq) + X(g) + H_2O(l)$$

실험	(가)	(나)	(다)
CaCO$_3$의 질량(g)	1.0	3.0	5.0
반응 전 HCl(aq)이 담긴 플라스크의 질량(g)	132.7	132.7	132.7
반응 후 플라스크의 질량(g)	133.26	134.38	136.38

이에 대한 설명으로 옳은 것만을 [보기]에서 있는 대로 고른 것은? (단, X는 임의의 화합물이고, CaCO$_3$의 화학식량은 100이며, 0 °C, 1 atm에서 기체 1 mol의 부피는 22.4 L이다.)

[보기]
ㄱ. (가)에서 발생한 X의 양(mol)은 0.01 mol이다.
ㄴ. (나)에서 발생한 X의 부피는 0 °C, 1 atm에서 672 mL이다.
ㄷ. (나)와 (다)에서 반응한 CaCO$_3$의 양(mol)은 같다.

① ㄱ ② ㄴ ③ ㄱ, ㄷ
④ ㄴ, ㄷ ⑤ ㄱ, ㄴ, ㄷ

B 용액의 농도

14 다음은 25 °C의 수용액 (가)와 (나)에 대한 자료이다.
(단, NaOH의 화학식량은 40이다.)

> (가) 10 % NaOH(aq) 10 g
> (나) (가)의 수용액 4 g에 증류수를 넣어서 만든 0.1 M
> NaOH (aq) x mL

(1) (가)에 녹아 있는 NaOH의 양(mol)을 구하시오.
(2) x의 값을 구하시오.

15 25 °C에서 5 % X(aq) 200 g의 몰 농도를 구하기 위
해 추가로 필요한 자료만을 [보기]에서 있는 대로 고른 것은?

> ┌ 보기 ┐
> ㄱ. 증류수의 분자량
> ㄴ. X의 화학식량
> ㄷ. 25 °C에서 X(aq)의 밀도

① ㄱ   ② ㄷ   ③ ㄱ, ㄴ
④ ㄴ, ㄷ   ⑤ ㄱ, ㄴ, ㄷ

16 표는 25 °C에서 x M X(aq)에 대한 자료이다.

용액의 부피	용질의 질량	용액의 밀도
500 mL	15 g	1.01 g/mL

25 °C에서 X(aq) 200 mL에 증류수 98 g을 더 넣었더니
희석된 수용액의 퍼센트 농도가 y %였다. $x \times y$는? (단, X
의 화학식량은 60이다.)

① $\dfrac{1}{4}$ ② $\dfrac{1}{2}$ ③ 1
④ 2   ⑤ 4

17 그림과 같이 5 % 설탕 수용액 500 g과 5 % 포도당 수
용액 500 g이 있다.

(가)   (나)

이에 대한 설명으로 옳은 것만을 [보기]에서 있는 대로 고른
것은? (단, 설탕의 화학식량은 342, 포도당의 화학식량은
180이고, 두 수용액의 밀도는 1 g/mL로 가정한다.)

> ┌ 보기 ┐
> ㄱ. 수용액 속 용질의 질량은 (가)>(나)이다.
> ㄴ. 수용액 속 용질의 입자 수는 (가)<(나)이다.
> ㄷ. 수용액의 몰 농도는 (가)=(나)이다.

① ㄱ   ② ㄴ   ③ ㄱ, ㄷ
④ ㄴ, ㄷ   ⑤ ㄱ, ㄴ, ㄷ

18 표는 요소 수용액 (가)와 (나)에 대한 자료이다.

수용액	(가)	(나)
농도	15 %	x M
요소의 질량	w g	w g
수용액의 양	100 g	500 mL

이에 대한 설명으로 옳은 것만을 [보기]에서 있는 대로 고른
것은? (단, 요소의 분자량은 60이고, (가)의 밀도는 1.0 g/mL
보다 크다.)

> ┌ 보기 ┐
> ㄱ. $x=0.5$이다.
> ㄴ. (가)의 몰 농도는 $5x$ M보다 크다.
> ㄷ. (가)와 (나)를 혼합한 후 증류수를 가해 전체 부피를
> 1 L로 만든 수용액의 몰 농도는 x M이다.

① ㄱ   ② ㄷ   ③ ㄱ, ㄴ
④ ㄴ, ㄷ   ⑤ ㄱ, ㄴ, ㄷ

19 그림은 포도당 수용액 (가)와 (나)를 나타낸 것이다.

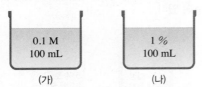

(가) (나)

이에 대한 설명으로 옳은 것만을 [보기]에서 있는 대로 고른 것은? (단, 온도는 일정하고, 모든 수용액의 밀도는 $1 \ g/mL$ 이며, 포도당의 분자량은 180이다.)

[보기]
ㄱ. (나)의 몰 농도는 $\dfrac{1}{18} \ M$이다.

ㄴ. 수용액 속 포도당의 질량은 (가)가 (나)의 $\dfrac{9}{5}$배이다.

ㄷ. (가)에 증류수 $40 \ g$을 더 넣으면 (나)의 농도와 같아진다.

① ㄱ ② ㄷ ③ ㄱ, ㄴ
④ ㄴ, ㄷ ⑤ ㄱ, ㄴ, ㄷ

중요
20 그림은 $0.1 \ M$ 수산화 나트륨($NaOH$) 수용액을 만드는 과정을 나타낸 것이다.

$NaOH$ $x \ g$ 증류수

(가) $NaOH$ 수용액 $500 \ mL$

이에 대한 설명으로 옳은 것만을 [보기]에서 있는 대로 고른 것은? (단, $NaOH$의 화학식량은 40이다.)

[보기]
ㄱ. x는 2이다.
ㄴ. 용기 (가)는 부피 플라스크이다.
ㄷ. $0.1 \ M$ $NaOH$ 수용액 $500 \ mL$에 포함된 $NaOH$의 양(mol)은 $0.05 \ mol$이다.

① ㄱ ② ㄷ ③ ㄱ, ㄴ
④ ㄴ, ㄷ ⑤ ㄱ, ㄴ, ㄷ

중요
21 다음은 탄산수소 나트륨($NaHCO_3$)과 아세트산(CH_3COOH)의 반응을 화학 반응식으로 나타낸 것이다.

$$NaHCO_3(s) + CH_3COOH(aq) \longrightarrow CH_3COONa(aq) + CO_2(g) + H_2O(l)$$

$4.2 \ g$의 탄산수소 나트륨($NaHCO_3$)과 완전히 반응하는 데 필요한 $0.1 \ M$ 아세트산(CH_3COOH) 수용액의 부피(L)를 구하시오. (단, $NaHCO_3$의 화학식량은 84이다.)

22 그림은 $x \ M$ 염화 나트륨($NaCl$) 수용액 $100 \ mL$에서 물을 증발시켜 염화 나트륨($NaCl$) 수용액의 부피가 $50 \ mL$가 된 것을 나타낸 것이다.

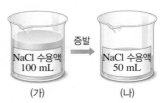

$NaCl$ 수용액 $100 \ mL$ 증발 $NaCl$ 수용액 $50 \ mL$

(가) (나)

이에 대한 설명으로 옳은 것만을 [보기]에서 있는 대로 고른 것은? (단, $NaCl$의 화학식량은 58.5이고, (가)와 (나)에서 $NaCl$은 모두 수용액에 녹아 있다.)

[보기]
ㄱ. 수용액의 몰 농도는 (나)가 (가)의 2배이다.

ㄴ. (가)에 $NaCl$ $\dfrac{x}{2} \ mol$을 더 녹이면 (나)와 같은 몰 농도가 된다.

ㄷ. (나)에 증류수를 가해 전체 부피를 $200 \ mL$로 만들면 수용액의 몰 농도는 (나)의 $\dfrac{1}{4}$이 된다.

① ㄱ ② ㄴ ③ ㄱ, ㄷ
④ ㄴ, ㄷ ⑤ ㄱ, ㄴ, ㄷ

실력 UP 문제

01 다음은 기체 A와 B가 반응하여 기체 C가 생성되는 반응의 화학 반응식이다.

$$A(g)+2B(g) \longrightarrow C(g)$$

표는 실린더에 A(g)와 B(g)의 질량을 달리하여 넣고 반응을 완결시켰을 때 반응 전과 후에 대한 자료이다. 실험 I에서는 A가, 실험 II에서는 B가 모두 반응한다.

실험		I	II
반응 전	A의 질량(g)	7	x
	B의 질량(g)	3	y
반응 후	C의 질량 / 전체 질량	$\frac{4}{5}$	$\frac{8}{11}$

실험 II에서 반응 전 A와 B의 질량비($x:y$)는?

① $1:2$ ② $1:5$ ③ $1:10$
④ $5:1$ ⑤ $10:1$

02 다음은 A(g)와 B(g)가 반응하여 C(g)가 생성되는 반응의 화학 반응식이다. 분자량은 B가 A의 2배이다.

$$A(g)+2B(g) \longrightarrow 2C(g)$$

표는 A(g) V_0 L가 들어 있는 실린더에 B(g)를 넣어 반응을 완결시켰을 때에 대한 자료이다.

구분	(가)	(나)	(다)
넣어 준 B(g)의 질량(g)	0	w	$2w$
실린더 속 기체의 부피(L)	V_0	—	—

이에 대한 설명으로 옳은 것만을 [보기]에서 있는 대로 고른 것은? (단, 기체의 온도와 압력은 일정하며, (나)에서 반응 후 실린더 속 기체는 C(g) 1가지이다.)

보기
ㄱ. A(g) V_0 L의 질량은 $\frac{1}{4}w$ g이다.
ㄴ. (다)에서 실린더 속 기체의 부피는 $4V_0$이다.
ㄷ. 실린더 속 기체의 밀도비는 (가) : (나) : (다) = $4:10:9$이다.

① ㄱ   ② ㄷ   ③ ㄱ, ㄴ
④ ㄴ, ㄷ   ⑤ ㄱ, ㄴ, ㄷ

03 다음은 시판되는 진한 염산을 희석하여 1.0 M HCl(aq) 500 mL를 만드는 과정이다.

[시판되는 진한 염산]

염산(HCl(aq))
퍼센트 농도=36.5 %
밀도=1.25 g/mL
HCl 분자량=36.5

[진한 염산을 희석하는 과정]
(가) 시판되는 진한 염산을 피펫으로 x mL를 취한다.
(나) 소량의 증류수가 들어 있는 500 mL 부피 플라스크에 (가)에서 취한 진한 염산을 넣고 눈금선까지 증류수를 채운다.

x는?

① 10   ② 20   ③ 30
④ 40   ⑤ 50

04 표는 수용액 A(aq)와 B(aq)에 대한 자료이다.

수용액	(가)	(나)	(다)
용질	A	B	
용질의 질량(g)	x	$4x$	$2x$
용액의 부피(L)	1	2	$1+V$
용액의 몰 농도(M)	$\frac{1}{6}$	1	$\frac{1}{3}$

이에 대한 설명으로 옳은 것만을 [보기]에서 있는 대로 고른 것은? (단, B의 분자량은 60이며, V는 0이 아니다.)

보기
ㄱ. $x=60$이다.
ㄴ. (다)는 A(aq)이다.
ㄷ. $V=2$이다.

① ㄱ   ② ㄷ   ③ ㄱ, ㄴ
④ ㄴ, ㄷ   ⑤ ㄱ, ㄴ, ㄷ

중단원 핵심 정리

◯1 화학식량과 몰

1. 화학식량

원자량	질량수가 12인 (❶　　　) 원자의 질량을 12로 정하고 이를 기준으로 하여 나타낸 원자들의 상대적인 질량
분자량	분자의 상대적인 질량으로, 분자를 구성하는 모든 원자들의 (❷　　　)을 합한 값
화학식량	물질의 화학식을 이루는 각 원자들의 (❸　　　)을 합한 값

2. 몰

(1) **몰(mol)**: 원자, 분자, 이온 등과 같이 매우 작은 입자의 양을 나타내는 묶음 단위

(2) (❹　　　): 6.02×10^{23}

몰과 아보가드로수	• 원자 1 mol＝원자 6.02×10^{23}개 • 분자 1 mol＝분자 6.02×10^{23}개 • 이온 1 mol＝이온 6.02×10^{23}개
몰과 질량	• 원자 1 mol의 질량＝원자량 g • 분자 1 mol의 질량＝분자량 g • 이온 결합 물질 1 mol의 질량＝화학식량 g • (❺　　　): 물질 1 mol의 질량(단위: g/mol) ➡ 물질의 양(mol)＝$\dfrac{물질의 질량(g)}{물질의 몰 질량(g/mol)}$
몰과 기체의 부피	(❻　　　) 법칙: 온도와 압력이 같을 때 모든 기체는 같은 부피 속에 같은 수의 분자를 포함한다. ➡ 기체 1 mol의 부피＝22.4 L(0 °C, 1 atm)

(3) **몰과 입자 수, 질량, 기체의 부피 사이의 관계**

$$물질의 양(mol)＝\frac{입자 수}{(❼　　　)/mol}＝\frac{질량(g)}{(❽　　　)(g/mol)}$$
$$＝\frac{기체의 부피(L)}{(❾　　　)(L/mol)}(0 °C, 1 atm)$$

◯2 화학 반응식과 용액의 농도

1. 화학 반응식

(1) **화학 반응식**: 화학 반응을 화학식과 기호를 이용하여 나타낸 식

(2) 화학 반응식을 나타내는 방법

1단계	반응물과 생성물을 화학식으로 나타낸다.
2단계	'→'를 기준으로 반응물은 왼쪽에, 생성물은 오른쪽에 쓴다. 또, 반응물이나 생성물이 2가지 이상일 경우에는 각 물질을 '+'로 연결한다.
3단계	반응 전후 반응물과 생성물을 구성하는 원자의 종류와 수가 같도록 화학식 앞의 계수를 맞춘다. 이때 계수는 가장 간단한 정수로 나타내고, 1이면 생략한다.
4단계	물질의 상태는 (　　) 안에 기호를 써서 화학식 뒤에 표시한다.

(3) 화학 반응식으로 알 수 있는 것

계수비＝몰비＝분자 수비＝(❿　　　)(기체의 경우)≠질량비

(4) 화학 반응에서의 양적 관계

2. 용액의 농도

(1) (⓫　　　): 용액 100 g에 녹아 있는 용질의 질량(g)을 백분율로 나타낸 것

$$(⓫　　　)(\%)＝\frac{용질의 질량(g)}{용액의 질량(g)} \times 100$$

• 용액의 퍼센트 농도가 같더라도 용질의 종류에 따라 일정한 질량의 용액에 녹아 있는 용질의 입자 수가 다르다.

(2) **몰 농도**: 용액 (⓬　　　) 속에 녹아 있는 용질의 양(mol)

$$몰 농도(M)＝\frac{용질의 양(mol)}{(⓭　　　)(L)}$$

① 용액의 몰 농도가 같으면 용질의 종류와 관계없이 일정한 부피의 용액에 녹아 있는 용질의 입자 수가 같다.

② 용액의 몰 농도와 부피를 알면 녹아 있는 용질의 양(mol)을 구할 수 있다.

③ 용액을 희석할 때 용액에 녹아 있는 용질의 양(mol)이 변하지 않는 것을 이용하여 희석한 용액의 몰 농도를 구할 수 있다.

중단원
마무리 문제

01 표는 화합물 (가)~(다)에 대한 자료이다.

화합물	성분 원소	분자당 구성 원자 수	분자량
(가)	X, Y	4	17
(나)	X, Y	2	15
(다)	X, Y, Z	3	27

이에 대한 설명으로 옳은 것만을 [보기]에서 있는 대로 고른 것은? (단, X~Z는 임의의 원소 기호이고, 원자량은 X가 Z보다 크다.)

[보기]
ㄱ. (가)의 분자식은 X_3Y이다.
ㄴ. 화합물에서 $\dfrac{X의\ 질량}{Y의\ 질량}$ 은 (가)가 (나)의 $\dfrac{1}{3}$ 배이다.
ㄷ. ZY_4의 분자량은 (가)의 분자량보다 크고, (다)의 분자량보다 작다.

① ㄱ   ② ㄴ   ③ ㄱ, ㄷ
④ ㄴ, ㄷ   ⑤ ㄱ, ㄴ, ㄷ

02 그림은 X와 Y로 이루어진 분자 (가)~(다)에서 성분 원소의 질량 관계를 나타낸 것이다. (가)~(다)의 분자식은 각각 XY, XY_2, X_2Y 중 하나이다.

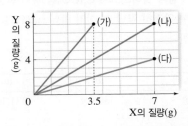

이에 대한 설명으로 옳은 것만을 [보기]에서 있는 대로 고른 것은? (단, X와 Y는 임의의 원소 기호이다.)

[보기]
ㄱ. (가)의 분자식은 XY이다.
ㄴ. $\dfrac{X\ 원자\ 수}{전체\ 원자\ 수}$ 는 (나)가 (다)의 $\dfrac{4}{3}$ 배이다.
ㄷ. 1 g에 들어 있는 X 원자 수비는 (가) : (다)=11 : 23 이다.

① ㄱ   ② ㄷ   ③ ㄱ, ㄴ
④ ㄴ, ㄷ   ⑤ ㄱ, ㄴ, ㄷ

03 그림은 기체 (가)와 (나)가 들어 있는 용기를 나타낸 것이고, 표는 기체 (가)와 (나)에 대한 자료이다. 분자량은 $XY_2 > X_xY_y$이고, 두 기체는 서로 반응하지 않으며, 용기 안의 기체 혼합물에서 $\dfrac{X의\ 질량}{전체\ 질량} = \dfrac{1}{2}$ 이다.

기체 (가)
기체 (나)

기체	분자식	분자량	구성 원소의 질량비(X : Y)
(가)	XY_2	a	7 : 16
(나)	X_xY_y	44	7 : b

이에 대한 설명으로 옳은 것만을 [보기]에서 있는 대로 고른 것은? (단, X와 Y는 임의의 원소 기호이다.)

[보기]
ㄱ. $x > y$이다.
ㄴ. $a + b = 54$이다.
ㄷ. 용기 안의 기체에서 $\dfrac{기체\ (가)의\ 양(mol)}{전체\ 기체의\ 양(mol)} = \dfrac{2}{5}$ 이다.

① ㄱ   ② ㄴ   ③ ㄱ, ㄷ
④ ㄴ, ㄷ   ⑤ ㄱ, ㄴ, ㄷ

04 표는 일정한 온도와 압력에서 3가지 기체 분자 (가)~(다)에 대한 자료이다.

분자	(가)	(나)	(다)
성분 원소	X, W	Y, W	Z, W
$\dfrac{W의\ 질량}{전체\ 질량}$	$\dfrac{1}{5}$	$\dfrac{1}{8}$	$\dfrac{1}{9}$
$\dfrac{W\ 원자\ 수}{전체\ 원자\ 수}$	$\dfrac{3}{4}$	$\dfrac{2}{3}$	$\dfrac{2}{3}$
분자당 원자 수	8	6	3

이에 대한 설명으로 옳은 것만을 [보기]에서 있는 대로 고른 것은? (단, W~Z는 임의의 원소 기호이다.)

[보기]
ㄱ. 분자량은 (가)가 가장 크다.
ㄴ. 1 g에 들어 있는 원자 수비는 (나) : (다)=9 : 8이다.
ㄷ. 같은 질량의 W를 포함한 분자 수비는 (가) : (나)= 2 : 3이다.

① ㄱ   ② ㄷ   ③ ㄱ, ㄴ
④ ㄴ, ㄷ   ⑤ ㄱ, ㄴ, ㄷ

05 (하 중 상) 다음은 탄소 화합물 (가)와 (나)에 대한 자료와 (가)와 (나)의 완전 연소 반응에 대한 화학 반응식을 나타낸 것이다.

탄소 화합물	(가)	(나)
성분 원소	C, H, O	C, H
분자당 원자 수	10	14
이용	매니큐어 제거제	연료

- (가) $+4O_2 \longrightarrow xCO_2 + xH_2O$
- 2 (나) $+yO_2 \longrightarrow 8CO_2 + zH_2O$

$(x \sim z$는 반응 계수)

이에 대한 설명으로 옳은 것만을 [보기]에서 있는 대로 고른 것은? (단, 원자량은 H=1, C=12, O=16이다.)

[보기]
ㄱ. $x=4$이다.
ㄴ. $\dfrac{z}{y}<1$이다.
ㄷ. 1 mol의 질량은 (가)>(나)이다.

① ㄱ ② ㄴ ③ ㄱ, ㄷ ④ ㄴ, ㄷ ⑤ ㄱ, ㄴ, ㄷ

06 (하 중 상) 다음은 기체 A_2와 B_2의 반응을 화학 반응식으로 나타낸 것이다.

$$a A_2(g) + b B_2(g) \longrightarrow 2X(g) \ (a, b$$는 반응 계수)$$

그림은 A_2 2 mol과 B_2 3 mol을 반응시켰을 때 기체 B_2는 모두 반응하고, 기체 X 2 mol이 생성된 것을 나타낸 것이다.

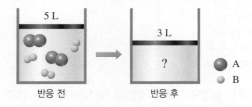

반응 전　　　　반응 후　　● A　○ B

이에 대한 설명으로 옳은 것만을 [보기]에서 있는 대로 고른 것은? (단, 반응 전과 후에 기체의 온도와 압력은 같다.)

[보기]
ㄱ. A_2와 B_2는 1 : 3의 몰비로 반응한다.
ㄴ. X의 분자식은 AB_2이다.
ㄷ. 반응 후 용기 안의 기체에서 $\dfrac{\text{X의 분자 수}}{\text{전체 분자 수}} = \dfrac{2}{3}$이다.

① ㄱ ② ㄴ ③ ㄱ, ㄷ ④ ㄴ, ㄷ ⑤ ㄱ, ㄴ, ㄷ

07 (하 중 상) 다음은 금속 M의 연소 반응을 화학 반응식으로 나타낸 것이다.

$$2M(s) + O_2(g) \longrightarrow 2X(s)$$

그림은 금속 M과 금속 산화물 X의 질량 관계를 나타낸 것이다. M의 원자량을 구하시오. (단, M은 임의의 원소 기호이고, O의 원자량은 16이다.)

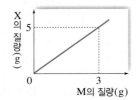

08 (하 중 상) 다음은 탄산 칼슘($CaCO_3$)과 묽은 염산($HCl(aq)$)의 반응에서 양적 관계를 알아보기 위한 실험이다.

[화학 반응식]
$CaCO_3(s) + aHCl(aq)$
$\longrightarrow CaCl_2(aq) + X(g) + bH_2O(l)$
$(a, b$는 반응 계수)

[과정]
(가) $CaCO_3$의 질량(w_1)을 측정한다.
(나) 충분한 양의 묽은 염산이 들어 있는 삼각 플라스크의 질량(w_2)을 측정한다.
(다) (나)의 삼각 플라스크에 $CaCO_3$을 넣어 반응시킨다.
(라) 반응이 완전히 끝난 후 삼각 플라스크의 질량(w_3)을 측정한다.

[결과]

w_1	w_2	w_3
x g	330.0 g	331.12 g

이에 대한 설명으로 옳은 것만을 [보기]에서 있는 대로 고른 것은? (단, X는 임의의 화합물이며, 원자량은 H=1, C=12, O=16, Ca=40이다.)

[보기]
ㄱ. $a+b=4$이다.
ㄴ. 발생한 X의 질량은 0.88 g이다.
ㄷ. 반응한 HCl의 양(mol)은 $\dfrac{x-1.12}{44}$ mol이다.

① ㄴ ② ㄷ ③ ㄱ, ㄴ
④ ㄱ, ㄷ ⑤ ㄱ, ㄴ, ㄷ

09 그림은 X의 수용액 (가)와 (나)에 대한 자료이다.

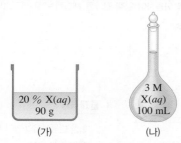

20 % X(aq)
90 g
(가)

3 M
X(aq)
100 mL
(나)

이에 대한 설명으로 옳은 것만을 [보기]에서 있는 대로 고른 것은? (단, X의 분자량은 60이며, 온도는 일정하다.)

보기
ㄱ. 수용액에 녹아 있는 X의 질량은 (가)>(나)이다.
ㄴ. (가)에 증류수 10 g을 더 넣으면 수용액의 농도가 18 %가 된다.
ㄷ. (나) 1 mL에 포함된 X의 양(mol)은 $\frac{3}{1000}$ mol이다.

① ㄱ   ② ㄷ   ③ ㄱ, ㄴ
④ ㄴ, ㄷ   ⑤ ㄱ, ㄴ, ㄷ

10 다음은 0.5 M HCl(aq) 1 L를 만드는 과정이다.

(가) 시판되는 12 M HCl(aq)을 준비한다.
(나) 피펫을 이용하여 12 M HCl(aq) ⊙ mL를 1 L ⓒ 에 넣는다.
(다) 증류수를 ⓒ 의 눈금선까지 채운 후 잘 섞는다.

이에 대한 설명으로 옳은 것만을 [보기]에서 있는 대로 고른 것은? (단, HCl의 분자량은 a이고, 0.5 M HCl(aq)의 밀도는 d g/mL이다.)

보기
ㄱ. ⊙은 $\frac{125}{3}$이다.
ㄴ. ⓒ은 부피 플라스크이다.
ㄷ. 0.5 M HCl(aq) 1 L에 포함된 증류수의 질량은 $\frac{1000d-0.5a}{1000}$ kg이다.

① ㄱ   ② ㄷ   ③ ㄱ, ㄴ
④ ㄴ, ㄷ   ⑤ ㄱ, ㄴ, ㄷ

서술형 문제

11 다음은 일정한 온도와 압력에서 기체 A_2와 B_2가 반응하여 기체 X가 생성되는 반응을 화학 반응식으로 나타낸 것이다.

$$aA_2(g)+bB_2(g) \longrightarrow cX(g) \ (a\sim c\text{는 반응 계수})$$

표는 A_2와 B_2의 부피를 달리하여 반응시켰을 때 생성되는 기체 X의 부피를 측정한 결과이다.

실험	반응물의 부피(L)		생성물의 부피(L)
	$A_2(g)$	$B_2(g)$	$X(g)$
(가)	1	3	2
(나)	1	4	2
(다)	2	3	2

화학 반응식의 계수 $a\sim c$를 구하고, 그 과정을 서술하시오.

----

12 다음은 금속 X가 포함된 탄산염(X_2CO_3)의 열분해 반응에서 양적 관계를 확인하기 위한 실험이다.

[화학 반응식]
$$X_2CO_3(s) \longrightarrow X_2O(s)+CO_2(g)$$
[실험 과정]
도가니에 X_2CO_3을 넣고 질량을 측정한 후, 도가니를 가열하면서 2분마다 질량을 다시 측정한다.
[실험 결과]
• 도가니 질량: 210 g

시간(분)	0	2	4	⋯	12	⋯	18	20
질량(g)	247	245	243	⋯	236	⋯	225	225

X의 원자량을 구하고, 그 과정을 서술하시오. (단, X는 임의의 원소 기호이고, 원자량은 C=12, O=16이다.)

실전 문제

• 수능 출제 경향

이 단원에서는 화학 반응식의 계수를 결정하고, 화학 반응식의 계수비로부터 몰비, 분자 수비, 부피비(기체의 경우)를 파악하여 양적 관계를 파악하는 문제가 자주 출제된다. 물질의 양(mol)과 몰질량을 이용하여 질량을 구하고, 이를 이용하여 양적 관계를 해결하는 문제도 고난도 문항으로 자주 출제되고 있다.

수능 이렇게 나온다!

다음은 A(g)와 B(g)가 반응하여 C(g)가 생성되는 반응의 화학 반응식이다.

$$aA(g)+B(g) \longrightarrow 2C(g) \ (a는 반응 계수)$$

표는 B(g) x g이 들어 있는 실린더에 A(g)의 질량을 달리하여 넣고 반응을 완결시킨 실험 Ⅰ~Ⅳ에 대한 자료이다. Ⅱ에서 반응 후 남은 B(g)의 질량은 Ⅲ에서 반응 후 남은 A(g)의 질량의 $\frac{1}{4}$배이다.

❶ A(g)가 모두 반응하며, 남은 B(g)의 질량은 $\frac{x}{5}$ g이다.

❷ B(g)가 모두 반응하며, 남은 A(g)의 질량은 $\frac{w}{2}$ g이므로 $x=\frac{5}{8}w$이다.

실험		Ⅰ	Ⅱ	Ⅲ	Ⅳ
넣어 준 A(g)의 질량(g)		w	$2w$	$3w$	$4w$
반응 후	$\dfrac{생성물의 양(mol)}{전체 기체의 부피(L)}$(상댓값)	$\dfrac{4}{7}$	$\dfrac{8}{9}$		$\dfrac{5}{8}$

$a \times x$는? (단, 실린더 속 기체의 온도와 압력은 일정하다.)

❸ Ⅲ에서 B(g)가 모두 반응하며, 반응 몰비는 A : B : C = 2 : 1 : 2이다.

① $\dfrac{3}{5}w$ ② $\dfrac{5}{8}w$ ③ $\dfrac{3}{4}w$ ④ $\dfrac{5}{4}w$ ⑤ $\dfrac{5}{2}w$

전략적 풀이

❶ 실험 Ⅱ에서 반응 후 남은 B(g)의 질량을 구한다.

온도와 압력이 일정할 때 기체의 부피는 기체의 양(mol)에 비례하며, 실험 Ⅱ에서 반응 후 $\dfrac{생성물의 양(mol)}{전체 기체의 부피(L)}=\dfrac{8}{9}$이므로 생성물의 양(mol)을 $8n$ mol, 반응 후 남은 B(g)의 양(mol)을 n mol이라고 하면, B(g)와 C(g)의 몰비가 (　　　)이므로 반응한 B(g)의 양(mol)은 (　　　) mol이다. 따라서 B(g) x g의 양(mol)은 (　　　) mol이며, 실험 Ⅱ에서 반응 후 남은 B(g)의 질량은 $x \times \dfrac{n}{5n}=\dfrac{x}{5}$ g이다.

❷ 실험 Ⅲ에서 반응 후 남은 A(g)의 질량을 구한 다음 x를 구한다.

실험 Ⅱ에서 A(g) $2w$ g이 B(g) (　　　)g과 반응하므로 반응 질량비는 A : B=$5w$: $2x$이다. 실험 Ⅲ에서 B(g) x g이 모두 반응하므로 A(g)는 $\dfrac{5}{2}w$ g이 반응하며, 반응 후 남은 A(g)의 질량은 (　　　) g이다.

실험 Ⅱ에서 반응 후 남은 B(g)의 질량은 실험 Ⅲ에서 반응 후 남은 A(g)의 질량의 $\dfrac{1}{4}$배이므로 $x=$(　　　)이다.

❸ 실험 Ⅳ의 결과로부터 반응 몰비를 결정하여 반응 계수 a를 구한다.

B(g) $5n$ mol이 모두 반응하면 C(g) $10n$ mol이 생성된다. 실험 Ⅳ에서 반응 후 $\dfrac{생성물의 양(mol)}{전체 기체의 부피(L)}=\dfrac{5}{8}$이므로 남아 있는 A($g$)의 질량 $\dfrac{3}{2}w$ g은 (　　　) mol이고, A(g) $4w$ g은 $16n$ mol이므로 반응한 A(g)의 양(mol)은 생성된 C(g)의 양(mol)과 같은 (　　　) mol이고, 반응 계수는 $a=$(　　　)이다. 따라서 $a \times x=$(　　　)$\times \dfrac{5}{8}w=$(　　　)이다.

❸ $6n$, $10n$, 2, 2, $\dfrac{5}{4}w$

❷ $\dfrac{4}{5}x$, $\dfrac{w}{2}$, $\dfrac{5}{8}w$

❶ $1 : 2$, $4n$, $5n$

답 ④

출제개념

화학 반응에서의 양적 관계
▶ 본문 40~43쪽

출제의도

화학 반응에서 반응 후 남은 물질의 질량 관계를 이용하여 반응 질량비를 구하고, 화학 반응식의 계수비는 반응 몰비와 같다는 사실을 이용하여 화학 반응식의 계수를 결정할 수 있는지를 묻는 문항이다.

060　I-2. 물질의 양과 화학 반응식

01 그림은 원자 X~Z의 질량을 비교한 것이다.

X 3개 　 Y 1개 　 Y 4개 　 Z 3개

이에 대한 설명으로 옳은 것만을 [보기]에서 있는 대로 고른 것은? (단, X~Z는 임의의 원소 기호이고, Y 원자 1 mol의 질량은 12 g이며, 아보가드로수는 6.02×10^{23}이다.)

보기
ㄱ. X 원자 1개의 질량은 $\dfrac{1}{6.02 \times 10^{23}}$ g이다.
ㄴ. 1 g에 들어 있는 원자의 몰비는 Y : Z=4 : 3이다.
ㄷ. 1 mol의 질량은 YZ_2가 X의 11배이다.

① ㄱ 　　　② ㄷ 　　　③ ㄱ, ㄴ
④ ㄴ, ㄷ 　　　⑤ ㄱ, ㄴ, ㄷ

---

02 표는 원소 A와 B로 이루어진 5가지 화합물에 대하여 분자량과 $\dfrac{\text{B의 질량}}{\text{A의 질량}}$을 나타낸 것이다.

화합물	(가)	(나)	(다)	(라)	(마)
분자량	27	36	45	72	108
$\dfrac{\text{B의 질량}}{\text{A의 질량}}$	2	1	4	3	5

이에 대한 설명으로 옳은 것만을 [보기]에서 있는 대로 고른 것은? (단, A와 B는 임의의 원소 기호이고, (마)의 분자식은 A_2B_5이다.)

보기
ㄱ. 원자량은 A가 B보다 크다.
ㄴ. (나)와 (다)는 분자당 원자 수가 같다.
ㄷ. 일정량의 B와 결합한 A의 질량비는 (가) : (라) =3 : 2이다.

① ㄱ 　　　② ㄷ 　　　③ ㄱ, ㄴ
④ ㄴ, ㄷ 　　　⑤ ㄱ, ㄴ, ㄷ

---

03 표는 t °C, 1 atm에서 기체 (가)~(다)에 대한 자료이다. t °C, 1 atm에서 기체 1 mol의 부피는 24 L이다.

기체	분자식	질량(g)	분자량	부피(L)	전체 원자 수 (상댓값)
(가)	XY_2	18		8	1
(나)	ZX_2	23			1.5
(다)	Z_2Y_4	26	104		a

이에 대한 설명으로 옳은 것만을 [보기]에서 있는 대로 고른 것은? (단, X~Z는 임의의 원소 기호이다.)

보기
ㄱ. (나)의 분자량은 46이다.
ㄴ. a는 1.5이다.
ㄷ. 1 g에 들어 있는 전체 원자 수는 (다)>(가)이다.

① ㄴ 　　　② ㄷ 　　　③ ㄱ, ㄴ
④ ㄱ, ㄷ 　　　⑤ ㄱ, ㄴ, ㄷ

---

04 다음은 포도당($C_6H_{12}O_6$)의 연소 반응에 대한 화학 반응식이다.

$$C_6H_{12}O_6(s) + aO_2(g) \longrightarrow bCO_2(g) + 6H_2O(l)$$
(a, b는 반응 계수)

산소(O_2) 3.0 mol이 들어 있는 용기에서 포도당 x g을 완전 연소시켰더니 산소가 48 g 남았다.
이에 대한 설명으로 옳은 것만을 [보기]에서 있는 대로 고른 것은? (단, 원자량은 H=1, C=12, O=16이다.)

보기
ㄱ. x=45이다.
ㄴ. 생성된 H_2O의 질량은 27 g이다.
ㄷ. 반응 후 용기 안 $\dfrac{CO_2 \text{의 양(mol)}}{\text{전체 물질의 양(mol)}} = \dfrac{1}{3}$이다.

① ㄱ 　　　② ㄷ 　　　③ ㄱ, ㄴ
④ ㄴ, ㄷ 　　　⑤ ㄱ, ㄴ, ㄷ

05 그림은 금속 M의 질량을 달리하여 연소시킬 때 M과 산화물 X의 질량을 나타낸 것이다. 금속 M의 연소 반응식은 $2M(s)+O_2(g) \longrightarrow 2X(s)$이다. 이에 대한 설명으로 옳은 것만을 [보기]에서 있는 대로 고른 것은? (단, M은 임의의 원소 기호이고, O의 원자량은 16이다.)

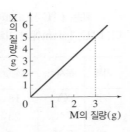

[보기]
ㄱ. X의 화학식은 MO이다.
ㄴ. M의 원자량은 24이다.
ㄷ. X 10 g이 생성되는 데 필요한 O_2는 $\frac{1}{4}$ mol이다.

① ㄱ ② ㄷ ③ ㄱ, ㄴ
④ ㄴ, ㄷ ⑤ ㄱ, ㄴ, ㄷ

06 다음은 기체 A와 B가 반응하여 기체 C가 생성되는 반응의 화학 반응식이다.

$$aA(g)+bB(g) \longrightarrow 2C(g) \quad (a, b는 반응 계수)$$

표는 기체 A와 B의 부피를 달리하여 반응시켰을 때 반응 전과 후에 기체의 부피를 나타낸 것이다. (가)와 (나)에서 반응 후 남은 기체의 종류는 서로 다르다.

실험	반응 전 기체의 부피(L)		반응 후 전체 기체의 부피(L)
	A(g)	B(g)	
(가)	3	5	6
(나)	12	2	10

이에 대한 설명으로 옳은 것만을 [보기]에서 있는 대로 고른 것은? (단, 온도와 압력은 일정하다.)

[보기]
ㄱ. $a+b=4$이다.
ㄴ. 반응 후 $\frac{C의 양(mol)}{전체 기체의 양(mol)}$ 은 (가)>(나)이다.
ㄷ. 반응 전 A(g)와 B(g)의 몰비를 1 : 1로 하면 전체 기체의 양(mol)은 반응 후가 반응 전의 $\frac{2}{3}$배이다.

① ㄴ ② ㄷ ③ ㄱ, ㄴ
④ ㄱ, ㄷ ⑤ ㄱ, ㄴ, ㄷ

07 표는 물질 X_mY_n을 Z_2와 완전히 반응시켰을 때 생성되는 물질의 질량을 나타낸 것이다.

생성물	XZ_2	Y_2Z
질량(g)	5.5	4.5

이에 대한 설명으로 옳은 것만을 [보기]에서 있는 대로 고른 것은? (단, X~Z는 임의의 원소 기호이고, 원자량은 X=12, Y=1, Z=16이다.)

[보기]
ㄱ. $\frac{n}{m}=4$이다.
ㄴ. 반응한 Z_2의 질량은 8 g이다.
ㄷ. X_mY_n에서 $\frac{X의 질량}{전체 질량}=\frac{3}{4}$이다.

① ㄱ ② ㄷ ③ ㄱ, ㄴ
④ ㄴ, ㄷ ⑤ ㄱ, ㄴ, ㄷ

08 기체 A_2와 B_2가 반응하여 기체 X가 생성되는 반응의 화학 반응식은 $aA_2(g)+bB_2(g) \longrightarrow 2X(g)$이고, 표는 실린더 안에서 기체의 부피를 달리하여 어느 한 기체가 모두 소모될 때까지 반응시켰을 때 발생한 X의 부피를 나타낸 것이다.

실험	반응 전 기체의 부피(L)		발생한 X(g)의 부피(L)
	$A_2(g)$	$B_2(g)$	
(가)	3	5	2
(나)	12	2	4
(다)	15	1	2

이에 대한 설명으로 옳은 것만을 [보기]에서 있는 대로 고른 것은? (단, a와 b는 화학 반응식의 계수이고, A와 B는 임의의 원소 기호이며, 기체의 온도와 압력은 일정하다.)

[보기]
ㄱ. X는 삼원자 분자이다.
ㄴ. 같은 양(mol)의 A_2와 B_2를 반응시키면 용기 안의 $\frac{반응 후 기체의 전체 부피}{반응 전 기체의 전체 부피}=\frac{2}{3}$이다.
ㄷ. 반응 후 용기 안의 $\frac{X의 분자 수}{전체 분자 수}$ 는 (나)<(다)이다.

① ㄱ ② ㄴ ③ ㄱ, ㄷ
④ ㄴ, ㄷ ⑤ ㄱ, ㄴ, ㄷ

09 그림은 포도당 수용액 (가)와 (나)를 혼합하여 포도당 수용액 (다)를 만드는 과정을 나타낸 것이다.

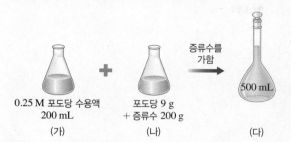

0.25 M 포도당 수용액
200 mL
(가)

포도당 9 g
+ 증류수 200 g
(나)

증류수를
가함

500 mL
(다)

이에 대한 설명으로 옳은 것만을 [보기]에서 있는 대로 고른 것은? (단, 포도당의 분자량은 180이고, 수용액의 밀도는 (가)>(나)이다.)

ㄱ. 녹아 있는 포도당 분자 수는 (가)와 (나)가 같다.
ㄴ. 수용액의 몰 농도는 (가)와 (나)가 같다.
ㄷ. 수용액 (다)의 몰 농도는 0.2 M이다.

① ㄴ   ② ㄷ   ③ ㄱ, ㄴ
④ ㄱ, ㄷ   ⑤ ㄱ, ㄴ, ㄷ

10 그림은 물질 X가 각각 녹아 있는 수용액이다.

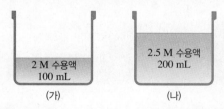

2 M 수용액
100 mL
(가)

2.5 M 수용액
200 mL
(나)

이에 대한 설명으로 옳은 것만을 [보기]에서 있는 대로 고른 것은? (단, X의 화학식량은 100이고, 혼합 용액의 부피는 각 용액의 부피를 합한 값과 같다고 가정한다.)

ㄱ. (가)에 녹아 있는 X의 양(mol)은 2 mol이다.
ㄴ. (나)에 녹아 있는 X의 질량은 50 g이다.
ㄷ. (가)와 (나)를 1 : 1의 부피비로 혼합한 용액의 몰 농도는 4.5 M이다.

① ㄴ   ② ㄷ   ③ ㄱ, ㄴ
④ ㄱ, ㄷ   ⑤ ㄱ, ㄴ, ㄷ

11 다음은 일정한 농도의 수산화 나트륨(NaOH) 수용액을 만드는 과정을 나타낸 것이다.

(가) NaOH 4 g을 증류수 100 mL에 녹인다.
(나) (가)의 수용액을 1 L 부피 플라스크에 넣고 눈금선까지 증류수를 넣는다.

이에 대한 설명으로 옳은 것만을 [보기]에서 있는 대로 고른 것은? (단, NaOH의 화학식량은 40이고, (가)와 (나)에서 만든 수용액의 밀도는 1 g/mL로 가정한다.)

ㄱ. (가) 수용액의 몰 농도는 1 M보다 크다.
ㄴ. (나) 수용액의 몰 농도는 0.1 M이다.
ㄷ. (나) 수용액 10 g에 들어 있는 NaOH의 양(mol)은 $\dfrac{1}{1000}$ mol이다.

① ㄱ   ② ㄷ   ③ ㄱ, ㄴ
④ ㄴ, ㄷ   ⑤ ㄱ, ㄴ, ㄷ

12 다음은 밀도가 1.25 g/mL인 12.5 M A(aq)을 이용하여 0.5 M A(aq) 1 L를 만드는 과정이다. A의 화학식량은 a이고, 0.5 M A(aq)의 밀도는 d g/mL이다.

(가) 12.5 M A(aq)을 준비한다.
(나) 피펫으로 (가)의 A(aq) ⊙ mL를 취한다.
(다) 1 L 부피 플라스크에 (나)에서 취한 A(aq)을 넣고 증류수를 가하여 눈금선까지 채운다.

이에 대한 설명으로 옳은 것만을 [보기]에서 있는 대로 고른 것은? (단, 용액의 온도는 일정하다.)

ㄱ. ⊙은 40이다.
ㄴ. 12.5 M A(aq)의 퍼센트 농도는 $\dfrac{a}{10}$ %이다.
ㄷ. 0.5 M A(aq) 1 g에 들어 있는 A의 질량은 $\dfrac{a}{2000d}$ g 이다.

① ㄱ   ② ㄴ   ③ ㄱ, ㄷ
④ ㄴ, ㄷ   ⑤ ㄱ, ㄴ, ㄷ

Ⅲ 원자의 세계

1 원자의 구조

01 원자의 구조   066

02 원자 모형과 전자 배치   080

Review

이전에 학습한 내용 중 이 단원과 연계된 내용을 다시 한번 떠올려 봅시다.

다음 단어가 들어갈 곳을 찾아 빈칸을 완성해 보자.

원자 번호	전자 껍질	중성	2	4	0	원자가 전자

통합과학
물질의 규칙성과 결합

• **원자의 구조** 원자는 원자핵과 전자로, 원자핵은 양성자와 중성자로 이루어져 있다.

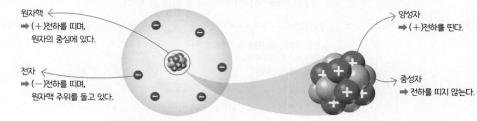

원자핵
➡ (+)전하를 띠며,
원자의 중심에 있다.

전자
➡ (−)전하를 띠며,
원자핵 주위를 돌고 있다.

양성자
➡ (+)전하를 띤다.

중성자
➡ 전하를 띠지 않는다.

↑ 탄소(C) 원자의 구조

① 원자는 양성자수와 전자 수가 같다. ➡ 원자는 전기적으로 **①**〔   〕이다.

② 양성자수는 원자마다 다르므로 양성자수로 **②**〔   〕를 정한다.

$$ ② \boxed{} = 양성자수 = 원자의 전자 수 $$

• 원자 모형과 전자 배치

① **에너지 준위**: 원자핵 주위를 돌고 있는 전자가 갖는 특정한 에너지 값

② **③**〔   〕: 원자핵 주위의 전자가 돌고 있는 특정한 에너지 준위의 궤도로, 원자핵에서 가까울수록 에너지 준위가 낮다.

③ **원자의 전자 배치 원리**

• 전자는 원자핵에서 가까운 전자 껍질부터 차례대로 채워진다.

• 전자는 첫 번째 전자 껍질에 최대 2개, 두 번째 전자 껍질에 최대 8개가 채워진다.

④ **④**〔   〕: 원자의 전자 배치에서 가장 바깥 전자 껍질에 들어 있는 전자로, 화학 결합에 참여하므로 원소의 화학적 성질을 결정한다.

원자핵의 전하: 8+
➡ 양성자수: 8
첫 번째 전자 껍질
두 번째 전자 껍질
원자가 전자 수: 6
↑ 산소(O) 원자의 전자 배치

원자	수소(H)	탄소(C)	네온(Ne)	마그네슘(Mg)
원자 모형	1+	6+	10+	12+
원자가 전자 수	1	**⑤**	**⑥**	**⑦**

01 원자의 구조

핵심 포인트
❶ 음극선의 성질, 톰슨의 음극선 실험 ★★
❷ 알파(α) 입자 산란 실험 ★★
❸ 원자의 구성 입자의 성질 ★★★
❹ 동위 원소의 특성 ★★★

A 원자를 구성하는 입자의 발견

1803년 돌턴은 "물질은 더 이상 쪼갤 수 없는 ❶원자로 이루어져 있다."라고 주장하였어요. 하지만 이후 여러 과학자들이 실험을 통해 원자를 구성하는 더 작은 입자가 있음을 밝혀내었죠. 과학자들이 어떻게 원자를 구성하는 입자를 발견했는지 알아볼까요?

1. 전자의 발견(톰슨, 1897년)

(1) **음극선**: ❷진공 방전관에 높은 전압을 걸어 주면 (−)극에서 (+)극 쪽으로 빛을 내는 선이 나오는데, 이 선을 음극선이라고 한다.

| 음극선 |

진공 상태의 유리관에 높은 전압을 걸어 주면 (−)극에서 (+)극 쪽으로 음극선이 방출된다.

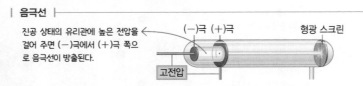

(2) **음극선의 성질**

실험 장치	(−) 고전압 (+) 자석	물체 그림자 (−) 고전압 (+)	(−) 고전압 (+) 바람개비
결과	음극선이 지나가는 길에 자석을 가까이 가져가면 음극선이 휜다.	음극선이 지나가는 길에 물체를 놓아두면 그림자가 생긴다.	음극선이 지나가는 길에 바람개비를 놓아두면 바람개비가 회전한다.
음극선의 성질	음극선은 전하를 띤다.	음극선은 직진하는 성질이 있다.	음극선은 질량을 가진 입자의 흐름이다.

(3) **톰슨의 음극선 실험**: 톰슨은 음극선 실험을 통해 음극선이 (−)전하를 띠고 질량을 가진 입자의 흐름임을 밝혀내었다.

73쪽 대표 자료❶

| 톰슨의 음극선 실험 장치 |

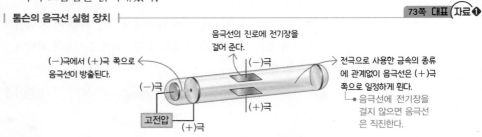

(−)극에서 (+)극 쪽으로 음극선이 방출된다.

음극선의 진로에 전기장을 걸어 준다.

전극으로 사용한 금속의 종류에 관계없이 음극선은 (+)극 쪽으로 일정하게 휜다.
↳ 음극선에 전기장을 걸지 않으면 음극선은 직진한다.

① 음극선이 지나가는 길에 전기장을 걸어 주면 음극선이 (+)극 쪽으로 휜다. ➡ 음극선은 질량을 가지며 (−)전하를 띠는 작은 입자의 흐름이다.

② 금속의 종류에 관계없이 음극선은 같은 특성을 나타낸다.

➡ 음극선을 이루는 입자는 원자를 구성하는 공통적인 입자이며, 과학자들은 톰슨이 발견한 이 입자를 전자라고 하였다.

용어

❶ 원자(原 근원, 子 아들) 물질의 기본적 구성 단위, a(=not)와 tom(divide)의 합성어로 '나누어지지 않는'의 뜻
❷ 진공 방전관(眞 본질, 空 비다, 放 내놓다, 電 전기, 管 관) 진공에서 강한 전기장을 걸어 주어 전류가 흐를 수 있도록, 즉 방전 현상이 나타나도록 만든 관

(4) 톰슨의 원자 모형

① 전기적으로 중성인 원자에 높은 전압을 걸어 주었을 때 음극선과 같은 (−)전하를 띠는 전자의 흐름이 생기려면 (+)전하를 띠는 부분이 존재해야 한다.

② 톰슨은 전체적으로 (+)전하를 띠는 공 모양의 물질 속에 (−)전하를 띠는 전자가 띄엄띄엄 박혀 있는 새로운 원자 모형을 제안하였다.

  ● 원자를 구성하는 더 작은 입자인 전자의 발견으로 돌턴의 원자 모형은 수정되어야 했다.

⚡ **톰슨의 원자 모형**

2. 원자핵의 발견(러더퍼드, 1911년)

(1) 러더퍼드의 ◆알파(α) 입자 ❶산란 실험: 러더퍼드는 알파(α) 입자 산란 실험을 통해 원자의 대부분은 빈 공간이며, 원자의 중심에 부피가 작고 원자 질량의 대부분을 차지하며 (+)전하를 띠는 입자가 존재한다는 것을 밝혀내었고, 이를 원자핵이라고 하였다.

탐구 자료창 **러더퍼드의 알파(α) 입자 산란 실험**   **73쪽 대표 자료❶**

얇은 금박 주위에 그림과 같이 형광 스크린을 설치하고, 알파(α) 입자 발생 장치로부터 나오는 알파(α) 입자를 금박에 쪼여 알파(α) 입자의 진로를 알아본다.

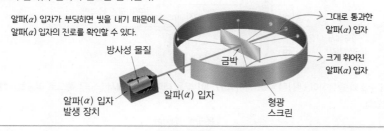

[예측] 톰슨의 원자 모형이 옳다면 전자에 비해 질량이 매우 큰 알파(α) 입자를 빠른 속도로 원자에 충돌시킬 때 대부분의 알파(α) 입자는 금 원자를 그대로 통과하고 일부의 알파(α) 입자는 약간 휘어질 것이다.

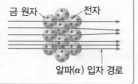

1. 실제 결과
- 대부분의 알파(α) 입자가 직진하여 금박을 통과한다.
  ➡ 원자의 대부분은 빈 공간이다.
- 알파(α) 입자의 극히 일부만이 크게 휘거나 튕겨져 나온다.
  ➡ 매우 좁은 공간에 (+)전하를 띠며, 원자 질량의 대부분을 차지하는 부분이 존재한다.

2. 결론: 원자의 대부분은 빈 공간이고, 중심에 (+)전하를 띠고 원자 질량의 대부분을 차지하는 원자핵이 존재한다.

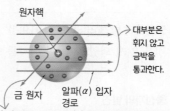

(+)전하를 띠는 알파(α) 입자가 원자핵과 매우 가깝게 지나면 원자핵의 (+)전하에 의해 반발하여 진로가 크게 휜다.

확인 문제 **1** 알파(α) 입자 산란 실험을 통해 발견된 원자의 구성 입자를 쓰시오.

2 대부분의 알파(α) 입자가 금박을 통과하여 직진하는 까닭은 원자의 대부분이 (   )이기 때문이다.

(2) 러더퍼드의 원자 모형: 원자의 중심에 (+)전하를 띠는 원자핵이 위치하고, (−)전하를 띠는 전자가 원자핵 주위를 움직이고 있는 원자 모형을 제안하였다.

러더퍼드의 원자 모형 ⊙

◆ **알파(α) 입자**
헬륨 원자가 전자 2개를 잃은 상태(He^{2+}), 즉 헬륨의 원자핵으로 방사성 물질에서 방출된다.

중성자 양성자

⬆ **알파(α) 입자 모형**

주의해!

알파(α) 입자 산란 실험에서 발견된 입자
알파(α) 입자 산란 실험에서는 원자핵의 존재를 알아내었고, 원자핵의 구성 입자인 양성자와 중성자는 이후에 발견되었다.

확인 문제 답
1 원자핵
2 빈 공간

용어
❶ 산란(散 흩어지다, 亂 어지럽다) 여러 방향으로 진로가 흩어지는 현상

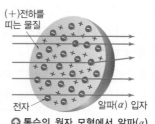

심화 ➕ 알파(α) 입자 산란 실험과 원자 모형

톰슨의 원자 모형이 옳았다면 알파(α) 입자 산란 실험의 결과는 어떻게 나왔을까?
톰슨의 원자 모형에서는 (+)전하가 원자 내부에 골고루 퍼져 있기 때문에 빛의 속도의 $\frac{1}{10}$ 정도로 움직이고, 질량이 상대적으로 매우 큰 알파(α) 입자가 크게 휘거나 튕겨져 나올 수 없다. 따라서 모든 알파(α) 입자가 원자를 통과해야 하며, 이때 분산되어 있는 (+)전하나 전자의 (−)전하의 영향을 받아 진로가 약간 휘는 경우가 생길 수는 있다.

⬆ 톰슨의 원자 모형에서 알파(α) 입자의 경로

◆ **양성자**

수소(H) 원자는 양성자 1개와 전자 1개로 이루어져 있으므로, 전자를 잃어 양이온(H^+)이 되면 양성자 1개만 남는다. 따라서 수소 이온(H^+)이 양성자이다.

지학사 교과서와 천재 교과서에서는 러더퍼드가 질소 기체에 알파(α) 입자를 충돌시켰을 때 튀어 나온 (+)전하를 양성자라고 하였다고 설명해요.

3. ◆양성자의 발견

(1) 양극선의 발견(골트슈타인, 1886년): 진공 방전관에 소량의 수소 기체를 넣고 방전시킬 때 (+)극에서 (−)극 쪽으로 이동하는 입자의 흐름을 발견하고, 이를 양극선이라고 하였다.

┤ **양극선 실험** ├

❶ 소량의 수소 기체가 들어 있는 방전관에 높은 전압을 걸어 주면 (−)극에서 (+)극 쪽으로 음극선이 방출된다.

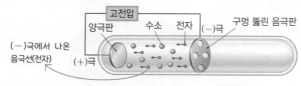

❷ 음극선이 수소와 충돌하여 생성된 수소 원자핵(H^+)이 빛을 내며 (+)극에서 (−)극 쪽으로 이동하는데, 이를 양극선이라고 하였다.

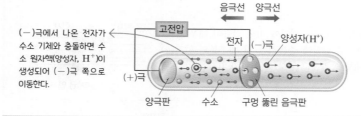

(2) 양성자의 발견(러더퍼드, 1919년): 양극선이 (+)전하를 띤 입자인 수소 원자핵(H^+)이라는 것을 알게 되었으며, 이 입자를 양성자라고 하였다.

4. 중성자의 발견

(1) 러더퍼드의 예측: 러더퍼드는 헬륨 원자핵의 전하량은 양성자의 2배이지만 질량은 양성자의 약 4배라는 사실을 통해 원자핵 속에 질량이 크고 전기적으로 중성인 입자가 존재함을 예측하였다.

(2) 중성자의 발견(채드윅, 1932년): 베릴륨 원자핵에 알파(α) 입자를 충돌시키는 실험에서 전하를 띠지 않는 입자가 방출되는 것을 발견하고, 이를 중성자라고 하였다. ─➡ 러더퍼드의 예측을 입증하였다.

① 중성자는 전하를 띠지 않기 때문에 존재를 알아내기 어려워 원자를 구성하는 입자 중에서 가장 늦게 발견되었다.

② 중성자의 발견으로 헬륨 원자핵의 질량을 설명할 수 있게 되었으며, 원자를 이루는 전자, 양성자, 중성자의 존재가 모두 밝혀지게 되었다.

암기해!

원자의 구성 입자와 발견 실험

입자	실험
전자	음극선 실험
원자핵	알파(α) 입자 산란 실험
양성자	양극선 실험
중성자	베릴륨에 알파(α) 입자를 충돌시키는 실험

개념 확인 문제

핵심 체크

- (❶   ): 진공 방전관에 높은 전압을 걸어 주었을 때 (−)극에서 (+)극 쪽으로 빛을 내며 나오는 선
- 음극선 실험: 음극선의 진로에 전기장을 걸어 주면 음극선이 (❷   )극 쪽으로 휘어진다. ➡ 음극선은 질량을 가지며 (❸   )전하를 띠는 입자의 흐름으로, 음극선을 이루는 입자는 원자의 구성 입자인 (❹   )이다.
- 알파(α) 입자 산란 실험: 대부분의 알파(α) 입자는 원자를 통과해 직진하고, 극소수의 알파(α) 입자는 경로가 크게 휘거나 튕겨져 나온다. ➡ 원자는 대부분 빈 공간이고, 매우 좁은 공간에 (❺   )전하를 띠고 원자 질량의 대부분을 차지하는 (❻   )이 존재한다.
- (❼   )의 원자 모형: (+)전하를 띠는 물질 속에 (−)전하를 띠는 전자가 띄엄띄엄 박혀 있다.
- (❽   )의 원자 모형: 원자의 중심에 (+)전하를 띠는 원자핵이 위치하고, (−)전하를 띠는 전자가 원자핵 주위를 움직이고 있다.
- (❾   ): 원자핵을 구성하는 입자로, (+)전하를 띤다.
- (❿   ): 원자핵을 구성하는 입자로, 전하를 띠지 않는다.

---

1 음극선의 성질에 대한 설명으로 옳은 것은 ○, 옳지 <u>않은</u> 것은 ×로 표시하시오.

(1) 음극선이 지나가는 길에 전기장을 걸어 주면 음극선이 (+)극 쪽으로 휘는 것으로 보아 음극선은 (−)전하를 띤다. ( )

(2) 음극선이 지나가는 길에 물체를 놓아두면 그림자가 생기는 것으로 보아 음극선은 질량을 가진다. … ( )

(3) 음극선이 지나가는 길에 바람개비를 놓아두면 바람개비가 회전하는 것으로 보아 음극선은 직진하는 성질이 있다. ( )

(4) 음극선이 지나가는 길에 자석을 가까이 가져가면 음극선이 휘어지는 것으로 보아 음극선은 전하를 띤다. ( )

2 그림은 러더퍼드의 알파(α) 입자 산란 실험 장치를 나타낸 것이다.

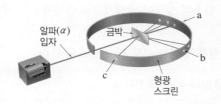

알파(α) 입자
금박
a
b
c
형광 스크린

(1) a~c 중 알파(α) 입자가 가장 많이 도달하는 위치를 쓰시오.

(2) 원자의 구성 입자 중 알파(α) 입자가 c 위치에서 발견되는 원인이 되는 입자의 이름을 쓰시오.

3 그림은 2가지 원자 모형을 나타낸 것이다.

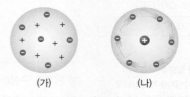

(가)   (나)

(1) 각 모형을 제안한 과학자의 이름을 쓰시오.

(2) 각 모형을 제안한 근거가 되는 원자의 구성 입자를 쓰시오.

4 다음에서 설명하는 원자의 구성 입자를 쓰시오.

(1) 수소 원자가 전자를 잃어 형성되는 입자로, 양극선을 이룬다.

(2) 음극선을 이루며, (−)전하를 띤다.

(3) 전기적으로 중성이며, 가장 늦게 발견되었다.

5 ( ) 안에 알맞은 말을 쓰시오.

(가) 러더퍼드는 금박에 알파(α) 입자를 쪼여 알파(α) 입자의 진로를 관찰하여 (   )을 발견하였다.

(나) 톰슨은 고압 진공 방전관의 (−)극에서 나오는 음극선의 성질을 관찰하여 (   )를 발견하였다.

(다) 채드윅은 베릴륨 원자핵에 알파(α) 입자를 충돌시킬 때 전하를 띠지 않는 (   )가 방출되는 것을 발견하였다.

B 원자의 구조

1. 원자를 구성하는 입자

(1) 원자의 구조와 크기

① 원자는 (+)전하를 띠는 원자핵이 중심에 있고, 그 주위에 (−)전하를 띠는 전자가 운동하고 있다. ─● (+)전하를 띠는 원자핵의 양성자와 (−)전하를 띠는 전자 사이에 정전기적 인력이 작용한다.

② 원자핵은 (+)전하를 띠는 양성자와 전하를 띠지 않는 중성자로 이루어져 있다.

③ 원자의 지름은 10^{-10} m 정도이고, 원자핵의 지름은 10^{-15} m~10^{-14} m 정도로 매우 작다.

➡ 원자핵의 크기는 원자의 크기에 비해 매우 작다.
└─● 원자 1개의 크기가 축구장의 크기와 같다면, 원자핵의 크기는 축구장 중앙에 놓인 구슬 1개의 크기에 비유할 수 있다.

| **원자의 구조와 크기** |

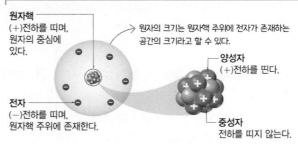

원자핵
(+)전하를 띠며, 원자의 중심에 있다.

원자의 크기는 원자핵 주위에 전자가 존재하는 공간의 크기라고 할 수 있다.

양성자
(+)전하를 띤다.

전자
(−)전하를 띠며, 원자핵 주위에 존재한다.

중성자
전하를 띠지 않는다.

◆ **쿨롱(C)**
전하량의 단위로, 1암페어(A)의 전류가 흐르는 도선의 한 단면을 1초 동안 지나는 전하량이다.

$$1\,C = 1\,A \cdot 초$$

(2) 원자를 구성하는 입자의 성질

① **전하량**: 양성자와 전자는 전하량의 크기는 같고 부호는 반대이다. ➡ 원자는 양성자수와 전자 수가 같으므로 전기적으로 중성이다.

② **질량**: 양성자와 중성자의 질량은 비슷하고, 전자의 질량은 이들에 비해 무시할 수 있을 정도로 작다. ➡ 원자핵은 원자 질량의 대부분을 차지한다.

◆ **원자 번호와 질량수**
• 수소 원자: 양성자수가 1이므로 원자 번호는 1이고, 전자 수도 1이다. 중성자가 없으므로 질량수는 1이다.

전자
원자핵

↑ 수소 원자 모형

• 헬륨 원자: 양성자수가 2이므로 원자 번호는 2이고, 전자 수도 2이다. 중성자수가 2이므로 질량수는 4이고 수소 원자보다 질량이 4배 정도 크다.

전자
양성자
원자핵
중성자

↑ 헬륨 원자 모형

구성 입자		전하량(C)	상대적인 전하	질량(g)	상대적인 질량
원자핵	양성자	$+1.602 \times 10^{-19}$	$+1$	1.673×10^{-24}	1
	중성자	0	0	1.675×10^{-24}	1
전자		-1.602×10^{-19}	-1	9.109×10^{-28}	$\dfrac{1}{1837}$

2. 원자 번호와 질량수 73쪽 대표 자료 ②

(1) 원자 번호: 원자핵 속에 들어 있는 양성자수

① 원자핵 속에 들어 있는 양성자수에 따라 원소의 성질이 달라지므로 양성자수로 원자 번호를 정한다.

② 원자는 양성자수와 전자 수가 같으므로 원자의 전자 수도 원자 번호와 같다.

| 원자 번호=양성자수=원자의 전자 수 |

(2) 질량수: 양성자수와 중성자수의 합 ➡ 전자의 질량은 무시할 수 있을 정도로 작으므로 양성자수와 중성자수의 합으로 원자의 상대적인 질량을 나타낸다. ─● 질량수가 클수록 무거운 원자이다.

| 질량수=양성자수+중성자수 |

암기해!

● **원자 번호와 질량수**
• 원자 번호=양성자수
  =원자의 전자 수
• 질량수=양성자수+중성자수

(3) 원자의 표시: 원자 번호는 원소 기호의 왼쪽 아래, 질량수는 왼쪽 위에 작은 글씨로 표시한다.

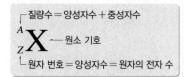

질량수 = 양성자수 + 중성자수
$_Z^A X$ ← 원소 기호
원자 번호 = 양성자수 = 원자의 전자 수

예
$_{11}^{23}Na$
- 원자 번호 = 양성자수 = 원자의 전자 수 = 11
- 질량수 = 23
- 중성자수 = 23 − 11 = 12

3. 동위 원소와 평균 원자량 〔74쪽 대표 자료❸, ❹〕

〔73쪽 대표 자료❷〕

(1) 동위 원소: 양성자수(원자 번호)는 같지만 중성자수가 달라 질량수가 다른 원소 ┐

| 수소의 동위 원소 |

양성자
원자핵
수소($_1^1H$)

중성자
중수소($_1^2H$)

3중 수소($_1^3H$)

•모든 원자핵이 양성자와 중성자로 이루어진 것은 아니다.
➡ $_1^1H$는 중성자를 포함하지 않는다.

동위 원소	수소 ($_1^1H$)	중수소 ($_1^2H$)	3중 수소 ($_1^3H$)
양성자수	1	1	1
중성자수	0	1	2
질량수	1	2	3

•같은 원소의 원자는 양성자수는 항상 같지만, 중성자수는 다를 수 있다.

◆ **수소의 동위 원소 표시**
수소의 3가지 동위 원소를 아래와 같은 기호를 사용하여 표시하기도 한다.
• H: Hydrogen(수소)
• D: Deuterium(중수소)
• T: Tritium(3중 수소)
 └•3중 수소(T)는 핵융합 반응에서 생성되는 원소로, 자연계에는 존재하지 않는다.

① 자연계에는 서로 다른 동위 원소들이 일정한 비율로 섞여 있다.

원소	동위 원소	원자량	존재 비율(%)	원소	동위 원소	원자량	존재 비율(%)
수소	$_1^1H$(H)	1.008	99.9885	산소	$_8^{16}O$	15.995	99.757
	$_1^2H$(D)	2.014	0.0115		$_8^{17}O$	16.999	0.038
	$_1^3H$(T)	—	—		$_8^{18}O$	17.999	0.205
탄소	$_6^{12}C$	12.000	98.93	염소	$_{17}^{35}Cl$	34.969	75.76
	$_6^{13}C$	13.003	1.07		$_{17}^{37}Cl$	36.966	24.24

② 동위 원소는 화학적 성질이 같다. ➡ 양성자수와 전자 수가 같기 때문이다.
③ 동위 원소는 밀도, 녹는점, 끓는점 등 물리적 성질이 다르다. ➡ 질량수가 다르기 때문이다.

암기해!

동위 원소의 공통점과 차이점	
공통점	차이점
양성자수	중성자수
원자 번호	질량수
화학적 성질	물리적 성질

(2) 평균 원자량

① 원소의 원자량은 각 동위 원소의 자연 존재 비율을 고려하여 구한 평균 원자량으로 나타낸다.

② **평균 원자량:** 각 동위 원소의 원자량과 존재 비율을 곱한 값을 더하여 구한다.

예 염소(Cl)의 평균 원자량 $=\left(\begin{array}{c}_{17}^{35}Cl의\\원자량\end{array}\right)\times\left(\begin{array}{c}_{17}^{35}Cl의\\존재 비율\end{array}\right)+\left(\begin{array}{c}_{17}^{37}Cl의\\원자량\end{array}\right)\times\left(\begin{array}{c}_{17}^{37}Cl의\\존재 비율\end{array}\right)$

$=\left(34.969\times\dfrac{75.76}{100}\right)+\left(36.966\times\dfrac{24.24}{100}\right)≒35.5$

◆ **주기율표와 평균 원자량**

7 ── 원자 번호
N ── 원소 기호
질소 ── 원소 이름
14.007 ── 원자량

주기율표에 주어진 각 원소의 원자량은 여러 동위 원소들이 섞여 있는 자연 상태에서 측정한 것이므로 평균 원자량이다.

탐구 자료창 구성 입자의 수에 따른 원자와 이온의 구분

표는 몇 가지 원자 또는 이온을 구성하는 입자의 수를 나타낸 것이다.

원자 또는 이온	양성자수	중성자수	전자 수
A	8	8	8
B	8	9	8
C	8	8	10
D	10	10	10

1. A와 B는 양성자수는 같지만 중성자수가 다르다.
➡ A와 B는 동위 원소 관계이다.
2. A와 C는 양성자수와 중성자수는 같지만 전자 수는 C가 A보다 크다. ➡ C는 A의 음이온이다.
3. C와 D는 전자 수는 같지만 양성자수가 다르다.
➡ C와 D는 다른 원소이다.

개념 확인 문제

핵심 체크

- 원자의 구조: 원자의 중심에는 (+)전하를 띠는 (❶)와 전하를 띠지 않는 (❷)로 구성된 원자핵이 있고, 원자핵 주위에는 (❸)가 운동하고 있다.
- 원자를 구성하는 입자의 전하량: 양성자의 전하량을 +1이라고 하면, 전자의 전하량은 (❹)이고, 중성자의 전하량은 (❺)이다.
- 원자를 구성하는 입자의 질량: 양성자와 (❻)의 질량은 비슷하고, (❼)의 질량은 이들에 비해 무시할 수 있을 정도로 작다.
- 원자 번호와 질량수 ─ 원자 번호=(❽)=원자의 전자 수
  └ 질량수=양성자수+(❾)
- 원자의 표시: 원자 $^A_Z X$에서 X의 양성자수는 (❿), 전자 수는 (⓫), 중성자수는 (⓬)이다.
- (⓭): 양성자수는 같지만 중성자수가 달라 질량수가 다른 원소로, 화학적 성질이 같다.

---

1 원자를 구성하는 입자에 대한 설명으로 옳은 것은 ○, 옳지 않은 것은 ×로 표시하시오.

(1) 양성자와 중성자는 원자핵을 구성한다. ┈┈┈ ( )

(2) 원자핵은 (+)전하를 띤다. ┈┈┈┈┈┈ ( )

(3) 원자핵은 원자 부피의 대부분을 차지한다. ┈ ( )

(4) 전자는 (−)전하를 띠며, 질량이 없다. ┈┈┈ ( )

2 표는 원자를 구성하는 입자에 대한 자료이다.

구성 입자		상대적인 전하	상대적인 질량
원자핵	양성자	+1	1
	중성자	(가)	(나)
전자		(다)	$\frac{1}{1837}$

(가)~(다)에 들어갈 값을 각각 쓰시오.

3 그림은 원자 X의 구조를 모형으로 나타낸 것이다.
X에 대한 설명으로 옳은 것만을 [보기]에서 있는 대로 고르시오. (단, X는 임의의 원소 기호이다.)

┌ 보기 ┐
ㄱ. ●는 양성자이다.
ㄴ. 질량수는 5이다.
ㄷ. 원자 번호는 2이다.
ㄹ. ●와 ●의 전하량의 절댓값은 같다.

4 나트륨 이온의 ㉠양성자수, ㉡중성자수, ㉢전자 수를 각각 쓰시오.

$$^{23}_{11}\text{Na}^+$$

5 표는 몇 가지 원자 또는 이온을 구성하는 입자 수에 대한 자료이다.

원자 또는 이온	양성자수	중성자수	전자 수
A	7	7	7
B	7	9	7
C	8	8	8
D	11	12	10

(1) A~D 중 동위 원소를 있는 대로 쓰시오.

(2) A~D 중 질량수가 서로 같은 것을 있는 대로 쓰시오.

(3) A~D 중 이온과 이온이 띠는 전하의 종류를 쓰시오.

6 X는 원자량이 각각 10과 12인 동위 원소 ^{10}X와 ^{12}X가 존재한다. 자연계에서 존재비가 $^{10}X : ^{12}X=1 : 3$이라고 할 때 X의 평균 원자량을 구하시오. (단, X는 임의의 원소 기호이다.)

대표 자료 분석

자료 ❶ 음극선 실험과 알파(α) 입자 산란 실험

기출 Point
• 음극선 실험과 알파(α) 입자 산란 실험 결과 해석
• 실험 결과에 근거하여 발견된 원자의 구성 입자와 원자 모형

[1~3] 그림 (가)는 음극선 실험을, (나)는 알파(α) 입자 산란 실험을 나타낸 것이다.

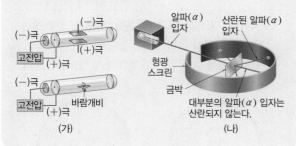

(가)   (나)

1 (가)와 (나)에서 발견된 입자를 각각 쓰시오.

2 이 실험의 결과로부터 톰슨과 러더퍼드가 제안한 원자 모형을 [보기]에서 각각 고르시오.

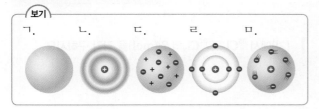

보기
ㄱ.   ㄴ.   ㄷ.   ㄹ.   ㅁ.

---

3 ⟨빈출 선택지로 완벽 정리!⟩

(1) (가)의 첫 번째 실험에서 음극선은 (−)전하를 띤다는 것을 알 수 있다. ·············· (○ / ×)

(2) (가)의 두 번째 실험에서 음극선은 질량을 가진 입자의 흐름이라는 것을 알 수 있다. ·············· (○ / ×)

(3) (가)에서 발견된 입자는 원자 질량의 대부분을 차지한다. ·············· (○ / ×)

(4) (나)에서 발견된 입자는 (−)전하를 띤다. ······ (○ / ×)

(5) (나)에서 원자는 대부분 빈 공간이라는 것을 알 수 있다. ·············· (○ / ×)

자료 ❷ 원자의 구성 입자와 동위 원소

기출 Point
• 원자를 구성하는 입자의 성질
• 동위 원소의 의미와 성질

[1~3] 표는 원자 또는 이온 W, X, Y$^+$, Z^{2-}을 구성하는 입자에 대한 자료이다. (단, W~Z는 임의의 원소 기호이다.)

원자 또는 이온	양성자수	질량수	전자 수
W	7	14	7
X	7	15	a
Y$^+$	11	23	10
Z^{2-}	b	16	10

1 $a+b$의 값을 구하시오.

2 W~Z 중 동위 원소를 있는 대로 쓰시오.

---

3 ⟨빈출 선택지로 완벽 정리!⟩

(1) 원자 번호가 가장 큰 것은 Y이다. ·············· (○ / ×)

(2) X와 Z의 중성자수는 같다. ·············· (○ / ×)

(3) W와 X는 원자 번호가 같다. ·············· (○ / ×)

(4) W와 X는 화학적 성질이 같다. ·············· (○ / ×)

(5) 원자량이 가장 큰 것은 Y이다. ·············· (○ / ×)

(6) 전자 수는 Y>Z이다. ·············· (○ / ×)

(7) 중성자수가 가장 큰 것은 Z이다. ·············· (○ / ×)

(8) W를 원자 표시 방법으로 나타내면 $^{21}_{7}$W이다.
·············· (○ / ×)

(9) 화합물 WZ와 XZ의 화학적 성질은 같다. (○ / ×)

자료 ③ 평균 원자량

기출 Point
- 동위 원소의 존재 비율에 따른 분자의 존재 비율
- 평균 원자량 구하기

[1~3] 다음은 염소(Cl)의 동위 원소에 대한 자료이다.

- 자연계에서 염소(Cl)의 동위 원소는 $^{35}_{17}Cl$, $^{37}_{17}Cl$ 2가지만 존재한다.
- 동위 원소의 존재비는 $^{35}_{17}Cl : ^{37}_{17}Cl = 3 : 1$이다.
- $^{35}_{17}Cl$, $^{37}_{17}Cl$의 원자량은 각각 35, 37이다.

1 염소(Cl)의 평균 원자량을 구하시오.

2 표는 자연계에 존재 가능한 염소(Cl_2) 분자에 대한 자료이다. ㉠~㉺에 알맞은 값을 각각 쓰시오.

분자	$^{35}Cl_2$	$^{35}Cl^{37}Cl$	$^{37}Cl_2$
구성 동위 원소	^{35}Cl, ^{35}Cl	^{35}Cl, ^{37}Cl	^{37}Cl, ^{37}Cl
분자량	㉠	㉡	㉢
존재 비율	㉣	㉤	㉥

3 빈출 선택지로 완벽 정리!

(1) $^{35}_{17}Cl$의 중성자수는 18이다. ········ (○ / ×)

(2) 염소(Cl) 원자 1 mol에 들어 있는 중성자의 양(mol)은 19 mol이다. ········ (○ / ×)

(3) 염소(Cl) 원자 1 mol에 들어 있는 $\dfrac{중성자수}{양성자수} < 1$이다.
········ (○ / ×)

(4) 염소(Cl_2) 분자 1 mol에 들어 있는 중성자의 양(mol)은 37 mol이다. ········ (○ / ×)

(5) 자연계에 수소 원자가 $^{1}_{1}H$, $^{2}_{1}H$만 존재한다고 가정할 때 자연계에 존재 가능한 염화 수소(HCl) 분자의 종류는 4가지이다. ········ (○ / ×)

자료 ④ 동위 원소와 구성 입자

기출 Point
- 혼합 기체를 구성하는 입자의 양(mol) 구하기
- 혼합 기체의 질량 구하기

[1~3] 다음은 용기 (가)와 (나)에 각각 들어 있는 염소(Cl_2) 분자에 대한 자료이다.

- (가)에는 $^{35}Cl_2$와 $^{37}Cl_2$의 혼합 기체가, (나)에는 $^{35}Cl^{37}Cl$ 기체가 들어 있다.
- (가)와 (나)에 들어 있는 기체의 전체 양(mol)은 각각 1 mol이다.

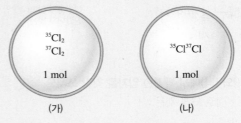

- ^{35}Cl 원자의 양(mol)은 (가)에서가 (나)에서의 $\dfrac{3}{2}$배이다.
- ^{35}Cl, ^{37}Cl의 원자량은 각각 35, 37이다.

1 (가)에서 $^{35}Cl_2$와 $^{37}Cl_2$의 양(mol)을 각각 구하시오.

2 (가)와 (나)에서 기체의 질량비 (가) : (나)를 구하시오.

3 빈출 선택지로 완벽 정리!

(1) 용기 속 양성자수는 (가)에서가 (나)에서보다 크다.
········ (○ / ×)

(2) (가)에서 $\dfrac{^{35}Cl_2의\ 분자\ 수}{^{37}Cl_2의\ 분자\ 수} > 1$이다. ······ (○ / ×)

(3) ^{37}Cl 원자 수는 (가)에서가 (나)에서의 2배이다.
········ (○ / ×)

(4) 중성자의 양(mol)은 (가)와 (나)에서 같다. ··· (○ / ×)

내신 만점 문제

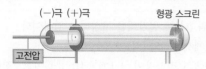

A 원자를 구성하는 입자의 발견

[01~02] 다음은 음극선의 성질을 알아보기 위한 실험 과정이다.

[실험]
(가) 진공 방전관에 고전압을 걸어 주면 음극선이 발생한다.

(−)극 (+)극   형광 스크린

고전압

(나) 음극선이 지나가는 길에 전기장을 걸어 준다.
(다) 음극선이 지나가는 길에 바람개비를 설치한다.
(라) 음극선이 지나가는 길에 장애물을 설치한다.

01 (나)~(라)에서 예상되는 결과로 옳은 것만을 [보기]에서 있는 대로 고른 것은?

보기
ㄱ. (나)에서 음극선이 (−)극 쪽으로 휜다.
ㄴ. (다)에서 바람개비가 회전한다.
ㄷ. (라)에서 장애물의 그림자가 생긴다.

① ㄱ   ② ㄷ   ③ ㄱ, ㄴ
④ ㄴ, ㄷ   ⑤ ㄱ, ㄴ, ㄷ

02 (나)~(라)의 실험 결과로부터 추론할 수 있는 음극선의 성질을 [보기]에서 골라 옳게 짝 지은 것은?

보기
ㄱ. 음극선은 직진하는 성질이 있다.
ㄴ. 음극선은 (−)전하를 띠고 있다.
ㄷ. 음극선은 질량을 가진 입자의 흐름이다.

	(나)	(다)	(라)
①	ㄱ	ㄴ	ㄷ
②	ㄱ	ㄷ	ㄴ
③	ㄴ	ㄱ	ㄷ
④	ㄴ	ㄷ	ㄱ
⑤	ㄷ	ㄴ	ㄱ

[03~05] 다음은 원자를 구성하는 입자의 발견에 대한 실험이다.

얇은 금박에 알파(α) 입자를 쪼였더니 대부분의 알파(α) 입자는 금박을 통과하고 일부만이 크게 휘거나 튕겨져 나왔다.

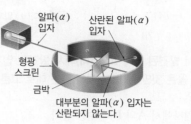

알파(α)   산란된 알파(α)
입자   입자
형광
스크린
금박
대부분의 알파(α) 입자는
산란되지 않는다.

03 이 실험의 결과로부터 알 수 있는 사실만을 [보기]에서 있는 대로 고른 것은?

보기
ㄱ. 원자는 대부분 빈 공간이다.
ㄴ. 원자핵은 (+)전하를 띠고 있다.
ㄷ. 원자핵은 양성자와 중성자로 이루어져 있다.

① ㄱ   ② ㄷ   ③ ㄱ, ㄴ
④ ㄴ, ㄷ   ⑤ ㄱ, ㄴ, ㄷ

04 이와 같은 결과를 나타낼 것으로 예상되는 원자 모형만을 [보기]에서 있는 대로 고른 것은?

보기
ㄱ.   ㄴ.   ㄷ.

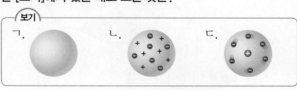

① ㄱ   ② ㄷ   ③ ㄱ, ㄴ
④ ㄴ, ㄷ   ⑤ ㄱ, ㄴ, ㄷ

05 서술형 이와 동일한 실험 조건에서 금($_{79}$Au)박 대신 알루미늄($_{13}$Al)박을 사용했을 때 알파(α) 입자의 진로를 예상하여 서술하시오.

06 그림은 원자를 구성하는 입자를 발견한 2가지 실험을 나타낸 것이다.

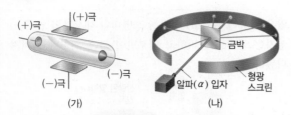

(가)에서 발견된 입자 A와 (나)에서 발견된 입자 B에 대한 설명으로 옳은 것만을 [보기]에서 있는 대로 고른 것은?

보기
ㄱ. 원자에서 A와 B의 수는 같다.
ㄴ. A는 (나)의 실험 결과에 거의 영향을 주지 않는다.
ㄷ. B는 원자의 대부분의 공간을 차지한다.

① ㄱ　　　　② ㄴ　　　　③ ㄱ, ㄷ
④ ㄴ, ㄷ　　　⑤ ㄱ, ㄴ, ㄷ

B 원자의 구조

07 그림은 원자를 구성하는 입자를 2가지 기준에 따라 분류한 것이다.

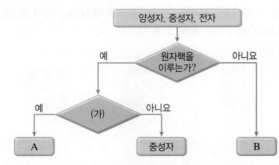

이에 대한 설명으로 옳은 것만을 [보기]에서 있는 대로 고른 것은?

보기
ㄱ. B는 양성자이다.
ㄴ. 원자에서 입자 수는 A=B이다.
ㄷ. '전하를 띠는가?'는 (가)로 적절하다.

① ㄱ　　　　② ㄷ　　　　③ ㄱ, ㄴ
④ ㄴ, ㄷ　　　⑤ ㄱ, ㄴ, ㄷ

08 표는 원자를 구성하는 입자에 대한 자료이다.

구성 입자	전하량(C)	질량(g)
(가)	$+1.6 \times 10^{-19}$	1.673×10^{-24}
(나)	0	1.675×10^{-24}
(다)	-1.6×10^{-19}	9.109×10^{-28}

이에 대한 설명으로 옳은 것만을 [보기]에서 있는 대로 고른 것은?

보기
ㄱ. (가)와 (나)는 원자핵을 구성하는 입자이다.
ㄴ. 원자에서 (가)와 (다)의 수는 같다.
ㄷ. 원자핵의 전하량이 $+1.6 \times 10^{-18}$ C이고, 질량수가 20인 원자 X의 중성자수는 10이다.

① ㄱ　　　　② ㄷ　　　　③ ㄱ, ㄴ
④ ㄴ, ㄷ　　　⑤ ㄱ, ㄴ, ㄷ

09 표는 원자 X~Z를 구성하는 입자 a~c의 수를 나타낸 것이다. a~c는 각각 전자, 양성자, 중성자 중 하나이다.

원자	a	b	c
X	1	1	1
Y	1	2	1
Z	2	1	2

이에 대한 설명으로 옳은 것만을 [보기]에서 있는 대로 고른 것은? (단, X~Z는 임의의 원소 기호이다.)

보기
ㄱ. Y와 Z의 질량수는 같다.
ㄴ. X와 Y는 원자 번호가 같다.
ㄷ. 원자핵은 a와 c로 이루어져 있다.

① ㄱ　　　　② ㄷ　　　　③ ㄱ, ㄴ
④ ㄴ, ㄷ　　　⑤ ㄱ, ㄴ, ㄷ

중요 10 그림은 원자 X~Z의 구조를 모형으로 나타낸 것이다.

X   Y   Z

이에 대한 설명으로 옳은 것만을 [보기]에서 있는 대로 고른 것은? (단, X~Z는 임의의 원소 기호이다.)

ㄱ. ●은 양성자이다.
ㄴ. X와 Y는 화학적 성질이 같다.
ㄷ. 질량수의 비는 X : Z=3 : 5이다.

① ㄱ   ② ㄷ   ③ ㄱ, ㄴ
④ ㄴ, ㄷ   ⑤ ㄱ, ㄴ, ㄷ

---

11 표는 원자 X~Z의 질량수와 $\dfrac{중성자수}{전자\ 수}$ 를 나타낸 것이다.

원자	X	Y	Z
질량수	12	14	14
$\dfrac{중성자\ 수}{전자\ 수}$	1	$\dfrac{4}{3}$	1

X~Z에 대한 설명으로 옳은 것만을 [보기]에서 있는 대로 고른 것은? (단, X~Z는 임의의 원소 기호이다.)

보기
ㄱ. X와 Z는 동위 원소이다.
ㄴ. 중성자수는 Z가 Y보다 크다.
ㄷ. 원자 번호가 가장 큰 것은 Z이다.

① ㄱ   ② ㄷ   ③ ㄱ, ㄴ
④ ㄴ, ㄷ   ⑤ ㄱ, ㄴ, ㄷ

---

12 그림은 원소를 표시하는 방법을 나타낸 것이다.

이에 대한 설명으로 옳은 것만을 [보기]에서 있는 대로 고른 것은? (단, X는 임의의 원소 기호이다.)

보기
ㄱ. X의 양성자수는 a이다.
ㄴ. a는 b보다 항상 큰 값을 갖는다.
ㄷ. b가 같고 a가 다른 원소를 동위 원소라고 한다.

① ㄱ   ② ㄷ   ③ ㄱ, ㄴ
④ ㄴ, ㄷ   ⑤ ㄱ, ㄴ, ㄷ

중요 13 표는 이온 또는 원자 X^{2-}, Y^+, Z에 들어 있는 양성자 수와 전자 수를 나타낸 것이다.

이온 또는 원자	양성자수	전자 수
X^{2-}	a	10
Y^+	11	b
Z	b	c

$a+b+c$는? (단, X~Z는 임의의 원소 기호이다.)

① 12   ② 20   ③ 26
④ 28   ⑤ 30

---

14 산소(O)는 자연계에 다음과 같은 3종류의 동위 원소가 존재한다.

(가) ^{16}O (나) ^{17}O (다) ^{18}O

(가)~(다)에 대한 설명으로 옳은 것만을 [보기]에서 있는 대로 고른 것은? (단, 각 원소의 원자량은 질량수와 같다.)

보기
ㄱ. 양성자수가 가장 작은 것은 (가)이다.
ㄴ. 중성자수가 가장 큰 것은 (다)이다.
ㄷ. 1 g에 들어 있는 원자 수가 가장 큰 것은 (다)이다.

① ㄱ   ② ㄴ   ③ ㄱ, ㄷ
④ ㄴ, ㄷ   ⑤ ㄱ, ㄴ, ㄷ

15 표는 원소 A의 2가지 동위 원소에 대한 자료이다.

동위 원소	원자량	존재 비율(%)
(가)	10	80
(나)	11	20

A의 평균 원자량을 계산 과정과 함께 서술하시오. (단, A는 임의의 원소 기호이다.)

---

16 표는 자연계에 존재하는 원소 X의 동위 원소인 (가)와 (나)에 대한 자료이다.

동위 원소	원자량	존재 비율(%)
(가)	35	75
(나)	37	25

이에 대한 설명으로 옳은 것만을 [보기]에서 있는 대로 고른 것은? (단, X는 임의의 원소 기호이다.)

보기
ㄱ. X의 평균 원자량은 36이다.
ㄴ. (가)와 (나)는 화학적 성질이 같다.
ㄷ. 분자량이 다른 X_2는 3종류가 존재한다.

① ㄱ   ② ㄷ   ③ ㄱ, ㄴ
④ ㄴ, ㄷ   ⑤ ㄱ, ㄴ, ㄷ

17 표는 자연계에 존재하는 원소 X의 동위 원소에 대한 자료이다. X의 동위 원소는 2가지만 존재한다.

동위 원소	원자량	평균 원자량
$^{b}_{a}X$	b	$b+0.4$
$^{b+2}_{a}X$	$b+2$	

자연계에 존재하는 X 원자 1 mol에 들어 있는 중성자의 양(mol)은? (단, X는 임의의 원소 기호이다.)

① $b+1$ ② $b-a$ ③ $b-a+\dfrac{2}{5}$
④ $b-a+1$ ⑤ $b-a+2$

18 다음은 원소 X에 대한 자료이다.

- 자연계에서 X의 동위 원소는 $^{a}_{n}X$, $^{b}_{n}X$ 2가지만 존재한다.
- 동위 원소의 존재비는 $^{a}_{n}X : ^{b}_{n}X = 1 : 3$이다.
- $^{a}_{n}X$, $^{b}_{n}X$의 원자량은 각각 a, b이다.

이에 대한 설명으로 옳은 것만을 [보기]에서 있는 대로 고른 것은? (단, X는 임의의 원소 기호이다.)

보기
ㄱ. X의 평균 원자량은 $\dfrac{a+3b}{4}$이다.
ㄴ. 분자 X_2의 존재비는 $^{a}X^{a}X : ^{b}X^{b}X = 1 : 9$이다.
ㄷ. X_2 1 mol에 존재하는 중성자의 양(mol)은 $\dfrac{a+3b-n}{2}$이다.

① ㄱ   ② ㄷ   ③ ㄱ, ㄴ
④ ㄴ, ㄷ   ⑤ ㄱ, ㄴ, ㄷ

19 그림은 용기 (가)와 (나)에 각각 들어 있는 $O_2(g)$와 $CO_2(g)$에 대한 자료이다.

(가)	(나)
$^{16}O^{16}O(g)$ 1 mol $^{18}O^{18}O(g)$ 1 mol	$^{12}C^{16}O^{16}O(g)$ 2 mol $^{14}C^{18}O^{18}O(g)$ 1 mol

이에 대한 설명으로 옳은 것만을 [보기]에서 있는 대로 고른 것은? (단, ^{12}C, ^{14}C, ^{16}O, ^{18}O의 원자량은 각각 12, 14, 16, 18이다.)

보기
ㄱ. 양성자수의 비는 (가) : (나) = 1 : 2이다.
ㄴ. 중성자수의 비는 (가) : (나) = 3 : 4이다.
ㄷ. 전체 기체의 질량비는 (가) : (나) = 34 : 69이다.

① ㄱ   ② ㄷ   ③ ㄱ, ㄴ
④ ㄴ, ㄷ   ⑤ ㄱ, ㄴ, ㄷ

실력 UP 문제

01 표는 X 이온과 Y 이온에 대한 자료이다. 양성자 1개의 전하량은 $+1.6 \times 10^{-19}$ C이다.

입자	전하량(C)	전자 수	질량수
X 이온	$+3.2 \times 10^{-19}$	n	$2n+4$
Y 이온	-3.2×10^{-19}	n	$2n-3$

이에 대한 설명으로 옳은 것만을 [보기]에서 있는 대로 고른 것은? (단, X와 Y는 임의의 원소 기호이고, X 이온과 Y 이온은 비활성 기체의 전자 배치를 갖는다.)

[보기]
ㄱ. X의 양성자수와 중성자수는 같다.
ㄴ. Y의 중성자수는 $n-1$이다.
ㄷ. 원자 번호는 X<Y이다.

① ㄱ ② ㄷ ③ ㄱ, ㄴ
④ ㄴ, ㄷ ⑤ ㄱ, ㄴ, ㄷ

02 표는 이온 X^-, 원자 Y, Z에 대한 자료이다. (가)~(다)는 각각 양성자, 중성자, 전자 중 하나이다.

구분	(가)의 수	(나)의 수	(다)의 수
X^-	a	b	a
Y	b	b	$b+1$
Z	$a+1$	b	$a+1$

이에 대한 설명으로 옳은 것만을 [보기]에서 있는 대로 고른 것은? (단, X~Z는 임의의 원소 기호이다.)

[보기]
ㄱ. (가)는 양성자이다.
ㄴ. Y와 Z는 동위 원소이다.
ㄷ. X~Z 중 질량수가 가장 큰 것은 Y이다.

① ㄱ ② ㄷ ③ ㄱ, ㄴ
④ ㄴ, ㄷ ⑤ ㄱ, ㄴ, ㄷ

03 다음은 자연계에 존재하는 모든 X_2에 대한 자료이다.

- X_2는 분자량이 서로 다른 (가), (나), (다)로 존재한다.
- X_2의 분자량은 (가)>(나)>(다)이다.
- 자연계에서 $\dfrac{\text{(나)의 존재 비율(\%)}}{\text{(가)의 존재 비율(\%)}} = \dfrac{2}{3}$이다.

이에 대한 설명으로 옳은 것만을 [보기]에서 있는 대로 고른 것은? (단, X는 임의의 원소 기호이다.)

[보기]
ㄱ. X의 동위 원소는 2가지이다.
ㄴ. X_2의 평균 분자량은 (나)의 분자량보다 작다.
ㄷ. 자연계에서 $\dfrac{\text{원자량이 가장 큰 X의 존재 비율(\%)}}{\text{원자량이 가장 작은 X의 존재 비율(\%)}}$ =3이다.

① ㄱ ② ㄴ ③ ㄱ, ㄷ
④ ㄴ, ㄷ ⑤ ㄱ, ㄴ, ㄷ

04 다음은 일정한 온도와 압력에서 용기 (가)와 (나)에 들어 있는 혼합 기체에 대한 자료이다. 각 원자의 원자량은 질량수와 같다.

(가)	(나)
$^{16}O^{16}O(g)$ $^{18}O^{18}O(g)\ x\ mol$	$^{12}C^{16}O^{18}O(g)\ x\ mol$ $^1H^1H^{16}O(g)$

- 부피비는 (가) : (나)=2 : 1이다.
- $\dfrac{\text{(나)에 들어 있는 }^{16}O\text{ 원자 수}}{\text{(가)에 들어 있는 }^{16}O\text{ 원자 수}} = \dfrac{1}{3}$이다.

이에 대한 설명으로 옳은 것만을 [보기]에서 있는 대로 고른 것은?

[보기]
ㄱ. $\dfrac{\text{(나)에 들어 있는 }^1H^1H^{16}O\text{ 분자 수}}{\text{(가)에 들어 있는 }^{16}O^{16}O\text{ 분자 수}} = \dfrac{1}{3}$이다.
ㄴ. 전체 중성자수의 비는 (가) : (나)=17 : 8이다.
ㄷ. 밀도비는 (가) : (나)=33 : 32이다.

① ㄱ ② ㄴ ③ ㄱ, ㄷ
④ ㄴ, ㄷ ⑤ ㄱ, ㄴ, ㄷ

원자 모형과 전자 배치

핵심 포인트
❶ 수소의 선 스펙트럼 해석 ★★
❷ 전자 전이와 에너지 출입 ★★
❸ 오비탈의 모양과 특징 ★★
❹ 오비탈과 양자수 ★★★
❺ 전자 배치 규칙 ★★

A 보어 원자 모형

1. 수소 원자의 선 ❶스펙트럼 수소 방전관에서 발생하는 빛을 ❷프리즘에 통과시키면 불연속적인 선 스펙트럼이 나타난다. ➡ 수소를 방전시킬 때 발생하는 빛은 특정한 ❸파장의 빛만을 포함하고 있기 때문이다.

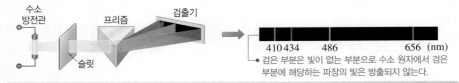

└→ 검은 부분은 빛이 없는 부분으로 수소 원자에서 검은 부분에 해당하는 파장의 빛은 방출되지 않는다.

햇빛의 연속 스펙트럼 📖 금성 교과서에만 나와요.

햇빛을 프리즘에 통과시키면 연속적인 색깔의 띠가 나타난다. ➡ 햇빛의 스펙트럼은 수많은 불연속적인 선으로 이루어져 있으나 스펙트럼 선 사이의 간격이 매우 좁아 우리 눈에는 연속적으로 보이기 때문이다.

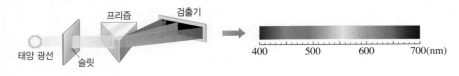

---

2. 보어 원자 모형 수소 원자의 불연속적인 선 스펙트럼을 설명하기 위해 제안된 모형

(1) 전자의 운동과 전자 껍질: 원자핵 주위의 전자는 특정한 에너지를 갖는 궤도를 따라 원운동을 하며, 이 궤도를 전자 껍질이라고 한다. →양파와 유사해서 전자 껍질이라는 용어를 사용한다.

① 원자핵에 가까운 전자 껍질부터 K($n=1$), L($n=2$), M($n=3$), N($n=4$), … 등의 순서로 기호를 붙이며, n을 주 양자수라고 한다.

② 각 전자 껍질이 가지는 ◆에너지 준위(E_n)는 주 양자수(n)에 의해 결정된다. →n이 커질수록 E_n가 높아진다.

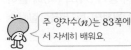
주 양자수(n)는 83쪽에서 자세히 배워요.

◆ **에너지 준위**
원자핵 주위에 존재하는 전자는 불연속적인 일정한 에너지 상태에 있는데, 이 에너지 상태를 에너지 준위라고 한다.

$$E_n = -\frac{1312}{n^2} \text{ kJ/mol } (n=1, 2, 3, \cdots)$$

전자 껍질과 에너지 준위

· 원자핵에 가까울수록 전자 껍질의 에너지 준위가 낮다.
  ➡ 전자 껍질의 에너지 준위: K<L<M<N…
· 주 양자수(n)가 커질수록 이웃한 두 전자 껍질 사이의 에너지 차이가 작아진다.

불연속적인 에너지 값을 가지며, n이 커질수록 이웃한 전자 껍질 사이의 에너지 간격이 좁아진다.

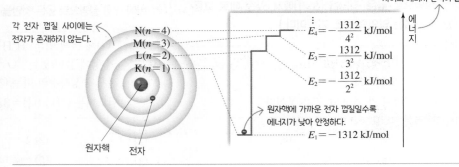

각 전자 껍질 사이에는 전자가 존재하지 않는다.

N($n=4$)
M($n=3$)
L($n=2$)
K($n=1$)

$$E_4 = -\frac{1312}{4^2} \text{ kJ/mol}$$

$$E_3 = -\frac{1312}{3^2} \text{ kJ/mol}$$

$$E_2 = -\frac{1312}{2^2} \text{ kJ/mol}$$

원자핵에 가까운 전자 껍질일수록 에너지가 낮아 안정하다.

$$E_1 = -1312 \text{ kJ/mol}$$

에너지

원자핵   전자

용어
❶ **스펙트럼**(spectrum) 빛을 파장에 따라 분해하여 배열한 것
❷ **프리즘**(prism) 빛을 굴절, 분산시키는 광학 기구
❸ **파장**(波 물결, 長 길이) 파동의 길이를 뜻하며, λ로 표시한다.

(2) **전자 전이와 에너지 출입**: 전자가 에너지 준위가 다른 전자 껍질로 이동(전자 전이)할 때 두 전자 껍질의 에너지 차이만큼 에너지를 흡수하거나 방출한다. ➡ $\Delta E = E_{처음} - E_{나중}$

① **바닥상태**: 원자가 가장 낮은 에너지를 가지는 안정한 상태

② **들뜬상태**: 바닥상태의 전자가 에너지를 흡수하여 높은 에너지 준위로 전이한 불안정한 상태

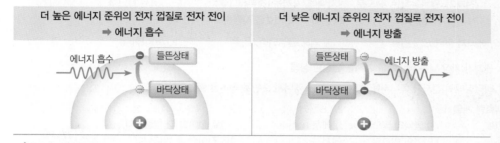

| 더 높은 에너지 준위의 전자 껍질로 전자 전이 ➡ **에너지 흡수** | 더 낮은 에너지 준위의 전자 껍질로 전자 전이 ➡ **에너지 방출** |

│ 전자 전이와 에너지 │

A에서는 에너지가 흡수되고, B, C에서는 에너지가 방출된다. ◆C에서 방출되는 빛은 B에서 방출되는 빛보다 에너지가 크기 때문에 빛의 진동수는 B보다 크고, 파장은 B보다 짧다.

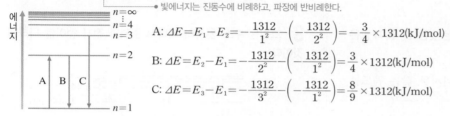

• 빛에너지는 진동수에 비례하고, 파장에 반비례한다.

A: $\Delta E = E_1 - E_2 = -\dfrac{1312}{1^2} - \left(-\dfrac{1312}{2^2}\right) = -\dfrac{3}{4} \times 1312 \,(\text{kJ/mol})$

B: $\Delta E = E_2 - E_1 = -\dfrac{1312}{2^2} - \left(-\dfrac{1312}{1^2}\right) = \dfrac{3}{4} \times 1312 \,(\text{kJ/mol})$

C: $\Delta E = E_3 - E_1 = -\dfrac{1312}{3^2} - \left(-\dfrac{1312}{1^2}\right) = \dfrac{8}{9} \times 1312 \,(\text{kJ/mol})$

3. 수소 원자의 스펙트럼 계열 [90쪽 대표] [자료❶]

(1) **수소 원자의 스펙트럼이 불연속적인 선으로 나타나는 까닭**: 수소 원자의 전자가 에너지 준위가 높은 전자 껍질에서 에너지 준위가 낮은 전자 껍질로 전이할 때 두 전자 껍질의 에너지 차이에 해당하는 에너지의 빛만 방출하기 때문이다.

(2) **수소 원자의 스펙트럼 계열**: 수소 원자의 전자 전이에 따라 스펙트럼 계열이 결정된다.

스펙트럼 계열	스펙트럼 영역	전자 전이
라이먼 계열	❶자외선 영역	$n \geq 2$인 전자 껍질에서 $n=1$인 전자 껍질로 전이할 때
발머 계열	❷가시광선 영역	$n \geq 3$인 전자 껍질에서 $n=2$인 전자 껍질로 전이할 때
파셴 계열	❸적외선 영역	$n \geq 4$인 전자 껍질에서 $n=3$인 전자 껍질로 전이할 때

• 각 계열의 스펙트럼을 발견한 사람의 이름이다. • 모두 빛이 방출된다.

│ 보어 원자 모형에 의한 수소 원자의 스펙트럼 계열 │

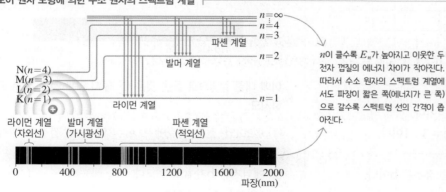

n이 클수록 E_n가 높아지고 이웃한 두 전자 껍질의 에너지 차이가 작아진다. 따라서 수소 원자의 스펙트럼 계열에서도 파장이 짧은 쪽(에너지가 큰 쪽)으로 갈수록 스펙트럼 선의 간격이 좁아진다.

◆ **수소 원자의 전자 전이와 선 스펙트럼**

수소 기체를 방전관에 넣고 고전압으로 방전시키면 전자가 에너지를 흡수하여 들뜬상태로 되었다가, 다시 바닥상태로 되돌아오면서 그 차이만큼의 에너지를 빛의 형태로 방출한다. 이때 나오는 빛을 프리즘에 통과시키면 불연속적인 선 스펙트럼이 얻어진다.

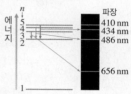

◆ **빛에너지와 진동수, 파장의 관계**

◄─ 에너지, 진동수 증가

| 410 | 434 | 486 | 656(nm) |

파장 증가 ➡

암기해!

스펙트럼 계열과 빛의 영역

라이먼 계열 발머 계열 파셴 계열
자외선   가시광선   적외선

➡ 자라가 가방을 쓰고 파적을 먹는다.

(용어)

❶ **자외선**(紫 보라, 外 바깥, 線 선) 보라색의 바깥에 위치하는 빛, 가시광선의 보라색 빛보다 에너지가 크다.

❷ **가시광선**(可 가히, 視 보다, 光 빛, 線 선) 눈으로 볼 수 있는 빛

❸ **적외선**(赤 붉다, 外 바깥, 線 선) 붉은색의 바깥에 위치하는 빛, 가시광선의 붉은색 빛보다 에너지가 작다.

개념 확인 문제

- 수소 원자의 선 스펙트럼: 수소 방전관에서 나오는 빛을 프리즘에 통과시키면 (❶   )적인 선으로 나타난다.
- 보어 원자 모형
  - (❷   ): 전자가 원운동하는 궤도로, 원자핵에 가까운 것부터 (❸   )($n=1$), (❹   )
  ($n=2$), (❺   )($n=3$), (❻   )($n=4$) …의 기호를 사용하여 나타낸다.
  - 각 전자 껍질의 에너지 준위(E_n)는 (❼   )에 의해 결정되며, $E_n=-\dfrac{1312}{n^2}$ kJ/mol이다.
- (❽   ): 원자가 가장 낮은 에너지를 가지는 안정한 상태
- (❾   ): 바닥상태의 전자가 에너지를 흡수하여 높은 에너지 준위로 전이한 불안정한 상태
- 수소 원자의 스펙트럼 계열
  - 라이먼 계열: (❿   ) 영역의 빛으로, $n \geq 2$에서 $n=$(⓫   )로 전이할 때 방출된다.
  - 발머 계열: (⓬   ) 영역의 빛으로, $n \geq 3$에서 $n=$(⓭   )로 전이할 때 방출된다.
  - 파셴 계열: (⓮   ) 영역의 빛으로, $n \geq 4$에서 $n=$(⓯   )으로 전이할 때 방출된다.

---

1 보어 원자 모형에 대한 설명으로 옳은 것은 ○, 옳지 <u>않은</u> 것은 ×로 표시하시오.

(1) 원자핵 주위의 전자는 특정한 에너지를 갖는 궤도를 따라 원운동을 한다. ┄┄┄┄┄┄┄┄┄┄ ( )

(2) 전자 껍질의 에너지 준위는 원자핵에서 멀어질수록 낮아진다. ┄┄┄┄┄┄┄┄┄┄┄┄┄ ( )

(3) 전자가 다른 전자 껍질로 전이할 때 두 전자 껍질의 에너지 차이만큼 에너지를 흡수하거나 방출한다.
┄┄┄┄┄┄┄┄┄┄┄┄┄┄┄┄┄ ( )

2 그림은 수소 원자의 에너지 준위와 전자 전이 $a \sim e$를 나타낸 것이다.
이에 대한 설명으로 옳은 것은 ○, 옳지 <u>않은</u> 것은 ×로 표시하시오.

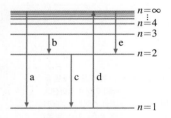

(1) 에너지를 흡수하는 경우는 1가지이다. ┄┄┄ ( )

(2) 방출되는 빛에너지의 비는 $c : e = 3 : 1$이다.
┄┄┄┄┄┄┄┄┄┄┄┄┄┄┄┄┄ ( )

(3) 가장 짧은 파장의 빛이 방출되는 경우는 b이다.
┄┄┄┄┄┄┄┄┄┄┄┄┄┄┄┄┄ ( )

3 그림은 수소 원자의 에너지 준위와 전자 전이를 나타낸 것이다.

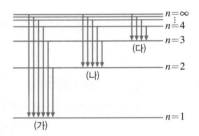

(가)~(다)에 해당하는 스펙트럼 계열의 이름과 방출되는 빛이 속한 영역의 이름을 각각 쓰시오.

4 그림은 수소 원자의 선 스펙트럼 일부를 나타낸 것이다.

이에 대한 설명으로 옳은 것은 ○, 옳지 <u>않은</u> 것은 ×로 표시하시오.

(1) $n \geq 3$인 전자 껍질에서 $n=2$인 전자 껍질로 전자가 전이할 때 방출된다. ┄┄┄┄┄┄┄┄┄┄ ( )

(2) 에너지는 b가 a보다 크다. ┄┄┄┄┄┄┄ ( )

(3) a와 b는 가시광선이다. ┄┄┄┄┄┄┄┄ ( )

B 현대의 원자 모형

1. 보어 원자 모형과 현대의 원자 모형

(1) ◆**보어 원자 모형의 한계**: 보어 원자 모형은 수소 원자의 선 스펙트럼은 완벽하게 설명하였으나, 전자가 2개 이상인 원자에서 더 복잡하게 나타나는 선 스펙트럼은 설명할 수 없었다.

(2) ◆**현대의 원자 모형**: 전자는 입자의 성질과 파동의 성질을 함께 가지며, 전자의 위치와 운동량을 동시에 정확하게 알 수 없으므로 전자가 특정 위치에서 발견될 확률로 나타낸다.

| 전자가 존재할 확률 |

그림은 카메라의 셔터 속도를 매우 느리게 해서 밤에 도로를 찍은 모습으로 이때 자동차의 위치는 알 수 없다. 하지만 불빛의 밝기로 자동차가 많이 다니는지 적게 다니는지는 알 수 있다. 전자도 매우 빠른 속도로 움직이고 입자와 파동의 성질을 모두 갖고 있기 때문에 위치나 운동 속도를 정확히 알 수 없으나, 전자가 어떤 위치에 존재할 확률은 알 수 있다.

2. 현대의 원자 모형과 오비탈

(1) **오비탈**: 원자핵 주위에서 전자가 존재할 수 있는 공간을 확률 분포로 나타낸 것

(2) **오비탈을 나타내는 방법**

점밀도 그림		경계면 그림	
(그림)	• 전자를 발견할 확률을 점의 밀도로 나타낸다. ➡ 점밀도가 클수록 전자 발견 확률이 크다. • 전자가 존재할 수 있는 공간의 경계가 뚜렷하지 않다.	(그림)	전자를 발견할 확률이 90 %인 공간의 경계면으로 나타낸다. ➡ 경계면 바깥에서 전자를 발견할 확률은 10 %이다.

(3) **오비탈의 결정**: 현대 원자 모형에서는 원자 내에 있는 전자의 상태를 주 양자수(n), 방위(부) 양자수(l), 자기 양자수(m_l), 스핀 자기 양자수(m_s)의 4가지 양자수로 나타낸다.

3. ◆양자수 [90쪽 대표 자료❷]

(1) **주 양자수(n)**: 오비탈의 에너지 준위를 결정하는 양자수

① 주 양자수(n)가 클수록 오비탈의 크기가 크고 에너지 준위가 높다.

② 자연수 값($n=1, 2, 3 \cdots$)만을 가질 수 있으며, 보어 원자 모형에서 전자 껍질에 해당한다.

주 양자수(n)	1	2	3	4
전자 껍질	K	L	M	N

(2) **방위(부) 양자수(l)**: 오비탈의 모양을 결정하는 양자수

① 오비탈의 모양은 ◆s, p, d, f 등의 기호를 사용하여 나타낸다.

② ◆주 양자수가 n일 때 방위(부) 양자수(l)는 $0, 1, 2, \cdots (n-1)$까지 n개 존재한다.

주 양자수(n)	1	2		3		
방위(부) 양자수(l)	0	0	1	0	1	2
오비탈	$1s$	$2s$	$2p$	$3s$	$3p$	$3d$

└─ ● 방위(부) 양자수(l)가 0일 때 전자는 s 오비탈에 존재하고, 1일 때 전자는 p 오비탈에 존재한다.

◆ 보어 원자 모형의 한계
네온의 선 스펙트럼은 수소보다 선의 수가 매우 많으며, 1개의 선을 정밀하게 관찰하면 여러 개의 선으로 이루어진 것을 알 수 있다. 이는 같은 전자 껍질이라도 전자가 가질 수 있는 에너지 상태가 여러 개이기 때문이다. 보어 원자 모형으로는 이를 설명할 수 없었다.

◆ 전자 구름 모형
현대의 원자 모형은 원자의 경계가 뚜렷하지 않고 마치 구름처럼 보이므로 전자 구름 모형이라고도 한다.

⬆ 전자 구름 모형

◆ 양자수
오비탈들을 구분하기 위해서 에너지, 크기, 모양, 좌표축에서의 방향을 나타내는 요소들이 존재하는데, 이를 양자수라고 한다. 원자에서 전자는 고유한 4가지 양자수를 가지며, 4가지 양자수가 모두 같은 전자는 존재하지 않는다.

◆ s, p, d, f
원자의 오비탈 모형이 제시되기 이전에 분광학에서 스펙트럼의 특징을 나타내기 위해 쓰였던 sharp, principal, diffuse, fundamental의 첫 글자를 딴 것이다.

◆ 주 양자수(n)와 방위(부) 양자수(l)
주 양자수(n)가 3인 M 전자 껍질은 3개의 방위(부) 양자수(l)(0, 1, 2)를 가질 수 있다. 즉 M 전자 껍질에는 s, p, d 3가지 모양의 오비탈이 존재할 수 있다.

③ s 오비탈과 p 오비탈의 모양과 특징

모양	특징
 s 오비탈	• 공 모양으로, 원자핵으로부터 거리가 같으면 방향에 관계없이 전자를 발견할 확률이 같다. ➡ 방향성이 없다. • 모든 전자 껍질에 1개씩 존재하며, 주 양자수(n)에 따라 $1s$, $2s$, $3s$, …로 나타낸다. • 주 양자수(n)가 커질수록 오비탈의 크기가 커지고 에너지 준위가 높아진다. 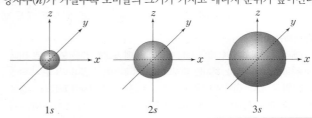
 p 오비탈	• 아령 모양으로, 원자핵으로부터의 거리와 방향에 따라 전자를 발견할 확률이 달라진다. ➡ 방향성이 있다. • 주 양자수(n)가 2 이상인 L 전자 껍질부터 존재하며, 주 양자수(n)에 따라 $2p$, $3p$, $4p$, …로 나타낸다. • 주 양자수(n)가 커질수록 오비탈의 크기는 커지고 에너지 준위가 높아진다

(3) **자기 양자수(m_l):** 오비탈의 공간적인 방향을 결정하는 양자수
• 방위(부) 양자수가 l일 때 자기 양자수(m_l)는 $-l$, … -2, -1, 0, $+1$, $+2$, …, $+l$ 까지 $(2l+1)$개 존재한다.

방위(부) 양자수(l)	0	1	2
자기 양자수(m_l)	0 └ 자기 양자수가 1가지 이므로 방향성이 없다.	-1, 0, $+1$ └ 자기 양자수가 3가지이 므로 3가지 방향으로 분포할 수 있다.	-2, -1, 0, $+1$, $+2$ └ 자기 양자수가 5가지이 므로 5가지 방향으로 분포할 수 있다.
오비탈 수	1	3 └ p 오비탈에는 방향이 다른 3개의 오비탈이 있다.	5 └ d 오비탈에는 방향이 다른 5개의 오비탈이 있다.

│ p 오비탈의 방향성 │

p_x, p_y, p_z 오비탈에서는 각각 yz, zx, xy 평면과 대칭점(원자핵)에서 전자가 발견될 확률이 0 이다.

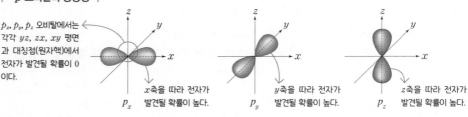

p_x — x축을 따라 전자가 발견될 확률이 높다. p_y — y축을 따라 전자가 발견될 확률이 높다. p_z — z축을 따라 전자가 발견될 확률이 높다.

(4) **스핀 자기 양자수(m_s):** 전자의 회전 방향에 따라 결정되는 양자수

① 전자의 스핀은 2가지 방향이 있으며, 한 방향을 $+\dfrac{1}{2}$, 반대 방향을 $-\dfrac{1}{2}$로 나타낸다.
└ 서로 상관관계를 갖는 n, l, m_l과는 달리, m_s는 이들 3종류의 양자수와 연관이 없다.

② 1개의 오비탈에는 같은 스핀을 갖는 전자가 들어갈 수 없기 때문에 서로 다른 스핀을 갖는 전자가 최대 2개까지만 들어갈 수 있다. ➡ 4가지 양자수가 모두 같은 전자가 존재할 수 없는 까닭이다.

지구가 자전하듯이 전자도 자전과 유사한 운동을 하고 있는데, 전하를 띠고 있는 전자의 회전에 의해 자기장이 발생한다. 전자의 회전 방향에 따라 전자 주변에 생성되는 자기장의 방향도 반대가 된다. 스핀 자기 양자수는 전자가 반시계 방향으로 회전할 때를 $+\frac{1}{2}$, 시계 방향으로 회전할 때를 $-\frac{1}{2}$로 나타내며, 화살표($\uparrow$, $\downarrow$)로 나타내기도 한다.

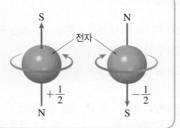

(5) **전자 껍질에 따른 양자수와 오비탈의 관계:** 주 양자수(n)가 1, 2, 3일 때 방위(부) 양자수(l), 자기 양자수(m_l), 오비탈 수, 최대 수용 전자 수를 정리하면 다음과 같다.

전자 껍질	K	L		M		
주 양자수(n)	1	2		3		
방위(부) 양자수(l)	0	0	1	0	1	2
오비탈의 종류	$1s$	$2s$	$2p$	$3s$	$3p$	$3d$
자기 양자수(m_l)	0	0	$-1, 0, +1$	0	$-1, 0, +1$	$-2, -1, 0, +1, +2$
오비탈 수(n^2)	1	1	3	1	3	5
	1	4		9		
최대 수용 전자 수($2n^2$)	2	8		18		

└─● $n=2$인 경우 오비탈은 s, p_z, p_y, p_x의 총 $4(=2^2)$개가 존재하고, 전자는 각 오비탈에 최대 2개씩 총 $8(=2 \times 2^2)$개가 존재할 수 있다.

◆ **특정 오비탈에 존재하는 전자의 양자수**
M 전자 껍질의 s 오비탈에 존재하는 전자는 $n=3$, $l=0$, $m_l=0$, $m_s=+\frac{1}{2}$ 또는 $n=3$, $l=0$, $m_l=0$, $m_s=-\frac{1}{2}$의 양자수 조합을 갖는다.

4. 오비탈의 에너지 준위

(1) **수소 원자의 에너지 준위:** 주 양자수(n)가 같으면 오비탈의 모양에 관계없이 에너지 준위는 같다. ➡ 전자가 1개뿐이므로 원자핵과 전자 사이의 인력에만 영향을 받는다.

$$1s < 2s = 2p < 3s = 3p = 3d < 4s = 4p = 4d = 4f < \cdots$$

(2) **다전자 원자의 에너지 준위:** 주 양자수(n)뿐만 아니라 오비탈의 모양에 따라서도 에너지 준위가 달라진다. ➡ 원자핵과 전자 사이의 인력뿐만 아니라 전자 사이의 반발력이 작용하기 때문이다.

┌─● 주 양자수가 큰 $4s$ 오비탈의 에너지가 $3d$ 오비탈보다 낮다.
$$1s < 2s < 2p < 3s < 3p < 4s < 3d < 4p < 5s \cdots$$

◆ **다전자 원자의 에너지 준위와 스펙트럼**
다전자 원자의 스펙트럼 선은 수소 원자에 비해 많은데, 이는 수소 원자보다 다전자 원자의 오비탈의 에너지 준위가 다양하게 나타나 방출될 수 있는 빛의 종류가 더 많기 때문이다.

H ▮▮▮ ▮ ▮ ▮ ▮

Ne ▮▮▮▮▮▮▮▮

↥ **수소와 네온의 가시광선 영역 스펙트럼**

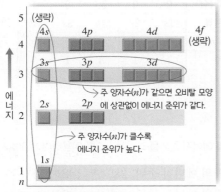

↥ 수소 원자의 에너지 준위

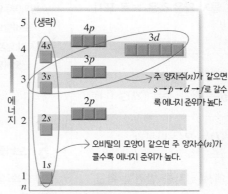

↥ 다전자 원자의 에너지 준위

궁금해?

오비탈의 다양한 모양과 에너지 준위는 어떻게 알아낼까?
현대의 원자 모형은 양자 역학에 기반을 두고 기본적으로 슈뢰딩거의 파동 방정식에 의해 확립된 모형이다. 오비탈의 모양, 에너지 준위는 모두 슈뢰딩거 방정식을 풀어 얻은 해에 해당한다. 따라서 s 오비탈이 왜 공 모양인지, $4s$ 오비탈의 에너지가 $3d$ 오비탈보다 왜 낮은지를 알려면 복잡한 수학 방정식을 이해할 수 있어야 한다.

개념 확인 문제 ●

핵심 체크

- (**❶**): 원자핵 주위에서 전자가 존재할 수 있는 공간을 확률 분포로 나타낸 것
- (**❷**) 오비탈: 공 모양이며, 방향성이 (**❸**).
- (**❹**) 오비탈: 아령 모양이며, 방향성이 (**❺**).
- 양자수
  - 주 양자수(n): 오비탈의 (**❻**)를 결정한다.
  - 방위(부) 양자수(l): 오비탈의 (**❼**)을 결정하며, 주 양자수(n)가 2일 때 방위(부) 양자수(l)는 (**❽**)이다.
  - 자기 양자수(m_l): 오비탈의 공간적인 방향을 결정하며, 방위(부) 양자수(l)가 1일 때 자기 양자수(m_l)는 (**❾**)이다.
  - 스핀 자기 양자수(m_s): 전자의 회전 방향에 따라 결정되며, 가질 수 있는 값은 (**❿**)이다.
- 오비탈의 에너지 준위
  - 수소 원자의 에너지 준위: $1s < 2s = 2p < 3s = 3p = 3d < 4s = 4p = 4d = 4f \cdots$
  - 다전자 원자의 에너지 준위: $1s < 2s < 2p < 3s < 3p < 4s < 3d < 4p < 5s \cdots$

1 오비탈에 대한 설명으로 옳은 것은 ○, 옳지 <u>않은</u> 것은 ×로 표시하시오.

(1) 전자가 원운동을 하고 있는 궤도이다. ··········· ( )
(2) L 전자 껍질에는 s, p, d 오비탈이 존재한다. ·· ( )
(3) s 오비탈은 방위(부) 양자수(l)와 자기 양자수(m_l)가 각각 1가지씩만 존재한다. ··········· ( )
(4) p 오비탈은 $n=2$인 전자 껍질부터 존재한다. ·· ( )

2 그림은 주 양자수(n)가 2인 오비탈 모형을 나타낸 것이다.

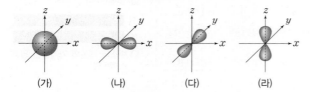

(가)   (나)   (다)   (라)

이에 대한 설명으로 옳은 것은 ○, 옳지 <u>않은</u> 것은 ×로 표시 하시오.

(1) (라)는 $2p_z$ 오비탈이다. ························· ( )
(2) 방향성이 없는 오비탈은 3가지이다. ········· ( )
(3) 1개의 오비탈에 들어갈 수 있는 전자 수는 (가)>(나) 이다. ··········· ( )
(4) (가)~(라)의 방위(부) 양자수(l)는 모두 다르다. ··········· ( )
(5) 각 오비탈 경계면 밖의 공간에서 전자를 발견할 확률 은 0이다. ··········· ( )

3 양자수에 대한 설명으로 옳은 것은 ○, 옳지 <u>않은</u> 것은 ×로 표시하시오.

(1) 주 양자수(n)가 같은 오비탈은 모양이 같다. ( )
(2) 4가지 양자수가 모두 같은 전자는 존재할 수 없다. ··········· ( )
(3) 방위(부) 양자수(l)는 오비탈의 에너지 준위를 결정한다. ··········· ( )
(4) 주 양자수(n)가 커질수록 가질 수 있는 스핀 자기 양 자수(m_s)도 커진다. ··········· ( )

4 표는 전자 껍질에 따른 양자수와 오비탈의 관계를 나타낸 자료이다. ㉠~㉢에 알맞은 값을 쓰시오.

전자 껍질	K	L		M		
주 양자수(n)	1	2		3		
방위(부) 양자수(l)	0	0	㉠	0	1	㉡
오비탈의 종류	$1s$	$2s$	$2p$	$3s$	$3p$	$3d$
자기 양자수(m_l)	0	0	㉢	0	㉣	㉤
오비탈 수	1	1	3	1	3	5

5 오비탈의 에너지 준위를 >, =, <를 이용하여 비교하시오.

(1) 수소 원자의 에너지 준위: $2s$( )$2p$
(2) 질소 원자의 에너지 준위: $2s$( )$2p$

C 전자 배치 규칙

1. 전자 배치의 표시

오비탈 기호를 이용하는 방법	오비탈을 상자로 표현하는 방법
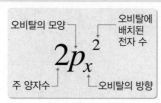	오비탈은 네모 상자로 나타내며, 전자는 화살표로 나타낸다. 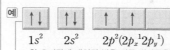┗● 한 오비탈에 배치된 쌍을 이룬 전자들을 전자쌍이라고 한다.

p 오비탈의 전자 배치
3개의 p 오비탈(p_x, p_y, p_z)은 에너지 준위가 같으므로 전자가 배치될 때 어떤 오비탈에 먼저 전자가 배치되어도 에너지는 같다.

위의 3가지 전자 배치 모두 쌓음 원리에 위배되지 않는다.

2. 전자 배치 규칙 [91쪽 대표 자료 ❸]

(1) **쌓음 원리**: 바닥상태 원자는 에너지 준위가 가장 낮은 오비탈부터 차례대로 전자가 배치된다.

$$1s \rightarrow 2s \rightarrow 2p \rightarrow 3s \rightarrow 3p \rightarrow 4s$$
$$\rightarrow 3d \rightarrow 4p \cdots\cdots$$

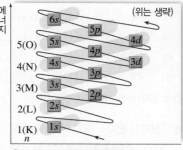

⬆ 오비탈에 전자가 채워지는 순서

(2) **파울리 배타 원리**: 1개의 오비탈에 들어갈 수 있는 최대 전자 수는 2이며, 이때 두 전자의 스핀 방향은 서로 반대이다.

불가능한 전자 배치

예 ↑ (O) ↑↓ (O) ↑↑ (×) ↑↓↑ (×)

(3) **훈트 규칙**: 에너지 준위가 같은 오비탈이 여러 개 있을 때 홀전자 수가 최대가 되도록 전자가 배치된다.
┗● 한 오비탈에서 쌍을 이루지 않은 전자

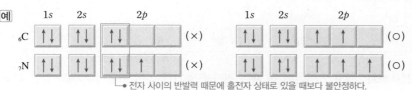

┗● 전자 사이의 반발력 때문에 홀전자 상태로 있을 때보다 불안정하다.

◆ 파울리 배타 원리
파울리 배타 원리의 정확한 의미는 4가지 양자수가 모두 같은 전자는 존재할 수 없다는 것이다. 만약 두 전자의 n, l, m_l 값이 같아서 같은 오비탈에 들어 있다면 m_s가 달라야 한다. 그런데 같은 오비탈에 전자가 3개 이상 배치될 경우 그 중 2개의 전자는 m_s까지 같아 4가지 양자수가 모두 같은 전자가 존재하게 된다. 이는 파울리 배타 원리에 위배되므로 1개의 오비탈에 배치될 수 있는 전자는 최대 2개이다.

3. 바닥상태의 전자 배치와 들뜬상태의 전자 배치 [91쪽 대표 자료 ❹]

바닥상태의 전자 배치	들뜬상태의 전자 배치
에너지가 가장 낮은 안정한 상태의 전자 배치 ➡ 파울리 배타 원리를 따르면서 쌓음 원리와 훈트 규칙을 모두 만족하는 전자 배치이다.	원자가 에너지를 흡수하여 전자가 높은 에너지 준위의 오비탈로 전이된 전자 배치 ➡ 파울리 배타 원리를 따르지만 쌓음 원리나 훈트 규칙에 어긋나는 전자 배치로, 바닥상태로 전이하면서 빛을 방출한다.
예 $_7$N의 바닥상태 전자 배치 ➡ $1s^2 2s^2 2p_x^1 2p_y^1 2p_z^1$ 　1s　　2s　　　2p ↑↓ ↑↓ ↑ ↑ ↑	예 $_7$N의 들뜬상태 전자 배치 ➡ $1s^2 2s^2 2p_x^2 2p_y^1$, $1s^2 2s^1 2p_x^2 2p_y^1 2p_z^1$ 　1s　　2s　　　2p ↑↓ ↑↓ ↑↓ ↑　　 훈트 규칙 위배 ↑↓ ↑ ↑↓ ↑ ↑　 쌓음 원리 위배

들뜬상태의 전자 배치
쌓음 원리나 훈트 규칙에 위배된 전자 배치를 들뜬상태의 전자 배치라고 한다. 파울리 배타 원리에 어긋나는 전자 배치는 들뜬상태의 전자 배치가 아니라 불가능한 전자 배치이다.

원자 번호	원소 기호	오비탈							전자 배치
		$1s$	$2s$	$2p$	$3s$	$3p$	$3d$	$4s$	
2	He	↑↓							$1s^2$
3	Li	↑↓	↑						$1s^2\,2s^1$
6	C	↑↓	↑↓	↑ ↑					$1s^2\,2s^2\,2p^2$
7	N	↑↓	↑↓	↑ ↑ ↑					$1s^2\,2s^2\,2p^3$
8	O	↑↓	↑↓	↑↓ ↑ ↑					$1s^2\,2s^2\,2p^4$
9	F	↑↓	↑↓	↑↓ ↑↓ ↑					$1s^2\,2s^2\,2p^5$
10	Ne	↑↓	↑↓	↑↓ ↑↓ ↑↓					$1s^2\,2s^2\,2p^6$
11	Na	↑↓	↑↓	↑↓ ↑↓ ↑↓	↑				$1s^2\,2s^2\,2p^6\,3s^1$
12	Mg	↑↓	↑↓	↑↓ ↑↓ ↑↓	↑↓				$1s^2\,2s^2\,2p^6\,3s^2$
13	Al	↑↓	↑↓	↑↓ ↑↓ ↑↓	↑↓	↑			$1s^2\,2s^2\,2p^6\,3s^2\,3p^1$
17	Cl	↑↓	↑↓	↑↓ ↑↓ ↑↓	↑↓	↑↓ ↑↓ ↑			$1s^2\,2s^2\,2p^6\,3s^2\,3p^5$
18	Ar	↑↓	↑↓	↑↓ ↑↓ ↑↓	↑↓	↑↓ ↑↓ ↑↓			$1s^2\,2s^2\,2p^6\,3s^2\,3p^6$
19	K	↑↓	↑↓	↑↓ ↑↓ ↑↓	↑↓	↑↓ ↑↓ ↑↓		↑	$1s^2\,2s^2\,2p^6\,3s^2\,3p^6\,4s^1$
20	Ca	↑↓	↑↓	↑↓ ↑↓ ↑↓	↑↓	↑↓ ↑↓ ↑↓		↑↓	$1s^2\,2s^2\,2p^6\,3s^2\,3p^6\,4s^2$

⬆ 몇 가지 원자의 바닥상태 전자 배치

◆ 원자가 전자와 가장 바깥 전자 껍질의 전자
2, 3주기 원자에서 원자가 전자와 가장 바깥 전자 껍질의 전자는 같은 의미로 사용되고 있지만, 엄밀한 의미에서는 차이점이 있다. 원자가 전자는 가장 바깥 전자 껍질의 전자 중 화학 결합에 참여할 수 있는 전자이다. 비활성 기체를 제외한 원자들에서는 가장 바깥 전자 껍질의 전자 수와 원자가 전자 수가 일치하지만, 비활성 기체는 화학 결합을 하지 않기 때문에 가장 바깥 전자 껍질의 전자 수는 8이고 원자가 전자 수는 0이다.

4. 원자가 전자 원자의 바닥상태 전자 배치에서 가장 바깥 전자 껍질에 들어 있는 전자로, 화학 결합에 참여하며, 원자의 화학적 성질을 결정한다. ➡ 원자가 전자 수가 같으면 화학적 성질이 비슷하다.

• 가장 바깥 오비탈에 들어 있는 전자가 아니라는 것에 유의해야 한다.

원자	전자 배치				원자가 전자 수
	K	L	M	N	
$_3$Li	$1s^2$	$2s^1$			1
$_8$O	$1s^2$	$2s^2 2p^4$			6
$_{19}$K	$1s^2$	$2s^2 2p^6$	$3s^2 3p^6$	$4s^1$	1

↳ • 원자가 전자이다.

5. 이온의 전자 배치 원자가 이온이 될 때는 전자를 잃거나 얻어 비활성 기체와 같은 전자 배치를 가지려고 한다.

(1) **양이온의 전자 배치**: 원자가 전자를 잃고 양이온이 될 때는 가장 바깥 전자 껍질에 있는 전자, 즉 원자가 전자를 잃는다.

원자	전자 배치	이온	전자 배치
$_3$Li	$1s^2 2s^1$	Li$^+$	$1s^2$ —• He과 같은 전자 배치
$_{12}$Mg	$1s^2 2s^2 2p^6 3s^2$	Mg^{2+}	$1s^2 2s^2 2p^6$ —• Ne과 같은 전자 배치

(2) **음이온의 전자 배치**: 원자가 전자를 얻어 음이온이 될 때는 비어 있는 오비탈 중 에너지 준위가 가장 낮은 오비탈에 전자가 채워진다.

원자	전자 배치	이온	전자 배치
$_8$O	$1s^2 2s^2 2p^4$	O^{2-}	$1s^2 2s^2 2p^6$ —• Ne과 같은 전자 배치
$_{17}$Cl	$1s^2 2s^2 2p^6 3s^2 3p^5$	Cl$^-$	$1s^2 2s^2 2p^6 3s^2 3p^6$ —• Ar과 같은 전자 배치

궁금해?

전이 원소(3~11족)는 양이온이 될 때 어떤 전자를 잃을까?
21번 원소인 Sc의 전자 배치는 $1s^2 2s^2 2p^6 3s^2 3p^6 4s^2 3d^1$이다. 전이 원소의 경우 복잡하지만 일반적으로는 에너지가 가장 높은 $3d$ 오비탈의 전자를 잃는 것이 아니라 가장 바깥 전자 껍질의 전자, 즉 원자가 전자인 $4s$ 오비탈의 전자를 잃게 된다.

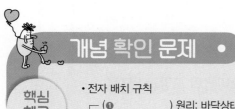

개념 확인 문제

핵심 체크

• 전자 배치 규칙
  - (❶   ) 원리: 바닥상태 원자는 에너지 준위가 가장 낮은 오비탈부터 차례대로 전자가 배치된다.
  - (❷   ) 원리: 1개의 오비탈에 배치되는 최대 전자 수는 (❸   )이며, 이때 두 전자의 스핀 방향은 반대여야 한다.
  - (❹   ) 규칙: 에너지 준위가 같은 오비탈이 여러 개 있을 때 홀전자 수가 최대가 되도록 전자가 배치된다.
• (❺   ): 원자의 바닥상태 전자 배치에서 가장 바깥 전자 껍질에 들어 있는 전자로, 원자의 화학적 성질을 결정한다.
• 이온의 전자 배치: 원자가 이온이 될 때 (❻   )와 같은 전자 배치를 가지려고 한다.

---

1 전자 배치에 대한 설명으로 옳은 것은 ○, 옳지 <u>않은</u> 것은 ×로 표시하시오.

(1) 1개의 오비탈에는 전자가 2개까지 채워질 수 있다.
  ·· (   )

(2) 에너지가 가장 낮아 안정한 상태의 전자 배치를 바닥상태의 전자 배치라고 한다. ············ (   )

(3) $2s$ 오비탈에 전자가 배치될 때 훈트 규칙이 적용된다.
  ·· (   )

(4) 원자의 바닥상태 전자 배치에서 가장 바깥 전자 껍질에 있는 전자를 원자가 전자라고 한다. ·········· (   )

2 그림은 질소(N) 원자의 몇 가지 전자 배치이다.

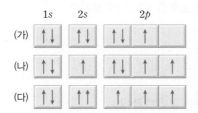

이에 대한 설명으로 옳은 것은 ○, 옳지 <u>않은</u> 것은 ×로 표시하시오.

(1) (가)는 훈트 규칙에 위배된다. ··············· (   )
(2) (나)는 쌓음 원리를 만족하지 않는다. ········· (   )
(3) (다)는 바닥상태의 전자 배치이다. ············ (   )

3 다음 원자 또는 이온들의 바닥상태 전자 배치를 오비탈 기호를 이용하여 나타내시오.

(1) $_8O$ (2) $_{11}Na^+$
(3) $_{12}Mg^{2+}$ (4) $_{15}P^{3-}$

4 다음은 X^{2-}의 전자 배치이다. (단, X는 임의의 원소 기호이다.)

$$X^{2-}: 1s^2 2s^2 2p^6$$

(1) 바닥상태 원자 X에서 전자가 들어 있는 전자 껍질 수를 쓰시오.
(2) 바닥상태 원자 X의 원자가 전자 수를 쓰시오.
(3) 바닥상태 원자 X의 홀전자 수를 쓰시오.
(4) 바닥상태 원자 X에서 전자가 들어 있는 오비탈 수를 쓰시오.

5 그림은 원자 A~E의 바닥상태 전자 배치를 나타낸 것이다. (단, A~E는 임의의 원소 기호이다.)

	$1s$	$2s$	$2p$	$3s$
A	↑↓			
B	↑↓	↑↓		
C	↑↓	↑↓	↑ ↑ ↑	
D	↑↓	↑↓	↑↓ ↑ ↑	
E	↑↓	↑↓	↑↓ ↑↓ ↑↓	↑↓

(1) 전자가 들어 있는 전자 껍질 수가 같은 원자를 있는 대로 쓰시오.
(2) 원자가 전자 수가 같은 원자를 있는 대로 쓰시오.
(3) 홀전자 수가 가장 큰 원자를 쓰시오.
(4) 원자가 전자 수가 가장 큰 원자를 쓰시오.
(5) 비활성 기체의 전자 배치를 갖는 이온이 되었을 때의 전자 배치가 같은 원자를 있는 대로 쓰시오.

자료 ① 수소 원자의 전자 전이와 스펙트럼

기출 Point
• 전자 전이에서 방출되는 빛의 에너지와 파장
• 전자 전이와 선 스펙트럼의 관계

[1~4] 그림은 수소 원자의 몇 가지 전자 전이와 가시광선 영역의 선 스펙트럼을 나타낸 것이다. (단, $E_n = -\dfrac{k}{n^2}$ kJ/mol이고, n은 주 양자수, k는 상수이다.)

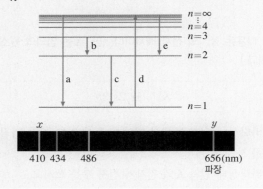

1 b와 c에서 방출되는 빛의 에너지의 비(b : c)를 구하시오.

2 c와 e에서 방출되는 빛의 파장의 비(c : e)를 구하시오.

3 a~e 중 스펙트럼의 y에 해당하는 빛을 방출하는 전자 전이를 쓰시오.

4 빈출 선택지로 완벽 정리!

(1) 에너지를 흡수하는 전자 전이는 d뿐이다. ········· (○ / ×)
(2) 가장 큰 에너지를 방출하는 전자 전이는 a이다.
 ··· (○ / ×)
(3) 가장 긴 파장의 빛을 방출하는 전자 전이는 c이다.
 ··· (○ / ×)
(4) 발머 계열에 해당되는 전자 전이는 a와 c이다. ·· (○ / ×)
(5) 선 스펙트럼에서 y는 x보다 에너지가 크다. (○ / ×)

자료 ② 오비탈의 모양과 양자수

기출 Point
• 오비탈의 모양과 성질
• 오비탈과 4가지 양자수의 관계

[1~4] 그림은 주 양자수(n)가 1 또는 2인 오비탈을 모형으로 나타낸 것이다.

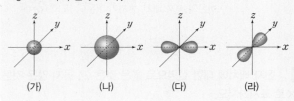

(가) (나) (다) (라)

1 수소(H) 원자에서 (가)~(라)의 에너지 준위를 비교하시오.

2 다전자 원자에서 (가)~(라)의 에너지 준위를 비교하시오.

3 수소(H) 원자에서 전자가 (나)에 들어 있을 때 가질 수 있는 양자수의 조합을 있는 대로 쓰시오.

4 빈출 선택지로 완벽 정리!

(1) (가)와 (나)는 방향성이 없다. ···························· (○ / ×)
(2) 주 양자수(n)가 2인 오비탈은 3가지이다. ······ (○ / ×)
(3) (나)~(라)는 같은 전자 껍질에 존재한다. ····· (○ / ×)
(4) (가)와 (나)의 방위(부) 양자수(l)는 같다. ······ (○ / ×)
(5) (다)와 (라)의 자기 양자수(m_l)는 같다. ········· (○ / ×)
(6) (나)와 (다)에서 전자가 가질 수 있는 스핀 자기 양자수 (m_s)는 각각 2가지이다. ····························· (○ / ×)
(7) 오비탈에 채울 수 있는 전자 수는 (나)가 (가)보다 크다.
 ··· (○ / ×)
(8) 전자가 (다)에서 (가)로 전이할 때 빛을 방출한다.
 ··· (○ / ×)

자료 ❸ 오비탈과 전자 배치

기출 Point
- 오비탈 모형에서 전자 배치 규칙
- 바닥상태와 들뜬상태의 전자 배치 구분

[1~3] 그림은 학생이 그린 원자 A~D의 전자 배치를 나타낸 것이다. (단, A~D는 임의의 원소 기호이다.)

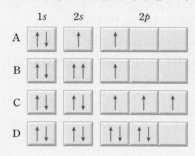

1 A~D의 전자 배치 중 존재할 수 없는 전자 배치를 있는 대로 고르고, 어떤 규칙에 위배되는지 쓰시오.

2 A~D의 전자 배치 중 들뜬상태의 전자 배치를 있는 대로 고르고, 그 원자의 바닥상태의 전자 배치를 모형으로 나타내시오.

3 빈출 선택지로 완벽 정리!

(1) 원자가 전자 수가 가장 큰 것은 D이다. ┄┄┄ (○ / ×)
(2) 바닥상태에서 홀전자 수가 가장 큰 것은 C이다.
┄┄┄┄┄┄┄┄┄┄┄┄┄┄┄┄┄┄┄┄ (○ / ×)
(3) 바닥상태에서 비활성 기체의 전자 배치를 갖는 이온의 전자 배치는 C와 D가 같다. ┄┄┄┄┄ (○ / ×)
(4) 바닥상태의 A와 C에서 전자가 들어 있는 전자 껍질 수가 같다. ┄┄┄┄┄┄┄┄┄┄┄┄┄┄┄ (○ / ×)
(5) 바닥상태에서 전자가 들어 있는 오비탈의 수는 D가 C보다 크다. ┄┄┄┄┄┄┄┄┄┄┄┄┄┄ (○ / ×)
(6) 바닥상태에서 A의 전자가 갖는 스핀 자기 양자수(m_s)의 합은 0이다. ┄┄┄┄┄┄┄┄┄┄┄ (○ / ×)

자료 ❹ 원자의 전자 배치

기출 Point
- 원자의 전자 배치 자료에서 원자의 종류 파악
- 전자 배치와 양자수의 관계

[1~3] 표는 2, 3주기 바닥상태 원자 A~D에 대한 자료이다. (단, A~D는 임의의 원소 기호이다.)

원자	전자가 들어 있는 p 오비탈 수 전자가 들어 있는 s 오비탈 수	홀전자 수
A	0	1
B	1	1
C	1	0
D	2	3

1 A~D에 해당하는 실제 원소의 기호를 각각 쓰시오.

2 A~D 원자에 들어 있는 모든 전자의 방위(부) 양자수(l)의 합을 각각 쓰시오.

3 빈출 선택지로 완벽 정리!

(1) A와 B는 같은 족 원소이다. ┄┄┄┄┄┄ (○ / ×)
(2) 원자가 전자 수가 가장 큰 것은 D이다. ┄┄┄ (○ / ×)
(3) 3주기 원소는 2가지이다. ┄┄┄┄┄┄┄ (○ / ×)
(4) 전자가 들어 있는 p 오비탈 수는 B<C이다.
┄┄┄┄┄┄┄┄┄┄┄┄┄┄┄┄┄┄┄┄ (○ / ×)
(5) D에 들어 있는 모든 전자의 자기 양자수(m_l)의 합은 0이다. ┄┄┄┄┄┄┄┄┄┄┄┄┄┄┄┄ (○ / ×)
(6) 원자에 들어 있는 모든 전자의 스핀 자기 양자수(m_s)의 합이 0인 원자는 1가지이다. ┄┄┄┄ (○ / ×)

A 보어 원자 모형

01 빛을 방출하는 전자 전이로 옳은 것은?

① K 전자 껍질 → L 전자 껍질
② K 전자 껍질 → M 전자 껍질
③ L 전자 껍질 → M 전자 껍질
④ N 전자 껍질 → L 전자 껍질
⑤ M 전자 껍질 → N 전자 껍질

중요 02 그림은 수소 원자에서 전자 전이 A~E를 나타낸 것이다.

$n=1$ 2 3 4

A~E에 대한 설명으로 옳은 것만을 [보기]에서 있는 대로 고른 것은? (단, 수소 원자의 에너지 준위는 $E_n = -\dfrac{k}{n^2}$ kJ/mol 이고, n은 주 양자수, k는 상수이다.)

[보기]
ㄱ. 방출되는 에너지는 D가 C보다 크다.
ㄴ. 파장이 가장 긴 빛은 E에서 방출된다.
ㄷ. 눈으로 관찰할 수 있는 빛이 방출되는 경우는 2가지이다.

① ㄱ   ② ㄷ   ③ ㄱ, ㄴ
④ ㄴ, ㄷ   ⑤ ㄱ, ㄴ, ㄷ

03 그림은 수소 원자의 발머 계열의 선 스펙트럼 중 일부를 나타낸 것이다.

이에 대한 설명으로 옳은 것만을 [보기]에서 있는 대로 고른 것은?

[보기]
ㄱ. 가시광선 영역의 스펙트럼이다.
ㄴ. 빛에너지는 b가 a보다 크다.
ㄷ. b는 전자가 $n=2 → n=1$로 전이할 때 방출된다.

① ㄱ   ② ㄷ   ③ ㄱ, ㄴ
④ ㄴ, ㄷ   ⑤ ㄱ, ㄴ, ㄷ

서술형 04 그림은 들뜬상태에 있는 수소 원자의 전자가 주 양자수(n) x 이하에서 전이할 때 방출할 수 있는 빛에너지를 모두 나타낸 것이다. (단, 수소 원자의 에너지 준위는 $E_n = -\dfrac{k}{n^2}$ kJ/mol 이고, n은 주 양자수, k는 상수이다.)

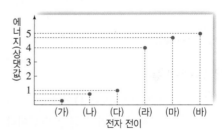

(1) x의 값을 쓰시오.

(2) 발머 계열에 해당하는 전자 전이만을 있는 대로 쓰시오.

(3) (다)와 (마)에서 방출되는 빛의 파장(λ)의 비를 풀이 과정과 함께 서술하시오.

B 현대의 원자 모형

05 그림은 2가지 오비탈 모형을 나타낸 것이다. (가)와 (나)의 공통점으로 옳은 것만을 [보기]에서 있는 대로 고른 것은?

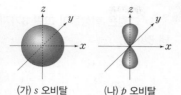

(가) s 오비탈 (나) p 오비탈

[보기]
ㄱ. 모든 전자 껍질에 존재한다.
ㄴ. 오비탈 경계면 안에서만 전자가 발견된다.
ㄷ. 주 양자수(n)가 커질수록 크기가 커진다.

① ㄱ ② ㄷ ③ ㄱ, ㄴ
④ ㄴ, ㄷ ⑤ ㄱ, ㄴ, ㄷ

중요 06 그림은 헬륨(He) 원자의 몇 가지 오비탈을 모형으로 나타낸 것이다.

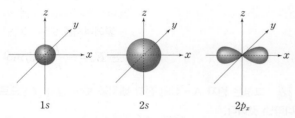

$1s$ $2s$ $2p_x$

이에 대한 설명으로 옳은 것만을 [보기]에서 있는 대로 고른 것은?

[보기]
ㄱ. 에너지가 가장 높은 오비탈은 $2p_x$이다.
ㄴ. 방향성이 없는 오비탈은 1가지이다.
ㄷ. $1s$ 오비탈과 $2s$ 오비탈은 같은 전자 껍질에 존재한다.

① ㄱ ② ㄷ ③ ㄱ, ㄴ
④ ㄴ, ㄷ ⑤ ㄱ, ㄴ, ㄷ

07 M 전자 껍질의 s 오비탈에 들어 있는 전자가 가질 수 있는 양자수의 조합을 있는 대로 쓰시오.

08 L 전자 껍질에 있는 전자가 가질 수 있는 양자수를 옳게 짝 지은 것은?

	n	l	m_l	m_s
①	2	0	$+2$	$+\frac{1}{2}$
②	2	1	0	$-\frac{1}{2}$
③	2	0	-1	$+\frac{1}{2}$
④	3	0	-1	$+\frac{1}{2}$
⑤	3	1	$+2$	$-\frac{1}{2}$

09 수소(H) 원자에서 오비탈의 에너지 준위를 옳게 비교한 것은?

① $1s=2s=2p_x=2p_y=2p_z$
② $1s<2s=2p_x=2p_y=2p_z$
③ $1s=2s<2p_x=2p_y=2p_z$
④ $1s<2s<2p_x=2p_y=2p_z$
⑤ $1s<2s<2p_x<2p_y<2p_z$

10 그림은 4가지 오비탈을 기준 (가)에 따라 분류하는 과정을 나타낸 것이다.

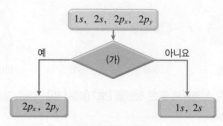

분류 기준 (가)로 적절하지 <u>않은</u> 것은?

① 아령 모양인가?
② 방향성이 있는가?
③ L 전자 껍질에 존재하는가?
④ 방위(부) 양자수(l)가 1인가?
⑤ 다전자 원자에서 에너지 준위가 같은가?

11 그림은 수소(H) 원자의 오비탈 (가)~(다)를 모형으로 나타낸 것이다. (가)~(다)는 $1s$, $2s$, $2p_x$ 오비탈 중 하나이다. n, l은 각각 주 양자수, 방위(부) 양자수이다.

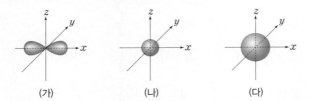

(가)   (나)   (다)

이에 대한 설명으로 옳은 것만을 [보기]에서 있는 대로 고른 것은?

[보기]
ㄱ. 에너지 준위는 (가)>(다)이다.
ㄴ. $n-l$는 (다)>(가)>(나)이다.
ㄷ. 수소 원자의 바닥상태 전자 배치에서 전자는 (나)에 들어 있다.

① ㄱ   ② ㄷ   ③ ㄱ, ㄴ
④ ㄴ, ㄷ   ⑤ ㄱ, ㄴ, ㄷ

12 그림은 L 전자 껍질에 존재하는 오비탈을 모형으로 나타낸 것이다.

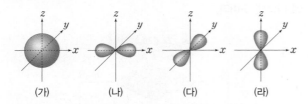

(가)   (나)   (다)   (라)

이에 대한 설명으로 옳은 것만을 [보기]에서 있는 대로 고른 것은?

[보기]
ㄱ. 다전자 원자의 바닥상태 전자 배치에서 L 전자 껍질에 전자가 채워질 때 (가)부터 채워진다.
ㄴ. 방위(부) 양자수(l)는 (가)가 (나)보다 크다.
ㄷ. (나), (다), (라)는 자기 양자수(m_l)가 모두 같다.

① ㄱ   ② ㄷ   ③ ㄱ, ㄴ
④ ㄴ, ㄷ   ⑤ ㄱ, ㄴ, ㄷ

C 전자 배치 규칙

13 그림은 학생들이 그린 3가지 원자의 전자 배치를 나타낸 것이다.

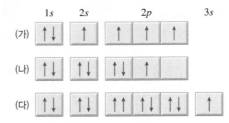

이에 대한 설명으로 옳은 것만을 [보기]에서 있는 대로 고른 것은?

[보기]
ㄱ. (가)는 쌓음 원리를 만족하지 않는다.
ㄴ. (나)는 훈트 규칙을 만족한다.
ㄷ. 바닥상태의 전자 배치는 1가지이다.

① ㄱ   ② ㄴ   ③ ㄱ, ㄷ
④ ㄴ, ㄷ   ⑤ ㄱ, ㄴ, ㄷ

14 그림은 원자 A~C의 전자 배치를 보어 원자 모형으로 나타낸 것이다.

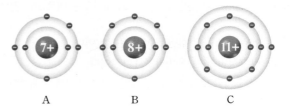

A   B   C

바닥상태의 원자 A~C에 대한 설명으로 옳은 것만을 [보기]에서 있는 대로 고른 것은? (단, A~C는 임의의 원소 기호이다.)

[보기]
ㄱ. 원자가 전자 수가 가장 큰 것은 C이다.
ㄴ. 홀전자 수가 가장 큰 것은 A이다.
ㄷ. 전자가 들어 있는 오비탈 수는 C>B>A이다.

① ㄱ   ② ㄴ   ③ ㄱ, ㄷ
④ ㄴ, ㄷ   ⑤ ㄱ, ㄴ, ㄷ

15 다음은 바닥상태의 원자 X와 Y에 대한 자료이다.

- 전자 수비는 X : Y=1 : 2이다.
- 전자가 들어 있는 오비탈 수비는 X : Y=2 : 3이다.

X와 Y의 바닥상태 전자 배치를 각각 쓰시오. (단, X와 Y는 원자 번호 18번 이하의 임의의 원소 기호이다.)

16 다음은 바닥상태 원자 X~Z의 전자 배치이다.

- X: $1s^2 2s^2 2p^5$
- Y: $1s^2 2s^2 2p^6 3s^2$
- Z: $1s^2 2s^2 2p^6 3s^2 3p^1$

X~Z에 대한 설명으로 옳은 것만을 [보기]에서 있는 대로 고른 것은? (단, X~Z는 임의의 원소 기호이다.)

보기
ㄱ. 홀전자 수는 X와 Y가 같다.
ㄴ. 원자가 전자 수가 가장 큰 것은 Z이다.
ㄷ. Y와 Z는 전자가 들어 있는 전자 껍질 수가 같다.

① ㄱ　　　② ㄷ　　　③ ㄱ, ㄴ
④ ㄴ, ㄷ　　　⑤ ㄱ, ㄴ, ㄷ

17 표는 이온 A$^+$과 B^{2-}의 바닥상태 전자 배치이다.

이온	A$^+$	B^{2-}
전자 배치	$1s^2 2s^2 2p^6$	$1s^2 2s^2 2p^6$

바닥상태의 A와 B에 대한 설명으로 옳은 것만을 [보기]에서 있는 대로 고른 것은? (단, A와 B는 임의의 원소 기호이다.)

보기
ㄱ. 전자가 들어 있는 전자 껍질 수는 A와 B가 같다.
ㄴ. 홀전자 수는 B가 A의 2배이다.
ㄷ. 전자가 들어 있는 오비탈 수비는 A : B=4 : 3이다.

① ㄱ　　　② ㄴ　　　③ ㄱ, ㄷ
④ ㄴ, ㄷ　　　⑤ ㄱ, ㄴ, ㄷ

18 표는 바닥상태 원자 A~D에 대한 자료이다.

원자	전자가 들어 있는 오비탈 수	홀전자 수
A	2	x
B	5	$x+1$
C	3	x
D	6	x

A~D에 대한 설명으로 옳은 것만을 [보기]에서 있는 대로 고른 것은? (단, A~D는 임의의 원소 기호이다.)

보기
ㄱ. $x=1$이다.
ㄴ. 2주기 원소는 2가지이다.
ㄷ. 원자가 전자 수가 가장 큰 것은 D이다.

① ㄱ　　　② ㄷ　　　③ ㄱ, ㄴ
④ ㄴ, ㄷ　　　⑤ ㄱ, ㄴ, ㄷ

19 표는 원자 A~C의 전자 배치에 대한 자료이다.

원자	s 오비탈에 들어 있는 전자 수	p 오비탈에 들어 있는 전자 수	홀전자 수
A	3	1	2
B	4	3	1
C	6	7	1

A~C에 대한 설명으로 옳은 것만을 [보기]에서 있는 대로 고른 것은? (단, A~C는 임의의 원소 기호이고, 바닥상태 전자 배치는 1가지이며, 오비탈의 주 양자수(n)는 3 이하이다.)

보기
ㄱ. 바닥상태에서 A와 B는 전자가 들어 있는 전자 껍질 수가 같다.
ㄴ. B는 훈트 규칙을 만족하지 않는다.
ㄷ. C는 바닥상태의 전자 배치이다.

① ㄱ　　　② ㄴ　　　③ ㄱ, ㄷ
④ ㄴ, ㄷ　　　⑤ ㄱ, ㄴ, ㄷ

20 표는 질소(N) 원자의 3가지 전자 배치 (가)~(다)에 대한 자료이다. (가)~(다)에서 모든 전자의 주 양자수(n)는 1 또는 2이고, l은 방위(부) 양자수이다.

전자 배치	$l=1$인 전자 수	홀전자 수
(가)	3	3
(나)	4	1
(다)	5	3

이에 대한 설명으로 옳은 것만을 [보기]에서 있는 대로 고른 것은?

보기

ㄱ. (가)는 바닥상태의 전자 배치이다.

ㄴ. (다)는 훈트 규칙을 만족하지 않는다.

ㄷ. 전자가 들어 있는 오비탈 수는 (다)가 (나)보다 크다.

① ㄱ ② ㄴ ③ ㄱ, ㄷ

④ ㄴ, ㄷ ⑤ ㄱ, ㄴ, ㄷ

---

21 표는 바닥상태의 나트륨(Na) 원자에서 전자가 들어 있는 오비탈 (가)~(다)에 대한 자료이다. n, l, m_l은 각각 주 양자수, 방위(부) 양자수, 자기 양자수이다.

오비탈	$n+l$	$l+m_l$
(가)	1	x
(나)	2	0
(다)	3	1

이에 대한 설명으로 옳은 것만을 [보기]에서 있는 대로 고른 것은?

보기

ㄱ. $x=0$이다.

ㄴ. (다)에 들어 있는 전자 수는 1이다.

ㄷ. 에너지 준위는 (가)<(나)<(다)이다.

① ㄱ ② ㄴ ③ ㄱ, ㄷ

④ ㄴ, ㄷ ⑤ ㄱ, ㄴ, ㄷ

중요
22 다음은 바닥상태 원자 A~C의 전자 배치에 대한 자료이다.

- 전자 수는 B가 A의 4배이다.
- C의 $\dfrac{p \text{ 오비탈의 총 전자 수}}{s \text{ 오비탈의 총 전자 수}}$ 는 1.5이다.
- 홀전자 수는 C가 A의 3배이다.

A~C에 대한 설명으로 옳은 것만을 [보기]에서 있는 대로 고른 것은? (단, A~C는 원자 번호 3~18의 임의의 원소 기호이다.)

보기

ㄱ. A는 양이온이 되기 쉽다.

ㄴ. 원자가 전자 수가 가장 큰 것은 B이다.

ㄷ. B의 안정한 양이온과 C의 안정한 음이온은 같은 비활성 기체의 전자 배치를 갖는다.

① ㄱ ② ㄴ ③ ㄱ, ㄷ

④ ㄴ, ㄷ ⑤ ㄱ, ㄴ, ㄷ

---

23 다음은 2, 3주기 바닥상태 원자 A와 B에 대한 자료이다. l은 방위(부) 양자수이다.

- $\dfrac{l=1\text{인 전자 수}}{l=0\text{인 전자 수}}=1$로 같다.
- 홀전자 수는 A>B이다.

이에 대한 설명으로 옳은 것만을 [보기]에서 있는 대로 고른 것은? (단, A와 B는 임의의 원소 기호이다.)

보기

ㄱ. 원자가 전자 수는 A>B이다.

ㄴ. 모든 전자의 l의 합은 A가 B의 2배이다.

ㄷ. 전자가 모두 채워진 오비탈 수는 B가 A의 2배이다.

① ㄱ ② ㄴ ③ ㄱ, ㄷ

④ ㄴ, ㄷ ⑤ ㄱ, ㄴ, ㄷ

실력 UP 문제

01 표는 들뜬상태에 있는 수소 원자의 전자가 주 양자수(n) 4 이하에서 전이할 때 방출되는 빛의 스펙트럼 선 I ~ IV에 대한 자료이다. E_{II}는 E_{IV}보다 크다.

선	전자 전이	색깔	에너지(kJ/mol)
I	$n=4 \rightarrow n=2$	초록	E_I
II	$n=3 \rightarrow n=1$		E_{II}
III		빨강	E_{III}
IV			E_{IV}

I ~ IV에 대한 설명으로 옳은 것만을 [보기]에서 있는 대로 고른 것은? (단, 수소 원자의 에너지 준위는 $E_n = -\dfrac{k}{n^2}$ kJ/mol 이고, n은 주 양자수, k는 상수이다.)

보기
ㄱ. IV는 가시광선이다.
ㄴ. 에너지가 가장 큰 선은 II이다.
ㄷ. 파장의 비는 I : III = 4 : 1이다.

① ㄱ ② ㄴ ③ ㄱ, ㄷ
④ ㄴ, ㄷ ⑤ ㄱ, ㄴ, ㄷ

02 다음은 수소(H) 원자의 오비탈 (가) ~ (다)에 대한 자료이다. n, l, m_l은 각각 주 양자수, 방위(부) 양자수, 자기 양자수이다.

- (가) ~ (다)는 각각 $2s$, $2p$, $3s$, $3p$ 중 하나이다.
- (나)의 모양은 공 모양이다.
- $n - l$는 (다) > (나) > (가)이다.

이에 대한 설명으로 옳은 것만을 [보기]에서 있는 대로 고른 것은?

보기
ㄱ. n는 (다) > (가)이다.
ㄴ. m_l는 (나) > (다)이다.
ㄷ. 에너지 준위는 (가) > (나)이다.

① ㄱ ② ㄷ ③ ㄱ, ㄴ
④ ㄴ, ㄷ ⑤ ㄱ, ㄴ, ㄷ

03 그림은 바닥상태인 원자 A ~ D에 대한 $\dfrac{\text{원자가 전자 수}}{\text{홀전자 수}}$와 $\dfrac{p \text{ 오비탈의 전자 수}}{s \text{ 오비탈의 전자 수}}$를 나타낸 것이다.

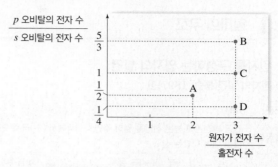

A ~ D에 대한 설명으로 옳은 것만을 [보기]에서 있는 대로 고른 것은? (단, A ~ D는 2, 3주기에 속하는 임의의 원소 기호이다.)

보기
ㄱ. A와 C는 같은 주기 원소이다.
ㄴ. B와 D는 같은 족 원소이다.
ㄷ. 원자가 전자 수가 가장 작은 원소는 A이다.

① ㄱ ② ㄷ ③ ㄱ, ㄴ
④ ㄴ, ㄷ ⑤ ㄱ, ㄴ, ㄷ

04 다음은 원자 X의 가능한 전자 배치 (가) ~ (다)에 대한 자료이다. (가) ~ (다) 중 1가지는 바닥상태의 전자 배치이다.

- 전자들의 주 양자수(n) 총합은 모두 12로 같다.
- 전자들의 방위(부) 양자수(l) 총합은 (가) > (나) = (다) 이다.
- (나)의 전자들의 자기 양자수(m_l) 총합은 0이다.
- 홀전자 수는 (가)와 (나)가 같다.

이에 대한 설명으로 옳은 것만을 [보기]에서 있는 대로 고른 것은? (단, X는 임의의 원소 기호이다.)

보기
ㄱ. X의 원자가 전자 수는 5이다.
ㄴ. 바닥상태의 전자 배치는 (나)이다.
ㄷ. (가) ~ (다) 중 훈트 규칙을 만족하는 전자 배치는 2가지이다.

① ㄱ ② ㄷ ③ ㄱ, ㄴ
④ ㄴ, ㄷ ⑤ ㄱ, ㄴ, ㄷ

1 원자의 구조

1. 원자를 구성하는 입자의 발견

(1) 전자의 발견(톰슨, 1897년)

구분	내용
음극선	진공 방전관에 높은 전압을 걸어 주면 (−)극에서 (+)극 쪽으로 빛을 내며 나오는 선
음극선 실험	음극선은 (❶　　) 전하를 띤다. / 음극선은 직진하는 성질이 있다. / 음극선은 (❷　　)을 가진 입자의 흐름이다.
결론	음극선은 (−)전하를 띠며 질량을 갖는 입자의 흐름으로, 이 입자는 원자를 구성하는 공통적인 입자인 (❸　　)이다.

(2) 원자핵의 발견(러더퍼드, 1911년)

구분	내용
알파(α) 입자 산란 실험	알파(α) 입자 / 산란된 알파(α) 입자 / 형광 스크린 / 금박 / 대부분의 알파(α) 입자는 산란되지 않는다.
결론	원자의 대부분은 빈 공간이고 중심에 (+)전하를 띠며, 원자 질량의 대부분을 차지하는 (❹　　)이 있고, 원자핵 주위에 (−)전하를 띠는 (❺　　)가 운동한다.

(3) 톰슨과 러더퍼드의 원자 모형

⬆ 톰슨 모형　　⬆ 러더퍼드 모형

2. 원자의 구조

(1) 원자를 구성하는 입자의 성질

구성 입자		상대적인 전하	상대적인 질량
원자핵	양성자	$+1$	1
	중성자	0	(❻　　)
전자		(❼　　)	$\frac{1}{1837}$

① 원자는 전기적으로 중성이다.
② 양성자와 중성자로 구성된 (❽　　)의 질량이 원자 질량의 대부분을 차지한다.

(2) 원자 번호와 질량수
① 원자 번호=(❾　　)=원자의 전자 수
② 질량수=양성자수+(❿　　)

(3) 동위 원소와 평균 원자량
① 동위 원소: 양성자수(원자 번호)는 같지만 중성자수가 달라 질량수가 다른 원소로 화학적 성질이 같다.
② 평균 원자량: 동위 원소가 존재하는 경우 각 동위 원소의 원자량과 존재 비율을 곱한 값을 더하여 구한다.

2 원자 모형과 전자 배치

1. 보어 원자 모형

(1) 수소 원자의 선 스펙트럼: 수소 방전관에서 발생하는 빛을 프리즘에 통과시키면 선 스펙트럼이 얻어진다. ➡ 수소 원자의 에너지 준위가 불연속적이기 때문이다.

(2) 보어 원자 모형

① 원자핵 주위의 전자는 특정한 에너지 준위의 궤도(전자 껍질)에서만 원운동을 하며, 원자핵에 가까운 전자 껍질부터 K($n=1$), L($n=2$), M($n=3$) … 등의 순서로 기호를 붙이고, n을 주 양자수라고 한다.

② 전자 껍질의 에너지 준위는 $E_n = -\dfrac{1312}{n^2}$ kJ/mol ($n=1, 2, 3 \cdots$)이다.

③ 전자가 다른 전자 껍질로 전이할 때는 두 전자 껍질의 에너지 차이만큼의 에너지를 흡수하거나 방출한다.

$$\Delta E = E_{처음} - E_{나중}$$

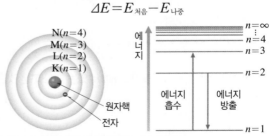

⬆ 보어 원자 모형과 전자 껍질의 에너지 준위

(3) 선 스펙트럼이 나타나는 까닭: 전자가 에너지 준위가 낮은 전자 껍질로 전이할 때 에너지 준위 차이에 해당하는 불연속적인 에너지의 빛만 방출하기 때문이다.

스펙트럼 계열	스펙트럼 영역	전자 전이
라이먼 계열	자외선	$n \geq 2 \to n = 1$
발머 계열	(⓫　　　)	$n \geq 3 \to n = 2$
파셴 계열	적외선	$n \geq 4 \to n = 3$

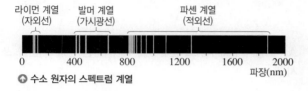

⬆ 수소 원자의 스펙트럼 계열

2. 현대의 원자 모형

(1) 오비탈: 원자핵 주위에서 전자가 존재할 수 있는 공간을 확률 분포로 나타낸 것

s 오비탈	p 오비탈
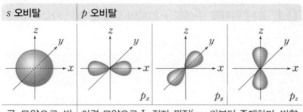	
공 모양으로 방향성이 없다.	아령 모양으로 L 전자 껍질($n=2$)부터 존재하며, 방향성이 있다.

(2) 양자수의 종류

종류	의미	존재 가능한 값
주 양자수(n)	오비탈의 에너지 준위 결정	1, 2, 3, 4 ⋯ ∞
방위(부) 양자수(l)	오비탈의 모양(s, p, d, f) 결정	주 양자수(n)에 의해 결정되며, 0, 1, 2, ⋯ ($n-1$)까지 n개 존재
자기 양자수(m_l)	오비탈의 공간적인 방향 결정	방위(부) 양자수(l)에 의해 결정되며, $-l$, ⋯ -2, -1, 0, $+1$, $+2$ ⋯, $+l$까지 ($2l+1$)개 존재
스핀 자기 양자수(m_s)	전자의 스핀 방향 결정	$+\dfrac{1}{2}$, $-\dfrac{1}{2}$

(3) 전자 껍질에 따른 양자수와 오비탈의 관계

전자 껍질	K	L		M		
주 양자수(n)	1	2		3		
방위(부) 양자수(l)	0	0	1	0	1	2
오비탈 종류	$1s$	$2s$	$2p$	$3s$	$3p$	$3d$
자기 양자수(m_l)	0	0	-1, 0, $+1$	0	-1, 0, $+1$	(⓬　　　)
오비탈 수(n^2)	1	4		9		
최대 수용 전자 수($2n^2$)	2	8		18		

(4) 오비탈의 에너지 준위

수소 원자	다전자 원자
주 양자수(n)가 같을 때 오비탈의 모양에 관계없이 에너지 준위가 같다.	주 양자수(n)와 오비탈의 모양에 따라 에너지 준위가 달라진다.
$1s < 2s = 2p < 3s = 3p = 3d < \cdots$	$1s < 2s < 2p < 3s < 3p < 4s < 3d \cdots$

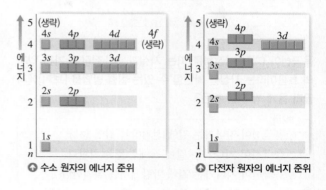

⬆ 수소 원자의 에너지 준위　　⬆ 다전자 원자의 에너지 준위

3. 전자 배치 규칙

(1) 전자 배치 규칙

구분	내용
쌓음 원리	에너지가 가장 낮은 오비탈부터 전자가 차례대로 채워진다.
파울리 배타 원리	1개의 오비탈에는 같은 방향의 스핀을 갖는 전자가 배치될 수 없고, 전자가 최대 2개까지만 들어갈 수 있다. ↑ (○) ↑↓ (○) ↑↑ (×) ↑↓↓ (×)
훈트 규칙	에너지 준위가 같은 오비탈에 전자가 배치될 때 가능한 한 (⓭　　　)가 최대가 되도록 전자가 배치된다.

(2) 바닥상태와 들뜬상태의 전자 배치

바닥상태	들뜬상태
전자 배치 규칙에 따라 배치되어 에너지가 가장 낮은 안정한 상태의 전자 배치	원자가 에너지를 흡수하여 전자가 높은 에너지 준위의 오비탈로 전이된 전자 배치

(3) 원자가 전자: 원자의 바닥상태 전자 배치에서 가장 바깥 전자 껍질에 배치된 전자로, 화학 결합에 참여하며 원자의 화학적 성질을 결정한다. ➡ 원자가 전자 수가 같으면 화학적 성질이 비슷하다.

(4) 이온의 전자 배치: 원자가 이온으로 될 때는 비활성 기체와 같은 전자 배치를 가지려고 한다.

양이온	음이온
가장 바깥 전자 껍질에 있는 전자를 잃는다.	비어 있는 오비탈 중 에너지 준위가 가장 낮은 오비탈에 전자가 채워진다.
예 $_{11}$Na: $1s^2 2s^2 2p^6 3s^1$ ➡ $_{11}$Na$^+$: $1s^2 2s^2 2p^6$	예 $_8$O: $1s^2 2s^2 2p_x^2 2p_y^1 2p_z^1$ ➡ $_8$O^{2-}: $1s^2 2s^2 2p^6$

마무리 문제

01 그림과 같이 진공 방전관에 고전압을 걸어 주면 음극선이 발생한다.

음극선이 (가) (−)전하를 띠는 사실과 (나) 질량을 가진 입자의 흐름이라는 사실을 확인할 수 있는 실험 방법을 [보기]에서 골라 옳게 짝 지은 것은?

[보기]
ㄱ. 음극선이 지나가는 길에 전기장을 걸어 준다.
ㄴ. 음극선이 지나가는 길에 장애물을 설치한다.
ㄷ. 음극선이 지나가는 길에 바람개비를 설치한다.

	(가)	(나)		(가)	(나)
①	ㄱ	ㄴ	②	ㄱ	ㄷ
③	ㄴ	ㄱ	④	ㄴ	ㄷ
⑤	ㄷ	ㄴ			

02 그림은 원자의 구성 입자를 발견하게 된 2가지 실험을 나타낸 것이다.

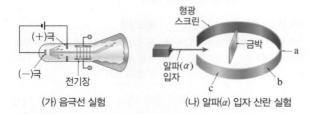

(가) 음극선 실험   (나) 알파(α) 입자 산란 실험

(가)에서 발견된 입자 A와 (나)에서 발견된 입자 B에 대한 설명으로 옳은 것만을 [보기]에서 있는 대로 고른 것은?

[보기]
ㄱ. 질량은 A가 B보다 작다.
ㄴ. A와 B 사이에는 정전기적 인력이 작용한다.
ㄷ. (나)에서 알파(α) 입자가 가장 많이 도달하는 위치는 a이다.

① ㄴ　　　　② ㄱ, ㄴ　　　　③ ㄱ, ㄷ
④ ㄴ, ㄷ　　　⑤ ㄱ, ㄴ, ㄷ

03 그림 A∼E는 여러 가지 원자 모형을 나타낸 것이다.

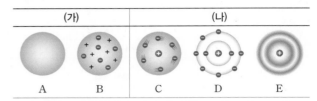

(가)	(나)
A　　　B	C　　　D　　　E

A∼E를 (가)와 (나)로 분류했을 때 적합한 분류 기준을 쓰시오.

04 표는 원자를 구성하는 입자의 성질에 대한 자료이다.

입자	전하량(C)	질량(g)
X	$+1.6 \times 10^{-19}$	1.673×10^{-24}
Y	-1.6×10^{-19}	9.109×10^{-28}
Z	0	1.675×10^{-24}

이에 대한 설명으로 옳은 것만을 [보기]에서 있는 대로 고른 것은?

[보기]
ㄱ. 원자에서 X와 Y의 수는 같다.
ㄴ. 질량수는 X와 Y 수의 합과 같다.
ㄷ. Y와 Z는 원자핵을 구성하는 입자이다.

① ㄱ　　　　② ㄴ　　　　③ ㄱ, ㄷ
④ ㄴ, ㄷ　　　⑤ ㄱ, ㄴ, ㄷ

05 그림은 원자 표시 방법으로 X의 안정한 이온을 나타낸 것이다.
이에 대한 설명으로 옳은 것만을 [보기]에서 있는 대로 고른 것은? (단, X는 임의의 원소 기호이다.)

$$_a^b X^{2+}$$

[보기]
ㄱ. b는 a보다 크다.
ㄴ. X^{2+}의 전자 수는 $a+2$이다.
ㄷ. X^{2+}의 질량수는 $a+b$이다.

① ㄱ　　　　② ㄷ　　　　③ ㄱ, ㄴ
④ ㄴ, ㄷ　　　⑤ ㄱ, ㄴ, ㄷ

06 그림 (가)는 원자 X의 모형을 나타낸 것이고, (나)는 알파(α) 입자 산란 실험 장치를 나타낸 것이다. A∼C는 원자를 구성하는 입자이다.

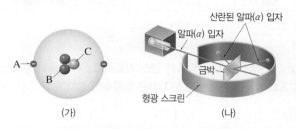

(가)   (나)

이에 대한 설명으로 옳은 것만을 [보기]에서 있는 대로 고른 것은? (단, X는 임의의 원소 기호이다.)

┌─ 보기 ─────────────────────────────┐
ㄱ. X의 질량수는 5이다.
ㄴ. A는 실험 (나)로 발견되었다.
ㄷ. B에 의해 원자 번호가 결정된다.
└─────────────────────────────────┘

① ㄱ   ② ㄷ   ③ ㄱ, ㄴ
④ ㄴ, ㄷ   ⑤ ㄱ, ㄴ, ㄷ

07 그림은 원자 $^{14}_{7}\text{N}$의 구성 입자를 2가지 기준에 따라 분류한 것이다.

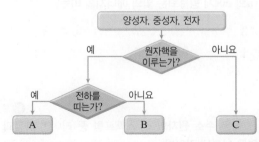

이에 대한 설명으로 옳은 것만을 [보기]에서 있는 대로 고른 것은?

┌─ 보기 ─────────────────────────────┐
ㄱ. 구성 입자 A∼C의 수는 모두 같다.
ㄴ. N가 비활성 기체의 전자 배치를 갖는 이온이 되면 B의 수는 감소한다.
ㄷ. A와 C 사이에는 정전기적 인력이 작용한다.
└─────────────────────────────────┘

① ㄱ   ② ㄴ   ③ ㄱ, ㄷ
④ ㄴ, ㄷ   ⑤ ㄱ, ㄴ, ㄷ

08 그림은 빅뱅 우주에서 헬륨 원자핵($^{4}_{2}\text{He}^{2+}$)이 생성되는 과정을 나타낸 것이다. (가)∼(다)는 모두 원자핵이다.

       중성자   양성자   중성자

(가) ⟶ (나) ⟶ (다) ⟶ $^{4}_{2}\text{He}^{2+}$

(가)∼(다)에 해당하는 입자를 옳게 짝 지은 것은?

	(가)	(나)	(다)
①	$^{1}_{1}\text{H}^{+}$	$^{2}_{1}\text{H}^{+}$	$^{3}_{1}\text{H}^{+}$
②	$^{1}_{1}\text{H}^{+}$	$^{2}_{1}\text{H}^{+}$	$^{3}_{2}\text{He}^{2+}$
③	$^{1}_{1}\text{H}^{+}$	$^{3}_{1}\text{H}^{+}$	$^{3}_{2}\text{He}^{2+}$
④	$^{2}_{1}\text{H}^{+}$	$^{1}_{1}\text{H}^{+}$	$^{3}_{1}\text{H}^{+}$
⑤	$^{2}_{1}\text{H}^{+}$	$^{3}_{1}\text{H}^{+}$	$^{3}_{2}\text{He}^{2+}$

09 표는 X^{2+}과 Y의 이온을 구성하는 입자 a∼c의 수를 나타낸 것이다. a∼c는 양성자, 중성자, 전자 중 하나이다.

입자	a	b	c
X^{2+}	12	12	10
Y의 이온	8	8	10

이에 대한 설명으로 옳은 것만을 [보기]에서 있는 대로 고른 것은? (단, X와 Y는 임의의 원소 기호이다.)

┌─ 보기 ─────────────────────────────┐
ㄱ. Y의 이온은 Y^{2-}이다.
ㄴ. 질량수비는 X : Y = 4 : 3이다.
ㄷ. 바닥상태에서 홀전자 수는 X > Y이다.
└─────────────────────────────────┘

① ㄱ   ② ㄷ   ③ ㄱ, ㄴ
④ ㄴ, ㄷ   ⑤ ㄱ, ㄴ, ㄷ

하 **중** 상

10 표는 X^{2+}과 Y^{2-}을 구성하는 입자 수를 상댓값으로 나타낸 것이다. ㉠~㉢은 각각 양성자, 중성자, 전자 중 하나이다.

이온	㉠	㉡	㉢
X^{2+}	6	5	6
Y^{2-}	5	5	4

이에 대한 설명으로 옳은 것만을 [보기]에서 있는 대로 고른 것은? (단, X와 Y는 임의의 원소 기호이다.)

보기
ㄱ. ㉠은 중성자이다.
ㄴ. X는 2주기 원소이다.
ㄷ. 원자 X와 Y의 질량수비는 X : Y＝4 : 3이다.

① ㄱ　　　　② ㄴ　　　　③ ㄱ, ㄷ
④ ㄴ, ㄷ　　⑤ ㄱ, ㄴ, ㄷ

하 **중** 상

11 그림은 자연계에 존재하는 기체 X_2의 분자량과 존재 비율을 나타낸 것이다.

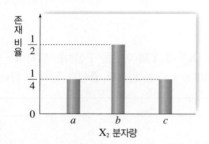

이에 대한 설명으로 옳은 것만을 [보기]에서 있는 대로 고른 것은? (단, X는 임의의 원소 기호이다.)

보기
ㄱ. $a+c=2b$이다.
ㄴ. X의 평균 원자량은 $\dfrac{b}{4}$이다.
ㄷ. 분자량이 a인 X_2와 c인 X_2의 화학적 성질은 같다.

① ㄱ　　　　② ㄴ　　　　③ ㄱ, ㄷ
④ ㄴ, ㄷ　　⑤ ㄱ, ㄴ, ㄷ

하 **중** 상

12 표는 원소 X의 2가지 동위 원소에 대한 자료이다. X의 평균 원자량은 63.6이다.

동위 원소	양성자수	중성자수	존재 비율(%)
^{63}X	29		
^{65}X		x	y

$x : y$는? (단, X는 임의의 원소 기호이고, X의 동위 원소는 ^{63}X와 ^{65}X만 존재하며, 원자량은 질량수와 같다.)

① 2 : 3　　　② 4 : 5　　　③ 5 : 4
④ 5 : 6　　　⑤ 6 : 5

[13~14] 그림은 수소 원자의 전자 전이 a~e를 나타낸 것이다. (단, 수소 원자의 에너지 준위는 $E_n=-\dfrac{k}{n^2}$ kJ/mol이고, n은 주 양자수, k는 상수이다.)

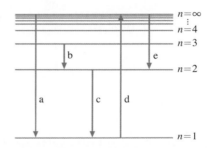

하 **중** 상

13 a와 c에서 방출되는 빛의 에너지의 비는?

① 1 : 3　　　② 5 : 27　　　③ 4 : 3
④ 2 : 1　　　⑤ 27 : 5

하 중 **상**

14 그림은 수소 원자의 선 스펙트럼 중 라이먼 계열과 발머 계열을 나타낸 것이다.

a~e 중 ㉠을 방출하는 전자 전이에 해당하는 것은?

① a　　　　② b　　　　③ c
④ d　　　　⑤ e

15 그림은 수소 원자의 전자 전이 a~c에서 방출되는 빛의 에너지를 나타낸 것이다. 수소 원자의 에너지 준위는 $E_n = -\dfrac{k}{n^2}$ kJ/mol이며, n은 주 양자수, k는 상수이다.

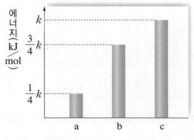

이에 대한 설명으로 옳은 것만을 [보기]에서 있는 대로 고른 것은?

> **보기**
> ㄱ. a에서 방출되는 빛은 발머 계열이다.
> ㄴ. c는 $n = \infty \rightarrow n = 1$로의 전자 전이이다.
> ㄷ. 수소 원자의 전자 전이에서 에너지(kJ/mol)가 $\dfrac{1}{2}k$
> 인 빛은 방출되지 않는다.

① ㄱ   ② ㄷ   ③ ㄱ, ㄴ
④ ㄴ, ㄷ   ⑤ ㄱ, ㄴ, ㄷ

16 그림은 주 양자수(n)가 1인 오비탈을 나타낸 것이다.

이에 대한 설명으로 옳지 <u>않은</u> 것은?

① s 오비탈이다.
② 방향성이 없다.
③ K 전자 껍질에 존재한다.
④ 전자는 원운동을 하고 있다.
⑤ 수용할 수 있는 최대 전자 수는 2이다.

17 그림은 주 양자수(n)가 1 또는 2인 오비탈 (가)~(다)를 모형으로 나타낸 것이다.

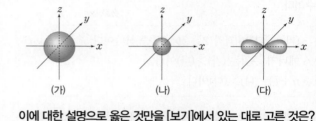

이에 대한 설명으로 옳은 것만을 [보기]에서 있는 대로 고른 것은?

> **보기**
> ㄱ. (가)와 (나)는 방위(부) 양자수(l)가 같다.
> ㄴ. (가)와 (다)는 주 양자수(n)가 같다.
> ㄷ. 오비탈에 들어갈 수 있는 전자 수는 (가) > (나)이다.

① ㄱ   ② ㄷ   ③ ㄱ, ㄴ
④ ㄴ, ㄷ   ⑤ ㄱ, ㄴ, ㄷ

18 다음은 3가지 오비탈 (가)~(다)에 대한 자료이다.

> • 오비탈의 주 양자수(n) ≤ 2이다.
> • (가)와 (나)는 주 양자수(n)가 같고, 모양이 다르다.
> • (나)와 (다)는 모양이 같고, 주 양자수(n)가 다르다.

(가)~(다)에 대한 설명으로 옳은 것만을 [보기]에서 있는 대로 고른 것은?

> **보기**
> ㄱ. (가)는 방향성이 있다.
> ㄴ. (나)의 주 양자수(n)는 1이다.
> ㄷ. (나)와 (다)의 자기 양자수(m_l)는 같다.

① ㄱ   ② ㄴ   ③ ㄱ, ㄷ
④ ㄴ, ㄷ   ⑤ ㄱ, ㄴ, ㄷ

19 다음은 수소(H) 원자의 오비탈 (가)~(다)에 대한 자료이다. n, l, m_l은 각각 주 양자수, 방위(부) 양자수, 자기 양자수이다.

> - (가)~(다)는 각각 2s, 2p, 3s 중 하나이다.
> - 에너지 준위는 (가)>(나)이다.
> - $n+l$는 (나)>(다)이다.

이에 대한 설명으로 옳은 것만을 [보기]에서 있는 대로 고른 것은?

[보기]
ㄱ. (가)와 (다)의 m_l는 같다.
ㄴ. $n+l$는 (가)>(나)이다.
ㄷ. (나)와 (다)는 같은 전자 껍질에 존재한다.

① ㄱ   ② ㄴ   ③ ㄱ, ㄷ
④ ㄴ, ㄷ   ⑤ ㄱ, ㄴ, ㄷ

20 그림은 원자 A~C의 전자 배치를 나타낸 것이다.

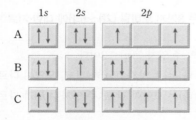

이에 대한 설명으로 옳은 것만을 [보기]에서 있는 대로 고른 것은? (단, A~C는 임의의 원소 기호이다.)

[보기]
ㄱ. 바닥상태의 전자 배치는 2가지이다.
ㄴ. A의 전자 배치는 쌓음 원리에 위배된다.
ㄷ. B의 전자 배치는 훈트 규칙에 위배된다.

① ㄱ   ② ㄷ   ③ ㄱ, ㄴ
④ ㄴ, ㄷ   ⑤ ㄱ, ㄴ, ㄷ

21 그림 (가)~(라)는 학생이 그린 산소(O) 원자의 전자 배치를 나타낸 것이다.

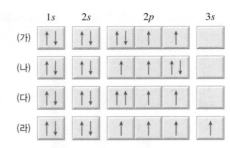

(가)~(라)에 대한 설명으로 옳은 것만을 [보기]에서 있는 대로 고른 것은?

[보기]
ㄱ. 바닥상태의 전자 배치는 3가지이다.
ㄴ. 쌓음 원리를 만족하지 않는 전자 배치는 1가지이다.
ㄷ. 모든 전자의 방위(부) 양자수(l)의 합이 가장 큰 것은 (라)이다.

① ㄱ   ② ㄴ   ③ ㄱ, ㄴ
④ ㄴ, ㄷ   ⑤ ㄱ, ㄴ, ㄷ

22 다음은 원자 A~D의 전자 배치를 나타낸 것이다.

> - A: $1s^2 2s^1$
> - B: $1s^2 2s^2 2p^2$
> - C: $1s^2 2s^2 2p^6 3s^1$
> - D: $1s^2 2s^2 2p^6 3s^2 3p^4$

이에 대한 설명으로 옳은 것만을 [보기]에서 있는 대로 고른 것은? (단, A~D는 임의의 원소 기호이다.)

[보기]
ㄱ. D는 음이온이 되기 쉽다.
ㄴ. A와 C는 원자가 전자 수가 같다.
ㄷ. 바닥상태에서 홀전자 수는 D>B이다.

① ㄱ   ② ㄷ   ③ ㄱ, ㄴ
④ ㄴ, ㄷ   ⑤ ㄱ, ㄴ, ㄷ

23 표는 원자 X와 Y의 전자 배치에 대한 자료이다.

원자	전자가 들어 있는 오비탈 수	가장 바깥 전자 껍질	s 오비탈의 전자 수	p 오비탈의 전자 수
X	5	L	3	4
Y	4	L	4	4

이에 대한 설명으로 옳은 것만을 [보기]에서 있는 대로 고른 것은? (단, X와 Y는 임의의 원소 기호이다.)

[보기]
ㄱ. 홀전자 수는 X가 Y보다 크다.
ㄴ. Y의 전자 배치는 바닥상태이다.
ㄷ. L 전자 껍질에 들어 있는 전자 수는 X가 Y보다 크다.

① ㄱ　　　　② ㄴ　　　　③ ㄱ, ㄷ
④ ㄴ, ㄷ　　　⑤ ㄱ, ㄴ, ㄷ

24 다음은 바닥상태의 2, 3주기 원자 X와 Y에 대한 자료이다.

- 전자 수비는 X : Y=2 : 1이다.
- 전자가 들어 있는 오비탈 수비는 X : Y=3 : 2이다.

이에 대한 설명으로 옳은 것만을 [보기]에서 있는 대로 고른 것은? (단, X와 Y는 임의의 원소 기호이다.)

[보기]
ㄱ. 원자가 전자 수는 X>Y이다.
ㄴ. 홀전자 수는 Y>X이다.
ㄷ. X가 비활성 기체의 전자 배치를 갖는 이온이 될 때 전자가 들어 있는 오비탈 수는 증가한다.

① ㄱ　　　　② ㄴ　　　　③ ㄱ, ㄷ
④ ㄴ, ㄷ　　　⑤ ㄱ, ㄴ, ㄷ

25 그림은 2, 3주기 바닥상태의 원자 W~Z에서 s 오비탈에 들어 있는 전자 수와 p 오비탈에 들어 있는 전자 수를 나타낸 것이다.

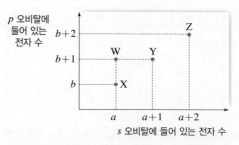

W~Z에 대한 설명으로 옳은 것만을 [보기]에서 있는 대로 고른 것은? (단, W~Z는 임의의 원소 기호이다.)

[보기]
ㄱ. 3주기 원소는 2가지이다.
ㄴ. 홀전자 수가 가장 많은 것은 W이다.
ㄷ. 전자가 들어 있는 오비탈 수는 W>X이다.

① ㄱ　　　　② ㄷ　　　　③ ㄱ, ㄴ
④ ㄴ, ㄷ　　　⑤ ㄱ, ㄴ, ㄷ

26 표는 2주기 바닥상태 원자 X~Z의 전자 배치에 대한 자료이다.

원자	X	Y	Z
전자가 들어 있는 오비탈 수	a	$a+1$	$a+2$
홀전자 수	b	$b+1$	$b+1$

이에 대한 설명으로 옳은 것만을 [보기]에서 있는 대로 고른 것은? (단, X~Z는 임의의 원소 기호이다.)

[보기]
ㄱ. $a=b+2$이다.
ㄴ. X의 원자가 전자 수는 3이다.
ㄷ. 전자가 2개 들어 있는 오비탈 수는 X와 Y가 같다.

① ㄱ　　　　② ㄷ　　　　③ ㄱ, ㄴ
④ ㄴ, ㄷ　　　⑤ ㄱ, ㄴ, ㄷ

27 표는 원자 X의 바닥상태에서 원자가 전자 일부의 양자수에 대한 자료이다. n, l, m_l, m_s는 각각 주 양자수, 방위(부) 양자수, 자기 양자수, 스핀 자기 양자수이다.

전자	$n+l$	m_l	m_s
(가)	2	a	$+\dfrac{1}{2}$
(나)	3	-1	$+\dfrac{1}{2}$
(다)	3	-1	$-\dfrac{1}{2}$

이에 대한 설명으로 옳은 것만을 [보기]에서 있는 대로 고른 것은? (단, X는 임의의 원소 기호이다.)

[보기]
ㄱ. $a=0$이다.
ㄴ. X는 2주기 원소이다.
ㄷ. X의 $\dfrac{p \text{ 오비탈 전자 수}}{s \text{ 오비탈 전자 수}} < 1$이다.

① ㄱ   ② ㄷ   ③ ㄱ, ㄴ
④ ㄴ, ㄷ   ⑤ ㄱ, ㄴ, ㄷ

28 다음은 원자 번호가 20 이하인 바닥상태 원자 X~Z에 대한 자료이다.

- X~Z의 전자 배치에서 $\dfrac{\text{방위(부) 양자수}(l)=1\text{인 전자 수}}{\text{방위(부) 양자수}(l)=0\text{인 전자 수}}$ $=\dfrac{3}{2}$으로 모두 같다.
- 원자 번호는 X>Y>Z이다.

이에 대한 설명으로 옳은 것만을 [보기]에서 있는 대로 고른 것은? (단, X~Z는 임의의 원소 기호이다.)

[보기]
ㄱ. Y와 Z는 같은 주기 원소이다.
ㄴ. 자기 양자수(m_l)의 합이 0인 원소는 2가지이다.
ㄷ. 홀전자 수가 가장 큰 원소는 Y이다.

① ㄱ   ② ㄷ   ③ ㄱ, ㄴ
④ ㄴ, ㄷ   ⑤ ㄱ, ㄴ, ㄷ

서술형 문제

29 표는 자연계에 존재하는 붕소(B)의 원자량과 존재 비율을 나타낸 것이다.

동위 원소	원자량	존재 비율(%)
$^{10}_{5}\text{B}$	10	20
$^{11}_{5}\text{B}$	11	80

(1) B의 전자 수를 쓰고, 그 까닭을 서술하시오.

(2) B의 평균 원자량을 풀이 과정과 함께 서술하시오.

30 표는 바닥상태 질소(N) 원자의 전자 (가)~(다)에 대한 자료이다. n, l, m_l, m_s는 각각 주 양자수, 방위(부) 양자수, 자기 양자수, 스핀 자기 양자수이다.

전자	n	l	m_l	m_s
(가)	a	c	0	$+\dfrac{1}{2}$
(나)	2	0	d	$+\dfrac{1}{2}$
(다)	b	1	0	$+\dfrac{1}{2}$

a~d의 값을 풀이 과정과 함께 서술하시오.

31 다음은 원자 A~C의 전자 배치를 나타낸 것이다.

- A: $1s^2 2p^1$
- B: $1s^2 2s^2 2p_x^1 2p_z^1$
- C: $1s^2 2s^2 2p^6 3s^2 3p^6 4s^1$

A~C 중 들뜬상태를 있는 대로 고르고, 그 까닭을 전자 배치 규칙과 관련하여 서술하시오. (단, A~C는 임의의 원소 기호이다.)

● 수능 출제 경향

이 단원에서는 원자 번호, 양성자수, 전자 수, 질량수의 관계와 동위 원소에 대한 문제, 동위 원소의 존재 비율에 따른 평균 원자량 관련 문제, 동위 원소가 존재하는 분자의 구성 입자 수와 양적인 관계를 묻는 문제, 오비탈과 양자수를 연관 짓는 문제, 원자의 전자 배치와 관련된 자료를 제시하고 관련된 성질을 통합적으로 묻는 문제들이 자주 출제된다.

수능 이렇게 나온다!

표는 2주기 바닥상태 원자 X~Z의 전자 배치에 대한 자료이다.

❶ 전자가 2개 들어 있는 오비탈 수와 p 오비탈에 들어 있는 홀전자 수가 a로 같은 원자는 탄소(C)이고, 조건에 맞는 Y와 Z는 각각 산소(O)와 플루오린(F)이다.

원자	X	Y	Z
전자가 2개 들어 있는 오비탈 수	a	$a+1$	$a+2$
p 오비탈에 들어 있는 홀전자 수	a	a	b
❷ 각 원자의 바닥상태 전자 배치	$1s^2 2s^2 2p_x^1 2p_y^1$	$1s^2 2s^2 2p_x^2 2p_y^1 2p_z^1$	$1s^2 2s^2 2p_x^2 2p_y^2 2p_z^1$
원자가 전자 수	4	6	7
전자가 들어 있는 오비탈 수	4	5	5

이에 대한 설명으로 옳은 것만을 [보기]에서 있는 대로 고른 것은? (단, X~Z는 임의의 원소 기호이다.)

보기

ㄱ. $a+b=3$이다.

ㄴ. X의 원자가 전자 수는 2이다.

ㄷ. 전자가 들어 있는 오비탈 수는 Z>Y이다.

① ㄱ   ② ㄴ   ③ ㄱ, ㄷ

④ ㄴ, ㄷ   ⑤ ㄱ, ㄴ, ㄷ

전략적 풀이

❶ 2주기 바닥상태 원자의 전자가 2개 들어 있는 오비탈 수와 p 오비탈에 들어 있는 홀전자 수를 파악하여 원자 X~Z를 찾는다.

원자	Li	Be	B	C	N	O	F	Ne
전자가 2개 들어 있는 오비탈 수	1	2	2	2	2	3	4	5
p 오비탈에 들어 있는 홀전자 수	0	0	1	2	3	2	1	0

주어진 조건을 만족하는 X는 (   ), Y는 산소(O), Z는 (   )이다.

❷ 원자 X~Z의 전자 배치를 이용하여 문제를 해결한다.

각 원자의 전자 배치는 X: $1s^2 2s^2 2p_x^1 2p_y^1$, Y: $1s^2 2s^2 2p_x^2 2p_y^1 2p_z^1$, Z: $1s^2 2s^2 2p_x^2 2p_y^2 2p_z^1$이다.

ㄱ. $a=($ $)$, $b=($ $)$이므로 $a+b=($ $)$이다.

ㄴ. X의 가장 바깥 전자 껍질의 전자 배치는 $2s^2 2p_x^1 2p_y^1$이므로 원자가 전자 수는 (   )이다.

ㄷ. 전자가 들어 있는 오비탈 수는 Y와 Z 모두 (   )이다.

출제개념

오비탈과 전자 배치
▶ 본문 83~85, 87~88쪽

출제의도

전자 배치에 대해 주어진 정보를 분석하고 종합하여 각 원소의 전자 배치를 알아낼 수 있는지를 묻는 문제이다.

❷ 2, 1, 3, 4, 5
❶ 탄소(C), 플루오린(F)

③

수능 실전 문제

01 그림은 3가지 원자 모형 A~C를 주어진 기준에 따라 분류한 것이다. A~C는 톰슨, 보어, 현대의 원자 모형 중 하나이다.

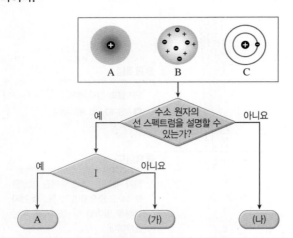

이에 대한 설명으로 옳은 것만을 [보기]에서 있는 대로 고른 것은?

[보기]
ㄱ. 기준 I로는 '원자핵이 존재하는가?'가 될 수 있다.
ㄴ. (나)에 해당하는 원자 모형은 B이다.
ㄷ. (가)는 알파(α) 입자 산란 실험 결과를 설명할 수 있다.

① ㄱ   ② ㄷ   ③ ㄱ, ㄴ
④ ㄴ, ㄷ   ⑤ ㄱ, ㄴ, ㄷ

02 표는 X 이온과 Y 이온을 구성하는 입자 a~c의 수를 나타낸 것이다. 입자 a와 b는 원자핵을 구성한다.

구분	a의 수	b의 수	c의 수
X 이온	12	11	10
Y 이온	10	8	10

이에 대한 설명으로 옳은 것만을 [보기]에서 있는 대로 고른 것은? (단, X와 Y는 임의의 원소 기호이다.)

[보기]
ㄱ. b는 양성자이다.
ㄴ. 질량수는 X가 Y보다 크다.
ㄷ. 전하량의 절댓값의 비는 X 이온 : Y 이온=1 : 1이다.

① ㄱ   ② ㄷ   ③ ㄱ, ㄴ
④ ㄴ, ㄷ   ⑤ ㄱ, ㄴ, ㄷ

03 그림은 원자의 구성 입자인 양성자, 중성자, 전자를 A~C로 분류한 것이고, 표는 ^{15}X와 $^{18}Y^{2-}$에 대한 자료이다.

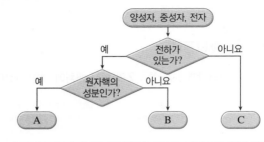

구분	A의 수	B의 수	C의 수
^{15}X	a	7	b
$^{18}Y^{2-}$	c	d	10

이에 대한 설명으로 옳은 것만을 [보기]에서 있는 대로 고른 것은? (단, X와 Y는 임의의 원소 기호이다.)

[보기]
ㄱ. A와 B는 질량이 같다.
ㄴ. $a+d>b+c$이다.
ㄷ. Y의 원자 번호는 9이다.

① ㄱ   ② ㄴ   ③ ㄱ, ㄷ
④ ㄴ, ㄷ   ⑤ ㄱ, ㄴ, ㄷ

04 다음은 X의 동위 원소에 대한 자료이다.

동위 원소	원자량	존재 비율(%)
^{a}X	A	19.9
^{b}X	B	80.1

• $b>a$이다.
• 평균 원자량은 w이다.

이에 대한 설명으로 옳은 것만을 [보기]에서 있는 대로 고른 것은? (단, X는 임의의 원소 기호이다.)

[보기]
ㄱ. $A>B$이다.
ㄴ. w는 $\dfrac{A+B}{2}$보다 크다.
ㄷ. $\dfrac{1\,\mathrm{g의}\ ^{a}X\text{에 들어 있는 전체 양성자수}}{1\,\mathrm{g의}\ ^{b}X\text{에 들어 있는 전체 양성자수}}>1$이다.

① ㄱ   ② ㄷ   ③ ㄱ, ㄴ
④ ㄴ, ㄷ   ⑤ ㄱ, ㄴ, ㄷ

05 다음은 용기 속에 들어 있는 $X_2Y(g)$에 대한 자료이다.

- 용기 속 X_2Y를 구성하는 원자 X와 Y에 대한 자료

원자	^aX	^bX	^cY
양성자수	n		$n+1$
중성자수	$n+1$	n	$n+3$
$\dfrac{중성자수}{전자 수}$ (상댓값)		4	5

- 용기 속에는 $^aX^aX^cY$, $^aX^bX^cY$, $^bX^bX^cY$만 들어 있다.
- 용기 속 $\dfrac{전체\ 중성자수}{전체\ 양성자수} = \dfrac{62}{55}$이다.

$\dfrac{용기\ 속에\ 들어\ 있는\ ^aX\ 원자\ 수}{용기\ 속에\ 들어\ 있는\ ^bX\ 원자\ 수}$는? (단, X와 Y는 임의의 원소 기호이다.)

① $\dfrac{1}{2}$ ② $\dfrac{2}{3}$ ③ 1 ④ $\dfrac{3}{2}$ ⑤ 2

06 다음은 용기 (가)와 (나)에 각각 들어 있는 산소(O_2)와 수증기(H_2O)에 대한 자료이다.

$^{16}O^{18}O$ x mol	$^1H^1H^{18}O$ 0.2 mol $^1H^2H^{16}O$ y mol
(가)	(나)

- (가)와 (나)에 들어 있는 양성자의 양(mol)은 각각 9.6 mol, z mol이다.
- (나)에 들어 있는 $\dfrac{^1H\ 원자\ 수}{^2H\ 원자\ 수} = \dfrac{3}{2}$이다.

이에 대한 설명으로 옳은 것만을 [보기]에서 있는 대로 고른 것은? (단, H, O의 원자 번호는 각각 1, 8이고, ^{16}O, ^{18}O의 원자량은 각각 16, 18이다.)

[보기]
ㄱ. z는 10이다.
ㄴ. $\dfrac{(나)에\ 들어\ 있는\ O\ 원자의\ 질량}{(가)에\ 들어\ 있는\ O\ 원자의\ 질량} = \dfrac{41}{51}$이다.
ㄷ. (가)와 (나)에 들어 있는 중성자의 양(mol)의 합은 20 mol이다.

① ㄱ ② ㄷ ③ ㄱ, ㄴ
④ ㄴ, ㄷ ⑤ ㄱ, ㄴ, ㄷ

07 다음은 바닥상태 질소(N) 원자에서 전자가 들어 있는 오비탈 (가)~(다)에 대한 자료이다. (가)~(다)는 각각 $1s$, $2s$, $2p_x$ 중 하나이다.

- (가)와 (나)의 모양이 같다.
- (가)와 (다)에는 원자가 전자가 들어 있다.

이에 대한 설명으로 옳은 것만을 [보기]에서 있는 대로 고른 것은?

[보기]
ㄱ. 오비탈의 크기는 (가)>(나)이다.
ㄴ. 홀전자가 존재하는 오비탈은 (가)이다.
ㄷ. 오비탈의 에너지 준위는 (가)>(다)이다.

① ㄱ ② ㄷ ③ ㄱ, ㄴ
④ ㄴ, ㄷ ⑤ ㄱ, ㄴ, ㄷ

08 그림은 몇 가지 오비탈을 모형으로 나타낸 것이다.

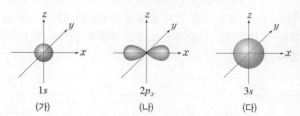

$1s$	$2p_x$	$3s$
(가)	(나)	(다)

(가)~(다)에 대한 설명으로 옳은 것만을 [보기]에서 있는 대로 고른 것은?

[보기]
ㄱ. 방향성이 없는 것은 2가지이다.
ㄴ. (가)와 (다)는 자기 양자수(m_l)가 같다.
ㄷ. 방위(부) 양자수(l)가 가장 큰 것은 (다)이다.

① ㄱ ② ㄷ ③ ㄱ, ㄴ
④ ㄴ, ㄷ ⑤ ㄱ, ㄴ, ㄷ

09 다음은 주 양자수(n)가 3 이하인 오비탈 (가)~(다)에 대한 자료이다. l은 방위(부) 양자수이다.

- 수소 원자에서 오비탈의 에너지 준위는 (다)>(가)>(나)이다.
- $n+l$는 (가)=(다)>(나)이다.

이에 대한 설명으로 옳은 것만을 [보기]에서 있는 대로 고른 것은?

[보기]
ㄱ. l는 (가)>(다)이다.
ㄴ. (가)와 (나)는 같은 모양의 오비탈이다.
ㄷ. 자기 양자수(m_l)는 (다)>(나)이다.

① ㄱ   ② ㄷ   ③ ㄱ, ㄴ
④ ㄴ, ㄷ   ⑤ ㄱ, ㄴ, ㄷ

10 표는 서로 다른 전자 껍질에 존재하는 3가지 오비탈 (가)~(다)에 대한 자료이다. n, l은 각각 주 양자수, 방위(부) 양자수이다.

오비탈	(가)	(나)	(다)
n	x	$x+1$	y
$n+l$	1	3	3

이에 대한 설명으로 옳은 것만을 [보기]에서 있는 대로 고른 것은?

[보기]
ㄱ. $x=y$이다.
ㄴ. (가)와 (다)의 자기 양자수(m_l)는 같다.
ㄷ. 오비탈의 에너지 준위는 (나)>(다)이다.

① ㄱ   ② ㄴ   ③ ㄱ, ㄷ
④ ㄴ, ㄷ   ⑤ ㄱ, ㄴ, ㄷ

11 그림은 학생들이 그린 붕소(B), 탄소(C), 질소(N), 산소(O) 원자의 전자 배치 (가)~(라)를 나타낸 것이다.

(가)~(라)에 대한 설명으로 옳은 것만을 [보기]에서 있는 대로 고른 것은?

[보기]
ㄱ. 들뜬상태의 전자 배치는 3가지이다.
ㄴ. 존재할 수 없는 전자 배치는 2가지이다.
ㄷ. 바닥상태에서 홀전자 수가 가장 큰 것은 (다)이다.

① ㄱ   ② ㄷ   ③ ㄱ, ㄴ
④ ㄴ, ㄷ   ⑤ ㄱ, ㄴ, ㄷ

12 다음은 원자 X의 전자 배치에 대한 자료이다. X의 전자의 주 양자수(n)는 2 이하이고, l, m_l은 각각 방위(부) 양자수, 자기 양자수이다.

- 모든 전자의 n의 합은 11이다.
- $n+l=3$인 전자 수는 3이다.
- $m_l=0$인 전자 수는 5이다.

이에 대한 설명으로 옳은 것만을 [보기]에서 있는 대로 고른 것은? (단, X는 임의의 원소 기호이다.)

[보기]
ㄱ. 훈트 규칙을 만족한다.
ㄴ. 홀전자 수는 3이다.
ㄷ. 모든 전자의 l의 합은 3이다.

① ㄱ   ② ㄷ   ③ ㄱ, ㄴ
④ ㄴ, ㄷ   ⑤ ㄱ, ㄴ, ㄷ

13 표는 원자 X~Z의 가장 바깥 전자 껍질의 종류와 전자 수를 나타낸 것이고, 그림은 X~Z의 s 오비탈과 p 오비탈에 들어 있는 전자 수를 나타낸 것이다.

원자	가장 바깥 전자 껍질	
	종류	전자 수
X	L	4
Y	L	㉠
Z	M	2

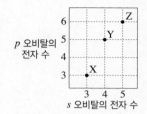

이에 대한 설명으로 옳은 것만을 [보기]에서 있는 대로 고른 것은? (단, X~Z는 임의의 원소 기호이다.)

보기
ㄱ. ㉠은 5이다.
ㄴ. 바닥상태의 원자는 1가지이다.
ㄷ. L 전자 껍질에 있는 전자 수는 Y가 Z보다 크다.

① ㄱ   ② ㄴ   ③ ㄱ, ㄷ
④ ㄴ, ㄷ   ⑤ ㄱ, ㄴ, ㄷ

14 표는 바닥상태의 원자 (가)~(다)에 대한 자료이다.

원자	s 오비탈에 들어 있는 전자 수	p 오비탈에 들어 있는 전자 수	홀전자 수
(가)	a	6	1
(나)	4	3	b
(다)	3	c	d

이에 대한 설명으로 옳은 것만을 [보기]에서 있는 대로 고른 것은?

보기
ㄱ. $a+b+c+d=9$이다.
ㄴ. (가)와 (다)는 화학적 성질이 비슷하다.
ㄷ. (다)에 존재하는 전자들의 스핀 자기 양자수(m_s)의 합은 0이다.

① ㄱ   ② ㄷ   ③ ㄱ, ㄴ
④ ㄴ, ㄷ   ⑤ ㄱ, ㄴ, ㄷ

15 다음은 2, 3주기 바닥상태 원자 A~D의 전자 배치에 대한 자료이다.

- 전자가 들어 있는 전자 껍질 수: B>A, D>C
- 전체 s 오비탈의 전자 수에 대한 전체 p 오비탈의 전자 수의 비

원자	A	B	C	D
$\dfrac{\text{전체 } p \text{ 오비탈의 전자 수}}{\text{전체 } s \text{ 오비탈의 전자 수}}$	1	1	1.5	1.5

바닥상태 원자 A~D에 대한 설명으로 옳은 것만을 [보기]에서 있는 대로 고른 것은? (단, A~D는 임의의 원소 기호이다.)

보기
ㄱ. 홀전자 수는 D가 가장 크다.
ㄴ. 전자가 들어 있는 p 오비탈의 수는 B가 A보다 크다.
ㄷ. B가 비활성 기체의 전자 배치를 갖는 이온이 되면 C와 전자 배치가 같다.

① ㄱ   ② ㄴ   ③ ㄱ, ㄷ
④ ㄴ, ㄷ   ⑤ ㄱ, ㄴ, ㄷ

16 다음은 바닥상태 2주기 원자 X와 Y에 대한 자료이다.

- 전자 수비는 X : Y=2 : 1이다.
- 전자가 들어 있는 오비탈 수비는 X : Y=5 : 2이다.

이에 대한 설명으로 옳은 것만을 [보기]에서 있는 대로 고른 것은? (단, X와 Y는 임의의 원소 기호이다.)

보기
ㄱ. 홀전자 수는 X가 Y보다 크다.
ㄴ. 원자가 전자 수비는 X : Y=2 : 5이다.
ㄷ. X가 비활성 기체의 전자 배치를 갖는 이온이 될 때 전자가 들어 있는 p 오비탈 수가 증가한다.

① ㄱ   ② ㄷ   ③ ㄱ, ㄴ
④ ㄴ, ㄷ   ⑤ ㄱ, ㄴ, ㄷ

2 원소의 주기적 성질

01 주기율표   114

02 원소의 주기적 성질   124

Review

다음 단어가 들어갈 곳을 찾아 빈칸을 완성해 보자.

알칼리 금속	주기	족	원자 번호	원자량	비활성 기체

통합과학
물질의 규칙성과 결합

- **주기율표** 성질이 비슷한 원소들이 주기적으로 나타나도록 원소들을 배열한 표
  ① **최초의 주기율표**: 멘델레예프가 제안한 것으로, 원소를 **①** 순서대로 배열하였다.
  ② **현대의 주기율표**: 원소를 **②** 순서대로 배열하였다.

- **주기율표의 구성**
  ① **③** : 주기율표의 세로줄, 1족~18족으로 구성된다.
  ② **④** : 주기율표의 가로줄, 1주기~7주기로 구성된다.
  ③ 주기율표의 왼쪽과 가운데에는 주로 금속 원소가 있고, 오른쪽에는 주로 비금속 원소가 있다.

- **같은 족 원소(동족 원소)의 특성** 같은 족 원소들은 화학적 성질이 비슷하다.

구분	정의	특성
⑤	주기율표의 1족에 속하는 금속 원소(수소 제외)	• 실온에서 고체 상태로 존재하며, 은백색 광택을 띤다. • 다른 금속에 비해 밀도가 작고, 매우 무르다. • 반응성이 커서 물이나 산소와 잘 반응한다.
할로젠	주기율표의 17족에 속하는 비금속 원소	• 같은 원자 2개가 결합한 이원자 분자의 형태로 존재한다. • 반응성이 매우 커서 금속이나 수소와 잘 반응한다.
⑥	주기율표의 18족에 속하는 비금속 원소	• 화학적으로 안정하므로 반응성이 거의 없다. • 다른 원소와 화학 결합을 형성하지 않고 원자 상태로 존재한다.

01 주기율표

Ⓐ 주기율표

1. 주기율표가 만들어지기까지의 과정
→ 현대 주기율표에서 족 개념의 시초가 되었다.

(1) 되베라이너의 세 쌍 원소설(1828년): 화학적 성질이 비슷한 세 쌍 원소를 원자량 순으로 나열했을 때 중간 원소의 원자량은 나머지 두 원소의 원자량의 평균값과 비슷하다.

　🔢 세 쌍 원소인 Li, Na, K에서 Li, K의 원자량이 각각 7, 39일 때 Na의 원자량은 두 원소의 원자량의 평균값인 $\dfrac{7+39}{2}=23$이다.

　　　　　　　　　　　• '옥타브 법칙' 또는 '옥타브 규칙'이라고도 한다.

(2) 뉴랜즈의 옥타브설(1864년): 원소들을 원자량 순으로 배열했을 때 8번째마다 화학적 성질이 비슷한 원소가 나타난다. ─• 현대 주기율표에서 주기 개념의 시초가 되었다.

(3) 멘델레예프의 주기율표(1869년): 당시까지 발견된 원소들을 원자량 순으로 배열했을 때 성질이 비슷한 원소가 주기적으로 나타난다는 것을 발견하였다.

① 최초의 주기율표를 작성하였다.

② 아직 발견되지 않은 원소의 존재와 그 성질을 예언하였다.─• 주기율표에서 이 원소들의 자리를 빈칸으로 두었다.

③ 원소들을 원자량 순으로 배열하면 몇몇 원소들의 성질이 주기성에서 벗어난다.

│ **멘델레예프의 예언** │

멘델레예프가 예측한 에카규소(Es)의 성질이 그 이후에 발견된 저마늄(Ge)의 성질과 비슷한 것으로 보아 멘델레예프의 예언은 상당히 정확했음을 알 수 있다.

규소(Si)와 주석(Sn)의 성질을 바탕으로 두 원소 사이에 발견되지 않은 원소가 있을 것이라 생각하고, 그 성질을 예측하였다.

원소	원자량	녹는점(℃)	밀도(g/cm³)	❶산화물의 화학식
에카규소(Es, 예언한 원소)	73.4	800	5.5	EsO₂
저마늄(Ge, 발견된 원소)	72.6	958.5	5.32	GeO₂

(4) 모즐리의 주기율표(1913년): X선 연구를 통해 원소에서 원자핵의 양성자수를 결정하는 방법을 알아내어 원자 번호를 정하였다.

① 원소의 주기적 성질이 원자량이 아닌 양성자수(원자 번호)와 관련 있음을 알아내었다.

② 원소들을 원자 번호 순으로 배열하여 현대 주기율표의 틀을 완성하였다.

2. 현대의 주기율표

(1) 주기율: 원소들을 원자 번호 순으로 배열할 때 화학적 성질이 비슷한 원소가 일정한 간격을 두고 주기적으로 나타나는 성질

(2) 주기율표: 주기율을 바탕으로 원소들을 원자 번호 순으로 배열하되 비슷한 화학적 성질을 갖는 원소가 같은 세로줄에 오도록 배열한 표

구분	족	주기
정의	주기율표의 세로줄	주기율표의 가로줄
구성	1족~18족	1주기~7주기

암기해!

◆ **주기율표가 만들어지기까지의 과정**
• 뉴랜즈: 원자량 순으로 배열
• 멘델레예프: 원자량 순으로 배열
• 모즐리: 원자 번호 순으로 배열

◆ **모즐리의 주기율표**
멘델레예프의 주기율표에서 원소들을 원자량 순으로 배열하면 아르곤(Ar)은 칼륨(K) 다음에 위치하는데, 비활성 기체인 아르곤은 다른 원소들과 화학적 성질이 크게 달라 주기율표로 그 성질을 설명하기 어려웠다. 이후 모즐리에 의해 원자 번호의 개념이 정립되고 원소들의 주기율이 원자 번호에 의해 결정된다는 것이 밝혀져 현재와 같은 주기율표가 만들어지게 되었다.

용어
❶ **산화물(酸 시다, 化 되다, 物 만물)** 산소와 다른 원소가 결합한 화합물

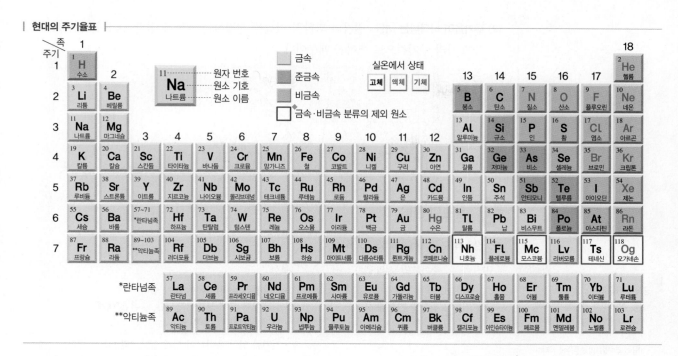

3. 전자 배치와 주기율 118쪽 대표 자료 ❶, ❷

(1) 원소의 전자 배치: 주기율표에 원소의 가장 바깥 전자 껍질의 전자 배치를 나타내면 원자가 전자 수가 주기적으로 변한다.

① 같은 족 원소들은 원자가 전자 수가 같아 화학적 성질이 비슷하다.
   ➡ 원자가 전자 수는 족 번호의 끝자리 수와 같다. (단, 18족 원소의 원자가 전자 수는 0)

② 같은 주기 원소들은 전자가 들어 있는 전자 껍질 수가 같다.
   ➡ 전자 껍질 수는 주기 번호와 같다.

| 전자 배치와 주기율표 |

주기 번호와 전자가 들어 있는 전자 껍질 수가 같다.

족\주기	1	2	13	14	15	16	17	18	전자가 들어 있는 전자 껍질 수
1	$_1$H							$_2$He	1
2	$_3$Li	$_4$Be	$_5$B	$_6$C	$_7$N	$_8$O	$_9$F	$_{10}$Ne	2
3	$_{11}$Na	$_{12}$Mg	$_{13}$Al	$_{14}$Si	$_{15}$P	$_{16}$S	$_{17}$Cl	$_{18}$Ar	3
가장 바깥 전자 껍질의 전자 배치	ns^1	ns^2	ns^2np^1	ns^2np^2	ns^2np^3	ns^2np^4	ns^2np^5	ns^2np^6	
원자가 전자 수	1	2	3	4	5	6	7	0	

➡ 원자가 전자의 전자 배치는 H의 경우 $1s^1$, Li의 경우 $2s^1$, Na의 경우 $3s^1$이다.

◆ 금속·비금속 분류의 제외 원소
원자 번호 113, 115, 117, 118인 원소는 아직 원소의 성질이 밝혀지지 않아 금속과 비금속의 분류에서는 제외한다.

암기해!

같은 족, 같은 주기 원소
• 같은 족 원소: 원자가 전자 수가 같다. ➡ 화학적 성질이 비슷하다.
• 같은 주기 원소: 전자가 들어 있는 전자 껍질 수가 같다.

(2) **주기율이 나타나는 까닭**: 원자의 화학적 성질을 결정하는 원자가 전자 수가 원자 번호의 증가에 따라 주기적으로 변하기 때문이다.

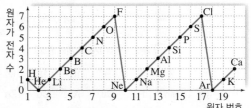

🔄 원자가 전자 수의 주기성

B 원소의 분류

1. 원소의 분류 118쪽 대표 자료❶, ❷

구분	주기율표에서의 위치	특성
금속	왼쪽과 가운데	• 전자를 잃고 양이온이 되기 쉽다. • 실온에서 고체 상태이다. (단, 수은은 액체) • 열과 전기가 잘 통한다.
비금속	오른쪽(단, 수소는 왼쪽)	• 전자를 얻어 음이온이 되기 쉽다. (단, 18족 제외) • 실온에서 기체나 고체 상태이다. (단, 브로민은 액체) • 열과 전기가 잘 통하지 않는다. (단, 흑연 제외)
준금속	금속과 비금속의 경계	• 금속 원소와 비금속 원소의 중간 성질을 갖거나, 금속 원소와 비금속 원소의 성질을 모두 갖는다. 예 붕소(B), 규소(Si), 저마늄(Ge), 비소(As) 등

원소의 분류

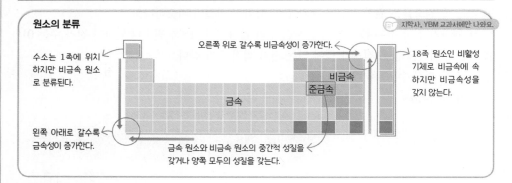

2. 같은 족 원소(동족 원소)

구분	위치	예	특성
알칼리 금속	수소를 제외한 1족 원소	Li, Na, K, Rb 등	• 반응성이 매우 커서 공기 중의 산소나 물과 쉽게 반응한다. • 비금속과 반응하여 +1의 양이온이 되기 쉽다.
알칼리 토금속	2족 원소	Be, Mg, Ca, Sr 등	• 알칼리 금속보다는 반응성이 작다. • 비금속과 반응하여 +2의 양이온이 되기 쉽다.
할로젠	17족 원소	F, Cl, Br, I 등	• 반응성이 매우 크다. • 금속과 반응하여 -1의 음이온이 되기 쉽다.
비활성 기체	18족 원소	He, Ne, Ar 등	• 다른 원소들과 거의 반응하지 않고, 실온에서 모두 기체 상태이다.

개념 확인 문제

핵심 체크

• 주기율표가 만들어지기까지의 과정

과학자	(❶)	(❷)	멘델레예프	모즐리
내용	화학적 성질이 비슷한 원소가 3개씩 쌍을 지어 존재 ➡ 세 쌍 원소설	원자량 순으로 원소를 배열하면 8번째마다 화학적 성질이 비슷한 원소가 나타남 ➡ 옥타브설	원소들을 (❸) 순으로 배열하여 최초의 주기율표를 만듦	원소들을 (❹) 순으로 배열하여 현대 주기율표의 틀을 만듦

• 족: 주기율표의 세로줄로, 같은 족 원소들은 (❺   )가 같아 화학적 성질이 비슷하다.
• 주기: 주기율표의 가로줄로, 같은 주기 원소들은 전자가 들어 있는 (❻   )가 같다.
• 주기율이 나타나는 까닭: 원자 번호에 따라 (❼   )가 주기적으로 변하기 때문이다.
• 원소의 분류
 ┌ (❽   ) 원소: 주기율표의 왼쪽과 가운데에 위치하고, 열과 전기 전도성이 크며, (❾   )이온이 되기 쉽다.
 └ (❿   ) 원소: 주기율표의 오른쪽에 위치하고, 열과 전기 전도성이 작으며, 18족 원소를 제외한 원소들은 (⓫   )이온이 되기 쉽다.

1 주기율표가 만들어지기까지의 과정에 대한 설명으로 옳은 것은 ○, 옳지 <u>않은</u> 것은 ×로 표시하시오.

(1) 되베라이너의 세 쌍 원소는 현대 주기율표에서 같은 주기에 속한다. ·· (   )
(2) 뉴랜즈의 옥타브설은 현대 주기율표에서 주기 개념의 시초가 되었다. ·· (   )
(3) 멘델레예프는 원소들을 원자 번호 순으로 배열하였다. ··· (   )

2 (   ) 안에 현대의 주기율표에 대한 설명으로 알맞은 말을 고르시오.

(1) 주기율표의 세로줄은 ㉠(족 , 주기)(이)라고 하며, 가로 줄은 ㉡(족 , 주기)(이)라고 한다.
(2) 원소들을 (원자량 , 원자 번호) 순으로 배열하였다.
(3) 같은 (족 , 주기)에 속하는 원소들은 화학적 성질이 비슷하다.
(4) 같은 (족 , 주기)에 속하는 원소들은 전자가 들어 있는 전자 껍질 수가 같다.

3 그림은 주기율표를 간략히 나타낸 것이다.

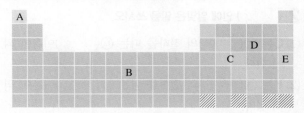

이에 대한 설명으로 옳은 것은 ○, 옳지 <u>않은</u> 것은 ×로 표시하시오.

(1) A, B, C, D의 원소들은 금속 원소이다. ······· (   )
(2) B의 원소들은 양이온이 되기 쉽다. ············· (   )
(3) D의 원소들은 음이온이 되기 쉽다. ············· (   )
(4) E의 원소들은 실온에서 고체 상태이다. ········· (   )

4 다음은 바닥상태 원자 A~E의 전자 배치이다. (단, A~E는 임의의 원소 기호이다.)

> • A: $1s^2$ • B: $1s^22s^2$ • C: $1s^22s^22p^2$
> • D: $1s^22s^22p^4$ • E: $1s^22s^22p^63s^23p^2$

(1) 같은 주기에 속하는 원소들을 있는 대로 쓰시오.
(2) 같은 족에 속하는 원소들을 있는 대로 쓰시오.
(3) 금속 원소를 있는 대로 쓰시오.

대표 자료 분석

자료 ❶ 주기율표와 원소의 분류

기출 Point
- 주기율표에서 원소의 분류
- 원소의 성질

[1~3] 그림은 주기율표의 일부를 나타낸 것이다. (단, A~H는 임의의 원소 기호이다.)

주기 \ 족	1	2	13	14	15	16	17	18
1	A							B
2	C				D			
3				E			F	G
4		H						

1 A~H를 금속 원소와 비금속 원소로 분류하시오.

(1) 금속 원소   (2) 비금속 원소

2 ( ) 안에 알맞은 말을 쓰시오.

(1) C는 ㉠( )의 전하를 띠는 ㉡( )이온이 되기 쉽다.

(2) F는 ㉠( )의 전하를 띠는 ㉡( )이온이 되기 쉽다.

(3) B와 G는 ( ) 기체로 반응성이 거의 없다.

(4) H는 ㉠( )의 전하를 띠는 ㉡( )이온이 되기 쉽다.

3 빈출 선택지로 완벽 정리!

(1) C와 D는 전자가 들어 있는 전자 껍질 수가 같다.
····· (○ / ×)

(2) C와 H는 원자가 전자 수가 같다. ···· (○ / ×)

(3) D, E, F는 열과 전기 전도성이 크다. ···· (○ / ×)

(4) B와 G는 실온에서 기체 상태로 존재한다. ·· (○ / ×)

(5) A, C, H는 전자를 잃고 양이온이 되기 쉽다.
····· (○ / ×)

(6) 바닥상태에서 홀전자 수가 가장 큰 것은 D이다.
····· (○ / ×)

(7) 바닥상태에서 전자가 들어 있는 오비탈의 수는 G가 E보다 크다. ···· (○ / ×)

자료 ❷ 전자 배치와 주기율표

기출 Point
- 전자 배치로부터 족과 주기 구분
- 전자 배치와 원소의 화학적 성질

[1~4] 표는 몇 가지 원자 또는 이온의 바닥상태 전자 배치이다. (단, A~E는 임의의 원소 기호이다.)

원자 또는 이온	전자 배치
A	$1s^1$
B	$1s^2 2s^1$
C	$1s^2 2s^2 2p^4$
D^{2+}	$1s^2 2s^2 2p^6$
E^-	$1s^2 2s^2 2p^6$

1 A~E 중 같은 족에 속하는 원소를 있는 대로 쓰시오.

2 A~E 중 같은 주기에 속하는 원소를 있는 대로 쓰시오.

3 A~E 중 금속 원소를 있는 대로 쓰시오.

4 빈출 선택지로 완벽 정리!

(1) D는 3주기 2족 원소이다. ······· (○ / ×)

(2) B는 알칼리 금속이다. ········ (○ / ×)

(3) 실온에서 기체 상태로 존재하며, 열과 전기를 잘 통하지 않는 원소는 A, C, E이다. ····· (○ / ×)

(4) 원자가 전자 수가 가장 큰 것은 E이다. ····· (○ / ×)

(5) 전자가 들어 있는 전자 껍질 수가 가장 큰 것은 D이다. ········ (○ / ×)

(6) B와 C가 비활성 기체의 전자 배치를 갖는 이온이 될 때 전자 배치는 같다. ····· (○ / ×)

(7) A~E 중 원자가 전자가 p 오비탈에 들어 있는 원소는 3가지이다. ····· (○ / ×)

내신 만점 문제

A 주기율표

01 주기율표가 만들어지기까지의 과정에 대한 설명으로 옳지 **않은** 것은?

① 되베라이너는 화학적 성질이 비슷한 원소를 3개씩 묶어 분류하였다.
② 뉴랜즈의 옥타브설은 현대 주기율표에서 주기 개념의 시초가 되었다.
③ 멘델레예프는 최초의 주기율표를 작성하였다.
④ 멘델레예프는 아직 발견되지 않은 원소의 존재와 그 성질을 예언하였다.
⑤ 모즐리는 원소들을 원자량 순으로 배열하였다.

중요 02 다음은 주기율표에 대한 학생들의 대화이다.

멘델레예프는 원소를 ⓐ 순으로 배열하여 주기율표를 만들었어.

현대의 주기율표는 원소를 ⓑ 순으로 배열하고 있어.

현대의 주기율표에서 같은 족 원소들은 ⓒ 가 같아.

학생 A   학생 B   학생 C

ⓐ~ⓒ을 옳게 짝 지은 것은?

	ⓐ	ⓑ	ⓒ
①	원자량	원자 번호	양성자수
②	원자량	원자 번호	원자가 전자 수
③	원자량	원자 번호	전자가 들어 있는 전자 껍질 수
④	원자 번호	원자량	원자가 전자 수
⑤	원자 번호	원자량	전자가 들어 있는 전자 껍질 수

03 그림은 몇 가지 원자 또는 이온의 전자 배치를 모형으로 나타낸 것이다.

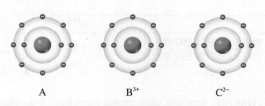

A   B³⁺   C²⁻

A~C에 대한 설명으로 옳지 **않은** 것은? (단, A~C는 임의의 원소 기호이다.)

① A는 비활성 기체이다.
② B는 원자 번호가 가장 크다.
③ A와 B는 화학적 성질이 비슷하다.
④ 원자가 전자 수는 C가 B보다 크다.
⑤ A와 C는 같은 주기 원소이다.

04 표는 몇 가지 이온의 전자 배치이다.

이온	전자 배치
A²⁺, B⁻	$1s^2 2s^2 2p^6$
C²⁺, D²⁻	$1s^2 2s^2 2p^6 3s^2 3p^6$

원자 A~D에 대한 설명으로 옳은 것만을 [보기]에서 있는 대로 고른 것은? (단, A~D는 임의의 원소 기호이다.)

보기
ㄱ. B는 3주기 17족 원소이다.
ㄴ. A와 C는 같은 족 원소이다.
ㄷ. A와 D는 같은 주기 원소이다.

① ㄱ   ② ㄷ   ③ ㄱ, ㄴ
④ ㄴ, ㄷ   ⑤ ㄱ, ㄴ, ㄷ

05 표는 2, 3주기 바닥상태 원자 A~D의 전자 배치에 대한 자료이다.

원자	A	B	C	D
전체 p 오비탈의 전자 수 / 전체 s 오비탈의 전자 수	1	1	1.5	1.5
홀전자 수	0	2	3	0

A~D에 대한 설명으로 옳은 것만을 [보기]에서 있는 대로 고른 것은? (단, A~D는 임의의 원소 기호이다.)

[보기]
ㄱ. A와 C는 같은 주기 원소이다.
ㄴ. 원자가 전자 수가 가장 큰 원소는 C이다.
ㄷ. 비금속 원소는 2가지이다.

① ㄱ　　　　② ㄷ　　　　③ ㄱ, ㄴ
④ ㄴ, ㄷ　　　⑤ ㄱ, ㄴ, ㄷ

06 그림은 원자 번호가 1~20인 원소의 원자 번호에 따른 원자가 전자 수를 나타낸 것이다.

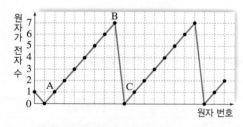

이에 대한 설명으로 옳은 것만을 [보기]에서 있는 대로 고른 것은? (단, A~C는 임의의 원소 기호이다.)

[보기]
ㄱ. A와 C는 화학적 성질이 비슷하다.
ㄴ. B와 C는 전자가 들어 있는 전자 껍질 수가 같다.
ㄷ. 주기율이 나타나는 까닭은 원자가 전자 수와 관련이 있다.

① ㄴ　　　　② ㄷ　　　　③ ㄱ, ㄴ
④ ㄱ, ㄷ　　　⑤ ㄱ, ㄴ, ㄷ

B 원소의 분류

07 그림은 주기율표의 일부를 나타낸 것이다.

주기＼족	1	2	13	14	15	16	17	18
1	A							B
2		C		D		E		
3		F				G		

이에 대한 설명으로 옳은 것만을 [보기]에서 있는 대로 고른 것은? (단, A~G는 임의의 원소 기호이다.)

[보기]
ㄱ. E, G는 원자가 전자 수가 같다.
ㄴ. A, C, D, F는 금속 원소이다.
ㄷ. B는 음이온이 되기 쉽다.

① ㄱ　　　　② ㄷ　　　　③ ㄱ, ㄴ
④ ㄴ, ㄷ　　　⑤ ㄱ, ㄴ, ㄷ

중요 08 그림은 주기율표의 일부를 나타낸 것이다.

주기＼족	1	2	13	14	15	16	17	18
1	A							
2		B				C		
3	D							E

이에 대한 설명으로 옳은 것만을 [보기]에서 있는 대로 고른 것은? (단, A~E는 임의의 원소 기호이다.)

[보기]
ㄱ. A~E 중 금속 원소는 3가지이다.
ㄴ. 바닥상태에서 B와 C는 전자가 들어 있는 전자 껍질 수가 같다.
ㄷ. 바닥상태에서 D와 E는 전자가 들어 있는 오비탈의 수가 같다.

① ㄱ　　　　② ㄴ　　　　③ ㄱ, ㄷ
④ ㄴ, ㄷ　　　⑤ ㄱ, ㄴ, ㄷ

09 그림은 4가지 원소의 분류 과정을 모식도로 나타낸 것이다.

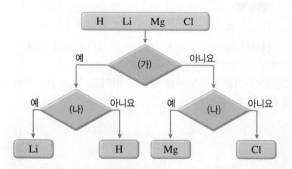

(가), (나)에 적절한 분류 기준을 [보기]에서 골라 옳게 짝 지은 것은?

> **보기**
> ㄱ. 2주기 원소인가?
> ㄴ. 전기를 잘 통하는가?
> ㄷ. 원자가 전자 수가 1인가?

	(가)	(나)		(가)	(나)
①	ㄱ	ㄴ	②	ㄱ	ㄷ
③	ㄴ	ㄷ	④	ㄷ	ㄱ
⑤	ㄷ	ㄴ			

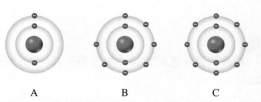

10 그림은 원소 A~C의 전자 배치를 모형으로 나타낸 것이다.

A   B   C

이에 대한 설명으로 옳은 것만을 [보기]에서 있는 대로 고른 것은? (단, A~C는 임의의 원소 기호이다.)

> **보기**
> ㄱ. 금속 원소는 1가지이다.
> ㄴ. A~C는 모두 2주기 원소이다.
> ㄷ. 원자가 전자 수가 가장 큰 것은 C이다.

① ㄱ   ② ㄷ   ③ ㄱ, ㄴ
④ ㄴ, ㄷ   ⑤ ㄱ, ㄴ, ㄷ

11 표는 17족 원소인 할로젠의 성질에 대한 자료이다.

원소	플루오린(F)	브로민(Br)	아이오딘(I)
주기	2	4	5
녹는점(℃)	−219.6	−7.2	113.6
끓는점(℃)	−188.0	59	184.4
원자량	19	80	127
수소 화합물	HF	HBr	HI

이 자료로부터 염소(Cl)의 성질을 예측한 것으로 옳은 것만을 [보기]에서 있는 대로 고른 것은? (단, 염소의 원자량은 35.5이다.)

> **보기**
> ㄱ. 염소는 실온에서 고체 상태이다.
> ㄴ. 끓는점은 염소가 플루오린보다 높다.
> ㄷ. 염소의 수소 화합물의 화학식은 HCl이다.

① ㄱ   ② ㄴ   ③ ㄱ, ㄷ
④ ㄴ, ㄷ   ⑤ ㄱ, ㄴ, ㄷ

12 다음은 바닥상태 원자 X의 전자 배치이다.

$$1s^2 2s^2 2p^2$$

X에 대한 설명으로 옳은 것은? (단, X는 임의의 원소 기호이다.)

① 2족 원소이다.
② 금속 원소이다.
③ 3주기 원소이다.
④ 원자가 전자 수는 2이다.
⑤ 홀전자 수는 2이다.

13 표는 바닥상태 원자 A~D의 전자 배치이다.

원자	전자 배치
A	$1s^1$
B	$1s^2 2s^1$
C	$1s^2 2s^2 2p^3$
D	$1s^2 2s^2 2p^6 3s^1$

A~D에 대한 설명으로 옳은 것만을 [보기]에서 있는 대로 고른 것은? (단, A~D는 임의의 원소 기호이다.)

[보기]
ㄱ. 금속 원소는 2가지이다.
ㄴ. A, B, D는 같은 족 원소이다.
ㄷ. C는 원자가 전자 수가 가장 크다.

① ㄱ   ② ㄷ   ③ ㄱ, ㄴ
④ ㄴ, ㄷ   ⑤ ㄱ, ㄴ, ㄷ

[14~15] 그림은 주기율표를 간략히 나타낸 것이다.

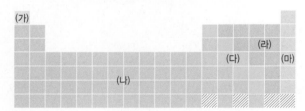

14 (가)~(마)에 대한 설명으로 옳은 것만을 [보기]에서 있는 대로 고른 것은?

[보기]
ㄱ. (가)와 (나)는 열과 전기가 잘 통한다.
ㄴ. (다)는 (나)와 (라)의 중간 성질을 갖는다.
ㄷ. (마)는 비금속성이 가장 크다.

① ㄱ   ② ㄴ   ③ ㄱ, ㄷ
④ ㄴ, ㄷ   ⑤ ㄱ, ㄴ, ㄷ

15 음이온이 되기 쉬운 원소가 속한 영역의 기호를 쓰고, 그 까닭을 서술하시오.

---

16 다음은 원소 A~D에 대한 자료이다.

- A와 B는 금속 원소, C와 D는 비금속 원소이다.
- 원자가 전자 수가 가장 작은 것은 A이다.
- 전자가 들어 있는 전자 껍질 수는 D가 C보다 크다.

그림은 주기율표의 일부를 나타낸 것이고, 원소 A~D는 빗금 친 부분에 위치한다.

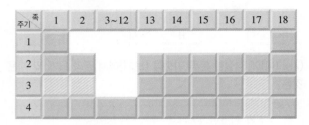

A~D에 대한 설명으로 옳은 것만을 [보기]에서 있는 대로 고른 것은? (단, A~D는 임의의 원소 기호이다.)

[보기]
ㄱ. A는 알칼리 금속이다.
ㄴ. B와 D는 전자가 들어 있는 전자 껍질 수가 같다.
ㄷ. 비금속성은 C가 D보다 크다.

① ㄱ   ② ㄴ   ③ ㄷ
④ ㄱ, ㄷ   ⑤ ㄴ, ㄷ

17 다음은 원자 번호가 20 이하인 원소 A~D에 대한 자료이다.

- 3주기에 속하는 원소는 B와 C이다.
- 전자가 들어 있는 전자 껍질 수는 D가 C보다 크다.
- 전기가 통하는 원소는 C와 D이다.
- 같은 족에 속하는 원소는 A와 D이다.

이 자료를 근거로 원소 A~D를 원자 번호가 작은 것부터 순서대로 쓰고, 그 까닭을 서술하시오. (단, A~D는 임의의 원소 기호이다.)

실력 UP 문제

01 그림은 4가지 원소를 주어진 기준에 따라 분류한 것이다.

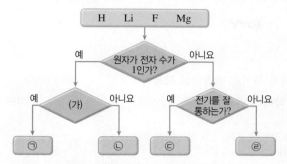

⊙~@에 대한 설명으로 옳은 것만을 [보기]에서 있는 대로 고른 것은?

> **[보기]**
> ㄱ. 전자가 들어 있는 전자 껍질 수가 가장 큰 것은 ©이다.
> ㄴ. 원자가 전자 수가 가장 큰 것은 @이다.
> ㄷ. '주기율표의 왼쪽에 위치하는가?'는 (가)로 적절하다.

① ㄱ   ② ㄷ   ③ ㄱ, ㄴ
④ ㄴ, ㄷ   ⑤ ㄱ, ㄴ, ㄷ

02 다음은 주기율표의 빗금 친 부분에 속하는 3가지 원소 A~C에 대한 자료이다.

주기 \ 족	1	2	13	14	15	16	17	18
2	▨			▨				
3	▨							

- 바닥상태 원자에서 전자가 들어 있는 오비탈 수는 A와 C가 같다.
- 바닥상태 원자의 홀전자 수는 A가 B의 2배이다.
- $\dfrac{p \text{ 오비탈의 전자 수}}{s \text{ 오비탈의 전자 수}}$ 는 B가 A보다 크다.

A~C에 해당하는 실제 원소 기호를 옳게 짝 지은 것은?

	A	B	C		A	B	C
①	N	Li	O	②	O	Li	N
③	O	Na	N	④	S	Li	P
⑤	S	Na	P				

03 다음은 주기율표의 일부와 빗금 친 부분에 위치하는 원소 A~F에 대한 자료이다.

주기 \ 족	1	2	13	14	15	16	17	18
1								
2		▨				▨		
3								

- A, E, F는 전기를 잘 통한다.
- C, D, E, F는 (총전자 수 − 원자가 전자 수)의 값이 같다.
- A와 F, B와 D는 각각 화학적 성질이 비슷하다.

이에 대한 설명으로 옳은 것만을 [보기]에서 있는 대로 고른 것은? (단, A~F는 임의의 원소 기호이다.)

> **[보기]**
> ㄱ. A와 B는 같은 주기 원소이다.
> ㄴ. 원자가 전자 수가 가장 큰 원소는 C이다.
> ㄷ. D, E, F의 안정한 이온의 전자 배치는 모두 같다.

① ㄱ   ② ㄷ   ③ ㄱ, ㄴ
④ ㄴ, ㄷ   ⑤ ㄱ, ㄴ, ㄷ

04 표는 바닥상태 2, 3주기 원자 X~Z의 전자 배치에 대한 자료이다.

원자	p 오비탈에 들어 있는 전자 수	홀전자 수
X	a	b
Y	$a+1$	b
Z	$a+2$	b

이에 대한 설명으로 옳은 것만을 [보기]에서 있는 대로 고른 것은? (단, X~Z는 임의의 원소 기호이다.)

> **[보기]**
> ㄱ. 2주기 원소는 2가지이다.
> ㄴ. Y와 Z는 같은 족 원소이다.
> ㄷ. 전기를 잘 통하는 원소는 2가지이다.

① ㄱ   ② ㄷ   ③ ㄱ, ㄴ
④ ㄴ, ㄷ   ⑤ ㄱ, ㄴ, ㄷ

02 원소의 주기적 성질

A 유효 핵전하

1. 가려막기 효과 다전자 원자에서 전자 사이의 반발력이 작용하여 전자와 원자핵 사이의 인력을 약하게 만드는 현상

> 같은 전자 껍질에 있는 전자의 가려막기 효과는 안쪽 전자 껍질에 있는 전자의 가려막기 효과보다 작다.

가려막기 효과 ➡

2. 유효 핵전하

(1) **유효 핵전하**: 다전자 원자에서 전자는 가려막기 효과 때문에 양성자수에 따른 핵전하보다 작은 핵전하를 느끼게 되는데, 이때 전자가 실제로 느끼는 핵전하를 유효 핵전하라고 한다.

원자	수소($_1$H)	헬륨($_2$He)	산소($_8$O)
전자 배치 모형	1+	2+	8+
핵전하	1	2	8
원자가 전자가 느끼는 유효 핵전하	1.0	1.7	4.5
까닭	핵전하를 가리는 전자가 없으므로 유효 핵전하는 +1이다.	같은 전자 껍질의 전자 1개가 가리므로 유효 핵전하는 +2보다 작다.	안쪽 전자 껍질의 전자 2개와 같은 전자 껍질의 전자 5개가 가리므로 유효 핵전하는 +8보다 작다.

(2) **유효 핵전하의 주기성**

① 같은 주기: 원자 번호가 커질수록 원자가 전자가 느끼는 유효 핵전하가 증가한다. ➡ 원자 번호 증가에 따른 핵전하의 증가가 가려막기 효과의 증가보다 크기 때문이다.

② 같은 족: 원자 번호가 커질수록 원자가 전자가 느끼는 유효 핵전하가 증가한다.

| 2, 3주기 원소의 원자가 전자가 느끼는 유효 핵전하 |

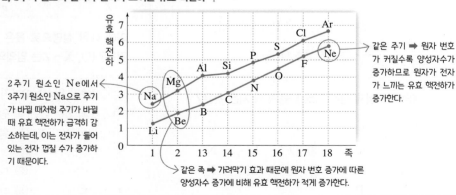

2주기 원소인 Ne에서 3주기 원소인 Na으로 주기가 바뀔 때처럼 주기가 바뀔 때 유효 핵전하가 급격히 감소하는데, 이는 전자가 들어 있는 전자 껍질 수가 증가하기 때문이다.

➤ 같은 주기 ➡ 원자 번호가 커질수록 양성자수가 증가하므로 원자가 전자가 느끼는 유효 핵전하가 증가한다.

➤ 같은 족 ➡ 가려막기 효과 때문에 원자 번호 증가에 따른 양성자수 증가에 비해 유효 핵전하가 적게 증가한다.

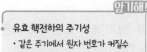

B 원자 반지름과 이온 반지름

1. 원자 반지름 [131쪽 대표 자료①]

(1) **원자 반지름**: 같은 종류의 두 원자가 결합하고 있을 때 두 원자핵간 거리의 $\frac{1}{2}$이다.

| 수소와 나트륨의 원자 반지름 |

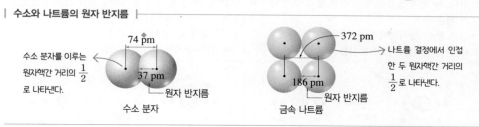

수소 분자를 이루는 원자핵간 거리의 $\frac{1}{2}$로 나타낸다.

74 pm / 37 pm / 원자 반지름
수소 분자

372 pm / 186 pm / 원자 반지름
→ 나트륨 결정에서 인접한 두 원자핵간 거리의 $\frac{1}{2}$로 나타낸다.
금속 나트륨

(2) ◆원자 반지름의 주기성

① **같은 주기**: 원자 번호가 커질수록 원자 반지름이 작아진다. ➡ 전자가 들어 있는 전자 껍질 수는 같지만 원자가 전자가 느끼는 유효 핵전하가 증가하여 원자핵과 전자 사이의 인력이 커지기 때문이다.

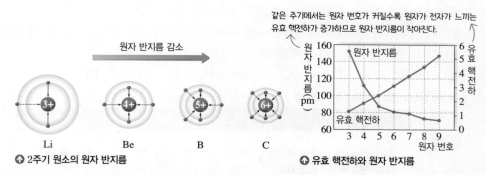

원자 반지름 감소

Li(3+) Be(4+) B(5+) C(6+)
↑ 2주기 원소의 원자 반지름

같은 주기에서는 원자 번호가 커질수록 원자가 전자가 느끼는 유효 핵전하가 증가하므로 원자 반지름이 작아진다.

↑ 유효 핵전하와 원자 반지름

② **같은 족**: 원자 번호가 커질수록 원자 반지름이 커진다. ➡ 전자가 들어 있는 전자 껍질 수가 커지는 효과가 원자가 전자가 느끼는 유효 핵전하의 증가보다 크기 때문이다.

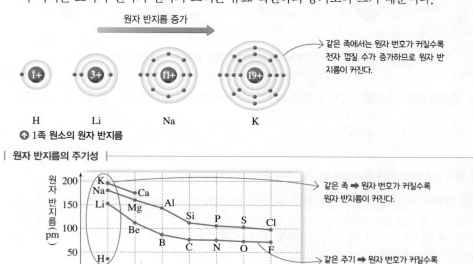

원자 반지름 증가

H(1+) Li(3+) Na(11+) K(19+)
↑ 1족 원소의 원자 반지름

같은 족에서는 원자 번호가 커질수록 전자 껍질 수가 증가하므로 원자 반지름이 커진다.

| 원자 반지름의 주기성 |

같은 족 ➡ 원자 번호가 커질수록 원자 반지름이 커진다.

같은 주기 ➡ 원자 번호가 커질수록 원자 반지름이 작아진다.

비활성 기체의 원자 반지름
비활성 기체는 결합을 형성하지 않기 때문에 원자 반지름을 다른 원소들과 같은 방법으로 측정할 수 없다. 따라서 비활성 기체의 원자 반지름은 다른 원소와 직접 비교할 수 없다.

◆ **pm(피코미터)**
$1 \text{ pm} = 10^{-12} \text{ m}$

◆ **원자 반지름의 변화에 영향을 미치는 요인**
• 같은 주기: 원자 번호가 커질수록 전자 수가 증가하여 원자 반지름을 크게 하는 전자 사이의 반발력이 증가하지만, 원자가 전자가 느끼는 유효 핵전하의 증가가 더 큰 영향을 미치므로 원자 반지름이 작아진다.
• 같은 족: 원자 번호가 커질수록 원자가 전자가 느끼는 유효 핵전하가 증가하여 원자 반지름이 작아지지만 전자 껍질 수의 증가가 더 큰 영향을 미치므로 원자 반지름이 커진다.

원자 반지름의 주기성
• 같은 주기: 원자 번호가 커질수록 감소
• 같은 족: 원자 번호가 커질수록 증가

◆ 이온 반지름과 원자 반지름의 비교

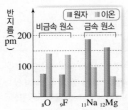

금속 원소와 비금속 원소
· 금속 원소: 원자 반지름>이온 반지름
· 비금속 원소: 원자 반지름<이온 반지름

2. 이온 반지름 131쪽 대표 자료 ①

(1) 이온 반지름

양이온 반지름	음이온 반지름
· 원자가 전자를 잃고 양이온이 되면 반지름이 감소한다. ➡ 전자가 들어 있는 전자 껍질 수가 감소하기 때문이다. · 금속 원소: 양이온이 되기 쉽다. ➡ 원자 반지름>이온 반지름	· 원자가 전자를 얻어 음이온이 되면 반지름이 증가한다. ➡ 전자 수가 증가하여 전자 사이의 반발력이 증가하기 때문이다. · 비금속 원소: 음이온이 되기 쉽다. ➡ 원자 반지름<이온 반지름

(2) 이온 반지름의 주기성

① 같은 주기: 양이온과 음이온의 반지름은 모두 원자 번호가 커질수록 작아진다. ➡ 원자가 전자의 유효 핵전하가 증가하기 때문이다.

예 · 양이온: $_{11}Na^+ > {_{12}Mg^{2+}} > {_{13}Al^{3+}}$ · 음이온: $_8O^{2-} > {_9F^-}$

② 같은 족: 양이온과 음이온의 반지름은 모두 원자 번호가 커질수록 커진다. ➡ 전자가 들어 있는 전자 껍질 수가 증가하기 때문이다.

예 · 양이온: $_3Li^+ < {_{11}Na^+} < {_{19}K^+}$ · 음이온: $_9F^- < {_{17}Cl^-} < {_{35}Br^-}$

| 2, 3주기 원소의 원자 반지름과 이온 반지름 |

주기 \ 족	1족		2족		16족		17족	
2주기	Li 152	Li⁺ 60	Be 112	Be²⁺ 31	O 73	O²⁻ 140	F 71	F⁻ 136
3주기	Na 186	Na⁺ 95	Mg 160	Mg²⁺ 65	S 103	S²⁻ 184	Cl 99	Cl⁻ 181

(단위: pm)

같은 주기에서 양이온 반지름<음이온 반지름 ➡ 같은 주기에서 양이온은 음이온보다 전자 껍질이 1개 적기 때문이다.

◆ 등전자 이온
전자 수가 같은 이온으로 동일한 비활성 기체의 전자 배치를 갖는다.
➡ 2주기 비금속 원소의 음이온과 3주기 금속 원소의 양이온, 3주기 비금속 원소의 음이온과 4주기 금속 원소의 양이온은 등전자 이온이다.

(3) 등전자 이온의 반지름: 원자 번호가 커질수록 유효 핵전하가 증가하여 반지름이 작아진다.

예 · 전자 껍질 수 2, 전자 수 10
$$_8O^{2-} > {_9F^-} > {_{11}Na^+} > {_{12}Mg^{2+}}$$
2주기 음이온 / 3주기 양이온

· 전자 껍질 수 3, 전자 수 18
$$_{16}S^{2-} > {_{17}Cl^-} > {_{19}K^+} > {_{20}Ca^{2+}}$$
3주기 음이온 / 4주기 양이온

(4) 원자 반지름과 이온 반지름에 영향을 주는 요인 → 전자 껍질 수가 가장 큰 영향을 미친다.

유효 핵전하	전자가 들어 있는 전자 껍질 수	전자 수
유효 핵전하가 클수록 반지름이 작다. ➡ 원자핵과 전자 사이의 인력이 크기 때문이다.	전자가 들어 있는 전자 껍질 수가 클수록 반지름이 크다.	전자 수가 클수록 반지름이 크다. ➡ 전자 사이의 반발력이 크기 때문이다.
예 $_9F^- > {_{11}Na^+}$ 전자 껍질 수, 전자 수는 동일	예 $_{11}Na > {_{11}Na^+}$ 핵전하는 동일	예 $_9F^- > {_9F}$ 핵전하, 전자 껍질 수는 동일

개념 확인 문제

핵심 체크

- (❶): 다전자 원자에서 전자 사이의 반발력이 작용하여 전자와 원자핵 사이의 인력을 약하게 만드는 현상
- (❷): 전자가 느끼는 실제 핵전하로, 다전자 원자에서는 양성자수에 따른 핵전하보다 작다.
  - ┌ 같은 주기: 원자 번호가 커질수록 (❸)한다.
  - └ 같은 족: 원자 번호가 커질수록 (❹)한다.
- 원자 반지름 ┌ 같은 주기: 원자 번호가 커질수록 (❺)진다. ➡ 원자가 전자가 느끼는 (❻)가 증가하기 때문
  - └ 같은 족: 원자 번호가 커질수록 (❼)진다. ➡ 전자가 들어 있는 (❽)가 증가하기 때문
- 이온 반지름 ┌ 금속 원소: 원자 반지름 (❾) 양이온 반지름
  - ├ 비금속 원소: 원자 반지름 (❿) 음이온 반지름
  - └ 등전자 이온의 반지름: 원자 번호가 커질수록 반지름이 (⓫)진다.
- 원자 반지름과 이온 반지름에 영향을 주는 요인: (⓬), 전자가 들어 있는 (⓭), 전자 수

1 유효 핵전하에 대한 설명으로 옳은 것은 ○, 옳지 <u>않은</u> 것은 ×로 표시하시오.

(1) 수소($_1$H)의 원자가 전자가 느끼는 유효 핵전하는 +1이다. ·· ( )

(2) 플루오린($_9$F)의 원자가 전자가 느끼는 유효 핵전하는 +9보다 크다. ································ ( )

(3) 원자가 전자가 느끼는 유효 핵전하는 염소($_{17}$Cl)가 나트륨($_{11}$Na)보다 크다. ····················· ( )

(4) 원자가 전자가 느끼는 유효 핵전하는 리튬($_3$Li)이 나트륨($_{11}$Na)보다 크다. ····················· ( )

2 그림은 리튬(Li)과 베릴륨(Be)의 전자 배치를 모형으로 나타낸 것이다.

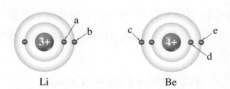

이에 대한 설명으로 옳은 것은 ○, 옳지 <u>않은</u> 것은 ×로 표시하시오.

(1) a가 느끼는 유효 핵전하는 b보다 크다. ·········· ( )

(2) b가 느끼는 유효 핵전하는 e보다 크다. ·········· ( )

(3) c와 e가 느끼는 유효 핵전하는 같다. ············· ( )

(4) e에 대한 가려막기 효과는 d가 c보다 크다. ·· ( )

3 다음 원자 또는 이온의 반지름을 비교하여 ( ) 안에 알맞은 부등호를 쓰시오.

(1) Li ( ) Na ~~~~~ (2) Na ( ) Cl

(3) Na ( ) Na$^+$ ~~~~~ (4) F ( ) F$^-$

4 표는 2주기 원소 A~D의 원자 반지름과 이온 반지름에 대한 자료이다. (단, A~D는 임의의 원소 기호이다.)

원소	A	B	C	D
원자 반지름(pm)	152	112	73	71
이온 반지름(pm)	60	31	140	136

(1) 금속 원소를 있는 대로 쓰시오.

(2) 음이온이 되기 쉬운 원소를 있는 대로 쓰시오.

(3) 원자 번호가 가장 큰 원소를 쓰시오.

(4) D의 이온 반지름이 원자 반지름보다 큰 것에 영향을 주는 요인을 쓰시오.

5 리튬(Li)과 플루오린(F)의 성질 비교로 옳은 것만을 [보기]에서 있는 대로 고르시오.

┌─ 보기 ─────────────────────
ㄱ. 금속성: Li>F
ㄴ. 원자 반지름: Li>F
ㄷ. 원자가 전자가 느끼는 유효 핵전하: Li>F
ㄹ. 이온 반지름: Li$^+$>F$^-$
└──────────────────────────

2 원소의 주기적 성질

C 이온화 에너지

1. 이온화 에너지

(1) **이온화 에너지**: 기체 상태의 원자 1 mol에서 전자 1 mol을 떼어 내는 데 필요한 최소 에너지

$$M(g) + E \longrightarrow M^+(g) + e^- \quad (E: \text{이온화 에너지}) \rightarrow \text{항상 양의 값이다.}$$

① 원자핵과 전자 사이의 인력이 클수록 이온화 에너지가 크다.

② 이온화 에너지가 작은 원소일수록 전자를 잃고 양이온이 되기 쉽다.

| 나트륨의 이온화 에너지 |

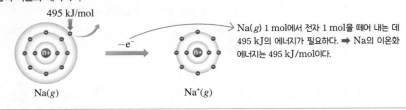

Na(g) 1 mol에서 전자 1 mol을 떼어 내는 데 495 kJ의 에너지가 필요하다. ➡ Na의 이온화 에너지는 495 kJ/mol이다.

(2) 이온화 에너지의 주기성

① 같은 주기: 원자 번호가 커질수록 이온화 에너지는 대체로 증가한다. ➡ 원자가 전자가 느끼는 유효 핵전하가 증가하여 원자핵과 전자 사이의 인력이 증가하기 때문이다.

② 같은 족: 원자 번호가 커질수록 이온화 에너지는 감소한다. ➡ 전자가 들어 있는 전자 껍질 수가 증가하여 원자핵과 전자 사이의 인력이 감소하기 때문이다.

| 이온화 에너지의 주기성 |

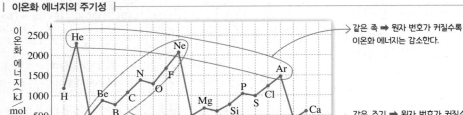

같은 족 ➡ 원자 번호가 커질수록 이온화 에너지는 감소한다.

같은 주기 ➡ 원자 번호가 커질수록 이온화 에너지는 대체로 증가한다.

③ 이온화 에너지 주기성의 예외: 같은 주기에서는 원자 번호가 커질수록 대체로 이온화 에너지가 증가하지만, 전자 배치의 특성 때문에 2족과 13족 원소, 15족과 16족 원소에서는 예외적인 경향이 나타난다.

2족 원소>13족 원소(예 Be>B)	15족 원소>16족 원소(예 N>O)
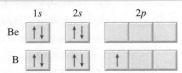	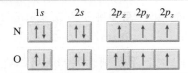
에너지가 높은 $2p$ 오비탈에 전자가 있는 13족 원소(B)가 에너지가 낮은 $2s$ 오비탈에 전자가 있는 2족 원소(Be)보다 전자를 떼어 내기 쉽다.	16족 원소(O)는 $2p$ 오비탈에 쌍을 이룬 전자 사이의 반발력 때문에 홀전자만 있는 15족 원소(N)보다 전자를 떼어 내기 쉽다.

주의해!

이온화 에너지

이온화 에너지는 비활성 기체와 같은 전자 배치를 갖는 이온을 만드는 데 필요한 에너지가 아니라, 기체 상태의 원자 1 mol에서 전자 1 mol을 떼어 내는 데 필요한 에너지이다.

예를 들어 Mg의 이온화 에너지는 Mg(g)을 Mg^{2+}(g)으로 만드는 데 필요한 에너지가 아니라, Mg(g)을 Mg$^+$(g)으로 만드는 데 필요한 에너지이다.

YBM 교과서에만 나와요.

◆ **이온화 에너지**

이온화 에너지는 바닥상태에서 원자가 전자를 $n=\infty$로 전이시키는 데 필요한 에너지와 같다.

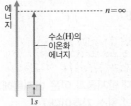

⬆ 수소(H)의 이온화 에너지

암기해!

이온화 에너지의 주기성

· 같은 주기에서 원자 번호가 커질수록 이온화 에너지 대체로 증가
(예외: 2족>13족, 15족>16족)

· 같은 족에서 원자 번호가 커질수록 이온화 에너지 감소

2. 순차 이온화 에너지 `131쪽 대표` `자료❷`

(1) 순차 이온화 에너지: 기체 상태의 다전자 원자 1 mol에서 전자를 1 mol씩 차례로 떼어 낼 때 각 단계마다 필요한 에너지

- $M(g) + E_1 \longrightarrow M^+(g) + e^-$ (E_1: 제1 이온화 에너지)
  └ 첫 번째 전자를 떼어 낼 때 필요한 에너지
- $M^+(g) + E_2 \longrightarrow M^{2+}(g) + e^-$ (E_2: 제2 이온화 에너지)
  └ 두 번째 전자를 떼어 낼 때 필요한 에너지
- $M^{2+}(g) + E_3 \longrightarrow M^{3+}(g) + e^-$ (E_3: 제3 이온화 에너지)
  └ 세 번째 전자를 떼어 낼 때 필요한 에너지

(2) 순차 이온화 에너지의 크기: 차수가 커질수록 이온화 에너지가 증가한다. ➡ 전자 수가 작아질수록 전자 사이의 반발력이 작아져 유효 핵전하가 증가하기 때문이다.

㉮ 나트륨(Na)의 순차 이온화 에너지(kJ/mol)

E_1	E_2	E_3	E_4	E_5
496	4562	6910	9546	13400

└ 순차 이온화 에너지: $E_1 < E_2 < E_3 < E_4 < E_5 \cdots$

(3) 순차 이온화 에너지와 원자가 전자: 순차 이온화 에너지가 급격하게 증가하기 전까지의 전자 수가 원자가 전자 수이다. ➡ 원자가 전자를 모두 떼어 내고 안쪽 전자 껍질에 있는 전자를 떼어 낼 때 이온화 에너지가 급격히 증가하기 때문이다.

| 마그네슘(Mg)의 순차 이온화 에너지 |

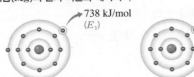
738 kJ/mol (E_1)

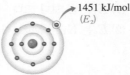
1451 kJ/mol (E_2)

7733 kJ/mol (E_3)

$Mg(g) + E_1 \longrightarrow Mg^+(g) + e^-$ $Mg^+(g) + E_2 \longrightarrow Mg^{2+}(g) + e^-$ $Mg^{2+}(g) + E_3 \longrightarrow Mg^{3+}(g) + e^-$
└ E_3가 E_1, E_2에 비해 급증한다.
➡ Mg의 원자가 전자 수는 2이다.

탐구 자료창 | 순차 이온화 에너지와 원자가 전자 수

표는 몇 가지 원소의 순차 이온화 에너지를 나타낸 것이다.

원소	순차 이온화 에너지(kJ/mol)			
	E_1	E_2	E_3	E_4
A	496	4562	6910	9546
B	738	1451	7733	10542
C	578	1817	2745	11578

1. 차수가 커질수록 이온화 에너지가 증가한다. ➡ 원자핵과 전자 사이의 인력 증가 때문
2. A의 순차 이온화 에너지: $E_1 \lll E_2 < E_3 < E_4$ ➡ 원자가 전자 수 1
3. B의 순차 이온화 에너지: $E_1 < E_2 \lll E_3 < E_4$ ➡ 원자가 전자 수 2
4. C의 순차 이온화 에너지: $E_1 < E_2 < E_3 \lll E_4$ ➡ 원자가 전자 수 3

확인 문제 **1** A~C 중 가장 양이온이 되기 쉬운 원소를 쓰시오.
2 C가 비활성 기체의 전자 배치를 갖는 이온이 되는 데 필요한 에너지를 구하시오. (단, E_1~E_4로 나타낸다.)

확인 문제 답
1 A
2 $E_1 + E_2 + E_3$

개념 확인 문제 •

핵심 체크

- (❶   ): 기체 상태의 원자 1 mol에서 전자 1 mol을 떼어 내는 데 필요한 최소 에너지
  - ┌ 같은 주기: 원자 번호가 커질수록 대체로 (❷   )한다.
  - └ 같은 족: 원자 번호가 커질수록 (❸   )한다.
- 순차 이온화 에너지: 기체 상태의 다전자 원자 1 mol에서 전자를 1 mol씩 차례로 떼어 낼 때 각 단계마다 필요한 에너지
  - ┌ 차수가 증가할수록 이온화 에너지는 (❹   )한다.
  - └ 원자가 전자를 모두 떼어 내고 안쪽 전자 껍질에 있는 전자를 떼어 낼 때 이온화 에너지가 급격하게 증가하므로 (❺   )를 알 수 있다.

1 이온화 에너지에 대한 설명으로 옳은 것은 ○, 옳지 <u>않은</u> 것은 ×로 표시하시오.

(1) 원자가 전자가 느끼는 유효 핵전하가 큰 원소일수록 대체로 이온화 에너지가 작다. ⸺⸺⸺⸺ (   )

(2) 같은 주기인 경우 이온화 에너지는 금속 원소가 비금속 원소보다 크다. ⸺⸺⸺⸺ (   )

(3) 이온화 에너지가 작은 원소일수록 양이온이 되기 쉽다.
⸺⸺⸺⸺⸺⸺⸺⸺⸺⸺ (   )

(4) 차수가 증가할수록 순차 이온화 에너지는 감소한다.
⸺⸺⸺⸺⸺⸺⸺⸺⸺⸺ (   )

2 그림은 원자 번호에 따른 이온화 에너지를 나타낸 것이다. (단, A~E는 임의의 원소 기호이다.)

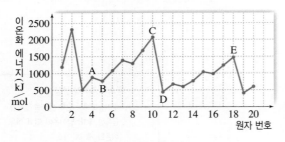

(1) A와 같은 주기에 속하는 원소를 있는 대로 쓰시오.
(2) C와 같은 족에 속하는 원소를 쓰시오.
(3) 가장 양이온이 되기 쉬운 원소를 쓰시오.

3 이온화 에너지의 크기를 비교하여 (   ) 안에 알맞은 부등호를 쓰시오.

(1) Li (   ) F   (2) Na (   ) K
(3) Be (   ) B   (4) P (   ) S

4 다음은 원소 M과 관련된 2가지 반응식이다.

- $M(g) + E_1 \longrightarrow M^+(g) + e^-$
- $M^+(g) + E_2 \longrightarrow M^{2+}(g) + e^-$

이에 대한 설명으로 옳은 것은 ○, 옳지 <u>않은</u> 것은 ×로 표시하시오. (단, M은 임의의 원소 기호이며, E_1, E_2는 순차 이온화 에너지이다.)

(1) E_1는 E_2보다 크다. ⸺⸺⸺⸺⸺⸺ (   )
(2) E_2는 Na이 Mg보다 크다. ⸺⸺⸺⸺ (   )

5 원소 X의 순차 이온화 에너지(kJ/mol)가 $E_1 = 578$, $E_2 = 1817$, $E_3 = 2745$, $E_4 = 11578$, $E_5 = 14800$이다. X의 원자가 전자 수를 쓰시오. (단, X는 임의의 원소 기호이다.)

6 표는 3주기 원소 A와 B의 순차 이온화 에너지이다.

원소	순차 이온화 에너지(kJ/mol)			
	E_1	E_2	E_3	E_4
A	496	4562	6910	9546
B	738	1451	7733	10542

이에 대한 설명으로 옳은 것은 ○, 옳지 <u>않은</u> 것은 ×로 표시하시오. (단, A와 B는 임의의 원소 기호이다.)

(1) A와 B는 같은 족 원소이다. ⸺⸺⸺⸺ (   )
(2) A는 B보다 양이온이 되기 쉽다. ⸺⸺⸺ (   )
(3) 원자 번호는 A가 B보다 크다. ⸺⸺⸺⸺ (   )
(4) B가 비활성 기체의 전자 배치를 갖는 이온이 되는 데 필요한 에너지는 738 kJ/mol이다. ⸺⸺ (   )

자료 ❶ 원자 반지름과 이온 반지름

기출 Point
- 원자 반지름과 이온 반지름 비교
- 원자 반지름과 이온 반지름으로부터 금속, 비금속 원소 구분

[1~3] 그림은 원소 A~E의 원자 반지름과 이온 반지름을 나타낸 것이다. (단, A~E는 각각 Li, Be, O, Na, Cl 중의 하나이다.)

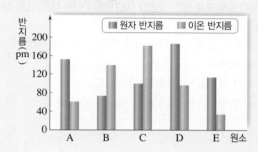

1 금속 원소를 있는 대로 쓰시오.

2 2주기에 속하는 원소를 있는 대로 쓰시오.

3 빈출 선택지로 완벽 정리!

(1) 비활성 기체의 전자 배치를 갖는 A 이온과 B 이온의 전자 배치는 같다. ─────── (○ / ×)

(2) B의 이온 반지름이 D의 이온 반지름보다 크다. ─────── (○ / ×)

(3) A의 원자 반지름이 이온 반지름보다 큰 것은 전자가 들어 있는 전자 껍질 수 차이 때문이다. ─────── (○ / ×)

(4) C의 원자 반지름이 이온 반지름보다 작은 것은 전자 수 차이 때문이다. ─────── (○ / ×)

(5) 이온 반지름이 D가 C보다 작은 것은 유효 핵전하 때문이다. ─────── (○ / ×)

(6) 황(S)의 이온 반지름은 B의 이온 반지름보다 크다. ─────── (○ / ×)

(7) 플루오린(F)의 이온 반지름은 B의 이온 반지름보다 크고, D의 이온 반지름보다 작다. ─────── (○ / ×)

자료 ❷ 순차 이온화 에너지

기출 Point
- 순차 이온화 에너지와 원자가 전자
- 순차 이온화 에너지의 크기 비교

[1~4] 표는 2, 3주기에 속하는 원소 A~D의 순차 이온화 에너지이다. (단, A~D는 임의의 원소 기호이며, 3가지 원소는 같은 주기에 속한다.)

원소	순차 이온화 에너지(kJ/mol)			
	E_1	E_2	E_3	E_4
A	520	7298	11875	—
B	899	1757	14849	21007
C	801	x	3660	25026
D	738	1451	7733	10542

1 같은 족에 속하는 원소를 있는 대로 쓰시오.

2 같은 주기에 속하는 3가지 원소를 쓰시오.

3 C의 바닥상태 전자 배치를 쓰시오.

4 빈출 선택지로 완벽 정리!

(1) 원자가 전자 수가 가장 큰 것은 C이다. ─────── (○ / ×)

(2) x는 1757보다 작다. ─────── (○ / ×)

(3) D가 비활성 기체의 전자 배치를 갖는 이온이 되기 위해 필요한 에너지는 738 kJ/mol이다. ─────── (○ / ×)

(4) 비활성 기체의 전자 배치를 갖기 가장 쉬운 원소는 A이다. ─────── (○ / ×)

(5) B가 C보다 제1 이온화 에너지가 큰 것은 원자가 전자가 느끼는 유효 핵전하 때문이다. ─────── (○ / ×)

(6) 원자 반지름이 가장 작은 것은 C이다. ─────── (○ / ×)

(7) 비활성 기체의 전자 배치를 갖는 이온의 반지름은 A가 B보다 크다. ─────── (○ / ×)

내신 만점 문제

A 유효 핵전하

중요

01 그림은 베릴륨(Be) 원자의 전자 배치를 모형으로 나타낸 것이다.

이에 대한 설명으로 옳은 것만을 [보기]에서 있는 대로 고른 것은?

> **보기**
> ㄱ. b가 느끼는 유효 핵전하는 +4이다.
> ㄴ. b가 느끼는 유효 핵전하는 c보다 크다.
> ㄷ. c에 대한 핵전하의 가려막기 효과는 a가 b보다 크다.

① ㄱ   ② ㄴ   ③ ㄱ, ㄷ
④ ㄴ, ㄷ   ⑤ ㄱ, ㄴ, ㄷ

서술형

02 그림은 리튬(Li)과 베릴륨(Be)의 전자 배치를 모형으로 나타낸 것이다.

Li   Be

원자가 전자가 느끼는 유효 핵전하가 Be이 Li보다 큰 까닭을 서술하시오.

B 원자 반지름과 이온 반지름

03 원자나 이온 반지름의 크기를 각각 비교한 것으로 옳지 <u>않은</u> 것은?

① $Li < Na$ ② $Li > Be$ ③ $K > K^+$
④ $O < O^{2-}$ ⑤ $F^- < Na^+$

04 그림은 원자 번호가 1~20인 원소를 주기율표로 나타낸 것이다.

H							He
Li	Be	B	C	N	O	F	Ne
Na	Mg	Al	Si	P	S	Cl	Ar
K	Ca						

이에 대한 설명으로 옳은 것만을 [보기]에서 있는 대로 고른 것은?

> **보기**
> ㄱ. 원자가 전자가 느끼는 유효 핵전하가 가장 작은 원소는 H이다.
> ㄴ. 원자 반지름이 가장 큰 원소는 Ca이다.
> ㄷ. 가장 양이온이 되기 쉬운 원소는 K이다.

① ㄱ   ② ㄴ   ③ ㄱ, ㄷ
④ ㄴ, ㄷ   ⑤ ㄱ, ㄴ, ㄷ

05 다음은 몇 가지 원자와 이온의 반지름 크기를 비교한 것이다.

> (가) $Na > Na^+$
> (나) $F < F^-$
> (다) $Mg^{2+} < O^{2-}$

유효 핵전하와 전자 껍질 수가 각각 반지름에 영향을 미치는 주된 요인인 경우를 옳게 짝 지은 것은?

	유효 핵전하	전자 껍질 수
①	(가)	(나)
②	(가)	(다)
③	(나)	(다)
④	(다)	(가)
⑤	(다)	(나)

06 다음은 원자 A~D의 전자 배치를 나타낸 것이다.

- A: $1s^2 2s^1$
- B: $1s^2 2s^2 2p^4$
- C: $1s^2 2s^2 2p^5$
- D: $1s^2 2s^2 2p^6 3s^2$

A~D에 대한 설명으로 옳은 것만을 [보기]에서 있는 대로 고른 것은? (단, A~D는 임의의 원소 기호이다.)

보기
ㄱ. 2주기 원소는 2가지이다.
ㄴ. 원자 반지름이 가장 작은 원자는 C이다.
ㄷ. Ne의 전자 배치를 갖는 이온의 반지름은 C>D이다.

① ㄱ   ② ㄷ   ③ ㄱ, ㄴ
④ ㄴ, ㄷ   ⑤ ㄱ, ㄴ, ㄷ

중요
08 그림은 A^{2+}과 B^-의 전자 배치를 모형으로 나타낸 것이다.

A^{2+} B^-

이에 대한 설명으로 옳은 것만을 [보기]에서 있는 대로 고른 것은? (단, A와 B는 임의의 원소 기호이다.)

보기
ㄱ. B의 원자가 전자 수는 1이다.
ㄴ. A와 B는 같은 주기 원소이다.
ㄷ. 원자 반지름은 A가 B보다 크다.

① ㄱ   ② ㄷ   ③ ㄱ, ㄴ
④ ㄴ, ㄷ   ⑤ ㄱ, ㄴ, ㄷ

07 그림은 3주기 원소 A~C의 원자와 각 원자가 비활성 기체의 전자 배치를 갖는 이온일 때의 크기 변화를 모형으로 나타낸 것이다.

● 원자
○ 이온

A   B   C

A~C에 대한 설명으로 옳지 <u>않은</u> 것은? (단, A~C는 임의의 원소 기호이다.)

① A는 고체 상태에서 전기 전도성이 있다.
② B는 음이온이 되기 쉽다.
③ B와 C는 비금속 원소이다.
④ 원자 번호는 C가 A보다 크다.
⑤ A, B, C 이온의 전자가 들어 있는 전자 껍질 수는 모두 같다.

중요
09 표는 2주기 원소 A~D의 원자 반지름과 이온 반지름이다.

원소	A	B	C	D
원자 반지름(pm)	152	112	73	71
이온 반지름(pm)	60	31	140	136

이에 대한 설명으로 옳은 것만을 [보기]에서 있는 대로 고른 것은? (단, A~D는 임의의 원소 기호이다.)

보기
ㄱ. A와 B는 비금속 원소이다.
ㄴ. 원자 번호가 가장 큰 것은 C이다.
ㄷ. D의 이온은 음이온이다.

① ㄱ   ② ㄷ   ③ ㄱ, ㄴ
④ ㄴ, ㄷ   ⑤ ㄱ, ㄴ, ㄷ

중요 **10** 그림은 2, 3주기 원소 A~D의 원자 반지름과 이온 반지름을 나타낸 것이다.

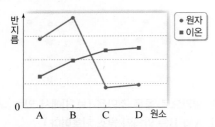

이에 대한 설명으로 옳은 것만을 [보기]에서 있는 대로 고른 것은? (단, A~D는 임의의 원소 기호이고, A~D 이온의 전자 배치는 모두 Ne과 같다.)

보기
ㄱ. A와 B는 2주기 원소이다.
ㄴ. 원자가 전자 수가 가장 작은 것은 B이다.
ㄷ. 원자가 전자가 느끼는 유효 핵전하는 C가 D보다 크다.

① ㄱ   ② ㄴ   ③ ㄱ, ㄷ
④ ㄴ, ㄷ   ⑤ ㄱ, ㄴ, ㄷ

서술형 **11** 그림은 3주기 원소 A~D의 원자 반지름과 이온 반지름을 상댓값으로 나타낸 것이다.

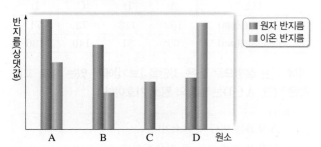

비활성 기체의 전자 배치를 갖는 A 이온과 C 이온의 반지름을 비교하고, 그 판단 근거를 서술하시오. (단, A~D는 임의의 원소 기호이고, C 이온의 반지름은 나타내지 않았다.)

C **이온화 에너지**

12 그림은 2, 3주기 원소 A~F의 족에 따른 제1 이온화 에너지를 나타낸 것이다.

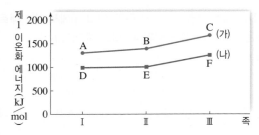

이에 대한 설명으로 옳은 것만을 [보기]에서 있는 대로 고른 것은? (단, A~F는 임의의 원소 기호이고, Ⅰ~Ⅲ은 각각 15족~17족 중 하나이다.)

보기
ㄱ. (가)는 2주기 원소이다.
ㄴ. (가)에서 원자 반지름은 A>B>C 순이다.
ㄷ. (나)에서 원자가 전자가 느끼는 유효 핵전하가 가장 큰 것은 F이다.

① ㄱ   ② ㄴ   ③ ㄱ, ㄷ
④ ㄴ, ㄷ   ⑤ ㄱ, ㄴ, ㄷ

서술형 **13** 그림은 2, 3주기 원소 X~Z의 제1 이온화 에너지를 나타낸 것이다.

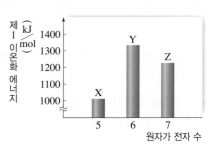

X~Z 중 원자 번호가 가장 작은 원소를 쓰고, 그 까닭을 서술하시오. (단, X~Z는 임의의 원소 기호이다.)

중요 **14** 그림은 원소 A~G의 제1 이온화 에너지를 나타낸 것이다. A~G의 원자 번호는 각각 7~13 중 하나이다.

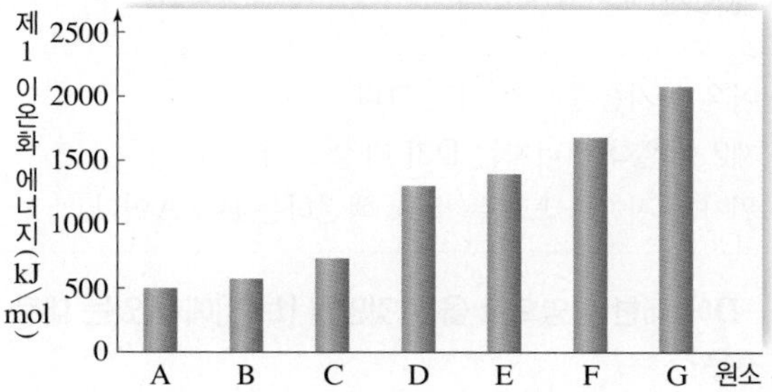

A~G에 대한 설명으로 옳은 것만을 [보기]에서 있는 대로 고른 것은? (단, A~G는 임의의 원소 기호이다.)

보기
ㄱ. 원자 번호는 B가 가장 크다.
ㄴ. 원자 반지름은 D가 E보다 크다.
ㄷ. 비활성 기체의 전자 배치를 갖는 이온의 반지름이 가장 작은 것은 A이다.

① ㄱ ② ㄷ ③ ㄱ, ㄴ
④ ㄴ, ㄷ ⑤ ㄱ, ㄴ, ㄷ

15 그림은 원자 번호가 연속인 2, 3주기 원소 A~F의 제1 이온화 에너지를 나타낸 것이다.

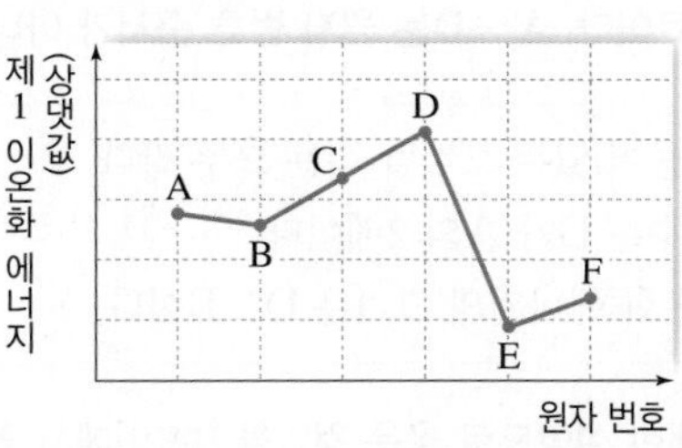

이에 대한 설명으로 옳은 것만을 [보기]에서 있는 대로 고른 것은? (단, A~F는 임의의 원소 기호이다.)

보기
ㄱ. E와 F는 3주기 원소이다.
ㄴ. 제2 이온화 에너지는 B>A이다.
ㄷ. Ne의 전자 배치를 갖는 이온의 반지름은 C>E이다.

① ㄱ ② ㄷ ③ ㄱ, ㄴ
④ ㄴ, ㄷ ⑤ ㄱ, ㄴ, ㄷ

중요 **16** 표는 3주기 원소 A~C의 순차 이온화 에너지에 대한 자료이다.

원소	순차 이온화 에너지(kJ/mol)				
	E_1	E_2	E_3	E_4	E_5
A	496	4562	6910	9546	13400
B	x	1817	2745	11578	14800
C	738	1451	7733	10542	13600

이에 대한 설명으로 옳은 것만을 [보기]에서 있는 대로 고른 것은? (단, A~C는 임의의 원소 기호이다.)

보기
ㄱ. x는 738보다 작다.
ㄴ. 원자가 전자 수는 A<C<B이다.
ㄷ. C의 안정한 산화물의 화학식은 C_2O이다.

① ㄱ ② ㄷ ③ ㄱ, ㄴ
④ ㄴ, ㄷ ⑤ ㄱ, ㄴ, ㄷ

17 그림은 주기율표의 일부를 나타낸 것이다.

주기 \ 족	1	2	13	14	15	16	17	18
2	A						B	C
3		D	E			F		

A~F에 대한 설명으로 옳은 것만을 [보기]에서 있는 대로 고른 것은? (단, A~F는 임의의 원소 기호이다.)

보기
ㄱ. 제1 이온화 에너지가 가장 큰 원소는 C이다.
ㄴ. 원자 반지름이 가장 큰 원소는 D이다.
ㄷ. $\frac{\text{제2 이온화 에너지}}{\text{제1 이온화 에너지}}$는 E>A이다.

① ㄱ ② ㄷ ③ ㄱ, ㄴ
④ ㄴ, ㄷ ⑤ ㄱ, ㄴ, ㄷ

18 그림은 원자 번호가 연속인 2주기 원자 X~Z의 제1, 제2 이온화 에너지를 나타낸 것이다. 원자 번호는 X < Y < Z 이다.

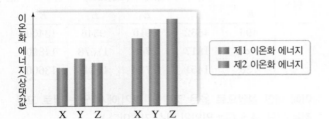

이에 대한 설명으로 옳은 것만을 [보기]에서 있는 대로 고른 것은? (단, X~Z는 임의의 원소 기호이다.)

┌─ 보기 ─────────────────────────────┐
│ ㄱ. Y는 Be이다.   │
│ ㄴ. 바닥상태 전자 배치에서 홀전자 수는 X와 Z가 같다. │
│ ㄷ. 바닥상태에서 전자가 들어 있는 오비탈 수는 Z > Y │
│   이다.   │
└────────────────────────────────────┘

① ㄱ   ② ㄴ   ③ ㄱ, ㄷ
④ ㄴ, ㄷ   ⑤ ㄱ, ㄴ, ㄷ

19 그림은 3, 4주기 금속 원소 A~C의 순차 이온화 에너지(E_n)를 나타낸 것이다.

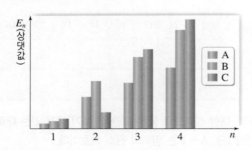

A~C에 대한 설명으로 옳지 <u>않은</u> 것은? (단, A~C는 임의의 원소 기호이며, n은 순차 이온화 에너지의 차수이다.)

① A는 4주기 원소이다.
② 원자 번호가 가장 작은 것은 B이다.
③ C의 원자가 전자 수는 2이다.
④ 원자 반지름은 A가 B보다 작다.
⑤ A와 B는 화학적 성질이 비슷하다.

20 다음은 원자 A~D에 대한 자료이다. A~D의 원자 번호는 각각 7, 8, 12, 13 중 하나이고, A~D의 이온은 모두 Ne의 전자 배치를 갖는다.

┌────────────────────────────────────┐
│ • 이온 반지름은 C가 가장 크다.   │
│ • 제2 이온화 에너지는 D가 가장 크다.   │
│ • 원자가 전자가 느끼는 유효 핵전하는 B > A이다. │
└────────────────────────────────────┘

A~D에 대한 설명으로 옳은 것만을 [보기]에서 있는 대로 고른 것은?

┌─ 보기 ─────────────────────────────┐
│ ㄱ. 원자 반지름이 가장 큰 것은 A이다.   │
│ ㄴ. 제2 이온화 에너지는 A > B이다.   │
│ ㄷ. $\dfrac{제2\ 이온화\ 에너지}{제1\ 이온화\ 에너지}$ 는 C > D이다. │
└────────────────────────────────────┘

① ㄱ   ② ㄷ   ③ ㄱ, ㄴ
④ ㄴ, ㄷ   ⑤ ㄱ, ㄴ, ㄷ

21 다음은 원자 번호가 연속인 2주기 바닥상태 원자 A~D에 대한 자료이다. A~D는 원자 번호 순서가 아니다.

┌────────────────────────────────────┐
│ • 전자가 들어 있는 오비탈 수는 모두 같다.   │
│ • 홀전자 수는 D가 A의 2배이다.   │
│ • 제2 이온화 에너지의 크기는 D > B이다.   │
└────────────────────────────────────┘

A~D에 대한 설명으로 옳은 것만을 [보기]에서 있는 대로 고른 것은? (단, A~D는 임의의 원소 기호이다.)

┌─ 보기 ─────────────────────────────┐
│ ㄱ. 원자가 전자 수가 가장 큰 것은 A이다.   │
│ ㄴ. 제1 이온화 에너지가 가장 작은 것은 D이다. │
│ ㄷ. 가장 바깥 전자 껍질에 존재하는 전자가 느끼는 유효 │
│   핵전하가 가장 큰 것은 C이다.   │
└────────────────────────────────────┘

① ㄱ   ② ㄷ   ③ ㄱ, ㄴ
④ ㄴ, ㄷ   ⑤ ㄱ, ㄴ, ㄷ

실력 UP 문제

01 그림은 원소 W~Z의 원자가 전자 수, 원자 반지름, 이온 반지름을 나타낸 것이다. (가)~(다)는 각각 원자가 전자 수, 원자 반지름, 이온 반지름 중 하나이고, W~Z는 O, F, Na, Mg 중 하나이다.

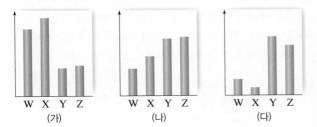

(가)   (나)   (다)

이에 대한 설명으로 옳은 것만을 [보기]에서 있는 대로 고른 것은? (단, W~Z의 이온의 전자 배치는 Ne과 같다.)

> **보기**
> ㄱ. X는 Na이다.
> ㄴ. (가)는 원자 반지름이다.
> ㄷ. 원자 반지름이 큰 원소일수록 이온 반지름이 크다.

① ㄱ   ② ㄷ   ③ ㄱ, ㄴ
④ ㄴ, ㄷ   ⑤ ㄱ, ㄴ, ㄷ

02 다음은 2, 3주기 원소 A~C에 대한 자료이다.

> • A와 B는 같은 족 원소이다.
> • 바닥상태에서 A~C의 홀전자 수의 합은 7이다.
> • 제2 이온화 에너지는 A>B>C 순이다.
> • B와 C는 바닥상태에서 전자가 들어 있는 오비탈 수가 같다.

A~C에 대한 설명으로 옳은 것만을 [보기]에서 있는 대로 고른 것은? (단, A~C는 임의의 원소 기호이다.)

> **보기**
> ㄱ. A는 O이다.
> ㄴ. 제1 이온화 에너지가 가장 작은 것은 B이다.
> ㄷ. 원자가 전자가 느끼는 유효 핵전하는 B>C이다.

① ㄱ   ② ㄴ   ③ ㄱ, ㄷ
④ ㄴ, ㄷ   ⑤ ㄱ, ㄴ, ㄷ

03 그림은 원자 번호가 연속인 2주기 원자 W~Z의 $\dfrac{\text{제3 이온화 에너지}}{\text{제2 이온화 에너지}}\left(\dfrac{E_3}{E_2}\right)$를 나타낸 것이다. 원자 번호는 W<X<Y<Z이다.

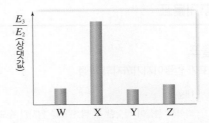

W~Z에 대한 설명으로 옳은 것만을 [보기]에서 있는 대로 고른 것은? (단, W~Z는 임의의 원소 기호이다.)

> **보기**
> ㄱ. 제1 이온화 에너지(E_1)는 Y>X이다.
> ㄴ. 제2 이온화 에너지(E_2)는 W>Y>Z>X이다.
> ㄷ. 바닥상태에서 홀전자 수가 가장 큰 것은 Z이다.

① ㄱ   ② ㄴ   ③ ㄱ, ㄷ
④ ㄴ, ㄷ   ⑤ ㄱ, ㄴ, ㄷ

04 다음은 원소 (가)~(다)에 대한 자료이다. (가)~(다)는 각각 원자 번호 7~13 중 하나이다.

> • $\dfrac{\text{이온 반지름}}{\text{원자 반지름}} > 1$인 원소는 (가), (나)이다.
> • 제2 이온화 에너지는 (다)>(나)>(가)이다.
> • 원자가 전자가 느끼는 유효 핵전하는 (가)>(나)>(다)이다.

(가)~(다)에 대한 설명으로 옳은 것만을 [보기]에서 있는 대로 고른 것은?

> **보기**
> ㄱ. 제1 이온화 에너지가 가장 큰 것은 (가)이다.
> ㄴ. 원자 반지름이 가장 작은 것은 (나)이다.
> ㄷ. $\dfrac{\text{제2 이온화 에너지}}{\text{제1 이온화 에너지}}$가 가장 큰 것은 (다)이다.

① ㄱ   ② ㄴ   ③ ㄱ, ㄷ
④ ㄴ, ㄷ   ⑤ ㄱ, ㄴ, ㄷ

Q1 주기율표

1. 주기율표

(1) 주기율표가 만들어지기까지의 과정

과학자	내용
되베라이너	화학적 성질이 비슷한 세 쌍 원소를 원자량 순으로 나열했을 때 중간 원소의 원자량은 나머지 원소의 원자량을 평균한 값과 같다. ➡ 세 쌍 원소설
뉴랜즈	원소들을 원자량 순으로 배열했을 때 8번째마다 화학적 성질이 비슷한 원소가 나타난다. ➡ 옥타브설
멘델레예프	원소들을 (❶　　　) 순으로 배열했을 때 성질이 비슷한 원소가 주기적으로 나타나는 것을 발견하고 최초의 주기율표를 작성하였다.
모즐리	원소들을 (❷　　　) 순으로 배열하여 현대 주기율표의 틀을 만들었다.

(2) 현대의 주기율표: 원소들을 (❸　　　) 순으로 배열한 표

족	주기율표의 세로줄(1족~18족) ➡ 같은 족 원소들은 (❹　　　)가 같아 화학적 성질이 비슷하다.
주기	주기율표의 가로줄(1주기~7주기) ➡ 같은 주기 원소들은 전자가 들어 있는 (❺　　　)가 같다.
주기율이 나타나는 까닭	원자 번호의 증가에 따라 (❻　　　)가 주기적으로 변하기 때문이다.

2. 원소의 분류

(1) 금속 원소와 비금속 원소

구분	금속 원소	비금속 원소
주기율표에서의 위치	왼쪽과 가운데	오른쪽 (단, 수소는 왼쪽)
이온 형성	전자를 잃고 양이온이 되기 쉽다.	전자를 얻어 음이온이 되기 쉽다. (단, 18족 제외)
실온에서의 상태	고체(단, 수은은 액체)	기체, 고체(단, 브로민은 액체)
열, 전기 전도성	열과 전기를 잘 통한다.	열과 전기를 잘 통하지 않는다.

(2) 동족 원소

(❼　　　)	(❽　　　)	비활성 기체
수소를 제외한 1족 원소로 +1의 양이온이 되기 쉽다.	17족 원소로 −1의 음이온이 되기 쉽다.	18족 원소로 반응성이 거의 없고 실온에서 기체 상태이다.

Q2 원소의 주기적 성질

1. 유효 핵전하

(1) 가려막기 효과: 다전자 원자에서 전자 사이의 반발력이 작용하여 전자와 원자핵 사이의 인력을 약하게 만드는 현상

• 같은 전자 껍질에 있는 전자의 가려막기 효과는 안쪽 전자 껍질에 있는 전자의 가려막기 효과보다 작다.

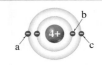

전자 c에 대한 가려막기 효과
➡ a < b

(2) 유효 핵전하: 전자가 실제로 느끼는 핵전하

구분	유효 핵전하의 주기성
같은 주기	원자 번호가 커질수록 원자가 전자가 느끼는 유효 핵전하가 (❾　　　)한다. ➡ 핵전하의 증가가 가려막기 효과의 증가보다 크기 때문이다.
같은 족	원자 번호가 커질수록 원자가 전자가 느끼는 유효 핵전하가 (❿　　　)한다.

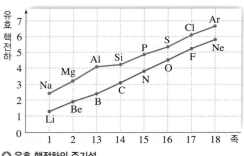

⬆ 유효 핵전하의 주기성

2. 원자 반지름과 이온 반지름

(1) 원자 반지름: 같은 종류의 두 원자가 결합하고 있을 때 두 원자핵간 거리의 $\frac{1}{2}$이다.

같은 주기	같은 족
원자 번호가 커질수록 (⓫　　　) 진다. ➡ 전자가 들어 있는 전자 껍질 수는 같지만 원자가 전자가 느끼는 유효 핵전하가 증가하여 원자핵과 전자 사이의 인력이 증가하기 때문이다.	원자 번호가 커질수록 (⓬　　　) 진다. ➡ 전자가 들어 있는 전자 껍질 수가 커지는 효과가 원자가 전자가 느끼는 유효 핵전하의 증가보다 크기 때문이다.

Li > Be　　　　Li < Na

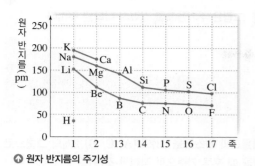

↑ 원자 반지름의 주기성

(2) 이온 반지름

양이온 반지름	음이온 반지름
원자 반지름보다 (⑬)다. ➡ 금속 원소가 양이온이 되면 전자가 들어 있는 전자 껍질 수가 작아지기 때문이다.	원자 반지름보다 (⑭)다. ➡ 비금속 원소가 음이온이 되면 전자 수가 커져 전자 사이의 반발력이 증가하기 때문이다.

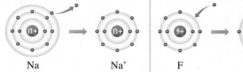

Na   Na⁺   F   F⁻

① 이온 반지름의 주기성

같은 주기	같은 족
양이온과 음이온의 반지름은 모두 원자 번호가 커질수록 작아진다. ➡ 유효 핵전하가 증가하기 때문이다.	양이온과 음이온의 반지름은 모두 원자 번호가 커질수록 커진다. ➡ 전자가 들어 있는 전자 껍질 수가 증가하기 때문이다.

주기＼족	1족		2족		16족		17족	
2주기	Li 152	Li⁺ 60	Be 112	Be²⁺ 31	O 73	O²⁻ 140	F 71	F⁻ 136
3주기	Na 186	Na⁺ 95	Mg 160	Mg²⁺ 65	S 103	S²⁻ 184	Cl 99	Cl⁻ 181

(단위: pm)

② 등전자 이온의 반지름: 원자 번호가 커질수록 유효 핵전하가 증가하여 반지름이 작아진다. 예 $_8O^{2-} > _9F^- > _{11}Na^+$

③ 원자 반지름과 이온 반지름에 영향을 미치는 요인

유효 핵전하	전자 껍질 수	전자 수
유효 핵전하가 클수록 반지름이 (⑮)다.	전자가 들어 있는 전자 껍질 수가 클수록 반지름이 (⑯)다.	전자 수가 클수록 반지름이 (⑰)다.

3. 이온화 에너지

(1) 이온화 에너지: 기체 상태의 원자 1 mol에서 전자 1 mol을 떼어 내는 데 필요한 최소한의 에너지이다.

$$M(g) + E \longrightarrow M^+(g) + e^- \quad (E: \text{이온화 에너지})$$

① 원자핵과 전자 사이의 인력이 클수록 이온화 에너지가 크다.

② 이온화 에너지가 작은 원소일수록 양이온이 되기 쉽다.

같은 주기	같은 족
원자 번호가 커질수록 대체로 증가한다. ➡ 원자가 전자가 느끼는 유효 핵전하의 증가로 원자핵과 전자 사이의 인력이 증가하기 때문이다.	원자 번호가 커질수록 감소한다. ➡ 전자가 들어 있는 전자 껍질 수의 증가로 원자핵과 전자 사이의 인력이 감소하기 때문이다.

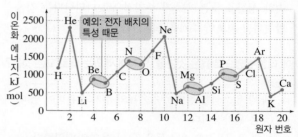

↑ 이온화 에너지의 주기성

(2) 순차 이온화 에너지: 기체 상태의 다전자 원자 1 mol에서 전자를 1 mol씩 차례로 떼어 낼 때 각 단계마다 필요한 에너지이다.

- $M(g) + E_1 \longrightarrow M^+(g) + e^-$ (E_1: 제1 이온화 에너지)
- $M^+(g) + E_2 \longrightarrow M^{2+}(g) + e^-$ (E_2: 제2 이온화 에너지)
- $M^{2+}(g) + E_3 \longrightarrow M^{3+}(g) + e^-$ (E_3: 제3 이온화 에너지)

① 차수가 커질수록 이온화 에너지가 증가한다.

② 순차 이온화 에너지와 원자가 전자: 원자가 전자를 모두 떼어 내고 안쪽 전자 껍질에 있는 전자를 떼어 낼 때 이온화 에너지가 급격히 증가한다. ➡ (⑱   )를 알 수 있다.

(3) 원소의 주기적 성질

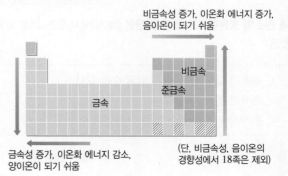

비금속성 증가, 이온화 에너지 증가, 음이온이 되기 쉬움

금속성 증가, 이온화 에너지 감소, 양이온이 되기 쉬움

(단, 비금속성, 음이온의 경향성에서 18족은 제외)

마무리 문제

01 다음은 주기율표가 만들어지기까지의 일부 과정에 대한 자료이다.

- 되베라이너는 화학적 성질이 비슷한 원소가 3개씩 쌍을 지어 존재한다는 것을 발견하고 세 쌍 원소설을 제안하였다.
- 뉴랜즈는 원소들을 (㉠) 순으로 배열했을 때 8번째마다 성질이 비슷한 원소가 나타난다는 것을 발견하고 옥타브설을 제안하였다.
- 멘델레예프는 원소들을 (㉡) 순으로 배열하면 비슷한 성질을 갖는 원소가 주기적으로 나타난다는 것을 발견하고 최초의 주기율표를 만들었다.

이에 대한 설명으로 옳은 것만을 [보기]에서 있는 대로 고른 것은?

보기
ㄱ. 세 쌍 원소설은 현대 주기율표의 주기와 관련이 있다.
ㄴ. ㉠은 원자량이다.
ㄷ. 현대 주기율표는 원소들을 ㉡의 순으로 배열한다.

① ㄱ   ② ㄴ   ③ ㄱ, ㄷ
④ ㄴ, ㄷ   ⑤ ㄱ, ㄴ, ㄷ

02 다음은 화학적 성질이 비슷한 3가지 원소이다.

| 플루오린(F)   염소(Cl)   브로민(Br) |

세 원소의 공통점으로 옳은 것만을 [보기]에서 있는 대로 고른 것은?

보기
ㄱ. 전자가 들어 있는 전자 껍질 수가 같다.
ㄴ. 원자가 전자 수가 같다.
ㄷ. 원자가 전자가 들어 있는 오비탈의 수가 같다.

① ㄱ   ② ㄷ   ③ ㄱ, ㄴ
④ ㄴ, ㄷ   ⑤ ㄱ, ㄴ, ㄷ

03 그림은 주기율표를 간략히 나타낸 것이다.

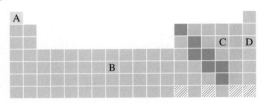

주기율표의 원소들을 (B)와 (A, C, D) 2개의 그룹으로 분류하였을 때 분류 기준으로 적절한 것은?

① 알칼리 금속과 할로젠
② 금속 원소와 비금속 원소
③ 전자가 들어 있는 전자 껍질 수
④ 실온에서 고체 상태와 기체 상태의 원소
⑤ 양이온을 형성하는 원소와 음이온을 형성하는 원소

04 다음은 원소 X에 대한 자료이다.

- $\dfrac{\text{이온 반지름}}{\text{원자 반지름}} < 1$이다.
- 전기를 잘 통한다.
- 가장 안정한 산화물의 화학식은 X_2O이다.

그림은 주기율표의 일부를 나타낸 것이다.

주기＼족	1	2	13	14	15	16	17	18
1	A							
2		B						C
3	D						E	

X에 해당하는 원소의 기호로 옳은 것은? (단, X와 A~E는 임의의 원소 기호이다.)

① A   ② B   ③ C
④ D   ⑤ E

05 그림은 주기율표의 일부를 나타낸 것이다.

주기\족	1	2	13	14	15	16	17	18
1	A							B
2		C					D	
3						E		
4	F							

A~F에 대한 설명으로 옳은 것은? (단, A~F는 임의의 원소 기호이다.)

① 금속 원소는 3가지이다.
② A와 F는 전자가 들어 있는 전자 껍질 수가 같다.
③ C와 D는 원자가 전자 수가 같다.
④ 음이온이 되기 가장 쉬운 원소는 B이다.
⑤ 비활성 기체의 전자 배치를 갖는 E 이온과 F 이온의 전자 배치는 같다.

06 그림은 몇 가지 원자를 분류하는 과정을 나타낸 것이다.

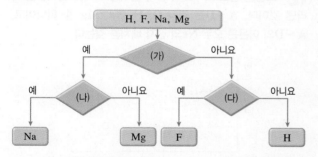

(가)~(다)에 적합한 분류 기준을 나타낸 것만을 [보기]에서 있는 대로 고른 것은?

보기
ㄱ. (가): 금속 원소인가?
ㄴ. (나): 알칼리 금속인가?
ㄷ. (다): 할로젠 원소인가?

① ㄱ
② ㄴ
③ ㄱ, ㄷ
④ ㄴ, ㄷ
⑤ ㄱ, ㄴ, ㄷ

07 다음은 바닥상태 원자 X의 전자 배치를 나타낸 것이다.

$$1s^2 2s^2 2p^6 3s^2 3p^4$$

이에 대한 설명으로 옳은 것은? (단, X는 임의의 원소 기호이다.)

① 6족 원소이다.
② 금속 원소이다.
③ 2주기 원소이다.
④ 원자가 전자 수는 4이다.
⑤ 이온 반지름이 원자 반지름보다 크다.

08 그림은 원자 A~D의 전자 배치를 나타낸 것이다.

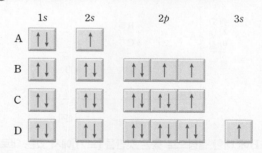

A~D에 대한 설명으로 옳은 것만을 [보기]에서 있는 대로 고른 것은? (단, A~D는 임의의 원소 기호이다.)

보기
ㄱ. A와 D는 같은 족 원소이다.
ㄴ. 2주기 원소는 2가지이다.
ㄷ. 양이온이 되기 쉬운 원소는 2가지이다.

① ㄱ
② ㄴ
③ ㄱ, ㄷ
④ ㄴ, ㄷ
⑤ ㄱ, ㄴ, ㄷ

09 그림은 원자 A~C의 전자 배치를 모형으로 나타낸 것이다.

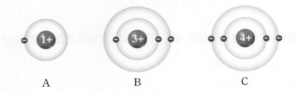

A   B   C

원자가 전자가 느끼는 유효 핵전하의 크기를 옳게 비교한 것은? (단, A~C는 임의의 원소 기호이다.)

① A>B>C   ② A>C>B
③ B>A>C   ④ C>A>B
⑤ C>B>A

10 그림은 바닥상태 원자 A~D의 홀전자 수와 원자 반지름을 나타낸 것이다. A~D의 원자 번호는 8, 9, 11, 12, 13 중 하나이다.

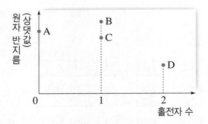

A~D에 대한 설명으로 옳은 것만을 [보기]에서 있는 대로 고른 것은? (단, A~D는 임의의 원소 기호이다.)

[보기]
ㄱ. B는 Al이다.
ㄴ. 2주기 원소는 2가지이다.
ㄷ. Ne의 전자 배치를 갖는 이온 반지름이 가장 큰 것은 D이다.

① ㄱ   ② ㄷ   ③ ㄱ, ㄴ
④ ㄴ, ㄷ   ⑤ ㄱ, ㄴ, ㄷ

11 표는 3주기 원소 A~E의 원자 반지름과 이온 반지름에 대한 자료이다.

원자	A	B	C	D	E
원자 반지름(pm)	160	186	99	143	103
이온 반지름(pm)	65	95	181	50	184

A~E에 대한 설명으로 옳지 <u>않은</u> 것은? (단, A~E는 임의의 원소 기호이다.)

① A는 금속 원소이다.
② D는 양이온이 되기 쉬운 원소이다.
③ 원자 번호가 가장 큰 원소는 E이다.
④ B가 안정한 이온이 될 때 전자가 들어 있는 전자 껍질 수가 감소한다.
⑤ 원자가 전자가 느끼는 유효 핵전하가 가장 작은 원소는 B이다.

12 그림은 원소 A~D의 원자 반지름과 이온 반지름을 나타낸 것이다. A~D는 각각 O, F, Na, Mg 중 하나이고, A~D의 이온은 모두 Ne의 전자 배치를 갖는다.

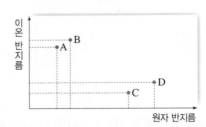

이에 대한 설명으로 옳은 것만을 [보기]에서 있는 대로 고른 것은?

[보기]
ㄱ. B는 O이다.
ㄴ. 금속 원소는 C와 D이다.
ㄷ. 원자 번호가 가장 큰 것은 D이다.

① ㄱ   ② ㄷ   ③ ㄱ, ㄴ
④ ㄴ, ㄷ   ⑤ ㄱ, ㄴ, ㄷ

13 그림은 화합물 AB_2를 화학 결합 모형으로 나타낸 것이다.

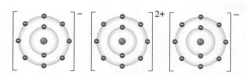

이에 대한 설명으로 옳은 것만을 [보기]에서 있는 대로 고른 것은? (단, A와 B는 임의의 원소 기호이다.)

> **보기**
> ㄱ. 원자 반지름은 A>B이다.
> ㄴ. A와 B는 같은 주기 원소이다.
> ㄷ. 이온 반지름은 A^{2+}>B^-이다.

① ㄱ   ② ㄷ   ③ ㄱ, ㄴ
④ ㄴ, ㄷ   ⑤ ㄱ, ㄴ, ㄷ

14 표는 2, 3주기에 속하는 바닥상태 원자 A~D의 전자 배치에 대한 자료이다.

원자	A	B	C	D
전체 p 오비탈의 전자 수 / 전체 s 오비탈의 전자 수	1	1	1.5	1.5
홀전자 수	0	2	3	0

A~D에 대한 설명으로 옳은 것만을 [보기]에서 있는 대로 고른 것은? (단, A~D는 임의의 원소 기호이다.)

> **보기**
> ㄱ. 금속 원소는 2가지이다.
> ㄴ. 2주기 원소는 2가지이다.
> ㄷ. 원자 반지름이 가장 큰 원소는 C이다.

① ㄴ   ② ㄱ, ㄴ   ③ ㄱ, ㄷ
④ ㄴ, ㄷ   ⑤ ㄱ, ㄴ, ㄷ

15 그림은 A~D 이온의 전자 수와 $\dfrac{\text{이온 반지름}}{\text{원자 반지름}}$을 나타낸 것이다.

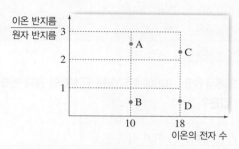

A~D에 대한 설명으로 옳은 것만을 [보기]에서 있는 대로 고른 것은? (단, A~D는 임의의 원소 기호이며, B와 D는 같은 족 원소이다.)

> **보기**
> ㄱ. A와 D는 같은 주기 원소이다.
> ㄴ. 이온 반지름은 B가 A보다 크다.
> ㄷ. 원자 반지름이 가장 큰 것은 D이다.

① ㄱ   ② ㄷ   ③ ㄱ, ㄴ
④ ㄴ, ㄷ   ⑤ ㄱ, ㄴ, ㄷ

16 그림은 원소 A~D의 이온 반지름을 나타낸 것이다. A~D는 각각 Li, F, Na, Cl 중 하나이다.

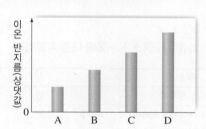

A~D에 대한 설명으로 옳은 것만을 [보기]에서 있는 대로 고른 것은? (단, 각 이온은 비활성 기체의 전자 배치를 갖는다.)

> **보기**
> ㄱ. 원자 반지름이 가장 큰 것은 B이다.
> ㄴ. 원자가 전자가 느끼는 유효 핵전하가 가장 큰 것은 C이다.
> ㄷ. 이온 반지름은 칼륨(K)이 D보다 크다.

① ㄱ   ② ㄷ   ③ ㄱ, ㄴ
④ ㄴ, ㄷ   ⑤ ㄱ, ㄴ, ㄷ

17 그림은 주기율표의 일부를 나타낸 것이다.

₁H																	₂He
₃Li	₄Be											₅B	₆C	₇N	₈O	₉F	₁₀Ne
₁₁Na	₁₂Mg											₁₃Al	₁₄Si	₁₅P	₁₆S	₁₇Cl	₁₈Ar
₁₉K	₂₀Ca																

주기율표에서 (가)~(다)에 해당하는 원소들의 원자 번호를 모두 합한 값은?

> (가) 가장 양이온이 되기 쉬운 원소
> (나) 제1 이온화 에너지가 가장 큰 원소
> (다) 2주기 원소 중 가장 바깥 전자 껍질의 전자가 느끼는 유효 핵전하가 가장 큰 원소

① 12 ② 21 ③ 23
④ 31 ⑤ 40

18 표는 2, 3주기 원소 X~Z에 대한 자료이다.

원소	X	Y	Z
원자가 전자 수	5	6	7
제1 이온화 에너지(kJ/mol)	1011	1313	1251

이에 대한 설명으로 옳은 것만을 [보기]에서 있는 대로 고른 것은? (단, X~Z는 임의의 원소 기호이다.)

> **보기**
> ㄱ. X와 Z는 같은 주기 원소이다.
> ㄴ. 원자가 전자가 느끼는 유효 핵전하는 Z > Y이다.
> ㄷ. 비활성 기체의 전자 배치를 갖는 이온의 반지름은 Z > Y이다.

① ㄱ ② ㄷ ③ ㄱ, ㄴ
④ ㄴ, ㄷ ⑤ ㄱ, ㄴ, ㄷ

19 그림은 2주기 원자 A~F의 바닥상태 전자 배치에서 홀전자 수에 따른 제1 이온화 에너지를 나타낸 것이다.

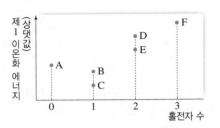

B와 D에 해당하는 원소의 실제 원소 기호를 쓰시오. (단, A~F는 임의의 원소 기호이다.)

20 다음은 2주기 바닥상태 원자 A~C에 대한 자료이다. A~C는 비활성 기체를 제외한 비금속 원소이다.

> • 원자 반지름은 C가 가장 작다.
> • 제1 이온화 에너지는 A가 가장 크다.
> • 홀전자 수는 B와 C가 같다.

이에 대한 설명으로 옳은 것만을 [보기]에서 있는 대로 고른 것은? (단, A~C는 임의의 원소 기호이다.)

> **보기**
> ㄱ. 홀전자 수는 A가 B보다 크다.
> ㄴ. 원자 번호가 가장 큰 것은 C이다.
> ㄷ. 원자가 전자가 느끼는 유효 핵전하는 C가 B보다 크다.

① ㄱ ② ㄷ ③ ㄱ, ㄴ
④ ㄴ, ㄷ ⑤ ㄱ, ㄴ, ㄷ

21 표는 원자 번호가 연속인 3주기 원자 A~C의 순차 이온화 에너지(E_n)의 일부이다.

원자	순차 이온화 에너지(kJ/mol)			
	E_1	E_2	E_3	E_4
A	496			
B	578	1817	2745	11578
C	738	1451		10542

A~C에 대한 설명으로 옳은 것만을 [보기]에서 있는 대로 고른 것은? (단, A~C는 임의의 원소 기호이고, A~C는 원자 번호 순서가 아니다.)

〔보기〕
ㄱ. $\dfrac{E_2}{E_1}$가 가장 큰 원소는 B이다.
ㄴ. 원자가 전자 수는 C가 B보다 크다.
ㄷ. 원자가 전자가 느끼는 유효 핵전하가 가장 큰 원소는 B이다.

① ㄱ   ② ㄷ   ③ ㄱ, ㄴ
④ ㄴ, ㄷ   ⑤ ㄱ, ㄴ, ㄷ

22 그림은 원자 번호가 연속인 2, 3주기 원자의 제2 이온화 에너지(E_2)를 나타낸 것이다.

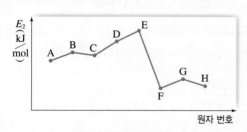

A~H에 대한 설명으로 옳은 것만을 [보기]에서 있는 대로 고른 것은? (단, A~H는 임의의 원소 기호이다.)

〔보기〕
ㄱ. A~E는 2주기 원소이다.
ㄴ. 제1 이온화 에너지가 가장 큰 원소는 D이다.
ㄷ. $\dfrac{제2\ 이온화\ 에너지}{제1\ 이온화\ 에너지}$가 가장 큰 원소는 E이다.

① ㄱ   ② ㄷ   ③ ㄱ, ㄴ
④ ㄴ, ㄷ   ⑤ ㄱ, ㄴ, ㄷ

23 그림은 원자 번호가 연속인 2주기 원소 A~C의 제1 이온화 에너지와 제2 이온화 에너지를 구분 없이 나타낸 것이다.

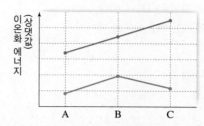

A~C에 대한 설명으로 옳은 것만을 [보기]에서 있는 대로 고른 것은? (단, A~C는 임의의 원소 기호이고, 원자 번호는 C가 가장 크다.)

〔보기〕
ㄱ. 바닥상태에서 홀전자 수는 B가 가장 크다.
ㄴ. A~C의 원자가 전자 수의 총합은 15이다.
ㄷ. 제3 이온화 에너지는 A가 가장 크다.

① ㄱ   ② ㄷ   ③ ㄱ, ㄴ
④ ㄴ, ㄷ   ⑤ ㄱ, ㄴ, ㄷ

24 다음은 바닥상태 원자 W~Z에 대한 자료이다. W~Z는 각각 O, F, Na, Mg 중 하나이다.

• 홀전자 수는 W>Y>X이다.
• 원자 반지름은 Y>X>Z이다.

W~Z에 대한 설명으로 옳은 것만을 [보기]에서 있는 대로 고른 것은? (단, W~Z의 이온은 모두 Ne의 전자 배치를 갖는다.)

〔보기〕
ㄱ. 홀전자 수는 Z>X이다.
ㄴ. 안정한 이온의 반지름은 Y>Z이다.
ㄷ. 제2 이온화 에너지가 가장 큰 것은 W이다.

① ㄱ   ② ㄷ   ③ ㄱ, ㄴ
④ ㄴ, ㄷ   ⑤ ㄱ, ㄴ, ㄷ

25 다음은 원자 A~E에 대한 자료이다.

하 중 **상**

- A~E의 원자 번호는 각각 7~13 중 하나이다.
- 원자가 전자 수는 D>C이다.
- A~E의 제1, 제2 이온화 에너지

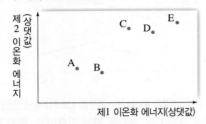

A~E에 대한 설명으로 옳은 것만을 [보기]에서 있는 대로 고른 것은? (단, A~E는 임의의 원소 기호이다.)

[보기]
ㄱ. 2주기 원소는 3가지이다.
ㄴ. 원자 번호가 가장 큰 것은 E이다.
ㄷ. A와 C로 이루어진 안정한 화합물의 화학식은 A_2C이다.

① ㄱ   ② ㄴ   ③ ㄱ, ㄷ
④ ㄴ, ㄷ   ⑤ ㄱ, ㄴ, ㄷ

26 다음은 바닥상태 원자 W~Z에 대한 자료이다. W~Z는 각각 O, F, P, S 중 하나이다.

하 **중** 상

- 원자가 전자 수는 W>X이다.
- 원자 반지름은 W>Y이다.
- 제1 이온화 에너지는 Z>Y>W이다.

W~Z에 대한 설명으로 옳은 것만을 [보기]에서 있는 대로 고른 것은?

[보기]
ㄱ. W와 Z는 같은 주기 원소이다.
ㄴ. 제2 이온화 에너지가 가장 큰 것은 Y이다.
ㄷ. 원자가 전자가 느끼는 유효 핵전하는 X>W이다.

① ㄱ   ② ㄴ   ③ ㄱ, ㄷ
④ ㄴ, ㄷ   ⑤ ㄱ, ㄴ, ㄷ

서술형 문제

27 그림은 몇 가지 원소의 원자 반지름과 이온 반지름을 나타낸 것이다.

하 중 **상**

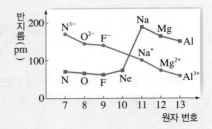

유효 핵전하의 크기가 반지름에 미치는 영향을 알아보기 위해 비교해야 할 원자 또는 이온의 예를 쓰고, 그 까닭을 서술하시오.

28 그림은 원자 번호가 연속인 2주기 원자 A~C의 제2 이온화 에너지(E_2)를 나타낸 것이다.

하 중 **상**

A~C에 해당하는 원소의 실제 원소 기호를 각각 쓰고, 판단 근거를 서술하시오. (단, A~C는 임의의 원소 기호이고, 원자 번호는 C>B>A이다.)

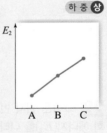

29 표는 마그네슘의 순차 이온화 에너지(kJ/mol)를 나타낸 것이다.

하 **중** 상

E_1	E_2	E_3	E_4
738	1451	7733	10542

$\dfrac{E_3}{E_2}$ 값이 $\dfrac{E_2}{E_1}$ 또는 $\dfrac{E_4}{E_3}$ 값에 비해 매우 큰 값을 갖는 까닭을 전자 껍질과 관련지어 서술하시오.

• 수능 출제 경향

이 단원에서는 원소들의 전자 배치, 원자 반지름과 이온 반지름, 이온화 에너지를 제시하고, 이로부터 원소의 종류를 파악한 후 다양한 성질을 묻는 통합적인 문제들이 출제된다. 특히 제1 이온화 에너지와 제2 이온화 에너지에서 예외적인 경향을 보이는 원소들에 대한 내용은 거의 필수적으로 문제에 포함되어 출제되고 있다.

수능 이렇게 나온다!

다음은 바닥상태 원자 W ~ Z에 대한 자료이다.

• W ~ Z의 원자 번호는 각각 8 ~ 13 중 하나이다.
• W, X, Y의 홀전자 수는 모두 같다.
• 각 원자의 이온은 모두 Ne의 전자 배치를 갖는다.
• ㉠과 ㉡은 각각 원자가 전자 수와 이온 반지름 중 하나이다.

❶ W ~ Z는 O, F, Ne, Na, Mg, Al 중 하나이며, 홀전자 수는 Ne과 Mg이 0, F, Na, Al이 1, O가 2이다.
➡ W, X, Y는 각각 F, Na, Al 중 하나이다.

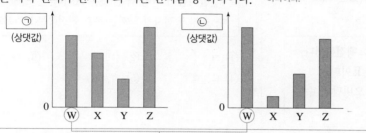

❷ W, X, Y 중 W는 원자가 전자 수와 이온 반지름 모두 가장 크다. ➡ W는 F이고, ㉠은 이온 반지름이다.

이에 대한 설명으로 옳은 것만을 [보기]에서 있는 대로 고른 것은? (단, W ~ Z는 임의의 원소 기호이다.)

보기
ㄱ. ㉠은 원자가 전자 수이다.
ㄴ. 제2 이온화 에너지는 Z > W이다.
ㄷ. 원자가 전자가 느끼는 유효 핵전하는 Y > X이다.

① ㄱ　　② ㄴ　　③ ㄷ　　④ ㄱ, ㄴ　　⑤ ㄴ, ㄷ

출제개념

원소의 주기적 성질
▶ 본문 124~126쪽, 128~129쪽

출제의도

자료에 주어진 원소들의 전자 배치와 다양한 주기적 성질을 종합적으로 판단하여, 각 원소가 실제 어떤 원소에 해당하는지 추론하는 문제이다.

전략적 풀이

❶ 주어진 원자 번호에 해당하는 실제 원소 기호를 써 놓고, 주어진 자료를 분석하여 W ~ Y에 해당하는 원소를 파악한다.
W ~ Z는 O, F, Ne, Na, Mg, Al 중 하나인데 이 중 W, X, Y의 홀전자 수가 같으므로 W, X, Y는 각각 홀전자 수가 (　　　)인 F, Na, Al 중 하나이다.

❷ 그래프에서 W의 값을 비교하여 ㉠, ㉡과 실제 원소를 파악한다.
W는 ㉠과 ㉡이 모두 X, Y에 비해 크므로 (　　　)이다. W(F)는 8 ~ 13번 원소 중 원자가 전자 수는 가장 크고 이온 반지름은 O 다음으로 크므로 ㉠은 (　　　), ㉡은 (　　　)임을 알 수 있고, W(F)보다 이온 반지름이 큰 Z는 (　　　)이다. 한편, Y는 X보다 원자가 전자 수가 크고 이온 반지름이 작으므로 (　　　)이고, X는 (　　　)이다.
ㄱ. ㉠은 이온 반지름, ㉡은 원자가 전자 수이다.
ㄴ. 제1 이온화 에너지는 W(F) > Z(O)이지만, 제2 이온화 에너지는 Z(O) > W(F)이다.
ㄷ. 원자가 전자가 느끼는 유효 핵전하는 같은 주기에서 원자 번호가 커질수록 (　　　)하므로 Y(Al) > X(Na)이다.

❶ 1
❷ F, 이온 반지름, 원자가 전자 수, O, Al, Na, 증가

답 ⑤

01 그림 (가)는 2주기 원소의 원자 번호에 따른 핵전하(Z)와 원자가 전자가 느끼는 유효 핵전하(Z^*)를 나타낸 것이고, (나)는 2주기 원소 A~E의 바닥상태 원자의 전자 배치에서 홀전자 수에 따른 Z와 Z^*의 차($Z-Z^*$)를 나타낸 것이다.

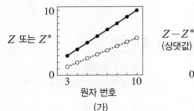 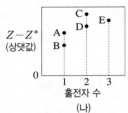

이에 대한 설명으로 옳은 것만을 [보기]에서 있는 대로 고른 것은? (단, A~E는 임의의 원소 기호이다.)

[보기]
ㄱ. (가)에서 •은 원자가 전자가 느끼는 유효 핵전하이다.
ㄴ. A~E 중 원자 번호가 가장 큰 원소는 E이다.
ㄷ. 바닥상태 원자에서 전자가 들어 있는 오비탈의 수는 D가 B의 2배이다.

① ㄱ   ② ㄷ   ③ ㄱ, ㄴ
④ ㄴ, ㄷ   ⑤ ㄱ, ㄴ, ㄷ

02 그림은 원소 X~Z의 $\dfrac{\text{이온 반지름}}{\text{원자 반지름}}$ 과 $\dfrac{\text{원자 반지름}}{|\text{이온의 전하}|}$ 을 나타낸 것이다. X~Z는 각각 F, Na, Mg 중 하나이며, X~Z 이온의 전자 배치는 모두 Ne과 같다.

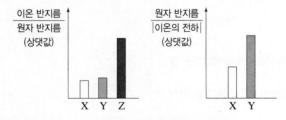

X~Z에 대한 설명으로 옳은 것만을 [보기]에서 있는 대로 고른 것은?

[보기]
ㄱ. X는 Mg이다.
ㄴ. 원자 반지름이 가장 작은 것은 X이다.
ㄷ. 이온 반지름의 크기는 Z>Y>X이다.

① ㄱ   ② ㄴ   ③ ㄱ, ㄷ
④ ㄴ, ㄷ   ⑤ ㄱ, ㄴ, ㄷ

03 표는 바닥상태 원자 A~D의 원자가 전자 수(a)와 홀전자 수(b)의 차($a-b$)에 대한 자료이다. A~D는 각각 N, F, Na, S 중 하나이다.

원자	A	B	C	D
$a-b$	0	2	4	6

A~D에 대한 설명으로 옳은 것만을 [보기]에서 있는 대로 고른 것은?

[보기]
ㄱ. 원자 반지름이 가장 작은 원소는 C이다.
ㄴ. A, C, D 중 비활성 기체의 전자 배치를 갖는 이온의 반지름이 가장 작은 것은 A이다.
ㄷ. 원자가 전자가 느끼는 유효 핵전하는 D>B이다.

① ㄱ   ② ㄷ   ③ ㄱ, ㄴ
④ ㄴ, ㄷ   ⑤ ㄱ, ㄴ, ㄷ

04 다음은 2, 3주기 원자 A~C에 대한 자료이다.

• 양성자수의 비는 A : B=4 : 1이다.
• 같은 족에 속하는 원자 수는 2이다.
• C에는 바닥상태 전자 배치에서 홀전자가 존재하며, $\dfrac{p \text{ 오비탈의 전자 수}}{s \text{ 오비탈의 전자 수}}=1$이다.

A~C에 대한 설명으로 옳은 것만을 [보기]에서 있는 대로 고른 것은? (단, A~C는 임의의 원소 기호이다.)

[보기]
ㄱ. A와 C는 같은 족에 속한다.
ㄴ. 원자 반지름이 가장 작은 원소는 B이다.
ㄷ. 원자가 전자가 느끼는 유효 핵전하가 가장 큰 원소는 A이다.

① ㄱ   ② ㄴ   ③ ㄱ, ㄷ
④ ㄴ, ㄷ   ⑤ ㄱ, ㄴ, ㄷ

05 그림은 원자 A~D 이온의 반지름을 나타낸 것이다. A ~D 이온은 모두 Ne의 전자 배치를 가지며, 원자 번호는 각각 8, 9, 11, 12 중 하나이다.

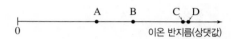

이에 대한 설명으로 옳은 것만을 [보기]에서 있는 대로 고른 것은?

ㄱ. A, B는 금속 원소이다.
ㄴ. 원자 반지름은 A가 가장 크다.
ㄷ. 가장 바깥 전자 껍질의 전자가 느끼는 유효 핵전하가 가장 큰 이온은 A 이온이다.

① ㄱ   ② ㄴ   ③ ㄱ, ㄷ
④ ㄴ, ㄷ   ⑤ ㄱ, ㄴ, ㄷ

06 그림은 원자 A~C에 대한 자료이고, $Z*$는 원자가 전자가 느끼는 유효 핵전하이다. A~C의 원자 번호는 각각 17, 19, 20 중 하나이고, A~C 이온은 모두 Ar의 전자 배치를 갖는다.

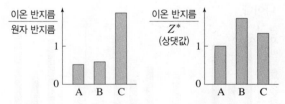

이에 대한 설명으로 옳은 것만을 [보기]에서 있는 대로 고른 것은?

ㄱ. 원자 반지름은 A가 가장 크다.
ㄴ. B와 C는 1 : 1로 결합하여 안정한 화합물을 형성한다.
ㄷ. 이온 반지름은 C>B>A 순이다.

① ㄱ   ② ㄷ   ③ ㄱ, ㄴ
④ ㄴ, ㄷ   ⑤ ㄱ, ㄴ, ㄷ

07 그림은 2. 3주기 원자 W~Z에 대한 자료이다. W~Z의 원자가 전자 수는 각각 3 이상 6 이하이고, X는 13족 원소이다.

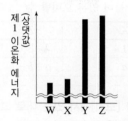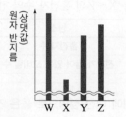

이에 대한 설명으로 옳은 것만을 [보기]에서 있는 대로 고른 것은? (단, W~Z는 임의의 원소 기호이다.)

ㄱ. 2주기 원소는 2가지이다.
ㄴ. 제2 이온화 에너지는 Y>Z이다.
ㄷ. 원자가 전자가 느끼는 유효 핵전하가 가장 큰 것은 Z 이다.

① ㄱ   ② ㄴ   ③ ㄱ, ㄷ
④ ㄴ, ㄷ   ⑤ ㄱ, ㄴ, ㄷ

08 표는 원자 A~C에 대한 자료이다. A~C는 각각 Mg, Al, Ca 중 하나이다.

원자	원자 반지름(pm)	이온 반지름(pm)	제1 이온화 에너지 (kJ/mol)
A		50	578
B	160		738
C	197	100	

이에 대한 설명으로 옳은 것만을 [보기]에서 있는 대로 고른 것은?

ㄱ. B는 Mg이다.
ㄴ. 원자가 전자 수는 B와 C가 같다.
ㄷ. 원자 반지름이 가장 작은 원자는 A이다.

① ㄱ   ② ㄷ   ③ ㄱ, ㄴ
④ ㄴ, ㄷ   ⑤ ㄱ, ㄴ, ㄷ

09 다음은 2, 3주기 바닥상태 원자 X∼Z에 대한 자료이다.

- 2주기 원소는 2가지이다.
- X∼Z의 홀전자 수와 전자가 들어 있는 오비탈 수

원소	X	Y	Z
홀전자 수	1	2	3
전자가 들어 있는 오비탈 수	a	b	$a+b-1$

이에 대한 설명으로 옳은 것만을 [보기]에서 있는 대로 고른 것은? (단, X∼Z는 임의의 원소 기호이다.)

[보기]
ㄱ. $a=b$이다.
ㄴ. 원자가 전자 수는 X가 가장 크다.
ㄷ. $\dfrac{\text{제2 이온화 에너지}}{\text{제1 이온화 에너지}}$ 는 Y>X이다.

① ㄱ 　② ㄷ 　③ ㄱ, ㄴ
④ ㄴ, ㄷ 　⑤ ㄱ, ㄴ, ㄷ

10 다음은 바닥상태 원자 W∼Z에 대한 자료이다.

- W∼Z의 원자 번호는 각각 7∼14 중 하나이다.
- W∼Z의 홀전자 수와 제2 이온화 에너지

W∼Z에 대한 설명으로 옳은 것만을 [보기]에서 있는 대로 고른 것은? (단, W∼Z는 임의의 원소 기호이다.)

[보기]
ㄱ. W는 Al이다.
ㄴ. 2주기 원소는 3가지이다.
ㄷ. 제1 이온화 에너지가 가장 큰 원소는 Z이다.

① ㄱ 　② ㄴ 　③ ㄱ, ㄷ
④ ㄴ, ㄷ 　⑤ ㄱ, ㄴ, ㄷ

11 그림은 18족 원소를 제외하고 원자 번호가 연속인 2, 3주기 원소 A∼D의 제1 이온화 에너지와 원자 반지름을 나타낸 것이다.

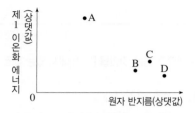

A∼D에 대한 설명으로 옳은 것만을 [보기]에서 있는 대로 고른 것은? (단, A∼D는 임의의 원소 기호이고, 원자 번호 순이 아니다.)

[보기]
ㄱ. 원자 반지름이 작을수록 제1 이온화 에너지가 커진다.
ㄴ. 원자 번호가 가장 큰 원소는 B이다.
ㄷ. Ne과 전자 배치가 같은 이온이 될 때 반지름이 가장 큰 원소는 A이다.

① ㄱ 　② ㄴ 　③ ㄱ, ㄷ ④ ㄴ, ㄷ ⑤ ㄱ, ㄴ, ㄷ

12 다음은 원자 W∼Z에 대한 자료이다.

- W∼Z는 각각 N, O, Na, Mg 중 하나이다.
- 각 원자의 이온은 모두 Ne의 전자 배치를 갖는다.
- ㉠, ㉡은 각각 이온 반지름, 제1 이온화 에너지 중 하나이다.

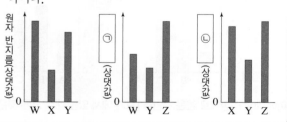

이에 대한 설명으로 옳은 것만을 [보기]에서 있는 대로 고른 것은?

[보기]
ㄱ. ㉠은 이온 반지름이다.
ㄴ. 원자 반지름은 X>Z이다.
ㄷ. 제1 이온화 에너지는 W>Y이다.

① ㄱ 　② ㄷ 　③ ㄱ, ㄴ ④ ㄴ, ㄷ ⑤ ㄱ, ㄴ, ㄷ

13 그림은 원자 번호가 연속인 2, 3주기 원자 A~D의 제1
~제3 이온화 에너지를 나타낸 것이다.

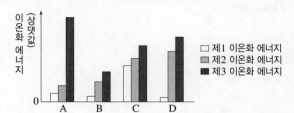

A~D에 대한 설명으로 옳은 것만을 [보기]에서 있는 대로 고
른 것은? (단, A~D는 임의의 원소 기호이고, 원자 번호 순
서가 아니다.)

┌─ 보기 ──────────────────────────
│ ㄱ. 2주기 원소는 1가지이다.
│ ㄴ. 원자 번호가 가장 큰 원소는 A이다.
│ ㄷ. 비활성 기체의 전자 배치를 갖는 이온이 되는 데 필
│   요한 에너지는 A가 B보다 크다.
└──────────────────────────────

① ㄱ   ② ㄴ   ③ ㄱ, ㄷ
④ ㄴ, ㄷ   ⑤ ㄱ, ㄴ, ㄷ

14 그림은 원자 A~G의 제2 이온화 에너지를 나타낸 것
이다. A~G의 원자 번호는 각각 8~14 중 하나이다.

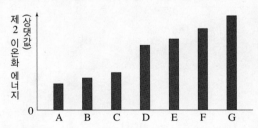

A~G에 대한 설명으로 옳은 것만을 [보기]에서 있는 대로 고
른 것은? (단, A~G는 임의의 원소 기호이다.)

┌─ 보기 ──────────────────────────
│ ㄱ. C는 Al이다.
│ ㄴ. 원자 반지름은 E가 D보다 크다.
│ ㄷ. 제1 이온화 에너지는 G가 가장 작다.
└──────────────────────────────

① ㄱ   ② ㄴ   ③ ㄱ, ㄷ
④ ㄴ, ㄷ   ⑤ ㄱ, ㄴ, ㄷ

15 그림은 2, 3주기에 속하는 몇 가지 원소의 제1 이온화
에너지를 족에 따라 나타낸 것이다.

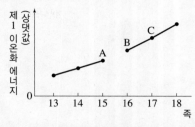

이에 대한 설명으로 옳은 것만을 [보기]에서 있는 대로 고른
것은? (단, A~C는 임의의 원소 기호이고, 같은 선으로 연결
한 원소는 같은 주기에 속한다.)

┌─ 보기 ──────────────────────────
│ ㄱ. 원자 번호는 B가 A보다 크다.
│ ㄴ. 제2 이온화 에너지는 B가 C보다 크다.
│ ㄷ. 비활성 기체의 전자 배치를 갖는 음이온의 반지름은
│   B가 A보다 크다.
└──────────────────────────────

① ㄱ   ② ㄴ   ③ ㄱ, ㄷ
④ ㄴ, ㄷ   ⑤ ㄱ, ㄴ, ㄷ

16 다음은 원소 (가)~(마)를 구별하기 위한 자료이다. (가)
~(마)는 각각 Li, C, N, O, F 중 하나이다.

┌──────────────────────────────
│ • 바닥상태 전자 배치의 홀전자 수: (가)=(나)
│ • 원자가 전자 수: (다)>(가)>(나)
│ • 제1 이온화 에너지: (마)>(가)
└──────────────────────────────

(가)~(마)에 대한 설명으로 옳은 것만을 [보기]에서 있는 대
로 고른 것은?

┌─ 보기 ──────────────────────────
│ ㄱ. (가)는 N이다.
│ ㄴ. 원자 반지름이 가장 큰 원소는 (라)이다.
│ ㄷ. $\dfrac{\text{제2 이온화 에너지}}{\text{제1 이온화 에너지}}$ 가 가장 큰 원소는 (다)이다.
└──────────────────────────────

① ㄱ   ② ㄴ   ③ ㄱ, ㄷ
④ ㄴ, ㄷ   ⑤ ㄱ, ㄴ, ㄷ

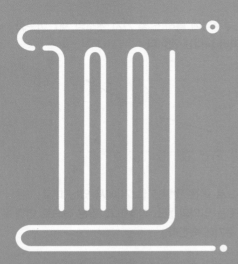

화학 결합과 분자의 세계

1 화학 결합

C1 이온 결합   154

C2 공유 결합과 금속 결합   168

Review

다음 단어가 들어갈 곳을 찾아 빈칸을 완성해 보자.

정전기적 인력	1	2	전자쌍	음이온	양이온	비활성 기체

통합과학
물질의 규칙성과 결합

• 이온의 형성

구분	❶ [ ] 형성	❷ [ ] 형성
이온의 형성	금속 원소는 가장 바깥 전자 껍질의 전자(원자가 전자)를 잃고 이온을 형성한다.	비금속 원소는 가장 바깥 전자 껍질에 전자를 얻어 이온을 형성한다.
모형	전자 ❸ [ ]개를 잃는다. 마그네슘 원자 → 마그네슘 이온	전자 ❹ [ ]개를 얻는다. 플루오린 원자 → 플루오린화 이온

• 화학 결합

① **화학 결합이 형성되는 까닭:** 원소들은 ❺ [ ]와 같이 안정한 전자 배치를 이루기 위해 서로 화학 결합을 형성한다.

② **화학 결합의 종류**

	정의	금속 원소의 양이온과 비금속 원소의 음이온 사이의 ❻ [ ]에 의해 형성되는 화학 결합		
이온 결합	형성 원리	금속 원소와 비금속 원소는 비활성 기체와 같은 전자 배치를 이루기 위해 서로의 전자를 주고받아 각각 양이온과 음이온이 되어 결합한다. 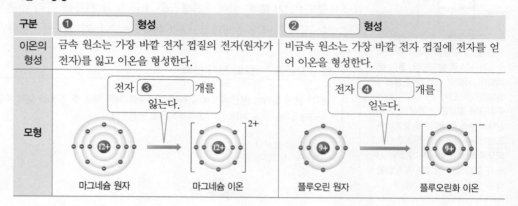 나트륨 원자 + 염소 원자 → 염화 나트륨		
공유 결합	정의	비금속 원자 사이에 ❼ [ ]을 공유하여 형성되는 화학 결합		
	형성 원리	비금속 원자들은 비활성 기체와 같은 전자 배치를 이루기 위해 각각 전자를 내놓아 전자쌍을 만들고, 그 전자쌍을 공유하여 결합한다. 수소 원자 + 산소 원자 + 수소 원자 → 물 분자 (공유 전자쌍)		

01 이온 결합

핵심 포인트
❶ 물과 염화 나트륨 용액의 전기 분해 ★★★
❷ 옥텟 규칙 ★★
❸ 이온 결합의 형성 ★★★
❹ 이온 결합 물질의 성질 ★★★

A 화학 결합의 전기적 성질

물은 주변에서 흔히 볼 수 있고 우리 몸의 대부분을 차지하기 때문에 18세기 이전까지는 물을 물질의 기본이 되는 원소로 생각했어요. 그러나 ♦라부아지에는 물을 분해하여 물이 원소가 아님을 밝혔죠. 현재는 전기를 이용하여 라부아지에가 물을 분해했던 방법보다 더 간단하게 물질들을 분해할 수 있답니다. 물과 염화 나트륨의 전기 분해를 통해 화학 결합의 형성에 전자가 관여한다는 사실을 확인해 보아요.

1. 공유 결합의 전기적 성질

(1) 물의 ❶전기 분해: 물에 ❷전해질을 조금 넣고 전류를 흘려 주면 물이 분해되어 (+)극에서는 산소 기체가 발생하고, (−)극에서는 수소 기체가 발생한다.

◆ 라부아지에의 물 분해 실험

물
주철관
수소
냉각수
벽화로

뜨거운 주철관에 물을 천천히 부으면 물이 주철관을 통과하면서 수소와 산소로 분해된다. 물이 분해되어 생성된 산소가 주철관의 철과 반응하면서 산화 철이 되어 주철관의 질량은 증가하고, 기체 상태의 수소가 냉각수를 통과하여 모인다. ➡ 물은 성분 원소로 분해되므로 원소가 아니며, 수소와 산소가 결합하여 생성된 물질임을 알 수 있다.

탐구 자료창 〉 물의 전기 분해

전기 분해 장치에 황산 나트륨을 녹인 증류수를 가득 채운 후 전류를 흘려 주면 (+)극에서는 산소 기체가, (−)극에서는 수소 기체가 1 : 2의 부피비로 발생한다.

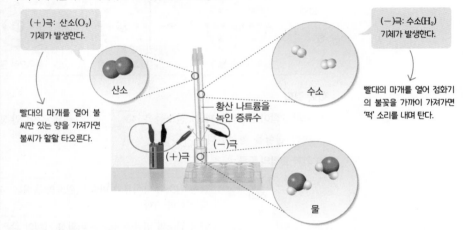

(+)극: 산소(O_2) 기체가 발생한다.

(−)극: 수소(H_2) 기체가 발생한다.

산소

수소

빨대의 마개를 열어 불씨만 있는 향을 가져가면 불씨가 활활 타오른다.

황산 나트륨을 녹인 증류수

빨대의 마개를 열어 점화기의 불꽃을 가까이 가져가면 '퍽' 소리를 내며 탄다.

(+)극

(−)극

물

1. **증류수에 황산 나트륨을 녹인 까닭**: 순수한 물(증류수)은 전기가 통하지 않는다. 따라서 물에 황산 나트륨(Na_2SO_4)과 같은 전해질을 조금 녹여 전류가 잘 흐르도록 하여 전기 에너지로 물을 쉽게 분해하기 위해서이다.

2. **각 극에서의 반응**
   • (+)극: 물 분자(H_2O)가 전자를 잃어 산소(O_2) 기체가 발생한다.
   • (−)극: 물 분자(H_2O)가 전자를 얻어 수소(H_2) 기체가 발생한다.

   $$(+)극: 2H_2O \longrightarrow O_2 + 4H^+ + 4e^-$$
   $$(-)극: 4H_2O + 4e^- \longrightarrow 2H_2 + 4OH^-$$
   ◆전체 반응: $2H_2O \longrightarrow O_2 + 2H_2$ ● 산소 분자와 수소 분자의 계수비가 1 : 2이므로 산소 기체와 수소 기체의 부피비도 1 : 2이다.

3. **결론**: 물 분자를 이루는 수소 원자와 산소 원자는 전기적인 상호 작용으로 결합하고 있고, 물에 전류를 흘려 주면 이 결합이 끊어지고 새로운 결합이 형성되어 각 성분 기체가 발생한다.

◆ 물의 분해 모형

물　　산소　수소

(용어)

❶ 전기 분해(電 전기, 氣 기운, 分 나누다, 解 풀다) 화합물이 전류에 의해 화학 변화를 일으켜 성분 원소로 분해되는 것
❷ 전해질(電 전기, 解 풀다, 質 바탕) 수용액 상태에서 전류가 흐르는 물질

(2) **공유 결합과 전자**: 물은 공유 결합으로 이루어지며, 물을 전기 분해하면 전자를 잃거나 얻는 반응이 일어나 성분 물질로 분해된다. ➡ 성분 원소 사이의 공유 결합에 전자가 관여함을 알 수 있다.

2. 이온 결합의 전기적 성질

(1) 염화 나트륨(NaCl)의 구조와 전기적 성질

고체 상태	액체 상태(①용융액)
고체 상태에서는 양이온(Na^+)과 음이온(Cl^-)이 서로 단단히 규칙적으로 결합하고 있어 자유롭게 움직일 수 없다. ➡ 전기 전도성이 없다.	액체 상태가 되면 양이온(Na^+)과 음이온(Cl^-) 사이의 결합이 약해져 이온들이 자유롭게 움직일 수 있다. ➡ 전기 전도성이 있다.

| 염화 나트륨의 구조와 전기적 성질 |

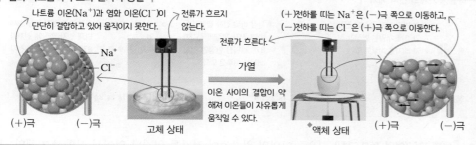

나트륨 이온(Na^+)과 염화 이온(Cl^-)이 단단히 결합하고 있어 움직이지 못한다.

전류가 흐르지 않는다.

전류가 흐른다.

(+)전하를 띠는 Na^+은 (−)극 쪽으로 이동하고, (−)전하를 띠는 Cl^-은 (+)극 쪽으로 이동한다.

Na^+
Cl^-

(+)극　(−)극　고체 상태

가열

이온 사이의 결합이 약해져 이온들이 자유롭게 움직일 수 있다.

액체 상태　(+)극　(−)극

◆ **액체 상태의 염화 나트륨(염화 나트륨 용융액)**
염화 나트륨의 녹는점은 약 802 °C 이므로 고체 상태의 염화 나트륨을 802 °C보다 높은 온도로 가열하면 염화 나트륨 용융액이 된다.

(2) 염화 나트륨 용융액의 전기 분해: 액체 상태의 염화 나트륨에 전류를 흘려 주면 염화 나트륨이 분해되어 (+)극에서는 염소 기체가 발생하고, (−)극에서는 나트륨이 생성된다.

탐구 자료창 　**염화 나트륨 용융액의 전기 분해**

액체 상태의 염화 나트륨에 전류를 흘려 주면 (+)극에서는 염소 기체가 발생하고, (−)극에서는 금속 나트륨이 얻어진다.

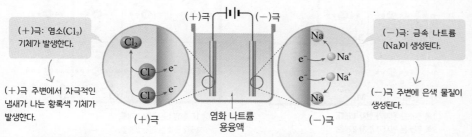

(+)극: 염소(Cl_2) 기체가 발생한다.

(+)극 주변에서 자극적인 냄새가 나는 황록색 기체가 발생한다.

(+)극　염화 나트륨 용융액　(−)극

(−)극: 금속 나트륨(Na)이 생성된다.

(−)극 주변에 은색 물질이 생성된다.

1. **염화 나트륨 용융액을 전기 분해하는 까닭**: 고체 상태의 염화 나트륨은 전기가 통하지 않으므로 액체 상태로 만들어 전류가 잘 흐르도록 한다.
2. **각 극에서의 반응**
   - (+)극: 염화 이온(Cl^-)이 전자를 잃어 염소(Cl_2) 기체가 발생한다.
   - (−)극: 나트륨 이온(Na^+)이 전자를 얻어 금속 나트륨(Na)이 생성된다.

$$(+)극: 2Cl^- \longrightarrow Cl_2 + 2e^-$$
$$(-)극: 2Na^+ + 2e^- \longrightarrow 2Na$$
$$전체 반응: 2NaCl \longrightarrow 2Na + Cl_2$$

3. **결론**: 염화 나트륨을 이루는 염화 이온과 나트륨 이온은 전기적인 상호 작용으로 결합하고 있지만, 염화 나트륨 용융액에서는 이 결합이 약해진다. 따라서 염화 나트륨 용융액에 전류를 흘려 주면 염화 이온과 나트륨 이온의 결합이 끊어지고, 새로운 결합이 형성되어 각 성분 물질이 생성된다.

(3) 이온 결합과 전자: 염화 나트륨은 이온 결합으로 이루어지며, 염화 나트륨을 전기 분해하면 전자를 잃거나 얻는 반응이 일어나 성분 물질로 분해된다. ➡ 성분 원소 사이의 이온 결합에 전자가 관여함을 알 수 있다.

암기해!

전기 분해

구분		(+)극	(−)극
반응		전자 잃음	전자 얻음
물		O_2 발생	H_2 발생
염화 나트륨 용융액		Cl_2 발생	Na 생성

용어

① 용융액(溶 흐르다, 融 녹다, 液 유동체) 가열하여 녹인 액체 상태의 물질

B 옥텟 규칙

1. ●비활성 기체의 전자 배치

(1) **비활성 기체**: ◆주기율표의 18족에 속하는 원소 예 헬륨(He), 네온(Ne), 아르곤(Ar) 등

(2) **전자 배치**: 가장 바깥 전자 껍질에 전자가 8개(He은 2개) 채워져 안정한 전자 배치를 이룬다. ➡ 화학적으로 안정하므로 다른 원자와 결합하여 전자를 잃거나 얻으려 하지 않는다.

| 비활성 기체의 전자 배치 |

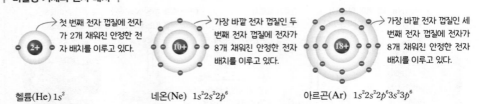

첫 번째 전자 껍질에 전자가 2개 채워진 안정한 전자 배치를 이루고 있다.

가장 바깥 전자 껍질인 두 번째 전자 껍질에 전자가 8개 채워진 안정한 전자 배치를 이루고 있다.

가장 바깥 전자 껍질인 세 번째 전자 껍질에 전자가 8개 채워진 안정한 전자 배치를 이루고 있다.

헬륨(He) $1s^2$　　　　네온(Ne) $1s^22s^22p^6$　　　　아르곤(Ar) $1s^22s^22p^63s^23p^6$

2. ●옥텟 규칙(여덟 전자 규칙)　18족 이외의 원자들이 전자를 잃거나 얻어서 비활성 기체와 같이 가장 바깥 전자 껍질에 전자 8개를 채워 안정해지려는 경향(H는 제외)

(1) **화학 결합과 옥텟 규칙**: 원자들은 화학 결합을 통해 전자를 주고받거나 공유하여 옥텟 규칙을 만족하는 안정한 전자 배치를 이룬다.

| 2, 3주기 원소의 전자 배치와 옥텟 규칙 |

족\주기	1	2	13	14	15	16	17	18
2	Li	Be			N	O	F	Ne
3	Na	Mg	Al		P	S	Cl	Ar

1족 원소는 원자가 전자 1개를,
2족 원소는 원자가 전자 2개를,
13족 원소인 알루미늄(Al)은 원자가 전자 3개를 잃어 안정한 전자 배치를 이룬다.

15족 원소는 전자 3개를,
16족 원소는 전자 2개를,
17족 원소는 전자 1개를
얻거나 다른 원자와 공유하여 안정한 전자 배치를 이룬다.

(2) 안정한 이온의 형성과 옥텟 규칙

구분	양이온	음이온
형성	금속 원자는 전자를 잃어 양이온을 형성하여 비활성 기체와 같은 전자 배치를 이룬다. └● 앞 주기의 비활성 기체	비금속 원자는 전자를 얻어 음이온을 형성하여 비활성 기체와 같은 전자 배치를 이룬다. └● 같은 주기의 비활성 기체
모형	전자 2개를 잃는다. 앞 주기의 비활성 기체인 네온(Ne)과 같은 전자 배치를 이룬다. 마그네슘 원자 → 마그네슘 이온	전자 2개를 얻는다. 같은 주기의 비활성 기체인 네온(Ne)과 같은 전자 배치를 이룬다. 산소 원자 → 산화 이온

◆ 주기율표에서 비활성 기체의 위치

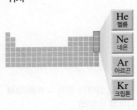

| He 헬륨 |
| Ne 네온 |
| Ar 아르곤 |
| Kr 크립톤 |

주의해!

헬륨(He)의 전자 배치
첫 번째 전자 껍질에는 전자가 최대 2개까지만 채워질 수 있다. 따라서 헬륨은 다른 비활성 기체와 달리 가장 바깥 전자 껍질인 첫 번째 전자 껍질에 전자가 2개 채워져 안정한 전자 배치를 이룬다.

암기해!

안정한 이온의 전자 배치
· Li, Be의 이온: He의 전자 배치와 같아진다.
· N, O, F, Na, Mg, Al의 이온: Ne의 전자 배치와 같아진다.
· P, S, Cl의 이온: Ar의 전자 배치와 같아진다.

（용어）

● 비활성(非 아니다, 活 생기가 있다, 性 성질) 화학적으로 안정하여 화학 반응을 하지 않는 성질
● 옥텟(Octet) 그리스어인 옥타(Octa)에서 유래한 말로, 숫자 '8'을 의미

개념 확인 문제

- 물의 전기 분해: (+)극에서는 (❶) 기체가, (−)극에서는 (❷) 기체가 발생한다.
- 염화 나트륨 용융액의 전기 분해: (+)극에서는 (❸) 기체가, (−)극에서는 금속 (❹)이 생성된다.
- 원자 사이에 화학 결합이 형성될 때는 (❺)가 관여한다.
- (❻): 주기율표의 18족에 속하는 원소로, 가장 바깥 전자 껍질에 전자가 8개(He은 2개) 채워져 안정한 전자 배치를 이룬다.
- (❼): 18족 이외의 원자들이 전자를 잃거나 얻어서 가장 바깥 전자 껍질에 전자 8개를 채워 안정해지려는 경향(H는 제외)
- 이온의 형성: 일반적으로 금속 원자는 전자를 잃어 (❽)을 형성하고, 비금속 원자는 전자를 얻어 (❾)을 형성한다.

---

1 그림은 물의 전기 분해 장치를 나타낸 것이다.

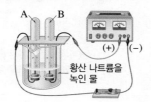

(1) A와 B에 모이는 기체의 이름을 각각 쓰시오.
(2) A와 B에 모이는 기체의 부피비를 쓰시오.

2 그림은 고체 상태와 액체 상태의 염화 나트륨의 입자 모형을 나타낸 것이다.

(가) 고체 상태   (나) 액체 상태

이에 대한 설명으로 옳은 것은 ○, 옳지 <u>않은</u> 것은 ×로 표시하시오.

(1) (가)와 (나)에서 모두 전기 전도성이 있다. …… ( )
(2) (나)를 전기 분해하면 (+)극에서는 황록색 기체가 발생한다. ………………………………………… ( )
(3) (나)를 전기 분해하면 (−)극에서는 금속 나트륨이 얻어진다. ………………………………………… ( )

3 비활성 기체와 옥텟 규칙에 대한 설명으로 옳은 것은 ○, 옳지 <u>않은</u> 것은 ×로 표시하시오.

(1) 모든 비활성 기체는 가장 바깥 전자 껍질에 전자가 8개 채워져 있다. ………………………………… ( )
(2) 18족 이외의 원자들은 화학 결합을 통해 옥텟 규칙을 만족하려는 경향이 있다. ………………………… ( )
(3) 원자가 안정한 이온이 될 때는 전자를 잃거나 얻어 비활성 기체와 같은 전자 배치를 이룬다. ……… ( )

4 그림은 원자 A~D의 전자 배치를 모형으로 나타낸 것이다.

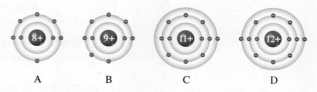

A   B   C   D

(1) A~D 중 안정한 이온이 될 때 양이온이 되는 것을 있는 대로 고르시오.
(2) A~D 중 안정한 이온이 될 때 음이온이 되는 것을 있는 대로 고르시오.
(3) A~D는 안정한 이온이 될 때 같은 비활성 기체의 전자 배치를 이룬다. 이에 해당하는 비활성 기체를 쓰시오.

C 이온 결합

1. 이온 결합 금속 원소의 양이온과 비금속 원소의 음이온 사이의 정전기적 인력에 의해 형성되는 결합

(1) 이온 결합의 형성: 금속 원자와 비금속 원자가 서로 전자를 주고받아 양이온과 음이온을 형성한 후, 이 이온들 사이에 정전기적 인력이 작용하여 결합이 형성된다.

162쪽 대표 자료 ❷

| 염화 나트륨의 이온 결합 |

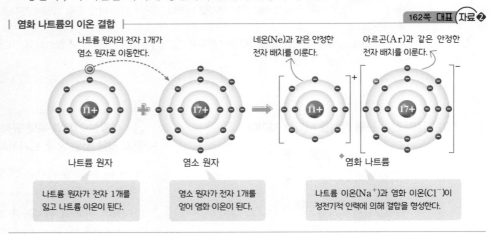

나트륨 원자의 전자 1개가 염소 원자로 이동한다.

네온(Ne)과 같은 안정한 전자 배치를 이룬다.

아르곤(Ar)과 같은 안정한 전자 배치를 이룬다.

나트륨 원자   염소 원자   염화 나트륨

나트륨 원자가 전자 1개를 잃고 나트륨 이온이 된다.

염소 원자가 전자 1개를 얻어 염화 이온이 된다.

나트륨 이온(Na^+)과 염화 이온(Cl^-)이 정전기적 인력에 의해 결합을 형성한다.

(2) 이온 결합의 형성과 에너지

① 양이온과 음이온 사이에는 정전기적 인력과 반발력이 동시에 작용한다.

② 양이온과 음이온 사이의 거리가 가까워질수록 인력이 작용하여 에너지가 낮아지지만, 두 이온 사이의 거리가 너무 가까워지면 반발력이 커지므로 에너지가 급격하게 높아진다.

③ 인력과 반발력이 균형을 이루어 에너지가 가장 낮은 거리에서 이온 결합이 형성된다.

162쪽 대표 자료 ❶

| 이온 사이의 거리에 따른 에너지 변화 |

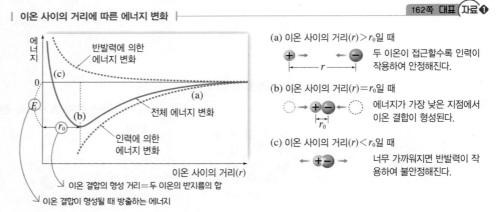

에너지

반발력에 의한 에너지 변화

(c)

0

(a)

전체 에너지 변화

E

(b)

r_0

인력에 의한 에너지 변화

이온 사이의 거리(r)

이온 결합의 형성 거리＝두 이온의 반지름의 합

이온 결합이 형성될 때 방출하는 에너지

(a) 이온 사이의 거리(r)＞r_0일 때
두 이온이 접근할수록 인력이 작용하여 안정해진다.
$+ \longleftrightarrow -$
$\vdash r \dashv$

(b) 이온 사이의 거리(r)＝r_0일 때
에너지가 가장 낮은 지점에서 이온 결합이 형성된다.
$\vdash r_0 \dashv$

(c) 이온 사이의 거리(r)＜r_0일 때
너무 가까워지면 반발력이 작용하여 불안정해진다.

2. 이온 결합 물질의 구조와 화학식
— 이온 결합에 의해 생성되는 물질

(1) 이온 결합 물질의 구조

① 고체 상태의 이온 결합 물질을 이온 ❶결정 또는 이온성 고체라고 한다.

② 이온 결정은 수많은 양이온과 음이온이 3차원적으로 서로를 둘러싸며 규칙적으로 배열되어 있다.

반대 전하를 띠는 이온 사이의 인력은 최대화하고, 같은 전하를 띠는 이온 사이의 반발력은 최소화하도록 배열되어 있다.

나트륨 이온(Na^+)

염화 이온(Cl^-)

⬆ 염화 나트륨 결정의 구조

◆ **염화 나트륨의 생성**
염소 기체에 금속 나트륨을 넣어 반응시키면 열과 빛을 내며 격렬하게 반응하여 염화 나트륨을 생성한다.

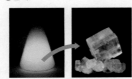

⬆ 염소＋나트륨   ⬆ 염화 나트륨

동아 교과서에만 나와요.

◆ **양이온과 음이온 사이의 인력과 반발력**

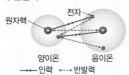

원자핵   전자

양이온   음이온
⟷ 인력   ⋯ 반발력

양이온과 음이온은 모두 원자핵과 전자로 이루어져 있기 때문에 한 이온의 원자핵과 다른 이온의 전자 사이에는 인력이 작용하고, 원자핵과 원자핵, 전자와 전자 사이에는 반발력이 작용한다.

(용어)

❶ **결정(結 뭉치다, 晶 빛나다)**
물질을 이루는 입자들이 규칙적인 배열을 한 고체 상태의 물질

(2) ◆이온 결합 물질의 화학식

① 이온의 전하에 따라 결합하는 이온의 개수비가 달라지므로 양이온과 음이온의 원소 기호 뒤에 이온의 개수비를 가장 간단한 정수비로 나타낸다.──●이때 1은 생략한다.

② 이온 결합 물질은 전기적으로 중성이므로 양이온의 전체 전하의 양과 음이온의 전체 전하의 양이 같다.

> (양이온의 전하×양이온의 수)＋(음이온의 전하×음이온의 수)＝0

양이온	음이온	이온의 개수비	화학식	◆이름
Na^+	Cl^-	1 : 1	$NaCl$	염화 나트륨
	CO_3^{2-}	2 : 1	Na_2CO_3	탄산 나트륨
Mg^{2+}	OH^-	1 : 2	$Mg(OH)_2$	수산화 마그네슘
	SO_4^{2-}	1 : 1	$MgSO_4$	황산 마그네슘
Ca^{2+}	O^{2-}	1 : 1	CaO	산화 칼슘
	CO_3^{2-}	1 : 1	$CaCO_3$	탄산 칼슘
Cu^{2+}	SO_4^{2-}	1 : 1	$CuSO_4$	황산 구리(Ⅱ)
Al^{3+}		2 : 3	$Al_2(SO_4)_3$	황산 알루미늄

3. 이온 결합 물질의 성질

(1) 결정의 쪼개짐과 부스러짐: 이온 결정은 매우 단단하지만, 외부에서 힘을 가하면 쉽게 쪼개지거나 부스러진다. ➡ 이온 층이 밀리면서 두 층의 경계면에서 같은 전하를 띤 이온들이 만나게 되어 반발력이 작용하기 때문이다.

| 이온 결정에 힘을 가할 때 |

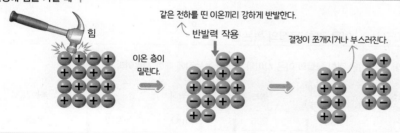

같은 전하를 띤 이온끼리 강하게 반발한다.
힘
반발력 작용
결정이 쪼개지거나 부스러진다.
이온 층이 밀린다.

(2) 물에 대한 용해성: 이온 결합 물질은 대체로 물에 잘 녹으며, 물속에서 양이온과 음이온이 물 분자에 둘러싸여 안정한 상태가 된다.

| 염화 나트륨의 용해 |

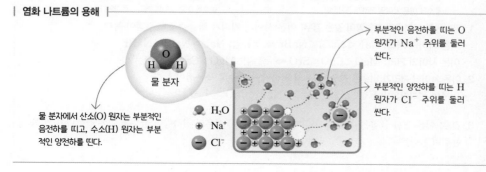

물 분자
O
H H

물 분자에서 산소(O) 원자는 부분적인 음전하를 띠고, 수소(H) 원자는 부분적인 양전하를 띤다.

부분적인 음전하를 띠는 O 원자가 Na^+ 주위를 둘러싼다.

부분적인 양전하를 띠는 H 원자가 Cl^- 주위를 둘러싼다.

H_2O
Na^+
Cl^-

◆ 이온 결합 물질의 화학식
이온 결합 물질은 전기적으로 중성이어야 한다. 따라서 양이온의 전하 값을 음이온의 수로 두고, 음이온의 전하 값을 양이온의 수로 두면 된다.

$Ca^{2+}\,Cl^-$ ⟶ $CaCl_2$
$Al^{3+}\,O^{2-}$ ⟶ Al_2O_3

◆ 이온 결합 물질의 이름
이온 결합 물질의 이름을 읽을 때는 음이온을 먼저 읽고, 양이온을 나중에 읽되, '이온'은 생략한다.

$CaCl_2$
칼슘 이온 ──→ 염화 이온
(양이온)   (음이온)
'염화 칼슘'

이온 결합 물질이 물에 잘 녹는 것은 물이 극성 용매이기 때문이에요. 물질의 극성에 대해서는 Ⅲ─2─02강에서 배웁니다.

주의해!

물에 녹지 않는 이온 결합 물질
이온 결합 물질이 모두 물에 잘 녹는 것은 아니다. $AgCl$, PbI_2, $CaSO_4$, $CaCO_3$ 등은 물에 잘 녹지 않는다.

1 이온 결합

◆ 온도에 따른 이온 결합 물질의 전기 전도도

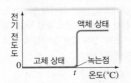

이온 결합 물질은 고체 상태에서 전기 전도도가 0이지만, 가열하여 녹는점(t °C) 이상의 온도가 되면 액체 상태가 되어 전기 전도도가 갑자기 증가한다.

암기해!

◆ 이온 결합 물질의 전기 전도성

고체	액체	수용액
×	○	○

◆ 이온 결합 물질의 녹는점

이온 결합 물질을 녹여 액체로 만들려면 정전기적 인력으로 형성된 수많은 이온 결합을 끊어야 하므로 이온 결합 물질의 녹는점은 매우 높다.

◆ 우리 주변 이온 결합 물질의 이용 예

물질	이용
염화 나트륨 (NaCl)	소금
염화 칼슘 (CaCl$_2$)	제설제, 습기 제거제
탄산 칼슘 (CaCO$_3$)	대리석, 석회석
염화 마그네슘 (MgCl$_2$)	두부 만들 때 사용하는 응고제(간수)
수산화 나트륨 (NaOH)	비누의 제조
탄산수소 나트륨 (NaHCO$_3$)	베이킹파우더

---

(3) 전기 전도성

① 고체 상태: 전기 전도성이 없다. ➡ 양이온과 음이온이 강하게 결합하고 있어 자유롭게 이동할 수 없기 때문이다.

② 액체 상태 및 수용액 상태: 전기 전도성이 있다. ➡ 양이온과 음이온으로 나누어져 이온들이 자유롭게 이동할 수 있기 때문이다.

| 염화 나트륨의 전기 전도성 |

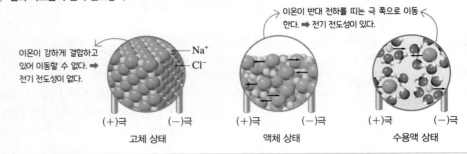

이온이 강하게 결합하고 있어 이동할 수 없다. ➡ 전기 전도성이 없다.

이온이 반대 전하를 띠는 극 쪽으로 이동한다. ➡ 전기 전도성이 있다.

(+)극 (−)극 — 고체 상태
(+)극 (−)극 — 액체 상태
(+)극 (−)극 — 수용액 상태

162쪽 **대표 자료 ❷**

(4) 녹는점과 끓는점: 녹는점과 끓는점이 매우 높아 실온에서 대부분 고체 상태로 존재한다.
➡ 양이온과 음이온이 정전기적 인력에 의해 강하게 결합되어 있기 때문이다.

① 정전기적 인력(쿨롱 힘): 전하를 띤 입자 사이에 작용하는 인력의 크기(F)로, 입자 사이의 거리(r)와 전하량(q)에 따라 달라진다.

$$F = k\frac{q_1 q_2}{r^2} \quad (q_1, q_2: \text{두 입자의 전하량}, r: \text{두 입자 사이의 거리})$$

② 정전기적 인력이 클수록 이온 결합력이 커져 녹는점이 높다. ➡ 이온 사이의 거리가 짧을수록, 이온의 전하량이 클수록 녹는점이 높다.

탐구 자료창 **이온 결합 물질의 녹는점**

표는 몇 가지 이온 결합 물질의 이온 사이의 거리와 녹는점에 대한 자료이다.

화학식	이온 사이의 거리(pm)	녹는점(°C)	화학식	이온 사이의 거리(pm)	녹는점(°C)
NaF	235	996	MgO	212	2825
NaCl	283	802	CaO	240	2613
NaBr	298	747	SrO	258	2531

증가 ➡ 낮아짐   증가 ➡ 낮아짐

➡ 양이온이 모두 Na$^+$이므로 음이온의 반지름이 클수록 이온 사이의 거리가 증가한다.

➡ 음이온이 모두 O^{2-}이므로 양이온의 반지름이 클수록 이온 사이의 거리가 증가한다.

1. 양이온과 음이온의 전하량이 같은 경우: 이온 사이의 거리가 짧을수록 녹는점이 높다.
• 이온 사이의 거리: NaF < NaCl < NaBr ➡ 녹는점: NaF > NaCl > NaBr
• 이온 사이의 거리: MgO < CaO < SrO ➡ 녹는점: MgO > CaO > SrO

2. 이온 사이의 거리가 비슷한 경우: 이온의 전하량이 클수록 녹는점이 높다.
• 이온의 전하량: NaF < CaO ➡ 녹는점: NaF < CaO
      +1 −1   +2 −2

3. 결론: 이온 결합 물질은 이온 사이의 거리가 짧을수록, 이온의 전하량이 클수록 이온 결합력이 커 녹는점이 높다.

개념 확인 문제

핵심 체크

- 이온 결합: 금속 원소의 양이온과 비금속 원소의 음이온 사이의 (❶   )에 의해 형성되는 결합
- 이온 결합의 형성: 양이온과 음이온의 정전기적 인력과 반발력이 균형을 이루어 에너지가 가장 (❷   ) 거리에서 이온 결합이 형성된다.
- 이온 결합 물질의 성질
  - 결정의 쪼개짐과 부스러짐: 외부에서 힘을 가하면 쉽게 쪼개지거나 부스러진다.
  - 물에 대한 용해성: 대체로 물에 잘 녹는다.
  - 전기 전도성: (❸   ) 상태에서는 전기 전도성이 없지만, (❹   ) 상태나 (❺   ) 상태에서는 전기 전도성이 있다.
  - 녹는점: 이온 사이의 거리가 (❻   )수록, 이온의 전하량이 (❼   )수록 녹는점이 높다.

1 이온 결합에 대한 설명으로 옳은 것은 ○, 옳지 <u>않은</u> 것은 ×로 표시하시오.

(1) 금속 원자는 전자를 얻고, 비금속 원자는 전자를 잃어 이온 결합을 형성한다. ─────────────── (   )

(2) 양이온과 음이온은 정전기적 반발력에 의해 이온 결합을 형성한다. ─────────────── (   )

(3) 염화 나트륨($NaCl$)이 생성될 때 나트륨(Na) 원자의 전자 1개가 염소(Cl) 원자로 이동한다. ─────── (   )

(4) 양이온과 음이온 사이의 인력과 반발력이 균형을 이루어 에너지가 가장 낮을 때 이온 결합이 형성된다.
─────────────── (   )

(5) 양이온과 음이온 사이의 거리가 가장 가까울 때 에너지가 가장 낮아 이온 결합이 형성된다. ─────── (   )

2 그림은 염화 나트륨($NaCl$)의 화학 결합을 모형으로 나타낸 것이다.

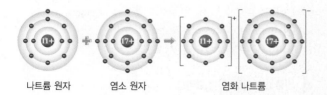

나트륨 원자   염소 원자   염화 나트륨

(1) 염화 나트륨에서 각 이온은 어떤 비활성 기체와 같은 전자 배치를 이루고 있는지 각각 쓰시오.

(2) 염화 나트륨에서 두 이온은 어떤 힘에 의해 결합하고 있는지 쓰시오.

3 표는 이온들이 결합하여 생성된 이온 결합 물질에 대한 자료이다. 빈칸에 알맞은 화학식 또는 이름을 쓰시오.

	이온	화학식	이름
(1)	K^+, Cl^-	KCl	( )
(2)	Mg^{2+}, Cl^-	( )	염화 마그네슘
(3)	Ca^{2+}, O^{2-}	CaO	( )
(4)	Al^{3+}, O^{2-}	( )	산화 알루미늄

4 이온 결합 물질의 성질에 대한 설명으로 옳은 것은 ○, 옳지 <u>않은</u> 것은 ×로 표시하시오.

(1) 양이온과 음이온이 강하게 결합하여 녹는점과 끓는점이 높다. ─────────────── (   )

(2) 고체 상태와 액체 상태에서는 전기 전도성이 없다.
─────────────── (   )

(3) 외부에서 힘을 가하면 다른 전하를 띤 이온 사이의 반발력에 의해 부스러지기 쉽다. ─────── (   )

5 표는 2~4주기 원소로 구성된 이온 결합 물질의 이온 사이의 거리를 나타낸 것이다.

화학식	이온 사이의 거리(pm)	화학식	이온 사이의 거리(pm)
NaF	235	MgO	212
$NaCl$	283	CaO	240
$NaBr$	298	SrO	258

각 물질의 녹는점을 부등호로 비교하시오. (단, NaF과 Na_2O은 이온 사이의 거리가 비슷하다.)

(1) $NaCl$ (   ) $NaBr$ (2) NaF (   ) CaO

(3) MgO (   ) SrO (4) NaF (   ) Na_2O

대표 자료 분석

자료 ❶ 이온 사이의 거리에 따른 에너지 변화

> **기출 Point**
> • 이온 사이의 거리에 따른 에너지 변화 그래프 해석
> • 이온 사이의 거리와 이온 결합의 형성

[1~3] 그림은 이온 사이의 거리에 따른 에너지 변화를 나타낸 것이다.

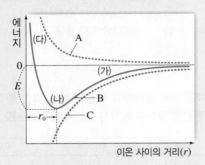

1 A~C 중 인력과 반발력에 의한 전체 에너지 변화를 나타낸 것을 쓰시오.

2 (가)~(다) 중 이온 결합이 형성되는 지점을 쓰시오.

3 빈출 선택지로 완벽 정리!

(1) r_0는 양이온과 음이온의 지름의 합과 같다. (○ / ×)

(2) 이온 사이의 거리가 r_0일 때보다 가까울 때는 인력이 반발력보다 우세하게 작용한다. .... (○ / ×)

(3) E가 클수록 이온 결합 물질의 녹는점이 높다.
.... (○ / ×)

(4) 이온의 전하량이 같을 때 r_0가 작을수록 녹는점이 높다.
.... (○ / ×)

(5) r_0가 비슷할 때 이온의 전하량이 작을수록 녹는점이 높다. .... (○ / ×)

(6) r_0는 CaO이 MgO보다 크다. .... (○ / ×)

(7) E는 KCl이 MgO보다 크다. .... (○ / ×)

자료 ❷ 이온 결합의 형성과 이온 결합 물질

> **기출 Point**
> • 이온의 형성과 옥텟 규칙
> • 이온 결합 물질의 화학식과 성질

[1~4] 그림은 화합물 AB와 CB를 화학 결합 모형으로 나타낸 것이다. (단, A~C는 임의의 원소 기호이다.)

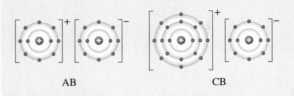

AB　　　　　　　　CB

1 A~C의 원소 기호를 각각 쓰시오.

2 A~C가 각각 안정한 이온이 될 때 비활성 기체와 같은 전자 배치를 이룬다. A~C의 안정한 이온과 같은 전자 배치를 갖는 비활성 기체를 각각 쓰시오.

3 A와 C가 각각 산소(O)와 결합할 때 생성되는 화합물의 화학식을 순서대로 쓰시오. (단, 화합물은 과산화물이 아니다.)

4 빈출 선택지로 완벽 정리!

(1) A와 B는 같은 주기 원소이다. .... (○ / ×)

(2) A와 C는 같은 족 원소이다. .... (○ / ×)

(3) 이온 사이의 거리는 AB가 CB보다 길다. ...... (○ / ×)

(4) CB의 녹는점은 AB의 녹는점보다 높다. ...... (○ / ×)

내신 만점 문제

A 화학 결합의 전기적 성질

01 그림은 물의 전기 분해 실험 장치를 나타낸 것이다.

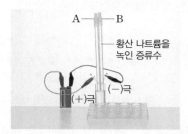

이에 대한 설명으로 옳지 않은 것은?

① A에 모인 기체는 산소이다.
② B에 모인 기체에 점화기의 불꽃을 가까이 하면 '퍽' 소리가 난다.
③ A와 B에 모이는 기체의 부피비는 1 : 2이다.
④ 황산 나트륨은 물에 전류가 잘 흐르도록 한다.
⑤ (−)극에서는 물 분자가 전자를 잃는 반응이 일어난다.

중요 02 그림은 염화 나트륨 용융액을 전기 분해할 때 가열 용기 내에서 각 이온이 이동하는 모습을 나타낸 것이다.

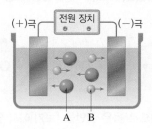

이에 대한 설명으로 옳지 않은 것은?

① A는 염화 이온이다.
② B는 (−)극에서 전자를 얻는다.
③ (+)극에서는 황록색 기체가 발생한다.
④ (−)극에서는 은백색 물질이 생성된다.
⑤ (+)극과 (−)극에서 생성된 물질의 입자 수비는 1 : 1이다.

서술형
03 다음은 염화 나트륨(NaCl)과 물(H_2O)의 전기 분해를 화학 반응식으로 나타낸 것이다.

$$(가)\ 2NaCl(s) \xrightarrow[\text{전기 분해}]{\text{용융}} 2Na(s) + Cl_2(g)$$

$$(나)\ 2H_2O(l) \xrightarrow[\text{전기 분해}]{\text{전해질 첨가}} 2H_2(g) + O_2(g)$$

(가)와 (나)에서 각 화합물은 분해되어 성분 원소가 얻어진다. 이를 통해 알 수 있는 화학 결합의 성질을 서술하시오.

B 옥텟 규칙

04 비활성 기체와 옥텟 규칙에 대한 설명으로 옳지 않은 것을 모두 고르면? (2개)

① 비활성 기체는 18족 원소이다.
② 비활성 기체는 안정한 전자 배치를 이루므로 반응성이 크다.
③ 비활성 기체의 가장 바깥 전자 껍질에 들어 있는 전자 수는 모두 같다.
④ 옥텟 규칙은 비활성 기체 이외의 원자들은 화학 결합을 통해 옥텟 규칙을 만족하려는 경향이 있다는 것이다.
⑤ 원자가 안정한 이온이 될 때는 전자를 잃거나 얻어 비활성 기체와 같은 전자 배치를 이룬다.

05 그림은 주기율표의 일부를 나타낸 것이다.

족\주기	1	2	13	14	15	16	17	18
1								A
2	B							C
3		D					E	

A~E에 대한 설명으로 옳은 것만을 [보기]에서 있는 대로 고르시오. (단, A~E는 임의의 원소 기호이다.)

보기
ㄱ. 비활성 기체는 A와 C이다.
ㄴ. B가 안정한 이온이 되면 C와 같은 전자 배치를 이룬다.
ㄷ. D와 E가 각각 안정한 이온이 되면 서로 같은 비활성 기체의 전자 배치를 이룬다.

06 그림은 원소 A~C의 원자 또는 안정한 이온의 바닥상태 전자 배치를 나타낸 것이다.

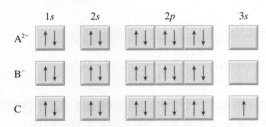

이에 대한 설명으로 옳은 것만을 [보기]에서 있는 대로 고른 것은? (단, A~C는 임의의 원소 기호이다.)

> 보기
> ㄱ. A의 원자가 전자는 6개이다.
> ㄴ. B는 안정한 이온이 될 때 전자 1개를 잃는다.
> ㄷ. C는 전자 1개를 얻으면서 옥텟 규칙을 만족한다.

① ㄱ   ② ㄷ   ③ ㄱ, ㄴ
④ ㄴ, ㄷ   ⑤ ㄱ, ㄴ, ㄷ

중요
07 그림은 원자 A~C의 전자 배치를 모형으로 나타낸 것이다.

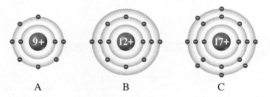

A   B   C

이에 대한 설명으로 옳은 것만을 [보기]에서 있는 대로 고른 것은? (단, A~C는 임의의 원소 기호이다.)

> 보기
> ㄱ. B가 전자 2개를 얻으면 옥텟 규칙을 만족한다.
> ㄴ. 안정한 이온이 될 때 같은 비활성 기체의 전자 배치를 이루는 원자는 A와 B이다.
> ㄷ. 안정한 이온이 될 때 음이온이 되는 원자는 A와 C이다.

① ㄱ   ② ㄷ   ③ ㄱ, ㄴ
④ ㄴ, ㄷ   ⑤ ㄱ, ㄴ, ㄷ

C 이온 결합

중요
08 그림은 나트륨 원자와 염소 원자가 반응하여 염화 나트륨을 생성하는 화학 결합 모형을 나타낸 것이다.

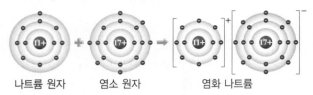

나트륨 원자   염소 원자   염화 나트륨

이에 대한 설명으로 옳은 것만을 [보기]에서 있는 대로 고른 것은?

> 보기
> ㄱ. Na^+과 Cl^-은 같은 종류의 비활성 기체의 전자 배치를 이룬다.
> ㄴ. 이온 결합이 형성될 때 Na에서 Cl로 전자가 이동한다.
> ㄷ. 염화 나트륨은 Na^+과 Cl^-이 1 : 1의 개수비로 결합하여 생성된다.

① ㄱ   ② ㄴ   ③ ㄱ, ㄷ
④ ㄴ, ㄷ   ⑤ ㄱ, ㄴ, ㄷ

09 그림은 화합물 A_2B를 화학 결합 모형으로 나타낸 것이다.

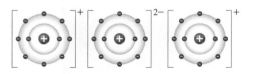

이에 대한 설명으로 옳은 것만을 [보기]에서 있는 대로 고른 것은? (단, A와 B는 임의의 원소 기호이다.)

> 보기
> ㄱ. A와 B는 같은 주기 원소이다.
> ㄴ. A_2B는 고체 상태에서 전기 전도성이 있다.
> ㄷ. 화학 결합이 형성될 때 전자는 A에서 B로 이동한다.

① ㄱ   ② ㄷ   ③ ㄱ, ㄴ
④ ㄴ, ㄷ   ⑤ ㄱ, ㄴ, ㄷ

[10~11] 그림은 금속 원소의 양이온과 비금속 원소의 음이온 사이의 거리에 따른 에너지 변화를 나타낸 것이다.

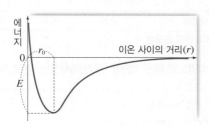

중요 10 이에 대한 설명으로 옳은 것만을 [보기]에서 있는 대로 고른 것은?

> **보기**
> ㄱ. r_0는 이온 결합이 형성되는 거리이다.
> ㄴ. 이온 사이의 거리가 r_0일 때보다 멀 때는 인력이 반발력보다 우세하게 작용한다.
> ㄷ. E가 클수록 이온 결합 물질의 녹는점이 높다.

① ㄱ ② ㄴ ③ ㄱ, ㄷ
④ ㄴ, ㄷ ⑤ ㄱ, ㄴ, ㄷ

11 두 화합물의 r_0와 E의 크기를 각각 옳게 비교한 것은?

r_0	E
① LiF > NaCl	LiF < NaCl
② LiCl < NaCl	LiCl < NaCl
③ MgO < CaO	MgO < CaO
④ MgO < KCl	MgO > KCl
⑤ NaCl > KCl	NaCl < KCl

12 다음은 원자 A~E의 바닥상태 전자 배치를 나타낸 것이다.

> • A: $1s^2 2s^1$ • B: $1s^2 2s^2 2p^5$
> • C: $1s^2 2s^2 2p^6 3s^2$ • D: $1s^2 2s^2 2p^6 3s^2 3p^4$
> • E: $1s^2 2s^2 2p^6 3s^2 3p^5$

A~E로 이루어진 화합물의 화학식으로 옳지 <u>않은</u> 것은? (단, A~E는 임의의 원소 기호이다.)

① AB ② A_2D ③ AE
④ CD ⑤ C_2E

13 그림은 2가지 이온 결합 물질의 이온 사이의 거리에 따른 에너지 변화를 나타낸 것이다.

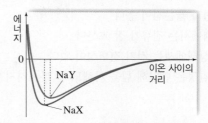

이에 대한 설명으로 옳은 것만을 [보기]에서 있는 대로 고른 것은? (단, X와 Y는 임의의 원소 기호이다.)

> **보기**
> ㄱ. 원자 번호는 X가 Y보다 크다.
> ㄴ. 녹는점은 NaX가 NaY보다 높다.
> ㄷ. NaX는 고체 상태에서, NaY는 액체 상태에서 전기 전도성이 있다.

① ㄱ ② ㄴ ③ ㄱ, ㄷ
④ ㄴ, ㄷ ⑤ ㄱ, ㄴ, ㄷ

14 다음은 2가지 이온 결합 물질의 화학식에 대한 설명이다.

> • 마그네슘 이온(Mg^{2+})과 산화 이온(O^{2-})은 $x : y$의 개수비로 결합하여 산화 마그네슘을 생성한다.
> • 알루미늄 이온(Al^{3+})과 산화 이온(O^{2-})이 결합한 산화 알루미늄의 화학식은 $Al_a O_b$이다.

이에 대한 설명으로 옳은 것만을 [보기]에서 있는 대로 고른 것은?

> **보기**
> ㄱ. $a : b = 3 : 2$이다.
> ㄴ. $\dfrac{y}{x} \times \dfrac{b}{a} = \dfrac{3}{2}$이다.
> ㄷ. 이온 결합 물질에서 양이온의 전하량 합과 음이온의 전하량 합은 같다.

① ㄱ ② ㄷ ③ ㄱ, ㄴ
④ ㄴ, ㄷ ⑤ ㄱ, ㄴ, ㄷ

중요 15 이온 결합 물질의 일반적인 특징으로 옳지 <u>않은</u> 것은?

① 대체로 물에 잘 녹는다.

② 녹는점과 끓는점이 높다.

③ 수용액에서는 전류가 잘 흐른다.

④ 고체 상태에서는 전기 전도성이 없다.

⑤ 이온 결정은 단단해 힘을 가해도 잘 부서지지 않는다.

16 표는 3가지 물질의 녹는점을 나타낸 것이며, 물질 (가)~(다)는 각각 NaF, NaBr, MgO 중 하나이다.

물질	(가)	(나)	(다)
녹는점(°C)	747	996	2825

이에 대한 설명으로 옳은 것만을 [보기]에서 있는 대로 고른 것은? (단, NaF과 MgO의 이온 사이의 거리는 비슷하다.)

[보기]
ㄱ. (가)는 NaF이다.
ㄴ. (가)~(다) 중 이온 결합력이 가장 큰 화합물은 (다)이다.
ㄷ. (가)와 (나)의 녹는점 차이는 이온의 전하량 때문이다.

① ㄱ   ② ㄴ   ③ ㄱ, ㄷ
④ ㄴ, ㄷ   ⑤ ㄱ, ㄴ, ㄷ

중요 17 표는 4가지 이온 결합 물질에 대한 자료이다.

화학식	NaA	NaB	CO	DO
이온 사이의 거리(pm)	235	283	212	240
녹는점(°C)	996	802	2825	2613

이에 대한 설명으로 옳은 것만을 [보기]에서 있는 대로 고른 것은? (단, A~D는 임의의 원소 기호이다.)

[보기]
ㄱ. 원자 번호는 A가 B보다 크다.
ㄴ. C와 D의 전하량은 모두 Na^+의 2배이다.
ㄷ. NaA와 NaB의 녹는점을 비교하면 이온 사이의 거리가 녹는점에 미치는 영향을 알 수 있다.

① ㄱ   ② ㄴ   ③ ㄱ, ㄷ
④ ㄴ, ㄷ   ⑤ ㄱ, ㄴ, ㄷ

18 표는 원소 A~D로 이루어진 3가지 화합물에 대한 자료이다. A~D는 각각 O, F, Na, Mg 중 하나이다.

화합물	AB_2	CB	DB_2
액체 상태의 전기 전도성	있음	㉠	없음

이에 대한 설명으로 옳은 것만을 [보기]에서 있는 대로 고른 것은?

[보기]
ㄱ. ㉠은 '있음'이다.
ㄴ. A와 C는 모두 금속 원소이다.
ㄷ. AD는 이온 결합 물질이다.

① ㄱ   ② ㄷ   ③ ㄱ, ㄴ
④ ㄴ, ㄷ   ⑤ ㄱ, ㄴ, ㄷ

[19~20] 그림은 2, 3주기의 2가지 원소로 이루어진 고체 X를 가열할 때 온도에 따른 전류의 세기를 나타낸 것이다. (단, X를 구성하는 두 이온은 같은 비활성 기체의 전자 배치를 이룬다.)

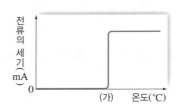

19 X에 대한 설명으로 옳은 것만을 [보기]에서 있는 대로 고른 것은?

[보기]
ㄱ. X는 이온 결합 물질이다.
ㄴ. 고체 상태의 X에 힘을 가하면 부스러지기 쉽다.
ㄷ. X와 이온의 전하량이 같고 X보다 이온 사이의 거리가 긴 화합물의 녹는점은 (가)보다 높다.

① ㄱ   ② ㄷ   ③ ㄱ, ㄴ
④ ㄴ, ㄷ   ⑤ ㄱ, ㄴ, ㄷ

서술형 20 X를 구성하는 양이온과 음이온의 원소가 각각 어떤 주기에 속하는지 그렇게 판단한 까닭과 함께 서술하시오.

01 다음은 물(H_2O)의 전기 분해 실험 과정이다.

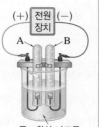

(가) 비커에 물을 넣고, 황산 나트륨을 소량 녹인다.
(나) (가)의 수용액으로 가득 채운 시험관 A와 B에 그림과 같이 장치하고 전류를 흘려 주어 생성되는 기체를 시험관에 모은다.
(다) 시험관 A, B에 모인 기체의 부피를 측정하고, 기체의 종류를 확인한다.

물+황산 나트륨

이에 대한 설명으로 옳은 것만을 [보기]에서 있는 대로 고른 것은?

보기
ㄱ. A와 B에 모인 기체의 부피비는 1 : 2이다.
ㄴ. B에 모인 기체는 산소(O_2)이다.
ㄷ. 이 실험으로 물을 이루고 있는 수소(H)와 산소(O)의 화학 결합에는 전자가 관여함을 알 수 있다.

① ㄱ   ② ㄴ   ③ ㄱ, ㄷ
④ ㄴ, ㄷ   ⑤ ㄱ, ㄴ, ㄷ

02 그림은 몇 가지 이온 결합 물질의 이온 사이의 거리에 따른 녹는점을 나타낸 것이다.

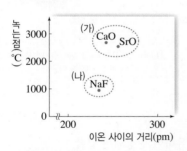

이에 대한 설명으로 옳은 것만을 [보기]에서 있는 대로 고른 것은?

보기
ㄱ. 이온의 전하량은 CaO이 SrO보다 크다.
ㄴ. (가)에서 CaO이 SrO보다 녹는점이 높은 까닭은 CaO이 SrO보다 이온 사이의 거리가 짧기 때문이다.
ㄷ. (가)가 (나)보다 녹는점이 높은 주된 까닭은 (가)가 (나)보다 이온의 전하량이 크기 때문이다.

① ㄱ   ② ㄴ   ③ ㄱ, ㄷ
④ ㄴ, ㄷ   ⑤ ㄱ, ㄴ, ㄷ

03 그림은 원자 A~C의 전자 배치를 모형으로 나타낸 것이다.

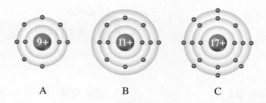

A~C 중 2가지 원자가 결합하여 이온 결합 물질을 생성할 때, 이에 대한 설명으로 옳은 것만을 [보기]에서 있는 대로 고른 것은? (단, A~C는 임의의 원소 기호이다.)

보기
ㄱ. 녹는점은 BC(s)가 BA(s)보다 높다.
ㄴ. 이온 사이의 거리는 BA가 BC보다 길다.
ㄷ. BA를 구성하는 이온은 모두 Ne의 전자 배치를 이룬다.

① ㄱ   ② ㄷ   ③ ㄱ, ㄴ
④ ㄴ, ㄷ   ⑤ ㄱ, ㄴ, ㄷ

04 그림은 $Na^+(g)$과 $X^-(g)$ 사이의 거리에 따른 에너지 변화를, 표는 NaX(g)와 NaY(g)가 가장 안정한 상태일 때 각 물질에서 양이온과 음이온 사이의 거리를 나타낸 것이다.

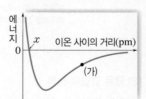

물질	이온 사이의 거리(pm)
NaX(g)	236
NaY(g)	250

이에 대한 설명으로 옳은 것만을 [보기]에서 있는 대로 고른 것은? (단, X와 Y는 임의의 원소 기호이다.)

보기
ㄱ. NaX에서 x는 236보다 작다.
ㄴ. (가)에서 Na^+과 X^- 사이에 작용하는 힘은 반발력이 인력보다 우세하다.
ㄷ. 1 atm에서 녹는점은 NaX(s)가 NaY(s)보다 높다.

① ㄱ   ② ㄴ   ③ ㄱ, ㄷ
④ ㄴ, ㄷ   ⑤ ㄱ, ㄴ, ㄷ

② 공유 결합과 금속 결합

핵심 포인트
1. 공유 결합의 형성 ★★★
2. 공유 결합 물질의 성질 ★★
3. 금속 결합 물질의 성질 ★★★
4. 녹는점, 끓는점, 전기 전도성을 이용한 물질의 분류 ★★★

A 공유 결합

우리 주변에는 물, 산소, 수소, 이산화 탄소 등과 같은 분자들이 존재하는데, 이러한 분자는 모두 비금속 원소로 이루어져 있어요. 그렇다면 비금속 원소 사이에서는 어떤 원리로 화학 결합이 형성되는 걸까요? 지금부터 살펴볼까요?

◆ 비금속 원소
주기율표에서 14~17족 원소들은 원자가 전자가 4~7개이다. 따라서 비금속 원소들끼리 결합하여 안정한 전자 배치를 하기 위해서는 부족한 전자 수만큼 서로 전자를 공유하여 결합해야 한다.

1. 공유 결합 ✦비금속 원자들이 전자쌍을 공유하여 형성되는 결합 [175쪽 대표 자료 ①]

(1) 공유 결합의 형성: 비금속 원자들이 각각 전자를 내놓아 전자쌍을 만들고, 이 전자쌍을 공유하여 결합이 형성된다.

| 수소(H_2)의 공유 결합 |
수소(H) 원자 2개가 전자를 각각 1개씩 내놓아 전자쌍 1개를 공유하여 결합을 형성한다.

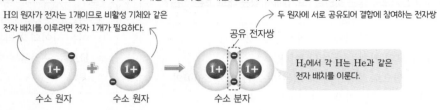

| 물(H_2O)의 공유 결합 |
산소(O) 원자 1개가 수소(H) 원자 2개와 각각 전자쌍 1개씩을 공유하여 결합을 형성한다.

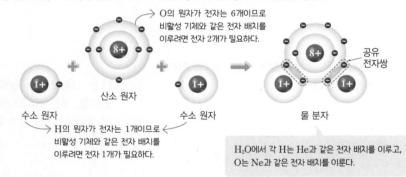

(2) 공유 결합의 종류

① **단일 결합:** 두 원자 사이에 전자쌍 1개를 공유하여 형성되는 결합
  예 HF, H_2, NH_3, CH_4 등

| 플루오린화 수소(HF)의 생성 |
플루오린화 수소(HF) 분자에서 수소(H) 원자와 플루오린(F) 원자 사이에는 단일 결합이 형성된다.

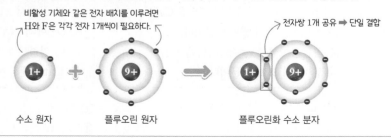

[동아, 천재 교과서에만 나와요.]

◆ 배위 공유 결합
어떤 이온이나 분자가 옥텟 규칙을 만족하지 못하는 경우 다른 원자나 분자가 공유 전자쌍을 모두 제공하는 공유 결합을 형성하는데, 이를 배위 공유 결합 또는 배위 결합이라고 한다.

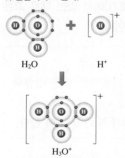

↑ 하이드로늄 이온(H_3O^+)의 형성

② 2중 결합: 두 원자 사이에 전자쌍 2개를 공유하여 형성되는 결합 예 CO_2, O_2 등

| 이산화 탄소(CO_2)의 생성 |

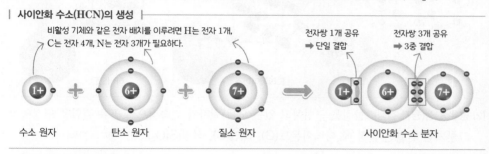

비활성 기체와 같은 전자 배치를 이루려면
O는 전자 2개, C는 전자 4개가 필요하다.

전자쌍 2개 공유 ➡ 2중 결합   전자쌍 2개 공유 ➡ 2중 결합

산소 원자   탄소 원자   산소 원자   이산화 탄소 분자

③ 3중 결합: 두 원자 사이에 전자쌍 3개를 공유하여 형성되는 결합 예 HCN, N_2 등

| 사이안화 수소(HCN)의 생성 |

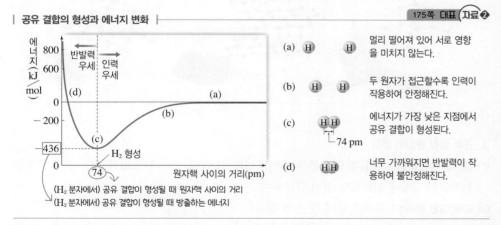

비활성 기체와 같은 전자 배치를 이루려면 H는 전자 1개,
C는 전자 4개, N는 전자 3개가 필요하다.

전자쌍 1개 공유 ➡ 단일 결합   전자쌍 3개 공유 ➡ 3중 결합

수소 원자   탄소 원자   질소 원자   사이안화 수소 분자

(3) 공유 결합의 형성과 에너지 변화

① 분자를 이루는 두 원자 사이에는 ◆정전기적 인력과 반발력이 동시에 작용한다.

② 두 원자 사이의 거리가 가까워지면 인력이 작용하여 에너지가 낮아지지만, 두 원자 사이의 거리가 너무 가까워지면 반발력이 커지므로 에너지가 급격하게 높아진다.

③ 인력과 반발력이 균형을 이루어 에너지가 가장 낮은 거리에서 공유 결합이 형성된다.

| 공유 결합의 형성과 에너지 변화 | 175쪽 대표 자료❷

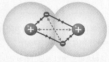

에너지($\frac{kJ}{mol}$)

반발력 우세 ← → 인력 우세

800
600
(d)
0   (a)
−200   (b)
(c)
436   H₂ 형성
0
74   원자핵 사이의 거리(pm)

(H₂ 분자에서) 공유 결합이 형성될 때 원자핵 사이의 거리
(H₂ 분자에서) 공유 결합이 형성될 때 방출하는 에너지

(a) H   H   멀리 떨어져 있어 서로 영향을 미치지 않는다.

(b) H   H   두 원자가 접근할수록 인력이 작용하여 안정해진다.

(c) H H   에너지가 가장 낮은 지점에서 공유 결합이 형성된다.
└74 pm

(d) H H   너무 가까워지면 반발력이 작용하여 불안정해진다.

④ ◆결합 길이: 두 원자가 공유 결합을 이룰 때 두 원자핵 사이의 거리
└ '공유 결합 길이'라고도 한다.

미래엔, 천재 교과서에만 나와요.

⑤ ◆결합 에너지: 기체 상태의 분자 1 mol에서 원자 사이의 공유 결합을 끊어 기체 상태의 원자로 만드는 데 필요한 에너지로, 결합 에너지가 클수록 결합이 강하고 안정하다.

예 $H_2(g) + 436 kJ \longrightarrow H(g) + H(g)$
└ 수소 분자의 결합 에너지

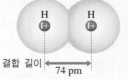

결합 길이 ┤ ├ 74 pm

⬆ 수소(H_2)의 결합 길이

◆ 다중 결합
다중 결합은 두 원자 사이에 여러 개의 전자쌍을 공유하는 결합이다. 2중 결합과 3중 결합을 통틀어 다중 결합이라고 한다.

YBM 교과서에만 나와요.

◆ 분자 내의 인력과 반발력

→ 인력   ⇢ 반발력

분자를 이루는 두 원자의 원자핵과 공유된 전자 사이에는 인력이 작용하고, 원자핵과 원자핵, 전자와 전자 사이에는 반발력이 작용한다.

천재 교과서에만 나와요.

◆ 결합 길이와 결합 에너지의 관계

분자	결합 길이 (pm)	결합 에너지 (kJ/mol)
Cl_2	199	242
Br_2	228	194
I_2	267	152

일반적으로 결합 길이가 짧을수록 결합이 강하므로 결합 에너지가 크다.

2. 공유 결합 물질 공유 결합으로 생성되는 물질로, 대부분이 독립된 분자로 존재한다.
➡ 고체 상태의 공유 결합 물질은 분자 결정과 공유 결정으로 구분할 수 있다.

(1) 분자 결정(분자성 고체): 분자들이 분자 사이에 작용하는 인력에 의해 규칙적으로 배열되어 이룬 결정 예 얼음(H_2O), 드라이아이스(CO_2), 아이오딘(I_2), 나프탈렌($C_{10}H_8$) 등
└ 대표적인 승화성 물질이다.

| 분자 결정 모형 |

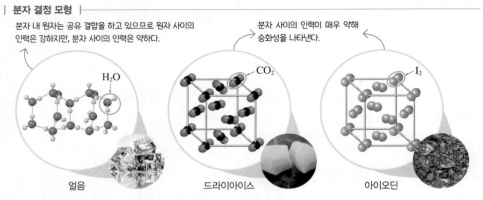

분자 내 원자는 공유 결합을 하고 있으므로 원자 사이의 인력은 강하지만, 분자 사이의 인력은 약하다.

분자 사이의 인력이 매우 약해 승화성을 나타낸다.

H_2O CO_2 I_2

얼음   드라이아이스   아이오딘

(2) 공유 결정(원자 결정): 물질을 구성하고 있는 모든 원자가 연속적으로 공유 결합을 형성하여 그물처럼 연결된 결정 예 다이아몬드(C), 흑연(C), 석영(SiO_2) 등 ➡ 분자로 존재하지 않는다.

| 공유 결정 모형 |

C 원자 1개가 다른 C 원자 4개와 정사면체 모양으로 결합한 3차원의 그물 구조이다. ➡ 매우 단단하다.

C 원자 1개가 다른 C 원자 3개와 평면에서 정육각형 모양으로 결합한 층상 구조이다. ➡ 층과 층 사이의 결합력이 약해 부스러지기 쉽다.

Si 원자 1개가 O 원자 4개와 정사면체 모양으로 결합한 3차원의 그물 구조이다. ➡ 단단하다.

C   C   Si
                O

다이아몬드   흑연   석영

3. 공유 결합 물질의 성질

(1) 결정의 부스러짐: 분자 결정은 분자 사이의 인력이 약해 쉽게 부스러지지만, 공유 결정은 원자들이 강하게 결합되어 있어 단단하다.

(2) 물에 대한 용해성: 대부분 물에 잘 녹지 않는다. ─• HCl, NH_3처럼 물에 녹아 이온을 형성하는 분자는 물에 잘 녹는다.

(3) 전기 전도성: 고체 상태와 액체 상태에서 전기 전도성이 없다. (단, 흑연은 예외) ➡ 전자가 원자 사이에 공유되어 있거나 원자핵에 강하게 결합되어 있어 이동할 수 없기 때문이다.

(4) 녹는점과 끓는점

① **분자 결정:** 분자 사이의 인력이 약해 녹는점과 끓는점이 비교적 낮고, 실온에서 대부분 액체 상태나 기체 상태로 존재한다. ─• 분자 사이에 작용하는 인력은 이온 결합이나 공유 결합에 비해 매우 약하다.

② **공유 결정:** 원자들이 강하게 결합되어 있어 녹는점이 매우 높고, 실온에서 고체 상태로 존재한다. 예 흑연과 다이아몬드의 녹는점: 3500 °C 이상

개념 확인 문제 ∘

핵심 체크

- (❶) 결합: 비금속 원자들이 전자쌍을 공유하여 형성되는 결합
- 공유 결합의 형성과 에너지 변화: 공유 결합은 두 원자의 정전기적 인력과 반발력이 균형을 이루어 에너지가 가장 (❷) 거리에서 형성되며, 이때 두 원자핵 사이의 거리를 (❸)라고 한다.
- (❹): 분자들이 분자 사이에 작용하는 인력에 의해 규칙적으로 배열되어 이룬 결정
- (❺): 물질을 구성하고 있는 모든 원자가 연속적으로 공유 결합을 형성하여 그물처럼 연결된 결정
- 공유 결합 물질의 성질
  - 결정의 부스러짐: (❻) 결정은 쉽게 부스러지지만, (❼) 결정은 단단하다.
  - 물에 대한 용해성: 대부분 물에 잘 녹지 않는다.
  - 전기 전도성: 고체 상태와 액체 상태에서 전기 전도성이 (❽). (흑연은 예외)
  - 녹는점과 끓는점: (❾) 결정은 녹는점과 끓는점이 낮지만, (❿) 결정은 녹는점이 매우 높다.

1 공유 결합에 대한 설명으로 옳은 것은 ○, 옳지 <u>않은</u> 것은 ×로 표시하시오.

(1) 비금속 원자들 사이에 전자를 주고받아 이루어지는 결합이다. ······································ ( )

(2) 원자들이 공유 결합을 형성하면 비활성 기체와 같은 안정한 전자 배치를 이룬다. ···················· ( )

(3) 결합에 참여하는 전자쌍을 공유 전자쌍이라고 한다. ·· ( )

(4) 두 원자 사이에 항상 1개의 전자쌍을 공유하여 형성된다. ·· ( )

2 그림은 물 분자의 생성 과정을 화학 결합 모형으로 나타낸 것이다.

수소 원자   산소 원자   수소 원자   물 분자

다음 ㉠~㉤에 알맞은 수 또는 원소 이름을 쓰시오.

- 수소 원자와 산소 원자가 비활성 기체와 같은 전자 배치를 이루려면 수소 원자는 전자 ㉠( )개, 산소 원자는 전자 ㉡( )개가 필요하다.
- 물 분자에는 공유 전자쌍이 ㉢( )개 있다.
- 물 분자에서 수소는 ㉣( )과 같은 전자 배치를 이루고, 산소는 ㉤( )과 같은 전자 배치를 이룬다.

3 (가)2중 결합이 있는 물질과 (나)3중 결합이 있는 물질을 [보기]에서 각각 있는 대로 고르시오.

보기
ㄱ. N_2 ㄴ. O_2 ㄷ. HF
ㄹ. HCN   ㅁ. CO_2 ㅂ. CH_4

4 그림은 수소(H_2) 분자가 생성될 때 원자핵 사이의 거리에 따른 에너지 변화를 나타낸 것이다.

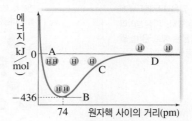

(1) A~D 중 공유 결합이 형성되는 위치를 고르시오.
(2) 수소 분자의 결합 길이(pm)와 결합 에너지(kJ/mol)를 각각 쓰시오.

5 공유 결합 물질의 구조와 성질에 대한 설명으로 옳은 것은 ○, 옳지 <u>않은</u> 것은 ×로 표시하시오.

(1) 드라이아이스와 아이오딘은 분자 결정이고, 흑연과 석영은 공유 결정이다. ···················· ( )

(2) 분자 사이의 인력이 강하므로 녹는점과 끓는점이 높다. ·· ( )

(3) 고체 상태에서는 전기 전도성이 없지만, 액체 상태에서는 전기 전도성이 있다. ···················· ( )

B 금속 결합

1. 금속 결합 *금속 원소의 양이온과 자유 전자 사이의 정전기적 인력에 의한 결합
➡ 자유 전자: 금속 원자에서 떨어져 나온 전자로, 한 원자에 속해 있지 않고 수많은 금속 양이온 사이를 자유롭게 이동할 수 있다.
┗ 금속에서 원자가 전자는 쉽게 떨어져 나온다.

2. 금속 결합 물질 금속 결합으로 생성된 물질로, 고체 상태의 금속 결합 물질은 <u>금속 결정</u>이 라고 한다.
금속 원자가 규칙적으로 배열되어 있다. •┘

| 금속 결정의 모형 |

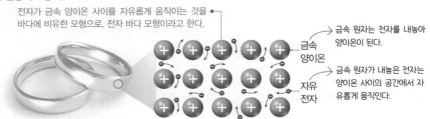

전자가 금속 양이온 사이를 자유롭게 움직이는 것을 • 바다에 비유한 모형으로, 전자 바다 모형이라고 한다.

➞ 금속 양이온: 금속 원자는 전자를 내놓아 양이온이 된다.

➞ 자유 전자: 금속 원자가 내놓은 전자는 양이온 사이의 공간에서 자유롭게 움직인다.

3. 금속 결합 물질의 성질 금속의 여러 가지 특성은 자유 전자에 의해 나타난다.

(1) **광택**: 대부분 은백색 광택을 나타낸다. (단, 금은 노란색, 구리는 붉은색) ➡ 금속 표면의 자유 전자가 빛을 흡수하였다가 다시 방출하기 때문이다.

(2) **전기 전도성**: 고체 상태와 액체 상태에서 전기 전도성이 크다. ➡ 자유 전자들이 비교적 자유롭게 이동할 수 있기 때문이다.

| 금속의 전기 전도성 |

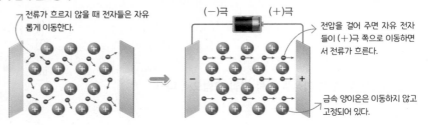

➞ 전류가 흐르지 않을 때 전자들은 자유롭게 이동한다.

(−)극   (+)극

➞ 전압을 걸어 주면 자유 전자들이 (+)극 쪽으로 이동하면서 전류가 흐른다.

➞ 금속 양이온은 이동하지 않고 고정되어 있다.

(3) **열 전도성**: 크다. ➡ 금속을 가열하면 자유 전자가 열에너지를 얻게 되고, 큰 열에너지를 가진 자유 전자가 인접한 자유 전자와 금속 양이온에 열에너지를 전달하기 때문이다.

(4) *연성(뽑힘성)과 전성(펴짐성): 크다. ➡ 외부의 힘에 의해 금속이 변형되어도 자유 전자가 이동하여 금속 결합이 유지되기 때문이다.

| 금속의 연성과 전성 |

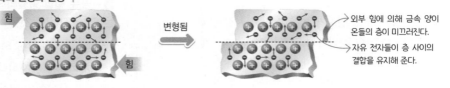

힘   변형됨   힘

➞ 외부 힘에 의해 금속 양이온들의 층이 미끄러진다.
➞ 자유 전자들이 층 사이의 결합을 유지해 준다.

(5) *녹는점과 끓는점: 녹는점과 끓는점이 매우 높아 실온에서 대부분 고체 상태로 존재한다. (단, 수은은 예외) ➡ 금속 양이온과 자유 전자 사이의 정전기적 인력에 의해 강하게 결합하기 때문이다.

◆ **금속 원소**
주기율표에서 1~2족에 속하는 금속 원소들은 원자가 전자가 1~2개이다. 따라서 이온화 에너지가 작아서 전자를 잃고 양이온이 되기 쉽다.

◆ **연성과 전성**
• 연성: 금속을 가느다란 실처럼 길게 늘일 수 있는 성질로, 뽑힘성 또는 늘림성이라고도 한다. 이용된 예로 구리 전선 등이 있다.
• 전성: 금속을 얇은 판처럼 넓게 펼 수 있는 성질로, 펴짐성이라고도 한다. 이용된 예로 금박, 알루미늄 포일 등이 있다.

(지학사 교과서에만 나와요.)
◆ **금속 양이온의 전하와 녹는점의 관계**
나트륨과 같이 양이온의 전하가 +1인 경우에는 양이온 수만큼 자유 전자가 존재한다. 또, 마그네슘과 같이 양이온의 전하가 +2인 경우에는 자유 전자의 수가 양이온의 2배가 된다. 따라서 양이온의 전하가 +2인 경우가 +1인 경우보다 더 강하게 금속 결합을 형성하여 금속의 녹는점이 더 높다.

양이온
자유 전자
⬆ 나트륨   ⬆ 마그네슘

C 화학 결합과 물질의 성질

원소의 종류에 따라 화학 결합이 달라지고, 화학 결합의 종류에 따라 물질의 성질이 달라져요. 그러면 화학 결합의 세기는 어떻게 다를까요? 화학 결합의 세기를 비교해 보고, 탐구를 통해 화학 결합의 종류에 따른 물질의 성질을 정리해 보아요.

1. 화학 결합의 세기

(1) **화학 결합의 세기**: 일반적으로 공유 결합＞이온 결합＞금속 결합이다.

(2) **화학 결합의 세기와 녹는점의 관계**: 화학 결합의 세기가 강할수록 물질의 녹는점이 높다.

│ 화학 결합의 종류에 따른 물질의 녹는점 │

- 실온에서 고체 상태인 물질은 일반적으로 공유 결정의 녹는점이 가장 높고, 금속 결정의 녹는점이 가장 낮다.
  ➡ 녹는점: 공유 결정＞이온 결정＞금속 결정
- 화학 결합의 세기가 강할수록 물질의 녹는점이 높으므로, 제시된 결정의 녹는점을 통해 공유 결합의 세기가 가장 강하고, 금속 결합의 세기가 가장 약함을 알 수 있다.

◆ **결정의 종류와 녹는점**

결정	녹는점
공유 결정	매우 높음
이온 결정	높음
금속 결정	비교적 높음
분자 결정	낮음

2. 화학 결합과 물질의 성질

176쪽 대표 자료 ❸

상태에 따른 전기 전도성, 녹는점 등 물질의 성질을 비교하여 화학 결합의 종류를 알 수 있다.

탐구 자료창 화학 결합의 종류에 따른 물질의 성질

176쪽 대표 자료 ❹

표는 몇 가지 물질의 상태에 따른 전기 전도성과 녹는점을 나타낸 것이다.

구분	전기 전도성			녹는점 (℃)
	고체	액체	수용액	
염화 나트륨	없음	있음	있음	802
산화 칼슘	없음	있음	있음	2613
설탕	없음	없음	없음	185
다이아몬드	없음	없음	—	4440
알루미늄	있음	있음	—	660

1. 전기 전도성을 이용한 물질의 분류
- **이온 결합 물질**: 염화 나트륨, 산화 칼슘 ➡ 고체 상태에서는 전기 전도성이 없지만, 액체 상태에서는 전기 전도성이 있기 때문이다.
- **공유 결합 물질**: 설탕, 다이아몬드 ➡ 상태에 관계없이 모두 전기 전도성이 없기 때문이다.
- **금속 결합 물질**: 알루미늄 ➡ 고체 상태와 액체 상태에서 모두 전기 전도성이 있기 때문이다.

2. 화학 결합의 종류에 따른 물질의 녹는점 비교
- **이온 결합 물질의 녹는점 비교**: 산화 칼슘＞염화 나트륨 ➡ 이온의 전하량이 산화 칼슘＞염화 나트륨이기 때문이다.
- **공유 결합 물질의 녹는점 비교**: 다이아몬드＞설탕 ➡ 원자 사이의 공유 결합력이 분자 사이의 인력보다 매우 강하기 때문이다. └공유 결정 └분자 결정
- **전체 물질의 녹는점 비교**: 다이아몬드＞산화 칼슘＞염화 나트륨＞알루미늄＞설탕
  └공유 결정 └이온 결정 └금속 결정└분자 결정

3. 결론: 일반적으로 공유 결합이 이온 결합이나 금속 결합보다 강하므로 공유 결정이 이온 결정이나 금속 결정보다 녹는점이 높다. 분자 사이의 인력은 원자 사이의 결합력에 비해 매우 약하므로 분자 결정은 공유 결정에 비해 녹는점이 매우 낮다.

주의해!

화학 결합의 종류에 따른 물질의 녹는점
모든 공유 결정의 녹는점이 가장 높고, 금속 결정의 녹는점이 가장 낮은 것은 아니다. 예를 들어 금속 결정인 구리나 철은 녹는점이 1000 ℃가 넘어서 공유 결정인 규소나 이온 결정인 염화 나트륨보다 녹는점이 높다.

◆ **물질의 성질에 따른 분류**

핵심 체크

- (❶　　　　　　) 결합: 금속 원소의 양이온과 자유 전자 사이의 정전기적 인력에 의한 결합
- (❷　　　　　　): 금속 원자에서 떨어져 나온 전자로, 한 원자에 속해 있지 않고 수많은 금속 양이온 사이를 자유롭게 이동할 수 있다.
- 금속 결합 물질의 성질: (❸　　　　　　)에 의해 나타난다.
  - 광택: 대부분 (❹　　　　　) 광택을 나타낸다.
  - 전기 전도성: (❺　　　　　) 상태와 (❻　　　　　) 상태에서 전기 전도성이 크다.
  - 열 전도성, 연성과 전성: 크다.
  - 녹는점과 끓는점: 녹는점과 끓는점이 매우 높아 실온에서 대부분 (❼　　　　　) 상태로 존재한다.
- 화학 결합의 세기: 화학 결합의 세기가 강할수록 물질의 녹는점이 (❽　　　　　)으며, 일반적으로 녹는점은
  (❾　　　　　) 결정＞(❿　　　　　) 결정＞(⓫　　　　　) 결정이다.

[1~2] 그림은 금속 결정의 모형을 나타낸 것이다.

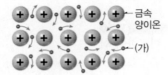

금속 양이온
(가)

1 (가)의 이름을 쓰시오.

2 이에 대한 설명으로 옳은 것은 ○, 옳지 <u>않은</u> 것은 ×로 표시하시오.

(1) 금속 결합은 금속 양이온과 (가) 사이의 정전기적 반발력에 의해 이루어진다. ·········· (　　　)

(2) 금속이 연성과 전성을 나타내는 까닭은 (가)가 결합을 유지시키기 때문이다. (　　　)

(3) 금속에 전원 장치를 연결하면 금속 양이온은 (＋)극 쪽으로, (가)는 (－)극 쪽으로 이동한다. ········· (　　　)

(4) 금속이 전기 전도성을 나타내는 까닭은 (가) 때문이다.
·································· (　　　)

3 금속은 우리 주위에서 다양하게 이용된다. (가)알루미늄 포일과 (나)구리 전선은 각각 금속의 어떤 성질을 이용한 것인지 쓰시오.

4 금속 결합 물질의 성질에 대한 설명으로 옳은 것은 ○, 옳지 <u>않은</u> 것은 ×로 표시하시오.

(1) 고체 상태와 액체 상태에서 전기 전도성이 없다.
·································· (　　　)

(2) 외부의 힘에 의해 변형되어도 결합은 그대로 유지된다.
·································· (　　　)

(3) 자유 전자에 의해 열 전도성이 나타난다. ········ (　　　)

(4) 녹는점과 끓는점이 대체로 높은 까닭은 금속 양이온과 자유 전자 사이의 이온 결합력이 강하기 때문이다.
(　　　)

5 다음 물질이 원자 사이에 형성하고 있는 화학 결합을 옳게 연결하시오.

(1) 구리(Cu)　　　　·

(2) 염화 수소(HCl)　·

(3) 다이아몬드(C)　·

(4) 산화 마그네슘(MgO)·

· ㉠ 이온 결합

· ㉡ 공유 결합

· ㉢ 금속 결합

6 표는 3가지 물질의 상태에 따른 전기 전도성을 나타낸 것이다.

물질	염화 나트륨	설탕	마그네슘
고체 상태	없음	없음	있음
액체 상태	㉠	㉢	㉣
수용액 상태	㉡	없음	－

㉠~㉣에 알맞은 말을 각각 쓰시오.

대표 자료 분석

정답친해 83쪽

자료 ① 화학 결합 모형의 해석

기출 Point
- 옥텟 규칙
- 이온 결합, 공유 결합 모형의 해석

[1~4] 다음은 화합물 AB와 CD의 반응을 화학 반응식으로 나타낸 것이고, 그림은 AB와 CD를 화학 결합 모형으로 나타낸 것이다. (단, A~D는 임의의 원소 기호이다.)

$$2AB + CD \longrightarrow (가) + A_2D$$

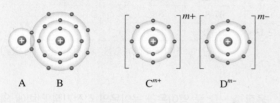

1 A~D의 실제 원소 기호를 각각 쓰시오.

2 화합물 (가)의 화학식을 쓰시오.

3 화합물 (가)와 A_2D를 이루는 화학 결합의 종류를 각각 쓰시오.

4 빈출 선택지로 완벽 정리!

(1) $m=2$이다. ──────────────── (○ / ×)
(2) A_2와 D_2는 모두 2중 결합으로 생성된다. ── (○ / ×)
(3) AB와 CD를 이루는 화학 결합의 종류는 같다.
──────────────── (○ / ×)
(4) 생성물 중 AB와 화학 결합의 종류가 같은 물질은 (가)이다. ──────────────── (○ / ×)

자료 ② 원자핵 사이의 거리에 따른 에너지 변화

기출 Point
- 원자핵 사이의 거리에 따른 에너지 변화 그래프 해석
- 원자핵 사이의 거리와 공유 결합의 형성

[1~3] 그림은 수소 분자의 생성 과정에서 수소 원자핵 사이의 거리에 따른 에너지 변화를 나타낸 것이다.

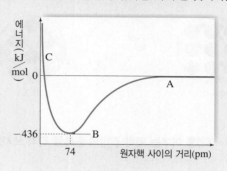

1 A~C 중 수소 분자가 생성될 때 두 수소 원자 사이의 인력과 반발력이 균형을 이룬 지점을 고르시오.

2 수소 분자의 (가)결합 에너지(kJ/mol)와 (나)결합 길이(pm)를 쓰시오.

3 빈출 선택지로 완벽 정리!

(1) A~C 중 두 수소 원자 사이에 반발력이 가장 우세한 지점은 A이다. ──────────── (○ / ×)
(2) A에서 B로 갈수록 두 수소 원자 사이의 인력이 점점 커진다. ──────────── (○ / ×)
(3) B에서 공유 전자쌍 1개를 형성한다. ──── (○ / ×)
(4) 두 수소 원자가 C 상태일 때 가장 안정하다. (○ / ×)
(5) B에서 C로 갈수록 에너지가 높아지는 것은 수소 원자 사이의 인력이 커지기 때문이다. ──── (○ / ×)
(6) 수소 원자의 반지름은 74 pm이다. ──── (○ / ×)
(7) 1 mol의 기체 상태의 수소 분자에서 원자 사이의 결합을 끊는 데 필요한 에너지는 436 kJ이다. (○ / ×)
(8) 수소 분자보다 공유 결합력이 큰 분자는 B에서보다 더 높은 에너지에서 결합이 형성된다. ──── (○ / ×)

기출
Point
· 금속 결합, 공유 결합, 이온 결합 물질 모형의 해석
· 화학 결합의 종류와 물질의 성질

[1~4] 그림은 실온에서 3가지 물질의 입자 모형을 나타낸 것이다. (단, X와 Y는 임의의 원소 기호이다.)

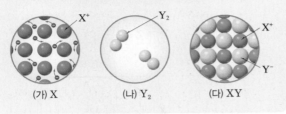

(가) X　　　　(나) Y₂　　　　(다) XY

1 (가)~(다)를 이루는 화학 결합의 종류를 각각 쓰시오.

2 (가)~(다) 중 고체 상태에서 전기 전도성이 있는 물질을 있는 대로 고르시오.

3 (가)~(다) 중 양이온과 다른 입자 사이의 정전기적 인력에 의해 형성된 물질을 있는 대로 고르시오.

4 빈출 선택지로 완벽 정리!

(1) (가)는 연성(뽑힘성)이 있다. ───────── (○ / ×)
(2) (나)는 액체 상태에서 전기 전도성이 있다. ── (○ / ×)
(3) 고체 상태에서 전성(펴짐성)은 (가)가 (다)보다 크다.
(4) X와 Y는 모두 비금속 원소이다. ───────── (○ / ×)

기출
Point
· 녹는점, 끓는점, 전기 전도성을 이용한 물질의 분류
· 이온 결합 물질, 공유 결합 물질, 금속 결합 물질의 성질

[1~4] 표는 물질 A~D의 몇 가지 성질을 나타낸 것이다.

물질	녹는점 (°C)	끓는점 (°C)	전기 전도성	
			고체	액체
A	802	1413	×	○
B	−114	78.8	×	×
C	97.8	882	○	○
D	1670	2250	×	×

(단, ○: 전기 전도성이 있음, ×: 전기 전도성이 없음)

1 물질 A~D 중 양이온과 음이온의 정전기적 인력에 의해 형성된 물질을 있는 대로 고르시오.

2 물질 A~D 중 같은 종류의 결합으로 이루어진 물질을 고르고, 그 결합의 종류를 쓰시오.

3 물질 A~D 중 그림과 같은 모형으로 나타낼 수 있는 물질을 고르시오. (단, 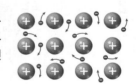는 양이온, ·는 전자이다.)

4 빈출 선택지로 완벽 정리!

(1) A의 결정은 외부 힘에 의해 쉽게 부스러진다.
　───────────────────────── (○ / ×)
(2) B는 원자 사이에 공유 결합을 하고 있다. ──── (○ / ×)
(3) B는 실온에서 분자로 존재한다. ───────── (○ / ×)
(4) C는 실온에서 이온 결정으로 존재한다. ───── (○ / ×)
(5) D는 녹는점과 끓는점이 높으므로 금속이다. (○ / ×)
(6) 자유 전자가 존재하는 것은 A이다. ────── (○ / ×)
(7) 다이아몬드나 석영은 A와 같은 종류의 결정이다.
　───────────────────────── (○ / ×)
(8) 실온에서 액체 상태인 물질은 C이다. ───── (○ / ×)
(9) 화학 결합의 세기는 D가 가장 강하다. ───── (○ / ×)

내신 만점 문제

정답친해 84쪽

A 공유 결합

01 공유 결합에 대한 설명으로 옳은 것은?

① 전자를 주고받아 결합이 형성된다.
② 원자가 전자 수만큼 공유 결합을 형성한다.
③ 결합이 형성된 원자는 비활성 기체와 같은 전자 배치를 이룬다.
④ 공유 결합은 이온 사이의 정전기적 인력으로 형성된다.
⑤ 공유 결합 물질은 대부분 액체 상태에서 전기 전도성이 있다.

02 표는 2주기 원자 A~C의 바닥상태 전자 배치를 나타낸 것이다.

원소	A	B	C
전자 배치	$1s^2 2s^2 2p^2$	$1s^2 2s^2 2p^4$	$1s^2 2s^2 2p^6$

A~C 중 서로 결합할 때 공유 결합을 형성할 수 있는 원소를 고르시오. (단, A~C는 임의의 원소 기호이다.)

중요 03 그림은 물 분자의 화학 결합 모형을 나타낸 것이다.

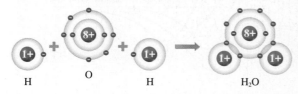

이에 대한 설명으로 옳은 것만을 [보기]에서 있는 대로 고른 것은?

> **보기**
> ㄱ. 수소 원자와 산소 원자 사이의 결합은 공유 결합이다.
> ㄴ. 물 분자 내에서 산소는 옥텟 규칙을 만족한다.
> ㄷ. 물 분자 1개는 수소 원자 2개와 산소 원자 1개가 전자를 주고받아 생성된다.

① ㄱ ② ㄷ ③ ㄱ, ㄴ
④ ㄴ, ㄷ ⑤ ㄱ, ㄴ, ㄷ

04 그림은 화합물 (가)와 (나)를 화학 결합 모형으로 나타낸 것이다.

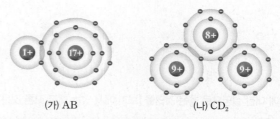

(가) AB   (나) CD_2

이에 대한 설명으로 옳은 것만을 [보기]에서 있는 대로 고른 것은? (단, A~D는 임의의 원소 기호이고, 원자 번호는 A < B이다.)

> **보기**
> ㄱ. B와 D는 같은 족 원소이다.
> ㄴ. (가)와 (나)의 공유 전자쌍 수는 같다.
> ㄷ. A와 C로 이루어진 화합물 중 원자 수가 가장 작은 화합물의 화학식은 AC_2이다.

① ㄱ ② ㄴ ③ ㄱ, ㄷ
④ ㄴ, ㄷ ⑤ ㄱ, ㄴ, ㄷ

서술형 05 그림은 사이안화 수소(HCN)가 생성되기 전 각 원자의 전자 배치를 모형으로 나타낸 것이다.

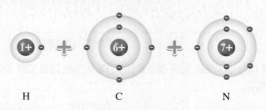

H   C   N

(1) (가)H와 C 사이와 (나)C와 N 사이에는 각각 몇 개의 공유 전자쌍이 형성되는지 쓰시오.

(2) 각 원자 사이의 공유 전자쌍이 (1)과 같이 나타난 까닭을 각 원자의 원자가 전자 수를 언급하여 서술하시오.

중요 06 그림은 분자 (가)와 (나)를 화학 결합 모형으로 나타낸 것이다.

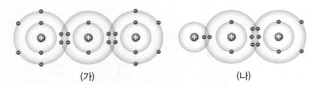

(가)   (나)

이에 대한 설명으로 옳은 것만을 [보기]에서 있는 대로 고른 것은?

[보기]
ㄱ. 공유 전자쌍 수는 (가)와 (나)가 같다.
ㄴ. (가)와 (나)에는 모두 다중 결합이 있다.
ㄷ. (가)와 (나)에서 각 원자는 모두 같은 비활성 기체의 전자 배치를 이룬다.

① ㄱ   ② ㄷ   ③ ㄱ, ㄴ
④ ㄴ, ㄷ   ⑤ ㄱ, ㄴ, ㄷ

중요 07 그림은 수소(H_2) 분자가 생성되는 과정에서의 에너지 변화를 나타낸 것이다.

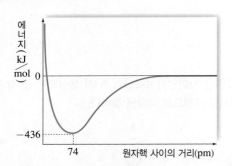

에너지$\left(\dfrac{kJ}{mol}\right)$ 0

−436

74   원자핵 사이의 거리(pm)

이에 대한 설명으로 옳은 것만을 [보기]에서 있는 대로 고른 것은?

[보기]
ㄱ. 수소 분자의 결합 길이는 37 pm이다.
ㄴ. 기체 상태의 수소 분자 1 mol을 기체 상태의 수소 원자로 만드는 데 436 kJ의 에너지가 필요하다.
ㄷ. 원자핵 사이의 거리가 74 pm보다 작을 때 인력이 우세하게 작용한다.

① ㄱ   ② ㄴ   ③ ㄱ, ㄷ
④ ㄴ, ㄷ   ⑤ ㄱ, ㄴ, ㄷ

08 표는 2주기 원소 A~C의 원자 반지름과 이원자 분자 A_2~C_2의 결합 길이와 결합 에너지에 대한 자료이다.

원소	원자 반지름(Å)	이원자 분자	
		결합 길이(Å)	결합 에너지(kJ/mol)
A	0.71	1.42	159
B	0.73	1.21	498
C	0.75	1.10	945

이에 대한 설명으로 옳은 것만을 [보기]에서 있는 대로 고른 것은? (단, A~C는 임의의 원소 기호이다.)

[보기]
ㄱ. 원자가 전자 수는 A>B>C이다.
ㄴ. 공유 전자쌍 수는 A_2가 B_2의 2배이다.
ㄷ. 다중 결합이 있는 분자는 A_2와 C_2이다.

① ㄱ   ② ㄷ   ③ ㄱ, ㄴ
④ ㄴ, ㄷ   ⑤ ㄱ, ㄴ, ㄷ

09 그림은 2, 3주기 원소 A~C가 각각 기체 상태의 이원자 분자를 생성할 때, 각 분자 내 원자들의 원자핵 사이의 거리에 따른 에너지 변화를 나타낸 것이다.

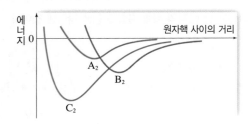

에너지 0   원자핵 사이의 거리

A_2
B_2
C_2

A_2~C_2에 대한 설명으로 옳은 것만을 [보기]에서 있는 대로 고른 것은? (단, A~C는 임의의 원소 기호이다.)

[보기]
ㄱ. 결합 에너지가 가장 큰 것은 A_2이다.
ㄴ. 결합 길이가 가장 짧은 것은 B_2이다.
ㄷ. 결합의 세기가 가장 강한 것은 C_2이다.

① ㄱ   ② ㄷ   ③ ㄱ, ㄴ
④ ㄴ, ㄷ   ⑤ ㄱ, ㄴ, ㄷ

10 공유 결합 물질에 대한 설명으로 옳지 <u>않은</u> 것은?

① 일반적으로 고체나 액체 상태에서 전기 전도성이 없다.
② 분자 사이의 인력이 약해 승화성이 있는 물질이 존재한다.
③ 분자의 결합 에너지가 클수록 분자 결정의 녹는점과 끓는점이 높게 나타난다.
④ 석영은 규소와 산소가 그물처럼 연결되어 생성된 공유 결합 물질이다.
⑤ 얼음은 물 분자들이 분자 사이의 인력에 의해 규칙적으로 배열된 공유 결합 물질이다.

11 그림은 탄소(C)를 포함한 몇 가지 물질들을 모형으로 나타낸 것이다.

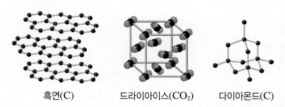

흑연(C)　　　　드라이아이스(CO_2)　　　다이아몬드(C)

이에 대한 설명으로 옳은 것만을 [보기]에서 있는 대로 고른 것은?

[보기]
ㄱ. 원자와 원자 사이에는 모두 공유 전자쌍이 존재한다.
ㄴ. 드라이아이스는 분자 사이의 인력이 매우 약하다.
ㄷ. 흑연은 층상 구조이고, 다이아몬드는 그물 구조이다.

① ㄱ　　　　　② ㄷ　　　　　③ ㄱ, ㄴ
④ ㄴ, ㄷ　　　⑤ ㄱ, ㄴ, ㄷ

B 금속 결합

12 금속의 일반적인 성질 중 자유 전자와 관계가 <u>적은</u> 것은?

① 밀도가 크다.
② 열을 잘 전달한다.
③ 전기 전도성이 크다.
④ 두드리면 넓게 퍼지는 성질이 있다.
⑤ 잡아당기면 길게 늘어나는 성질이 있다.

13 그림은 금속 X(s)의 결합 모형을 나타낸 것이다.

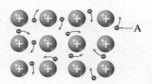

이에 대한 설명으로 옳은 것만을 [보기]에서 있는 대로 고른 것은?

[보기]
ㄱ. A는 자유 전자이다.
ㄴ. X(s)를 가열하면 A가 열에너지를 전달하므로 열 전도성이 크다.
ㄷ. X(s)에 외부에서 힘을 가하면 같은 전하 사이의 반발력이 증가하여 결합이 깨진다.

① ㄱ　　　　　② ㄷ　　　　　③ ㄱ, ㄴ
④ ㄴ, ㄷ　　　⑤ ㄱ, ㄴ, ㄷ

14 그림 (가)는 외부에서 금속에 힘을 가하기 전의 모습을, (나)는 금속에 전원을 연결하기 전의 모습을 각각 나타낸 것이다.

(가)　　　　　　　(나)

이에 대한 설명으로 옳은 것만을 [보기]에서 있는 대로 고른 것은?

[보기]
ㄱ. (가)와 (나)에서 금속 양이온은 자유롭게 움직인다.
ㄴ. (가)에서 외부에서 금속에 힘을 가하면 변형이 일어나 결합이 깨지므로 부스러진다.
ㄷ. (나)에서 전원을 연결하면 자유 전자가 (+)극 쪽으로 이동하며 전류가 흐른다.

① ㄱ　　　　　② ㄷ　　　　　③ ㄱ, ㄴ
④ ㄴ, ㄷ　　　⑤ ㄱ, ㄴ, ㄷ

C 화학 결합과 물질의 성질

15 그림은 주기율표의 일부를 나타낸 것이다.

족 주기	1	2	13	14	15	16	17	18
1	A							
2				B			C	
3	D							

이에 대한 설명으로 옳은 것만을 [보기]에서 있는 대로 고른 것은? (단, A~D는 임의의 원소 기호이다.)

보기
ㄱ. AC는 분자로 존재한다.
ㄴ. B만으로 이루어진 물질은 모두 매우 단단하여 부스러지지 않는다.
ㄷ. DC_2는 액체 상태에서 전기 전도성이 있다.

① ㄱ   ② ㄴ   ③ ㄱ, ㄷ
④ ㄴ, ㄷ   ⑤ ㄱ, ㄴ, ㄷ

16 그림은 4가지 물질을 3가지 기준에 따라 구분한 것이다.

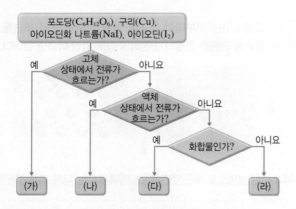

이에 대한 설명으로 옳은 것만을 [보기]에서 있는 대로 고른 것은?

보기
ㄱ. (가)는 NaI이다.
ㄴ. (다)는 수용액 상태에서 전류가 흐른다.
ㄷ. (나)와 (라)에는 공통된 원소가 포함되어 있다.

① ㄷ   ② ㄱ, ㄴ   ③ ㄱ, ㄷ
④ ㄴ, ㄷ   ⑤ ㄱ, ㄴ, ㄷ

17 다음은 물질 X의 성질을 알아보기 위한 실험이다.

(가) 그림과 같이 장치한 후, X의 상태에 따라 전구에 불이 켜지는지를 확인하였더니 고체 상태에서는 전구의 불이 켜지지 않았지만, 액체 상태에서는 불이 켜졌다.
(나) X의 불꽃 반응색을 확인하였더니 보라색이었다.

이에 대한 설명으로 옳은 것만을 [보기]에서 있는 대로 고른 것은?

보기
ㄱ. X는 금속 결합 물질이다.
ㄴ. X를 이루는 금속 원소는 나트륨이다.
ㄷ. $X(s)$에 외부에서 힘을 가하면 쉽게 부스러진다.

① ㄱ   ② ㄷ   ③ ㄱ, ㄴ
④ ㄴ, ㄷ   ⑤ ㄱ, ㄴ, ㄷ

18 표는 물질 A~D의 몇 가지 성질을 나타낸 것이다.

물질	녹는점(°C)	끓는점(°C)	전기 전도성	
			고체	액체
A	−114	78.8	×	×
B	97.8	882	○	○
C	802	1413	×	○
D	1670	2250	×	×

(단, ○: 전기 전도성이 있음, ×: 전기 전도성이 없음)

이에 대한 설명으로 옳은 것만을 [보기]에서 있는 대로 고른 것은?

보기
ㄱ. B에는 자유 전자가 존재한다.
ㄴ. A와 D는 비금속 원소 사이에 전자쌍을 공유하여 생성된 물질이다.
ㄷ. C는 이온 사이의 정전기적 인력에 의해 결합된 물질이다.

① ㄱ   ② ㄴ   ③ ㄱ, ㄷ
④ ㄴ, ㄷ   ⑤ ㄱ, ㄴ, ㄷ

01 표는 바닥상태 원자 A~D의 전자 배치를 나타낸 것이다.

원자	전자 배치
A	$1s^2 2s^2 2p^4$
B	$1s^2 2s^2 2p^5$
C	$1s^2 2s^2 2p^6 3s^1$
D	$1s^2 2s^2 2p^6 3s^2 3p^5$

이에 대한 설명으로 옳은 것만을 [보기]에서 있는 대로 고른 것은? (단, A~D는 임의의 원소 기호이다.)

[보기]
ㄱ. AB_2는 공유 결합 물질이다.
ㄴ. CB는 액체 상태에서 전기 전도성이 있다.
ㄷ. A 1개는 D 1개와 결합하여 안정한 화합물을 생성한다.

① ㄱ ② ㄷ ③ ㄱ, ㄴ
④ ㄴ, ㄷ ⑤ ㄱ, ㄴ, ㄷ

02 표는 실온에서 기체로 존재하는 물질 A_2, B_2, C_2, D_2를 구성하는 2, 3주기 원소 A~D에 대해 원자 반지름과 원자 사이의 공유 결합의 종류를 나타낸 것이다.

원소	A	B	C	D
원자 반지름(pm)	75	73	71	99.5
이원자 분자를 이루는 공유 결합의 종류			단일 결합	단일 결합

이에 대한 설명으로 옳은 것만을 [보기]에서 있는 대로 고른 것은? (단, A~D는 임의의 원소 기호이다.)

[보기]
ㄱ. 공유 전자쌍 수는 A_2가 B_2보다 크다.
ㄴ. A~D 중 이원자 분자를 이룰 때 Ne과 같은 전자 배치를 이루는 원소는 3가지이다.
ㄷ. A 1개가 D와 결합한 안정한 화합물의 공유 전자쌍 수는 3이다.

① ㄱ ② ㄷ ③ ㄱ, ㄴ
④ ㄴ, ㄷ ⑤ ㄱ, ㄴ, ㄷ

03 그림 (가)와 (나)는 서로 다른 결정의 모형을 나타낸 것이다.

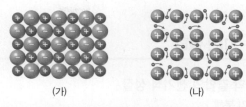

(가)   (나)

(가)와 (나)의 공통점으로 옳은 것만을 [보기]에서 있는 대로 고른 것은?

[보기]
ㄱ. (−)전하를 띠는 입자의 종류가 같다.
ㄴ. 액체 상태에서 전기 전도성이 있다.
ㄷ. 외부에서 힘을 가했을 때 쉽게 부스러진다.

① ㄱ ② ㄴ ③ ㄱ, ㄷ
④ ㄴ, ㄷ ⑤ ㄱ, ㄴ, ㄷ

04 표는 물질 A~C의 성질을 조사한 자료이다.

물질	녹는점(°C)	색깔	전기 전도성	
			고체	액체
A	1538	은백색	있음	있음
B	800	흰색	없음	있음
C	113	흑자색	없음	없음

이에 대한 설명으로 옳은 것만을 [보기]에서 있는 대로 고른 것은?

[보기]
ㄱ. A는 금속 결합 물질이다.
ㄴ. C는 분자로 구성되어 있다.
ㄷ. 액체 상태의 A와 B에 전류를 흘려 주면 양이온이 모두 (−)극 쪽으로 이동한다.

① ㄱ ② ㄷ ③ ㄱ, ㄴ
④ ㄴ, ㄷ ⑤ ㄱ, ㄴ, ㄷ

핵심 정리

01 이온 결합

1. 화학 결합의 전기적 성질

(1) 전기 분해

물	• (+)극: 물 분자가 전자를 잃어 (❶)기체가 발생한다. ➡ $2H_2O \longrightarrow O_2 + 4H^+ + 4e^-$ • (−)극: 물 분자가 전자를 얻어 (❷) 기체가 발생한다. ➡ $2H_2O + 2e^- \longrightarrow H_2 + 2OH^-$ • 전체 반응식: $2H_2O \longrightarrow 2H_2 + O_2$
염화 나트륨 용융액	• (+)극: 염화 이온(Cl^-)이 전자를 잃어 (❸) 기체가 발생한다. ➡ $2Cl^- \longrightarrow Cl_2 + 2e^-$ • (−)극: 나트륨 이온(Na^+)이 전자를 얻어 금속 (❹)이 생성된다. ➡ $Na^+ + e^- \longrightarrow Na$ • 전체 반응식: $2NaCl \longrightarrow 2Na + Cl_2$

(2) 화학 결합과 전자: 물이나 염화 나트륨 용융액을 전기 분해하면 전자를 잃거나 얻는 반응이 일어나 성분 물질로 분해된다. ➡ 화학 결합에는 (❺   )가 관여한다.

2. 옥텟 규칙

(1) 비활성 기체의 전자 배치: 가장 바깥 전자 껍질에 전자가 8개(He은 2개) 채워져 안정한 전자 배치를 이룬다.
➡ 다른 원자와 화학 결합을 거의 하지 않는다.

(2) (❻   ) 규칙: 원자들이 전자를 잃거나 얻어서 비활성 기체와 같이 가장 바깥 전자 껍질에 전자 (❼   )개를 채워 안정해지려는 경향(H는 예외)

(3) 이온의 형성과 옥텟 규칙

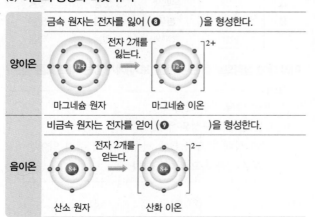

양이온	금속 원자는 전자를 잃어 (❽)을 형성한다. 마그네슘 원자 → 마그네슘 이온
음이온	비금속 원자는 전자를 얻어 (❾)을 형성한다. 산소 원자 → 산화 이온

3. 이온 결합

(1) 이온 결합: 금속 원소의 양이온과 비금속 원소의 음이온 사이의 (❿   )에 의한 결합

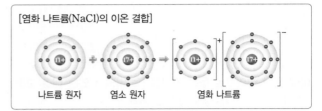

[염화 나트륨(NaCl)의 이온 결합]
나트륨 원자   염소 원자   염화 나트륨

(2) 이온 결합의 형성과 에너지 변화

양이온과 음이온 사이의 인력과 반발력이 균형을 이루어 에너지가 가장 낮은 거리에서 이온 결합이 형성된다.

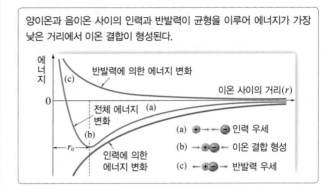

(a) (+) → (−) 인력 우세
(b) → (+)(−) ← 이온 결합 형성
(c) ← (+)(−) → 반발력 우세

4. 이온 결합 물질

(1) 이온 결정: 수많은 양이온과 음이온이 이온 결합을 형성하여 3차원적으로 서로 둘러싸며 규칙적으로 배열되어 이룬 결정

(2) 화학식: 양이온과 음이온의 원소 기호 뒤에 이온의 (⓫   )를 가장 간단한 정수비로 나타낸다.
➡ $mA^{n+} + nB^{m-} \longrightarrow A_mB_n$

(3) 성질

쪼개짐과 부스러짐	단단하지만 외부에서 힘을 가하면 쪼개지거나 부스러지기 쉽다. ➡ 이온 층이 밀리면서 같은 전하를 띤 이온들 사이에 (⓬)이 작용하기 때문
용해성	대체로 물에 잘 녹는다.
전기 전도성	• (⓭) 상태: 전기 전도성이 없다. • (⓮) 및 수용액 상태: 전기 전도성이 있다. ➡ 이온들이 자유롭게 이동할 수 있기 때문
녹는점과 끓는점	• 매우 높아 실온에서 대부분 고체 상태로 존재한다. ➡ 양이온과 음이온이 정전기적 인력으로 강하게 결합되어 있기 때문 • 이온 사이의 거리가 짧을수록, 이온의 전하량이 클수록 녹는점이 (⓯). 예 이온 사이의 거리: $NaF < NaCl < NaBr$ ➡ 녹는점: $NaF > NaCl > NaBr$ 이온의 전하량: $NaF < CaO$ ➡ 녹는점: $NaF < CaO$

2 공유 결합과 금속 결합

1. 공유 결합

(1) **공유 결합**: (⓰   ) 원자들이 전자쌍을 공유하여 이루어지는 결합

[수소(H_2)의 공유 결합]

공유 전자쌍

수소 원자   수소 원자   수소 분자

(2) **공유 결합의 형성과 에너지 변화**

두 원자 사이의 인력과 반발력이 균형을 이루어 에너지가 가장 낮은 거리에서 공유 결합이 형성된다.

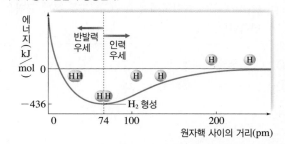

에너지($\frac{kJ}{mol}$)

반발력 우세   인력 우세

-436 H_2 형성

0   74   100   200

원자핵 사이의 거리(pm)

• (⓱   ): 두 원자가 공유 결합을 이룰 때 두 원자핵 사이의 거리
• (⓲   ): 기체 상태의 분자 1 mol에서 원자 사이의 공유 결합을 끊어 기체 상태의 원자로 만드는 데 필요한 에너지

2. 공유 결합 물질

(1) **분자 결정과 공유 결정**

분자 결정	분자들이 분자 사이에 작용하는 인력에 의해 규칙적으로 배열되어 이룬 결정 예 얼음, 드라이아이스, 아이오딘 등
공유 결정	물질을 구성하는 모든 원자가 연속적으로 공유 결합을 형성하여 그물처럼 연결된 결정 예 다이아몬드, 흑연, 석영 등

(2) **성질**

결정의 부스러짐	• 분자 결정: 쉽게 부스러진다. ➡ 분자 사이의 인력이 약하기 때문 • 공유 결정: 단단하다. ➡ 원자들이 강하게 결합되어 있기 때문
용해성	대부분 물에 녹지 않는다.
전기 전도성	• 고체와 액체 상태에서 모두 전기 전도성이 (⓳). (흑연은 예외) ➡ 전자가 이동할 수 없기 때문
녹는점과 끓는점	• 분자 결정: 비교적 낮아 실온에서 대부분 액체나 기체 상태로 존재한다. • 공유 결정: 매우 높아 실온에서 (⓴) 상태로 존재한다.

3. 금속 결합

(1) **금속 결합**: 금속 원소의 양이온과 자유 전자 사이의 (㉑   )에 의한 결합

(2) **금속 결합 모형**

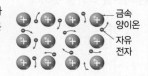

금속 원자에서 떨어져 나온 자유 전자가 규칙적으로 배열한 금속 양이온 사이를 자유롭게 움직이고 있다.

금속 양이온
자유 전자

4. 금속 결합 물질

(1) **금속 결정**: 금속 원자가 규칙적으로 배열된 결정

(2) **성질**

광택	대부분의 금속은 은백색 광택을 나타낸다. ➡ 금속 표면의 (㉒)가 빛을 흡수하였다가 다시 방출하기 때문
전기 전도성	고체와 액체 상태에서 모두 전기 전도성이 크다. ➡ (㉓)들이 비교적 자유롭게 이동하기 때문
열 전도성	크다. ➡ 금속을 가열하면 (㉔)가 열에너지를 얻어 인접한 자유 전자와 금속 양이온에 열에너지를 전달하기 때문
연성과 전성	크다. ➡ 외부의 힘에 의해 금속이 변형되어도 (㉕)가 이동하여 금속 결합이 유지되기 때문
녹는점과 끓는점	매우 높아 실온에서 대부분 고체 상태로 존재한다. (수은은 예외)

5. 화학 결합과 물질의 성질

(1) **물질의 녹는점(일반적인 경우)**

(㉖   ) 결정 > 이온 결정 > (㉗   ) 결정

(2) **화학 결합의 세기와 녹는점의 관계**: 화학 결합의 세기가 강할수록 물질의 녹는점이 (㉘   ).

(3) **화학 결합과 물질의 성질**: 상태에 따른 전기 전도성, 녹는점 등을 비교하여 화학 결합의 종류를 알 수 있다.

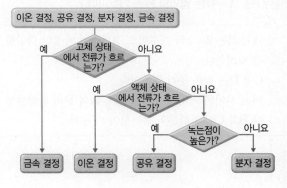

이온 결정, 공유 결정, 분자 결정, 금속 결정

예 ← 고체 상태에서 전류가 흐르는가? → 아니요

예 ← 액체 상태에서 전류가 흐르는가? → 아니요

예 ← 녹는점이 높은가? → 아니요

금속 결정   이온 결정   공유 결정   분자 결정

중단원
마무리 문제

하 **중** 상

01 그림은 물(H_2O)과 염화 나트륨(NaCl) 용융액 각각의 전기 분해 장치를, 표는 각 전극에서 생성되는 일부 물질에 대한 자료를 나타낸 것이다.

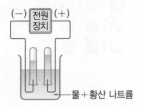

구분 \ 생성물	A	B_2	C_2
생성되는 전극	(−)극	(−)극	(+)극
25 °C에서의 상태	고체	기체	기체
원자 사이의 결합	−	단일 결합	단일 결합

이에 대한 설명으로 옳은 것만을 [보기]에서 있는 대로 고른 것은? (단, A~C는 임의의 원소 기호이다.)

[보기]
ㄱ. B는 17족 원소이다.
ㄴ. A와 C는 NaCl의 성분 원소이다.
ㄷ. B와 C로 이루어진 화합물은 공유 결합 물질이다.

① ㄱ ② ㄴ ③ ㄱ, ㄷ
④ ㄴ, ㄷ ⑤ ㄱ, ㄴ, ㄷ

하 **중** 상

02 표는 원자 A~D가 안정한 이온이 되었을 때의 이온식과 전자 수를 나타낸 것이다.

이온식	A^+	B^{2-}	C^{2+}	D^-
전자 수	10	10	18	18

이에 대한 설명으로 옳은 것만을 [보기]에서 있는 대로 고른 것은? (단, A~D는 임의의 원소 기호이다.)

[보기]
ㄱ. A와 B는 2 : 1의 개수비로 결합하여 안정한 화합물을 형성한다.
ㄴ. C와 D는 같은 주기 원소이다.
ㄷ. 이온 사이의 거리가 비슷할 경우 A와 D의 화합물보다 B와 C의 화합물의 녹는점이 더 높다.

① ㄱ ② ㄴ ③ ㄱ, ㄷ
④ ㄴ, ㄷ ⑤ ㄱ, ㄴ, ㄷ

하 **중** 상

03 그림은 원자 A~C가 화합물을 생성하는 과정을 화학 결합 모형으로 나타낸 것이다.

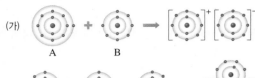
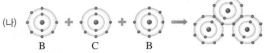

이에 대한 설명으로 옳은 것만을 [보기]에서 있는 대로 고른 것은? (단, A~C는 임의의 원소 기호이다.)

[보기]
ㄱ. (가)에서 전자는 B에서 A로 이동하여 화합물을 생성한다.
ㄴ. (나)에서 2중 결합이 형성된다.
ㄷ. (가)와 (나)의 화합물에서 A~C는 모두 옥텟 규칙을 만족한다.

① ㄱ ② ㄷ ③ ㄱ, ㄴ
④ ㄴ, ㄷ ⑤ ㄱ, ㄴ, ㄷ

하 **중** 상

04 그림은 화합물 WX와 YXZ_2를 화학 결합 모형으로 나타낸 것이다.

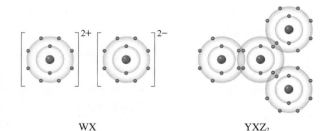

WX YXZ_2

이에 대한 설명으로 옳은 것만을 [보기]에서 있는 대로 고른 것은? (단, W~Z는 임의의 원소 기호이다.)

[보기]
ㄱ. W~Z는 모두 같은 주기 원소이다.
ㄴ. W~Z 중 원자가 전자 수가 가장 큰 원소는 Z이다.
ㄷ. W와 Z로 이루어진 화합물의 화학식은 W_2Z이다.

① ㄱ ② ㄴ ③ ㄷ
④ ㄴ, ㄷ ⑤ ㄱ, ㄴ, ㄷ

05 그림은 염화 나트륨(NaCl)이 생성될 때 이온 사이의 거리에 따른 에너지 변화를 나타낸 것이다.

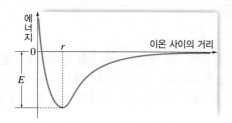

이에 대한 설명으로 옳은 것만을 [보기]에서 있는 대로 고른 것은?

[보기]
ㄱ. 이온 사이의 거리가 r일 때 Na^+과 Cl^- 사이의 인력과 반발력이 균형을 이룬다.
ㄴ. NaF이 생성될 때 이온 사이의 거리는 r보다 작다.
ㄷ. KCl이 생성될 때 방출하는 에너지는 E보다 작다.

① ㄱ ② ㄴ ③ ㄱ, ㄷ
④ ㄴ, ㄷ ⑤ ㄱ, ㄴ, ㄷ

06 표는 몇 가지 이온 결합 물질에서 이온 사이의 거리와 녹는점을 나타낸 것이다.

물질	이온 사이의 거리(pm)	녹는점(°C)
AX	235	996
AY	283	802
BZ	240	2613

이에 대한 설명으로 옳은 것만을 [보기]에서 있는 대로 고른 것은? (단, A, B, X~Z는 원자 번호 20 이내의 임의의 원소 기호이다.)

[보기]
ㄱ. 전하량은 B 이온이 A 이온보다 크다.
ㄴ. 바닥상태에서 전자가 들어 있는 전자 껍질 수는 Y가 X보다 크다.
ㄷ. BZ의 녹는점이 AX의 녹는점보다 높은 것은 이온의 전하량으로 설명할 수 있다.

① ㄱ ② ㄷ ③ ㄱ, ㄴ
④ ㄴ, ㄷ ⑤ ㄱ, ㄴ, ㄷ

07 그림 (가)와 (나)는 수소(H_2) 분자와 염소(Cl_2) 분자가 생성되는 과정에서의 에너지 변화를 각각 나타낸 것이다.

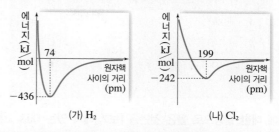

(가) H_2 (나) Cl_2

이에 대한 설명으로 옳은 것만을 [보기]에서 있는 대로 고른 것은?

[보기]
ㄱ. 결합 에너지는 H_2가 Cl_2보다 크다.
ㄴ. 결합 길이는 H_2가 Cl_2보다 짧다.
ㄷ. H와 Cl의 원자 반지름은 각각 74 pm와 199 pm이다.

① ㄱ ② ㄷ ③ ㄱ, ㄴ
④ ㄴ, ㄷ ⑤ ㄱ, ㄴ, ㄷ

08 그림은 원자 A~C가 각각 결합하여 가장 안정한 화합물 (가)와 (나)를 생성한 것이다.

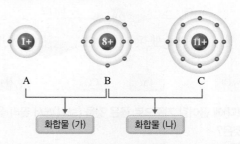

이에 대한 설명으로 옳은 것만을 [보기]에서 있는 대로 고른 것은? (단, A~C는 임의의 원소 기호이다.)

[보기]
ㄱ. (나)는 액체 상태에서 전기 전도성이 있다.
ㄴ. (가)와 (나)를 이루는 화학 결합의 종류는 같다.
ㄷ. 고체 상태일 때 녹는점은 (가)가 (나)보다 높다.

① ㄱ ② ㄷ ③ ㄱ, ㄴ
④ ㄴ, ㄷ ⑤ ㄱ, ㄴ, ㄷ

09 그림은 주기율표의 일부를 나타낸 것이다.

주기 \ 족	1	2	13	14	15	16	17	18
1	A							
2						B	C	
3	D						E	
4		F						

이에 대한 설명으로 옳은 것만을 [보기]에서 있는 대로 고른 것은? (단, A~F는 임의의 원소 기호이며, B와 C의 이온 반지름의 크기는 비슷하다.)

보기
ㄱ. A와 B로 이루어진 화합물은 액체 상태에서 전기 전도성이 있다.
ㄴ. D_2B의 녹는점은 DC의 녹는점보다 높다.
ㄷ. E와 F가 결합하여 화합물을 생성할 때 전자는 E에서 F로 이동한다.

① ㄱ   ② ㄴ   ③ ㄱ, ㄷ
④ ㄴ, ㄷ   ⑤ ㄱ, ㄴ, ㄷ

10 그림은 4가지 물질을 어떤 기준에 따라 분류한 것이다.

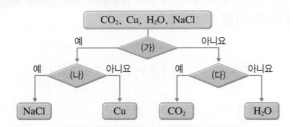

(가)~(다)에 들어갈 기준으로 옳은 것을 [보기]에서 골라 옳게 나타낸 것은?

보기
ㄱ. 고체 상태일 때 힘을 가하면 쉽게 부스러지는가?
ㄴ. 다중 결합이 있는가?
ㄷ. 액체 상태에서 전기 전도성이 있는가?

	(가)	(나)	(다)		(가)	(나)	(다)
①	ㄱ	ㄴ	ㄷ	②	ㄱ	ㄷ	ㄴ
③	ㄴ	ㄱ	ㄷ	④	ㄷ	ㄱ	ㄴ
⑤	ㄷ	ㄴ	ㄱ				

11 표는 원소 A~E로 이루어진 물질에 대한 자료이다.

물질	AD_2, DE_2	B, C	BD, CE
화학 결합의 종류	공유 결합	㉠	㉡

㉠과 ㉡은 각각 이온 결합과 금속 결합 중 하나라고 할 때, 이에 대한 설명으로 옳은 것만을 [보기]에서 있는 대로 고른 것은? (단, A~E의 원자 번호는 각각 6, 8, 9, 11, 12 중 하나이다.)

보기
ㄱ. ㉠은 '금속 결합'이다.
ㄴ. A~E 중 원자 번호가 가장 큰 원소는 E이다.
ㄷ. BD와 CE는 고체 상태에서 전기 전도성이 있다.

① ㄱ   ② ㄴ   ③ ㄱ, ㄷ
④ ㄴ, ㄷ   ⑤ ㄱ, ㄴ, ㄷ

12 그림은 2가지 결정의 모형을 나타낸 것이고, 표는 물질 A~C의 성질을 나타낸 것이다.

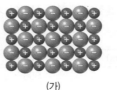 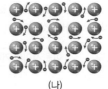

(가)   (나)

물질	녹는점(℃)	전기 전도성	
		고체 상태	액체 상태
A	802	없음	있음
B	1085	있음	있음
C	185	없음	없음

이에 대한 설명으로 옳은 것만을 [보기]에서 있는 대로 고른 것은?

보기
ㄱ. A는 (나)에 해당한다.
ㄴ. B는 자유 전자가 존재하여 열 전도성이 크다.
ㄷ. C는 고체 상태에서 공유 결정으로 존재한다.

① ㄱ   ② ㄴ   ③ ㄱ, ㄷ
④ ㄴ, ㄷ   ⑤ ㄱ, ㄴ, ㄷ

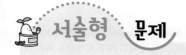

서술형 문제

13 그림은 KX가 생성될 때 양이온과 음이온 사이의 거리에 따른 에너지 변화를 나타낸 것이다. (단, X는 임의의 원소 기호이다.)

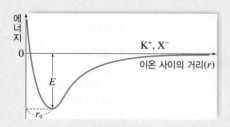

(1) KF과 KCl이 생성될 때 r_0의 크기를 비교하고, 그 까닭을 서술하시오.

(2) KCl 대신 MgO이 생성될 때 E의 크기는 어떻게 변하는지 이온의 전하량과 이온 사이의 거리를 언급하여 서술하시오.

14 그림은 화합물 WXY와 ZYW를 화학 결합 모형으로 나타낸 것이다. (단, W~Z는 임의의 원소 기호이다.)

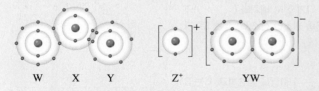

(1) 두 화합물 중 액체 상태에서 전기 전도성이 있는 물질을 고르고, 그 까닭을 서술하시오.

(2) Y와 Z로 이루어진 안정한 화합물의 (가)화학식과 화합물을 이루는 (나)결합의 종류를 쓰시오.

15 표는 4가지 이온 결합 물질에서 이온 사이의 거리를 나타낸 것이다.

물질	NaCl	NaBr	MgO	SrO
이온 사이의 거리(pm)	283	298	212	258

4가지 물질 중 녹는점이 가장 높을 것으로 예상되는 물질을 고르고, 그 까닭을 서술하시오.

16 그림은 몇 가지 결정 모형을 나타낸 것이다.

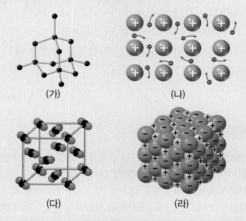

(1) 각 결정에서 입자들이 이루는 화학 결합의 종류를 쓰시오.

(2) 고체 상태에서 전기 전도성이 있는 결정을 고르고, 그 까닭을 서술하시오.

(3) 녹는점이 가장 낮을 것으로 예상되는 결정을 고르고, 그 까닭을 서술하시오.

수능 실전 문제

● 수능 출제 경향

이 단원에서는 옥텟 규칙에 따라 이온 결합과 공유 결합이 형성되는 원리를 묻는 문제가 출제되며, 이온 결합 물질과 공유 결합 물질, 금속 결합 물질의 성질을 비교하는 문제가 자주 출제된다. 특히 화합물의 화학 결합 모형을 분석하여 화학 결합의 종류와 실제 원소, 실제 화합물의 성질 등을 분석하는 유형의 문제가 계속 출제되고 있다.

수능 이렇게 나온다!

그림은 화합물 AB와 BC_2를 화학 결합 모형으로 나타낸 것이다.

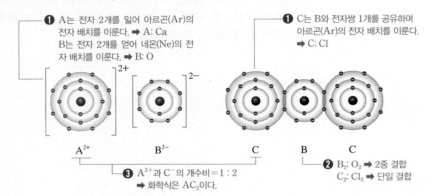

❶ A는 전자 2개를 잃어 아르곤(Ar)의 전자 배치를 이룬다. ➡ A: Ca
B는 전자 2개를 얻어 네온(Ne)의 전자 배치를 이룬다. ➡ B: O

❶ C는 B와 전자쌍 1개를 공유하며 아르곤(Ar)의 전자 배치를 이룬다.
➡ C: Cl

A^{2+} B^{2-} C   B   C

❸ A^{2+}과 C^-의 개수비=1 : 2
➡ 화학식은 AC_2이다.

❷ B_2: O_2 ➡ 2중 결합
C_2: Cl_2 ➡ 단일 결합

이에 대한 설명으로 옳은 것만을 [보기]에서 있는 대로 고른 것은? (단, A~C는 임의의 원소 기호이다.)

> **보기**
> ㄱ. A와 B는 같은 주기 원소이다.
> ㄴ. 공유 전자쌍 수는 B_2가 C_2의 2배이다.
> ㄷ. A와 C가 결합하여 안정한 화합물을 생성할 때의 화학식은 A_2C이다.

① ㄱ   ② ㄴ   ③ ㄱ, ㄷ   ④ ㄴ, ㄷ   ⑤ ㄱ, ㄴ, ㄷ

전략적 풀이

❶ **AB와 BC_2에서 각 원소가 옥텟 규칙을 만족하기 위해 어떻게 결합했는지 파악하여 각 원소의 원자가 전자 수를 구하고, 원소의 종류를 파악한다.**
ㄱ. AB에서 A는 전자 2개를 잃어 (   )의 전자 배치를 이루고, B는 전자 2개를 얻어 (   )의 전자 배치를 이룬다. 또한 BC_2에서 B와 C는 전자쌍을 공유하며 각각 (   )의 전자 배치와 (   )의 전자 배치를 이룬다. 따라서 A는 4주기 2족 원소인 칼슘(Ca), B는 2주기 16족 원소인 산소(O), C는 3주기 17족 원소인 염소(Cl)이다.

❷ **각 원소의 원자가 전자 수를 이용하여 공유 전자쌍 수를 파악한다.**
ㄴ. B는 2주기 16족 원소인 산소(O)로 원자가 전자가 6개이므로 B_2는 (   ) 결합을 형성하고, C는 3주기 17족 원소인 염소(Cl)로 원자가 전자가 7개이므로 C_2는 (   ) 결합을 형성한다. 따라서 공유 전자쌍 수는 B_2가 C_2의 2배이다.

❸ **각 원소의 원자가 전자 수를 이용하여 화합물을 이루는 입자의 개수비를 구한 후, 화학식을 파악한다.**
ㄷ. 원자가 전자가 2개인 A는 전자 2개를 잃으면서 양이온인 (   )이 되고, 원자가 전자가 7개인 C는 전자 1개를 얻으면서 음이온인 (   )이 되므로 A와 C가 결합하여 안정한 화합물을 생성할 때 두 이온은 1 : 2의 개수비로 결합한다. 따라서 화학식은 AC_2이다.

● 출제개념

옥텟 규칙
◐ 본문 156쪽

이온 결합과 공유 결합
◐ 본문 158쪽, 168쪽

● 출제의도

옥텟 규칙을 바탕으로 각 원자의 원자가 전자 수, 원소의 종류를 파악하고, 화학 결합이 어떻게 이루어져 있는지를 확인하는 문제이다.

❸ A^{2+}, C^-
❷ 2중, 단일
❶ 아르곤(Ar), 네온(Ne), 네온(Ne), 아르곤(Ar)

답 ②

01 그림은 3가지 화합물 KCl, KBr, KX에서 두 이온 사이의 거리에 따른 에너지 변화를 대략적으로 나타낸 것이다.

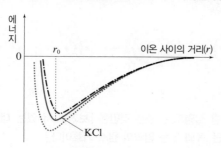

이에 대한 설명으로 옳은 것만을 [보기]에서 있는 대로 고른 것은? (단, X는 할로젠 중 하나이다.)

┌─ 보기 ─
ㄱ. 원자 반지름은 Cl가 X보다 크다.
ㄴ. 녹는점은 KX가 KCl보다 높다.
ㄷ. KCl에서 K^+의 이온 반지름은 $\dfrac{r_0}{2}$이다.
└

① ㄱ   ② ㄷ   ③ ㄱ, ㄴ
④ ㄴ, ㄷ   ⑤ ㄱ, ㄴ, ㄷ

02 다음은 원자 W~Z에 대한 자료이다.

- W~Z는 각각 O, F, Na, Mg 중 하나이다.
- 각 원자의 이온은 모두 Ne의 전자 배치를 갖는다.
- W와 X는 3주기 원소이다.
- W와 Z는 1 : 2의 개수비로 결합하여 안정한 화합물을 생성한다.

이에 대한 설명으로 옳은 것만을 [보기]에서 있는 대로 고른 것은?

┌─ 보기 ─
ㄱ. X는 Na이다.
ㄴ. 이온 결합력은 X_2Y가 K_2Y보다 크다.
ㄷ. Y와 Z로 이루어진 안정한 화합물은 액체 상태에서 전기 전도성이 있다.
└

① ㄱ   ② ㄷ   ③ ㄱ, ㄴ
④ ㄴ, ㄷ   ⑤ ㄱ, ㄴ, ㄷ

03 그림은 같은 주기 원소 A와 B로 이루어진 이온 결합 물질을 물에 녹였을 때 수용액 속 단위 부피당 이온 모형을 나타낸 것이다.

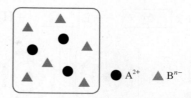

A^{2+}과 B^{n-}은 각각 Ne과 Ar의 전자 배치를 갖는다고 할 때, 이에 대한 설명으로 옳은 것만을 [보기]에서 있는 대로 고른 것은? (단, A와 B는 임의의 원소 기호이다.)

┌─ 보기 ─
ㄱ. B는 3주기 17족 원소이다.
ㄴ. 이 물질의 화학식은 AB_2이다.
ㄷ. 이 물질이 고체 상태일 때 외부에서 힘을 가하면 부스러지기 쉽다.
└

① ㄱ   ② ㄴ   ③ ㄱ, ㄷ
④ ㄴ, ㄷ   ⑤ ㄱ, ㄴ, ㄷ

04 그림은 화합물 AB와 CD_3를 화학 결합 모형으로 나타낸 것이다.

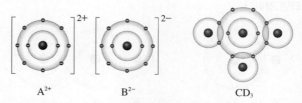

이에 대한 설명으로 옳은 것만을 [보기]에서 있는 대로 고른 것은? (단, A~D는 임의의 원소 기호이다.)

┌─ 보기 ─
ㄱ. B와 C는 같은 주기 원소이다.
ㄴ. 액체 상태에서 전기 전도성이 있는 화합물은 AB이다.
ㄷ. B와 D로 이루어진 화합물은 이온 사이의 정전기적 인력에 의해 생성된다.
└

① ㄱ   ② ㄷ   ③ ㄱ, ㄴ
④ ㄴ, ㄷ   ⑤ ㄱ, ㄴ, ㄷ

05 다음은 Na과 ㉠이 반응하여 ㉡과 H_2를 생성하는 반응의 화학 반응식이고, 그림 (가)와 (나)는 ㉠과 ㉡을 각각 화학 결합 모형으로 나타낸 것이다.

$$2Na + 2\boxed{㉠} \longrightarrow 2\boxed{㉡} + H_2$$

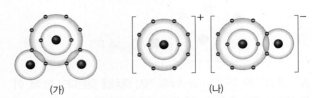

(가)   (나)

이에 대한 설명으로 옳은 것만을 [보기]에서 있는 대로 고른 것은?

[보기]
ㄱ. ㉠과 ㉡ 중 액체 상태에서 전기 전도성이 있는 것은 ㉠이다.
ㄴ. ㉡에서 모든 원소는 Ne의 전자 배치를 이룬다.
ㄷ. 반응물과 생성물 중 고체 상태에서 전성(펴짐성)이 있는 것은 Na뿐이다.

① ㄱ   ② ㄷ   ③ ㄱ, ㄴ
④ ㄴ, ㄷ   ⑤ ㄱ, ㄴ, ㄷ

06 그림은 화합물 WX와 WYZ를 화학 결합 모형으로 나타낸 것이다.

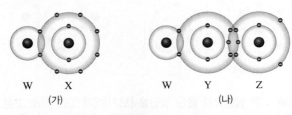

W   X   W   Y   Z
(가)   (나)

이에 대한 설명으로 옳은 것만을 [보기]에서 있는 대로 고른 것은? (단, W~Z는 임의의 원소 기호이다.)

[보기]
ㄱ. W~Z 중 원자가 전자 수가 가장 큰 원소는 X이다.
ㄴ. 공유 전자쌍 수는 Z_2가 W_2의 3배이다.
ㄷ. (가)와 (나)는 모두 공유 결합 물질이다.

① ㄱ   ② ㄷ   ③ ㄱ, ㄴ
④ ㄴ, ㄷ   ⑤ ㄱ, ㄴ, ㄷ

07 그림은 어떤 반응의 화학 반응식을 화학 결합 모형으로 나타낸 것이다.

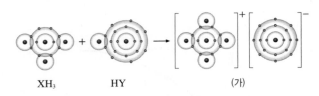

XH_3 HY   (가)

이에 대한 설명으로 옳은 것만을 [보기]에서 있는 대로 고른 것은? (단, X와 Y는 임의의 원소 기호이다.)

[보기]
ㄱ. (가)에서 Y는 옥텟 규칙을 만족한다.
ㄴ. X_2에는 다중 결합이 있다.
ㄷ. X와 Y로 이루어진 안정한 화합물은 이온 결합 물질이다.

① ㄱ   ② ㄷ   ③ ㄱ, ㄴ
④ ㄴ, ㄷ   ⑤ ㄱ, ㄴ, ㄷ

08 그림은 화합물 ABC와 H_2B를 화학 결합 모형으로 나타낸 것이다.

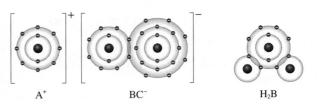

A^+ BC^- H_2B

이에 대한 설명으로 옳은 것만을 [보기]에서 있는 대로 고른 것은? (단, A~C는 임의의 원소 기호이다.)

[보기]
ㄱ. 전기 전도성은 $A(s)$가 $ABC(s)$보다 크다.
ㄴ. H_2와 C_2의 공유 전자쌍 수는 같다.
ㄷ. 화합물 AC와 HC의 화학 결합의 종류는 같다.

① ㄱ   ② ㄷ   ③ ㄱ, ㄴ
④ ㄴ, ㄷ   ⑤ ㄱ, ㄴ, ㄷ

09 다음은 어떤 화학 반응의 반응물을 화학 결합 모형으로 나타낸 화학 반응식이다. HXY에서 중심 원자는 X이다.

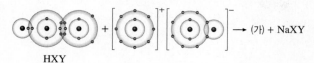

HXY

이에 대한 설명으로 옳은 것만을 [보기]에서 있는 대로 고른 것은? (단, X와 Y는 임의의 원소 기호이다.)

보기
ㄱ. (가)는 공유 결합 물질이다.
ㄴ. HXY는 액체 상태에서 전기 전도성이 있다.
ㄷ. NaXY(s)는 외부에서 힘을 가하면 부스러지기 쉽다.

① ㄱ   ② ㄴ   ③ ㄱ, ㄷ
④ ㄴ, ㄷ   ⑤ ㄱ, ㄴ, ㄷ

10 다음은 물질 AB와 CDA가 반응하여 CB와 A_2D를 생성하는 반응에서 생성물을 화학 결합 모형으로 나타낸 화학 반응식이다.

AB + CDA ⟶ [C$^+$] [B$^-$] + A_2D

이에 대한 설명으로 옳은 것만을 [보기]에서 있는 대로 고른 것은? (단, A~D는 임의의 원소 기호이다.)

보기
ㄱ. AB는 공유 결합 물질이다.
ㄴ. B와 D는 같은 주기 원소이다.
ㄷ. C(s)는 외부에서 힘을 가하면 전성(펴짐성)이 나타난다.

① ㄱ   ② ㄴ   ③ ㄱ, ㄷ
④ ㄴ, ㄷ   ⑤ ㄱ, ㄴ, ㄷ

11 그림은 화합물 XY와 Z_2Y_2를 화학 결합 모형으로 나타낸 것이다.

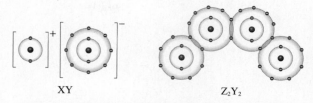

XY Z_2Y_2

이에 대한 설명으로 옳은 것만을 [보기]에서 있는 대로 고른 것은? (단, X~Z는 임의의 원소 기호이다.)

보기
ㄱ. X~Z는 모두 같은 주기 원소이다.
ㄴ. 공유 전자쌍 수는 Y_2가 Z_2의 2배이다.
ㄷ. X와 Z가 결합하여 안정한 화합물을 생성할 때 화학식은 XZ_2이다.

① ㄱ   ② ㄷ   ③ ㄱ, ㄴ
④ ㄴ, ㄷ   ⑤ ㄱ, ㄴ, ㄷ

12 표는 물질 A~D에 대한 몇 가지 성질을 나타낸 것이다.

물질		A	B	C	D
녹는점(°C)		802	996	−210	−219
끓는점(°C)		1413	1704	−196	−183
전기 전도성	고체	없음	없음	없음	없음
	액체	있음	있음	없음	없음

이에 대한 설명으로 옳은 것만을 [보기]에서 있는 대로 고른 것은?

보기
ㄱ. 고체 상태인 A에 힘을 가하면 부스러지기 쉽다.
ㄴ. B와 C는 반대 전하를 띤 이온 사이의 정전기적 인력에 의해 결합된 물질이다.
ㄷ. C와 D는 전자쌍을 공유하는 결합으로 생성된 물질이다.

① ㄱ   ② ㄴ   ③ ㄱ, ㄷ
④ ㄴ, ㄷ   ⑤ ㄱ, ㄴ, ㄷ

Ⅲ

2 분자의 구조와 성질

01 결합의 극성   194

02 분자의 구조와 성질   208

Review

다음 단어가 들어갈 곳을 찾아 빈칸을 완성해 보자.

| H_2O_2 | CH_4 | 분자 모형 | 분자식 | 공유 | 암모니아 | 과산화 수소 |

중2
물질의 구성

● **분자**
① 물질의 고유한 성질을 나타내는 가장 작은 입자
② 일반적으로 2개 이상의 원자가 ❶ [　　　　] 결합하여 이루어져 있다.

● **분자식과 분자 모형**
① ❷ [　　　　] : 분자를 이루는 원자의 종류와 수를 원소 기호와 숫자로 나타낸 것
② ❸ [　　　　] : 분자의 모양을 알기 쉽게 분자를 구성하는 원자의 종류와 수, 배열 상태를 나타낸 모형
③ 여러 가지 분자의 분자식과 분자 모형

구분	수소	산소	물	❹ [　　　　]
분자식	H_2	O_2	H_2O	❺ [　　　　]
분자 모형				

구분	이산화 탄소	❻ [　　　　]	메테인	염화 수소
분자식	CO_2	NH_3	❼ [　　　　]	HCl
분자 모형				

결합의 극성

핵심 포인트
❶ 전기 음성도의 주기성 ★★
❷ 결합의 극성 ★★★
❸ 쌍극자 모멘트 ★★
❹ 루이스 전자점식 ★★★
❺ 루이스 구조 ★★

🅐 전기 음성도

힘이 센 사람과 약한 사람이 줄다리기를 하면 힘이 센 사람 쪽으로 줄이 끌려가겠죠? 공유 결합을 형성한 원자 사이에서도 원자의 종류에 따라 공유 전자쌍을 끌어당기는 힘이 다르기 때문에 이와 비슷한 현상이 일어나요. 지금부터 공유 결합과 공유 전자쌍의 치우침에 대해 알아볼까요?

◆ 전기 음성도와 공유 결합
전기 음성도가 클수록 공유 전자쌍을 더 강하게 끌어당긴다.

같은 원자끼리는 공유 전자쌍을 같은 세기로 끌어당긴다.

전기 음성도가 더 큰 플루오린(F)이 수소(H)보다 공유 전자쌍을 더 세게 끌어당긴다.

1. *전기 음성도 공유 결합을 형성한 두 원자가 공유 전자쌍을 끌어당기는 힘의 크기를 상대적으로 비교하여 정한 값 —→ 상대적인 값이므로 단위가 없다.

(1) **전기 음성도의 기준:** 미국의 화학자 폴링은 공유 전자쌍을 끌어당기는 힘이 가장 큰 원소인 플루오린(F)의 전기 음성도를 4.0으로 정하고, 이 값을 기준으로 다른 원소들의 전기 음성도를 정하였다.

예 대표적인 원소의 전기 음성도 비교: $F(4.0)>O(3.5)>N(3.0)>C(2.5)>H(2.1)$

(2) **전기 음성도의 크기:** 원자의 크기가 작을수록, 원자핵의 전하량이 클수록 공유 전자쌍을 끌어당기는 정도가 커지므로 전기 음성도가 커진다.
—→ 원자핵이 공유 전자쌍과 가까워 끌어당기기 쉬우므로

2. 전기 음성도의 주기성

같은 주기	같은 족
원자 번호가 커질수록 전기 음성도가 대체로 커진다. ➡ 원자 번호가 커질수록 원자 반지름이 작아지고 유효 핵전하가 증가하여 원자핵과 공유 전자쌍 사이의 인력이 증가하기 때문이다.	원자 번호가 커질수록 전기 음성도가 대체로 작아진다. ➡ 원자 번호가 커질수록 원자 반지름이 커져 원자핵과 공유 전자쌍 사이의 인력이 감소하기 때문이다.
예 $C(2.5)<N(3.0)<O(3.5)<F(4.0)$	예 $F(4.0)>Cl(3.0)>Br(2.8)>I(2.5)$

| 전기 음성도 |

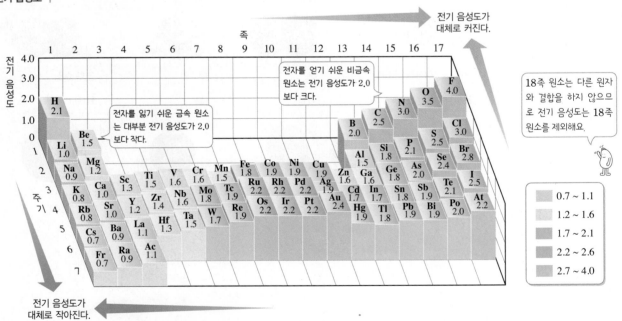

주기와 족에 따른 전기 음성도 비교

천재 교과서에만 나와요.

[2, 3주기 원소의 전기 음성도]

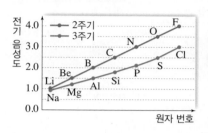

[1, 17족 원소의 전기 음성도]

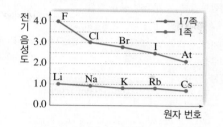

- 2주기 원소들은 3주기의 같은 족 원소들보다 전기 음성도가 크다.
- 같은 주기에서는 원자 번호가 커질수록 전기 음성도가 커진다.

- 17족 원소들은 1족 원소들보다 전기 음성도가 크다.
- 같은 족에서는 원자 번호가 커질수록 전기 음성도가 작아진다.

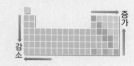

암기해!

전기 음성도의 주기성
전기 음성도는 주기율표에서 오른쪽 위로 갈수록 대체로 커지고, 왼쪽 아래로 갈수록 대체로 작아진다.

B 결합의 극성과 쌍극자 모멘트

1. 결합의 ◆극성

구분	무극성 공유 결합	극성 공유 결합
정의	같은 원자 사이에 형성되는 공유 결합	서로 다른 원자 사이에 형성되는 공유 결합
	두 원자의 전기 음성도가 같아 공유 전자쌍이 어느 한 원자 쪽으로 치우치지 않는다. ➡ ◆부분적인 전하가 생기지 않는다.	두 원자의 전기 음성도 차이에 의해 공유 전자쌍이 어느 한 원자 쪽으로 치우친다. ➡ 부분적인 전하가 생긴다.
모형	H + H → H H 수소 원자 수소 원자 수소 분자 공유 전자쌍이 두 원자 주위에 균일하게 존재하므로 H는 부분적인 전하를 띠지 않는다.	H + Cl → δ^+H Clδ^- 수소 원자 염소 원자 염화 수소 분자 전기 음성도가 큰 Cl는 부분적인 음전하(δ^-)를, 전기 음성도가 작은 H는 부분적인 양전하(δ^+)를 띤다.
예	H_2, N_2, O_2, Cl_2 등	HCl, H_2O, CH_4, CO_2, NH_3 등

2. 전기 음성도 차이와 결합의 극성

(1) 극성 공유 결합에서 결합한 두 원자의 전기 음성도 차이가 클수록 대체로 결합의 극성이 커진다.

| 전기 음성도 차이와 결합의 극성 |

전기 음성도: H(2.1)<C(2.5)<N(3.0)<O(3.5)<F(4.0)

공유 결합	H−H	δ^- δ^+ C−H	δ^- δ^+ N−H	δ^- δ^+ O−H	δ^- δ^+ F−H
전기 음성도 차이	0	0.4	0.9	1.4	1.9
결합의 극성 비교	무극성	← 극성이 작음		극성이 큼 →	

(2) 결합한 두 원자의 전기 음성도 차이가 매우 크면 전기 음성도가 작은 원자에서 전기 음성도가 큰 원자로 전자가 완전히 이동하여 이온 결합을 형성한다.

◆ **극성**
자석에 N극과 S극이 있듯이 (+)전하를 띠는 극과 (−)전하를 띠는 극이 나뉘어서 나타나는 성질을 극성이라고 한다.

◆ **부분적인 전하(δ^+, δ^-)**
원자가 전자 1개를 잃으면 +1의 전하를, 전자 1개를 얻으면 −1의 전하를 띤다. 극성 공유 결합의 경우 전자가 완전히 이동하는 것이 아니라 전자쌍이 치우쳐 전하를 띠므로 부분적인 전하라고 하며, 그리스어의 δ(델타)로 표시한다. 이때 δ는 0보다 크고, 1보다 작은 값이다.

1 결합의 극성

(3) 전기 음성도 차이에 따른 화학 결합의 종류

202쪽 대표 자료 ①

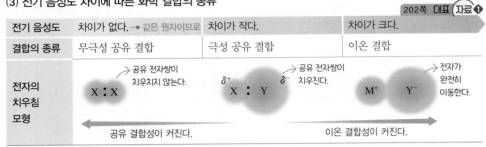

전기 음성도	차이가 없다. → 같은 원자이므로	차이가 작다.	차이가 크다.
결합의 종류	무극성 공유 결합	극성 공유 결합	이온 결합
전자의 치우침 모형	X : X → 공유 전자쌍이 치우치지 않는다.	δ^+ X : Y δ^- → 공유 전자쌍이 치우친다.	M^+ Y^- → 전자가 완전히 이동한다.

← 공유 결합성이 커진다. 이온 결합성이 커진다. →

결합의 이온성과 공유성

동아, 지학사 교과서에만 나와요.

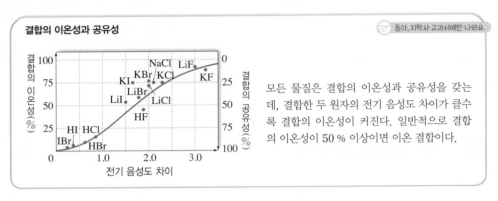

모든 물질은 결합의 이온성과 공유성을 갖는데, 결합한 두 원자의 전기 음성도 차이가 클수록 결합의 이온성이 커진다. 일반적으로 결합의 이온성이 50 % 이상이면 이온 결합이다.

3. 쌍극자와 쌍극자 모멘트

(1) **쌍극자**: 하나의 분자에서 크기가 같고 부호가 반대인 두 전하($+q$, $-q$)가 일정한 거리(r)만큼 떨어져 부분적인 전하를 나타내는 것
└ ● 결합 길이

(2) **쌍극자 모멘트(μ)**: 결합의 극성 정도를 나타내는 물리량으로, 결합하는 두 원자의 전하량(q)과 두 전하 사이의 거리(r)를 곱한 값으로 나타낸다.

$$\mu = q \times r$$

↑ 쌍극자　　　　↑ 쌍극자 모멘트(μ)의 크기

① 무극성 공유 결합의 쌍극자 모멘트는 0이다.

② 극성 공유 결합의 쌍극자 모멘트는 0이 아니며, 쌍극자 모멘트 값이 클수록 대체로 결합의 극성이 크다.

(3) **쌍극자 모멘트의 표시**: 전기 음성도가 작아 부분적인 양전하(δ^+)를 띠는 원자에서 전기 음성도가 커 부분적인 음전하(δ^-)를 띠는 원자 쪽으로 화살표가 향하도록 표시한다. └ ● 전자가 끌려가는 방향

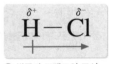

↑ 쌍극자 모멘트의 표시

천재 교과서에만 나와요.

◆ **쌍극자 모멘트의 측정**
전류가 흐르는 두 금속판 사이에서 일정한 방향으로 배열하는 분자는 금속판의 전기 용량에 영향을 준다. 따라서 금속판 사이의 전기 용량을 측정하여 쌍극자 모멘트의 크기를 계산할 수 있다.

◆ **쌍극자 모멘트의 단위**
쌍극자 모멘트는 두 원자의 전하량(단위: C)과 두 전하 사이의 거리(단위: m)의 곱이므로 쌍극자 모멘트의 단위는 C·m 또는 D(debye)이다. 이때 $1D = 3.34 \times 10^{-30}$ C·m이다.

암기해!

공유 결합의 극성과 쌍극자 모멘트
· 같은 원자 사이의 결합
➡ 무극성 공유 결합
➡ 결합의 쌍극자 모멘트=0
· 서로 다른 원자 사이의 결합
➡ 극성 공유 결합
➡ 결합의 쌍극자 모멘트≠0

구분	물(H_2O)	이산화 탄소(CO_2)	암모니아(NH_3)
전기 음성도	H<O	C<O	H<N
쌍극자 모멘트의 표시			

개념 확인 문제 ●

핵심 체크

• (❶   ): 공유 결합을 형성한 두 원자가 공유 전자쌍을 끌어당기는 힘의 크기를 상대적으로 비교하여 정한 값
  ┌ 같은 주기: 원자 번호가 커질수록 원자 반지름이 작아지고 (❷   )가 증가하므로 대체로 커진다.
  └ 같은 족: 원자 번호가 커질수록 (❸   )이 커지므로 대체로 작아진다.
• (❹   ): 같은 원자 사이의 공유 결합으로, 공유 전자쌍이 치우치지 않아 부분적인 전하가 생기지 않는 결합
• (❺   ): 서로 다른 원자 사이의 공유 결합으로, 공유 전자쌍이 한쪽으로 치우쳐 부분적인 전하가 생기는 결합
• 전기 음성도 차이에 따른 화학 결합의 종류

전기 음성도 차이가 0이다. ◀──────────────────────▶ 전기 음성도 차이가 매우 크다.		
(❻) 결합	(❼) 결합	(❽) 결합

• (❾   ): 결합의 극성 정도를 나타내는 물리량으로, 결합하는 두 원자의 (❿   )과 두 전하 사이의 거리의 곱으로 나타낸다. ➡ (⓫   ) 결합의 쌍극자 모멘트=0, (⓬   ) 결합의 쌍극자 모멘트≒0

---

1 전기 음성도와 결합의 극성에 대한 설명으로 옳은 것은 ○, 옳지 않은 것은 ×로 표시하시오.

(1) 플루오린의 전기 음성도가 가장 크다. ·········· (   )

(2) 같은 주기와 같은 족에서 각각 원자 번호가 커질수록 원소의 전가 음성도가 커진다. ·········· (   )

(3) 극성 공유 결합으로 이루어진 물질에서 전기 음성도가 큰 원자는 부분적인 양전하(δ^+)를 띤다. ·········· (   )

(4) 같은 원소로 이루어진 이원자 분자는 무극성 공유 결합을 하고 있다. ·········· (   )

(5) 전기 음성도가 서로 다른 두 원자 사이의 공유 결합은 극성을 나타낸다. ·········· (   )

[2~3] 표는 몇 가지 원소의 전기 음성도를 나타낸 것이다.

원소	H	C	N	O	F
전기 음성도	2.1	2.5	3.0	3.5	4.0

2 다음 두 원자가 공유 결합을 형성할 때 각 원자가 띠는 부분적인 전하(δ^+, δ^-)를 원소 기호 위에 표시하시오.

(1) C-H   (2) C-N   (3) O-F

3 다음 중 결합의 극성이 가장 큰 결합으로 예측되는 것은?

① H-H   ② C-H   ③ H-F
④ N-O   ⑤ O-F

4 [보기]에서 (가)극성 공유 결합과 (나)무극성 공유 결합을 포함하고 있는 물질을 각각 있는 대로 고르시오.

┌ 보기 ─────────────────────────┐
ㄱ. O_2 ㄴ. NH_3 ㄷ. CO_2
└───────────────────────────┘

5 그림은 공유 결합과 이온 결합의 모형을 순서에 관계없이 나타낸 것이다.

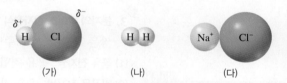

(가)~(다)를 무극성 공유 결합, 극성 공유 결합, 이온 결합으로 구분하시오.

6 쌍극자 모멘트에 대한 설명으로 옳은 것은 ○, 옳지 않은 것은 ×로 표시하시오.

(1) 단위를 갖지 않는 물리량이다. ·········· (   )

(2) 무극성 공유 결합의 쌍극자 모멘트 값은 0이다. ·········· (   )

(3) 쌍극자 모멘트 값이 클수록 대체로 결합의 극성이 크다. ·········· (   )

(4) 두 원자의 전하량과 두 전하 사이의 거리를 곱한 값이 작을수록 쌍극자 모멘트 값이 크다. ·········· (   )

C 루이스 전자점식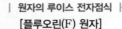

1. 루이스 전자점식 원소 기호 주위에 원자가 전자를 점으로 나타낸 식 ➡ 원자 사이의 화학 결합을 간단하게 나타낼 수 있다.

2. 원자의 루이스 전자점식 원소 기호 상하좌우에 원자가 전자를 1개씩 그린 다음, 다섯 번째 전자부터 쌍을 이루도록 그려 표시한다.

(1) **홀전자**: 각 원자에 포함된 원자가 전자 중 쌍을 이루지 않은 전자로, 원자가 화학 결합을 할 때 쌍을 이룬다.

> 루이스 전자점식을 이용하면 화학 결합을 할 때 원자가 옥텟 규칙을 만족하기 위해 필요한 전자 수를 쉽게 파악할 수 있어요.

| 원자의 루이스 전자점식 |

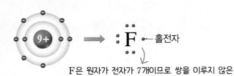

[플루오린(F) 원자]

F은 원자가 전자가 7개이므로 쌍을 이루지 않은 전자 1개가 남는다. ➡ 홀전자 1개

[알루미늄(Al) 원자]

Al은 원자가 전자가 3개이므로 모두 쌍을 이루지 않는다. ➡ 홀전자 3개

(2) 1~3주기 원소의 루이스 전자점식

	1족	2족	13족	14족	15족	16족	17족
1주기	H·						
2주기	Li·	·Be·	·B·	·C·	·N·	:O·	:F·
3주기	Na·	·Mg·	·Al·	·Si·	·P·	:S·	:Cl·

└ 같은 족 원소는 원자가 전자 수가 같으므로 루이스 전자점식이 같다.

3. 분자의 루이스 전자점식 공유 전자쌍은 두 원자의 원소 기호 사이에 표시하고, 비공유 전자쌍은 각 원소 기호 주변에 표시한다. [202쪽 대표 자료②]

(1) **공유 전자쌍**: 공유 결합에 참여하는 전자쌍

(2) **비공유 전자쌍**: 공유 결합에 참여하지 않고 한 원자에만 속해 있는 전자쌍

| 분자의 루이스 전자점식 |

[플루오린(F₂) 분자]

홀전자

공유 전자쌍 / 비공유 전자쌍

플루오린 원자 + 플루오린 원자 → 플루오린 분자

➡ F₂에는 공유 전자쌍 1개와 비공유 전자쌍 6개가 있다.
➡ F₂에서 각각의 F은 옥텟 규칙을 만족한다.

[물(H₂O) 분자]

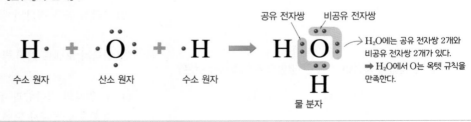

공유 전자쌍 / 비공유 전자쌍

수소 원자 + 산소 원자 + 수소 원자 → 물 분자

➡ H₂O에는 공유 전자쌍 2개와 비공유 전자쌍 2개가 있다.
➡ H₂O에서 O는 옥텟 규칙을 만족한다.

(3) 루이스 구조: 공유 결합을 편리하게 나타내기 위해 공유 전자쌍은 결합선(−)으로 나타내고, 비공유 전자쌍은 그대로 나타내거나 생략한 식 → '루이스 구조식' 또는 '구조식'이라고도 한다.

① 단일 결합: 결합선 1개(−)로 나타낸다.

구분	플루오린화 수소 (HF)	플루오린 (F$_2$)	물 (H$_2$O)	암모니아 (NH$_3$)	메테인 (CH$_4$)
루이스 전자점식	H:F̈:	:F̈:F̈:	H:Ö: H	H:N:H H	H:C:H (H 위아래)
루이스 구조	H−F	F−F	H−O | H	H−N−H | H	H−C−H (H 위아래)

② 다중 결합: 2중 결합은 결합선 2개(=), 3중 결합은 결합선 3개(≡)로 나타낸다.

구분	산소 (O$_2$)	질소 (N$_2$)	이산화 탄소 (CO$_2$)	사이안화 수소 (HCN)	에타인 (C$_2$H$_2$)
루이스 전자점식	:Ö::Ö:	:N⫶⫶N:	Ö::C::Ö	H:C⫶⫶N:	H:C⫶⫶C:H
루이스 구조	O=O	N≡N	O=C=O	H−C≡N	H−C≡C−H

4. 이온의 루이스 전자점식 원자의 루이스 전자점식으로부터 이온의 전하만큼 전자(점)를 빼거나 더해서 표시한다.

| 이온의 루이스 전자점식 |

[양이온] 잃은 전자의 수만큼 원자의 루이스 전자점식에서 점을 빼서 표시한다.

Na· ⟶ Na$^+$ + e$^-$

나트륨 원자 나트륨 이온 전자

나트륨 원자의 루이스 전자점식에서 점 1개를 빼서 표시한다.

[음이온] 얻은 전자의 수만큼 원자의 루이스 전자점식에 점을 더해서 표시한다.

:Cl̈· + e$^-$ ⟶ :Cl̈:$^-$

염소 원자 전자 염화 이온

염소 원자의 루이스 전자점식에 점 1개를 더해서 표시한다.

5. 이온 결합 물질의 루이스 전자점식 양이온과 음이온을 구분하기 위해 대괄호([ ])를 사용하고, 대괄호의 오른쪽 위에 이온의 전하를 표시한다.

| 염화 나트륨의 루이스 전자점식 |

Na· + :Cl̈· ⟶ [Na]$^+$[:Cl̈:]$^-$

나트륨 원자 염소 원자 염화 나트륨

→ 이온 결합할 때 나트륨 원자에서 염소 원자로 전자 1개가 이동하므로 루이스 전자점식에서는 나트륨 원자의 점 1개를 염소 원자로 옮겨 표시한다.

구분	플루오린화 나트륨(NaF)	산화 마그네슘(MgO)	염화 칼슘(CaCl$_2$)
루이스 전자점식	[Na]$^+$[:F̈:]$^-$	[Mg]$^{2+}$[:Ö:]$^{2-}$	[:Cl̈:]$^-$[Ca]$^{2+}$[:Cl̈:]$^-$
구분	염화 칼륨(KCl)	산화 칼슘(CaO)	산화 리튬(Li$_2$O)
루이스 전자점식	[K]$^+$[:Cl̈:]$^-$	[Ca]$^{2+}$[:Ö:]$^{2-}$	[Li]$^+$[:Ö:]$^{2-}$[Li]$^+$

완자쌤 비법 특강

원자와 분자를 루이스 전자점식으로 나타내기

원자들은 옥텟 규칙을 만족하기 위해 화학 결합을 하고, 화학 결합에는 각 원자의 원자가 전자가 관여하죠. 이렇게 화학 결합에 관여하는 원자가 전자를 원소 기호 주위에 점으로 표시한 식이 루이스 전자점식이랍니다. 따라서 루이스 전자점식을 통해 각 원자가 옥텟 규칙을 만족하기 위해 부족한 전자 수를 쉽게 알 수 있고, 화학 결합 시 어떻게 옥텟 규칙을 만족하는지도 알 수 있어요.

1 원자의 루이스 전자점식 나타내기

❶ 원자의 원자가 전자 수를 파악한다.

❷ 원자가 전자 1~4개까지는 원소 기호의 상하좌우에 1개씩 그린다.

❸ 5번째 전자부터는 이미 그린 전자와 쌍을 이루도록 한다.

❹ 이때 쌍을 이루지 않은 전자를 홀전자라고 한다.

예 산소(O) 원자의 루이스 전자점식
산소의 원자가 전자는 6개이므로 5, 6번째 전자는 쌍을 이룬다.

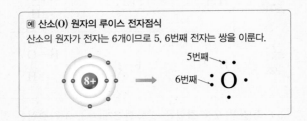

Q1 다음 (가)~(사)에 각 원자의 루이스 전자점식을 나타내시오.

	1족	2족	13족	14족	15족	16족	17족
1주기	H·						
2주기	(가)	·Be·	(나)	·C·	(다)	:O·	(라)
3주기	Na·	(마)	·Al·	(바)	·P·	(사)	:Cl·

2 분자의 루이스 전자점식 나타내기

❶ 각 원자의 루이스 전자점식을 나타낸다.

❷ 각각의 원자에서 홀전자를 파악한 후, 홀전자끼리 결합하여 전자쌍을 이루도록 원자들을 배치한다.

❸ 이때 두 원자가 공유하고 있는 전자쌍을 공유 전자쌍, 한 원자에만 속해 있는 전자쌍을 비공유 전자쌍이라고 한다.

❹ 공유 전자쌍을 결합선으로 나타낸 것을 루이스 구조라고 한다.

예 암모니아(NH₃) 분자의 전자점식
• H의 원자가 전자는 1개, N의 원자가 전자는 5개이다.

H· + ·N· + ·H → H:N:H → H–N–H
(홀전자)   (공유 전자쌍, 비공유 전자쌍)

[루이스 전자점식] [루이스 구조]

• 암모니아(NH₃) 분자의 공유 전자쌍 수: 3, 비공유 전자쌍 수: 1

Q2 다음 (가)~(아)에 분자의 루이스 전자점식 또는 공유 전자쌍 수, 비공유 전자쌍 수를 쓰시오.

분자	플루오린화 수소 (HF)	산소 (O₂)	질소 (N₂)	사이안화 수소 (HCN)	이산화 탄소 (CO₂)	폼알데하이드 (CH₂O)
루이스 전자점식	H:F:	(가)	:N::N:	(나)	O::C::O	(다)
공유 전자쌍 수	(라)	2	(마)	4	(바)	4
비공유 전자쌍 수	3	(사)	2	(아)	4	2

개념 확인 문제 •

핵심 체크

• 루이스 전자점식: 원소 기호 주위에 (❶   )를 점으로 나타낸 식
  ┌ (❷   ): 각 원자에 포함된 원자가 전자 중 쌍을 이루지 않은 전자
  ├ (❸   ): 공유 결합에 참여하는 전자쌍
  └ (❹   ): 공유 결합에 참여하지 않고 한 원자에만 속해 있는 전자쌍
• (❺   ): 공유 결합을 편리하게 나타내기 위해 공유 전자쌍은 결합선(−)으로 나타내고, 비공유 전자쌍은 그대로 나타내거나 생략한 식

1 루이스 전자점식과 루이스 구조에 대한 설명으로 옳은 것은 ○, 옳지 않은 것은 ×로 표시하시오.

(1) 원자의 루이스 전자점식을 나타낼 때에는 원자의 모든 전자를 점으로 나타낸다. ──────── (   )

(2) 루이스 구조는 비공유 전자쌍을 결합선으로 나타낸다.
──────────────────── (   )

(3) 원자가 전자의 홀전자가 공유 전자쌍을 만든다.
──────────────────── (   )

(4) 루이스 구조에서 2중 결합은 결합선 2개로 나타낸다.
──────────────────── (   )

2 그림은 1, 2주기의 비금속 원자 A~D의 루이스 전자점식을 나타낸 것이다. (단, A~D는 임의의 원소 기호이다.)

$$\text{Ȧ} \qquad \text{·B̈·} \qquad \text{·C̈·} \qquad \text{:D̈:}$$

(1) B~D의 전기 음성도 크기를 부등호로 비교하시오.
(2) B_2, D_2의 공유 전자쌍 수를 각각 쓰시오.
(3) C 1개가 A와 결합하여 생성한 안정한 화합물의 공유 전자쌍 수와 비공유 전자쌍 수를 각각 쓰시오.

3 분자의 루이스 전자점식을 나타낸 것으로 옳지 않은 것은?

① H:H

② :Ḧ:Cl̈:
     (아래)H

③ :N⋮⋮N:

④ Ö::C::Ö

⑤ H:C̈:H
     (위/아래)H

[4~5] 그림은 2주기 원소 X~Z로 구성된 분자 (가), (나)의 루이스 전자점식을 나타낸 것이다. (단, X~Z는 임의의 원소 기호이며, 전기 음성도는 Y>X>Z이다.)

$$\text{:Ÿ:Ẍ:Ÿ:} \qquad\qquad \text{:Ẍ::Z::Ẍ:}$$
    (가)   (나)

4 (   ) 안에 알맞은 말이나 숫자를 쓰시오.

(1) (가)에서 X는 부분적인 (   )전하를 띤다.
(2) (나)에서 X와 Z는 (   ) 공유 결합을 한다.
(3) (가)에서 공유 전자쌍 수는 (   )이다.
(4) 비공유 전자쌍 수는 (나)가 (가)보다 더 (   )다.

5 (가)와 (나)를 루이스 구조로 각각 나타내시오.

분자	(가)	(나)
루이스 구조		

6 그림은 염화 나트륨의 루이스 전자점식을 나타낸 것이다.
이에 대한 설명으로 옳은 것은 ○, 옳지 않은 것은 ×로 표시하시오.

$$[\text{Na}]^+ \left[:\text{Cl̈}: \right]^-$$
염화 나트륨

(1) 나트륨 원자의 점 1개를 염소 원자로 옮겨 표시한다.
──────────────────── (   )

(2) 염화 이온의 루이스 전자점식은 염소 원자의 루이스 전자점식보다 점이 1개 더 많다. ──── (   )

(3) 나트륨 이온은 원자가 전자가 없지만, 염화 이온은 원자가 전자가 8개임을 알 수 있다. ──────── (   )

대표 자료 분석

자료 ① 결합의 극성

기출 Point
• 극성 공유 결합, 무극성 공유 결합, 이온 결합의 구분
• 전기 음성도 차이, 결합의 극성, 쌍극자 모멘트의 크기 비교

[1~4] 그림은 3가지 화학 결합을 모형으로 나타낸 것이다. (단, X~Z는 임의의 원소 기호이다.)

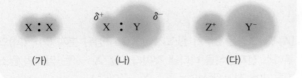

(가)   (나)   (다)

1 (가)~(다)에서 성분 원소의 전기 음성도 크기를 각각 비교하시오.

2 (가)~(다)의 결합의 종류를 구분하시오.

3 (가)와 (나)의 결합의 쌍극자 모멘트 크기를 비교하시오.

4 빈출 선택지로 완벽 정리!

(1) (나)에서 X는 부분적인 양전하를 띤다. ──── (○ / ×)
(2) (다)에서 원자 사이의 전기 음성도 차이가 매우 커 Y의 전자가 Z로 이동하였다. ──────── (○ / ×)
(3) 결합의 극성은 (나)가 (가)보다 크다. ──── (○ / ×)
(4) X~Z 중 전기 음성도가 가장 큰 원소는 Y이다. ─────────────────── (○ / ×)
(5) Y_2는 극성 공유 결합을 형성한다. ──── (○ / ×)

자료 ② 루이스 전자점식

기출 Point
• 공유 전자쌍과 비공유 전자쌍
• 루이스 전자점식과 루이스 구조

[1~4] 그림은 2주기 원소 X~Z로 이루어진 분자 (가)와 (나)를 루이스 전자점식으로 나타낸 것이다. (단, X~Z는 임의의 원소 기호이다.)

:X⋮⋮X: :Z̈:Ÿ:Z̈:

(가)   (나)

1 X~Z 중 원자가 전자 수가 가장 큰 원소를 쓰시오.

2 X~Z의 전기 음성도 크기를 부등호로 비교하시오.

3 X_2, Y_2, Z_2의 공유 전자쌍 수를 순서대로 쓰시오.

4 빈출 선택지로 완벽 정리!

(1) (가)와 (나)에서 모든 원소는 옥텟 규칙을 만족한다. ─────────────────── (○ / ×)
(2) (나)에서 Z는 부분적인 양전하(δ^+)를 띤다. (○ / ×)
(3) 쌍극자 모멘트는 (나)의 결합이 (가)의 결합보다 크다. ─────────────────── (○ / ×)
(4) 비공유 전자쌍 수는 Z_2가 Y_2의 2배이다. ──── (○ / ×)
(5) X 1개는 Z 3개와 결합하여 안정한 화합물 XZ_3을 생성한다. ──────────────── (○ / ×)

A 전기 음성도 **B** 결합의 극성과 쌍극자 모멘트

01 그림은 몇 가지 원소의 전기 음성도를 주기에 따라 나타낸 것이다.

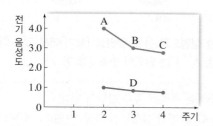

이에 대한 설명으로 옳은 것만을 [보기]에서 있는 대로 고른 것은? (단, A~D는 임의의 원소 기호이고, 같은 선으로 연결한 원소는 같은 족에 속한다.)

보기
ㄱ. A는 플루오린이다.
ㄴ. 원자 번호는 B가 D보다 크다.
ㄷ. 같은 족에서 원자 번호가 클수록 전기 음성도가 작다.

① ㄴ   ② ㄷ   ③ ㄱ, ㄴ
④ ㄱ, ㄷ   ⑤ ㄱ, ㄴ, ㄷ

중요
02 그림은 원소 A~D의 전기 음성도를 나타낸 것으로, A~D는 각각 O, F, Na, Mg 중 하나이다.

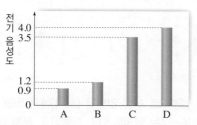

이에 대한 설명으로 옳은 것만을 [보기]에서 있는 대로 고른 것은?

보기
ㄱ. A와 B는 3주기 원소이다.
ㄴ. 공유 전자쌍 수는 C_2가 D_2의 2배이다.
ㄷ. A와 D로 이루어진 화합물은 공유 결합 물질이다.

① ㄱ   ② ㄷ   ③ ㄱ, ㄴ
④ ㄴ, ㄷ   ⑤ ㄱ, ㄴ, ㄷ

[03~04] 표는 수소(H)가 포함된 3가지 분자에서 원자 사이의 전기 음성도 차이를 나타낸 것으로, X~Z는 각각 H, F, Cl 중 하나이다.

분자	(가)	(나)	(다)
	H−X	H−Y	H−Z
전기 음성도 차이	0	0.9	1.9

03 (가)~(다)의 결합을 극성 공유 결합과 무극성 공유 결합으로 구분하시오.

04 이에 대한 설명으로 옳지 <u>않은</u> 것은?

① 전기 음성도가 가장 큰 원소는 Z이다.
② H−Z에서 부분적인 양전하(δ^+)를 띠는 원소는 Z이다.
③ 결합의 극성은 H−Z가 H−X보다 크다.
④ X−Z에서 원자 사이의 전기 음성도 차이는 1.9이다.
⑤ Y_2는 결합의 쌍극자 모멘트가 0이다.

05 그림은 원자 X~Z의 전자 배치 모형을, 표는 X~Z의 플루오린 화합물 (가)~(다)의 화학식을 나타낸 것이다.

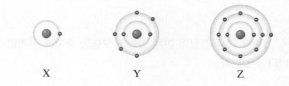

화합물	(가)	(나)	(다)
화학식	XF	YF_3	ZF

이에 대한 설명으로 옳은 것만을 [보기]에서 있는 대로 고른 것은? (단, X~Z는 임의의 원소 기호이다.)

보기
ㄱ. (가)~(다)는 모두 공유 결합 물질이다.
ㄴ. (나)에서 Y는 부분적인 양전하(δ^+)를 띤다.
ㄷ. (다)에서 모든 원자는 옥텟 규칙을 만족한다.

① ㄱ   ② ㄴ   ③ ㄱ, ㄷ
④ ㄴ, ㄷ   ⑤ ㄱ, ㄴ, ㄷ

[06~07] 그림은 전기 음성도 차이에 따른 결합의 이온성과 공유성을 나타낸 것이다.

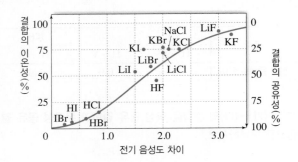

06 이에 대한 설명으로 옳은 것만을 [보기]에서 있는 대로 고른 것은?

보기
ㄱ. LiF은 이온 결합으로 이루어진 물질이다.
ㄴ. HCl는 HF보다 극성이 크다.
ㄷ. HBr는 HCl보다 결합의 공유성이 작다.

① ㄱ   ② ㄴ   ③ ㄱ, ㄷ
④ ㄴ, ㄷ   ⑤ ㄱ, ㄴ, ㄷ

서술형
07 두 원자 사이의 전기 음성도 차이가 커질 때 결합의 이온성과 공유성의 변화를 서술하시오.

중요
08 그림은 공유 결합과 이온 결합의 모형을 순서에 관계없이 나타낸 것이다.

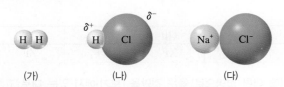

(가)   (나)   (다)

이에 대한 설명으로 옳은 것만을 [보기]에서 있는 대로 고른 것은?

보기
ㄱ. (가)에서 결합의 쌍극자 모멘트는 0이다.
ㄴ. 결합의 극성은 (나)>(가)이다.
ㄷ. H, Cl, Na 중 전기 음성도가 가장 작은 원소는 H이다.

① ㄱ   ② ㄷ   ③ ㄱ, ㄴ
④ ㄴ, ㄷ   ⑤ ㄱ, ㄴ, ㄷ

09 그림은 분자 AB와 BC의 모형에 부분적인 양전하(δ^+)와 부분적인 음전하(δ^-)를 표시한 것이다.

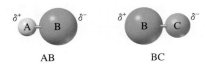

AB   BC

이에 대한 설명으로 옳은 것만을 [보기]에서 있는 대로 고른 것은? (단, A~C는 임의의 원소 기호이다.)

보기
ㄱ. AB에는 무극성 공유 결합이 있다.
ㄴ. A~C 중 전기 음성도가 가장 큰 원소는 C이다.
ㄷ. A와 C로 이루어진 안정한 화합물에서 부분적인 양전하(δ^+)를 띠는 원자는 A이다.

① ㄱ   ② ㄷ   ③ ㄱ, ㄴ
④ ㄴ, ㄷ   ⑤ ㄱ, ㄴ, ㄷ

10 그림은 분자 (가)와 (나)를 화학 결합 모형으로 나타낸 것이다.

(가) XY_2 (나) ZX_2

이에 대한 설명으로 옳은 것만을 [보기]에서 있는 대로 고른 것은? (단, X~Z는 임의의 원소 기호이고, 분자 내에서 옥텟 규칙을 만족한다.)

보기
ㄱ. X~Z의 전기 음성도는 Y>X>Z이다.
ㄴ. 무극성 공유 결합이 있는 물질은 (가)이다.
ㄷ. (가)와 (나)에서 X는 모두 부분적인 음전하(δ^-)를 띤다.

① ㄱ   ② ㄷ   ③ ㄱ, ㄴ
④ ㄴ, ㄷ   ⑤ ㄱ, ㄴ, ㄷ

11 다음은 5가지 화합물의 화학식을 나타낸 것이다.

$$I_2 \quad KBr \quad HF \quad CO_2 \quad CCl_4$$

이에 대한 설명으로 옳은 것만을 [보기]에서 있는 대로 고른 것은?

보기
ㄱ. 쌍극자 모멘트가 0인 결합이 있는 물질은 1가지이다.
ㄴ. 극성 공유 결합이 있는 물질은 2가지이다.
ㄷ. CO_2와 CCl_4에서 C는 모두 부분적인 양전하(δ^+)를 띤다.

① ㄱ　　　　　② ㄴ　　　　　③ ㄱ, ㄷ
④ ㄴ, ㄷ　　　　⑤ ㄱ, ㄴ, ㄷ

C 루이스 전자점식

[12~13] 그림은 2주기 원자 A~C의 루이스 전자점식을 나타낸 것이다. (단, A~C는 임의의 원소 기호이다.)

$$\cdot \overset{\cdot}{A} \qquad \cdot \overset{\cdot}{\underset{\cdot}{B}} \cdot \qquad : \overset{\cdot}{\underset{\cdot}{C}} \cdot$$

12 각 원자로 이루어진 물질에 대한 설명으로 옳은 것만을 [보기]에서 있는 대로 고른 것은?

보기
ㄱ. AC_3에서 A는 옥텟 규칙을 만족한다.
ㄴ. B_2에는 무극성 공유 결합이 있다.
ㄷ. BC_2에서 부분적인 음전하(δ^-)를 띠는 원자는 B이다.

① ㄱ　　　　　② ㄴ　　　　　③ ㄱ, ㄷ
④ ㄴ, ㄷ　　　　⑤ ㄱ, ㄴ, ㄷ

13 B_2와 C_2의 루이스 전자점식을 각각 나타내시오.

14 그림은 물질 (가)~(다)의 루이스 전자점식을 나타낸 것이다.

$$H : \overset{\cdot\cdot}{\underset{\cdot\cdot}{F}} : \qquad H : \overset{}{\underset{\underset{H}{|}}{N}} : H \qquad H : \overset{\overset{H}{|}}{\underset{\underset{H}{|}}{C}} : H$$

(가)　　　　　　(나)　　　　　　(다)

(가)~(다)에 대한 설명으로 옳은 것만을 [보기]에서 있는 대로 고른 것은?

보기
ㄱ. 비공유 전자쌍 수는 (가)가 가장 크다.
ㄴ. (가)와 (나)에서 수소(H)는 모두 부분적인 양전하(δ^+)를 띤다.
ㄷ. 무극성 공유 결합이 있는 물질은 (다)이다.

① ㄱ　　　　　② ㄷ　　　　　③ ㄱ, ㄴ
④ ㄴ, ㄷ　　　　⑤ ㄱ, ㄴ, ㄷ

15 다음은 2주기 원자 X~Z의 루이스 전자점식과 이 원자들이 포함된 화합물들을 나타낸 것이다.

(가) $\cdot \overset{\cdot}{\underset{\cdot}{X}} \cdot \qquad \cdot \overset{\cdot}{Y} \cdot \qquad : \overset{\cdot\cdot}{\underset{\cdot\cdot}{Z}} :$

(나) $XZ_4 \qquad YZ_3 \qquad HZ \qquad XH_2Z_2$

이에 대한 설명으로 옳은 것만을 [보기]에서 있는 대로 고른 것은? (단, X~Z는 임의의 원소 기호이고, H는 수소이다.)

보기
ㄱ. HZ에서 H는 부분적인 양전하(δ^+)를 띤다.
ㄴ. (나)에서 비공유 전자쌍이 가장 많은 화합물은 XZ_4이다.
ㄷ. XZ_4와 XH_2Z_2는 공유 전자쌍 수가 같다.

① ㄱ　　　　　② ㄷ　　　　　③ ㄱ, ㄴ
④ ㄴ, ㄷ　　　　⑤ ㄱ, ㄴ, ㄷ

16 그림은 2주기 원소로 구성된 분자 BA_2와 AC_2의 루이스 전자점식을 나타낸 것이다.

$$\ddot{A}::B::\ddot{A} \qquad :\!\ddot{C}\!:\!A\!:\!\ddot{C}\!:$$

이에 대한 설명으로 옳은 것만을 [보기]에서 있는 대로 고른 것은? (단, A~C는 임의의 원소 기호이다.)

┌─ 보기 ─────────────────────────────┐
ㄱ. 원자 번호는 $C > A > B$이다.
ㄴ. 두 화합물에서 A~C는 모두 같은 비활성 기체의 전자 배치를 이룬다.
ㄷ. 두 화합물의 루이스 구조에서 결합선의 수는 같다.
└────────────────────────────────┘

① ㄱ   ② ㄷ   ③ ㄱ, ㄴ
④ ㄴ, ㄷ   ⑤ ㄱ, ㄴ, ㄷ

[17~18] 표는 원자 A~D의 바닥상태 전자 배치를 나타낸 것이다. (단, A~D는 임의의 원소 기호이다.)

원자	전자 배치
A	$1s^2 2s^2 2p^4$
B	$1s^2 2s^2 2p^6 3s^1$
C	$1s^2 2s^2 2p^6 3s^2 3p^3$
D	$1s^2 2s^2 2p^6 3s^2 3p^5$

17 A~D로 이루어진 물질에 대한 설명으로 옳은 것만을 [보기]에서 있는 대로 고른 것은?

┌─ 보기 ─────────────────────────────┐
ㄱ. A_2는 무극성 공유 결합 물질이다.
ㄴ. A와 B로 이루어진 안정한 화합물은 이온 결합 물질이다.
ㄷ. 화합물 CD_3에서 중심 원자는 부분적인 양전하(δ^+)를 띤다.
└────────────────────────────────┘

① ㄱ   ② ㄷ   ③ ㄱ, ㄴ
④ ㄴ, ㄷ   ⑤ ㄱ, ㄴ, ㄷ

서술형
18 B와 D로 이루어진 화합물의 루이스 전자점식을 나타내시오.

중요
19 그림은 3가지 화합물의 루이스 구조를 나타낸 것이다.

$$\begin{matrix} & F & \\ & | & \\ F - & B & - F \end{matrix} \qquad \begin{matrix} & F & \\ & | & \\ F - & C & - F \\ & | & \\ & F & \end{matrix} \qquad \begin{matrix} & F & \\ & | & \\ F - & N & - F \end{matrix}$$

(가)   (나)   (다)

(가)~(다)의 공통점으로 옳은 것만을 [보기]에서 있는 대로 고른 것은?

┌─ 보기 ─────────────────────────────┐
ㄱ. 극성 공유 결합 물질이다.
ㄴ. 중심 원자는 부분적인 양전하(δ^+)를 띤다.
ㄷ. 공유 전자쌍 수와 비공유 전자쌍 수를 합한 값이 같다.
└────────────────────────────────┘

① ㄱ   ② ㄷ   ③ ㄱ, ㄴ
④ ㄴ, ㄷ   ⑤ ㄱ, ㄴ, ㄷ

20 다음은 4가지 분자를 기준 (가)와 (나)에 따라 분류하는 벤 다이어그램이다.

분자	$O=O$ $H-O-H$
	$O=C=O$ $H-O-O-H$
분류 기준	(가) 극성 공유 결합이 있다.
	(나) 무극성 공유 결합이 있다.

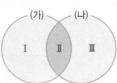

이에 대한 설명으로 옳은 것만을 [보기]에서 있는 대로 고른 것은?

┌─ 보기 ─────────────────────────────┐
ㄱ. I 영역에 속하는 분자는 1가지이다.
ㄴ. $H-O-O-H$는 II 영역에 속한다.
ㄷ. CH_4은 II 영역에 속한다.
└────────────────────────────────┘

① ㄱ   ② ㄴ   ③ ㄱ, ㄷ
④ ㄴ, ㄷ   ⑤ ㄱ, ㄴ, ㄷ

정답친해 100쪽

01 표는 분자 (가)~(다)에 대한 자료이다.

분자	분자식	두 중심 원자 사이의 공유 전자쌍 수
(가)	X_2F_2	3
(나)	Y_2F_2	2
(다)	Z_2F_2	㉠

이에 대한 설명으로 옳은 것만을 [보기]에서 있는 대로 고른 것은? (단, X~Z는 임의의 2주기 원소 기호이며, 분자 (가)~(다)에서 모든 원자는 옥텟 규칙을 만족한다.)

┌─ 보기 ─
ㄱ. ㉠은 1이다.
ㄴ. (가)에서 비공유 전자쌍 수는 6이다.
ㄷ. X~Z 중 원자가 전자 수가 가장 큰 원소는 Z이다.
└─

① ㄱ   ② ㄴ   ③ ㄱ, ㄷ
④ ㄴ, ㄷ   ⑤ ㄱ, ㄴ, ㄷ

02 그림은 분자 (가)와 (나)의 루이스 전자점식을 나타낸 것이다.

$$A : \overset{..}{\underset{..}{B}} : A \qquad : \overset{..}{B} :: C :: \overset{..}{B} :$$
(가)   (나)

이에 대한 설명으로 옳은 것만을 [보기]에서 있는 대로 고른 것은? (단, A~C는 임의의 1, 2주기 원소 기호이다.)

┌─ 보기 ─
ㄱ. A~C 중 전기 음성도가 가장 큰 원소는 B이다.
ㄴ. (나)에는 무극성 공유 결합이 있다.
ㄷ. 공유 전자쌍 수는 B_2가 A_2의 2배이다.
└─

① ㄱ   ② ㄴ   ③ ㄱ, ㄷ
④ ㄴ, ㄷ   ⑤ ㄱ, ㄴ, ㄷ

03 그림은 원자 X~Z의 전자 배치 모형을 나타낸 것이고, 표는 X~Z로 이루어진 분자 (가)~(다)에 대한 자료이다.

X   Y   Z

분자	(가)	(나)	(다)
구성 원소	X, Y	X, Z	Y, Z
공유 전자쌍 수	2	1	3

이에 대한 설명으로 옳은 것만을 [보기]에서 있는 대로 고른 것은? (단, X~Z는 임의의 원소 기호이고, (가)~(다)에서 Y, Z는 옥텟 규칙을 만족한다.)

┌─ 보기 ─
ㄱ. 비공유 전자쌍 수는 (가)가 (나)보다 크다.
ㄴ. (가)~(다)에는 모두 극성 공유 결합이 있다.
ㄷ. (다)의 화학식은 YZ_2이다.
└─

① ㄱ   ② ㄴ   ③ ㄱ, ㄷ
④ ㄴ, ㄷ   ⑤ ㄱ, ㄴ, ㄷ

04 표는 원소 W~Z로 이루어진 분자 (가)와 (나)에 대한 자료이다. 구조식에서 다중 결합은 표시하지 않았다.

분자	(가)	(나)
구조식	W−X−X−W	Y−Z−W
공유 전자쌍 수 / 비공유 전자쌍 수	$\dfrac{5}{6}$	$\dfrac{1}{2}$

이에 대한 설명으로 옳은 것만을 [보기]에서 있는 대로 고른 것은? (단, W~Z는 각각 C, N, O, F 중 하나이며, 분자를 구성하는 모든 원자는 옥텟 규칙을 만족한다.)

┌─ 보기 ─
ㄱ. W~Z 중 원자 번호가 가장 큰 원소는 W이다.
ㄴ. 공유 전자쌍 수는 (가)와 (나)가 같다.
ㄷ. 비공유 전자쌍 수는 (가)가 (나)보다 크다.
└─

① ㄱ   ② ㄴ   ③ ㄱ, ㄷ
④ ㄴ, ㄷ   ⑤ ㄱ, ㄴ, ㄷ

분자의 구조와 성질

핵심 포인트
1. 전자쌍 반발 이론 ★★
2. 분자의 결합각과 구조 ★★★
3. 분자의 극성 ★★★
4. 극성 분자와 무극성 분자의 성질 ★★★

A 분자의 구조

블록의 종류와 수에 따라 다양한 모양의 장난감을 만들 수 있는 것처럼, 원자의 종류와 수에 따라 분자의 구조도 달라져요. 정확하게는 중심 원자 주위에 있는 전자쌍 수에 따라 달라지죠. 그러면 분자의 구조가 어떻게 달라지는지 살펴볼까요?

1. 전자쌍 반발 이론 분자에서 중심 원자 주위에 있는 전자쌍들은 서로 같은 전하를 띠므로 정전기적 반발력이 작용하여 가능한 한 멀리 떨어져 있으려 한다는 이론 ➡ 공유 결합으로 이루어진 분자의 구조를 예측하는 데 유용하다.

(1) 전자쌍 반발 이론에 의한 전자쌍 배치: 중심 원자에 있는 전자쌍의 수에 따라 전자쌍의 배치가 달라지며, 이에 따라 분자의 구조가 결정된다.

◆ 풍선 모형은 각 고무풍선의 매듭을 묶어 고무풍선들이 가장 멀리 떨어지도록 배치했을 때의 모양을 나타낸 것이다.

전자쌍	2개	3개	4개
풍선 모형 → 풍선의 배열은 전자쌍의 배열을 의미	풍선은 전자쌍에 비유 / 매듭은 중심 원자에 비유		
전자쌍의 배치	중심 원자 / 전자쌍 전자쌍이 서로 정반대 위치에 놓일 때 반발력이 가장 작다.	중심 원자 전자쌍이 정삼각형의 꼭짓점에 놓일 때 반발력이 가장 작다.	전자쌍이 정사면체의 꼭짓점에 놓일 때 반발력이 가장 작다.
결합각	180°	120°	109.5°
분자 구조	직선형	평면 삼각형	정사면체형

◆ **결합각과 결합 길이**
결합각과 결합 길이는 전자쌍 반발 이론에 의해 결정되며, 분자의 구조를 결정하는 데 중요한 역할을 한다.

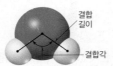
결합 길이 / 결합각

- 결합각: 원자가 3개 이상 결합한 분자에서 중심 원자의 원자핵과 이와 결합한 두 원자의 원자핵을 연결한 선이 이루는 각
- 결합 길이: 결합하고 있는 두 원자의 원자핵의 중심 사이의 거리

상상 교과서에만 나와요.

◆ **전자쌍이 차지하는 공간의 크기**

핵 공유 전자쌍 비공유 전자쌍 핵

공유 전자쌍은 두 원자 사이에 존재하고 있는 반면, 비공유 전자쌍은 한 원자에만 속해 있으므로 비공유 전자쌍이 공유 전자쌍에 비해 더 넓은 공간을 차지한다.

(2) 전자쌍 사이의 반발력 크기: 비공유 전자쌍 사이의 반발력은 공유 전자쌍 사이의 반발력보다 크다. ➡ 비공유 전자쌍은 중심 원자에만 속해 있고, 공유 전자쌍은 2개의 원자가 공유하고 있어 비공유 전자쌍이 공유 전자쌍에 비해 더 넓은 공간을 차지하기 때문이다.

비공유 전자쌍 ↕ 반발력 비공유 전자쌍	>	공유 전자쌍 ↕ 반발력 비공유 전자쌍	>	공유 전자쌍 ↕ 반발력 공유 전자쌍

2. 분자의 구조 215쪽 대표 자료❶❷

(1) 중심 원자에 공유 전자쌍만 있는 경우: 중심 원자 주위의 공유 전자쌍 수에 따라 구조가 다르다.

공유 전자쌍	2개	3개	4개
예	플루오린화 베릴륨(BeF_2)	삼염화 붕소(BCl_3)	메테인(CH_4)
루이스 전자점식과 루이스 구조	$:\ddot{F}:Be:\ddot{F}:$ F—Be—F └→ 옥텟 규칙 예외	$:\ddot{Cl}:B:\ddot{Cl}:$ Cl—B—Cl └→ 옥텟 규칙 예외	H:C:H H—C—H
분자 모형	180° F—Be—F	B 120° Cl Cl Cl	109.5° C H H H H
결합각 / 분자 구조	180° / 직선형	120° / 평면 삼각형	109.5° / 정사면체형

평면 구조 ➡ 분자를 이루는 모든 원자가 동일 평면에 있다.
입체 구조

(2) 중심 원자에 비공유 전자쌍이 있는 경우

① 전체 전자쌍을 배치한 후, 비공유 전자쌍을 제외한 공유 전자쌍의 배열로 구조를 결정한다.
② 비공유 전자쌍이 많을수록 반발력이 커지므로 결합각이 작아진다.

전자쌍	공유 전자쌍 3개 / 비공유 전자쌍 1개	공유 전자쌍 2개 / 비공유 전자쌍 2개
예	암모니아(NH_3) 다른 예: PH_3	물(H_2O) 다른 예: H_2S
루이스 전자점식과 루이스 구조	H:N:H H—N—H	H:O: H—O—H
분자 모형	비공유 전자쌍 N H H H 107° (비공유 전자쌍의 반발력이 커서 공유 전자쌍을 더 세게 밀어내므로 결합각은 CH_4보다 작다.)	비공유 전자쌍 O H H 104.5° (비공유 전자쌍 2개의 반발력이 크므로 결합각은 NH_3보다 작다.)
결합각 / 분자 구조	107° / 삼각뿔형 입체 구조	104.5° / 굽은 형 평면 구조

(3) 중심 원자에 다중 결합이 있는 경우: 중심 원자에 2중 결합 또는 3중 결합이 있는 경우 다중 결합을 1개의 전자쌍으로 취급하여 분자의 구조를 결정한다.

C에 공유 전자쌍만 2개 있는 것으로 간주
C에 공유 전자쌍만 3개 있는 것으로 간주

예	이산화 탄소(CO_2)	사이안화 수소(HCN)	폼알데하이드($HCHO$)
루이스 전자점식과 루이스 구조	$:\ddot{O}::C::\ddot{O}:$ O=C=O	H:C:::N: H—C≡N	$:O:$ $::$ H:C:H O ‖ H—C—H
분자 모형	180° O—C—O	180° H—C—N	O C H H 122° 116° (2중 결합과 단일 결합 사이의 반발력이 단일 결합들 사이의 반발력보다 크다.)
결합각 / 분자 구조	180° / 직선형	180° / 직선형	약 120° / 평면 삼각형

◆ **이원자 분자의 구조**
H_2, O_2, N_2, HCl 등과 같이 2개의 원자로 이루어진 분자들은 모두 직선형 구조를 이루며, 결합각은 180°이다.

주의해!

중심 원자의 공유 전자쌍 수
중심 원자가 3주기 이상의 원소일 때는 d 오비탈에 전자가 존재하므로 옥텟 규칙을 따르지 않아 중심 원자의 공유 전자쌍이 5개, 6개인 경우도 있다.
예 • PF_5 : 공유 전자쌍 5개
  ➡ 삼각쌍뿔형
 • SF_6 : 공유 전자쌍 6개
  ➡ 정팔면체형

미래엔 교과서에만 나와요.

◆ **중심 원자가 2개 이상인 분자의 구조**
메탄올(CH_3OH)과 같이 중심 원자가 2개 이상인 분자도 전자쌍 반발 이론을 적용하여 아래처럼 분자의 구조를 예측할 수 있다.

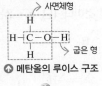
사면체형
굽은 형
⬆ 메탄올의 루이스 구조

⬆ 메탄올의 분자 모형

개념 확인 문제

핵심 체크

- (**❶**   ): 분자에서 중심 원자 주위에 있는 전자쌍들은 서로 같은 전하를 띠므로 정전기적 반발력이 작용하여 가능한 한 멀리 떨어져 있으려고 한다는 이론

- 전자쌍 사이의 반발력 크기

(**❷**) 전자쌍들 사이의 반발력	>	공유 전자쌍과 비공유 전자쌍 사이의 반발력	>	(**❸**) 전자쌍들 사이의 반발력

- 중심 원자의 전자쌍 수에 따른 분자 구조

구분	중심 원자에 공유 전자쌍만 있는 경우			중심 원자에 비공유 전자쌍이 있는 경우	
공유 전자쌍	2개	3개	4개	3개	2개
비공유 전자쌍	0개	0개	0개	1개	2개
분자 모형	예 BeF_2 180° F Be F	예 BCl_3 Cl B Cl Cl 120°	예 CH_4 109.5° H C H H H	예 NH_3 N H H H 107°	예 H_2O O H H 104.5°
분자 구조	(**❹**)	(**❺**)	(**❻**)	(**❼**)	(**❽**)

- 중심 원자에 다중 결합이 있는 경우 분자 구조: 다중 결합을 (**❾**   )개의 전자쌍으로 취급하여 구조를 결정한다.

---

1 전자쌍 반발 이론에 대한 설명으로 옳은 것은 ○, 옳지 <u>않</u>은 것은 ×로 표시하시오.

(1) 분자에서 중심 원자 주위의 전자쌍들은 가능한 한 가깝게 붙어 있으려 한다는 이론이다. ──────── (   )

(2) 중심 원자에 전자쌍이 4개 있는 경우 전자쌍이 정사각형의 꼭짓점에 놓일 때 반발력이 가장 작다. (   )

(3) 비공유 전자쌍과 공유 전자쌍 사이의 반발력은 공유 전자쌍들 사이의 반발력보다 크다. ──────── (   )

2 그림은 2주기 원소 X~Z의 수소 화합물의 분자 구조를 나타낸 것이다. (단, X~Z는 임의의 원소 기호이다.)

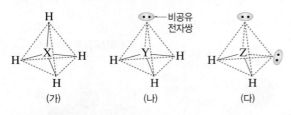

(1) 화합물 (가)~(다)의 결합각 크기를 부등호로 비교하시오.

(2) 화합물 (가)~(다)의 분자 구조를 각각 쓰시오.

3 다음 각 분자 구조에 알맞은 분자식을 [보기]에서 있는 대로 고르시오.

<보기>
ㄱ. NF_3 ㄴ. HF ㄷ. N_2 ㄹ. CO_2
ㅁ. BCl_3 ㅂ. H_2O ㅅ. $BeCl_2$ ㅇ. CH_4

(1) 직선형   (2) 굽은 형   (3) 삼각뿔형

(4) 정사면체형   (5) 평면 삼각형

4 그림은 몇 가지 화합물의 루이스 구조를 나타낸 것이다.

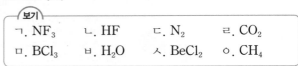

이에 대한 설명으로 옳은 것은 ○, 옳지 <u>않</u>은 것은 ×로 표시하시오.

(1) (가)에서 공유 전자쌍은 2개이다. ────────── (   )

(2) (나)와 (라)의 분자 구조는 같다. ────────── (   )

(3) (다)와 (라)에서 중심 원자의 전체 전자쌍 수는 같다.

──────────────────────── (   )

B 분자의 극성

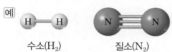 **1. 무극성 분자** 분자 안에 전하가 고르게 분포하므로 분자의 쌍극자 모멘트가 0인 분자

(1) **이원자 분자인 경우:** 같은 원자끼리 무극성 공유 결합을 하여 생성된 분자

예

수소(H_2) 질소(N_2)

● 각 결합의 쌍극자 모멘트가 같고, 분자 구조에 의해 결합의 쌍극자 모멘트가 상쇄된다.

> 분자의 극성 여부는 결합의 극성과 분자의 구조에 따라 결정되어요.

(2) **다원자 분자인 경우:** 분자 구조가 대칭을 이루어 결합의 쌍극자 모멘트 합이 0이 되는 분자

예	염화 베릴륨($BeCl_2$)	삼염화 붕소(BCl_3)	메테인(CH_4)	이산화 탄소(CO_2)
분자 모형	Cl—Be—Cl	Cl, B, Cl, Cl	H, C, H, H, H	O—C—O
분자 구조	직선형	평면 삼각형	정사면체형	직선형
	대칭 구조	대칭 구조	대칭 구조	대칭 구조
결합의 극성	Be—Cl 결합 ➡ 극성 공유 결합	B—Cl 결합 ➡ 극성 공유 결합	C—H 결합 ➡ 극성 공유 결합	C=O 결합 ➡ 극성 공유 결합
결합의 쌍극자 모멘트 합	0	0	0	0

● 분자의 쌍극자 모멘트가 0이다.

> **주의해!**
> **분자의 극성**
> • 이원자 분자는 결합의 극성에 따라 분자의 극성이 결정된다.
> • 다원자 분자는 분자 구조에 따라 분자의 극성이 결정된다.

 **2. 극성 분자** 분자 안에 전하가 고르게 분포하지 않아 부분적인 전하를 띠므로 분자의 쌍극자 모멘트가 0이 아닌 분자

(1) **이원자 분자인 경우:** 서로 다른 원자끼리 극성 공유 결합을 하여 생성된 분자

예

플루오린화 수소(HF) 염화 수소(HCl)

(2) **다원자 분자인 경우:** 분자 구조가 ◆비대칭이어서 결합의 쌍극자 모멘트 합이 0이 되지 않는 분자

예	물(H_2O)	암모니아(NH_3)	사이안화 수소(HCN)	클로로메테인(CH_3Cl)
분자 모형	분자의 쌍극자 모멘트 / O, H, H / 결합의 쌍극자 모멘트가 상쇄되지 않는다.	H, N, H, H / 결합의 쌍극자 모멘트가 상쇄되지 않는다.	H, C, N / 두 결합의 쌍극자 모멘트는 서로 방향이 같아 상쇄되지 않는다.	Cl, C, H, H, H
분자 구조	굽은 형	삼각뿔형	직선형	사면체형
	비대칭 구조	비대칭 구조	비대칭 구조	비대칭 구조
결합의 극성	O—H ➡ 극성 공유 결합	N—H ➡ 극성 공유 결합	C—H, C≡N ➡ 극성 공유 결합	C—H, C—Cl ➡ 극성 공유 결합
결합의 쌍극자 모멘트 합	0이 아님	0이 아님	0이 아님	0이 아님

● 분자의 쌍극자 모멘트가 0이 아니다.

> ◆ **비대칭 구조**
> 중심 원자에 결합된 원자들이 모두 같은 종류가 아니거나 중심 원자에 비공유 전자쌍이 있는 분자의 구조는 비대칭 구조이다.

> C—H 결합과 C—Cl 결합의 쌍극자 모멘트가 상쇄되지 않는다.

> ◆ **분자의 극성 판단하기**
>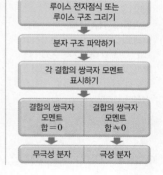

2 분자의 구조와 성질

C 분자의 성질

물과 기름은 섞이지 않는다는 사실을 우리는 모두 알고 있답니다. 그런데 이러한 현상이 분자의 구조와 관련이 있다는 사실도 알고 있나요? 분자의 구조는 분자의 극성을 결정하고, 분자의 극성은 물질의 물리적, 화학적 성질에 영향을 미쳐요. 그럼 극성 분자와 무극성 분자의 성질에 대해 함께 알아보아요.

구분	극성 분자	무극성 분자
대전체의 영향	액체 상태의 ◆극성 물질에 ◆대전체를 가까이 대면 액체 줄기가 대전체 쪽으로 끌려온다. (−)대전체를 가까이 대면 부분적인 양전하(δ^+)를 띤 수소 부분이 끌려온다.　(+)대전체를 가까이 대면 부분적인 음전하(δ^-)를 띤 산소 부분이 끌려온다.	액체 상태의 무극성 물질에 대전체를 가까이 대도 액체 줄기가 끌려오지 않는다. 무극성 물질인 n-헥세인은 (+)대전체나 (−)대전체를 가까이 대도 끌려오지 않는다.
전기장 속에서 분자의 배열	기체 상태의 극성 분자는 전기장 속에서 일정한 방향으로 배열된다. (−)극　　　　(+)극 부분적인 음전하(δ^-)를 띠는 부분은 (+)극 쪽을 향하고, 부분적인 양전하(δ^+)를 띠는 부분은 (−)극 쪽을 향하여 배열된다.	기체 상태의 무극성 분자는 전기장 속에 있을 때에도 일정한 방향으로 배열되지 않는다. (−)극　　　　(+)극 무극성 분자인 H_2는 무질서하게 배열된다.
용해도	극성 물질은 극성 용매에 잘 용해된다. 예 • 물은 염화 나트륨이나 황산 구리(II) 오수화물과 같은 이온 결합 물질을 잘 녹인다. • 극성 물질인 물과 에탄올은 잘 섞인다. ◆극성 물질과 무극성 물질은 서로 잘 섞이지 않는다. 예 극성 물질인 물은 무극성 물질인 n-헥세인이나 기름과 혼합하면 섞이지 않고 분리되어 층을 이룬다.	무극성 물질은 무극성 용매에 잘 용해된다. 예 • 무극성 물질인 아이오딘(I_2)은 무극성 물질인 사염화 탄소에 잘 녹는다. • 무극성 물질인 n-헥세인과 벤젠은 잘 섞인다. 기름 물
녹는점과 끓는점	일반적으로 분자량이 비슷한 경우 분자의 극성이 클수록 녹는점과 끓는점이 높다. ➡ 극성 분자끼리는 서로 반대 전하를 띤 부분 사이에 강한 정전기적 인력이 작용하므로 무극성 분자보다 분자 사이의 인력이 강하다. → 분자 사이의 인력이 강할수록 융해하거나 기화하는 데 더 많은 에너지가 필요하므로 극성 물질이 무극성 물질보다 융해열, 기화열, 비열 등이 크다.	

구분		분자량	녹는점(°C)	끓는점(°C)
무극성 분자	메테인(CH_4)	16 ┐ 분자량 비슷	−183	−161
극성 분자	암모니아(NH_3)	17 ┘	−78	−33
무극성 분자	산소(O_2)	32 ┐ 분자량 비슷	−219	−183
극성 분자	황화 수소(H_2S)	34 ┘	−86	−61

➢ 분자량이 비슷할 때 무극성 분자인 CH_4보다 극성 분자인 NH_3가, 무극성 분자인 O_2보다 극성 분자인 H_2S가 녹는점과 끓는점이 높다.

◆ **극성 물질과 무극성 물질**
극성 물질은 이온 결합 물질이나 극성 분자로 이루어진 물질이고, 무극성 물질은 원소나 무극성 분자로 이루어진 물질이다.

◆ **대전체**
물체 사이에서 전자가 이동하여 전기를 띠게 되는 현상을 대전이라 하고, 대전된 물체를 대전체라고 한다.

◆ **극성 분자와 무극성 분자가 섞이지 않는 까닭**
극성 분자끼리는 서로 반대 전하를 띤 부분 사이에 강한 정전기적 인력이 작용하므로 쉽게 섞인다. 하지만 무극성 분자와 극성 분자를 섞으면 극성 분자끼리만 강한 정전기적 인력이 작용하므로 무극성 분자는 그 사이로 섞여 들어가지 못하고 층을 이룬다.

📑 천재 교과서에만 나와요.

◆ **분자 구조와 물리적, 화학적 성질**
에탄올(C_2H_5OH)과 다이메틸에테르(CH_3OCH_3)는 분자식이 C_2H_6O로 같지만 분자 구조가 다르다. 따라서 두 물질은 녹는점과 끓는점, 물에 대한 용해도, 화학적 성질이 다르다.

⬆ 에탄올　　⬆ 다이메틸 에테르

분자의 극성과 전기적 성질

과정 >
❶ 뷰렛에 물을 넣고 물줄기를 가늘게 흐르게 한다.
❷ 명주 헝겊으로 문지른 플라스틱 자와 유리 막대를 각각 물줄기에 가까이 댄다.
❸ 물 대신 에탄올(C_2H_5OH), n-헥세인(C_6H_{14})을 이용하여 과정 ❶~❷를 반복한다.

뷰렛 / 물 / 플라스틱 자 / 유리 막대

결과 >

구분	물 → 극성 물질	에탄올 → 극성 물질	n-헥세인 → 무극성 물질
플라스틱 자	끌려옴	끌려옴	끌려오지 않음
유리 막대	끌려옴	끌려옴	끌려오지 않음

해석 >
1. 플라스틱 자와 유리 막대를 명주 헝겊으로 문질렀을 때의 변화: ♦플라스틱 자는 대전되어 (−)전하를 띠고, 유리 막대는 대전되어 (+)전하를 띤다.
2. 물과 에탄올의 액체 줄기가 끌려오는 까닭: 명주 헝겊으로 문지른 플라스틱 자와 유리 막대는 대전체이다. 물과 에탄올은 극성 물질로 분자 내에 부분적인 양전하(δ^+)와 음전하(δ^-)를 띤 부분이 있으므로 액체 줄기에 대전체를 가까이 대면 액체 줄기가 대전체 쪽으로 끌려온다.
3. n-헥세인의 액체 줄기가 끌려오지 않는 까닭: n-헥세인은 무극성 물질이므로 대전체를 가까이 대도 액체 줄기가 끌려오지 않는다.

같은 탐구) 다른 실험

♦분자의 극성과 용해성

과정 >
❶ 시험관 한 개에 물과 n-헥세인을 10 mL씩 넣고 흔든 뒤 변화를 관찰한다.
❷ 과정 ❶의 시험관에 염화 구리(II) 이수화물($CuCl_2 \cdot 2H_2O$)을 넣고 섞은 뒤 변화를 관찰한다.

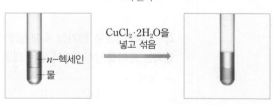

└→ 푸른색

$CuCl_2 \cdot 2H_2O$을 넣고 섞음

n-헥세인 / 물

결과 >

시험관	아래층	위층
	물 층	n-헥세인 층
색 변화	푸른색	무색

해석 >
1. 물과 n-헥세인이 섞이지 않고 층을 이루는 까닭: 극성 물질인 물은 무극성 물질인 n-헥세인과 서로 섞이지 않기 때문이다.
2. 물 층은 푸른색을 띠고, n-헥세인 층은 색을 띠지 않는 까닭: 염화 구리(Ⅱ) 이수화물은 극성 물질이므로 극성 용매인 물에는 잘 용해되지만, 무극성 용매인 n-헥세인에는 용해되지 않기 때문이다.

📘 지학사 교과서에만 나와요.

◆ 대전열
두 종류의 물체를 마찰했을 때 (+)전하와 (−)전하를 띠는 물질을 순서대로 나열한 것을 대전열이라고 한다. 대전열은 (+)전하를 띠기 쉬운 물질부터 순서대로 나열한다.

(+) 털가죽 > 유리 > 명주 > 나무 > 철 > 고무 > 플라스틱 (−)

◆ 아이오딘(I_2)의 용해성
무극성 물질인 아이오딘은 n-헥세인에는 잘 용해되지만, 물에는 용해되지 않는다.

n-헥세인 + 아이오딘 / 물

확인 문제
1 (극성, 무극성) 물질의 액체 줄기에 대전체를 가까이 대면 액체 줄기가 대전체 쪽으로 끌려온다.
2 극성 물질인 염화 구리(Ⅱ) 이수화물은 (물, n-헥세인)에 잘 녹는다.

확인 문제 답
1 극성
2 물

개념 확인 문제

핵심 체크

- (❶   ) 분자: 분자 안에 전하가 고르게 분포하므로 분자의 쌍극자 모멘트가 0인 분자
  - 이원자 분자인 경우: (❷   ) 원자끼리 무극성 공유 결합을 하여 생성된 분자
  - 다원자 분자인 경우: (❸   ) 구조를 이루어 결합의 쌍극자 모멘트 합이 0이 되는 분자
- (❹   ) 분자: 분자 안에 전하가 고르게 분포하지 않아 부분적인 전하를 띠므로 분자의 쌍극자 모멘트가 0이 아닌 분자
  - 이원자 분자인 경우: 서로 (❺   ) 원자끼리 극성 공유 결합을 하여 생성된 분자
  - 다원자 분자인 경우: 분자 구조가 (❻   )이어서 결합의 쌍극자 모멘트 합이 0이 되지 않는 분자
- 분자의 성질
  - 대전체의 영향: 액체 상태의 (❼   ) 물질에 대전체를 가까이 대면 액체 줄기가 대전체 쪽으로 끌려오지만, 액체 상태의 (❽   ) 물질에 대전체를 가까이 대면 액체 줄기가 끌려오지 않는다.
  - 전기장 속에서의 배열: 기체 상태의 (❾   ) 분자는 전기장 속에서 일정한 방향으로 배열되지만, 기체 상태의 (❿   ) 분자는 전기장 속에 있을 때에도 일정한 방향으로 배열되지 않는다.
  - 용해도: (⓫   ) 물질은 극성 용매에 잘 용해되고, (⓬   ) 물질은 무극성 용매에 잘 용해된다.
  - 녹는점과 끓는점: 일반적으로 분자량이 비슷한 경우 분자의 극성이 클수록 녹는점과 끓는점이 (⓭   )다.

---

1 분자의 극성에 대한 설명으로 옳은 것은 ○, 옳지 <u>않은</u> 것은 ×로 표시하시오.

(1) 극성 공유 결합으로 이루어진 분자는 모두 극성 분자이다. ────────────────── (   )

(2) 무극성 공유 결합으로 이루어진 이원자 분자는 무극성 분자이다. ────────────────── (   )

(3) 비대칭 구조의 다원자 분자는 모두 극성 분자이다.
　　　　　　　　　　　　　　　　　　　　　 (   )

2 그림은 몇 가지 분자 모형을 나타낸 것이다.

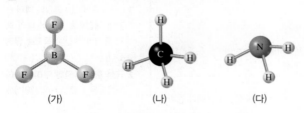

(가)　　　　　(나)　　　　　(다)

(1) 결합의 쌍극자 모멘트 합이 0인 분자를 있는 대로 고르시오.

(2) 극성 분자를 있는 대로 고르시오.

3 극성 분자와 무극성 분자의 성질에 대한 설명으로 옳은 것은 ○, 옳지 <u>않은</u> 것은 ×로 표시하시오.

(1) 물줄기에 전하를 띤 대전체를 가까이 대면 물줄기가 대전체 쪽으로 끌려온다. ───────── (   )

(2) 기체 상태의 수소 분자는 전기장 속에서 일정한 방향으로 배열한다. ───────── (   )

(3) 극성 물질인 에탄올과 물은 잘 섞인다. ────── (   )

(4) 분자량이 비슷한 메테인(CH_4)과 암모니아(NH_3)에서 녹는점과 끓는점은 메테인이 더 높다. ────── (   )

4 기체 상태로 전기장 속에 넣었을 때 일정한 방향으로 배열되는 분자를 [보기]에서 있는 대로 고르시오.

보기
　　CO_2　　HF　　O_2　　SO_2

5 무극성 용매인 벤젠에 잘 용해되는 물질을 [보기]에서 있는 대로 고르시오.

보기
　　H_2O　　CO_2　　BeF_2　　HCN

자료 ❶ 전자쌍 사이의 반발력과 분자의 구조

기출 Point
• 비공유 전자쌍 수에 따른 전자쌍 사이의 반발력
• 전자쌍 수와 분자의 구조

[1~4] 다음은 몇 가지 분자를 분자식으로 나타낸 것이다.

(가) HCN	(나) BeF_2	(다) BF_3
(라) H_2O	(마) NH_3	(바) CH_4

1 표의 빈칸에 (가)~(바)의 중심 원자에 있는 공유 전자쌍 수와 비공유 전자쌍 수를 쓰시오.

분자	(가)	(나)	(다)	(라)	(마)	(바)
공유 전자쌍 수						
비공유 전자쌍 수						

2 (가)~(바)의 분자 구조를 각각 쓰시오.

3 (가)~(바)의 결합각 크기를 등호 또는 부등호로 비교하시오.

4 빈출 선택지로 완벽 정리!

(1) (가)와 (바)의 공유 전자쌍 수는 같다. ········· (○ / ×)
(2) 중심 원자에 비공유 전자쌍이 가장 많은 분자는 (라)이다. ········· (○ / ×)
(3) 다중 결합이 있는 분자는 1가지이다. ········· (○ / ×)
(4) 중심 원자가 모두 옥텟 규칙을 만족한다. ········· (○ / ×)
(5) (다)와 (마)의 분자 구조는 같다. ········· (○ / ×)
(6) 직선형 구조인 분자는 2가지이다. ········· (○ / ×)
(7) 모든 구성 원자가 동일 평면에 있는 분자는 3가지이다. ········· (○ / ×)

자료 ❷ 분자의 구조식과 전자쌍 수

기출 Point
• 분자의 구조식 분석
• 분자의 공유 전자쌍 수와 비공유 전자쌍 수

[1~4] 표는 2주기 원소로 구성된 분자 (가)~(다)에 대한 자료이다. (가)~(다)에서 모든 원자는 옥텟 규칙을 만족하며, W~Z는 임의의 원소 기호이다.

분자	(가)	(나)	(다)
구조식	Y | Y−W−Y | Y	Y | Y−X−Y	Z ‖ Y−W−Y
비공유 전자쌍 수 / 공유 전자쌍 수	3	$\dfrac{10}{3}$	㉠

1 W~Z의 원자가 전자 수를 각각 쓰시오.

2 X_2, Y_2, Z_2의 공유 전자쌍 수를 각각 쓰시오.

3 (가)~(다)를 극성 분자와 무극성 분자로 구분하시오.

4 빈출 선택지로 완벽 정리!

(1) (가)의 비공유 전자쌍 수는 8이다. ········· (○ / ×)
(2) 결합각은 (나)가 (가)보다 크다. ········· (○ / ×)
(3) ㉠은 2이다. ········· (○ / ×)
(4) (다)에서는 모든 구성 원자가 동일 평면에 있다. ········· (○ / ×)
(5) 극성 용매에 잘 용해되는 분자는 (나)와 (다)이다. ········· (○ / ×)

내신 만점 문제

A 분자의 구조

01 전자쌍 반발 이론과 분자의 구조에 대한 설명으로 옳지 **않은** 것은?

① 전자쌍 반발 이론으로 분자의 구조를 예측할 수 있다.
② 중심 원자에 비공유 전자쌍이 많을수록 결합각이 작아진다.
③ 2중 결합은 1개의 전자쌍으로 취급하여 분자의 구조를 결정한다.
④ 공유 전자쌍 사이의 반발력은 비공유 전자쌍 사이의 반발력보다 크다.
⑤ 중심 원자에 공유 전자쌍만 3개 존재하는 분자의 구조는 평면 삼각형이다.

[02~03] 그림은 2주기 원소 X~Z의 수소 화합물을 나타낸 것이다. (단, X~Z는 임의의 원소 기호이다.)

  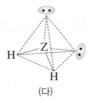

(가)　　　　　　(나)　　　　　　(다)

02 이에 대한 설명으로 옳은 것만을 [보기]에서 있는 대로 고른 것은?

[보기]
ㄱ. (나)와 (다)는 입체 구조이다.
ㄴ. 결합각의 크기는 (가)>(나)>(다)이다.
ㄷ. X~Z 중 원자 번호는 Z가 가장 크다.

① ㄱ　　　② ㄷ　　　③ ㄱ, ㄴ
④ ㄴ, ㄷ　　　⑤ ㄱ, ㄴ, ㄷ

03 (가)~(다)의 결합각 크기가 다른 까닭을 서술하시오.

04 그림은 화합물 (가)~(다)의 구조식을 나타낸 것이다.

$$F-\overset{\displaystyle F}{\underset{}{B}}-F$$ $$F-\overset{\displaystyle F}{\underset{\displaystyle F}{C}}-F$$ $$F-\overset{\displaystyle F}{\underset{}{N}}-F$$

(가)　　　　　　(나)　　　　　　(다)

(가)~(다)에 대한 설명으로 옳은 것만을 [보기]에서 있는 대로 고른 것은?

[보기]
ㄱ. 결합각이 가장 큰 것은 (가)이다.
ㄴ. (나)에서 중심 원자에 있는 전자쌍 사이의 반발력 크기는 모두 같다.
ㄷ. (가)와 (다)는 모든 구성 원자가 동일 평면에 있다.

① ㄱ　　　② ㄷ　　　③ ㄱ, ㄴ
④ ㄴ, ㄷ　　　⑤ ㄱ, ㄴ, ㄷ

05 표는 2주기 원소의 플루오린 화합물 (가)~(라)에서 중심 원자에 있는 전자쌍 수를 나타낸 것이다.

화합물	(가)	(나)	(다)	(라)
공유 전자쌍 수	3	4	3	2
비공유 전자쌍 수	0	0	1	2

이에 대한 설명으로 옳지 **않은** 것을 모두 고르면? (단, 중심 원자는 1개이다.) (2개)

① 결합각의 크기는 (가)>(나)>(다)>(라)이다.
② (가)와 (다)의 분자 구조는 같다.
③ 모든 구성 원자가 동일 평면에 있는 분자는 (가)와 (라)이다.
④ (나)는 정사각형 구조이다.
⑤ 한 분자에서 결합하고 있는 플루오린 원자 수가 가장 작은 분자는 (라)이다.

06 분자와 분자의 구조가 옳게 짝 지어지지 **않은** 것은?

① HCl – 직선형　　　② BeF_2 – 직선형
③ CO_2 – 굽은 형　　　④ CCl_4 – 정사면체형
⑤ NF_3 – 삼각뿔형

[07~08] 그림은 1, 2주기 비금속 원자 A~E의 루이스 전자점식을 나타낸 것이다. (단, A~E는 임의의 원소 기호이다.)

$$\dot{A} \qquad \cdot \dot{B} \cdot \qquad \cdot \dot{\overset{\cdot\cdot}{C}} \cdot \qquad : \dot{\overset{\cdot}{D}} \cdot \qquad : \dot{\overset{\cdot\cdot}{E}} \cdot$$

07 중심 원자가 B, C, D이고 각각 E와 결합할 때 생성되는 분자의 분자식과 분자 구조를 각각 쓰시오. (단, 중심 원자는 1개이다.)

중요
08 A~E로 이루어진 화합물에 대한 설명으로 옳은 것만을 [보기]에서 있는 대로 고른 것은?

보기
ㄱ. BD_2에는 2중 결합이 있다.
ㄴ. CE_3의 중심 원자는 옥텟 규칙을 만족하지 못한다.
ㄷ. BA_4의 결합각은 109.5°이다.

① ㄱ
② ㄴ
③ ㄱ, ㄷ
④ ㄴ, ㄷ
⑤ ㄱ, ㄴ, ㄷ

09 표는 원소 X~Z로 이루어진 분자 (가)와 (나)에 대한 자료이다. X~Z는 각각 C, O, F 중 하나이다.

분자	(가)	(나)	(다)
성분 원소	X, Y	Y, Z	X, Z
성분 원자 수	3	3	5
비공유 전자쌍 수	8	4	㉠

이에 대한 설명으로 옳은 것만을 [보기]에서 있는 대로 고른 것은?

보기
ㄱ. (가)는 직선형 구조이다.
ㄴ. (나)의 결합각은 180°이다.
ㄷ. ㉠은 12이다.

① ㄱ
② ㄷ
③ ㄱ, ㄴ
④ ㄴ, ㄷ
⑤ ㄱ, ㄴ, ㄷ

중요
10 표는 몇 가지 분자와 이온의 화학식과 분류 기준 (가)~(다)를 나타낸 것이다.

화학식	HCN CO_2 NF_3 C_2H_2 NH_4^+
분류 기준	(가) 분자 구조가 직선형이다. (나) 중심 원자는 옥텟 규칙을 만족한다. (다) 중심 원자에 비공유 전자쌍이 있다.

이에 대한 설명으로 옳은 것만을 [보기]에서 있는 대로 고른 것은?

보기
ㄱ. (가)에 해당하는 것은 2가지이다.
ㄴ. (다)에 해당하는 것은 NF_3와 NH_4^+이다.
ㄷ. (나)와 (다)에 모두 해당하는 것은 NF_3이다.

① ㄱ
② ㄷ
③ ㄱ, ㄴ
④ ㄴ, ㄷ
⑤ ㄱ, ㄴ, ㄷ

11 그림은 3가지 분자를 주어진 기준에 따라 분류한 것이다.

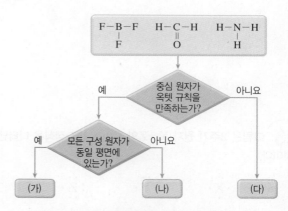

(가)~(다)에 대한 설명으로 옳은 것만을 [보기]에서 있는 대로 고른 것은?

보기
ㄱ. (가)에는 2중 결합이 있다.
ㄴ. 결합각은 (나)가 (가)보다 크다.
ㄷ. 비공유 전자쌍이 가장 많은 분자는 (다)이다.

① ㄱ
② ㄴ
③ ㄱ, ㄷ
④ ㄴ, ㄷ
⑤ ㄱ, ㄴ, ㄷ

중요
12 그림은 2가지 분자의 구조와 분자 내 각 결합의 쌍극자 모멘트를 나타낸 것이다.

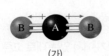
(가)

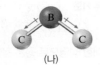
(나)

이에 대한 설명으로 옳은 것만을 [보기]에서 있는 대로 고른 것은? (단, A~C는 임의의 2주기 원소 기호이다.)

보기
ㄱ. (가)에는 무극성 공유 결합이 있다.
ㄴ. 전기 음성도는 $A > B > C$이다.
ㄷ. 결합의 쌍극자 모멘트 합은 (나)가 (가)보다 크다.

① ㄱ   ② ㄷ   ③ ㄱ, ㄴ
④ ㄴ, ㄷ   ⑤ ㄱ, ㄴ, ㄷ

중요
13 그림은 2주기 원자 X~Z의 루이스 전자점식을 나타낸 것이다.

$\cdot \ddot{X} \cdot$ $\cdot \ddot{Y} \cdot$ $: \ddot{Z} \cdot$

이에 대한 설명으로 옳은 것만을 [보기]에서 있는 대로 고른 것은? (단, X~Z는 임의의 원소 기호이다.)

보기
ㄱ. X_2 분자의 쌍극자 모멘트는 0이다.
ㄴ. XZ_3 분자의 구조는 평면 삼각형이다.
ㄷ. YZ_2의 결합각은 XZ_3의 결합각보다 크다.

① ㄱ   ② ㄷ   ③ ㄱ, ㄴ
④ ㄴ, ㄷ   ⑤ ㄱ, ㄴ, ㄷ

14 그림은 2주기 원소 X~Z로 이루어진 분자 (가)와 (나)를 루이스 전자점식으로 나타낸 것이다.

$: X :: X :$ $: \ddot{Z} : \ddot{Y} : \ddot{Z} :$
(가)   (나)

이에 대한 설명으로 옳은 것만을 [보기]에서 있는 대로 고른 것은? (단, X~Z는 임의의 원소 기호이다.)

보기
ㄱ. 비공유 전자쌍 수는 (나)가 (가)보다 크다.
ㄴ. 분자의 쌍극자 모멘트는 (가)가 (나)보다 크다.
ㄷ. XZ_3의 분자 구조는 삼각뿔형이다.

① ㄱ   ② ㄴ   ③ ㄱ, ㄷ
④ ㄴ, ㄷ   ⑤ ㄱ, ㄴ, ㄷ

15 그림은 수소 화합물 (가)~(라)를 구성하는 원자 수와 결합각을 나타낸 것이다.

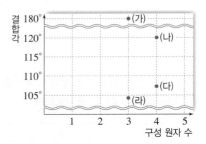

이에 대한 설명으로 옳은 것만을 [보기]에서 있는 대로 고른 것은? (단, (가)~(라)의 중심 원자는 각각 Be, B, N, O 중 하나이다.)

보기
ㄱ. (가)와 (나)는 무극성 분자이다.
ㄴ. (나)는 모든 구성 원자가 동일 평면에 있다.
ㄷ. 중심 원자에 있는 비공유 전자쌍은 (다)가 (라)보다 많다.

① ㄱ   ② ㄷ   ③ ㄱ, ㄴ
④ ㄴ, ㄷ   ⑤ ㄱ, ㄴ, ㄷ

16 그림은 2주기 원소의 수소 화합물 (가)~(라)에 있는 전자쌍 수를 나타낸 것이다. ■와 ■는 각각 공유 전자쌍과 비공유 전자쌍 중 하나이다.

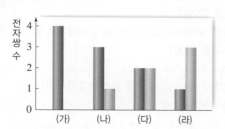

이에 대한 설명으로 옳은 것만을 [보기]에서 있는 대로 고른 것은? (단, (가)~(라)에서 2주기 원소는 모두 옥텟 규칙을 만족한다.)

보기
ㄱ. 분자 구조가 입체 구조인 것은 (가)와 (나)이다.
ㄴ. 결합각은 (나)가 (다)보다 크다.
ㄷ. 분자의 쌍극자 모멘트는 (가)가 (라)보다 크다.

① ㄱ   ② ㄷ   ③ ㄱ, ㄴ
④ ㄴ, ㄷ   ⑤ ㄱ, ㄴ, ㄷ

17 표는 구성 원자 수가 3인 분자 (가)와 (나)에 대한 자료이며, X~Z는 각각 C, O, F 중 하나이다.

분자	구성 원소	공유 전자쌍 수
(가)	X, Y	2
(나)	X, Z	4

이에 대한 설명으로 옳은 것만을 [보기]에서 있는 대로 고른 것은?

보기
ㄱ. (가)의 분자 구조는 굽은 형이다.
ㄴ. 결합각은 (나)가 (가)보다 크다.
ㄷ. 분자의 쌍극자 모멘트는 (가)가 (나)보다 크다.

① ㄱ   ② ㄷ   ③ ㄱ, ㄴ
④ ㄴ, ㄷ   ⑤ ㄱ, ㄴ, ㄷ

18 그림은 2주기 원소 X~Z를 포함한 분자 (가)~(다)의 구조식을 나타낸 것이다.

$$\overset{\alpha}{H-X-X-H} \qquad \overset{\beta}{X-Y-X} \qquad \overset{\beta}{H-Y-Z}$$
$$\text{(가)} \qquad\qquad \text{(나)} \qquad\qquad \text{(다)}$$

결합각의 크기가 $\alpha < \beta$이고, 중심 원자가 모두 옥텟 규칙을 만족할 때, (가)~(다)에 대한 설명으로 옳은 것만을 [보기]에서 있는 대로 고른 것은? (단, X~Z는 임의의 원소 기호이며, 비공유 전자쌍과 다중 결합은 표시하지 않았다.)

보기
ㄱ. 직선형 구조인 분자는 (가)와 (다)이다.
ㄴ. 다중 결합이 있는 분자는 (나)와 (다)이다.
ㄷ. 분자의 쌍극자 모멘트는 (가)가 (나)보다 크다.

① ㄱ   ② ㄷ   ③ ㄱ, ㄴ
④ ㄴ, ㄷ   ⑤ ㄱ, ㄴ, ㄷ

19 다음은 몇 가지 화합물과 이온의 화학식을 나타낸 것이다.

(가) BCl_3 (나) CH_3^+ (다) NH_3 (라) NH_4^+

이에 대한 설명으로 옳은 것만을 [보기]에서 있는 대로 고른 것은?

보기
ㄱ. 중심 원자에 전자쌍 3개가 존재하는 화합물은 (가)와 (나)이다.
ㄴ. 결합각은 (다)가 (라)보다 크다.
ㄷ. 분자 구조가 대칭 구조인 화합물은 3가지이다.

① ㄱ   ② ㄴ   ③ ㄱ, ㄷ
④ ㄴ, ㄷ   ⑤ ㄱ, ㄴ, ㄷ

20 그림은 5가지 분자를 몇 가지 특성에 따라 분류한 것이다.

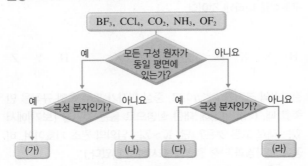

이에 대한 설명으로 옳은 것만을 [보기]에서 있는 대로 고른 것은?

보기

ㄱ. (가)와 (나)에 해당하는 분자는 쌍극자 모멘트가 모두 0이다.

ㄴ. (다)에 해당하는 분자의 결합각은 107°이다.

ㄷ. BF_3는 (라)에 해당한다.

① ㄱ
② ㄴ
③ ㄱ, ㄷ
④ ㄴ, ㄷ
⑤ ㄱ, ㄴ, ㄷ

C 분자의 성질

중요 21 그림은 액체 X와 Y를 가늘게 흘러내리게 한 다음 대전된 에보나이트 막대를 가까이 가져갔을 때의 모습을 나타낸 것이다.

이에 대한 설명으로 옳은 것만을 [보기]에서 있는 대로 고른 것은?

보기

ㄱ. X는 무극성 분자이다.

ㄴ. 액체 X와 Y는 잘 섞이지 않는다.

ㄷ. 기체 상태의 Y를 전기장 속에 넣으면 분자들이 일정한 방향으로 배열된다.

① ㄱ
② ㄴ
③ ㄱ, ㄷ
④ ㄴ, ㄷ
⑤ ㄱ, ㄴ, ㄷ

중요 22 그림은 시험관에 3가지 액체를 넣고 아이오딘(I_2)을 넣었을 때 사염화 탄소(CCl_4)와 $n-$헥세인(C_6H_{14}) 층만 보라색으로 변한 모습을 나타낸 것이다.

이에 대한 설명으로 옳은 것만을 [보기]에서 있는 대로 고른 것은?

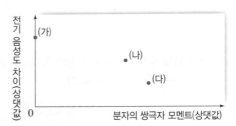

보기

ㄱ. 3가지 액체 중 무극성 물질은 2가지이다.

ㄴ. 분자의 쌍극자 모멘트는 H_2O이 CCl_4보다 크다.

ㄷ. 3가지 액체를 섞으면 2개의 층으로 분리된다.

① ㄱ
② ㄴ
③ ㄱ, ㄷ
④ ㄴ, ㄷ
⑤ ㄱ, ㄴ, ㄷ

---

23 그림은 플루오린(F)을 포함한 분자 (가)~(다)의 쌍극자 모멘트와 구성 원소 간의 전기 음성도 차이를 나타낸 것으로, (가)~(다)는 각각 XF_4, YF_3, ZF_2 중 하나이다.

전기 음성도 차이(상댓값)

(가)
(나)
(다)

0 분자의 쌍극자 모멘트(상댓값)

(가)~(다)에 대한 설명으로 옳은 것만을 [보기]에서 있는 대로 고른 것은? (단, X~Z는 임의의 2주기 원소 기호이다.)

보기

ㄱ. (가)와 (나)는 입체 구조이다.

ㄴ. 극성 용매에 대한 용해도는 (다)가 (가)보다 크다.

ㄷ. 기체 상태로 전기장 속에 넣을 때 일정한 방향으로 배열되는 분자는 1가지이다.

① ㄱ
② ㄷ
③ ㄱ, ㄴ
④ ㄴ, ㄷ
⑤ ㄱ, ㄴ, ㄷ

정답친해 107쪽

01 표는 원소 X~Z로 이루어진 3원자 분자 (가)와 (나)에 대한 자료이다.

분자	(가)	(나)
원자 수비	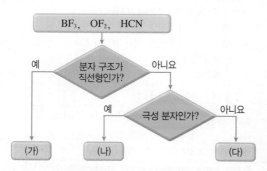	

이에 대한 설명으로 옳은 것만을 [보기]에서 있는 대로 고른 것은? (단, X~Z는 각각 H, C, O 중 하나이다.)

[보기]
ㄱ. 결합각은 (가)가 (나)보다 크다.
ㄴ. 분자의 쌍극자 모멘트는 (가)가 (나)보다 크다.
ㄷ. (가)와 (나)의 $\dfrac{\text{비공유 전자쌍 수}}{\text{공유 전자쌍 수}}$ 는 같다.

① ㄱ   ② ㄴ   ③ ㄱ, ㄷ
④ ㄴ, ㄷ   ⑤ ㄱ, ㄴ, ㄷ

02 그림은 3가지 분자를 주어진 기준에 따라 분류하는 과정을 나타낸 것이다.

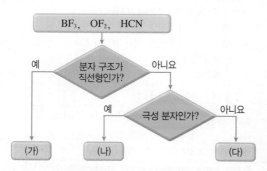

이에 대한 설명으로 옳은 것만을 [보기]에서 있는 대로 고른 것은?

[보기]
ㄱ. 공유 전자쌍 수는 (가)가 (나)보다 크다.
ㄴ. 결합각은 (나)가 (다)보다 크다.
ㄷ. (다)는 중심 원자가 옥텟 규칙을 만족한다.

① ㄱ   ② ㄴ   ③ ㄱ, ㄷ
④ ㄴ, ㄷ   ⑤ ㄱ, ㄴ, ㄷ

03 그림은 3가지 분자 (가)~(다)를 루이스 전자점식으로 나타낸 것이다.

이에 대한 설명으로 옳은 것만을 [보기]에서 있는 대로 고른 것은? (단, W~Z는 임의의 2주기 원소 기호이다.)

[보기]
ㄱ. 분자의 쌍극자 모멘트는 (가)가 (나)보다 크다.
ㄴ. (다)의 분자 구조는 굽은 형이다.
ㄷ. XZY_2에는 다중 결합이 있다.

① ㄱ   ② ㄴ   ③ ㄱ, ㄷ
④ ㄴ, ㄷ   ⑤ ㄱ, ㄴ, ㄷ

04 표는 2주기 원소 X와 Y의 플루오린 화합물 (가)와 (나)에 대한 자료이다. 화합물에서 X와 Y는 모두 옥텟 규칙을 만족한다.

화합물	(가)	(나)
분자식	X_2F_2	Y_2F_2
공유 전자쌍 수	4	5

이에 대한 설명으로 옳은 것만을 [보기]에서 있는 대로 고른 것은? (단, X와 Y는 임의의 원소 기호이다.)

[보기]
ㄱ. (가)와 (나)는 모두 직선형 구조이다.
ㄴ. 원자가 전자 수는 X가 Y보다 크다.
ㄷ. 비공유 전자쌍 수는 (가)가 (나)보다 크다.

① ㄱ   ② ㄷ   ③ ㄱ, ㄴ
④ ㄴ, ㄷ   ⑤ ㄱ, ㄴ, ㄷ

핵심 정리

1. 결합의 극성

1. 전기 음성도

(1) **전기 음성도**: 공유 결합을 형성한 두 원자가 (**①**   )
전자쌍을 끌어당기는 힘의 크기를 상대적으로 비교하여
정한 값 ➡ F의 전기 음성도를 4.0으로 정하고, 이 값을
기준으로 다른 원소들의 전기 음성도를 정하였다.

(2) **전기 음성도의 크기**: 원자의 크기가 작을수록, 원자핵의
전하량이 클수록 전기 음성도가 커진다.

(3) **전기 음성도의 주기성**

같은 주기	원자 번호가 커질수록 전기 음성도가 대체로 (**②**). ➡ 원자 반지름이 작아지고 유효 핵전하가 증가하여 원자핵과 공유 전자쌍 사이의 인력이 증가하기 때문
같은 족	원자 번호가 커질수록 전기 음성도가 대체로 (**③**). ➡ 원자 반지름이 커져 원자핵과 공유 전자쌍 사이의 인력이 감소하기 때문

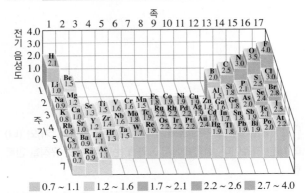

■ 0.7 ~ 1.1   ■ 1.2 ~ 1.6   ■ 1.7 ~ 2.1   ■ 2.2 ~ 2.6   ■ 2.7 ~ 4.0

2. 결합의 극성과 쌍극자 모멘트

(1) **결합의 극성**

구분	(**④**) 공유 결합	(**⑤**) 공유 결합
정의	같은 원자 사이의 공유 결합	서로 다른 원자 사이의 공유 결합
	공유 전자쌍이 어느 한 원자 쪽으로 치우치지 않아 부분적인 전하가 생기지 않는 결합	공유 전자쌍이 어느 한 원자 쪽으로 치우쳐 부분적인 전하가 생기는 결합
모형	H + H → H H 수소 원자 수소 원자 수소 분자	H + Cl → $^{\delta+}$H Cl$^{\delta-}$ 수소 원자 염소 원자 염화 수소 분자

(2) **전기 음성도 차이와 결합의 극성**: 결합한 원자의 전기 음성
도 차이가 클수록 대체로 결합의 극성이 (**⑥**   ).

전기 음성도 차이	없다	작다	크다
전자의 치우침 모형	X:X	$^{\delta+}$X:Y$^{\delta-}$	M$^+$ Y$^-$
결합의 종류	무극성 공유 결합	극성 공유 결합	이온 결합

(3) **쌍극자 모멘트(μ)**: 결합의 극성 정도를 나타내는 물리량
➡ $\mu = q \times r$
(q: 두 원자의 전하량, r: 두 전하 사이의 거리)

① 무극성 공유 결합의 쌍극자 모멘트는 (**⑦**   )이다.

② 극성 공유 결합의 쌍극자 모멘트는 0이 아니며, 쌍극자
모멘트 값이 클수록 결합의 극성이 크다.

③ 쌍극자 모멘트의 표시: 부분적인 양전하
(δ^+)를 띠는 원자에서 부분적인 음전
하(δ^-)를 띠는 원자 쪽으로 화살표가
향하게 한다.

3. 루이스 전자점식 원소 기호 주위에 원자가 전자를 점으로 나타낸 식

구분	루이스 전자점식
원자	• 원소 기호 상하좌우에 원자가 전자를 1개씩 그린 다음, 다섯 번째 전자부터 쌍을 이루도록 그려 표시한다. • 홀전자: 각 원자에 포함된 원자가 전자 중 쌍을 이루지 않은 전자
분자	• 공유 전자쌍은 두 원자의 원소 기호 사이에 표시하고, 비공유 전자쌍은 각 원소 기호 주변에 표시한다. ┌ (**⑧**) 전자쌍: 공유 결합에 참여하는 전자쌍 └ (**⑨**) 전자쌍: 공유 결합에 참여하지 않고 한 원자에만 속해 있는 전자쌍 :F̈· + ·F̈: ⟹ F̈ F̈ 플루오린 원자 플루오린 원자 플루오린 분자 홀전자 공유 전자쌍 비공유 전자쌍 • (**⑩**): 공유 전자쌍은 결합선(―)으로 나타내고, 비공유 전자쌍은 그대로 나타내거나 생략한 식
이온	원자의 루이스 전자점식으로부터 이온의 전하만큼 전자를 빼거나 더해서 표시한다. ┌ 양이온: Na· ⟶ Na$^+$ + e$^-$ │ 나트륨 원자 나트륨 이온 전자 └ 음이온: :C̈l· + e$^-$ ⟶ :C̈l:$^-$ 염소 원자 전자 염화 이온
이온 결합 물질	Na· + :C̈l· ⟶ [Na]$^+$[:C̈l:]$^-$ 나트륨 원자 염소 원자 염화 나트륨

2ⁿᵈ 분자의 구조와 성질

1. 분자의 구조

(1) 전자쌍 반발 이론: 분자에서 중심 원자 주위에 있는 전자쌍들은 서로 같은 전하를 띠므로 정전기적 반발력이 작용하여 가능한 한 멀리 떨어져 있으려 한다는 이론

전자쌍	2개	3개	4개
전자쌍의 배치			
분자 구조	직선형	평면 삼각형	정사면체형

(2) 전자쌍 사이의 반발력 크기: 비공유 전자쌍 사이의 반발력은 공유 전자쌍 사이의 반발력보다 (**⓫**   ).

비공유 전자쌍 ↕ 비공유 전자쌍 > 공유 전자쌍 ↕ 비공유 전자쌍 > 공유 전자쌍 ↕ 공유 전자쌍

(3) 분자의 구조

① 중심 원자에 공유 전자쌍만 있는 경우: 중심 원자 주위의 공유 전자쌍 수에 따라 구조가 다르다.

공유 전자쌍	2개	3개	4개
모형	180° F–Be–F	Cl–B(Cl)(Cl) 120°	109.5° H–C(H)(H)(H)
결합각	180°	120°	109.5°
구조	(**⓬**)	(**⓭**)	(**⓮**)

② 중심 원자에 비공유 전자쌍이 있는 경우: 전체 전자쌍을 배치한 후, 비공유 전자쌍을 제외한 공유 전자쌍의 배열로 구조를 결정한다.

공유 전자쌍	3개	2개
비공유 전자쌍	1개	2개
모형	비공유 전자쌍 H–N(H)(H) 107°	비공유 전자쌍 O(H)(H) 104.5°
결합각	107°	104.5°
구조	(**⓯**)	(**⓰**)

③ 중심 원자에 다중 결합이 있는 경우: 다중 결합은 1개의 전자쌍으로 취급하여 분자의 구조를 결정한다.

모형	180° O–C–O	180° H–C≡N	122° O=C(H)(H) 116°
결합각	180°	180°	약 120°
구조	직선형	(**⓱**)	평면 삼각형

2. 분자의 극성

구분	무극성 분자	극성 분자
정의	분자 안에 전하가 고르게 분포하므로 분자의 쌍극자 모멘트가 0인 분자	분자 안에 전하가 고르게 분포하지 않아 부분적인 전하를 띠므로 분자의 쌍극자 모멘트가 0인 아닌 분자
이원자 분자인 경우	같은 원자끼리 무극성 공유 결합을 하여 생성된 분자	서로 다른 원자끼리 극성 공유 결합을 하여 생성된 분자
다원자 분자인 경우	분자 구조가 (**⓲**)을 이루어 결합의 쌍극자 모멘트 합이 0이 되는 분자	분자 구조가 (**⓳**)이어서 결합의 쌍극자 모멘트 합이 0이 되지 않는 분자

3. 분자의 성질

구분	(**⓴**) 분자	(**㉑**) 분자
대전체의 영향	액체 상태의 극성 물질에 대전체를 가까이 대면 액체 줄기가 대전체 쪽으로 끌려온다. 뷰렛 물 δ^+ H (H) O δ^-	액체 상태의 무극성 물질에 대전체를 가까이 대도 액체 줄기가 끌려오지 않는다. 뷰렛 n-헥세인
전기장 속에서 분자의 배열	기체 상태의 극성 분자는 전기장 속에서 일정한 방향으로 배열된다. (−)극 δ^+HFδ^- δ^+HFδ^- (+)극 δ^+HFδ^- δ^+HFδ^- δ^+HFδ^-	기체 상태의 무극성 분자는 전기장 속에 있을 때에도 일정한 방향으로 배열되지 않는다. (−)극 HH HH HH (+)극 HH HH
용해도	극성 물질은 극성 용매에 잘 용해된다.	무극성 물질은 무극성 용매에 잘 용해된다.
녹는점과 끓는점	분자량이 비슷한 경우 분자의 극성이 클수록 녹는점과 끓는점이 높다.	

마무리 문제

01 그림은 2, 3주기 원소 A~F의 원자가 전자 수에 따른 전기 음성도를 나타낸 것이다.

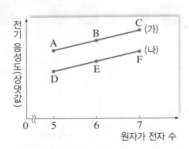

이에 대한 설명으로 옳은 것만을 [보기]에서 있는 대로 고른 것은? (단, A~F는 임의의 원소 기호이고, 같은 선으로 연결한 원소는 같은 주기에 속한다.)

보기
ㄱ. (가)는 3주기 원소이다.
ㄴ. C의 전기 음성도는 4.0이다.
ㄷ. 원자 반지름은 E가 B보다 크다.

① ㄱ   ② ㄴ   ③ ㄱ, ㄷ
④ ㄴ, ㄷ   ⑤ ㄱ, ㄴ, ㄷ

03 그림은 XY_2의 화학 결합 모형과 ZY_4 분자의 루이스 구조를 나타낸 것이다.

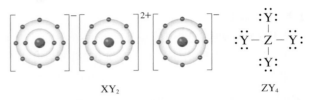

이에 대한 설명으로 옳은 것만을 [보기]에서 있는 대로 고른 것은? (단, X~Z는 임의의 2, 3주기 원소 기호이다.)

보기
ㄱ. X와 Y는 같은 주기 원소이다.
ㄴ. ZY_4에서 부분적인 양전하(δ^+)를 띠는 원소는 Z이다.
ㄷ. 액체 상태에서의 전기 전도성은 XY_2가 ZY_4보다 크다.

① ㄱ   ② ㄴ   ③ ㄱ, ㄷ
④ ㄴ, ㄷ   ⑤ ㄱ, ㄴ, ㄷ

02 그림은 2주기 원자 A~D의 루이스 전자점식을 나타낸 것이다.

$$A \cdot \quad \cdot \dot{B} \cdot \quad :\dot{C}\cdot \quad :\ddot{D}:$$

이에 대한 설명으로 옳은 것만을 [보기]에서 있는 대로 고른 것은? (단, A~D는 임의의 원소 기호이다.)

보기
ㄱ. BD_3에서 중심 원자는 옥텟 규칙을 만족한다.
ㄴ. C_2에서 공유 전자쌍 수와 비공유 전자쌍 수는 같다.
ㄷ. AD에서 A는 (+)전하를 띤다.

① ㄱ   ② ㄷ   ③ ㄱ, ㄴ
④ ㄴ, ㄷ   ⑤ ㄱ, ㄴ, ㄷ

04 그림은 1, 2주기 원소 A~C로 구성된 분자 (가)와 (나)의 루이스 전자점식을 나타낸 것이다.

$$A:\ddot{B}:A \qquad :\ddot{B}::C::\ddot{B}:$$
$$\text{(가)} \qquad\qquad \text{(나)}$$

이에 대한 설명으로 옳은 것만을 [보기]에서 있는 대로 고른 것은? (단, A~C는 임의의 원소 기호이다.)

보기
ㄱ. (가)에서 B는 부분적인 음전하(δ^-)를 띤다.
ㄴ. (나)에는 무극성 공유 결합이 있다.
ㄷ. C_2A_2에는 3중 결합이 있다.

① ㄱ   ② ㄴ   ③ ㄱ, ㄷ
④ ㄴ, ㄷ   ⑤ ㄱ, ㄴ, ㄷ

05 하 **중** 상 그림은 분자 (가)~(다)의 구조식을 나타낸 것이다.

$$H-O-H \qquad O=C=O \qquad H-C\equiv N$$
$$\text{(가)} \qquad\qquad \text{(나)} \qquad\qquad\quad \text{(다)}$$

(가)~(다)에 대한 설명으로 옳은 것만을 [보기]에서 있는 대로 고른 것은?

보기
ㄱ. 분자의 쌍극자 모멘트는 (가)가 (나)보다 크다.
ㄴ. 결합각은 (나)와 (다)가 같다.
ㄷ. 비공유 전자쌍이 가장 많이 존재하는 분자는 (나)이다.

① ㄱ   ② ㄴ   ③ ㄱ, ㄷ
④ ㄴ, ㄷ   ⑤ ㄱ, ㄴ, ㄷ

06 하 **중** 상 그림은 2주기 원소 W~Z로 이루어진 분자 (가)~(다)의 루이스 구조를 나타낸 것이다.

$$W=X=W \qquad \begin{matrix} & Y & \\ & | & \\ Y-&Z&-Y \end{matrix} \qquad \begin{matrix} & W & \\ & \| & \\ Y-&X&-Y \end{matrix}$$
$$\text{(가)} \qquad\qquad \text{(나)} \qquad\qquad \text{(다)}$$

이에 대한 설명으로 옳은 것만을 [보기]에서 있는 대로 고른 것은? (단, W~Z는 임의의 원소 기호이고, (가)~(다)의 모든 원자는 옥텟 규칙을 만족한다.)

보기
ㄱ. W~Z 중 전기 음성도가 가장 큰 원소는 Z이다.
ㄴ. (가)~(다) 중 무극성 분자는 (가)와 (나)이다.
ㄷ. XY_4의 분자 구조는 정사면체형이다.

① ㄱ   ② ㄷ   ③ ㄱ, ㄴ
④ ㄴ, ㄷ   ⑤ ㄱ, ㄴ, ㄷ

07 하 **중** 상 그림은 3가지 분자를 주어진 기준에 따라 분류한 것이다.

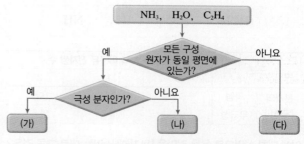

이에 대한 설명으로 옳은 것만을 [보기]에서 있는 대로 고른 것은?

보기
ㄱ. (가)는 공유 전자쌍 수와 비공유 전자쌍 수가 같다.
ㄴ. (다)의 분자 구조는 정사면체형이다.
ㄷ. (가)~(다) 중 다중 결합이 있는 분자는 (나)이다.

① ㄱ   ② ㄴ   ③ ㄱ, ㄷ
④ ㄴ, ㄷ   ⑤ ㄱ, ㄴ, ㄷ

08 하 **중** 상 그림은 중심 원자 X가 C, N, O 중 하나인 수소 화합물의 전자쌍 배치를 나타낸 것이다.

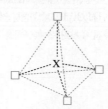

이에 대한 설명으로 옳은 것만을 [보기]에서 있는 대로 고른 것은? (단, □는 H의 가능한 위치이다.)

보기
ㄱ. X가 N일 때 분자 구조는 삼각뿔형이다.
ㄴ. 결합각이 가장 큰 화합물은 X가 C일 때이다.
ㄷ. 비공유 전자쌍이 가장 많은 화합물은 X가 O일 때이다.

① ㄱ   ② ㄴ   ③ ㄱ, ㄷ
④ ㄴ, ㄷ   ⑤ ㄱ, ㄴ, ㄷ

09 표는 4가지 분자를 중심 원자의 비공유 전자쌍 수와 분자의 극성에 따라 분류한 것이다.

$$HCN \quad H_2O \quad BF_3 \quad NH_3$$

구분		중심 원자의 비공유 전자쌍 수		
		0	1	2
분자의 극성	극성	(가)	(나)	(다)
	무극성	(라)	없음	없음

이에 대한 설명으로 옳은 것만을 [보기]에서 있는 대로 고른 것은?

[보기]
ㄱ. (가)에는 3중 결합이 있다.
ㄴ. 결합각은 (나)가 (다)보다 크다.
ㄷ. (라)는 평면 삼각형 구조이다.

① ㄱ
② ㄴ
③ ㄱ, ㄷ
④ ㄴ, ㄷ
⑤ ㄱ, ㄴ, ㄷ

10 표는 몇 가지 화합물과 이를 분류하기 위한 기준 (가)~(다)를 나타낸 것이고, 그림은 기준에 따라 표에서 주어진 화합물을 분류한 벤 다이어그램이다.

화합물	H_2O HCN OF_2 CO_2 BeF_2
분류 기준	(가) 중심 원자가 옥텟 규칙을 만족한다. (나) 다중 결합이 있다. (다) 직선형이다.

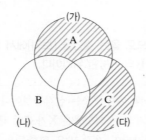

그림의 빗금 친 부분 A와 C에 들어갈 화합물의 개수를 합한 값은?

① 1
② 2
③ 3
④ 4
⑤ 5

11 표는 분자 (가)~(다)에 대한 자료이다. (가)~(다)의 모든 원자는 옥텟 규칙을 만족하고, 분자당 구성 원자 수는 4 이하이다.

분자	(가)	(나)	(다)
구성 원소	N, F	N, F	O, F
구성 원자 수	a		
공유 전자쌍 수	a	b	b

이에 대한 설명으로 옳은 것만을 [보기]에서 있는 대로 고른 것은?

[보기]
ㄱ. $a = b + 1$이다.
ㄴ. (다)의 구성 원자 수는 a이다.
ㄷ. (가)~(다) 중 무극성 공유 결합이 있는 분자는 2가지이다.

① ㄱ
② ㄴ
③ ㄱ, ㄷ
④ ㄴ, ㄷ
⑤ ㄱ, ㄴ, ㄷ

12 표는 2주기 원소 W~Z로 이루어진 분자 (가)~(다)에 대한 자료이다.

분자	(가)	(나)	(다)
구조식	X=W=X	Y−W≡Z	Y−Z=X

(가)~(다)에 대한 설명으로 옳은 것만을 [보기]에서 있는 대로 고른 것은? (단, W~Z는 임의의 원소 기호이다.)

[보기]
ㄱ. (가)와 (나)는 직선형 구조이다.
ㄴ. 분자의 쌍극자 모멘트는 (가)가 (다)보다 크다.
ㄷ. 비공유 전자쌍이 가장 많은 분자는 (다)이다.

① ㄱ
② ㄴ
③ ㄱ, ㄷ
④ ㄴ, ㄷ
⑤ ㄱ, ㄴ, ㄷ

13 그림은 4가지 분자를 주어진 기준에 따라 분류한 것이다.

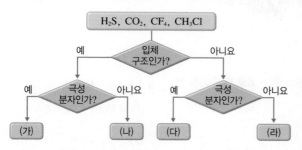

(가)~(라)에 대한 설명으로 옳은 것만을 [보기]에서 있는 대로 고른 것은?

보기

ㄱ. (가)는 CH_3Cl이다.

ㄴ. 물에 잘 용해되는 분자는 (가)와 (다)이다.

ㄷ. (나)와 (라)는 무극성 공유 결합으로 이루어져 있다.

① ㄱ   ② ㄷ   ③ ㄱ, ㄴ

④ ㄴ, ㄷ   ⑤ ㄱ, ㄴ, ㄷ

14 그림은 기체 상태인 플루오린화 수소(HF)가 전기장 속에서 일정한 방향으로 배열되는 모습을 나타낸 것이다.

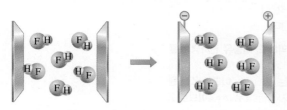

전기장 속에서 HF와 같은 반응을 보이는 분자만을 [보기]에서 있는 대로 고른 것은?

보기

ㄱ. CO_2 ㄴ. BF_3 ㄷ. NH_3

ㄹ. H_2O ㅁ. CCl_4 ㅂ. CH_3Cl

① ㄱ, ㄴ, ㅂ   ② ㄱ, ㄹ, ㅁ   ③ ㄴ, ㄷ, ㅁ

④ ㄴ, ㄹ, ㅁ   ⑤ ㄷ, ㄹ, ㅂ

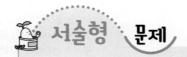

15 그림은 메테인(CH_4)과 암모니아(NH_3)의 분자 구조를 나타낸 것이다.

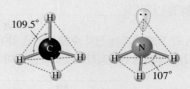

NH_3의 결합각이 CH_4의 결합각보다 작은 까닭을 서술하시오.

────────────────────────────

16 그림은 1, 2주기 원소 A~D로 구성된 분자 (가)와 (나)의 루이스 구조를 나타낸 것이다.

$$:\ddot{B}-A-\ddot{B}: \qquad D-\ddot{C}-D$$
$$\ \ \ |\qquad\qquad\quad | $$
$$\ \ :\ddot{B}:\qquad\qquad\ \ D$$
      (가)   (나)

(가)와 (나)가 각각 극성 분자인지 무극성 분자인지를 쓰고, 그 까닭을 분자 구조와 관련하여 서술하시오. (단, A~D는 임의의 원소 기호이다.)

────────────────────────────

17 그림과 같이 물(H_2O)과 n-헥세인(C_6H_{14})이 들어 있는 시험관에 아이오딘(I_2)을 넣고 흔들어 주었을 때 시험관에서 나타나는 변화와 그 까닭을 서술하시오.

• 수능 출제 경향

이 단원에서는 전기 음성도와 관련된 자료를 해석하여 전기 음성도의 주기성을 파악하는 문제와 루이스 전자점식에 대한 문제가 출제되며, 극성 분자와 무극성 분자의 성질을 묻는 문제가 출제된다. 특히 분자의 루이스 전자점식이나 루이스 구조를 분석하여 분자의 구조를 예측하거나 분자의 극성을 파악하는 문제가 자주 출제되고 있다.

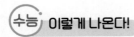 이렇게 나온다!

표는 원자 X와 Y의 원자가 전자 수를 나타낸 것이고, 그림은 2주기 원소 W~Z로 이루어진 분자 (가)와 (나)를 루이스 전자점식으로 나타낸 것이다.

원자	X	Y
원자가 전자 수	a	$a+3$

❶ 원자가 전자 수
X: 4 ➡ 탄소(C)
Y: 7 ➡ 플루오린(F)
W: 5 ➡ 질소(N)

:Ÿ:X:::W:

(가)

❸ X에 공유 전자쌍이 2개 있는 것과 분자 구조가 같다.
➡ (가)는 직선형 구조이다.

:Z:
::
:Ÿ:X:Ÿ:

(나)

❷ 원자가 전자 수
Z: 6 ➡ 산소(O)

❸ X에 공유 전자쌍이 3개 있는 것과 분자 구조가 같다. ➡ (나)는 평면 삼각형 구조이다.

이에 대한 설명으로 옳은 것만을 [보기]에서 있는 대로 고른 것은? (단, W~Z는 임의의 원소 기호이다.)

[보기]
ㄱ. X는 탄소(C)이다.
ㄴ. Z의 원자가 전자 수는 $a+2$이다.
ㄷ. 모든 구성 원자가 동일 평면에 있는 분자는 (가) 1가지이다.

① ㄱ   ② ㄷ   ③ ㄱ, ㄴ   ④ ㄴ, ㄷ   ⑤ ㄱ, ㄴ, ㄷ

출제개념

분자의 루이스 전자점식 분석과 분자의 구조
▶ 본문 198쪽, 209쪽

출제의도

분자의 루이스 전자점식을 분석하여 각 원소의 종류를 파악하고, 각 분자의 구조를 파악할 수 있는지를 평가하는 문제이다.

전략적 풀이

❶ (가)에서 각 원소가 옥텟 규칙을 만족하기 위해 공유 전자쌍 몇 개로 결합했는지 파악하고, 비공유 전자쌍 수를 고려하여 각 원소의 원자가 전자 수를 구한 후, 원소의 종류를 파악한다.

ㄱ. (가)에서 공유 전자쌍 수는 (   )이므로 X, Y, W의 원자가 전자 수는 각각 (   ), (   ), (   )이다. 따라서 X는 (   ), Y는 (   ), W는 (   )에 해당한다.

❷ (나)에서 Z가 옥텟 규칙을 만족하기 위해 공유 전자쌍 몇 개로 결합했는지 파악하고, 비공유 전자쌍 수를 고려하여 Z의 원자가 전자 수를 구한 후, 원소의 종류를 파악한다.

ㄴ. (나)에서 X와 Z 사이의 공유 전자쌍 수는 (   ), Z의 비공유 전자쌍 수는 (   )이므로 Z의 원자가 전자 수는 (   )이다. 따라서 Z는 (   )이고, 이때 X의 원자가 전자 수는 4로 $a=4$이므로 Z의 원자가 전자 수는 $a+2$이다.

❸ 중심 원자 주위의 공유 전자쌍 수와 비공유 전자쌍 수를 이용하여 각 분자의 구조를 파악한다.

(가)는 중심 원자인 X 주위에 공유 전자쌍이 4개 있지만 3중 결합은 1개의 전자쌍으로 취급하므로 (가)는 (   ) 구조이다. (나)는 중심 원자인 X 주위에 공유 전자쌍이 4개 있지만 2중 결합은 1개의 전자쌍으로 취급하므로 (나)는 (   ) 구조이다. 따라서 (가)와 (나)는 모든 구성 원자가 동일 평면에 있는 평면 구조이다.

❸ 직선형, 평면 삼각형
❷ 2, 2, 6, 산소(O)
(F), 질소(N)
❶ 4, 4, 7, 5, 탄소(C), 플루오린

답 ③

01 그림은 2주기 원소로 이루어진 분자 (가)~(다)의 구성 원소 수와 결합각을 나타낸 것이고, 표는 분자의 공유 전자쌍 수와 비공유 전자쌍 수의 비를 나타낸 것이다.

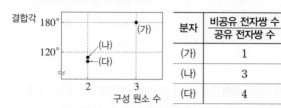

분자	비공유 전자쌍 수 / 공유 전자쌍 수
(가)	1
(나)	3
(다)	4

이에 대한 설명으로 옳은 것만을 [보기]에서 있는 대로 고른 것은? (단, (가)~(다)에서 모든 원자는 옥텟 규칙을 만족하고, (가)~(다)는 3개 이상의 원자로 구성되며, 중심 원자는 1개 이다.)

┌─ 보기 ─────────────────────────┐
ㄱ. (가)에는 3중 결합이 있다.
ㄴ. (나)의 중심 원자에는 비공유 전자쌍이 있다.
ㄷ. (가)~(다)에 공통으로 들어 있는 원소는 플루오린 (F)이다.
└────────────────────────────────┘

① ㄱ　　　　② ㄴ　　　　③ ㄱ, ㄷ
④ ㄴ, ㄷ　　　⑤ ㄱ, ㄴ, ㄷ

02 표는 수소(H)가 포함된 3가지 분자 (가)~(다)에 대한 자료이다. X와 Y는 2주기 원소이고, 분자 내에서 옥텟 규칙을 만족한다.

분자	구성 원자 수 X	구성 원자 수 Y	구성 원자 수 H	공유 전자쌍 수	비공유 전자쌍 수
(가)	1	0	a	a	0
(나)	0	1	b	b	2
(다)	1	c	2	4	2

이에 대한 설명으로 옳은 것만을 [보기]에서 있는 대로 고른 것은? (단, X와 Y는 임의의 원소 기호이다.)

┌─ 보기 ─────────────────────────┐
ㄱ. $a > b + c$이다.
ㄴ. 쌍극자 모멘트는 (가)가 (나)보다 크다.
ㄷ. XY_2에서 비공유 전자쌍 수는 b이다.
└────────────────────────────────┘

① ㄱ　　　　② ㄴ　　　　③ ㄱ, ㄷ
④ ㄴ, ㄷ　　　⑤ ㄱ, ㄴ, ㄷ

03 그림은 분자 (가)~(다)의 구조식을 나타낸 것이다.

$$O = C = O$$

$$F - \underset{\underset{F}{|}}{N} - F$$

$$F - \underset{\underset{F}{|}}{\overset{\overset{F}{|}}{C}} - F$$

(가)　　　　　　(나)　　　　　　(다)

(가)~(다)에 대한 설명으로 옳은 것만을 [보기]에서 있는 대로 고른 것은?

┌─ 보기 ─────────────────────────┐
ㄱ. $\dfrac{공유\ 전자쌍\ 수}{비공유\ 전자쌍\ 수}$가 가장 큰 분자는 (가)이다.
ㄴ. 분자의 쌍극자 모멘트는 (가)가 (나)보다 크다.
ㄷ. 모든 구성 원자가 동일 평면에 있는 분자는 (나)와 (다)이다.
└────────────────────────────────┘

① ㄱ　　　　② ㄴ　　　　③ ㄱ, ㄷ
④ ㄴ, ㄷ　　　⑤ ㄱ, ㄴ, ㄷ

04 그림은 4가지 분자를 주어진 기준에 따라 분류한 것이다. ㉠~㉢은 각각 CO_2, FCN, NH_3 중 하나이다.

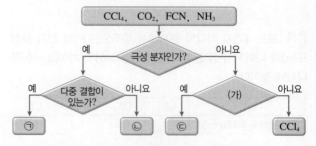

이에 대한 설명으로 옳은 것만을 [보기]에서 있는 대로 고른 것은?

┌─ 보기 ─────────────────────────┐
ㄱ. '공유 전자쌍이 4개인가?'는 (가)로 적절하다.
ㄴ. ㉠과 ㉢의 비공유 전자쌍 수는 같다.
ㄷ. ㉡의 결합각은 CCl_4의 결합각보다 크다.
└────────────────────────────────┘

① ㄱ　　　　② ㄴ　　　　③ ㄱ, ㄷ
④ ㄴ, ㄷ　　　⑤ ㄱ, ㄴ, ㄷ

05 그림은 분자 (가)~(라)의 공유 전자쌍 수와 비공유 전자쌍 수를 나타낸 것이다. (가)~(라)는 각각 N_2, HCl, CO_2, CH_2O 중 하나이고, C, N, O, Cl는 분자 내에서 옥텟 규칙을 만족한다.

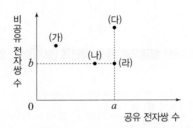

이에 대한 설명으로 옳은 것만을 [보기]에서 있는 대로 고른 것은?

[보기]
ㄱ. $a=2b$이다.
ㄴ. (나)와 (다)에는 무극성 공유 결합이 있다.
ㄷ. (라)의 구조는 평면 삼각형이다.

① ㄱ　　　　② ㄴ　　　　③ ㄱ, ㄷ
④ ㄴ, ㄷ　　　⑤ ㄱ, ㄴ, ㄷ

06 표는 4가지 각각의 분자에서 플루오린(F)의 전기 음성도(a)와 나머지 구성 원소의 전기 음성도(b)의 차이($a-b$)를 나타낸 것이다.

분자	CF_4	OF_2	PF_3	ClF
전기 음성도 차이($a-b$)	x	0.5	1.9	1.0

이에 대한 설명으로 옳은 것만을 [보기]에서 있는 대로 고른 것은?

[보기]
ㄱ. x는 0.5보다 크다.
ㄴ. 결합각은 CF_4가 OF_2보다 크다.
ㄷ. NF_3에서 전기 음성도 차이($a-b$)는 1.9보다 작다.

① ㄱ　　　　② ㄴ　　　　③ ㄱ, ㄷ
④ ㄴ, ㄷ　　　⑤ ㄱ, ㄴ, ㄷ

07 표는 옥텟 규칙을 만족하는 삼원자 분자 (가)와 (나)를 구성하는 원자의 루이스 전자점식을 나타낸 것이다.

삼원자 분자	구성 원소의 루이스 전자점식	
(가)	$\cdot \overset{\cdot}{X} \cdot$	$\overset{\cdot\cdot}{:Y} \cdot$
(나)	$\overset{\cdot\cdot}{:Y} \cdot$	$\overset{\cdot\cdot}{:Z} \cdot$

이에 대한 설명으로 옳은 것만을 [보기]에서 있는 대로 고른 것은? (단, X~Z는 임의의 2주기 원소 기호이다.)

[보기]
ㄱ. 비공유 전자쌍 수는 (나)가 (가)의 2배이다.
ㄴ. 분자의 쌍극자 모멘트는 (가)가 (나)보다 크다.
ㄷ. 결합각은 (가)와 (나)가 같다.

① ㄱ　　　　② ㄷ　　　　③ ㄱ, ㄴ
④ ㄴ, ㄷ　　　⑤ ㄱ, ㄴ, ㄷ

08 표는 O_2, F_2, OF_2의 구성 원자 수(a), 분자를 구성하는 원자들의 원자가 전자 수 합(b), 공유 전자쌍 수(c)에 대한 자료이다.

분자	구성 원자 수(a)	원자가 전자 수 합(b)	공유 전자쌍 수(c)
O_2			
F_2		14	
OF_2	3		

이에 대한 설명으로 옳은 것만을 [보기]에서 있는 대로 고른 것은?

[보기]
ㄱ. 공유 전자쌍 수는 O_2가 F_2보다 크다.
ㄴ. OF_2의 분자 구조는 굽은 형이다.
ㄷ. 각 분자에서 $8a=b+2c$이다.

① ㄱ　　　　② ㄷ　　　　③ ㄱ, ㄴ
④ ㄴ, ㄷ　　　⑤ ㄱ, ㄴ, ㄷ

09 그림은 3가지 분자의 구조식을 나타낸 것이다.

$$H-\overset{\overset{\displaystyle H}{\|}}{\underset{(가)}{N}}\!\!\overset{\alpha}{\curvearrowright}H \qquad F-\overset{\overset{\displaystyle O}{\|}}{\underset{(나)}{C}}\!\!\overset{\beta}{\curvearrowright}F \qquad Cl-\overset{\overset{\displaystyle Cl}{\|}}{\underset{\underset{(다)}{Cl}}{C}}\!\!\overset{\gamma}{\curvearrowright}Cl$$

이에 대한 설명으로 옳은 것만을 [보기]에서 있는 대로 고른 것은?

[보기]
ㄱ. (가)와 (나)는 입체 구조이다.
ㄴ. 결합각의 크기는 $\beta > \gamma > \alpha$이다.
ㄷ. 분자의 쌍극자 모멘트는 (가)가 (다)보다 크다.

① ㄱ   ② ㄴ   ③ ㄱ, ㄷ
④ ㄴ, ㄷ   ⑤ ㄱ, ㄴ, ㄷ

10 다음은 원소 W~Z로 이루어진 분자에 대한 자료이다.

- W~Z는 H, C, N, O 중 하나이며, 각 원소의 전기 음성도는 다음과 같다.

원소	H	C	N	O
전기 음성도	2.1	2.5	3.0	3.5

- 분자 (가)~(다)에 대한 자료는 다음과 같다.

분자	(가)	(나)	(다)
구성 원소	W, X	X, Z	Y, Z
전기 음성도 차이	1.0	1.4	0.9
구성 원자 수	3	3	4

이에 대한 설명으로 옳은 것만을 [보기]에서 있는 대로 고른 것은? (단, W~Z는 임의의 원소 기호이며, (가)~(다)의 중심 원자는 모두 1개이다.)

[보기]
ㄱ. (가)~(다) 중 결합각이 가장 큰 분자는 (다)이다.
ㄴ. 분자의 쌍극자 모멘트는 (가)가 (나)보다 크다.
ㄷ. ZWY에서 공유 전자쌍 수는 비공유 전자쌍 수의 4배이다.

① ㄱ   ② ㄷ   ③ ㄱ, ㄴ
④ ㄴ, ㄷ   ⑤ ㄱ, ㄴ, ㄷ

11 표는 2주기 원소 W~Z로 이루어진 분자 (가)~(라)에 대한 자료이다. (가)~(라)의 모든 원자는 옥텟 규칙을 만족한다.

분자	(가)	(나)	(다)	(라)
분자식	WX_2	WXZ_2	XZ_2	ZWY
비공유 전자쌍 수 (상댓값)	1	2	2	x

이에 대한 설명으로 옳은 것만을 [보기]에서 있는 대로 고른 것은? (단, W~Z는 임의의 원소 기호이다.)

[보기]
ㄱ. $x = 1$이다.
ㄴ. W~Z 중 원자가 전자 수가 가장 큰 원소는 Z이다.
ㄷ. (가)~(라) 중 다중 결합이 있는 분자는 3가지이다.

① ㄱ   ② ㄷ   ③ ㄱ, ㄴ
④ ㄴ, ㄷ   ⑤ ㄱ, ㄴ, ㄷ

12 다음은 25 ℃, 1 atm에서 액체인 물질 X, Y에 대한 자료와 X, Y를 이용한 실험이다.

[자료]

물질	분자식	분자의 중심 원자에 있는 비공유 전자쌍 수
X	A_mB	2
Y	CD_n	0

[실험]
(가) 시험관에 X와 Y를 넣었더니 섞이지 않고 두 층으로 분리되었다.
(나) 과정 (가)의 시험관에 황산 구리(Ⅱ) 오수화물을 넣고 흔들었더니 한 층에서만 녹았다.

이에 대한 설명으로 옳은 것만을 [보기]에서 있는 대로 고른 것은? (단, A~D는 임의의 1~3주기 원소 기호이고, 분자의 중심 원자는 옥텟 규칙을 만족한다.)

[보기]
ㄱ. X의 분자 구조는 굽은 형이다.
ㄴ. 분자의 쌍극자 모멘트는 X가 Y보다 크다.
ㄷ. (나)에서 X 층에 황산 구리(Ⅱ) 오수화물이 녹았다.

① ㄱ   ② ㄴ   ③ ㄱ, ㄷ
④ ㄴ, ㄷ   ⑤ ㄱ, ㄴ, ㄷ

IV 역동적인 화학 반응

1 화학 반응에서의 동적 평형

01 동적 평형   234

02 물의 자동 이온화   242

03 산 염기 중화 반응   256

다음 단어가 들어갈 곳을 찾아 빈칸을 완성해 보자.

물(H_2O) 산성 염기성 지시약 중화열 수소 이온(H^+) 수산화 이온(OH^-)

통합과학 화학 변화

산과 염기

구분	산	염기
정의	물에 녹아 **①** 을 내놓는 물질	물에 녹아 **②** 을 내놓는 물질
성질	• 신맛이 난다. • 수용액에서 전류가 흐른다. • 금속과 반응하여 수소 기체를 발생시키고, 달걀 껍데기와 반응하여 이산화 탄소 기체를 발생시킨다. • 푸른색 리트머스 종이를 붉게 변화시킨다.	• 쓴맛이 난다. • 수용액에서 전류가 흐른다. • 단백질을 녹이는 성질이 있어 손으로 만지면 미끈거린다. • 붉은색 리트머스 종이를 푸르게 변화시킨다.

지시약과 pH

① **③** : 용액의 액성을 구별하기 위해 사용하는 물질

구분	산성	중성	염기성
페놀프탈레인 용액	무색	무색	붉은색
메틸 오렌지 용액	붉은색	노란색	노란색
BTB 용액	노란색	초록색	파란색

② pH: 수용액에 들어 있는 H^+의 농도를 간단한 숫자로 나타낸 것

$$pH<7 \Rightarrow \boxed{④} \qquad pH=7 \Rightarrow 중성 \qquad pH>7 \Rightarrow \boxed{⑤}$$

중화 반응

① **중화 반응**: 산과 염기가 반응하여 **⑥** 이 생성되는 반응 ➡ $H^+ + OH^- \longrightarrow H_2O$

예 묽은 염산(HCl)과 수산화 나트륨(NaOH) 수용액의 반응

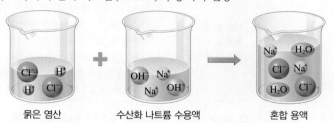

묽은 염산   수산화 나트륨 수용액   혼합 용액

② **중화 반응이 일어날 때의 변화**

• **지시약의 색 변화**: 중화점을 지나면 혼합 용액의 액성이 변하여 지시약의 색이 변한다.

• **온도 변화**: 중화 반응이 일어나면 **⑦** 이 발생하여 혼합 용액의 온도가 높아진다.

핵심 포인트
❶ 가역 반응과 비가역 반응의
구분 ★★
❷ 상평형의 특징과 예 ★★★
❸ 용해 평형의 특징과 예 ★★★
❹ 화학 평형의 특징과 예 ★★

01 동적 평형

A 가역 반응

1. 정반응과 역반응 → 화학 반응식에서 화살표의 왼쪽에는 반응물을, 화살표의 오른쪽에는 생성물을 쓴다.

(1) **정반응**: 화학 반응식에서 반응물이 생성물로 되는 반응 ➡ 화학 반응식에서 오른쪽으로 진행되는 반응 → '⟶'로 나타낸다.

(2) **역반응**: 화학 반응식에서 생성물이 반응물로 되는 반응 ➡ 화학 반응식에서 왼쪽으로 진행되는 반응 → '⟵'로 나타낸다.

◆ **가역 반응의 화학 반응식에서 화살표 방향의 의미**
⟺는 반응물이 생성물이 되는 반응과 생성물이 반응물로 되는 반응이 모두 일어날 수 있다는 의미이다.

◆ **증발과 응축**
· 증발: 액체 표면의 분자들이 떨어져 나와 기체로 되는 현상
· 응축: 액체 표면에 충돌한 기체 분자가 액체로 되는 현상

◆ **염화 코발트 종이**
염화 코발트 수용액을 묻힌 종이를 건조해 만든 것으로, 연소 반응의 결과로 생성된 물을 확인할 때 주로 사용한다.

2. 가역 반응과 비가역 반응

(1) **가역 반응**: 반응 조건에 따라 정반응과 역반응이 모두 일어날 수 있는 반응 → '⟺'로 나타낸다.

물의 증발과 응축	$H_2O(l) \rightleftharpoons H_2O(g)$ · 정반응: 물이 수증기로 증발한다. · 역반응: 수증기가 물로 응축한다.	
염화 코발트 육수화물의 생성과 분해	$CoCl_2+6H_2O \rightleftharpoons CoCl_2 \cdot 6H_2O$ 푸른색　　　　　　　붉은색 · 정반응: 푸른색의 염화 코발트($CoCl_2$)에 물을 떨어뜨리면 염화 코발트가 물과 결합하여 붉은색의 염화 코발트 육수화물($CoCl_2 \cdot 6H_2O$)이 된다. · 역반응: 붉은색의 염화 코발트 육수화물을 가열하면 염화 코발트 육수화물이 물을 잃고 푸른색의 염화 코발트가 된다.	염화 코발트 육수화물 염화 코발트
황산 구리(Ⅱ) 오수화물의 분해와 생성	$CuSO_4 \cdot 5H_2O \rightleftharpoons CuSO_4+5H_2O$ 푸른색　　　　　흰색 · 정반응: 푸른색의 황산 구리(Ⅱ) 오수화물($CuSO_4 \cdot 5H_2O$)을 가열하면 황산 구리(Ⅱ) 오수화물이 물을 잃고 흰색의 황산 구리(Ⅱ)($CuSO_4$)가 된다. · 역반응: 흰색의 황산 구리(Ⅱ)에 물을 떨어뜨리면 황산 구리(Ⅱ)가 물과 결합하여 푸른색의 황산 구리(Ⅱ) 오수화물이 된다.	황산 구리(Ⅱ) 오수화물
석회 동굴, 종유석, 석순의 생성	$CaCO_3(s)+CO_2(g)+H_2O(l) \rightleftharpoons Ca(HCO_3)_2(aq)$ · 정반응: 석회암의 주성분인 탄산 칼슘($CaCO_3$)이 이산화 탄소(CO_2)를 포함한 물과 반응하여 탄산수소 칼슘($Ca(HCO_3)_2$)을 생성하면서 석회 동굴이 만들어진다. · 역반응: 탄산수소 칼슘 수용액에서 물이 증발하고 이산화 탄소가 빠져나가면서 탄산 칼슘이 석출되면 석회 동굴 천장에 종유석이 만들어지고, 석회 동굴 바닥에 석순이 만들어진다.	

(2) **비가역 반응**: 정반응만 일어나거나 정반응에 비해 역반응이 거의 일어나지 않는 반응

① 연소 반응: 예 $CH_4(g)+2O_2(g) \longrightarrow CO_2(g)+2H_2O(l)$ ┐

② 기체 발생 반응: 예 $Mg(s)+2HCl(aq) \longrightarrow H_2(g)+MgCl_2(aq)$ ┘ → 정반응만 일어난다.

③ 중화 반응: 예 $HCl(aq)+NaOH(aq) \longrightarrow H_2O(l)+NaCl(aq)$ ┐

④ 앙금 생성 반응: 예 $NaCl(aq)+AgNO_3(aq) \longrightarrow NaNO_3(aq)+AgCl(s)$ ┘

→ 정반응이 역반응보다 훨씬 더 우세하게 일어나므로 역반응이 일어나지 않는 것처럼 보인다.

용어
❶ 수화물(水 물, 化 되다, 物 물질) 특정한 수의 물 분자를 포함하고 있는 화합물

B **동적 평형**

1. 동적 평형 가역 반응에서 정반응 속도와 역반응 속도가 같아서 겉보기에는 변화가 일어나지 않는 것처럼 보이는 상태

(1) 상평형: 액체의 증발 속도와 기체의 응축 속도가 같아서 겉보기에는 변화가 일어나지 않는 것처럼 보이지만 서로 다른 상이 공존하는 상태 ┐→ 상평형은 액체와 기체뿐만 아니라 고체와 기체, 고체와 액체 사이에서도 나타난다.

✦ **밀폐 용기에서 물의 증발과 응축** ┤ 238쪽 **대표** 자료❶

• 일정한 온도에서 밀폐 용기에 물을 담아 놓으면 물의 양이 서서히 줄어들다가 어느 순간 일정해져 변화가 일어나지 않는 것처럼 보인다. ➡ 처음에는 물의 증발 속도가 수증기의 응축 속도보다 빠르지만 점점 수증기의 응축 속도가 빨라져 물의 증발 속도와 수증기의 응축 속도가 같은 동적 평형에 도달하기 때문이다.
• 동적 평형 상태에서는 증발 속도와 응축 속도가 같으므로 밀폐 용기에 들어 있는 물과 수증기의 양이 일정하다.

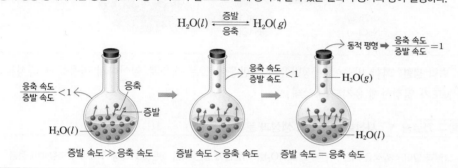

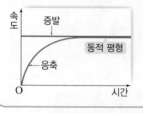

밀폐 용기에서 물의 증발 속도와 응축 속도 📄 지학사 교과서에만 나와요.

• 증발 속도: 온도가 일정하면 증발 속도가 일정하다. ➡ 일정한 온도에서 물의 증발 속도는 일정하다.
• 응축 속도: 용기 속 수증기의 양이 많을수록 응축 속도가 빨라진다. ➡ 시간이 지날수록 용기 속 수증기 분자가 많아지므로 응축 속도가 점점 빨라진다.
• 충분한 시간이 지나면 증발 속도와 응축 속도가 같아진다. ➡ 동적 평형

(2) 용해 평형: 용질의 용해 속도와 ❶석출 속도가 같아서 겉보기에는 변화가 일어나지 않는 것처럼 보이는 상태

✦ **설탕의 용해와 석출** ┤ 238쪽 **대표** 자료❷

• 일정한 온도에서 일정량의 물에 설탕을 계속 넣으면 설탕이 녹다가 어느 순간부터는 더 이상 녹지 않고 가라앉아 설탕이 더 이상 녹지 않는 것처럼 보인다. ➡ 처음에는 설탕의 용해 속도가 석출 속도보다 빠르지만 점점 석출 속도가 빨라져 용해 속도와 석출 속도가 같은 동적 평형에 도달하기 때문이다.
• 동적 평형 상태에 도달한 용액에서는 용해 속도와 석출 속도가 같으므로 용액의 몰 농도가 일정하다.

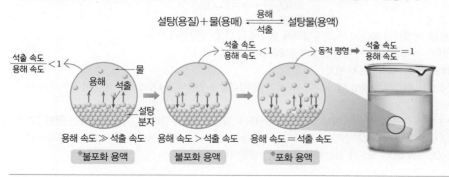

◆ **열린 용기에서 물의 증발**
열린 용기에서는 물의 증발 속도가 수증기의 응축 속도보다 빠르므로 물이 모두 증발한다. 따라서 동적 평형에 도달하지 않는다.

📄 금성 교과서에만 나와요.

◆ **밀폐 용기에서 브로민의 증발과 응축**
일정한 온도에서 밀폐 용기에 액체 브로민을 담아 놓으면 처음에는 브로민의 증발 속도가 응축 속도보다 빨라 용기 안이 적갈색으로 변한다. 시간이 지나면 증발 속도와 응축 속도가 같은 동적 평형에 도달하여 더 이상 적갈색이 진해지지 않는다.

$$Br_2(l) \underset{응축}{\overset{증발}{\rightleftarrows}} Br_2(g)$$

◆ **용액의 종류**
• 포화 용액: 용매에 용질이 최대한 녹아 더 이상 녹지 않는 상태의 용액으로, 포화 용액은 동적 평형에 도달한 용액이다.
• 불포화 용액: 포화 용액보다 용질이 적게 녹아 있는 용액이다.

(**용어**)

❶ **석출(**析 가르다, 出 나가다**)**
용액에서 결정 또는 고체 물질이 분리되어 나오는 것

◆ **화학 평형의 특징**
• 가역 반응에서만 성립한다.
• 정반응과 역반응이 같은 속도로 일어난다.
• 반응물과 생성물이 함께 존재한다.
• 반응물과 생성물의 농도가 일정하게 유지된다.

YBM 교과서에만 나와요.

◆ **온도에 따른 사산화 이질소(N_2O_4)의 생성과 분해 반응**
• 이산화 질소(NO_2)가 들어 있는 플라스크를 0 °C의 얼음물에 넣으면 $2NO_2(g) \longrightarrow N_2O_4(g)$의 반응이 우세하게 일어나 적갈색이 25 °C의 동적 평형에서보다 옅어진다.
• 적갈색이 옅어진 플라스크를 다시 25 °C의 물에 넣으면 $N_2O_4(g) \longrightarrow 2NO_2(g)$의 반응이 우세하게 일어나 적갈색이 진해진다.
➡ N_2O_4의 생성과 분해 반응은 온도에 따라 변화의 방향이 바뀐다.

교학사 교과서에만 나와요.

◆ **반응 시간에 따른 농도 변화**
100 °C에서 밀폐 용기에 N_2O_4를 넣으면 $N_2O_4(g) \longrightarrow 2NO_2(g)$의 반응이 우세하게 일어난다. 충분한 시간이 지나면 정반응과 역반응이 같은 속도로 일어나는 동적 평형에 도달하여 NO_2와 N_2O_4의 농도가 일정하게 유지된다.

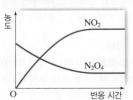

염화 나트륨 포화 수용액에서의 동적 평형

전재 교과서에만 나와요.

^{23}Na이 포함된 염화 나트륨 포화 수용액에 ^{24}Na가 포함된 염화 나트륨을 넣으면 겉보기에는 더 이상 용질이 녹지 않고 반응이 멈춘 것처럼 보인다. 그러나 시간이 지나면 가라앉아 있는 염화 나트륨 고체뿐만 아니라 포화 수용액에서도 ^{24}Na가 발견된다. ➡ 변화가 일어나지 않는 것처럼 보이는 포화 수용액에서도 염화 나트륨의 용해와 석출이 끊임없이 일어나고 있다.

$$NaCl(s) \underset{\text{석출}}{\overset{\text{용해}}{\rightleftharpoons}} Na^+(aq) + Cl^-(aq)$$

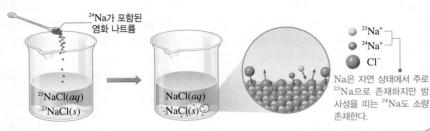

(3) ◆**화학 평형**: 화학 반응에서 정반응과 역반응이 같은 속도로 일어나서 반응물과 생성물의 농도가 일정하게 유지되는 상태

탐구 자료창 ◆**사산화 이질소의 생성과 분해 반응**

그림과 같이 적갈색을 띠는 이산화 질소(NO_2)를 시험관에 넣은 다음 실온(25 °C)에 두었더니 적갈색이 점점 옅어지다가 어느 순간부터는 더 이상 적갈색이 옅어지지 않았다.

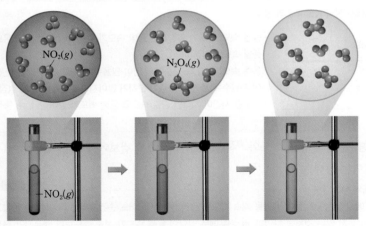

1. **시험관 안에서 일어나는 변화**: NO_2가 서로 결합하여 사산화 이질소(N_2O_4)를 생성하는 반응이 가역적으로 일어난다.

$$\underset{\text{적갈색}}{2NO_2(g)} \rightleftharpoons \underset{\text{무색}}{N_2O_4(g)}$$

• 정반응: 적갈색의 NO_2가 서로 결합하여 무색의 N_2O_4를 생성한다.
• 역반응: 무색의 N_2O_4가 분해되어 적갈색의 NO_2를 생성한다.

2. **시험관 안에서 나타나는 색 변화**
• 처음에는 적갈색이 점점 옅어진다. ➡ 적갈색의 NO_2가 무색의 N_2O_4로 되는 반응이 일어나기 때문이다.
• 충분한 시간이 지나면 더 이상 적갈색이 옅어지지 않는다. ➡ 무색의 N_2O_4를 생성하는 정반응과 N_2O_4가 다시 적갈색의 NO_2로 분해되는 역반응이 같은 속도로 일어나는 동적 평형에 도달하여 ◆NO_2와 N_2O_4의 농도가 일정하게 유지되기 때문이다.

개념 확인 문제

핵심 체크

- **①**(   ): 반응 조건에 따라 정반응과 역반응이 모두 일어날 수 있는 반응
  - 정반응: 화학 반응식에서 반응물이 생성물로 되는 반응 ➡ 화학 반응식에서 (**②**   )쪽으로 진행되는 반응
  - 역반응: 화학 반응식에서 생성물이 반응물로 되는 반응 ➡ 화학 반응식에서 (**③**   )쪽으로 진행되는 반응
- **④**(   ): 정반응만 일어나거나 정반응에 비해 역반응이 거의 일어나지 않는 반응
- **⑤**(   ): 가역 반응에서 정반응 속도와 역반응 속도가 같아서 겉보기에는 변화가 일어나지 않는 것처럼 보이는 상태
  - **⑥**(   ): 액체의 증발 속도와 기체의 응축 속도가 같아서 겉보기에는 변화가 일어나지 않는 것처럼 보이지만 서로 다른 상이 공존하는 상태
  - **⑦**(   ): 용질의 용해 속도와 석출 속도가 같아서 겉보기에는 변화가 일어나지 않는 것처럼 보이는 상태
  - **⑧**(   ): 화학 반응에서 정반응과 역반응이 같은 속도로 일어나서 반응물과 생성물의 농도가 일정하게 유지되는 상태

1 가역 반응과 비가역 반응에 대한 설명으로 옳은 것은 ○, 옳지 않은 것은 ×로 표시하시오.

(1) 정반응은 화학 반응식에서 오른쪽으로 진행되는 반응이다. ······················ (   )

(2) 가역 반응에서는 정반응만 일어난다. ············· (   )

(3) 비가역 반응은 반응 조건에 따라 정반응과 역반응이 모두 일어날 수 있다. ······················ (   )

2 가역 반응은 '가역', 비가역 반응은 '비가역'을 쓰시오.

(1) 메테인의 연소 반응 ···················· (   )

(2) 마그네슘과 염산의 기체 발생 반응 ··········· (   )

(3) 석회 동굴, 종유석, 석순의 생성 반응 ········· (   )

(4) 염산과 수산화 나트륨 수용액의 중화 반응 ···· (   )

(5) 황산 구리(Ⅱ) 오수화물의 분해와 생성 반응 ·· (   )

3 그림은 밀폐된 삼각 플라스크 안에서 일어나는 물의 증발과 수증기의 응축 현상을 모형으로 나타낸 것이다.
(가)와 (나) 중 동적 평형에 도달한 상태를 나타내는 모형을 쓰시오.

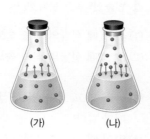
(가)   (나)

4 그림과 같이 일정량의 물이 담긴 비커에 설탕을 계속 넣으면 설탕이 녹다가 어느 순간부터는 녹지 않고 가라앉는다.
이때 설탕의 용해 속도와 석출 속도를 비교하시오.

설탕물
설탕

5 화학 평형에 대한 설명으로 옳은 것은 ○, 옳지 않은 것은 ×로 표시하시오.

(1) 생성물만 존재한다. ······················ (   )

(2) 반응이 일어나지 않는 상태이다. ············· (   )

(3) 정반응 속도와 역반응 속도가 같다. ··········· (   )

(4) 반응물과 생성물의 농도가 일정하게 유지된다. ·· (   )

6 (   ) 안에 알맞은 말을 쓰시오.

적갈색을 띠는 이산화 질소를 시험관에 넣고 실온(25 °C)에 두면 적갈색이 점점 옅어지다가 어느 순간부터는 더 이상 적갈색이 옅어지지 않는다. 이는 무색의 사산화 이질소를 생성하는 ㉠(   )반응과 사산화 이질소가 다시 적갈색의 이산화 질소로 분해되는 ㉡(   )반응이 같은 속도로 일어나는 ㉢(   )에 도달하기 때문이다.

대표 자료 분석

기출
Point
• 증발 속도와 응축 속도 비교
• 동적 평형의 이해

[1~4] 그림은 밀폐된 진공 용기 안에 물($H_2O(l)$)을 넣은 후 시간에 따른 $\dfrac{물(H_2O(l))의\ 양(mol)}{수증기(H_2O(g))의\ 양(mol)}$을 나타낸 것이다. 시간이 t_2일 때 $H_2O(l)$과 $H_2O(g)$는 동적 평형 상태에 도달하였다. (단, 온도는 일정하다.)

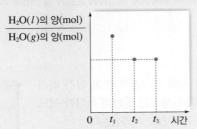

1 $t_1{\sim}t_3$일 때 $H_2O(l)$의 증발 속도를 비교하시오.

2 $t_1{\sim}t_3$일 때 $H_2O(g)$의 응축 속도를 비교하시오.

3 $t_1{\sim}t_3$일 때 용기 속 $H_2O(g)$의 양(mol)을 비교하시오.

4 빈출 선택지로 완벽 정리!

(1) H_2O의 상변화는 가역 반응이다. ─────── (○ / ×)

(2) t_1일 때 $\dfrac{H_2O(l)의\ 증발\ 속도}{H_2O(g)의\ 응축\ 속도}=1$이다. ─── (○ / ×)

(3) t_3일 때 $H_2O(l)$과 $H_2O(g)$는 동적 평형을 이루고 있다. ──────────────────────── (○ / ×)

(4) 용기 속 $H_2O(g)$의 양(mol)은 t_2일 때와 t_3일 때가 같다. ──────────────────────── (○ / ×)

(5) $\dfrac{t_3일\ 때\ H_2O(l)의\ 양(mol)}{t_2일\ 때\ H_2O(l)의\ 양(mol)}>1$이다. ──── (○ / ×)

기출
Point
• 용해 속도와 석출 속도 비교
• 용액의 몰 농도 비교

[1~4] 다음은 설탕의 용해에 대한 실험이다.

[실험 과정]
(가) 25 °C의 물이 담긴 비커에 충분한 양의 설탕을 넣고 유리 막대로 저어 준다.
(나) 시간에 따른 비커 속 고체 설탕의 양을 관찰하고 설탕 수용액의 몰 농도(M)를 측정한다.

[실험 결과]

시간	t	$4t$	$8t$
관찰 결과			
설탕 수용액의 몰 농도(M)	$\dfrac{2}{3}a$	a	

• $4t$일 때 설탕 수용액은 용해 평형에 도달하였다.

1 t일 때 설탕의 용해 속도와 석출 속도를 비교하시오.

2 $4t$일 때 설탕의 용해 속도와 석출 속도를 비교하시오.

3 t일 때와 $4t$일 때 녹지 않고 남아 있는 설탕의 질량을 비교하시오.

4 빈출 선택지로 완벽 정리!

(1) $4t$일 때 설탕의 석출 속도는 0이다. ─────── (○ / ×)

(2) $8t$일 때 설탕의 석출 속도는 용해 속도보다 빠르다. ──────────────────────── (○ / ×)

(3) 녹지 않고 남아 있는 설탕의 질량은 $4t$일 때와 $8t$일 때가 같다. ─────────────────────── (○ / ×)

(4) $8t$일 때 설탕 수용액의 몰 농도는 a M이다. ── (○ / ×)

내신 만점 문제

A 가역 반응

중요
01 가역 반응만을 [보기]에서 있는 대로 고른 것은?

보기
ㄱ. $CH_4 + 2O_2 \longrightarrow CO_2 + 2H_2O$
ㄴ. $CuSO_4 + 5H_2O \rightleftharpoons CuSO_4 \cdot 5H_2O$
ㄷ. $CaCO_3 + CO_2 + H_2O \rightleftharpoons Ca(HCO_3)_2$

① ㄱ   ② ㄷ   ③ ㄱ, ㄴ
④ ㄴ, ㄷ   ⑤ ㄱ, ㄴ, ㄷ

02 다음은 어떤 반응의 화학 반응식이다.

$$N_2(g) + 3H_2(g) \rightleftharpoons 2NH_3(g)$$

이에 대한 설명으로 옳은 것만을 [보기]에서 있는 대로 고른 것은?

보기
ㄱ. 가역 반응이다.
ㄴ. 정반응의 생성물은 $NH_3(g)$이다.
ㄷ. 정반응이 진행되면 기체 분자 수가 증가한다.

① ㄱ   ② ㄷ   ③ ㄱ, ㄴ
④ ㄴ, ㄷ   ⑤ ㄱ, ㄴ, ㄷ

B 동적 평형

03 다음은 동적 평형에 대한 학생들의 대화이다.

학생 A: 모든 화학 반응에서 충분한 시간이 지나면 동적 평형에 도달해.
학생 B: 동적 평형은 반응이 멈춘 상태야.
학생 C: 동적 평형 상태에서 생성물의 농도는 일정해.

제시한 내용이 옳은 학생만을 있는 대로 고른 것은?

① A   ② C   ③ A, B
④ B, C   ⑤ A, B, C

중요
04 그림 (가)는 밀폐된 진공 용기에 물($H_2O(l)$)을 넣은 것을, (나)는 $H_2O(l)$과 수증기($H_2O(g)$)가 동적 평형에 도달한 것을 나타낸 것이다.

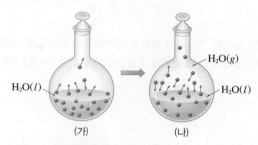

$H_2O(l)$ $H_2O(g)$
   $H_2O(l)$

(가)   (나)

이에 대한 설명으로 옳은 것만을 [보기]에서 있는 대로 고른 것은? (단, 온도는 일정하다.)

보기
ㄱ. (가)에서 증발 속도는 응축 속도보다 빠르다.
ㄴ. $H_2O(g)$의 응축 속도는 (가)에서보다 (나)에서 빠르다.
ㄷ. $H_2O(l)$의 양(mol)은 (나)에서보다 (가)에서 크다.

① ㄴ   ② ㄱ, ㄴ   ③ ㄱ, ㄷ
④ ㄴ, ㄷ   ⑤ ㄱ, ㄴ, ㄷ

05 그림은 일정한 온도에서 밀폐 용기에 물($H_2O(l)$)을 넣었을 때 시간에 따른 $H_2O(l)$의 증발 속도와 수증기($H_2O(g)$)의 응축 속도를 나타낸 것이다.

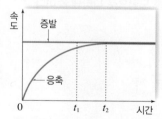

이에 대한 설명으로 옳은 것만을 [보기]에서 있는 대로 고른 것은?

보기
ㄱ. t_1에서는 $H_2O(l)$의 양이 줄어든다.
ㄴ. t_2에서는 $H_2O(l)$의 증발이 일어나지 않는다.
ㄷ. t_2 이후 용기 속 $H_2O(g)$의 양은 일정하게 유지된다.

① ㄱ   ② ㄴ   ③ ㄱ, ㄷ
④ ㄴ, ㄷ   ⑤ ㄱ, ㄴ, ㄷ

06 다음은 브로민(Br₂)의 상태 변화를 화학 반응식으로 나타낸 것이다.

$$Br_2(l) \rightleftharpoons Br_2(g)$$

그림은 일정한 온도에서 밀폐된 플라스크에 Br₂(l)을 넣은 초기 상태 (가)와 동적 평형에 도달한 상태 (나)를 나타낸 것이다.

(가)　　　　(나)

이에 대한 설명으로 옳은 것만을 [보기]에서 있는 대로 고른 것은?

> **보기**
> ㄱ. (가)에서 Br₂의 증발 속도와 응축 속도는 같다.
> ㄴ. (나)에는 Br₂(l)과 Br₂(g)이 함께 존재한다.
> ㄷ. 플라스크 속 Br₂(g)의 양(mol)은 (가)와 (나)가 같다.

① ㄱ　　　　② ㄴ　　　　③ ㄱ, ㄷ
④ ㄴ, ㄷ　　　　⑤ ㄱ, ㄴ, ㄷ

중요 07 그림은 일정한 온도에서 일정량의 물에 설탕을 계속 넣었을 때 충분한 시간이 지난 후 더 이상 설탕이 녹지 않는 순간까지의 변화를 모형으로 나타낸 것이다.

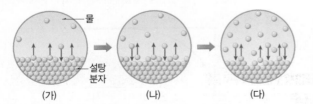

(가)　　　　(나)　　　　(다)

이에 대한 설명으로 옳은 것만을 [보기]에서 있는 대로 고른 것은?

> **보기**
> ㄱ. (다)에서 설탕물의 농도는 일정하게 유지된다.
> ㄴ. 물에 용해된 설탕 분자 수는 (나)>(다)이다.
> ㄷ. 설탕의 석출 속도는 (가)>(나)>(다)이다.

① ㄱ　　　　② ㄷ　　　　③ ㄱ, ㄴ
④ ㄴ, ㄷ　　　　⑤ ㄱ, ㄴ, ㄷ

중요 08 다음은 염화 나트륨(NaCl)을 이용한 실험이다.

> (가) 일정한 온도에서 비커에 일정량의 물을 넣고 염화 나트륨(²³NaCl)을 계속 넣어 주었더니 어느 순간부터는 녹지 않은 염화 나트륨이 비커 바닥에 가라앉았다.
> (나) (가)의 비커에 ²⁴Na가 포함된 염화 나트륨을 한 숟가락 넣어 주었다.

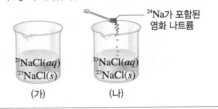

(가)　　　　(나)

이에 대한 설명으로 옳은 것만을 [보기]에서 있는 대로 고른 것은?

> **보기**
> ㄱ. (가)에서 염화 나트륨의 용해 속도는 석출 속도보다 느리다.
> ㄴ. (가)에서 염화 나트륨 수용액의 농도는 일정하게 유지된다.
> ㄷ. (나) 이후 충분한 시간이 지나면 ²⁴Na는 가라앉아 있는 염화 나트륨 고체와 수용액에 모두 존재한다.

① ㄱ　　　　② ㄷ　　　　③ ㄱ, ㄴ
④ ㄴ, ㄷ　　　　⑤ ㄱ, ㄴ, ㄷ

---

09 그림 (가)는 물에 포도당(C₆H₁₂O₆)을 넣은 후 용해 평형에 도달한 것을, (나)는 (가)의 수용액에 C₆H₁₂O₆(s) w g을 첨가한 후 용해 평형에 도달한 것을 나타낸 것이다.

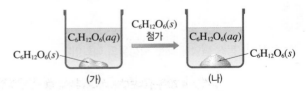

(가)　　　　(나)

이에 대한 설명으로 옳은 것만을 [보기]에서 있는 대로 고른 것은? (단, 온도는 일정하고, 물의 증발은 무시한다.)

> **보기**
> ㄱ. 용해 속도는 (나)에서보다 (가)에서 빠르다.
> ㄴ. 석출 속도는 (가)에서보다 (나)에서 빠르다.
> ㄷ. 포도당 수용액의 몰 농도는 (가)와 (나)에서 같다.

① ㄱ　　　　② ㄷ　　　　③ ㄱ, ㄴ
④ ㄴ, ㄷ　　　　⑤ ㄱ, ㄴ, ㄷ

[서술형]

10 수소(H_2)와 아이오딘(I_2)이 반응하여 아이오딘화 수소(HI)를 생성하는 반응은 가역 반응이다. 일정한 온도에서 밀폐 용기에 $HI(g)$를 넣고 반응시킨 후 충분한 시간이 지났을 때 용기 속에 있는 물질을 있는 대로 쓰고, 그 까닭을 서술하시오.

[중요]

11 밀폐 용기 속에서 적갈색의 이산화 질소(NO_2)와 무색의 사산화 이질소(N_2O_4)는 다음과 같은 반응으로 평형에 도달한다.

$$2NO_2(g) \rightleftharpoons N_2O_4(g)$$

이 반응이 동적 평형에 도달했을 때, 이에 대한 설명으로 옳은 것만을 [보기]에서 있는 대로 고른 것은? (단, 온도는 일정하다.)

[보기]
ㄱ. N_2O_4의 생성 속도와 분해 속도는 같다.
ㄴ. 용기 속에는 무색의 물질만 존재한다.
ㄷ. 용기 속 NO_2의 농도는 일정하게 유지된다.

① ㄱ   ② ㄴ   ③ ㄱ, ㄷ
④ ㄴ, ㄷ   ⑤ ㄱ, ㄴ, ㄷ

12 다음은 무색의 사산화 이질소(N_2O_4)가 반응하여 적갈색의 이산화 질소(NO_2)를 생성하는 반응에 대한 실험이다.

• 화학 반응식: $N_2O_4(g) \rightleftharpoons 2NO_2(g)$

[실험 과정 및 결과]
플라스크에 일정량의 N_2O_4를 넣고 마개로 막아 놓았더니 시간이 지남에 따라 기체의 색이 옅은 적갈색을 띠었고, t초 이후에는 색이 변하지 않고 일정해졌다.

t초 이후에 대한 설명으로 옳은 것만을 [보기]에서 있는 대로 고른 것은? (단, 온도는 일정하다.)

[보기]
ㄱ. 정반응은 일어나지 않는다.
ㄴ. 기체 분자 수는 반응 초기보다 크다.
ㄷ. NO_2의 양(mol)은 일정하다.

① ㄱ   ② ㄴ   ③ ㄱ, ㄷ
④ ㄴ, ㄷ   ⑤ ㄱ, ㄴ, ㄷ

01 그림은 밀폐된 진공 용기에 물($H_2O(l)$)을 넣었을 때 시간에 따른 용기 속 수증기($H_2O(g)$)의 양(mol)을 나타낸 것이다.

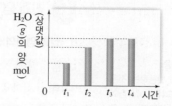

이에 대한 설명으로 옳은 것만을 [보기]에서 있는 대로 고른 것은? (단, 온도는 일정하다.)

[보기]
ㄱ. t_3일 때 H_2O의 증발 속도와 응축 속도가 같다.
ㄴ. H_2O의 $\dfrac{\text{응축 속도}}{\text{증발 속도}}$는 t_2일 때가 t_1일 때보다 크다.
ㄷ. $\dfrac{t_3\text{일 때 } H_2O(g)\text{의 양(mol)}}{t_4\text{일 때 } H_2O(g)\text{의 양(mol)}} < 1$이다.

① ㄱ   ② ㄷ   ③ ㄱ, ㄴ   ④ ㄴ, ㄷ   ⑤ ㄱ, ㄴ, ㄷ

02 다음은 염화 나트륨($NaCl$)의 용해에 대한 실험이다.

[실험 과정]
(가) 25 ℃ 물이 담긴 비커에 충분한 양의 $^{23}NaCl$을 넣고 유리 막대로 저은 후 충분한 시간 동안 놓아둔다.
(나) (가)의 비커에 $^{24}NaCl$을 첨가하고 유리막대로 저은 후 충분한 시간 동안 놓아둔다.

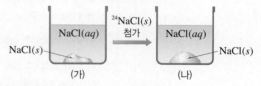

[실험 결과]
• (가) 과정 후 수용액에 $^{23}Na^+$이 있다.
• (나) 과정 후 수용액에 $^{24}Na^+$이 있다.

(나) 과정 이후에 대한 설명으로 옳은 것만을 [보기]에서 있는 대로 고르시오. (단, 온도는 일정하고, 물의 증발은 무시한다.)

[보기]
ㄱ. $NaCl$의 석출 속도는 0이다.
ㄴ. $NaCl$의 용해 속도는 석출 속도보다 빠르다.
ㄷ. 수용액 속 $^{23}Na^+$의 몰 농도는 (가)에서보다 작다.

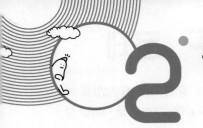

물의 자동 이온화

핵심 포인트

❶ 산 염기 정의 ★★★
❷ 물의 자동 이온화와 물의 이온
화 상수 ★★★
❸ 수소 이온 농도와 pH의 관계
★★★

A 산과 염기

1. 산과 염기의 성질

◆ 산과 금속의 반응
산이 모든 금속과 반응하는 것은 아니다. 산은 마그네슘, 철 등과 같은 금속과는 반응하지만, 금, 은 등과 같은 금속과는 반응하지 않는다.
㉾ 염산과 마그네슘의 반응
$2HCl(aq)+Mg(s)$
$\longrightarrow MgCl_2(aq)+H_2(g)$

◆ 산과 탄산 칼슘의 반응
산은 탄산 칼슘과 반응하므로 산성비가 내리면 탄산 칼슘이 주성분인 대리석 조각이 훼손된다.
㉾ 염산과 탄산 칼슘의 반응
$2HCl(aq)+CaCO_3(s) \longrightarrow$
$CaCl_2(aq)+H_2O(l)+CO_2(g)$

◆ 단백질을 녹이는 염기의 성질 이용
하수구 세정제는 수산화 나트륨 수용액이므로 머리카락을 녹여서 막힌 하수구를 뚫을 수 있다.

구분	산성	염기성
정의	산의 공통적인 성질	염기의 공통적인 성질
성질	• 신맛이 난다. • 금속과 반응하여 수소 기체를 발생시킨다. • 탄산 칼슘과 반응하여 이산화 탄소 기체를 발생시킨다. • 푸른색 리트머스 종이를 붉게 변화시킨다. • 산 수용액은 전류가 흐른다. ➡ 산 수용액에는 이온이 들어 있다.	• 쓴맛이 난다. • 단백질을 녹이는 성질이 있어 만지면 미끌미끌하다. • 붉은색 리트머스 종이를 푸르게 변화시킨다. • 페놀프탈레인 용액을 붉게 변화시킨다. • 염기 수용액은 전류가 흐른다. ➡ 염기 수용액에는 이온이 들어 있다.

탐구 자료창 산과 염기의 성질 (금성, 천재 교과서에만 나와요.)

홈판에 레몬즙, 식초, 사이다, 비눗물, 제산제 수용액, 하수구 세정제를 넣고 전기 전도도, 리트머스 종이의 색 변화, 마그네슘 조각과의 반응, 탄산 칼슘과의 반응을 관찰하여 다음과 같은 결과를 얻었다.

물질	레몬즙	식초	사이다	비눗물	제산제 수용액	하수구 세정제
전기 전도도 측정	전류가 흐른다.					
리트머스 종이의 색 변화	푸른색 리트머스 종이가 붉은색으로 변한다.			붉은색 리트머스 종이가 푸른색으로 변한다.		
마그네슘 조각과의 반응	수소 기체가 발생한다.			변화가 없다.		
탄산 칼슘과의 반응	이산화 탄소 기체가 발생한다.			변화가 없다.		

1. **산성 물질과 염기성 물질의 분류**
   • 산성 물질: 레몬즙, 식초, 사이다 ➡ 푸른색 리트머스 종이를 붉게 변화시키기 때문이다.
   • 염기성 물질: 비눗물, 제산제 수용액, 하수구 세정제 ➡ 붉은색 리트머스 종이를 푸르게 변화시키기 때문이다.
2. **산의 공통적인 성질과 염기의 공통적인 성질**
   • 산의 공통적인 성질: 전류가 흐른다. 푸른색 리트머스 종이를 붉게 변화시킨다. 마그네슘 조각과 반응하여 수소 기체를 발생시킨다. 탄산 칼슘과 반응하여 이산화 탄소 기체를 발생시킨다.
   • 염기의 공통적인 성질: 전류가 흐른다. 붉은색 리트머스 종이를 푸르게 변화시킨다. 마그네슘 조각이나 탄산 칼슘과 반응하지 않는다.
3. **산과 염기의 공통적인 성질**: 전류가 흐른다. ➡ 산과 염기 수용액에는 이온이 들어 있다.

2. ◆아레니우스 산 염기

(1) ◆산: 물에 녹아 수소 이온(H⁺)을 내놓는 물질

| 산의 ❶이온화 |

산은 물에 녹아 수소 이온(H^+)과 음이온으로 이온화한다.

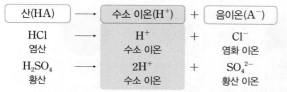

산은 물에 녹아 모두 H^+을 내놓으므로 H^+에 의해 공통된 성질이 나타난다.

(2) ◆염기: 물에 녹아 수산화 이온(OH⁻)을 내놓는 물질

| 염기의 이온화 |

염기는 물에 녹아 양이온과 수산화 이온(OH^-)으로 이온화한다.

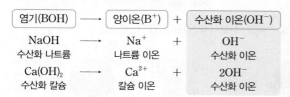

염기는 물에 녹아 모두 OH^-을 내놓으므로 OH^-에 의해 공통된 성질이 나타난다.

(3) 산성과 염기성을 나타내는 이온의 확인 🔲 금성 교과서에만 나와요.

산성을 나타내는 이온의 확인	염기성을 나타내는 이온의 확인
그림과 같이 장치하고 전류를 흘려 주면 푸른색 리트머스 종이의 색이 붉은색으로 점차 변해 간다. ➡ 염산($HCl(aq)$)에는 H^+과 Cl^-이 존재하는데, 전류를 흘려 주었을 때 리트머스 종이의 색이 실에서부터 (−)극 쪽으로 붉게 변해 가므로 H^+이 푸른색 리트머스 종이를 붉게 변화시키는 물질임을 알 수 있다.	그림과 같이 장치하고 전류를 흘려 주면 붉은색 리트머스 종이의 색이 푸른색으로 점차 변해 간다. ➡ 수산화 나트륨($NaOH$) 수용액에는 Na^+과 OH^-이 존재하는데, 전류를 흘려 주었을 때 리트머스 종이의 색이 실에서부터 (+)극 쪽으로 푸르게 변해 가므로 OH^-이 붉은색 리트머스 종이를 푸르게 변화시키는 물질임을 알 수 있다.

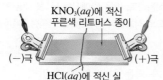

$KNO_3(aq)$에 적신 푸른색 리트머스 종이
(−)극 (+)극
$HCl(aq)$에 적신 실

$KNO_3(aq)$에 적신 붉은색 리트머스 종이
(−)극 (+)극
$NaOH(aq)$에 적신 실

(4) 아레니우스 산 염기 정의의 한계

① 수용액이 아닌 조건에서 물질이 산과 염기로 작용하는 경우에는 적용할 수 없다.

② 수소 이온(H^+)이나 수산화 이온(OH^-)을 직접 내놓지 않는 경우에는 적용할 수 없다.
　예 암모니아(NH_3)는 OH^-을 가지고 있지 않지만 염기성을 나타낸다.

③ 아레니우스 산의 경우 아레니우스 정의와 달리 수소 이온(H^+)은 수용액에서 홀로 존재하지 않고 물(H_2O)과 결합하여 ◆하이드로늄 이온(H_3O^+)으로 존재한다.

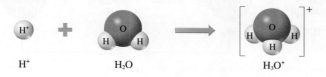

H^+　　　H_2O　　　H_3O^+

---

2 물의 자동 이온화

◆ 브뢴스테드·로리 산 염기
브뢴스테드·로리 산 염기 정의는
아레니우스 산 염기 정의보다 확
장된 개념이다.

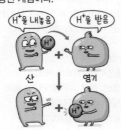

◆ 수소 이온과 양성자
수소(H) 원자는 양성자 1개와 전
자 1개로 구성되어 있으므로 H
원자가 전자 1개를 잃고 형성된
수소 이온(H^+)은 양성자와 같다.
따라서 브뢴스테드·로리 산은 양
성자를 내놓는 물질로, 브뢴스테
드·로리 염기는 양성자를 받는 물
질로 정의하기도 한다.

[암기해!]
· 브뢴스테드·로리 산 염기 정의
산은 H^+을 내놓고, 염기는 H^+을
받는다.
➡ 산내음(염)받

산이 H^+을 내놓아 생성된 물질이
그 산의 짝염기이고, 염기가 H^+을
받아 생성된 물질이 그 염기의 짝산
이다.

3. 브뢴스테드·로리 산 염기 [249쪽 대표 자료❶]

(1) 산: 다른 물질에게 ◆수소 이온(H^+)을 내놓는 물질

(2) 염기: 다른 물질로부터 수소 이온(H^+)을 받는 물질

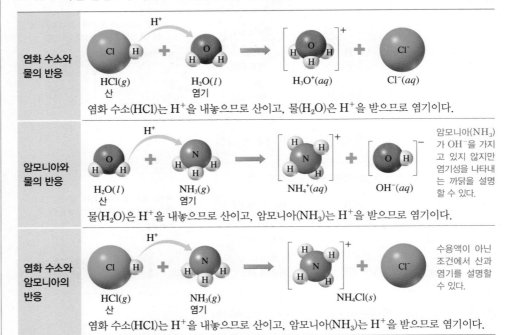

염화 수소와 물의 반응	염화 수소(HCl)는 H^+을 내놓으므로 산이고, 물(H_2O)은 H^+을 받으므로 염기이다.
암모니아와 물의 반응	물(H_2O)은 H^+을 내놓으므로 산이고, 암모니아(NH_3)는 H^+을 받으므로 염기이다. 암모니아(NH_3)가 OH^-을 가지고 있지 않지만 염기성을 나타내는 까닭을 설명할 수 있다.
염화 수소와 암모니아의 반응	염화 수소(HCl)는 H^+을 내놓으므로 산이고, 암모니아(NH_3)는 H^+을 받으므로 염기이다. 수용액이 아닌 조건에서 산과 염기를 설명할 수 있다.

(3) 양쪽성 물질: 조건에 따라 산으로 작용할 수도 있고 염기로 작용할 수도 있는 물질 ➡ 수소
이온(H^+)을 내놓을 수도 있고 받을 수도 있는 물질이다.

[예] H_2O, HCO_3^-, HS^-, HSO_4^-, $H_2PO_4^-$ 등

| 양쪽성 물질로 작용하는 물(H_2O) |

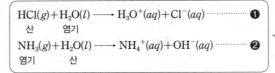

$$HCl(g) + H_2O(l) \longrightarrow H_3O^+(aq) + Cl^-(aq) \cdots\cdots ❶$$
산   염기

$$NH_3(g) + H_2O(l) \longrightarrow NH_4^+(aq) + OH^-(aq) \cdots\cdots ❷$$
염기   산

> H_2O은 반응 ❶에서는 H^+을 받으므로 염기로
> 작용하고, 반응 ❷에서는 H^+을 내놓으므로 산
> 으로 작용한다. ➡ H_2O은 양쪽성 물질이다.

(4) 짝산 – 짝염기: 수소 이온(H^+)의 이동으로 산과 염기가 되는 한 쌍의 산과 염기
➡ 정반응에서 산과 역반응에서의 염기, 정반응에서 염기와 역반응에서의 산의 관계이다.

| 염화 수소와 물의 반응 |

염화 수소(HCl)와 물(H_2O)의 반응은 가역 반응이다. 정반응에서는 HCl가 산이고, H_2O이 염기이지만, 역반응에서는
하이드로늄 이온(H_3O^+)이 산이고, 염화 이온(Cl^-)이 염기이다. 따라서 H_3O^+은 염기 H_2O의 짝산이고, Cl^-은 산
HCl의 짝염기이다.

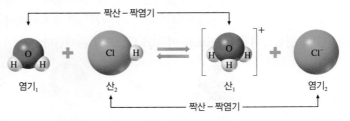

핵심 체크

- 산과 염기의 성질 ┌ 산성: 금속과 반응하여 (❶   ) 기체를 발생시키고, 탄산 칼슘과 반응하여 이산화 탄소 기체를 발생시킨다. 푸른색 리트머스 종이를 (❷   )색으로 변화시킨다.
  └ 염기성: (❸   )을 녹이는 성질이 있어 만지면 미끌미끌하고, 붉은색 리트머스 종이를 (❹   )색으로 변화시킨다.
- 산 수용액과 염기 수용액에는 (❺   )이 들어 있으므로 전류가 흐른다.
- 아레니우스 산 염기: 물에 녹아 (❻   )을 내놓는 물질은 산이고, (❼   )을 내놓는 물질은 염기이다.
- 브뢴스테드·로리 산 염기: 다른 물질에게 수소 이온(H^+)을 내놓는 물질은 (❽   )이고, 다른 물질로부터 수소 이온(H^+)을 받는 물질은 (❾   )이다.
- (❿   ): 조건에 따라 산으로 작용할 수도 있고 염기로 작용할 수도 있는 물질 예 H_2O, HCO_3^-, HS^- 등
- 짝산 – 짝염기: (⓫   )의 이동으로 산과 염기가 되는 한 쌍의 산과 염기

1 산 염기 정의에 대한 설명으로 옳은 것은 ○, 옳지 <u>않은</u> 것은 ×로 표시하시오.

(1) 물에 녹아 H^+을 내놓는 물질은 아레니우스 산이다.
.... (   )

(2) 다른 물질로부터 H^+을 받는 물질은 아레니우스 염기이다. .... (   )

(3) 브뢴스테드·로리 산 염기 정의는 수용액에서 일어나는 반응에서만 산과 염기를 설명할 수 있다. .... (   )

2 (   ) 안에 알맞은 말을 쓰시오.

- 염화 수소(HCl)는 물에 녹아 ㉠(   )을 내놓으므로 아레니우스 ㉡(   )이다.
- 수산화 나트륨($NaOH$)은 물에 녹아 ㉢(   )을 내놓으므로 아레니우스 ㉣(   )이다.

3 그림은 염화 수소(HCl)와 암모니아(NH_3)의 반응을 모형으로 나타낸 것이다. HCl과 NH_3를 브뢴스테드·로리 산 또는 염기로 구분하시오.

4 다음 반응에서 브뢴스테드·로리 산과 염기를 각각 쓰시오.

(1) $HCN(l) + H_2O(l) \longrightarrow H_3O^+(aq) + CN^-(aq)$

(2) $CH_3COOH(l) + H_2O(l)$
$\longrightarrow CH_3COO^-(aq) + H_3O^+(aq)$

(3) $NH_4^+(aq) + CO_3^{2-}(aq) \longrightarrow NH_3(aq) + HCO_3^-(aq)$

(4) $(CH_3)_3N(aq) + HF(aq)$
$\longrightarrow (CH_3)_3NH^+(aq) + F^-(aq)$

5 다음은 2가지 반응을 화학 반응식으로 나타낸 것이다.

- $HCl(g) + H_2O(l) \longrightarrow Cl^-(aq) + H_3O^+(aq)$
- $NH_3(g) + H_2O(l) \longrightarrow NH_4^+(aq) + OH^-(aq)$

이 반응에서 양쪽성 물질로 작용한 물질의 화학식을 쓰시오.

6 다음 반응에서 짝산 – 짝염기 관계인 물질의 쌍을 있는 대로 쓰시오.

$NH_3(g) + H_2O(l) \rightleftharpoons NH_4^+(aq) + OH^-(aq)$

2 물의 자동 이온화

B 물의 자동 이온화와 pH

순수한 물의 전기 전도도를 측정하면 매우 약한 전류가 흐르는데 이것은 순수한 물에도 이온이 들어 있기 때문이에요. 순수한 물에 들어 있는 이온은 무엇인지 지금부터 함께 알아볼까요?

1. 물의 자동 이온화

(1) **물의 자동 이온화**: 순수한 물에서 매우 적은 양의 물 분자끼리 수소 이온(H^+)을 주고받아 하이드로늄 이온(H_3O^+)과 수산화 이온(OH^-)으로 이온화하는 현상

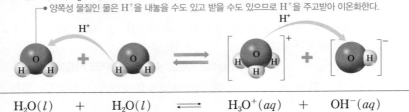
• 양쪽성 물질인 물은 H^+을 내놓을 수도 있고 받을 수도 있으므로 H^+을 주고받아 이온화한다.

$$H_2O(l) \ + \ H_2O(l) \ \rightleftharpoons \ H_3O^+(aq) \ + \ OH^-(aq)$$

(2) 물의 자동 이온화 반응은 가역 반응이므로 충분한 시간이 지나면 동적 평형에 도달한다.

2. 물의 ◆이온화 상수(K_w) 249~250쪽 대표 자료 ②, ③, ④
• '물의 이온곱 상수'라고도 한다.

(1) **물의 이온화 상수(K_w)**: 일정한 온도에서 물이 자동 이온화하여 동적 평형을 이루면 하이드로늄 이온(H_3O^+)의 몰 농도($[H_3O^+]$)와 수산화 이온(OH^-)의 몰 농도($[OH^-]$)가 일정하게 유지되어 그 농도의 곱이 일정한 값을 갖는데, 이를 물의 이온화 상수라고 한다.

$$K_w = [H_3O^+][OH^-] = 일정$$

① 25 °C에서 물의 자동 이온화 반응이 동적 평형에 도달했을 때 $[H_3O^+]$와 $[OH^-]$는 1×10^{-7} M로 같다. → 물은 자동 이온화하여 H_3O^+과 OH^-을 1 : 1로 내놓기 때문이다.

② ◆25 °C에서 물의 이온화 상수(K_w)는 다음과 같다.

$$K_w = [H_3O^+][OH^-] = 1 \times 10^{-14}(25 °C)$$

• 물의 이온화 상수는 온도에 의해서만 영향을 받고, H^+이나 OH^- 등 다른 물질이 혼합되어도 일정한 값을 가진다.

(2) **수용액의 ❶액성**

① 25 °C의 순수한 물에서 $[H_3O^+] = 1 \times 10^{-7}$ M $= [OH^-]$이고, 이러한 용액을 중성 용액이라고 한다.

산을 넣을 때	중성 용액에 산을 넣으면 $[H_3O^+]$가 증가하지만 K_w는 일정하므로 $[OH^-]$는 감소하여 $[H_3O^+] > 1 \times 10^{-7}$ M $> [OH^-]$가 된다. ➡ 산성 용액
염기를 넣을 때	중성 용액에 염기를 넣으면 $[OH^-]$가 증가하지만 K_w는 일정하므로 $[H_3O^+]$는 감소하여 $[H_3O^+] < 1 \times 10^{-7}$ M $< [OH^-]$가 된다. ➡ 염기성 용액

② 산성, 중성, 염기성 용액에서 $[H_3O^+]$와 $[OH^-]$(25 °C)

농도(M)	1×10^{-14}	1×10^{-7}	1×10^{0}	
산성 용액		$[OH^-]$	$[H_3O^+]$	$[H_3O^+] > 1 \times 10^{-7}$ M $> [OH^-]$
중성 용액		$[H_3O^+]$ $[OH^-]$		$[H_3O^+] = 1 \times 10^{-7}$ M $= [OH^-]$
염기성 용액	$[H_3O^+]$		$[OH^-]$	$[H_3O^+] < 1 \times 10^{-7}$ M $< [OH^-]$

옆단:

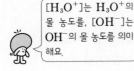

$[H_3O^+]$는 H_3O^+의 몰 농도를, $[OH^-]$는 OH^-의 몰 농도를 의미해요.

미래엔 교과서에만 나와요.

◆ **이온화 상수**
이온화 상수(K)는 반응물의 농도 곱에 대한 생성물의 농도 곱의 비이다. 물의 자동 이온화 반응에서 물의 농도는 거의 일정하므로, 물의 이온화 상수(K_w)는 다음과 같이 나타낼 수 있다.
$$K = \frac{[H_3O^+][OH^-]}{[H_2O]^2}$$
$$K_w = [H_3O^+][OH^-]$$

암기해!

물의 이온화 상수(K_w)(25 °C)
$$K_w = [H_3O^+][OH^-]$$
$$= 1 \times 10^{-14}$$

◆ **물의 이온화 상수(K_w)의 온도 의존성**
온도가 높아질수록 K_w는 커진다.

온도(°C)	K_w
0	0.11×10^{-14}
20	0.68×10^{-14}
25	1×10^{-14}
40	2.92×10^{-14}
60	9.61×10^{-14}

용어
❶ **액성**(液 용액, 性 성질) 용액의 성질로 산성, 중성, 염기성으로 구분한다.

3. 수소 이온 농도와 pH `249~250쪽 대표` `자료②, ③, ④`

(1) **수소 이온 농도 지수(pH)**: 수용액의 $[H_3O^+]$를 간단히 나타내기 위해 사용하는 값

$$pH = \log \frac{1}{[H_3O^+]} = -\log[H_3O^+]$$

① 수용액의 $[H_3O^+]$가 커지면 pH는 작아진다. ➡ pH가 작을수록 산성이 강하다.

② 수용액의 pH가 1씩 작아질수록 수용액의 $[H_3O^+]$는 10배씩 커진다.

　예 pH가 2인 수용액은 pH가 3인 수용액보다 $[H_3O^+]$가 10배 크고, pH가 4인 수용액
　보다는 $[H_3O^+]$가 100배 크다.

③ pOH: 수용액의 $[OH^-]$는 pOH로 나타낼 수 있다. ➡ $pOH = -\log[OH^-]$

(2) **pH와 pOH의 관계**: 25 °C에서 물의 이온화 상수$(K_w) = [H_3O^+][OH^-] = 1 \times 10^{-14}$이므
로 다음과 같은 관계가 성립한다.

$$pH + pOH = 14(25\,°C) \longrightarrow \text{pH나 pOH는 0~14 사이의 값을 갖는다.}$$

(3) **수용액의 액성과 pH, pOH(25 °C)**

$\bullet\ pH = -\log[H_3O^+] = -\log(1 \times 10^{-7}) = 7$

액성	$[H_3O^+]$와 $[OH^-]$의 관계	pH	pOH
산성	$[H_3O^+] > 1 \times 10^{-7}\,M > [OH^-]$	pH < 7	pOH > 7
중성	$[H_3O^+] = 1 \times 10^{-7}\,M = [OH^-]$	pH = 7	pOH = 7
염기성	$[H_3O^+] < 1 \times 10^{-7}\,M < [OH^-]$	pH > 7	pOH < 7

위액 pH 1.5 　탄산음료 pH 3 　토마토 pH 4 　우유 pH 6 　증류수 pH 7 　베이킹 소다 pH 9.5 　하수구 세정제 pH 13

$[H_3O^+]$	1	10^{-1}	10^{-2}	10^{-3}	10^{-4}	10^{-5}	10^{-6}	10^{-7}	10^{-8}	10^{-9}	10^{-10}	10^{-11}	10^{-12}	10^{-13}	10^{-14}
pH	0	1	2	3	4	5	6	7	8	9	10	11	12	13	14
액성	산성							중성							염기성
pOH	14	13	12	11	10	9	8	7	6	5	4	3	2	1	0
$[OH^-]$	10^{-14}	10^{-13}	10^{-12}	10^{-11}	10^{-10}	10^{-9}	10^{-8}	10^{-7}	10^{-6}	10^{-5}	10^{-4}	10^{-3}	10^{-2}	10^{-1}	1

⬆ **수용액의 액성과 pH, pOH의 관계(25 °C)**

4. 용액의 pH 확인
수용액의 pH는 지시약, pH 시험지, pH 측정기 등을 이용하여 확인한다.

(1) **지시약**: pH에 따라 색이 변하는 물질로, 용액의 액성을 구별하는 데 쓰인다.

구분	리트머스 종이	페놀프탈레인 용액	메틸 오렌지 용액	BTB 용액
산성	푸른색 → 붉은색	무색	붉은색	노란색
중성	−	무색	노란색	초록색
염기성	붉은색 → 푸른색	붉은색	노란색	파란색

(2) **pH 시험지**: 만능 지시약을 종이에 적셔 만든 것으로, 시험지의 색 변화를 통해 대략적인
　pH를 알 수 있다.

(3) **pH 측정기**: $[H_3O^+]$에 따른 전기 전도도 차이를 이용한 것으로, 정확한 pH를 측정할 수
　있다.

◆ **수소 이온 농도 지수**
수용액이 산성인지 염기성인지는 $[H_3O^+]$나 $[OH^-]$로 알 수 있지만 $[H_3O^+]$나 $[OH^-]$는 그 값이 매우 작아 사용하기에 불편하다. 따라서 덴마크의 화학자 쇠렌센은 수소 이온 농도 지수(pH)를 제안하였다.

🔖 미래엔 교과서에만 나와요.

◆ **소화 기관의 pH**
소화가 잘 일어나려면 효소의 도움을 받아야 한다. 따라서 소화 기관의 pH는 각각의 소화 효소가 잘 작용할 수 있도록 조건에 따라 다른 값을 가진다.

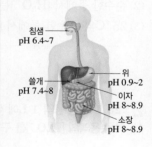

침샘 pH 6.4~7
쓸개 pH 7.4~8
위 pH 0.9~2
이자 pH 8~8.9
소장 pH 8~8.9

◆ **pH 시험지와 pH 측정기**

pH 측정기
pH 시험지

개념 확인 문제

핵심 체크

- (**①**　　　　　): 순수한 물에서 매우 적은 양의 물 분자끼리 H^+을 주고받아 H_3O^+과 OH^-으로 이온화하는 현상
- (**②**　　　　　): 일정한 온도에서 물이 자동 이온화하여 동적 평형을 이루었을 때 $[H_3O^+]$와 $[OH^-]$의 곱
  ➡ $K_w = [H_3O^+][OH^-] = 1 \times 10^{-14}$(25 °C)
- (**③**　　　　　): 수용액의 $[H_3O^+]$를 간단히 나타내기 위해 사용하는 값 ➡ $pH = \log \dfrac{1}{[H_3O^+]} = -\log[H_3O^+]$
  ➡ 수용액의 $[H_3O^+]$가 커지면 pH는 (**④**　　　　　)진다.
- 수용액의 액성과 pH, pOH(25 °C)
  - $[H_3O^+] > 1 \times 10^{-7}$ M $> [OH^-]$ ➡ pH < 7, pOH > 7 ➡ (**⑤**　　　　　)
  - $[H_3O^+] = 1 \times 10^{-7}$ M $= [OH^-]$ ➡ pH = 7, pOH = 7 ➡ 중성
  - $[H_3O^+] < 1 \times 10^{-7}$ M $< [OH^-]$ ➡ pH > 7, pOH < 7 ➡ (**⑥**　　　　　)
- (**⑦**　　　　　): pH에 따라 색이 변하는 물질로, 용액의 액성을 구별하는 데 쓰인다.
- (**⑧**　　　　　): 만능 지시약을 종이에 적셔 만든 것으로, 대략적인 pH를 알 수 있다.
- (**⑨**　　　　　): $[H_3O^+]$에 따른 전기 전도도 차이를 이용한 것으로, 정확한 pH를 측정할 수 있다.

---

1 물의 자동 이온화에 대한 설명으로 옳은 것은 ○, 옳지 <u>않은</u> 것은 ×로 표시하시오.

(1) 물 분자는 산 또는 염기로 작용할 수 있어 물 분자들끼리 H^+을 주고받아 자동 이온화한다. ┄┄┄┄┄ (　　　)

(2) 순수한 물에서 $[H_3O^+]$는 $[OH^-]$보다 크다. ┄ (　　　)

(3) 25 °C의 순수한 물에서 $[OH^-]$는 1×10^{-7} M이다.
┄┄┄┄┄┄┄┄┄┄┄┄┄┄┄┄┄┄┄┄ (　　　)

2 25 °C의 수용액 1 L에 OH^- 1×10^{-5} mol이 녹아 있다. 이 수용액의 $[H_3O^+]$를 구하시오.

3 25 °C에서 다음 수용액의 액성을 각각 쓰시오.

(1) $[H_3O^+]$가 1×10^{-3} M인 용액

(2) $[H_3O^+]$가 1×10^{-8} M인 용액

(3) $[OH^-]$가 1×10^{-5} M인 용액

4 다음은 25 °C에서 수용액의 pH에 대한 설명이다. (　　　) 안에 알맞은 말을 고르시오.

(1) 산성 용액의 pH는 7보다 (크다, 작다).

(2) 순수한 물에 염기를 넣으면 pH가 (커진다, 작아진다).

(3) 수용액의 $[H_3O^+]$가 커질수록 pH는 (커진다, 작아진다).

5 25 °C에서 pH가 3인 산성 용액의 $[OH^-]$를 구하시오.

6 25 °C에서 다음 수용액의 pH와 pOH를 각각 구하시오.

(1) 0.1 M HCl(aq)

(2) 1×10^{-3} M KOH(aq)

7 그림은 25 °C에서 3가지 수용액 (가)~(다)에 들어 있는 이온을 모형으로 나타낸 것이다.

(가)~(다)의 pH를 비교하시오.

8 탄산음료의 pH는 3이고 우유의 pH는 6이다. 탄산음료의 $[H_3O^+]$는 우유의 $[H_3O^+]$의 몇 배인지 쓰시오.

대표 자료 분석

자료 ❶ 브뢴스테드·로리 산 염기

기출
Point
- 브뢴스테드·로리 산과 염기 구분
- 양쪽성 물질

[1~4] 다음은 3가지 산 염기 반응의 화학 반응식이다.

(가) $HCl(g) + H_2O(l) \longrightarrow Cl^-(aq) + H_3O^+(aq)$

(나) $HCO_3^-(aq) + H_2O(l)$
$\longrightarrow H_2CO_3(aq) + \boxed{㉠}(aq)$

(다) $HCO_3^-(aq) + HCl(aq)$
$\longrightarrow H_2CO_3(aq) + Cl^-(aq)$

1 (가)에서 브뢴스테드·로리 산과 염기로 작용한 물질을 각각 쓰시오.

2 (나)에서 ㉠의 화학식을 쓰시오.

3 (나)에서 브뢴스테드·로리 산과 염기로 작용한 물질을 각각 쓰시오.

4 빈출 선택지로 완벽 정리!

(1) (가)에서 HCl는 수소 이온(H^+)을 내놓는 물질이다.
　　　　　　　　　　　　　　　　　　　　　(○ / ×)

(2) (나)에서 H_2O은 수소 이온(H^+)을 받는 물질이다.
　　　　　　　　　　　　　　　　　　　　　(○ / ×)

(3) (다)에서 HCl은 브뢴스테드·로리 산이다. ⋯ (○ / ×)

(4) (가)와 (나)에서 H_2O은 모두 브뢴스테드·로리 산이다.
　　　　　　　　　　　　　　　　　　　　　(○ / ×)

(5) (가)와 (나)에서 H_2O은 산이나 염기로 모두 작용할 수 있는 물질이다.
　　　　　　　　　　　　　　　　　　　　　(○ / ×)

(6) (나)와 (다)에서 HCO_3^-은 양쪽성 물질로 작용한다.
　　　　　　　　　　　　　　　　　　　　　(○ / ×)

자료 ❷ 물의 이온화 상수와 pH

기출
Point
- 수용액의 pH
- 수용액의 $[H_3O^+]$의 비, $[OH^-]$의 비

[1~4] 표는 수용액 (가)~(다)에 대한 자료이다. (단, 온도는 25 ℃로 일정하고, 25 ℃에서 물의 이온화 상수(K_w)는 1×10^{-14}이다.)

수용액	(가)	(나)	(다)
$[H_3O^+]:[OH^-]$	$1:10^2$	$1:1$	$10^2:1$

1 (가)~(다)의 액성을 각각 쓰시오.

2 (가)~(다)의 pH를 각각 구하시오.

3 (가)~(다)의 $[OH^-]$를 각각 구하시오.

4 빈출 선택지로 완벽 정리!

(1) (가)의 pH<7이다. ⋯⋯⋯⋯⋯⋯⋯⋯⋯⋯⋯ (○ / ×)

(2) 수용액의 pH는 (나)>(다)이다. ⋯⋯⋯⋯⋯⋯ (○ / ×)

(3) (나)에서 $[H_3O^+]>1 \times 10^{-7}$ M이다. ⋯⋯ (○ / ×)

(4) (다)에서 $[OH^-]<1 \times 10^{-7}$ M이다. ⋯⋯ (○ / ×)

(5) (가)와 (나)의 $[H_3O^+]$의 비는 (가):(나)=1:10이다.
　　　　　　　　　　　　　　　　　　　　　(○ / ×)

(6) (가)와 (다)의 $[OH^-]$의 비는 (가):(다)=$10^4:1$이다.
　　　　　　　　　　　　　　　　　　　　　(○ / ×)

기출
Point
•수용액 속 H_3O^+의 양(mol)
•혼합 용액의 pH

[1~4] 그림 (가)~(다)는 물(H_2O), 수산화 나트륨(NaOH) 수용액, 염산(HCl(aq))을 각각 나타낸 것이다. (단, 혼합 용액의 부피는 혼합 전 물 또는 용액의 부피의 합과 같고, 물과 용액의 온도는 25 °C로 일정하며, 25 °C에서 물의 이온화 상수(K_w)는 1×10^{-14}이다.)

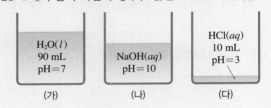

$H_2O(l)$ 90 mL pH=7	NaOH(aq) pH=10	HCl(aq) 10 mL pH=3
(가)	(나)	(다)

1 (가)의 $[H_3O^+]$와 $[OH^-]$를 비교하시오.

2 (나)의 $[H_3O^+]$를 구하시오.

3 (다)의 $[OH^-]$를 구하시오.

4 빈출 선택지로 완벽 정리!

(1) (가)의 $[H_3O^+]=1 \times 10^{-7}$ M이다. ········· (○ / ×)
(2) (나)의 $[OH^-]=1 \times 10^{-4}$ M이다. ········· (○ / ×)
(3) (다)에서 H_3O^+의 양(mol)은 1×10^{-4} mol이다.
··· (○ / ×)
(4) (가)와 (다)를 모두 혼합한 수용액의 pH=5이다.
··· (○ / ×)

기출
Point
•수용액 속 H_3O^+의 양(mol)
•수용액의 pH의 비, $[H_3O^+]$의 비, H_3O^+의 양(mol)의 비

[1~4] 표는 수용액 (가)~(다)에 대한 자료이다. (단, 온도는 25 °C로 일정하고, 25 °C에서 물의 이온화 상수(K_w)는 1×10^{-14}이다.)

수용액	(가)	(나)	(다)
$\dfrac{[H_3O^+]}{[OH^-]}$	$\dfrac{1}{10}$	100	1
부피(L)		V	$100V$

1 (가)의 $[H_3O^+]$를 구하시오.

2 (나)의 $[OH^-]$를 구하시오.

3 (나)의 pH를 구하시오.

4 빈출 선택지로 완벽 정리!

(1) (다)는 중성 용액이다. ························· (○ / ×)
(2) $\dfrac{\text{(가)의 pH}}{\text{(나)의 pH}} > 1$이다. ················· (○ / ×)
(3) $\dfrac{\text{(가)의 } [H_3O^+]}{\text{(나)의 } [H_3O^+]} = \dfrac{1}{1000}$이다. ········· (○ / ×)
(4) $\dfrac{\text{(나)의 } H_3O^+\text{의 양(mol)}}{\text{(다)의 } H_3O^+\text{의 양(mol)}} = \dfrac{1}{10}$이다. ········· (○ / ×)

내신 만점 문제

A 산과 염기

01 표는 A ~ D 수용액으로 실험한 결과를 나타낸 것이다.

수용액	A	B	C	D
리트머스 종이의 색 변화	붉은색 → 푸른색	푸른색 → 붉은색	푸른색 → 붉은색	붉은색 → 푸른색
마그네슘 조각 과의 반응	변화 없음	기체 발생	기체 발생	변화 없음

이에 대한 설명으로 옳은 것만을 [보기]에서 있는 대로 고른 것은?

보기
ㄱ. A 수용액의 액성은 산성이다.
ㄴ. 염산은 B 수용액과 공통된 성질을 나타낸다.
ㄷ. C 수용액과 D 수용액에 페놀프탈레인 용액을 떨어뜨리면 모두 붉은색으로 변한다.

① ㄱ　　　　② ㄴ　　　　③ ㄱ, ㄷ
④ ㄴ, ㄷ　　　⑤ ㄱ, ㄴ, ㄷ

02 산과 염기에 대한 설명으로 옳은 것만을 [보기]에서 있는 대로 고르시오.

보기
ㄱ. 아레니우스 산 염기 정의는 수용액이 아닌 조건에서도 적용할 수 있다.
ㄴ. 브뢴스테드·로리 산 염기 정의는 아레니우스 산 염기 정의보다 확장된 개념이다.
ㄷ. 브뢴스테드·로리 산은 H^+을 내놓는 물질이다.

★중요
03 물(H_2O)이 브뢴스테드·로리 산으로 작용한 것은?

① $HCN(l) + H_2O(l) \longrightarrow H_3O^+(aq) + CN^-(aq)$
② $NH_4^+(aq) + H_2O(l) \longrightarrow NH_3(aq) + H_3O^+(aq)$
③ $H_2CO_3(aq) + H_2O(l) \longrightarrow HCO_3^-(aq) + H_3O^+(aq)$
④ $CH_3NH_2(g) + H_2O(l)$
　　　　　　　　$\longrightarrow CH_3NH_3^+(aq) + OH^-(aq)$
⑤ $HCOOH(l) + H_2O(l)$
　　　　　　　　$\longrightarrow HCOO^-(aq) + H_3O^+(aq)$

04 그림 (가), (나)는 2가지 산 염기 반응을 모형으로 나타낸 것이다.

이에 대한 설명으로 옳은 것만을 [보기]에서 있는 대로 고른 것은?

보기
ㄱ. (가)에서 NH_3는 브뢴스테드·로리 염기이다.
ㄴ. (나)에서 HCl은 브뢴스테드·로리 산이다.
ㄷ. H_2O은 (가)와 (나)에서 모두 브뢴스테드·로리 염기이다.

① ㄱ　　　　② ㄷ　　　　③ ㄱ, ㄴ
④ ㄴ, ㄷ　　　⑤ ㄱ, ㄴ, ㄷ

05 다음은 3가지 산 염기 반응의 화학 반응식이다.

(가) $H_2CO_3(aq) + H_2O(l)$
　　　　　　　　$\longrightarrow HCO_3^-(aq) + H_3O^+(aq)$
(나) $HS^-(aq) + H_2O(l) \longrightarrow H_2S(g) + \boxed{㉠}(aq)$
(다) $(CH_3)_3N(g) + H_2O(l)$
　　　　　　　　$\longrightarrow (CH_3)_3NH^+(aq) + \boxed{㉠}(aq)$

이에 대한 설명으로 옳은 것만을 [보기]에서 있는 대로 고른 것은?

보기
ㄱ. ㉠은 OH^-이다.
ㄴ. (나)에서 HS^-은 브뢴스테드·로리 염기이다.
ㄷ. (가)~(다)에서 H_2O은 모두 브뢴스테드·로리 염기이다.

① ㄱ　　　　② ㄷ　　　　③ ㄱ, ㄴ
④ ㄴ, ㄷ　　　⑤ ㄱ, ㄴ, ㄷ

06 다음은 3가지 산 염기 반응의 화학 반응식이다.

(가) $HNO_3(l) + H_2O(l) \longrightarrow H_3O^+(aq) + NO_3^-(aq)$
(나) $HCO_3^-(aq) + H_2O(l) \longrightarrow H_2CO_3(aq) + OH^-(aq)$
(다) $HSO_4^-(aq) + H_2O(l) \longrightarrow H_3O^+(aq) + SO_4^{2-}(aq)$

브뢴스테드·로리 염기로 작용한 물질을 옳게 짝 지은 것은?

	(가)	(나)	(다)
①	HNO_3	HCO_3^-	HSO_4^-
②	HNO_3	H_2O	H_2O
③	HNO_3	H_2O	HSO_4^-
④	H_2O	HCO_3^-	H_2O
⑤	H_2O	H_2O	HSO_4^-

07 다음은 3가지 산 염기 반응의 화학 반응식이다.

(가) $HCl(aq) + X(aq) \longrightarrow NaCl(aq) + H_2O(l)$
(나) $NH_3(g) + H_2O(l) \longrightarrow NH_4^+(aq) + OH^-(aq)$
(다) $NH_3(g) + HCl(g) \longrightarrow NH_4Cl(s)$

이에 대한 설명으로 옳은 것만을 [보기]에서 있는 대로 고르시오.

[보기]
ㄱ. X는 아레니우스 염기이다.
ㄴ. (나)에서 H_2O은 브뢴스테드·로리 산이다.
ㄷ. (나)와 (다)에서 NH_3는 모두 브뢴스테드·로리 염기이다.

08 다음은 인산이수소 이온($H_2PO_4^-$)과 관련된 반응의 화학 반응식을 나타낸 것이다.

• $H_2PO_4^-(aq) + H_2O(l) \longrightarrow HPO_4^{2-}(aq) + H_3O^+(aq)$
• $H_2PO_4^-(aq) + H_2O(l) \longrightarrow H_3PO_4(aq) + OH^-(aq)$

이 반응에서 양쪽성 물질로 작용한 물질을 있는 대로 쓰고, 그 까닭을 서술하시오.

09 다음은 2가지 산 염기 반응의 화학 반응식이다.

(가) $HCN(l) + H_2O(l) \longrightarrow CN^-(aq) + H_3O^+(aq)$
(나) $CO_3^{2-}(aq) + H_2O(l) \longrightarrow HCO_3^-(aq) + OH^-(aq)$

이에 대한 설명으로 옳은 것만을 [보기]에서 있는 대로 고른 것은?

[보기]
ㄱ. (가)에서 HCN는 수소 이온(H^+)을 내놓는다.
ㄴ. (나)에서 CO_3^{2-}은 브뢴스테드·로리 산이다.
ㄷ. H_2O은 양쪽성 물질이다.

① ㄱ ② ㄴ ③ ㄱ, ㄷ
④ ㄴ, ㄷ ⑤ ㄱ, ㄴ, ㄷ

B 물의 자동 이온화와 pH

10 25 ℃에서 물의 자동 이온화와 pH에 대한 설명으로 옳지 않은 것은? (단, 25 ℃에서 물의 이온화 상수(K_w)는 1×10^{-14}이다.)

① 순수한 물에서 $[H_3O^+]$와 $[OH^-]$는 같다.
② 순수한 물에 황산을 넣은 수용액에서 $[H_3O^+]$는 $[OH^-]$보다 크다.
③ 수용액의 $[H_3O^+]$가 커질수록 pH는 커진다.
④ pH와 pOH의 합은 14이다.
⑤ pH가 7인 수용액의 액성은 중성이다.

11 25 ℃에서 0.01 M 염산의 $[H_3O^+]$와 $[OH^-]$로 가장 적절한 것은? (단, 25 ℃에서 물의 이온화 상수(K_w)는 1×10^{-14}이다.)

	$[H_3O^+]$(M)	$[OH^-]$(M)
①	1×10^{-2}	1×10^{-2}
②	1×10^{-2}	1×10^{-12}
③	1×10^{-2}	1×10^{-14}
④	1×10^{-12}	1×10^{-2}
⑤	1×10^{-12}	1×10^{-12}

12 그림은 25 °C의 순수한 물에서 물의 자동 이온화 반응 모형을 나타낸 것이다.

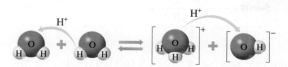

이에 대한 설명으로 옳은 것만을 [보기]에서 있는 대로 고른 것은? (단, 25 °C에서 물의 이온화 상수(K_w)는 1×10^{-14}이다.)

보기
ㄱ. 순수한 물에서 [OH⁻]는 1×10^{-7} M이다.
ㄴ. 물의 자동 이온화 반응에서 생성물의 양(mol)은 반응물의 양(mol)보다 매우 크다.
ㄷ. 산성 용액에서 [H₃O⁺]는 1×10^{-7} M보다 크다.

① ㄱ　　　　② ㄴ　　　　③ ㄱ, ㄷ
④ ㄴ, ㄷ　　　⑤ ㄱ, ㄴ, ㄷ

---

13 표는 25 °C에서 A~C 수용액에 대한 자료이다.

수용액	A	B	C
[H₃O⁺](M)	1×10^{-8}		
[OH⁻](M)			1×10^{-8}
pH		3	

이에 대한 설명으로 옳은 것만을 [보기]에서 있는 대로 고른 것은? (단, 25 °C에서 물의 이온화 상수(K_w)는 1×10^{-14}이다.)

보기
ㄱ. A의 [OH⁻]는 1×10^{-6} M이다.
ㄴ. B는 산성 용액이다.
ㄷ. A와 C의 pH는 같다.

① ㄱ　　　　② ㄷ　　　　③ ㄱ, ㄴ
④ ㄴ, ㄷ　　　⑤ ㄱ, ㄴ, ㄷ

---

14 25 °C에서 수산화 나트륨(NaOH) 20 g을 물에 녹여 5 L의 NaOH 수용액을 만들었을 때 NaOH 수용액의 pH를 구하시오. (단, NaOH의 화학식량은 40이며, 온도는 25 °C로 일정하고, 25 °C에서 물의 이온화 상수(K_w)는 1×10^{-14} 이다.)

---

15 표는 25 °C에서 염산(HCl(aq))과 수산화 나트륨 (NaOH) 수용액에 대한 자료이다.

구분	수용액	부피(L)	pH
(가)	HCl(aq)	1	2
(나)	NaOH(aq)	2	12

이에 대한 설명으로 옳은 것만을 [보기]에서 있는 대로 고른 것은? (단, 25 °C에서 물의 이온화 상수(K_w)는 1×10^{-14}이다.)

보기
ㄱ. (가)의 액성은 염기성이다.
ㄴ. (나)에 들어 있는 OH⁻의 양(mol)은 0.01 mol이다.
ㄷ. (가)의 [H₃O⁺]와 (나)의 [OH⁻]는 같다.

① ㄱ　　　　② ㄷ　　　　③ ㄱ, ㄴ
④ ㄴ, ㄷ　　　⑤ ㄱ, ㄴ, ㄷ

---

16 그림은 25 °C에서 3가지 물질을 각각 물에 녹인 수용액 (가)~(다)의 이온 모형을 나타낸 것이다.

(가)　　　　　(나)　　　　　(다)

(가)~(다)의 pH로 가장 적절한 것은? (단, 1개의 이온은 0.1 mol에 해당하고, (가)~(다)의 부피는 각각 2 L이며, 25 °C에서 물의 이온화 상수(K_w)는 1×10^{-14}이다.)

	(가)	(나)	(다)
①	1	7	1
②	1	7	13
③	2	7	2
④	2	7	12
⑤	2	12	12

17 그림은 25 °C에서 A~C 수용액의 pH를 나타낸 것이다.

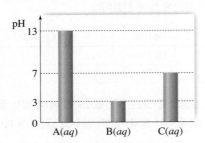

이에 대한 설명으로 옳은 것만을 [보기]에서 있는 대로 고른 것은? (단, 25 °C에서 물의 이온화 상수(K_w)는 1×10^{-14}이다.)

[보기]
ㄱ. A 수용액에서 $[OH^-] > [H_3O^+]$이다.
ㄴ. B 수용액은 염기성 용액이다.
ㄷ. C 수용액에서 $[OH^-]$는 1×10^{-7} M이다.

① ㄱ   ② ㄴ   ③ ㄱ, ㄷ
④ ㄴ, ㄷ   ⑤ ㄱ, ㄴ, ㄷ

18 다음은 25 °C에서 산 HA 수용액 (가)와 염기 BOH 수용액 (나)에 대한 자료이다.

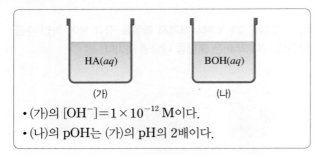

(가)   (나)

- (가)의 $[OH^-] = 1 \times 10^{-12}$ M이다.
- (나)의 pOH는 (가)의 pH의 2배이다.

이에 대한 설명으로 옳은 것만을 [보기]에서 있는 대로 고른 것은? (단, 25 °C에서 물의 이온화 상수(K_w)는 1×10^{-14}이다.)

[보기]
ㄱ. (가)에서 $\dfrac{[H_3O^+]}{[OH^-]} = 1 \times 10^{10}$이다.
ㄴ. (나)의 pH=10이다.
ㄷ. $\dfrac{(가)의 \, [H_3O^+]}{(나)의 \, [H_3O^+]} = 1 \times 10^2$이다.

① ㄱ   ② ㄷ   ③ ㄱ, ㄴ
④ ㄴ, ㄷ   ⑤ ㄱ, ㄴ, ㄷ

중요 19 표는 25 °C에서 수용액 (가)와 (나)에 대한 자료이다.

수용액	$[OH^-]$(M)	pH
(가)	1×10^{-2}	x
(나)	y	4

이에 대한 설명으로 옳은 것만을 [보기]에서 있는 대로 고른 것은? (단, 25 °C에서 물의 이온화 상수(K_w)는 1×10^{-14}이다.)

[보기]
ㄱ. $x = 2$이다.
ㄴ. $y = 1 \times 10^{-10}$이다.
ㄷ. $\dfrac{(가)의 \, [H_3O^+]}{(나)의 \, [H_3O^+]} = 1 \times 10^{-8}$이다.

① ㄴ   ② ㄱ, ㄴ   ③ ㄱ, ㄷ
④ ㄴ, ㄷ   ⑤ ㄱ, ㄴ, ㄷ

20 그림은 25 °C에서 여러 가지 물질의 pH를 나타낸 것이다.

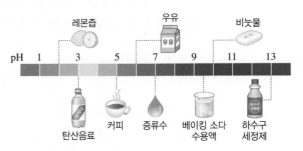

이에 대한 설명으로 옳은 것은? (단, 25 °C에서 물의 이온화 상수(K_w)는 1×10^{-14}이다.)

① 산성이 가장 강한 물질은 탄산음료이다.
② 우유의 $[H_3O^+]$는 1×10^{-7} M보다 크다.
③ 비눗물의 $[OH^-]$는 1×10^{-10} M이다.
④ 하수구 세정제의 $[H_3O^+]$는 베이킹 소다 수용액의 $[H_3O^+]$보다 크다.
⑤ 커피의 $[H_3O^+]$는 증류수의 $[H_3O^+]$의 10배이다.

실력 UP 문제

01 다음은 3가지 산 염기 반응의 화학 반응식이다.

- $NH_3(g) + \boxed{\text{㉠}}(g) \longrightarrow NH_4Cl(s)$
- $\boxed{\text{㉡}}(l) + HBr(aq)$
  $\longrightarrow CH_3OH_2^+(aq) + Br^-(aq)$
- $(CH_3)_3N(g) + \boxed{\text{㉢}}(aq)$
  $\longrightarrow (CH_3)_3NH^+(aq) + I^-(aq)$

㉠~㉢ 중 브뢴스테드·로리 산으로 작용한 물질만을 있는 대로 고른 것은?

① ㉠   ② ㉡   ③ ㉠, ㉢
④ ㉡, ㉢   ⑤ ㉠, ㉡, ㉢

02 그림 (가)는 0.1 M 염산(HCl(aq)) x mL를, (나)는 (가)에 물을 추가하여 만든 염산(HCl(aq)) 1000 mL를 나타낸 것이다.

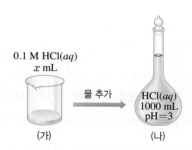

0.1 M HCl(aq) x mL
물 추가
HCl(aq) 1000 mL pH=3
(가)   (나)

이에 대한 설명으로 옳은 것만을 [보기]에서 있는 대로 고른 것은? (단, 온도는 25 °C로 일정하고, 25 °C에서 물의 이온화 상수(K_w)는 1×10^{-14}이다.)

[보기]
ㄱ. $x = 10$이다.
ㄴ. $[OH^-]$는 (나)에서가 (가)에서의 1000배이다.
ㄷ. (나)의 pOH − (가)의 pH = 9이다.

① ㄱ   ② ㄴ   ③ ㄱ, ㄷ
④ ㄴ, ㄷ   ⑤ ㄱ, ㄴ, ㄷ

03 표는 25 °C에서 수용액 (가)~(다)에 대한 자료이다.

수용액	(가)	(나)	(다)
pH 또는 pOH	3	5	10
부피(mL)	200	500	400
수용액의 액성	산성	염기성	산성

이에 대한 설명으로 옳은 것만을 [보기]에서 있는 대로 고른 것은? (단, 25 °C에서 물의 이온화 상수(K_w)는 1×10^{-14}이다.)

[보기]
ㄱ. (나)에서 $\dfrac{[H_3O^+]}{[OH^-]} = 1 \times 10^{-5}$이다.
ㄴ. $\dfrac{(가)의 [H_3O^+]}{(나)의 [H_3O^+]} = 1 \times 10^6$이다.
ㄷ. H_3O^+의 양(mol)은 (가)가 (다)의 5배이다.

① ㄱ   ② ㄴ   ③ ㄱ, ㄷ
④ ㄴ, ㄷ   ⑤ ㄱ, ㄴ, ㄷ

04 표는 25 °C에서 수용액 (가)~(다)에 대한 자료이다. (가)~(다)는 각각 염산(HCl(aq)) 또는 수산화 나트륨(NaOH) 수용액 중 하나이다.

수용액	(가)	(나)	(다)
pOH		13	
부피(mL)	100	200	100
$[H_3O^+]$(M)	1×10^{-12}		1×10^{-2}

이에 대한 설명으로 옳은 것만을 [보기]에서 있는 대로 고른 것은? (단, 25 °C에서 물의 이온화 상수(K_w)는 1×10^{-14}이다.)

[보기]
ㄱ. (나)에서 H_3O^+의 양(mol)은 0.01 mol이다.
ㄴ. $\dfrac{(가)의 pOH}{(다)의 pH} = 1$이다.
ㄷ. 용액 속 H_3O^+의 양(mol)은 (나)가 (다)의 10배이다.

① ㄱ   ② ㄴ   ③ ㄱ, ㄷ
④ ㄴ, ㄷ   ⑤ ㄱ, ㄴ, ㄷ

산 염기 중화 반응

---

3 산 염기 중화 반응

A 산 염기 중화 반응

1. 산 염기 중화 반응

(1) **중화 반응**: 산과 염기가 반응하여 물과 염을 생성하는 반응

(2) **중화 반응 모형과 반응식**

| 염산($HCl(aq)$)과 수산화 나트륨($NaOH$) 수용액의 중화 반응 |

[중화 반응 모형]

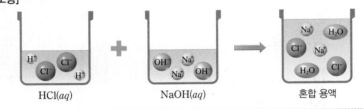

$HCl(aq)$ + $NaOH(aq)$ →   혼합 용액

[화학 반응식]

$$HCl(aq) \longrightarrow H^+(aq) + Cl^-(aq)$$
$$NaOH(aq) \longrightarrow Na^+(aq) + OH^-(aq)$$
$$HCl(aq) + NaOH(aq) \longrightarrow H_2O(l) + NaCl(aq)$$

산   염기   물   염

→ NaCl과 같이 물에 녹는 염은 물속에서 이온 상태로 존재한다.

(3) **알짜 이온 반응식**: 실제 반응에 참여한 이온만으로 나타낸 화학 반응식

① **중화 반응의 알짜 이온 반응식**: 중화 반응에 참여한 이온은 H^+과 OH^-이므로 중화 반응의 알짜 이온 반응식은 다음과 같다. ➡ 반응하는 산과 염기의 종류에 관계없이 중화 반응의 알짜 이온 반응식은 같다.

$$H^+(aq) + OH^-(aq) \longrightarrow H_2O(l)$$

② **구경꾼 이온**: 반응에 참여하지 않고 반응 후에도 용액에 그대로 남아 있는 이온

예 염산($HCl(aq)$)과 수산화 나트륨($NaOH$) 수용액의 중화 반응 ➡ 구경꾼 이온: Na^+, Cl^-

(4) **염**: 중화 반응에서 산의 음이온과 염기의 양이온이 만나 생성된 물질 ➡ 산과 염기의 종류에 따라 염의 종류가 달라진다.

$$HCl(aq) + NaOH(aq) \longrightarrow H_2O(l) + \boxed{NaCl(aq)}$$
$$HNO_3(aq) + KOH(aq) \longrightarrow H_2O(l) + \boxed{KNO_3(aq)}$$

산   염기   물   염

→ 산과 염기를 중화한 용액을 가열하여 증발시키면 염이 남는다.

(5) **중화 반응의 이용**

① 위액(산)이 지나치게 분비되어 속이 쓰릴 때 제산제(염기)를 먹는다.

② 생선 비린내(염기)를 없애기 위해 레몬즙(산)을 뿌린다.

③ 벌레(산: 벌레의 독)에 물렸을 때 염기성 물질을 바른다.

④ 김치찌개에 소다(염기)를 넣어 신맛(산성)을 줄인다.

⑤ 산성화된 토양(산성)에 석회석(염기)을 뿌린다.

◆ 산과 염기의 반응

암모니아수(NH_4OH)에 BTB 용액을 떨어뜨리고 날숨을 불어 넣으면 날숨 속에 들어 있는 이산화 탄소(CO_2)가 물에 녹아 탄산(H_2CO_3)이 만들어지고, 염기성 물질인 NH_4OH와 산성 물질인 H_2CO_3이 중화 반응하여 산과 염기의 성질이 사라진다. 따라서 BTB 용액의 색이 염기성에서 띠는 색인 파란색에서 중성에서 띠는 색인 초록색으로 변한다.

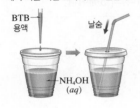

BTB 용액 / 날숨 / $NH_4OH(aq)$

◆ 중화 반응에서 하이드로늄 이온(H_3O^+)의 표현

중화 반응에서는 H_3O^+을 간단히 H^+으로 나타낸다.

◆ 제산제의 성분

제산제에는 수산화 마그네슘($Mg(OH)_2$), 수산화 알루미늄($Al(OH)_3$), 탄산수소 나트륨($NaHCO_3$) 등의 염기성 물질이 들어 있다.

2. 중화 반응의 양적 관계 완자쌤 비법 특강 260쪽 262~263쪽 대표 자료❶, ❷

(1) 중화 반응에서 산의 H^+과 염기의 OH^-은 1 : 1의 몰비로 반응한다.

(2) 중화 반응의 양적 관계

① 산이 내놓은 H^+의 양(mol)과 염기가 내놓은 OH^-의 양(mol)

산이 내놓은 H^+의 양(mol)	산의 ◆가수를 n_1, 몰 농도를 M_1이라고 하면 부피가 V_1인 산 수용액에서 산이 내놓은 H^+의 양(mol)은 $n_1M_1V_1$이다.
염기가 내놓은 OH^-의 양(mol)	염기의 가수를 n_2, 몰 농도를 M_2라고 하면 부피가 V_2인 염기 수용액에서 염기가 내놓은 OH^-의 양(mol)은 $n_2M_2V_2$이다.

② 산 수용액과 염기 수용액을 혼합할 때 산과 염기가 완전히 중화되는 조건: 산과 염기가 완전히 중화되려면 산이 내놓은 H^+의 양(mol)과 염기가 내놓은 OH^-의 양(mol)이 같아야 한다.

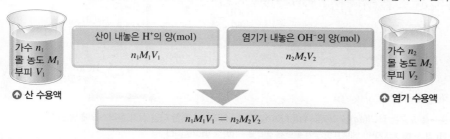

산이 내놓은 H^+의 양(mol)	염기가 내놓은 OH^-의 양(mol)
$n_1M_1V_1$	$n_2M_2V_2$

↑ 산 수용액   ↑ 염기 수용액

$$n_1M_1V_1 = n_2M_2V_2$$

| 중화 반응의 양적 관계 계산 |

❶ 0.1 M 염산($HCl(aq)$) 100 mL를 완전히 중화하는 데 필요한 0.1 M 수산화 나트륨($NaOH$) 수용액의 부피를 구하시오.

➡ 0.1 M $HCl(aq)$ 100 mL에 들어 있는 H^+의 양(mol)은 0.1 M×0.1 L=0.01 mol이므로 OH^- 0.01 mol을 넣어야 완전히 중화된다. 따라서 0.1 M NaOH 수용액 100 mL가 필요하다.

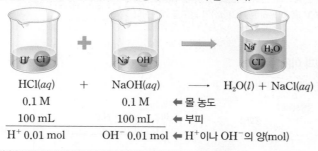

$HCl(aq)$	+	$NaOH(aq)$	$\longrightarrow$	$H_2O(l)$ + $NaCl(aq)$
0.1 M		0.1 M	← 몰 농도	
100 mL		100 mL	← 부피	
H^+ 0.01 mol		OH^- 0.01 mol	← H^+이나 OH^-의 양(mol)	

❷ 농도를 모르는 수산화 바륨($Ba(OH)_2$) 수용액 100 mL를 완전히 중화하는 데 0.1 M 염산($HCl(aq)$) 200 mL가 사용되었을 때 $Ba(OH)_2$ 수용액의 몰 농도를 구하시오.

➡ 0.1 M $HCl(aq)$ 200 mL에 들어 있는 H^+의 양(mol)은 0.1 M×0.2 L=0.02 mol이므로 OH^- 0.02 mol을 넣어야 완전히 중화된다. 따라서 100 mL를 사용한 수산화 바륨($Ba(OH)_2$) 수용액의 몰 농도는 0.1 M이다.

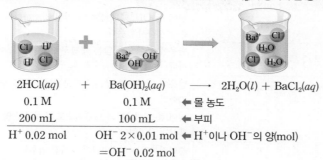

$2HCl(aq)$	+	$Ba(OH)_2(aq)$	$\longrightarrow$	$2H_2O(l)$ + $BaCl_2(aq)$
0.1 M		0.1 M	← 몰 농도	
200 mL		100 mL	← 부피	
H^+ 0.02 mol		OH^- 2×0.01 mol $=OH^-$ 0.02 mol	← H^+이나 OH^-의 양(mol)	

◆ **가수**
산이나 염기 1 mol이 내놓을 수 있는 H^+이나 OH^-의 양(mol)

가수	산	염기
1가	HCl, CH_3COOH	$NaOH$, KOH
2가	H_2SO_4, H_2CO_3	$Ca(OH)_2$, $Ba(OH)_2$
3가	H_3PO_4	$Al(OH)_3$

용액 속 용질의 양(mol)은 '용액의 몰 농도(mol/L)×용액의 부피(L)'로 구할 수 있어요.

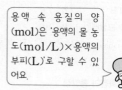

암기해!

중화 반응의 양적 관계
$n_1M_1V_1=n_2M_2V_2$
(n: 가수, M: 몰 농도, V: 부피)

◆ **혼합 용액의 액성**
혼합하는 산과 염기의 수용액에 들어 있는 H^+과 OH^-의 양(mol)에 따라 혼합 용액의 액성이 달라진다.
• H^+의 양(mol)=OH^-의 양(mol): 중화 반응이 완전히 일어나므로 용액의 액성은 중성이다.
• H^+의 양(mol)>OH^-의 양(mol): 반응 후 H^+이 남아 있으므로 용액의 액성은 산성이다.
• H^+의 양(mol)<OH^-의 양(mol): 반응 후 OH^-이 남아 있으므로 용액의 액성은 염기성이다.

3 산 염기 중화 반응

B 중화 적정

1. 중화 적정 중화 반응의 양적 관계를 이용하여 농도를 모르는 산이나 염기의 농도를 알아 내는 방법

(1) **표준 용액**: 중화 적정에서 농도를 알고 있는 산 수용액이나 염기 수용액

(2) **중화점**: 중화 적정에서 산의 H^+의 양(mol)과 염기의 OH^-의 양(mol)이 같아져 산과 염 기가 완전히 중화되는 지점

(3) **중화 적정 방법** 263쪽 대표 자료 ❸

| 농도를 모르는 염산($HCl(aq)$)을 수산화 나트륨(NaOH) 표준 용액으로 중화 적정하기 |

- 액체의 부피를 정확히 측정하여 옮길 때 사용한다.
- 적정에 사용한 표준 용액의 부피를 측정할 때 사용한다.

❶ 농도를 모르는 $HCl(aq)$을 피펫을 이용하여 일정량을 정확하게 취한 다음 삼각 플라스크에 넣는다.

❷ $HCl(aq)$에 지시약인 페놀프탈레인 용액을 2방울~3방울 떨어뜨린다.

❸ 뷰렛에 표준 용액인 NaOH 수용액을 넣고, NaOH 수용액을 조금 흘려 뷰렛의 꼭지 아랫부분에도 용액이 채워지 도록 한 다음 뷰렛의 눈금을 읽어 NaOH 수용액의 처음 부피를 측정한다.

❹ $HCl(aq)$이 들어 있는 삼각 플라스크에 NaOH 수용액을 천천히 떨어뜨린다. 이때 삼각 플라스크를 천천히 흔들 어 준다.

❺ 용액 전체가 붉은색으로 변하는 순간 뷰렛의 꼭지를 잠그고, NaOH 수용액의 나중 부피를 측정한 다음 $n_1M_1V_1=n_2M_2V_2$를 이용하여 $HCl(aq)$의 농도를 계산한다.

2. 중화 적정 모형과 이온 수 변화

| 염산($HCl(aq)$)을 수산화 나트륨(NaOH) 수용액으로 중화 적정할 때의 반응 모형 |

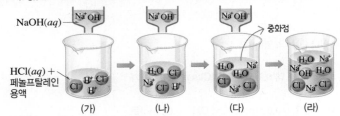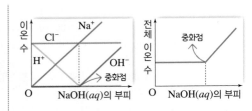

구분	(가) 산성	(나) 산성	(다) 중성	(라) 염기성	이온 수 변화
H^+의 수	2	1	0	0	넣어 준 OH^-과 반응하여 점점 감소하다가 중화점 이후에 는 존재하지 않는다.
Cl^-의 수	2	2	2	2	반응에 참여하지 않는 구경꾼 이온이므로 이온 수가 일정 하다.
Na^+의 수	0	1	2	3	반응에 참여하지 않는 구경꾼 이온이므로 넣어 준 만큼 증 가한다.
OH^-의 수	0	0	0	1	넣어 준 만큼 H^+과 반응하므로 존재하지 않다가 중화점 이 후부터 증가한다.
전체 이온 수	4	4	4	6	중화점까지는 일정하다가 중화점 이후부터 증가한다.

◆ 중화점의 확인
중화점을 확인하는 대표적인 방법 은 지시약의 색 변화를 관찰하는 것이다. 지시약은 종류에 따라 색 이 변하는 pH 범위가 다르므로 중화점 부근에서 색이 변하는 지 시약을 사용해야 한다.

지시약	변색 범위(pH)
메틸 오렌지	3.1~4.4
BTB	6~7.6
페놀프탈레인	8~10

◆ 중화점과 종말점
중화 적정 실험에서 중화점에 도 달하였다고 판단하여 표준 용액의 첨가를 중지하는 지점을 종말점 이라고 한다. 즉, 종말점은 지시약 의 색 변화로 찾아낸 대략적인 중 화점이므로 실제 중화점과 차이가 나 실험 오차가 발생한다.

탐구 자료창 식초 속 아세트산(CH_3COOH)의 함량 알아내기

과정 >

❶ 500 mL 식초 1병에서 식초 10 mL를 피펫으로 취하여 100 mL 부피 플라스크에 넣고 증류수를 표시선까지 넣어 식초를 $\frac{1}{10}$로 묽힌다.

❷ $\frac{1}{10}$로 묽힌 식초 20 mL를 피펫으로 취하여 삼각 플라스크에 넣고, 페놀프탈레인 용액을 2방울~3방울 떨어뜨린다.

❸ ♦0.1 M 수산화 나트륨(NaOH) 수용액을 뷰렛에 넣고 처음 부피를 측정한다.

❹ 뷰렛의 꼭지를 열어 $\frac{1}{10}$로 묽힌 식초가 담긴 삼각 플라스크에 NaOH 수용액을 조금씩 떨어뜨리면서 삼각 플라스크를 천천히 흔들어 준다.

❺ 삼각 플라스크 속 용액의 색이 전체적으로 붉은색으로 변하는 순간 뷰렛의 꼭지를 잠그고, 뷰렛에 남아 있는 NaOH 수용액의 부피를 측정한다.

❻ 과정 ❶~❺를 2번 더 반복하여 적정에 사용된 NaOH 수용액 부피의 평균값을 구한다.

페놀프탈레인 용액

식초+증류수

NaOH(aq)

식초+증류수+페놀프탈레인 용액

♦ **0.1 M 수산화 나트륨(NaOH) 표준 용액 만들기**

① NaOH(화학식량 40) 4 g을 비커에 넣고 증류수를 넣어 녹인다.

② 녹인 용액을 1 L 부피 플라스크에 넣고 부피 플라스크의 표시선까지 증류수를 넣은 후 잘 흔들어 준다.

> 일정 몰 농도의 용액을 만들 때 사용한다.

결과 > 적정에 사용된 NaOH 수용액 부피의 평균값: 20 mL

해석 >

1. **실험의 전제:** 식초에 산은 CH_3COOH만 있다고 가정한다.

2. **화학 반응식:** $CH_3COOH(aq) + NaOH(aq) \longrightarrow H_2O(l) + CH_3COONa(aq)$

3. **식초 속 CH_3COOH의 몰 농도(M):** $\frac{1}{10}$로 묽힌 식초 속 CH_3COOH의 몰 농도를 x M이라고 하면 중화 반응의 양적 관계는 다음과 같다.
$n_1M_1V_1 = n_2M_2V_2$에서 $1 \times x$ M $\times$ 20 mL $= 1 \times 0.1$ M $\times$ 20 mL이므로 $x = 0.1$이다. 식초를 $\frac{1}{10}$로 묽혔으므로 10을 곱해 준다. 따라서 묽히기 전 식초 속 CH_3COOH의 몰 농도는 1 M이다.

4. **식초 500 mL에 들어 있는 CH_3COOH의 양(mol):** 식초 속 CH_3COOH의 몰 농도는 1 M이므로 식초 500 mL에 들어 있는 CH_3COOH의 양(mol)은 다음과 같다.
$$1 \text{ mol/L} \times \frac{500 \text{ mL}}{1000 \text{ mL/L}} = 0.5 \text{ mol}$$

5. **식초 속 CH_3COOH의 함량(%)**

• 식초 500 mL에 들어 있는 CH_3COOH의 질량(g): CH_3COOH의 분자량이 60이므로 식초 500 mL에 들어 있는 CH_3COOH의 질량은 0.5 mol $\times$ 60 g/mol = 30 g이다.

• 식초 500 mL의 질량(g): 식초의 밀도를 1 g/mL라고 가정하면 식초 500 mL의 질량은 500 mL $\times$ 1 g/mL = 500 g이다.

• 식초 속 CH_3COOH의 함량(%): $\dfrac{CH_3COOH의\ 질량}{식초의\ 질량} \times 100 = \dfrac{30 \text{ g}}{500 \text{ g}} \times 100 = 6 \text{ %}$

확인 문제 1 식초 5 mL가 완전히 중화될 때까지 넣어 준 0.1 M 수산화 나트륨(NaOH) 수용액의 부피는 45 mL이다. 식초 속 아세트산(CH_3COOH)의 몰 농도(M)를 구하시오. (단, 식초에 산은 CH_3COOH만 있다고 가정한다.)

확인문제 답

1 0.9 M

[풀이] $1 \times x \times 5$ mL $= 1 \times 0.1$ M $\times 45$ mL, $x = 0.9$ M

중화 반응에서의 양적 관계

중화 반응에서 산이 내놓은 H^+과 염기가 내놓은 OH^-은 1 : 1의 몰비로 반응해요. 그런데 반응하는 산의 가수와 염기의 가수에 따라 용액 속 이온 수가 달라지므로 산과 염기의 가수를 고려해 주어야 해요. 산과 염기의 가수에 따른 중화 반응에서의 양적 관계 문제를 완자쌤과 함께 연습해 봅시다.

1 1가 산과 1가 염기의 중화 반응에서의 양적 관계 해석

(예제) 표는 염산($HCl(aq)$) 10 mL가 들어 있는 수용액 (가)에 수산화 나트륨($NaOH$) 수용액 x mL를 넣어 수용액 (나)를 만들고, 수용액 (나)에 $HCl(aq)$ y mL를 넣어 수용액 (다)를 만들 때 수용액 (가)~(다) 속 음이온의 몰 농도(M)를 나타낸 것이다.

수용액		(가)	(나)	(다)
음이온의 몰 농도(M)	A 이온	0.4	0.2	0.3
	B 이온	0	0.4	0

> • 중화 반응에서 산의 음이온과 염기의 양이온은 반응에 참여하지 않는 구경꾼 이온이므로 반응 전후 그 양(mol)이 변하지 않는다.
> • 용액 속 용질의 양은 용액의 몰 농도와 부피의 곱에 비례한다.

❶ A 이온과 B 이온의 종류 찾기

• $HCl(aq)$과 $NaOH$ 수용액을 혼합한 용액 (나), (다)에 들어 있을 수 있는 음이온은 Cl^-과 OH^-이다.
• Cl^-은 구경꾼 이온이므로 (가)~(다)에 모두 존재한다. ➡ A 이온은 구경꾼 이온인 Cl^-이다.
• OH^-은 반응에 참여한 이온이므로 넣어 준 산 수용액 속 H^+의 양만큼 감소한다. ➡ B 이온은 OH^-이다.

[다른 풀이] $HCl(aq)$만 들어 있는 (가)에 있는 A 이온은 Cl^-이고, (다)에서 몰 농도가 0이 될 수 있는 B 이온은 OH^-이다.

❷ x와 y 값 ┌─ [다른 풀이] A 이온의 몰 농도는 (가)가 (나)의 2배이다. ➡ 수용액의 부피는 (나)가 (가)의 2배이므로 $x=10$이다.

• Cl^-의 양(mol)은 (가)와 (나)에서 같다. ➡ $0.4 M \times 10 \times 10^{-3} L = 0.2 M \times (10+x) \times 10^{-3} L$이므로 $x=10$이다.
• (가)에 들어 있는 Cl^-의 양(mol)과 (나)에 넣어 준 $HCl(aq)$ y mL에 들어 있는 Cl^-의 양(mol)의 합은 (다)에 들어 있는 Cl^-의 양(mol)과 같다. ➡ $0.4 M \times 10 \times 10^{-3} L + 0.4 M \times y \times 10^{-3} L = 0.3 M \times (10+x+y) \times 10^{-3} L$이므로 $y=20$이다.

2 2가 산과 1가 염기의 중화 반응에서의 양적 관계 해석

(예제) 표는 2 M BOH 수용액 10 mL에 x M H_2A 수용액의 부피를 달리하여 혼합한 용액 (가)~(다)에 대한 자료이다. (단, 혼합 용액의 부피는 혼합 전 각 용액의 부피의 합과 같고, 물의 자동 이온화는 무시한다. H_2A와 BOH는 수용액에서 완전히 이온화하고, A^{2-}, B^+은 반응에 참여하지 않는다.)

혼합 용액		(가)	(나)	(다)
혼합 전 용액의 부피(mL)	2 M $BOH(aq)$	10	10	10
	x M $H_2A(aq)$	V	$3V$	$5V$
모든 이온의 수		$7n$	$9n$	
모든 이온의 몰 농도(M) 합			$\dfrac{9}{5}$	$\dfrac{15}{7}$

> • 일정량의 1가 염기 수용액에 2가 산 수용액을 첨가할 때 중화점까지는 이온 수가 감소하고, 중화점 이후 이온 수가 증가하며, 중화점에서 모든 이온의 몰 농도(M) 합은 최솟값을 갖는다.
> • 일정량의 1가 염기 수용액에 2가 산 수용액을 첨가할 때 중화점에서 모든 이온의 수는 혼합 전 산 수용액 속 모든 이온의 수와 같다. 따라서 산성인 혼합 용액 속 모든 이온의 수는 혼합 전 산 수용액 속 모든 이온의 수와 같으므로 혼합 전 산 수용액의 부피에 비례한다.

❶ 용액 (나)와 (다)의 액성 찾기

일정량의 1가 염기 BOH 수용액에 2가 산 H_2A 수용액을 첨가할 때 넣어 준 H^+ 수만큼 용액 속 OH^- 수가 감소하고, 감소한 OH^- 수의 절반만큼의 A^{2-}이 추가된다. 따라서 중화점까지 용액 속 모든 이온의 수는 감소하고, 용액의 부피는 증가하므로 모든 이온의 몰 농도(M) 합은 중화점에서 최솟값을 가지며, 중화점 이후에는 넣어 준 H_2A 수용액에 의해 모든 이온의 수가 증가한다. ➡ (나)는 (가)보다 모든 이온의 수가 크므로 (나)는 중화점을 지난 산성 용액이고, (나)에 산 수용액인 H_2A 수용액을 더 넣어 준 (다)도 산성 용액이다.

❷ 용액 (나)와 (다)의 액성이 같은 것을 이용하여 V 구하기

• 산성인 혼합 용액 속 모든 이온의 수는 혼합 전 산 수용액의 부피에 비례한다. ➡ 산인 H_2A 수용액의 부피는 (다)에서가 (나)에서의 $\dfrac{5}{3}$ 배이므로 모든 이온의 수는 (다)에서가 (나)에서의 $\dfrac{5}{3}$ 배이다. 따라서 (다)에서 모든 이온의 수는 $9n \times \dfrac{5}{3} = 15n$이다.
• 모든 이온의 몰 농도(M) 합의 비는 $\dfrac{\text{모든 이온의 수}}{\text{용액의 부피}}$ 값의 비와 같다. ➡ (나) : (다) $= \dfrac{9n}{10+3V} : \dfrac{15n}{10+5V} = \dfrac{9}{5} : \dfrac{15}{7}$ 이므로 $V=5$이다.

개념 확인 문제 ●

핵심 체크

- (❶): 산과 염기가 반응하여 물과 염을 생성하는 반응
- 중화 반응의 (❷): $H^+(aq) + OH^-(aq) \longrightarrow H_2O(l)$
- (❸): 반응에 참여하지 않고 반응 후에도 용액에 그대로 남아 있는 이온
- (❹): 중화 반응에서 산의 음이온과 염기의 양이온이 만나 생성된 물질
- 중화 반응의 양적 관계: 산과 염기가 완전히 중화되려면 산이 내놓은 (❺)의 양(mol)과 염기가 내놓은 (❻)의 양(mol)이 같아야 한다.
  ➡ $n_1 M_1 V_1 = n_2 M_2 V_2$ (n_1, n_2: 산과 염기의 가수, M_1, M_2: 산과 염기의 몰 농도, V_1, V_2: 산과 염기의 부피)
- (❼): 중화 반응의 양적 관계를 이용하여 농도를 모르는 산이나 염기의 농도를 알아내는 방법
- (❽): 중화 적정에서 농도를 알고 있는 산 수용액이나 염기 수용액
- (❾): 중화 적정에서 산의 H^+의 양(mol)과 염기의 OH^-의 양(mol)이 같아져 산과 염기가 완전히 중화되는 지점

1 중화 반응과 중화 적정에 대한 설명으로 옳은 것은 ○, 옳지 <u>않은</u> 것은 ×로 표시하시오.

(1) 반응하는 산과 염기의 종류에 관계없이 생성되는 염의 종류는 같다. ┄┄┄┄┄┄┄┄┄┄┄┄┄┄ ( )

(2) H^+과 OH^-은 1 : 1의 몰비로 반응한다. ┄┄┄┄ ( )

(3) 지시약의 색 변화로 중화점을 찾을 수 있다. ┄ ( )

2 ( ) 안에 공통으로 들어가는 물질의 화학식을 쓰시오.

- $HCl(aq) + NaOH(aq) \longrightarrow ($ $)(l) + NaCl(aq)$
- $HNO_3(aq) + KOH(aq) \longrightarrow ($ $)(l) + KNO_3(aq)$

3 그림은 황산($H_2SO_4(aq)$)과 수산화 나트륨(NaOH) 수용액의 반응을 입자 모형으로 나타낸 것이다.

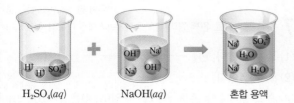

$H_2SO_4(aq)$ $NaOH(aq)$ 혼합 용액

(1) 알짜 이온 반응식을 쓰시오.

(2) 구경꾼 이온을 있는 대로 쓰시오.

4 0.1 M 염산($HCl(aq)$) 100 mL를 완전히 중화하는 데 필요한 0.2 M 수산화 칼슘($Ca(OH)_2$) 수용액의 최소 부피(mL)를 구하시오.

5 그림과 같이 농도를 모르는 염산($HCl(aq)$) 20 mL에 페놀프탈레인 용액을 2방울~3방울 떨어뜨리고, 0.1 M 수산화 나트륨(NaOH) 수용액을 조금씩 넣었더니 $HCl(aq)$을 완전히 중화하는 데 NaOH 수용액 10 mL가 사용되었다.
$HCl(aq)$의 몰 농도(M)를 구하시오.

NaOH(aq)

$HCl(aq)$+페놀프탈레인 용액

6 그림은 일정량의 수산화 나트륨(NaOH) 수용액에 농도가 같은 염산($HCl(aq)$)을 가할 때 용액에 존재하는 이온을 모형으로 나타낸 것이다.

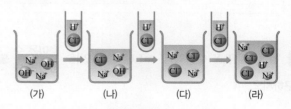

(가)   (나)   (다)   (라)

(1) (가)~(라)에서 용액의 액성을 각각 쓰시오.

(2) (가)~(라) 중 중화 반응이 완결된 용액을 쓰시오.

(3) BTB 용액을 떨어뜨렸을 때 (가)~(라)에서 나타나는 색을 각각 쓰시오.

대표 자료 분석

자료 ❶ 중화 반응의 양적 관계

기출 Point
- 중화 반응에서 양이온 수와 음이온 수 변화
- 중화 반응에서 혼합 용액 속 모든 이온의 몰 농도의 합

[1~7] 다음은 중화 반응에 대한 실험이다. (단, 혼합 용액의 부피는 혼합 전 각 용액의 부피의 합과 같다.)

[자료]
- 수용액 A와 B는 각각 0.4 M YOH 수용액과 a M $Z(OH)_2$ 수용액 중 하나이고, 수용액에서 H_2X는 H^+과 X^{2-}으로, YOH는 Y^+과 OH^-으로, $Z(OH)_2$는 Z^{2+}과 OH^-으로 모두 이온화한다.

[실험 과정]
(가) 0.3 M H_2X 수용액 V mL가 담긴 비커에 수용액 A 5 mL를 첨가하여 혼합 용액 I을 만든다.
(나) I에 수용액 B 15 mL를 첨가하여 혼합 용액 II를 만든다.
(다) II에 수용액 B x mL를 첨가하여 혼합 용액 III을 만든다.

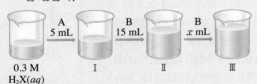

0.3 M
$H_2X(aq)$
V mL

[실험 결과]
- III은 중성이다.
- I과 II에 대한 자료

혼합 용액	I	II
혼합 용액에 존재하는 모든 이온의 몰 농도의 합(상댓값)	8	5
혼합 용액에서 $\dfrac{\text{음이온 수}}{\text{양이온 수}}$	$\dfrac{3}{5}$	$\dfrac{3}{5}$

1 0.3 M H_2X 수용액 V mL에 들어 있는 $\dfrac{\text{음이온 수}}{\text{양이온 수}}$를 구하시오.

2 0.3 M H_2X 수용액 V mL에 YOH 수용액을 중화점까지 일정량 첨가할 때 혼합 용액 속 $\dfrac{\text{음이온 수}}{\text{양이온 수}}$를 $\dfrac{1}{2}$과 비교하시오.

3 수용액 A와 B를 각각 쓰시오.

4 혼합 용액 I과 II의 액성을 각각 쓰시오.

5 혼합 용액 I에 존재하는 양이온과 음이온의 화학식을 있는 대로 쓰시오.

6 혼합 용액 I에 존재하는 양이온과 음이온의 양(mol)을 각각 구하시오. (단, H_2X 수용액의 부피는 V, $Z(OH)_2$ 수용액의 몰 농도는 a를 이용하여 나타낸다.)

7 빈출 선택지로 완벽 정리!

(1) $V=50$이다. ⋯⋯⋯⋯⋯⋯⋯⋯⋯⋯⋯⋯⋯⋯⋯⋯⋯ (○ / ×)
(2) $a=0.4$이다. ⋯⋯⋯⋯⋯⋯⋯⋯⋯⋯⋯⋯⋯⋯⋯⋯ (○ / ×)
(3) 혼합 용액 II에 존재하는 H^+의 양(mol)은 2×10^{-3} mol 이다. ⋯⋯⋯⋯⋯⋯⋯⋯⋯⋯⋯⋯⋯⋯⋯⋯⋯⋯⋯ (○ / ×)
(4) $x=4$이다. ⋯⋯⋯⋯⋯⋯⋯⋯⋯⋯⋯⋯⋯⋯⋯⋯⋯ (○ / ×)

자료 ❷ 중화 반응의 양적 관계

기출
Point
• 중화 반응에서 양이온 수와 음이온 수 변화
• 중화 반응에서 혼합 용액 속 모든 이온의 몰 농도비

[1~4] 표는 0.2 M H_2A 수용액 x mL와 y M NaOH 수용액의 부피를 달리하여 혼합한 용액 (가)~(다)에 대한 자료이다. (단, 혼합 용액의 부피는 혼합 전 각 용액의 부피의 합과 같고, 혼합 전과 후의 온도 변화는 없다. 수용액에서 H_2A는 H^+과 A^{2-}으로 모두 이온화하고, 물의 자동 이온화는 무시한다.)

용액	(가)	(나)	(다)
$H_2A(aq)$의 부피(mL)	x	x	x
NaOH(aq)의 부피(mL)	20	30	60
pH		1	
용액에 존재하는 모든 이온의 몰 농도(M)비			

1 (가)와 (나)의 액성을 각각 쓰시오.

2 (가)에 존재하는 이온의 화학식을 있는 대로 쓰시오.

3 (가)에서 이온의 양(mol)이 가장 큰 이온의 화학식을 쓰시오.

4 빈출 선택지로 완벽 정리!

(1) (가)에는 OH^-이 존재한다. ┄┄┄┄ (○ / ×)
(2) ㉠은 Na^+이다. ┄┄┄┄┄┄┄┄ (○ / ×)
(3) (다)에서 이온의 양(mol)이 가장 큰 이온은 Na^+이다.
┄┄┄┄┄┄┄┄┄┄┄┄┄┄ (○ / ×)
(4) $x=20$, $y=0.1$이다. ┄┄┄┄┄ (○ / ×)

자료 ❸ 중화 적정 실험

기출
Point
• 중화 적정에 사용되는 실험 기구
• 중화 적정 실험으로 산 또는 염기 수용액의 몰 농도 구하기

[1~4] 다음은 아세트산(CH_3COOH) 수용액의 몰 농도를 알아보기 위한 중화 적정 실험이다.

[실험 과정]
(가) 농도(x)를 모르는 CH_3COOH 수용액 10 mL에 물을 넣어 100 mL 수용액을 만든다.
(나) (가)에서 만든 수용액 ⎡ ㉠ ⎤ mL를 삼각 플라스크에 넣고 페놀프탈레인 용액을 몇 방울 떨어뜨린다.
(다) 그림과 같이 ⎡ ㉡ ⎤에 들어 있는 0.2 M 수산화 나트륨(NaOH) 수용액을 (나)의 삼각 플라스크에 한 방울씩 떨어뜨리면서 삼각 플라스크를 흔들어 준다.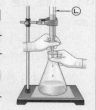
(라) (다)의 삼각 플라스크 속 수용액 전체가 붉은색으로 변하는 순간 적정을 멈추고, 적정에 사용된 NaOH 수용액의 부피(V)를 측정한다.
[실험 결과]
• V: 10 mL   • x: 1.0 M

1 (가)에서 만든 CH_3COOH 수용액의 몰 농도를 구하시오.

2 ㉠을 구하시오.

3 실험 기구 ㉡의 이름을 쓰시오.

4 빈출 선택지로 완벽 정리!

(1) 과정 (가)에서 수용액 10 mL를 취할 때 사용하는 기구는 피펫이다. ┄┄┄┄┄┄┄ (○ / ×)
(2) 중화 반응에 사용된 NaOH의 양(mol)은 2×10^{-2} mol이다. ┄┄┄┄┄┄┄┄┄┄ (○ / ×)
(3) 과정 (라)에서 생성된 물(H_2O)의 양(mol)은 2×10^{-3} mol이다. ┄┄┄┄┄┄┄┄┄ (○ / ×)

내신 만점 문제

A 산 염기 중화 반응

01 중화 반응에 대한 설명으로 옳은 것만을 [보기]에서 있는 대로 고르시오.

보기
ㄱ. 산과 염기가 만나 물과 염을 생성하는 반응이다.
ㄴ. 염은 산의 양이온과 염기의 음이온이 결합한 물질이다.
ㄷ. 염산과 수산화 나트륨 수용액의 중화 반응에서 구경꾼 이온은 Na^+과 Cl^-이다.

02 중화 반응이 실생활에 이용되는 예로 옳은 것만을 [보기]에서 있는 대로 고른 것은?

보기
ㄱ. 바다에 녹조가 생겼을 때 황토를 뿌린다.
ㄴ. 생선 비린내를 없애기 위해 레몬즙을 뿌린다.
ㄷ. 위액이 많이 분비되어 속이 쓰릴 때 제산제를 먹는다.

① ㄱ   ② ㄴ   ③ ㄱ, ㄷ
④ ㄴ, ㄷ   ⑤ ㄱ, ㄴ, ㄷ

03 그림은 염산($HCl(aq)$) 100 mL와 수산화 나트륨($NaOH$) 수용액 100 mL를 혼합하는 과정을 이온 모형으로 나타낸 것이다.

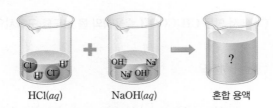

HCl(aq)   NaOH(aq)   혼합 용액

혼합 용액에 대한 설명으로 옳은 것만을 [보기]에서 있는 대로 고른 것은? (단, 입자 1개는 0.1 mol에 해당하고, 혼합 용액의 부피는 혼합 전 각 용액의 부피의 합과 같다.)

보기
ㄱ. 용액의 액성은 중성이다.
ㄴ. 생성된 물의 양(mol)은 0.2 mol이다.
ㄷ. Na^+의 몰 농도는 0.2 M이다.

① ㄱ   ② ㄷ   ③ ㄱ, ㄴ
④ ㄴ, ㄷ   ⑤ ㄱ, ㄴ, ㄷ

04 0.1 M 황산($H_2SO_4(aq)$) 100 mL와 0.2 M 염산($HCl(aq)$) 400 mL를 혼합한 수용액을 완전히 중화하는 데 필요한 0.5 M 수산화 나트륨($NaOH$) 수용액의 최소 부피(mL)는? (단, 혼합 용액의 부피는 혼합 전 각 용액의 부피의 합과 같다.)

① 100 mL   ② 200 mL   ③ 300 mL
④ 400 mL   ⑤ 500 mL

05 그림은 수용액 (가) V mL와 (나) V mL의 중화 반응을 이온 모형으로 나타낸 것이다. (가)와 (나)는 각각 염산($HCl(aq)$)과 수산화 나트륨($NaOH$) 수용액 중 하나이다.

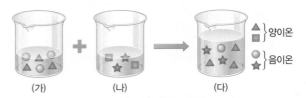

(가)   (나)   (다)   ▲■}양이온 ●★}음이온

이에 대한 설명으로 옳은 것만을 [보기]에서 있는 대로 고른 것은?

보기
ㄱ. ▲은 H^+이다.
ㄴ. (다)의 액성은 염기성이다.
ㄷ. 몰 농도는 $HCl(aq)$ > $NaOH$ 수용액이다.

① ㄱ   ② ㄴ   ③ ㄱ, ㄷ
④ ㄴ, ㄷ   ⑤ ㄱ, ㄴ, ㄷ

06 그림과 같이 0.1 M 수산화 칼륨(KOH) 수용액 30 mL에 0.1 M 염산($HCl(aq)$) 10 mL를 넣었다.
혼합 용액에 들어 있는 이온의 종류와 이온 수비를 그 까닭과 함께 서술하시오.

HCl(aq)
KOH(aq)

중요 07 표는 몰 농도(M)가 같은 염산(HCl(aq))과 수산화 나트륨(NaOH) 수용액을 서로 다른 부피로 혼합한 용액 (가)~(라)에 대한 자료이다.

혼합 용액	(가)	(나)	(다)	(라)
HCl(aq)(mL)	5	10	15	20
NaOH(aq)(mL)	25	20	15	10

이에 대한 설명으로 옳은 것만을 [보기]에서 있는 대로 고른 것은?

[보기]
ㄱ. pH가 가장 작은 용액은 (가)이다.
ㄴ. 생성되는 물 분자 수는 (나)와 (라)가 같다.
ㄷ. 전체 이온 수가 가장 작은 용액은 (다)이다.

① ㄱ   ② ㄷ   ③ ㄱ, ㄴ
④ ㄴ, ㄷ   ⑤ ㄱ, ㄴ, ㄷ

중요 09 표는 H_2A 수용액과 BOH 수용액의 부피를 달리하여 혼합한 용액 (가)~(다)에 대한 자료이다. 수용액에서 H_2A는 H^+과 A^{2-}으로, BOH는 B^+과 OH^-으로 모두 이온화한다.

혼합 용액	혼합 전 용액의 부피(mL)		액성
	$H_2A(aq)$	BOH(aq)	
(가)	5	25	㉠
(나)	10	20	중성
(다)	20	10	

이에 대한 설명으로 옳은 것만을 [보기]에서 있는 대로 고른 것은? (단, 혼합 용액의 부피는 혼합 전 각 용액의 부피의 합과 같고, 물의 자동 이온화는 무시한다.)

[보기]
ㄱ. ㉠은 염기성이다.
ㄴ. 같은 부피 속 전체 이온의 양(mol)은 $H_2A(aq)$이 BOH(aq)의 2배이다.
ㄷ. 용액에 존재하는 모든 이온의 몰 농도(M)의 합은 (다)가 (나)의 2배이다.

① ㄱ   ② ㄴ   ③ ㄱ, ㄷ
④ ㄴ, ㄷ   ⑤ ㄱ, ㄴ, ㄷ

08 표는 25 °C에서 질산(HNO₃(aq))과 수산화 나트륨(NaOH) 수용액을 서로 다른 부피로 혼합한 용액 (가)~(다)에 대한 자료이다.

혼합 용액	혼합 전 용액의 부피(mL)		pH
	HNO₃(aq)	NaOH(aq)	
(가)	10	50	㉠
(나)	20	40	7
(다)	30	30	㉡

이에 대한 설명으로 옳은 것만을 [보기]에서 있는 대로 고른 것은? (단, 25 °C에서 물의 이온화 상수(K_w)는 1×10^{-14}이다.)

[보기]
ㄱ. ㉠ > ㉡이다.
ㄴ. HNO₃(aq)과 NaOH 수용액의 단위 부피당 음이온 수비는 2 : 1이다.
ㄷ. (다)에서 Na^+ 수와 NO_3^- 수는 같다.

① ㄱ   ② ㄷ   ③ ㄱ, ㄴ
④ ㄴ, ㄷ   ⑤ ㄱ, ㄴ, ㄷ

10 표는 x M 염산(HCl(aq))과 y M 수산화 나트륨(NaOH) 수용액의 부피를 달리하여 혼합한 용액 (가)와 (나)에 대한 자료이다.

혼합 용액	혼합 전 용액의 부피(mL)		용액에서 몰 농도가 가장 큰 이온의 양 ($\times 10^{-3}$ mol)
	HCl(aq)	NaOH(aq)	
(가)	10	20	2
(나)	20	20	3

이에 대한 설명으로 옳은 것만을 [보기]에서 있는 대로 고른 것은? (단, 혼합 용액의 부피는 혼합 전 각 용액의 부피의 합과 같다.)

[보기]
ㄱ. (가)에서 이온의 양(mol)이 가장 큰 이온은 Na^+이다.
ㄴ. $\dfrac{x}{y} = \dfrac{3}{2}$이다.
ㄷ. (가)와 (나)의 혼합 용액은 중성이다.

① ㄱ   ② ㄷ   ③ ㄱ, ㄴ
④ ㄴ, ㄷ   ⑤ ㄱ, ㄴ, ㄷ

중요 11 그림은 0.1 M 염산(HCl(aq)) 5 mL와 0.1 M 수산화 나트륨(NaOH) 수용액 x mL를 혼합한 용액에 들어 있는 이온을 모형으로 나타낸 것이다.

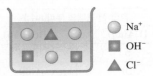

○ Na$^+$
□ OH$^-$
▲ Cl$^-$

이에 대한 설명으로 옳은 것만을 [보기]에서 있는 대로 고른 것은?

ㄱ. x는 15이다.
ㄴ. 혼합 용액에 페놀프탈레인 용액을 넣으면 붉게 변한다.
ㄷ. 혼합 용액에 0.1 M HCl(aq) 10 mL를 넣으면 완전히 중화된다.

① ㄱ   ② ㄴ   ③ ㄱ, ㄷ
④ ㄴ, ㄷ   ⑤ ㄱ, ㄴ, ㄷ

12 그림은 0.1 M 염산(HCl(aq)) 20 mL와 0.3 M 수산화 나트륨(NaOH) 수용액 10 mL를 혼합한 용액에 들어 있는 이온을 모형으로 나타낸 것이다.

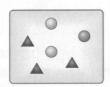

이에 대한 설명으로 옳은 것만을 [보기]에서 있는 대로 고른 것은?

ㄱ. 이 용액의 액성은 염기성이다.
ㄴ. ●은 Cl$^-$이다.
ㄷ. 생성된 물의 양(mol)은 0.001 mol이다.

① ㄱ   ② ㄴ   ③ ㄱ, ㄷ
④ ㄴ, ㄷ   ⑤ ㄱ, ㄴ, ㄷ

B 중화 적정

[13~14] 다음은 중화 적정 실험을 나타낸 것이다. 이때 실험 과정을 순서 없이 나타내었다.

[과정]
(가) 농도를 모르는 황산(H$_2$SO$_4$(aq)) 10 mL를 피펫으로 정확히 취해 삼각 플라스크에 넣고, 페놀프탈레인 용액을 2방울~3방울 떨어뜨린다.
(나) 삼각 플라스크 속 용액 전체가 붉은색으로 변하는 순간 뷰렛의 꼭지를 잠그고 적정에 사용된 NaOH 수용액의 부피를 구한다.
(다) 뷰렛에 0.1 M NaOH 수용액을 넣고 스탠드에 고정한 다음 H$_2$SO$_4$(aq)이 들어 있는 삼각 플라스크에 NaOH 수용액을 조금씩 떨어뜨린다.

[결과]
적정에 사용된 NaOH 수용액의 부피는 20 mL이다.

중요 13 실험 과정 (가)~(다)를 순서대로 나열하시오.

14 H$_2$SO$_4$(aq)의 몰 농도(M)로 옳은 것은?

① 0.01 M   ② 0.02 M   ③ 0.1 M
④ 0.2 M   ⑤ 1 M

15 그림은 중화 적정 실험에 사용되는 실험 기구 중 일부를 나타낸 것이다.

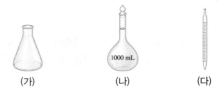

(가)   (나)   (다)

이에 대한 설명으로 옳은 것만을 [보기]에서 있는 대로 고르시오.

ㄱ. (가)는 농도를 알고 있는 용액을 넣을 때 사용한다.
ㄴ. (나)는 적정에 사용된 표준 용액의 부피를 측정할 때 사용한다.
ㄷ. (다)는 액체의 부피를 취해 옮길 때 사용한다.

16 그림은 25 °C에서 염산(HCl(aq)) 15 mL에 수산화 칼륨(KOH) 수용액 10 mL를 넣었을 때 혼합 전후 수용액에 들어 있는 이온을 모형으로 나타낸 것이다.

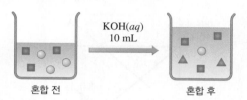

이에 대한 설명으로 옳은 것만을 [보기]에서 있는 대로 고른 것은? (단, 25 °C에서 물의 이온화 상수(K_w)는 1×10^{-14}이다.)

보기
ㄱ. ▲은 OH$^-$이다.
ㄴ. HCl(aq)과 KOH 수용액의 몰 농도는 같다.
ㄷ. 혼합 용액의 pH는 7보다 작다.

① ㄱ   ② ㄷ   ③ ㄱ, ㄴ
④ ㄴ, ㄷ   ⑤ ㄱ, ㄴ, ㄷ

17 그림은 25 °C에서 0.1 M 염산(HCl(aq)) 20 mL에 수산화 나트륨(NaOH) 수용액을 5 mL씩 차례대로 넣을 때 용액에 들어 있는 입자를 모형으로 나타낸 것이다.

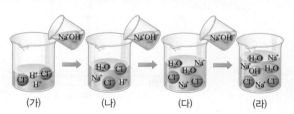

이에 대한 설명으로 옳은 것만을 [보기]에서 있는 대로 고른 것은? (단, 25 °C에서 물의 이온화 상수(K_w)는 1×10^{-14}이다.)

보기
ㄱ. (나)의 pH는 7보다 크다.
ㄴ. 단위 부피당 전체 이온 수는 NaOH 수용액이 HCl(aq) 보다 많다.
ㄷ. (가)에서 (라)로 진행될수록 생성된 물 분자 수는 계속 증가한다.

① ㄱ   ② ㄴ   ③ ㄱ, ㄷ
④ ㄴ, ㄷ   ⑤ ㄱ, ㄴ, ㄷ

18 그림은 HA 수용액 20 mL에 BOH 수용액을 10 mL씩 2번 넣을 때 수용액에 들어 있는 이온을 모형으로 나타낸 것이다. 수용액에서 HA는 H$^+$과 A$^-$으로, BOH는 B$^+$과 OH$^-$으로 모두 이온화한다.

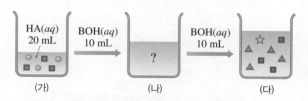

이에 대한 설명으로 옳은 것만을 [보기]에서 있는 대로 고른 것은?

보기
ㄱ. ●은 H$^+$이다.
ㄴ. (나)에 들어 있는 ▲은 2개이다.
ㄷ. (다)에 BTB 용액을 떨어뜨리면 초록색을 띤다.

① ㄱ   ② ㄷ   ③ ㄱ, ㄴ
④ ㄴ, ㄷ   ⑤ ㄱ, ㄴ, ㄷ

19 그림은 x M 염산(HCl(aq)) 10 mL가 들어 있는 비커에 0.1 M 수산화 나트륨(NaOH) 수용액 90 mL를 추가하여 혼합 용액 (가)를 만드는 과정을 나타낸 것이다.

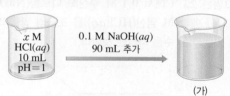

이에 대한 설명으로 옳은 것만을 [보기]에서 있는 대로 고른 것은? (단, 온도는 25 °C로 일정하고, 25 °C에서 물의 이온화 상수(K_w)는 1×10^{-14}이며, 혼합 용액의 부피는 혼합 전 각 용액의 부피의 합과 같다.)

보기
ㄱ. 생성된 물의 양(mol)은 1×10^{-3} mol이다.
ㄴ. (가)에서 $\dfrac{\text{OH}^-\text{의 양(mol)}}{\text{Cl}^-\text{의 양(mol)}} = 8$이다.
ㄷ. (가)에 x M HCl(aq) 90 mL를 추가하면 완전히 중화된다.

① ㄱ   ② ㄷ   ③ ㄱ, ㄴ
④ ㄴ, ㄷ   ⑤ ㄱ, ㄴ, ㄷ

20 그림은 x M 질산($HNO_3(aq)$) 50 mL에 0.1 M 수산화 나트륨($NaOH$) 수용액을 조금씩 넣을 때 용액 속에 들어 있는 2가지 이온의 양(mol)을 나타낸 것이다.

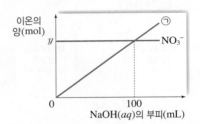

이에 대한 설명으로 옳은 것만을 [보기]에서 있는 대로 고른 것은?

[보기]
ㄱ. ㉠은 OH^-이다.
ㄴ. x는 0.2이다.
ㄷ. y는 0.01이다.

① ㄱ　　　② ㄴ　　　③ ㄱ, ㄷ
④ ㄴ, ㄷ　　　⑤ ㄱ, ㄴ, ㄷ

21 그림은 25 °C에서 0.1 M 수산화 나트륨($NaOH$) 수용액 20 mL에 x M 염산($HCl(aq)$)을 조금씩 넣을 때 용액에 들어 있는 이온 수를 나타낸 것이다.

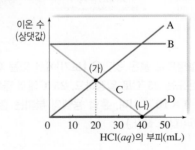

이에 대한 설명으로 옳지 <u>않은</u> 것은? (단, 25 °C에서 물의 이온화 상수(K_w)는 1×10^{-14}이다.)

① A와 B는 구경꾼 이온이다.
② x는 0.05이다.
③ (가)에서 용액의 pH는 7보다 작다.
④ (나)에서 생성된 물의 양(mol)은 2×10^{-3} mol이다.
⑤ (가)와 (나)에서 용액 속 전체 이온 수는 서로 같다.

22 그림은 수산화 나트륨($NaOH$) 수용액 10 mL에 염산($HCl(aq)$)을 첨가할 때 첨가한 $HCl(aq)$의 부피에 따른 이온 수를 나타낸 것이다.

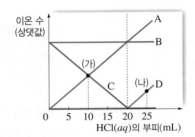

$\dfrac{(가)에서\ [Na^+]}{(나)에서\ [Cl^-]}$는? (단, 혼합 용액의 부피는 혼합 전 각 수용액의 부피의 합과 같다.)

① $\dfrac{1}{2}$　② $\dfrac{7}{5}$　③ $\dfrac{3}{2}$　④ $\dfrac{5}{3}$　⑤ 2

23 그림은 0.4 M 염산($HCl(aq)$) 10 mL에 x M 수산화 나트륨($NaOH$) 수용액을 조금씩 넣을 때 넣은 $NaOH$ 수용액의 부피에 따른 생성된 물(H_2O)의 양을 나타낸 것이다.

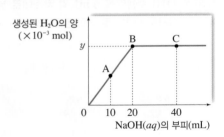

이에 대한 설명으로 옳은 것만을 [보기]에서 있는 대로 고른 것은? (단, 혼합 용액의 부피는 혼합 전 각 용액의 부피의 합과 같다.)

[보기]
ㄱ. $\dfrac{x}{y}$=0.2이다.
ㄴ. $\dfrac{C에서\ Na^+의\ 양(mol)}{A에서\ Cl^-의\ 양(mol)}$=2이다.
ㄷ. 용액 속 전체 이온의 몰 농도의 합은 A>B이다.

① ㄱ　　　② ㄴ　　　③ ㄱ, ㄷ
④ ㄴ, ㄷ　　　⑤ ㄱ, ㄴ, ㄷ

01 표는 HA 수용액과 BOH 수용액의 부피를 달리하여 혼합한 용액 (가)~(라)에 대한 자료이다. 수용액에서 HA는 H^+과 A^-으로, BOH는 B^+과 OH^-으로 모두 이온화한다.

혼합 용액		(가)	(나)	(다)	(라)
혼합 전 용액의 부피 (mL)	HA(aq)	20	15	10	5
	BOH(aq)	10	15	20	25
전체 이온의 양(mol)		$16n$	$12n$	$8n$	$10n$

(나)에서 $\dfrac{A^-의\ 양(mol)}{B^+의\ 양(mol)}$은? (단, 혼합 용액의 부피는 혼합 전 각 용액의 부피의 합과 같고, 물의 자동 이온화는 무시한다.)

① 1   ② $\dfrac{3}{2}$ ③ 2   ④ $\dfrac{5}{2}$ ⑤ 3

02 표는 a M HA 수용액과 b M BOH 수용액의 부피를 달리하여 혼합한 용액 (가)와 (나)에 대한 자료이다. 수용액에서 HA는 H^+과 A^-으로, BOH는 B^+과 OH^-으로 모두 이온화한다.

혼합 용액		(가)	(나)
혼합 전 용액의 부피(mL)	HA(aq)	20	10
	BOH(aq)	x	20
1 mL에 들어 있는 이온 모형			

이에 대한 설명으로 옳은 것만을 [보기]에서 있는 대로 고른 것은? (단, 혼합 용액의 부피는 혼합 전 각 용액의 부피의 합과 같고, 물의 자동 이온화는 무시한다.)

[보기]
ㄱ. ★은 A^-이다.
ㄴ. $\dfrac{a}{b}$=2이다.
ㄷ. x=10이다.

① ㄱ   ② ㄴ   ③ ㄱ, ㄷ
④ ㄴ, ㄷ   ⑤ ㄱ, ㄴ, ㄷ

03 표는 0.4 M H_2A 수용액 20 mL에 x M BOH 수용액을 조금씩 넣을 때 넣어 준 BOH 수용액의 부피에 따른 혼합 용액 속 $\dfrac{음이온\ 수}{양이온\ 수}$를 나타낸 것이다. 수용액에서 H_2A는 H^+과 A^{2-}으로, BOH는 B^+과 OH^-으로 모두 이온화한다.

용액	(가)	(나)	(다)
BOH(aq)의 부피(mL)	10	20	30
$\dfrac{음이온\ 수}{양이온\ 수}$	y	$\dfrac{1}{2}$	$\dfrac{2}{3}$

이에 대한 설명으로 옳은 것만을 [보기]에서 있는 대로 고른 것은? (단, 혼합 용액의 부피는 혼합 전 각 용액의 부피의 합과 같고, 물의 자동 이온화는 무시한다.)

[보기]
ㄱ. (다)의 액성은 염기성이다.
ㄴ. x=0.8이다.
ㄷ. $y=\dfrac{1}{3}$이다.

① ㄱ   ② ㄷ   ③ ㄱ, ㄴ
④ ㄴ, ㄷ   ⑤ ㄱ, ㄴ, ㄷ

04 그림은 0.2 M 염산(HCl(aq)) 10 mL에 x M 수산화 나트륨(NaOH) 수용액을 조금씩 넣을 때 넣어 준 NaOH 수용액의 부피에 따른 A 이온과 B 이온의 양을 나타낸 것이다.

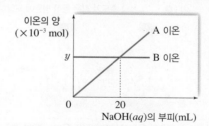

이에 대한 설명으로 옳은 것만을 [보기]에서 있는 대로 고른 것은?

[보기]
ㄱ. A 이온은 Na^+이다.
ㄴ. y=2이다.
ㄷ. 0.4 M HCl(aq) 10 mL에 $3x$ M NaOH 수용액 10 mL를 넣은 용액 속 $\dfrac{A\ 이온의\ 양(mol)}{B\ 이온의\ 양(mol)}=\dfrac{3}{4}$이다.

① ㄱ   ② ㄴ   ③ ㄱ, ㄷ
④ ㄴ, ㄷ   ⑤ ㄱ, ㄴ, ㄷ

1 동적 평형

1. 가역 반응

(1) **정반응과 역반응**: 화학 반응식에서 오른쪽으로 진행되는 반응을 (❶   )이라 하고, 왼쪽으로 진행되는 반응을 (❷   )이라고 한다.

(2) **가역 반응과 비가역 반응**

구분	(❸)	(❹)
정의	반응 조건에 따라 정반응과 역반응이 모두 일어날 수 있는 반응	정반응만 일어나거나 정반응에 비해 역반응이 거의 일어나지 않는 반응
예	물의 증발과 응축, 염화 코발트 육수화물의 생성과 분해, 황산 구리(Ⅱ) 오수화물의 분해와 생성, 석회 동굴, 종유석, 석순의 생성 등	연소 반응, 기체 발생 반응, 중화 반응, 앙금 생성 반응 등

2. 동적 평형
가역 반응에서 정반응 속도와 역반응 속도가 같아서 겉보기에는 변화가 일어나지 않는 것처럼 보이는 상태

상평형	例 일정한 온도에서 밀폐 용기에 물을 담아 놓으면 물의 양이 줄어들다가 어느 순간 일정해져 변화가 일어나지 않는 것처럼 보인다. ➡ 물의 (❺) 속도와 수증기의 (❻) 속도가 같은 동적 평형에 도달하기 때문
용해 평형	例 일정한 온도에서 일정량의 물에 설탕을 계속 넣으면 설탕이 녹다가 어느 순간부터는 녹지 않고 가라앉아 설탕이 더 이상 녹지 않는 것처럼 보인다. ➡ 설탕의 (❼) 속도와 (❽) 속도가 같은 동적 평형에 도달하기 때문
(❾)	화학 반응에서 정반응과 역반응이 같은 속도로 일어나서 반응물과 생성물의 농도가 일정하게 유지되는 상태이다.

2 물의 자동 이온화

1. 산과 염기

(1) **산과 염기의 성질**

산성	염기성
• 신맛이 난다.	• 쓴맛이 난다.
• 금속과 반응하여 (❿) 기체를 발생시킨다.	• 단백질을 녹이는 성질이 있어 만지면 미끌미끌하다.
• 탄산 칼슘과 반응하여 이산화 탄소 기체를 발생시킨다.	• 붉은색 리트머스 종이를 푸르게 변화시킨다.
• 푸른색 리트머스 종이를 붉게 변화시킨다.	• 페놀프탈레인 용액을 (⓫) 색으로 변화시킨다.
• 산 수용액은 전류가 흐른다. ➡ 산 수용액에는 이온이 들어 있다.	• 염기 수용액은 전류가 흐른다. ➡ 염기 수용액에는 이온이 들어 있다.

(2) **아레니우스 산 염기**

(⓬)	물에 녹아 H^+을 내놓는 물질
(⓭)	물에 녹아 OH^-을 내놓는 물질

(3) **브뢴스테드·로리 산 염기**

(⓮)	다른 물질에게 H^+을 내놓는 물질
(⓯)	다른 물질로부터 H^+을 받는 물질
(⓰)	조건에 따라 산으로 작용할 수도 있고 염기로 작용할 수도 있는 물질 例 H_2O, HCO_3^-, HS^-, HSO_4^- 등
짝산 – 짝염기	H^+의 이동으로 산과 염기가 되는 한 쌍의 산과 염기 例 $H_2O(l) + HCl(g) \rightleftharpoons H_3O^+(aq) + Cl^-(aq)$ 염기1 산2 산1 염기2 짝산 – 짝염기

2. 물의 자동 이온화와 pH

(1) **물의 자동 이온화**: 순수한 물에서 매우 적은 양의 물 분자끼리 H^+을 주고받아 H_3O^+과 OH^-으로 이온화하는 현상

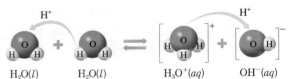

$H_2O(l)$ $H_2O(l)$ $H_3O^+(aq)$ $OH^-(aq)$

(2) **물의 이온화 상수(K_w)**: 일정한 온도에서 물이 자동 이온화하여 동적 평형을 이루면 $[H_3O^+]$와 $[OH^-]$가 일정하게 유지되어 그 농도의 곱이 일정한 값을 갖는데, 이를 물의 이온화 상수라고 한다.

$$K_w = [H_3O^+][OH^-] = (⓱ \qquad)(25\ ℃)$$

(3) 수소 이온 농도와 pH

① (⑱   ): 수용액의 $[H_3O^+]$를 간단히 나타내기 위해 사용하는 값

$$pH = \log \frac{1}{[H_3O^+]} = -\log[H_3O^+]$$

➡ 수용액의 $[H_3O^+]$가 커지면 pH는 (⑲   )진다.

② pH와 pOH의 관계: $pH + pOH = 14(25\,°C)$

③ 수용액의 액성과 pH, pOH(25 °C)

액성	$[H_3O^+]$와 $[OH^-]$의 관계	pH	pOH
(⑳)	$[H_3O^+] > 1 \times 10^{-7}\,M > [OH^-]$	pH<7	pOH>7
중성	$[H_3O^+] = 1 \times 10^{-7}\,M = [OH^-]$	pH=7	pOH=7
(㉑)	$[H_3O^+] < 1 \times 10^{-7}\,M < [OH^-]$	pH>7	pOH<7

산 염기 중화 반응

1. 산 염기 중화 반응

(1) (㉒   ): 산과 염기가 반응하여 물과 염을 생성하는 반응

예 HCl(aq)과 NaOH 수용액의 중화 반응

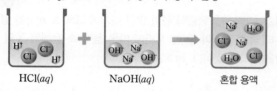

① 알짜 이온 반응식: 실제 반응에 참여한 이온만으로 나타낸 화학 반응식 ➡ 중화 반응의 알짜 이온 반응식은 다음과 같다.

$$H^+(aq) + OH^-(aq) \longrightarrow H_2O(l)$$

② (㉓   ): 반응에 참여하지 않고 반응 후에도 용액에 그대로 남아 있는 이온

③ (㉔   ): 중화 반응에서 산의 음이온과 염기의 양이온이 만나 생성된 물질

(2) 중화 반응의 양적 관계

① H^+과 OH^-은 (㉕   )의 몰비로 반응한다.

② 산과 염기가 완전히 중화되려면 산이 내놓은 H^+의 양 (mol)과 염기가 내놓은 OH^-의 양(mol)이 같아야 한다.

$$n_1 M_1 V_1 = n_2 M_2 V_2$$
$$(n_1, n_2: \text{가수}, M_1, M_2: \text{몰 농도}, V_1, V_2: \text{부피})$$

2. 중화 적정

(1) 중화 적정: 중화 반응의 양적 관계를 이용하여 농도를 모르는 산이나 염기의 농도를 알아내는 방법

① (㉖   ): 중화 적정에서 농도를 알고 있는 산 수용액이나 염기 수용액

② (㉗   ): 산의 H^+의 양(mol)과 염기의 OH^-의 양(mol)이 같아져 산과 염기가 완전히 중화되는 지점

③ 중화 적정 방법

> 농도를 모르는 산 또는 염기 수용액을 피펫으로 취하여 삼각 플라스크에 넣고, 지시약을 2방울~3방울 떨어뜨린다.

⬇

> 뷰렛에 표준 용액을 넣고 삼각 플라스크에 조금씩 떨어뜨리면서 삼각 플라스크를 천천히 흔들어 준다.

⬇

> 용액 전체의 색이 변하는 순간 뷰렛의 꼭지를 잠그고 적정에 사용된 표준 용액의 부피를 측정한 후, $n_1 M_1 V_1 = n_2 M_2 V_2$를 이용하여 농도를 모르는 산 또는 염기 수용액의 농도를 계산한다.

(2) 중화 적정 모형과 이온 수 변화

예 HCl(aq)을 NaOH 수용액으로 중화 적정할 때

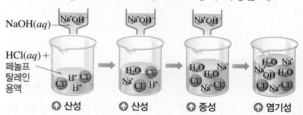

구분	비커 속 용액의 이온 수 변화
이온 수 변화 그래프	(그래프)
(㉘) 의 수	넣어 준 OH^-과 반응하여 점점 감소하다가 중화점 이후에는 존재하지 않는다.
Cl^-의 수	반응에 참여하지 않는 구경꾼 이온이므로 이온 수가 일정하다.
(㉙) 의 수	반응에 참여하지 않는 구경꾼 이온이므로 넣어 준 만큼 증가한다.
OH^-의 수	넣어 준 만큼 H^+과 반응하므로 존재하지 않다가 중화점 이후부터 증가한다.
전체 이온 수	중화점까지는 일정하다가 중화점 이후부터 증가한다.

중단원 마무리 문제

01 다음은 황산 구리(II) 오수화물($CuSO_4 \cdot 5H_2O$)을 이용한 실험이다.

> 그림과 같이 증발 접시에 $CuSO_4$ $\cdot 5H_2O$을 넣고 천천히 가열하였더니 결정이 푸른색에서 흰색으로 변했다.

이에 대한 설명으로 옳은 것만을 [보기]에서 있는 대로 고른 것은?

[보기]
ㄱ. 흰색 결정은 $CuSO_4$이다.
ㄴ. 흰색 결정에 물을 넣으면 푸른색으로 변한다.
ㄷ. $CuSO_4 \cdot 5H_2O$의 분해와 생성은 가역적으로 일어난다.

① ㄱ   ② ㄴ   ③ ㄱ, ㄷ
④ ㄴ, ㄷ   ⑤ ㄱ, ㄴ, ㄷ

02 그림과 같이 일정한 온도에서 수면의 높이가 h_1이 되도록 용기에 물을 넣고 밀폐하였더니 시간이 지나면서 수면의 높이가 낮아지다가 h_2가 되면서 일정하게 유지되었다.

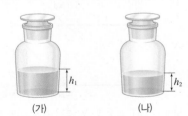

(가)   (나)

이에 대한 설명으로 옳은 것은?

① (가)에서는 수증기의 응축 속도가 물의 증발 속도보다 빠르다.
② (나)에서 증발과 응축은 일어나지 않는다.
③ 물의 증발 속도는 (나)>(가)이다.
④ 수증기의 응축 속도는 (나)>(가)이다.
⑤ 수증기 분자 수는 (가)>(나)이다.

03 그림은 밀폐된 진공 용기에 물($H_2O(l)$)을 넣었을 때 시간에 따른 $H_2O(l)$의 증발 속도와 수증기($H_2O(g)$)의 응축 속도를 나타낸 것이다.

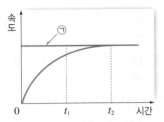

이에 대한 설명으로 옳은 것만을 [보기]에서 있는 대로 고른 것은? (단, 온도는 일정하다.)

[보기]
ㄱ. ㉠은 $H_2O(l)$의 증발 속도이다.
ㄴ. $H_2O(l)$의 양은 t_1일 때가 t_2일 때보다 크다.
ㄷ. t_2일 때 $H_2O(g)$의 응축은 일어나지 않는다.

① ㄱ   ② ㄷ   ③ ㄱ, ㄴ
④ ㄴ, ㄷ   ⑤ ㄱ, ㄴ, ㄷ

04 그림은 일정량의 물이 담긴 비커에 고체 X w g을 넣고 유리 막대로 저어 줄 때 시간에 따른 용액 속 용해된 X의 질량을 나타낸 것이다. $w > a$이다.

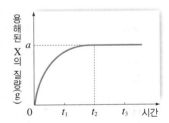

이에 대한 설명으로 옳은 것만을 [보기]에서 있는 대로 고른 것은? (단, 온도는 일정하고, X의 용해에 따른 수용액의 부피 변화와 물의 증발은 무시한다.)

[보기]
ㄱ. t_1일 때 X의 용해 속도는 석출 속도보다 빠르다.
ㄴ. t_2일 때 X의 석출 속도는 0이다.
ㄷ. 녹지 않고 남아 있는 X의 질량은 t_2일 때와 t_3일 때가 같다.

① ㄱ   ② ㄴ   ③ ㄱ, ㄷ
④ ㄴ, ㄷ   ⑤ ㄱ, ㄴ, ㄷ

05 다음은 적갈색의 이산화 질소(NO_2)가 반응하여 무색의 사산화 이질소(N_2O_4)를 생성하는 반응을 화학 반응식으로 나타낸 것이다.

$$2NO_2(g) \rightleftharpoons N_2O_4(g)$$

그림과 같이 실린더에 일정량의 NO_2 기체를 넣은 다음 실온(25 °C)에 두었더니 (나) 이후 적갈색이 더 이상 옅어지지 않았다.

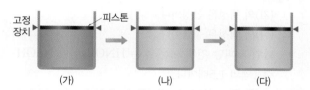

고정 장치　　피스톤

(가)　　(나)　　(다)

이에 대한 설명으로 옳은 것만을 [보기]에서 있는 대로 고른 것은?

보기
ㄱ. (가)에서 정반응 속도는 역반응 속도보다 빠르다.
ㄴ. (나)에는 NO_2와 N_2O_4가 함께 존재한다.
ㄷ. N_2O_4의 농도는 (나)가 (다)보다 크다.

① ㄱ　　② ㄷ　　③ ㄱ, ㄴ
④ ㄴ, ㄷ　　⑤ ㄱ, ㄴ, ㄷ

06 다음은 인산(H_3PO_4)이 물에 녹아 이온화하는 과정을 단계별로 나타낸 것이다.

(가) $H_3PO_4(s)+H_2O(l) \longrightarrow H_2PO_4^-(aq)+H_3O^+(aq)$
(나) $H_2PO_4^-(aq)+H_2O(l)$
　　　　　　$\longrightarrow HPO_4^{2-}(aq)+H_3O^+(aq)$
(다) $HPO_4^{2-}(aq)+H_2O(l)$
　　　　　　$\longrightarrow PO_4^{3-}(aq)+H_3O^+(aq)$

이에 대한 설명으로 옳은 것만을 [보기]에서 있는 대로 고른 것은?

보기
ㄱ. (가)에서 H_3PO_4은 브뢴스테드·로리 산이다.
ㄴ. (나)에서 $H_2PO_4^-$은 브뢴스테드·로리 염기이다.
ㄷ. (가)와 (다)에서 H_2O은 브뢴스테드·로리 염기이다.

① ㄱ　　② ㄴ　　③ ㄱ, ㄷ
④ ㄴ, ㄷ　　⑤ ㄱ, ㄴ, ㄷ

07 다음은 화합물 X, Y가 관여하는 3가지 반응의 화학 반응식을 나타낸 것이다.

(가) $X(aq)+H_2O(l) \longrightarrow H_3O^+(aq)+Br^-(aq)$
(나) $Y(g)+H_2O(l) \longrightarrow NH_4^+(aq)+OH^-(aq)$
(다) $X(aq)+Y(g) \longrightarrow NH_4Br(aq)$

이에 대한 설명으로 옳은 것만을 [보기]에서 있는 대로 고른 것은?

보기
ㄱ. (가)에서 X는 브뢴스테드·로리 산이다.
ㄴ. (나)에서 H_2O은 브뢴스테드·로리 염기이다.
ㄷ. Y는 (나)와 (다)에서 모두 브뢴스테드·로리 염기이다.

① ㄱ　　② ㄴ　　③ ㄱ, ㄷ
④ ㄴ, ㄷ　　⑤ ㄱ, ㄴ, ㄷ

08 표는 수용액 (가)와 (나)에 대한 자료이다. (가)와 (나)는 각각 염산($HCl(aq)$)과 NaOH 수용액 중 하나이다.

구분	(가)	(나)
pH	x	12
부피(mL)	90	10
$\dfrac{[H_3O^+]}{[OH^-]}$	1×10^8	y

이에 대한 설명으로 옳은 것만을 [보기]에서 있는 대로 고른 것은? (단, 온도는 25 °C로 일정하고, 25 °C에서 물의 이온화 상수(K_w)는 1×10^{-14}이며, 혼합 용액의 부피는 혼합 전 각 용액의 부피의 합과 같다.)

보기
ㄱ. $x=3$이다.
ㄴ. $y=1 \times 10^{-3}$이다.
ㄷ. (가)와 (나)를 모두 혼합한 용액의 pH는 4이다.

① ㄱ　　② ㄴ　　③ ㄱ, ㄷ
④ ㄴ, ㄷ　　⑤ ㄱ, ㄴ, ㄷ

하 **중** 상

09 그림은 25 °C에서 4가지 수용액의 $[H_3O^+]$ 또는 $[OH^-]$를 나타낸 것이다.

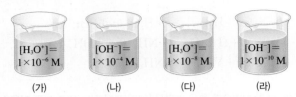

$[H_3O^+]=$ 1×10^{-6} M	$[OH^-]=$ 1×10^{-4} M	$[H_3O^+]=$ 1×10^{-8} M	$[OH^-]=$ 1×10^{-10} M
(가)	(나)	(다)	(라)

이에 대한 설명으로 옳은 것만을 [보기]에서 있는 대로 고른 것은? (단, 25 °C에서 물의 이온화 상수(K_w)는 1×10^{-14}이다.)

보기
ㄱ. pH는 (다)가 (가)보다 2 크다.
ㄴ. (나)의 액성은 산성이다.
ㄷ. (라)의 pH는 10이다.

① ㄱ   ② ㄷ   ③ ㄱ, ㄴ
④ ㄴ, ㄷ   ⑤ ㄱ, ㄴ, ㄷ

하 **중** 상

10 표는 0.1 M 염산(HCl(aq))과 0.2 M 수산화 칼륨(KOH) 수용액을 서로 다른 부피로 혼합한 용액 (가)~(마)에 대한 자료이다.

혼합 용액	(가)	(나)	(다)	(라)	(마)
HCl(aq)(mL)	10	15	20	25	30
KOH(aq)(mL)	30	25	20	15	10

이에 대한 설명으로 옳은 것만을 [보기]에서 있는 대로 고른 것은?

보기
ㄱ. 생성된 물 분자 수는 (나)와 (라)가 같다.
ㄴ. (다)의 액성은 중성이다.
ㄷ. 용액 속 전체 이온 수는 (가)>(마)이다.

① ㄱ   ② ㄷ   ③ ㄱ, ㄴ
④ ㄴ, ㄷ   ⑤ ㄱ, ㄴ, ㄷ

하 중 **상**

11 표는 질산(HNO₃(aq))과 수산화 나트륨(NaOH) 수용액을 서로 다른 부피로 혼합한 용액 (가)와 (나)에 대한 자료이다.

혼합 용액		(가)	(나)
혼합 전 용액의 부피(mL)	HNO₃(aq)	10	20
	NaOH(aq)	20	20
전체 이온 수		$2N$	$3N$

이에 대한 설명으로 옳은 것만을 [보기]에서 있는 대로 고른 것은?

보기
ㄱ. (가)의 액성은 산성이다.
ㄴ. (나)의 액성은 중성이다.
ㄷ. 단위 부피당 전체 이온 수는 HNO₃(aq)이 NaOH 수용액의 1.5배이다.

① ㄱ   ② ㄷ   ③ ㄱ, ㄴ
④ ㄴ, ㄷ   ⑤ ㄱ, ㄴ, ㄷ

하 **중** 상

12 다음은 아세트산(CH₃COOH) 수용액의 농도를 알아보기 위한 실험이다.

[실험 과정]
(가) 삼각 플라스크에 x M CH₃COOH 수용액 10 mL를 넣고 페놀프탈레인 용액을 2방울~3방울 떨어뜨린다.
(나) ⊙ 에 들어 있는 0.2 M 수산화 나트륨(NaOH) 수용액을 (가)의 삼각 플라스크에 조금씩 떨어뜨리면서 삼각 플라스크를 잘 흔들어 준다.
(다) (나)의 삼각 플라스크 속 용액 전체가 붉은색으로 변하는 순간까지 넣어 준 NaOH 수용액의 부피(V)를 측정한다.

[실험 결과]
• V: 20 mL

이에 대한 설명으로 옳은 것만을 [보기]에서 있는 대로 고른 것은? (단, 온도는 일정하다.)

보기
ㄱ. ⊙으로 뷰렛이 적절하다.
ㄴ. 중화점까지 생성된 물의 양(mol)은 0.02 mol이다.
ㄷ. $x=0.1$이다.

① ㄱ   ② ㄴ   ③ ㄱ, ㄷ
④ ㄴ, ㄷ   ⑤ ㄱ, ㄴ, ㄷ

13 다음은 중화 반응 실험이다.

[실험 과정]

(가) x M 염산(HCl(aq)) 20 mL에 y M 수산화 나트륨(NaOH) 수용액 10 mL를 혼합한 용액 I을 만든다.

(나) 용액 I에 NaOH 수용액 V mL를 추가하여 용액 II를 만든다.

[실험 결과]

• 용액 I과 II에서 이온의 양(mol)

용액	이온의 양(mol)			
	A	B	C	D
I	$2a$	a	a	0
II	$2b$			b

V는? (단, 혼합 용액의 부피는 혼합 전 각 용액의 부피의 합과 같고, 물의 자동 이온화는 무시한다.)

① 5 ② 10 ③ 15 ④ 20 ⑤ 25

14 그림은 질산(HNO₃(aq)) 30 mL에 페놀프탈레인 용액을 2방울~3방울 떨어뜨린 후 수산화 칼륨(KOH) 수용액을 조금씩 넣을 때 용액에 들어 있는 2가지 이온 수를 나타낸 것이다.

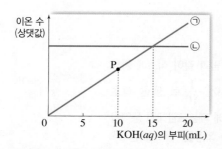

이에 대한 설명으로 옳지 <u>않은</u> 것은?

① ㉠은 K^+이다.

② ㉡은 NO_3^-이다.

③ P 용액은 붉은색을 띤다.

④ P 용액에 가장 많이 존재하는 이온은 ㉡이다.

⑤ 단위 부피당 양이온 수비는 HNO₃(aq) : KOH 수용액=1 : 2이다.

15 그림은 0.5 M H₂A 수용액 20 mL에 x M BOH 수용액을 조금씩 넣을 때, 넣어 준 BOH 수용액의 부피에 따른 혼합 용액 속 ㉠ 이온과 ㉡ 이온의 양을 나타낸 것이다. 수용액에서 H₂A는 H^+과 A^{2-}으로, BOH는 B^+과 OH^-으로 모두 이온화한다.

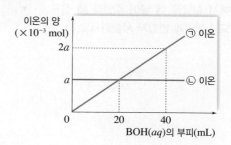

$a \times x$는?

① 3 ② $\dfrac{7}{2}$ ③ 4 ④ $\dfrac{9}{2}$ ⑤ 5

16 그림은 수산화 나트륨(NaOH) 수용액 100 mL에 염산(HCl(aq))을 조금씩 넣을 때 용액에 들어 있는 전체 이온의 양(mol)을 나타낸 것이다.

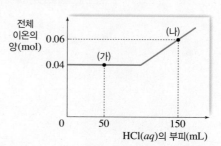

이에 대한 설명으로 옳은 것만을 [보기]에서 있는 대로 고른 것은?

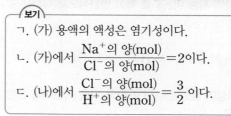

보기

ㄱ. (가) 용액의 액성은 염기성이다.

ㄴ. (가)에서 $\dfrac{Na^+의\ 양(mol)}{Cl^-의\ 양(mol)}=2$이다.

ㄷ. (나)에서 $\dfrac{Cl^-의\ 양(mol)}{H^+의\ 양(mol)}=\dfrac{3}{2}$이다.

① ㄱ ② ㄷ ③ ㄱ, ㄴ
④ ㄴ, ㄷ ⑤ ㄱ, ㄴ, ㄷ

17 그림과 같이 일정량의 물에 설탕을 계속 넣었더니 어느 순간부터는 설탕이 더 이상 녹지 않고 가라앉았다.
이 상태에서 설탕을 더 넣어 주었을 때 설탕물의 농도가 어떻게 변할지 서술하시오.

설탕물
설탕

하 중 상

18 다음은 탄산수소 이온(HCO_3^-)과 관련된 반응을 화학 반응식으로 나타낸 것이다.

- $HCO_3^-(aq) + NH_3(aq) \longrightarrow CO_3^{2-}(aq) + NH_4^+(aq)$
- $HCO_3^-(aq) + H_3O^+(aq) \longrightarrow H_2CO_3(aq) + H_2O(l)$

이 반응에서 양쪽성 물질로 작용하는 물질을 쓰고, 그 까닭을 서술하시오.

하 중 상

19 다음은 물의 자동 이온화를 화학 반응식으로 나타낸 것이다.

$$H_2O(l) + H_2O(l) \rightleftharpoons H_3O^+(aq) + OH^-(aq)$$

순수한 물의 액성이 중성인 까닭을 물의 자동 이온화와 관련하여 서술하시오.

하 중 상

20 표는 25 ℃에서 수용액 (가)와 (나)에 대한 자료이다.

수용액	(가)	(나)
pOH	x	$x-1$
부피(mL)	200	100
H_3O^+의 양(mol)	0.02	y

x와 y를 각각 구하고, 풀이 과정을 서술하시오. (단, 25 ℃에서 물의 이온화 상수(K_w)는 1×10^{-14}이다.)

하 중 상

21 표는 x M 염산($HCl(aq)$)과 y M 수산화 나트륨($NaOH$) 수용액의 부피를 달리하여 혼합한 수용액 (가)~(다)에 대한 자료이다.

혼합 용액	혼합 전 용액의 부피(mL)		혼합 용액 속 모든 양이온의 양(mol)
	$HCl(aq)$	$NaOH(aq)$	
(가)	20	80	0.01
(나)	40	60	0.01
(다)	60	40	0.015

$\dfrac{x}{y}$를 구하고, 풀이 과정을 서술하시오. (단, 물의 자동 이온화는 무시한다.)

하 중 상

22 그림과 같이 식초에 증류수를 넣어 $\dfrac{1}{10}$로 묽힌 식초 20 mL에 페놀프탈레인 용액을 2방울~3방울 떨어뜨린 후 0.1 M 수산화 나트륨($NaOH$) 수용액을 조금씩 넣었더니 완전

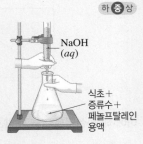

NaOH(aq)

식초+
증류수+
페놀프탈레인
용액

히 중화하는 데 0.1 M NaOH 수용액 20 mL가 사용되었다. 묽히기 전 식초 속 아세트산(CH_3COOH)의 몰 농도(M)를 구하고, 풀이 과정을 서술하시오. (단, 식초에 산은 CH_3COOH만 있다고 가정한다.)

• 수능 출제 경향
이 단원에서는 상평형 및 용해 평형의 개념을 묻는 문제, 산 염기 반응에서 브뢴스테드·로리 정의에 따른 산과 염기의 구분, 물의 이온화 상수를 이용하여 수용액의 $[H_3O^+]$, $[OH^-]$와 pH를 구하는 문제가 출제되고 있다. 또, 중화 적정 실험 과정에 대한 이해와 중화 반응의 양적 관계를 이용하여 용액 속 이온의 몰 농도 등을 구하는 문제가 계속 출제된다.

수능 이렇게 나온다!

표는 수용액 (가)와 (나)에 대한 자료이다. (가)와 (나)는 각각 염산(HCl(aq))과 NaOH 수용액 중 하나이다.

❶ pH는 (가)>(나)이며, 용액의 pH는 산성 용액<중성 용액<염기성 용액 순으로 크다.

❸ NaOH 수용액에서 $[Na^+]=[OH^-]$이며, 25 °C에서 $[H_3O^+][OH^-]=1\times10^{-14}$이다.

출제개념

물의 이온화 상수와 pH

▶ 본문 246~247쪽

수용액	(가)	(나)
몰 농도(M)	a	$\dfrac{1}{10}a$
pH	$2x$	x

❷ 수용액의 $[OH^-]$는 $pOH=-\log[OH^-]$로 나타낼 수 있고, 25 °C에서 $pH+pOH=14$이다.

출제의도

물의 이온화 상수의 개념을 이해하고, 산과 염기 수용액 속 $[H_3O^+]$와 $[OH^-]$를 pH와 관련지어 구할 수 있는지 확인하는 문제이다.

이에 대한 설명으로 옳은 것만을 [보기]에서 있는 대로 고른 것은? (단, 온도는 25 °C로 일정하고, 25 °C에서 물의 이온화 상수(K_w)는 1×10^{-14}이다.)

보기
ㄱ. (나)는 HCl(aq)이다.

ㄴ. $x=4.0$이다.

ㄷ. 10a M NaOH 수용액에서 $\dfrac{[Na^+]}{[H_3O^+]}=1\times10^8$이다.

① ㄱ ② ㄴ ③ ㄷ ④ ㄱ, ㄷ ⑤ ㄴ, ㄷ

전략적 풀이

❶ 산 수용액과 염기 수용액의 pH를 비교하여 (가)와 (나)를 각각 HCl(aq)과 NaOH 수용액으로 구분한다.
ㄱ. 수용액 (가)와 (나)는 각각 산성 또는 염기성 수용액 중 하나이고, 염기성 수용액의 pH가 산성 수용액의 pH보다 크므로 (가)는 (　　　)이고, (나)는 (　　　)이다.

❷ 수용액 (가)의 pH로부터 수용액 속 $[OH^-]$를 구하고, 이를 몰 농도와 관련지어 a와 x 사이의 관계식을 만든 후 a와 x를 구한다.
ㄴ. 25 °C에서 $pH+pOH=14$이고, 수용액 (가)의 pH=$2x$이므로 pOH=(　　　)이다. 따라서 $[OH^-]$=(　　　) M이며, $[OH^-]$와 NaOH 수용액의 몰 농도가 같으므로 a=(　　　)이다. 또, (나)의 pH=x이므로 $[H_3O^+]$=(　　　)이고, 몰 농도는 $\dfrac{1}{10}a=\dfrac{1}{10}\times$(　　　)=(　　　)이다. 이때 $[H_3O^+]$와 HCl(aq)의 몰 농도가 같으므로 (　　　)=(　　　)이며, 이 식을 풀면 x=(　　　)이다.

❸ a M NaOH 수용액에 들어 있는 $[OH^-]$로부터 10a M NaOH 수용액에 들어 있는 $[OH^-]$, $[Na^+]$를 구한다.
ㄷ. a M NaOH 수용액의 pH=(　　　)이므로 pOH=(　　　)이다. 따라서 a M NaOH 수용액에 들어 있는 $[OH^-]$=(　　　) M이므로 10a M NaOH 수용액에 들어 있는 $[OH^-]$=(　　　) M이다. 이때 NaOH 수용액에서 $[Na^+]=[OH^-]$이므로 $[Na^+]$=(　　　) M이고, 25 °C에서 $[H_3O^+][OH^-]=1\times10^{-14}$이므로 $[H_3O^+]$=(　　　) M이다. 따라서 $\dfrac{[Na^+]}{[H_3O^+]}$=(　　　)이다.

❸ 10, 4, 10^{-4}, 10^{-3}, 10^{-11}, 1×10^8

❷ $14-2x$, $10^{-(14-2x)}$, $10^{-(14-2x)}$, 10^{-x}, 10^{2x-15}, 5

❶ NaOH 수용액, HCl(aq)

답 ④

01 표는 밀폐된 진공 용기 안에 물($H_2O(l)$)을 넣었을 때 시간에 따른 $H_2O(l)$의 증발 속도와 수증기($H_2O(g)$)의 응축 속도에 대한 자료이고, $a>b>0$이다. 그림은 시간이 $2t$일 때 용기 안의 상태를 나타낸 것이다.

시간	t	$2t$	$4t$
증발 속도	a	a	a
응축 속도	b	a	x

이에 대한 설명으로 옳은 것만을 [보기]에서 있는 대로 고른 것은? (단, 온도는 일정하다.)

보기

ㄱ. $x=a$이다.

ㄴ. t일 때 $H_2O(l)$의 증발 속도는 $H_2O(g)$의 응축 속도보다 빠르다.

ㄷ. 용기 속 $H_2O(l)$의 양(mol)은 $2t$일 때와 $4t$일 때가 같다.

① ㄱ　　　② ㄴ　　　③ ㄱ, ㄷ
④ ㄴ, ㄷ　　　⑤ ㄱ, ㄴ, ㄷ

02 표는 밀폐된 진공 용기 안에 액체 X를 넣었을 때 시간에 따른 X의 $\dfrac{\text{증발 속도}}{\text{응축 속도}}$와 $\dfrac{X(l)\text{의 양(mol)}}{X(g)\text{의 양(mol)}}$에 대한 자료이다. $0<t_1<t_2<t_3$이고, $c<1$이다.

시간	t_1	t_2	t_3
$\dfrac{\text{증발 속도}}{\text{응축 속도}}$	a	b	1
$\dfrac{X(l)\text{의 양(mol)}}{X(g)\text{의 양(mol)}}$		1	c

이에 대한 설명으로 옳은 것만을 [보기]에서 있는 대로 고른 것은? (단, 온도는 일정하다.)

보기

ㄱ. $a>1$이다.

ㄴ. $b=1$이다.

ㄷ. t_3일 때 $X(l)$와 $X(g)$는 동적 평형을 이루고 있다.

① ㄱ　　　② ㄴ　　　③ ㄱ, ㄷ
④ ㄴ, ㄷ　　　⑤ ㄱ, ㄴ, ㄷ

03 그림은 일정량의 물이 담긴 비커에 고체 X a mol을 넣고 용해시킬 때 시간에 따른 용액 속 용해된 X의 양(mol)을 나타낸 것이다. $a>c$이다.

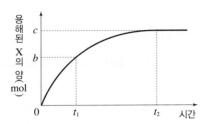

이에 대한 설명으로 옳은 것만을 [보기]에서 있는 대로 고른 것은? (단, 온도는 일정하고, X의 용해에 따른 수용액의 부피는 무시한다.)

보기

ㄱ. t_1일 때 X의 용해 속도는 석출 속도보다 빠르다.

ㄴ. t_2일 때 X의 석출 속도는 0이다.

ㄷ. t_2일 때 고체 X를 추가하면 X 수용액의 몰 농도는 증가한다.

① ㄱ　　　② ㄴ　　　③ ㄱ, ㄷ
④ ㄴ, ㄷ　　　⑤ ㄱ, ㄴ, ㄷ

04 그림은 물 100 g이 담긴 비커에 고체 X 30 g을 넣고 녹일 때 녹지 않고 남아 있는 고체 X의 질량을 시간에 따라 나타낸 것이다.

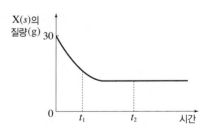

이에 대한 설명으로 옳은 것만을 [보기]에서 있는 대로 고른 것은? (단, 온도는 일정하다.)

보기

ㄱ. t_1에서 X의 용해 속도는 석출 속도보다 빠르다.

ㄴ. X 수용액의 농도는 t_2에서보다 t_1에서 크다.

ㄷ. X의 석출 속도는 t_1에서보다 t_2에서 빠르다.

① ㄱ　　　② ㄴ　　　③ ㄱ, ㄷ
④ ㄴ, ㄷ　　　⑤ ㄱ, ㄴ, ㄷ

05 다음은 3가지 화학 반응식이다.

> - $\boxed{\text{(가)}}(g) + H_2O(l) \longrightarrow NH_4OH(aq)$
> - $NH_3(g) + \boxed{\text{(나)}}(g) \longrightarrow NH_4Cl(s)$
> - $(CH_3)_2NH(g) + \boxed{\text{(다)}}(l)$
> $\qquad\qquad \longrightarrow (CH_3)_2NH_2^+(aq) + OH^-(aq)$

이에 대한 설명으로 옳은 것만을 [보기]에서 있는 대로 고른 것은?

> **[보기]**
> ㄱ. (가)는 아레니우스 산이다.
> ㄴ. (나)는 브뢴스테드·로리 산이다.
> ㄷ. (다)는 브뢴스테드·로리 염기이다.

① ㄱ ② ㄴ ③ ㄱ, ㄷ
④ ㄴ, ㄷ ⑤ ㄱ, ㄴ, ㄷ

06 다음은 3가지 산 염기 반응의 화학 반응식이다.

> (가) $HF(l) + H_2O(l) \longrightarrow H_3O^+(aq) + F^-(aq)$
> (나) $HS^-(aq) + H_2O(l) \longrightarrow S^{2-}(aq) + \boxed{\text{㉠}}(aq)$
> (다) $HS^-(aq) + HF(l) \longrightarrow H_2S(aq) + F^-(aq)$

이에 대한 설명으로 옳은 것만을 [보기]에서 있는 대로 고른 것은?

> **[보기]**
> ㄱ. ㉠은 OH^-이다.
> ㄴ. (가)와 (다)에서 HF는 모두 브뢴스테드·로리 산이다.
> ㄷ. (나)와 (다)에서 HS^-은 모두 브뢴스테드·로리 염기이다.

① ㄱ ② ㄴ ③ ㄱ, ㄷ
④ ㄴ, ㄷ ⑤ ㄱ, ㄴ, ㄷ

07 그림 (가)~(다)는 물(H_2O), 염산($HCl(aq)$), 수산화 나트륨($NaOH$) 수용액을 각각 나타낸 것이다.

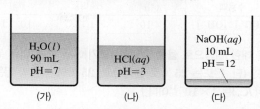

이에 대한 설명으로 옳은 것만을 [보기]에서 있는 대로 고른 것은? (단, 혼합 용액의 부피는 혼합 전 물 또는 각 용액의 부피의 합과 같고, 물과 용액의 온도는 25 ℃로 일정하며, 25 ℃에서 물의 이온화 상수(K_w)는 1×10^{-14}이다.)

> **[보기]**
> ㄱ. (가)에서 $\dfrac{[H_3O^+]}{[OH^-]} = 1$이다.
> ㄴ. (나)에서 $[OH^-] = 1 \times 10^{-11}$ M이다.
> ㄷ. (가)와 (다)를 모두 혼합한 수용액의 pOH=3이다.

① ㄱ ② ㄴ ③ ㄱ, ㄷ
④ ㄴ, ㄷ ⑤ ㄱ, ㄴ, ㄷ

08 표는 수용액 (가)와 (나)에 대한 자료이다. (가)와 (나)는 각각 염산($HCl(aq)$)과 수산화 나트륨($NaOH$) 수용액 중 하나이다.

수용액	(가)	(나)
pH	x	$3x$
OH^-의 양(mol)	y	10^9y
부피(mL)	10	100

이에 대한 설명으로 옳은 것만을 [보기]에서 있는 대로 고른 것은? (단, 온도는 25 ℃로 일정하며, 25 ℃에서 물의 이온화 상수(K_w)는 1×10^{-14}이다.)

> **[보기]**
> ㄱ. $x = 4$이다.
> ㄴ. $y = 1 \times 10^{-12}$이다.
> ㄷ. (나)에서 $[OH^-] = 1 \times 10^{-4}$ M이다.

① ㄱ ② ㄷ ③ ㄱ, ㄴ
④ ㄴ, ㄷ ⑤ ㄱ, ㄴ, ㄷ

09 표는 수용액 (가)~(다)에 대한 자료이다.

수용액	(가)	(나)	(다)
$[H_3O^+]:[OH^-]$	$1:10^4$	$1:1$	$10^2:1$

이에 대한 설명으로 옳은 것만을 [보기]에서 있는 대로 고른 것은? (단, 온도는 25 °C로 일정하고, 25 °C에서 물의 이온화 상수(K_w)는 1×10^{-14}이다.)

[보기]
ㄱ. (가)의 pH=10이다.
ㄴ. (나)의 액성은 중성이다.
ㄷ. $[OH^-]$는 (가) : (다)=$10^3 : 1$이다.

① ㄱ ② ㄴ ③ ㄱ, ㄷ
④ ㄴ, ㄷ ⑤ ㄱ, ㄴ, ㄷ

10 그림 (가)와 (나)는 a M 염산(HCl(aq)) 20 mL와 10a M 수산화 나트륨(NaOH) 수용액 10 mL를 각각 나타낸 것이다.

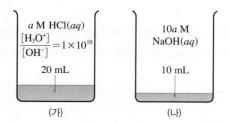

a M HCl(aq)
$\dfrac{[H_3O^+]}{[OH^-]}=1\times10^{10}$
20 mL
(가)

10a M
NaOH(aq)
10 mL
(나)

이에 대한 설명으로 옳은 것만을 [보기]에서 있는 대로 고른 것은? (단, 온도는 25 °C로 일정하고, 25 °C에서 물의 이온화 상수(K_w)는 1×10^{-14}이다.)

[보기]
ㄱ. a=0.1이다.
ㄴ. $\dfrac{(나)의\ pH}{(가)의\ pH}<6$이다.
ㄷ. (나)에 물을 넣어 100 mL로 만든 NaOH 수용액에 서 $\dfrac{[Na^+]}{[H_3O^+]}=1\times10^{10}$이다.

① ㄱ ② ㄷ ③ ㄱ, ㄴ
④ ㄴ, ㄷ ⑤ ㄱ, ㄴ, ㄷ

11 표는 0.2 M A(OH)$_2$ 수용액 x mL와 y M 염산(HCl(aq))의 부피를 달리하여 혼합한 용액 (가)~(다)에 대한 자료이다.

수용액	(가)	(나)	(다)
A(OH)$_2$(aq)의 부피(mL)	x	x	x
HCl(aq)의 부피(mL)	20	30	60
pH		13	
용액에 존재하는 모든 이온의 몰 농도(M)비	⊘		⊘ ㉠

(다)에서 ㉠에 해당하는 이온의 몰 농도(M)는? (단, 온도는 25 °C로 일정하고, 혼합 용액의 부피는 혼합 전 각 용액의 부피의 합과 같다. A(OH)$_2$는 수용액에서 A$^+$과 OH$^-$으로 모두 이온화하고, 물의 자동 이온화는 무시한다.)

① $\dfrac{1}{40}$ ② $\dfrac{1}{35}$ ③ $\dfrac{1}{30}$ ④ $\dfrac{1}{25}$ ⑤ $\dfrac{1}{20}$

12 다음은 중화 적정 실험이다.

[실험 과정]
(가) x M HA 수용액 25 mL에 물을 넣어 100 mL 수용액을 만든다.
(나) 삼각 플라스크에 (가)에서 만든 수용액 40 mL를 넣고 페놀프탈레인 용액을 2방울~3방울 떨어뜨린다.
(다) (나)의 삼각 플라스크에 0.2 M 수산화 나트륨(NaOH) 수용액을 조금씩 떨어뜨리면서 삼각 플라스크를 잘 흔들어 준다.
(라) (다)의 삼각 플라스크 속 용액 전체가 붉은색으로 변하는 순간 적정을 멈추고, 적정에 사용된 NaOH 수용액의 부피(V_1)를 측정한다.
(마) x M HA 수용액 대신 y M H$_2$B 수용액을 사용해서 과정 (가)~(라)를 반복하여 적정에 사용된 NaOH 수용액의 부피(V_2)를 측정한다.

[실험 결과]
•V_1: 40 mL   •V_2: 16 mL

$x+y$는? (단, 온도는 25 °C로 일정하고, 수용액에서 HA는 H$^+$과 A$^-$으로, H$_2$B는 H$^+$과 B^{2-}으로 모두 이온화한다.)

① 0.72 ② 0.84 ③ 0.96 ④ 1.02 ⑤ 1.24

13 다음은 중화 반응에 대한 실험이다.

[자료]
- 수용액에서 HA는 H^+과 A^-으로, BOH는 B^+과 OH^-으로 모두 이온화한다.

[실험 과정]
(가) x M HA 수용액 10 mL를 비커에 넣는다.
(나) (가)의 비커에 y M BOH 수용액 a mL를 넣는다.
(다) (나)의 비커에 x M HA 수용액 b mL를 넣는다.

[실험 결과]
- 각 과정 후 수용액에 대한 자료

과정		(가)	(나)	(다)
음이온의 몰 농도(M)	X 이온	0.4	0.2	0.3
	Y 이온	0	0.4	0

$\dfrac{y}{x} \times \dfrac{a}{b}$ 는? (단, 온도는 일정하고, 혼합 용액의 부피는 혼합 전 각 용액의 부피의 합과 같으며, 물의 자동 이온화는 무시한다.)

① $\dfrac{1}{2}$ ② $\dfrac{2}{3}$ ③ $\dfrac{3}{4}$ ④ $\dfrac{3}{2}$ ⑤ $\dfrac{5}{2}$

14 다음은 중화 반응에 대한 실험이다.

[자료]
- 수용액에서 H_2X는 H^+과 X^{2-}으로 모두 이온화한다.

[실험 과정]
(가) a M H_2X 수용액 V mL와 b M NaOH 수용액 50 mL를 혼합하여 용액 I을 만든다.
(나) 용액 I에 c M 염산(HCl(aq)) 20 mL를 추가하여 용액 II를 만든다.

[실험 결과]
- 용액 I과 II에 대한 자료

용액	I	II
$\dfrac{\text{양이온의 양(mol)}}{\text{음이온의 양(mol)}}$	$\dfrac{5}{3}$	$\dfrac{3}{2}$
모든 이온의 몰 농도의 합(상댓값)	1	1

$\dfrac{b}{a+c}$ 는? (단, 온도는 일정하고, 혼합 용액의 부피는 혼합 전 각 용액의 부피의 합과 같으며, 물의 자동 이온화는 무시한다.)

① $\dfrac{4}{7}$ ② $\dfrac{3}{5}$ ③ $\dfrac{7}{10}$ ④ $\dfrac{3}{4}$ ⑤ $\dfrac{3}{2}$

15 다음은 중화 반응에 대한 실험이다.

[자료]
- 수용액에서 HX는 H^+과 X^-으로, H_2Y는 H^+과 Y^{2-}으로 모두 이온화한다.

[실험 과정]
(가) 0.8 M NaOH 수용액, HX 수용액, H_2Y 수용액을 준비한다.
(나) 4개의 비커에 NaOH 수용액 10 mL를 넣는다.
(다) (나)의 4개의 비커에 HX 수용액 $2V$ mL, HX 수용액 $3V$ mL, H_2Y 수용액 V mL, H_2Y 수용액 20 mL를 첨가하여 혼합 용액 A~D를 만든다.

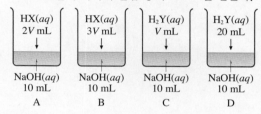

[실험 결과]

혼합 용액	A	B	C	D
$[H^+]$ 또는 $[OH^-]$(M)	$\dfrac{3}{10}$	$\dfrac{1}{5}$	x	$\dfrac{2}{15}$
액성		염기성		산성

x는? (단, 온도는 일정하고, 혼합 용액의 부피는 혼합 전 각 용액의 부피의 합과 같으며, 물의 자동 이온화는 무시한다.)

① $\dfrac{1}{15}$ ② $\dfrac{2}{15}$ ③ $\dfrac{4}{15}$ ④ $\dfrac{3}{8}$ ⑤ $\dfrac{1}{3}$

IV 역동적인 화학 반응

2 화학 반응과 열의 출입

01 산화 환원 반응   284

02 화학 반응에서 열의 출입   298

다음 단어가 들어갈 곳을 찾아 빈칸을 완성해 보자.

| 융해 | 액화 | 승화 | 산화 | 환원 | 흡수 | 방출 |

통합과학
화학 변화

• 산화 환원 반응

구분	산소의 이동	전자의 이동
❶	산소를 얻는 반응	전자를 잃는 반응
❷	산소를 잃는 반응	전자를 얻는 반응
예	$2CuO+C \longrightarrow 2Cu+CO_2$ (산화/환원)	$Mg+Cu^{2+} \longrightarrow Mg^{2+}+Cu$ (산화/환원)
동시성	산화와 환원은 항상 동시에 일어난다.	

• 우리 주변의 산화 환원 반응

광합성	식물의 엽록체에서 빛에너지를 이용하여 이산화 탄소와 물로 포도당과 산소를 만든다.	$6CO_2+6H_2O \xrightarrow{\text{빛에너지}} C_6H_{12}O_6+6O_2$
메테인의 연소	메테인이 공기 중에서 연소할 때에는 산소와 반응하여 이산화 탄소와 물이 생성된다.	$CH_4+2O_2 \longrightarrow CO_2+2H_2O$
철의 제련	용광로에 철광석과 코크스를 함께 넣고 가열하면 순수한 철을 얻을 수 있다.	$2Fe_2O_3+3C \longrightarrow 4Fe+3CO_2$

중1
물질의 상태 변화

• 상태 변화와 열에너지의 출입

① **열에너지를 흡수하는 상태 변화:** ❸, 기화, 고체에서 기체로의 ❹ ➡ 주위는 열에너지를 잃어 온도가 낮아진다. 예 알코올을 묻힌 솜으로 손등을 문지르면 알코올이 기화하면서 열에너지를 ❺ 하므로 손등이 시원해진다.

② **열에너지를 방출하는 상태 변화:** 응고, ❻, 기체에서 고체로의 ❼ ➡ 주위는 열에너지를 얻어 온도가 높아진다. 예 소나기가 내리기 전에는 많은 양의 수증기가 액화하면서 열에너지를 ❽ 하므로 날씨가 후텁지근하다.

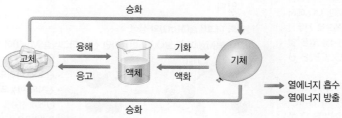

⬆ **상태 변화와 열에너지의 출입**

01 산화 환원 반응

핵심 포인트
❶ 산화수 변화에 의한 산화 환원
   반응 해석 ★★★
❷ 산화제와 환원제 찾기 ★★★
❸ 산화 환원 반응식 완성하기
   ★★★

◆ 산화 환원 반응의 예
• 메테인의 연소
$$\overbrace{CH_4 + 2O_2 \longrightarrow CO_2 + 2H_2O}^{\text{산화}}$$
• 철이 녹스는 반응
$$\overbrace{4Fe + 3O_2 \longrightarrow 2Fe_2O_3}^{\text{산화}}$$
• 세포 호흡
$$\overbrace{C_6H_{12}O_6 + 6O_2 \longrightarrow 6H_2O + 6CO_2}^{\text{산화}}$$
• 광합성
$$\overbrace{6CO_2 + 6H_2O \longrightarrow 6O_2 + C_6H_{12}O_6}^{\text{환원}}$$

A 산소의 이동과 산화 환원

1. 산소의 이동과 ⁺산화 환원 반응

		예
산화	어떤 물질이 산소를 얻는 반응	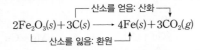
환원	어떤 물질이 산소를 잃는 반응	$2CuO(s) + C(s) \longrightarrow 2Cu(s) + CO_2(g)$

산소를 얻음: 산화 / 산소를 잃음: 환원

| 철의 제련 |

용광로에 산화 철(Ⅲ)(Fe_2O_3)이 주성분인 철광석과 코크스(C)를 함께 넣고 가열하면 다음과 같은 반응이 일어나 순수한 철(Fe)을 얻을 수 있다.

$$\overbrace{2Fe_2O_3(s) + 3C(s) \longrightarrow 4Fe(s) + 3CO_2(g)}$$
산소를 얻음: 산화 / 산소를 잃음: 환원

➡ • Fe_2O_3은 산소를 잃고 Fe로 환원된다.
  • C는 산소를 얻어 이산화 탄소(CO_2)로 산화된다.

철의 제련 과정에서 일어나는 반응을 단계별로 나타내면 다음과 같다.
❶ $2C + O_2 \longrightarrow 2CO$ ➡ C가 불완전 연소하여 일산화 탄소(CO)가 생성된다.
❷ $Fe_2O_3 + 3CO \longrightarrow 2Fe + 3CO_2$ ➡ Fe_2O_3이 CO와 반응하여 순수한 Fe이 생성된다.

철광석, 코크스 / 배기가스 / 열풍 / 쇳물

2. 산화 환원 반응의 동시성
산화 환원 반응에서 산소를 얻는 물질이 있으면 반드시 산소를 잃는 물질이 있다. ➡ 산화와 환원은 항상 동시에 일어난다. ⌐⁺산화되는 물질이 얻은 산소 원자 수=환원되는 물질이 잃은 산소 원자 수

예 철의 제련 과정에서 산화 철(Ⅲ)(Fe_2O_3)이 환원될 때 코크스(C)가 산화된다.

B 전자의 이동과 산화 환원

⁺1. 전자의 이동과 산화 환원 반응

		예
산화	어떤 물질이 전자를 잃는 반응	전자를 잃음: 산화
환원	어떤 물질이 전자를 얻는 반응	$2Na(s) + Cl_2(g) \longrightarrow 2NaCl(2Na^+ + 2Cl^-)(s)$

전자를 얻음: 환원

동아 교과서에만 나와요.

◆ 메테인(CH_4)의 연소에서 전자의 이동

• 산화: CH_4에서 공유 전자쌍은 C 쪽으로 치우치지만, CO_2에서 공유 전자쌍은 O 쪽으로 치우친다. 따라서 C는 전자를 잃은 것으로 볼 수 있으므로 CH_4은 산화된 것이다.
• 환원: O_2에서 공유 전자쌍은 어느 쪽으로도 치우치지 않지만, H_2O에서 공유 전자쌍은 O 쪽으로 치우친다. 따라서 O는 전자를 얻은 것으로 볼 수 있으므로 O_2는 환원된 것이다.

2. ⁺산소가 이동하는 산화 환원 반응에서 전자의 이동
(1) 산소가 이동하는 산화 환원 반응은 전자의 이동으로 설명할 수 있다.
(2) 산소는 대부분의 원소보다 전기 음성도가 크므로 산소와 결합하여 산화된 원소의 원자는 산소에게 전자를 잃고 산화되었다고 볼 수 있고, 산소는 전자를 얻어 환원되었다고 볼 수 있다.

| 산화 마그네슘(MgO)의 생성 |

마그네슘(Mg)이 산소(O_2)와 반응하면 산화 마그네슘(MgO)이 생성된다.

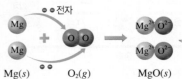

$$2Mg(s) + O_2(g) \longrightarrow 2MgO(s)$$

• 산소의 이동으로 설명: Mg은 산소를 얻어 MgO으로 산화된다.
• 전자의 이동으로 설명: 전기 음성도: Mg < O ➡ Mg은 전기 음성도가 큰 O에게 전자를 잃고 Mg^{2+}으로 산화되고, O는 Mg으로부터 전자를 얻어 O^{2-}으로 환원된다.

아연과 황산 구리(Ⅱ) 수용액의 반응

황산 구리(Ⅱ)($CuSO_4$) 수용액에 아연(Zn)판을 넣으면 수용액의 푸른색은 점점 옅어지고, Zn판의 표면은 붉은색 물질로 덮인다.

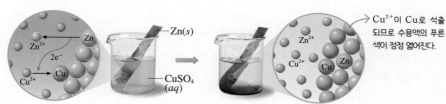

→ Cu^{2+}이 Cu로 석출되므로 수용액의 푸른색이 점점 옅어진다.

1. **Zn의 산화**: Zn은 전자를 잃고 Zn^{2+}으로 산화되어 수용액에 녹아 들어간다.
➡ $Zn(s) \longrightarrow Zn^{2+}(aq) + 2e^-$(산화)
2. **Cu^{2+}의 환원**: 용액에 녹아 있던 Cu^{2+}은 전자를 얻어 Cu로 환원되어 석출된다.
➡ $Cu^{2+}(aq) + 2e^- \longrightarrow Cu(s)$(환원)
3. **Zn과 Cu^{2+}의 산화 환원 반응**: ┌─ 전자를 잃음: 산화 ─┐
$Zn(s) + Cu^{2+}(aq) \longrightarrow Zn^{2+}(aq) + Cu(s)$
└─ 전자를 얻음: 환원 ─┘

구리와 질산 은 수용액의 반응

무색의 질산 은($AgNO_3$) 수용액에 구리(Cu)줄을 넣으면 Cu줄 표면에 은(Ag)이 석출되고, 수용액은 점점 푸른색으로 변한다.

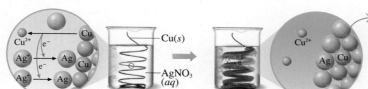

→ Cu가 Cu^{2+}으로 수용액에 녹아 들어가므로 수용액이 점점 푸른색으로 변한다.

1. **Cu의 산화**: Cu는 전자를 잃고 Cu^{2+}으로 산화되어 수용액에 녹아 들어간다.
➡ $Cu(s) \longrightarrow Cu^{2+}(aq) + 2e^-$(산화)
2. **Ag^+의 환원**: 용액에 녹아 있던 Ag^+은 전자를 얻어 Ag으로 환원되어 석출된다.
➡ $Ag^+(aq) + e^- \longrightarrow Ag(s)$(환원)
3. **Cu와 Ag^+의 산화 환원 반응**: ┌─ 전자를 잃음: 산화 ─┐
$Cu(s) + 2Ag^+(aq) \longrightarrow Cu^{2+}(aq) + 2Ag(s)$
└─ 전자를 얻음: 환원 ─┘

• Cu 1 mol이 전자 2 mol을 잃고 Cu^{2+}이 되므로 Cu 1 mol이 반응할 때 이동하는 전자는 2 mol이다.

3. 산화 환원 반응의 동시성　산화 환원 반응에서 전자를 잃는 물질이 있으면 반드시 전자를 얻는 물질이 있다. ➡ 산화와 환원은 항상 동시에 일어난다.
┌ 산화되는 물질이 잃은 전자 수 =
환원되는 물질이 얻은 전자 수

심화 ➕ **금속의 이온화 경향**

금속의 이온화 경향은 금속 원소가 전자를 잃고 양이온이 되려는 경향으로, 이온화 경향이 큰 금속일수록 전자를 잃고 산화되기 쉬우며 ⁺반응성이 크다.

$$K > Ca > Na > Mg > Al > Zn > Fe > Ni > Sn > Pb > (H) > Cu > Hg > Ag > Pt > Au$$

예 아연과 황산 구리(Ⅱ) 수용액의 반응: 황산 구리(Ⅱ)($CuSO_4$) 수용액에 구리(Cu)보다 반응성이 큰 아연(Zn)을 넣으면 Zn은 전자를 잃고 Zn^{2+}으로 산화되고, Cu^{2+}은 전자를 얻어 Cu로 환원된다.

◆ 마그네슘(Mg)과 염산(HCl)의 반응

HCl에 Mg을 넣으면 Mg은 전자를 잃고 Mg^{2+}으로 산화되고, H^+은 전자를 얻어 H_2로 환원된다.

┌─ 산화 ─┐
$2HCl + Mg \longrightarrow H_2 + MgCl_2$
└─ 환원 ─┘

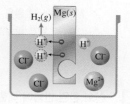

교학사, 상상 교과서에만 나와요.

◆ 광변색 렌즈 속 산화 환원 반응
광변색 렌즈는 자외선의 양에 따라 색이 변하는 렌즈로, 렌즈에는 염화 은(AgCl)과 염화 구리(Ⅰ)(CuCl) 등의 결정이 분산되어 있다. 실외에서 자외선에 노출되면 Cl^-이 전자를 잃고 Cl로 산화되고, Ag^+이 전자를 얻어 Ag으로 환원된다. 이 과정에서 생성된 Ag이 짙은 색을 띠므로 렌즈의 색이 어두워진다.
자외선이 약한 실내에서는 반대의 반응이 일어나면서 렌즈가 다시 투명해진다.

금성 교과서에만 나와요.

◆ 철의 부식 방지
철(Fe)로 된 배의 선체에 철보다 반응성이 큰 아연(Zn)을 붙이면 아연이 먼저 산화되면서 선체의 부식이 방지된다.

개념 확인 문제

핵심
체크

• 산화 환원 반응

구분	(❶)	(❷)
산소의 이동	어떤 물질이 산소를 얻는 반응	어떤 물질이 산소를 잃는 반응
전자의 이동	어떤 물질이 전자를 잃는 반응	어떤 물질이 전자를 얻는 반응

• 산화 환원 반응의 동시성: 산화 환원 반응에서 산소를 얻거나 전자를 잃는 물질이 있으면 반드시 산소를 잃거나 전자를 얻는 물질이 있다. ➡ 산화와 환원은 항상 (❸   )에 일어난다.

1 산화 환원 반응에 대한 설명으로 옳은 것은 ○, 옳지 <u>않은</u> 것은 ✕로 표시하시오.

(1) 어떤 물질이 산소를 얻는 반응은 산화이다. … (   )

(2) 어떤 물질이 전자를 잃는 반응은 환원이다. … (   )

(3) 산화되는 물질이 없어도 환원이 일어난다. ── (   )

(4) 산화 환원 반응이 일어날 때 전자를 잃는 물질이 있으면 반드시 전자를 얻는 물질이 있다. ─────── (   )

2 다음은 용광로에 산화 철(Ⅲ)(Fe_2O_3)이 주성분인 철광석과 코크스(C)를 넣고 철을 제련하는 과정에서 일어나는 반응을 화학 반응식으로 나타낸 것이다.

$$2Fe_2O_3(s) + 3C(s) \longrightarrow 4Fe(s) + 3CO_2(g)$$

(   ) 안에 알맞은 말을 고르시오.

Fe_2O_3은 산소를 잃고 Fe로 ㉠(산화, 환원)되고, C는 산소를 얻어 CO_2로 ㉡(산화, 환원)된다.

3 다음은 나트륨(Na)과 염소(Cl_2)가 반응하여 염화 나트륨(NaCl)이 생성되는 반응을 화학 반응식으로 나타낸 것이다.

$$2Na(s) + Cl_2(g) \longrightarrow 2NaCl(s)$$

산화되는 물질과 환원되는 물질을 각각 쓰시오.

4 (   ) 안에 산화 또는 환원을 알맞게 쓰시오.

(1) $2Mg(s) + O_2(g) \longrightarrow 2MgO(s)$
┌─㉠(   )─┐
└─㉡(   )─┘

(2) $Mg(s) + 2HCl(aq) \longrightarrow MgCl_2(aq) + H_2(g)$
┌─㉠(   )─┐
└─㉡(   )─┘

(3) $Fe(s) + CuSO_4(aq) \longrightarrow FeSO_4(aq) + Cu(s)$
┌─㉠(   )─┐
└─㉡(   )─┘

(4) $2AgNO_3(aq) + Cu(s) \longrightarrow 2Ag(s) + Cu(NO_3)_2(aq)$
┌─㉠(   )─┐
└─㉡(   )─┘

5 그림은 황산 구리(Ⅱ)($CuSO_4$) 수용액에 아연(Zn)판을 넣었을 때 일어나는 반응을 나타낸 것이다.

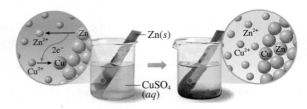

이에 대한 설명으로 옳은 것은 ○, 옳지 <u>않은</u> 것은 ✕로 표시하시오.

(1) 수용액이 푸른색을 띠는 것은 Cu^{2+} 때문이다. ─ (   )

(2) Zn이 Zn^{2+}으로 되어 수용액에 녹아 들어가기 때문에 수용액의 푸른색이 옅어진다. ───────── (   )

(3) Cu^{2+}은 전자를 얻어 Cu로 산화된다. ───── (   )

(4) Zn은 전자를 잃고 Zn^{2+}으로 환원된다. ─── (   )

(5) 전자는 Zn에서 Cu^{2+}으로 이동한다. ───── (   )

C 산화수 변화와 산화 환원

공유 결합 물질에서는 전자의 이동으로 산화 환원 반응을 설명하기가 어려워요. 이때 산화수를 이용하면 모든 산화 환원 반응을 설명할 수 있는데 산화수를 이용하여 산화 환원 반응을 설명하는 방법을 지금부터 함께 알아보아요.

1. ♦산화수 어떤 물질에서 각 원자가 어느 정도 산화되었는지를 나타내는 가상적인 전하

(1) **이온 결합 물질에서 산화수:** 물질을 구성하고 있는 각 이온의 전하와 같다.

예 염화 나트륨($NaCl$): Na의 산화수 ➡ $+1$, Cl의 산화수 ➡ -1

(2) **공유 결합 물질에서 산화수:** 구성 원자 중 전기 음성도가 큰 원자 쪽으로 공유 전자쌍이 모두 이동한다고 가정할 때, 각 원자가 가지는 전하이다. ➡ 전자를 잃은 상태는 '$+$'로, 전자를 얻은 상태는 '$-$'로 나타낸다.

예 물(H_2O)과 이산화 탄소(CO_2)를 구성하는 각 원자의 산화수

물(H_2O)	이산화 탄소(CO_2)
전기 음성도: O>H ➡ 전기 음성도가 큰 O 쪽으로 공유 전자쌍이 모두 이동한다고 가정한다.	전기 음성도: O>C ➡ 전기 음성도가 큰 O 쪽으로 공유 전자쌍이 모두 이동한다고 가정한다.
공유 전자쌍이 모두 O 쪽으로 이동한다고 가정한다.	공유 전자쌍이 모두 O 쪽으로 이동한다고 가정한다. 
• O는 2개의 H로부터 각각 전자를 1개씩 얻은 것이므로 전하가 -2이다. ➡ O의 산화수: -2 • 2개의 H는 각각 전자를 1개씩 잃은 것이므로 전하가 $+1$이다. ➡ H의 산화수: $+1$	• 2개의 O는 C로부터 각각 전자를 2개씩 얻은 것이므로 전하가 -2이다. ➡ O의 산화수: -2 • C는 전자 4개를 잃은 것이므로 전하가 $+4$이다. ➡ C의 산화수: $+4$

2. ♦산화수를 정하는 규칙 291쪽 대표 자료①

❶ 원소를 구성하는 원자의 산화수는 0이다.

예 H_2, O_2, Fe, Hg에서 각 원자의 산화수는 0이다.

❷ 일원자 이온의 산화수는 그 이온의 전하와 같다.

예 • Na^+에서 Na의 산화수는 $+1$이다.
• Cl^-에서 Cl의 산화수는 -1이다.

❸ 다원자 이온은 각 원자의 산화수의 합이 그 이온의 전하와 같다.

예 • $SO_4{}^{2-}$: $\underset{S}{(+6)}+\underset{O}{(-2)\times4}=-2$

❹ 화합물에서 각 원자의 산화수의 합은 0이다.

예 • H_2O: $\underset{H}{(+1)\times2}+\underset{O}{(-2)}=0$

❺ 화합물에서 1족 금속 원자의 산화수는 $+1$, 2족 금속 원자의 산화수는 $+2$이다.

예 • $\overset{+1\,-1}{NaCl}$에서 Na의 산화수는 $+1$이다.
• $\overset{+2\,-2}{MgO}$에서 Mg의 산화수는 $+2$이다.

❻ 화합물에서 F의 산화수는 -1이다.

예 • $\overset{+1\,-1}{LiF}$에서 F의 산화수는 -1이다.

❼ 화합물에서 H의 산화수는 $+1$이다. (단, 금속의 수소 화합물에서는 -1이다.)

예 • $\overset{+1\,-2}{H_2O}$에서 H의 산화수는 $+1$이다.
• $\overset{+1\,-1}{LiH}$에서 H의 산화수는 -1이다.

❽ 화합물에서 O의 산화수는 -2이다. (단, ♦과산화물에서는 -1이고, 플루오린 화합물에서는 $+2$이다.) O보다 전기 음성도가 더 큰 F과 결합한 플루오린 화합물에서 O의 산화수는 $+2$이다.

예 • $\overset{+1\,-2}{H_2O}$, $\overset{+4\,-2}{CO_2}$에서 O의 산화수는 -2이다.
• $\overset{+1\,-1}{H_2O_2}$에서 O의 산화수는 -1이다.
• $\overset{+2\,-1}{OF_2}$에서 O의 산화수는 $+2$이다.

♦ 산화수의 주기성
원자의 산화수는 전자 배치와 관련이 있어 주기성을 나타낸다. 1족과 2족 원자들은 각각 $+1$과 $+2$의 산화수를 가지며, F을 제외한 15족, 16족, 17족 원자들은 다양한 산화수를 가질 수 있다.

♦ 화합물의 종류에 따른 산화수
같은 원자라도 산화수는 화합물의 종류에 따라 달라질 수 있으므로 여러 가지 산화수를 가질 수 있다.

N	O	V
-3 NH_3	-2 H_2O	$+5$ $VO_2{}^+$
0 N_2	-1 H_2O_2	$+4$ VO^{2+}
$+1$ N_2O	0 O_2	$+3$ V^{3+}
$+2$ NO	$+2$ OF_2	$+2$ V^{2+}

♦ 과산화물
산화물에서 O 원자가 더해진 화합물로, $O_2{}^{2-}$을 포함하고 있는 물질이다.

1 산화 환원 반응

산화 환원 반응

구분	산화	환원
산소	얻음	잃음
전자	잃음	얻음
산화수	증가	감소

3. 산화수 변화와 산화 환원 반응

산화	산화수가 증가하는 반응
환원	산화수가 감소하는 반응

예
$$\underset{0}{Zn}(s) + \underset{+2}{CuSO_4}(aq) \longrightarrow \underset{+2}{ZnSO_4}(aq) + \underset{0}{Cu}(s)$$

산화수 증가: 산화 / 산화수 감소: 환원

4. 산화 환원 반응의 동시성
산화 환원 반응에서 산화수가 증가한 물질이 있으면 반드시 산화수가 감소한 물질이 있다. ➡ 산화와 환원은 항상 동시에 일어난다.

5. 산화제와 환원제

(1) 산화제와 환원제 291쪽 대표 자료①

구분	산화제	환원제
정의	자신은 환원되면서 다른 물질을 산화시키는 물질	자신은 산화되면서 다른 물질을 환원시키는 물질
예	$$\underset{+3}{Fe_2O_3}(s) + \underset{+2}{3CO}(g) \longrightarrow \underset{0}{2Fe}(s) + \underset{+4}{3CO_2}(g)$$ 산화제 / 환원제 / 산화수 증가: 산화 / 산화수 감소: 환원	
주로 사용되는 물질	• 전자를 얻기 쉬운 비금속 원소 예 F_2, Cl_2, O_3 등 • 산화수가 큰 원자가 들어 있는 화합물 └• 전자를 얻어 산화수가 작은 상태로 환원되면서 다른 물질을 산화시킨다. 예 $\underset{+7}{KMnO_4}$, $\underset{+6}{K_2Cr_2O_7}$ 등	• 전자를 잃기 쉬운 금속 원소 예 Li, Na, K 등 • 산화수가 작은 원자가 들어 있는 화합물 └• 전자를 잃고 산화수가 큰 상태로 산화되면서 다른 물질을 환원시킨다. 예 $\underset{+2}{SnCl_2}$, $\underset{+2}{CO}$ 등

화학 반응은 모두 산화 환원 반응일까?

반응 전후에 산화수가 변하는 원자가 없다면 산화 환원 반응이 아니다.

• 앙금 생성 반응
$$\underset{+1-1}{NaCl}(aq) + \underset{+1+5-2}{AgNO_3}(aq)$$
$$\longrightarrow \underset{+1+5-2}{NaNO_3}(aq) + \underset{+1-1}{AgCl}(s)$$

• 중화 반응
$$\underset{+1-1}{HCl}(aq) + \underset{+1-2+1}{NaOH}(aq)$$
$$\longrightarrow \underset{+1-2}{H_2O}(l) + \underset{+1-1}{NaCl}(aq)$$

➡ 앙금 생성 반응과 중화 반응은 산화수가 변하는 원자가 없으므로 산화 환원 반응이 아니다.

◆ 산화제와 환원제의 상대적 세기

산화제로 작용하는 물질이 산화시키는 능력이 더 큰 다른 물질과 반응할 때에는 환원제로 작용한다.

(2) 산화제와 환원제의 상대적 세기
같은 물질이라도 어떤 물질과 반응하는지에 따라 산화제로 작용할 수도 있고, 환원제로 작용할 수도 있다. ➡ 산화 환원 반응에서 전자를 잃거나 얻으려는 경향은 서로 상대적이기 때문이다.

| 이산화 황(SO_2) |

이산화 황(SO_2)이 산화제로 작용

SO_2이 황화 수소(H_2S)와 반응하는 경우에는 자신은 환원되면서 H_2S를 S으로 산화시키는 산화제로 작용한다.

$$\underset{+4}{SO_2}(g) + \underset{-2}{2H_2S}(g) \longrightarrow 2H_2O(l) + \underset{0}{3S}(s)$$

산화제 / 환원제 / 산화수 증가: 산화 / 산화수 감소: 환원

이산화 황(SO_2)이 환원제로 작용

SO_2이 상대적으로 더 강한 산화제인 염소(Cl_2)와 반응하는 경우에는 자신은 산화되면서 Cl_2를 Cl^-으로 환원시키는 환원제로 작용한다.

$$\underset{+4}{SO_2}(g) + 2H_2O(l) + \underset{0}{Cl_2}(g) \longrightarrow \underset{+6}{H_2SO_4}(aq) + \underset{-1}{2HCl}(aq)$$

환원제 / 산화제 / 산화수 증가: 산화 / 산화수 감소: 환원

D 산화 환원 반응식

1. 산화 환원 반응식 완성하기(산화수법)
산화 환원 반응에서 증가한 산화수와 감소한 산화수는 항상 같으므로 이를 이용하여 산화 환원 반응식을 완성한다. 291쪽 대표 자료②

> 증가한 산화수＝감소한 산화수

1단계 반응물을 화살표의 왼쪽에, 생성물을 화살표의 오른쪽에 쓰고 각 원자의 산화수를 구한다.

$$\overset{+3\,-2}{C_2O_4^{2-}}(aq)+\overset{+7\,-2}{MnO_4^-}(aq)+\overset{+1}{H^+}(aq)\longrightarrow \overset{+4\,-2}{CO_2}(g)+\overset{+2}{Mn^{2+}}(aq)+\overset{+1\,-2}{H_2O}(l)$$

2단계 반응 전후의 산화수 변화를 확인한다.

$$\overset{+3\,-2}{C_2O_4^{2-}}(aq)+\overset{+7\,-2}{MnO_4^-}(aq)+\overset{+1}{H^+}(aq)\longrightarrow \overset{+4\,-2}{CO_2}(g)+\overset{+2}{Mn^{2+}}(aq)+\overset{+1\,-2}{H_2O}(l)$$

└──── 1 증가 ────┘   └──── 5 감소 ────┘

3단계 산화되는 원자 수와 환원되는 원자 수가 다른 경우 산화되는 원자 수와 환원되는 원자 수를 맞추고, 증가한 산화수와 감소한 산화수를 각각 계산한다.

산화되는 C 원자 수가 다르므로 맞추어 준다. ➡ 증가한 산화수: $1 \times 2 = 2$

$$C_2O_4^{2-}(aq)+MnO_4^-(aq)+H^+(aq)\longrightarrow 2CO_2(g)+Mn^{2+}(aq)+H_2O(l)$$

환원되는 Mn 원자 수가 같다. ➡ 감소한 산화수: $5 \times 1 = 5$

산화되는 원자 수와 환원되는 원자 수가 같으면 3단계는 생략할 수 있어요.

4단계 증가한 산화수와 감소한 산화수가 같도록 계수를 맞춘다.

└──── $2 \times 5 = 10$ ────┘

$$5C_2O_4^{2-}(aq)+2MnO_4^-(aq)+H^+(aq)\longrightarrow 10CO_2(g)+2Mn^{2+}(aq)+H_2O(l)$$

└──── $5 \times 2 = 10$ ────┘

5단계 산화수 변화가 없는 원자들의 수가 같도록 계수를 맞추어 산화 환원 반응식을 완성한다.

$$5C_2O_4^{2-}(aq)+2MnO_4^-(aq)+16H^+(aq)\longrightarrow 10CO_2(g)+2Mn^{2+}(aq)+8H_2O(l)$$

심화 ✚ 이온 – 전자법   📋 미래엔, 지학사 교과서에만 나와요.

전자의 이동을 알기 쉽도록 산화 환원 반응을 산화 반응과 환원 반응으로 분리하여 나타낸 반응을 반쪽 반응이라고 한다. 따라서 반쪽 반응을 이용하여 화학 반응식의 계수를 맞추면 산화 환원 반응식을 완성할 수 있다.

1단계 각 원자의 산화수를 구한다. $$\overset{+7\,-2}{MnO_4^-}+\overset{-1}{Cl^-}+\overset{+1}{H^+}$$ $$\longrightarrow \overset{+2}{Mn^{2+}}+\overset{0}{Cl_2}+\overset{+1\,-2}{H_2O}$$	2단계 산화 환원 반응을 산화 반응과 환원 반응으로 나눈다. 산화: $Cl^- \longrightarrow Cl_2$ 환원: $MnO_4^- \longrightarrow Mn^{2+}$	3단계 원자의 종류와 수가 같도록 계수를 맞춘다. 산화: $2Cl^- \longrightarrow Cl_2$ 환원: $MnO_4^- + 8H^+$ $\longrightarrow Mn^{2+} + 4H_2O$
4단계 화살표 양쪽의 전하량이 같도록 맞춘다. 산화: $2Cl^- \longrightarrow Cl_2 + 2e^-$ 환원: $MnO_4^- + 8H^+ + 5e^-$ $\longrightarrow Mn^{2+} + 4H_2O$	5단계 잃은 전자 수와 얻은 전자 수가 같도록 계수를 맞춘다. 산화: $(2Cl^- \longrightarrow Cl_2 + 2e^-)\times 5$ 환원: $(MnO_4^- + 8H^+ + 5e^-$ $\longrightarrow Mn^{2+} + 4H_2O)\times 2$	6단계 두 반쪽 반응을 더하여 산화 환원 반응식을 완성한다. $2MnO_4^- + 10Cl^- + 16H^+$ $\longrightarrow 2Mn^{2+} + 5Cl_2 + 8H_2O$

◆ **완성된 산화 환원 반응식에서 확인해야 할 것**
· 반응물과 생성물을 구성하는 원자의 종류와 수가 같아야 한다.
· 반응물과 생성물의 전하량의 총합이 같아야 한다.

📋 YBM 교과서에만 나와요.

◆ **산화 환원 반응의 알짜 이온 반응식**
산화 환원 반응의 알짜 이온 반응식은 실제로 산화수가 변한 원소만을 화학 반응식에 나타낸 것이다.
예 구리(Cu)와 질산 은($AgNO_3$) 수용액 반응의 알짜 이온 반응식
$2Ag^+(aq)+Cu(s)$
$\longrightarrow 2Ag(s)+Cu^{2+}(aq)$

---

2. 산화 환원 반응의 양적 관계 완성된 산화 환원 반응식으로부터 산화나 환원에 필요한 환원제나 산화제의 양을 알 수 있다. ➡ 산화 환원 반응식에서 산화나 환원에 필요한 환원제나 산화제의 계수비는 환원제나 산화제의 몰비와 같다.

| 산화 철(Ⅲ)(Fe_2O_3)과 일산화 탄소(CO)의 반응 |

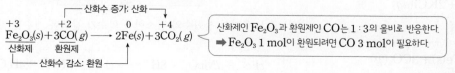

┌──── 산화수 증가: 산화 ────┐

$$\overset{+3}{Fe_2O_3}(s)+\overset{+2}{3CO}(g)\longrightarrow \overset{0}{2Fe}(s)+\overset{+4}{3CO_2}(g)$$

산화제   환원제

└──── 산화수 감소: 환원 ────┘

산화제인 Fe_2O_3과 환원제인 CO는 1 : 3의 몰비로 반응한다.
➡ Fe_2O_3 1 mol이 환원되려면 CO 3 mol이 필요하다.

개념 확인 문제

핵심 체크

- (❶   ): 어떤 물질에서 각 원자가 어느 정도 산화되었는지를 나타내는 가상적인 전하
  - 이온 결합 물질에서 산화수: 물질을 구성하고 있는 각 이온의 (❷   )와 같다.
  - 공유 결합 물질에서 산화수: 구성 원자 중 전기 음성도가 (❸   ) 원자 쪽으로 공유 전자쌍이 모두 이동한다고 가정할 때, 각 원자가 가지는 전하이다.
- 산화수 변화와 산화 환원 ─ 산화: 산화수가 (❹   )하는 반응
  -                      └ 환원: 산화수가 (❺   )하는 반응
- 산화 환원 반응의 동시성: 산화 환원 반응에서 산화수가 증가한 물질이 있으면 반드시 산화수가 감소한 물질이 있다.
  ➡ 산화와 환원은 항상 (❻   )에 일어난다.
- (❼   ): 자신은 환원되면서 다른 물질을 산화시키는 물질
- (❽   ): 자신은 산화되면서 다른 물질을 환원시키는 물질
- 산화 환원 반응식 완성하기(산화수법): 산화 환원 반응에서 증가한 산화수와 감소한 산화수는 항상 같으므로 이를 이용하여 산화 환원 반응식을 완성한다.

---

1 산화수에 대한 설명으로 옳은 것은 ○, 옳지 <u>않은</u> 것은 ✕로 표시하시오.

(1) 산화수가 감소하는 반응은 환원이다. ┄┄┄┄┄ (　　)
(2) $NaCl$에서 Na의 산화수는 $+1$이다. ┄┄┄┄ (　　)
(3) CO_2에서 C의 산화수는 -4이다. ┄┄┄┄ (　　)
(4) 화합물에서 O의 산화수는 항상 -2이다. ┄┄ (　　)
(5) 화합물을 구성하는 원자들의 산화수의 합은 0이다.
┄┄┄┄┄┄┄┄┄┄┄┄┄┄┄┄┄┄┄┄┄┄ (　　)

2 각 물질에서 밑줄 친 원자의 산화수를 쓰시오.

(1) $H\underline{N}O_3$ (2) $Na\underline{H}$ (3) $H_2\underline{O}_2$
(4) $\underline{C}H_4$ (5) $\underline{O}F_2$ (6) $H\underline{Cl}O$

3 다음 반응식에서 밑줄 친 원자들의 산화수를 차례대로 쓰고, (　　) 안에 산화 또는 환원을 알맞게 쓰시오.

(1) $2\underline{H}_2(g) + O_2(g) \longrightarrow 2\underline{H}_2\underline{O}(g)$
    ㉠(　　) / ㉡(　　)

(2) $2K\underline{I}(aq) + \underline{Cl}_2(g) \longrightarrow \underline{I}_2(s) + 2K\underline{Cl}(aq)$
    ㉠(　　) / ㉡(　　)

(3) $\underline{Fe}_2O_3(s) + 3\underline{C}O(g) \longrightarrow 2\underline{Fe}(s) + 3\underline{C}O_2(g)$
    ㉠(　　) / ㉡(　　)

4 (　　) 안에 산화제 또는 환원제 중 알맞은 말을 쓰시오.

(1) 화학 반응에서 산화되는 물질은 (　　　)이다.
(2) 화학 반응에서 산화수가 감소하는 원자를 포함한 물질은 (　　　)이다.
(3) 플루오린(F_2)은 주로 ㉠(　　　)로, 나트륨(Na)은 주로 ㉡(　　　)로 사용된다.

5 다음 반응에서 산화제와 환원제를 각각 쓰시오.

(1) $N_2(g) + 3H_2(g) \longrightarrow 2NH_3(g)$
(2) $Zn(s) + 2HCl(aq) \longrightarrow ZnCl_2(aq) + H_2(g)$
(3) $SO_2(g) + 2H_2S(g) \longrightarrow 2H_2O(l) + 3S(s)$

6 다음은 산화 환원 반응식을 단계적으로 완성하는 과정을 나타낸 것이다. $a \sim d$에 알맞은 숫자를 각각 쓰시오.

> (가) 각 원자의 산화수 변화를 확인한다.
>   ┌─── a 증가 ───┐
> $Fe^{2+} + MnO_4^- + 8H^+ \longrightarrow Fe^{3+} + Mn^{2+} + 4H_2O$
>   └─────── b 감소 ───────┘
>
> (나) 증가한 산화수와 감소한 산화수가 같도록 계수를 맞춘다.
> $cFe^{2+} + dMnO_4^- + 8H^+ \longrightarrow cFe^{3+} + dMn^{2+} + 4H_2O$

자료 ❶ 산화수 변화와 산화제, 환원제

기출 Point
· 원자의 산화수
· 산화제와 환원제

[1~4] 다음은 3가지 산화 환원 반응의 화학 반응식이다.

$$(가) \ 2H_2(g)+O_2(g) \longrightarrow \underset{\underset{\bigcirc}{}}{2H_2O(l)}$$

$$(나) \ \underset{\underset{\bigcirc}{}}{O_2(g)}+F_2(g) \longrightarrow \underset{\underset{\bigcirc}{}}{O_2F_2(g)}$$

$$(다) \ 2\underset{\underset{\textcircled{\tiny e}}{}}{MnO_4^-}(aq)+10Cl^-(aq)+16H^+(aq)$$
$$\longrightarrow 2Mn^{2+}(aq)+5Cl_2(g)+8H_2O(l)$$

1 (가)에서 H와 O의 산화수 변화를 각각 쓰시오.

2 (나)에서 F의 산화수를 순서대로 쓰시오.

3 (다)에서 Mn의 산화수 변화를 쓰시오.

4 빈출 선택지로 완벽 정리!

(1) (가)에서 H_2는 환원된다. ──────── (◯ / ✕)
(2) (가)에서 O_2는 산화제이다. ─────── (◯ / ✕)
(3) (나)에서 F_2은 환원된다. ──────── (◯ / ✕)
(4) (나)에서 O의 산화수는 감소한다. ──── (◯ / ✕)
(5) (다)에서 Mn의 산화수는 +7에서 +2로 감소한다.
────────────────── (◯ / ✕)
(6) (다)에서 MnO_4^-은 환원제이다. ──── (◯ / ✕)
(7) ㉠~㉣에서 O의 산화수 중 가장 큰 값은 +1이다.
────────────────── (◯ / ✕)

자료 ❷ 산화 환원 반응식

기출 Point
· 산화 환원 반응식 완성하기
· 산화 환원 반응의 양적 관계

[1~4] 다음은 3가지 산화 환원 반응의 화학 반응식이다.

$$(가) \ CO(g)+2H_2(g) \longrightarrow CH_3OH(l)$$
$$(나) \ CO(g)+H_2O(l) \longrightarrow CO_2(g)+H_2(g)$$
$$(다) \ aMnO_4^-(aq)+bSO_3^{2-}(aq)+H_2O(l)$$
$$\longrightarrow aMnO_2(aq)+bSO_4^{2-}(aq)+cOH^-(aq)$$
$$(a{\sim}c는 \ 반응 \ 계수)$$

1 (가)에서 산화되는 물질과 환원되는 물질을 각각 쓰시오.

2 (나)에서 산화되는 물질과 환원되는 물질을 각각 쓰시오.

3 (다)에서 Mn의 산화수 변화와 S의 산화수 변화를 각각 쓰시오.

4 빈출 선택지로 완벽 정리!

(1) (가)에서 CO는 환원제이다. ────── (◯ / ✕)
(2) (나)에서 H_2O은 산화제이다. ───── (◯ / ✕)
(3) (다)에서 MnO_4^-은 환원제이다. ──── (◯ / ✕)
(4) (다)에서 $a+b+c=4$이다. ──────── (◯ / ✕)
(5) (다)에서 MnO_4^-과 SO_3^{2-}은 2 : 3의 몰비로 반응한다. ──────────────── (◯ / ✕)
(6) (다)에서 SO_3^{2-} 1 mol을 모두 산화시키는 데 필요한 MnO_4^-의 최소 양(mol)은 2 mol이다. ──── (◯ / ✕)
(7) (다)에서 MnO_4^- 1 mol이 반응할 때 이동하는 전자는 3 mol이다. ──────────── (◯ / ✕)

내신 만점 문제

A B 산소의 이동·전자의 이동과 산화 환원

01 산화 환원 반응에 대한 설명으로 옳은 것만을 [보기]에서 있는 대로 고른 것은?

보기
ㄱ. 어떤 물질이 산소를 잃으면 산화된다.
ㄴ. 어떤 물질이 전자를 얻으면 환원된다.
ㄷ. 산화와 환원은 항상 동시에 일어난다.

① ㄱ　　　　② ㄷ　　　　③ ㄱ, ㄴ
④ ㄴ, ㄷ　　　⑤ ㄱ, ㄴ, ㄷ

02 다음은 2가지 산화 환원 반응의 화학 반응식이다.

(가) $2Na(s)+Cl_2(g) \longrightarrow 2NaCl(s)$
(나) $2AgNO_3(aq)+Fe(s) \longrightarrow 2Ag(s)+Fe(NO_3)_2(aq)$

이에 대한 설명으로 옳은 것만을 [보기]에서 있는 대로 고른 것은?

보기
ㄱ. (가)에서 Na은 산화된다.
ㄴ. (나)에서 $AgNO_3$은 산화된다.
ㄷ. (나)에서 용액 속 양이온 수는 증가한다.

① ㄱ　　　　② ㄴ　　　　③ ㄱ, ㄷ
④ ㄴ, ㄷ　　　⑤ ㄱ, ㄴ, ㄷ

03 표는 금속 A~C를 각각 질산 은($AgNO_3$) 수용액과 황산 구리(Ⅱ)($CuSO_4$) 수용액에 넣었을 때의 반응 결과에 대한 자료이다.

금속	$AgNO_3$ 수용액	$CuSO_4$ 수용액
A	반응 안함	반응 안함
B	금속 Ag 석출	반응 안함
C	금속 Ag 석출	금속 Cu 석출

A~C의 산화되기 쉬운 정도를 옳게 비교한 것은? (단, A~C는 임의의 원소 기호이다.)

① A>B>C　② A>C>B　③ B>A>C
④ B>C>A　⑤ C>B>A

중요 04 다음은 아연(Zn)판을 이용한 실험이다.

(가) 황산 구리(Ⅱ)($CuSO_4$) 수용액에 Zn판을 넣었더니 Zn판 표면에 구리(Cu)가 석출되었다.
(나) 염산(HCl)에 Zn판을 넣었더니 수소(H_2) 기체가 발생하였다.

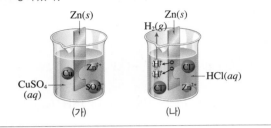

이에 대한 설명으로 옳은 것만을 [보기]에서 있는 대로 고른 것은?

보기
ㄱ. (가)와 (나)에서 Zn은 산화된다.
ㄴ. (나)에서 Zn판의 크기는 점점 작아진다.
ㄷ. (가)와 (나)에서 용액 속 전체 이온 수는 변하지 않는다.

① ㄱ　　　　② ㄷ　　　　③ ㄱ, ㄴ
④ ㄴ, ㄷ　　　⑤ ㄱ, ㄴ, ㄷ

C 산화수 변화와 산화 환원

중요 05 산화수에 대한 설명으로 옳지 <u>않은</u> 것은?

① 원소를 구성하는 원자의 산화수는 0이다.
② 화합물에서 H의 산화수는 항상 +1이다.
③ 일원자 이온의 산화수는 그 이온의 전하와 같다.
④ 같은 원자라도 결합하는 원자의 종류에 따라 산화수가 달라질 수 있다.
⑤ 공유 결합 물질에서 전기 음성도가 큰 원자는 전기 음성도가 작은 원자보다 산화수가 작다.

06 다음은 산화수에 대한 학생들의 대화이다.

HCl와 LiH에서 H의 산화수는 같아. 학생 A

FCN과 HCN에서 C의 산화수는 같아. 학생 B

O의 산화수는 OF_2에서 가 CO_2에서보다 커. 학생 C

제시한 내용이 옳은 학생만을 있는 대로 고르시오.

07 다음은 3가지 산화 환원 반응에 대한 설명이다.

- 질소(N_2) 기체와 수소(H_2) 기체를 반응시키면 암모니아(NH_3) 기체가 생성된다.
- 메테인(CH_4)을 공기 중에서 연소시키면 이산화 탄소(CO_2) 기체가 발생한다.
- 염산(HCl)에 마그네슘(Mg) 조각을 넣으면 수소(H_2) 기체가 발생한다.

밑줄 친 원자의 산화수 변화를 옳게 짝 지은 것은?

$\underline{N}$	$\underline{C}$	$\underline{H}$
① 3 감소	4 증가	2 감소
② 3 감소	4 증가	2 증가
③ 3 감소	8 증가	1 감소
④ 3 증가	8 증가	1 감소
⑤ 3 증가	8 증가	1 증가

08 산화 환원 반응만을 [보기]에서 있는 대로 고른 것은?

보기
ㄱ. $2Al(s) + 3Cl_2(g) \longrightarrow 2AlCl_3(s)$
ㄴ. $Mg(OH)_2(aq) + 2HCl(aq)$
　　　　$\longrightarrow MgCl_2(aq) + 2H_2O(l)$
ㄷ. $NaCl(aq) + AgNO_3(aq)$
　　　　$\longrightarrow NaNO_3(aq) + AgCl(s)$

① ㄱ　　② ㄴ　　③ ㄱ, ㄷ
④ ㄴ, ㄷ　　⑤ ㄱ, ㄴ, ㄷ

09 다음은 2가지 산화 환원 반응의 화학 반응식이다.

(가) $2Na(s) + Cl_2(g) \longrightarrow 2$ ㉠ (s)
(나) $H_2(g) + Cl_2(g) \longrightarrow 2$ ㉡ (g)

이에 대한 설명으로 옳은 것만을 [보기]에서 있는 대로 고르시오.

보기
ㄱ. (가)에서 Na은 전자를 잃는다.
ㄴ. (나)에서 H_2는 환원된다.
ㄷ. ㉠과 ㉡에서 Cl의 산화수는 모두 -1이다.

10 그림은 1, 2주기 원소 A~C로 이루어진 분자 (가)와 (나)의 루이스 전자점식을 나타낸 것이다.

$$A : \overset{\displaystyle A}{\underset{\displaystyle A}{B}} : A \qquad\qquad : \ddot{C} :: B :: \ddot{C} :$$
(가)　　　　　　　　　　(나)

(가)와 (나)에서 B의 산화수를 전기 음성도와 관련하여 서술하시오. (단, A~C는 임의의 원소 기호이고, 전기 음성도의 크기는 C>B>A이다.)

11 그림은 분자 (가)~(다)의 루이스 구조를 나타낸 것이다. 전기 음성도는 X>H이다.

$$H - \overset{\displaystyle H}{\underset{\displaystyle H}{X}} - H \qquad H - \overset{\displaystyle H}{\underset{}{X}} = \ddot{Y} \qquad : \ddot{Z} - X \equiv X - \ddot{Z} :$$
(가)　　　　　　(나)　　　　　　(다)

이에 대한 설명으로 옳은 것만을 [보기]에서 있는 대로 고른 것은? (단, X~Z는 임의의 2주기 원소 기호이다.)

보기
ㄱ. (가)에서 X의 산화수는 $+4$이다.
ㄴ. XY_2에서 Y의 산화수는 -2이다.
ㄷ. YZ_2에서 Y 원자는 부분적인 양전하(δ^+)를 띤다.

① ㄱ　　② ㄷ　　③ ㄱ, ㄴ
④ ㄴ, ㄷ　　⑤ ㄱ, ㄴ, ㄷ

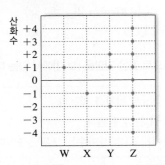

12 그림은 2주기 원소 W~Z가 화합물에서 가질 수 있는 산화수 중 일부에 대한 자료이다.

이에 대한 설명으로 옳은 것만을 [보기]에서 있는 대로 고른 것은? (단, W~Z는 임의의 원소 기호이다.)

보기
ㄱ. 전기 음성도는 W>X이다.
ㄴ. YX_2에서 Y의 산화수는 +2이다.
ㄷ. ZX_4에서 Z의 산화수는 +4이다.

① ㄱ   ② ㄷ   ③ ㄱ, ㄴ
④ ㄴ, ㄷ   ⑤ ㄱ, ㄴ, ㄷ

13 다음은 2가지 반응의 화학 반응식이다.

(가) $2Mg(s)+O_2(g) \longrightarrow 2MgO(s)$
(나) $2CuO(s)+C(s) \longrightarrow 2Cu(s)+CO_2(g)$

이에 대한 설명으로 옳은 것만을 [보기]에서 있는 대로 고른 것은?

보기
ㄱ. (가)에서 Mg은 산화된다.
ㄴ. (나)에서 CuO는 환원제이다.
ㄷ. (가)와 (나)는 모두 산화 환원 반응이다.

① ㄱ   ② ㄴ   ③ ㄱ, ㄷ
④ ㄴ, ㄷ   ⑤ ㄱ, ㄴ, ㄷ

14 다음은 3가지 산화 환원 반응의 화학 반응식이다.

(가) $2Na(s)+Cl_2(g) \longrightarrow 2NaCl(s)$
(나) $Mg(s)+2HCl(aq) \longrightarrow MgCl_2(aq)+H_2(g)$
(다) $2AgNO_3(aq)+Fe(s) \longrightarrow 2Ag(s)+Fe(NO_3)_2(aq)$

(가)~(다)에서 산화제로 작용한 물질을 각각 쓰시오.

15 다음은 산성비와 관련된 3가지 반응의 화학 반응식이다.

(가) $2NO(g)+O_2(g) \longrightarrow 2NO_2(g)$
(나) $2NO_2(g)+H_2O(l) \longrightarrow HNO_3(aq)+HNO_2(aq)$
(다) $HNO_3(aq)+H_2O(l) \longrightarrow H_3O^+(aq)+NO_3^-(aq)$

이에 대한 설명으로 옳은 것만을 [보기]에서 있는 대로 고른 것은?

보기
ㄱ. (가)에서 NO는 산화제이다.
ㄴ. (나)의 질소 화합물 중 산화수가 가장 작은 N을 포함한 화합물은 HNO_2이다.
ㄷ. (다)는 산화 환원 반응이다.

① ㄱ   ② ㄴ   ③ ㄱ, ㄷ
④ ㄴ, ㄷ   ⑤ ㄱ, ㄴ, ㄷ

16 다음은 어떤 산화 환원 반응에 대한 자료이다.

• $2XY+Y_2 \longrightarrow 2XY_2$
• XY와 XY_2에서 Y의 산화수는 $-a$이다. $(a>0)$

이에 대한 설명으로 옳은 것만을 [보기]에서 있는 대로 고른 것은? (단, X와 Y는 임의의 2주기 원소이다.)

보기
ㄱ. 전기 음성도는 X<Y이다.
ㄴ. X의 산화수는 XY_2에서가 XY에서의 2배이다.
ㄷ. 이 반응에서 Y_2는 산화제이다.

① ㄱ   ② ㄷ   ③ ㄱ, ㄴ
④ ㄴ, ㄷ   ⑤ ㄱ, ㄴ, ㄷ

17 다음은 구리(Cu)를 이용한 실험이다.

(가) 공기 중에서 붉은색의 구리줄을 가열하였더니 검게 변하였다.

(나) 검게 변한 구리줄에 수소(H_2) 기체를 공급하면서 가열하였더니 다시 붉은색의 구리줄이 되었다.

$O_2(g)$ 공급 가열 $H_2(g)$ 공급 가열

이에 대한 설명으로 옳은 것만을 [보기]에서 있는 대로 고른 것은?

[보기]
ㄱ. (가)에서 Cu의 산화수는 2만큼 증가한다.
ㄴ. (나)에서 검게 변한 구리줄은 환원된다.
ㄷ. (나)에서 H_2는 환원제이다.

① ㄱ   ② ㄴ   ③ ㄱ, ㄷ
④ ㄴ, ㄷ   ⑤ ㄱ, ㄴ, ㄷ

18 다음은 2가지 산화 환원 반응의 화학 반응식이다.

(가) $2H_2S(g) + SO_2(g) \longrightarrow 2H_2O(l) + 3S(s)$
(나) $SO_2(g) + 2H_2O(l) + Cl_2(g)$
$\longrightarrow H_2SO_4(aq) + 2HCl(aq)$

이에 대한 설명으로 옳은 것만을 [보기]에서 있는 대로 고른 것은?

[보기]
ㄱ. (가)에서 H_2S는 산화된다.
ㄴ. (나)에서 Cl_2는 환원제이다.
ㄷ. SO_2은 (가)에서는 산화제로, (나)에서는 환원제로 작용한다.

① ㄱ   ② ㄴ   ③ ㄱ, ㄷ
④ ㄴ, ㄷ   ⑤ ㄱ, ㄴ, ㄷ

D 산화 환원 반응식

19 다음은 산화 환원 반응식을 단계적으로 완성하는 과정을 나타낸 것이다.

(가) 각 원자의 산화수 변화를 확인한다.

a 증가
$MnO_2(s) + HCl(aq) \longrightarrow MnCl_2(s) + Cl_2(g) + H_2O(l)$
b 감소

(나) 산화되는 원자 수와 환원되는 원자 수를 맞추고, 증가한 산화수와 감소한 산화수가 같도록 계수를 맞춘다.

$MnO_2(s) + 2HCl(aq)$
$\longrightarrow MnCl_2(s) + Cl_2(g) + H_2O(l)$

(다) 산화수 변화가 없는 원자들의 수가 같도록 계수를 맞춘다.

$MnO_2(s) + cHCl(aq)$
$\longrightarrow MnCl_2(s) + Cl_2(g) + dH_2O(l)$

$a \sim d$를 모두 더한 값($a+b+c+d$)은?

① 8   ② 9   ③ 10
④ 11   ⑤ 12

20 다음은 다이크로뮴산 칼륨($K_2Cr_2O_7$), 물(H_2O), 황(S)의 반응을 화학 반응식으로 나타낸 것이다.

$2K_2Cr_2O_7(aq) + 2H_2O(l) + 3S(s)$
$\longrightarrow 4KOH(aq) + 2Cr_2O_3(s) + 3SO_2(g)$

이에 대한 설명으로 옳은 것만을 [보기]에서 있는 대로 고른 것은?

[보기]
ㄱ. Cr의 산화수는 3만큼 감소한다.
ㄴ. $K_2Cr_2O_7$은 산화제로 작용하고, S은 환원제로 작용한다.
ㄷ. $K_2Cr_2O_7$ 1 mol이 반응할 때 이동하는 전자는 3 mol이다.

① ㄱ   ② ㄷ   ③ ㄱ, ㄴ
④ ㄴ, ㄷ   ⑤ ㄱ, ㄴ, ㄷ

21 그림과 같이 구리(Cu)줄을 0.1 M 질산 은(AgNO₃) 수용액에 넣었더니 Cu줄 표면에 은(Ag)이 석출되었다.

이에 대한 설명으로 옳은 것만을 [보기]에서 있는 대로 고른 것은?

ㄱ. Cu의 산화수는 증가한다.
ㄴ. AgNO₃은 환원제이다.
ㄷ. 0.1 M AgNO₃ 수용액 100 mL를 모두 환원시키는 데 필요한 Cu의 최소 양(mol)은 0.02 mol이다.

① ㄱ   ② ㄴ   ③ ㄱ, ㄷ
④ ㄴ, ㄷ   ⑤ ㄱ, ㄴ, ㄷ

중요
22 다음은 구리(Cu)와 질산(HNO₃)의 산화 환원 반응식이다.

$$aCu(s) + bHNO_3(aq)$$
$$\longrightarrow cCu(NO_3)_2(aq) + 4H_2O(l) + dNO(g)$$
(a~d는 반응 계수)

이에 대한 설명으로 옳은 것만을 [보기]에서 있는 대로 고른 것은? (단, 0 ℃, 1 atm에서 기체 1 mol의 부피는 22.4 L이다.)

ㄱ. $a+b+c+d$는 10이다.
ㄴ. Cu 0.03 mol을 모두 산화시키는 데 필요한 HNO₃의 최소 양(mol)은 0.08 mol이다.
ㄷ. Cu 3 mol이 산화될 때 생성되는 NO 기체의 부피는 0 ℃, 1 atm에서 44.8 L이다.

① ㄱ   ② ㄷ   ③ ㄱ, ㄴ
④ ㄴ, ㄷ   ⑤ ㄱ, ㄴ, ㄷ

23 다음은 산화 환원 반응의 화학 반응식이다.

$$5Co^{2+}(aq) + aMnO_4^-(aq) + 8H^+(aq)$$
$$\longrightarrow 5Co^{m+}(aq) + aMn^{2+}(aq) + bH_2O(l)$$
(a, b는 반응 계수)

이에 대한 설명으로 옳은 것만을 [보기]에서 있는 대로 고른 것은?

ㄱ. $a+b=5$이다.
ㄴ. $m=3$이다.
ㄷ. MnO₄⁻ 1 mol이 반응할 때 이동하는 전자의 양 (mol)은 5 mol이다.

① ㄱ   ② ㄷ   ③ ㄱ, ㄴ
④ ㄴ, ㄷ   ⑤ ㄱ, ㄴ, ㄷ

24 다음은 2가지 산화 환원 반응의 화학 반응식이다.

(가) $H_2O_2(aq) + 2Br^-(aq) + 2H^+(aq)$
$\longrightarrow Br_2(aq) + 2H_2O(l)$
(나) $aFe^{2+}(aq) + MnO_4^-(aq) + 8H^+(aq)$
$\longrightarrow aFe^{3+}(aq) + Mn^{2+}(aq) + 4H_2O(l)$
(a는 반응 계수)

이에 대한 설명으로 옳은 것만을 [보기]에서 있는 대로 고른 것은?

ㄱ. (가)와 (나)에서 O의 산화수는 모두 −2이다.
ㄴ. (나)에서 MnO₄⁻은 산화제이다.
ㄷ. (나)에서 H₂O 1 mol이 생성될 때 반응한 Fe²⁺의 양(mol)은 0.8 mol이다.

① ㄱ   ② ㄴ   ③ ㄱ, ㄷ
④ ㄴ, ㄷ   ⑤ ㄱ, ㄴ, ㄷ

정답친해 153쪽

01 그림은 분자 (가)~(다)의 구조와 원자의 산화수 중 일부를 나타낸 것이다.

$$X-\underset{-1}{Y}-Y-X \qquad X-\overset{\overset{Y}{\parallel}}{\underset{0}{Z}}-X \qquad X-\overset{\overset{X}{|}}{\underset{\underset{X}{|}}{Z}}\overset{\overset{Y}{|}}{Z}-Y-X$$

(가)   (나)   (다)

이에 대한 설명으로 옳은 것만을 [보기]에서 있는 대로 고른 것은? (단, X~Z는 1, 2주기에 속하는 임의의 원소 기호이다.)

보기
ㄱ. (나)에서 Y의 산화수는 −1이다.
ㄴ. (다)에서 Z의 산화수는 ㉡이 ㉠보다 6만큼 크다.
ㄷ. Z_2X_2에서 Z의 산화수는 +1이다.

① ㄱ   ② ㄴ   ③ ㄱ, ㄷ
④ ㄴ, ㄷ   ⑤ ㄱ, ㄴ, ㄷ

02 다음은 3가지 반응의 화학 반응식이다.

(가) $HNO_3(aq)+NaOH(aq)$
$$\longrightarrow NaNO_3(aq)+\boxed{㉠}(l)$$
(나) $3NO_2(g)+\boxed{㉠}(l)\longrightarrow 2HNO_3(aq)+NO(g)$
(다) $2NaOH(aq)+Cl_2(g)$
$$\longrightarrow NaCl(aq)+\boxed{㉠}(l)+\boxed{㉡}(aq)$$

이에 대한 설명으로 옳은 것만을 [보기]에서 있는 대로 고른 것은?

보기
ㄱ. (가)에서 N의 산화수는 증가한다.
ㄴ. (나)에서 ㉠은 산화제이다.
ㄷ. (다)에서 Cl의 산화수 중 가장 큰 값은 +1이다.

① ㄱ   ② ㄷ   ③ ㄱ, ㄴ
④ ㄴ, ㄷ   ⑤ ㄱ, ㄴ, ㄷ

03 다음은 산화 환원 반응의 화학 반응식이다.

$$aK_2Cr_2O_7(aq)+b\underset{㉠}{C}(s)$$
$$\longrightarrow cCr_2O_3(s)+aK_2\underset{㉡}{C}O_3(aq)+\underset{㉢}{C}O(g)$$
$$(a\sim c는 반응 계수)$$

이에 대한 설명으로 옳은 것만을 [보기]에서 있는 대로 고른 것은?

보기
ㄱ. $K_2Cr_2O_7$은 환원제이다.
ㄴ. $a+b+c=4$이다.
ㄷ. ㉠, ㉡, ㉢의 산화수의 합은 +6이다.

① ㄱ   ② ㄷ   ③ ㄱ, ㄴ
④ ㄴ, ㄷ   ⑤ ㄱ, ㄴ, ㄷ

04 다음은 산화 환원 반응의 화학 반응식이다.

$$aCl^-(aq)+bCr_2O_7^{2-}(aq)+cH^+(aq)$$
$$\longrightarrow dCl_2(g)+2Cr^{3+}(aq)+7H_2O(l)$$
$$(a\sim d는 반응 계수)$$

이에 대한 설명으로 옳은 것만을 [보기]에서 있는 대로 고른 것은?

보기
ㄱ. Cl^-은 산화된다.
ㄴ. $Cr_2O_7^{2-}$은 환원제이다.
ㄷ. $a+b+c+d=24$이다.

① ㄱ   ② ㄴ   ③ ㄱ, ㄷ
④ ㄴ, ㄷ   ⑤ ㄱ, ㄴ, ㄷ

02 화학 반응에서 열의 출입

❶ 발열 반응과 흡열 반응이 일어
날 때의 변화 ★★★
❷ 발열 반응과 흡열 반응의 예 ★★
❸ 열량계를 이용한 열량 측정
★★★

A 발열 반응과 흡열 반응

1. 화학 반응과 열의 출입 화학 반응이 일어날 때 열을 방출하거나 흡수한다.

(1) 발열 반응: 화학 반응이 일어날 때 열을 방출하는 반응

① 열의 출입: 생성물의 에너지 합이 반응물의 에너지 합보다 작으므로 반응하면서 열을 방출한다.

② 주위의 온도 변화: 주위의 온도가 높아진다.

> **발열 반응에서 에너지 변화와 열의 출입**

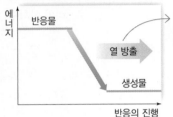

에너지 / 반응물 / 열 방출 / 생성물 / 반응의 진행

→ 생성물의 에너지 합이 반응물의
에너지 합보다 작다. ➡ 에너지
차이만큼 열을 방출한다.

→ 열을 방출하므로 주위의
온도가 높아진다.

열 ← → 열

③ 발열 반응의 예: 산과 염기의 중화 반응, 금속과 산의 반응, 연소, 금속의 산화, 산의 용해, 수산화 나트륨의 용해 등이 있다. 303쪽 대표 **자료❶**

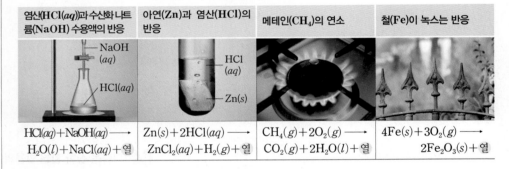

염산(HCl(aq))과 수산화나트륨(NaOH) 수용액의 반응	아연(Zn)과 염산(HCl)의 반응	메테인(CH₄)의 연소	철(Fe)이 녹스는 반응
NaOH(aq) / HCl(aq)	HCl(aq) / Zn(s)		
$HCl(aq)+NaOH(aq) \longrightarrow$ $H_2O(l)+NaCl(aq)+열$	$Zn(s)+2HCl(aq) \longrightarrow$ $ZnCl_2(aq)+H_2(g)+열$	$CH_4(g)+2O_2(g) \longrightarrow$ $CO_2(g)+2H_2O(l)+열$	$4Fe(s)+3O_2(g) \longrightarrow$ $2Fe_2O_3(s)+열$

(2) 흡열 반응: 화학 반응이 일어날 때 열을 흡수하는 반응

① 열의 출입: 생성물의 에너지 합이 반응물의 에너지 합보다 크므로 반응하면서 열을 흡수한다.

② 주위의 온도 변화: 주위의 온도가 낮아진다.

> **흡열 반응에서 에너지 변화와 열의 출입**

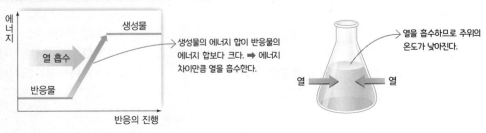

에너지 / 생성물 / 열 흡수 / 반응물 / 반응의 진행

→ 생성물의 에너지 합이 반응물의
에너지 합보다 크다. ➡ 에너지
차이만큼 열을 흡수한다.

→ 열을 흡수하므로 주위의
온도가 낮아진다.

열 → ← 열

화학 반응이 일어날 때 열을 방출하거나 흡수하는 까닭은?
화학 반응에서 반응물과 생성물은 고유의 에너지를 가지고 있는데 반응이 일어날 때 이 에너지의 차이만큼 열을 방출하거나 흡수하기 때문이다.

◆ **상태 변화에서의 열 출입**
물질의 상태 변화가 일어날 때에도 열을 흡수하거나 방출한다.
• 융해, 기화, 승화(고체 → 기체)가 일어날 때는 열을 흡수한다.
• 응고, 액화, 승화(기체 → 고체)가 일어날 때는 열을 방출한다.

> **상상 교과서에만 나와요.**

◆ **자일리톨 껌에서 일어나는 흡열 반응**
자일리톨이 포함된 껌을 먹으면 입안이 시원해지는 것을 느낄 수 있는데 이는 자일리톨이 침에 녹으면서 열을 흡수하기 때문이다.

암기해!

발열 반응과 흡열 반응
• 발열 반응: 열 방출, 주위의 온도가 높아짐
• 흡열 반응: 열 흡수, 주위의 온도가 낮아짐

298 IV-2. 화학 반응과 열의 출입

③ 흡열 반응의 예: 열분해, 수산화 바륨 팔수화물과 질산 암모늄(또는 염화 암모늄)의 반응, 질산 암모늄의 용해, *광합성, 물의 전기 분해 등이 있다. 303쪽 대표 자료①

탄산수소 나트륨 (NaHCO₃)의 열분해	수산화 바륨 팔수화물 (Ba(OH)₂·8H₂O)과 질산 암모늄(NH₄NO₃)의 반응	질산 암모늄 (NH₄NO₃)의 용해	광합성
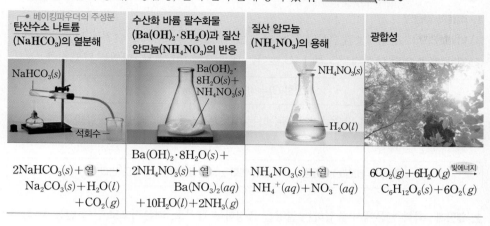			
$2NaHCO_3(s) + 열 \longrightarrow$ $Na_2CO_3(s) + H_2O(l)$ $+ CO_2(g)$	$Ba(OH)_2 \cdot 8H_2O(s) +$ $2NH_4NO_3(s) + 열 \longrightarrow$ $Ba(NO_3)_2(aq)$ $+10H_2O(l)+2NH_3(g)$	$NH_4NO_3(s) + 열 \longrightarrow$ $NH_4{}^+(aq) + NO_3{}^-(aq)$	$6CO_2(g)+6H_2O(g) \xrightarrow{빛에너지}$ $C_6H_{12}O_6(s)+6O_2(g)$

베이킹파우더의 주성분

탐구 자료창 ▷ 화학 반응에서 열의 출입

아연과 염산의 반응
비커에 HCl(aq)을 넣고 온도를 측정하고, Zn 조각을 넣은 뒤 유리 막대로 저으면서 온도 변화를 관찰한다.

1. **온도 변화**: 온도가 높아진다.
2. **결론**: Zn과 HCl(aq)의 반응은 발열 반응이다.

수산화 바륨 팔수화물과 질산 암모늄의 반응
삼각 플라스크에 Ba(OH)₂·8H₂O과 NH₄NO₃을 넣고 온도를 측정한 뒤, 두 물질을 잘 섞으면서 온도 변화를 관찰한다.

1. **온도 변화**: 온도가 낮아진다.
2. **결론**: Ba(OH)₂·8H₂O과 NH₄NO₃의 반응은 흡열 반응이다.

2. *화학 반응에서 출입하는 열의 이용

발열 반응의 이용	조리용 발열 팩	발열 도시락에는 음식을 데울 수 있는 조리용 발열 팩이 들어 있는데, 이는 산화 칼슘(CaO)과 물(H₂O)이 반응할 때 열을 방출하여 주위의 온도가 높아지는 현상을 이용한 것이다. ➡ $CaO(s)+H_2O(l) \longrightarrow Ca(OH)_2(aq) + 열$
	휴대용 손난로	철(Fe) 가루가 산화될 때 열을 방출하여 주위의 온도가 높아지는 현상을 이용한 것이다. ➡ $4Fe(s)+3O_2(g) \longrightarrow 2Fe_2O_3(s) + 열$
	제설제	염화 칼슘(CaCl₂)이 물에 용해될 때 열을 방출하여 주위의 온도가 높아지는 현상을 이용하여 도로의 눈을 녹인다. ➡ $CaCl_2(s) \longrightarrow Ca^{2+}(aq) + 2Cl^-(aq) + 열$
흡열 반응의 이용	냉각 팩	질산 암모늄(NH₄NO₃)이 물에 용해될 때 열을 흡수하여 주위의 온도가 낮아지는 현상을 이용한 것이다. ➡ $NH_4NO_3(s) + 열 \longrightarrow NH_4{}^+(aq) + NO_3{}^-(aq)$

◆ **에너지를 소모하는 반응**
열에너지뿐만 아니라 빛에너지나 전기 에너지를 흡수하여 에너지를 소모하는 반응도 흡열 반응으로 분류한다. 따라서 빛에너지를 흡수하는 광합성이나 전기 에너지를 흡수하는 물의 전기 분해도 흡열 반응의 예이다.

◆ **석회수**
석회수는 수산화 칼슘의 포화 수용액으로, 이산화 탄소와 반응하면 탄산 칼슘과 물이 생성되는데 탄산 칼슘은 물에 녹지 않으므로 뿌옇게 흐려진다. 따라서 석회수는 주로 이산화 탄소 기체를 검출할 때 사용한다.

◆ **다양한 변화가 일어날 때 출입하는 열의 이용**
일상생활에서는 화학 반응뿐만 아니라 상태 변화나 재결정과 같은 다양한 변화가 일어날 때 출입하는 열을 이용하고 있다.
• 냉장고, 에어컨: 액체 냉매가 기화하는 과정에서 흡수하는 열을 이용한 것이다.
• 똑딱이 손난로: 물에 녹은 아세트산 나트륨이 다시 결정이 되는 과정에서 발생하는 열을 이용한 것이다.

B 화학 반응에서 출입하는 열의 측정

1. 비열과 열용량

(1) **비열(c)**: 어떤 물질 1 g의 온도를 1 °C 높이는 데 필요한 열량으로, 단위는 J/(g·°C)이다.

(2) **열용량(C)**: 어떤 물질의 온도를 1 °C 높이는 데 필요한 열량으로, 단위는 J/°C이다.

$$열용량(C)=비열(c)\times질량(m)$$

(3) **열량(Q)**: 어떤 물질이 방출하거나 흡수하는 열량은 그 물질의 비열에 질량과 온도 변화를 곱하여 구한다.

$$열량(Q)=비열(c)\times질량(m)\times온도\ 변화(\Delta t)=열용량(C)\times온도\ 변화(\Delta t)$$

2. 열량계
화학 반응에서 출입하는 열량을 측정하는 장치로, 기본적으로 단열 반응 용기, 온도계, 젓개로 구성된다.

구분	구조	특징
간이 열량계	온도계 / 젓개 / 물 / 스타이로폼 컵	• 구조가 간단하여 쉽게 사용할 수 있으나 **①**단열이 잘되지 않아 열 손실이 있으므로 정밀한 실험에는 사용하지 않는다. • 주로 용해 과정이나 중화 반응에서 출입하는 열량을 측정하는 데 사용한다.
통열량계	점화선 / 젓개 / 온도계 / 단열 용기 / 강철 용기 / 시료 접시 / 물 / 강철통	• 단열이 잘되도록 만들어져 있어 열 손실이 거의 없으므로 화학 반응에서 출입하는 열량을 비교적 정확하게 측정할 수 있다. • 주로 연소 반응에서 출입하는 열량을 측정하는 데 사용한다.

3. 화학 반응에서 출입하는 열의 측정
열량계 안에서 화학 반응이 일어날 때 출입하는 열이 물이나 용액의 온도를 변화시키므로 이를 이용하여 열량을 구한다. 303쪽 대표 자료❷

(1) **간이 열량계를 이용한 열량의 측정**

① 화학 반응에서 출입하는 열은 모두 간이 열량계 속 용액의 온도 변화에 이용된다고 가정한다.

$$방출하거나\ 흡수한\ 열량(Q)=용액이\ 얻거나\ 잃은\ 열량=c\times m\times \Delta t$$
(c: 용액의 비열, m: 용액의 질량, Δt: 용액의 온도 변화)

② 간이 열량계로 실험하여 구한 열량은 이론값과 차이가 난다. ➡ 발생하는 열의 일부가 실험 기구의 온도를 변화시키는 데 쓰이거나, 열량계 밖으로 빠져나가기 때문이다.

(2) **통열량계를 이용한 열량의 측정**: 화학 반응에서 출입하는 열은 모두 통열량계 속 물과 통열량계의 온도 변화에 이용된다고 가정한다.

$$방출하거나\ 흡수한\ 열량(Q)=물이\ 얻거나\ 잃은\ 열량+통열량계가\ 얻거나\ 잃은\ 열량$$
$$=(c_물\times m_물\times \Delta t)+(C_{통열량계}\times \Delta t)$$
> 통열량계의 온도 변화는 물의 온도 변화와 같다고 가정한다.

($c_물$: 물의 비열, $m_물$: 물의 질량, Δt: 물의 온도 변화, $C_{통열량계}$: 통열량계의 열용량)

암기해!

열량의 측정
$Q=cm\Delta t$이니까 Q=씨암탉
씨엠티

용어
① 단열(斷 끊다, 熱 열) 물체와 물체 사이에 열이 서로 전달되지 않도록 막는 것

탐구 자료창 · 화학 반응에서 열의 출입 측정하기

염화 칼슘의 용해 반응에서 출입하는 열량 측정

과정 >
① 간이 열량계에 증류수 200 g을 넣고 증류수의 온도(t_1)를 측정한다.
② 간이 열량계에 염화 칼슘($CaCl_2$) 10 g을 넣고 젓개로 계속 저어 완전히 녹인 뒤 용액의 최고 온도(t_2)를 측정한다.

저개 $CaCl_2(s)$
온도계
간이 열량계

결과 >

구분	처음 온도(t_1)	최고 온도(t_2)
측정 온도(°C)	25	33

해석 >
1. 용액의 온도 변화(Δt): $t_2 - t_1 = 33\,°C - 25\,°C = 8\,°C$ ➡ 온도가 높아졌으므로 발열 반응이다.
2. $CaCl_2$이 물에 용해될 때 방출한 열량(J) (단, 용액의 비열은 4.2 J/(g·°C)이다.): 방출한 열량(Q)=용액이 얻은 열량=$c \times m \times \Delta t$ = 4.2 J/(g·°C) × 210 g × 8 °C = 7056 J
3. *$CaCl_2$ 1 g이 물에 용해될 때 방출하는 열량(J/g)

실험값	$\dfrac{7056\,J}{10\,g}$ = 705.6 J/g	이론값	732.4 J/g

➡ 실험값이 이론값보다 작다.

4. 오차 원인: $CaCl_2$이 물에 용해될 때 방출한 열의 일부가 실험 기구의 온도를 변화시키는 데 쓰이거나, 열량계 밖으로 빠져나가는 등 열 손실이 발생했기 때문이다.

같은 탐구) 다른 실험

과자의 연소 반응에서 출입하는 열량 측정 🖥 미래엔, YBM 교과서에만 나와요.

과정 >
① 과자의 질량(w_1)을 측정한 뒤 증발 접시에 담는다.
② 둥근바닥 플라스크에 물 100 g을 넣고 물의 온도(t_1)를 측정한 뒤 과자에 불을 붙여 둥근바닥 플라스크 속 물을 가열한다.
③ 과자를 연소시킨 뒤 둥근바닥 플라스크 속 물의 온도(t_2)를 측정하고, 타고 남은 과자의 질량(w_2)을 측정한다.

온도계
물
과자

결과 >

과자의 질량(g)		연소한 과자의 질량(g)	물의 온도(°C)		물의 온도 변화(°C)
연소 전(w_1)	연소 후(w_2)		가열 전(t_1)	가열 후(t_2)	
10	5	5	25	73	48

해석 >
1. 과자가 연소할 때 방출한 열량(J) (단, 물의 비열은 4.2 J/(g·°C)이다.): 방출한 열량(Q)=물이 얻은 열량=$c \times m \times \Delta t$ = 4.2 J/(g·°C) × 100 g × 48 °C = 20160 J 〔포장지에 제시된 1회 제공량 30 g의 열량이 145 kcal(=609 kJ)이므로 1 g의 열량은 20300 J이다.〕
2. 과자 1 g이 연소할 때 방출하는 열량(J/g)

실험값	$\dfrac{20160\,J}{5\,g}$ = 4032 J/g	이론값	20300 J/g

➡ 실험값이 이론값보다 작다.

3. 오차 원인: 과자가 연소할 때 방출한 열의 일부가 실험 기구의 온도를 변화시키는 데 쓰이거나, 주위로 빠져나가는 등 열 손실이 발생했기 때문이다.

📖 상상 교과서에만 나와요.

◆ 중화 반응이 일어날 때 방출하는 열량 측정하기

중화 반응이 일어날 때 방출하는 열량은 산 수용액과 염기 수용액의 질량(m)과 처음 온도(t_1)를 측정하고, 혼합 후 최고 온도(t_2)를 측정한 뒤 $Q = cm\Delta t$를 이용하여 구한다.

〔예〕 1 M 염산($HCl(aq)$) 100 mL와 1 M 수산화 나트륨($NaOH$) 수용액 100 mL를 혼합할 때 방출하는 열량(Q) (단, 용액의 밀도는 1 g/mL이다.)
• 용액의 비열: 4.2 J/(g·°C)
• $HCl(aq)$의 질량: 100 g
• $NaOH$ 수용액의 질량: 100 g
• t_1: 25 °C
• t_2: 31.5 °C
$Q = c \times m \times \Delta t$
  $= 4.2\,J/(g\,·°C) × 200\,g × 6.5\,°C$
  $= 5460\,J$
  └ 중화 반응이 일어날 때 방출하는 열량의 이론값은 5600 J이다.

◆ $CaCl_2$ 1 mol이 물에 용해될 때 방출하는 열량(J/mol)

$CaCl_2$의 화학식량은 111이므로 $CaCl_2$ 1 mol이 물에 용해될 때 방출하는 열량은 다음과 같다.
705.6 J/g × 111 g/mol
= 78321.6 J/mol

확인 문제

1 간이 열량계에 25 °C의 물 200 g을 넣고, $CaCl_2$ 5 g을 넣은 뒤 완전히 녹였더니 용액의 온도가 29 °C가 되었다. $CaCl_2$이 물에 녹을 때 방출한 열량(J)을 구하시오. (단, 용액의 비열은 4.2 J/(g·°C)이다.)

확인 문제 답

1 3444 J
 [풀이] $Q = cm\Delta t = 4.2\,J/(g\,·°C)$
 $× 205\,g × 4\,°C = 3444\,J$

개념 확인 문제

핵심 체크

• 발열 반응과 흡열 반응

구분	(❶) 반응	(❷) 반응
정의	화학 반응이 일어날 때 열을 방출하는 반응 ➡ 주위의 온도가 (❸)아진다.	화학 반응이 일어날 때 열을 흡수하는 반응 ➡ 주위의 온도가 (❹)아진다.
이용	조리용 발열 팩, 휴대용 손난로, 제설제 등	냉각 팩 등

• 열량계: 화학 반응에서 출입하는 열량을 측정하는 장치

구분	(❺)	(❻)
특징	구조가 간단하여 쉽게 사용할 수 있으나 단열이 잘되지 않아 열 손실이 있으므로 정밀한 실험에는 사용하지 않는다.	단열이 잘되도록 만들어져 있어 열 손실이 거의 없으므로 화학 반응에서 출입하는 열량을 비교적 정확하게 측정할 수 있다.
열량의 측정	$Q=$용액의 (❼)×용액의 질량 ×용액의 온도 변화	$Q=$(물의 비열×물의 질량×물의 온도 변화) +(통열량계의 (❽))×물의 온도 변화

1 발열 반응과 흡열 반응에 대한 설명으로 옳은 것은 ○, 옳지 <u>않은</u> 것은 ×로 표시하시오.

(1) 발열 반응은 열을 흡수하는 반응이다. ············ (   )
(2) 발열 반응이 일어날 때에는 주위의 온도가 높아진다.
 ·· (   )
(3) 흡열 반응에서 생성물의 에너지 합은 반응물의 에너지 합보다 크다. ······················· (   )

2 다음 반응이 발열 반응이면 '발열', 흡열 반응이면 '흡열'이라고 쓰시오.

(1) 식물이 광합성을 한다. ························· (   )
(2) 탄산수소 나트륨을 열분해한다. ··············· (   )
(3) 메테인을 공기 중에서 연소시킨다. ··········· (   )
(4) 염산과 수산화 나트륨 수용액을 혼합한다. ···· (   )

3 (   ) 안에 알맞은 말을 고르시오.

• 수산화 바륨 팔수화물과 질산 암모늄을 반응시키면 열을 ㉠(방출, 흡수)하므로 주위의 온도가 ㉡(높, 낮)아진다.
• 염산에 아연 조각을 넣어 반응시키면 열을 ㉢(방출, 흡수)하므로 주위의 온도가 ㉣(높, 낮)아진다.

4 표는 발열 반응과 흡열 반응을 이용한 장치의 원리를 나타낸 것이다. (   ) 안에 알맞은 말을 쓰시오.

휴대용 손난로	냉각 팩
철 가루가 산화될 때 열을 ㉠( )한다. ➡ 주위의 온도가 ㉡( )아진다.	질산 암모늄이 물에 용해될 때 열을 ㉢( )한다. ➡ 주위의 온도가 ㉣( )아진다.

5 (   ) 안에 알맞은 말을 쓰시오.

(1) (   )은 어떤 물질 1 g의 온도를 1 °C 높이는 데 필요한 열량이다.
(2) (   )은 어떤 물질의 온도를 1 °C 높이는 데 필요한 열량이다.
(3) 어떤 물질이 방출하거나 흡수하는 열량은 그 물질의 '(   )×질량×온도 변화'로 구할 수 있다.

6 그림은 2가지 열량계를 나타낸 것이다.

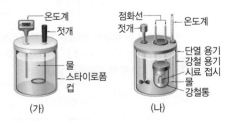

다음과 같은 특징을 가지는 열량계의 기호를 각각 쓰시오.

(1) 열 손실이 많다. ································· (   )
(2) 열량을 비교적 정확하게 측정할 수 있다. ····· (   )

자료 ① 발열 반응과 흡열 반응

> **기출 Point**
> • 발열 반응과 흡열 반응에서 에너지 변화
> • 발열 반응과 흡열 반응의 예

[1~3] 다음은 반응 ㉠~㉢과 관련된 현상을 나타낸 것이다.

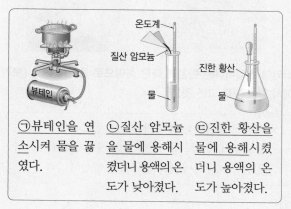

㉠뷰테인을 연소시켜 물을 끓였다.

㉡질산 암모늄을 물에 용해시켰더니 용액의 온도가 낮아졌다.

㉢진한 황산을 물에 용해시켰더니 용액의 온도가 높아졌다.

1 반응 ㉠~㉢을 각각 발열 반응과 흡열 반응으로 구분하시오.

2 반응 ㉠~㉢에서 반응물의 에너지 합과 생성물의 에너지 합의 크기를 각각 비교하시오.

3 빈출 선택지로 완벽 정리!

(1) 반응 ㉠이 일어날 때 주위의 온도가 높아진다.
··· (○ / ×)

(2) 반응 ㉡은 냉각 팩에 이용할 수 있다. ········· (○ / ×)

(3) 반응 ㉡은 산 염기 중화 반응과 열의 출입 방향이 같다. ··· (○ / ×)

(4) 반응 ㉢은 수산화 바륨 팔수화물과 질산 암모늄의 반응과 열의 출입 방향이 같다. ······················ (○ / ×)

자료 ② 화학 반응에서 열의 측정

> **기출 Point**
> • 간이 열량계를 이용한 열량 측정

[1~3] 다음은 염화 칼슘($CaCl_2$)이 물에 용해되는 반응에 대한 실험이다.

[실험 과정]

(가) 그림과 같이 25 °C의 물 100 g이 담긴 열량계를 준비한다.

(나) (가)의 열량계에 25 °C의 $CaCl_2$ w g을 넣어 녹인 후 수용액의 최고 온도를 측정한다.

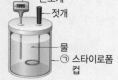

[실험 결과]
• 수용액의 최고 온도: 30 °C

1 다음은 ㉠을 사용하는 까닭이다. ( ) 안에 알맞은 말을 쓰시오.

> 열량계 내부와 외부 사이의 ( ) 출입을 막기 위해 사용한다.

2 $CaCl_2$이 물에 용해되는 반응을 발열 반응과 흡열 반응으로 구분하시오.

3 빈출 선택지로 완벽 정리!

(1) $CaCl_2$이 물에 용해될 때 주위에서 열을 흡수한다.
··· (○ / ×)

(2) 열량계 속 용액의 온도 변화로 반응에서의 열의 출입을 알 수 있다. ································· (○ / ×)

(3) 반응에서 출입한 열량은 열량계 속 용액의 온도 변화에 이용된다고 가정한다. ····················· (○ / ×)

(4) $CaCl_2$이 물에 용해될 때 출입하는 열량을 구하기 위해 용액의 비열을 알아야 한다. ··········· (○ / ×)

(5) $CaCl_2$이 물에 용해되는 반응을 이용하여 냉각 팩을 만들 수 있다. ······························· (○ / ×)

A 발열 반응과 흡열 반응

01 화학 반응에서 열의 출입에 대한 설명으로 옳지 않은 것은?

① 발열 반응은 열을 방출하는 반응이다.
② 발열 반응이 일어나면 주위의 온도가 높아진다.
③ 흡열 반응이 일어날 때에는 열을 흡수한다.
④ 중화 반응과 연소 반응은 흡열 반응의 예이다.
⑤ 발열 반응에서 생성물의 에너지 합은 반응물의 에너지 합보다 작다.

02 다음은 화학 반응에서 열의 출입에 대한 학생들의 대화이다.

흡열 반응은 열을 흡수하는 반응이어서 주위의 온도가 높아져. (학생 A)

화학 반응은 모두 흡열 반응이야. (학생 B)

금속과 산의 반응은 발열 반응이야. (학생 C)

제시한 내용이 옳은 학생만을 있는 대로 고른 것은?

① A   ② C   ③ A, B
④ B, C   ⑤ A, B, C

03 그림은 어떤 화학 반응이 일어날 때의 에너지 변화를 나타낸 것이다.
이에 대한 설명으로 옳은 것만을 [보기]에서 있는 대로 고른 것은?

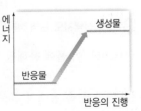

┌─ 보기 ┐
ㄱ. 열을 흡수하는 반응이다.
ㄴ. 반응이 일어나면 주위의 온도가 낮아진다.
ㄷ. 철이 녹스는 반응과 열의 출입 방향이 같다.
└────┘

① ㄱ   ② ㄷ   ③ ㄱ, ㄴ
④ ㄴ, ㄷ   ⑤ ㄱ, ㄴ, ㄷ

04 그림과 같이 얇은 나무판의 가운데에 물을 떨어뜨린 다음 비커를 올려놓고 비커에 수산화 바륨 팔수화물(Ba(OH)$_2\cdot$8H$_2$O)과 질산 암모늄(NH$_4$NO$_3$)을 넣고 잘 저었더니 비커와 나무판 사이의 물이 얼어 나무판이 비커와 함께 들어 올려졌다.

비커에서 일어나는 반응에 대한 설명으로 옳은 것만을 [보기]에서 있는 대로 고른 것은?

┌─ 보기 ┐
ㄱ. 반응이 일어날 때 주위의 온도가 높아진다.
ㄴ. 반응물의 에너지 합이 생성물의 에너지 합보다 크다.
ㄷ. 질산 암모늄의 용해와 열의 출입 방향이 같다.
└────┘

① ㄱ   ② ㄷ   ③ ㄱ, ㄴ
④ ㄴ, ㄷ   ⑤ ㄱ, ㄴ, ㄷ

05 다음은 화학 반응에서 열의 출입을 이용한 2가지 사례이다.

㉠생석회에 물을 뿌리면 열이 발생하고, 그 열로 구제역 바이러스를 사멸시킨다.	휴대용 도시락 속에 들어 있는 ㉡염화 칼슘 가루 팩에 물을 넣고 기다리면 즉석 음식이 따뜻해진다.

㉠과 ㉡의 공통점으로 옳은 것만을 [보기]에서 있는 대로 고른 것은?

┌─ 보기 ┐
ㄱ. 발열 반응이다.
ㄴ. 열을 방출한다.
ㄷ. 반응물의 에너지 합이 생성물의 에너지 합보다 크다.
└────┘

① ㄱ   ② ㄷ   ③ ㄱ, ㄴ
④ ㄴ, ㄷ   ⑤ ㄱ, ㄴ, ㄷ

06 다음은 냉각 팩에 대한 설명이다.

질산 암모늄(NH_4NO_3)과 물(H_2O)이 분리되어 있는 비닐 팩에서 물이 들어 있는 비닐봉지를 손으로 눌러 터 뜨리면 NH_4NO_3이 용해되면서 비닐 팩이 차가워진다.

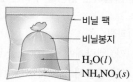
- 비닐 팩
- 비닐봉지
- $H_2O(l)$
- $NH_4NO_3(s)$

NH_4NO_3의 용해에 대한 설명으로 옳은 것만을 [보기]에서 있는 대로 고른 것은?

[보기]
ㄱ. 흡열 반응이다.
ㄴ. 반응이 일어날 때 주위의 온도가 낮아진다.
ㄷ. 반응물의 에너지 합은 생성물의 에너지 합보다 크다.

① ㄱ   ② ㄷ   ③ ㄱ, ㄴ
④ ㄴ, ㄷ   ⑤ ㄱ, ㄴ, ㄷ

07 발열 반응을 이용한 것만을 [보기]에서 있는 대로 고르시오.

[보기]
ㄱ. 철 가루가 산소와 반응하여 손난로가 따뜻해진다.
ㄴ. 눈이 내린 도로에 염화 칼슘을 뿌리면 눈이 녹는다.
ㄷ. 에어컨에서 냉매가 기화하면서 공기를 시원하게 만 든다.

08 다음은 철로에 균열이 생겼을 때 철로의 틈을 높은 열에 의해 용융된 철로 메우는 데 이용되는 반응의 화학 반응식이다.

$$\underset{①}{2Al(s)+Fe_2O_3(s)} \longrightarrow \underset{②}{2Fe(l)+Al_2O_3(s)}$$

이에 대한 설명으로 옳은 것만을 [보기]에서 있는 대로 고른 것은?

[보기]
ㄱ. 발열 반응이다.
ㄴ. 물질의 에너지의 합은 ①>②이다.
ㄷ. 산화 환원 반응이다.

① ㄱ   ② ㄷ   ③ ㄱ, ㄴ
④ ㄴ, ㄷ   ⑤ ㄱ, ㄴ, ㄷ

B 화학 반응에서 출입하는 열의 측정

[09~10] 다음은 염화 칼슘($CaCl_2$)이 물에 용해될 때 출입하는 열량을 구하는 실험이다. (단, 용액의 비열은 $4.2 \text{ J/(g} \cdot \text{°C)}$이다.)

[과정]
(가) 간이 열량계에 물 150 g을 넣고 물의 온도(t_1)를 측정한다.
(나) 간이 열량계에 $CaCl_2$ 10 g을 넣고 완전히 녹인 뒤 용액의 온도(t_2)를 측정한다.

- 온도계
- 뚜껑
- 스타이로폼 컵
- 물
- 젓개

[결과]

구분	t_1	t_2
측정 온도(°C)	25	35

09 이에 대한 설명으로 옳은 것만을 [보기]에서 있는 대로 고른 것은?

[보기]
ㄱ. $CaCl_2$이 물에 용해될 때 열을 방출한다.
ㄴ. $CaCl_2$ 1 g이 물에 용해될 때 출입하는 열량은 6720 J/g이다.
ㄷ. $CaCl_2$ 1 mol이 물에 용해될 때 출입하는 열량을 구하려면 $CaCl_2$의 화학식량이 필요하다.

① ㄱ   ② ㄴ   ③ ㄱ, ㄷ
④ ㄴ, ㄷ   ⑤ ㄱ, ㄴ, ㄷ

10 $CaCl_2$ 1 g이 물에 용해될 때 출입하는 열량의 이론값은 732.4 J/g이다.
실험에서 구한 값이 이론값보다 작은 원인으로 적절한 것만을 [보기]에서 있는 대로 고른 것은?

[보기]
ㄱ. 열의 일부가 공기 중으로 빠져나갔다.
ㄴ. 열의 일부가 실험 기구의 온도를 높이는 데 쓰였다.
ㄷ. 용해 전 물의 온도가 실제보다 낮게 측정되었다.

① ㄱ   ② ㄷ   ③ ㄱ, ㄴ
④ ㄴ, ㄷ   ⑤ ㄱ, ㄴ, ㄷ

11 그림은 과자를 연소시킬 때 방출하는 열량을 측정하기 위한 실험 장치이다.

과자 1 g이 연소할 때 방출하는 열량(J/g)을 구하기 위해 측정하거나 조사해야 하는 자료가 아닌 것은?

① 물의 비열 ② 물의 질량
③ 물의 온도 변화 ④ 물의 분자량
⑤ 연소한 과자의 질량

12 다음은 학생 A가 수행한 탐구 활동이다.

[탐구 과정 및 결과]
• 25 °C의 물 96 g이 담긴 열량계에 25 °C의 수산화 나트륨(NaOH) 4 g을 넣어 녹인 후 수용액의 최고 온도를 측정한다.
• 수용액의 최고 온도: 35 °C

[자료]
• NaOH의 화학식량: 40
• 수용액의 비열: 4 J/(g·°C)

이에 대한 설명으로 옳은 것만을 [보기]에서 있는 대로 고른 것은?

[보기]
ㄱ. NaOH이 물에 녹는 반응은 발열 반응이다.
ㄴ. NaOH 4 g이 물에 녹을 때 출입하는 열량은 4 kJ이다.
ㄷ. NaOH 1 mol이 물에 녹을 때 출입하는 열량은 20 kJ이다.

① ㄴ ② ㄷ ③ ㄱ, ㄴ
④ ㄱ, ㄷ ⑤ ㄱ, ㄴ, ㄷ

중요 **13** 다음은 간이 열량계로 고체 X와 Y가 각각 물에 용해될 때 출입하는 열량을 구하는 실험이다.

[과정]
(가) 열량계에 물 100 g을 넣고 물의 온도(t_1)를 측정한다.
(나) 열량계에 고체 X 1 g을 넣고 완전히 녹인 다음 용액의 온도(t_2)를 측정한다.
(다) 고체 Y 1 g으로 (가)와 (나)를 반복한다.

[결과]

물질	t_1(°C)	t_2(°C)
고체 X	20	16
고체 Y	20	23

이에 대한 설명으로 옳은 것만을 [보기]에서 있는 대로 고르시오. (단, 두 수용액의 비열은 서로 같다.)

[보기]
ㄱ. 고체 X의 용해는 발열 반응이다.
ㄴ. 고체 Y는 물에 용해될 때 열을 흡수한다.
ㄷ. 고체 X와 Y 각 1 g이 물에 용해될 때 출입하는 열량은 X>Y이다.

서술형 **14** 다음은 통열량계를 이용하여 탄소(C)가 연소할 때 방출하는 열량을 구하는 실험이다.

[과정]
(가) 열용량이 1.8 kJ/°C인 통열량계 속 시료 접시에 C 가루 4 g을 넣고, 통열량계에 물 2 kg을 채운다.
(나) 물의 온도가 일정해지면 물의 온도(t_1)를 측정한다.
(다) C 가루를 완전 연소시킨 뒤 물의 온도(t_2)를 측정한다.

[결과]

구분	t_1	t_2
측정 온도(°C)	25	35

C 1 g이 연소할 때 방출하는 열량(kJ/g)을 구하고, 풀이 과정을 서술하시오. (단, 물의 비열은 4.2 kJ/(kg·°C)이다.)

01 다음은 반응 (가)와 (나)에 대한 설명이다.

> (가) 아이스크림 통에 드라이아이스($CO_2(s)$)를 넣어두면 $CO_2(s)$의 크기가 작아지면서 아이스크림을 녹지 않게 보관할 수 있다.
>
> (나) 마그네슘(Mg) 리본에 불을 붙이면 밝은 불꽃을 내며 탄다.

이에 대한 설명으로 옳은 것만을 [보기]에서 있는 대로 고른 것은?

> **[보기]**
> ㄱ. $CO_2(s)$의 승화 반응은 흡열 반응이다.
> ㄴ. Mg이 산화될 때 열을 방출한다.
> ㄷ. 물질 1 mol의 에너지는 $CO_2(s) < CO_2(g)$이다.

① ㄱ ② ㄴ ③ ㄱ, ㄷ
④ ㄴ, ㄷ ⑤ ㄱ, ㄴ, ㄷ

02 다음은 3가지 반응의 화학 반응식이다.

> (가) $CH_4(g) + 2O_2(g) \longrightarrow CO_2(g) + 2H_2O(l)$
> (나) $HCl(aq) + NaOH(aq) \longrightarrow H_2O(l) + NaCl(aq)$
> (다) $6CO_2(g) + 6H_2O(g) \longrightarrow C_6H_{12}O_6(s) + 6O_2(g)$

이에 대한 설명으로 옳은 것만을 [보기]에서 있는 대로 고른 것은?

> **[보기]**
> ㄱ. 반응 (가)는 발열 반응이다.
> ㄴ. 반응 (나)가 일어날 때 열을 방출한다.
> ㄷ. 반응 (다)에서 물질의 에너지 총합은 반응물이 생성물보다 크다.

① ㄱ ② ㄷ ③ ㄱ, ㄴ
④ ㄴ, ㄷ ⑤ ㄱ, ㄴ, ㄷ

03 간이 열량계에 25 °C의 0.1 M 염산($HCl(aq)$) 100 mL와 25 °C의 0.1 M 수산화 나트륨($NaOH$) 수용액 100 mL를 넣고 중화시켰더니 혼합 용액의 온도가 25.6 °C가 되었다. 이에 대한 설명으로 옳은 것만을 [보기]에서 있는 대로 고르시오. (단, 혼합 용액의 부피는 혼합 전 각 수용액의 부피의 합과 같고, 용액의 비열은 4.2 J/(g·°C)이며, 용액의 밀도는 1 g/mL이다.)

> **[보기]**
> ㄱ. $HCl(aq)$과 NaOH 수용액의 중화 반응은 발열 반응이다.
> ㄴ. 실험에서 출입한 열량은 504 J이다.
> ㄷ. 1 mol의 물이 생성될 때 출입하는 열량은 5.04 kJ/mol이다.

04 다음은 물질이 용해되는 과정에서 출입하는 열량을 구하는 실험이다.

> [실험 과정]
> (가) 간이 열량계에 20 °C 물 100 g을 넣는다.
> (나) (가)의 열량계에 20 °C 수산화 나트륨(NaOH) 4 g을 넣어 모두 녹인 후 수용액의 최고 온도(t_1)를 측정한다.
> (다) 실험 결과를 이용하여 용해 반응에서 출입하는 열량(Q_1)을 구한다.
> (라) 20 °C NaOH 4 g 대신 질산 암모늄(NH_4NO_3) 4 g으로 과정 (가)~(다)를 수행하여 수용액의 최저 온도(t_2)를 측정하고, 출입하는 열량(Q_2)을 구한다.

온도계, 젓개, 고무마개, 뚜껑, 물, 스타이로폼 컵

> [실험 결과]
> • t_1: 30 °C • t_2: 14 °C • Q_1: a • Q_2: b

이에 대한 설명으로 옳은 것만을 [보기]에서 있는 대로 고른 것은? (단, 수용액의 비열은 4 J/(g·°C)이다.)

> **[보기]**
> ㄱ. NaOH의 용해 반응은 발열 반응이다.
> ㄴ. NH_4NO_3이 물에 용해될 때 열을 흡수한다.
> ㄷ. $\dfrac{a}{b} = \dfrac{15}{7}$이다.

① ㄱ ② ㄷ ③ ㄱ, ㄴ ④ ㄴ, ㄷ ⑤ ㄱ, ㄴ, ㄷ

중단원 핵심 정리

1 산화 환원 반응

1. 산소의 이동과 산화 환원

(1) 산소의 이동과 산화 환원 반응

구분	(❶)	(❷)
정의	어떤 물질이 산소를 얻는 반응	어떤 물질이 산소를 잃는 반응
예	$2CuO(s)+C(s) \longrightarrow 2Cu(s)+CO_2(g)$ (산화 / 환원)	

(2) 산화 환원 반응의 동시성: 산화 환원 반응에서 산소를 얻는 물질이 있으면 반드시 산소를 잃는 물질이 있다. ➡ 산화와 환원은 항상 동시에 일어난다.

2. 전자의 이동과 산화 환원

(1) 전자의 이동과 산화 환원 반응

구분	(❸)	(❹)
정의	어떤 물질이 전자를 잃는 반응	어떤 물질이 전자를 얻는 반응
예	아연(Zn)과 황산 구리(Ⅱ)($CuSO_4$) 수용액의 반응	

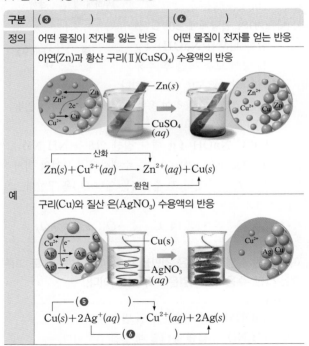

$Zn(s)+Cu^{2+}(aq) \longrightarrow Zn^{2+}(aq)+Cu(s)$ (산화 / 환원)

구리(Cu)와 질산 은($AgNO_3$) 수용액의 반응

$Cu(s)+2Ag^+(aq) \longrightarrow Cu^{2+}(aq)+2Ag(s)$ (❺) (❻)

(2) 산화 환원 반응의 동시성: 산화 환원 반응에서 전자를 잃는 물질이 있으면 반드시 전자를 얻는 물질이 있다. ➡ 산화와 환원은 항상 동시에 일어난다.

3. 산화수 변화와 산화 환원

(1) 산화수: 어떤 물질에서 각 원자가 어느 정도 산화되었는지를 나타내는 가상적인 전하

구분	산화수
이온 결합 물질	물질을 구성하고 있는 각 이온의 (❼)와 같다. 예 염화 나트륨(NaCl) ― Na의 산화수: $+1$ ／ Cl의 산화수: -1
공유 결합 물질	구성 원자 중 전기 음성도가 (❽) 원자 쪽으로 공유 전자쌍이 모두 이동한다고 가정할 때, 각 원자가 가지는 전하이다. 예 물(H_2O) 전기 음성도: $O>H$ ― H의 산화수: $+1$ ― O의 산화수: (❾)

(2) 산화수를 정하는 규칙

규칙	예
❶ 원소를 구성하는 원자의 산화수는 0이다.	H_2, O_2, Fe, Hg: 각 원자의 산화수는 0
❷ 일원자 이온의 산화수는 그 이온의 전하와 같다.	• Na^+: Na의 산화수 $+1$ • Cl^-: Cl의 산화수 -1
❸ 다원자 이온은 각 원자의 산화수의 합이 그 이온의 전하와 같다.	• SO_4^{2-}: $\underset{S}{(+6)}+\underset{O}{(-2)}\times 4=-2$
❹ 화합물에서 각 원자의 산화수의 합은 (❿)이다.	• H_2O: $\underset{H}{(+1)}\times 2+\underset{O}{(-2)}=0$
❺ 화합물에서 1족 금속 원자의 산화수는 $+1$, 2족 금속 원자의 산화수는 $+2$이다.	• NaCl: Na의 산화수 $+1$ • MgO: Mg의 산화수 $+2$
❻ 화합물에서 F의 산화수는 -1이다.	• LiF: F의 산화수 -1
❼ 화합물에서 H의 산화수는 $+1$이다. (단, 금속의 수소 화합물에서는 -1이다.)	• H_2O: H의 산화수 $+1$ • LiH: H의 산화수 -1
❽ 화합물에서 O의 산화수는 -2이다. (단, 과산화물에서는 -1이고, 플루오린 화합물에서는 $+2$이다.)	• CO_2: O의 산화수 -2 • H_2O_2: O의 산화수 -1 • OF_2: O의 산화수 $+2$

(3) 산화수 변화와 산화 환원 반응

구분	(⑪)	(⑫)
정의	산화수가 증가하는 반응	산화수가 감소하는 반응
예	(⑬) $\underset{0}{Zn}(s)+\underset{+2}{Cu}SO_4(aq) \longrightarrow \underset{+2}{Zn}SO_4(aq)+\underset{0}{Cu}(s)$ (⑭)	

(4) 산화 환원 반응의 동시성: 산화 환원 반응에서 산화수가 증가한 물질이 있으면 반드시 산화수가 감소한 물질이 있다. ➡ 산화와 환원은 항상 동시에 일어난다.

(5) 산화제와 환원제

구분	산화제	환원제
정의	자신은 (⑮)되면서 다른 물질을 산화시키는 물질	자신은 (⑯)되면서 다른 물질을 환원시키는 물질
예	$$\underset{(⑰\ \ \ )}{\overset{+3}{Fe_2O_3}(s)}+\underset{(⑱\ \ \ )}{\overset{+2}{3CO}(g)} \xrightarrow{\qquad 산화 \qquad} \overset{0}{2Fe}(s)+\overset{+4}{3CO_2}(g)$$ (산화 위 화살표, 환원 아래 화살표)	
상대적 세기	같은 물질이라도 어떤 물질과 반응하는지에 따라 산화제로 작용할 수도 있고, 환원제로 작용할 수도 있다.	

4. 산화 환원 반응식

(1) 산화 환원 반응식 완성하기(산화수법)

예 산성 용액에서 옥살산 이온($C_2O_4^{2-}$)과 과망가니즈산 이온(MnO_4^-)의 반응

1단계 반응물을 화살표의 왼쪽에, 생성물을 화살표의 오른쪽에 쓰고 각 원자의 산화수를 구한다.

$$\overset{+3\,-2}{C_2O_4^{2-}}+\overset{+7\,-2}{MnO_4^-}+\overset{+1}{H^+}\longrightarrow \overset{+4\,-2}{CO_2}+\overset{+2}{Mn^{2+}}+\overset{+1\,-2}{H_2O}$$

2단계 반응 전후의 산화수 변화를 확인한다.

$$\overset{+3\,-2}{C_2O_4^{2-}}+\overset{+7\,-2}{MnO_4^-}+\overset{+1}{H^+}\longrightarrow \overset{+4\,-2}{CO_2}+\overset{+2}{Mn^{2+}}+\overset{+1\,-2}{H_2O}$$

(1 증가, 5 감소)

3단계 산화되는 원자 수와 환원되는 원자 수가 다른 경우 산화되는 원자 수와 환원되는 원자 수를 맞추고, 증가한 산화수와 감소한 산화수를 각각 계산한다.

산화되는 C 원자 수가 다르므로 맞추어 준다. ➡ 증가한 산화수: $1 \times 2 = 2$

$$C_2O_4^{2-}+MnO_4^-+H^+\longrightarrow 2CO_2+Mn^{2+}+H_2O$$

환원되는 Mn 원자 수가 같다. ➡ 감소한 산화수: $5 \times 1 = 5$

4단계 증가한 산화수와 감소한 산화수가 같도록 계수를 맞춘다.

$$5C_2O_4^{2-}+2MnO_4^-+H^+\longrightarrow 10CO_2+2Mn^{2+}+H_2O$$

($2 \times 5 = 10$, $5 \times 2 = 10$)

5단계 산화수 변화가 없는 원자들의 수가 같도록 계수를 맞추어 산화 환원 반응식을 완성한다.

$$5C_2O_4^{2-}+2MnO_4^-+16H^+\longrightarrow 10CO_2+2Mn^{2+}+8H_2O$$

(2) 산화 환원 반응의 양적 관계: 완성된 산화 환원 반응식으로부터 산화나 환원에 필요한 환원제나 산화제의 양을 알 수 있다.

예 $Fe_2O_3(s)+3CO(g) \longrightarrow 2Fe(s)+3CO_2(g)$

➡ 산화제인 Fe_2O_3과 환원제인 CO는 $1:3$의 몰비로 반응한다.

➡ Fe_2O_3 1 mol이 환원되려면 CO 3 mol이 필요하다.

---

② 화학 반응에서 열의 출입

1. 발열 반응과 흡열 반응

구분	(⑲) 반응	(⑳) 반응
정의	화학 반응이 일어날 때 열을 방출하는 반응	화학 반응이 일어날 때 열을 흡수하는 반응
에너지 변화	생성물의 에너지 합이 반응물의 에너지 합보다 작다. ➡ 에너지 차이만큼 열을 방출한다. ➡ 주위의 온도가 (㉑) 아진다.	생성물의 에너지 합이 반응물의 에너지 합보다 크다. ➡ 에너지 차이만큼 열을 흡수한다. ➡ 주위의 온도가 (㉒) 아진다.
예	산과 염기의 중화 반응, 금속과 산의 반응, 연소, 금속의 산화, 산의 용해, 수산화 나트륨의 용해 등	열분해, 수산화 바륨 팔수화물과 질산 암모늄의 반응, 질산 암모늄의 용해, 광합성, 물의 전기 분해 등
이용	• 조리용 발열 팩: 산화 칼슘과 물이 반응할 때 열을 방출하여 주위의 온도가 높아지는 현상을 이용한다. • 휴대용 손난로: 철 가루가 산화될 때 열을 방출하여 주위의 온도가 높아지는 현상을 이용한다.	• 냉각 팩: 질산 암모늄이 물에 용해될 때 열을 흡수하여 주위의 온도가 낮아지는 현상을 이용한다.

2. 화학 반응에서 출입하는 열의 측정

구분	(㉓)	(㉔)
구조	온도계, 젓개, 물, 스타이로폼 컵	점화선, 젓개, 온도계, 단열 용기, 강철 용기, 시료 접시, 물, 강철통
특징	구조가 간단하여 쉽게 사용할 수 있으나 단열이 잘되지 않아 열 손실이 있으므로 정밀한 실험에는 사용하지 않는다.	단열이 잘되도록 만들어져 있어 열 손실이 거의 없으므로 화학 반응에서 출입하는 열량을 비교적 정확하게 측정할 수 있다.
열량의 측정	방출하거나 흡수한 열량(Q) = 용액이 얻거나 잃은 열량 = $cm\Delta t$	방출하거나 흡수한 열량(Q) = 물이 얻거나 잃은 열량 + 통열량계가 얻거나 잃은 열량 = $c_물 m_물 \Delta t + C_{통열량계}\Delta t$

하 **중** 상

01 산화 환원 반응으로 옳은 것만을 [보기]에서 있는 대로 고른 것은?

보기
ㄱ. 삼산화 황(SO_3)과 물(H_2O)이 반응하여 황산 (H_2SO_4)이 생성된다.

ㄴ. 과산화 수소(H_2O_2)가 분해되어 물(H_2O)과 산소(O_2)가 생성된다.

ㄷ. 마그네슘(Mg)과 이산화 탄소(CO_2)가 반응하여 산화 마그네슘(MgO)과 탄소(C)가 생성된다.

① ㄱ   ② ㄴ   ③ ㄱ, ㄷ

④ ㄴ, ㄷ   ⑤ ㄱ, ㄴ, ㄷ

하 중 **상**

02 그림은 분자 (가)와 (나)의 루이스 구조를 나타낸 것이다. $W \sim Z$는 1, 2주기 원소이고, (가)에서 $\dfrac{X의\ 산화수}{W의\ 산화수} = +2$ 이다.

$$W-X=\overset{\displaystyle\cdot\cdot}{\underset{\displaystyle\underset{\cdot\cdot}{:Y:}}{Z}}\cdot\cdot$$

(가)

$$\overset{\displaystyle:Y:}{\underset{\displaystyle\underset{\cdot\cdot}{:Y:}}{W-X-W}}$$

(나)

이에 대한 설명으로 옳은 것만을 [보기]에서 있는 대로 고른 것은? (단, $W \sim Z$는 임의의 원소 기호이다.)

보기
ㄱ. 전기 음성도는 $Y > Z$이다.

ㄴ. (나)에서 $\dfrac{Y의\ 산화수}{W의\ 산화수} = -1$이다.

ㄷ. X의 산화수는 (가)에서가 (나)에서보다 4만큼 크다.

① ㄱ   ② ㄷ   ③ ㄱ, ㄴ

④ ㄴ, ㄷ   ⑤ ㄱ, ㄴ, ㄷ

하 **중** 상

03 다음은 어떤 산화 환원 반응의 화학 반응식을, 표는 반응물과 생성물에서 원자 ㉠~㉢의 산화수 변화를 나타낸 것이다. ㉠~㉢은 각각 $A \sim C$ 중 하나이다.

$$A_2B + C_2 \longrightarrow 2A + BC_2$$

원자	㉠		㉡		㉢	
	반응물	생성물	반응물	생성물	반응물	생성물
산화수	0	$-x$	$+1$	0	$-x$	$+y$

$x+y$는? (단, $x>0$, $y>0$이다.)

① 2   ② 4   ③ 5   ④ 6   ⑤ 7

하 **중** 상

04 다음은 3가지 화학 반응식이다.

(가) $4Fe(s) + 3O_2(g) + 6H_2O(l) \longrightarrow 4Fe(OH)_3(s)$

(나) $2Na(s) + H_2(g) \longrightarrow 2NaH(s)$

(다) $2H_2S(g) + SO_2(g) \longrightarrow 2H_2O(l) + 3S(s)$

(가)~(다)에서 산화제로 작용한 물질을 옳게 짝 지은 것은?

	(가)	(나)	(나)
①	Fe	Na	H_2S
②	Fe	H_2	SO_2
③	O_2	Na	H_2S
④	O_2	H_2	SO_2
⑤	O_2	H_2	H_2S

하 **중** 상

05 다음은 황화 수소(H_2S)와 질산(HNO_3)의 반응을 화학 반응식으로 나타낸 것이다.

$$H_2S(g) + 2HNO_3(aq)$$
$$\longrightarrow S(s) + 2H_2O(l) + 2\boxed{\ \ X\ \ }(g)$$

이에 대한 설명으로 옳은 것만을 [보기]에서 있는 대로 고른 것은?

보기
ㄱ. X에서 N의 산화수는 $+2$이다.

ㄴ. S의 산화수는 2 증가한다.

ㄷ. H_2S는 환원제이다.

① ㄱ   ② ㄴ   ③ ㄱ, ㄷ

④ ㄴ, ㄷ   ⑤ ㄱ, ㄴ, ㄷ

06 하 **중** 상 다음은 3가지 산화 환원 반응의 화학 반응식이다.

> (가) $2Mg(s)+CO_2(g) \longrightarrow 2MgO(s)+C(s)$
> (나) $SO_2(g)+2H_2O(l)+Cl_2(g)$
> $\longrightarrow H_2SO_4(aq)+2HCl(aq)$
> (다) $H_2S(g)+Cl_2(g) \longrightarrow S(s)+2HCl(g)$

이에 대한 설명으로 옳은 것만을 [보기]에서 있는 대로 고른 것은?

> **보기**
> ㄱ. (가)에서 CO_2는 산화제이다.
> ㄴ. Cl_2는 (나)와 (다)에서 모두 환원된다.
> ㄷ. H_2S는 Cl_2보다 더 강한 산화제이다.

① ㄱ   ② ㄷ   ③ ㄱ, ㄴ
④ ㄴ, ㄷ   ⑤ ㄱ, ㄴ, ㄷ

07 하 **중** 상 다음은 2가지 화학 반응식이다.

> (가) $N_2(g)+3H_2(g) \longrightarrow 2NH_3(g)$
> (나) $CuSO_4(aq)+Zn(s) \longrightarrow Cu(s)+ZnSO_4(aq)$

이에 대한 설명으로 옳은 것만을 [보기]에서 있는 대로 고른 것은?

> **보기**
> ㄱ. (가)에서 H의 산화수는 감소한다.
> ㄴ. (가)에서 N_2는 산화제이다.
> ㄷ. (나)에서 Zn 1 mol이 반응할 때 이동하는 전자는 2 mol이다.

① ㄱ   ② ㄷ   ③ ㄱ, ㄴ
④ ㄴ, ㄷ   ⑤ ㄱ, ㄴ, ㄷ

08 하 **중** 상 다음은 어떤 산화 환원 반응의 화학 반응식이다.

> $2Fe^{2+}(aq)+H_2O_2(aq)+2H^+(aq)$
> $\longrightarrow 2Fe^{3+}(aq)+2H_2O(l)$

이에 대한 설명으로 옳은 것만을 [보기]에서 있는 대로 고른 것은?

> **보기**
> ㄱ. Fe^{2+}은 산화된다.
> ㄴ. H_2O_2는 산화제로 작용한다.
> ㄷ. H_2O 1 mol이 생성될 때 이동한 전자의 양(mol)은 2 mol이다.

① ㄱ   ② ㄷ   ③ ㄱ, ㄴ
④ ㄱ, ㄷ   ⑤ ㄴ, ㄷ

09 하 **중** 상 다음은 3가지 산화 환원 반응의 화학 반응식이다.

> (가) $CuO(s)+H_2(g) \longrightarrow Cu(s)+H_2O(l)$
> (나) $aCuO(s)+C(s) \longrightarrow aCu(s)+CO_2(g)$
> (a는 반응 계수)
> (다) $CuCl_2(aq)+Zn(s) \longrightarrow Cu(s)+ZnCl_2(aq)$

이에 대한 설명으로 옳은 것만을 [보기]에서 있는 대로 고른 것은?

> **보기**
> ㄱ. (가)에서 H_2는 산화된다.
> ㄴ. (나)에서 Cu 1 mol이 생성될 때 반응한 C의 양(mol)은 0.5 mol이다.
> ㄷ. (가)~(다)에서 Cu는 모두 산화수가 감소한다.

① ㄱ   ② ㄷ   ③ ㄱ, ㄴ
④ ㄴ, ㄷ   ⑤ ㄱ, ㄴ, ㄷ

10 다음은 산화 환원 반응의 화학 반응식과 이를 완성하는 과정을 나타낸 것이다.

[화학 반응식]
$$Cu(s) + aNO_3^-(aq) + bH_3O^+(aq)$$
$$\longrightarrow Cu^{2+}(aq) + cNO_2(g) + dH_2O(l)$$
$$(a \sim d는\ 반응\ 계수)$$

[과정]
(가) 각 원자의 산화수 변화를 구한다.
(나) 증가한 산화수와 감소한 산화수가 같도록 계수를 맞춘다.
(다) 산화수 변화가 없는 원자의 원자 수가 같도록 계수를 맞춘다.

이에 대한 설명으로 옳은 것만을 [보기]에서 있는 대로 고른 것은?

[보기]
ㄱ. (가)에서 N의 산화수는 1만큼 감소한다.
ㄴ. (나)에서 $a=3$이다.
ㄷ. (다)에서 $b+c+d=10$이다.

① ㄱ　　　　② ㄴ　　　　③ ㄱ, ㄷ
④ ㄴ, ㄷ　　　⑤ ㄱ, ㄴ, ㄷ

11 다음은 산화 환원 반응의 화학 반응식이다.

$$aCr(OH)_4^-(aq) + 3ClO^-(aq) + bOH^-(aq)$$
$$\longrightarrow cCrO_4^{2-}(aq) + 3Cl^-(aq) + dH_2O(l)$$
$$(a \sim d는\ 반응\ 계수)$$

이에 대한 설명으로 옳은 것만을 [보기]에서 있는 대로 고른 것은?

[보기]
ㄱ. Cr의 산화수는 $+3$에서 $+6$으로 증가한다.
ㄴ. 반응 전후 Cl의 산화수는 -1로 같다.
ㄷ. $\dfrac{c+d}{a+b} > 1$이다.

① ㄱ　　　　② ㄴ　　　　③ ㄱ, ㄷ
④ ㄴ, ㄷ　　　⑤ ㄱ, ㄴ, ㄷ

12 다음은 산성 조건에서 주석 이온(Sn^{2+})과 과망가니즈산 이온(MnO_4^-)의 반응을 산화 환원 반응식으로 나타낸 것이다.

$$aSn^{2+}(aq) + bH^+(aq) + cMnO_4^-(aq)$$
$$\longrightarrow dSn^{4+}(aq) + eH_2O(l) + fMn^{2+}(aq)$$
$$(a \sim f는\ 반응\ 계수)$$

$a \sim f$의 합은?

① 18　　② 28　　③ 38　　④ 48　　⑤ 58

13 다음은 2가지 산화 환원 반응의 화학 반응식이다.

(가) $Fe_2O_3(s) + 3CO(g) \longrightarrow 2Fe(s) + 3CO_2(g)$
(나) $5Sn^{2+}(aq) + 2MnO_4^-(aq) + aH^+(aq)$
$$\longrightarrow 5Sn^{m+}(aq) + 2Mn^{2+}(aq) + bH_2O(l)$$
$$(a,\ b는\ 반응\ 계수)$$

이에 대한 설명으로 옳은 것만을 [보기]에서 있는 대로 고른 것은?

[보기]
ㄱ. (가)에서 Fe의 산화수는 2만큼 감소한다.
ㄴ. (나)에서 $m=3$이다.
ㄷ. (나)에서 H_2O 1 mol이 생성될 때 반응한 MnO_4^-의 양(mol)은 0.25 mol이다.

① ㄱ　　　　② ㄷ　　　　③ ㄱ, ㄴ
④ ㄴ, ㄷ　　　⑤ ㄱ, ㄴ, ㄷ

14 발열 반응과 흡열 반응의 예를 [보기]에서 골라 옳게 짝지은 것은?

[보기]
ㄱ. 식물이 광합성을 한다.
ㄴ. 메테인을 연소시켜 난방을 한다.
ㄷ. 철 가루의 산화를 이용하여 손난로를 만든다.
ㄹ. 물을 전기 분해하여 수소 기체와 산소 기체를 얻는다.

	발열	흡열		발열	흡열
①	ㄱ, ㄴ	ㄷ, ㄹ	②	ㄱ, ㄷ	ㄴ, ㄹ
③	ㄱ, ㄹ	ㄴ, ㄷ	④	ㄴ, ㄷ	ㄱ, ㄹ
⑤	ㄷ, ㄹ	ㄱ, ㄴ			

15 그림은 일산화 질소(NO)의 분해 반응에서 반응의 진행에 따른 물질의 에너지 변화를 나타낸 것이다.

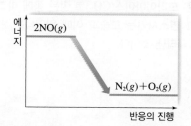

이에 대한 설명으로 옳은 것만을 [보기]에서 있는 대로 고른 것은?

[보기]
ㄱ. NO의 분해는 발열 반응이다.
ㄴ. 반응이 일어날 때 주위의 온도가 높아진다.
ㄷ. 아연과 염산의 반응과 열의 출입 방향이 같다.

① ㄱ   ② ㄷ   ③ ㄱ, ㄴ
④ ㄴ, ㄷ   ⑤ ㄱ, ㄴ, ㄷ

16 다음은 화학 반응에서 출입하는 열을 이용하는 3가지 사례이다.

(가) 더운 여름날 마당에 물을 뿌리면 물이 증발하면서 시원해진다.
(나) 휴대용 냉각 팩에 들어 있는 질산 암모늄이 물에 용해되면서 팩이 차가워진다.
(다) 겨울철 도로에 쌓인 눈에 염화 칼슘을 뿌리면 염화 칼슘이 용해되면서 눈이 녹는다.

이에 대한 설명으로 옳은 것만을 [보기]에서 있는 대로 고른 것은?

[보기]
ㄱ. (가)에서 물의 증발 과정에서 열을 방출한다.
ㄴ. (나)에서 질산 암모늄이 물에 용해될 때 열을 흡수한다.
ㄷ. (다)에서 염화 칼슘의 용해 반응은 발열 반응이다.

① ㄱ   ② ㄴ   ③ ㄱ, ㄷ
④ ㄴ, ㄷ   ⑤ ㄱ, ㄴ, ㄷ

17 다음은 열량계를 이용하여 수산화 나트륨($NaOH$) 1 mol이 물에 용해될 때 방출하는 열량(J/mol)을 구하는 실험이다.

(가) 열량계에 물 100 g을 넣고 물의 온도를 측정한다.
(나) 열량계에 $NaOH$ 1 g을 넣어 완전히 녹인 뒤 용액의 온도를 측정한다.

실험에서 측정한 자료 이외에 추가로 필요한 자료만을 [보기]에서 있는 대로 고른 것은?

[보기]
ㄱ. 물의 밀도   ㄴ. 물의 분자량
ㄷ. 용액의 비열   ㄹ. $NaOH$의 화학식량

① ㄱ, ㄴ   ② ㄱ, ㄷ   ③ ㄴ, ㄷ
④ ㄴ, ㄹ   ⑤ ㄷ, ㄹ

18 표는 25 ℃ 물 100 g이 들어 있는 간이 열량계에 25 ℃ 고체 X, 고체 Y를 각각 질량을 달리하여 녹인 수용액 (가)~(다)에 대한 자료이다.

수용액	용질	용질의 질량(g)	최종 온도(℃)
(가)	고체 X	1	20
(나)	고체 Y	1	t
(다)	고체 Y	2	28

이에 대한 설명으로 옳은 것만을 [보기]에서 있는 대로 고른 것은?

[보기]
ㄱ. 고체 X가 물에 용해되는 반응에서 열을 흡수한다.
ㄴ. 고체 Y가 물에 용해되는 반응은 발열 반응이다.
ㄷ. $t < 25$이다.

① ㄱ   ② ㄷ   ③ ㄱ, ㄴ
④ ㄴ, ㄷ   ⑤ ㄱ, ㄴ, ㄷ

19 다음은 통열량계를 이용하여 에탄올(C_2H_5OH)이 연소할 때 방출하는 열량을 구하는 실험이다.

[과정]

(가) C_2H_5OH 4 g을 열량계의 시료 접시에 넣고, 통열량계에 물 2 kg을 채운다.

(나) 물의 온도(t_1)를 측정한다.

(다) 통열량계의 점화 장치를 작동하여 C_2H_5OH을 완전 연소시키고, 물의 온도(t_2)를 측정한다.

점화선, 온도계, 젓개, 단열 용기, 강철 용기, 시료 접시, 물, 강철통

[결과]

구분	t_1	t_2
측정 온도(℃)	25	35

C_2H_5OH 1 g이 연소할 때 방출하는 열량(kJ/g)은? (단, 물의 비열은 4.2 kJ/(kg·℃)이고, 통열량계의 열용량은 3 kJ/℃이다.)

① 20 kJ/g   ② 25.5 kJ/g   ③ 28.5 kJ/g

④ 32.5 kJ/g   ⑤ 34.5 kJ/g

20 그림은 20 ℃ 물 100 g이 들어 있는 간이 열량계를 나타낸 것이고, 표는 이 열량계에 20 ℃의 고체 X~Z w g을 넣고 모두 녹인 수용액 (가)~(다)의 최종 온도에 대한 자료이다.

온도계, 뚜껑, 스타이로폼 컵, 물, 젓개

수용액	용질	최종 온도(℃)
(가)	고체 X	17.6
(나)	고체 Y	21.3
(다)	고체 Z	24.5

이에 대한 설명으로 옳은 것만을 [보기]에서 있는 대로 고른 것은? (단, 수용액의 비열은 모두 같다.)

보기

ㄱ. 고체 X가 물에 용해되는 반응을 이용하여 냉각 팩을 만들 수 있다.

ㄴ. 고체 Y가 물에 용해되는 반응은 흡열 반응이다.

ㄷ. 각 물질 1 g이 용해될 때 출입하는 열량은 고체 Y가 고체 Z보다 크다.

① ㄱ   ② ㄴ   ③ ㄱ, ㄷ

④ ㄴ, ㄷ   ⑤ ㄱ, ㄴ, ㄷ

서술형 문제

21 다음은 드라이아이스(CO_2)로 만든 통에 마그네슘(Mg) 가루를 넣고 연소시키는 모습과 이때 일어나는 반응을 화학 반응식으로 나타낸 것이다.

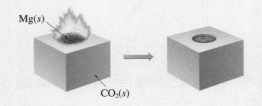
Mg(s), $CO_2(s)$

$$2Mg(s)+CO_2(g) \longrightarrow 2MgO(s)+C(s)$$

이 반응에서 산화제와 환원제를 쓰고, 그 까닭을 산화수를 언급하여 서술하시오.

22 다음은 산성 용액에서 옥살산 이온($C_2O_4^{2-}$)과 과망가니즈산 이온(MnO_4^-)의 반응을 산화 환원 반응식으로 나타낸 것이다.

$$5C_2O_4^{2-}(aq)+2MnO_4^-(aq)+16H^+(aq)$$
$$\longrightarrow 10CO_2(g)+2Mn^{2+}(aq)+8H_2O(l)$$

MnO_4^- 0.2 mol을 모두 환원시키는 데 필요한 $C_2O_4^{2-}$의 최소 양(mol)을 구하고, 그 까닭을 서술하시오.

23 25 ℃의 1 M 염산(HCl(aq)) 100 mL와 25 ℃의 1 M 수산화 칼륨(KOH) 수용액 100 mL를 반응시켰더니 혼합 용액의 온도가 31 ℃가 되었다.

물 1 mol이 생성될 때 방출하는 열량(J/mol)을 구하고, 풀이 과정을 서술하시오. (단, 혼합 용액의 부피는 혼합 전 각 수용액의 부피의 합과 같고, 용액의 비열은 4.2 J/(g·℃)이며, 용액의 밀도는 1 g/mL이다.)

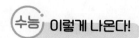 **이렇게 나온다!**

다음은 산화 환원 반응의 화학 반응식이다.

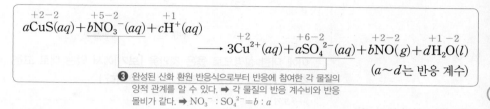

$$\overset{+2-2}{aCuS}(aq)+\overset{+5-2}{bNO_3^-}(aq)+\overset{+1}{cH^+}(aq)$$
$$\longrightarrow \overset{+2}{3Cu^{2+}}(aq)+\overset{+6-2}{aSO_4^{2-}}(aq)+\overset{+2-2}{bNO}(g)+\overset{+1-2}{dH_2O}(l)$$

$(a \sim d$는 반응 계수$)$

❸ 완성된 산화 환원 반응식으로부터 반응에 참여한 각 물질의 양적 관계를 알 수 있다. ➡ 각 물질의 반응 계수비와 반응 몰비가 같다. ➡ $NO_3^- : SO_4^{2-} = b : a$

이에 대한 설명으로 옳은 것만을 [보기]에서 있는 대로 고른 것은?

보기

ㄱ. CuS는 환원제이다.

ㄴ. $c+d>a+b$이다.

ㄷ. NO_3^- 2 mol이 반응하면 SO_4^{2-} 1 mol이 생성된다.

① ㄱ　　② ㄷ　　③ ㄱ, ㄴ　　④ ㄴ, ㄷ　　⑤ ㄱ, ㄴ, ㄷ

❶ 1단계) 각 원자의 산화수 변화를 확인한다.

산화수 8 증가: 산화

$$\overset{+2-2}{aCuS}(aq)+\overset{+5-2}{bNO_3^-}(aq)+\overset{+1}{cH^+}(aq) \longrightarrow \overset{+2}{3Cu^{2+}}(aq)+\overset{+6-2}{aSO_4^{2-}}(aq)+\overset{+2-2}{bNO}(g)+\overset{+1-2}{dH_2O}(l)$$
환원제　산화제

산화수 3 감소: 환원

❷ 2단계) 증가한 산화수와 감소한 산화수가 같도록 계수를 맞춘다.

$8 \times 3 = 24$

$$3CuS(aq)+8NO_3^-(aq)+cH^+(aq) \longrightarrow 3Cu^{2+}(aq)+3SO_4^{2-}(aq)+8NO(g)+dH_2O(l)$$

$3 \times 8 = 24$

3단계) 산화수 변화가 없는 원자들의 수가 같도록 계수를 맞추어 화학 반응식을 완성한다.
$$3CuS(aq)+8NO_3^-(aq)+8H^+(aq) \longrightarrow 3Cu^{2+}(aq)+3SO_4^{2-}(aq)+8NO(g)+4H_2O(l)$$

전략적 풀이

❶ **각 원자의 산화수를 구하고 산화제와 환원제를 찾는다.**

ㄱ. S의 산화수는 CuS에서 (　　)이고, SO_4^{2-}에서 (　　)이므로 산화수가 (　　)한다. 따라서 CuS는 자신은 (　　)되면서 NO_3^-을 (　　)시키는 (　　)이다.

❷ **산화제의 감소한 산화수와 환원제의 증가한 산화수가 같도록 계수를 맞춘다.**

ㄴ. S의 산화수는 8 증가이고, N의 산화수는 (　　) 감소이므로 계수를 맞추면 $a=$(　　)이고, $b=$(　　)이다. 또, 산화수 변화가 없는 H 원자와 O 원자 수가 같도록 계수를 맞추면 $c=$(　　)이고, $d=$(　　)이다. 따라서 $a+b=11$이고, $c+d=12$이므로 $c+d>a+b$이다.

❸ **완성한 화학 반응식을 해석하여 NO_3^-과 SO_4^{2-}의 반응의 양적 관계를 구한다.**

ㄷ. NO_3^-과 SO_4^{2-}의 반응 계수비가 $NO_3^- : SO_4^{2-} =$(　　)이므로 NO_3^- 2 mol이 반응하면 SO_4^{2-} (　　) mol이 생성된다.

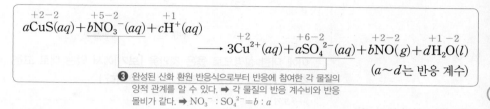

수능 출제 경향

이 단원에서는 주어진 화학 반응식에서 각 원자의 산화수 변화를 파악하여 산화제와 환원제를 찾고, 산화제와 환원제의 양적 관계를 구하는 문제가 자주 출제되고 있다. 또, 발열 반응과 흡열 반응의 예를 알고, 간이 열량계에서 진행되는 반응의 반응 전후 온도 차로부터 발열 반응과 흡열 반응을 구분하는 문제가 출제된다.

출제개념

산화수, 산화제, 환원제, 산화 환원 반응식 완성하기
● 본문 287~289쪽

출제의도

반응 전후 각 원자의 산화수를 구하고, 산화제와 환원제를 구분하며, 산화제의 감소한 산화수와 환원제의 증가한 산화수가 같도록 계수를 맞추어 반응의 양적 관계를 완성할 수 있는지 평가하는 문제이다.

정답

❶ −2, +6, 증가, 산화, 환원, 환원제

❷ 3, 3, 8, 8, 4

❸ 8 : 3, $\frac{3}{4}$

답 ③

수능 실전 문제　315

01 다음은 2가지 화학 반응식이고, ㉠~㉣은 밑줄 친 각 원자의 산화수이다.

> • $2\underset{㉠}{C}(s)+O_2(g) \longrightarrow 2\underset{㉡}{C}O(g)$
>
> • $2\underset{㉢}{C_2}H_2(g)+5O_2(g) \longrightarrow 4\underset{㉣}{C}O_2(g)+2H_2O(l)$

㉠+㉡+㉢+㉣은?

① 2　　② 3　　③ 4　　④ 5　　⑤ 6

02 그림은 2주기 원소 X~Z로 이루어진 3가지 분자 (가)~(다)의 루이스 구조이고, ㉠~㉢은 밑줄 친 각 원자의 산화수이다. 분자에서 X~Z는 모두 옥텟 규칙을 만족한다.

$$Y=\underset{㉠}{X}-Z \qquad Z-\overset{\overset{\displaystyle Z}{|}}{\underset{㉡}{X}}-\overset{\overset{\displaystyle Z}{|}}{X}-Z \qquad Z-\underset{㉢}{Y}-Z$$
$$\text{(가)} \qquad\qquad \text{(나)} \qquad\qquad \text{(다)}$$

이에 대한 설명으로 옳은 것만을 [보기]에서 있는 대로 고른 것은? (단, X~Z는 임의의 원소 기호이다.)

> **보기**
> ㄱ. 전기 음성도는 Y > X이다.
> ㄴ. (가)~(다)에서 Z의 산화수는 모두 −1이다.
> ㄷ. ㉠+㉡+㉢=+7이다.

① ㄱ　② ㄴ　③ ㄱ, ㄷ　④ ㄴ, ㄷ　⑤ ㄱ, ㄴ, ㄷ

03 다음은 2가지 산화 환원 반응의 화학 반응식이다.

> (가) $3NO_2(g)+\boxed{㉠}(l) \longrightarrow 2HNO_3(aq)+NO(g)$
> (나) $2NaOH(aq)+Cl_2(g)$
> $\longrightarrow NaCl(aq)+\boxed{㉠}(l)+\boxed{㉡}(aq)$

이에 대한 설명으로 옳은 것만을 [보기]에서 있는 대로 고른 것은?

> **보기**
> ㄱ. (가)에서 ㉠은 산화된다.
> ㄴ. (나)에서 NaOH은 환원제이다.
> ㄷ. ㉡에서 Cl의 산화수는 +1이다.

① ㄱ　② ㄷ　③ ㄱ, ㄴ　④ ㄴ, ㄷ　⑤ ㄱ, ㄴ, ㄷ

04 그림은 분자 A_xB와 C_2가 산화 환원 반응하여 AC와 B를 생성할 때 반응 전후 각 원자의 산화수를 나타낸 것이다.

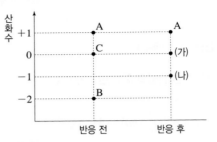

이에 대한 설명으로 옳은 것만을 [보기]에서 있는 대로 고른 것은? (단, A~C는 임의의 원소 기호이다.)

> **보기**
> ㄱ. A_xB에서 x는 2이다.
> ㄴ. (가)는 C이고, (나)는 B이다.
> ㄷ. A~C 중 A의 전기 음성도가 가장 크다.

① ㄱ　　② ㄷ　　③ ㄱ, ㄴ
④ ㄴ, ㄷ　　⑤ ㄱ, ㄴ, ㄷ

05 다음은 3가지 산화 환원 반응의 화학 반응식이다.

> (가) $2H_2(g)+O_2(g) \longrightarrow 2\underset{㉠}{H_2O}(l)$
> (나) $\underset{㉡}{O_2}(g)+F_2(g) \longrightarrow \underset{㉢}{O_2F_2}(g)$
> (다) $5\underset{㉣}{H_2O_2}(aq)+2MnO_4^{-}(aq)+6H^+(aq)$
> $\longrightarrow 2Mn^{2+}(aq)+5O_2(g)+8H_2O(l)$

이에 대한 설명으로 옳은 것만을 [보기]에서 있는 대로 고른 것은?

> **보기**
> ㄱ. (가)에서 H_2는 산화제이다.
> ㄴ. (다)에서 Mn의 산화수는 감소한다.
> ㄷ. ㉠~㉣에서 O의 산화수 중 가장 큰 값과 작은 값의 합은 0이다.

① ㄱ　　② ㄴ　　③ ㄱ, ㄷ
④ ㄴ, ㄷ　　⑤ ㄱ, ㄴ, ㄷ

06 다음은 2가지 산화 환원 반응의 화학 반응식과 생성물에서 X의 산화수에 대한 자료이다.

(가) $X_2 + 2Y_2 \longrightarrow X_2Y_4$
(나) $X_2 + 3Z_2 \longrightarrow 2XZ_3$

생성물	X의 산화수
X_2Y_4	-2
XZ_3	$+3$

이에 대한 설명으로 옳은 것만을 [보기]에서 있는 대로 고른 것은? (단, X~Z는 1, 2주기에 속하는 임의의 원소 기호이다.)

[보기]
ㄱ. (가)에서 Y_2는 산화된다.
ㄴ. (나)에서 Z_2는 환원제이다.
ㄷ. 전기 음성도는 Z>X>Y이다.

① ㄱ ② ㄴ ③ ㄱ, ㄷ
④ ㄴ, ㄷ ⑤ ㄱ, ㄴ, ㄷ

07 다음은 2가지 반응의 화학 반응식이다.

(가) $CaCO_3(s) + 2HCl(aq)$
$\longrightarrow CaCl_2(aq) + H_2O(l) + \boxed{\ ㉠\ }(g)$
(나) $Fe_2O_3(s) + aCO(g) \longrightarrow bFe(s) + c\boxed{\ ㉠\ }(g)$
(a~c는 반응 계수)

이에 대한 설명으로 옳은 것만을 [보기]에서 있는 대로 고른 것은?

[보기]
ㄱ. (나)에서 C의 산화수는 2만큼 증가한다.
ㄴ. (나)에서 $a+c=3b$이다.
ㄷ. (가)와 (나)는 모두 산화 환원 반응이다.

① ㄱ ② ㄷ ③ ㄱ, ㄴ
④ ㄴ, ㄷ ⑤ ㄱ, ㄴ, ㄷ

08 다음은 3가지 산화 환원 반응의 화학 반응식이다.

(가) $SO_2(g) + 2H_2O(l) + Cl_2(g)$
$\longrightarrow H_2SO_4(aq) + 2HCl(aq)$
(나) $2F_2(g) + 2H_2O(l) \longrightarrow O_2(g) + 4HF(aq)$
(다) $aMnO_4^-(aq) + bH^+(aq) + cFe^{2+}(aq)$
$\longrightarrow Mn^{2+}(aq) + cFe^{3+}(aq) + dH_2O(l)$
(a~d는 반응 계수)

이에 대한 설명으로 옳은 것만을 [보기]에서 있는 대로 고른 것은?

[보기]
ㄱ. (가)에서 SO_2은 환원제이다.
ㄴ. (나)에서 O의 산화수는 증가한다.
ㄷ. (다)에서 $a+b>c+d$이다.

① ㄱ ② ㄷ ③ ㄱ, ㄴ
④ ㄴ, ㄷ ⑤ ㄱ, ㄴ, ㄷ

09 다음은 3가지 산화 환원 반응의 화학 반응식이다.

(가) $2Na(s) + 2H_2O(l) \longrightarrow 2NaOH(aq) + H_2(g)$
(나) $Fe_2O_3(s) + 3CO(g) \longrightarrow 2Fe(s) + 3CO_2(g)$
(다) $aSn^{2+}(aq) + 2MnO_4^-(aq) + bH^+(aq)$
$\longrightarrow cSn^{4+}(aq) + 2Mn^{2+}(aq) + dH_2O(l)$
(a~d는 반응 계수)

이에 대한 설명으로 옳은 것만을 [보기]에서 있는 대로 고른 것은?

[보기]
ㄱ. (가)에서 H_2O은 산화제이다.
ㄴ. (나)에서 Fe의 산화수는 감소한다.
ㄷ. (다)에서 $\dfrac{a \times b}{c \times d} = 2$이다.

① ㄱ ② ㄴ ③ ㄱ, ㄷ
④ ㄴ, ㄷ ⑤ ㄱ, ㄴ, ㄷ

수능 실전 문제

10 다음은 2가지 산화 환원 반응의 화학 반응식이다.

> (가) $O_2(g) + 2F_2(g) \longrightarrow 2OF_2(g)$
> (나) $BrO_3^-(aq) + aI^-(aq) + bH^+(aq)$
> $\longrightarrow Br^-(aq) + cI_2(aq) + dH_2O(l)$
> ($a \sim d$는 반응 계수)

이에 대한 설명으로 옳은 것만을 [보기]에서 있는 대로 고른 것은?

[보기]
ㄱ. (가)에서 O의 산화수는 2만큼 증가한다.
ㄴ. (나)에서 BrO_3^-은 환원제이다.
ㄷ. (나)에서 I^- 2 mol이 반응하면 H_2O 3 mol이 생성된다.

① ㄱ   ② ㄴ   ③ ㄱ, ㄷ
④ ㄴ, ㄷ   ⑤ ㄱ, ㄴ, ㄷ

11 다음은 3가지 산화 환원 반응의 화학 반응식이다.

> (가) ☐ ㉠ ☐ $(g) + 2H_2(g) \longrightarrow CH_3OH(l)$
> (나) ☐ ㉠ ☐ $(g) + H_2O(l) \longrightarrow CO_2(g) + H_2(g)$
> (다) $aMnO_4^-(aq) + bSO_3^{2-}(aq) + H_2O(l)$
> $\longrightarrow aMnO_2(aq) + bSO_4^{2-}(aq) + cOH^-(aq)$
> ($a \sim c$는 반응 계수)

이에 대한 설명으로 옳은 것만을 [보기]에서 있는 대로 고른 것은?

[보기]
ㄱ. (가)에서 ㉠은 산화된다.
ㄴ. (나)에서 ㉠은 환원제이다.
ㄷ. (다)에서 MnO_4^- 2 mol이 반응하면 SO_4^{2-} 3 mol이 생성된다.

① ㄱ   ② ㄷ   ③ ㄱ, ㄴ
④ ㄴ, ㄷ   ⑤ ㄱ, ㄴ, ㄷ

12 다음은 산화 환원 반응의 화학 반응식이다.

> $6Fe^{2+}(aq) + aCr_2O_7^{2-}(aq) + bH^+(aq)$
> $\longrightarrow 6Fe^{3+}(aq) + cCr^{3+} + dH_2O(l)$
> ($a \sim d$는 반응 계수)

이 반응에서 산화제 1 mol이 반응할 때 생성되는 H_2O의 양(mol)은?

① $\dfrac{7}{6}$ mol   ② $\dfrac{5}{2}$ mol   ③ $\dfrac{7}{2}$ mol
④ 5 mol   ⑤ 7 mol

13 다음은 반응 ㉠~㉢과 관련된 현상을 나타낸 것이다.

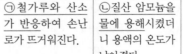

㉠철가루와 산소가 반응하여 손난로가 뜨거워진다.	㉡질산 암모늄을 물에 용해시켰더니 용액의 온도가 낮아졌다.	아이스크림 포장 상자 속 ㉢드라이아이스가 작아지면서 상자 속 온도가 낮아졌다.

이에 대한 설명으로 옳은 것만을 [보기]에서 있는 대로 고른 것은?

[보기]
ㄱ. ㉠은 발열 반응이다.
ㄴ. ㉡ 반응이 일어날 때 열을 흡수한다.
ㄷ. ㉢ 과정에서 열을 방출한다.

① ㄱ   ② ㄷ   ③ ㄱ, ㄴ
④ ㄴ, ㄷ   ⑤ ㄱ, ㄴ, ㄷ

14 다음은 열 출입 현상과 이에 대한 학생들의 대화이다.

- ㉠염화 암모늄을 물에 용해시켰더니 용액의 온도가 낮아졌다.
- ㉡메테인을 연소시켜 물을 끓였다.

제시한 내용이 옳은 학생만을 있는 대로 고른 것은?

① A   ② C   ③ A, B
④ B, C   ⑤ A, B, C

15 다음은 질산 암모늄(NH_4NO_3)이 물에 용해되는 반응에 대한 실험이다.

[실험 과정]
(가) 그림과 같이 25 °C 물 100 g 이 담긴 열량계를 준비한다.
(나) (가)의 열량계에 25 °C의 NH_4NO_3 w g을 넣어 녹인 후 수용액의 최종 온도를 측정한다.

[실험 결과]
• 수용액의 최종 온도: 21 °C

이에 대한 설명으로 옳은 것만을 [보기]에서 있는 대로 고른 것은?

보기
ㄱ. ㉠은 열량계 내부와 외부 사이의 열 출입을 막기 위해 사용한다.
ㄴ. NH_4NO_3이 용해되는 반응은 발열 반응이다.
ㄷ. NH_4NO_3이 용해될 때 출입하는 열량을 구하기 위해 수용액의 비열을 알아야 한다.

① ㄱ   ② ㄴ   ③ ㄱ, ㄷ
④ ㄴ, ㄷ   ⑤ ㄱ, ㄴ, ㄷ

16 다음은 화학 반응에서 출입하는 열을 측정하기 위한 실험이다.

[실험 과정]
(가) 그림과 같이 20 °C 물 50 g이 담긴 열량계를 준비한다.
(나) (가)의 열량계에 20 °C의 고체 X w g을 넣어 녹인 후 수용액의 최종 온도(t_1)를 측정한다.
(다) 고체 X가 용해될 때 출입한 열량(Q_1)을 구한다.
(라) 고체 X w g 대신 고체 Y w g으로 (가)~(다)를 수행하여 수용액의 최종 온도(t_2)를 측정하고, 출입한 열량(Q_2)을 구한다.

[자료 및 실험 결과]
• 수용액의 비열은 4 J/(g·°C)이다.
• t_1: 22 °C   • t_2: 19 °C

이에 대한 설명으로 옳은 것만을 [보기]에서 있는 대로 고른 것은?

보기
ㄱ. 고체 X가 물에 용해되는 반응은 발열 반응이다.
ㄴ. 고체 Y가 물에 용해되는 반응이 일어날 때 열을 흡수한다.
ㄷ. $\dfrac{Q_1}{Q_2}=2$이다.

① ㄱ   ② ㄷ   ③ ㄱ, ㄴ
④ ㄴ, ㄷ   ⑤ ㄱ, ㄴ, ㄷ

Memo

Ⅰ. 화학의 첫걸음

1 화학과 우리 생활

1 화학과 우리 생활

개념 확인 문제 13쪽

❶ 암모니아 ❷ 화학 비료 ❸ 합성 섬유 ❹ 합성 염료 ❺ 화석 연료 ❻ 건축 재료 ❼ 합성 의약품
1 암모니아, NH_3 **2** (1) × (2) ○ (3) ○ (4) ○ (5) ○ **3** (1) ㉰ (2) ㉢ (3) ㉠ **4** (1) ○ (2) ○ (3) × **5** 콘크리트 **6** (가) 페니실린 (나) 아스피린

개념 확인 문제 18쪽

❶ 탄소 화합물 ❷ 4 ❸ 탄화수소 ❹ 하이드록시기($-OH$) ❺ 카복실기($-COOH$) ❻ 메테인(CH_4) ❼ 에탄올(C_2H_5OH) ❽ 아세트산(CH_3COOH)

1 (1) × (2) ○ (3) ○ (4) ○ (5) × **2** 탄소 **3** (1) ○ (2) × (3) ○ **4** (1) 아세트산 (2) 폼알데하이드 (3) 아세톤 (4) 에탄올

대표 자료 분석 19쪽

자료 ❶ **1** ㉠ 암모니아, ㉡ 철, ㉢ 나일론 **2** 식량 문제: (가), 의류 문제: (다), 주거 문제: (나) **3** (1) × (2) ○ (3) × (4) ○ (5) ○ (6) × (7) ×
자료 ❷ **1** (가) 에탄올 (나) 메테인 (다) 아세트산 **2** 이산화 탄소(CO_2), 물(H_2O) **3** (1) ○ (2) ○ (3) × (4) ○ (5) × (6) ○ (7) ○

내신 만점 문제 20~22쪽

01 ① 02 ④ 03 ⑤ 04 ① 05 ④ 06 ④
07 ⑤ 08 ⑤ 09 ④ 10 ④ **11** 탄소 화합물이다. 물에 잘 녹는다. 산소와 반응하여 완전 연소할 때 생성물이 이산화 탄소와 물이다. 원자 수비는 $C : H : O = 1 : 2 : 1$이다 등 **12** ③ **13** ③

실력 UP 문제 22쪽

01 ③ 02 ③

중단원 핵심 정리 23쪽

❶ 암모니아 ❷ 나일론 ❸ 폴리에스터 ❹ 폴리아크릴 ❺ 화석 연료 ❻ 건축 재료 ❼ 합성 의약품 ❽ 4 ❾ 탄화수소 ❿ LNG ⓫ 알코올 ⓬ 액체 ⓭ 카복실산 ⓮ 산성

중단원 마무리 문제 24~25쪽

01 ① 02 ③ 03 ⑤ 04 ② 05 ③ 06 ④
07 ③

서술형 문제 08 (가) 암모니아를 대량으로 합성하는 제조 공정이 개발되어 화학 비료가 대량 생산되고, 이로 인해 농업 생산량이 증가했다. (나) 천연 섬유의 단점을 보완하여 질기고, 값이 싼 합성 섬유가 개발되어 다양한 의류를 입을 수 있게 되었다.

09 탄소는 원자가 전자 수가 4로 다른 원자와 최대 4개까지 공유 결합을 할 수 있기 때문이다. 탄소 원자끼리 다양한 길이와 구조로 결합할 수 있기 때문이다. 10 (1) 산소가 포함되어 있는가? 물에 잘 녹는가? 자극적인 냄새가 나는가? 등 (2) (나) 아세트산 (다) 폼알데하이드

수능 실전 문제 27쪽

01 ③ 02 ① 03 ① 04 ⑤

2 물질의 양과 화학 반응식

1 화학식량과 몰

개념 확인 문제 33쪽

❶ 원자량 ❷ 분자량 ❸ 화학식량 ❹ 몰(mol) ❺ 아보가드로수 ❻ 몰 질량 ❼ 아보가드로 법칙 ❽ 22.4 ❾ $6.02×10^{23}$ ❿ 몰 질량 ⓫ 22.4

1 (1) × (2) ○ (3) ○ (4) × **2** (1) 2 (2) 16 (3) 44 (4) 100 **3** (1) × (2) ○ (3) × **4** 0.5 mol, $3.01×10^{23}$개 **5** ㉠ 1, ㉡ 0.5, ㉢ 16, ㉣ 44, ㉤ 5.6 **6** (1) 9 g (2) 10 g (3) 8 g (4) 34 g (5) 11 g

대표 자료 분석 34쪽

자료 ❶ **1** ㉠ 28, ㉡ 7 g, ㉢ 56, ㉣ 11.2 L, ㉤ 18 g **2** 액체 C **3** (1) ○ (2) ○ (3) × (4) ○ (5) ○ (6) × (7) ○
자료 ❷ **1** (가)=(나)=(다) **2** $X_2 : Y_2 : ZX_2 = 16 : 1 : 22$ **3** (1) ○ (2) ○ (3) × (4) ○ (5) × (6) ○

내신 만점 문제 35~38쪽

01 ③ 02 ② 03 ⑤ 04 ③ 05 ② 06 ②
07 ⑤ 08 ④ 09 ③ 10 ② 11 ⑤ 12 ④
13 ⑤ 14 ③ 15 ⑤ 16 ① 17 (1) 7 g (2) $\frac{3}{13}$

실력 UP 문제 39쪽

01 ① 02 ④ 03 ③ 04 ③

2 화학 반응식과 용액의 농도

개념 확인 문제 44쪽

❶ 화학 반응식 ❷ 계수비 ❸ 부피비

1 (1) ○ (2) ○ (3) × (4) ○ **2** ○ **3** (1) ○ (2) ○ (3) × (4) × **4** (1) 23 g (2) 33.6 L (3) $9.03×10^{23}$

완자쌤 비법 특강 47쪽

Q1 0.05 L Q2 1.4 M

개념 확인 문제 48쪽

❶ 용액의 질량 ❷ 용액의 부피

1 (1) × (2) ○ (3) ○ (4) × **2** (1) 20 (2) 17.5 **3** (1) 1 M (2) 3 M (3) 2 M **4** (가) 8.4 (나) 부피 플라스크 **5** (1) × (2) ○ (3) ○

대표 자료 분석 49쪽

자료 ❶ **1** 이산화 탄소 **2** $a=2$, $b=1$ **3** (1) ○ (2) ○ (3) ○ (4) × (5) × (6) ○
자료 ❷ **1** 부피 플라스크 **2** (다) → (나) → (가) **3** 18(g) **4** (1) ○ (2) × (3) ○ (4) × (5) ○

내신 만점 문제 50~54쪽

01 ③ 02 ① 03 ③ 04 (1) $2Na(s)+2H_2O(l) \longrightarrow 2NaOH(aq)+H_2(g)$ (2) 4.48 L 05 ③ 06 ③
07 ⑤ 08 ① 09 ② 10 ② 11 ② **12** 금속 M과 수소(H_2) 기체의 반응 몰비는 $2 : 3$이며, 금속 M의 원자량을 x라고 하면 금속 M의 양(mol)은 $\frac{5.4}{x}=\frac{27}{5x}$ mol이다. t °C, 1 atm에서 기체 1 mol의 부피가 V L이므로 생성된 H_2의 양(mol)은 $\frac{7.2}{V}=\frac{36}{5V}$ mol이다. 따라서 $\frac{27}{5x} : \frac{36}{5V}=2 : 3$에서 $x=\frac{9}{8}V$이다. 13 ⑤
14 (1) $\frac{1}{40}$ mol (2) 100 15 ④ 16 ③ 17 ②
18 ⑤ 19 ③ 20 ⑤ 21 0.5 L 22 ③

실력 UP 문제 55쪽

01 ⑤ 02 ③ 03 ④ 04 ②

중단원 핵심 정리 56쪽

❶ 탄소(^{12}C) ❷ 원자량 ❸ 원자량 ❹ 아보가드로수 ❺ 몰 질량 ❻ 아보가드로 ❼ $6.02×10^{23}$ ❽ 몰 질량 ❾ 22.4 ❿ 부피비 ⓫ 퍼센트 농도 ⓬ 1 L ⓭ 용액의 부피

중단원 마무리 문제 57~59쪽

01 ② 02 ② 03 ③ 04 ④ 05 ② 06 ③
07 24 08 ① 09 ④ 10 ⑤

서술형 문제 11 $a=1$, $b=3$, $c=2$. (가)~(다)에서 생성된 X의 부피가 같으며, (가)와 (나)에서 반응한 A_2의 부피가 같고, (가)와 (다)에서 반응한 B_2의 부피가 같은 것으로 보아 기체의 부피비는 $A_2 : B_2 : X = 1 : 3 : 2$이다. 12 X의 원자량: 7, 18분과 20분에서 질량이 더 이상 변하지 않으므로 도가니 안의 고체는 X_2O뿐이며 감소한 질량은 발생한 CO_2의 질량과 같다. 처음보다 감소한 질량이 22 g이므로 CO_2 0.5 mol이 발생했고, X_2O와 CO_2의 몰비가 $1 : 1$이므로 X_2O도 0.5 mol 생성되었다. X_2O 0.5 mol의 질량은 15 g이므로 X_2O의 화학식량은 30이고, X의 원자량은 7이다.

수능 실전 문제 61~63쪽

01 ④ 02 ④ 03 ⑤ 04 ⑤ 05 ③ 06 ④
07 ⑤ 08 ② 09 ④ 10 ① 11 ④ 12 ③

내신 만점 문제 177~180쪽

01 ③　02 A와 B　03 ③　04 ① 05 (1) (가)
1개 (나) 3개 (2) H는 원자가 전자가 1개이므로 C의 원자
가 전자 중 1개와 공유 결합을 형성하고, N는 원자가 전자
가 5개이므로 C의 원자가 전자 중 3개와 공유 결합을 형
성하여 각각 비활성 기체와 같은 전자 배치를 이루기 위해
서이다.　06 ③　07 ②　08 ①　09 ③　10 ③
11 ⑤　12 ①　13 ②　14 ①　15 ②　16 ①
17 ②　18 ⑤

실력 UP 문제 181쪽

01 ③　02 ⑤　03 ②　04 ③

종단원 핵심 정리 182~183쪽

❶ 산소(O_2)　❷ 수소(H_2)　❸ 염소(Cl_2)　❹ 나트륨
(Na)　❺ 전자　❻ 옥텟　❼ 8　❽ 양이온　❾ 음
이온　❿ 정전기적 인력　⓫ 개수비　⓬ 반발력
⓭ 고체　⓮ 액체　⓯ 높다　⓰ 비금속　⓱ 결합 길
이　⓲ 결합 에너지　⓳ 없다　⓴ 고체　㉑ 정전기적
인력　㉒ 자유 전자　㉓ 자유 전자　㉔ 자유 전자
㉕ 자유 전자　㉖ 공유　㉗ 금속　㉘ 높다

종단원 마무리 문제 184~187쪽

01 ④　02 ③　03 ④　04 ②　05 ⑤　06 ⑤
07 ③　08 ①　09 ②　10 ④　11 ①　12 ②

서술형 문제 13 (1) KCl>KF. F은 2주기 원소이고, Cl
는 3주기 원소이므로 이온 반지름이 $Cl^->F^-$이기 때문이
다. (2) KCl은 전하가 +1인 양이온과 −1인 음이온으로
이루어져 있고, MgO은 전하가 +2인 양이온과 −2인 음
이온으로 이루어져 있다. 또, KCl의 성분 원소는 3주기와
4주기 원소이며, MgO의 성분 원소는 2주기와 3주기 원
소이다. 따라서 MgO은 KCl에 비해 이온의 전하량이 크
고, 이온 사이의 거리가 짧으므로 정전기적 인력이 커서 이
온 결합이 형성될 때 방출하는 에너지인 E의 크기가 더 크
다. 14 (1) ZYW. ZYW는 이온 결합 물질로 액체 상
태에서 각 전하를 띠는 이온이 자유롭게 움직일 수 있기 때
문이다. (2) (가) Z_2Y (나) 이온 결합 15 MgO. MgO
은 이온 사이의 거리가 가장 짧고, 이온의 전하량이 커서
정전기적 인력이 가장 크기 때문이다. 16 (1) (가) 공유
결합 (나) 금속 결합 (다) 공유 결합 (라) 이온 결합 (2) (나).
자유 전자가 자유롭게 이동하기 때문이다. (3) (다). 분자
사이의 인력은 원자나 전하를 띤 입자 사이의 인력에 비해
약하기 때문이다.

수능 실전 문제 189~191쪽

01 ③　02 ③　03 ⑤　04 ③　05 ②　06 ⑤
07 ③　08 ③　09 ③　10 ⑤　11 ①　12 ③

② 분자의 구조와 성질

①' 결합의 극성

개념 확인 문제 197쪽

❶ 전기 음성도　❷ 유효 핵전하　❸ 원자 반지름
❹ 무극성 공유 결합　❺ 극성 공유 결합　❻ 무극성
공유　❼ 극성 공유　❽ 이온　❾ 쌍극자 모멘트
❿ 전하량　⓫ 무극성 공유　⓬ 극성 공유

---

1 (1) ○ (2) × (3) ○ (4) ○ (5) ○　2 (1) $\overset{\delta^-}{C}-\overset{\delta^+}{H}$ (2) $\overset{\delta^+}{C}-\overset{\delta^-}{N}$
(3) $\overset{\delta^+}{O}-\overset{\delta^-}{F}$　3 ③　4 (가) ㄴ, ㄷ (나) ㄱ　5 (가) 극성
공유 결합 (나) 무극성 공유 결합 (다) 이온 결합　6 (1) ×
(2) ○ (3) ○ (4) ×

완자쌤 비법 특강 200쪽

Q1 (가) $Li\cdot$ (나) $\cdot\overset{\cdot}{\underset{\cdot}{B}}\cdot$ (다) $\cdot\overset{\cdot\cdot}{\underset{\cdot}{N}}\cdot$ (라) $:\overset{\cdot\cdot}{\underset{\cdot\cdot}{F}}\cdot$ (마) $Mg\cdot$
(바) $\cdot\overset{\cdot}{\underset{\cdot}{Si}}\cdot$ (사) $:\overset{\cdot\cdot}{\underset{\cdot}{S}}\cdot$

Q2 (가) $:\overset{\cdot\cdot}{O}::\overset{\cdot\cdot}{O}:$ (나) $H:C:::N:$ (다) $H:\overset{\cdot\cdot}{\underset{\cdot\cdot}{O}}:\overset{\cdot\cdot}{\underset{H}{C}}:H$
(라) 1 (마) 3 (바) 4 (사) 1 (아) 1

개념 확인 문제 201쪽

❶ 원자가 전자　❷ 홀전자　❸ 공유 전자쌍　❹ 비
공유 전자쌍　❺ 루이스 구조

1 (1) × (2) ○ (3) ○ (4) ○　2 (1) D>C>B (2) B_2: 3,
D_2: 1 (3) 공유 전자쌍 수: 2, 비공유 전자쌍 수: 2　3 ②
4 (1) 양 (2) 극성 (3) 2 (4) 작

5 분자	(가)	(나)
루이스 구조	Y—X—Y 또는 $:\overset{\cdot\cdot}{Y}-\overset{\cdot\cdot}{X}-\overset{\cdot\cdot}{Y}:$	X=Z=X 또는 $:\overset{\cdot\cdot}{X}=Z=\overset{\cdot\cdot}{X}:$

6 (1) ○ (2) ○ (3) ×

대표 자료 분석 202쪽

자료❶ 1 (가) X=X (나) Y>X (다) Y>Z　2 (가) 무극
성 공유 결합 (나) 극성 공유 결합 (다) 이온 결합　3 (나)
>(가)　4 (1) ○ (2) × (3) ○ (4) ○ (5) ×
자료❷ 1 Z　2 Z>Y>X　3 3, 2, 1　4 (1) ○
(2) × (3) ○ (4) × (5) ○

내신 만점 문제 203~206쪽

01 ⑤　02 ③　03 극성 공유 결합: (나), (다). 무극성
공유 결합: (가)　04 ②　05 ④　06 ①　07 전기
음성도 차이가 커질수록 대체로 결합의 이온성은 커지고,
공유성은 작아진다. 08 ③　09 ④　10 ⑤　11 ③
12 ②　13 $B_2-:\overset{\cdot\cdot}{B}::\overset{\cdot\cdot}{B}:$, $C_2-:\overset{\cdot\cdot}{C}::\overset{\cdot\cdot}{C}:$　14 ④
15 ④　16 ③　17 ⑤　18 $\left[B\right]^+\left[:\overset{\cdot\cdot}{\underset{\cdot\cdot}{D}}:\right]^-$　19 ④
20 ②

실력 UP 문제 207쪽

01 ⑤　02 ③　03 ②　04 ①

②˙ 분자의 구조와 성질

개념 확인 문제 210쪽

❶ 전자쌍 반발 이론　❷ 비공유　❸ 공유　❹ 직
선형　❺ 평면 삼각형　❻ 정사면체형　❼ 삼각뿔형
❽ 굽은 형　❾ 1

1 (1) × (2) × (3) ○　2 (1) (가)>(나)>(다) (2) (가) 정
사면체형 (나) 삼각뿔형 (다) 굽은 형　3 (1) ㄴ, ㄷ, ㄹ, ㅁ
(2) ㅂ (3) ㄱ (4) ㅇ (5) ㅁ　4 (1) ○ (2) × (3) ○

개념 확인 문제 214쪽

❶ 무극성　❷ 같은　❸ 대칭　❹ 극성　❺ 다른
❻ 비대칭　❼ 극성　❽ 무극성　❾ 극성　❿ 무
극성　⓫ 극성　⓬ 무극성　⓭ 높은

1 (1) × (2) ○ (3) ○　2 (1) (가), (나) (2) (다)　3 (1) ○
(2) × (3) ○ (4) ×　4 HF, SO_2　5 CO_2, BeF_2

대표 자료 분석 215쪽

자료❶ 1

분자	(가)	(나)	(다)	(라)	(마)	(바)
공유 전자쌍 수	4	2	3	2	3	4
비공유 전자쌍 수	0	0	0	2	1	0

2 (가) 직선형 (나) 직선형 (다) 평면 삼각형 (라) 굽은 형
(마) 삼각뿔형 (바) 정사면체형　3 (가)=(나)>(다)>(바)>
(마)>(라)　4 (1) ○ (2) ○ (3) ○ (4) × (5) ○ (6) × (7) ×
자료❷ 1 W: 4, X: 5, Y: 7, Z: 6　2 X_2: 3, Y_2: 2, Z_2: 2
3 극성 분자: (나), (다). 무극성 분자: (가)　4 (1) × (2) ○
(3) ○ (4) ○ (5) ○

내신 만점 문제 216~220쪽

01 ④　02 ④　03 비공유 전자쌍은 공유 전자쌍에
비해 더 넓은 공간을 차지하므로 비공유 전자쌍에 의한 반
발력은 공유 전자쌍에 의한 반발력보다 크다. 따라서 비공
유 전자쌍 수가 많을수록 결합각이 작아진다.　04 ②
05 ②, ④　06 ③　07 BE_4−정사면체형, CE_3−삼
각뿔형, DE_2−굽은 형　08 ③　09 ④　10 ②
11 ③　12 ⑤　13 ①　14 ③　15 ③　16 ③
23 ③ (※) 17～22 생략

실력 UP 문제 221쪽

01 ③　02 ①　03 ③　04 ④

종단원 핵심 정리 222~223쪽

❶ 공유　❷ 커진다　❸ 작아진다　❹ 무극성　❺ 극성
❻ 커진다　❼ 0　❽ 공유　❾ 비공유　❿ 루이스
구조　⓫ 크다　⓬ 직선형　⓭ 평면 삼각형　⓮ 정사
면체형　⓯ 삼각뿔형　⓰ 굽은 형　⓱ 직선형　⓲ 대칭
⓳ 비대칭　⓴ 극성　㉑ 무극성

종단원 마무리 문제 224~227쪽

01 ④　02 ②　03 ④　04 ③　05 ⑤　06 ②
07 ③　08 ⑤　09 ①　10 ③　11 ⑤　12 ③
13 ③　14 ⑤

서술형 문제 15 비공유 전자쌍에 의한 반발력은 공유 전자
쌍에 의한 반발력보다 크므로 중심 원자에 비공유 전자쌍
이 있는 NH_3의 결합각은 CH_4의 결합각보다 작다.
16 (가) 무극성 분자 (나) 극성 분자, (가)는 중심 원자에 공
유 전자쌍만 3개 있으므로 평면 삼각형 구조이다. 즉, (가)
는 대칭 구조이므로 분자의 쌍극자 모멘트가 0인 무극성
분자이다. (나)는 중심 원자에 공유 전자쌍 3개와 비공유
전자쌍 1개가 있으므로 삼각뿔형 구조이다. 즉, (나)는 비
대칭 구조이므로 분자의 쌍극자 모멘트가 0이 아닌 극성
분자이다. 17 H_2O은 극성 용매이므로 H_2O 층에는 무
극성 물질인 I_2이 녹지 않아 변화가 없고, C_6H_{14}는 무극성
용매이므로 C_6H_{14} 층에는 무극성 물질인 I_2이 녹아 보라색
으로 변한다.

수능 실전 문제 229~231쪽

01 ③　02 ②　03 ①　04 ②　05 ⑤　06 ⑤
07 ①　08 ⑤　09 ④　10 ②　11 ⑤　12 ⑤

완벽한 자율학습서

완ω자

화학 I

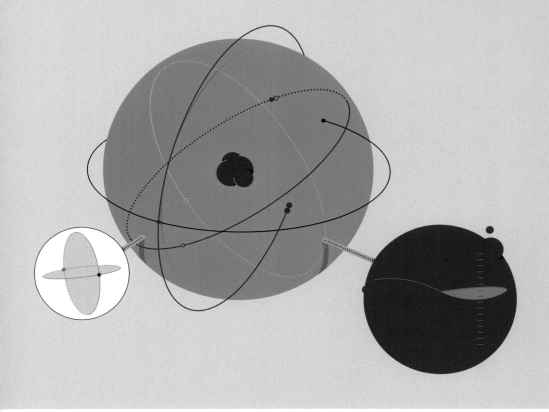

정확한 답과 친절한 해설

정답친해

ABOVE IMAGINATION

우리는 남다른 상상과 혁신으로
교육 문화의 새로운 전형을 만들어
모든 이의 행복한 경험과 성장에 기여한다

Ⅰ. 화학의 첫걸음

1 화학과 우리 생활

1 화학과 우리 생활

개념 확인 문제

13쪽

❶ 암모니아 ❷ 화학 비료 ❸ 합성 섬유 ❹ 합성염료
❺ 화석 연료 ❻ 건축 재료 ❼ 합성 의약품

1 암모니아, NH_3 **2** (1) × (2) × (3) ○ (4) ○ (5) ○ **3** (1) ㉡
(2) ㉢ (3) ㉠ **4** (1) ○ (2) ○ (3) × **5** 콘크리트 **6** (가) 페니
실린 (나) 아스피린

1 하버에 의해 공기 중의 질소와 수소를 반응시켜 암모니아를
대량 합성하는 제조 공정이 개발되었으며, 암모니아를 원료로 화
학 비료를 대량 생산하게 되면서 식량 부족 문제가 해결되었다.

2 (1) 천연 섬유는 흡습성과 촉감이 좋지만 질기지 않아서 쉽
게 닳고, 값이 비싸며 대량 생산이 어렵다.
(2) 천연 섬유와 합성 섬유를 함께 이용하여 다양한 섬유로 만든
의류를 입을 수 있게 되었다.
(3) 나일론은 최초로 개발된 합성 섬유이며, 매우 질기고 유연하
며 신축성이 좋다.
(4) 폴리에스터는 가장 널리 사용되는 합성 섬유로, 탄성과 신축
성이 있으며 잘 구겨지지 않고 흡습성이 없으며 빨리 마른다.
(5) 천연염료는 구하기 어렵고 귀했지만 합성염료가 개발되면서
누구나 원하는 색깔의 의류를 입을 수 있게 되었다.

3 (1) 나일론은 매우 질기고 유연하며 신축성이 좋아서 스타
킹, 운동복, 밧줄, 그물 등에 이용된다.
(2) 폴리에스터는 탄성과 신축성이 있으며 잘 구겨지지 않고 빨
리 마르므로 양복, 와이셔츠 등에 이용된다.
(3) 폴리아크릴은 보온성이 있어 니트, 양말 등에 이용된다.

4 (1) 화석 연료는 연소 과정에서 많은 에너지를 방출하여 가
정에서 난방과 취사 등에 이용된다.
(2) 시멘트, 콘크리트, 철, 알루미늄 등의 건축 재료를 얻는 데 화
학적 방법이 이용되고 있다.
(3) 철은 철광석과 코크스를 함께 용광로에 넣고 가열하여 철광석
속의 산화 철(Ⅲ)을 철(Fe)로 환원시켜 얻는다. 알루미늄은 보크
사이트를 가열하여 액체 상태로 녹인 후 전기 분해하여 얻는다.

5 콘크리트는 모래와 자갈 등에 시멘트를 섞고 물로 반죽한 건
축 재료이다. 콘크리트에 철근을 넣어 강도를 높인 철근 콘크리
트는 주택, 건물, 도로 건설에 이용되고 있다.

6 (가) 페니실린은 플레밍이 푸른곰팡이에서 발견한 최초의 항
생제이고 제2차 세계대전 중 상용화되면서 수많은 환자의 목숨
을 구했다.
(나) 아스피린은 호프만이 버드나무 껍질에서 분리한 살리실산으
로 합성한 최초의 합성 의약품의 상품명이다.

개념 확인 문제

18쪽

❶ 탄소 화합물 ❷ 4 ❸ 탄화수소 ❹ 하이드록시기
(−OH) ❺ 카복실기(−COOH) ❻ 메테인(CH_4) ❼ 에
탄올(C_2H_5OH) ❽ 아세트산(CH_3COOH)

1 (1) × (2) ○ (3) ○ (4) ○ (5) × **2** 탄소 **3** (1) ○ (2) ×
(3) ○ **4** (1) 아세트산 (2) 폼알데하이드 (3) 아세톤 (4) 에탄올

1 (1) 탄소 화합물은 탄소(C) 원자가 수소(H), 산소(O), 질소
(N), 황(S), 할로젠(F, Cl, Br, I) 등의 원자와 결합하여 만들어
진 화합물이다.
(2), (3) 탄소 화합물이 다양한 까닭은 C 원자가 최대 4개의 다른
원자와 공유 결합을 할 수 있고, 탄소 원자끼리 결합하여 다양한
길이와 구조의 화합물을 만들 수 있기 때문이다.
(4) 탄소 화합물 중 탄소(C) 원자와 수소(H) 원자로만 이루어진
탄화수소는 완전 연소되었을 때 이산화 탄소와 물만 생성된다.
(5) 탄화수소는 일반적으로 탄소 수가 많을수록 끓는점이 높다.

2 탄화수소는 탄소(C) 원자와 수소(H) 원자로만 이루어져 있다.

3 (1) (가)는 정사면체 중심에 탄소(C) 원자 1개가 있고, 이 C
원자에 정사면체의 꼭짓점 위치에 있는 수소(H) 원자 4개가 결
합하여 안정한 구조를 이루고 있는 메테인(CH_4)이다. (나)는 에
테인(C_2H_6)에서 H 원자 1개 대신 하이드록시기(−OH) 1개가
결합한 구조를 이루고 있는 에탄올(C_2H_5OH)이다.
(2) (가)의 메테인은 C와 H로만 이루어져 있으므로 탄화수소이
지만, (나)의 에탄올은 C와 H 이외에도 O를 포함하고 있으므로
탄화수소가 아니다.
(3) (가)의 메테인과 (나)의 에탄올은 연소할 때 많은 에너지를 방
출하므로 연료로 이용된다.

4 (1) 식초는 아세트산(CH_3COOH)의 2 %~5 % 수용액으로, 식초에서 신맛이 나는 까닭은 아세트산이 물에 녹아 산성을 나타내기 때문이다.

(2) 폼알데하이드($HCHO$)는 자극적인 냄새가 나는 물질이며 플라스틱이나 가구용 접착제의 원료로 이용된다.

(3) 아세톤(CH_3COCH_3)은 물에 잘 녹으며 여러 가지 탄소 화합물을 잘 녹이는 성질이 있어서 용매로 이용된다.

(4) 에탄올(C_2H_5OH)은 술의 성분으로 예로부터 과일과 곡물에 있는 녹말이나 당을 발효시켜 얻었다.

대표 자료 분석   19쪽

자료 ❶ 1 ㉠ 암모니아, ㉡ 철, ㉢ 나일론   2 식량 문제: (가),
의류 문제: (다), 주거 문제: (나)   3 (1) × (2) ○
(3) ○ (4) ○ (5) ○ (6) × (7) ×

자료 ❷ 1 (가) 에탄올 (나) 메테인 (다) 아세트산   2 이산화
탄소(CO_2), 물(H_2O)   3 (1) ○ (2) ○ (3) × (4) ○
(5) × (6) ○ (7) ○

1-1, 2 꼼꼼 문제 분석

(가) 하버는 <u>㉠</u> 를 대량으로 합성하는 제조 공정을
  → 암모니아
  고안하여 화학 비료를 대량 생산할 수 있게 되었다.
  → 농업 생산량의 증대로 식량 문제 해결

(나) 철광석을 제련하여 <u>㉡</u> 을 만드는 기술이 개발
  → 철
  되었다.
  → 대규모 주거 공간의 건축이 가능해져 주거 문제 해결

(다) 캐러더스는 최초의 합성 섬유인 <u>㉢</u> 을 개발하였
  고, 이후 다양한 합성 섬유가 개발되었다. → 나일론
  → 천연 섬유의 단점을 보완하여 의류 문제 해결

1-3 (1) 암모니아는 공기 중의 질소와 수소를 반응시켜 합성한다.

(2) 철에 크로뮴을 섞어 만든 합금인 스테인리스강은 철보다 더 단단하고 녹이 슬지 않는다.

(3) 나일론은 질기고 신축성이 좋아 스타킹, 밧줄, 그물 등에 이용되는 합성 섬유이다.

(4) 철근 콘크리트는 콘크리트 속에 철근(철)을 넣어 강도를 높인 건축 재료로, 대규모 건축물에 이용된다.

(5) 화학 비료의 개발로 농업 생산량이 크게 증대되어 식량 부족 문제가 해결되었다.

(6) (나)는 주거 문제 해결에 기여하였고, 합성염료의 개발은 의류 문제 해결에 기여하였다.

(7) 합성 섬유는 대량 생산이 쉬워 값이 싸다. 대량 생산이 어려워 값이 비싼 것은 천연 섬유이다.

2-1 꼼꼼 문제 분석

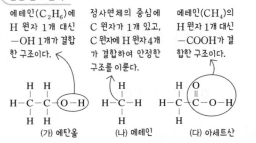

에테인(C_2H_6)에 H 원자 1개 대신 —OH 1개가 결합한 구조이다.

정사면체의 중심에 C 원자가 1개 있고, C 원자에 H 원자 4개가 결합하여 안정한 구조를 이룬다.

메테인(CH_4)의 H 원자 1개 대신 —COOH가 결합한 구조이다.

(가) 에탄올   (나) 메테인   (다) 아세트산

(가)는 알코올의 한 종류인 에탄올(C_2H_5OH)이고, (나)는 탄화수소의 한 종류인 메테인(CH_4)이며, (다)는 카복실산의 한 종류인 아세트산(CH_3COOH)이다.

2-2 (가)와 (다)는 C, H, O로 구성되어 있고, (나)는 C, H로 구성되어 있으므로 완전 연소하면 이산화 탄소(CO_2)와 물(H_2O)만 생성된다.

2-3 (1), (2) (가)의 에탄올은 살균, 소독 작용을 하므로 소독용 알코올의 원료로 이용되고, (나)의 메테인은 연소할 때 많은 에너지를 방출하므로 가정용 연료인 액화 천연가스(LNG)나 시내버스의 연료인 압축 천연가스(CNG)로 이용된다.

(3) (가)의 에탄올과 (다)의 아세트산은 모두 물에 잘 녹지만 (나)의 메테인은 물에 잘 녹지 않는다.

(4) (다)의 아세트산은 일반적으로 에탄올을 발효시켜 얻는다.

(5) (다)의 아세트산은 물에 녹으면 수소 이온을 내놓아 산성을 나타내지만, (가)의 에탄올은 물에 녹아도 이온을 내놓지 않는다.

(6) 실온에서 액체 상태로 존재하는 물질은 (가)의 에탄올과 (다)의 아세트산이다. (나)의 메테인은 실온에서 기체 상태로 존재한다.

(7) $\dfrac{\text{H 원자 수}}{\text{C 원자 수}}$ 는 (가) $\dfrac{6}{2}=3$, (나) $\dfrac{4}{1}=4$, (다) $\dfrac{4}{2}=2$이다.

내신 만점 문제   20~22쪽

01 ①   02 ④   03 ⑤   04 ①   05 ⑤   06 ⑤   07 ⑤
08 ⑤   09 ④   10 ④   11 해설 참조   12 ③   13 ③

---

01 ㄴ. 질소는 생명체의 단백질과 핵산 등을 구성하므로 식물 생장에 필수적인 원소이다.

바로알기 ㄱ. 암모니아 생성 반응의 화학 반응식은 다음과 같다.

$$N_2 + 3H_2 \longrightarrow 2NH_3$$

따라서 $a=1$, $b=3$, $c=2$이므로 $a+b > c$이다.

ㄷ. 질소와 수소는 공기 중에서 쉽게 반응하지 않으므로 고온·고압 상태에서 촉매를 이용하여 반응시킨다.

02 ㄴ. 암모니아로부터 화학 비료를 대량 생산할 수 있게 되어 인류의 식량 문제 해결에 기여하였다.

ㄷ. 캐러더스는 최초의 합성 섬유인 나일론을 합성했으며, 합성 섬유는 화석 연료를 원료로 하기 때문에 값싸게 대량 생산이 가능하다.

바로알기 ㄱ. 하버는 암모니아를 대량으로 합성하는 방법을 개발하였고, 암모니아(NH_3)는 탄소 화합물이 아니다.

03 ①, ② 합성 섬유는 천연 섬유에 비해 질기고, 대량 생산이 쉬워 값이 싸다.

③ 합성 섬유는 화석 연료를 원료로 하여 만들어진다. 화석 연료의 주요 성분 원소는 탄소와 수소이다.

④ 가장 널리 사용되는 합성 섬유는 폴리에스터이다.

바로알기 ⑤ 질기고 신축성이 좋아서 스타킹, 밧줄 등의 재료로 이용되는 섬유는 나일론이다.

04 ① 현재 인류가 가장 많이 사용하는 금속은 철이며, 자연에서 산화물인 철광석(Fe_2O_3)의 형태로 존재하므로 제련 과정을 거쳐 얻는다.

05 ㄱ. 자연 상태의 석회석을 잘게 부숴 가열하고 점토를 섞어서 만드는 건축 재료는 시멘트이다.

ㄴ. 모래와 자갈 등에 시멘트를 섞고 물로 반죽하여 사용하는 건축 재료는 콘크리트이며, 콘크리트 속에 철근을 넣어 강도를 높인 철근 콘크리트가 개발되어 주택, 건물, 도로 등의 건설 공사에 이용되고 있다.

ㄷ. 시멘트나 콘크리트와 같은 건축 재료는 화학의 발달과 함께 점차 성능이 개량되고 새로운 소재가 개발되고 있다.

06 ①은 건강 문제 해결, ②는 식량 문제 해결, ③은 의류 문제 해결, ④는 주거 문제 해결에 기여한 긍정적 사례이다.

바로알기 ⑤ 일회용품의 사용 증가로 환경이 오염되고 자원이 낭비되는 것은 부정적 사례이다.

07 ㄱ, ㄴ. 탄소 원자는 원자가 전자 수가 4이므로 최대 4개의 다른 원자와 공유 결합을 형성하여 다양한 탄소 화합물을 만들 수 있다.

ㄷ. 탄소는 다른 탄소 원자와 단일, 2중, 3중 결합을 형성할 수 있고, 사슬 모양과 고리 모양 등 다양한 구조를 만들 수 있으므로 탄소 화합물의 종류는 매우 다양하다.

08 탄소 화합물은 탄소(C) 원자가 수소(H), 산소(O), 질소(N), 황(S), 할로겐 등의 원자와 결합하여 만들어진 화합물이다. 따라서 프로페인(C_3H_8), 에탄올(C_2H_5OH), 포도당($C_6H_{12}O_6$)은 탄소 화합물이고, 물(H_2O), 암모니아(NH_3), 염화 나트륨(NaCl)은 탄소 화합물이 아니다.

09 꼼꼼 문제 분석

모두 탄화수소이며, C 원자의 수가 1개씩 증가한다.

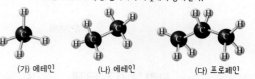

(가) 메테인   (나) 에테인   (다) 프로페인

ㄴ. 탄화수소는 탄소(C) 원자와 수소(H) 원자로만 이루어져 있으므로 완전 연소하면 이산화 탄소(CO_2)와 물(H_2O)이 생성된다.

ㄷ. (가)~(다)는 모두 연소할 때 에너지를 많이 방출하므로 연료로 이용된다.

바로알기 ㄱ. (가)~(다)는 모두 물에 잘 녹지 않는다.

10 제시된 탄소 화합물은 탄소(C) 원자 2개로 이루어진 탄화수소인 에테인(C_2H_6)에서 수소(H) 원자 1개 대신 하이드록시기(−OH) 1개가 결합한 구조를 이루므로 에탄올(C_2H_5OH)이다.

ㄴ. 에탄올은 실온에서 액체 상태로 존재하지만 휘발성이 강하며, 불이 잘 붙는다.

ㄷ. 에탄올은 단백질을 응고시켜 살균·소독 작용을 하므로 소독용 알코올의 원료로 사용한다.

바로알기 ㄱ. 에탄올은 물에 잘 녹지만, 물에 녹아도 수산화 이온(OH^-)을 내놓지 않는다.

11 폼알데하이드(HCHO)의 원자 수비는 C : H : O=1 : 2 : 1이고, 아세트산(CH_3COOH)의 원자 수비는 C : H : O=2 : 4 : 2=1 : 2 : 1로 같다.

모범 답안 탄소 화합물이다. 물에 잘 녹는다. 산소와 반응하여 완전 연소할 때 생성물이 이산화 탄소와 물이다. 원자 수비는 C : H : O=1 : 2 : 1이다 등

채점 기준	배점
공통점 2가지를 모두 옳게 서술한 경우	100 %
공통점을 1가지만 옳게 서술한 경우	50 %

12 ③은 아세트산의 분자 모형이다. 아세트산은 카복실산의 하나이고, 신맛이 나며 식초의 원료이다.

바로알기 ① 메테인, ② 메탄올, ④ 폼알데하이드, ⑤ 아세톤의 분자 모형이다.

13 메테인(CH_4), 에탄올(C_2H_5OH), 아세트산(CH_3COOH) 중 탄화수소는 메테인(CH_4) 1가지이다. 따라서 ㉠은 메테인(CH_4)이고, ㉡은 에탄올(C_2H_5OH)이다.

ㄱ. ㉠의 메테인(CH_4)은 액화 천연가스(LNG)의 주성분이다.

ㄴ. ㉠의 메테인(CH_4)은 분자당 원자 수가 5이고, ㉡의 에탄올(C_2H_5OH)은 분자당 원자 수가 9이다.

바로알기 ㄷ. 아세트산(CH_3COOH)과 에탄올(C_2H_5OH)은 모두 물에 잘 용해되므로 (가)의 분류 기준으로 적절하지 않다.

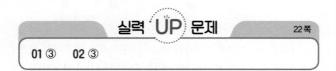

실력 UP 문제
22쪽

01 ③　　02 ③

01 (가)와 (나)는 모두 분자에 포함된 탄소(C) 원자와 산소(O) 원자 수가 각각 1인 탄소 화합물이며, (가)에는 산소(O) 원자와 결합한 수소(H) 원자가 존재하지 않으므로 폼알데하이드(HCHO)이고, (나)에는 산소(O) 원자와 결합한 수소(H) 원자가 1개 존재하므로 메탄올(CH_3OH)이다.

ㄱ. (가)의 분자식은 CH_2O이므로 $x=2$이고, (나)의 분자식은 CH_4O이므로 $y=4$이다. 따라서 $x+y=6$이다.

ㄴ. (가)의 폼알데하이드는 가구용 접착제의 원료로 이용된다.

바로알기 ㄷ. (나)의 메탄올은 물에 잘 녹지만 수용액의 액성은 중성이다.

02 꼼꼼 문제 분석

분류 기준	예	아니요
탄소 화합물인가?	아스피린, 나일론, 메테인	암모니아
고분자 화합물인가	나일론	암모니아, 아스피린, 메테인
(가)	아스피린, 나일론	암모니아, 메테인

ㄱ. 암모니아(NH_3)와 메테인(CH_4)은 구성 원소에 산소(O)가 포함되어 있지 않다. 아스피린은 탄소(C), 수소(H), 산소로 이루어진 물질이며, 나일론은 탄소, 수소, 산소, 질소(N)로 이루어진 물질이다. 따라서 분류 기준 (가)로 '산소(O)가 포함된 화합물인가?'는 적절하다.

ㄴ. ㉠과 ㉣에 공통으로 해당하는 물질은 아스피린과 메테인 2가지이다.

바로알기 ㄷ. ㉡은 암모니아, ㉢은 나일론이다. 따라서 해당되는 물질의 수는 ㉡=㉢이다.

중단원 핵심 정리
23쪽

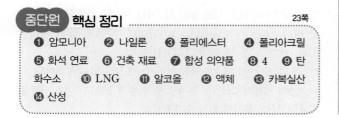

❶ 암모니아　❷ 나일론　❸ 폴리에스터　❹ 폴리아크릴
❺ 화석 연료　❻ 건축 재료　❼ 합성 의약품　❽ 4　❾ 탄화수소　❿ LNG　⓫ 알코올　⓬ 액체　⓭ 카복실산
⓮ 산성

중단원 마무리 문제
24~25쪽

01 ①　02 ③　03 ⑤　04 ②　05 ③　06 ④　07 ③
08 해설 참조　09 해설 참조　10 해설 참조

01 꼼꼼 문제 분석

ㄱ. 화학 비료(질소 비료)의 원료는 암모니아(NH_3)이며, 하버에 의해 암모니아를 대량 합성하는 방법이 개발되면서 화학 비료의 대량 생산이 가능해졌다.

바로알기 ㄴ. 암모니아는 질소(N_2)와 수소(H_2)를 반응시켜 합성한다.

ㄷ. 하버 보슈법은 암모니아를 대량 생산하는 방법이므로 ㉠의 과정에 해당한다.

02 꼼꼼 문제 분석

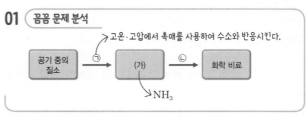

ㄱ. ㉠은 천연 섬유이며 식물에서 얻은 면이나, 마, 동물에서 얻은 비단 등이 있다. 천연 섬유는 흡습성과 촉감이 좋지만 질기지 않고 쉽게 닳는다.

ㄴ. ㉡은 합성 섬유이며 화석 연료를 원료로 하여 만든다. 최초의 합성 섬유는 나일론이고, 가장 널리 사용되는 합성 섬유는 폴리에스터이다.

바로알기 ㄷ. 합성 섬유는 값이 싸고 대량으로 생산하기 쉽지만, 천연 섬유는 합성 섬유에 비해 값이 비싸고 대량으로 생산하기 어렵다.

03 ㄱ, ㄷ. 제련 기술의 발달과 건축 재료의 변화로 대규모 주거 공간의 건축이 쉬워졌다.

ㄴ. 화석 연료가 연소할 때 발생하는 열을 이용하여 가정에서는 난방과 조리를 하여 인류의 주거 생활이 크게 발전하였다.

04 ㄷ. 아스피린이나 페니실린과 같은 합성 의약품의 개발로 인간의 평균 수명이 늘어나고 질병의 예방과 치료가 쉬워졌다.

바로알기 ㄱ. 최초의 항생제는 페니실린이다.

ㄴ. 최초의 합성 의약품은 호프만이 합성한 아스피린이다.

05 꼼꼼 문제 분석

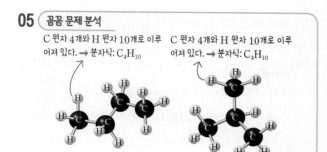

C 원자 4개와 H 원자 10개로 이루어져 있다. → 분자식: C_4H_{10}

C 원자 4개와 H 원자 10개로 이루어져 있다. → 분자식: C_4H_{10}

(가) 사슬 모양

(나) 가지 달린 사슬 모양

ㄱ, ㄴ. (가)와 (나)는 같은 수의 탄소와 수소로 이루어진 탄화수소로, 분자식이 C_4H_{10}으로 같다.

바로알기 ㄷ. (가)와 (나)는 구조가 달라 서로 다른 물질이다.

06 (가)는 메테인, (나)는 에탄올, (다)는 아세트산이다.

ㄴ. 메테인과 에탄올은 연소할 때 많은 에너지를 방출하므로 연료로 이용된다.

ㄷ. 아세트산은 일반적으로 에탄올을 발효시켜 얻는다.

바로알기 ㄱ. 에탄올과 아세트산은 물에 잘 녹지만, 메테인은 물에 잘 녹지 않는다.

07 꼼꼼 문제 분석

(가)와 (나)는 각각 아세트산과 에탄올 중 하나이다.

• (가)와 (나)에는 O 원자에 결합된 H 원자가 있다.

• (나)와 (다)는 $\dfrac{\text{O 원자 수}}{\text{C 원자 수}} = 1$이다.

(나)와 (다)는 각각 폼알데하이드와 아세트산 중 하나이다. 따라서 (가)는 에탄올, (나)는 아세트산, (다)는 폼알데하이드이다.

ㄱ. 분자당 탄소 수는 (가)의 에탄올이 2이고, (다)의 폼알데하이드가 1이므로 (가) > (다)이다.

ㄴ. (나)는 아세트산이며 식초의 성분 물질이고, 수용액의 액성은 산성이다.

바로알기 ㄷ. (다)는 폼알데하이드이며 새집 증후군의 원인 물질이다. 살균 소독 작용이 있어서 손 소독제에 이용할 수 있는 물질은 (가)의 에탄올이다.

08 **모범 답안** (가) **암모니아**를 대량으로 합성하는 제조 공정이 개발되어 **화학 비료**가 대량 생산되고, 이로 인해 농업 생산량이 증가했다.
(나) **천연 섬유**의 단점을 보완하여 질기고, 값이 싼 **합성 섬유**가 개발되어 다양한 의류를 입을 수 있게 되었다.

채점 기준	배점
용어를 모두 포함하여 (가)와 (나)에서 화학의 역할을 옳게 서술한 경우	100 %
(가)와 (나) 각각에 해당하는 용어만 이용하여 (가)와 (나) 중 1가지만 화학의 역할을 옳게 서술한 경우	50 %

09 **모범 답안** 탄소는 원자가 전자 수가 4로 다른 원자와 최대 4개까지 공유 결합을 할 수 있기 때문이다. 탄소 원자끼리 다양한 길이와 구조로 결합할 수 있기 때문이다.

채점 기준	배점
2가지 까닭을 모두 옳게 서술한 경우	100 %
1가지 까닭만 옳게 서술한 경우	50 %

10 **모범 답안** (1) 산소가 포함되어 있는가? 물에 잘 녹는가? 자극적인 냄새가 나는가? 등
(2) (나) 아세트산 (다) 폼알데하이드

	채점 기준	배점
(1)	(가)에 들어갈 조건을 옳게 서술한 경우	50 %
(2)	(나), (다)의 이름을 모두 옳게 쓴 경우	50 %
	(나), (다)의 이름 중 1가지만 옳게 쓴 경우	25 %

수능 실전 문제 27쪽

01 ③　**02** ①　**03** ①　**04** ⑤

01 꼼꼼 문제 분석

독일의 과학자 하버가 개발하였다.

20세기 초 ㉠암모니아의 대량 합성 방법이 개발되어 화학 비료의 대량 생산이 가능해졌다. 암모니아는 화학 비료 이외에도 약품의 제조나 토양의 산성화 방지 등 여러 분야에 이용되고 있다.
↳ 산성화된 토양을 암모니아로 중화시킨다.

선택지 분석

| 선택지 분석 |

㉠ 암모니아의 구성 원소는 질소와 수소이다.

✗ 암모니아 수용액의 액성은 산성이다. 염기성

㉢ ㉠은 인류의 식량 부족 문제를 해결하는 데 기여하였다.

전략적 풀이 ❶ 암모니아의 구성 원소와 특성을 파악한다.

ㄱ. 암모니아(NH_3)는 공기 중의 질소와 수소를 반응시켜 합성하므로 암모니아의 구성 원소는 질소와 수소이다.

ㄴ. 암모니아 수용액의 액성은 염기성이므로 산성화된 토양을 중화시켜 토양의 산성화를 방지할 수 있다.

❷ 암모니아의 대량 합성이 인류의 문제 해결에 어떤 영향을 미쳤는지 파악한다.

ㄷ. 암모니아의 대량 합성 방법이 개발된 이후 암모니아를 원료로 한 화학 비료를 대량 생산하게 되어 농업 생산량이 증대되었다. 따라서 암모니아의 대량 합성 방법의 개발은 인류의 식량 부족 문제를 해결하는 데 기여하였다.

02 꼼꼼 문제 분석

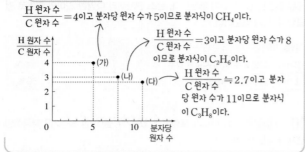

$\dfrac{\text{H 원자 수}}{\text{C 원자 수}}=4$이고 분자당 원자 수가 5이므로 분자식이 CH_4이다.

$\dfrac{\text{H 원자 수}}{\text{C 원자 수}}=3$이고 분자당 원자 수가 8이므로 분자식이 C_2H_6이다.

$\dfrac{\text{H 원자 수}}{\text{C 원자 수}}≒2.7$이고 분자당 원자 수가 11이므로 분자식이 C_3H_8이다.

선택지 분석

ㄱ. (가)는 온실 기체 중 하나이다.

ㄴ.✗ (다)는 액화 천연가스의 주성분 중 하나이다. 액화 석유가스

ㄷ.✗ 끓는점은 (나)가 (다)보다 높다. 낮다

전략적 풀이 ❶ $\dfrac{\text{H 원자 수}}{\text{C 원자 수}}$와 분자당 원자 수를 이용하여 분자식을 구한다.

(가)는 메테인(CH_4)이고, (나)는 에테인(C_2H_6)이며, (다)는 프로페인(C_3H_8)이다.

❷ 탄화수소의 특성을 파악한다.

ㄱ. (가)의 메테인은 이산화 탄소와 함께 온실 기체 중 하나이다.

ㄴ. (다)의 프로페인은 액화 석유가스의 주성분 중 하나이다. 액화 천연가스의 주성분은 (가)의 메테인이다.

ㄷ. 탄화수소의 끓는점은 탄소 수가 많을수록 높다. 따라서 (나)가 (다)보다 끓는점이 낮다.

03 꼼꼼 문제 분석

(가)~(다)는 각각 폼알데하이드($HCHO$), 메탄올(CH_3OH), 아세트산(CH_3COOH) 중 하나이며 분자 당 H 원자 수와 $\dfrac{\text{O 원자 수}}{\text{H 원자 수}}$는 다음과 같다.

구분	폼알데하이드 ($HCHO$)	메탄올 (CH_3OH)	아세트산 (CH_3COOH)
분자 당 H 원자 수	2	4	4
$\dfrac{\text{O 원자 수}}{\text{H 원자 수}}$	$\dfrac{1}{2}$	$\dfrac{1}{4}$	$\dfrac{1}{2}$

(가)와 (나)는 분자당 H 원자 수가 같으므로 (가)와 (나)는 각각 메탄올과 아세트산 중 하나이다. (가)와 (다)는 $\dfrac{\text{O 원자 수}}{\text{H 원자 수}}$가 같으므로 (가)와 (다)는 각각 폼알데하이드와 아세트산 중 하나이다. 따라서 (가)는 아세트산, (나)는 메탄올, (다)는 폼알데하이드이다.

선택지 분석

ㄱ. (가)는 물에 녹아 수소 이온을 내놓는다.

ㄴ.✗ (나)는 새집 증후군의 원인 물질이다. (다)

ㄷ.✗ (다)는 O 원자에 결합된 H 원자가 존재한다. 존재하지 않는다

전략적 풀이 ❶ 분자당 H 원자 수와 $\dfrac{\text{O 원자 수}}{\text{H 원자 수}}$를 비교하여 (가)~(다)에 해당하는 분자를 판단한다.

(가)와 (나)는 분자당 H 원자 수가 4로 같은 메탄올(CH_3OH)과 아세트산(CH_3COOH) 중 하나이다. (가)와 (다)는 $\dfrac{\text{O 원자 수}}{\text{H 원자 수}}=\dfrac{1}{2}$로 같은 폼알데하이드($HCHO$)와 아세트산 중 하나이다. 따라서 (가)는 아세트산, (나)는 메탄올, (다)는 폼알데하이드이다.

❷ 물질의 특성과 용도를 확인한다.

ㄱ. (가)는 아세트산이므로 물에 녹아 수소 이온을 내놓는다. 따라서 아세트산 수용액의 액성은 산성이다.

ㄴ. 새집 증후군의 원인 물질은 폼알데하이드인 (다)이다. (나)는 메탄올이며, 연료로 사용된다.

❸ O 원자에 H 원자가 결합되어 있는 분자를 파악한다.

ㄷ. (다)는 폼알데하이드이며 H 원자 2개는 모두 C 원자에 결합되어 있다. O 원자에 H 원자가 결합되어 있는 분자는 메탄올과 아세트산이다.

04 꼼꼼 문제 분석

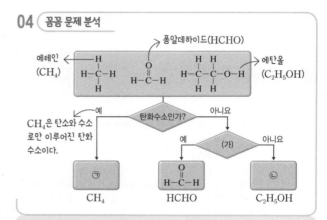

선택지 분석

ㄱ. ㉠의 분자식은 CH_4이다.

ㄴ. ㉡은 물에 잘 녹는다.

ㄷ. (가)에는 '다중 결합이 있는가?'가 해당된다.

전략적 풀이 ❶ 3가지 탄소 화합물을 구성 원소에 따라 탄화수소와 탄화수소가 아닌 것으로 구분한다.

ㄱ. 탄화수소는 C 원자와 H 원자로만 이루어진 CH_4이고, $HCHO$와 C_2H_5OH은 탄화수소가 아니다. 따라서 ㉠은 CH_4이다.

❷ 탄소 화합물의 물에 대한 용해성을 파악한다.

ㄴ. ㉡인 C_2H_5OH은 물에 잘 녹는다.

❸ 탄소 화합물의 구조식에서 다중 결합이 포함된 경우를 판단한다.

ㄷ. CH_4과 C_2H_5OH은 단일 결합으로 이루어져 있고, $HCHO$는 C 원자와 O 원자 사이에 2중 결합이 있다. 따라서 (가)에는 '다중 결합이 있는가?'가 해당된다.

2 물질의 양과 화학 반응식

1 화학식량과 몰

개념 확인 문제 •

33쪽

❶ 원자량　❷ 분자량　❸ 화학식량　❹ 몰(mol)　❺ 아보가드로수　❻ 몰 질량　❼ 아보가드로 법칙　❽ 22.4　❾ 6.02×10^{23}　❿ 몰 질량　⓫ 22.4

1 (1) ×　(2) ○　(3) ○　(4) ×　　**2** (1) 2　(2) 16　(3) 44　(4) 100
3 (1) ×　(2) ○　(3) ×　　**4** 0.5 mol, 3.01×10^{23}개　　**5** ㉠ 1,
㉡ 0.5, ㉢ 16, ㉣ 44, ㉤ 5.6　　**6** (1) 9 g　(2) 10 g　(3) 8 g
(4) 34 g　(5) 11 g

1 (1) 원자량은 질량수가 12인 탄소(^{12}C) 원자의 질량을 12로 정하고, 이를 기준으로 하여 나타낸 상대적인 질량이다.
(2) 분자량은 분자의 상대적인 질량을 나타내는 값으로, 분자를 구성하는 모든 원자들의 원자량을 합한 값이다.
(3) 화학식량은 물질의 화학식을 이루는 각 원자들의 원자량을 합한 값이다. 따라서 염화 나트륨(NaCl)의 화학식량은 나트륨(Na) 원자와 염소(Cl) 원자의 원자량을 합한 값이다.
(4) 원자량, 분자량, 화학식량은 모두 상대적인 질량을 나타내는 값이므로 단위를 붙이지 않는다.

2 화학식량은 물질의 화학식을 이루는 각 원자들의 원자량을 합한 값이므로 다음과 같다.
(1) 수소(H_2): $2 \times 1 = 2$
(2) 메테인(CH_4): $12 + (4 \times 1) = 16$
(3) 이산화 탄소(CO_2): $12 + (2 \times 16) = 44$
(4) 탄산 칼슘($CaCO_3$): $40 + 12 + (3 \times 16) = 100$

3 (1) 몰(mol)은 원자, 분자, 이온 등 입자의 양을 나타내는 단위로, 1 mol은 입자 6.02×10^{23}개를 의미한다. 따라서 분자 1 mol은 분자 6.02×10^{23}개를 의미한다.
(2) 몰 질량은 물질 1 mol의 질량으로, 단위는 g/mol로 나타낸다. 물의 분자량은 18이므로, 물의 몰 질량은 18 g/mol이다.
(3) 기체의 부피는 일정한 온도와 압력 조건에서만 일정하게 유지된다. 기체 1 mol의 부피는 0 °C, 1 atm에서만 22.4 L이다.

4 0 °C, 1 atm에서 기체 1 mol의 부피는 22.4 L이므로 메테인(CH_4) 기체 11.2 L는 0.5 mol이고, 분자 수는 $0.5 \times (6.02 \times 10^{23}) = 3.01 \times 10^{23}$개이다.

5 ㉠ 질소(N_2)의 분자량이 28이므로 N_2 28 g의 양(mol)은 1 mol이다.
㉡, ㉢ 산소(O_2) 기체 11.2 L는 0.5 mol이고, O_2의 분자량이 32이므로 0.5 mol의 질량은 16 g이다.
㉣, ㉤ 프로페인(C_3H_8) 0.25 mol의 질량이 11 g이므로 1 mol의 질량은 44 g이고 분자량은 44이다. 0 °C, 1 atm에서 0.25 mol의 부피는 $22.4 \text{ L} \times \frac{1}{4} = 5.6$ L이다.

6 (1) 수소(H) 원자 1 mol이 포함된 물(H_2O) 분자는 0.5 mol이고, H_2O의 분자량이 18이므로 H_2O 분자 0.5 mol의 질량은 9 g이다.
(2) 수소(H_2)의 분자량이 2이므로 H_2 분자 5 mol의 질량은 10 g이다.
(3) 0 °C, 1 atm에서 산소(O_2) 기체 5.6 L는 0.25 mol이며, O_2의 분자량이 32이므로 O_2 0.25 mol의 질량은 8 g이다.
(4) 암모니아(NH_3)의 분자량이 17이며, 분자 12.04×10^{23}개는 2 mol이므로 NH_3의 질량은 34 g이다.
(5) 이산화 탄소(CO_2)의 분자량이 44이므로 CO_2 분자 0.25 mol의 질량은 $44 \text{ g} \times \frac{1}{4} = 11$ g이다.

대표 자료 분석

34쪽

자료 ❶　**1** ㉠ 28, ㉡ 7 g, ㉢ 56, ㉣ 11.2 L, ㉤ 18 g　**2** 액체 C　**3** (1) ○　(2) ○　(3) ×　(4) ○　(5) ○　(6) ×　(7) ×

자료 ❷　**1** (가)=(나)=(다)　**2** $X_2 : Y_2 : ZX_2 = 16 : 1 : 22$　**3** (1) ○　(2) ○　(3) ×　(4) ○　(5) ×　(6) ○

1-1 꼼꼼 문제 분석

분자량은 1 mol의 질량 값과 같다.　　0 °C, 1 atm에서 기체 1 mol의 부피는 22.4 L이다.

구분	분자량	밀도	질량	부피	양(mol)
기체 A	㉠ 28	1.25 g/L	㉡ 7 g	5.6 L	0.25 mol
기체 B	㉢ 56	2.50 g/L	28 g	㉣ 11.2 L	0.5 mol
액체 C	18	1.0 g/mL	㉤ 18 g	18.0 mL	1 mol
메탄올	32	−	16 g	−	0.5 mol

㉠, ㉡ 밀도 $= \frac{질량}{부피}$이므로 $1.25 \text{ g/L} = \frac{\text{기체 A의 질량(㉡)}}{5.6 \text{ L}}$, 기체 A의 질량(㉡)은 7 g이다.
0 °C, 1 atm에서 기체 1 mol의 부피는 22.4 L이므로 기체 A 5.6 L는 0.25 mol이다. 기체 A 0.25 mol의 질량이 7 g이므로 1 mol의 질량은 28 g이고, 분자량(㉠)은 28이다.
㉢, ㉣ 밀도 $= \frac{질량}{부피}$이므로 $2.50 \text{ g/L} = \frac{28 \text{ g}}{\text{기체 B의 부피(㉣)}}$, 기체 B의 부피(㉣)는 11.2 L이다.

기체 B 11.2 L는 0.5 mol이고, 0.5 mol의 질량이 28 g이므로 1 mol의 질량은 56 g이다. 따라서 기체 B의 분자량(ⓒ)은 56이다.

ⓜ 밀도$=\dfrac{\text{질량}}{\text{부피}}$이므로 $1.0\ \text{g/mL}=\dfrac{\text{액체 C의 질량(ⓜ)}}{18.0\ \text{mL}}$, 액체 C의 질량(ⓜ)은 18 g이다.

1-2 0 ℃, 1 atm에서 기체 1 mol의 부피는 22.4 L이므로 기체 A 5.6 L는 0.25 mol이고, 기체 B 11.2 L는 0.5 mol이다. 액체 C의 분자량이 18이므로 액체 C 18 g은 1 mol이다. 또 CH_3OH의 분자량이 32이므로 CH_3OH 16 g은 0.5 mol이다. 즉, 물질의 양(mol)은 기체 A가 0.25 mol, 기체 B와 CH_3OH이 0.5 mol, 액체 C가 1 mol이다.

1-3 (1) 기체의 몰비는 분자 수비와 같다. 기체 A는 0.25 mol, 기체 B는 0.5 mol이므로 기체의 분자 수비는 A : B=1 : 2이다.
(2) 1 mol의 질량은 분자량에 g을 붙인 값이므로 1 mol의 질량이 가장 큰 것은 분자량이 가장 큰 기체 B이다.
(3) ⓛ 7 g, ⓜ 18 g이므로 질량이 가장 작은 것은 기체 A이다.
(4) 액체 C는 1 mol이므로 분자 수는 6.02×10^{23}개이다.
(5) 온도와 압력이 같을 때 같은 부피의 기체 속에는 같은 수의 분자가 들어 있으므로 기체의 밀도는 분자량에 비례한다.
(6) CH_3OH 16 g은 0.5 mol이고, CH_3OH 1분자의 원자 수는 6이므로 CH_3OH 16 g에 들어 있는 원자는 총 3 mol이다.
(7) CH_3OH의 분자량은 32이고, 여기에 포함된 H의 원자량의 합은 4이므로 CH_3OH 48 g에 포함된 H의 질량은 $48\ \text{g} \times \dfrac{4}{32}$ =6 g이다.

2-1,2 (꼼꼼 문제 분석)
일정한 온도와 압력에서 기체의 부피가 모두 같으므로 (가)~(다)에 들어 있는 기체의 양(mol)은 모두 같다.

기체의 양(mol)이 같으므로 각 기체의 질량비는 분자량 비와 같다.

0.64 g X_2	0.04 g Y_2	0.88 g ZX_2
(가)	(나)	(다)

일정한 온도와 압력에서 기체의 부피가 모두 같으므로 (가)~(다)에 들어 있는 기체의 양(mol)은 모두 같다. 따라서 각 기체의 질량비는 분자량 비와 같다.
$X_2 : Y_2 : ZX_2 = 0.64 : 0.04 : 0.88 = 16 : 1 : 22$

2-3 (1) (가)와 (나)에서 기체의 부피가 같으므로 기체의 양(mol), 즉 분자 수는 같다.
(2) X_2 1 mol에는 X 원자 2 mol이 들어 있고, ZX_2 1 mol에도 X 원자 2 mol이 들어 있다.

(가)에 들어 있는 X_2와 (다)에 들어 있는 ZX_2의 양(mol)이 같으므로 X 원자의 양(mol)도 같다.
(3) (가)와 (다)에서 X_2와 ZX_2의 분자량 비가 8 : 11이다. X_2의 분자량을 8이라고 가정하면 ZX_2의 분자량은 11, X의 원자량은 4, Z의 원자량은 3이 되므로 X와 Z의 원자량 비는 4 : 3이다.
(4) X의 원자량은 4, Z의 원자량은 3이라고 가정했을 때 Y의 원자량은 $\dfrac{1}{4}$이 되므로 Z의 원자량은 Y의 원자량의 12배이다.
(5) 밀도$=\dfrac{\text{질량}}{\text{부피}}$이고, 기체의 부피는 모두 같으므로 기체의 밀도와 질량은 비례한다. 따라서 밀도가 가장 큰 기체는 질량이 가장 큰 ZX_2이다.
(6) (가)에 포함된 X와 (다)에서 ZX_2에 포함된 X의 양(mol)이 같으므로 (가)와 (다)에서 X가 차지하는 질량이 같다. 따라서 (다)에서 X가 차지하는 질량은 (가)의 질량과 같은 0.64 g이다.

내신 만점 문제 35~38쪽

01 ③	02 ②	03 ⑤	04 ③	05 ②	06 ②	07 ⑤
08 ④	09 ②	10 ①	11 ⑤	12 ④	13 ⑤	14 ③
15 ⑤	16 ①	17 (1) 7 g (2) $\dfrac{3}{13}$				

01 ㄱ, ㄴ. 이산화 탄소의 분자식(⊙)은 CO_2이다. 탄소(C)의 원자량이 12이고 CO_2의 분자량이 44이므로 산소(O)의 원자량은 16이다. 물(H_2O)의 분자량이 18이므로 수소(H)의 원자량은 1이다. 따라서 메테인(CH_4)의 분자량(x)은 16이다.
바로알기 ㄷ. 물 분자의 분자량이 18이므로 1 mol의 질량은 18 g이며, 물 분자 1개의 질량은 $\dfrac{18}{6.02 \times 10^{23}}$ g이다.

02 (꼼꼼 문제 분석)

분자	(가) XY	(나) XY_3
분자당 원자 수	2	4
분자량(상댓값)	10	17

- (가)는 분자당 원자 수가 2이므로 분자식이 XY이다.
- (나)는 분자당 원자 수가 4이므로 (나)의 분자식은 X_3Y, X_2Y_2, XY_3 중 하나이다. 그런데 분자량 비가 (가) : (나)=10 : 17이므로 (나)의 분자식은 X_2Y_2가 될 수 없다. 또, X의 원자량이 Y의 원자량보다 크므로 X_3Y도 될 수 없다. 따라서 (나)의 분자식은 XY_3이며, X의 원자량을 x, Y의 원자량을 y라고 하면 다음 관계식이 성립한다.
  $x+y=10$ ……… ① $\qquad x+3y=17$ ……… ②
  ①과 ②에서 $x=6.5$, $y=3.5$이다.

ㄴ. 원자량 비는 X : Y=6.5 : 3.5이다. 따라서 $\dfrac{\text{Y 원자량}}{\text{X 원자량}}=\dfrac{3.5}{6.5}$이므로 $\dfrac{1}{2}$보다 크다.

바로알기 ㄱ. (가)는 분자식이 XY, (나)는 분자식이 XY_3이므로 $\dfrac{\text{Y 원자 수}}{\text{X 원자 수}}$는 (가)가 1, (나)가 3이다. 따라서 (나)>(가)이다.

ㄷ. 분자량 비는 (가) : (나)=10 : 17이고 1분자에 포함된 Y 원자 수는 (가)가 1, (나)가 3이다. 따라서 1 g에 들어 있는 Y 원자 수비는 (가) : (나)=$\dfrac{1}{10}$: $\dfrac{3}{17}$=17 : 30이다.

03 ㄱ. (가)는 화학식이 HCHO이므로 분자량이 30이고, (나)는 화학식이 CH_3COOH이므로 분자량이 60이다. 따라서 분자량은 (나)가 (가)의 2배이다.

ㄴ. 1 mol에 들어 있는 전체 원자의 양(mol)은 (가) 4 mol, (나) 8 mol이므로 전체 원자 수는 (나)가 (가)의 2배이다.

ㄷ. (가)는 분자량이 30이고 (나)는 분자량이 60이며, (가)와 (나)의 성분 원자 수비는 1 : 2이므로 1 g에 들어 있는 전체 원자 수비는 (가) : (나)=$\dfrac{1}{30}$: $\dfrac{2}{60}$=1 : 1이다. 즉, (가)와 (나)는 1 g에 들어 있는 전체 원자 수가 같다.

04 꼼꼼 문제 분석

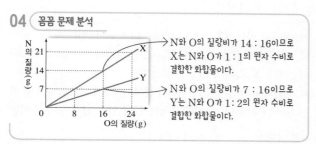

ㄱ. 질소(N)와 산소(O)의 질량비가 14 : 16이므로 X는 N과 O가 1 : 1의 원자 수비로 결합한 화합물이며, 분자량이 30이므로 X의 분자식은 NO이다.

ㄴ. Y는 N과 O의 질량비가 7 : 16이므로 N과 O가 1 : 2의 원자 수비로 결합한 화합물이며, 삼원자 분자이므로 Y의 분자식은 NO_2이다.

바로알기 ㄷ. X의 분자량은 30이고, Y의 분자량은 46이므로 1 g에 들어 있는 X와 Y의 분자 수비는 $\dfrac{1}{30}$: $\dfrac{1}{46}$이다. X와 Y에 들어 있는 산소 원자 수비는 1 : 2이므로 1 g에 들어 있는 산소 원자 수비는 $\dfrac{1}{30}$: $\dfrac{2}{46}$이고, Y>X이다.

05 꼼꼼 문제 분석

기체	분자량	질량(g)	부피(L)	양(mol)
(가)	44	11	x 5.6	0.25
(나)	28	y 14	11.2	0.5
(다)	z 32	32	22.4	1

0 °C, 1 atm에서 기체 1 mol의 부피는 22.4 L이다.

분자량이 44인 기체 (가) 11 g의 양(mol)은 0.25 mol이므로 부피 x=5.6이다.

0 °C, 1 atm에서 기체 1 mol의 부피가 22.4 L이므로 부피가 11.2 L인 기체 (나)의 양(mol)은 0.5 mol이고 분자량이 28이므로 질량 y=14이다.

0 °C, 1 atm에서 기체 (다)의 부피가 22.4 L이므로 기체 (다)의 양(mol)은 1 mol이며 질량이 32 g이므로 분자량 z=32이다.

06 ② 0 °C, 1 atm에서 메테인(CH_4) 기체 22.4 L에는 메테인 분자 1 mol이 들어 있으므로 수소 원자는 4 mol이 들어 있다.

바로알기 ① 산소(O_2)의 분자량이 32이므로 32 g에 들어 있는 산소 분자는 1 mol이다.

③ 염화 나트륨(NaCl) 1 mol에는 나트륨 이온 1 mol, 염화 이온 1 mol이 들어 있으므로 전체 이온은 2 mol이다.

④ 이산화 탄소(CO_2)의 분자량이 44이므로 44 g에 들어 있는 이산화 탄소 분자는 1 mol이다. 이산화 탄소 분자 1 mol에 들어 있는 전체 원자는 3 mol이다.

⑤ 수소(H_2) 분자 6.02×10^{23}개는 수소 분자 1 mol이고, 수소 분자 1 mol에 들어 있는 수소 원자는 2 mol이다.

07 ㄷ, ㅁ, ㅂ. 산소(O_2) 기체 1 mol과 질소(N_2) 기체 1 mol의 분자 수는 6.02×10^{23}으로 같고, 각 기체 분자는 원자 2개로 이루어져 있으므로 원자 수는 $2 \times 6.02 \times 10^{23}$으로 같다. 또, 아보가드로 법칙에 따라 같은 온도와 압력에서 같은 부피의 기체 속에는 같은 수의 분자가 들어 있다. 따라서 산소 기체와 질소 기체의 분자 수가 같으므로 부피도 같다.

바로알기 ㄱ, ㄴ. O와 N의 원자량이 다르므로 화학식량과 질량은 다르다.

ㄹ. 밀도=$\dfrac{\text{질량}}{\text{부피}}$인데, 두 기체의 부피는 같지만 질량이 다르므로 밀도도 다르다.

08 꼼꼼 문제 분석

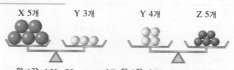

원자량 비 X : Y=3 : 5이고, 원자량 비 Y : Z=5 : 4이다.
→ 원자량 비 X : Y : Z=3 : 5 : 4

X 원자 1개의 질량은 a g이고, 아보가드로수는 N_A이므로 X 원자 1 mol의 질량은 aN_A g이고, X의 원자량은 aN_A이다.

ㄴ. 원자량 비가 X : Z=3 : 4이므로 1 g에 들어 있는 원자 수비는 X : Z=$\dfrac{1}{3}$: $\dfrac{1}{4}$=4 : 3이다.

ㄷ. X의 원자량은 aN_A이고, 원자량 비는 X : Z=3 : 4이므로 Z의 원자량은 $\dfrac{4}{3}aN_A$이다.

XZ_2의 분자량은 $\frac{11}{3}aN_A$이고, 1 mol의 질량은 $\frac{11}{3}aN_A$ g 이다.

바로알기 ㄱ. 원자량 비가 X : Y = 3 : 5이고, X의 원자량은 aN_A이므로 Y의 원자량은 $\frac{5}{3}aN_A$이다.

09 꼼꼼 문제 분석

분자	(가)	(나)	(다)
분자당 원자 수	2	3	5
몰 질량(g/mol)	$15m$	$22m$	$38m$

• (가)는 분자당 원자 수가 2이므로 분자식이 XY이다. X의 원자량을 x, Y의 원자량을 y라고 할 때, (가)의 분자식에서 $x+y=15m$의 관계식이 성립한다.
• 삼원자 분자인 (나)의 분자식이 X_2Y라면 $2x+y=22m$이므로 $x=7m$, $y=8m$이며, 원자량은 X > Y인 조건을 만족하지 않는다. 따라서 (나)의 분자식은 XY_2이고, $x+2y=22m$이므로 $x=8m$, $y=7m$이다.

ㄴ. X의 원자량이 $8m$이므로 1 mol의 질량은 $8m$ g이고, 1 mol의 X에 들어 있는 원자 수는 아보가드로수 N_A와 같으므로 X 원자 1개의 질량은 $\frac{8m}{N_A}$ g이다.

바로알기 ㄱ. 오원자 분자인 (다)의 몰 질량이 $38m$이므로 (다)의 분자식을 X_aY_b라고 하면 $8ma+7mb=38m$의 관계식을 만족하는 정수 a, b는 각각 $a=3$, $b=2$이다. 따라서 (다)의 분자식은 X_3Y_2이다.

ㄷ. (가)의 분자식이 XY이고, (나)의 분자식이 XY_2이므로 $\frac{Y의\ 질량}{전체\ 질량}$은 (가)가 $\frac{7m}{15m}=\frac{7}{15}$이고, (나)가 $\frac{2\times7m}{22m}=\frac{7}{11}$ 이다. 따라서 (가)는 (나)의 $\frac{11}{15}$ 배이다.

10 꼼꼼 문제 분석

물질	기체 A	액체 B	CH_3OH
분자량	32	18	32
밀도	1.28 g/L	1.0 g/mL	—
질량	16 g	9 g	16 g
부피	12.5 L	9.0 mL	—
양(mol)	0.5 mol	0.5 mol	0.5 mol

• t °C, 1 atm에서 기체 1 mol의 부피는 25 L이므로 기체 A 12.5 L의 양(mol)은 0.5 mol이다. 기체 A의 질량은 1.28 g/L × 12.5 L = 16 g 이므로 기체 A의 분자량은 32이다.
• 액체 B의 질량은 1.0 g/mL × 9.0 mL = 9 g이고 분자량이 18이므로 액체 B의 양(mol)은 0.5 mol이다.
• CH_3OH은 분자량이 32인데 질량은 16 g이므로 CH_3OH의 양(mol)은 0.5 mol이다.

ㄴ. B는 0.5 mol이고, CH_3OH도 0.5 mol이므로 분자 수는 B 와 CH_3OH이 같다.

바로알기 ㄱ. A의 분자량은 32이고, B의 분자량은 18이므로 분 자량은 A가 B보다 크다.

ㄷ. CH_3OH은 분자량이 32이며, 분자당 C 원자 수가 1이므로 $\frac{C의\ 질량}{전체\ 질량}=\frac{12}{32}=\frac{3}{8}$이다.

11 꼼꼼 문제 분석

기체	(가)	(나)	(다)
분자식	XZ_4	XY_2	XY
1 g의 부피(상댓값)	77	28	44

온도와 압력이 같을 때 기체의 분자량은 밀도에 비례한다. 따라서 기체의 분자량은 1 g의 부피에는 반비례하며 분자량 비는 XZ_4 : XY_2 : $XY=\frac{1}{77}:\frac{1}{28}:\frac{1}{44}=4:11:7$이다.
X∼Z의 원자량을 각각 x∼z라고 하면, 다음 관계식이 성립한다.
$x+4z=4k$ …… ①
$x+2y=11k$ …… ②
$x+y=7k$ …… ③
①∼③에서 $x=3k$, $y=4k$, $z=\frac{1}{4}k$이다. 따라서 원자량 비는 X : Y : Z = 12 : 16 : 1이다.

ㄱ. 분자량 비는 XZ_4 : $XY_2=16:44=4:11$이다.
ㄴ. 분자량 비는 X_2Z_6 : $XYZ_2=30:30=1:1$이므로 1 mol의 질량은 X_2Z_6와 XYZ_2가 서로 같다.
ㄷ. (나)의 분자식이 XY_2, (다)의 분자식이 XY이므로 분자량 비는 (나) : (다) = 11 : 7이며, 1 g에 들어 있는 전체 원자 수비는 (나) : (다) = $\frac{3}{11}:\frac{2}{7}=21:22$이다.

12 꼼꼼 문제 분석

기체	분자식	질량(g)	전체 원자 수	분자의 양(mol)
(가)	C_2H_y	4	㉠	$\frac{1}{4}$ mol
(나)	NH_3	w		$\frac{1}{3}$ mol
(다)	H_2S	$3w$	$1.5N_A$	$\frac{1}{2}$ mol

• H_2S는 삼원자 분자이고, 전체 원자 수가 $1.5N_A$이므로 H_2S $3w$ g에 포함된 분자의 양(mol)은 $\frac{1}{2}$ mol이고, H 원자의 양(mol)은 1 mol이다.
• (가)∼(다)에 포함된 H 원자의 전체 질량이 서로 같으므로 (나)의 NH_3 분자에서 H 원자의 양(mol)도 1 mol이며, NH_3 분자의 양(mol)은 $\frac{1}{3}$ mol이다.
• (가)에서 질량이 4 g이며, H 원자의 양(mol)은 1 mol이므로 $\frac{질량}{몰\ 질량}\times$ 분자당 H 원자 수 = $\frac{4}{12x+y}\times y=1$에서 $y=4x$이다.

ㄱ. (가)의 분자식이 C_xH_y이고, $y=4x$이며, C_xH_y에서 C 원자 1개당 공유 전자쌍 수는 4이므로 (가)의 분자식은 CH_4가 타당하다. 따라서 $x+y=5$이다.

ㄷ. 기체 분자의 양(mol)은 (나)가 $\frac{1}{3}$ mol이고, (다)가 $\frac{1}{2}$ mol 이며, 같은 온도와 압력에서 기체의 부피비는 몰비에 비례하므로 기체의 부피비는 (나) : (다)=$\frac{1}{3}$: $\frac{1}{2}$=2 : 3이다.

바로알기 ㄴ. CH_4은 분자량이 16이므로 (가)에서 CH_4 분자의 양 (mol)은 $\frac{1}{4}$ mol이며, 분자당 원자 수가 5이므로 전체 원자 수 는 ㉠=$\frac{1}{4} \times 5 \times N_A$=$1.25N_A$이다.

13 0 °C, 1 atm에서 기체 1 mol의 부피는 22.4 L이므로 0 °C, 1 atm에서 메테인(CH_4) 기체 2.24 L와 이산화 탄소(CO_2) 기체 2.24 L는 모두 0.1 mol이다.

ㄱ. CH_4의 분자량은 16이므로 CH_4 0.1 mol의 질량은 1.6 g 이다.

ㄴ. (가)와 (나)에서 두 기체의 양(mol)이 0.1 mol로 같으므로 분자 수도 같다.

ㄷ. CO_2의 분자량은 44이므로 CO_2 0.1 mol의 질량은 4.4 g이 다. 밀도=$\frac{질량}{부피}$이고, 두 기체는 부피가 같으므로 질량이 더 큰 CO_2의 밀도가 더 크다. 따라서 기체의 밀도는 (나)가 (가)보다 크다.

14 (꼼꼼 문제 분석)

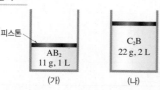

• (가)와 (나)에서 각 기체의 전체 질량 중 B의 질량은 4 g으로 같으므로 (가)에서 A의 질량은 7 g이고 (나)에서 C의 질량은 18 g이다.
• 기체 분자의 부피비가 (가) : (나)=1 : 2이므로 몰비도 (가)=1 : 2 이다. 따라서 (가)에서 A 원자가 1 mol이라면 (나)에서 C 원자는 4 mol 이다.

ㄱ. 질량비와 몰비가 모두 (가) : (나)=1 : 2이므로 분자량 비는 AB_2 : C_2B=1 : 1이다. 따라서 AB_2와 C_2B는 분자량이 서로 같다.

ㄷ. AB_2 1분자에는 B 원자 2개가 포함되어 있고, C_2B 1분자에 는 B 원자 1개가 포함되어 있으며, AB_2와 C_2B의 분자량이 같으 므로 같은 질량에 들어 있는 B 원자 수비는 AB_2 : C_2B=2 : 1 이다.

바로알기 ㄴ. (가)에서 A 원자 1 mol의 질량이 7 g이라면 (나)에 서 C 원자 4 mol의 질량이 18 g이므로 원자량 비는 A : C=7 : $\frac{18}{4}$=14 : 9이다.

15 (꼼꼼 문제 분석)

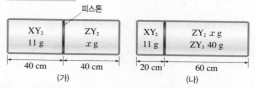

• (가)에서 기체 분자의 몰비는 XY_2 : ZY_2=1 : 1이다. (나)에서 기체의 부피비가 1 : 3이므로 ZY_3 40 g에 포함된 분자의 양(mol)은 ZY_2 x g 에 포함된 분자의 양(mol)의 2배이다. 원자량이 Z가 Y의 2배이므로 Y의 원자량을 a라고 하면 Z의 원자량은 $2a$이며 분자량 비는 ZY_2 : ZY_3=$4a$: $5a$=4 : 5이다.
• (나)에서 ZY_2 x g과 ZY_3 40 g의 몰비가 1 : 2이므로 $\frac{x}{4}$: $\frac{40}{5}$=1 : 2 에서 x=16이다.
• (가)에서 XY_2 11 g과 ZY_2 16 g에 포함된 분자의 양(mol)이 같으므로 분자량 비는 XY_2 : ZY_2=11 : 16이다.
• X의 원자량을 M_X라고 하면, (M_X+2a) : $(2a+2a)$=11 : 16에서 M_X=$\frac{3}{4}a$이다.

ㄱ. x=16이다.

ㄴ. Y의 원자량이 a일 때, X의 원자량이 $\frac{3}{4}a$이므로 원자량 비 는 X : Y=3 : 4이다.

ㄷ. (나)에서 분자의 몰비는 ZY_2 : ZY_3=1 : 2이므로 전체 원자 수비는 ZY_2 : ZY_3=3 : 8이다. 따라서 ZY_2가 ZY_3의 $\frac{3}{8}$배이다.

16 (꼼꼼 문제 분석)

기체	분자식	분자량	$\frac{Y의 질량}{X의 질량}$ (상댓값)
(가)	XY_2	a	3
(나)	X_xY_{5-x}	76	1

• $\frac{Y의 질량}{X의 질량}$의 상댓값이 (가) : (나)=3 : 1이므로 1분자에 포함된 $\frac{Y 원자 수}{X 원자 수}$의 비도 (가) : (나)=3 : 1이다. 따라서 $\frac{2}{1}$: $\frac{5-x}{x}$=3 : 1 에서 x=3이고, (나)의 분자식은 X_3Y_2이다.
• X와 Y의 원자량을 각각 M_X, M_Y라고 하면 M_X : M_Y=8 : 7이고, $3M_X+2M_Y$=76이다. M_X=$\frac{8}{7}M_Y$이므로 이를 풀면 M_Y=14이 고 M_X=16이다.

ㄴ. (가)의 분자식이 XY_2이므로 분자량은 a=16+2×14=44 이다.

바로알기 ㄱ. (나)에서 x=3이다.

ㄷ. 실린더에서 (가)의 양(mol)이 m mol, (나)의 양(mol)이 n mol이라면, $\frac{Y의 질량}{X의 질량}$=$\frac{3}{4}$이므로 $\frac{28m+28n}{16m+48n}$=$\frac{3}{4}$에서 $2m$=n이다. 따라서 전체 기체에서 기체의 몰비는 (가) : (나)= 1 : 2이고, $\frac{기체 (가)의 양(mol)}{전체 기체의 양(mol)}$=$\frac{1}{3}$이다.

17 (1) X_2 1 g은 $\frac{1}{2}$ mol이고 $2V$ L=12 L이므로 V L=6 L 이다. X_4Y_2 12 g의 부피는 $\frac{3}{2}V$ L=9 L이므로 $\frac{3}{8}$ mol이고, X_4Y_2의 몰 질량은 $\dfrac{12\ g}{\frac{3}{8}\ mol}$=32 g/mol이다. X의 원자량이 1이므로 Y의 원자량은 14이다. Y_2의 분자량은 28이고, V L는 $\frac{1}{4}$ mol이므로 Y_2 V L의 질량은 28 g/mol$\times\frac{1}{4}$ mol=7 g이다.

(2) (나)에서 $\dfrac{Y\ 원자\ 수}{전체\ 원자\ 수}=\dfrac{2\times\frac{3}{8}\ mol}{2\times\frac{1}{2}\ mol+6\times\frac{3}{8}\ mol}=\dfrac{3}{13}$ 이다.

실력 UP 문제

01 ① **02** ④ **03** ③ **04** ③

01 꼼꼼 문제 분석

기체	(가)	(나)	(다)
분자식	XY_3	X_2Y_2	X_2Y_4
질량(g)	34	40	㉠ 16
부피(L)	$2V$	$\frac{4}{3}V$	
원자 수(상댓값)	8		3

- 온도와 압력이 일정할 때 기체의 부피는 기체의 양(mol)에 비례하므로 기체의 몰비는 (가) : (나)=$2V$: $\frac{4}{3}V$=3 : 2이다.
- 분자량 비는 기체 1 mol의 질량비에 해당하며 (가)와 (나)의 분자량 비 는 (가) : (나)=$\frac{34}{3}$: $\frac{40}{2}$=17 : 30이다.
- X의 원자량을 x, Y의 원자량을 y라고 하면 다음 관계식이 성립한다.
  $x+3y=17k$……① $2x+2y=30k$……②
  ①과 ②에서 $x=14k$, $y=k$이다.

ㄱ. 구성 원자 수가 4인 (가)와 구성 원자 수가 6인 (다)에서 원자 수비가 (가) : (다)=8 : 3이므로 기체 분자의 몰비는 (가) : (다)=$\frac{8}{4}$: $\frac{3}{6}$=4 : 1이다. 분자식이 XY_3인 (가)의 분자량은 $17k$이고, 분자식이 X_2Y_4인 (다)의 분자량은 $32k$이므로 (가)와 (다)의 질량비는 $17k\times4$: $32k\times1$=17 : 8이다. (가)의 질량이 34 g이므로 (다)의 질량은 16 g이며, ㉠은 16이다.

바로알기 ㄴ. 원자량 비는 X : Y=$14k$: k=14 : 1이다.

ㄷ. 온도와 압력이 일정할 때 기체의 밀도는 분자량에 비례한다. 따라서 기체의 밀도비는 (나) : (다)=$30k$: $32k$=15 : 16이다.

02 꼼꼼 문제 분석

분자	(가)	(나)	(다)
구성 원소	X, Y, Z	X, Z	Y, Z
분자당 원자 수	4	3	5
분자량	㉠ 66	㉡ 44	88
성분 원소의 질량비	X : Y : Z =8 : 19 : 6	X : Z =8 : 3	Y : Z =19 : 3

- (나)의 분자식이 X_2Z이고, (가)~(다)에서 분자당 Z 원자 수가 같으므로 (다)의 분자식은 Y_4Z이고, (가)의 분자식은 X_2YZ와 XY_2Z 중 하나이다.
- X, Y, Z의 원자량을 각각 x, y, z라고 하면 (나)의 분자식이 X_2Z이고 성분 원소의 질량비는 X : Z=8 : 3이므로 x : z=$\frac{8}{2}$: 3에서 $3x=4z$이다. (다)의 분자식이 Y_4Z이고 성분 원소의 질량비는 Y : Z=19 : 3이므로 y : z=$\frac{19}{4}$: 3에서 $y=\frac{19}{12}z$이다.
- (다)의 분자량이 88이므로 $4y+z=88$이고, $\frac{19}{3}z+z=88$이므로 $z=12$, $y=19$, $x=16$이다.

ㄴ. (가)의 분자식이 X_2YZ라면 성분 원소의 질량비는 X : Y : Z=32 : 19 : 12가 되므로 타당하지 않다. 따라서 (가)의 분자식은 XY_2Z이고, 성분 원소의 질량비는 X : Y : Z=16 : 38 : 12 =8 : 19 : 6이다.

ㄷ. X의 원자량이 16, Y의 원자량이 19, Z의 원자량이 12이고, (가)의 분자식이 XY_2Z, (나)의 분자식이 X_2Z이므로 (가)의 분자량은 66이고, (나)의 분자량은 44이다. 따라서 (가)와 (나)의 분자량 비 ㉠ : ㉡=3 : 2이다.

바로알기 ㄱ. 원자량 비는 X : Z=4 : 3이다.

03 꼼꼼 문제 분석

기체	(가)	(나)	(다)
$\dfrac{Y의\ 질량}{X의\ 질량}$ (상댓값)	1	4	2
기체의 질량(g)	44	23	a 45
전체 분자의 양(mol) (상댓값)	4		3
전체 원자의 양(mol) (상댓값)	2	1	2

- $\dfrac{Y의\ 질량}{X의\ 질량}$이 (가) : (나) : (다)=1 : 4 : 2이므로 일정량의 X와 결합한 Y의 원자 수비는 (가) : (나) : (다)=1 : 4 : 2이다. (가)~(다)의 분자당 원자 수는 4 이하이므로 (가)의 분자식은 X_2Y, (나)의 분자식은 XY_2 이며 (다)의 분자식은 XY와 X_2Y_2 중 하나이다.
- (가)와 (나)는 분자당 원자 수가 같고, 전체 원자의 양(mol)은 (가)가 (나)의 2배이므로 분자 수비는 (가) : (나)=2 : 1이며 분자량 비는 (가) : (나)=22 : 23이다.
- X, Y의 원자량을 각각 x, y라고 하면 다음 관계식이 성립한다.
  $2x+y=22$……① $x+2y=23$……②
  ①과 ②에서 $x=7$, $y=8$이므로 원자량 비는 X : Y=7 : 8이다.

ㄱ. (가)의 분자식은 X_2Y이며, 전체 분자의 양(mol)은 (가) : (다)=4 : 3이고 (가)와 (다)에 포함된 전체 원자의 양(mol)이 같으므로 구성 원자 수비는 (가) : (다)=3 : 4이다. 따라서 (다)의 분자식은 X_2Y_2이다.

ㄴ. 원자량 비는 X : Y=7 : 8이고, (가)의 분자식은 X_2Y, (다)의 분자식은 X_2Y_2이므로 분자량 비는 (가) : (다)=22 : 30이다. 기체 분자의 몰비는 (가) : (다)=4 : 3이므로 질량비는 (가) : (다)=$(22 \times 4) : (30 \times 3)$=88 : 90=44 : 45이다. 따라서 $a=45$이다.

바로알기 ㄷ. (나)는 분자식이 XY_2, (다)는 분자식이 X_2Y_2이고, 원자량 비는 X : Y=7 : 8이며, (나)의 질량은 23 g이고, (다)의 질량은 45 g이다. 따라서 전체 질량에서 X가 차지하는 질량의 비는 (나) : (다)=$23 \times \dfrac{7}{23} : 45 \times \dfrac{14}{30}$=7 : 21=1 : 3이다.

따라서 전체 질량에서 X가 차지하는 질량은 (나)가 (다)의 $\dfrac{1}{3}$배이다.

04 꼼꼼 문제 분석

기체	분자식	질량(상댓값)	부피(상댓값)
(가)	A_3B_x	3	1
(나)	A_4B_{x+2}	4	1
(다)	A_yB_{6-y}	4	2

- 일정한 온도와 압력에서 분자량 비는 기체의 밀도비와 같다. (가)와 (나)는 분자량 비가 3 : 4이므로 A의 원자량을 a, B의 원자량을 b라고 하면 다음 관계식이 성립한다.
  $(3a+xb) : (4a+xb+2b)=3 : 4$
  $12a+4xb=12a+3xb+6b$
  $xb=6b$
  따라서 $x=6$이며, (가)의 분자식은 A_3B_6이고, (나)의 분자식은 A_4B_8이다.
- 기체의 밀도는 (나)가 (다)의 2배이므로 분자량은 (나)가 (다)의 2배이다. 따라서 (다)의 분자식은 A_2B_4이고 $y=2$이다.

ㄱ. $x=6$이고 $y=2$이므로 $x+y=8$이다.

ㄷ. (나)는 분자식이 A_4B_8이고, (다)는 분자식이 A_2B_4이므로 같은 수의 B 원자를 포함하는 분자 수비는 (나) : (다)=1 : 2이다. 그런데 분자량 비는 (나) : (다)=2 : 1이므로 같은 수의 B 원자를 포함하는 기체의 질량은 (나)와 (다)가 같다.

바로알기 ㄴ. (가)는 분자식이 A_3B_6이고, (나)는 분자식이 A_4B_8이므로 $\dfrac{\text{A의 질량}}{\text{기체의 질량}}$의 비는 (가) : (나)=

$$\dfrac{\text{A의 질량} \times 3}{(\text{A의 질량}+2 \times \text{B의 질량}) \times 3} : \dfrac{\text{A의 질량} \times 4}{(\text{A의 질량}+2 \times \text{B의 질량}) \times 4}$$

=1 : 1이다.

따라서 $\dfrac{\text{A의 질량}}{\text{기체의 질량}}$은 (가)와 (나)가 같다.

화학 반응식과 용액의 농도

44쪽

개념 확인 문제

❶ 화학 반응식   ❷ 계수비   ❸ 부피비

1 (1) ○ (2) ○ (3) × (4) ○   **2** ③   **3** (1) ○ (2) ○ (3) × (4) ×   **4** (1) 23 g (2) 33.6 L (3) 9.03×10^{23}

1 (1) 화학 반응이 일어날 때 반응 전과 후에 원자가 새로 생기거나 없어지지 않으므로 반응물과 생성물을 구성하는 원자의 종류와 수가 같다. 따라서 이를 이용하여 화학 반응식을 나타낼 수 있다.

(2) 화학 반응식의 계수비는 몰비 또는 분자 수비와 같다.

(3) 반응물과 생성물이 기체인 경우 화학 반응식의 계수비는 부피비 또는 몰비와 같지만 반응물과 생성물의 화학식량에 따라 몰질량이 다르므로 화학 반응식의 계수비는 질량비와 같지 않다.

(4) 화학 반응식이 $2H_2(g)+O_2(g) \longrightarrow 2H_2O(g)$인 경우 계수비는 몰비와 같으며 H_2와 H_2O의 몰비가 1 : 1이므로 H_2 1 mol이 모두 반응하면 H_2O 1 mol이 생성된다.

2 ①, ②, ④ 화학 반응식에서 반응 계수비는 몰비, 분자 수비, 기체인 경우 부피비와 같다.

⑤ 질량은 N_2가 2×14=28, H_2가 $3 \times (2 \times 1)$=6, NH_3가 $2 \times (14+3 \times 1)$=34이므로 질량비는 $N_2 : H_2 : NH_3$=14 : 3 : 17이다.

바로알기 ③ 분자당 원자 수는 N_2가 2, H_2가 6, NH_3가 8이므로 원자 수비는 $N_2 : H_2 : NH_3$=1 : 3 : 4이다.

3 (1) 반응물과 생성물이 기체인 경우 화학 반응식의 계수비는 몰비와 같다. 따라서 일산화 탄소(CO)와 산소(O_2)를 각각 1 mol씩 반응시키면 일산화 탄소는 1 mol이 모두 반응하며, 산소는 0.5 mol이 반응하고 0.5 mol이 남으며, 이산화 탄소(CO_2) 1 mol이 생성된다.

(2) 온도와 압력이 일정할 때 기체의 부피는 양(mol)에 비례하며, 산소와 이산화 탄소의 몰비가 1 : 2이므로 산소 기체 1 L가 모두 반응하면 이산화 탄소 기체 2 L가 생성된다.

(3) 일산화 탄소와 산소의 몰비가 2 : 1이지만 질량비는 2 : 1이 아니므로 일산화 탄소 10 g과 완전히 반응하는 산소의 질량은 5 g이 아니다.

(4) 화학 반응의 전과 후에 질량은 보존되므로 반응물의 전체 질량은 생성물의 전체 질량과 같다.

4 0 °C, 1 atm에서 기체 1 mol의 부피가 22.4 L이므로 생성된 이산화 탄소(CO_2)의 양(mol)은 1 mol이다.

(1) 반응한 에탄올(C_2H_5OH)은 0.5 mol이며, 에탄올의 분자량은 46이므로 질량은 23 g이다.

(2) 반응한 산소(O_2)의 양(mol)은 1.5 mol이므로 0 °C, 1 atm에서 반응한 산소 기체의 부피는 1.5×22.4 L=33.6 L이다.

(3) 생성된 물(H_2O)의 양(mol)은 1.5 mol이므로 생성된 물 분자 수는 $1.5 \times 6.02 \times 10^{23}=9.03 \times 10^{23}$이다.

47쪽

완자쌤 비법 특강

Q1 0.05 L   **Q2** 1.4 M

Q1 $0.1 M \times V=0.01 M \times 0.5$ L이므로 $V=0.05$ L이다.

Q2 $M''=\dfrac{1 M \times 0.3 L+2 M \times 0.2 L}{0.5 L}=1.4 M$

개념 확인 문제

48쪽

❶ 용액의 질량   ❷ 용액의 부피

1 (1) × (2) ○ (3) ○ (4) ×   **2** (1) 20 (2) 17.5   **3** (1) 1 M
(2) 3 M (3) 2 M   **4** (가) 8.4 (나) 부피 플라스크   **5** (1) ×
(2) ○ (3) ○

1 (1) 퍼센트 농도는 용액 100 g에 녹아 있는 용질의 질량을 백분율로 나타낸 값이다.

(2) 몰 농도는 용액 1 L 속에 녹아 있는 용질의 양(mol)이다.

(3) 용액에 녹아 있는 용질의 양(mol)은 몰 농도(mol/L)와 용액의 부피(L)를 곱해서 구할 수 있다.

(4) 용액을 희석해도 용액에 녹아 있는 용질의 양(mol)은 변하지 않는다.

2 (1) 염화 나트륨 수용액의 퍼센트 농도(%)=$\dfrac{10 g}{50 g} \times 100$
$= 20\ \%$

(2) 염산의 퍼센트 농도(%)=$\dfrac{염화\ 수소의\ 질량}{50 g} \times 100=35\ \%$

∴ 염화 수소의 질량=17.5 g

3 (1) 질산 나트륨의 화학식량이 85이므로 8.5 g은 0.1 mol이고, 수용액의 부피가 100 mL이므로 몰 농도는 1 M이다.

질산 나트륨의 양(mol)=$\dfrac{8.5 g}{85 g/mol}=0.1$ mol

질산 나트륨 수용액의 몰 농도(M)=$\dfrac{0.1\ mol}{0.1\ L}=1 M$

(2) 수용액 100 mL에 염화 나트륨 0.3 mol이 녹아 있으므로 몰 농도는 3 M이다.

염화 나트륨 수용액의 몰 농도(M)=$\dfrac{0.3\ mol}{0.1\ L}=3 M$

(3) 수산화 나트륨의 화학식량이 40이므로 40 g은 1 mol이며, 수용액의 부피가 500 mL이므로 몰 농도는 2 M이다.

수산화 나트륨의 양(mol)=$\dfrac{40\ g}{40\ g/mol}=1$ mol

수산화 나트륨 수용액의 몰 농도(M)=$\dfrac{1\ mol}{0.5\ L}=2 M$

4 (가) 0.1 M 탄산수소 나트륨($NaHCO_3$) 수용액 1 L에 녹아 있는 탄산수소 나트륨은 $0.1 M \times 1 L=0.1$ mol이므로 필요한 탄산수소 나트륨의 질량은 $0.1\ mol \times 84\ g/mol=8.4$ g이다.

(나) 탄산수소 나트륨 수용액 1 L를 제조하기 위해 필요한 용기는 1 L 부피 플라스크이다.

5 (1) (가)에서 0.1 M 아세트산(CH_3COOH) 수용액 100 mL에는 0.01 mol의 아세트산이 포함되어 있다.

아세트산의 양(mol)=$0.1 M \times 0.1 L=0.01$ mol

(2) (가)에서 아세트산 수용액에 녹아 있는 아세트산 0.01 mol의 질량은 0.6 g이다.

아세트산의 질량=$0.01\ mol \times 60\ g/mol=0.6$ g

(3) (나)에서 0.01 mol의 아세트산이 1 L 용액에 녹아 있으므로 몰 농도는 0.01 M이다.

아세트산 수용액의 몰 농도(M)=$\dfrac{0.01\ mol}{1\ L}=0.01 M$

대표 자료 분석

49쪽

자료 ❶ **1** 이산화 탄소   **2** $a=2,\ b=1$ **3** (1) ○ (2) ○
(3) ○ (4) × (5) × (6) ○

자료 ❷ **1** 부피 플라스크   **2** (다) → (나) → (가)   **3** 18(g)
4 (1) ○ (2) × (3) ○ (4) × (5) ○

1-1,2 꼼꼼 문제 분석

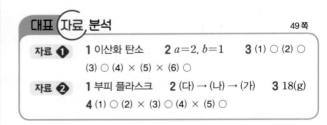

(가) 탄산 칼슘의 질량을 측정하였더니 w_1 g이었다.
        ↳ 탄산 칼슘의 질량

(나) 충분한 양의 묽은 염산이 들어 있는 삼각 플라스크의 질량을 측정하였더니 w_2 g이었다.
        ↳ (묽은 염산+삼각 플라스크)의 질량

(다) (나)의 삼각 플라스크에 (가)의 탄산 칼슘을 넣었더니 A 기체가 발생하였다.
        이산화 탄소 ↙

(라) 반응이 완전히 끝난 뒤 용액이 들어 있는 삼각 플라스크의 질량을 측정하였더니 w_3 g이었다.
        ↳ (w_1+w_2) − 공기 중으로
        날아간 A의 질량

탄산 칼슘과 염산이 반응하면 염화 칼슘과 물이 생성되고, 이산화 탄소 기체가 발생한다. 이를 화학 반응식으로 나타내면 다음과 같다.

$$CaCO_3(s)+2HCl(aq) \longrightarrow CaCl_2(aq)+CO_2(g)+H_2O(l)$$

1-3 (1) 탄산 칼슘과 염산의 반응에서 화학 반응식의 계수비가 1 : 2이므로 반응 몰비도 1 : 2이다.

(2) 반응 전 전체 질량은 (w_1+w_2) g이고, 반응 후 전체 질량은 (A 기체의 질량+w_3) g이다. 따라서 반응 전후의 전체 질량을 비교하면 (w_1+w_2) g=(A 기체의 질량+w_3) g이므로 w_1+w_2 > w_3이다.

(3) 반응한 탄산 칼슘의 양(mol)은 $\dfrac{\text{탄산 칼슘의 질량}}{\text{탄산 칼슘의 몰 질량}}$ = $\dfrac{w_1}{100}$이다.

(4) 반응 전후의 전체 질량을 비교하면 (w_1+w_2) g=(A 기체의 질량+w_3) g이므로 A 기체의 질량=$\{(w_1+w_2)-w_3\}$ g이다.

(5) 탄산 칼슘과 A 기체의 몰비는 1 : 1이므로 A 기체의 양(mol)은 $\dfrac{w_1}{100}$(mol)과 같다. 따라서 A 기체의 부피는 0 °C, 1 atm에서 $\dfrac{w_1}{100} \times 22.4$ L이다.

(6) A의 분자량은 A 기체의 질량을 탄산 칼슘의 양(mol)으로 나누어 구할 수 있다. A 기체의 질량은 $\{(w_1+w_2)-w_3\}$ g이고, 탄산 칼슘의 양(mol)은 $\dfrac{w_1}{100}$이므로 A의 분자량은 $\{(w_1+w_2)-w_3\} \times \dfrac{100}{w_1} = \dfrac{(w_1+w_2)-w_3}{w_1} \times 100$이다.

2-1 꼼꼼 문제 분석

(가) 증류수를 1 L ㉠ 의 눈금선까지 넣고 잘 섞는다. → 부피 플라스크

(나) 비커에 남은 포도당 수용액을 증류수로 씻어 1 L ㉠ 에 넣는다.

(다) 소량의 증류수가 들어 있는 비커에 포도당 x g을 넣어 녹인 후, 이 수용액을 1 L ㉠ 에 넣는다.

→ 포도당의 양(mol)=0.1 M×1 L=0.1 mol
포도당의 질량=0.1 mol×180 g/mol=18 g

특정한 몰 농도의 용액을 제조할 때 사용하는 실험 기구는 부피가 일정한 부피 플라스크이다.

2-2 0.1 M 포도당($C_6H_{12}O_6$) 수용액 1 L를 만들 때 필요한 포도당을 소량의 증류수가 들어 있는 비커에서 녹인 후 1 L 부피 플라스크에 넣는다.

비커에 남은 포도당 수용액을 증류수로 씻어 부피 플라스크에 넣고 증류수를 부피 플라스크의 눈금선까지 넣어 잘 섞어 준다. 따라서 실험 과정은 (다) → (나) → (가)이다.

2-3 0.1 M 포도당 수용액 1 L에 녹아 있는 포도당의 양(mol)은 0.1 M×1 L=0.1 mol이며, 포도당의 화학식량이 180이므로 필요한 질량은 18 g이다.

2-4 (1) 과정 (나)에서 비커에 남은 포도당 수용액을 증류수로 씻어 넣지 않으면 부피 플라스크에 들어 있는 포도당의 양(mol)이 감소하므로 수용액의 몰 농도는 0.1 M보다 작아진다.

(2) 0.1 M 포도당 수용액은 용액 1 L에 포도당 0.1 mol (=18 g)이 녹아 있는 것이다. 증류수 1 L에 포도당 0.1 mol을 녹이면 용액 전체의 부피는 1 L보다 커지고, 수용액의 몰 농도는 0.1 M보다 작아진다.

(3) 0.1 M 포도당 수용액 200 mL에 녹아 있는 포도당의 양(mol)은 0.1 M×0.2 L=0.02 mol이다.

(4) 포도당 9 g은 $\dfrac{9\text{ g}}{180\text{ g/mol}}$=0.05 mol이다. 0.1 M 포도당 수용액 1 L에는 포도당 0.1 mol이 녹아 있으므로 포도당 0.05 mol이 녹아 있는 0.1 M 포도당 수용액의 부피는 0.5 L, 즉 500 mL이다.

(5) 0.1 M 포도당 수용액 100 mL에 포함된 포도당의 양(mol)은 0.1 M×0.1 L=0.01 mol이므로 증류수를 가하여 전체 부피를 1 L로 하면 수용액의 몰 농도는 0.01 M가 된다.

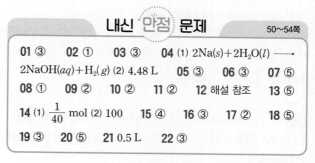

내신 만점 문제   50~54쪽

01 ③	02 ①	03 ③	04 (1) 2Na(s)+2H$_2$O(l) ⟶

2NaOH(aq)+H$_2$(g) (2) 4.48 L   05 ③   06 ③   07 ⑤

08 ①	09 ②	10 ②	11 ②	12 해설 참조	13 ⑤

14 (1) $\dfrac{1}{40}$ mol (2) 100   15 ④   16 ③   17 ②   18 ⑤

19 ③	20 ⑤	21 0.5 L	22 ③

01 ㄱ, ㄴ. 철(Fe)의 제련 반응을 화학 반응식으로 나타내면 다음과 같다.

$$Fe_2O_3(s)+3CO(g) \longrightarrow 2Fe(s)+3CO_2(g)$$

따라서 화학 반응식의 계수는 a=3, b=2, c=3이며, ㉠은 CO_2이다.

바로알기 ㄷ. 반응물과 생성물에서 기체는 각각 CO, CO_2이며, 반응 계수는 각각 3으로 같다. 따라서 전체 기체의 양(mol)은 반응 전과 후가 같다.

02 ㄱ. A_2 분자 4개와 B_2 분자 2개가 반응하여 A_2B 분자 4개가 생성되었으므로 분자 수비는 $A_2 : B_2 : A_2B = 2 : 1 : 2$이다. 따라서 화학 반응식의 계수비도 $2 : 1 : 2$이므로 화학 반응식은 $2A_2(g) + B_2(g) \longrightarrow 2A_2B(g)$이다.

바로알기 ㄴ. A_2와 B_2는 계수비가 $2 : 1$이므로 $2 : 1$의 몰비로 반응한다. 따라서 A_2 1 mol이 모두 반응하려면 B_2는 0.5 mol이 필요하다.

ㄷ. A_2가 모두 반응하여 남아 있지 않으므로 B_2를 더 첨가해도 생성물의 양(mol)은 변하지 않는다.

03 화학 반응식에서 계수비는 몰비와 같으므로 수소(H_2)와 수증기(H_2O)의 몰비는 $1 : 1$이고, 0 °C, 1 atm에서 H_2 4.48 L는 0.2 mol이므로 생성되는 H_2O도 0.2 mol이다. H_2O의 분자량이 18이므로 생성되는 H_2O의 질량은 0.2 mol × 18 g/mol = 3.6 g이다.

04 (1) 이 반응의 화학 반응식은 다음과 같다.
$2Na(s) + 2H_2O(l) \longrightarrow 2NaOH(aq) + H_2(g)$

(2) Na의 원자량이 23이므로 Na 9.2 g의 양(mol)은 $\dfrac{9.2\text{ g}}{23\text{ g/mol}}$ = 0.4 mol이다. 반응 몰비는 $Na : H_2 = 2 : 1$이므로 생성되는 H_2의 양(mol)은 0.2 mol이다. 따라서 0 °C, 1 atm에서 H_2의 부피는 22.4 L × 0.2 = 4.48 L이다.

05 프로페인(C_3H_8) 연소 반응의 화학 반응식은 다음과 같다.
$C_3H_8(g) + 5O_2(g) \longrightarrow 3CO_2(g) + 4H_2O(l)$

ㄱ. $a = 5$, $b = 3$, $c = 4$이므로 $a + b + c = 12$이다.

ㄴ. C_3H_8의 분자량은 44이고 C_3H_8과 물(H_2O)의 몰비는 $1 : 4$이므로 C_3H_8 22 g(= 0.5 mol)을 완전 연소시키면 분자량이 18인 H_2O이 2 mol × 18 g/mol = 36 g 생성된다.

바로알기 ㄷ. 이산화 탄소(CO_2) 분자 $1.204 × 10^{24}$개는 2 mol이며 CO_2 2 mol이 생성되는 데 필요한 산소(O_2)의 양(mol)은 $2\text{ mol} × \dfrac{5}{3} = \dfrac{10}{3}$ mol이다.

06 ㄱ, ㄴ. 탄소 화합물인 C_2H_5OH이 O_2와 반응할 때 생성되는 물질은 CO_2와 H_2O이므로 ㉠은 CO_2이고 화학 반응식은 다음과 같다.
$C_2H_5OH(l) + 3O_2(g) \longrightarrow 2CO_2(g) + 3H_2O(l)$

㉡은 탄화수소이며, 2 mol의 ㉡이 O_2와 반응할 때 생성되는 H_2O의 양(mol)이 $2x$ mol이며, $x = 3$이므로 생성되는 H_2O의 양(mol)은 6 mol이다. 따라서 ㉡ 분자 1 mol에 포함된 H 원자의 양(mol)은 6 mol이다.

생성된 H_2O 6 mol에 포함된 O 원자의 양(mol)이 6 mol이고, 반응물인 O_2에 포함된 O 원자의 양(mol)이 14 mol이므로 화학 반응식에서 ㉠의 CO_2 앞에 붙는 계수는 $y = 4$이다.

따라서 ㉡의 분자식은 C_2H_6이고 화학 반응식은 다음과 같다.
$2C_2H_6(g) + 7O_2(g) \longrightarrow 4CO_2(g) + 6H_2O(l)$

바로알기 ㄷ. $x = 3$, $y = 4$이므로 $x + y = 7$이다.

07 **꼼꼼 문제 분석**

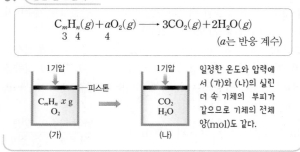

$$C_mH_n(g) + aO_2(g) \longrightarrow 3CO_2(g) + 2H_2O(g)$$
$$3 \quad 4 \qquad\qquad\qquad 4$$
(a는 반응 계수)

일정한 온도와 압력에서 (가)와 (나)의 실린더 속 기체의 부피가 같으므로 기체의 전체 양(mol)도 같다.

ㄱ. 반응 전후에 기체의 온도와 압력이 같으며, (가)와 (나)의 부피는 변함이 없으므로 반응 전후에 기체의 양(mol)이 일정하다. 따라서 화학 반응식의 계수 $a = 4$이다.

ㄴ. 반응 전후에 원자의 종류와 수가 같으며 C_mH_n 1 mol이 연소하면 3 mol의 이산화 탄소(CO_2)와 2 mol의 수증기(H_2O)가 생성되므로 $m = 3$, $n = 4$이다. 따라서 $m + n = 7$이다.

ㄷ. 프로파인(C_3H_4)의 분자량은 40이므로 C_3H_4 x g은 $\dfrac{x}{40}$ mol이다. C_3H_4 $\dfrac{x}{40}$ mol이 완전 연소하면 H_2O $\dfrac{x}{20}$ mol이 생성되고, H_2O의 분자량은 18이므로 생성된 H_2O의 질량은 $\dfrac{x}{20}$ mol × 18 g/mol = $0.9x$ g이다.

08 반응 전과 후에 원자의 종류와 수가 같으므로 완결된 화학 반응식은 다음과 같다.
$2C_2H_4O(l) + 5O_2(g) \longrightarrow 4CO_2(g) + 4H_2O(l)$

ㄴ. 화학 반응식에서 계수비가 $C_2H_4O : H_2O = 1 : 2$이므로 1 mol의 C_2H_4O가 완전 연소하면 2 mol의 H_2O이 생성된다.

바로알기 ㄱ. a는 5이고 b는 4이므로 $a > b$이다.

ㄷ. 화학 반응에서 반응 전후에 물질의 전체 질량은 일정하게 보존된다. C_2H_4O의 분자량은 44, O_2의 분자량은 32이고, 0.5 mol의 C_2H_4O가 1.25 mol의 O_2와 반응하면 전체 생성물의 질량은 반응물의 질량과 같은 62 g이다.

09 **꼼꼼 문제 분석**

이 반응의 화학 반응식은 $2AB_2(g) + B_2(g) \longrightarrow 2AB_3(g)$이다.

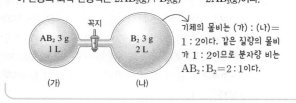

기체의 몰비는 (가) : (나) = $1 : 2$이다. 같은 질량의 몰비가 $1 : 2$이므로 분자량 비는 $AB_2 : B_2 = 2 : 1$이다.

ㄴ. 분자량 비는 $AB_2 : B_2 = 2 : 1$이므로 원자량 비는 $A : B = 2 : 1$이다.

바로알기 ㄱ. 꼭지를 열기 전 분자의 몰비는 (가) : (나)$= 1 : 2$이고, AB_2는 삼원자 분자, B_2는 이원자 분자이므로 전체 원자 수 비는 (가) : (나)$= 1 \times 3 : 2 \times 2 = 3 : 4$이다.

ㄷ. AB_2의 분자량이 B_2의 2배이므로 반응 질량비는 $AB_2 : B_2 = 4 : 1$이며, AB_2 3 g은 B_2 $\frac{3}{4}$ g과 반응하여 AB_3 $\frac{15}{4}$ g $= 3.75$ g을 생성한다.

10 꼼꼼 문제 분석

$$\underset{1}{a}A(g) + \underset{2}{b}B(g) \longrightarrow \underset{1}{a}C(g) \ (a, b \text{는 반응 계수})$$

↗ $A(g)$가 모두 반응한다.

실험	반응 전 전체 기체의 양 (mol)	반응 후 실린더 속 기체의 종류	반응 후 전체 기체의 양(mol)
(가)	1.6	$B(g)$, $C(g)$	0.8
(나)	2.0		
(다)	2.4	$A(g)$, $C(g)$	1.2

↘ $B(g)$가 모두 반응한다.

반응 계수는 $A(g)$와 $C(g)$가 같으므로 (다)에서 반응 후 전체 기체의 양(mol)은 반응 전 $A(g)$의 양(mol)과 같고, (다)에서 반응 전 기체의 양(mol)은 $A(g)$와 $B(g)$가 각각 1.2 mol이므로 $B(g)$ x g의 양(mol)이 1.2 mol이다.

(가)에서 반응 전과 후의 양적 관계는 다음과 같다.
$$aA(g) + bB(g) \longrightarrow aC(g)$$

반응 전(mol)	0.4	1.2	
반응(mol)	-0.4	$-\frac{b}{a} \times 0.4$	$+0.4$
반응 후(mol)		$1.2 - \frac{b}{a} \times 0.4$	0.4

(가)에서 반응 후 전체 기체의 양(mol)이 0.8 mol이므로 $1.2 - \frac{2b}{5a} + 0.4 = 0.8$에서 $\frac{2b}{5a} = \frac{4}{5}$이므로 $b = 2a$이다. 따라서 반응 계수비는 $A(g) : B(g) : C(g) = 1 : 2 : 1$이다.

ㄴ. $B(g)$ 1.2 mol의 질량이 x g이므로 1 mol의 질량은 $\frac{5}{6}x$ g이다.

바로알기 ㄱ. $b = 2a$이므로 $b > a$이다.

ㄷ. (나)에서 반응 전 $A(g)$의 양(mol)은 0.8 mol, $B(g)$의 양(mol)은 1.2 mol이며, 반응 후 $A(g)$ 0.2 mol이 남고 $C(g)$ 0.6 mol이 생성된다. 따라서 반응 후 $\dfrac{\text{기체 C의 양(mol)}}{\text{전체 기체의 양(mol)}} = \dfrac{0.6\,\text{mol}}{0.2\,\text{mol} + 0.6\,\text{mol}} = \dfrac{3}{4}$이다.

11 꼼꼼 문제 분석

↖ 반응 후 실린더 속 물질의 종류가 같다.

실험	(가)	(나)	(다)
반응 전 $B(g)$의 양(mol)	1	2	3
반응 후 $\dfrac{\text{생성물의 양(mol)}}{\text{반응물의 양(mol)}}$	x 2	$\dfrac{10}{3}$	$\dfrac{10}{7}$

반응 후 $\dfrac{\text{생성물의 양(mol)}}{\text{반응물의 양(mol)}}$은 (나)$>$(다)이므로 (나)와 (다)에서 $A(g)$가 모두 반응하였고, 생성된 $C(g)$의 양(mol)은 같다.

(나)에서 반응 전과 후의 양적 관계는 다음과 같다.
$$aA(g) + B(g) \longrightarrow cC(g)$$

반응 전(mol)	5	2	
반응(mol)	-5	$-\frac{5}{a}$	$+\frac{5c}{a}$
반응 후(mol)		$2 - \frac{5}{a}$	$\frac{5c}{a}$

반응 후 $\dfrac{\text{생성물의 양(mol)}}{\text{반응물의 양(mol)}} = \dfrac{\frac{5c}{a}}{\frac{2a-5}{a}} = \dfrac{5c}{2a-5} = \dfrac{10}{3}$이므로 $15c = 20a - 50$에서 $4a - 3c = 10 \cdots$ ①이다.

(다)에서 반응 후에 남은 $B(g)$의 양(mol)은 $3 - \dfrac{5}{a}$ mol, 생성된 $C(g)$의 양(mol)은 $\dfrac{5c}{a}$ mol이다. 따라서 $\dfrac{\text{생성물의 양(mol)}}{\text{반응물의 양(mol)}} = \dfrac{\frac{5c}{a}}{\frac{3a-5}{a}} = \dfrac{5c}{3a-5} = \dfrac{10}{7}$이므로 $6a - 7c = 10 \cdots$ ②이다.

①과 ②에서 $a = 4$, $c = 2$이다.

(가)에서 $A(g)$ 5 mol과 $B(g)$ 1 mol을 반응시키면 $A(g)$ 1 mol이 남고 $C(g)$ 2 mol이 생성되므로 (가)에서 반응 전과 후의 양적 관계는 다음과 같다.
$$4A(g) + B(g) \longrightarrow 2C(g)$$

반응 전(mol)	5	1	
반응(mol)	-4	-1	$+2$
반응 후(mol)	1	0	2

반응 후 $\dfrac{\text{생성물의 양(mol)}}{\text{반응물의 양(mol)}}$인 $x = 2$이므로 $x \times (a + c) = 2 \times (4 + 2) = 12$이다.

12 모범 답안 금속 M과 수소(H_2) 기체의 반응 몰비는 $2 : 3$이며, 금속 M의 원자량을 x라고 하면 금속의 양(mol)은 $\dfrac{5.4}{x} = \dfrac{27}{5x}$ mol이다. $t\,°C$, 1 atm에서 기체 1 mol의 부피가 V L이므로 생성된 H_2의 양(mol)은 $\dfrac{7.2}{V} = \dfrac{36}{5V}$ mol이다. 따라서 $\dfrac{27}{5x} : \dfrac{36}{5V} = 2 : 3$에서 $x = \dfrac{9}{8}V$이다.

채점 기준	배점
금속 M의 원자량을 풀이 과정과 함께 옳게 서술한 경우	100 %
금속 M의 원자량만 옳게 쓴 경우	40 %

13 꼼꼼 문제 분석

$$CaCO_3(s) + 2HCl(aq) \longrightarrow CaCl_2(aq) + X(g) + H_2O(l)$$
$$CO_2$$

실험	(가)	(나)	(다)
CaCO₃의 질량(g)	1.0	3.0	5.0
반응 전 묽은 염산이 담긴 플라스크의 질량(g)	132.7	132.7	132.7
반응 후 플라스크의 질량(g)	133.26	134.38	136.38
반응 전후의 질량 차이(g) =발생한 X의 질량(g)	133.7−133.26 =0.44	135.7−134.38 =1.32	137.7−136.38 =1.32

ㄱ. 탄산 칼슘($CaCO_3$)과 X의 몰비는 1 : 1이다. $CaCO_3$의 화학식량이 100이므로 (가)에서 반응하는 $CaCO_3$의 양(mol)은 $\dfrac{1.0\,g}{100\,g/mol} = 0.01$ mol이다. 따라서 발생한 X의 양(mol)도 0.01 mol이다.

ㄴ. (나)에서 반응하는 $CaCO_3$의 양(mol)은 $\dfrac{3.0\,g}{100\,g/mol} = 0.03$ mol이므로 발생한 X의 양(mol)도 0.03 mol이다. 0 °C, 1 atm에서 기체 1 mol의 부피는 22.4 L이므로 0.03 mol의 부피는 0.672 L, 즉 672 mL이다.

ㄷ. (나)와 (다)에서 생성된 X는 1.32 g, 즉 0.03 mol로 같다. 따라서 반응한 $CaCO_3$의 양(mol)도 0.03 mol로 같다.

14
(1) (가)는 10 % $NaOH(aq)$ 10 g이므로 녹아 있는 $NaOH$의 질량은 $10\,g \times \dfrac{10}{100} = 1\,g$이다. $NaOH$의 화학식량이 40이므로 $NaOH$ 1 g은 $\dfrac{1}{40}$ mol이다.

(2) 10 % $NaOH(aq)$ 4 g에는 $NaOH$ 0.4 g이 녹아 있으며, 수용액 (나)의 부피가 x mL이므로 $\dfrac{\frac{0.4}{40}\,mol}{\frac{x}{1000}\,L} = 0.1$ mol/L에서 $x = 100$(mL)이다.

15
5 % $X(aq)$ 200 g에 들어 있는 용질 X의 질량은 $200\,g \times \dfrac{5}{100} = 10\,g$이다. 25 °C에서 5 % $X(aq)$의 몰 농도를 구하기 위해서는 수용액의 전체 부피와 용질의 양(mol)을 알아야 한다.

ㄴ. 녹아 있는 X의 양(mol)은 $\dfrac{질량}{화학식량}$으로 구할 수 있으므로 X의 화학식량이 필요하다.

ㄷ. 용액의 밀도는 $\dfrac{용액의\ 질량}{용액의\ 부피}$에서 수용액의 전체 부피를 구하려면 $X(aq)$의 질량 200 g을 수용액의 밀도로 나누어야 하므로 25 °C에서 $X(aq)$의 밀도가 필요하다.

바로알기 ㄱ. 5 % $X(aq)$의 몰 농도를 구할 때 증류수의 양(mol)은 고려할 필요가 없으므로 증류수의 분자량은 필요한 자료가 아니다.

16
X의 화학식량이 60이므로 $X(aq)$에 녹아 있는 용질의 양(mol)은 $\dfrac{15\,g}{60\,g/mol} = 0.25$ mol이다. 따라서 $X(aq)$의 몰 농도 $= \dfrac{0.25\,mol}{0.5\,L} = 0.5$ M이고, $x = 0.5$이다.

$X(aq)$ 200 mL에 녹아 있는 용질 X의 질량은 $15\,g \times \dfrac{200\,mL}{500\,mL} = 6\,g$이고, $X(aq)$ 200 mL의 질량은 $200\,mL \times 1.01\,g/mL = 202\,g$이다. 따라서 희석된 수용액의 퍼센트 농도$= \dfrac{6\,g}{202\,g + 98\,g} \times 100 = 2$ %이고, $y = 2$이다. 따라서 $x \times y = 0.5 \times 2 = 1$이다.

17 꼼꼼 문제 분석

(가)와 (나) 모두 퍼센트 농도는 $\dfrac{용질의\ 질량(g)}{500\,g} \times 100 = 5$ %이므로 용질의 질량은 25 g이다.

ㄴ. (가)의 수용액 속에 녹아 있는 설탕의 질량은 25 g이고, 설탕의 화학식량은 342이므로 (가)의 수용액 속에 녹아 있는 설탕의 양(mol)은 $\dfrac{25\,g}{342\,g/mol} ≒ 0.073$ mol이다. 따라서 설탕 분자 수는 $0.073 \times (6.02 \times 10^{23})$이다.

(나)의 수용액 속에 녹아 있는 포도당의 질량은 25 g이고, 포도당의 화학식량은 180이므로 (나)의 수용액 속에 녹아 있는 포도당의 양(mol)은 $\dfrac{25\,g}{180\,g/mol} ≒ 0.139$ mol이다. 따라서 포도당 분자 수는 $0.139 \times (6.02 \times 10^{23})$이다. 즉, 수용액 속 용질의 입자 수는 (가) < (나)이다.

바로알기 ㄱ. (가)와 (나)의 수용액 속에 녹아 있는 용질은 25 g으로 같다.

ㄷ. (가)의 수용액 속에 녹아 있는 설탕의 양(mol)은 약 0.073 mol 이고, 수용액의 부피는 $\dfrac{500\,\text{g}}{1\,\text{g/mL}} = 500\,\text{mL} = 0.5\,\text{L}$이므로 몰 농도는 $\dfrac{0.073\,\text{mol}}{0.5\,\text{L}} = 0.146\,\text{M}$이다.

(나)의 수용액 속에 녹아 있는 포도당의 양(mol)은 약 0.139 mol 이고, 수용액의 부피는 0.5 L이므로 몰 농도는 $\dfrac{0.139\,\text{mol}}{0.5\,\text{L}}$ $= 0.278\,\text{M}$이다. 따라서 수용액의 몰 농도는 (가)<(나)이다.

18 꼼꼼 문제 분석

수용액	(가)	(나)
농도	15 %	x M 0.5
요소의 질량	w g 15	w g
수용액의 양	100 g	500 mL

요소의 양(mol)은 0.25 mol로 같다.

ㄱ. 수용액 (가)의 퍼센트 농도가 15 %이고 수용액의 양이 100 g 이므로 (가)에 들어 있는 용질인 요소의 질량은 $w = 100\,\text{g} \times$ $\dfrac{15}{100} = 15\,\text{g}$이다. 따라서 (나)의 요소의 양(mol) $= \dfrac{15\,\text{g}}{60\,\text{g/mol}}$ $= 0.25\,\text{mol}$이고, 수용액 (나)의 몰 농도 $= \dfrac{0.25\,\text{mol}}{0.5\,\text{L}} = 0.5\,\text{M}$ 이다.

ㄴ. $x = 0.5$이므로 $5x = 2.5$(M)이고, 수용액의 부피가 100 mL 일 때의 몰 농도는 $\dfrac{0.25\,\text{mol}}{0.1\,\text{L}} = 2.5\,\text{M}$이다. 수용액 (가)의 밀도 가 1.0 g/mL보다 크고, 수용액의 질량이 100 g이므로 수용액 의 부피는 100 mL보다 작다. 몰 농도 $= \dfrac{\text{용질의 양(mol)}}{\text{용액의 부피}}$이므 로 수용액 (가)의 몰 농도는 $5x$ M보다 크다.

ㄷ. (가)와 (나)에 들어 있는 요소의 양(mol)은 각각 0.25 mol이 므로 (가)와 (나)를 혼합한 후 증류수를 가해 전체 부피를 1 L로 만든 용액의 몰 농도는 $\dfrac{0.5\,\text{mol}}{1\,\text{L}} = 0.5\,\text{M}$이므로 x M이다.

19 ㄱ. 수용액의 밀도가 1 g/mL이므로 수용액 (나) 100 mL 의 질량은 100 g이고, 퍼센트 농도가 1 %이므로 (나)에 들어 있 는 포도당의 질량은 $100\,\text{g} \times \dfrac{1}{100} = 1\,\text{g}$이다. 따라서 수용액 (나)의 몰 농도는 $\dfrac{1}{18}$ M이다.

ㄴ. (가)에서 포도당의 양(mol)은 $0.1\,\text{mol/L} \times 0.1\,\text{L} = \dfrac{1}{100}\,\text{mol}$ 이다. 포도당의 분자량이 180이므로 (가)에 들어 있는 포도당의 질량은 $\dfrac{1}{100}\,\text{mol} \times 180\,\text{g/mol} = \dfrac{9}{5}\,\text{g}$이다. 따라서 수용액 속 포도당의 질량은 (가)가 (나)의 $\dfrac{9}{5}$배이다.

바로알기 ㄷ. (가)에서 수용액의 질량은 $100\,\text{mL} \times 1\,\text{g/mL} =$ 100 g이고, 용질의 질량은 $\dfrac{9}{5}$ g이다. 물 40 g을 더 넣으면 퍼센 트 농도는 $\dfrac{\dfrac{9}{5}\,\text{g}}{100\,\text{g} + 40\,\text{g}} \times 100 = \dfrac{9}{7}$ %이므로 퍼센트 농도가 1 %인 (나)와 농도가 같지 않다.

20 ㄱ, ㄷ. 0.1 M 수산화 나트륨(NaOH) 수용액 500 mL에 포함된 NaOH의 양(mol)은 $0.1\,\text{M} \times 0.5\,\text{L} = 0.05\,\text{mol}$이며, NaOH의 화학식량이 40이므로 NaOH의 질량$= 0.05\,\text{mol} \times$ $40\,\text{g/mol} = 2\,\text{g}$이고, x는 2이다.

ㄴ. 0.1 M NaOH 수용액 500 mL를 만들 때는 500 mL 부피 플라스크를 이용한다.

21 탄산수소 나트륨($NaHCO_3$)의 화학식량은 84이므로 $NaHCO_3$ 4.2 g은 0.05 mol이다.

$NaHCO_3$ 4.2 g의 양(mol) $= \dfrac{4.2\,\text{g}}{84\,\text{g/mol}} = 0.05\,\text{mol}$

$NaHCO_3$과 CH_3COOH은 $1 : 1$의 몰비로 반응하므로 $NaHCO_3$ 0.05 mol과 완전히 반응하는 데 필요한 CH_3COOH 의 양(mol)은 0.05 mol이다. 따라서 0.1 M CH_3COOH 수용 액은 0.5 L가 필요하다.

필요한 0.1 M CH_3COOH 수용액의 부피 $= \dfrac{0.05\,\text{mol}}{0.1\,\text{M}}$
$\qquad\qquad\qquad\qquad\qquad = 0.5\,\text{L}$

22 ㄱ. (가)에 녹아 있는 염화 나트륨(NaCl)의 양(mol)은 $x\,\text{M} \times 0.1\,\text{L} = 0.1x\,\text{mol}$이다. 이 용액에서 물을 증발시켜 부피 를 50 mL로 만들면 용액의 몰 농도는 $\dfrac{0.1x\,\text{mol}}{0.05\,\text{L}} = 2x\,\text{M}$가 된 다. 따라서 (나)의 몰 농도는 (가)의 2배이다.

ㄷ. (나)에서 NaCl 수용액의 몰 농도는 $2x$ M이며, 증류수를 가 해 전체 부피를 200 mL로 만들면 몰 농도는 $\dfrac{0.1x\,\text{mol}}{0.2\,\text{L}} = \dfrac{x}{2}\,\text{M}$ 가 된다. 즉, 수용액의 몰 농도는 (나)의 $\dfrac{1}{4}$이 된다.

바로알기 ㄴ. (가)에 $0.1x$ mol의 NaCl이 녹아 있는데, 여기에 NaCl $\dfrac{x}{2}$ mol을 더 녹이면 NaCl의 전체 양(mol)은 $0.6x$ mol 이 된다. 용액의 부피가 100 mL로 변함이 없다고 가정해도 몰 농도는 $\dfrac{0.6x\,\text{mol}}{0.1\,\text{L}} = 6x\,\text{M}$가 된다. 즉, (나)의 몰 농도인 $2x$ M 가 되지 않는다.

실력 UP 문제 55쪽

01 ⑤ **02** ⑤ **03** ④ **04** ②

01 꼼꼼 문제 분석

실험		Ⅰ	Ⅱ
반응 전	A의 질량(g)	7	x
	B의 질량(g)	3	y
반응 후	$\dfrac{C의 질량}{전체 질량}$	$\dfrac{4}{5}$	$\dfrac{8}{11}$

실험 Ⅰ에서 반응 전과 후에 질량의 총합이 같으므로 반응 후 남아 있는 B의 질량은 2 g이고, 생성된 C의 질량은 8 g이다. 따라서 반응 질량비는 A : B : C=7 : 1 : 8이다.

실험 Ⅱ에서 B가 모두 반응하므로 반응 전과 후의 양적 관계는 다음과 같다.

$$A(g) + 2B(g) \longrightarrow C(g)$$

반응 전(g)	x	y	
반응(g)	$-7y$	$-y$	$+8y$
반응 후(g)	$x-7y$		$8y$

반응 후 $\dfrac{C의 질량}{전체 질량}=\dfrac{8}{11}$ 이므로 $\dfrac{8y}{x+y}=\dfrac{8}{11}$ 에서 $8x=80y$ 이며 $x : y=10 : 1$이다.

02
ㄱ. (나)에서 반응이 완결되면 A(g)와 넣어 준 B(g) w g이 모두 반응한다. 반응 몰비는 A(g) : B(g)=1 : 2이고, 분자량은 B가 A의 2배이므로 A(g) V_0 L의 질량은 $\dfrac{1}{4}w$ g이다.

ㄴ. 반응 부피비가 A(g) : B(g)=1 : 2이므로, B(g) w g의 부피는 $2V_0$이다. (나)에서 반응이 완결되었으므로 (다)에서 B(g) $2w$ g을 넣어 반응시킨 후 실린더 속 기체의 부피는 $4V_0$가 된다.

ㄷ. 실린더 속 기체의 밀도비는 (가) : (나) : (다)=$\dfrac{\frac{1}{4}w}{V_0}$: $\dfrac{\frac{5}{4}w}{2V_0}$

: $\dfrac{\frac{9}{4}w}{4V_0}$=4 : 10 : 9이다.

03
진한 염산의 퍼센트 농도가 36.5 %이므로 진한 염산 100 g에 포함된 HCl의 질량은 36.5 g이다. 진한 염산의 밀도가 1.25 g/mL이므로 100 g의 부피는 $\dfrac{100 \text{ g}}{1.25 \text{ g/mL}}$=80 mL이다.

따라서 진한 염산의 몰 농도는 $\dfrac{\frac{36.5 \text{ g}}{36.5 \text{ g/mol}}}{0.08 \text{ L}}$=12.5 M이다.

1.0 M HCl(aq) 500 mL에 포함된 HCl의 양(mol)은 진한 염산 x mL에 포함된 HCl의 양(mol)과 같으므로, 1.0 M×500 mL =12.5 M×x mL에서 x=40 mL이다.

04 꼼꼼 문제 분석

(가)~(다)는 A(aq) 또는 B(aq)이다.

수용액	(가)	(나)	(다)
용질	A	B	B
용질의 질량(g)	x 30	$4x$	$2x$
용액의 부피(L)	1	2	$1+V$ 2
용액의 몰 농도(M)	$\dfrac{1}{6}$	1	$\dfrac{1}{3}$

수용액 (가)와 (나)에서 용질 A, B의 양(mol)을 각각 n_A, n_B라고 하면 몰 농도비는 (가) : (나)=$\dfrac{n_A}{1}$: $\dfrac{n_B}{2}$=1 : 6이므로 n_A : n_B=1 : 12이다. 용질의 질량비는 (가) : (나)=1 : 4이므로 A, B의 분자량을 각각 M_A, M_B라고 하면 $\dfrac{1}{M_A}$: $\dfrac{4}{M_B}$=1 : 12이므로 M_A : M_B=3 : 1이다. B의 분자량이 60이므로 A의 분자량은 180이다. (가)에서 몰 농도가 $\dfrac{1}{6}$ M인 수용액 1 L에 녹아 있는 A의 질량은 $x=\dfrac{1}{6}$ mol×180 g/mol=30 g이다.

ㄷ. (다)가 A(aq)이라면 용질의 양(mol)은 $\dfrac{2x}{180}=\dfrac{2\times30}{180}$

$=\dfrac{1}{3}$ mol이며, 용액의 몰 농도는 $\dfrac{\frac{1}{3}}{1+V}=\dfrac{1}{3}$에서 V=0이 되어야 하므로 타당하지 않다. 따라서 (다)는 B(aq)이며, 용질의 양(mol)은 $\dfrac{2x}{60}=\dfrac{2\times30}{60}$=1 mol이고, 용액의 몰 농도는 $\dfrac{1}{1+V}=\dfrac{1}{3}$이므로 V=2이다.

바로알기 ㄱ. A의 질량 x는 30 g이다.
ㄴ. (다)는 B(aq)이다.

중단원 핵심 정리 56쪽

❶ 탄소(^{12}C) ❷ 원자량 ❸ 원자량 ❹ 아보가드로수
❺ 몰 질량 ❻ 아보가드로 ❼ 6.02×10^{23} ❽ 몰 질량
❾ 22.4 ❿ 부피비 ⓫ 퍼센트 농도 ⓬ 1 L ⓭ 용액의 부피

중단원 마무리 문제 57~59쪽

01 ② **02** ② **03** ③ **04** ④ **05** ② **06** ③ **07** 24
08 ① **09** ④ **10** ⑤ **11** 해설 참조 **12** 해설 참조

01 꼼꼼 문제 분석

화합물	성분 원소	분자당 구성 원자 수	분자량	분자식
(가)	X, Y	4	17	XY_3
(나)	X, Y	2	15	XY
(다)	X, Y, Z	3	27	XYZ

- (나)는 이원자 분자이므로 분자식이 XY이며, XY의 분자량은 15이다.
- (다)는 삼원자 분자이므로 분자식이 XYZ이며, XYZ의 분자량은 27이다. 따라서 (XYZ의 분자량$-XY$의 분자량)$=Z$의 원자량$=12$이다.
- X의 원자량이 Z의 원자량인 12보다 크므로 분자량이 17인 (가)의 분자식은 XY_3이다. 그리고 XY의 분자량이 15이므로 X의 원자량은 14, Y의 원자량은 1이다.

ㄴ. (가)의 분자식이 XY_3이고, (나)의 분자식이 XY이므로 (가)에서 $\dfrac{X의\ 질량}{Y의\ 질량}$은 $\dfrac{14}{3}$, (나)에서 $\dfrac{X의\ 질량}{Y의\ 질량}$은 14로 (가)가 (나)의 $\dfrac{1}{3}$배이다.

바로알기 ㄱ. (가)의 분자식은 XY_3이다.

ㄷ. Z의 원자량은 12이고, Y의 원자량은 1이므로 ZY_4의 분자량은 16이며 (가)나 (다)의 분자량보다 작다.

02 꼼꼼 문제 분석

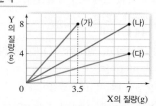

- 일정량의 X와 결합한 Y의 질량비는 (가) : (나) : (다)$=16 : 8 : 4$ $=4 : 2 : 1$이다.
- (가)~(다)의 분자식은 각각 XY, XY_2, X_2Y 중 하나이며 X 원자 1개와 결합한 Y 원자 수비는 $XY : XY_2 : X_2Y = 1 : 2 : \dfrac{1}{2} = 2 : 4 : 1$이므로 (가)의 분자식은 XY_2, (나)의 분자식은 XY, (다)의 분자식은 X_2Y이다.

ㄷ. 분자식이 XY인 (나)에서 질량비가 $X : Y = 7 : 8$이므로 원자량 비는 $X : Y = 7 : 8$이다. (가)와 (다)의 분자식은 각각 XY_2, X_2Y이므로 분자량 비는 (가) : (다)$=23 : 22$이다. 따라서 1 g에 들어 있는 X 원자 수비는 (가) : (다)$=\dfrac{1}{23} : \dfrac{2}{22} = 11 : 23$이다.

바로알기 ㄱ. (가)의 분자식은 XY_2이고, XY는 (나)의 분자식이다.

ㄴ. (나)의 분자식이 XY, (다)의 분자식이 X_2Y이므로 $\dfrac{X\ 원자\ 수}{전체\ 원자\ 수}$는 (나)가 $\dfrac{1}{2}$이고, (다)가 $\dfrac{2}{3}$이므로 (나)가 (다)의 $\dfrac{3}{4}$배이다.

03 꼼꼼 문제 분석

기체	분자식	분자량	구성 원소의 질량비($X : Y$)
(가)	XY_2	a 46	$7 : 16$
(나)	X_xY_y	44	$7 : b$ 4

(가)의 분자식이 XY_2이고 구성 원소의 질량비가 $X : Y = 7 : 16$이므로 원자량 비는 $X : Y = 7 : 8$이다.

XY_2의 분자량이 X_xY_y보다 큰 것으로 보아서 X_xY_y의 분자식은 XY와 X_2Y 중 하나이다. 그런데 X_xY_y의 분자량이 44이고, 원자량 비가 $X : Y = 7 : 8$이므로 X_xY_y의 분자식은 X_2Y가 타당하며 X의 원자량은 14, Y의 원자량은 16이다.

ㄱ. (나)의 분자식이 X_2Y이므로 $x=2$이고, $y=1$이다.

ㄷ. 용기 안에 들어 있는 (가)의 양(mol)을 m mol, (나)의 양(mol)을 n mol이라고 하면 $\dfrac{X의\ 질량}{전체\ 질량}=\dfrac{14m+28n}{46m+44n}=\dfrac{1}{2}$에서 $3m=2n$이다. 따라서 용기 안에 들어 있는 기체의 몰비는 (가) : (나)$=m : n = 2 : 3$이며 $\dfrac{기체\ (가)의\ 양(mol)}{전체\ 기체의\ 양(mol)}=\dfrac{2}{2+3}$ $=\dfrac{2}{5}$이다.

바로알기 ㄴ. XY_2의 분자량은 $a=14+2\times16=46$이고, $X_xY_y(=X_2Y)$에서 구성 원소의 질량비는 $X : Y = 28 : 16 = 7 : 4$이다. 따라서 $b=4$이고, $a+b=50$이다.

04 꼼꼼 문제 분석

분자	(가)	(나)	(다)
질량비	$X : W = 4 : 1$	$Y : W = 7 : 1$	$Z : W = 8 : 1$
원자 수비	$X : W = 1 : 3$	$Y : W = 1 : 2$	$Z : W = 1 : 2$

원자량 비 $X : W = \dfrac{4}{1} : \dfrac{1}{3} = 12 : 1$이고, $Y : W = \dfrac{7}{1} : \dfrac{1}{2} = 14 : 1$이며, $Z : W = \dfrac{8}{1} : \dfrac{1}{2} = 16 : 1$이다.

➡ 원자량 비 $W : X : Y : Z = 1 : 12 : 14 : 16$

(가)는 원자 수비가 $X : W = 1 : 3$이고, 분자당 원자 수가 8이므로 분자식이 X_2W_6이다. (나)는 원자 수비가 $Y : W = 1 : 2$이고 분자당 원자 수가 6이므로 분자식이 Y_2W_4이다. (다)는 원자 수비가 $Z : W = 1 : 2$이고 분자당 원자 수가 3이므로 분자식이 ZW_2이다.

ㄴ. 분자량 비는 (나) : (다)$=16 : 9$이고 분자당 원자 수는 (나)가 6, (다)가 3이므로 1 g에 들어 있는 원자 수비는 (나) : (다)$=\dfrac{6}{16}$ $: \dfrac{3}{9} = 9 : 8$이다.

ㄷ. 분자식은 (가) X_2W_6, (나) Y_2W_4이므로 같은 질량의 W 원자를 포함하는 분자 수비는 (가) : (나)$=2 : 3$이다.

바로알기 ㄱ. 분자량 비는 (가) : (나) : (다)$=30 : 32 : 18 = 15 : 16 : 9$이므로 분자량은 (나)가 가장 크다.

05 (가)는 아세톤(CH_3COCH_3)이고, 완전 연소 반응식이 $C_3H_6O+4O_2 \longrightarrow 3CO_2+3H_2O$이다.

(나)는 분자당 원자 수가 14인 탄화수소이고 분자당 탄소 원자 수가 4이므로 분자식이 C_4H_{10}이며 완전 연소 반응식은 $2C_4H_{10}+13O_2 \longrightarrow 8CO_2+10H_2O$이다.

ㄴ. (나)의 완전 연소 반응식에서 반응 계수는 $y=13$, $z=10$이므로 $\dfrac{z}{y}=\dfrac{10}{13}<1$이다.

바로알기 ㄱ. (가)의 완전 연소 반응식에서 반응 계수는 $x=3$이다.

ㄷ. (가)는 CH_3COCH_3이므로 분자량이 58이고, (나)는 C_4H_{10}이므로 분자량이 58이다. 따라서 1 mol의 질량은 (가)와 (나)가 같다.

06 꼼꼼 문제 분석

$$aA_2(g)+bB_2(g) \longrightarrow 2X(g)$$
$$\underset{1}{} \quad \underset{3}{} \qquad \underset{AB_3}{}$$

→ A_2 2 mol과 B_2 3 mol이 들어 있으며 전체 부피가 5 L이므로 기체 1 mol의 부피는 1 L에 해당한다.

전체 부피가 3 L이므로 기체 3 mol이 들어 있는데, 그중 X가 2 mol이므로 반응하지 않고 남은 A_2 1 mol이다.

A_2 2 mol과 B_2 3 mol이 반응하여 A_2는 1 mol이 남고 B_2는 모두 반응하며 X는 2 mol이 생성되므로 반응 전과 후의 양적 관계는 다음과 같다.

	$aA_2(g)$	$+ bB_2(g)$	$\longrightarrow 2X(g)$
반응 전(mol)	2	3	
반응(mol)	-1	-3	$+2$
반응 후(mol)	1	0	2

몰비는 $A_2:B_2:X=1:3:2$이므로 화학 반응식은 $A_2(g)+3B_2(g) \longrightarrow 2X(g)$이고, X의 분자식은 AB_3이다.

ㄱ. 몰비는 $A_2:B_2=1:3$이다.

ㄷ. 반응 후 X 2 mol이 생성되었고 A_2 1 mol이 남아 있으므로 $\dfrac{\text{X의 분자 수}}{\text{전체 분자 수}}=\dfrac{2}{3}$이다.

바로알기 ㄴ. X의 분자식은 AB_3이다.

07 금속 M의 산화물 X의 화학식은 MO이다. 금속 M 3 g이 반응하면 MO 5 g이 생성되므로 반응한 산소의 질량은 2 g이다. 따라서 M의 원자량을 x라고 하면 $x:16=3\text{ g}:2\text{ g}$이므로 $x=24$이다.

08 꼼꼼 문제 분석

[화학 반응식]
$$CaCO_3(s)+\underset{2}{a}HCl(aq) \longrightarrow CaCl_2(aq)+\underset{CO_2}{X}(g)+\underset{1}{b}H_2O(l)$$

[과정]
(가) $CaCO_3$의 질량(w_1)을 측정한다.
(나) 충분한 양의 묽은 염산이 들어 있는 삼각 플라스크의 질량(w_2)을 측정한다.
(다) (나)의 삼각 플라스크에 $CaCO_3$를 넣어 반응시킨다.
(라) 반응이 완전히 끝난 후 삼각 플라스크의 질량(w_3)을 측정한다. → $w_3=(w_1+w_2)-$ 발생한 CO_2의 질량
발생한 CO_2의 질량 $=(x+330.0)\text{ g}-331.12\text{ g}$
$\qquad\qquad\qquad\quad=(x-1.12)\text{ g}$

[결과]

w_1	w_2	w_3
x g	330.0 g	331.12 g

ㄴ. 탄산 칼슘($CaCO_3$)과 묽은 염산($HCl(aq)$)이 반응하면 염화 칼슘($CaCl_2$)과 물(H_2O)이 생성되고, 이산화 탄소(CO_2) 기체가 발생한다. 이를 화학 반응식으로 나타내면 다음과 같다.
$$CaCO_3(s)+2HCl(aq) \longrightarrow CaCl_2(aq)+CO_2(g)+H_2O(l)$$
$CaCO_3$과 CO_2의 몰비는 $1:1$이다. $CaCO_3$의 화학식량이 100이고 질량이 x g이며, 발생한 CO_2의 분자량이 44이고 질량이 $(x-1.12)$ g이므로 다음 관계식이 성립한다.
$$\frac{x\text{ g}}{100\text{ g/mol}}=\frac{(x-1.12)\text{ g}}{44\text{ g/mol}},\ x=2$$
$CaCO_3$의 질량은 2 g이고, 발생한 CO_2의 질량은 $(x-1.12)$ g $=(2-1.12)\text{ g}=0.88\text{ g}$이다.

바로알기 ㄱ. $a=2$, $b=1$이며 $a+b=3$이다.

ㄷ. 발생한 CO_2의 질량이 $(x-1.12)$ g이므로 양(mol)은 $\dfrac{x-1.12}{44}$ mol이다. 화학 반응식의 계수비가 $HCl:CO_2=2:1$이므로 반응한 HCl의 양(mol)은 발생한 CO_2의 2배인 $\dfrac{x-1.12}{22}$ mol이다.

09 ㄴ. (가)에서 수용액에 녹아 있는 X의 질량은 $90\text{ g}\times\dfrac{20}{100}=18\text{ g}$이므로 증류수 10 g을 추가하면 수용액의 퍼센트 농도는 $\dfrac{18\text{ g}}{90\text{ g}+10\text{ g}}\times100=18\text{ \%}$이다.

ㄷ. (나)에서 수용액에 녹아 있는 X의 양(mol)은 $3\text{ M}\times0.1\text{ L}=0.3\text{ mol}$이므로 1 mL에 포함된 X의 양(mol)은 $0.3\text{ mol}\times\dfrac{1}{100}=\dfrac{3}{1000}$ mol이다.

바로알기 ㄱ. X의 분자량이 60이므로 (나)에서 X의 질량은 $0.3\text{ mol}\times60\text{ g/mol}=18\text{ g}$이다. 따라서 수용액에 녹아 있는 X의 질량은 (가)와 (나)에서 같다.

10 꼼꼼 문제 분석

> (가) 시판되는 12 M HCl(*aq*)을 준비한다.
> (나) 피펫을 이용하여 12 M HCl(*aq*) ⑤ mL를 1 L
>   ⑥ 에 넣는다. $12 M \times x$ mL
>   ↳ 부피 플라스크 $= 0.5 M \times 1000$ mL
> $x = \dfrac{500}{12} = \dfrac{125}{3}$ (mL)
> (다) 증류수를 ⑥ 의 눈금선까지 채운 후 잘 섞는다.
>   ↳ 부피 플라스크

ㄱ. 12 M HCl(*aq*)을 0.5 M HCl(*aq*)으로 희석할 때 용액에 포함된 HCl의 양(mol)은 변하지 않는다. 필요한 12 M HCl(*aq*)의 부피를 x mL라고 하면 다음 관계식이 성립한다.

$$12 M \times x \text{ mL} = 0.5 M \times 1000 \text{ mL}$$

$$x = \frac{500}{12} = \frac{125}{3} \text{(mL)}$$

ㄴ. 12 M HCl(*aq*)을 필요한 부피만큼 취한 후 증류수를 가하여 0.5 M HCl(*aq*) 1 L를 만들 때 사용하는 실험 기구는 부피 플라스크이다.

ㄷ. 0.5 M HCl(*aq*) 1 L의 질량은 밀도×부피=d g/mL × 1000 mL=$1000d$ g이다. 0.5 M HCl(*aq*) 1 L에 포함된 HCl는 0.5 mol이고, HCl의 분자량은 a이므로 질량은 $0.5a$ g이다.

따라서 증류수의 질량은 $\dfrac{1000d - 0.5a}{1000}$ kg이다.

11 꼼꼼 문제 분석

> $$\underset{1}{a\text{A}_2(g)} + \underset{3}{b\text{B}_2(g)} \longrightarrow \underset{2\text{AB}_3}{c\text{X}(g)}$$

실험	반응물의 부피(L)		생성물의 부피(L)
	A_2	B_2	X
(가)	1	3	2
(나)	1	4	2
(다)	2	3	2

> X 2 L가 생성될 때 반응한 A_2의 부피는 1 L이고 B_2의 부피는 3 L이다.

화학 반응식의 계수는 $a=1$, $b=3$, $c=2$이고, 화학 반응식은 $\text{A}_2(g) + 3\text{B}_2(g) \longrightarrow 2\text{X}(g)$이다.

모범 답안 $a=1$, $b=3$, $c=2$, (가)~(다)에서 생성된 X의 부피가 같으며, (가)와 (나)에서 반응한 A_2의 부피가 같고, (가)와 (다)에서 반응한 B_2의 부피가 같은 것으로 보아 기체의 부피비는 $\text{A}_2 : \text{B}_2 : \text{X} = 1 : 3 : 2$이다.

채점 기준	배점
화학 반응식의 계수를 모두 옳게 구하고, 그 과정을 옳게 서술한 경우	100 %
화학 반응식의 계수만 옳게 구한 경우	40 %

12 꼼꼼 문제 분석

> [화학 반응식]
> $$\text{X}_2\text{CO}_3(s) \longrightarrow \text{X}_2\text{O}(s) + \text{CO}_2(g)$$
> [실험 과정]
> 도가니에 X_2CO_3을 넣고 질량을 측정한 후, 도가니를 가열하면서 2분마다 질량을 다시 측정한다.
> [실험 결과]   열분해 반응이 완료되면 질량은
> • 도가니 질량: 210 g   더 이상 변하지 않는다. ↘

시간(분)	0	2	4	⋯	12	⋯	18	20
질량(g)	247	245	243	⋯	236	⋯	225	225

> ↳ CO_2 기체가 발생하므로 전체 질량이 감소한다.

시간에 따라 발생한 이산화 탄소(CO_2)의 질량은 다음과 같다. 따라서 X_2CO_3이 완전 분해되면 CO_2 22 g이 생성된다.

시간(분)	0	2	4	⋯	12	⋯	18	20
질량(g)	0	2	4	⋯	11	⋯	22	22

도가니에 넣은 X_2CO_3의 질량은 247 g−210 g=37 g이고, 반응 후 생성된 CO_2의 질량은 22 g이므로 생성된 X_2O의 질량은 37 g−22 g=15 g이다.

모범 답안 X의 원자량: 7. 18분과 20분에서 질량이 더 이상 변하지 않으므로 도가니 안의 고체는 X_2O뿐이며 감소한 질량은 발생한 CO_2의 질량과 같다. 처음보다 감소한 질량이 22 g이므로 CO_2 0.5 mol이 발생하였고, X_2O와 CO_2의 몰비가 1 : 1이므로 X_2O도 0.5 mol 생성되었다. X_2O 0.5 mol의 질량은 15 g이므로 X_2O의 화학식량은 30이고, X의 원자량은 7이다.

채점 기준	배점
원자량을 옳게 구하고, 그 과정을 옳게 서술한 경우	100 %
원자량만 옳게 구한 경우	40 %

수능 실전 문제   61~63쪽

| 01 ④ | 02 ④ | 03 ⑤ | 04 ⑤ | 05 ③ | 06 ④ | 07 ⑤ |
| 08 ② | 09 ④ | 10 ① | 11 ④ | 12 ③ | | |

01 꼼꼼 문제 분석

> X 원자 3개와 Y 원자 1개의 질량이 같으므로 원자량 비는 X : Y = 1 : 3이다.
>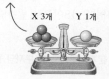
> X 3개   Y 1개

> Y 원자 4개와 Z 원자 3개의 질량이 같으므로 원자량 비는 Y : Z = 3 : 4이다.
>
> Y 4개   Z 3개

✗ X 원자 1개의 질량은 $\dfrac{1}{6.02\times10^{23}}$ g이다. $\dfrac{4}{6.02\times10^{23}}$ g

ㄴ 1 g에 들어 있는 원자의 몰비는 Y : Z=4 : 3이다.

ㄷ 1 mol의 질량은 YZ_2가 X의 11배이다.

전략적 풀이 ❶ X의 원자량과 아보가드로수를 이용하여 X 원자 1개의 질량을 구한다.

ㄱ. 원자량 비는 X : Y : Z=1 : 3 : 4이고, Y 원자 1 mol의 질량이 12 g이므로 X의 원자량은 4, Y의 원자량은 12, Z의 원자량은 16이다.

X의 원자량이 4이고, 1 mol의 질량이 4 g이므로 X 원자 1개의 질량은 $\dfrac{4}{6.02\times10^{23}}$ g이다.

❷ 원자량 비로부터 1 g에 들어 있는 원자의 몰비를 구한다.

ㄴ. 원자량 비는 Y : Z=3 : 4이므로 1 g에 들어 있는 원자의 몰비는 Y : Z=$\dfrac{1}{3}$: $\dfrac{1}{4}$=4 : 3이다.

❸ 분자식에 포함된 모든 원자의 원자량을 합하여 분자량을 구하고 1 mol의 질량을 비교한다.

ㄷ. YZ_2의 분자량은 12+2×16=44이므로 X의 원자량 4의 11배이다.

02 꼼꼼 문제 분석

화합물	(가)	(나)	(다)	(라)	(마)
분자량	27	36	45	72	108
$\dfrac{\text{B의 질량}}{\text{A의 질량}}$	2	1	4	3	5
분자식	AB	A_2B	AB_2	A_2B_3	A_2B_5

A의 원자량을 a, B의 원자량을 b라고 하면 화합물 (마)에 대하여 다음 관계식이 성립한다.

$\dfrac{5b}{2a}=5$ ……① $\qquad\qquad 2a+5b=108$ ……②

①과 ②에서 a=9이고, b=18이다. 따라서 A의 원자량은 9이고, B의 원자량은 18이다.

✗ 원자량은 A가 B보다 크다. 작다

ㄴ (나)와 (다)는 분자당 원자 수가 같다.

ㄷ 일정량의 B와 결합한 A의 질량비는 (가) : (라)=3 : 2이다.

전략적 풀이 ❶ 분자식과 분자량으로부터 원소의 원자량을 구한다.

ㄱ. A의 원자량은 9이고, B의 원자량은 18이므로 원자량은 A가 B보다 작다.

❷ $\dfrac{\text{B의 질량}}{\text{A의 질량}}$의 값과 분자량으로부터 분자식을 구하고 분자당 원자 수를 비교한다.

ㄴ. (나)는 분자량이 36이고 $\dfrac{\text{B의 질량}}{\text{A의 질량}}$=1이므로 분자식이 A_2B이고, (다)는 분자량이 45이고 $\dfrac{\text{B의 질량}}{\text{A의 질량}}$=4이므로 분자식이 AB_2이다. 따라서 분자당 원자 수가 3으로 같다.

❸ $\dfrac{\text{B의 질량}}{\text{A의 질량}}$의 값으로부터 일정량의 B와 결합한 A의 질량을 비교한다.

ㄷ. $\dfrac{\text{B의 질량}}{\text{A의 질량}}$은 (가)가 2이고 (라)가 3이다. 따라서 일정량의 B와 결합한 A의 질량비는 (가) : (라)=$\dfrac{1}{2}$: $\dfrac{1}{3}$=3 : 2이다.

03 꼼꼼 문제 분석

t ℃, 1 atm에서 (가)의 양(mol)은 $\dfrac{1}{3}$ mol이고, (다)의 양(mol)은 $\dfrac{1}{4}$ mol이다.

기체	분자식	질량(g)	분자량	부피(L)	전체 원자 수 (상댓값)
(가)	XY_2	18		8	1
(나)	ZX_2	23			1.5
(다)	Z_2Y_4	26	104		a 1.5

- 전체 원자 수비 (가) : (나)=2 : 3 ➡ 분자 수비=부피비=2 : 3
  ➡ (나)의 부피=12
- 분자당 원자 수비 (나) : (다)=1 : 2, 몰비 (나) : (다)=2 : 1
  ➡ 전체 원자 수비 (나) : (다)=1 : 1 ➡ a=1.5

ㄱ (나)의 분자량은 46이다.

ㄴ a는 1.5이다.

ㄷ 1 g에 들어 있는 전체 원자 수는 (다)>(가)이다.

전략적 풀이 ❶ (가)와 (나)의 원자 수비를 통해 (나)의 부피를 구하여 분자량을 확인한다.

ㄱ. (가)와 (나)는 모두 삼원자 분자이고, 전체 원자 수비가 2 : 3이므로 분자 수비도 2 : 3이다. 따라서 (나)의 부피는 12 L이고, (나)의 양(mol)은 $\dfrac{1}{2}$ mol이므로 (나)의 분자량은 46이다.

❷ (나)와 (다)의 분자당 원자 수비와 몰비를 파악한다.

ㄴ. (나)와 (다)에서 분자당 원자 수비는 1 : 2이고 몰비는 2 : 1이므로 전체 원자 수비는 (나)와 (다)가 같다. 따라서 a는 1.5이다.

❸ (가)와 (다) 1 g에 들어 있는 전체 원자의 양(mol)을 파악한다.

ㄷ. (가)와 (다)의 분자량은 각각 54, 104이고, 분자당 원자 수는 각각 3, 6이다. 따라서 (가)와 (다) 1 g에 들어 있는 전체 원자의 양(mol)은 각각 $\dfrac{3}{54}$ mol, $\dfrac{6}{104}=\dfrac{3}{52}$ mol이므로 1 g에 들어 있는 전체 원자 수는 (다)가 (가)보다 크다.

04 꼼꼼 문제 분석

$$C_6H_{12}O_6(s) + aO_2(g) \longrightarrow bCO_2(g) + 6H_2O(l)$$
$$\phantom{C_6H_{12}O_6(s) + }66$$
$$(a, b\text{는 반응 계수})$$

선택지 분석

ㄱ. $x = 45$이다.

ㄴ. 생성된 H_2O의 질량은 27 g이다.

ㄷ. 반응 후 용기 안 $\dfrac{CO_2\text{의 양(mol)}}{\text{전체 물질의 양(mol)}} = \dfrac{1}{3}$이다.

전략적 풀이 ❶ 몰비를 구하여 반응 전 포도당의 질량을 구한다.

ㄱ. 포도당의 연소 반응에 대한 화학 반응식은 다음과 같다.

$$C_6H_{12}O_6(s) + 6O_2(g) \longrightarrow 6CO_2(g) + 6H_2O(l)$$

몰비는 포도당 : 산소 $= 1 : 6$이고, 반응한 산소 48 g은 1.5 mol 이다. 산소 1.5 mol과 반응한 포도당은 0.25 mol이며 분자량이 180이므로 질량은 $0.25 \text{ mol} \times 180 \text{ g/mol} = 45 \text{ g}$이다.

❷ 몰비를 이용하여 생성물의 질량을 구한다.

ㄴ. 포도당 0.25 mol이 완전 연소하면 물 1.5 mol이 생성된다. 물의 분자량이 18이므로 질량은 $1.5 \text{ mol} \times 18 \text{ g/mol} = 27 \text{ g}$ 이다.

❸ 반응 후 남은 산소, 생성된 이산화 탄소와 물의 양(mol)을 구하여 $\dfrac{CO_2\text{의 양(mol)}}{\text{전체 물질의 양(mol)}}$을 구한다.

ㄷ. 반응 후 산소 1.5 mol이 남고, 이산화 탄소와 물이 각각 1.5 mol씩 생성된다. 따라서 $\dfrac{CO_2\text{의 양(mol)}}{\text{전체 물질의 양(mol)}} = \dfrac{1.5}{4.5} = \dfrac{1}{3}$ 이다.

05 꼼꼼 문제 분석

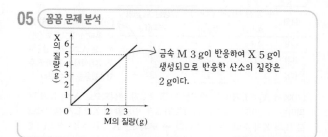

금속 M 3 g이 반응하여 X 5 g이 생성되므로 반응한 산소의 질량은 2 g이다.

선택지 분석

ㄱ. X의 화학식은 MO이다.

ㄴ. M의 원자량은 24이다.

ㄷ. X 10 g이 생성되는 데 필요한 O_2는 $\dfrac{1}{4}$ mol이다. $\dfrac{1}{8}$ mol

전략적 풀이 ❶ 화학 반응식에서 반응 전과 후에 원자의 종류와 수가 같다는 원리를 이용하여 금속 산화물 X의 화학식을 구한다.

ㄱ. 화학 반응식은 $2M(s) + O_2(g) \longrightarrow 2MO(s)$이므로 산화물 X의 화학식은 MO이다.

❷ 반응한 금속과 산소의 질량을 구한 다음, 금속 M의 원자량을 구한다.

ㄴ. 금속 M 3 g은 산소(O_2) 2 g과 반응하여 MO 5 g을 생성하므로 M의 원자량을 x라고 하면 $x : 16 = 3 \text{ g} : 2 \text{ g}$이다. 따라서 M의 원자량($x$)은 24이다.

❸ 질량비로부터 X 10 g이 생성되는 데 필요한 산소의 양(mol)을 구한다.

ㄷ. 반응 질량비는 $M : O_2 : X = 3 : 2 : 5$이므로 X 10 g이 생성되는 데 필요한 O_2는 4 g이다. O_2의 분자량이 32이므로 필요한 O_2의 양(mol)은 $\dfrac{4 \text{ g}}{32 \text{ g/mol}} = \dfrac{1}{8}$ mol이다.

06 꼼꼼 문제 분석

온도와 압력이 같을 때 기체의 부피는 기체의 양(mol)에 비례하며, 화학 반응식에서 반응 계수비는 부피비와 같다.

실험	반응 전 기체의 부피(L)		반응 후 전체 기체의 부피(L)
	$A(g)$	$B(g)$	
(가)	3	5	6
(나)	12	2	10

(가)와 (나)에서 반응 후 남은 기체의 종류가 다르다. 반응 전 $A(g)$의 부피는 (나)>(가)이고, $B(g)$의 부피는 (가)>(나)이므로 (가)에서 $A(g)$가 모두 반응하고, (나)에서 $B(g)$가 모두 반응한다.

선택지 분석

ㄱ. $a + b = 4$이다.

ㄴ. 반응 후 $\dfrac{C\text{의 양(mol)}}{\text{전체 기체의 양(mol)}}$은 (가)>(나)이다. (나)>(가)

ㄷ. 반응 전 $A(g)$와 $B(g)$의 몰비를 $1 : 1$로 하면 전체 기체의 양(mol)은 반응 후가 반응 전의 $\dfrac{2}{3}$배이다.

전략적 풀이 ❶ (가)에서 $A(g)$가 모두 반응하고, (나)에서 $B(g)$가 모두 반응한다는 사실을 이용하여 반응 계수를 구한다.

ㄱ. 온도와 압력이 같을 때 기체의 부피는 기체의 양(mol)에 비례하며, (가)에서는 $A(g)$가 모두 반응하고, (나)에서는 $B(g)$가 모두 반응한다.

(가)에서 화학 반응 전과 후의 양적 관계는 다음과 같다.

$$aA(g) + bB(g) \longrightarrow 2C(g)$$

반응 전(mol)	$3n$	$5n$	
반응(mol)	$-3n$	$-\dfrac{3b}{a}n$	$+\dfrac{6}{a}n$
반응 후(mol)		$5n - \dfrac{3b}{a}n$	$\dfrac{6}{a}n$

$5n - \dfrac{3b}{a}n + \dfrac{6}{a}n = 6n$이므로 $\dfrac{6-3b}{a} = 1$이고 $a + 3b = 6 \cdots$ ①이다.

(나)에서 화학 반응 전과 후의 양적 관계는 다음과 같다.

$$a\text{A}(g) + b\text{B}(g) \longrightarrow 2\text{C}(g)$$

반응 전(mol)	$12n$	$2n$	
반응(mol)	$-\dfrac{2a}{b}n$	$-2n$	$+\dfrac{4}{b}n$
반응 후(mol)	$12n-\dfrac{2a}{b}n$		$\dfrac{4}{b}n$

$12n-\dfrac{2a}{b}n+\dfrac{4}{b}n=10n$이므로 $\dfrac{2a-4}{b}=2$이고

$a-b=2\cdots$②이다.

①과 ②에서 $a=3$, $b=1$이다.

❷ a, b 값을 대입하여 반응 후 남아 있는 기체의 양(mol)을 파악한다.

ㄴ. (가)에서 반응 후 남아 있는 B(g)의 양(mol)이 $4n$이라면 생성물 C의 양(mol)은 $2n$이며, 반응 후 $\dfrac{\text{C의 양(mol)}}{\text{전체 기체의 양(mol)}}=\dfrac{2n}{6n}=\dfrac{1}{3}$이다.

(나)에서 반응 후 남아 있는 A(g)의 양(mol)이 $6n$이고, 생성물 C의 양(mol)은 $4n$이며, $\dfrac{\text{C의 양(mol)}}{\text{전체 기체의 양(mol)}}=\dfrac{4n}{10n}=\dfrac{2}{5}$이다. 따라서 반응 후 $\dfrac{\text{C의 양(mol)}}{\text{전체 기체의 양(mol)}}$은 (나)>(가)이다.

❸ 반응 전 A(g)와 B(g)의 몰비를 1 : 1로 하여 양적 관계를 파악한다.

ㄷ. 반응 전 A(g)와 B(g)의 몰비를 1 : 1로 하면 반응 전과 후의 양적 관계는 다음과 같다.

$$3\text{A}(g) + \text{B}(g) \longrightarrow 2\text{C}(g)$$

반응 전(mol)	1	1	
반응(mol)	-1	$-\dfrac{1}{3}$	$+\dfrac{2}{3}$
반응 후(mol)		$\dfrac{2}{3}$	$\dfrac{2}{3}$

따라서 반응 후 전체 기체의 양(mol)은 $\dfrac{4}{3}$ mol이고, 반응 전 기체의 양(mol)은 2 mol이므로 전체 기체의 양(mol)은 반응 후가 반응 전의 $\dfrac{2}{3}$배이다.

07 꼼꼼 문제 분석

XZ$_2$의 분자량=44 ➡ $\dfrac{\text{X의 질량}}{\text{XZ}_2\text{의 질량}}=\dfrac{3}{11}$

➡ X의 질량=5.5 g$\times\dfrac{3}{11}$=1.5 g

생성물	XZ$_2$	Y$_2$Z
질량(g)	5.5	4.5

Y$_2$Z의 분자량=18 ➡ $\dfrac{\text{Y의 질량}}{\text{Y}_2\text{Z의 질량}}=\dfrac{1}{9}$

➡ Y의 질량=4.5 g$\times\dfrac{1}{9}$=0.5 g

선택지 분석

ㄱ. $\dfrac{n}{m}=4$이다.

ㄴ. 반응한 Z$_2$의 질량은 8 g이다.

ㄷ. X$_m$Y$_n$에서 $\dfrac{\text{X의 질량}}{\text{전체 질량}}=\dfrac{3}{4}$이다.

전략적 풀이 ❶ 생성물의 분자량과 질량을 이용하여 반응물에서 원자의 몰비를 파악한다.

ㄱ. XZ$_2$의 분자량은 $12+2\times16=44$이고, Y$_2$Z의 분자량은 $2\times1+16=18$이다. 따라서 $\dfrac{\text{X의 질량}}{\text{XZ}_2\text{의 질량}}$은 $\dfrac{12}{44}=\dfrac{3}{11}$이고, $\dfrac{\text{Y의 질량}}{\text{Y}_2\text{Z의 질량}}$은 $\dfrac{2}{18}=\dfrac{1}{9}$이다. 반응한 X$_mY_n$에 들어 있는 X의 질량은 $5.5\times\dfrac{3}{11}=1.5$ g이고, Y의 질량은 $4.5\times\dfrac{1}{9}=0.5$ g이다. X$_m$Y$_n$에서 원자의 몰비는 X : Y $=\dfrac{1.5}{12}:\dfrac{0.5}{1}=1:4$이다.

따라서 $m:n=1:4$이고, $\dfrac{n}{m}=4$이다.

❷ 화학 반응이 일어날 때 반응 전후에 총질량은 같음을 생각해 본다.

ㄴ. 화학 반응이 일어날 때 질량 보존 법칙이 성립한다. 생성물의 총질량은 10 g이고, 반응물인 X$_m$Y$_n$의 질량은 2 g이므로 반응한 Z$_2$의 질량은 10 g$-$2 g$=8$ g이다.

❸ X$_m$Y$_n$을 이루는 각 원자의 질량을 이용하여 전체 질량을 파악한다.

ㄷ. X$_m$Y$_n$에 들어 있는 X의 질량이 1.5 g이고, Y의 질량이 0.5 g이므로 X$_m$Y$_n$에서 $\dfrac{\text{X의 질량}}{\text{전체 질량}}=\dfrac{1.5\text{ g}}{2\text{ g}}=\dfrac{3}{4}$이다.

08 꼼꼼 문제 분석

실험	반응 전 기체의 부피(L)		발생한 X(g)의 부피(L)
	A$_2(g)$	B$_2(g)$	
(가)	3	5	2
(나)	12	2	4
(다)	15	1	2

(가)와 (다)에서 발생한 X의 부피가 같으므로 (가)에서는 A$_2$가 모두 반응하고, (다)에서는 B$_2$가 모두 반응했음을 알 수 있다.

(가)에서 A$_2$ 3 L가 모두 반응할 때 X 2 L가 생성되므로 A$_2$와 X의 부피비는 3 : 2이다. (다)에서 B$_2$ 1 L가 모두 반응할 때 X 2 L가 생성되므로 B$_2$와 X의 부피비는 1 : 2이다. ➡ 부피비는 A$_2$: B$_2$: X $=3:1:2$이므로 aA$_2(g)+b$B$_2(g) \longrightarrow 2$X(g)에서 $a=3$, $b=1$이고, X의 분자식은 A$_3$B이다.

선택지 분석

✗ X는 삼원자 분자이다. 사원자 분자

ㄴ 같은 양(mol)의 A$_2$와 B$_2$를 반응시키면 용기 안의 $\dfrac{\text{반응 후 기체의 전체 부피}}{\text{반응 전 기체의 전체 부피}}=\dfrac{2}{3}$이다.

✗ 반응 후 용기 안의 $\dfrac{\text{X의 분자 수}}{\text{전체 분자 수}}$는 (나)<(다)이다. >

전략적 풀이 ❶ 화학 반응식을 완성하고 반응 전과 후에 원자의 종류와 수가 같다는 원리를 이용하여 생성물의 분자식을 구한다.

ㄱ. 화학 반응식은 $3A_2(g)+B_2(g) \longrightarrow 2X(g)$이고, X는 A_3B이며 사원자 분자이다.

❷ 화학 반응식의 계수비로부터 몰비, 부피비를 구한다.

ㄴ. 기체의 온도와 압력이 일정할 때 몰비는 부피비와 같으므로 같은 양(mol)의 A_2와 B_2를 반응시킬 때 양적 관계는 다음과 같다.

$$3A_2(g) + B_2(g) \longrightarrow 2X(g)$$

반응 전(mol)	n	n	
반응(mol)	$-n$	$-\dfrac{n}{3}$	$+\dfrac{2n}{3}$
반응 후(mol)	0	$\dfrac{2n}{3}$	$\dfrac{2n}{3}$

따라서 용기 안의 $\dfrac{\text{반응 후 기체의 전체 부피}}{\text{반응 전 기체의 전체 부피}}=\dfrac{\dfrac{4n}{3}}{2n}=\dfrac{2}{3}$이다.

❸ 실험 (나)와 (다)에서 반응 후 용기 안의 $\dfrac{\text{X의 분자 수}}{\text{전체 분자 수}}$를 구하여 비교한다.

ㄷ. (나)에서 A_2 12 L와 B_2 2 L를 반응시키면 A_2 6 L가 남고 X 4 L가 생성된다. (다)에서 A_2 15 L와 B_2 1 L를 반응시키면 A_2 12 L가 남고 X 2 L가 생성된다. 온도와 압력이 같을 때 기체의 분자 수는 부피에 비례하므로 반응 후 용기 안의 $\dfrac{\text{X의 분자 수}}{\text{전체 분자 수}}$는 (나)가 $\dfrac{4}{10}=\dfrac{2}{5}$이고, (다)가 $\dfrac{2}{14}=\dfrac{1}{7}$이다. 즉, (나)>(다)이다.

---

09 꼼꼼 문제 분석

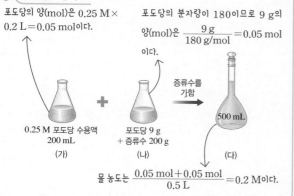

포도당의 양(mol)은 0.25 M×0.2 L=0.05 mol이다.

포도당의 분자량이 180이므로 9 g의 양(mol)은 $\dfrac{9\,g}{180\,g/mol}=0.05$ mol이다.

증류수를 가함

0.25 M 포도당 수용액 200 mL (가)

포도당 9 g ＋증류수 200 g (나)

500 mL (다)

몰 농도는 $\dfrac{0.05\,mol+0.05\,mol}{0.5\,L}=0.2$ M이다.

선택지 분석

ㄱ. 녹아 있는 포도당 분자 수는 (가)와 (나)가 같다.

✗. 수용액의 몰 농도는 (가)와 (나)가 같다. (가)＞(나)

ㄷ. 수용액 (다)의 몰 농도는 0.2 M이다.

전략적 풀이 ❶ 몰 농도와 부피를 곱하여 녹아 있는 포도당의 양(mol)을 비교한다.

ㄱ. (가)와 (나)에서 녹아 있는 포도당의 양(mol)이 0.05 mol로 같으므로 녹아 있는 포도당 분자 수는 (가)와 (나)가 같다.

❷ 수용액 (가)와 (나)의 밀도 차를 이용하여 두 수용액의 몰 농도를 비교한다.

ㄴ. 수용액의 밀도가 (가)＞(나)이므로 같은 부피의 수용액에 녹아 있는 포도당의 질량은 (가)＞(나)이고, 같은 부피의 수용액에 녹아 있는 포도당의 양(mol)은 (가)＞(나)이다. 따라서 수용액의 몰 농도는 (가)가 (나)보다 크다.

❸ 혼합 용액에 들어 있는 용질의 양(mol)과 용액의 부피를 이용하여 몰 농도를 구한다.

ㄷ. (가)에 포함된 포도당이 0.05 mol이고, (나)에 포함된 포도당이 0.05 mol이며, 혼합 용액 (다)의 전체 부피가 500 mL이므로 (다)의 몰 농도는 $\dfrac{0.05\,mol+0.05\,mol}{0.5\,L}=0.2$ M이다.

---

10 꼼꼼 문제 분석

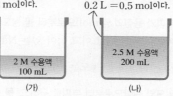

2 M 수용액 100 mL에 녹아 있는 X의 양(mol)은 2 M×0.1 L=0.2 mol이다.

2.5 M 수용액 200 mL에 녹아 있는 X의 양(mol)은 2.5 M×0.2 L=0.5 mol이다.

2 M 수용액 100 mL (가)

2.5 M 수용액 200 mL (나)

선택지 분석

✗. (가)에 녹아 있는 X의 양(mol)은 2 mol이다. 0.2 mol

ㄴ. (나)에 녹아 있는 X의 질량은 50 g이다.

✗. (가)와 (나)를 1 : 1의 부피비로 혼합한 용액의 몰 농도는 4.5 M이다. 2.25 M

전략적 풀이 ❶ 수용액 (가)의 몰 농도와 부피를 곱하여 녹아 있는 용질의 양(mol)을 구한다.

ㄱ. (가)에 녹아 있는 X의 양(mol)은 2 M×0.1 L=0.2 mol이다.

❷ 수용액 (나)에 녹아 있는 X의 양(mol)을 구하고, 화학식량을 이용하여 질량을 구한다.

ㄴ. (나)에 녹아 있는 X의 양(mol)은 2.5 M×0.2 L=0.5 mol이고 X의 화학식량이 100이므로 녹아 있는 X의 질량은 0.5 mol×100 g/mol=50 g이다.

❸ 서로 다른 용액을 혼합할 때 녹아 있는 용질의 전체 양(mol)과 혼합 용액의 부피로부터 혼합 용액의 몰 농도를 구한다.

ㄷ. (가)와 (나)를 1 : 1의 부피비로 혼합할 때 (가) 100 mL와 (나) 100 mL를 혼합했다면 혼합 용액의 전체 부피는 200 mL이고, (가)에 포함된 X의 양(mol)은 0.2 mol이며 (나)에 포함된 X의 양(mol)은 2.5 M×0.1 L=0.25 mol이다. 따라서 혼합 용액의 몰 농도는 $\dfrac{0.2\,mol+0.25\,mol}{0.2\,L}=2.25$ M이다.

11 꼼꼼 문제 분석

(가) NaOH 4 g을 증류수 100 mL에 녹인다.
$\dfrac{4\,\text{g}}{40\,\text{g/mol}}=0.1\,\text{mol}$

(나) (가)의 수용액을 1 L 부피 플라스크에 넣고 눈금선까지 증류수를 넣는다.
$\dfrac{0.1\,\text{mol}}{1\,\text{L}}=0.1\,\text{M}$

선택지 분석

✗. (가) 수용액의 몰 농도는 1 M보다 크다. 작다

ㄴ. (나) 수용액의 몰 농도는 0.1 M이다.

ㄷ. (나) 수용액 10 g에 들어 있는 NaOH의 양(mol)은 $\dfrac{1}{1000}$ mol이다.

전략적 풀이

❶ 수산화 나트륨(NaOH) 수용액의 몰 농도를 판단한다.

ㄱ. NaOH 0.1 mol을 증류수 100 mL에 녹이면 수용액의 부피는 100 mL보다 크다. 따라서 (가) 수용액의 몰 농도는 1 M보다 작다.

❷ 수용액의 부피와 용질의 양(mol)으로부터 몰 농도를 구한다.

ㄴ. (나) 수용액의 부피는 1 L이고 녹아 있는 NaOH의 양(mol)은 0.1 mol이다. 따라서 몰 농도는 $\dfrac{0.1\,\text{mol}}{1\,\text{L}}=0.1\,\text{M}$이다.

❸ 수용액의 밀도와 질량으로부터 부피를 구하고, 몰 농도와 수용액의 부피를 곱하여 녹아 있는 용질의 양(mol)을 구한다.

ㄷ. (나) 수용액의 밀도가 1 g/mL이므로 10 g의 부피는 10 mL이다. (나) 수용액의 몰 농도가 0.1 M이므로 (나) 수용액 10 g에 들어 있는 NaOH의 양(mol)은 $0.1\,\text{M} \times 0.01\,\text{L}=\dfrac{1}{1000}$ mol이다.

12 꼼꼼 문제 분석

(가) 12.5 M A(aq)을 준비한다.

(나) 피펫으로 (가)의 A(aq) [㉠] mL를 취한다.

(다) 1 L 부피 플라스크에 (나)에서 취한 A(aq)을 넣고 증류수를 가하여 눈금선까지 채운다.

12.5 M A(aq)에 증류수를 가하여 희석해도 희석하기 전과 후에 수용액에 포함된 용질의 양(mol)은 같다.

선택지 분석

ㄱ. ㉠은 40이다.

✗. A(aq)의 퍼센트 농도는 $\dfrac{a}{10}$ %이다. a %

ㄷ. 0.5 M A(aq) 1 g에 들어 있는 A의 질량은 $\dfrac{a}{2000d}$ g이다.

전략적 풀이

❶ 용액을 희석할 때 용액에 녹아 있는 용질의 양(mol)은 변하지 않음을 파악한다.

ㄱ. (나)에서 취한 12.5 M A(aq)의 부피를 x L라고 하면, 12.5 M A(aq)에 증류수를 가하여 희석해도 희석하기 전과 후에 용액에 포함된 A의 양(mol)은 같으므로 $12.5\,\text{M} \times x\,\text{L}=0.5\,\text{M} \times 1\,\text{L}$에서 $x=0.04$ L이다. 따라서 (나)에서 ㉠은 40(mL)이다.

❷ 용액의 질량과 용액에 포함된 물질의 질량을 파악한다.

ㄴ. 12.5 M A(aq)의 밀도가 1.25 g/mL이므로 40 mL의 질량은 $1.25\,\text{g/mL} \times 40\,\text{mL}=50$ g이다. 12.5 M A(aq) 40 mL에 포함된 A의 양(mol)은 $12.5\,\text{M} \times \dfrac{40}{1000}\,\text{L}=0.5\,\text{mol}$이고, 질량은 $0.5a$ g이다. 따라서 12.5 M A(aq)의 퍼센트 농도는 $\dfrac{0.5a\,\text{g}}{50\,\text{g}} \times 100=a$ %이다.

❸ 용액의 질량과 용액에 포함된 물질의 질량을 파악한 다음 비례식을 이용한다.

ㄷ. 0.5 M A(aq)의 밀도가 d g/mL이므로 1 L의 질량은 $1000d$ g이다. 0.5 M A(aq) 1 L에 포함된 A의 양(mol)은 0.5 mol이며, A의 화학식량은 a이므로 질량은 $0.5a$ g이다. 0.5 M A(aq) 1 g에 들어 있는 A의 질량을 y라고 하면 $1000d : 0.5a=1 : y$에서 $y=\dfrac{a}{2000d}$ g이다.

1 원자의 구조

1° 원자의 구조

개념 확인 문제

❶ 음극선 **❷** (+) **❸** (−) **❹** 전자 **❺** (+) **❻** 원자핵
❼ 톰슨 **❽** 러더퍼드 **❾** 양성자 **❿** 중성자

1 (1) ○ (2) × (3) × (4) ○ **2** (1) a (2) 원자핵 **3** (1) (가) 톰슨 (나) 러더퍼드 (2) (가) 전자 (나) 원자핵 **4** (1) 양성자 (2) 전자 (3) 중성자 **5** (가) 원자핵 (나) 전자 (다) 중성자

1 (1) 음극선은 (−)전하를 띠므로, 음극선이 지나가는 길에 전기장을 걸어 주면 전기적 인력에 의해 (+)극 쪽으로 휜다.
(2) 음극선은 직진하는 성질이 있으므로 음극선이 지나가는 길에 물체를 놓아두면 그림자가 생긴다.
(3) 음극선은 질량이 있어 힘이 작용하므로 음극선이 지나가는 길에 바람개비를 놓아두면 바람개비가 회전한다.
(4) 음극선이 지나가는 길에 자석을 가까이 가져가면 자기장에 의해 전기장이 유도되어 음극선이 휜다.

2 (1) 알파(α) 입자는 대부분 직진하여 원자를 통과하므로 a 위치에 가장 많이 도달한다. 이는 원자의 대부분이 빈 공간이기 때문이다.
(2) 알파(α) 입자가 원자핵에 부딪혀 90° 이상의 큰 각도로 튕겨져 나오면 c 위치에서 발견된다.

3 (1) (가)는 톰슨의 원자 모형이고, (나)는 러더퍼드의 원자 모형이다.
(2) (가)는 전자가 발견된 이후 제안된 원자 모형이고, (나)는 원자핵이 발견된 이후 제안된 원자 모형이다.

4 (1) 양성자는 수소 원자가 전자를 잃어 형성되는 입자로, 양극선을 이룬다.
(2) 전자는 음극선을 이루는 입자이며, (−)전하를 띤다.
(3) 중성자는 베릴륨 원자핵에 알파(α) 입자를 충돌시킬 때 방출되는 전하를 띠지 않는 입자로, 원자를 구성하는 입자 중 가장 늦게 발견되었다.

5 알파(α) 입자 산란 실험으로 원자핵이 발견되었고, 음극선 실험으로 전자가 발견되었으며, 베릴륨 원자핵에 알파(α) 입자를 충돌시키는 실험으로 중성자가 발견되었다.

개념 확인 문제

❶ 양성자 **❷** 중성자 **❸** 전자 **❹** −1 **❺** 0 **❻** 중성자
❼ 전자 **❽** 양성자수 **❾** 중성자수 **❿** b **⓫** b **⓬** a−b
⓭ 동위 원소

1 (1) ○ (2) ○ (3) × (4) × **2** (가) 0 (나) 1 (다) −1 **3** ㄷ, ㄹ
4 ㉠ 11, ㉡ 12, ㉢ 10 **5** (1) A와 B (2) B와 C (3) D, (+)전하
6 11.5

1 (1), (2) 원자핵은 양성자와 중성자로 구성되어 있고, 양성자로 인해 (+)전하를 띤다.
(3) 원자에서 원자핵은 매우 좁은 공간에 밀집되어 중심에 위치한다.
(4) 전자는 (−)전하를 띠며, 전자의 질량은 양성자와 중성자에 비해 무시할 수 있을 정도로 매우 작지만, 질량을 가지고 있다.

2 (가) 중성자는 전하를 띠지 않으므로 중성자의 상대적인 전하는 0이다.
(나) 중성자의 질량은 양성자의 질량과 거의 같으므로 중성자의 상대적인 질량은 1이다.
(다) 전자는 양성자가 띠는 전하량과 크기는 같고 부호가 반대이므로 전자의 상대적인 전하는 −1이다.

3 ㄷ. 원자는 양성자수와 전자 수가 같다. 전자 수가 2이므로 ●이 양성자이고, 원자 번호는 2이다.
ㄹ. 원자이므로 양성자(●)와 전자(●)의 전하량의 절댓값은 같다.
바로알기 ㄱ. ●는 양성자이고, ●는 중성자이다.
ㄴ. 양성자수가 2, 중성자수가 1이므로 질량수는 3이다.

4 ㉠, ㉡ $^{23}_{11}Na^+$에서 원자 번호가 11이므로 양성자수는 11이고, 질량수가 23이므로 중성자수는 23−11=12이다.
㉢ $^{23}_{11}Na^+$은 $^{23}_{11}Na$이 전자 1개를 잃은 양이온이므로 $^{23}_{11}Na^+$의 전자 수는 11−1=10이다.

5 (1) 동위 원소는 양성자수는 같고 중성자수가 다른 원소이므로 A와 B이다.
(2) 질량수=양성자수+중성자수이므로 B와 C는 질량수가 16으로 같다.
(3) 이온은 양성자수와 전자 수가 서로 다르다. D는 전자 수가 양성자수보다 1 작으므로 전자 1개를 잃고 (+)전하를 띠는 양이온이다.

6 평균 원자량은 $10 \times \dfrac{1}{4} + 12 \times \dfrac{3}{4} = 11.5$이다.

자료 ❶	**1** (가) 전자 (나) 원자핵	**2** 톰슨: ㄷ, 러더퍼드: ㅁ
	3 (1) ○ (2) ○ (3) × (4) × (5) ○	
자료 ❷	**1** 15	**2** W와 X	**3** (1) ○ (2) ○ (3) ○ (4) ○
	(5) ○ (6) ○ (7) × (8) × (9) ○	
자료 ❸	**1** 35.5	**2** ㉠ 70, ㉡ 72, ㉢ 74, ㉣ $\frac{9}{16}$, ㉤ $\frac{3}{8}$,	
	㉥ $\frac{1}{16}$	**3** (1) ○ (2) × (3) ○ (4) ○ (5) ○	
자료 ❹	**1** $^{35}Cl_2$: $\frac{3}{4}$ mol, $^{37}Cl_2$: $\frac{1}{4}$ mol	**2** (가) : (나)=
	71 : 72	**3** (1) × (2) ○ (3) × (4) ×

1-1 꼼꼼 문제 분석

음극선이 지나가는 길에 전기장을 걸어
주면 음극선이 (+)극 쪽으로 휜다.
→ 음극선은 (−)전하를 띤다.

(+)전하를 띠는 알파(α) 입자가 원
자핵 근처를 지나면 원자핵의 (+)전
하와 반발하여 진로가 크게 휜다.

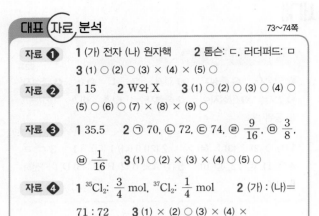

음극선이 지나가는 길에 바람개비를 놓아두면
바람개비가 회전한다.
→ 음극선은 질량을 가진 입자의 흐름이다.

(가) 음극선 실험에서 발견된 입자는 전자이고, (나) 알파(α) 입자
산란 실험에서 발견된 입자는 원자핵이다.

1-2 톰슨은 전체적으로 (+)전하를 띠는 푸딩과 같은 공 모양의
물체에 (−)전하를 띠는 전자가 건포도처럼 띄엄띄엄 박혀 있는
원자 모형(ㄷ)을 제안하였고, 러더퍼드는 (+)전하를 띠는 원자
핵이 중심에 있고, 그 주위를 전자가 움직이고 있는 원자 모형
(ㅁ)을 제안하였다.

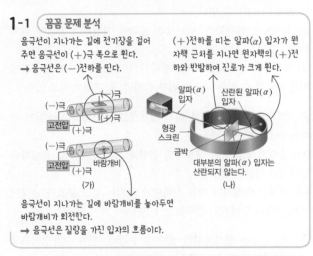

돌턴 모형　현대 모형　톰슨 모형　보어 모형　러더퍼드 모형

1-3 (1) (가)의 첫 번째 실험에서 음극선이 (+)극 쪽으로 휘는
것으로부터 음극선은 반대 전하인 (−)전하를 띤다는 것을 알 수
있다.
(2) 질량을 가지고 있어야 힘이 작용하므로, (가)의 두 번째 실험
에서 바람개비가 회전하는 것으로부터 음극선이 질량을 가진 입
자의 흐름이라는 것을 알 수 있다.

(3) (가)에서 발견된 전자는 원자핵에 비해 무시할 수 있을 정도
로 질량이 작다.
(4) (나)에서 발견된 원자핵은 (+)전하를 띤다.
(5) 대부분의 알파(α) 입자가 방해를 받지 않고 금박을 통과하는
것으로부터 원자는 대부분 빈 공간이라는 것을 알 수 있다.

2-1 꼼꼼 문제 분석

양성자수가 7로 같으므로
동위 원소이고, 서로 화학
적 성질이 같다.

중성자수＝질량수−양성자수
→ W, X, Y⁺, Z²⁻의 중성자수는
각각 7, 8, 12, 8이다.

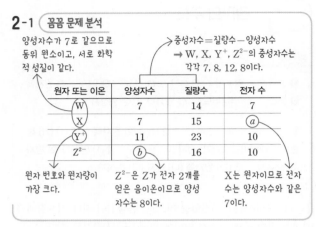

원자 또는 이온	양성자수	질량수	전자 수
W	7	14	7
X	7	15	a
Y⁺	11	23	10
Z²⁻	b	16	10

원자 번호와 원자량이
가장 크다.

Z²⁻은 Z가 전자 2개를
얻은 음이온이므로 양성
자수는 8이다.

X는 원자이므로 전자
수는 양성자수와 같은
7이다.

원자는 양성자수와 전자 수가 같으므로 X의 전자 수 a는 양성자
수와 같은 7이다. Z²⁻은 Z가 전자 2개를 얻어 생성된 음이온이
므로 Z의 전자 수는 8이고, Z의 양성자수도 8이다. 따라서 Z²⁻
의 양성자수 b는 8이고, $a+b=7+8=15$이다.

2-2 동위 원소는 양성자수(원자 번호)는 같지만 중성자수가 달
라 질량수가 다른 원소이므로 W와 X가 동위 원소이다.

2-3 (1) 원자 번호는 양성자수와 같으므로 양성자수가 가장 큰
Y의 원자 번호가 가장 크다. 원자가 이온이 될 때 전자 수만 변
하므로 원자인 Y와 이온인 Y⁺의 양성자수는 같다.

원자 또는 이온	양성자수	질량수	전자 수	중성자수
W	7	14	7	7
X	7	15	7	8
Y⁺	11	23	10	12
Z²⁻	8	16	10	8

(2) 중성자수＝질량수−양성자수이므로 X와 Z의 중성자수는 8
로 같다.
(3) W와 X는 양성자수가 같으므로 원자 번호가 같다.
(4) W와 X는 동위 원소이므로 화학적 성질이 같다.
(5) 질량수가 클수록 원자량이 크므로 질량수가 가장 큰 Y의 원
자량이 가장 크다. Y⁺은 Y가 전자 1개를 잃은 양이온이지만 전
자는 원자 질량에 거의 영향을 미치지 않으므로 원자가 이온이
되어도 원자량은 변하지 않는다.
(6) Y⁺은 Y가 전자 1개를 잃어 생성된 이온이므로 Y의 전자 수
는 11이고, Z²⁻은 Z가 전자 2개를 얻어 생성된 이온이므로 Z의
전자 수는 8이다. 따라서 전자 수는 Y＞Z이다.

(7) 중성자수＝질량수－양성자수이므로 Y가 12로 가장 크다.

(8) W는 양성자수가 7이고 질량수가 14이므로 $^{14}_{7}$W로 나타낸다.

(9) W와 X는 동위 원소이므로 화학적 성질이 같으며, 이들이 같은 원소인 Z와 결합한 화합물의 화학적 성질은 같다.

3-1 꼼꼼 문제 분석

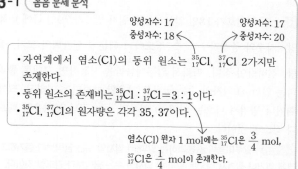

양성자수: 17   양성자수: 17
중성자수: 18   중성자수: 20

• 자연계에서 염소(Cl)의 동위 원소는 $^{35}_{17}$Cl, $^{37}_{17}$Cl 2가지만 존재한다.
• 동위 원소의 존재비는 $^{35}_{17}$Cl : $^{37}_{17}$Cl＝3 : 1이다.
• $^{35}_{17}$Cl, ^{37}Cl의 원자량은 각각 35, 37이다.

염소(Cl) 원자 1 mol에는 $^{35}_{17}$Cl은 $\frac{3}{4}$ mol, $^{37}_{17}$Cl은 $\frac{1}{4}$ mol이 존재한다.

평균 원자량은 각 동위 원소의 원자량과 존재 비율을 곱한 값을 더하여 구한다. 동위 원소의 존재비는 $^{35}_{17}$Cl : $^{37}_{17}$Cl＝3 : 1이므로 $^{35}_{17}$Cl의 존재 비율은 $\frac{3}{4}$이고, $^{37}_{17}$Cl은 $\frac{1}{4}$이다. 따라서 염소(Cl)의 평균 원자량은 $35 \times \frac{3}{4} + 37 \times \frac{1}{4} = 35.5$이다.

3-2 자연계에 존재하는 동위 원소는 ^{35}Cl, ^{37}Cl 2가지이므로 분자량이 다른 염소(Cl_2) 분자는 다음과 같이 3가지가 존재한다.

분자식	$^{35}Cl_2$	$^{35}Cl^{37}Cl$	$^{37}Cl_2$
구성 동위 원소	^{35}Cl, ^{35}Cl	^{35}Cl, ^{37}Cl	^{37}Cl, ^{37}Cl
분자량	35＋35＝70	35＋37＝72	37＋37＝74
존재 비율	$\frac{3}{4} \times \frac{3}{4} = \frac{9}{16}$	$\frac{3}{4} \times \frac{1}{4} \times 2 = \frac{3}{8}$	$\frac{1}{4} \times \frac{1}{4} = \frac{1}{16}$

3-3 (1) 중성자수＝질량수－양성자수이므로 $35-17=18$이다.

(2) 염소(Cl) 원자 1 mol에는 ^{35}Cl가 $\frac{3}{4}$ mol, ^{37}Cl가 $\frac{1}{4}$ mol 존재하고, 중성자수는 ^{35}Cl가 18, ^{37}Cl가 20이므로 Cl 원자 1 mol에 들어 있는 중성자의 양(mol)은 $18 \times \frac{3}{4} + 20 \times \frac{1}{4} = 18.5$(mol)이다.

(3) ^{35}Cl, ^{37}Cl는 모두 중성자수가 양성자수보다 크므로 두 동위 원소가 혼합된 염소 원자 1 mol 중 $\frac{중성자수}{양성자수} > 1$이다.

(4) 염소(Cl_2) 분자 1 mol에는 염소(Cl) 원자가 2 mol 존재하고, 염소(Cl) 원자 1 mol에는 중성자가 18.5 mol 존재하므로 중성자의 양(mol)은 $18.5 \times 2 = 37$(mol)이다.

(5) 자연계에 존재 가능한 HCl 분자는 ^{1}H^{35}Cl, ^{1}H^{37}Cl, ^{2}H^{35}Cl, ^{2}H^{37}Cl로 4가지이다.

4-1 꼼꼼 문제 분석

$^{35}Cl_2$의 양(mol)을 x mol이라고 하면, $^{37}Cl_2$의 양(mol)은 $(1-x)$ mol이고, ^{35}Cl 원자의 양(mol)은 $2x$ mol이다.

^{35}Cl와 ^{37}Cl 원자의 양(mol)은 각각 1 mol이다.

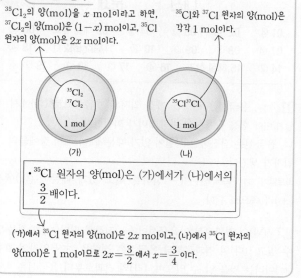

(가)   (나)

• ^{35}Cl 원자의 양(mol)은 (가)에서가 (나)에서의 $\frac{3}{2}$배이다.

(가)에서 ^{35}Cl 원자의 양(mol)은 $2x$ mol이고, (나)에서 ^{35}Cl 원자의 양(mol)은 1 mol이므로 $2x = \frac{3}{2}$에서 $x = \frac{3}{4}$이다.

$x = \frac{3}{4}$이므로 $^{35}Cl_2$의 양(mol)은 $\frac{3}{4}$ mol, $^{37}Cl_2$의 양(mol)은 $\frac{1}{4}$ mol이다.

4-2 $^{35}Cl_2$의 분자량은 70, $^{37}Cl_2$의 분자량은 74이므로 (가)에서 기체의 질량은 $(70 \times \frac{3}{4} + 74 \times \frac{1}{4})$ g＝71 g이고, $^{35}Cl^{37}Cl$의 분자량은 72이므로 (나)에서 기체의 질량은 72 g이다. 따라서 기체의 질량비는 (가) : (나)＝71 : 72이다.

4-3 (1) ^{35}Cl와 ^{37}Cl의 양성자수는 17로 같다. 따라서 양성자수는 $^{35}Cl_2$, $^{37}Cl_2$, $^{35}Cl^{37}Cl$ 모두 34로 같으므로 (가)에서와 (나)에서 양성자수는 같다.

(2) (가)에서 $^{35}Cl_2$의 양(mol)은 $\frac{3}{4}$ mol, $^{37}Cl_2$의 양(mol)은 $\frac{1}{4}$ mol이므로 $\frac{^{35}Cl_2의\ 분자\ 수}{^{37}Cl_2의\ 분자\ 수} = 3$이다. 따라서 $\frac{^{35}Cl_2의\ 분자\ 수}{^{37}Cl_2의\ 분자\ 수} > 1$이다.

(3) ^{37}Cl 원자의 양(mol)은 (가)에서 $2 \times \frac{1}{4}$ mol＝$\frac{1}{2}$ mol이고, (나)에서 1 mol이므로 ^{37}Cl 원자 수는 (가)에서가 (나)에서의 $\frac{1}{2}$배이다.

(4) ^{35}Cl의 중성자수는 18, ^{37}Cl의 중성자수는 20이다. (가)에서 중성자수는 $^{35}Cl_2$가 36, $^{37}Cl_2$가 40이므로 중성자의 양(mol)은 $36 \times \frac{3}{4}$ mol＋$40 \times \frac{1}{4}$ mol＝37 mol이다. (나)에서 $^{35}Cl^{37}Cl$의 중성자수는 38이므로 중성자의 양(mol)은 38 mol이다. 따라서 중성자의 양(mol)은 (나)에서가 (가)에서보다 1 mol만큼 크다.

내신 만점 문제

75~78쪽

01 ④	02 ④	03 ③	04 ②	05 해설 참조	06 ②
07 ④	08 ⑤	09 ③	10 ③	11 ②	12 ①	13 ④
14 ②	15 해설 참조	16 ④	17 ③	18 ③	19 ②

01 ㄴ. 음극선은 질량을 가진 입자의 흐름이므로 (다)에서 바람개비에 힘을 작용하여 바람개비가 회전한다.

ㄷ. 음극선은 직진하는 성질이 있기 때문에 (라)에서 장애물의 그림자가 생긴다.

바로알기 ㄱ. 음극선은 (−)전하를 띠고 있기 때문에 (나)에서 (+)극 쪽으로 휜다.

02 (나)의 결과로부터 음극선이 (−)전하를 띤다(ㄴ)는 것을 알 수 있고, (다)의 결과로부터 음극선은 질량을 가진 입자의 흐름(ㄷ)이라는 것을 알 수 있으며, (라)의 결과로부터 음극선은 직진하는 성질(ㄱ)이 있다는 것을 알 수 있다.

[03~05] 꼼꼼 문제 분석

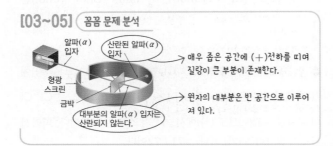

- 알파(α) 입자
- 산란된 알파(α) 입자
- 형광 스크린
- 금박
- 대부분의 알파(α) 입자는 산란되지 않는다.
- 매우 좁은 공간에 (+)전하를 띠며 질량이 큰 부분이 존재한다.
- 원자의 대부분은 빈 공간으로 이루어져 있다.

03 **바로알기** ㄷ. 원자핵이 양성자와 중성자로 이루어져 있다는 것은 다른 실험에 의해 밝혀졌다.

04 꼼꼼 문제 분석

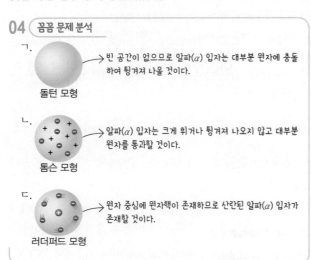

ㄱ.
돌턴 모형
→ 빈 공간이 없으므로 알파(α) 입자는 대부분 원자에 충돌하여 튕겨져 나올 것이다.

ㄴ.
톰슨 모형
→ 알파(α) 입자는 크게 휘거나 튕겨져 나오지 않고 대부분 원자를 통과할 것이다.

ㄷ.
러더퍼드 모형
→ 원자 중심에 원자핵이 존재하므로 산란된 알파(α) 입자가 존재할 것이다.

ㄷ. 주어진 실험은 원자핵이 발견된 알파(α) 입자 산란 실험이므로 같은 결과를 나타내기 위해서는 원자 중심에 원자핵이 존재해야 한다. 원자핵이 존재하는 모형은 ㄷ뿐이다.

바로알기 ㄱ. 돌턴의 원자 모형으로, 빈 공간이 없으므로 알파(α) 입자는 대부분 원자에 충돌하여 튕겨져 나올 것이다.

ㄴ. 톰슨의 원자 모형으로, (+)전하와 (−)전하가 분산되어 있고, 질량이 밀집된 부분이 없으므로 크게 휘거나 튕겨져 나오는 입자 없이 모든 알파(α) 입자가 원자를 통과할 것이다.

05 원자 번호가 13인 알루미늄은 원자 번호가 79인 금에 비해 양성자수와 중성자수가 $\frac{1}{6}$ 정도이기 때문에 원자핵의 크기, 질량, 전하량이 작다. 따라서 알루미늄박을 사용하면 그대로 통과하는 알파(α) 입자의 수는 금박을 사용할 때보다 증가하고, 크게 휘거나 튕겨져 나오는 알파(α) 입자의 수는 금박을 사용할 때보다 감소할 것이다.

모범 답안 알루미늄박을 통과하는 알파(α) 입자의 수는 금박보다 증가하고, 크게 휘거나 튕겨져 나오는 알파(α) 입자의 수는 금박보다 감소할 것이다.

채점 기준	배점
알파(α) 입자의 진로를 입자 수 증감으로 옳게 서술한 경우	100 %
알파(α) 입자의 진로를 옳게 서술하지 못한 경우	0 %

06 (가)는 톰슨의 음극선 실험으로 이 실험에서 발견된 입자 A는 전자이고, (나)는 러더퍼드의 알파(α) 입자 산란 실험으로 이 실험에서 발견된 입자 B는 원자핵이다.

ㄴ. A(전자)는 알파(α) 입자에 비해 질량이 무시할 수 있을 정도로 작고, 분산되어 있기 때문에 알파(α) 입자의 진로에 거의 영향을 주지 않는다.

바로알기 ㄱ. 원자에서 원자의 종류에 따라 A(전자)의 수가 달라지고, A의 수는 B(원자핵)에 포함된 양성자수와 같다.

ㄷ. B(원자핵)는 원자 크기에 비해 매우 작은 공간을 차지한다.

07 원자핵을 구성하는 입자는 양성자와 중성자이므로 A는 양성자, B는 전자이다.

ㄴ. 원자에서는 전하의 균형이 이루어져야 하므로 (+)전하를 띠는 A(양성자)와 (−)전하를 띠는 B(전자)의 수는 같다.

ㄷ. 양성자는 (+)전하를 띠고 중성자는 전하를 띠지 않으므로 '전하를 띠는가?'는 (가)로 적절하다.

바로알기 ㄱ. B는 전자이다.

08 꼼꼼 문제 분석

- (+)전하를 띠므로 (가)는 양성자이다.
- 전하를 띠지 않으므로 (나)는 중성자이다.

구성 입자	전하량(C)	질량(g)
(가) 양성자	$+1.6 \times 10^{-19}$	1.673×10^{-24}
(나) 중성자	0	1.675×10^{-24}
(다) 전자	-1.6×10^{-19}	9.109×10^{-28}

(−)전하를 띠고, 질량이 매우 작으므로 (다)는 전자이다.

ㄱ. (가)는 양성자, (나)는 중성자이므로 (가)와 (나)는 원자핵을 구성하는 입자이다.

ㄴ. 원자에서 양성자수와 전자 수는 같으므로 양성자인 (가)와 전자인 (다)의 수는 같다.

ㄷ. 원자 X의 원자핵의 전하량($+1.6 \times 10^{-18}$ C)이 양성자 1개가 띠는 전하량의 10배이므로 X의 양성자수는 10이고, 중성자수=질량수－양성자수=20－10=10이다.

09 원자에서 양성자수와 전자 수는 항상 같으므로 세 원자에서 그 수가 같은 a와 c는 각각 양성자와 전자 중의 하나이며, 어떤 것이 양성자인지는 알 수 없다. b는 중성자이다.

ㄱ. 질량수=양성자수＋중성자수이므로 Y와 Z는 질량수가 3으로 같다.

ㄴ. X와 Y는 양성자수는 같고 중성자수가 다르므로 동위 원소이다. 따라서 원자 번호가 같다.

바로알기 ㄷ. 원자핵을 구성하는 입자는 양성자와 중성자이다. a와 c는 각각 양성자와 전자 중의 하나이므로 a와 c 중 하나는 원자핵을 구성하는 입자가 아니다.

10 **꼼꼼 문제 분석**

X~Z는 원자이므로 양성자수와 전자 수가 같아야 한다.

원자	양성자수	중성자수	질량수	전자 수
X	1	1	②	1
Y	1	2	3	1
Z	2	1	③	2

양성자수는 같고, 중성자수가 달라 질량수가 다르므로 동위 원소이다. ➡ 화학적 성질이 같다.

질량수의 비는 X : Z=2 : 3이다.

ㄱ. 원자는 양성자수와 전자 수가 같으므로 ●은 양성자, ●은 중성자, ●은 전자이다.

ㄴ. X와 Y는 양성자수는 같고 중성자수가 다른 동위 원소이므로 화학적 성질이 같다.

바로알기 ㄷ. 질량수=양성자수＋중성자수이므로 질량수는 X가 2, Z가 3이고, 질량수의 비는 X : Z=2 : 3이다.

11 원자에서 양성자수는 전자 수와 같으므로 $\dfrac{중성자수}{전자 수}$는 $\dfrac{중성자수}{양성자수}$와 같다. 따라서 원자 X~Z의 양성자수와 중성자수는 표와 같다.

원자	X	Y	Z
양성자수	6	6	7
중성자수	6	8	7

ㄷ. 원자 번호가 가장 큰 것은 양성자수가 가장 큰 Z이다.

바로알기 ㄱ. X와 Z는 동위 원소가 아니다.

ㄴ. 중성자수는 Y가 Z보다 크다.

12 $_{a}^{b}\mathrm{X}$ ・a: 양성자수=원자 번호=원자의 전자 수
・b: 질량수 ・$b-a$: 중성자수

ㄱ. a는 원자 번호이고 양성자수와 같다.

바로알기 ㄴ. 질량수(b)는 양성자수(a)에 중성자수를 더한 값이므로 양성자수(a)와 같거나 크다.

ㄷ. 양성자수(a)가 같고 질량수(b)가 다른 원소가 동위 원소이다.

13 X^{2-}은 X가 전자 2개를 얻어 생성된 이온이므로 양성자수(a)는 전자 수보다 2 작은 8이다. Y^{+}은 Y가 전자 1개를 잃고 생성된 이온이므로 전자 수(b)는 양성자수보다 1 작은 10이다. Z는 원자이므로 전자 수(c)는 양성자수(b)와 같은 10이다. 따라서 $a+b+c=28$이다.

14 ㄴ. (가)~(다)는 동위 원소이므로 양성자수는 모두 같다. 중성자수=질량수－양성자수이므로 질량수가 가장 큰 (다)의 중성자수가 가장 크다.

바로알기 ㄱ. 동위 원소는 양성자수가 같으므로 3종류 원소의 양성자수는 모두 같다.

ㄷ. 원자량은 (가) 16, (나) 17, (다) 18이므로 각 원자 1 g의 양(mol)은 (가) $\dfrac{1}{16}$ mol, (나) $\dfrac{1}{17}$ mol, (다) $\dfrac{1}{18}$ mol이다. 따라서 1 g에 들어 있는 원자 수가 가장 큰 것은 (가)이다.

15 원자량이 10인 원소 A의 존재 비율이 80 %이고, 원자량이 11인 원소 A의 존재 비율이 20 %이므로 평균 원자량은 다음과 같이 구한다.

모범답안 A의 평균 원자량=$10 \times \dfrac{80}{100} + 11 \times \dfrac{20}{100} = 10.20$이다.

채점 기준	배점
계산 과정과 답을 옳게 서술한 경우	100 %
계산 과정을 정확히 썼으나 계산 실수로 답이 틀린 경우	50 %
답만 옳게 쓴 경우	30 %

16 ㄴ. 동위 원소인 (가)와 (나)는 화학적 성질이 같다.

ㄷ. X_2는 원자 (가)와 (가)가 결합한 분자, (가)와 (나)가 결합한 분자, (나)와 (나)가 결합한 분자의 3종류가 존재하고 이들의 분자량은 각각 70, 72, 74이다. 따라서 분자량이 다른 3종류의 X_2 분자가 존재한다.

바로알기 ㄱ. X의 평균 원자량은 $35 \times \dfrac{75}{100} + 37 \times \dfrac{25}{100} = 35.5$이다.

17 $_a^b$X의 존재 비율을 x라고 하면 $_a^{b+2}$X의 존재 비율은 $1-x$이다. X의 평균 원자량은 $b \times x + (b+2) \times (1-x) = b + 0.4$이므로 $2x = 1.6$에서 $x = 0.8$이다. 즉, $_a^b$X의 존재 비율은 0.8, $_a^{b+2}$X의 존재 비율은 0.2이다. 따라서 X 원자 1 mol에는 $_a^b$X 0.8 mol, $_a^{b+2}$X 0.2 mol이 존재한다. $_a^b$X의 중성자수는 $b-a$, $_a^{b+2}$X의 중성자수는 $b+2-a$이므로 X 원자 1 mol에 들어 있는 중성자의 양(mol)은 $(b-a) \times 0.8 + (b+2-a) \times 0.2 = b - a + 0.4 = b - a + \dfrac{2}{5}$이다.

18 ㄱ. 존재 비율은 ^{a}X는 $\dfrac{1}{4}$, ^{b}X는 $\dfrac{3}{4}$이므로 평균 원자량은 $a \times \dfrac{1}{4} + b \times \dfrac{3}{4} = \dfrac{a+3b}{4}$이다.

ㄴ. ^{a}X^{a}X의 존재 비율은 $\dfrac{1}{4} \times \dfrac{1}{4} = \dfrac{1}{16}$이고, ^{b}X^{b}X의 존재 비율은 $\dfrac{3}{4} \times \dfrac{3}{4} = \dfrac{9}{16}$이므로 2가지 분자의 존재비는 $1:9$이다.

바로알기 ㄷ. 동위 원소의 존재비는 ^{a}X $: ^b$X $= 1:3$이므로 이들이 결합하여 생성된 X_2 중에도 ^{a}X와 ^{b}X는 $1:3$의 비율로 존재한다. 따라서 X_2 1 mol에는 X가 2 mol 존재하는데 이 중 존재 비율이 $\dfrac{1}{4}$인 ^{a}X는 $\dfrac{1}{2}$ mol, 존재 비율이 $\dfrac{3}{4}$인 ^{b}X는 $\dfrac{3}{2}$ mol 존재한다. $_n^a$X의 중성자수는 $a-n$이고, $_n^b$X의 중성자수는 $b-n$이므로 X_2 1 mol에 존재하는 중성자의 양(mol)은 $\dfrac{1}{2} \times (a-n) + \dfrac{3}{2} \times (b-n) = \dfrac{a+3b-4n}{2}$이다.

19 (꼼꼼 문제 분석)

양성자수: 16, 중성자수: 16, 분자량 32 ← $^{16}\text{O}^{16}\text{O}(g)$ 1 mol
양성자수: 22, 중성자수: 22, 분자량 44 ← $^{12}\text{C}^{16}\text{O}^{16}\text{O}(g)$ 2 mol

$^{18}\text{O}^{18}\text{O}(g)$ 1 mol (가) → 양성자수: 16, 중성자수: 20, 분자량 36
$^{14}\text{C}^{18}\text{O}^{18}\text{O}(g)$ 1 mol (나) → 양성자수: 22, 중성자수: 28, 분자량 50

ㄷ. (가)의 질량은 $32\,g + 36\,g = 68\,g$이고, (나)의 질량은 $44\,g \times 2 + 50\,g = 138\,g$이므로 질량비는 (가) : (나) $= 68 : 138 = 34 : 69$이다.

바로알기 ㄱ. (가)에서 양성자의 양(mol)은 $16+16 = 32(mol)$이고, (나)에서 양성자의 양(mol)은 $22 \times 2 + 22 = 66(mol)$이므로 양성자수의 비는 (가) : (나) $= 16 : 33$이다.

ㄴ. (가)에서 중성자의 양(mol)은 $16+20 = 36(mol)$이고, (나)에서 중성자의 양(mol)은 $22 \times 2 + 28 = 72(mol)$이므로 중성자수의 비는 (가) : (나) $= 1 : 2$이다.

실력 UP 문제

79쪽

01 ③ **02** ⑤ **03** ③ **04** ⑤

01 (꼼꼼 문제 분석)

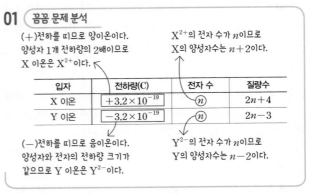

(+)전하를 띠므로 양이온이다. 양성자 1개 전하량의 2배이므로 X 이온은 X^{2+}이다.

X^{2+}의 전자 수가 n이므로 X의 양성자수는 $n+2$이다.

입자	전하량(C)	전자 수	질량수
X 이온	$+3.2 \times 10^{-19}$	n	$2n+4$
Y 이온	-3.2×10^{-19}	n	$2n-3$

(−)전하를 띠므로 음이온이다. 양성자와 전자의 전하량 크기가 같으므로 Y 이온은 Y^{2-}이다.

Y^{2-}의 전자 수가 n이므로 Y의 양성자수는 $n-2$이다.

ㄱ. X의 양성자수는 $n+2$이고, 중성자수 = 질량수 − 양성자수 $= 2n+4 - (n+2) = n+2$이다. 따라서 X의 양성자수와 중성자수는 $n+2$로 같다.

ㄴ. Y의 양성자수는 $n-2$이므로 중성자수 $= (2n-3) - (n-2) = n-1$이다.

바로알기 ㄷ. X의 양성자수는 $n+2$이고, Y의 양성자수는 $n-2$이다. 원자 X와 Y의 양성자수는 원자 번호와 같으므로 원자 번호는 X > Y이다.

02 (꼼꼼 문제 분석)

원자는 양성자와 전자의 수가 같다. → (가)와 (나)는 각각 양성자와 전자 중 하나이고, (다)는 중성자이다.

X^-은 음이온이므로 전자가 양성자보다 1개 더 많다. → (가)가 양성자이고, (나)가 전자이다.

구분	(가)의 수	(나)의 수	(다)의 수
X^-	a	b	a
Y	b	b	$b+1$
Z	$a+1$	b	$a+1$

(가)와 (나)는 각각 양성자와 전자 중 하나이므로 $a+1 = b$이다.

ㄱ. (가)와 (나)는 양성자와 전자 중 하나이고, Z에서 $a+1 = b$와 같다. X^-에서 $a < b$이므로 (가)는 양성자, (나)는 전자, (다)는 중성자이다.

ㄴ. 양성자수는 같고 중성자수가 다른 원소가 동위 원소이다. $b = a+1$이므로 Y와 Z는 (가)의 수, 즉 양성자수가 같고 (다)의 수, 즉 중성자수가 다르므로 Y와 Z는 동위 원소이다.

ㄷ. 질량수 = 양성자수 + 중성자수이므로 질량수는 X가 $2a$, Y가 $2b+1 = 2a+3$, Z가 $2a+2$이다. 따라서 질량수가 가장 큰 원소는 Y이다.

03 꼼꼼 문제 분석

원자량이 서로 다른 2개의 동위 원소 (^aX, ^bX)가 존재한다.

$a>b$라고 할 경우 (가)는 $^aX^aX$, (나)는 $^aX^bX$, (다)는 $^bX^bX$이다.

- X_2는 분자량이 서로 다른 (가), (나), (다)로 존재한다.
- X_2의 분자량은 (가)>(나)>(다)이다.
- 자연계에서 $\dfrac{\text{(나)의 존재 비율(\%)}}{\text{(가)의 존재 비율(\%)}}=\dfrac{2}{3}$이다.

^aX의 존재 비율을 x라고 하면 ^bX의 존재 비율은 $1-x$이다. → (가)의 존재 비율은 x^2이고, (나)의 존재 비율은 $2\times x\times(1-x)=2x-2x^2$이다.

ㄱ. X의 동위 원소는 ^aX, ^bX 2가지이다.

ㄷ. (가)인 $^aX^aX$의 존재 비율은 x^2, (나)인 $^aX^bX$의 존재 비율은 $2x-2x^2$이므로 $\dfrac{2x-2x^2}{x^2}=\dfrac{2}{3}$에서 $x=\dfrac{3}{4}$이다.

따라서 ^aX의 존재 비율은 $\dfrac{3}{4}$, ^bX의 존재 비율은 $\dfrac{1}{4}$이며

$\dfrac{\text{원자량이 가장 큰 X의 존재 비율(\%)}}{\text{원자량이 가장 작은 X의 존재 비율(\%)}}=\dfrac{\frac{3}{4}}{\frac{1}{4}}=3$이다.

바로알기 ㄴ. $^aX^aX$의 존재 비율은 $\dfrac{9}{16}$, $^aX^bX$의 존재 비율은 $\dfrac{6}{16}$, $^bX^bX$의 존재 비율은 $\dfrac{1}{16}$이므로 분자량이 가장 큰 $^aX^aX$의 존재 비율이 가장 크다. 따라서 X_2의 평균 분자량은 분자량 크기가 중간인 (나)의 분자량보다 크다.

04

같은 온도와 압력에서 기체의 양(mol)은 부피에 비례하므로 (가)와 (나)에 들어 있는 기체의 양(mol)의 비는 (가) : (나)=2 : 1 이다. (가) 기체의 전체 양(mol)을 2 mol이라고 하면 $^{16}O^{16}O(g)$의 양(mol)은 $(2-x)$ mol이고, (나) 기체의 전체 양(mol)은 1 mol이므로 $^1H^1H^{16}O(g)$의 양(mol)은 $(1-x)$ mol이다. (가)에 들어 있는 ^{16}O 원자의 양(mol)은 $2\times(2-x)$ mol이고, (나)에 들어 있는 ^{16}O 원자의 양(mol)은 $x+(1-x)=1$ mol이 므로 $\dfrac{1}{2\times(2-x)}=\dfrac{1}{3}$에서 $x=\dfrac{1}{2}$이다.

ㄱ. (가)에 들어 있는 $^{16}O^{16}O$ 분자의 양(mol)은 $\dfrac{3}{2}$ mol이고, (나)에 들어 있는 $^1H^1H^{16}O$ 분자의 양(mol)은 $\dfrac{1}{2}$ mol이므로

$\dfrac{\text{(나)에 들어 있는 }^1H^1H^{16}O\text{ 분자 수}}{\text{(가)에 들어 있는 }^{16}O^{16}O\text{ 분자 수}}=\dfrac{\frac{1}{2}}{\frac{3}{2}}=\dfrac{1}{3}$이다.

ㄴ. 중성자수는 $^{16}O^{16}O$ 16, $^{18}O^{18}O$ 20, $^{12}C^{16}O^{18}O$ 24, $^1H^1H^{16}O$ 8이다. (가)에서 $^{16}O^{16}O$ $\dfrac{3}{2}$ mol, $^{18}O^{18}O$ $\dfrac{1}{2}$ mol이므로 전체 중성자의 양(mol)은 $\dfrac{3}{2}\times16+\dfrac{1}{2}\times20=34$(mol)이다.

(나)에서 $^{12}C^{16}O^{18}O$와 $^1H^1H^{16}O$가 각각 $\dfrac{1}{2}$ mol이므로 중성자의 양(mol)은 $\dfrac{1}{2}\times24+\dfrac{1}{2}\times8=16$(mol)이다. 따라서 중성자수의 비는 (가) : (나)=34 : 16=17 : 8이다.

ㄷ. (가)에서 $^{16}O^{16}O$의 분자량은 32이므로 질량은 $\dfrac{3}{2}\times32=48$(g), $^{18}O^{18}O$의 분자량은 36이므로 질량은 $\dfrac{1}{2}\times36=18$(g)로 전체 질량은 66 g이다. (나)에서 $^{12}C^{16}O^{18}O$의 분자량은 46이므로 질량은 $\dfrac{1}{2}\times46=23$(g), $^1H^1H^{16}O$의 분자량은 18이므로 질량은 $\dfrac{1}{2}\times18=9$(g)로 전체 질량은 32 g이다. 한편, 기체의 부피는 (가)가 (나)의 2배이므로 밀도비는 (가) : (나)=$\dfrac{66}{2}$: $\dfrac{32}{1}$=33 : 32이다.

02 원자 모형과 전자 배치

개념 확인 문제

82쪽

❶ 불연속 ❷ 전자 껍질 ❸ K ❹ L ❺ M ❻ N ❼ 주 양자수(n) ❽ 바닥상태 ❾ 들뜬상태 ❿ 자외선 ⓫ 1 ⓬ 가시광선 ⓭ 2 ⓮ 적외선 ⓯ 3

1 (1) ○ (2) × (3) ○ **2** (1) ○ (2) ○ (3) × **3** (가) 라이먼 계열, 자외선 (나) 발머 계열, 가시광선 (다) 파셴 계열, 적외선 **4** (1) ○ (2) × (3) ○

1 (1) 원자핵 주위의 전자는 특정한 에너지를 갖는 궤도를 따라 원운동을 하며, 이 궤도를 전자 껍질이라고 한다.
(2) 전자 껍질의 에너지 준위는 원자핵에서 멀어질수록 높아진다.
(3) 전자가 다른 전자 껍질로 전이할 때에는 에너지 출입이 따른다.

2 (1) 전자가 낮은 에너지 준위의 전자 껍질에서 높은 에너지 준위의 전자 껍질로 전이할 때 에너지가 흡수되므로 에너지를 흡수하는 경우는 d 1가지이다.
(2) c는 $n=2\rightarrow n=1$의 전자 전이이므로 $E_c=\dfrac{3}{4}k$이고, e는 $n=\infty\rightarrow n=2$의 전자 전이이므로 $E_e=\dfrac{1}{4}k$이다.
따라서 방출되는 빛에너지의 비는 c : e=3 : 1이다.
(3) 빛의 파장은 에너지와 반비례하므로 가장 큰 에너지의 빛을 방출하는 a에서 가장 짧은 파장의 빛이 방출된다.

3 (가) 전자 전이가 $n \geq 2 \rightarrow n=1$로 일어나므로 라이먼 계열에 해당하고, 자외선을 방출한다.

(나) 전자 전이가 $n \geq 3 \rightarrow n=2$로 일어나므로 발머 계열에 해당하고, 가시광선을 방출한다.

(다) 전자 전이가 $n \geq 4 \rightarrow n=3$으로 일어나므로 파셴 계열에 해당하고, 적외선을 방출한다.

4 (1) 주어진 선 스펙트럼은 빨강, 보라 등의 색이 있으므로 가시광선 영역의 선 스펙트럼이다. 따라서 $n \geq 3 \rightarrow n=2$로 전자가 전이할 때 방출된다.

(2) 파장은 b가 a보다 길기 때문에 빛에너지는 b가 a보다 작다.

(3) $n \leq 6 \rightarrow n=2$로 전자가 전이하는 발머 계열은 가시광선에 해당하므로 a와 b는 가시광선이다.

86쪽

개념 확인 문제

❶ 오비탈 ❷ s ❸ 없다 ❹ p ❺ 있다 ❻ 에너지 준위
❼ 모양 ❽ 0, 1 ❾ -1, 0, $+1$ ❿ $+\dfrac{1}{2}$, $-\dfrac{1}{2}$

1 (1) × (2) × (3) ○ (4) ○   **2** (1) ○ (2) × (3) × (4) × (5) ×
3 (1) × (2) ○ (3) × (4) ×   **4** ㉠ 1, ㉡ 2, ㉢ -1, 0, $+1$,
㉣ -1, 0, $+1$, ㉤ -2, -1, 0, $+1$, $+2$ **5** (1) = (2) <

1 (1) 현대의 원자 모형은 전자의 위치와 운동을 정확히 알 수 없기 때문에 전자가 특정 위치에서 발견될 확률로 나타낸다. 오비탈은 원자핵 주위에서 전자가 존재할 수 있는 공간을 확률 분포로 나타낸 것이다.

(2) L 전자 껍질에는 s, p 2종류의 오비탈만 존재할 수 있다.

(3) s 오비탈은 공 모양의 오비탈이다. s 오비탈의 방위(부) 양자수(l)는 0이므로 자기 양자수(m_l)도 0이다.

(4) p 오비탈은 원자핵으로부터의 방향에 따라 전자가 발견될 확률이 달라지므로 방향성이 있고, $n=2$인 전자 껍질부터 존재한다.

2 (1) (가)는 $2s$, (나)는 $2p_x$, (다)는 $2p_y$, (라)는 $2p_z$ 오비탈이다.

(2) 방향성이 없는 오비탈은 s 오비탈인 (가) 1가지이다.

(3) 1개의 오비탈에 들어갈 수 있는 전자 수는 오비탈의 모양에 관계없이 2이다.

(4) 방위(부) 양자수(l)는 오비탈의 모양을 결정하므로 같은 p 오비탈인 (나), (다), (라)의 방위(부) 양자수(l)는 같다.

(5) 오비탈 경계면 밖에서 전자를 발견할 확률은 10 %이다.

3 (1) 주 양자수(n)는 전자 껍질을 나타내므로 $2s$, $2p$ 오비탈과 같이 주 양자수(n)가 같더라도 오비탈의 모양이 다를 수 있다.

(2) 양자수는 전자의 상태를 나타내기 위한 것으로 같은 상태를 갖는 전자는 존재하지 않기 때문에 4가지 양자수가 모두 같은 전자는 존재하지 않는다.

(3) 방위(부) 양자수(l)는 오비탈의 모양(s, p, d, f)을 결정하고, 주 양자수(n)는 오비탈의 에너지 준위를 결정한다.

(4) 스핀 자기 양자수(m_s)는 다른 양자수와 관계없이 $+\dfrac{1}{2}$, $-\dfrac{1}{2}$의 2가지 값만 가질 수 있다.

4 전자 껍질에 따른 양자수와 오비탈의 관계는 다음과 같다.

전자 껍질	K	L		M		
주 양자수(n)	1	2		3		
방위(부) 양자수(l)	0	0	1	0	1	2
오비탈의 종류	$1s$	$2s$	$2p$	$3s$	$3p$	$3d$
자기 양자수(m_l)	0	0	-1, 0, $+1$	0	-1, 0, $+1$	-2, -1, 0, $+1$, $+2$
오비탈 수	1	1	3	1	3	5

5 (1) 수소 원자에서는 전자가 1개로 원자핵과 전자 사이의 인력만 있으므로 주 양자수(n)가 같으면 오비탈의 에너지 준위가 같다.

(2) 다전자 원자에서는 원자핵과 전자 사이의 인력뿐만 아니라 전자 간의 반발력이 있으므로 주 양자수(n)가 같더라도 오비탈의 방위(부) 양자수(l)에 따라 에너지 준위가 달라진다.

89쪽

개념 확인 문제

❶ 쌓음 ❷ 파울리 배타 ❸ 2 ❹ 훈트 ❺ 원자가 전자
❻ 비활성 기체

1 (1) ○ (2) ○ (3) × (4) ○   **2** (1) ○ (2) ○ (3) ×
3 (1) $1s^2 2s^2 2p_x^2 2p_y^1 2p_z^1$ (2) $1s^2 2s^2 2p^6$ (3) $1s^2 2s^2 2p^6$
(4) $1s^2 2s^2 2p^6 3s^2 3p^6$ **4** (1) 2 (2) 6 (3) 2 (4) 5   **5** (1) B, C,
D (2) B, E (3) C (4) D (5) C, D, E

1 (1) 1개의 오비탈에는 스핀 방향이 다른 전자가 2개까지 채워질 수 있다.

(2) 전자 배치 규칙을 따르며 에너지가 가장 낮은 안정한 상태의 전자 배치를 바닥상태의 전자 배치라고 한다.

(3) 훈트 규칙은 에너지 준위가 같은 여러 개의 오비탈에 전자가 배치될 때 적용되는 규칙이다.

(4) 원자가 전자는 원자의 바닥상태 전자 배치에서 가장 바깥 전자 껍질에 배치된 전자로, 화학 결합에 참여한다.

2 (1) (가)는 $2p$ 오비탈 1개가 비어 있는데, 다른 $2p$ 오비탈에 전자가 쌍을 이루어 배치되어 있으므로 훈트 규칙에 위배된다.
(2) (나)는 에너지 준위가 낮은 $2s$ 오비탈에 전자가 채워지지 않은 상태에서 $2p$ 오비탈에 전자가 배치되었으므로 쌓음 원리에 위배된다.
(3) (다)는 $2s$ 오비탈에 스핀 방향이 같은 전자가 배치되어 있으므로 파울리 배타 원리에 위배되는 불가능한 전자 배치이다.

3 (1) $_8$O는 원자 번호 8인 원자이다. ➡ $1s^2 2s^2 2p_x^2 2p_y^1 2p_z^1$
(2) $_{11}$Na$^+$은 원자 번호 11이고, 전자 1개를 잃은 양이온이다.
➡ $1s^2 2s^2 2p^6$
(3) $_{12}$Mg^{2+}은 원자 번호 12이고, 전자 2개를 잃은 양이온이다.
➡ $1s^2 2s^2 2p^6$
(4) $_{15}$P^{3-}은 원자 번호 15이고, 전자 3개를 얻은 음이온이다.
➡ $1s^2 2s^2 2p^6 3s^2 3p^6$

4 X^{2-}은 X가 전자 2개를 얻어 생성된 음이온이므로 원자 X의 전자 수는 8이다. 따라서 오비탈을 이용한 전자 배치는 $1s^2 2s^2 2p_x^2 2p_y^1 2p_z^1$이고, 전자가 들어 있는 전자 껍질 수는 2, 원자가 전자 수는 6, 홀전자 수는 2, 전자가 들어 있는 오비탈 수는 5이다.

5 (1) 가장 바깥 전자 껍질의 주 양자수(n)가 2로 같은 B, C, D의 전자가 들어 있는 전자 껍질 수가 같다.
(2) 원자가 전자 수는 B와 E가 2로 같다.
(3) 홀전자 수는 C가 3으로 가장 크다.
(4) 원자가 전자 수는 D가 6으로 가장 크다.
(5) C와 D는 각각 전자 3개와 2개를 얻고, E는 전자 2개를 잃어 Ne의 전자 배치($1s^2 2s^2 2p^6$)를 갖는 이온이 된다.

대표 자료 분석 90~91쪽

자료 ❶	**1** b : c=5 : 27 **2** c : e=1 : 3 **3** b **4** (1) ○
	(2) ○ (3) × (4) × (5) ×
자료 ❷	**1** (가)<(나)=(다)=(라) **2** (가)<(나)<(다)=(라)
	3 $n=2$, $l=0$, $m_l=0$, $m_s=+\frac{1}{2}$ 또는 $n=2$,
	$l=0$, $m_l=0$, $m_s=-\frac{1}{2}$ **4** (1) ○ (2) ○ (3) ○
	(4) ○ (5) × (6) ○ (7) × (8) ○
자료 ❸	**1** B, 파울리 배타 원리 **2** 해설 참조 **3** (1) ○ (2) ○
	(3) ○ (4) ○ (5) × (6) ○
자료 ❹	**1** A: Li, B: Na, C: Mg, D: P **2** A: 0, B: 6, C: 6,
	D: 9 **3** (1) ○ (2) ○ (3) × (4) × (5) ○ (6) ○

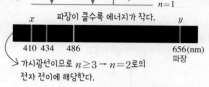

b는 $n=3$ → $n=2$로의 전자 전이이므로 방출하는 에너지는 $E=-\dfrac{k}{3^2}-(-\dfrac{k}{2^2})=\dfrac{5}{36}k$이고, c는 $n=2$ → $n=1$로의 전자 전이이므로 방출하는 에너지는 $E=-\dfrac{k}{2^2}-(-\dfrac{k}{1^2})=\dfrac{3}{4}k$이다. 따라서 b와 c에서 방출하는 빛의 에너지의 비는 b : c = $\dfrac{5}{36}k$: $\dfrac{3}{4}k$ =5 : 27이다.

1-2 c에서 방출하는 에너지는 $\dfrac{3}{4}k$이고, e는 $n=\infty$ → $n=2$로의 전자 전이이므로 방출하는 에너지는 $E=-\dfrac{k}{\infty^2}-(-\dfrac{k}{2^2})$ =$\dfrac{1}{4}k$이다. 따라서 방출하는 에너지의 비는 c : e = $\dfrac{3}{4}k$: $\dfrac{1}{4}k$ =3 : 1인데, 빛의 파장은 에너지에 반비례하므로 파장의 비는 c : e = 1 : 3이다.

1-3 y는 가시광선 영역의 빛 스펙트럼 중 파장이 가장 긴, 즉 에너지가 가장 작은 빛에 해당한다. 가시광선 영역의 빛을 방출하는 전자 전이 중 가장 에너지가 작은 빛을 방출하는 경우는 $n=3$ → $n=2$로의 전이인 b에 해당한다.

1-4 (1) 에너지 준위가 낮은 전자 껍질에서 에너지 준위가 높은 전자 껍질로 전자가 전이할 때 에너지를 흡수하므로 에너지를 흡수하는 전자 전이는 d뿐이다.
(2) 가장 큰 에너지를 방출하는 전자 전이는 $n=\infty$ → $n=1$로의 전이인 a이다.
(3) 가장 긴 파장의 빛을 방출하는 것은 가장 작은 에너지를 방출하는 경우이므로 b이다.
(4) 가시광선 영역에 해당하는 발머 계열의 빛은 $n\geq3$ → $n=2$로의 전이에 해당하므로 b와 e이다.
(5) 빛의 파장은 에너지에 반비례하므로 파장이 긴 y가 파장이 짧은 x보다 에너지가 작다.

2-1 꼼꼼 문제 분석

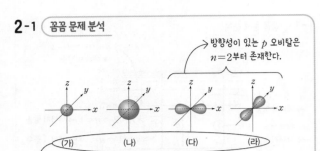

→ 방향성이 있는 p 오비탈은 $n=2$부터 존재한다.

방향성이 없는 공 모양 오비탈 중 (나)가 (가)보다 크므로 (가)는 $1s$ 오비탈, (나)는 $2s$ 오비탈이며, (다)는 $2p_x$ 오비탈, (라)는 $2p_y$ 오비탈이다.
각 오비탈의 전자 껍질과 양자수의 관계는 다음과 같다.

오비탈	$1s$	$2s$	$2p$
전자 껍질	K	L	
주 양자수(n)	1	2	
방위(부) 양자수(l)	0	0	1
자기 양자수(m_l)	0	0	$-1, 0, +1$

주 양자수(n)가 1 또는 2이고, (나)가 (가)보다 오비탈의 크기가 크므로 (가)는 $1s$ 오비탈, (나)는 $2s$ 오비탈이며, (다)는 $2p_x$ 오비탈, (라)는 $2p_y$ 오비탈이다. 수소 원자는 전자가 1개이므로 원자핵과 전자 사이의 인력에만 영향을 받아 오비탈의 에너지 준위는 $1s<2s=2p_x=2p_y$, 즉 (가)<(나)=(다)=(라)이다.

2-2 다전자 원자는 원자핵과 전자 사이의 인력뿐만 아니라 전자 사이의 반발력에도 영향을 받으므로 오비탈의 모양에 따라서도 에너지 준위가 달라진다. 오비탈의 에너지 준위는 $1s<2s<2p_x=2p_y$이므로 (가)<(나)<(다)=(라)이다.

2-3 (나)는 $2s$ 오비탈이므로 주 양자수(n)는 2, 방위(부) 양자수(l)는 0, 자기 양자수(m_l)는 0이다. 스핀 자기 양자수(m_s)는 전자의 스핀 방향에 따라 $+\frac{1}{2}$ 또는 $-\frac{1}{2}$의 값을 가질 수 있다.

2-4 (1) (가)와 (나)는 공 모양의 s 오비탈이므로 모두 방향성이 없다.
(2) 주 양자수(n)가 2인 오비탈은 (나)~(라) 3가지이다.
(3) (나)~(라)는 모두 주 양자수(n)가 2이므로 같은 L 전자 껍질에 존재한다.
(4) (가)와 (나)는 모두 s 오비탈이므로 오비탈의 모양을 결정하는 방위(부) 양자수(l)는 같다.
(5) (다)와 (라)의 방위(부) 양자수(l)는 1로 같지만 오비탈의 방향이 다르므로 오비탈의 공간적인 방향을 결정하는 자기 양자수(m_l)는 다르다.
(6) 오비탈의 모양에 관계없이 전자가 가질 수 있는 스핀 자기 양자수(m_s)는 $+\frac{1}{2}$ 또는 $-\frac{1}{2}$로 2가지이다.

(7) 오비탈의 종류에 관계없이 1개의 오비탈에 전자를 2개까지만 채울 수 있다.
(8) $2p_x$ 오비탈인 (다)는 $1s$ 오비탈인 (가)보다 에너지가 높으므로 (다)에서 (가)로 전자가 전이할 때 빛을 방출한다.

3-1 꼼꼼 문제 분석

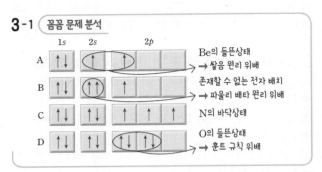

A의 전자 배치는 $2s$ 오비탈에 전자가 다 채워지지 않았는데, $2p$ 오비탈에 전자가 배치되었으므로 쌓음 원리에 위배된다.
B의 전자 배치는 $2s$ 오비탈에 같은 방향의 스핀을 갖는 전자가 배치되어 있으므로 파울리 배타 원리에 위배되어 존재할 수 없는 전자 배치이다.
D의 전자 배치는 $2p$ 오비탈 중 비어 있는 오비탈이 있는데 전자가 쌍을 이루어 배치되어 있으므로 훈트 규칙에 위배된다.

3-2 들뜬상태의 전자 배치는 파울리 배타 원리를 따르지만 쌓음 원리나 훈트 규칙에 어긋나는 전자 배치로 A와 D는 들뜬상태의 전자 배치이다. B는 존재할 수 없는 전자 배치이고, C는 바닥상태의 전자 배치이다. A와 D의 바닥상태 전자 배치는 다음과 같다.
A: $1s^2 2s^2$, D: $1s^2 2s^2 2p_x^{\ 2} 2p_y^{\ 1} 2p_z^{\ 1}$

모범 답안

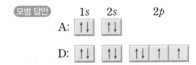

3-3 (1) 원자가 전자 수는 D가 6으로 가장 크다.
(2) 바닥상태에서 홀전자 수는 C가 3으로 가장 크다.
(3) C와 D는 원자가 전자 수가 각각 5, 6으로 비활성 기체의 전자 배치를 갖는 이온이 되기 위해 각각 전자 3개, 2개를 얻어 Ne과 같은 전자 배치를 갖는다.
(4) 바닥상태의 A와 C는 모두 주 양자수(n)가 1과 2인 오비탈에 전자가 배치되어 있으므로 전자가 들어 있는 전자 껍질 수가 2로 같다.
(5) 바닥상태에서 전자가 들어 있는 오비탈의 수는 C와 D가 5로 같다.

(6) 1개의 오비탈에서 두 전자의 스핀 자기 양자수(m_s)는 $+\frac{1}{2}$ 또는 $-\frac{1}{2}$의 2가지 값을 가질 수 있으므로 전자가 쌍을 이루고 있는 경우 스핀 자기 양자수(m_s)의 합은 0이 된다. 바닥상태에서 A는 전자가 1s 오비탈과 2s 오비탈에 모두 쌍을 이루어 배치되어 있으므로 스핀 자기 양자수(m_s)의 합은 0이다.

4-1 꼼꼼 문제 분석

2, 3주기 원소 중 이 값이 1인 원소는 C, Na, Mg이며,
그 중 홀전자 수 1인 원소 B는 Na이고 홀전자 수가 0인
원소 C는 Mg이다.

원자	전자가 들어 있는 p 오비탈 수 / 전자가 들어 있는 s 오비탈 수	홀전자 수
A	0 / Li($1s^2 2s^1$)	1
B	1 / Na($1s^2 2s^2 2p_x^2 2p_y^2 2p_z^2 3s^1$)	1
C	1 / Mg($1s^2 2s^2 2p_x^2 2p_y^2 2p_z^2 3s^2$)	0
D	2 / P($1s^2 2s^2 2p_x^2 2p_y^2 2p_z^2 3s^2 3p_x^1 3p_y^1 3p_z^1$)	3

2, 3주기 원소 중 이 값이 2인 원소는 P, S, Cl, Ar이며,
그 중 홀전자 수가 3인 원소 D는 P이다.

A의 전자 배치는 $1s^2 2s^1$으로 Li이고($1s^1$의 전자 배치를 갖는 H도 해당 값을 가지지만 1주기 원소이므로 제외), B의 전자 배치는 $1s^2 2s^2 2p_x^2 2p_y^2 2p_z^2 3s^1$로 Na이며, C의 전자 배치는 $1s^2 2s^2 2p_x^2 2p_y^2 2p_z^2 3s^2$로 Mg이고, D의 전자 배치는 $1s^2 2s^2 2p_x^2 2p_y^2 2p_z^2 3s^2 3p_x^1 3p_y^1 3p_z^1$으로 P이다.

4-2 모든 s 오비탈의 방위(부) 양자수(l)는 0이고, 모든 p 오비탈의 방위(부) 양자수(l)는 1이므로 s 오비탈에만 전자가 있는 A의 방위(부) 양자수(l)의 합은 0, p 오비탈의 전자가 각각 6개인 B와 C는 6, p 오비탈의 전자가 9개인 D는 9이다.

4-3 (1) A(Li)와 B(Na)는 모두 1족 원소이다.
(2) 15족 원소인 D(P)의 원자가 전자 수가 5로 가장 크다.
(3) 3주기 원소는 B(Na), C(Mg), D(P) 3가지이다.
(4) 전자가 들어 있는 p 오비탈 수는 B와 C가 3으로 같다.
(5) 모든 s 오비탈의 자기 양자수(m_l)는 0이고, p 오비탈은 3가지 자기 양자수(m_l)(-1, 0, $+1$)를 갖는다. D에서 p_x, p_y, p_z 오비탈에 같은 수의 전자가 들어 있으므로 자기 양자수(m_l)의 총합은 0이 된다.
(6) 오비탈에서 쌍을 이룬 전자의 스핀 자기 양자수(m_s)는 각각 $+\frac{1}{2}$, $-\frac{1}{2}$이므로 합은 0이 된다. 따라서 전자 배치에서 쌍을 이룬 전자만 있는 경우 스핀 자기 양자수(m_s)의 총합은 0이고, 홀전자가 있는 경우는 스핀 자기 양자수(m_s)의 총합이 0이 아니다. A, B, D는 홀전자가 있고, C는 쌍을 이룬 전자만 있으므로 모든 원자의 스핀 자기 양자수(m_s)의 합이 0인 원자는 C 1가지이다.

내신 만점 문제

92~96쪽

01 ④	02 ④	03 ①	04 해설 참조	05 ②	06 ①

07 $n=3$, $l=0$, $m_l=0$, $m_s=+\frac{1}{2}$ 또는 $n=3$, $l=0$, $m_l=0$, $m_s=-\frac{1}{2}$

08 ②	09 ②	10 ③	11 ②	12 ①	13 ①

14 ② **15** X: $1s^2 2s^2 2p_x^1 2p_y^1$, Y: $1s^2 2s^2 2p^6 3s^2$ **16** ② **17** ②

18 ①	19 ⑤	20 ③	21 ③	22 ①	23 ③

01 전자 껍질의 에너지 준위는 K<L<M<N…이고, 에너지 준위가 높은 전자 껍질에서 에너지 준위가 낮은 전자 껍질로 전자가 전이할 때 빛을 방출하므로 N 전자 껍질에서 L 전자 껍질로 전자가 전이할 때 빛을 방출한다.

02 전자 전이 A~E에서 방출되는 빛에너지는 다음과 같다.

	전자 전이	스펙트럼 계열	에너지(kJ/mol)
A	$n=4 \rightarrow n=1$	라이먼 계열 (자외선)	$-\frac{k}{4^2}-\left(-\frac{k}{1^2}\right)=\frac{15}{16}k$
B	$n=3 \rightarrow n=1$		$-\frac{k}{3^2}-\left(-\frac{k}{1^2}\right)=\frac{8}{9}k$
C	$n=2 \rightarrow n=1$		$-\frac{k}{2^2}-\left(-\frac{k}{1^2}\right)=\frac{3}{4}k$
D	$n=4 \rightarrow n=2$	발머 계열 (가시광선)	$-\frac{k}{4^2}-\left(-\frac{k}{2^2}\right)=\frac{3}{16}k$
E	$n=3 \rightarrow n=2$		$-\frac{k}{3^2}-\left(-\frac{k}{2^2}\right)=\frac{5}{36}k$

ㄴ. E에서 에너지가 가장 작은 빛이 방출되므로 파장은 가장 길다.
ㄷ. 눈으로 관찰할 수 있는 가시광선은 $n \geq 3 \rightarrow n=2$로 전자가 전이할 때 방출되므로 D, E 2가지이다.
바로알기 ㄱ. 방출되는 에너지는 C가 D보다 크다.

03 ㄱ. 발머 계열의 스펙트럼이므로 가시광선 영역이다.
바로알기 ㄴ. 빛에너지는 파장에 반비례하므로 파장이 짧은 a의 에너지가 b의 에너지보다 크다.
ㄷ. b는 발머 계열 중 에너지가 가장 작은 빛이므로 전자가 $n=3 \rightarrow n=2$로 전이할 때 방출된다.

04 빛의 종류가 모두 6가지이므로 주 양자수(n) 4에서 전이할 때 방출되는 빛이다. 따라서 x는 4이고, (가)~(바)는 각각 다음과 같다.

	전자 전이	스펙트럼 계열
(가)	$n=4 \rightarrow n=3$	파셴 계열
(나)	$n=3 \rightarrow n=2$	발머 계열
(다)	$n=4 \rightarrow n=2$	
(라)	$n=2 \rightarrow n=1$	라이먼 계열
(마)	$n=3 \rightarrow n=1$	
(바)	$n=4 \rightarrow n=1$	

(1) 4 **(2)** (나), (다)

(3) $E_{(다)} = -\dfrac{k}{4^2} - \left(-\dfrac{k}{2^2}\right) = \dfrac{3}{16}k$, $E_{(마)} = -\dfrac{k}{3^2} - \left(-\dfrac{k}{1^2}\right) = \dfrac{8}{9}k$이고,

파장은 에너지에 반비례하므로 파장의 비 $\lambda_{(다)} : \lambda_{(마)} = \dfrac{8}{9} : \dfrac{3}{16} = 128 : 27$

이다.

채점 기준		배점
(1)	답을 옳게 쓴 경우	20 %
(2)	답을 옳게 쓴 경우	30 %
(3)	풀이 과정을 정확히 서술하고 답을 옳게 쓴 경우	50 %
	풀이 과정을 정확히 서술했지만 답이 틀린 경우	30 %
	답만 옳게 쓴 경우	20 %

05 ㄷ. 같은 모양의 오비탈은 주 양자수(n)가 커질수록 크기가 커진다.

바로알기 ㄱ. s 오비탈은 모든 전자 껍질에 존재하지만 p 오비탈은 L 전자 껍질($n=2$)부터 존재한다.

ㄴ. 오비탈 경계면 밖에서도 확률은 작지만 전자가 존재할 수 있다.

06 ㄱ. 헬륨(He)과 같은 다전자 원자에서 오비탈의 에너지 준위는 $1s < 2s < 2p$ 순이다.

바로알기 ㄴ. 공 모양으로 방향성이 없는 오비탈은 $1s$ 오비탈과 $2s$ 오비탈 2가지이다.

ㄷ. $1s$ 오비탈과 $2s$ 오비탈은 주 양자수(n)가 다르므로 $1s$ 오비탈은 K 전자 껍질에, $2s$ 오비탈은 L 전자 껍질에 존재한다.

07 M 전자 껍질이므로 주 양자수(n)는 3이고, s 오비탈이므로 방위(부) 양자수(l)는 0이다. 방위(부) 양자수(l)가 0인 경우 가질 수 있는 자기 양자수(m_l)는 0뿐이다. 스핀 자기 양자수(m_s)는 다른 양자수에 관계없이 $+\dfrac{1}{2}$, $-\dfrac{1}{2}$의 2가지 값만 갖는다.

n	l	m_l	m_s
3	0	0	$+\dfrac{1}{2}$
3	0	0	$-\dfrac{1}{2}$

08 ② 주 양자수(n)가 2일 때 방위(부) 양자수(l)는 0, 1의 2가지 값을 가질 수 있고, 방위(부) 양자수(l)가 1일 때 -1, 0, $+1$의 3가지 자기 양자수(m_l)를 가질 수 있다. 또한 스핀 자기 양자수(m_s)는 다른 양자수에 관계없이 $+\dfrac{1}{2}$, $-\dfrac{1}{2}$의 2가지 값을 가질 수 있다.

바로알기 ①, ③ 방위(부) 양자수(l)가 0인 경우 가능한 자기 양자수(m_l)는 0뿐이다.

④, ⑤ L 전자 껍질이므로 주 양자수(n)가 2이어야 한다.

09 수소(H) 원자에서 오비탈의 에너지 준위는 주 양자수(n)에 의해서만 결정된다. 따라서 주 양자수(n)가 클수록 에너지 준위가 크고, 주 양자수(n)가 같으면 오비탈의 모양과 관계없이 에너지 준위가 같다.

10 4가지 오비탈을 p 오비탈과 s 오비탈로 분류한 것이다.

① p 오비탈은 아령 모양이고, s 오비탈은 공 모양이므로 분류 기준이 될 수 있다.

② p 오비탈은 방향성이 있고, s 오비탈은 방향성이 없으므로 분류 기준이 될 수 있다.

④ p 오비탈은 방위(부) 양자수(l)가 1이고, s 오비탈은 방위(부) 양자수(l)가 0이므로 분류 기준이 될 수 있다.

⑤ 다전자 원자에서 에너지 준위는 $2p_x = 2p_y$이고, $1s < 2s$이므로 분류 기준이 될 수 있다.

바로알기 ③ $2s$, $2p_x$, $2p_y$ 오비탈은 주 양자수(n)가 2이므로 L 전자 껍질에 존재하지만, $1s$ 오비탈은 K 전자 껍질에 존재하므로 분류 기준이 될 수 없다.

11 (가)는 $2p_x$, (나)는 $1s$, (다)는 $2s$ 오비탈이다.

ㄷ. 수소(H) 원자는 전자가 1개이고 바닥상태에서는 에너지 준위가 가장 낮은 오비탈에 전자가 배치되므로 $1s$ 오비탈인 (나)에 들어 있다.

바로알기 ㄱ. H 원자에서는 주 양자수(n)가 같으면 오비탈의 종류에 관계없이 에너지 준위가 같으므로 $2p_x$ 오비탈인 (가)와 $2s$ 오비탈인 (다)의 에너지 준위는 같다.

ㄴ. 방위(부) 양자수(l)는 s 오비탈은 0, p 오비탈은 1이므로 $n-l$는 (가)는 $2-1=1$, (나)는 $1-0=1$, (다)는 $2-0=2$로 (다)>(가)=(나)이다.

12 L 전자 껍질은 주 양자수(n)가 2인 전자 껍질이므로 (가)는 $2s$ 오비탈이고, (나)~(라)는 각각 방향이 서로 다른 $2p$ 오비탈이다.

ㄱ. 다전자 원자에서 오비탈의 에너지 준위는 (가)<(나)=(다)=(라)이므로 L 전자 껍질에 전자가 채워질 때 (가)부터 채워진다.

바로알기 ㄴ. (가)는 $2s$ 오비탈, (나)는 $2p$ 오비탈이므로, 방위(부) 양자수(l)는 (가)가 0, (나)가 1이다.

ㄷ. (나), (다), (라)의 방위(부) 양자수(l)는 같고, 자기 양자수(m_l)는 -1, 0, $+1$로 서로 다르다.

13 ㄱ. 쌓음 원리는 에너지가 낮은 오비탈부터 전자가 배치되는 것이다. (가)는 에너지가 더 낮은 $2s$ 오비탈에 전자가 채워지지 않았는데 에너지가 더 높은 $2p$ 오비탈에 전자가 배치되어 있으므로 쌓음 원리에 위배된다.

바로알기 ㄴ. 훈트 규칙은 $2p_x$, $2p_y$, $2p_z$와 같이 에너지가 같은 오비탈에 전자가 배치될 때 홀전자 수가 가장 많은 전자 배치를 한다는 것이다. (나)는 $2p$ 오비탈 1개가 비어 있는데, 다른 $2p$ 오비탈에는 전자가 쌍을 이루므로 훈트 규칙에 위배된다.

ㄷ. (가)와 (나)는 들뜬상태의 전자 배치이고, (다)는 파울리 배타 원리에 위배되므로 존재할 수 없는 전자 배치이다. 따라서 바닥상태의 전자 배치는 없다.

14 원자 A~C의 바닥상태 전자 배치는 다음과 같다.
A: $1s^2 2s^2 2p_x^{1} 2p_y^{1} 2p_z^{1}$
B: $1s^2 2s^2 2p_x^{2} 2p_y^{1} 2p_z^{1}$
C: $1s^2 2s^2 2p^6 3s^1$
ㄴ. 홀전자 수는 A가 3, B가 2, C가 1로 A가 가장 크다.
바로알기 ㄱ. 원자가 전자 수는 A가 5, B가 6, C가 1로 B가 가장 크다.
ㄷ. 전자가 들어 있는 오비탈 수는 A와 B가 5, C가 6으로 C>A=B이다.

15 원자의 전자 수비가 X : Y=1 : 2이므로 원자 번호비가 X : Y=1 : 2이다. 이 조건을 만족하는 원소의 쌍은 (1번, 2번), (2번, 4번), (3번, 6번), (4번, 8번), (5번, 10번), (6번, 12번), (7번, 14번), (8번, 16번), (9번, 18번)인데, 이 중 전자가 들어 있는 오비탈 수비가 2 : 3인 것은 원자 번호 6번(오비탈 수 4, $1s^2 2s^2 2p_x^{1} 2p_y^{1}$)과 12번(오비탈 수 6, $1s^2 2s^2 2p^6 3s^2$)이다. 따라서 X는 원자 번호 6번, Y는 원자 번호 12번이다.

16 꼼꼼 문제 분석

- X: $1s^2 2s^2 2p^5$ → 2주기 17족 원소
- Y: $1s^2 2s^2 2p^6 3s^2$ → 3주기 2족 원소
- Z: $1s^2 2s^2 2p^6 3s^2 3p^1$ → 3주기 13족 원소

ㄷ. Y와 Z는 모두 오비탈의 주 양자수(n)가 3이 가장 큰 값이므로 전자가 들어 있는 전자 껍질 수가 3으로 같다.
바로알기 ㄱ. X의 홀전자 수는 1이고, Y의 홀전자 수는 0이다.
ㄴ. 원자가 전자 수는 가장 바깥 전자 껍질에 들어 있는 전자, 즉 주 양자수(n)가 가장 큰 오비탈에 들어 있는 전자 수이며, X는 7, Y는 2, Z는 3으로 X가 가장 크다.

17 A^+은 A 원자가 전자 1개를 잃고 생성된 양이온이고, B^{2-}은 B 원자가 전자 2개를 얻어 생성된 음이온이다. 따라서 바닥상태에서 A의 전자 배치는 $1s^2 2s^2 2p^6 3s^1$이고, B의 전자 배치는 $1s^2 2s^2 2p_x^{2} 2p_y^{1} 2p_z^{1}$이다.
ㄴ. 홀전자 수는 A가 1, B가 2이다.

바로알기 ㄱ. 전자가 들어 있는 전자 껍질 수는 A가 3, B가 2이다.
ㄷ. 전자가 들어 있는 오비탈 수는 A가 6, B가 5이다.

18 C의 전자 배치에서 전자가 들어 있는 오비탈 수가 3이므로 가능한 전자 배치는 $1s^2 2s^2 2p^1$이고, 홀전자 수는 1이다. 따라서 $x=1$이므로 A의 전자 배치는 $1s^2 2s^1$이고, B의 전자 배치는 $1s^2 2s^2 2p_x^{2} 2p_y^{1} 2p_z^{1}$이며, D의 전자 배치는 $1s^2 2s^2 2p_x^{2} 2p_y^{2} 2p_z^{2} 3s^1$이다. 즉, A는 Li, B는 O, C는 B, D는 Na이다.
ㄱ. $x=1$이다.
바로알기 ㄴ. 2주기 원소는 A(Li), B(O), C(B) 3가지이다.
ㄷ. 원자가 전자 수는 A(Li)가 1, B(O)가 6, C(B)가 3, D(Na)가 1로 가장 큰 것은 B(O)이다.

19 주어진 조건을 만족하는 원자 A~C의 전자 배치의 예는 다음과 같으며, 이 외에도 다양한 경우가 가능하지만 어떤 전자 배치를 선택하더라도 문제의 답은 변하지 않는다.
A: $1s^2 2s^1 2p_x^{1}$
B: $1s^2 2s^2 2p_x^{2} 2p_y^{1}$
C: $1s^2 2s^2 2p^6 3s^2 3p_x^{1}$
ㄱ. 바닥상태의 전자 배치는 다음과 같다.
A: $1s^2 2s^2$
B: $1s^2 2s^2 2p_x^{1} 2p_y^{1} 2p_z^{1}$
C: $1s^2 2s^2 2p^6 3s^2 3p_x^{1}$
따라서 A와 B는 전자가 들어 있는 전자 껍질 수가 2로 같다.
ㄴ. B는 $2p_z$ 오비탈에 전자가 없는데도 $2p_x$ 오비탈에 전자가 쌍을 이루고 있으므로 B는 훈트 규칙을 만족하지 않는다.
ㄷ. C는 바닥상태의 전자 배치이다.

20 꼼꼼 문제 분석

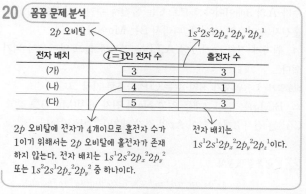

ㄱ. (가)는 $1s^2 2s^2 2p_x^{1} 2p_y^{1} 2p_z^{1}$이므로 바닥상태의 전자 배치이다.
ㄷ. 전자가 들어 있는 오비탈 수는 (나)가 4, (다)가 5로 (다)가 (나)보다 크다.
바로알기 ㄴ. (다)는 훈트 규칙을 만족하지만 쌓음 원리를 만족하지 않는다.

21 꼼꼼 문제 분석

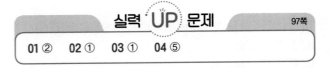

오비탈	$n+l$	$l+m_l$
(가) $1s$	①	x
(나) $2s$	2	0
(다) $2p$	3	1

$1s$ 오비탈이다. ← (화살표)

$1s$ 오비탈의 l와 m_l 값은 모두 0이므로 $x=0$이다.

$2s$ 오비탈이다.

$3s$ 또는 $2p$ 오비탈인데 $3s$ 오비탈의 $l+m_l$는 0이므로 $2p$ 오비탈이고 $l=1$이므로 m_l 값은 0이다.

ㄱ. (가)는 $1s$ 오비탈이므로 $x=0$이다.

ㄷ. (가)는 $1s$, (나)는 $2s$, (다)는 $2p$ 오비탈이므로 에너지 준위는 (가)<(나)<(다)이다.

바로알기 ㄴ. (다)는 $2p$ 오비탈이므로 2개의 전자가 들어 있다.

22 꼼꼼 문제 분석

A와 B의 가능한 원자의 쌍은 (3번, 12번), (4번, 16번)이다.

C로 가능한 전자 배치는 $1s^2 2s^2 2p^6$(Ne) 또는 $1s^2 2s^2 2p^6 3s^2 3p_x^{\,1} 3p_y^{\,1} 3p_z^{\,1}$(P)이다.

- 전자 수는 B가 A의 4배이다.
- C의 $\dfrac{p\ \text{오비탈의 총 전자 수}}{s\ \text{오비탈의 총 전자 수}}$는 1.5이다.
- 홀전자 수는 C가 A의 3배이다.

Ne은 홀전자 수가 0이므로 C는 P이다. 홀전자 수는 C가 A의 3배이어야 하므로 A는 Li이다. 따라서 B는 Mg이다.

원자 번호는 B가 A의 4배이므로 A와 B의 가능한 원자의 쌍은 (3번, 12번), (4번, 16번)이다. 한편, C로 가능한 전자 배치는 $1s^2 2s^2 2p^6$(Ne) 또는 $1s^2 2s^2 2p^6 3s^2 3p_x^{\,1} 3p_y^{\,1} 3p_z^{\,1}$(P)인데, 홀전자 수가 A의 3배이어야 하므로 C는 홀전자 수가 3인 P이고, A는 홀전자 수가 1인 Li이다. 따라서 B는 Mg이다.

ㄱ. 원자가 전자 수가 1인 A(Li)는 전자를 잃고 양이온이 되기 쉽다.

바로알기 ㄴ. 원자가 전자 수는 C(P)가 5로 가장 크다.

ㄷ. B(Mg)는 전자 2개를 잃고 Ne의 전자 배치(Mg^{2+})를 갖고, C(P)는 전자 3개를 얻어 Ar의 전자 배치(P^{3-})를 갖는다.

23 꼼꼼 문제 분석

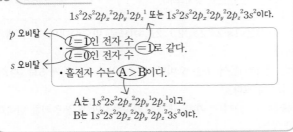

$1s^2 2s^2 2p_x^{\,2} 2p_y^{\,1} 2p_z^{\,1}$ 또는 $1s^2 2s^2 2p_x^{\,2} 2p_y^{\,2} 2p_z^{\,2} 3s^2$이다.

p 오비탈 — $l=1$인 전자 수

s 오비탈 — $l=0$인 전자 수 =1로 같다.

- 홀전자 수는 A>B이다.

A는 $1s^2 2s^2 2p_x^{\,2} 2p_y^{\,1} 2p_z^{\,1}$이고, B는 $1s^2 2s^2 2p_x^{\,2} 2p_y^{\,2} 2p_z^{\,2} 3s^2$이다.

ㄱ. 원자가 전자 수는 A가 6, B가 2이므로 A>B이다.

ㄷ. 전자가 모두 채워진 오비탈 수는 A가 3, B가 6이므로 B가 A의 2배이다.

바로알기 ㄴ. s 오비탈의 l는 0, p 오비탈의 l는 1이므로 모든 전자의 l의 합은 A가 4, B가 6이다.

실력 UP 문제

97쪽

01 ② **02** ① **03** ① **04** ⑤

01 꼼꼼 문제 분석

가시광선 중 에너지가 가장 작은 빨간색이므로 $n=3 \rightarrow n=2$이다.

선	전자 전이	색깔	에너지(kJ/mol)
Ⅰ	$n=4 \rightarrow n=2$	초록 가시광선	E_{I}
Ⅱ	$n=3 \rightarrow n=1$	자외선	E_{II}
Ⅲ	$n=3 \rightarrow n=2$	빨강 가시광선	E_{III}
Ⅳ	$n=4 \rightarrow n=3$ $n=2 \rightarrow n=1$	적외선 또는 자외선	E_{IV}

$n=3 \rightarrow n=1$에서보다 방출되는 에너지가 작아야 하므로 $n=4 \rightarrow n=3$ 또는 $n=2 \rightarrow n=1$이다.

ㄴ. Ⅱ는 자외선이므로 가시광선인 Ⅰ, Ⅲ보다 에너지가 크고, Ⅳ보다도 에너지가 크다.

바로알기 ㄱ. Ⅳ는 $n=4 \rightarrow n=3$, $n=2 \rightarrow n=1$의 전자 전이 중 1가지이므로 적외선이나 자외선 중 하나이다.

ㄷ. Ⅰ의 에너지 $E_{\mathrm{I}} = -\dfrac{k}{4^2} - \left(-\dfrac{k}{2^2} \right) = \dfrac{3}{16}k$이고, Ⅲ의 에너지 $E_{\mathrm{III}} = -\dfrac{k}{3^2} - \left(-\dfrac{k}{2^2} \right) = \dfrac{5}{36}k$이다. 빛의 파장은 에너지에 반비례하므로 $\lambda_{\mathrm{I}} : \lambda_{\mathrm{III}} = \dfrac{5}{36}k : \dfrac{3}{16}k = 20 : 27$이다.

02 꼼꼼 문제 분석

(나)는 $2s$, $3s$ 중 하나이다.

- (가)~(다)는 각각 $2s$, $2p$, $3s$, $3p$ 중 하나이다.
- (나)의 모양은 공 모양이다.
- $n-l$는 (다)>(나)>(가)이다.

$2s$ 오비탈: $2-0=2$, $2p$ 오비탈: $2-1=1$, $3s$ 오비탈: $3-0=3$, $3p$ 오비탈: $3-1=2$

$n-l$의 값이 $3s>2s=3p>2p$이므로 (다)는 $3s$, (나)는 $2s$, $3p$ 중 하나이고, (가)는 $2p$이다. (나)는 공 모양이므로 $2s$이다.

ㄱ. (가)의 n는 2, (다)의 n는 3으로 (다)>(가)이다.

바로알기 ㄴ. (나)와 (다)는 모두 s 오비탈이므로 m_l는 모두 0이다.
ㄷ. (가)는 $2p$, (나)는 $2s$ 오비탈인데 수소(H) 원자이므로 두 오비탈의 에너지 준위는 같다.

03 꼼꼼 문제 분석

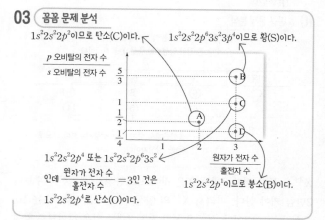

$1s^2 2s^2 2p^2$이므로 탄소(C)이다. ← [A]

$1s^2 2s^2 2p^6 3s^2 3p^4$이므로 황(S)이다. ← [B]

$\dfrac{p \text{ 오비탈의 전자 수}}{s \text{ 오비탈의 전자 수}}$

$1s^2 2s^2 2p^4$ 또는 $1s^2 2s^2 2p^6 3s^2$인데 $\dfrac{\text{원자가 전자 수}}{\text{홀전자 수}} = 3$인 것은 $1s^2 2s^2 2p^4$로 산소(O)이다.

$\dfrac{\text{원자가 전자 수}}{\text{홀전자 수}}$

$1s^2 2s^2 2p^1$이므로 붕소(B)이다.

ㄱ. A(C)와 C(O)는 같은 2주기 원소이다.
바로알기 ㄴ. B(S)는 16족 원소이고, D(B)는 13족 원소이다.
ㄷ. 원자가 전자 수가 가장 작은 원소는 13족 원소인 D(B)이다.

04 꼼꼼 문제 분석

바닥상태 전자 배치가 1가지 존재하므로 $1s^2 2s^2 2p_x^1 2p_y^1 2p_z^1$(A)이며, X는 질소(N) 원자이다. 다른 가능한 전자 배치는 $1s^2 2s^2 2p_x^2 2p_y^1$(B), $1s^2 2s^1 2p_x^1 2p_y^1 2p_z^1$(C), $1s^2 2s^1 2p_x^2 2p_y^2$(D)이다.

• 전자들의 주 양자수(n) 총합은 모두 ⑫로 같다.
• 전자들의 방위(부) 양자수(l) 총합은 (가) > (나) = (다)이다.
• (나)의 전자들의 자기 양자수(m_l) 총합은 ⑩이다.
• 홀전자 수는 (가)와 (나)가 같다.

l의 총합은 A와 B가 각각 3이고, C와 D가 각각 4이므로 (가)는 C와 D 중 하나이고, (나)와 (다)는 각각 A와 B 중 하나이다.

(나)는 A와 B 중 하나인데 B는 m_l의 총합이 0이 될 수 없으므로 (나)는 A이고, (다)는 B이다.

(나)의 홀전자 수가 3이므로 (가)는 C이다.

(가)의 전자 배치는 $1s^2 2s^1 2p_x^2 2p_y^1 2p_z^1$, (나)의 전자 배치는 $1s^2 2s^2 2p_x^1 2p_y^1 2p_z^1$, (다)의 전자 배치는 $1s^2 2s^2 2p_x^2 2p_y^1$이다.
ㄱ. X의 바닥상태 전자 배치는 (나)이므로 원자가 전자 수는 5이다.
ㄴ. X의 바닥상태 전자 배치는 (나) $1s^2 2s^2 2p_x^1 2p_y^1 2p_z^1$이다.
ㄷ. 훈트 규칙을 만족하는 전자 배치는 (가)와 (나) 2가지이다.

중단원 핵심 정리

98~99쪽

❶ (−) ❷ 질량 ❸ 전자 ❹ 원자핵 ❺ 전자 ❻ 1
❼ −1 ❽ 원자핵 ❾ 양성자수 ❿ 중성자수 ⓫ 가시광선 ⓬ −2, −1, 0, +1, +2 ⓭ 홀전자 수

중단원 마무리 문제

100~106쪽

01 ②	02 ⑤	03 원자핵의 유무	04 ①	05 ①
06 ②	07 ③	08 ②	09 ①	10 ③	11 ③
12 ⑤	13 ③	14 ③	15 ⑤	16 ④	17 ③
18 ②	19 ③	20 ①	21 ②	22 ③	23 ①
24 ②	25 ①	26 ⑤	27 ③	28 ②	29 해설 참조
30 해설 참조	31 해설 참조			

01 (가) 음극선이 지나가는 길에 전기장을 걸어 주면 전기장의 (+)극 쪽으로 음극선의 진로가 휘는 것(ㄱ)으로부터 음극선이 (−)전하를 띤다는 사실을 확인할 수 있다.
(나) 음극선이 질량을 가진다는 의미는 물체에 힘을 작용할 수 있다는 것이므로 음극선이 지나가는 길에 설치한 바람개비가 회전하는 것(ㄷ)으로부터 확인할 수 있다.

02 (가)에서 발견된 입자 A는 전자이고, (나)에서 발견된 입자 B는 원자핵이다.
ㄱ. A(전자)의 질량은 B(원자핵)에 비해 매우 작다.
ㄴ. A(전자)는 (−)전하를 띠고, B(원자핵)는 (+)전하를 띠므로 A와 B 사이에는 정전기적 인력이 작용한다.
ㄷ. 알파(α) 입자는 대부분 금박을 통과하여 직진하므로 주로 a 위치에 도달한다.

03 A는 돌턴, B는 톰슨, C는 러더퍼드, D는 보어, E는 현대의 원자 모형이다. A와 B에는 원자핵이 없지만, C, D, E에는 원자핵이 존재하므로 원자핵의 유무가 분류 기준이 될 수 있다.

04 X는 Z와 질량이 비슷하면서 (+)전하를 띠므로 양성자이고, Y는 질량이 X와 Z에 비해 매우 작고 (−)전하를 띠므로 전자이며, Z는 전하를 띠지 않으므로 중성자이다.
ㄱ. 원자에서 (+)전하를 띠는 X(양성자)와 (−)전하를 띠는 Y(전자)의 수는 같다.
바로알기 ㄴ. 질량수=양성자수+중성자수=X의 수+Z의 수이다.
ㄷ. 원자핵은 양성자와 중성자로 구성되므로 X와 Z가 원자핵을 구성한다.

05 a는 원자 번호이고, b는 질량수이다.
ㄱ. 질량수=양성자수+중성자수이므로 중성자가 없는 $^1_1$H를 제외하고는 b가 a보다 항상 크다. H는 전자 수가 1이므로 +2의 전하를 띠는 양이온이 될 수 없다. 따라서 X는 H가 아니다.
바로알기 ㄴ. X^{2+}은 X가 전자 2개를 잃고 생성된 양이온이고, X의 전자 수는 a이므로 X^{2+}의 전자 수는 $a-2$이다.
ㄷ. X^{2+}은 X와 양성자수는 같고 전자 수만 다르다. 질량수=양성자수+중성자수이므로 X^{2+}의 질량수는 b이다.

06 꼼꼼 문제 분석

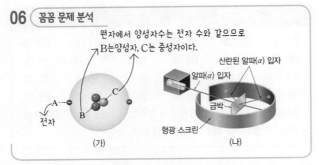

원자에서 양성자수는 전자 수와 같으므로
B는 양성자, C는 중성자이다.

산란된 알파(α) 입자
알파(α) 입자
금박
형광 스크린
A
전자
B
C

(가)　　　　(나)

ㄷ. 원자 번호는 B인 양성자수에 의해 결정된다.

바로알기 ㄱ. 질량수＝양성자수＋중성자수이므로 X의 질량수는 3이다.

ㄴ. 전자인 A는 (나)의 알파(α) 입자 산란 실험이 아닌 음극선 실험에 의해 발견되었다.

07 원자핵을 이루는 입자 중 전하를 띠는 입자는 양성자이고, 전하를 띠지 않는 입자는 중성자이며, 원자핵을 이루는 입자가 아닌 것은 전자이다. 따라서 A는 양성자, B는 중성자, C는 전자이다.

ㄱ. $^{14}_{7}N$의 양성자수, 중성자수, 전자 수는 각각 7이므로 A~C의 수는 모두 7로 같다.

ㄷ. A는 (＋)전하를 띠는 양성자, C는 (－)전하를 띠는 전자이므로 A와 C 사이에는 정전기적 인력이 작용한다.

바로알기 ㄴ. N가 이온이 될 때 B(중성자)의 수는 변하지 않고, C(전자)의 수만 변한다.

08 (다)와 중성자가 합해져서 헬륨 원자핵($^{4}_{2}He^{2+}$)을 생성하므로 (다)는 $^{4}_{2}He^{2+}$보다 중성자가 1개 적어 질량수가 1 작은 $^{3}_{2}He^{2+}$이다.

(나)와 양성자가 합해져서 (다) $^{3}_{2}He^{2+}$을 생성하므로 (나)는 $^{3}_{2}He^{2+}$보다 양성자가 1개 적어 원자 번호와 질량수가 1만큼 작다. 원자 번호가 바뀌면 원소의 종류가 달라지므로 (나)는 $^{2}_{1}H^{+}$이다.

(가)와 중성자가 합해져서 (나) $^{2}_{1}H^{+}$을 생성하므로 (가)는 $^{2}_{1}H^{+}$보다 중성자가 1개 적어 질량수가 1 작은 $^{1}_{1}H^{+}$이다.

09 X^{2+}은 X가 전자 2개를 잃은 상태이므로 양성자가 전자보다 2개 많아야 한다. 따라서 a, b는 양성자와 중성자 중 하나이고, c는 전자이다.

ㄱ. a, b는 각각 양성자, 중성자 중 하나이므로 Y 원자의 양성자 수는 8이다. Y 이온의 전자 수가 10이고 Y 이온은 원자 Y가 전자 2개를 얻어 생성된 음이온이므로 화학식은 Y^{2-}이다.

바로알기 ㄴ. 원자와 이온은 전자 수만 다르므로 질량수는 같다. 질량수＝양성자수＋중성자수이므로 X의 질량수는 24, Y의 질량수는 16이다. 따라서 질량수비는 X : Y＝3 : 2이다.

ㄷ. 바닥상태에서 X(Mg)의 전자 배치는 $1s^{2}2s^{2}2p^{6}3s^{2}$이고, Y(O)의 전자 배치는 $1s^{2}2s^{2}2p_{x}^{2}2p_{y}^{1}2p_{z}^{1}$이므로 홀전자 수는 Y＞X이다.

10 꼼꼼 문제 분석

양이온에서 전자 수는 양성자수보다 작으므로 ⓛ은 전자,
㉠과 ⓒ은 각각 양성자와 중성자 중 하나이다.

이온	㉠	ⓛ	ⓒ
X^{2+}	6	5	6
Y^{2-}	5	5	4

음이온에서 전자 수는 양성자수보다 크므로
ⓒ은 양성자이다.

X^{2+}은 X가 전자 2개를 잃은 것이므로 양성자수는 전자 수보다 2만큼 커야 한다. 따라서 X^{2+}의 양성자수는 12, 전자 수는 10, 중성자수는 12이다. Y^{2-}은 Y가 전자 2개를 얻은 것이므로 양성자수는 전자 수보다 2만큼 작아야 한다. 따라서 Y^{2-}의 양성자수는 8, 전자 수는 10, 중성자수는 10이다.

ㄱ. ㉠은 중성자이다.

ㄷ. 질량수＝양성자수＋중성자수이므로 X의 질량수는 24, Y의 질량수는 18이다. 따라서 질량수비는 X : Y＝24 : 18＝4 : 3이다.

바로알기 ㄴ. X는 원자 번호가 12이므로 3주기 원소이고, Y는 원자 번호가 8이므로 2주기 원소이다.

11 꼼꼼 문제 분석

원자량이 $\frac{a}{2}(\frac{c}{2})$인 X 원자 2개가 결합한 것이므로 (원자량이 $\frac{a}{2}(\frac{c}{2})$인 X 원자의 존재 비율)×(원자량이 $\frac{a}{2}(\frac{c}{2})$인 X 원자의 존재 비율)＝$\frac{1}{4}$이다.

➡ 원자량이 $\frac{a}{2}(\frac{c}{2})$인 X 원자의 존재 비율은 $\frac{1}{2}$이다.

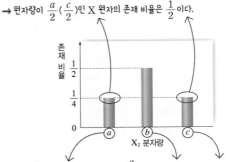

존재 비율
$\frac{1}{2}$
$\frac{1}{4}$
0
ⓐ　ⓑ　ⓒ
X_{2} 분자량

원자량이 $\frac{a}{2}$인 X 원자
2개가 결합한 분자이다.

원자량이 $\frac{a}{2}$인 X 원자와
$\frac{c}{2}$인 X 원자가 결합한 분자이다.

원자량이 $\frac{c}{2}$인 X 원자
2개가 결합한 분자이다.

ㄱ. b는 원자량이 $\frac{a}{2}$인 X 원자와 $\frac{c}{2}$인 X 원자가 결합한 X_{2} 분자의 분자량이다. 즉 $b=\frac{a}{2}+\frac{c}{2}$이므로 $a+c=2b$이다.

ㄷ. 화학적 성질이 같은 동위 원소끼리 결합한 분자이므로 분자의 화학적 성질도 같다.

바로알기 ㄴ. 원자량이 $\dfrac{a}{2}$인 X와 $\dfrac{c}{2}$인 X의 존재 비율이 같으므로 두 원자량의 평균값이 평균 원자량이다.

평균 원자량은 $\dfrac{\dfrac{a}{2}+\dfrac{c}{2}}{2}=\dfrac{a+c}{4}=\dfrac{b}{2}$이다.

12 ^{63}X의 동위 원소인 ^{65}X의 양성자수는 29이므로 중성자수인 $x=65-29=36$이다. X의 동위 원소는 ^{63}X와 ^{65}X만 존재하므로 ^{63}X의 존재 비율은 $(100-y)$ %이다. 따라서 X의 평균 원자량은 $63\times\dfrac{(100-y)}{100}+65\times\dfrac{y}{100}=63.6$이고, 이 식을 풀면 $y=30$이다. 따라서 $x:y=36:30=6:5$이다.

13 a는 $n=\infty \rightarrow n=1$로의 전자 전이이므로 방출되는 에너지 $E_a=E_\infty-E_1=-\dfrac{k}{\infty^2}-\left(-\dfrac{k}{1^2}\right)=k$이고, c는 $n=2 \rightarrow n=1$로의 전자 전이이므로 방출되는 에너지 $E_c=E_2-E_1=-\dfrac{k}{2^2}-\left(-\dfrac{k}{1^2}\right)=\dfrac{3}{4}k$이다. 따라서 $E_a:E_c=k:\dfrac{3}{4}k=4:3$이다.

14 ㉠은 라이먼 계열($n\geq2 \rightarrow n=1$) 중 에너지가 가장 작은 빛이므로 $n=2 \rightarrow n=1$로의 전자 전이(c)에서 방출된다.

15 꼼꼼 문제 분석

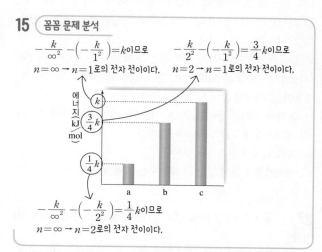

$-\dfrac{k}{\infty^2}-\left(-\dfrac{k}{1^2}\right)=k$이므로 $n=\infty \rightarrow n=1$로의 전자 전이이다.

$-\dfrac{k}{2^2}-\left(-\dfrac{k}{1^2}\right)=\dfrac{3}{4}k$이므로 $n=2 \rightarrow n=1$로의 전자 전이이다.

$-\dfrac{k}{\infty^2}-\left(-\dfrac{k}{2^2}\right)=\dfrac{1}{4}k$이므로 $n=\infty \rightarrow n=2$로의 전자 전이이다.

ㄱ. a는 $n=\infty \rightarrow n=2$로의 전자 전이이므로 방출되는 빛은 발머 계열이다.

ㄴ. c에서 방출되는 에너지(kJ/mol)가 k이므로 c는 $n=\infty \rightarrow n=1$로의 전자 전이이다.

ㄷ. $n=2 \rightarrow n=1$에서 방출되는 에너지$\left(\dfrac{3}{4}k\right)$ 다음으로 큰 에너지가 방출되는 전자 전이는 $n=\infty \rightarrow n=2\left(\dfrac{1}{4}k\right)$이므로 두 값의 중간 값인 $\dfrac{1}{2}k$의 에너지를 갖는 빛은 방출될 수 없다.

16 ① 공 모양이므로 s 오비탈이다.
② s 오비탈은 방향성이 없다.
③ 주 양자수(n)가 1이므로 K 전자 껍질에 존재한다.
⑤ 모든 오비탈은 수용할 수 있는 최대 전자 수가 2이다.
바로알기 ④ 전자가 원운동을 한다는 것은 보어 모형에서의 개념이고, 오비탈 모형에서는 전자의 운동 궤적을 정확히 알 수 없어 존재 확률로 나타낸다.

17 (가)는 (나)와 모양은 같으면서 크기가 크므로 $2s$ 오비탈, (나)는 $1s$ 오비탈, (다)는 $2p_x$ 오비탈이다.
ㄱ. s 오비탈의 방위(부) 양자수(l)는 주 양자수(n)에 관계없이 0이므로 (가)와 (나)의 방위(부) 양자수(l)는 같다.
ㄴ. (가)와 (다)는 주 양자수(n)가 2로 같다.
바로알기 ㄷ. 오비탈에 들어갈 수 있는 전자 수는 오비탈의 종류에 관계없이 모두 2이다.

18 (가)와 (나)는 모양이 다르므로 각각 s 오비탈과 p 오비탈 중 하나인데, 주 양자수(n)가 1인 경우는 s 오비탈만 존재하므로 (가)와 (나)의 주 양자수(n)는 2이다. 한편, (나)와 (다)는 같은 모양의 오비탈인데 주 양자수(n)가 다르므로 주 양자수(n)가 1일 때와 2일 때 모두 존재할 수 있는 오비탈이다. 따라서 (가)는 $2p$ 오비탈, (나)는 $2s$ 오비탈, (다)는 $1s$ 오비탈이다.
ㄱ. (가)는 $2p$ 오비탈이므로 방향성이 있다.
ㄷ. (나)와 (다)는 s 오비탈로 자기 양자수(m_l)는 0이다.
바로알기 ㄴ. (나)는 $2s$ 오비탈이므로 주 양자수(n)가 2이다.

19 수소(H) 원자에서 오비탈의 에너지 준위는 $3s>2s=2p$이므로 (가)는 $3s$이고, (나)는 $2s$와 $2p$ 중 하나이다. $n+l$는 $2s$ 오비탈이 2이고, $2p$ 오비탈이 3이므로 (나)는 $2p$, (다)는 $2s$이다.
ㄱ. (가)와 (다)는 s 오비탈이므로 m_l는 모두 0이다.
ㄷ. (나)와 (다)는 주 양자수(n)가 같으므로 같은 전자 껍질에 존재한다.
바로알기 ㄴ. (가)인 $3s$ 오비탈의 $n+l$는 $3+0=3$, (나)인 $2p$ 오비탈의 $n+l$는 $2+1=3$으로 같다.

20 꼼꼼 문제 분석

3개의 $2p$ 오비탈은 에너지 준위가 같기 때문에 전자가 어떤 오비탈에 먼저 배치되어도 에너지가 같다. ➡ $2p_y$ 오비탈에 전자가 먼저 배치되지 않고 $2p_z$ 오비탈에 전자가 배치되어도 들뜬상태가 아닌 바닥상태이다.

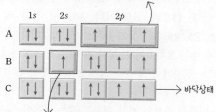

$2s$ 오비탈에 전자가 다 채워지지 않았는데 에너지가 높은 $2p$ 오비탈에 전자가 배치되어 있으므로 쌓음 원리에 위배된다.

ㄱ. 바닥상태의 전자 배치는 A와 C의 전자 배치 2가지이다.

바로알기 ㄴ. A의 전자 배치는 바닥상태의 전자 배치이므로 쌓음 원리를 만족한다.

ㄷ. B의 전자 배치는 쌓음 원리에 위배되는 들뜬상태의 전자 배치이다.

21 ㄴ. 쌓음 원리를 만족하지 않는 전자 배치는 (라) 1가지이다.

바로알기 ㄱ. (가)와 (나)는 바닥상태의 전자 배치이고, (다)는 파울리 배타 원리에 위배되는 불가능한 전자 배치이며, (라)는 쌓음 원리를 만족하지 않는 들뜬상태의 전자 배치이다.

ㄷ. 방위(부) 양자수(l)는 s 오비탈이 0이고, p 오비탈이 1이므로 $2p$ 오비탈에 전자가 3개 있는 (라)는 방위(부) 양자수(l)의 합이 3이다. (다)는 존재할 수 없는 전자 배치이고, (가)와 (나)는 $2p$ 오비탈에 전자가 각각 4개 있으므로 방위(부) 양자수(l)의 합이 4이다.

22 ㄱ. D는 원자가 전자 수가 6이므로 2개의 전자를 얻어 -2의 음이온이 되기 쉽다.

ㄴ. A와 C는 원자가 전자 수가 1로 같다. 따라서 A와 C는 모두 1족 원소이다.

바로알기 ㄷ. 바닥상태에서 B와 D는 모두 홀전자 수가 2이다.

23 주어진 조건을 만족하는 X와 Y의 전자 배치는 다음과 같다.
X: $1s^2 2s^1 2p_x^1 2p_y^1 2p_z^1$ 또는 $1s^1 2s^2 2p_x^1 2p_y^1 2p_z^1$
Y: $1s^2 2s^2 2p_x^2 2p_y^2$

ㄱ. 홀전자 수는 X가 3, Y가 0이다.

바로알기 ㄴ. Y가 바닥상태일 때의 전자 배치는 $1s^2 2s^2 2p_x^2 2p_y^1 2p_z^1$이다.

ㄷ. L 전자 껍질에 들어 있는 전자 수는 X가 5 또는 6, Y가 6이므로 X가 Y보다 작거나 같다.

24 원자의 전자 수는 원자 번호와 같으므로 원자 번호의 비가 2 : 1인 조건을 만족하는 2, 3주기 원소의 조합은 (6번, 3번), (8번, 4번), (10번, 5번), (12번, 6번), (14번, 7번), (16번, 8번), (18번, 9번)이다. 이 중 전자가 들어 있는 오비탈 수비가 3 : 2인 것은 (12번, 6번)이다. 따라서 전자 배치는 X가 $1s^2 2s^2 2p_x^2 2p_y^2 2p_z^2 3s^2$, Y가 $1s^2 2s^2 2p_x^1 2p_y^1$이다.

ㄴ. 홀전자 수는 X가 0이고, Y가 2이므로 Y>X이다.

바로알기 ㄱ. 원자가 전자 수가 X가 2이고, Y가 4이므로 Y>X이다.

ㄷ. X가 비활성 기체의 전자 배치를 갖는 이온이 될 때 $3s$ 오비탈에 있는 전자 2개를 잃으므로 전자가 들어 있는 오비탈 수는 1 감소한다.

25 꼼꼼 문제 분석

s 오비탈의 전자 수는 같은데 p 오비탈의 전자 수가 1만큼 차이가 나므로 4번($1s^2 2s^2$) ~10번($1s^2 2s^2 2p^6$) 원소 중 연속된 2가지 원소가 가능하다.

p 오비탈의 전자 수는 같은데 s 오비탈의 전자 수가 1만큼 차이가 나므로 각각 $1s^2 2s^2 2p^6$와 $1s^2 2s^2 2p^6 3s^1$이다.

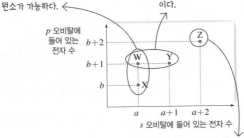

Y보다 s 오비탈의 전자 수와 p 오비탈의 전자 수가 1씩 많으므로 $1s^2 2s^2 2p^6 3s^2 3p^1$이다.

W는 $1s^2 2s^2 2p^6$인 Ne, X는 $1s^2 2s^2 2p^5$인 F, Y는 $1s^2 2s^2 2p^6 3s^1$인 Na, Z는 $1s^2 2s^2 2p^6 3s^2 3p^1$인 Al이다.

ㄱ. 3주기 원소는 Y(Na), Z(Al) 2가지이다.

바로알기 ㄴ. 홀전자 수는 W(Ne)는 0이고 나머지 원소는 모두 1이다.

ㄷ. 전자가 들어 있는 오비탈 수는 W(Ne)와 X(F) 모두 5이다.

26 Y는 X보다 전자가 들어 있는 오비탈 수와 홀전자 수 모두 1씩 크므로 X와 Y의 가능한 전자 배치 조합은 ($1s^2 2s^2$, $1s^2 2s^2 2p_x^1$), ($1s^2 2s^2 2p_x^1$, $1s^2 2s^2 2p_x^1 2p_y^1$), ($1s^2 2s^2 2p_x^1 2p_y^1$, $1s^2 2s^2 2p_x^1 2p_y^1 2p_z^1$)이다.

한편, Z는 Y보다 전자가 들어 있는 오비탈 수는 1 큰데 홀전자 수는 같으므로 Y는 $1s^2 2s^2 2p_x^1 2p_y^1$, Z는 $1s^2 2s^2 2p_x^2 2p_y^1 2p_z^1$인 경우이다. 따라서 X는 $1s^2 2s^2 2p_x^1$이다.

ㄱ. X에서 전자가 들어 있는 오비탈 수는 3이고, 홀전자 수는 1이므로 $a=3$, $b=1$이고 $a=b+2$이다.

ㄴ. X의 원자가 전자 수는 3이다.

ㄷ. 전자가 2개 들어 있는 오비탈 수는 X와 Y 모두 2이다.

27 ㄱ. $n+l$가 2인 (가)는 $2s$ 오비탈에 있는 전자이므로 $a=0$이다.

ㄴ. $n+l$가 3인 (나)와 (다)는 $2p$ 또는 $3s$ 오비탈의 전자인데, (가)~(다)는 원자가 전자의 일부라고 했으므로 (나)와 (다)는 $2p$ 오비탈의 전자이다. 원자가 전자가 $2s$와 $2p$ 오비탈에 배치되어 있으므로 2주기 원소이다.

바로알기 ㄷ. (나)와 (다)는 m_l가 같고, m_s가 다른 값을 갖고 있으므로 같은 $2p$ 오비탈에서 쌍을 이루고 있는 전자이다. 따라서 X는 3개의 $2p$ 오비탈 중 최소 1개 이상에서 쌍을 이루어 배치되어 있으므로 가능한 전자 배치는 $1s^2 2s^2 2p_x^2 2p_y^1 2p_z^1$ 또는 $1s^2 2s^2 2p_x^2 2p_y^2 2p_z^1$이므로 $\dfrac{p \text{ 오비탈 전자 수}}{s \text{ 오비탈 전자 수}} \geq 1$이다.

28 방위(부) 양자수(l)=0인 전자는 s 오비탈에 들어 있는 전자이고, 방위(부) 양자수(l)=1인 전자는 p 오비탈에 들어 있는 전자이므로 $\dfrac{\text{방위(부) 양자수}(l)=1\text{인 전자 수}}{\text{방위(부) 양자수}(l)=0\text{인 전자 수}}$

$=\dfrac{p \text{ 오비탈에 들어 있는 전자 수}}{s \text{ 오비탈에 들어 있는 전자 수}}$ 이며, 이 값이 $\dfrac{3}{2}$ 인 전자 배치는 $1s^2 2s^2 2p^6$(Ne), $1s^2 2s^2 2p^6 3s^2 3p^3$(P), $1s^2 2s^2 2p^6 3s^2 3p^6 4s^2$(Ca)이다. 원자 번호는 X>Y>Z이므로 X는 Ca, Y는 P, Z는 Ne이다.

ㄷ. 홀전자 수는 X(Ca)가 0, Y(P)가 3, Z(Ne)가 0으로 Y가 가장 크다.

바로알기 ㄱ. Y(P)는 3주기 원소이고, Z(Ne)는 2주기 원소이다.

ㄴ. s 오비탈에 들어 있는 전자의 자기 양자수(m_l)는 모두 0이고, p 오비탈에 들어 있는 전자의 자기 양자수(m_l)는 -1, 0, $+1$의 값을 갖는데, 3개의 p 오비탈에 전자가 1개씩 모두 들어 있거나 2개씩 모두 들어 있는 경우는 자기 양자수(m_l)의 합이 0이 된다. 따라서 X~Z의 자기 양자수(m_l)의 총합은 모두 0이다.

29 (1) 원자는 전기적으로 중성이므로 양성자수와 전자 수가 같다.

(2) 원자량이 10인 붕소(B)의 존재 비율이 20 %이고, 원자량이 11인 B의 존재 비율이 80 %이다. 평균 원자량은 동위 원소의 원자량과 존재 비율을 고려하여 구한 원자량이다.

모범 답안 (1) 5, 원자는 양성자수와 전자 수가 같기 때문이다.

(2) B의 평균 원자량 $=10 \times \dfrac{20}{100} + 11 \times \dfrac{80}{100} = 10.8$이다.

채점 기준		배점
(1)	전자 수를 옳게 쓰고, 그 까닭을 옳게 서술한 경우	50 %
	전자 수만 옳게 쓴 경우	25 %
(2)	평균 원자량을 풀이 과정과 함께 옳게 서술한 경우	50 %
	평균 원자량만 옳게 쓴 경우	25 %

30 꼼꼼 문제 분석

(나)는 $2s$ 오비탈의 전자이므로 m_l 값인 d=0이다.

l=1이므로 p 오비탈인데, 질소(N) 원자는 바닥상태에서 $2p$ 오비탈까지만 전자가 배치되므로 (다)는 $2p$ 오비탈의 전자이고, b=2이다.

전자	n	l	m_l	m_s
(가)	a	c	0	$+\dfrac{1}{2}$
(나)	2	0	d	$+\dfrac{1}{2}$
(다)	b	1	0	$+\dfrac{1}{2}$

(가)에서 m_l=0이므로 s 오비탈의 전자일 수도 있고, p 오비탈의 전자일 수도 있다. 파울리 배타 원리에 따라 같은 오비탈에 같은 m_s를 갖는 전자가 존재할 수 없으므로 (가)는 (나)와 (다)가 들어 있는 오비탈에 존재하지 않는다. 따라서 (가)는 $1s$ 오비탈의 전자이고, a=1, c=0이다.

모범 답안 전자 (나)가 들어 있는 오비탈은 $2s$ 오비탈이므로 d=0이다. 전자 (다)가 들어 있는 오비탈은 l=1이므로 $2p$ 오비탈이고 b=2이다. (가)에서 m_l=0이므로 $1s$, $2s$, $2p$ 모두 가능한데 (나), (다)와 같은 m_s 값을 가지므로 (가)는 $1s$ 오비탈의 전자이고 a=1, c=0이다.

채점 기준	배점
a~d의 값을 풀이 과정과 함께 옳게 서술한 경우	100 %
(나) 또는 (다) 중 한 가지만 근거를 옳게 서술한 경우	50 %

31 A는 $2s$ 오비탈에 전자가 배치되지 않은 상태에서 에너지가 더 높은 $2p$ 오비탈에 전자가 배치되어 있으므로 쌓음 원리에 위배되며, 바닥상태의 전자 배치는 $1s^2 2s^1$이다.

B는 $2p_y$ 오비탈이 비어 있는데 에너지가 같은 $2p_z$ 오비탈에 전자가 배치되어 있으므로 바닥상태의 전자 배치이다.

C는 바닥상태 전자 배치이다.

모범 답안 A, 에너지 준위가 낮은 $2s$ 오비탈에 전자를 채우지 않고 $2p$ 오비탈에 전자가 채워졌으므로 쌓음 원리에 위배되는 들뜬상태이다.

채점 기준	배점
들뜬상태를 옳게 고르고, 위배된 전자 배치 규칙과 관련하여 옳게 서술한 경우	100 %
들뜬상태만 옳게 고른 경우	30 %

수능 실전 문제 108~111쪽

01 ④	02 ③	03 ②	04 ④	05 ②	06 ⑤	07 ①
08 ③	09 ①	10 ②	11 ②	12 ②	13 ②	14 ③
15 ③	16 ①					

01 꼼꼼 문제 분석

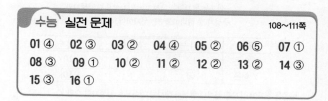

다전자 원자의 선 스펙트럼을 설명할 수 없는 보어 원자 모형을 보완한 현대의 원자 모형이다.

전자를 발견한 톰슨이 제안한 원자 모형이다.

수소 원자의 선 스펙트럼을 설명하기 위해 보어가 제안한 원자 모형이다.

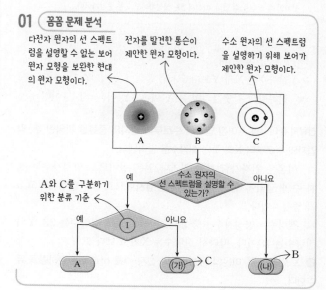

A와 C를 구분하기 위한 분류 기준

전략적 풀이 ❶ 수소 원자의 선 스펙트럼을 설명하기 위해 제안된 모형을 파악한다.

수소 원자의 선 스펙트럼을 설명하기 위해 제안된 원자 모형은 보어 원자 모형인 C이고, 현대의 원자 모형인 A는 보어 원자 모형의 한계를 해결하기 위해 제안된 모형이므로 보어 원자 모형에서 설명할 수 없었던 내용도 설명할 수 있다.

ㄴ. 톰슨 원자 모형인 B는 보어 원자 모형 이전에 나온 것이므로 수소 원자의 선 스펙트럼을 설명할 수 없다. 따라서 (나)는 B이다.

❷ 보어 원자 모형과 현대 원자 모형의 차이점을 파악한다.

ㄱ. A와 (가)에 해당하는 C는 둘 다 원자핵이 존재하는 모형이므로 '원자핵이 존재하는가?'는 분류 기준이 될 수 없다. 분류 기준이 될 수 있는 것은 '다전자 원자의 선 스펙트럼을 설명할 수 있는가?' 등이 될 수 있다.

ㄷ. (가), 즉 C는 알파(α) 입자 산란 실험 이후에 제안된 모형이고, 원자핵이 존재하므로 알파(α) 입자 산란 실험의 결과를 설명할 수 있다.

02 꼼꼼 문제 분석

a와 b는 원자핵을 구성하는 입자이므로 양성자와 중성자 중 하나이고 c는 전자이다.

구분	a의 수	b의 수	c의 수
X 이온	12	11	10
Y 이온	10	8	10

이온은 원자가 전자를 잃거나 얻어 생성된 것이므로 양성자의 수와 전자의 수가 같을 수 없다. 따라서 b는 양성자이고, a는 중성자이다.

전략적 풀이 ❶ 주어진 입자의 수로부터 입자의 종류를 파악한 후, 각 입자의 수로부터 X와 Y의 질량수를 알아낸다.

ㄱ. 이온은 원자가 전자를 잃거나 얻은 것이므로 양성자수는 전자 수와 달라야 한다. 따라서 c는 전자이므로 b가 양성자이고 a가 중성자이다.

ㄴ. 질량수=양성자수+중성자수이므로 X의 질량수는 23, Y의 질량수는 18이다. 따라서 질량수는 X가 Y보다 크다.

❷ X 이온과 Y 이온의 양성자수와 전자 수를 비교하여 전하량을 유추한다.

ㄷ. X 이온은 X가 전자 1개를 잃어 생성된 이온이므로 X^+이고, Y 이온은 Y가 전자 2개를 얻어 생성된 이온이므로 Y^{2-}이다. 따라서 전하량의 절댓값의 비는 X 이온 : Y 이온=$1:2$이다.

03 꼼꼼 문제 분석

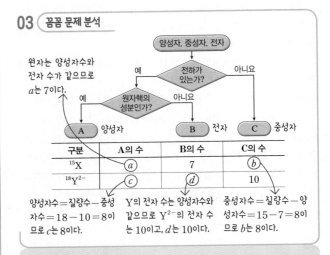

원자는 양성자수와 전자 수가 같으므로 a는 7이다.

구분	A의 수	B의 수	C의 수
^{15}X	a	7	b
$^{18}Y^{2-}$	c	d	10

양성자수=질량수−중성자수=18−10=8이므로 c는 8이다.

Y의 전자 수는 양성자수와 같으므로 Y^{2-}의 전자 수는 10이고, d는 10이다.

중성자수=질량수−양성자수=15−7=8이므로 b는 8이다.

전략적 풀이 ❶ 원자를 구성하는 입자의 성질을 생각하여 입자의 종류를 파악한다.

ㄱ. A는 양성자, B는 전자인데 전자의 질량은 양성자나 중성자의 질량에 비해 무시할 수 있을 정도로 작다.

❷ 양성자수와 질량수의 관계로부터 $a \sim d$의 값을 파악한다.

ㄴ. $a+d=7+10=17$이고, $b+c=8+8=16$이다. 따라서 $a+d$의 값은 $b+c$의 값보다 크다.

❸ 양성자수로 원자 번호를 알아낸다.

ㄷ. Y의 양성자수는 8인데 원자 번호와 양성자수가 같으므로 Y의 원자 번호는 8이다.

04 꼼꼼 문제 분석

동위 원소	원자량	존재 비율(%)
^aX	A	19.9
^bX	B	80.1

• $b>a$이다. 질량수가 클수록 원자량이 크다.

• 평균 원자량은 w이다.

$$w=\left(A \times \frac{19.9}{100}\right)+\left(B \times \frac{80.1}{100}\right)$$

선택지 분석

$\not\sqsupset$ $A>B$이다. $A<B$

$\bigcirc\!\!\!\!\llcorner$ w는 $\dfrac{A+B}{2}$보다 크다.

$\bigcirc\!\!\!\!\sqsubset$ $\dfrac{1\,\mathrm{g}의 \,^{a}\mathrm{X}에 \,들어 \,있는 \,전체 \,양성자수}{1\,\mathrm{g}의 \,^{b}\mathrm{X}에 \,들어 \,있는 \,전체 \,양성자수}>1$이다.

전략적 풀이 ❶ 평균 원자량을 구하는 방법을 생각해 본다.

ㄱ. 질량수가 클수록 원자량이 크므로 $A<B$이다.

ㄴ. 평균 원자량은 동위 원소의 원자량에 존재 비율을 곱하여 더한 값이므로 동위 원소의 존재 비율이 큰 쪽의 원자량에 가까운 값이 된다. 원자량이 큰 $^{b}\mathrm{X}$의 존재 비율이 크므로 평균 원자량은 $\dfrac{A+B}{2}$보다 큰 값을 갖는다.

❷ 각 동위 원소 1 g이 몇 mol인지 생각해 본다.

ㄷ. 동위 원소는 원자 번호가 같으므로 양성자수는 같다. $^{a}\mathrm{X}$ 1 g은 $\dfrac{1}{A}$ mol이고, $^{b}\mathrm{X}$ 1 g은 $\dfrac{1}{B}$ mol인데 $B>A$이므로 1 g에 들어 있는 원자 수는 $^{a}\mathrm{X}>{}^{b}\mathrm{X}$이고, 양성자수도 $^{a}\mathrm{X}>{}^{b}\mathrm{X}$이다.

05 꼼꼼 문제 분석

전자 수=양성자수이므로 $\dfrac{n}{n}:\dfrac{n+3}{n+1}=4:5$에서 $n=7$이다.

• 용기 속 $\mathrm{X_2Y}$를 구성하는 원자 X와 Y에 대한 자료

원자	$^{a}\mathrm{X}$	$^{b}\mathrm{X}$	$^{c}\mathrm{Y}$
양성자수	n	n	$n+1$
중성자수	$n+1$	n	$n+3$
$\dfrac{중성자수}{전자 수}$ (상댓값)		4	5

• 용기 속에는 $^{a}\mathrm{X}^{a}\mathrm{X}^{c}\mathrm{Y}$, $^{a}\mathrm{X}^{b}\mathrm{X}^{c}\mathrm{Y}$, $^{b}\mathrm{X}^{b}\mathrm{X}^{c}\mathrm{Y}$만 들어 있다.

• 용기 속 $\dfrac{전체 \,중성자수}{전체 \,양성자수}=\dfrac{62}{55}$이다.

$\mathrm{X_2Y}$ 1 mol에는 X가 2 mol, Y가 1 mol 존재하고, $^{a}\mathrm{X}$의 양(mol)을 x mol이라고 하면 $^{b}\mathrm{X}$의 양(mol)은 $(2-x)$ mol이다.

선택지 분석

$\not\!①$ $\dfrac{1}{2}$ ② $\dfrac{2}{3}$ $\not\!③$ 1 $\not\!④$ $\dfrac{3}{2}$ $\not\!⑤$ 2

전략적 풀이 $\mathrm{X_2Y}$ 1 mol에 들어 있는 $^{a}\mathrm{X}$, $^{b}\mathrm{X}$, $^{c}\mathrm{Y}$의 양(mol)을 고려하여 전체 양성자수와 중성자수를 계산해 본다.

전자 수=양성자수이므로 $\dfrac{n}{n}:\dfrac{n+3}{n+1}=4:5$에서 $n=7$이다.

따라서 $^{a}\mathrm{X}$의 양성자수는 7, 중성자수는 8이고, $^{b}\mathrm{X}$의 양성자수는 7, 중성자수는 7이며, Y의 양성자수는 8, 중성자수는 10이다. $\mathrm{X_2Y}$ 1 mol에는 X가 2 mol, Y가 1 mol 존재하고, $^{a}\mathrm{X}$의 양(mol)을 x mol이라고 하면 $^{b}\mathrm{X}$의 양(mol)은 $(2-x)$ mol이다.

전체 양성자수는 $7\times x+7\times(2-x)+8\times1$, 전체 중성자수는 $8\times x+7\times(2-x)+10\times1$이므로 $\dfrac{전체 \,중성자수}{전체 \,양성자수}=\dfrac{x+24}{22}$ $=\dfrac{62}{55}$에서 $x=\dfrac{4}{5}$이고, $\dfrac{용기 \,속에 \,들어 \,있는 \,^{a}\mathrm{X} \,원자 \,수}{용기 \,속에 \,들어 \,있는 \,^{b}\mathrm{X} \,원자 \,수}=\dfrac{2}{3}$ 이다.

06 꼼꼼 문제 분석

$^{16}\mathrm{O}$와 $^{18}\mathrm{O}$의 양성자수는 8이다. → 양성자의 양(mol)은 $16x$ mol이고, 중성자의 양(mol)은 $18x$ mol이다.

$^{1}\mathrm{H}$와 $^{2}\mathrm{H}$의 양성자수는 1이다. → 양성자의 양(mol)은 $(10\times0.2+10y)$ mol이고, 중성자의 양(mol)은 $(10\times0.2+9y)$ mol이다.

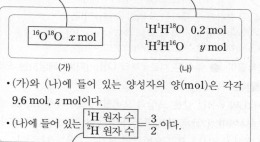

(가)	(나)
$^{16}\mathrm{O}^{18}\mathrm{O}$ x mol	$^{1}\mathrm{H}^{1}\mathrm{H}^{18}\mathrm{O}$ 0.2 mol $^{1}\mathrm{H}^{2}\mathrm{H}^{16}\mathrm{O}$ y mol

• (가)와 (나)에 들어 있는 양성자의 양(mol)은 각각 9.6 mol, z mol이다.

• (나)에 들어 있는 $\dfrac{^{1}\mathrm{H} \,원자 \,수}{^{2}\mathrm{H} \,원자 \,수}=\dfrac{3}{2}$이다.

$^{1}\mathrm{H}$ 원자의 양(mol)은 $(2\times0.2+y)$ mol이고, $^{2}\mathrm{H}$ 원자의 양(mol)은 y mol이므로 $\dfrac{0.4+y}{y}=\dfrac{3}{2}$에서 $y=0.8$이다.

선택지 분석

$\bigcirc\!\!\!\!\sqsupset$ z는 10이다.

$\bigcirc\!\!\!\!\llcorner$ $\dfrac{(나)에 \,들어 \,있는 \,\mathrm{O} \,원자의 \,질량}{(가)에 \,들어 \,있는 \,\mathrm{O} \,원자의 \,질량}=\dfrac{41}{51}$이다.

$\bigcirc\!\!\!\!\sqsubset$ (가)와 (나)에 들어 있는 중성자의 양(mol)의 합은 20 mol 이다.

전략적 풀이 ❶ x, y, z의 값을 구한 후 중성자의 양(mol)을 구한다.

ㄱ. (가)에 들어 있는 양성자의 양(mol)이 9.6 mol이므로 $16x=9.6$에서 $x=0.6$이고, (나)에 들어 있는 양성자의 양(mol)은 $10\times0.2+10y=2+10\times0.8=10$이므로 $z=10$이다.

ㄷ. (가)에 들어 있는 중성자의 양(mol)은 $18x=10.8$ mol이고, (나)에 들어 있는 중성자의 양(mol)은 $10\times0.2+9y=9.2$ mol이므로 (가)와 (나)에 들어 있는 중성자의 양(mol)의 합은 20 mol 이다.

❷ O 원자의 양(mol)과 원자량을 이용하여 O 원자의 질량비를 구한다.

ㄴ. (가)에는 $^{16}\mathrm{O}$와 $^{18}\mathrm{O}$가 각각 0.6 mol이 있으므로 O 원자의 질량은 $16\times0.6+18\times0.6=20.4\,(\mathrm{g})$이고, (나)에는 $^{18}\mathrm{O}$가 0.2 mol, $^{16}\mathrm{O}$가 y mol 있으므로 O 원자의 질량은 $18\times0.2+16\times0.8=16.4\,(\mathrm{g})$이다. 따라서 $\dfrac{(나)에 \,들어 \,있는 \,\mathrm{O} \,원자의 \,질량}{(가)에 \,들어 \,있는 \,\mathrm{O} \,원자의 \,질량}$ $=\dfrac{41}{51}$이다.

모양이 같은 것은 $1s$ 오비탈과 $2s$ 오비탈이므로
(가)와 (나)는 각각 $1s$ 오비탈과 $2s$ 오비탈 중 하나이다.

- (가)와 (나)의 모양이 같다.
- (가)와 (다)에는 원자가 전자가 들어 있다.

원자가 전자는 가장 바깥 전자 껍질, 즉 주 양자수(n)가 가장 큰 오비탈에 들어 있으므로 (가)와 (다)는 각각 $2s$ 오비탈과 $2p_x$ 오비탈 중 하나이다. 따라서 (가)는 $2s$, (나)는 $1s$, (다)는 $2p_x$ 오비탈이다.

선택지 분석

ㄱ. 오비탈의 크기는 (가) > (나)이다.

ㄴ. 홀전자가 존재하는 오비탈은 (가)이다. (다)

ㄷ. 오비탈의 에너지 준위는 (가) > (다)이다. (가) < (다)

전략적 풀이 ❶ 주어진 자료로부터 (가)~(다)에 해당하는 오비탈을 파악한다.

ㄱ. (가)와 (나)는 같은 모양의 오비탈이므로 각각 $1s$, $2s$ 오비탈 중 하나이며, (가)에 원자가 전자가 들어 있으므로 주 양자수(n)는 (가)가 (나)보다 크고 오비탈의 크기는 (가) > (나)이다.

❷ 바닥상태 질소(N) 원자의 전자 배치를 쓰고, 홀전자 수와 전자가 들어 있는 오비탈 수를 파악한다.

ㄴ. 바닥상태 N 원자의 전자 배치는 $1s^2 2s^2 2p_x{}^1 2p_y{}^1 2p_z{}^1$이므로 홀전자가 존재하는 오비탈은 $2p_x$ 오비탈, 즉 (다)이다.

ㄷ. (가)는 $2s$, (다)는 $2p_x$ 오비탈이므로 오비탈의 에너지 준위는 (가) < (다)이다.

주 양자수(n)=1
방위(부) 양자수(l)=0
자기 양자수(m_l)=0

주 양자수(n)=2
방위(부) 양자수(l)=1

주 양자수(n)=3
방위(부) 양자수(l)=0
자기 양자수(m_l)=0

$1s$ (가)　　$2p_x$ (나)　　$3s$ (다)

선택지 분석

ㄱ. 방향성이 없는 것은 2가지이다.

ㄴ. (가)와 (다)는 자기 양자수(m_l)가 같다.

ㄷ. 방위(부) 양자수(l)가 가장 큰 것은 (다)이다. (나)

전략적 풀이 ❶ 오비탈의 모양에 따른 특징을 생각해 본다.

ㄱ. (가)와 (다)는 공 모양인 s 오비탈이므로 방향성이 없다.

❷ 각 오비탈의 양자수를 생각해 본다.

ㄴ. s 오비탈은 자기 양자수(m_l)가 0의 1가지 값만 가지므로 (가)와 (다)는 자기 양자수(m_l)가 0으로 같다.

ㄷ. 방위(부) 양자수(l)가 가장 큰 것은 p 오비탈인 (나)이다.

수소 원자에서 오비탈의 에너지 준위는 주 양자수(n)에 의해 결정된다. → 주 양자수(n)가 3 이하이므로 오비탈의 주 양자수(n)는 (나)가 1, (가)가 2, (다)가 3이다.

- 수소 원자에서 오비탈의 에너지 준위는 (다) > (가) > (나)이다.
- $n+l$는 (가) = (다) > (나)이다.

(가)와 (다)의 $n+l$이 같기 위해서는 (가)의 l은 1, (다)의 l은 0이어야 한다. → (가)는 $2p$, (다)는 $3s$ 오비탈이다.

선택지 분석

ㄱ. l는 (가) > (다)이다.

ㄴ. (가)와 (나)는 같은 모양의 오비탈이다. (가) $2p$, (나) $1s$

ㄷ. 자기 양자수(m_l)는 (다) > (나)이다. (나) = (다)

전략적 풀이 ❶ 주어진 정보를 분석하여 (가)~(다)가 각각 어떤 오비탈인지 파악한다.

ㄱ. (가)의 l는 1이고, (다)의 l는 0이다.

ㄴ. (나)의 주 양자수(n)는 1이고, 주 양자수(n)가 1인 오비탈은 s 오비탈이므로 (나)는 공 모양이고, (가)는 $2p$ 오비탈이므로 아령 모양이다.

❷ 2주기 원소의 바닥상태 전자 배치를 생각해 본다.

ㄷ. (나)는 $1s$, (다)는 $3s$ 오비탈이고, s 오비탈의 자기 양자수(m_l)는 0이다.

$n=1$이고, $l=0$인 $1s$ 오비탈이다.
→ x는 1이다.

$n=2$이므로 $2p$ 오비탈이다.

오비탈	(가)	(나)	(다)
n	x	$x+1$	y
$n+l$	1	3	3

$3s$ 오비탈이므로 y는 3이다.

각각 $3s$ 오비탈 또는 $2p$ 오비탈 중 하나이다.

선택지 분석

ㄱ. $x=y$이다. $x=1$, $y=3$

ㄴ. (가)와 (다)의 자기 양자수(m_l)는 같다.

ㄷ. 오비탈의 에너지 준위는 (나) > (다)이다. (나) < (다)

전략적 풀이 ❶ 주어진 정보를 이용하여 x, y의 값과 (가)~(다)에 해당하는 오비탈의 종류를 파악한다.

ㄱ. (가)는 $1s$, (나)는 $2p$, (다)는 $3s$ 오비탈이며, x는 1이고, y는 3이다.

❷ 각 오비탈의 자기 양자수(m_l)를 생각해 본다.

ㄴ. (가)는 $1s$, (다)는 $3s$ 오비탈이고 모든 s 오비탈의 자기 양자수(m_l)는 0이다.

❸ 각 오비탈의 에너지 준위를 생각해 본다.

ㄷ. 에너지 준위는 (나) $2p$< (다) $3s$이다.

11 꼼꼼 문제 분석

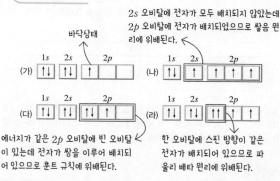

2s 오비탈에 전자가 모두 배치되지 않았는데 2p 오비탈에 전자가 배치되었으므로 쌓음 원리에 위배된다.

바닥상태

에너지가 같은 $2p$ 오비탈에 빈 오비탈이 있는데 전자가 쌍을 이루어 배치되어 있으므로 훈트 규칙에 위배된다.

한 오비탈에 스핀 방향이 같은 전자가 배치되어 있으므로 파울리 배타 원리에 위배된다.

선택지 분석
❌ 들뜬상태의 전자 배치는 3가지이다. (나), (다) 2가지
❌ 존재할 수 없는 전자 배치는 2가지이다. (라) 1가지
⭕ 바닥상태에서 홀전자 수가 가장 큰 것은 (다)이다.

전략적 풀이 ❶ (가)~(라) 중 전자 배치 규칙에 위배되는 전자 배치를 파악한다.

ㄱ. 전자 배치 규칙에 위배되는 전자 배치는 (나), (다), (라)의 3가지이지만, (라)는 들뜬상태가 아니라 존재할 수 없는 전자 배치이다.

ㄴ. 존재할 수 없는 전자 배치는 (라) 1가지이다.

❷ 각 원자의 바닥상태 전자 배치를 그려 홀전자 수를 파악한다.

ㄷ. 각 원자의 바닥상태 전자 배치는 다음과 같다.

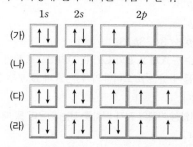

바닥상태에서 (가)~(라)의 홀전자 수는 각각 1, 2, 3, 2이므로 (다)가 가장 크다.

12 꼼꼼 문제 분석

2s나 2p의 전자들의 n는 짝수인 2이므로 n의 합이 홀수이기 위해서는 n가 1인 1s 오비탈에 전자가 1개 배치되어 있어야 한다.

• 모든 전자의 n의 합은 11이다.
• $n+l=3$인 전자 수는 3이다.
• $m_l=0$인 전자 수는 5이다.

n가 2이고, l가 1인 2p 오비탈이다.

선택지 분석
❌ 훈트 규칙을 만족한다. 위배된다
❌ 홀전자 수는 3이다. 2
⭕ 모든 전자의 l의 합은 3이다.

전략적 풀이 ❶ 주어진 정보를 이용하여 X의 전자 배치를 생각해 본다.

모든 전자의 n의 합이 11이 되는 전자 배치는 $1s^1 2s^2 2p^3$, $1s^1 2s^1 2p^4$인데, 두 번째 조건에서 $2p$ 오비탈의 전자 수가 3이므로 X의 전자 배치는 $1s^1 2s^2 2p^3$이며, 이 전자 배치는 $1s^1 2s^2 2p_x{}^1 2p_y{}^1 2p_z{}^1$과 $1s^1 2s^2 2p_x{}^2 2p_y{}^1$ 2가지가 가능하다. 세 번째 조건에서 $m_l=0$인 전자 수가 5이기 위해서는 s 오비탈에 전자가 3개 있으므로 $m_l=0$인 $2p$ 오비탈에 쌍을 이룬 전자가 있어야 한다. 따라서 X의 전자 배치는 $1s^1 2s^2 2p_x{}^2 2p_y{}^1$이다.

❷ 파악한 X의 전자 배치를 이용하여 문제를 해결한다.

ㄱ. $2p$ 오비탈 1개가 비어 있는데 다른 $2p$ 오비탈에 전자가 쌍을 이루고 있으므로 훈트 규칙에 위배된다.

ㄴ. 홀전자 수는 $1s$ 오비탈에 1, $2p_y$ 오비탈에 1로 2이다.

ㄷ. l는 s 오비탈이 0이고, p 오비탈이 1인데, p 오비탈에 전자가 3개 있으므로 모든 전자의 l의 합은 3이다.

13 꼼꼼 문제 분석

쌓음 원리에 위배되는 전자 배치로 가능한 전자 배치는 다음과 같다.
$1s^2 2s^1 2p^6 3s^2$
$1s^1 2s^2 2p^6 3s^2$
$1s^2 2s^2 2p^6 3s^1 3p^1$
$1s^2 2s^2 2p^6 3s^1 3d^1$

$1s^2 2s^2 2p^5$로 ㉠은 7이다.

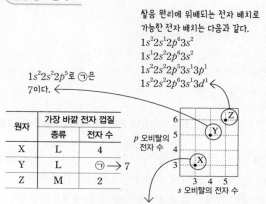

원자	가장 바깥 전자 껍질	
	종류	전자 수
X	L	4
Y	L	㉠ → 7
Z	M	2

$1s^2 2s^1 2p^3$으로 쌓음 원리에 위배되는 들뜬상태이며, 2p 오비탈에 전자가 배치된 상태는 자료만으로는 알 수 없다.

✗ ㉠은 5이다. 7
ㄴ 바닥상태의 원자는 1가지이다.
✗ L 전자 껍질에 있는 전자 수는 Y가 Z보다 크다. 작거나 같다

전략적 풀이 ❶ 주어진 자료로 각 원자의 전자 배치를 파악한다.

ㄱ. Y의 L 전자 껍질에 존재하는 전자들의 전자 배치는 $2s^2 2p^5$ 이므로 ㉠은 7이다.

ㄷ. Z의 가능한 전자 배치는 다음과 같으므로 L 전자 껍질에 있는 전자 수는 7 또는 8이다.

$1s^2 2s^1 2p^6 3s^2$ $1s^1 2s^2 2p^6 3s^2$
$1s^2 2s^2 2p^5 3s^1 3p^1$ $1s^2 2s^2 2p^6 3s^1 3d^1$

Y의 전자 배치는 $1s^2 2s^2 2p^5$ 이므로 L 전자 껍질의 전자 수는 7 이다. 따라서 L 전자 껍질에 있는 전자 수는 Y가 Z보다 작거나 같다.

❷ 전자 배치 규칙으로 바닥상태의 원자를 파악한다.

ㄴ. X와 Z의 전자 배치는 모두 쌓음 원리에 위배되는 들뜬상태의 전자 배치이고, Y는 바닥상태의 전자 배치이다. 즉, 바닥상태의 원자는 Y 1가지이다.

14 꼼꼼 문제 분석

바닥상태의 전자 배치가 $1s^2 2s^2 2p^6 3s^1$ 이므로 a는 5이다.

바닥상태의 전자 배치가 $1s^2 2s^2 2p_x^1 2p_y^1 2p_z^1$ 이므로 b는 3이다.

원자	s 오비탈에 들어 있는 전자 수	p 오비탈에 들어 있는 전자 수	홀전자 수
(가)	ⓐ	6	1
(나)	4	3	ⓑ
(다)	3	ⓒ	ⓓ

바닥상태의 전자 배치가 $1s^2 2s^1$ 이므로 c는 0, d는 1이다.

㉠ $a+b+c+d=9$ 이다.
㉡ (가)와 (다)는 화학적 성질이 비슷하다.
✗ (다)에 존재하는 전자들의 스핀 자기 양자수(m_s)의 합은 0이다. 0이 아니다

전략적 풀이 ❶ 각 원소의 바닥상태 전자 배치를 파악하여 a~d를 구한다.

(가)의 전자 배치는 $1s^2 2s^2 2p^6 3s^1$ 이고, (나)의 전자 배치는 $1s^2 2s^2 2p_x^1 2p_y^1 2p_z^1$ 이며, (다)의 전자 배치는 $1s^2 2s^1$ 이다.

ㄱ. a~d는 각각 5, 3, 0, 1이므로 $a+b+c+d=9$ 이다.

ㄴ. (가)와 (다)는 원자가 전자 수가 1로 같으므로 화학적 성질이 비슷하다.

❷ 한 오비탈에서 전자들이 가질 수 있는 스핀 자기 양자수(m_s)를 생각해 본다.

ㄷ. 스핀 자기 양자수(m_s)는 $+\frac{1}{2}$, $-\frac{1}{2}$ 의 2가지 값만 가질 수 있으므로 한 오비탈에 전자 2개가 채워진 경우 스핀 자기 양자수(m_s)의 합은 0이다. (다)는 2s 오비탈에 홀전자가 존재하므로 스핀 자기 양자수(m_s)의 합은 0이 아니다.

15 꼼꼼 문제 분석

A는 2주기, B는 3주기, C는 2주기, D는 3주기 원자이다.

• 전자가 들어 있는 전자 껍질 수: B>A, D>C

• 전체 s 오비탈의 전자 수에 대한 전체 p 오비탈의 전자 수의 비

원자	A	B	C	D
전체 p 오비탈의 전자 수 / 전체 s 오비탈의 전자 수	1	1	1.5	1.5

A의 전자 배치는 $1s^2 2s^2 2p_x^2 2p_y^1 2p_z^1$ 이고, B의 전자 배치는 전자 껍질이 1개 많은 $1s^2 2s^2 2p^6 3s^2$ 이다. C의 전자 배치는 $1s^2 2s^2 2p^6$ 이고, D의 전자 배치는 전자 껍질이 1개 많은 $1s^2 2s^2 2p^6 3s^2 3p_x^1 3p_y^1 3p_z^1$ 이다.

㉠ 홀전자 수는 D가 가장 크다.
✗ 전자가 들어 있는 p 오비탈의 수는 B가 A보다 크다. 같다
㉢ B가 비활성 기체의 전자 배치를 갖는 이온이 되면 C와 전자 배치가 같다.

전략적 풀이 ❶ 두 종류 오비탈의 전자 수비가 1과 1.5로 가능한 전자 배치를 모두 써보고, 전자 껍질 수를 비교하여 A~D의 전자 배치를 파악한다.

A~D는 2, 3주기 원자이고 전자가 들어 있는 전자 껍질 수가 B, D>A, C이므로 A, C는 2주기 원자, B, D는 3주기 원자이다. 전체 s 오비탈의 전자 수 : 전체 p 오비탈의 전자 수가 1 : 1 인 경우와 1 : 1.5인 경우의 전자 배치를 써보면 다음과 같다.

A: $1s^2 2s^2 2p_x^2 2p_y^1 2p_z^1$
B: $1s^2 2s^2 2p^6 3s^2$
C: $1s^2 2s^2 2p^6$
D: $1s^2 2s^2 2p^6 3s^2 3p_x^1 3p_y^1 3p_z^1$

ㄱ. 홀전자 수는 A가 2, B와 C가 0, D가 3으로 D가 가장 크다.

ㄴ. 전자가 들어 있는 p 오비탈의 수는 A와 B 모두 3($2p_x$, $2p_y$, $2p_z$)으로 같다.

❷ 원자가 비활성 기체의 전자 배치를 갖는 이온이 될 때의 전자 배치를 생각해 본다.

ㄷ. B는 원자가 전자 수가 2이므로 비활성 기체의 전자 배치를 갖는 이온이 되면 전자 2개를 잃고 C와 전자 배치가 같아진다.

원자의 전자 수는 원자 번호와 같고, 2주기 원자이므로 조건을 만족하는 원자의 쌍은 (6번, 3번), (8번, 4번), (10번, 5번)이다.

- 전자 수비는 $X : Y = 2 : 1$이다.
- 전자가 들어 있는 오비탈 수비는 $X : Y = 5 : 2$이다.

이 조건을 만족하는 원자의 쌍은 8번($1s^2 2s^2 2p_x^2 2p_y^1 2p_z^1$)과 4번($1s^2 2s^2$)이다.

선택지 분석

ㄱ. 홀전자 수는 X가 Y보다 크다.

ㄴ. 원자가 전자 수비는 $X : Y = 2 : 5$이다. 3 : 1

ㄷ. X가 비활성 기체의 전자 배치를 갖는 이온이 될 때 전자가 들어 있는 p 오비탈 수가 ~~증가한다.~~ 변화 없다

전략적 풀이 ❶ 주어진 각 조건을 만족하는 원소들을 나열한 후 두 조건을 공통적으로 만족하는 원소의 전자 배치를 파악한다.

X의 전자 배치는 $1s^2 2s^2 2p_x^2 2p_y^1 2p_z^1$, Y의 전자 배치는 $1s^2 2s^2$이다.

❷ 파악한 원소의 전자 배치를 이용하여 홀전자 수와 원자가 전자 수를 파악한다.

ㄱ. 홀전자 수는 X가 2, Y가 0이므로 X가 Y보다 크다.

ㄴ. 원자가 전자 수는 X가 6, Y가 2이므로 $X : Y = 3 : 1$이다.

❸ 원자가 이온이 될 때의 전자 배치 변화로 오비탈 수의 변화를 파악한다.

ㄷ. X가 비활성 기체의 전자 배치를 갖는 이온이 될 때 전자 배치는 $1s^2 2s^2 2p_x^2 2p_y^1 2p_z^1$에서 $1s^2 2s^2 2p_x^2 2p_y^2 2p_z^2$가 되므로 전자가 들어 있는 p 오비탈 수는 변하지 않는다.

---

❷ 원소의 주기적 성질

①˙ 주기율표

❶ 되베라이너 ❷ 뉴랜즈 ❸ 원자량 ❹ 원자 번호 ❺ 원자가 전자 수 ❻ 전자 껍질 수 ❼ 원자가 전자 수 ❽ 금속 ❾ 양 ❿ 비금속 ⓫ 음

1 (1) × (2) ○ (3) × **2** (1) ㉠ 족, ㉡ 주기 (2) 원자 번호 (3) 족 (4) 주기 **3** (1) × (2) ○ (3) ○ (4) × **4** (1) B, C, D (2) C, E (3) B

1 (1) 세 쌍 원소는 화학적 성질이 비슷한 원소들이므로 현대 주기율표에서 같은 족에 속한다.

(2) 옥타브설은 원자들을 원자량 순으로 배열했을 때 8번째마다 화학적 성질이 비슷한 원소가 나타난다는 것으로 현대 주기율표에서 주기 개념의 시초가 되었다.

(3) 멘델레예프는 원소들을 원자량 순으로 배열하면 성질이 비슷한 원소가 주기적으로 나타난다는 것을 발견하여 최초의 주기율표를 만들었다.

2 (1) 주기율표의 세로줄을 족이라고 하며 1족~18족으로 분류하고, 주기율표의 가로줄을 주기라고 하며 1주기~7주기로 분류한다.

(2) 현대 주기율표는 원소들을 원자 번호 순으로 배열하였다.

(3) 같은 족에 속하는 원소들은 원자가 전자 수가 같아 화학적 성질이 비슷하다.

(4) 같은 주기에 속하는 원소들은 전자가 들어 있는 전자 껍질 수가 같다.

3 (1) A는 수소로 비금속 원소이고, B는 금속 원소, C는 준금속 원소, D는 비금속 원소이다.

(2) B는 금속 원소이므로 전자를 잃고 양이온이 되기 쉽다.

(3) D는 비금속 원소이므로 전자를 얻어 음이온이 되기 쉽다.

(4) E는 비활성 기체로 실온에서 기체 상태로 존재한다.

4 (1) B, C, D는 전자가 들어 있는 전자 껍질 수가 2이므로 2주기에 속하는 원소이다. A는 1주기 원소이고, E는 3주기 원소이다.

(2) C와 E는 원자가 전자 수가 4로 같으므로 14족 원소이다. A는 18족, B는 2족, D는 16족 원소이다.

(3) B는 원자가 전자 수가 2이므로 2족 원소이고, 금속 원소이다. A, C, D는 비금속 원소이고, E는 준금속 원소이다.

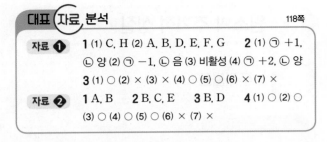

자료 ❶

1 (1) C, H (2) A, B, D, E, F, G **2** (1) ㉠ +1, ㉡ 양 (2) ㉠ -1, ㉡ 음 (3) 비활성 (4) ㉠ +2, ㉡ 양
3 (1) ○ (2) × (3) × (4) ○ (5) ○ (6) × (7) ×

자료 ❷

1 A, B **2** B, C, E **3** B, D **4** (1) ○ (2) ○ (3) ○ (4) ○ (5) ○ (6) × (7) ×

1-1 꼼꼼 문제 분석

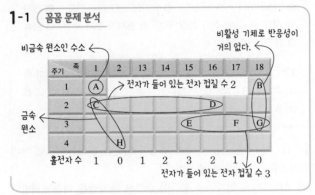

주기율표의 왼쪽에 위치하는 C는 알칼리 금속 원소, H는 알칼리 토금속 원소이고, 왼쪽에 위치하는 수소인 A와 오른쪽에 위치하는 B, D, E, F, G는 비금속 원소이다.

1-2
(1) C는 알칼리 금속 원소로 +1의 전하를 띠는 양이온이 되기 쉽다.
(2) F는 할로젠으로 -1의 전하를 띠는 음이온이 되기 쉽다.
(3) B와 G는 비활성 기체로 반응성이 거의 없다.
(4) H는 알칼리 토금속 원소로 +2의 전하를 띠는 양이온이 되기 쉽다.

1-3
(1) C와 D는 같은 2주기 원소이므로 전자가 들어 있는 전자 껍질 수가 2로 같다.
(2) C는 1족 원소, H는 2족 원소이므로 원자가 전자 수는 각각 1, 2로 서로 다르다.
(3) D, E, F는 비금속 원소이므로 열과 전기 전도성이 매우 작다.
(4) B와 G는 비활성 기체로 실온에서 기체 상태로 존재한다.
(5) A, C는 1족, H는 2족 원소로 원자가 전자 수가 각각 1, 2이 므로 각각 전자 1개, 2개를 잃고 양이온이 되기 쉽다.
(6) 바닥상태에서 홀전자 수는 15족 원소인 E가 3으로 가장 크다.

- A: $1s^1$
- B: $1s^2$
- C: $1s^2 2s^1$
- D: $1s^2 2s^2 2p_x^{\ 2} 2p_y^{\ 1} 2p_z^{\ 1}$
- E: $1s^2 2s^2 2p^6 3s^2 3p_x^{\ 1} 3p_y^{\ 1} 3p_z^{\ 1}$
- F: $1s^2 2s^2 2p^6 3s^2 3p_x^{\ 2} 3p_y^{\ 1} 3p_z^{\ 1}$
- G: $1s^2 2s^2 2p^6 3s^2 3p^6$

- H: $1s^2 2s^2 2p^6 3s^2 3p^6 4s^2$

(7) E와 G의 전자 배치는 각각 $1s^2 2s^2 2p^6 3s^2 3p_x^{\ 1} 3p_y^{\ 1} 3p_z^{\ 1}$, $1s^2 2s^2 2p^6 3s^2 3p^6$이므로 전자가 들어 있는 오비탈의 수는 9로 같다.

2-1 꼼꼼 문제 분석

원자 또는 이온	전자 배치
A 수소(H)	$1s^1$ ⟶ 1주기 1족 원소
B 리튬(Li)	$1s^2 2s^1$ ⟶ 2주기 1족 원소
C 산소(O)	$1s^2 2s^2 2p^4$ → 2주기 16족 원소
D^{2+} 마그네슘 이온(Mg^{2+})	$1s^2 2s^2 2p^6$
E^- 플루오린화 이온(F^-)	$1s^2 2s^2 2p^6$

금속 원소: B, D, C
D의 전자 배치: $1s^2 2s^2 2p^6 3s^2$ → 3주기 2족 원소
E의 전자 배치: $1s^2 2s^2 2p^5$ → 2주기 17족 원소

D^{2+}은 D가 전자 2개를 잃어 생성된 양이온이므로 D의 전자 배치는 $1s^2 2s^2 2p^6 3s^2$이고, E^-는 E가 전자 1개를 얻어 생성된 음이온이므로 E의 전자 배치는 $1s^2 2s^2 2p^5$이다. 따라서 같은 족에 속하는 원소는 A, B로 원자가 전자 수가 1로 같다.

2-2
오비탈의 가장 큰 주 양자수(n)가 2인 B, C, E가 모두 2주기 원소이다.

2-3
B는 2주기 1족, D는 3주기 2족 원소로 금속 원소이다.

2-4
(1) D는 전자가 들어 있는 전자 껍질 수가 3이고 원자가 전자 수가 2이므로 3주기 2족 원소이다.
(2) B는 1족 원소이므로 알칼리 금속이다.
(3) A, C, E는 각각 수소(H), 산소(O), 플루오린(F)으로 실온에서 기체 상태로 존재하는 비금속 원소이므로 열과 전기를 잘 통하지 않는다.
(4) 원자가 전자 수는 E가 7로 가장 크다.
(5) 전자가 들어 있는 전자 껍질 수는 D가 3으로 가장 크다.
(6) B는 전자 1개를 잃고 비활성 기체의 전자 배치를 갖는 이온(B^+)이 되므로 B^+의 전자 배치는 $1s^2$이고, C는 전자 2개를 얻어 비활성 기체의 전자 배치를 갖는 이온(C^{2-})이 되므로 C^{2-}의 전자 배치는 $1s^2 2s^2 2p^6$이다.
(7) 원자가 전자가 p 오비탈에 들어 있는 원소는 C, E 2가지이다.

내신 만점 문제 119~122쪽

01 ⑤ 02 ② 03 ③ 04 ④ 05 ① 06 ④ 07 ①
08 ② 09 ⑤ 10 ③ 11 ④ 12 ⑤ 13 ⑤ 14 ②
15 해설 참조 16 ④ 17 해설 참조

01 ① 되베라이너는 화학적 성질이 비슷한 원소를 3개씩 묶어 분류한 세 쌍 원소설을 제안하였다.

② 뉴랜즈는 원소들을 원자량 순으로 배열했을 때 8번째마다 화학적 성질이 비슷한 원소가 나타난다는 옥타브설을 제안하였고, 이는 현대 주기율표에서 주기 개념의 시초가 되었다.

③, ④ 멘델레예프는 원소들을 원자량 순으로 배열했을 때 화학적 성질이 비슷한 원소가 주기적으로 나타난다는 것을 발견하고, 최초의 주기율표를 작성하였다. 또한 멘델레예프는 아직 발견되지 않은 원소의 존재와 그 성질을 예언하였다.

바로알기 ⑤ 모즐리는 원소들을 원자 번호 순으로 배열하였다.

02 멘델레예프의 주기율표는 원소들을 원자량 순으로 배열하였고, 현대 주기율표는 양성자수, 즉 원자 번호 순으로 배열하였다. 현대 주기율표에서 같은 족 원소들은 원자가 전자 수가 같아 화학적 성질이 비슷하다.

03 A, B^{3+}, C^{2-}은 전자가 K 전자 껍질에 2개, L 전자 껍질에 8개가 배치되어 전자 배치가 모두 같다.

A는 가장 바깥 전자 껍질에 전자가 8개 있는 것으로 보아 비활성 기체이며, 원자가 전자 수는 0이다. 비활성 기체는 전자를 잃거나 얻으려는 경향이 없어 반응성이 거의 없다.

B^{3+}은 B 원자가 전자 3개를 잃어 생성된 양이온이므로 B는 전자가 들어 있는 전자 껍질 수가 3이고, 원자가 전자 수가 3인 원소이다.

C^{2-}은 C 원자가 전자 2개를 얻어 생성된 음이온이므로 C는 전자가 들어 있는 전자 껍질 수가 2이고 원자가 전자 수가 6인 원소이다.

① A는 2주기 18족 원소로, 비활성 기체이다.

② 원자에서 전자 수는 원자 번호와 같다. 전자 수는 A가 10, B가 13, C가 8이므로 원자 번호는 B가 가장 크다.

④ 원자가 전자 수는 B가 3, C가 6이므로 C가 B보다 크다.

⑤ A와 C는 전자가 들어 있는 전자 껍질 수가 2로 같으므로 모두 2주기 원소이다.

바로알기 ③ A와 B는 원자가 전자 수가 다르므로 화학적 성질이 다르다.

04 꼼꼼 문제 분석

이온	전자 배치
A^{2+}, B^-	$1s^2 2s^2 2p^6$
C^{2+}, D^{2-}	$1s^2 2s^2 2p^6 3s^2 3p^6$
원자	전자 배치
A	$1s^2 2s^2 2p^6 3s^2$ → 3주기 2족
B	$1s^2 2s^2 2p_x^2 2p_y^2 2p_z^1$ → 2주기 17족
C	$1s^2 2s^2 2p^6 3s^2 3p^6 4s^2$ → 4주기 2족
D	$1s^2 2s^2 2p^6 3s^2 3p^6 3p_x^2 3p_y^1 3p_z^1$ → 3주기 16족

ㄴ. A와 C는 원자가 전자 수가 2로 모두 2족 원소이다.

ㄷ. A와 D는 전자가 들어 있는 전자 껍질 수가 3이므로 모두 3주기 원소이다.

바로알기 ㄱ. B는 원자가 전자 수가 7이고, 전자가 들어 있는 전자 껍질 수가 2이므로 2주기 17족 원소이다.

05 꼼꼼 문제 분석

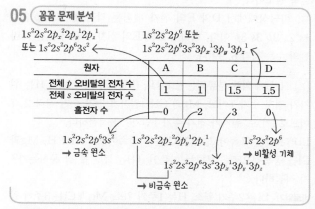

ㄱ. A와 C는 3주기 원소이다.

바로알기 ㄴ. 원자가 전자 수는 A가 2, B가 6, C가 5, D가 0이다. 따라서 원자가 전자 수는 B가 가장 크다.

ㄷ. A는 금속 원소이고, B, C, D는 비금속 원소이다. 따라서 비금속 원소는 3가지이다.

06 꼼꼼 문제 분석

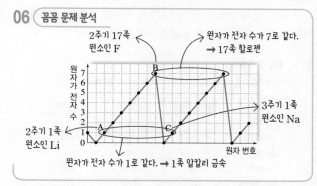

원자가 전자 수는 족의 끝자리 수와 같다. A는 2주기 1족 원소인 Li, B는 2주기 17족 원소인 F, C는 3주기 1족 원소인 Na이다.

ㄱ. A와 C는 원자가 전자 수가 1로 같은 1족 원소이므로 화학적 성질이 비슷하다.

ㄷ. 비슷한 화학적 성질을 갖는 원소가 주기적으로 나타나는 까닭은 원자가 전자 수가 주기적으로 변하기 때문이다.

바로알기 ㄴ. B와 C는 전자가 들어 있는 전자 껍질 수가 각각 2, 3으로 다르다.

07 ㄱ. E, G는 16족 원소로 원자가 전자 수가 6으로 같다.

바로알기 ㄴ. C, F는 금속 원소, A, D는 비금속 원소이다.

ㄷ. 비활성 기체인 B는 가장 바깥 전자 껍질의 전자 수가 8로 매우 안정하여 반응성이 거의 없으므로 이온을 형성하지 않는다.

08 ㄴ. B와 C는 같은 2주기 원소이므로 전자가 들어 있는 전자 껍질 수가 2로 같다.
바로알기 ㄱ. 금속 원소는 B와 D 2가지이다. A는 수소(H)로 비금속 원소이다.
ㄷ. 바닥상태에서 D와 E의 전자 배치는 각각 $1s^22s^22p^63s^1$, $1s^22s^22p^63s^23p^6$이다. 따라서 D와 E의 전자가 들어 있는 오비탈의 수는 각각 6, 9이다.

09 (가)에 의해 분류되는 (Li, H), (Mg, Cl)에서 Li과 H는 원자가 전자 수가 1이고, Mg과 Cl은 원자가 전자 수가 각각 2, 7이므로 (가)로 '원자가 전자 수가 1인가?'가 적절하다.
Li과 Mg은 금속이고, H와 Cl는 비금속이므로 Li과 H, Mg과 Cl를 공통적으로 구분하는 기준인 (나)는 '전기를 잘 통하는가?'가 적절하다.
바로알기 Li은 2주기 원소, H는 1주기 원소, Mg과 Cl는 3주기 원소이므로 '2주기 원소인가?'는 (가)와 (나) 모두에 적절하지 않다.

10 A는 Li, B는 F, C는 Ne이다.
ㄱ. 금속 원소는 1족 원소인 A(Li) 1가지이다.
ㄴ. A~C는 전자가 들어 있는 전자 껍질 수가 2로 같으므로 모두 2주기 원소이다.
바로알기 ㄷ. 원자가 전자 수가 가장 큰 것은 B(F)이다. C(Ne)는 가장 바깥 전자 껍질에 전자가 8개인 비활성 기체로, 반응에 참여할 수 있는 전자인 원자가 전자 수는 0이다.

11 **꼼꼼 문제 분석**

주기가 커질수록, 즉 원자 번호가 커질수록 녹는점과 끓는점이 높아진다.

원소	플루오린(F)	브로민(Br)	아이오딘(I)
주기	2	4	5
녹는점(℃)	−219.6	−7.2	113.6
끓는점(℃)	−188.0	59	184.4
원자량	19	80	127
수소 화합물	HF	HBr	HI

수소와 1 : 1의 비로 결합하여 화합물을 형성한다.

ㄴ. 염소(Cl)는 원자량이 플루오린(F)보다 크므로 원자 번호가 플루오린(F)보다 크다. 따라서 끓는점의 경향으로 보아 원자 번호가 큰 염소의 끓는점이 플루오린보다 높다.
ㄷ. 다른 할로젠들이 수소와 1 : 1의 비로 결합하므로 같은 족 원소인 염소도 수소와 1 : 1의 비로 결합하여 HCl를 생성한다.
바로알기 ㄱ. 염소의 녹는점은 플루오린보다는 높고 브로민(Br)보다는 낮다. 즉, 염소는 브로민의 녹는점인 −7.2 ℃보다 낮은 온도에서 녹아 액체 상태가 되므로 이보다 높은 실온(25 ℃)에서는 고체 상태로 존재할 수 없다.

12 X의 전자 배치를 자세히 나타내면 $1s^22s^22p_x^12p_y^1$이다.
⑤ 홀전자는 1개의 오비탈에 쌍을 이루지 않고 들어 있는 전자이므로 홀전자 수는 2이다.
바로알기 ①, ④ 원자가 전자는 2s 오비탈과 2p 오비탈에 들어 있는 전자로, 원자가 전자 수는 4이므로 14족 원소이다.
② 원자가 전자 수가 4이므로 비금속 원소이다.
③ 전자가 들어 있는 전자 껍질 수가 2이므로 2주기 원소이다.

13 **꼼꼼 문제 분석**

원자가 전자

원자	전자 배치	
A	$1s^①$	1주기 1족 원소 → H
B	$1s^22s^①$	2주기 1족 원소 → Li
C	$1s^22s^22p^③$	2주기 15족 원소 → N
D	$1s^22s^22p^63s^①$	3주기 1족 원소 → Na

ㄱ, ㄴ. A, B, D는 원자가 전자 수가 모두 1로 같으므로 모두 1족 원소이지만, A는 수소(H)로 비금속 원소이고, B, D는 금속 원소이다.
ㄷ. C는 원자가 전자 수가 5로 가장 크다.

14 ㄴ. (다)는 준금속 원소로 금속 원소인 (나)와 비금속 원소인 (라)의 중간 성질을 갖는다.
바로알기 ㄱ. (가)는 비금속 원소로 열과 전기가 잘 통하지 않는다.
ㄷ. (마)는 비활성 기체로 가장 바깥 전자 껍질에 전자를 모두 채워 매우 안정하여 반응성이 거의 없으므로 이온을 생성하지 않고 비금속성이 없다.

15 (가)는 수소로 비금속 원소이지만 전자를 잃고 양이온이 되기 쉽다.
(나)에 속한 원소들은 대부분 원자가 전자 수가 1~3으로 비활성 기체와 같은 전자 배치를 갖기 위해 전자를 잃고 양이온이 되기 쉽다.
(라)에 속한 원소들은 대부분 원자가 전자 수가 5~7로 가장 바깥 전자 껍질에 전자 8개가 되기 위해서 전자를 잃는 것보다는 전자 1~3개를 얻는 것이 유리하므로 전자를 얻어 음이온이 되기 쉽다.
(마)에 속한 원소들은 비활성 기체로 반응성이 거의 없어 이온이 되지 않는다.

모범 답안 (라), (라)에 속한 원소들은 대부분 원자가 전자 수가 5~7로 비활성 기체의 전자 배치를 갖기 위해 전자를 얻어 음이온이 되기 쉽다.

채점 기준	배점
기호를 옳게 쓰고, 까닭을 옳게 서술한 경우	100 %
기호를 옳게 썼으나 까닭에 대한 서술이 미흡한 경우	50 %
기호만 옳게 쓴 경우	30 %

16 꼼꼼 문제 분석

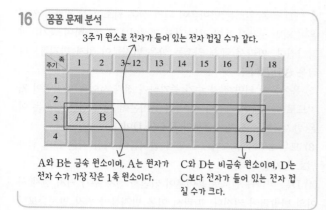

3주기 원소로 전자가 들어 있는 전자 껍질 수가 같다.

A와 B는 금속 원소이며, A는 원자가 전자 수가 가장 작은 1족 원소이다.

C와 D는 비금속 원소이며, D는 C보다 전자가 들어 있는 전자 껍질 수가 크다.

ㄱ. A는 3주기 1족, B는 3주기 2족, C는 3주기 17족, D는 4주기 17족 원소이다. 따라서 A는 알칼리 금속이다.

ㄷ. 비금속성은 주기율표의 오른쪽 위로 갈수록 커지므로 C가 D보다 크다.

바로알기 ㄴ. B는 3주기 원소이고, D는 4주기 원소이므로 전자가 들어 있는 전자 껍질 수가 다르다.

17 B와 C는 3주기 원소이고, 전자가 들어 있는 전자 껍질 수는 D가 C보다 크므로 D는 4주기 원소이다. C와 D는 전기를 통하므로 금속 원소이고, B는 비금속 원소이므로 같은 주기에서 비금속 원소인 B의 원자 번호가 금속 원소인 C보다 크다. A는 4주기 원소인 D와 같은 족 원소인데 전기가 통하지 않는 비금속 원소이므로 1주기 1족 원소이다.

모범 답안 A − C − B − D, D는 4주기 금속 원소이고, 같은 족에 속하는 A는 전기가 통하지 않으므로 1주기 1족 원소이며, C는 3주기 금속 원소, B는 3주기 비금속 원소이기 때문이다.

채점 기준	배점
원자 번호를 순서대로 쓰고, 그 까닭을 옳게 서술한 경우	100 %
원자 번호를 순서대로 썼으나 까닭에 대한 서술이 미흡한 경우	50 %
원자 번호만 순서대로 쓴 경우	30 %

실력 UP 문제

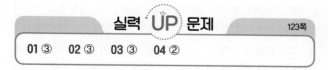

123쪽

01 ③ **02** ③ **03** ③ **04** ②

01 분류 기준 '원자가 전자 수가 1인가?'에서 ㉠과 ㉡은 각각 H와 Li 중 하나이고, ㉢과 ㉣은 각각 F과 Mg 중 하나이다. 또한 분류 기준 '전기를 잘 통하는가?'에서 ㉢은 금속 원소인 Mg이고, ㉣은 비금속 원소인 F이다.

ㄱ. 전자가 들어 있는 전자 껍질 수가 가장 큰 것은 3주기 원소인 ㉢(Mg)이다.

ㄴ. 원자가 전자 수가 가장 큰 것은 17족 원소인 ㉣(F)이다.

바로알기 ㄷ. ㉠과 ㉡은 모두 주기율표의 왼쪽에 위치하므로 (가)로 '주기율표의 왼쪽에 위치하는가?'는 적절하지 않다.

02 바닥상태에서 전자가 들어 있는 오비탈 수가 같은 원소는 빗금 친 부분의 원소 중 (N와 O), (P과 S)이므로 A와 C는 이 둘의 조합 중 하나이다.

홀전자 수가 A가 B의 2배이므로 A로는 홀전자가 3개인 N나 P은 될 수 없으므로 A는 홀전자가 2개인 O와 S 중 하나이고, B는 홀전자가 1개인 Li과 Na 중 하나이다.

A가 O일 경우 $\dfrac{p \text{ 오비탈의 전자 수}}{s \text{ 오비탈의 전자 수}}$가 A보다 큰 B는 Na이다.

전자 배치는 O가 $1s^2 2s^2 2p^4$이고, Na이 $1s^2 2s^2 2p^6 3s^1$이다.

A가 S일 경우에는 $\dfrac{p \text{ 오비탈의 전자 수}}{s \text{ 오비탈의 전자 수}}$가 A보다 큰 B가 빗금 친 부분에 존재하지 않는다. 따라서 A는 O, B는 Na, C는 N이다.

03 꼼꼼 문제 분석

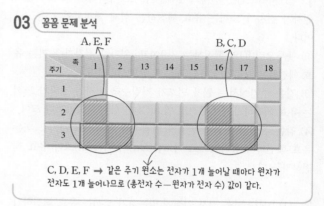

C, D, E, F → 같은 주기 원소는 전자가 1개 늘어날 때마다 원자가 전자도 1개 늘어나므로 (총전자 수−원자가 전자 수) 값이 같다.

A, E, F는 전기를 잘 통하므로 금속 원소이고 빗금 친 부분의 원소 중 1, 2족에 속한다. 따라서 B, C, D는 빗금 친 부분의 원소 중 16, 17족에 속한다.

같은 주기 원소는 전자 껍질 수가 같으므로 전자가 1개 늘어날 때 원자가 전자도 1개 늘어나므로 (총전자 수−원자가 전자 수)가 같다. 따라서 C, D, E, F는 3주기 원소이다.

A와 F, B와 D는 화학적 성질이 비슷한 같은 족 원소이므로 A와 F는 1족, B와 D는 16족 원소이다. 따라서 A는 Li, B는 O, C는 Cl, D는 S, E는 Mg, F는 Na이다.

ㄱ. A(Li)와 B(O)는 2주기 원소이다.

ㄴ. 원자가 전자 수가 가장 큰 원소는 17족 원소인 C(Cl)이다.

바로알기 ㄷ. D(S)의 안정한 이온의 전자 배치는 Ar과 같고, E(Mg), F(Na)의 안정한 이온의 전자 배치는 Ne과 같다.

04 p 오비탈에 들어 있는 전자 수가 X에서 Z로 가면서 1씩 커지는데 홀전자 수는 세 원자가 b로 같다. 이러한 조건을 갖는 2, 3주기 원자의 전자 배치는 $1s^2 2s^2 2p^5$, $1s^2 2s^2 2p^6 3s^1$, $1s^2 2s^2 2p^6 3s^2 3p^1$이므로 X는 F, Y는 Na, Z는 Al이다.

ㄷ. 전기를 잘 통하는 원소는 금속 원소이므로 Y와 Z 2가지이다.

바로알기 ㄱ. 2주기 원소는 X(F) 1가지이다.

ㄴ. Y(Na)는 1족 원소이고, Z(Al)는 13족 원소이다.

2 원소의 주기적 성질

1 (1) 수소(H)는 전자가 1개뿐이므로 가려막기 효과가 없어 원자가 전자가 느끼는 유효 핵전하는 실제 핵전하와 같은 +1이다.
(2) 플루오린(F)의 핵전하는 +9이고, 원자가 전자가 느끼는 유효 핵전하는 가려막기 효과 때문에 +9보다 작다.
(3) 같은 주기에서는 원자 번호가 커질수록 원자가 전자가 느끼는 유효 핵전하가 증가하므로 염소(Cl)가 나트륨(Na)보다 크다.
(4) 같은 족에서는 원자 번호가 커질수록 원자가 전자가 느끼는 유효 핵전하가 증가하므로 나트륨(Na)이 리튬(Li)보다 유효 핵전하가 크다.

2 (1) b보다 안쪽 전자 껍질에 있는 a가 느끼는 유효 핵전하가 크다.
(2) 같은 주기에서 원자 번호가 커질수록 원자가 전자가 느끼는 유효 핵전하가 크므로 원자가 전자가 느끼는 유효 핵전하는 원자 번호가 큰 Be의 e가 Li의 b보다 크다.
(3) c와 e는 같은 전자 껍질에 있으므로 c와 e가 느끼는 유효 핵전하는 같다.
(4) c는 e와 같은 전자 껍질에 있고, d는 e보다 안쪽 전자 껍질에 있으므로 가려막기 효과는 d가 c보다 크다.

3 (1) 같은 족에서 원자 번호가 커질수록 전자 껍질 수가 증가하므로 원자 반지름이 커진다. 따라서 원자 반지름은 Li<Na이다.
(2) 같은 주기에서 원자 번호가 커질수록 전자 껍질 수는 같고 원자가 전자가 느끼는 유효 핵전하가 증가하므로 원자 반지름은 작아진다. 따라서 원자 반지름은 Na>Cl이다.
(3) 양이온은 원자와 핵전하량은 같고 전자 껍질 수는 원자보다 작다. 따라서 양이온의 반지름은 원자 반지름보다 작아 Na>Na$^+$이다.
(4) 음이온은 원자와 핵전하량, 전자 껍질 수는 같고 전자 수는 원자보다 커서 전자들 사이의 반발력이 크다. 따라서 음이온의 반지름은 원자 반지름보다 커 F<F$^-$이다.

4 (1) 금속 원소는 양이온이 되기 쉬운 원소이고, 원자가 양이온이 되면 전자가 들어 있는 전자 껍질이 1개 감소하여 반지름이 작아진다. 따라서 금속 원소는 이온 반지름이 원자 반지름보다 작은 A와 B이다.
(2) 음이온이 되면 전자 수가 증가하여 전자 사이의 반발력이 커지므로 반지름이 커진다. 따라서 음이온이 되기 쉬운 원소는 이온 반지름이 원자 반지름보다 큰 C와 D이다.
(3) 모두 2주기 원소이므로 원자 반지름이 가장 작은 D의 원자 번호가 가장 크다.
(4) D는 비금속 원소로 음이온이 되면서 전자 수가 커져 전자 사이의 반발력이 커진다. 따라서 이온 반지름이 원자 반지름보다 크다.

5 ㄱ. 금속성은 양이온이 되기 쉬운 성질이므로 금속 원소인 Li이 비금속 원소인 F보다 크다.
ㄴ. Li과 F은 같은 주기 원소이므로 원자 번호가 작은 Li이 F보다 원자 반지름이 크다.
바로알기 ㄷ. 원자가 전자가 느끼는 유효 핵전하는 같은 주기에서 원자 번호가 커질수록 크므로 원자 번호가 큰 F이 Li보다 크다.
ㄹ. Li과 F은 같은 주기 원소이므로 전자가 들어 있는 전자 껍질 수가 같은데, Li$^+$은 전자가 들어 있는 전자 껍질이 1개 감소한 상태이므로 F$^-$보다 이온 반지름이 작다.

1 (1) 원자가 전자가 느끼는 유효 핵전하가 클수록 원자핵과 전자 사이의 인력이 커서 전자를 떼어 내기 어려우므로 이온화 에너지는 크다.
(2) 같은 주기에서 금속 원소는 비금속 원소보다 원자가 전자가 느끼는 유효 핵전하가 작기 때문에 전자를 떼어 내기 쉬워 이온화 에너지가 작다.
(3) 이온화 에너지가 작은 원소일수록 전자를 떼어 내기 쉽기 때문에 양이온이 되기 쉽다.
(4) 차수가 증가할수록 전자 수가 감소하기 때문에 전자 사이의 반발력이 작아져 전자를 떼어 내기 어려워지므로 순차 이온화 에너지는 증가한다.

2 (1) 이온화 에너지는 같은 주기에서 원자 번호가 커짐에 따라 대체로 증가하며, 주기가 바뀔 때 전자가 들어 있는 전자 껍질이 1개 증가하므로 급격히 감소한다. 따라서 A, B, C는 2주기 원소이고, D는 3주기 원소이다.

(2) C 다음에 이온화 에너지가 급격히 감소하므로 C는 주기의 마지막 원소이며, C와 같은 경향을 나타내는 E가 C와 같은 족 원소이다.

(3) A~E 중 이온화 에너지가 가장 작은 D가 가장 양이온이 되기 쉽다.

3 (1) Li과 F은 같은 주기 원소이므로 원자 번호가 큰 F이 Li보다 이온화 에너지가 크다.

(2) Na과 K은 같은 족 원소이므로 원자 번호가 작은 Na이 K보다 이온화 에너지가 크다.

(3) Be과 B는 같은 주기 원소이지만 이온화 에너지의 예외가 나타나는 2족과 13족 원소이므로 원자 번호가 작은 Be이 B보다 이온화 에너지가 크다.

(4) P과 S은 같은 주기 원소이지만 이온화 에너지의 예외가 나타나는 15족과 16족 원소이므로 원자 번호가 작은 P이 S보다 이온화 에너지가 크다.

4 (1) 차수가 증가할수록 전자 수가 감소하기 때문에 전자 사이의 반발력이 작아져 전자를 떼어 내기 어려워지므로 순차 이온화 에너지는 증가한다. 따라서 제1 이온화 에너지(E_1)는 제2 이온화 에너지(E_2)보다 작다.

(2) 원자가 전자 수는 Na이 1이고, Mg이 2이다. 따라서 두 번째 전자를 떼어 낼 때 Na은 L 전자 껍질에서 전자를 떼어 내고, Mg은 M 전자 껍질에서 전자를 떼어 내므로 E_2는 Na이 Mg보다 크다.

5 E_4에서 순차 이온화 에너지가 급증하므로 원소 X의 원자가 전자 수는 3이다.

6 (1) A는 E_2에서 순차 이온화 에너지가 급증하므로 원자가 전자 수가 1인 3주기 1족 원소이고, B는 E_3에서 순차 이온화 에너지가 급증하므로 원자가 전자 수가 2인 3주기 2족 원소이다.

(2) 1족 원소인 A가 2족 원소인 B보다 양이온이 되기 쉽다.

(3) A와 B는 같은 주기 원소이므로 2족 원소인 B의 원자 번호가 1족 원소인 A보다 크다.

(4) B는 원자가 전자 수가 2이므로 전자 2개를 잃고 비활성 기체의 전자 배치를 갖는 이온이 된다. 따라서 비활성 기체의 전자 배치를 갖는 이온이 되기 위해서는 첫 번째와 두 번째 전자를 모두 잃어야 하므로 $E_1+E_2=738+1451=2189$(kJ/mol)이 필요하다.

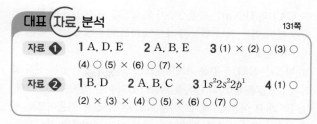

자료 ❶ 1 A, D, E 2 A, B, E 3 (1) × (2) ○ (3) ○
(4) ○ (5) × (6) ○ (7) ×

자료 ❷ 1 B, D 2 A, B, C 3 $1s^2 2s^2 2p^1$ 4 (1) ○
(2) × (3) × (4) ○ (5) × (6) ○ (7) ○

1-1 꼼꼼 문제 분석

A, D, E 중 원자 반지름이 D가 가장 크므로 D는 Na이고, A, E 중 A의 원자 반지름이 E보다 크므로 A는 Li, E는 Be이다.

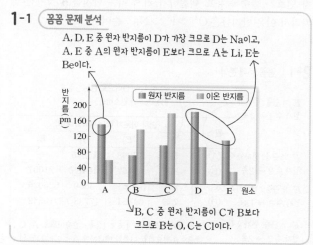

B, C 중 원자 반지름이 C가 B보다 크므로 B는 O, C는 Cl이다.

금속 원소는 양이온이 되기 쉬운 원소이고, 원자가 양이온이 될 때 전자가 들어 있는 전자 껍질이 1개 감소하여 반지름이 작아진다. 따라서 이온 반지름이 원자 반지름보다 작은 A, D, E가 금속 원소이다.

비금속 원소는 원자가 음이온이 될 때 전자가 들어 있는 전자 껍질 수는 같고 전자 수가 증가하여 전자 사이의 반발력이 증가하므로 반지름이 커진다. 따라서 이온 반지름이 원자 반지름보다 큰 B와 C는 비금속 원소이다.

1-2 금속 원소의 반지름은 Na > Li > Be이므로 A는 Li, D는 Na, E는 Be이며, 비금속 원소의 반지름은 O < Cl이므로 B는 O, C는 Cl이다. 따라서 2주기에 속하는 원소는 A(Li), B(O), E(Be)이다.

1-3 (1) A(Li)와 B(O)는 같은 2주기 원소이지만 A는 이온이 되면 전자를 잃어 전자가 들어 있는 전자 껍질 수가 감소하고, B는 이온이 되면 전자를 얻어 같은 주기의 비활성 기체와 같은 전자 배치를 갖기 때문에 A 이온과 B 이온의 전자 배치는 다르다.

(2) B 이온(O^{2-})과 D 이온(Na^+)은 등전자 이온이므로 원자 번호가 작아 유효 핵전하가 작은 B가 D보다 이온 반지름이 크다.

(3) A(Li)는 이온이 될 때 전자가 들어 있는 전자 껍질 1개가 감소하기 때문에 원자 반지름이 이온 반지름보다 크다.

(4) C(Cl)는 이온이 될 때 전자를 얻으므로 전자 수가 증가하여 전자 사이의 반발력이 커지기 때문에 이온 반지름이 원자 반지름보다 크다.

(5) C(Cl)와 D(Na)는 같은 3주기 원소인데 이온이 될 때 D는 전자가 들어 있는 전자 껍질 수가 감소하기 때문에 C보다 이온 반지름이 작다.

(6) 황(S)은 B(O)와 같은 족 원소이므로 전자가 들어 있는 전자 껍질이 1개 많은 황(S)의 이온 반지름이 B의 이온 반지름보다 크다.

(7) F^-과 B 이온(O^{2-}), D 이온(Na^+)은 등전자 이온이므로 원자 번호가 클수록 유효 핵전하가 커져 이온 반지름이 작아진다. 따라서 이온 반지름은 $O^{2-} > F^- > Na^+$ 순이다.

2-1 꼼꼼 문제 분석

E_2가 급증: 원자가 전자 수 1 → 1족

E_3가 급증: 원자가 전자 수 2 → 2족

E_4가 급증: 원자가 전자 수 3 → 13족

E_3가 급증: 원자가 전자 수 2 → 2족

E_1이 B>D이므로 B는 2주기, D는 3주기 원소이다.

원소	순차 이온화 에너지(kJ/mol)			
	E_1	E_2	E_3	E_4
Ⓐ	520	7298	11875	—
Ⓑ	899	1757	18489	21007
Ⓒ	801	x	3660	25026
Ⓓ	738	1451	7733	10542

같은 주기에서 E_1는 1족 < 13족 < 2족이므로 A, C가 3주기 원소라면 이온화 에너지가 A < C < D가 되어야 하는데 모순이다. → A, C는 2주기 원소이다.

A는 E_2에서 급증하므로 원자가 전자 수가 1인 1족 원소, B는 E_3에서 급증하므로 2족 원소, C는 E_4에서 급증하므로 13족 원소, D는 E_3에서 급증하므로 2족 원소이다. 따라서 같은 족에 속하는 원소는 B, D이다.

2-2 B와 D는 같은 2족 원소이므로 E_1가 큰 B가 2주기 원소, D가 3주기 원소이다. 한편, 같은 주기에서 이온화 에너지는 1족 < 13족 < 2족 원소 순이므로 A, C가 3주기 원소이면 이온화 에너지의 크기는 A < C < D가 되어야 하는데, 자료와 맞지 않으므로 A, C는 2주기 원소이다. 2주기 원소인 B와 이온화 에너지를 비교하면 A < C < B 순이다.

2-3 C는 2주기 13족 원소이므로 바닥상태의 전자 배치는 $1s^2 2s^2 2p^1$이다.

2-4 (1) C의 원자가 전자 수가 3으로 가장 크다.

(2) 제1 이온화 에너지는 전자 배치의 특성 때문에 같은 주기 원소이면서 원자 번호가 큰 C가 B보다 작지만, 제2 이온화 에너지는 원자 번호가 큰 C(x)가 B(1757 kJ/mol)보다 크다.

(3) D는 원자가 전자 수가 2이므로 비활성 기체와 같은 전자 배치를 갖는 이온이 되기 위해서는 두 번째 전자까지 잃어야 한다. 따라서 $E_1 + E_2 = 738 + 1451 = 2189$(kJ/mol)이 필요하다.

(4) 비활성 기체의 전자 배치를 갖기 가장 쉬운 원소는 이온화 에너지가 가장 작은 A이다.

(5) 일반적으로 같은 주기에서 원자가 전자가 느끼는 유효 핵전하가 크면 원자핵과 전자 사이의 인력이 크기 때문에 이온화 에너지가 크다. 같은 주기이면서 원자 번호가 작은 B는 C보다 원자가 전자가 느끼는 유효 핵전하가 작지만 전자 배치의 특성 때문에 제1 이온화 에너지가 크다.

(6) 같은 족 원소인 B와 D에서 3주기 원소인 D보다 2주기 원소인 B의 전자가 들어 있는 전자 껍질 수가 작아 B의 반지름이 더 작다. 한편, 같은 2주기 원소인 A, B, C에서 원자 번호가 클수록 반지름이 작아지므로 원자 번호가 가장 큰 C의 반지름이 가장 작다. 따라서 원자 반지름이 B는 D보다 작고, C는 A, B보다 작으므로 C의 반지름이 가장 작다.

(7) A와 B는 같은 2주기 원소이고 양이온이 되기 쉬운 금속 원소이기 때문에 이온이 되면 전자가 들어 있는 전자 껍질 수가 감소한다. 따라서 비활성 기체의 전자 배치를 갖는 이온은 등전자 이온이므로 이온 반지름은 원자 번호가 작아 유효 핵전하가 작은 A가 B보다 크다.

내신 만점 문제

132~136쪽

01 ②	02 해설 참조	03 ⑤	04 ③	05 ④	06 ④
07 ⑤	08 ②	09 ②	10 ④	11 해설 참조	12 ③
13 해설 참조	14 ①	15 ⑤	16 ③	17 ③	18 ②
19 ④	20 ①	21 ⑤			

01 ㄴ. b는 c보다 안쪽 전자 껍질에 있으므로 b가 느끼는 유효 핵전하는 c보다 크다.

바로알기 ㄱ. b와 같은 전자 껍질에 있는 전자가 가려막기 효과를 나타내므로 b가 느끼는 유효 핵전하는 +4보다 작다.

ㄷ. c와 같은 전자 껍질에 있는 a보다 안쪽 전자 껍질에 있는 b의 가려막기 효과가 더 크다.

02 Be은 Li에 비해 L 전자 껍질에 전자 1개가 더 많아 가려막기 효과가 더 크지만, 핵전하가 +1만큼 더 크므로 원자가 전자가 느끼는 유효 핵전하는 Be이 Li보다 크다.

모범 답안 가려막기 효과의 증가보다 핵전하가 증가하는 영향이 더 크기 때문에 원자가 전자가 느끼는 유효 핵전하는 Be이 Li보다 크다.

채점 기준	배점
가려막기 효과와 핵전하를 모두 언급하여 옳게 서술한 경우	100 %
핵전하만 언급하여 서술한 경우	50 %

03 ① Li과 Na은 같은 족 원소이므로 원자 번호가 큰 Na이 Li보다 반지름이 크다.

② Li과 Be은 같은 주기 원소이므로 원자 번호가 작은 Li이 Be보다 반지름이 크다.

③ K^+은 K보다 전자가 들어 있는 전자 껍질이 1개 적으므로 K^+이 K보다 반지름이 작다.

④ O^{2-}은 O보다 전자가 2개 많으므로 전자 사이의 반발력이 증가하여 O^{2-}이 O보다 반지름이 크다.

바로알기 ⑤ F^-과 Na^+은 등전자 이온이므로 원자 번호가 작아 유효 핵전하가 작은 F^-이 Na^+보다 반지름이 크다.

04 ㄱ. 주기율표에서 오른쪽 아래로 갈수록 원자핵의 전하가 커지기 때문에 가장 왼쪽 위에 존재하는 H의 원자가 전자가 느끼는 유효 핵전하가 가장 작다.

ㄷ. 주기율표에서 왼쪽 아래로 갈수록 양이온이 되기 쉽기 때문에 가장 왼쪽 아래에 위치하는 K이 가장 양이온이 되기 쉽다.

바로알기 ㄴ. 원자 반지름은 주기율표에서 왼쪽 아래로 갈수록 커지므로 가장 왼쪽 아래에 위치하는 K의 원자 반지름이 가장 크다.

05 반지름에 영향을 미치는 요인은 유효 핵전하, 전자가 들어 있는 전자 껍질 수, 전자 수(전자 사이의 반발력)이다.

유효 핵전하가 반지름에 미치는 영향을 알아보기 위해서는 전자 수와 전자가 들어 있는 전자 껍질 수가 같고 핵전하만 다른 입자들의 반지름을 비교해야 한다. (다)의 Mg^{2+}과 O^{2-}은 등전자 이온으로 핵전하만 다른 이온이므로 유효 핵전하가 반지름에 미치는 영향을 알아보기에 적합하다.

전자 껍질 수가 반지름에 미치는 영향을 알아보기 위해서는 핵전하는 같고 전자가 들어 있는 전자 껍질 수와 전자 수가 다른 입자들의 반지름을 비교해야 한다. (가)에서 Na은 Na^+과 핵전하는 같지만 전자가 들어 있는 전자 껍질이 1개 많으므로 전자 껍질 수가 반지름에 미치는 영향을 알아보기에 적합하다.

바로알기 (나)는 핵전하와 전자가 들어 있는 전자 껍질 수가 같고 전자 수만 다르므로 전자 수(전자 사이의 반발력)가 반지름에 미치는 영향을 알아보기에 적합하다.

06 A는 Li, B는 O, C는 F, D는 Mg이다.

ㄴ. 같은 주기에서 원자 번호가 커질수록 원자 반지름이 작아지므로 원자 반지름은 A(Li)>B(O)>C(F)이고, 주기가 바뀌면 전자 껍질 수 증가로 원자 반지름이 커진다. 따라서 원자 반지름이 가장 작은 원소는 C(F)이다.

ㄷ. Ne의 전자 배치를 갖는 이온은 $C^-(F^-)$, $D^{2+}(Mg^{2+})$이다. 두 이온은 전자 수와 전자 껍질 수는 같은데 핵전하는 $C^-(F^-)$ < $D^{2+}(Mg^{2+})$이므로 이온 반지름은 $C^-(F^-)$>$D^{2+}(Mg^{2+})$이다.

바로알기 ㄱ. 2주기 원소는 A(Li), B(O), C(F) 3가지이고, D(Mg)는 3주기 원소이다.

07 꼼꼼 문제 분석

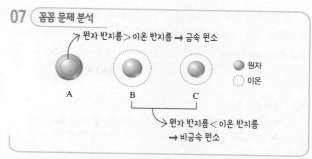

원자 반지름>이온 반지름 → 금속 원소

● 원자
○ 이온

원자 반지름<이온 반지름 → 비금속 원소

① A는 금속 원소로, 금속 원소는 고체 상태에서 전기를 잘 통하므로 전기 전도성이 있다.

②, ③ B와 C는 비금속 원소로, 비금속 원소는 전자를 얻어 음이온이 되기 쉽다.

④ 같은 주기에서 원자 번호가 클수록 원자 반지름이 감소한다. 같은 주기 원소 A~C의 원자 반지름의 크기가 A>B>C 순이므로 원자 번호는 A<B<C 순이다. 따라서 원자 번호는 C가 A보다 크다.

바로알기 ⑤ 비활성 기체의 전자 배치를 갖는 이온이 될 때 금속 원소는 전자를 잃어 전자가 들어 있는 전자 껍질 수가 감소하고, 비금속 원소는 전자를 얻지만 전자가 들어 있는 전자 껍질 수는 그대로이다. 따라서 같은 주기의 원소 A~C의 이온의 전자 배치에서 A 이온의 전자가 들어 있는 전자 껍질 수는 B 이온이나 C 이온의 전자가 들어 있는 전자 껍질 수보다 작다.

08 원자 A와 B의 바닥상태 전자 배치는 각각 $1s^2 2s^2 2p^6 3s^2$, $1s^2 2s^2 2p^5$이다.

ㄷ. A는 3주기 2족 금속 원소이고 B는 2주기 17족 비금속 원소이므로 A는 B보다 전자가 들어 있는 전자 껍질이 1개 많다. 따라서 원자 반지름은 A가 B보다 크다.

바로알기 ㄱ. B의 원자가 전자 수는 7이다.

ㄴ. A는 3주기 원소이고, B는 2주기 원소이다.

09 꼼꼼 문제 분석

원자 반지름>이온 반지름 → 금속 원소이고, 이온은 양이온이다.

원자 반지름<이온 반지름 → 비금속 원소이고, 이온은 음이온이다.

원소	A	B	C	D
원자 반지름(pm)	152	112	73	71
이온 반지름(pm)	60	31	140	136

같은 주기에서 원자 번호가 커질수록 원자 반지름이 작다.
→ 원자 번호는 A<B<C<D이다.

ㄷ. C와 D는 원자 반지름<이온 반지름이므로 C와 D의 이온은 음이온이다.

바로알기 ㄱ. A와 B는 원자 반지름>이온 반지름이므로 양이온을 형성하는 금속 원소이다.

ㄴ. 같은 주기에서 원자가 전자가 느끼는 유효 핵전하가 클수록 원자핵과 전자 사이의 인력이 커지므로 원자 반지름이 작아진다. D의 원자 반지름이 가장 작으므로 원자 번호는 가장 크다.

10 꼼꼼 문제 분석

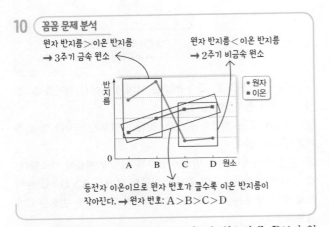

원자 반지름 > 이온 반지름
→ 3주기 금속 원소

원자 반지름 < 이온 반지름
→ 2주기 비금속 원소

• 원자
■ 이온

등전자 이온이므로 원자 번호가 클수록 이온 반지름이 작아진다. → 원자 번호: A>B>C>D

ㄴ. A, B는 3주기 금속 원소이므로 비금속 원소인 C, D보다 원자가 전자 수가 작고, 같은 주기에서 원자 반지름이 큰 B의 원자 번호가 A보다 작으므로 원자가 전자 수도 B가 A보다 작다.

ㄷ. C, D는 같은 주기 비금속 원소이므로 원자 반지름이 작은 C의 원자 번호가 D보다 크다. 같은 주기에서 원자 번호가 클수록 원자가 전자가 느끼는 유효 핵전하가 커지므로 C가 D보다 크다.

바로알기 ㄱ. A와 B를 2주기 금속 원소라고 가정하면 C와 D는 3주기 비금속 원소가 되어야 한다. 이때 A와 B의 이온은 전자가 들어 있는 전자 껍질이 1개가 되고, C와 D의 이온은 전자가 들어 있는 전자 껍질이 3개가 되므로 잘못된 가정이다.

11 꼼꼼 문제 분석

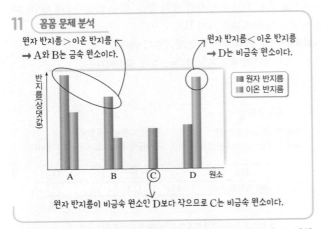

원자 반지름 > 이온 반지름
→ A와 B는 금속 원소이다.

원자 반지름 < 이온 반지름
→ D는 비금속 원소이다.

■ 원자 반지름
■ 이온 반지름

원자 반지름이 비금속 원소인 D보다 작으므로 C는 비금속 원소이다.

A와 B는 원자 반지름 > 이온 반지름이므로 금속 원소이고, 비활성 기체의 전자 배치를 갖는 이온이 될 때 전자가 들어 있는 전자 껍질이 1개 줄어들어 Ne의 전자 배치를 갖는다. D는 원자 반지름 < 이온 반지름이므로 비금속 원소이고, C의 원자 반지름이 D보다 작으므로 C도 비금속 원소이다. C와 D가 비활성 기체의 전자 배치를 갖는 이온이 될 때 Ar의 전자 배치를 갖는다.

모범답안 A의 이온 반지름 < C의 이온 반지름, A는 3주기 금속 원소이고, C는 3주기 비금속 원소이므로 비활성 기체의 전자 배치를 갖는 이온이 될 때 A는 2주기 Ne의 전자 배치를, C는 3주기 Ar의 전자 배치를 갖는다.

채점 기준	배점
이온 반지름의 크기를 옳게 비교하고, 근거를 정확하게 서술한 경우	100 %
이온 반지름의 크기는 옳게 비교하였으나 근거가 미흡한 경우	50 %
이온 반지름의 크기만 옳게 비교한 경우	30 %

12 ㄱ. 같은 족에서 원자 번호가 커질수록(주기가 커질수록) 이온화 에너지가 감소하므로 (가)는 2주기 원소, (나)는 3주기 원소이다.

ㄷ. 같은 주기에서 이온화 에너지는 17족 > 15족 > 16족 순이므로 3주기에서 이온화 에너지가 가장 큰 F는 17족 원소이며, 같은 주기에서 원자 번호가 커질수록 원자가 전자가 느끼는 유효 핵전하가 증가하므로 원자가 전자가 느끼는 유효 핵전하는 F가 가장 크다.

바로알기 ㄴ. 원자 번호는 C > A > B 순이고, 같은 주기에서 원자 번호가 커질수록 원자 반지름이 작아지므로 원자 반지름은 B > A > C 순이다.

13 같은 주기에서 이온화 에너지의 크기는 17족 > 15족 > 16족 순이므로 X~Z가 같은 주기 원소라면 16족 원소인 Y의 이온화 에너지가 가장 작아야 하는데, 반대로 가장 크므로 Y는 2주기 원소, X와 Z는 3주기 원소이다. 따라서 원자 번호가 가장 작은 원소는 Y이다.

모범답안 Y. X~Z가 같은 주기 원소라면 16족 원소인 Y의 제1 이온화 에너지가 가장 작아야 하는데, 반대로 가장 크므로 Y는 2주기 원소, X와 Z는 3주기 원소이다. 따라서 Y의 원자 번호가 가장 작다.

채점 기준	배점
원소를 옳게 쓰고, 까닭을 옳게 서술한 경우	100 %
원소는 옳게 썼으나 까닭이 미흡한 경우	50 %
원소만 옳게 쓴 경우	30 %

14 자료에 주어진 원소는 N, O, F, Ne, Na, Mg, Al인데, 이 중 (N, O, F, Ne)은 2주기 원소로 3주기 원소인 (Na, Mg, Al)보다 이온화 에너지가 크다. 또한 같은 주기에서는 원자 번호가 커질수록 이온화 에너지가 크지만 N > O, Mg > Al의 예외가 있다. 따라서 이온화 에너지의 크기는 Ne > F > N > O > Mg > Al > Na 순이므로 A는 Na, B는 Al, C는 Mg, D는 O, E는 N, F는 F, G는 Ne이다.

ㄱ. 원자 번호가 가장 큰 원소는 B(Al)이다.

바로알기 ㄴ. 같은 주기에서 원자 번호가 클수록 원자 반지름이 작으므로 원자 번호가 큰 D(O)가 E(N)보다 원자 반지름이 작다.

ㄷ. A~F는 비활성 기체의 전자 배치를 갖는 이온이 될 때 G(Ne)와 같은 전자 배치를 갖는 등전자 이온이 된다.

따라서 원자 번호가 가장 큰 B(Al)의 이온 반지름이 가장 작다.

15 꼼꼼 문제 분석

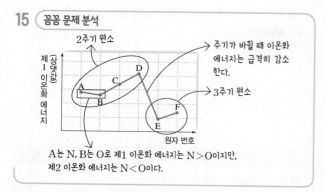

2주기 원소
(상댓값) 제1 이온화 에너지
주기가 바뀔 때 이온화 에너지는 급격히 감소한다.
3주기 원소
원자 번호
A는 N, B는 O로 제1 이온화 에너지는 N>O이지만, 제2 이온화 에너지는 N<O이다.

ㄱ. 주기가 바뀔 때 이온화 에너지가 급격히 감소하므로 A~D는 2주기 원소이고, E, F는 3주기 원소이다.

ㄴ. 같은 주기에서 제1 이온화 에너지의 크기는 2족>13족, 15족>16족이지만, 제2 이온화 에너지의 크기는 2족<13족, 15족<16족이다. 따라서 제2 이온화 에너지는 B(O)>A(N)이다.

ㄷ. Ne의 전자 배치를 갖는 이온은 $C^-(F^-)$, $E^+(Na^+)$으로 두 이온의 전자 수와 전자 껍질 수는 같은데 핵전하는 $C^-(F^-)$<$E^+(Na^+)$이므로 이온 반지름은 $C^-(F^-)$>$E^+(Na^+)$이다.

16 꼼꼼 문제 분석

E_2에서 급증하므로 1족 원소이다.
E_3에서 급증하므로 2족 원소이다.
E_4에서 급증하므로 13족 원소이다.

원소	순차 이온화 에너지(kJ/mol)				
	E_1	E_2	E_3	E_4	E_5
A	496	4562	6910	9546	13400
B	x	1817	2745	11578	14800
C	738	1451	7733	10542	13600

같은 주기에서 E_1는 2족>13족이므로 13족 원소인 B의 E_1는 2족 원소인 C보다 작다.

ㄱ. 같은 주기에서 제1 이온화 에너지는 2족>13족이므로 x는 738보다 작다.

ㄴ. A는 1족, B는 13족, C는 2족 원소이므로 원자가 전자 수는 A<C<B이다.

바로알기 ㄷ. C는 2족 원소이므로 전자 2개를 잃고 C^{2+}을 형성하기 쉽고, 산소(O) 원자는 16족 원소이므로 전자 2개를 얻어 O^{2-}을 형성하기 쉽다. 두 이온이 결합할 때 양이온과 음이온의 총 전하량이 같아야 하므로 C^{2+}과 O^{2-}은 1 : 1의 개수비로 결합하여 화합물 CO를 생성한다.

17 ㄱ. 제1 이온화 에너지는 주기율표에서 오른쪽 위로 갈수록 대체로 증가한다. 따라서 가장 오른쪽 위에 위치한 C의 제1 이온화 에너지가 가장 크다.

ㄴ. 원자 반지름은 주기율표에서 왼쪽 아래로 내려갈수록 커진다. 따라서 가장 왼쪽 아래에 위치한 D의 원자 반지름이 가장 크다.

바로알기 ㄷ. E는 이온화 에너지 경향에서 예외가 되는 13족 원소로 제1 이온화 에너지는 앞의 원소에 비해 작지만 제2 이온화 에너지는 크기 때문에 $\dfrac{제2\ 이온화\ 에너지}{제1\ 이온화\ 에너지}$가 다른 원소들에 비해 큰 편이다. 하지만 1족 원소인 A는 원자가 전자 수가 1이므로 두 번째 전자를 떼어 낼 때는 안쪽 전자 껍질에 들어 있는 전자를 떼어 내기 때문에 제2 이온화 에너지는 제1 이온화 에너지에 비해 매우 크다. 따라서 $\dfrac{제2\ 이온화\ 에너지}{제1\ 이온화\ 에너지}$는 A>E이다.

18 꼼꼼 문제 분석

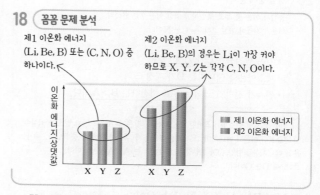

제1 이온화 에너지 (Li, Be, B) 또는 (C, N, O) 중 하나이다.
제2 이온화 에너지 (Li, Be, B)의 경우는 Li이 가장 커야 하므로 X, Y, Z는 각각 C, N, O이다.
이온화 에너지(상댓값)
X Y Z   X Y Z
제1 이온화 에너지
제2 이온화 에너지

ㄴ. X는 C, Y는 N, Z는 O이다. 바닥상태 전자 배치에서 홀전자 수는 X(C)와 Z(O) 모두 2로 같다.

바로알기 ㄱ. Y는 N이다.

ㄷ. 바닥상태의 전자 배치는 Y(N)가 $1s^2 2s^2 2p_x^1 2p_y^1 2p_z^1$이고 Z(O)가 $1s^2 2s^2 2p_x^2 2p_y^1 2p_z^1$이다. 따라서 바닥상태에서 전자가 들어 있는 오비탈 수는 서로 같다.

19 꼼꼼 문제 분석

A와 B는 E_2가 E_1보다 매우 크므로 원자가 전자 수는 1이다. → A와 B는 1족 원소이다.
C는 E_3가 E_2보다 매우 크므로 원자가 전자 수는 2이다. → C는 2족 원소이다.

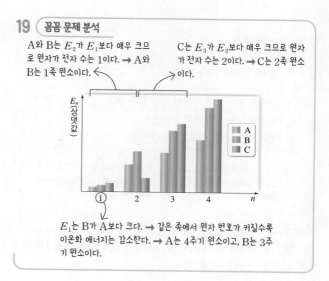

E_n(상댓값)
① 2 3 4 n
A B C

E_1는 B가 A보다 크다. → 같은 족에서 원자 번호가 커질수록 이온화 에너지는 감소한다. → A는 4주기 원소이고, B는 3주기 원소이다.

① 같은 족에서 원자 번호가 커질수록 이온화 에너지가 감소하는데, E_1는 B가 A보다 크다. 따라서 A는 4주기 원소, B는 3주기 원소이다.

② A는 4주기 1족 원소, B는 3주기 1족 원소, C는 2족 원소이다. 따라서 원자 번호가 가장 작은 것은 B이다.

③ C는 $E_1 < E_2 \ll E_3 < E_4$로 E_3가 E_2보다 매우 크므로 C의 원자가 전자 수는 2이다.

⑤ 원자가 전자 수는 화학적 성질을 결정한다. 따라서 원자가 전자 수가 같은 A와 B는 화학적 성질이 비슷하다.

바로알기 ④ 같은 족에서 원자 번호가 커질수록 원자 반지름은 커진다. 따라서 원자 반지름은 A가 B보다 크다.

20 **꼼꼼 문제 분석**

> 등전자 이온 중 유효 핵전하가 가장 작은 7번 원소의 이온 반지름이 가장 크다. → C는 N이다.

> - 이온 반지름은 C가 가장 크다.
> - 제2 이온화 에너지는 D가 가장 크다.
> - 원자가 전자가 느끼는 유효 핵전하는 B > A이다.

> 2주기인 7, 8번 원소가 3주기인 12, 13번 원소보다 이온화 에너지가 크고, 제2 이온화 에너지는 8번인 O가 7번인 N보다 크다. → D는 O이다.

> 같은 주기에서 원자 번호가 커질수록 유효 핵전하가 증가한다. → B는 Al, A는 Mg이다.

A는 Mg, B는 Al, C는 N, D는 O이다.

ㄱ. 주기율표에서 왼쪽 아래로 갈수록 원자 반지름이 증가하므로 A(Mg)의 원자 반지름이 가장 크다.

바로알기 ㄴ. 제2 이온화 에너지는 B(Al)가 A(Mg)보다 크다.

ㄷ. 제1 이온화 에너지는 C(N) > D(O)이고, 제2 이온화 에너지는 C(N) < D(O)이므로 $\dfrac{\text{제2 이온화 에너지}}{\text{제1 이온화 에너지}}$ 는 C(N) < D(O)이다.

21 **꼼꼼 문제 분석**

> Li과 Be는 2개, B는 3개, C는 4개, N, O, F, Ne은 5개의 오비탈에 전자가 들어 있다.

> - 전자가 들어 있는 오비탈 수는 모두 같다.
> - 홀전자 수는 D가 A의 2배이다.
> - 제2 이온화 에너지의 크기는 B < D이다.

> 홀전자 수는 N가 3, O가 2, F이 1, Ne이 0이다. → A는 F, D는 O이다.

> B는 N와 Ne 중 하나인데 이 중 D(O)보다 제2 이온화 에너지가 작은 것은 N이다.

A는 F, B는 N, C는 Ne, D는 O이다.

ㄱ. 원자가 전자 수는 A(F)가 7, B(N)가 5, C(Ne)가 0, D(O)가 6으로 가장 큰 것은 A(F)이다.

ㄴ. 제1 이온화 에너지는 O < N < F < Ne이므로 제1 이온화 에너지가 가장 작은 것은 D(O)이다.

ㄷ. 같은 주기에서 유효 핵전하는 원자 번호가 커질수록 증가하므로 C(Ne)가 가장 크다.

실력 UP 문제 137쪽

01 ③ **02** ⑤ **03** ④ **04** ③

01 원자가 전자 수는 Na < Mg < O < F이고, 원자 반지름은 F < O < Mg < Na, 이온 반지름은 Mg < Na < F < O이다. (가)가 원자가 전자 수라면 Y가 Na이므로 Y의 원자 반지름은 가장 크고 이온 반지름은 세 번째로 크므로 모순된다. (나)가 원자가 전자 수라면 W가 Na인데 역시 나머지 자료와 맞지 않는다. 따라서 (다)가 원자가 전자 수이고, (가)가 원자 반지름, (나)가 이온 반지름이다.

ㄱ. W는 Mg, X는 Na, Y는 F, Z는 O이다.

ㄴ. (가)는 원자 반지름이다.

바로알기 ㄷ. 원자 반지름이 가장 큰 Na의 이온 반지름은 세 번째로 크다. 같은 주기 금속 원소들끼리 또는 같은 주기 비금속 원소들끼리는 원자 반지름이 클수록 이온 반지름이 크다.

02 세 원자의 홀전자 수의 합이 7이 되는 홀전자 수의 조합은 (1, 3, 3)과 (2, 2, 3) 2가지이다. A와 B는 같은 족 원소이고(홀전자 수가 같고) B와 C는 바닥상태에서 전자가 들어 있는 오비탈 수가 같아야 하므로 (1, 3, 3)의 경우 (F, N, P), (Cl, N, P) 2가지가 가능하고, (2, 2, 3)의 경우 (O, S, N), (O, S, P)의 2가지가 가능하다.

(F, N, P)과 (Cl, N, P)의 경우 A와 B는 N와 P 중의 하나이고 C는 F 또는 Cl인데, F과 Cl는 제2 이온화 에너지가 가장 작지 않으므로 세 번째 조건에 맞지 않는다.

(O, S, N)와 (O, S, P)의 경우 A와 B는 O와 S 중의 하나이고 C는 N 또는 P인데, C가 N인 경우 제2 이온화 에너지가 가장 작지 않기 때문에 모순되고, C가 P인 경우 P의 제2 이온화 에너지가 가장 작으므로 조건에 맞는다. 따라서 제2 이온화 에너지가 가장 큰 A는 O, B는 S, C는 P이다.

ㄱ. A는 O이다.

ㄴ. 제1 이온화 에너지는 A(O) > C(P) > B(S) 순이다.

ㄷ. 유효 핵전하는 같은 족에서는 주기가 커질수록, 같은 주기에서는 원자 번호가 커질수록 증가하므로 B(S) > C(P) > A(O) 순이다.

03 꼼꼼 문제 분석

$\dfrac{E_3}{E_2}$가 가장 큰 원소는 2족 원소인 Be이다. 2족 원소는 세 번째 전자를 떼어 낼 때 안쪽 전자 껍질의 전자를 떼어 내기 때문에 다른 원소들에 비해 $\dfrac{E_3}{E_2}$가 매우 크다.

ㄴ. 제2 이온화 에너지는 1족 원소인 W(Li)가 가장 크고, 13족 원소인 Y(B)는 2족 원소 X(Be)와 14족 원소 Z(C)보다 크다. 또한 14족 원소 Z(C)는 2족 원소 X(Be)보다 제1 이온화 에너지와 제2 이온화 에너지가 크다.

ㄷ. 바닥상태에서 홀전자 수는 W(Li)가 1, X(Be)가 0, Y(B)가 1, Z(C)가 2로 Z(C)가 가장 크다.

바로알기 ㄱ. 제1 이온화 에너지는 2족 원소인 X(Be)가 13족 원소인 Y(B)보다 크다.

04 꼼꼼 문제 분석

$\dfrac{\text{이온 반지름}}{\text{원자 반지름}}$이 1보다 큰 원소는 비금속 원소이므로 (가), (나)는 N, O, F 중 하나이다.

- $\dfrac{\text{이온 반지름}}{\text{원자 반지름}} > 1$인 원소는 (가), (나)이다.
- 제2 이온화 에너지는 (다) > (나) > (가)이다.
- 원자가 전자가 느끼는 유효 핵전하는 (가) > (나) > (다)이다.

제2 이온화 에너지는 Na > Ne > O > F > N > Al > Mg이고, (다)는 금속 원소이므로 Na이다.

같은 주기에서 유효 핵전하는 원자 번호가 커질수록 증가하므로 (가)는 F, (나)는 O이다.

ㄱ. 제1 이온화 에너지는 2주기 17족 원소인 (가)(F)가 가장 크다.

ㄷ. O, F, Na 중 제1 이온화 에너지가 가장 작은 것은 Na이고, 제2 이온화 에너지가 가장 큰 것은 안쪽 전자 껍질의 전자를 떼어 내는 Na이다. 따라서 $\dfrac{\text{제2 이온화 에너지}}{\text{제1 이온화 에너지}}$가 가장 큰 것은 Na인 (다)이다.

바로알기 ㄴ. 원자 반지름은 같은 주기에서는 원자 번호가 작아질수록, 같은 족에서는 원자 번호가 커질수록 크므로 Na > O > F이다. 따라서 원자 반지름이 가장 작은 것은 F인 (가)이다.

종단원 핵심 정리
138~139쪽

❶ 원자량 ❷ 원자 번호 ❸ 원자 번호 ❹ 원자가 전자 수 ❺ 전자 껍질 수 ❻ 원자가 전자 수 ❼ 알칼리 금속 ❽ 할로젠 ❾ 증가 ❿ 증가 ⓫ 작아 ⓬ 커 ⓭ 작 ⓮ 크 ⓯ 작 ⓰ 크 ⓱ 크 ⓲ 원자가 전자 수

종단원 마무리 문제
140~146쪽

01 ② 02 ④ 03 ② 04 ④ 05 ⑤ 06 ⑤ 07 ⑤
08 ③ 09 ⑤ 10 ② 11 ③ 12 ③ 13 ① 14 ①
15 ② 16 ① 17 ④ 18 ⑤ 19 B: B, D: O 20 ⑤
21 ② 22 ④ 23 ② 24 ① 25 ① 26 ② 27 해설 참조 28 해설 참조 29 해설 참조

01 ㄴ. ⊙은 원자량이다.

바로알기 ㄱ. 세 쌍 원소는 화학적 성질이 비슷한 원소와 관련된 것이므로 현대 주기율표의 족과 관련이 있다.

ㄷ. ⓒ은 원자량으로, 현대 주기율표는 원자량이 아닌 원자 번호 순으로 배열한다.

02 플루오린(F), 염소(Cl), 브로민(Br)은 모두 17족 원소이다.

ㄴ. 원자가 전자 수가 7로 같다.

ㄷ. 원자가 전자 수(ns^2np^5)가 같으므로 원자가 전자가 들어 있는 오비탈의 수도 4로 같다.

바로알기 ㄱ. F은 2주기, Cl은 3주기, Br은 4주기 원소이므로 전자가 들어 있는 전자 껍질 수는 각각 2, 3, 4로 다르다.

03 ② A는 수소로 C, D와 함께 비금속 원소이고, B는 금속 원소이다.

바로알기 ① 알칼리 금속은 1족 원소로 B의 일부이고, 할로젠은 17족 원소로 C의 일부이다.

③ 전자가 들어 있는 전자 껍질 수는 주기에 따라 다르다.

④ 금속 원소인 B는 수은(액체)을 제외하고 실온에서 모두 고체 상태이며, A, C, D는 브로민(액체)을 제외하고 모두 고체나 기체 상태이다.

⑤ 금속 원소인 B와 비금속 원소이지만 수소인 A는 양이온을 형성하고, 비금속 원소인 C는 음이온을 형성하며, D는 18족 비활성 기체로 이온을 형성하지 않는다.

04 · $\dfrac{\text{이온 반지름}}{\text{원자 반지름}} < 1$인 원소는 양이온이 되기 쉬운 원소이므로 X는 A, B, D 중 하나이다.

• A는 수소(H)로 전기를 통하지 않는다.
• 안정한 산화물의 화학식이 X_2O이므로 X는 이온이 될 때 +1의 양이온이 되는 1족 원소이다.
따라서 X에 해당하는 원소는 D이다.

05 ⑤ E는 원자가 전자 수가 6이므로 전자 2개를 얻어 Ar과 같은 전자 배치를 갖는 음이온이 되고, F는 원자가 전자 수가 1이므로 전자 1개를 잃고 Ar과 같은 전자 배치를 갖는 양이온이 된다.

바로알기 ① 금속 원소는 C와 F 2가지이다.
② A는 1주기 1족, F는 4주기 1족 원소이므로 전자가 들어 있는 전자 껍질 수는 다르고, 원자가 전자 수가 같다.
③ C는 2주기 2족, D는 2주기 17족 원소이므로 원자가 전자 수는 다르고, 전자가 들어 있는 전자 껍질 수가 같다.
④ B는 비활성 기체로 반응성이 거의 없어 이온이 되지 않는다.

06 꼼꼼 문제 분석

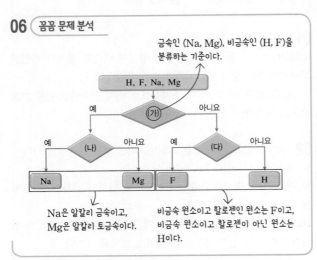

(가)에는 '금속 원소인가?', (나)에는 '알칼리 금속인가?', (다)에는 '할로젠 원소인가?'가 분류 기준으로 적합하다.

07 ⑤ X는 음이온이 되기 쉬운 비금속 원소이므로 이온 반지름이 원자 반지름보다 크다.
바로알기 ①, ②, ④ 원자가 전자 수가 $6(3s^2 3p^4)$이므로 16족 원소이며, 비금속 원소이다.
③ 가장 바깥 전자 껍질의 주 양자수(n)가 3이므로 3주기 원소이다.

08 A는 2주기 1족, B는 2주기 16족, C는 2주기 17족, D는 3주기 1족 원소이다.
ㄱ. A와 D는 원자가 전자 수가 각각 1이므로 모두 1족 원소이다.
ㄷ. 양이온이 되기 쉬운 원소는 A와 D 2가지이다.
바로알기 ㄴ. 2주기 원소는 A, B, C 3가지이다.

09 같은 족에서 원자 번호가 커질수록 원자가 전자가 느끼는 유효 핵전하가 증가하므로 B(Li)>A(H)이고, 같은 주기에서도 원자 번호가 커질수록 원자가 전자가 느끼는 유효 핵전하가 증가하므로 C(Be)>B(Li)이다. 따라서 원자가 전자가 느끼는 유효 핵전하의 크기는 C(Be)>B(Li)>A(H)이다.

10 꼼꼼 문제 분석

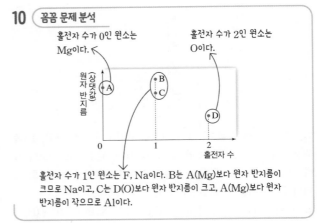

ㄷ. A~D의 이온은 전자 수가 같은 등전자 이온이므로 이온 반지름이 가장 큰 원소는 유효 핵전하가 가장 작은 D(O)이다.
바로알기 ㄱ. A는 Mg, B는 Na, C는 Al, D는 O이다.
ㄴ. 2주기 원소는 D(O) 1가지이다.

11 꼼꼼 문제 분석

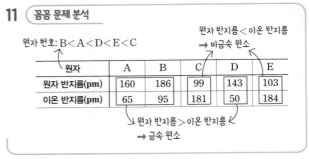

①, ② A, B, D는 금속 원소로 양이온이 되기 쉽다.
④ B는 안정한 양이온이 되면서 전자가 들어 있는 전자 껍질 1개가 감소한다.
⑤ 같은 주기에서 원자 번호가 클수록 원자가 전자가 느끼는 유효 핵전하가 증가하므로 원자 번호가 가장 작은 B가 가장 작다.
바로알기 ③ 원자 번호가 가장 큰 원소는 같은 주기에서 원자 반지름이 가장 작은 C이다.

12 A, B는 이온 반지름>원자 반지름이므로 비금속 원소인 O, F 중 하나이고, 원자 반지름이 A<B이므로 A는 F, B는 O 이다.
C, D는 원자 반지름>이온 반지름이므로 금속 원소인 Na, Mg 중 하나이고, 원자 반지름이 C<D이므로 C는 Mg, D는 Na 이다.

ㄱ. A는 F, B는 O, C는 Mg, D는 Na이다.

ㄴ. 금속 원소는 C(Mg)와 D(Na)이다.

바로알기 ㄷ. 원자 번호가 가장 큰 것은 C(Mg)이다.

13 AB_2는 A^{2+}과 B^-으로 이루어져 있으며, A^{2+}은 A가 전자 2개를 잃고 생성된 이온이므로 A는 Mg이고, B^-은 B가 전자 1개를 얻어 생성된 이온이므로 B는 F이다.

ㄱ. 원자 반지름은 A(Mg) > B(F)이다.

바로알기 ㄴ. A(Mg)는 3주기, B(F)는 2주기 원소이다.

ㄷ. $A^{2+}(Mg^{2+})$과 $B^-(F^-)$은 전자 수가 같은 등전자 이온이므로 유효 핵전하가 큰 A^{2+}의 반지름이 더 작다.

14 $\dfrac{전체\ p\ 오비탈의\ 전자\ 수}{전체\ s\ 오비탈의\ 전자\ 수}$가 1이고, 홀전자 수가 각각 0, 2인 A, B의 전자 배치는 각각 $1s^2 2s^2 2p^6 3s^2$, $1s^2 2s^2 2p^4$이다. $\dfrac{전체\ p\ 오비탈의\ 전자\ 수}{전체\ s\ 오비탈의\ 전자\ 수}$가 1.5이고, 홀전자 수가 각각 3, 0인 C, D의 전자 배치는 각각 $1s^2 2s^2 2p^6 3s^2 3p^3$, $1s^2 2s^2 2p^6$이다.

ㄴ. 2주기 원소는 B와 D 2가지이다.

바로알기 ㄱ. 금속 원소는 원자가 전자 수가 2인 A 1가지이다.

ㄷ. 3주기 원소인 A, C 중 원자 번호가 작은 A의 원자 반지름이 가장 크다.

15 꼼꼼 문제 분석

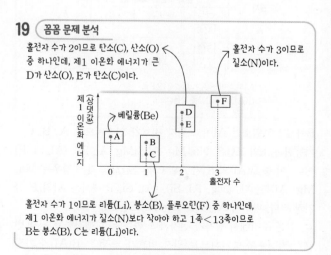

ㄷ. 원자 반지름은 주기율표에서 왼쪽 아래로 갈수록 커지므로 4주기 금속 원소인 D가 가장 크다.

바로알기 ㄱ. A는 2주기, D는 4주기 원소이다.

ㄴ. 등전자 이온은 원자 번호가 커서 유효 핵전하가 큰 원소의 이온 반지름이 더 작으므로 이온 반지름은 B가 A보다 작다.

16 Li과 Na은 같은 족 원소이므로 원자 번호가 큰 Na^+의 반지름이 Li^+보다 크고, F과 Cl도 같은 족 원소이므로 원자 번호가 큰 Cl^-의 반지름이 F^-보다 크다.

Na^+과 F^-은 등전자 이온이므로 원자 번호가 작은 F^-의 반지름이 Na^+의 반지름보다 크다. 따라서 이온 반지름의 크기는 $Li^+ < Na^+ < F^- < Cl^-$ 순이므로 A~D는 각각 Li, Na, F, Cl 이다.

ㄱ. 원자 반지름은 Na이 Li보다 크고, Cl가 F보다 크며, 같은 주기 원소인 Na과 Cl 중 원자 번호가 작은 Na이 Cl보다 크다. 따라서 B(Na)의 원자 반지름이 가장 크다.

바로알기 ㄴ. 원자가 전자가 느끼는 유효 핵전하는 같은 주기와 족에서 원자 번호가 클수록 증가하므로 D(Cl)가 가장 크다.

ㄷ. K^+은 D의 이온, 즉 Cl^-과 등전자 이온이므로 원자 번호가 큰 K의 이온 반지름이 D(Cl)의 이온 반지름보다 작다.

17 주기율표에서 왼쪽 아래로 갈수록 양이온이 되기 쉬우므로 (가)는 $_{19}K$이고, 오른쪽 위로 갈수록 이온화 에너지가 대체로 커지므로 (나)는 $_2He$이며, 같은 주기에서 오른쪽으로 갈수록 가장 바깥 전자 껍질의 전자가 느끼는 유효 핵전하가 커지므로 (다)는 $_{10}Ne$이다. 따라서 원자 번호를 합한 값은 (가)+(나)+(다)= 19+2+10=31이다.

18 ㄱ. 같은 주기에서 제1 이온화 에너지의 크기는 16족 < 15족 < 17족 순이므로 X~Z가 같은 주기 원소라면 16족 원소인 Y의 이온화 에너지가 가장 작아야 하는데, 반대로 가장 크므로 Y는 2주기 원소이고, X와 Z는 3주기 원소이다.

ㄴ. 원자가 전자가 느끼는 유효 핵전하는 주기율표에서 오른쪽 아래로 갈수록 커지므로 Z > Y이다.

ㄷ. Y, Z가 모두 비활성 기체의 전자 배치를 갖는 이온이 되었을 때 Y 이온은 2주기 원소인 Ne의 전자 배치를, Z 이온은 3주기 원소인 Ar의 전자 배치를 갖는다. 따라서 전자가 들어 있는 전자 껍질이 1개 많은 Z 이온의 반지름이 Y 이온의 반지름보다 크다.

19 꼼꼼 문제 분석

2주기 원자 Li~Ne의 홀전자 수는 다음과 같다.

원자	Li	Be	B	C	N	O	F	Ne
홀전자 수	1	0	1	2	3	2	1	0

F는 홀전자 수가 3인 질소(N)이다. 홀전자 수가 2인 원소는 탄소(C)와 산소(O)인데, 제1 이온화 에너지는 산소(O)가 탄소(C)보다 크므로 D는 산소(O), E는 탄소(C)이다. 홀전자 수가 1인 원소는 리튬(Li), 붕소(B), 플루오린(F)인데, 제1 이온화 에너지가 질소(N)보다 작아야 하므로 플루오린(F)은 해당되지 않고, 제1 이온화 에너지가 1족<13족이므로 B는 붕소(B), C는 리튬(Li)이다. 홀전자 수가 0인 베릴륨(Be)과 네온(Ne) 중 탄소(C)보다 제1 이온화 에너지가 작은 A는 베릴륨(Be)이다.

20 같은 주기에서 원자 반지름이 작으면 제1 이온화 에너지는 대체로 크므로 원자 반지름이 가장 작은 C의 제1 이온화 에너지가 가장 커야 하는데, 그렇지 않으므로 C는 예외가 나타나는 붕소(B) 또는 산소(O) 중 하나이다. C가 붕소(B)라면 A, B는 C보다 원자 반지름이 커야 하므로 Li, Be이 되는데, A~C가 비금속 원소라는 조건에 맞지 않으므로 C는 산소(O)이다. 따라서 C(O)보다 이온화 에너지가 큰 질소(N)가 A이고, C(O)와 홀전자 수가 2로 같은 탄소(C)가 B에 해당한다.

ㄱ. 홀전자 수는 A(N)가 3으로 2인 B(C)보다 크다.

A(N): $1s^2 2s^2 2p_x^1 2p_y^1 2p_z^1$

B(C): $1s^2 2s^2 2p_x^1 2p_y^1$

ㄴ. 원자 번호가 가장 큰 것은 C(O)이다.

ㄷ. 원자가 전자가 느끼는 유효 핵전하는 원자 번호가 클수록 크므로 C(O)가 B(C)보다 크다.

21 꼼꼼 문제 분석

B는 $E_3 \ll E_4$이므로 13족 원소인 Al이다.

원자	순차 이온화 에너지(E_n, kJ/mol)			
	E_1	E_2	E_3	E_4
A	496			
B	578	1817	2745	11578
C	738	1451		10542

E_1의 크기는 A<B<C 순으로 B(Al)가 중간값을 갖는다.

B가 13족 원소인 Al이고 원자 번호가 연속이므로 A, B, C로 가능한 원소의 조합은 (Na, Mg, Al), (Mg, Al, Si), (Al, Si, P)이다. 이 중 B(Al)의 E_1가 A와 C의 중간값을 갖는 경우는 (Na, Mg, Al)뿐이다. (Mg, Al, Si), (Al, Si, P)에서는 Al의 E_1가 가장 작다. 따라서 A는 Na, B는 Al, C는 Mg이다.

ㄷ. 같은 주기에서 원자가 전자가 느끼는 유효 핵전하는 원자 번호가 커질수록 증가하므로 원자 번호가 가장 큰 B(Al)가 가장 크다.

바로알기 $\frac{E_2}{E_1}$가 가장 큰 원소는 1족 원소인 A(Na)이다.

ㄴ. 원자가 전자 수는 B(Al)가 3, C(Mg)가 2이다.

22 제2 이온화 에너지는 기체 상태의 원자 1 mol에서 전자 1 mol을 떼어 낸 상태에서 두 번째 전자를 떼어 내는 것이기 때문에 원자 번호에 따른 변화가 제1 이온화 에너지와 같은 모양으로 나타나면서 한 번호씩 이동한다. 즉, 제1 이온화 에너지는 2주기 18족(D) 원소가 가장 크고 3주기 1족 원소(E)에서 급감하지만, 제2 이온화 에너지는 3주기 1족 원소(E)가 가장 크고 3주기 2족 원소(F)에서 급감한다. 따라서 A는 N, B는 O, C는 F, D는 Ne, E는 Na, F는 Mg, G는 Al, H는 Si이다.

ㄴ. 제1 이온화 에너지가 가장 큰 원소는 2주기 18족 원소인 D(Ne)이다.

ㄷ. 원자가 전자 수가 1인 1족 원소는 제2 이온화 에너지가 매우 크기 때문에 $\frac{제2 \ 이온화 \ 에너지}{제1 \ 이온화 \ 에너지}$가 가장 크다.

따라서 $\frac{제2 \ 이온화 \ 에너지}{제1 \ 이온화 \ 에너지}$가 가장 큰 원소는 E(Na)이다.

바로알기 ㄱ. 2주기 원소는 A(N)~D(Ne)이고, E(Na)~H(Si)는 3주기 원소이다.

23 꼼꼼 문제 분석

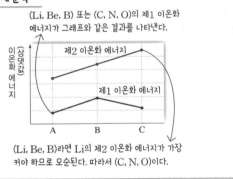

(Li, Be, B) 또는 (C, N, O)의 제1 이온화 에너지가 그래프와 같은 결과를 나타낸다.

(Li, Be, B)라면 Li의 제2 이온화 에너지가 가장 커야 하므로 모순된다. 따라서 (C, N, O)이다.

A는 C, B는 N, C는 O이다.

ㄱ. 바닥상태에서 홀전자 수가 가장 큰 것은 B(N)이다.

ㄴ. 원자가 전자 수는 A(C)가 4, B(N)가 5, C(O)가 6이므로 총합은 4+5+6=15이다.

바로알기 ㄷ. 제3 이온화 에너지는 B(N)<A(C)<C(O) 순이다.

24 홀전자 수는 O(2)>Na(1)=F(1)>Mg(0)이므로 W는 O, X는 Mg, Y는 Na 또는 F 중 하나이다. 원자 반지름은 Na>Mg>O>F 순이므로 Y는 Na, Z는 F이다.

ㄱ. 홀전자 수는 Z(F)가 1, X(Mg)가 0이므로 Z>X이다.

바로알기 ㄴ. Y(Na)와 Z(F)의 안정한 이온은 전자 수가 같은 등전자 이온으로 핵전하량이 작은 Z(F)의 이온 반지름이 더 크다.

ㄷ. 제2 이온화 에너지가 가장 큰 것은 1족 원소인 Y(Na)이다.

25 제1 이온화 에너지는 E>D>C>B>A 순이고, 제2 이온화 에너지는 E>C>D>A>B 순이다. 한편 7~13번 원소의 제1 이온화 에너지는 Ne>F>N>O>Mg>Al>Na 순이고, 제2 이온화 에너지는 Na>Ne>O>F>N>Al>Mg 순이다.

• E는 제1 이온화 에너지와 제2 이온화 에너지가 A~E 중 가장 크므로 Ne이다.
• A와 B는 제1, 제2 이온화 에너지가 모두 작고, A와 B에서 제1 이온화 에너지는 B가 크고, 제2 이온화 에너지는 A가 크다. 이를 만족하는 경우는 A: Al, B: Mg이다.
• C와 D에서 제1 이온화 에너지는 D가 크고, 제2 이온화 에너지는 C가 크다. 이를 만족하는 경우의 조합은 (C: O, D: F)과 (C: O, D: N) 2가지인데 이 중 원자가 전자 수가 D>C인 조건을 만족하는 것은 (C: O, D: F)이다.
• Na은 제1 이온화 에너지는 가장 작고, 제2 이온화 에너지는 가장 크므로 해당되지 않는다.

ㄱ. A는 Al, B는 Mg, C는 O, D는 F, E는 Ne이므로 2주기 원소는 C, D, E 3가지이다.

바로알기 ㄴ. 원자 번호가 가장 큰 것은 A(Al)이다.

ㄷ. A(Al)는 +3의 양이온을 형성하기 쉽고, C(O)는 −2의 음이온을 형성하기 쉬우므로 A : B=2 : 3의 개수비로 결합하여 A_2C_3를 형성한다.

26 원자가 전자 수는 F>O=S>P 순이고, 원자 반지름은 P>S>O>F 순이며, 제1 이온화 에너지는 F>O>P>S 순이다.

W의 제1 이온화 에너지는 3번째 또는 4번째로 크므로 W는 P와 S 중 하나이다. W가 P라고 하면 원자가 전자 수가 P가 가장 작으므로 원자가 전자 수가 W>X라는 첫 번째 조건에 위배된다. 따라서 W는 S이고, X는 W보다 원자가 전자 수가 작으므로 P이다. Z와 Y는 각각 O와 F 중 하나인데 제1 이온화 에너지가 Z>Y이므로 Z는 F, Y는 O이다.

이를 종합하면 W는 S, X는 P, Y는 O, Z는 F이다.

ㄴ. 제2 이온화 에너지는 O>F>S>P 순이므로 Y(O)가 가장 크다.

바로알기 ㄱ. W(S)는 3주기, Z(F)는 2주기 원소이다.

ㄷ. 원자가 전자가 느끼는 유효 핵전하는 같은 주기에서 원자 번호가 증가할수록 커지므로 W(S)>X(P)이다.

27 원자 반지름이나 이온 반지름에는 전자가 들어 있는 전자 껍질 수, 유효 핵전하, 전자 수(전자 사이의 반발력)가 영향을 미친다. 이 중 유효 핵전하가 반지름에 미치는 영향을 알아보기 위해서는 유효 핵전하를 제외한 나머지 2가지 요인이 같은 입자들의 반지름을 비교해야 한다.

그래프에 주어진 이온들은 등전자 이온이므로 전자 수가 같고, 전자가 들어 있는 전자 껍질 수도 같지만 양성자수가 달라 핵전하가 다르므로 유효 핵전하가 반지름에 미치는 영향을 비교하기에 적합하다.

모범 답안 N^{3-}, O^{2-}, F^-, Na^+, Mg^{2+}, Al^{3+}, 등전자 이온은 전자가 들어 있는 전자 껍질 수와 전자 수가 같고 유효 핵전하만 다르기 때문이다.

채점 기준	배점
유효 핵전하가 반지름에 미치는 영향을 알아보기 위해 비교해야 할 원자 또는 이온의 예를 옳게 쓰고, 그 까닭을 정확히 서술한 경우	100 %
유효 핵전하가 반지름에 미치는 영향을 알아보기 위해 비교해야 할 원자 또는 이온의 예만 옳게 쓴 경우	30 %

28 같은 주기에서 제1 이온화 에너지는 원자 번호에 따라 대체로 증가하지만 2족과 13족, 15족과 16족에서 예외가 있다.

제2 이온화 에너지는 제1 이온화 에너지와 비슷한 경향을 나타내며 예외가 한 번호씩 이동하여 나타난다. 즉, 같은 주기에서 제2 이온화 에너지의 예외가 생기는 곳은 13족과 14족, 16족과 17족이다.

그래프에서 원자 번호가 증가할수록 제2 이온화 에너지가 예외 없이 증가하며, 이런 변화를 나타내는 원소는 14족, 15족, 16족 원소이다. 따라서 A는 탄소(C), B는 질소(N), C는 산소(O)이다.

모범 답안 A: 탄소(C), B: 질소(N), C: 산소(O), 2주기에서 제2 이온화 에너지가 예외없이 증가하는 구간의 원소 A~C는 각각 탄소(C), 질소(N), 산소(O)이다.

채점 기준	배점
원소 기호를 옳게 쓰고, 판단 근거를 정확히 서술한 경우	100 %
원소 기호는 옳게 썼으나 판단 근거에 대한 서술이 미흡한 경우	50 %
원소 기호만 옳게 쓴 경우	30 %

29 마그네슘(Mg)의 E_1와 E_2는 M 전자 껍질($n=3$)에서 전자를 떼어 내는 데 필요한 에너지이고, E_3와 E_4는 L 전자 껍질($n=2$)에서 전자를 떼어 내는 데 필요한 에너지이다. 같은 전자 껍질에서 전자를 떼어 낼 때는 차수에 따라 필요한 에너지가 서서히 증가하지만, 안쪽 전자 껍질에서 전자를 떼어 낼 때는 원자핵과 전자 사이의 거리가 감소하여 인력이 크게 증가하기 때문에 이온화 에너지도 크게 증가한다.

모범 답안 마그네슘(Mg)의 E_1와 E_2, E_3와 E_4는 각각 같은 전자 껍질에서 전자를 떼어 내는 데 필요한 에너지이므로 큰 차이가 나지 않지만, E_2와 E_3는 서로 다른 전자 껍질에서 전자를 떼어 내는 데 필요한 에너지이므로 차이가 크게 나 $\dfrac{E_3}{E_2}$ 값이 상대적으로 큰 값을 갖는다.

채점 기준	배점
E_2와 E_3가 서로 다른 전자 껍질에서 전자를 떼어 내기 때문이라는 의미를 포함하여 옳게 서술한 경우	100 %
마그네슘(Mg)의 원자가 전자가 2개이기 때문이라고만 서술한 경우	50 %

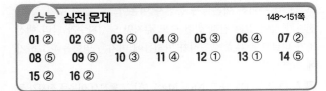
01 꼼꼼 문제 분석

가려막기 효과 때문에 원자가 전자가 느끼는 유효 핵전하(Z^*)가 원자 번호에 따른 핵전하(Z)보다 작다.

홀전자 수가 2인 원소는 C, O로 $Z-Z^*$가 큰 C가 O, D가 C이다.

홀전자 수가 3인 원소는 N뿐이다.

원자 번호가 커질수록 $Z-Z^*$가 증가한다.

홀전자 수가 1인 원소는 Li, B, F인데, F의 $Z-Z^*$는 C(O), D(C)보다 크므로 A는 B, B는 Li이다.

선택지 분석

✗ (가)에서 ●은 원자가 전자가 느끼는 유효 핵전하이다. ── 원자 번호에 따른 핵전하(Z)

✗ A~E 중 원자 번호가 가장 큰 원소는 E이다. C(O)

ⓒ 바닥상태 원자에서 전자가 들어 있는 오비탈의 수는 D가 B의 2배이다.

전략적 풀이 ❶ 가려막기 효과에 따른 원자가 전자가 느끼는 유효 핵전하의 크기를 생각해 본다.

ㄱ. 가려막기 효과 때문에 원자가 전자가 느끼는 유효 핵전하는 원자 번호에 따른 핵전하보다 작다. 따라서 (가)에서 ●은 원자 번호에 따른 핵전하(Z)이고, ○은 원자가 전자가 느끼는 유효 핵전하(Z^*)이다.

❷ 원자 번호에 따라 $Z-Z^*$가 증가하는 경향으로부터 A~E에 해당하는 실제 원소를 파악한다.

ㄴ. •홀전자 수 1: 리튬(Li), 붕소(B), 플루오린(F)인데, 플루오린(F)의 $Z-Z^*$는 산소(O), 탄소(C)보다 크므로 A는 붕소(B), B는 리튬(Li)이다.

•홀전자 수 2: 탄소(C), 산소(O) 중 $Z-Z^*$가 큰 C가 산소(O), D가 탄소(C)이다.

•홀전자 수 3: E는 질소(N)이다.

따라서 원자 번호가 가장 큰 원소는 C(O)이다.

❸ 파악한 실제 원소 중 B와 D의 바닥상태 원자에서 전자가 들어 있는 오비탈 수를 비교한다.

ㄷ. 바닥상태의 전자 배치는 B(Li)가 $1s^2 2s^1$이고, D(C)가 $1s^2 2s^2 2p_x^1 2p_y^1$이므로 전자가 들어 있는 오비탈의 수는 B(Li)가 2, D(C)가 4로 D가 B의 2배이다.

02 꼼꼼 문제 분석

금속 원소는 원자 반지름>이온 반지름이고, 비금속 원소는 원자 반지름<이온 반지름이므로 X, Y는 금속, Z는 비금속 원소이다.

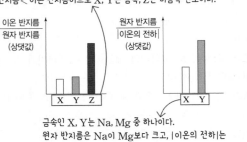

금속인 X, Y는 Na, Mg 중 하나이다. 원자 반지름은 Na이 Mg보다 크고, |이온의 전하|는 Mg^{2+}이 Na^+보다 크므로 X는 Mg, Y는 Na이다.

선택지 분석

ㄱ X는 Mg이다.

✗ 원자 반지름이 가장 작은 것은 X이다. Z(F)

ㄷ 이온 반지름의 크기는 Z>Y>X이다.

전략적 풀이 ❶ 자료를 분석하여 X~Z에 해당하는 원소들을 파악한다.

ㄱ. X는 Mg, Y는 Na, Z는 F이다.

❷ 파악한 실제 원소의 주기적 성질을 생각해 본다.

ㄴ. 원자 반지름은 Y(Na)>X(Mg)>Z(F)이므로 원자 반지름이 가장 작은 것은 Z(F)이다.

ㄷ. X~Z의 이온은 전자 수가 같은 등전자 이온이므로 유효 핵전하가 클수록 이온 반지름이 작다. 따라서 이온 반지름은 Z(F)>Y(Na)>X(Mg)이다.

03 꼼꼼 문제 분석

Na: $1s^2 2s^2 2p^6 3s^1$

S: $1s^2 2s^2 2p^6 3s^2 3p^4$

원자	Ⓐ	Ⓑ	Ⓒ	Ⓓ
$a-b$	0	2	4	6

N: $1s^2 2s^2 2p^3$

F: $1s^2 2s^2 2p^5$

선택지 분석

✗ 원자 반지름이 가장 작은 원소는 C이다. D(F)

ⓑ A, C, D 중 비활성 기체의 전자 배치를 갖는 이온의 반지름이 가장 작은 것은 A이다.

ⓒ 원자가 전자가 느끼는 유효 핵전하는 D>B이다.

전략적 풀이 ❶ 주어진 원자들의 원자가 전자 수(a)와 홀전자 수(b)를 구한 후 A~D에 해당하는 원소를 파악한다.

•N: $1s^2 2s^2 2p_x^1 2p_y^1 2p_z^1$ ➡ $a-b=5-3=2$

•F: $1s^2 2s^2 2p_x^2 2p_y^2 2p_z^1$ ➡ $a-b=7-1=6$

•Na: $1s^2 2s^2 2p^6 3s^1$ ➡ $a-b=1-1=0$

•S: $1s^2 2s^2 2p^6 3s^2 3p_x^2 3p_y^1 3p_z^1$ ➡ $a-b=6-2=4$

따라서 A~D는 각각 Na, N, S, F이다.

❷ 파악한 실제 원소의 주기적 성질을 생각해 본다.

ㄱ. 2주기 원소인 B(N)와 D(F) 중 원자 번호가 큰 D(F)의 원자 반지름이 B(N)보다 작다.

ㄴ. A와 C는 같은 3주기 원소인데 비활성 기체의 전자 배치를 갖는 이온이 될 때 A(Na)는 양이온이 되어 전자가 들어 있는 전자 껍질이 1개 감소하므로 음이온이 되는 C(S)보다 이온 반지름이 작다. 한편, A(Na)와 D(F)의 이온은 등전자 이온이므로 원자 번호가 클수록 이온 반지름이 작아진다. 따라서 이온 반지름은 D(F)>A(Na)이고, A의 이온 반지름이 가장 작다.

ㄷ. D(F)와 B(N)는 같은 2주기 원소로 원자가 전자가 느끼는 유효 핵전하는 원자 번호가 큰 D(F)가 B(N)보다 크다.

04 꼼꼼 문제 분석

(A, B)는 $(_{12}Mg, _3Li)$, $(_{16}S, _4Be)$ 중 하나이다.

- 양성자수의 비는 A : B=4 : 1이다.
- 같은 족에 속하는 원자 수는 2이다.
- C에는 바닥상태 전자 배치에서 홀전자가 존재하며, $\dfrac{p \text{ 오비탈의 전자 수}}{s \text{ 오비탈의 전자 수}}=1$이다.

(A, B)가 $(_{12}Mg, _3Li)$이라면 C는 Be 또는 Na이고, $(_{16}S, _4Be)$이라면 C는 O 또는 Mg이다.

Na, Be, Mg, O 중 홀전자가 있는 것은 Na, O이며, 이 중 s 오비탈과 p 오비탈의 전자 수가 같은 것은 $O(1s^2 2s^2 2p^4)$이다.

선택지 분석

ㄱ. A와 C는 같은 족에 속한다.

ㄴ. 원자 반지름이 가장 작은 원소는 B이다. C

ㄷ. 원자가 전자가 느끼는 유효 핵전하가 가장 큰 원소는 A이다.

전략적 풀이 ❶ 주어진 조건을 만족하는 실제 원소들을 파악한다.

(A, B)는 $(_{12}Mg, _3Li)$ 또는 $(_{16}S, _4Be)$이며, (A, B)가 $(_{12}Mg, _3Li)$이면 C는 Be 또는 Na이고, (A, B)가 $(_{16}S, _4Be)$이면 C는 O 또는 Mg이다. 두 경우에서 C는 바닥상태에서 홀전자가 존재해야 하므로 Na, O가 가능하고, 이 중 s 오비탈의 전자 수와 p 오비탈의 전자 수가 같은 원소는 O이다. 따라서 C가 O일 때 가능한 (A, B)는 $(_{16}S, _4Be)$이다. 따라서 A는 S, B는 Be, C는 O이다.

ㄱ. A(S)와 C(O)는 같은 족에 속한다.

❷ 파악한 실제 원소의 주기적 성질을 생각해 본다.

ㄴ. 같은 족 원소인 A(S)와 C(O) 중 주기가 작은 C(O)의 원자 반지름이 A(S)보다 작고, 같은 주기 원소인 B(Be)와 C(O) 중 원자 번호가 큰 C(O)의 원자 반지름이 B(Be)보다 작다.

ㄷ. 같은 주기에서 원자 번호가 커질수록 유효 핵전하가 크므로 C(O)가 B(Be)보다 크며, 같은 족에서도 원자 번호가 커질수록 유효 핵전하가 커지므로 A(S)가 C(O)보다 크다.

05 꼼꼼 문제 분석

등전자 이온이므로 원자 번호가 커질수록 유효 핵전하가 커 이온 반지름이 작아진다.
→ A는 Mg, B는 Na, C는 F, D는 O이다.

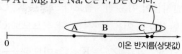

선택지 분석

ㄱ. A, B는 금속 원소이다.

ㄴ. 원자 반지름은 A가 가장 크다. B

ㄷ. 가장 바깥 전자 껍질의 전자가 느끼는 유효 핵전하가 가장 큰 이온은 A 이온이다.

전략적 풀이 ❶ 이온 반지름의 크기를 비교하여 A~D에 해당하는 실제 원소들을 파악한다.

A~D 이온은 등전자 이온으로 원자 번호가 클수록 이온 반지름이 작아진다. 따라서 A~D는 각각 Mg, Na, F, O이다.

ㄱ. A(Mg), B(Na)는 금속 원소이고, C(F), D(O)는 비금속 원소이다.

❷ 파악한 실제 원소의 주기적 성질을 생각해 본다.

ㄴ. 3주기 금속 원소인 A, B는 2주기 비금속 원소인 C, D보다 원자 반지름이 크고, 같은 3주기 원소인 A, B 중 원자 번호가 작은 B(Na)의 원자 반지름이 A(Mg)보다 크다.

ㄷ. A~D 이온은 등전자 이온이므로 전자 수와 전자가 들어 있는 전자 껍질 수가 같다. 따라서 가려막기 효과가 모두 같으므로 가장 바깥 전자 껍질의 전자가 느끼는 유효 핵전하는 핵전하가 가장 큰 A(Mg) 이온이 가장 크다.

06 꼼꼼 문제 분석

원자 반지름>이온 반지름
→ A, B는 $_{19}K$, $_{20}Ca$ 중 하나이다.

원자 반지름<이온 반지름
→ C는 $_{17}Cl$이다.

$\dfrac{\text{이온 반지름}}{\text{원자 반지름}}$

$\dfrac{\text{이온 반지름}}{Z^*}$ (상댓값)

이온 반지름: $K^+>Ca^{2+}$, Z^*: K<Ca

→ $\dfrac{\text{이온 반지름}}{Z^*}$ 은 K>Ca이므로 A는 Ca, B는 K이다.

선택지 분석

ㄱ. 원자 반지름은 A가 가장 크다. B

ㄴ. B와 C는 1 : 1로 결합하여 안정한 화합물을 형성한다.

ㄷ. 이온 반지름은 C>B>A 순이다.

전략적 풀이 ❶ 금속 원소와 비금속 원소의 원자 반지름과 이온 반지름의 관계, 원자 번호에 따라 원자가 전자가 느끼는 유효 핵전하의 크기를 종합적으로 생각하여 A~C에 해당하는 실제 원소를 파악한다.

A, B는 원자 반지름이 이온 반지름보다 크므로 K, Ca 중 하나이고, C는 원자 반지름이 이온 반지름보다 작으므로 Cl이다. 이온 반지름은 $K^+ > Ca^{2+}$이고, Z^*는 K < Ca이므로 $\dfrac{\text{이온 반지름}}{Z^*}$은 K > Ca이 되어 A는 Ca, B는 K이다.

ㄱ. 주기율표에서 가장 왼쪽 아래에 위치하는 B(K)의 원자 반지름이 가장 크다.

❷ 파악한 실제 원소의 주기적 성질을 생각해 본다.

ㄴ. B(K)와 C(Cl)는 1 : 1로 결합하여 화합물 BC(KCl)를 형성한다.

ㄷ. A~C의 이온은 등전자 이온이므로 원자 번호가 작을수록 이온 반지름이 크다. 따라서 이온 반지름은 C(Cl) > B(K) > A(Ca) 순이다.

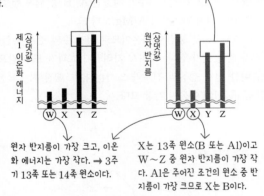
선택지 분석

✗ 2주기 원소는 2가지이다. X(B) 1가지

ⓛ 제2 이온화 에너지는 Y > Z이다.

✗ 원자가 전자가 느끼는 유효 핵전하가 가장 큰 것은 Z이다.
　　　　　　　　　　　　　　　　　　　　　　　　　　Y(S)

전략적 풀이 ❶ 원자 반지름으로부터 X에 해당하는 실제 원소를 파악한다.

W~Z는 2, 3주기 13~16족 원소이므로 B, C, N, O, Al, Si, P, S 중 하나이다. X는 13족 원소이므로 B 또는 Al인데, X가 Al이라면 원자 반지름이 가장 커야 하는데 가장 작으므로 X는 Al이 아니라 B이다. 그래프에서 W, Y, Z의 원자 반지름이 모두 X(B)보다 큰데 C, N, O의 원자 반지름은 X(B)보다 작으므로 W, Y, Z는 각각 Al, Si, P, S 중 하나이다.

❷ 이온화 에너지를 비교하여 W, Y, Z에 해당하는 원소를 파악한다.

원자 반지름이 작을수록 이온화 에너지는 대체로 커지는데, Y는 Z보다 원자 반지름이 작고 이온화 에너지도 작다. 따라서 이온화 에너지의 예외적인 경향이 나타나는 원소이므로 Y는 S, Z는 P이다. W는 Al이나 Si 중 하나인데 문제에 주어진 자료만으로는 어떤 원소인지 알 수 없다.

ㄱ. 2주기 원소는 X(B) 1가지이다.

❸ 파악한 실제 원소의 주기적 성질을 생각해 본다.

ㄴ. Y(S)는 16족, Z(P)는 15족 원소이므로 제2 이온화 에너지는 Y > Z이다.

ㄷ. 같은 족과 주기에서는 원자 번호가 커질수록 유효 핵전하가 증가하므로 Y(S) > Z(P) > W(Al 또는 Si) > X(B)이다.

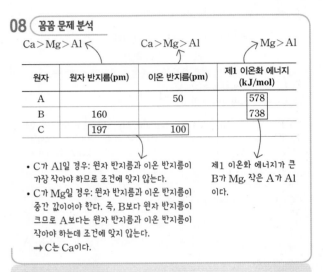
선택지 분석

ⓞ B는 Mg이다.

ⓛ 원자가 전자 수는 B와 C가 같다.

ⓒ 원자 반지름이 가장 작은 원자는 A이다.

전략적 풀이 ❶ 원자 반지름과 이온 반지름의 크기로부터 C를 파악하고, 제1 이온화 에너지로부터 A와 B를 파악한다.

ㄱ. 원자 반지름은 Ca > Mg > Al이고, 이온 반지름도 Ca > Mg > Al인데, C의 원자 반지름은 B보다 크고 이온 반지름은 A보다 크므로 C는 Ca이다. A와 B는 각각 Mg과 Al 중 하나인데, 제1 이온화 에너지는 B가 A보다 크므로 B는 Mg, A는 Al이다.

❷ 파악한 실제 원소의 주기적 성질을 생각해 본다.

ㄴ. B(Mg), C(Ca)는 같은 2족 원소이므로 원자가 전자 수가 같다.

ㄷ. B(Mg)와 C(Ca)는 같은 족 원소이므로 원자 번호가 작은 B의 원자 반지름이 C보다 작고, A(Al)와 B(Mg)는 같은 주기 원소이므로 원자 번호가 큰 A의 원자 반지름이 B보다 작다. 따라서 원자 반지름이 가장 작은 원자는 A이다.

09 꼼꼼 문제 분석

2, 3주기 원소는 전자가 들어 있는 오비탈 수가 2 이상이므로 전자가 들어 있는 오비탈 수는 Z가 가장 크다. → Z는 3주기 원소이다.

- 2주기 원소는 2가지이다.
- X~Z의 홀전자 수와 전자가 들어 있는 오비탈 수

원소	X	Y	Z
홀전자 수	1	2	3
전자가 들어 있는 오비탈 수	a	b	$a+b-1$

2주기 원소는 2가지이므로 X, Y는 2주기 원소이며, X는 Li, B, F 중 하나이고, Y는 C, O 중 하나이다.

선택지 분석

㉠ $a=b$이다.

㉡ 원자가 전자 수는 X가 가장 크다.

㉢ $\dfrac{\text{제2 이온화 에너지}}{\text{제1 이온화 에너지}}$ 는 Y > X이다.

전략적 풀이 ❶ 원소 Z가 어떤 원소인지 파악한 후, $a+b$ 값을 이용하여 원소 X, Y를 파악한다.

Z는 3주기 원소이고 홀전자 수가 3이므로 Z는 P이며, P에서 전자가 들어 있는 오비탈 수 $a+b-1=9$이므로 $a+b=10$이다. X와 Y는 2주기 원소이고, X와 Y의 전자가 들어 있는 오비탈 수의 합($a+b$)이 10이면서 홀전자 수가 각각 1, 2인 조건을 만족하는 원소는 F과 O이다. 따라서 X는 F, Y는 O이다.

ㄱ. a와 b는 각각 5로 같다.

❷ 파악한 실제 원소의 주기적 성질을 생각해 본다.

ㄴ. 원자가 전자 수는 17족 원소인 X(F)가 가장 크다.

ㄷ. 제1 이온화 에너지는 X(F) > Y(O)이고, 제2 이온화 에너지는 X(F) < Y(O)이므로 $\dfrac{\text{제2 이온화 에너지}}{\text{제1 이온화 에너지}}$ 는 Y > X이다.

10 꼼꼼 문제 분석

홀전자 수가 2인 원소는 O, Si이고, 제2 이온화 에너지는 O > Si이므로 X는 O, Y는 Si이다.

- W~Z의 원자 번호는 각각 7~14 중 하나이다.
- W~Z의 홀전자 수와 제2 이온화 에너지

홀전자 수가 1인 원소는 F, Na, Al인데, 제2 이온화 에너지가 Y(Si)보다 크고 Z(N)보다 작으므로 Al이다.

홀전자 수가 3인 원소는 N이다.

선택지 분석

㉠ W는 Al이다.

㉡ 2주기 원소는 ~~3가지이다.~~ 2가지

㉢ 제1 이온화 에너지가 가장 큰 원소는 Z이다.

전략적 풀이 ❶ 주어진 홀전자 수를 갖는 원소들을 파악하고, 이들 중 제2 이온화 에너지 조건을 만족하는 원소를 찾는다.

- 홀전자 수가 2인 원소는 O, Si이고, 제2 이온화 에너지는 O > Si이므로 X는 O, Y는 Si이다.
- 홀전자 수가 3인 원소는 N이다.
- 홀전자 수가 1인 원소는 F, Na, Al인데 Na의 제2 이온화 에너지는 가장 크므로 해당되지 않고 F의 제2 이온화 에너지는 Z(N)보다 크므로 해당되지 않는다. 따라서 W는 Al이다.

ㄱ. W는 Al이다.

❷ 파악한 실제 원소의 주기적 성질을 생각해 본다.

ㄴ. X(O)와 Z(N)는 2주기 원소이고, W(Al)와 Y(Si)는 3주기 원소이다.

ㄷ. 제1 이온화 에너지는 Z(N) > X(O) > Y(Si) > W(Al)이므로 Z가 가장 크다.

11 꼼꼼 문제 분석

B, C, D에 비해 원자 반지름이 매우 작고 이온화 에너지가 매우 크다. → 2주기 비금속 원소인 F이다.

3주기 금속 원소이며, 원자 번호가 클수록 원자 반지름이 작다. → B는 Al, C는 Mg, D는 Na이다.

제1 이온화 에너지(상댓값) / 원자 반지름(상댓값) 그래프

선택지 분석

㉠ ~~원자 반지름이 작을수록 제1 이온화 에너지가 커진다.~~ C 예외

㉡ 원자 번호가 가장 큰 원소는 B이다.

㉢ Ne과 전자 배치가 같은 이온이 될 때 반지름이 가장 큰 원소는 A이다.

전략적 풀이 ❶ 이온화 에너지와 원자 반지름의 크기로부터 A와 B, C, D의 주기를 파악하고, 원자 반지름의 주기성으로부터 A~D에 해당하는 실제 원소를 파악한다.

A는 B~D에 비해 원자 반지름이 매우 작고 이온화 에너지가 크므로 2주기 비금속 원소이며, B~D는 3주기 금속 원소이다. 따라서 A는 F이고, 원자 번호가 클수록 원자 반지름이 작아지는 B~D는 각각 Al, Mg, Na이다.

ㄱ. C(Mg)의 경우 원자 반지름이 B(Al)보다 크지만, 제1 이온화 에너지는 전자 배치의 특성으로 인해 C(Mg)가 B(Al)보다 크다.

ㄴ. A~D 중 B(Al)의 원자 번호가 가장 크다.

❷ 등전자 이온의 반지름을 생각해 본다.

ㄷ. Ne과 같은 전자 배치를 갖는 A~D의 이온은 등전자 이온이다. 따라서 원자 번호가 가장 작아 유효 핵전하가 가장 작은 A(F)의 이온 반지름이 가장 크다.

12 꼼꼼 문제 분석

원자 반지름: Na>Mg>N>O
→ (W, X, Y)는 (Na, O, N), (Mg, O, N), (Na, N, Mg), (Na, O, Mg) 중 하나이다.

- W~Z는 각각 N, O, Na, Mg 중 하나이다.
- 각 원자의 이온은 모두 Ne의 전자 배치를 갖는다.
- ㉠, ㉡은 각각 이온 반지름, 제1 이온화 에너지 중 하나이다.

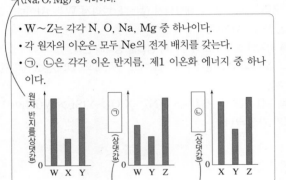

이온 반지름: N>O>Na>Mg
제1 이온화 에너지: N>O>Mg>Na

선택지 분석

㉠ ㉠은 이온 반지름이다.

✗ 원자 반지름은 X>Z이다. Z>X

✗ 제1 이온화 에너지는 W>Y이다. Y>W

전략적 풀이 ❶ 원자 반지름 자료로부터 가능한 원자의 조합을 찾고, 나머지 자료와 비교하여 W~Z에 해당하는 실제 원소를 파악한다.

원자 반지름은 Na>Mg>N>O 순이므로 (W, X, Y)는 (Na, O, N), (Mg, O, N), (Na, N, Mg), (Na, O, Mg) 중 하나이다.

한편, 이온 반지름은 N>O>Na>Mg 순이고, 제1 이온화 에너지는 N>O>Mg>Na 순이다. (W, X, Y)가 (Na, O, N)이라면 이온 반지름과 제1 이온화 에너지 모두 W가 가장 작은데 ㉠에서 W>Y이므로 모순이며, (W, X, Y)가 (Mg, O, N)인 경우에도 마찬가지로 모순이다. 따라서 W는 Na, Y는 Mg이고, X는 N 또는 O 중 하나이다.

㉠에서 W(Na)>Y(Mg)이므로 ㉠은 이온 반지름이고, ㉡은 제1 이온화 에너지이다. 또한 X, Z는 각각 N, O 중 하나인데 ㉡의 이온화 에너지는 X<Z이므로 X는 O, Z는 N이다.

따라서 W는 Na, X는 O, Y는 Mg, Z는 N이다.

ㄱ. ㉠은 이온 반지름이고, ㉡은 제1 이온화 에너지이다.

❷ 파악한 실제 원소의 주기적 성질을 생각해 본다.

ㄴ. 같은 주기에서 원자 번호가 커질수록 원자 반지름이 감소하므로 원자 반지름은 Z(N)>X(O)이다.

ㄷ. 제1 이온화 에너지는 Y(Mg)>W(Na)이다.

13 꼼꼼 문제 분석

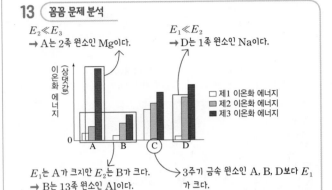

$E_2 \ll E_3$
→ A는 2족 원소인 Mg이다.

$E_1 \ll E_2$
→ D는 1족 원소인 Na이다.

E_1는 A가 크지만 E_2는 B가 크다.
→ B는 13족 원소인 Al이다.

→ 3주기 금속 원소인 A, B, D보다 E_1이 크다.
→ C는 2주기 비활성 기체인 Ne이다.

선택지 분석

㉠ 2주기 원소는 1가지이다.

✗ 원자 번호가 가장 큰 원소는 A이다. B

✗ 비활성 기체의 전자 배치를 갖는 이온이 되는 데 필요한 에너지는 A가 B보다 크다. 작다

전략적 풀이 ❶ 순차 이온화 에너지의 상대적 크기로부터 A~D에 해당하는 실제 원소를 파악한다.

원자 번호가 연속이므로 A~D는 2주기 비금속 원소와 3주기 금속 원소이다.

A는 $E_2 \ll E_3$이므로 3주기 2족 원소인 Mg이다.

B는 제1 이온화 에너지가 A(Mg)보다 작지만 제2 이온화 에너지는 A(Mg)보다 크다. Al은 원자가 전자의 전자 배치가 $3s^2 3p^1$로 $3s^2$인 Mg에 비해 에너지가 높은 p 오비탈에 전자가 배치되어 있어 제1 이온화 에너지가 작다. 하지만 제2 이온화 에너지는 Al이 $3s^2$의 상태에서, Mg이 $3s^1$의 상태에서 전자를 떼어 내는 것이므로 유효 핵전하가 큰 Al이 Mg보다 크다.

C는 제1 이온화 에너지가 가장 크고, A, B, D가 3주기 금속 원소이므로 2주기 원소인 Ne이다.

따라서 A는 Mg, B는 Al, C는 Ne, D는 Na이다.

ㄱ. 2주기 원소는 C(Ne) 1가지이다.

ㄴ. 원자 번호가 가장 큰 원소는 B(Al)이다.

❷ 비활성 기체의 전자 배치를 갖기 위해 떼어 내야 하는 전자의 몰수를 생각해 본다.

ㄷ. A는 2족 원소인 Mg으로 비활성 기체의 전자 배치를 갖는 이온이 되기 위해서는 두 번째 전자까지 떼어 내야 하므로 $E_1 + E_2$가 필요하고, B는 13족 원소인 Al으로 세 번째 전자까지 떼어 내야 하므로 $E_1 + E_2 + E_3$가 필요하다.

14 꼼꼼 문제 분석

제2 이온화 에너지는 기체 상태의 원자 1 mol에서 전자 1 mol을 떼어 낸 상태에서 두 번째 전자 1 mol을 떼어 내는 데 필요한 에너지이므로, 원자 번호에 따른 제2 이온화 에너지 그래프는 제1 이온화 에너지와 유사하면서 원자 번호가 1씩 이동한 형태로 나타난다.

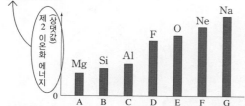

제1 이온화 에너지는 $_7$N와 $_8$O, $_{12}$Mg과 $_{13}$Al에서 예외가 나타나지만, 제2 이온화 에너지는 $_8$O와 $_9$F, $_{13}$Al과 $_{14}$Si에서 예외가 나타나며, 제1 이온화 에너지는 $_{10}$Ne이 가장 크고, 제2 이온화 에너지는 $_{11}$Na이 가장 크다.
→ 제1 이온화 에너지는 Na<Al<Mg<Si<O<F<Ne 순이고, 제2 이온화 에너지는 Mg<Si<Al<F<O<Ne<Na 순이다.

선택지 분석

ㄱ C는 Al이다.
ㄴ 원자 반지름은 E가 D보다 크다.
ㄷ 제1 이온화 에너지는 G가 가장 작다.

전략적 풀이 ❶ 원자 번호에 따른 제2 이온화 에너지의 그래프는 제1 이온화 에너지의 그래프가 한 칸씩 이동한 형태라는 것에 중점을 두어 A~G에 해당하는 실제 원소를 파악한다.

ㄱ. A는 Mg, B는 Si, C는 Al, D는 F, E는 O, F는 Ne, G는 Na이다.

❷ 파악한 실제 원소의 주기적 성질을 생각해 본다.

ㄴ. D(F)와 E(O)는 같은 2주기 원소이므로 원자 번호가 작은 E(O)의 원자 반지름이 D(F)보다 크다.

ㄷ. 제1 이온화 에너지는 같은 주기에서 대체로 증가하고, 주기가 바뀔 때 급격히 작아지므로 3주기 1족 원소인 G(Na)가 가장 작다.

15 꼼꼼 문제 분석

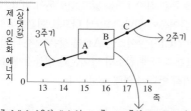

같은 주기에서 이온화 에너지는 15족>16족인데, 자료에서는 15족<16족이므로 B는 2주기 원소, A는 3주기 원소이다.

선택지 분석

✗ 원자 번호는 B가 A보다 크다. 작다
ㄴ 제2 이온화 에너지는 B가 C보다 크다.
✗ 비활성 기체의 전자 배치를 갖는 음이온의 반지름은 B가 A보다 크다. 작다

전략적 풀이 이온화 에너지의 예외적인 경우를 생각하여 A~C에 해당하는 실제 원소를 파악한다.

ㄱ. 같은 주기에서 이온화 에너지는 15족>16족인데, 자료에서는 15족<16족이므로 A는 3주기 15족 원소(P), B는 2주기 16족 원소(O), C는 2주기 17족 원소(F)이다. 따라서 원자 번호는 A가 B보다 크다.

❷ 파악한 실제 원소의 주기적 성질을 생각해 본다.

ㄴ. B(O)와 C(F)의 제2 이온화 에너지는 각각 $1s^2 2s^2 2p_x^1 2p_y^1 2p_z^1$, $1s^2 2s^2 2p_x^2 2p_y^1 2p_z^1$ 상태에서 전자를 떼어 내는 것이므로 $2p_x$ 오비탈에 전자가 쌍을 이루고 있는 C(F)의 제2 이온화 에너지가 B(O)의 제2 이온화 에너지보다 작다.

ㄷ. A(P)는 3주기, B(O)는 2주기 원소이므로 모두 음이온이 되었을 때 A 이온은 B 이온보다 전자 껍질이 1개 더 많다. 따라서 비활성 기체의 전자 배치를 갖는 음이온의 반지름은 A(P)가 B(O)보다 크다.

16 꼼꼼 문제 분석

홀전자 수는 Li이 1, C가 2, N가 3, O가 2, F이 1이다.
→ (가)와 (나)는 Li과 F 또는 C와 O 중 하나이다.

- 바닥상태 전자 배치의 홀전자 수: (가)=(나)
- 원자가 전자 수: (다)>(가)>(나)
- 제1 이온화 에너지: (마)>(가)

Li, F, C, O의 원자가 전자 수는 각각 1, 7, 4, 6이다. → (다)는 원자가 전자 수가 가장 큰 F이고 (가)는 O, (나)는 C이다.

남은 Li, N 중 (가)인 O보다 제1 이온화 에너지가 큰 원소는 N이므로 (마)는 N, (라)는 Li이다.

선택지 분석

✗ (가)는 N이다. O
ㄴ 원자 반지름이 가장 큰 원소는 (라)이다.
✗ $\dfrac{제2\ 이온화\ 에너지}{제1\ 이온화\ 에너지}$가 가장 큰 원소는 (다)이다. (라)

전략적 풀이 ❶ 주어진 조건으로부터 (가)~(마)에 해당하는 실제 원소를 파악한다.

ㄱ. 홀전자 수가 (가)=(나)이므로 (가)와 (나)는 C와 O 또는 Li과 F 중 하나인데, 원자가 전자 수가 (가)보다 큰 원소인 (다)가 존재하므로 (가)와 (나)는 C와 O 중 하나이고, 원자가 전자 수가 (다)>(가)>(나)이므로 (다)는 F, (가)는 O, (나)는 C이다.

제1 이온화 에너지가 (마)>(가)이므로 (마)는 N이고, 나머지 Li은 (라)이다.

❷ 파악한 실제 원소의 주기적 성질을 생각해 본다.

ㄴ. 모두 2주기 원소이므로 원자 번호가 가장 작은 (라)의 원자 반지름이 가장 크다.

ㄷ. 1족 원소인 (라)의 제2 이온화 에너지는 안쪽 전자 껍질에 있는 전자를 떼어 낼 때 필요한 에너지이므로 제1 이온화 에너지에 비해 매우 크다.

화학 결합과 분자의 세계

1 화학 결합

1' 이온 결합

157쪽

개념 확인 문제

❶ 산소(O_2) ❷ 수소(H_2) ❸ 염소(Cl_2) ❹ 나트륨(Na)
❺ 전자 ❻ 비활성 기체 ❼ 옥텟 규칙 ❽ 양이온 ❾ 음이온

1 (1) A: 수소, B: 산소 (2) A : B=2 : 1 **2** (1) × (2) ○ (3) ○
3 (1) × (2) ○ (3) ○ **4** (1) C, D (2) A, B (3) 네온(Ne)

1 (−)극(A)에서는 물 분자가 전자를 얻어 수소(H_2) 기체가 발생하고, (+)극(B)에서는 물 분자가 전자를 잃어 산소(O_2) 기체가 발생하며, 수소 기체와 산소 기체는 2 : 1의 부피비로 발생한다.

2 (1) (가)는 이온들이 단단히 규칙적으로 결합하고 있어 이동할 수 없으므로 전기 전도성이 없다. (나)는 이온들이 자유롭게 움직일 수 있으므로 전기 전도성이 있다.
(2), (3) (나)를 전기 분해하면 (+)극에서는 염화 이온(Cl^-)이 전자를 잃어 황록색 기체인 염소(Cl_2) 기체가 발생하고, (−)극에서는 나트륨 이온(Na^+)이 전자를 얻어 금속 나트륨(Na)이 얻어진다.

3 (1) 헬륨은 가장 바깥 전자 껍질인 첫 번째 전자 껍질에 전자가 2개 채워져 있다. 네온은 가장 바깥 전자 껍질인 두 번째 전자 껍질에, 아르곤은 가장 바깥 전자 껍질인 세 번째 전자 껍질에 전자가 8개 채워져 있다.
(2), (3) 화학 결합이 형성될 때나 이온이 형성될 때는 옥텟 규칙을 만족시키는 안정한 전자 배치를 이룬다.

4 A는 산소(O), B는 플루오린(F), C는 나트륨(Na), D는 마그네슘(Mg)이다.
(1) 원자가 전자가 1~2개인 원자는 전자를 잃고 비활성 기체와 같은 전자 배치를 이루려는 경향이 있다. 따라서 원자가 전자가 1개인 C(Na)와 2개인 D(Mg)는 전자를 잃어 양이온이 된다.
(2) 원자가 전자가 6~7개인 원자는 전자를 얻어 비활성 기체와 같은 전자 배치를 이루려는 경향이 있다. 따라서 원자가 전자가 6개인 A(O)와 7개인 B(F)는 전자를 얻어 음이온이 된다.
(3) 비금속 원자인 A(O)는 전자 2개를 얻고, B(F)는 전자 1개를 얻어 같은 주기의 비활성 기체인 네온(Ne)과 같은 전자 배치를 이룬다.

금속 원자인 C(Na)는 전자 1개를 잃고, D(Mg)는 전자 2개를 잃어 앞 주기의 비활성 기체인 네온(Ne)과 같은 전자 배치를 이룬다.

161쪽

개념 확인 문제

❶ 정전기적 인력 ❷ 낮은 ❸ 고체 ❹ 액체(수용액) ❺ 수용액(액체) ❻ 짧을 ❼ 클

1 (1) × (2) × (3) ○ (4) ○ (5) × **2** (1) 나트륨 이온(Na^+): 네온(Ne), 염화 이온(Cl^-): 아르곤(Ar) (2) 정전기적 인력 **3** (1) 염화 칼륨 (2) $MgCl_2$ (3) 산화 칼슘 (4) Al_2O_3 **4** (1) ○ (2) × (3) × **5** (1) > (2) < (3) > (4) <

1 (1) 금속 원자는 전자를 잃고, 비금속 원자는 전자를 얻어 이온 결합을 형성한다.
(2) 양이온과 음이온은 정전기적 인력에 의해 이온 결합을 형성한다.
(3) 나트륨(Na) 원자의 전자 1개가 염소(Cl) 원자로 이동하여 생성된 나트륨 이온(Na^+)과 염화 이온(Cl^-)이 정전기적 인력에 의해 결합을 형성한다.
(4), (5) 양이온과 음이온 사이의 거리가 가까워질수록 인력이 커져 에너지가 낮아지지만, 두 이온 사이의 거리가 너무 가까워지면 반발력이 커지므로 에너지가 급격하게 높아진다. 양이온과 음이온 사이의 인력과 반발력이 균형을 이루어 에너지가 가장 낮은 거리에서 이온 결합이 형성된다.

2 (1) 나트륨은 전자 1개를 잃고 양이온이 되고, 염소는 전자 1개를 얻어 음이온이 된다. 따라서 나트륨 이온(Na^+)은 네온(Ne)과, 염화 이온(Cl^-)은 아르곤(Ar)과 같은 전자 배치를 이룬다.
(2) 이온 결합은 금속 원소의 양이온과 비금속 원소의 음이온 사이의 정전기적 인력에 의해 형성된다.

3 이온 결합 물질의 화학식은 양이온과 음이온의 원소 기호 뒤에 이온의 개수비를 가장 간단한 정수비로 나타낸다. 이때 이온 결합 물질이 전기적으로 중성이 되도록 양이온의 전체 전하의 양과 음이온의 전체 전하의 양이 같아야 한다.
(1) $K^+ + Cl^- \longrightarrow KCl$ (염화 칼륨)
(2) $Mg^{2+} + 2Cl^- \longrightarrow MgCl_2$ (염화 마그네슘)
(3) $Ca^{2+} + O^{2-} \longrightarrow CaO$ (산화 칼슘)
(4) $2Al^{3+} + 3O^{2-} \longrightarrow Al_2O_3$ (산화 알루미늄)

4 (1) 이온 결합 물질은 양이온과 음이온이 정전기적 인력에 의해 강하게 결합되어 있으므로 녹는점과 끓는점이 높고, 실온에서 대부분 고체 상태로 존재한다.

(2) 이온 결합 물질은 고체 상태에서는 이온들이 강하게 결합하고 있어 자유롭게 이동할 수 없으므로 전기 전도성이 없지만, 액체 상태와 수용액 상태에서는 이온들이 자유롭게 이동할 수 있으므로 전기 전도성이 있다.

(3) 외부에서 힘을 가하면 이온 층이 밀리면서 같은 전하를 띤 이온들이 만나 반발력이 작용하므로 부스러지기 쉽다.

5 이온 결합 물질의 녹는점은 이온의 전하량이 같을 경우 이온 사이의 거리가 짧을수록 높고, 이온 사이의 거리가 비슷할 경우 이온의 전하량이 클수록 높다.

(1) NaCl과 NaBr의 경우 이온의 전하량이 같고, 이온 사이의 거리는 NaCl이 NaBr보다 짧으므로 녹는점은 NaCl이 NaBr보다 높다.

(2) NaF과 CaO의 경우 두 이온 사이의 거리가 비슷하므로 녹는점은 전하량이 큰 CaO이 NaF보다 높다.

(3) MgO과 SrO의 경우 이온의 전하량은 같고, 이온 사이의 거리는 MgO이 SrO보다 짧으므로 녹는점은 MgO이 SrO보다 높다.

(4) NaF과 Na_2O의 경우 두 이온 사이의 거리가 비슷하고 이온의 전하량은 Na_2O이 NaF보다 크다. 따라서 녹는점은 Na_2O이 NaF보다 높다.

대표 자료 분석

162쪽

자료 ❶ 1 B 2 (나) 3 (1) × (2) × (3) ○ (4) ○ (5) ×
(6) ○ (7) ×

자료 ❷ 1 A: Na, B: F, C: K 2 A: 네온(Ne), B: 네온(Ne), C: 아르곤(Ar) 3 A_2O, C_2O 4 (1) ×
(2) ○ (3) × (4) ×

1-1 꼼꼼 문제 분석

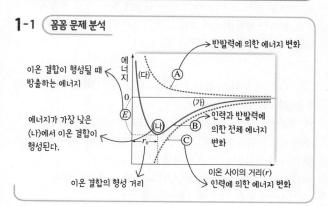

A는 반발력에 의한 에너지 변화를 나타낸 것이고, C는 인력에 의한 에너지 변화를 나타낸 것이다. 인력과 반발력에 의한 전체 에너지 변화를 나타낸 것은 B이다.

1-2 (가)는 인력이 반발력보다 우세하게 작용하는 지점이고, (나)는 인력과 반발력이 균형을 이루어 두 이온이 결합을 형성하는 지점이며, (다)는 두 이온 사이의 거리가 너무 가까워 반발력이 인력보다 우세하게 작용하는 지점이다. 따라서 (나)에서 이온 결합이 형성된다.

1-3 (1) r_0는 결합이 형성되었을 때의 두 이온 사이의 거리이므로 양이온과 음이온의 반지름의 합과 같다.

(2) 이온 사이의 거리가 r_0일 때보다 가까울 때는 반발력이 인력보다 우세하게 작용하여 에너지가 급격하게 높아진다.

(3) E가 클수록 이온 결합력이 크므로 이온 결합 물질의 녹는점이 높다.

(4), (5) 이온 결합 물질의 녹는점은 이온 사이의 거리가 짧을수록, 이온의 전하량이 클수록 높다. 따라서 이온의 전하량이 같을 때에는 r_0가 작을수록, r_0가 비슷할 때에는 이온의 전하량이 클수록 녹는점이 높다.

(6) Mg은 3주기 원소이고, Ca은 4주기 원소이므로 r_0는 CaO이 MgO보다 크다.

(7) r_0는 KCl>MgO이고, 이온의 전하량은 KCl<MgO이므로 이온 결합력은 KCl<MgO이다. 따라서 E는 KCl이 MgO보다 작다.

2-1 꼼꼼 문제 분석

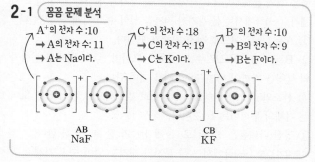

A는 3주기 1족 원소인 나트륨(Na), B는 2주기 17족 원소인 플루오린(F), C는 4주기 1족 원소인 칼륨(K)이다.

2-2 안정한 이온이 될 때 A와 B는 각각 네온(Ne)과, C는 아르곤(Ar)과 같은 전자 배치를 이룬다.

2-3 A와 C는 안정한 이온이 될 때 각각 전하가 +1인 양이온이 되고, 산소(O)는 전하가 −2인 음이온이 되므로 이들이 결합한 화합물의 화학식은 각각 A_2O, C_2O이다.

2-4 (1) A(Na)는 3주기, B(F)는 2주기 원소이다.

(2) A(Na)와 C(K)는 1족 원소이다.

(3) A는 3주기 원소이고, C는 4주기 원소이므로 이온 사이의 거리는 AB가 CB보다 짧다.

(4) 이온 결합 물질은 이온의 전하량이 같은 경우 이온 사이의 거리가 짧을수록 이온 결합력이 커 녹는점이 높으므로 CB의 녹는점은 AB의 녹는점보다 낮다.

내신 만점 문제

01 ⑤	02 ⑤	03 해설 참조	04 ②, ③	05 ㄱ
06 ①	07 ④	08 ④	09 ②	10 ⑤	11 ④	12 ⑤
13 ②	14 ④	15 ⑤	16 ②	17 ④	18 ⑤	19 ③
20 해설 참조

01 꼼꼼 문제 분석

(+)극: $2H_2O \longrightarrow O_2 + 4H^+ + 4e^-$
물 분자가 전자를 잃어 산소(O_2) 기체가 발생한다.

(−)극: $2H_2O + 2e^- \longrightarrow H_2 + 2OH^-$
물 분자가 전자를 얻어 수소(H_2) 기체가 발생한다.

전류가 잘 흐르도록 하기 위해 넣는다.

황산 나트륨을 녹인 증류수

A B
(+)극 (−)극

물을 전기 분해하면 (+)극에서는 물 분자가 전자를 잃어 산소 기체가, (−)극에서는 물 분자가 전자를 얻어 수소 기체가 발생한다.

① A는 (+)극이므로 산소 기체가 모인다.

② B는 (−)극이므로 수소 기체가 모이며, 수소 기체에 점화기의 불꽃을 가까이 하면 '퍽' 소리를 내며 탄다.

③ 산소와 수소는 1 : 2의 부피비로 발생하므로 A와 B에 모이는 기체의 부피비는 1 : 2이다.

④ 황산 나트륨은 전해질로, 물에 전류가 잘 흐르도록 한다.

바로알기 ⑤ (−)극에서는 물 분자가 전자를 얻어 수소 기체가 발생하는 반응이 일어난다.

02 꼼꼼 문제 분석

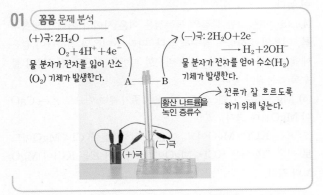

(+)극: $2Cl^- \longrightarrow Cl_2 + 2e^-$

(−)극: $Na^+ + e^- \longrightarrow Na$

전원 장치

(+)극 (−)극

염화 이온(Cl^-) ← A   B → 나트륨 이온(Na^+)

① A는 (+)극으로 이동하므로 음이온이고, B는 (−)극으로 이동하므로 양이온이다. 따라서 A는 염화 이온(Cl^-)이고, B는 나트륨 이온(Na^+)이다.

② B는 양이온인 Na^+이므로 (−)극에서 전자를 얻어 금속 Na이 된다.

③ (+)극에서는 Cl^-이 전자를 잃고 황록색 기체인 염소(Cl_2) 기체가 발생한다.

④ (−)극에서는 Na^+이 전자를 얻어 은백색 물질인 나트륨(Na)이 생성된다.

바로알기 ⑤ 염화 나트륨 용융액의 전기 분해에서 화학 반응식은 $2NaCl \longrightarrow 2Na + Cl_2$이므로 (+)극과 (−)극에서 염소 기체와 나트륨이 1 : 2의 입자 수비로 생성된다.

03 이온 결합 물질인 염화 나트륨(NaCl)과 공유 결합 물질인 물(H_2O)이 전기 분해를 통해 성분 원소로 분해되는 것은 각 성분 원소가 화학 결합(이온 결합, 공유 결합)을 할 때 전자가 관여하였기 때문이다.

모범 답안 각 화합물은 전기 분해를 통해 성분 원소로 분해되므로 성분 원소가 화학 결합을 할 때 전자가 관여하였음을 알 수 있다.

채점 기준	배점
이온 결합과 공유 결합 또는 화학 결합 시 전자가 관여함을 서술한 경우	100 %
전자가 관여함을 서술하지 못한 경우	0 %

04 ① 비활성 기체는 주기율표의 18족에 속하는 원소를 말한다.

④ 원자들은 화학 결합을 통해 전자를 주고받거나 다른 전자와 공유하여 옥텟 규칙을 만족시키는 안정한 전자 배치를 이루려고 한다.

⑤ 금속 원자가 안정한 이온이 될 때는 전자를 잃고, 비금속 원자가 안정한 이온이 될 때는 전자를 얻어 비활성 기체와 같은 전자 배치를 이룬다.

바로알기 ② 비활성 기체는 안정한 전자 배치를 이루므로 반응성이 거의 없다.

③ 비활성 기체의 가장 바깥 전자 껍질에 들어 있는 전자 수는 1주기 원소인 헬륨(He)은 2이고, 2, 3주기 원소인 네온(Ne)과 아르곤(Ar)은 각각 8로 모두 같지는 않다.

05 A는 헬륨(He), B는 리튬(Li), C는 네온(Ne), D는 마그네슘(Mg), E는 염소(Cl)이다.

ㄱ. 비활성 기체는 18족 원소로, A(He)와 C(Ne)가 해당된다.

바로알기 ㄴ. B는 리튬(Li)으로, 안정한 이온이 될 때 전자 1개를 잃고 A인 헬륨(He)과 같은 전자 배치를 이룬다.

ㄷ. D와 E가 각각 안정한 이온이 되면 D는 네온(Ne)과, E는 아르곤(Ar)과 같은 전자 배치를 이룬다.

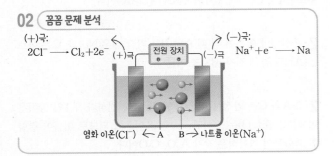

06 꼼꼼 문제 분석

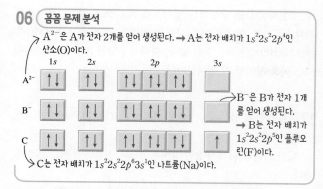

→ A^{2-}은 A가 전자 2개를 얻어 생성된다. → A는 전자 배치가 $1s^2 2s^2 2p^4$인 산소(O)이다.

→ B^-은 B가 전자 1개를 얻어 생성된다. → B는 전자 배치가 $1s^2 2s^2 2p^5$인 플루오린(F)이다.

→ C는 전자 배치가 $1s^2 2s^2 2p^6 3s^1$인 나트륨(Na)이다.

ㄱ. A는 산소(O)로, 원자가 전자는 6개($2s^2 2p^4$)이다.

바로알기 ㄴ. B는 플루오린(F)으로, 안정한 이온이 될 때 전자 1개를 얻어 네온(Ne)과 같은 전자 배치($1s^2 2s^2 2p^6$)를 이루는 B^-이 된다.

ㄷ. C는 나트륨(Na)으로, 원자가 전자가 1개($3s^1$)이므로 전자 1개를 잃으면서 옥텟 규칙을 만족한다.

07 꼼꼼 문제 분석

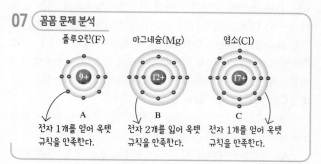

플루오린(F) — A: 전자 1개를 얻어 옥텟 규칙을 만족한다.

마그네슘(Mg) — B: 전자 2개를 잃어 옥텟 규칙을 만족한다.

염소(Cl) — C: 전자 1개를 얻어 옥텟 규칙을 만족한다.

ㄴ. 안정한 이온이 될 때 A는 전자 1개를 얻어 네온(Ne)과 같은 전자 배치를 이루고, B는 전자 2개를 잃어 네온(Ne)과 같은 전자 배치를 이룬다.

ㄷ. 안정한 이온이 될 때 음이온이 되는 원자는 비금속 원자인 A와 C이다.

바로알기 ㄱ. B는 원자가 전자가 2개이므로 전자 2개를 잃으면 옥텟 규칙을 만족한다.

08 ㄴ, ㄷ. 금속 원소인 나트륨(Na)과 비금속 원소인 염소(Cl) 사이에 이온 결합이 형성될 때 Na에서 Cl로 전자가 이동하여 Na^+과 Cl^-이 생성되고, Na^+과 Cl^-이 정전기적 인력에 의해 결합하여 염화 나트륨(NaCl)을 생성한다. 이때 Na^+과 Cl^-은 $1 : 1$의 개수비로 결합한다.

바로알기 ㄱ. 나트륨 이온(Na^+)은 2주기 비활성 기체인 네온(Ne)과 같은 전자 배치를 이루고, 염화 이온(Cl^-)은 3주기 비활성 기체인 아르곤(Ar)과 같은 전자 배치를 이룬다.

09 A는 나트륨(Na), B는 산소(O)이다.

ㄷ. 이온 결합이 형성될 때 전자는 금속 원소인 A(Na)에서 비금속 원소인 B(O)로 이동한다.

바로알기 ㄱ. A는 3주기 1족, B는 2주기 16족 원소이다.

ㄴ. A_2B는 이온 결합 물질로, 고체 상태에서 전기 전도성이 없다.

10 ㄱ. 이온 결합은 양이온과 음이온의 인력과 반발력이 균형을 이루어 에너지가 가장 낮은 지점에서 형성되므로 r_0는 이온 결합이 형성되는 거리이다.

ㄴ. 이온 사이의 거리가 r_0일 때보다 멀 때는 인력이 반발력보다 우세하게 작용하고, r_0일 때보다 가까울 때는 반발력이 인력보다 우세하게 작용한다.

ㄷ. E가 클수록 이온 결합력이 크고, 이온 결합력이 클수록 이온 결합 물질의 녹는점이 높다.

11 r_0는 이온 반지름이 클수록 크고, E는 이온 결합력이 클수록 크다. 이온 결합력은 양이온과 음이온 사이에 작용하는 정전기적 인력이 클수록 크므로 이온의 전하량이 클수록, 이온 사이의 거리가 짧을수록 크다.

바로알기

	r_0	E
①	LiF < NaCl	LiF > NaCl
②	LiCl < NaCl	LiCl > NaCl
③	MgO < CaO	MgO > CaO
⑤	NaCl < KCl	NaCl > KCl

12 꼼꼼 문제 분석

- A: $1s^2 2s^1 \rightarrow A^+: 1s^2$
- B: $1s^2 2s^2 2p^5 \rightarrow B^-: 1s^2 2s^2 2p^6$
- C: $1s^2 2s^2 2p^6 3s^2 \rightarrow C^{2+}: 1s^2 2s^2 2p^6$
- D: $1s^2 2s^2 2p^6 3s^2 3p^4 \rightarrow D^{2-}: 1s^2 2s^2 2p^6 3s^2 3p^6$
- E: $1s^2 2s^2 2p^6 3s^2 3p^5 \rightarrow E^-: 1s^2 2s^2 2p^6 3s^2 3p^6$

구분	양이온	음이온	개수비	화학식
① A와 B	A^+	B^-	$1 : 1$	AB
② A와 D	A^+	D^{2-}	$2 : 1$	A_2D
③ A와 E	A^+	E^-	$1 : 1$	AE
④ C와 D	C^{2+}	D^{2-}	$1 : 1$	CD
⑤ C와 E	C^{2+}	E^-	$1 : 2$	CE_2

13 꼼꼼 문제 분석

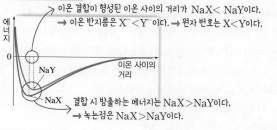

→ 이온 결합이 형성된 이온 사이의 거리가 NaX < NaY이다. → 이온 반지름은 X^- < Y^-이다. → 원자 번호는 X < Y이다.

→ 결합 시 방출하는 에너지는 NaX > NaY이다.

→ 녹는점은 NaX > NaY이다.

ㄴ. 이온 결합을 형성할 때 방출하는 에너지가 클수록 이온 결합력이 크고, 이온 결합력이 클수록 녹는점이 높다. 따라서 이온 결합을 형성할 때 방출하는 에너지가 더 큰 NaX가 NaY보다 녹는점이 높다.

바로알기 ㄱ. 이온 결합이 형성된 이온 사이의 거리가 $NaX < NaY$이므로 이온 반지름은 $X^- < Y^-$이다. 따라서 원자 번호는 X가 Y보다 작다.

ㄷ. 이온 결합 물질은 고체 상태에서는 이온들이 강하게 결합하고 있어 자유롭게 이동할 수 없으므로 전기 전도성이 없지만, 액체 상태와 수용액 상태에서는 이온들이 자유롭게 이동할 수 있으므로 전기 전도성이 있다.

14 마그네슘 이온과 산화 이온의 전하는 각각 $+2$, -2이므로 $1:1$의 개수비로 결합한다. 따라서 $x:y=1:1$이다. 또, 알루미늄 이온과 산화 이온의 전하는 각각 $+3$과 -2이므로 $2:3$의 개수비로 결합한다. 따라서 $a:b=2:3$이다.

ㄴ. $x:y=1:1$이고, $a:b=2:3$이므로 $\dfrac{y}{x} \times \dfrac{b}{a} = \dfrac{3}{2}$이다.

ㄷ. 이온 결합 물질은 전기적으로 중성이므로 양이온의 전하량 합과 음이온의 전하량 합은 같다.

바로알기 ㄱ. $a:b=2:3$이다.

15 ① 이온 결합 물질은 대체로 물에 잘 녹으며, 물에 녹으면 양이온과 음이온이 물 분자에 둘러싸여 물속으로 흩어져 자유로운 이동이 가능해진다.

② 이온 결합 물질은 양이온과 음이온이 정전기적 인력으로 강하게 결합하고 있으므로 녹는점과 끓는점이 높다.

③, ④ 이온 결합 물질은 고체 상태에서는 이온들이 자유롭게 이동할 수 없으므로 전기 전도성이 없지만, 액체 상태와 수용액 상태에서는 이온들이 자유롭게 이동할 수 있으므로 전기 전도성이 있다.

바로알기 ⑤ 이온 결정은 비교적 단단하지만, 외부에서 힘을 가하면 이온 층이 밀리면서 같은 전하를 띠는 이온 사이에 반발력이 작용하므로 부스러지기 쉽다.

16 이온 결합력은 이온 사이의 거리가 짧을수록, 이온의 전하량이 클수록 크고, 이온 결합력이 클수록 녹는점이 높다. 이온 사이의 거리는 $NaBr > NaF$이고, 이온의 전하량은 $MgO > NaF$이므로 녹는점이 가장 높은 (다)는 NaF과 이온 사이의 거리가 비슷하고 이온의 전하량이 큰 MgO에 해당한다. NaF과 $NaBr$ 중 이온 사이의 거리가 짧은 NaF이 $NaBr$보다 녹는점이 높으므로 (가)는 $NaBr$이고, (나)는 NaF이다.

ㄴ. 이온 결합력이 가장 큰 화합물은 녹는점이 가장 큰 (다)이다.

바로알기 ㄱ. (가)는 $NaBr$이다.

ㄷ. (가)와 (나)를 구성하는 양이온은 Na^+으로 같고, 음이온은 각각 Br^-, F^-이므로 이온 사이의 거리가 더 짧은 (나)(NaF)가 (가)($NaBr$)보다 녹는점이 높다. 따라서 (가)와 (나)의 녹는점 차이는 이온 사이의 거리 때문이다.

17 A와 B는 전하가 -1인 음이온이고, C와 D는 전하가 $+2$인 양이온이다.

ㄴ. C와 D는 전하가 $+2$인 양이온이므로 전하량이 Na^+의 2배이다.

ㄷ. NaA와 NaB의 전하량이 같으므로 이온의 전하량은 녹는점에 영향을 미치지 않는다. 두 물질의 녹는점에 영향을 미치는 요인은 이온 사이의 거리이다.

바로알기 ㄱ. 이온 사이의 거리는 NaA가 NaB보다 짧으므로 원자 번호는 A가 B보다 작다.

18 AB_2는 액체 상태에서 전기 전도성이 있으므로 이온 결합 물질이고, DB_2는 액체 상태에서 전기 전도성이 없으므로 이온 결합 물질이 아니다. 화합물 AB_2가 생성될 때 A와 B가 $1:2$의 개수비로 결합하므로 A 이온의 전하량은 B 이온의 전하량의 2배임을 알 수 있다. 따라서 A는 마그네슘(Mg), B는 플루오린(F), C는 나트륨(Na), D는 산소(O)이다.

ㄱ. CB는 NaF으로 이온 결합 물질이므로 액체 상태에서 전기 전도성이 있다. 따라서 ⊙은 '있음'이다.

ㄴ. A는 마그네슘(Mg), C는 나트륨(Na)으로 모두 금속 원소이다.

ㄷ. AD는 산화 마그네슘(MgO)으로 이온 결합 물질이다.

19 ㄱ. 고체 상태에서는 전기 전도성이 없지만, 가열할 때 온도 (가)에서 전기 전도성이 나타나므로 (가)는 X의 녹는점이며, X는 이온 결합 물질이다.

ㄴ. 고체 상태의 X에 힘을 가하면 이온 층이 밀리면서 두 층의 경계면에서 같은 전하를 띤 이온들이 만나 반발력이 작용하여 부스러지기 쉽다.

바로알기 ㄷ. X와 이온의 전하량이 같고 X보다 이온 사이의 거리가 긴 화합물인 경우 양이온과 음이온 사이의 정전기적 인력이 X에 비해 작아 녹는점이 (가)보다 낮다.

20 (모범 답안) X를 구성하는 양이온과 음이온은 같은 비활성 기체의 전자 배치를 이루므로 음이온의 원소는 2주기 비금속 원소이고, 양이온의 원소는 3주기 금속 원소이다.

채점 기준	배점
주기를 옳게 비교하고, 그 까닭을 옳게 서술한 경우	100 %
주기만 옳게 서술한 경우	30 %

01 ③ **02** ④ **03** ② **04** ③

01 ㄱ. 물을 전기 분해하면 (+)극에는 산소 기체가, (−)극에는 수소 기체가 모이며, 모인 기체의 부피비는 산소 : 수소=1 : 2이다. 따라서 A와 B에 모인 기체의 부피비는 1 : 2이다.

ㄷ. 화합물을 전기 분해하면 각 성분 물질이 얻어지는 것을 통해 각 원소가 화학 결합을 할 때에는 전자가 관여함을 알 수 있다. 따라서 이 실험으로 물을 이루고 있는 수소(H)와 산소(O)의 화학 결합에는 전자가 관여함을 알 수 있다.

바로알기 ㄴ. (−)극에 연결된 시험관인 B에 모인 기체는 수소(H_2)이다.

02 꼼꼼 문제 분석

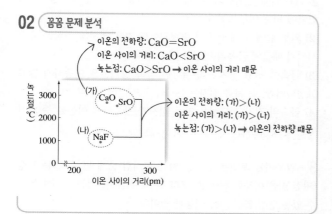

ㄴ. (가)에서 CaO과 SrO의 이온의 전하량은 같은데 CaO이 SrO보다 녹는점이 높은 까닭은 CaO이 SrO보다 이온 사이의 거리가 짧기 때문이다.

ㄷ. (가)와 (나)를 구성하는 양이온과 음이온의 전하는 각각 '+2, −2'와 '+1, −1'이다. 따라서 (가)가 (나)보다 녹는점이 높은 주된 까닭은 (가)가 (나)보다 이온의 전하량이 크기 때문이다.

바로알기 ㄱ. (가)에서 CaO과 SrO의 이온의 전하는 +2, −2이므로 이온의 전하량은 같다.

03 꼼꼼 문제 분석

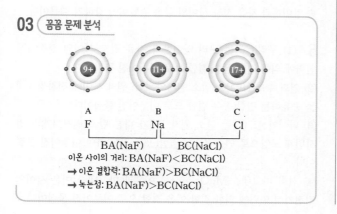

A는 플루오린(F), B는 나트륨(Na), C는 염소(Cl)이다.

ㄷ. B(Na)가 양이온이 되면 전자 1개를 잃고 네온(Ne)의 전자 배치를 이루며, A(F)가 음이온이 되면 전자 1개를 얻어 네온(Ne)의 전자 배치를 이룬다.

바로알기 ㄱ, ㄴ. 이온 사이의 거리는 BC(NaCl)가 BA(NaF)보다 길기 때문에 이온 결합력은 BC(NaCl)가 BA(NaF)보다 작다. 따라서 녹는점은 BC(s)가 BA(s)보다 낮다.

04 꼼꼼 문제 분석

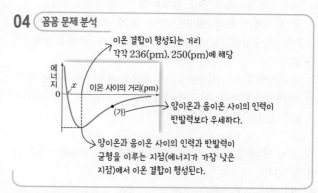

ㄱ. NaX와 NaY가 각각 가장 안정한 상태일 때는 에너지가 가장 낮은 상태이다. 따라서 NaX에서 x는 가장 안정한 상태일 때의 이온 사이의 거리(pm)인 236보다 작다.

ㄷ. 이온 사이의 거리가 NaX가 NaY보다 짧으므로 이온 결합력은 NaX가 NaY보다 크다. 따라서 1 atm에서 녹는점은 NaX(s)가 NaY(s)보다 높다.

바로알기 ㄴ. (가)에서 Na^+과 X^- 사이에 작용하는 힘은 인력이 반발력보다 우세하다.

○2 공유 결합과 금속 결합

❶ 공유 ❷ 낮은 ❸ 결합 길이 ❹ 분자 결정(분자성 고체)
❺ 공유 결정(원자 결정) ❻ 분자 ❼ 공유(원자) ❽ 없다
❾ 분자 ❿ 공유(원자)

1 (1) × (2) ○ (3) ○ (4) × **2** ㉠ 1, ㉡ 2, ㉢ 2, ㉣ 헬륨, ㉤ 네온 **3** (가) ㄴ, ㅁ (나) ㄱ, ㄹ **4** (1) B (2) 결합 길이: 74 pm, 결합 에너지: 436 kJ/mol **5** (1) ○ (2) × (3) ×

1 (1) 공유 결합은 비금속 원자들이 전자를 공유하여 이루어지는 결합이다.

(2) 베릴륨(Be)과 붕소(B)를 제외한 1, 2주기 원자들이 공유 결합을 형성하면 같은 주기 비활성 기체의 전자 배치를 이룬다.

(3) 두 원자에 서로 공유되어 결합에 참여하는 전자쌍을 공유 전자쌍이라고 한다.

(4) 두 원자 사이에 1개의 전자쌍을 공유하여 형성되는 결합을 단일 결합이라 하고, 2개, 3개의 전자쌍을 공유하는 결합을 각각 2중 결합, 3중 결합이라고 한다.

2 • 비활성 기체와 같은 전자 배치를 이루려면 수소 원자는 전자 1개가 필요하고, 산소 원자는 전자 2개가 필요하다.

• 물 분자에서 산소 원자는 수소 원자 2개와 각각 전자쌍 1개씩을 공유하므로 공유 전자쌍은 2개이며, 단일 결합이 2개 있다.

• 물 분자에서 수소 원자는 1주기 비활성 기체인 헬륨과 같은 전자 배치를 이루고, 산소 원자는 2주기 비활성 기체인 네온과 같은 전자 배치를 이룬다.

3 ㄱ. N_2에서 두 N 원자는 3개의 전자쌍을 공유하는 3중 결합을 한다.

ㄴ. O_2에서 두 O 원자는 2개의 전자쌍을 공유하는 2중 결합을 한다.

ㄷ. HF에서 H와 F 원자는 1개의 전자쌍을 공유하는 단일 결합을 한다.

ㄹ. HCN에서 H와 C 원자는 1개의 전자쌍을 공유하는 단일 결합을 하고, C와 N 원자는 3개의 전자쌍을 공유하는 3중 결합을 한다.

ㅁ. CO_2에서 C와 2개의 O 원자는 각각 2개씩의 전자쌍을 공유하는 2중 결합을 한다.

ㅂ. CH_4에서 C와 4개의 H 원자는 각각 1개씩의 전자쌍을 공유하는 단일 결합을 한다.

4 (1) 두 원자의 인력과 반발력이 균형을 이루어 에너지가 가장 낮은 지점에서 공유 결합이 형성된다. 따라서 공유 결합은 에너지가 가장 낮은 지점인 B에서 형성된다.

(2) 공유 결합이 형성될 때 두 원자핵 사이의 거리가 결합 길이이므로 수소 분자의 결합 길이는 74 pm이다. 에너지가 가장 낮은 지점에서 공유 결합이 형성되므로 436 kJ/mol이 수소 분자의 결합 에너지이다.

5 (1) 분자 결정은 드라이아이스나 아이오딘처럼 분자들이 분자 사이에 작용하는 인력에 의해 규칙적으로 배열되어 이룬 결정이다. 공유 결정은 흑연과 석영처럼 물질을 구성하고 있는 모든 원자가 연속적으로 공유 결합을 형성하여 그물처럼 연결된 결정이다.

(2) 분자 결정은 분자 사이의 인력이 약하여 녹는점과 끓는점이 낮고, 공유 결정은 원자들이 강하게 결합하고 있어 녹는점이 높다.

(3) 공유 결합 물질은 고체 상태와 액체 상태에서 모두 전기 전도성이 없다. (흑연은 예외)

개념 확인 문제 •

174쪽

❶ 금속　❷ 자유 전자　❸ 자유 전자　❹ 은백색　❺ 고체(액체)　❻ 액체(고체)　❼ 고체　❽ 높　❾ 공유　❿ 이온　⓫ 금속

1 자유 전자　**2** (1) × (2) ○ (3) × (4) ○　**3** (가) 전성(펴짐성) (나) 연성(뽑힘성)　**4** (1) × (2) ○ (3) ○ (4) ×　**5** (1) ⓒ (2) ⓛ (3) ⓛ (4) ⊙　**6** ⊙ 있음. ⓛ 있음. ⓒ 없음. ⓔ 있음

1 (가)는 자유 전자로, 금속 원자에서 떨어져 나와 한 원자에 속해 있지 않고 수많은 금속 양이온 사이를 자유롭게 이동할 수 있다.

2 (1) 금속 결합은 금속 양이온과 자유 전자 사이의 정전기적 인력에 의해 이루어진다.

(2) 외부 힘에 의해 금속이 변형되어도 자유 전자가 결합을 유지시키기 때문에 금속의 연성과 전성이 나타난다.

(3) 금속에 전원 장치를 연결하면 금속 양이온은 이동하지 않고 고정되어 있고, 자유 전자는 (+)극 쪽으로 이동한다.

(4) 금속의 전기 전도성은 자유 전자가 자유롭게 이동할 수 있기 때문에 나타난다.

3 알루미늄 포일은 금속을 얇은 판처럼 넓게 펼 수 있는 전성(펴짐성)을 이용한 것이고, 구리 전선은 금속을 가늘고 길게 뽑을 수 있는 연성(뽑힘성)을 이용한 것이다.

4 (1) 금속 결합 물질은 고체 상태와 액체 상태에서 전기 전도성이 있다.

(2) 외부에서 금속 결합 물질에 힘을 가하면 힘에 의해 금속이 변형되어도 자유 전자가 이동하여 금속 결합이 유지된다.

(3) 금속 결합 물질을 가열하면 자유 전자가 열에너지를 얻게 되고, 큰 열에너지를 가진 자유 전자가 인접한 자유 전자와 금속 양이온에 열에너지를 전달하기 때문에 열 전도성이 나타난다.

(4) 금속 결합 물질의 녹는점과 끓는점이 대체로 높은 까닭은 금속 양이온과 자유 전자 사이의 금속 결합력이 강하기 때문이다.

5 (1) 구리(Cu)는 구리 양이온과 자유 전자 사이의 정전기적 인력에 의한 결합(금속 결합)으로 이루어진 물질이다.

(2) 염화 수소(HCl)는 염소 원자와 수소 원자 사이에 전자쌍 1개를 공유하는 결합(공유 결합)으로 이루어진 물질이다.

(3) 다이아몬드(C)는 탄소 원자 1개가 다른 탄소 원자 4개와 정사면체 모양으로 연속적으로 결합(공유 결합)하여 이루어진 물질이다.

(4) 산화 마그네슘(MgO)은 산화 이온과 마그네슘 이온 사이의 정전기적 인력에 의한 결합(이온 결합)으로 이루어진 물질이다.

082　Ⅲ. 화학 결합과 분자의 세계

6 염화 나트륨은 이온 결합 물질이므로 고체 상태에서는 전기 전도성이 없고, 액체와 수용액 상태에서는 전기 전도성이 있다. 설탕은 공유 결합 물질이므로 고체, 액체, 수용액 상태에서 모두 전기 전도성이 없다.

마그네슘은 금속 결합 물질이므로 고체와 액체 상태에서 모두 전기 전도성이 있다.

대표 자료 분석

175~176쪽

자료 ① 1 A: H, B: Cl, C: Mg, D: O　2 CB₂　3 (가): 이온 결합, A₂D: 공유 결합　4 (1) ○ (2) × (3) × (4) ×

자료 ② 1 B　2 (가) 436 kJ/mol (나) 74 pm　3 (1) × (2) ○ (3) ○ (4) × (5) × (6) × (7) ○ (8) ×

자료 ③ 1 (가) 금속 결합 (나) 공유 결합 (다) 이온 결합　2 (가) 3 (가), (다)　4 (1) ○ (2) × (3) ○ (4) ×

자료 ④ 1 A　2 B와 D, 공유 결합　3 C　4 (1) ○ (2) ○ (3) ○ (4) × (5) × (6) × (7) × (8) × (9) ○

1-1 꼼꼼 문제 분석

$$2AB + CD \longrightarrow (가) + A_2D$$
$$2HCl + MgO \longrightarrow MgCl_2 + H_2O$$

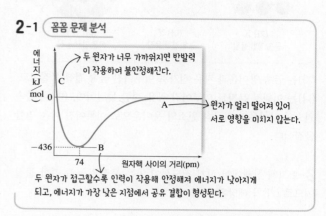

A	B	C^{m+}	D^{m-}
H	Cl	Mg^{2+}	O^{2-}
공유 결합		이온 결합	

AB는 A와 B가 1개의 전자쌍을 공유하며 결합한 화합물이므로 A는 1주기 1족 원소인 수소(H)이고, B는 3주기 17족 원소인 염소(Cl)이다. 또, CD는 C와 D가 서로 전자를 주고받아 형성된 화합물로, A와 D의 화합물의 화학식이 A₂D이므로 D는 2주기 16족 원소인 산소(O)이다. 따라서 C는 3주기 2족 원소인 마그네슘(Mg)이다.

1-2 (가)는 B와 C로 이루어진 화합물로, C는 전자 2개를 잃어 양이온이 되고, B는 전자 1개를 얻어 음이온이 된 후 결합하여 형성된 것이다. 따라서 이 화합물의 화학식은 CB₂이다.

1-3 (가)는 CB₂(MgCl₂)로 이온 결합 물질에 해당하고, A₂D(H₂O)는 공유 결합 물질에 해당한다.

1-4 (1) C는 2족 원소, D는 16족 원소이므로 이들이 화학 결합을 형성할 때 C는 전자 2개를 잃으면서 전하가 +2인 양이온이 되고, D는 전자 2개를 얻으면서 전하가 −2인 음이온이 된다.

따라서 $m = 2$이다.

(2) A₂는 H₂로, 공유 전자쌍이 1개인 단일 결합으로 생성된다. D₂는 O₂로, 공유 전자쌍이 2개인 2중 결합으로 생성된다.

(3) A, B, D는 비금속 원소이고, C는 금속 원소이므로 AB(HCl)는 공유 결합 물질이고, CD(MgO)는 이온 결합 물질이다.

(4) AB(HCl)를 이루는 화학 결합은 공유 결합이며, 생성물인 (가)(MgCl₂)와 A₂D(H₂O) 중 공유 결합 물질에 해당하는 것은 A₂D이다.

2-1 꼼꼼 문제 분석

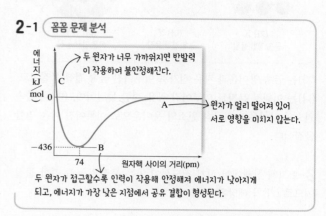

공유 결합이 형성될 때 성분 원자들 사이의 인력과 반발력이 균형을 이루는 지점에서 에너지가 가장 낮다. 따라서 두 수소 원자 사이의 인력과 반발력이 균형을 이룬 지점은 B이다.

2-2 (가) 에너지가 가장 낮은 지점에서 결합이 형성되므로 B에서의 에너지인 436 kJ/mol이 결합 에너지이다.

(나) 공유 결합이 형성될 때 두 원자핵 사이의 거리인 74 pm가 결합 길이이다.

2-3 (1) A~C 중 두 수소 원자 사이에 반발력이 가장 우세한 지점은 원자핵 사이의 거리가 가장 가까운 C이다.

(2) A에서는 두 수소 원자가 멀리 떨어져 있어 서로 영향을 미치지 않지만, B로 갈수록 두 수소 원자가 서로 접근하여 수소 원자 사이의 인력이 점점 커진다.

(3) 두 수소 원자는 에너지가 가장 낮은 지점인 B에서 공유 결합을 하고, 이때 공유 전자쌍 1개를 형성한다.

(4) 두 수소 원자는 에너지가 가장 낮은 지점인 B에서 가장 안정하여 수소 분자를 생성한다.

(5) B에서 C로 갈수록 에너지가 높아지는 것은 수소 원자 사이의 거리가 너무 가까워져 반발력이 커지기 때문이다.

(6) 수소 원자의 반지름은 수소 분자의 결합 길이의 절반에 해당한다. 수소 분자의 결합 길이는 74 pm이므로 수소 원자의 반지름은 37 pm이다.

(7) 수소 분자의 결합 에너지가 436 kJ/mol이므로 1 mol의 기체 상태의 수소 분자에서 원자 사이의 결합을 끊는 데 필요한 에너지는 436 kJ이다.

(8) 수소 분자보다 공유 결합력이 큰 분자는 더 안정하여 B에서보다 더 낮은 에너지에서 결합이 형성된다.

3-1 꼼꼼 문제 분석

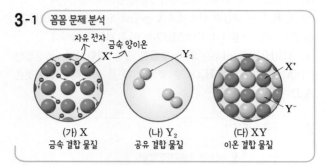

(가) X
금속 결합 물질

(나) Y₂
공유 결합 물질

(다) XY
이온 결합 물질

(가)는 금속 양이온과 자유 전자로 이루어진 금속 결합 물질이고, (나)는 이원자 분자로 이루어진 공유 결합 물질이며, (다)는 금속 원소의 양이온과 비금속 원소의 음이온으로 이루어진 이온 결합 물질이다.

3-2 고체 상태에서 전기 전도성이 있는 물질은 금속 결합 물질이므로 (가)가 해당된다.

3-3 (가)는 금속 양이온과 자유 전자, (다)는 금속 원소의 양이온과 비금속 원소의 음이온 사이의 정전기적 인력으로 각각 결합이 형성된다.

3-4 (1) (가)는 금속 결합 물질이므로 연성(뽑힘성)과 전성(펴짐성)이 있다.
(2) (나)는 비금속 원소로 이루어진 이원자 분자로, 공유 결합에 의해 생성된 물질이므로 액체 상태에서 전기 전도성이 없다.
(3) (가)는 금속 결합 물질로, 외부 힘에 의해 금속이 변형되어도 자유 전자가 이동하여 금속 결합이 유지되므로 전성(펴짐성)이 있다. 반면 (다)는 이온 결합 물질로, 외부 힘에 의해 쉽게 부스러진다.
(4) (다)는 이온 결합 물질이므로 결합할 때 양이온이 되는 X는 금속 원소이고, 음이온이 되는 Y는 비금속 원소이다.

4-1 꼼꼼 문제 분석

물질	녹는점 (℃)	끓는점 (℃)	전기 전도성		물질의 종류 (결정의 종류)
			고체	액체	
A	802	1413	×	○	이온 결합 물질 (이온 결정)
B	−114	78.8	×	×	공유 결합 물질 (분자 결정)
C	97.8	882	○	○	금속 결합 물질 (금속 결정)
D	1670	2250	×	×	공유 결합 물질 (공유 결정)

(단, ○: 전기 전도성이 있음, ×: 전기 전도성이 없음)

양이온과 음이온의 정전기적 인력에 의해 형성된 물질은 이온 결합 물질이다. A는 고체 상태에서 전기 전도성이 없지만, 액체 상태에서 전기 전도성이 있으므로 이온 결합 물질이다.

4-2 B와 D는 고체 상태와 액체 상태에서 전기 전도성이 없으므로 공유 결합 물질이다.

4-3 그림은 금속 양이온 사이를 자유 전자가 자유롭게 이동하는 금속 결정을 나타낸 모형이다. 따라서 그림의 모형으로 나타낼 수 있는 물질은 금속 결합 물질인 C이다.

4-4 (1) A의 결정은 이온 결정이므로 외부 힘에 의해 쉽게 부스러진다.
(2) B는 공유 결합 물질이므로 원자 사이에 공유 결합을 하고 있다.
(3) B는 분자 결정이므로 실온에서 분자로 존재한다.
(4) C는 금속 결합 물질이므로 실온에서 금속 결정으로 존재한다.
(5) D는 고체 상태와 액체 상태에서 전기 전도성이 없으므로 공유 결합 물질이며, 녹는점과 끓는점이 높으므로 공유 결합 물질 중 공유 결정에 해당된다.
(6) 자유 전자가 존재하는 것은 금속 결합 물질인 C이다.
(7) 다이아몬드나 석영은 공유 결합 물질 중 공유 결정으로 존재하므로 D와 같은 종류의 결정이다.
(8) 실온에서 액체 상태인 물질은 녹는점이 실온보다 낮고, 끓는점이 실온보다 높은 B이다.
(9) 화학 결합의 세기가 가장 강한 물질은 녹는점과 끓는점이 가장 높은 D이다.

내신 만점 문제 177~180쪽

01 ③	02 A와 B	03 ③	04 ①	05 해설 참조
06 ③	07 ②	08 ①	09 ②	10 ③	11 ⑤
12 ①	13 ③	14 ②	15 ③	16 ①	17 ②	18 ⑤

01 ③ 비금속 원소들은 비활성 기체와 같은 전자 배치를 이루기 위해 전자를 공유하여 결합을 형성한다.
바로알기 ① 공유 결합은 전자를 공유하여 형성된다.
② 비금속 원자들이 공유 결합을 형성할 때 원자는 비활성 기체와 같은 전자 배치를 이루기 위해 부족한 전자 수만큼을 공유하는 것이지, 원자가 전자 수만큼을 공유하는 것은 아니다.
④ 이온 사이의 정전기적 인력으로 형성된 결합은 이온 결합이다.
⑤ 대부분의 공유 결합 물질은 상태에 관계없이 전기 전도성이 없다.

02 꼼꼼 문제 분석

원소	A C	B O	C Ne
전자 배치	$1s^22s^22p^2$	$1s^22s^22p^4$	$1s^22s^22p^6$

비활성 기체는 안정한 전자 배치를
이루므로 결합을 형성하지 않는다.

비금속 원소들이 결합할 때 공유 결합을 형성한다. A, B, C는
모두 비금속 원소이지만 비활성 기체인 C는 결합을 형성하지 않
고, A와 B만 공유 결합을 형성한다.

03
ㄱ. 물 분자는 원자가 전자가 6개인 산소(O) 원자 1개와 원
자가 전자가 1개인 수소(H) 원자 2개가 공유 결합을 형성하여
이루어진 화합물이다.

ㄴ. 물 분자 내에서 산소는 네온(Ne)과 같은 전자 배치를 가지며
옥텟 규칙을 만족한다.

바로알기 ㄷ. 물 분자는 수소 원자 2개와 산소 원자 1개가 전자쌍
을 공유하여 생성된 화합물로 공유 결합 물질이다. 전자를 주고
받아 정전기적 인력으로 형성되는 결합은 이온 결합이다.

04 꼼꼼 문제 분석

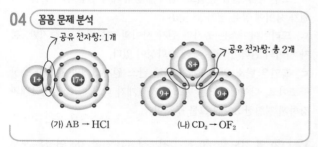

(가) AB → HCl   (나) CD₂ → OF₂

(가) A와 B는 전자쌍 1개를 공유하므로 A의 원자가 전자는 1개
이고, B의 원자가 전자는 7개이다. ➡ A는 1주기 1족 원소인 수
소(H)이고, B는 3주기 17족 원소인 염소(Cl)이다.

(나) C는 2개의 D와 전자쌍 2개를 공유하므로 C의 원자가 전자
는 6개이고, D의 원자가 전자는 7개이다. ➡ C는 2주기 16족
원소인 산소(O)이고, D는 2주기 17족 원소인 플루오린(F)이다.

ㄱ. B와 D는 모두 원자가 전자가 7개이므로 17족 원소이다.

바로알기 ㄴ. 공유 전자쌍 수는 (가)가 1이고, (나)가 2이다.

ㄷ. A는 원자가 전자가 1개, C는 원자가 전자가 6개이므로 두 원
소로 이루어진 화합물 중 원자 수가 가장 작은 화합물의 화학식은
A_2C이다.

05 꼼꼼 문제 분석

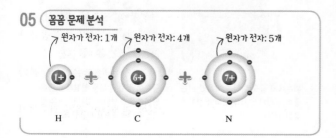

H   C   N

수소(H), 탄소(C), 질소(N)의 원자가 전자는 각각 1개, 4개, 5개
이다. 따라서 H와 C는 전자쌍 1개를 공유하며, C와 N는 전자
쌍 3개를 공유하여 비활성 기체와 같은 전자 배치를 이룬다.

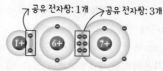

⬆ 사이안화 수소(HCN)의 분자 모형

모범답안 (1) (가) 1개 (나) 3개

(2) H는 원자가 전자가 1개이므로 C의 원자가 전자 중 1개와 공유 결합을
형성하고, N는 원자가 전자가 5개이므로 C의 원자가 전자 중 3개와 공유
결합을 형성하여 각각 비활성 기체와 같은 전자 배치를 이루기 위해서이다.

	채점 기준	배점
(1)	(가)와 (나)를 모두 옳게 쓴 경우	40 %
	(가)와 (나) 중 1가지만 옳게 쓴 경우	20 %
(2)	각 원자의 원자가 전자 수를 정확하게 언급하여 서술한 경우	60 %
	각 원자의 원자가 전자 수를 언급하지 않고 서술한 경우	30 %

06 꼼꼼 문제 분석

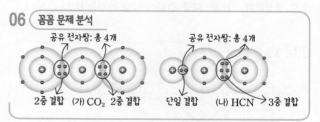

2중 결합 (가) CO₂ 2중 결합   단일 결합 (나) HCN → 3중 결합

(가)는 원자가 전자가 4개인 탄소(C)와 6개인 산소(O)로 이루어
진 화합물 CO₂이고, (나)는 원자가 전자가 4개인 탄소(C)와 1개
인 수소(H), 5개인 질소(N)로 이루어진 화합물 HCN이다.

ㄱ. 공유 전자쌍 수는 (가)와 (나)가 4로 같다.

ㄴ. (가)에서 C와 O 사이의 결합은 공유 전자쌍이 2개인 2중 결합
이고, (나)에서 H와 C 사이의 결합은 공유 전자쌍이 1개인 단일
결합, C와 N 사이의 결합은 공유 전자쌍이 3개인 3중 결합이다.

바로알기 ㄷ. (가)에서 C, O와 (나)에서 C, N는 공유 결합을 통해
비활성 기체인 네온(Ne)의 전자 배치를 이루지만, (나)에서 H는
헬륨(He)의 전자 배치를 이룬다.

07 꼼꼼 문제 분석

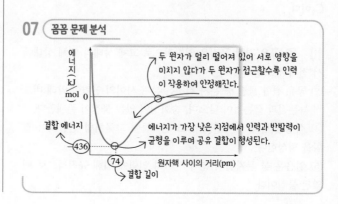

두 원자가 멀리 떨어져 있어 서로 영향을
미치지 않다가 두 원자가 접근할수록 인력
이 작용하여 안정해진다.

에너지가 가장 낮은 지점에서 인력과 반발력이
균형을 이루며 공유 결합이 형성된다.

결합 에너지   (436)   (74)   원자핵 사이의 거리(pm)   결합 길이

ㄴ. 기체 상태의 분자 1 mol에서 원자 사이의 공유 결합을 끊어 기체 상태의 원자로 만드는 데 필요한 에너지는 결합 에너지로, 수소 분자의 결합 에너지는 436 kJ/mol이다.

바로알기 ㄱ. 수소 분자의 결합 길이는 두 수소 원자가 공유 결합을 이룰 때 두 원자핵 사이의 거리에 해당하므로 74 pm이다.

ㄷ. 원자핵 사이의 거리가 74 pm보다 클 때에는 두 수소 원자 사이가 멀어 인력이 우세하게 작용하지만, 74 pm보다 작을 때에는 두 수소 원자 사이가 너무 가까워 반발력이 우세하게 작용한다.

08 2주기 원소 중 이원자 분자를 형성하는 원소는 질소(N), 산소(O), 플루오린(F)이다. 원자 반지름이 C>B>A이므로 C는 질소(N), B는 산소(O), A는 플루오린(F)임을 알 수 있다.

ㄱ. 원자가 전자 수는 A(F)>B(O)>C(N)이다.

바로알기 ㄴ. $A_2(F_2)$의 공유 전자쌍 수는 1, $B_2(O_2)$의 공유 전자쌍 수는 2이다. 따라서 공유 전자쌍 수는 B_2가 A_2의 2배이다.

ㄷ. $A_2(F_2)$는 단일 결합, $B_2(O_2)$는 2중 결합, $C_2(N_2)$는 3중 결합으로 생성된다. 따라서 다중 결합이 있는 분자는 B_2와 C_2이다.

09 **꼼꼼 문제 분석**

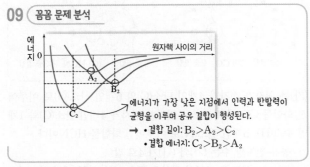

에너지가 가장 낮은 지점에서 인력과 반발력이 균형을 이루며 공유 결합이 형성된다.
→ · 결합 길이: $B_2>A_2>C_2$
   · 결합 에너지: $C_2>B_2>A_2$

ㄷ. 결합 에너지는 공유 결합의 세기를 나타내는 척도로, 결합 에너지가 클수록 결합이 강하고 안정하다. 따라서 결합 에너지가 가장 큰 C_2의 결합 세기가 가장 강하다.

바로알기 ㄱ. 결합 에너지가 가장 큰 것은 이원자 분자를 생성할 때 방출하는 에너지가 가장 큰 C_2이다.

ㄴ. 결합 길이가 가장 짧은 것은 원자핵 사이의 거리가 가장 짧은 C_2이다.

10 ① 공유 결합 물질은 일반적으로 고체 상태와 액체 상태에서 전기 전도성이 없다.

② 공유 결합 물질 중 분자 결정은 분자 사이의 인력이 약해 비교적 녹는점과 끓는점이 낮으며, 승화성이 있는 물질이 존재한다.

④ 석영은 규소 원자들과 산소 원자들이 그물처럼 연결되어 결합을 형성한다.

⑤ 얼음은 물 분자들이 분자 사이의 인력에 의해 규칙적으로 배열된 물질이다.

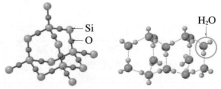

⬆ 석영의 공유 결정 모형   ⬆ 얼음의 분자 결정 모형

바로알기 ③ 분자 결정의 녹는점과 끓는점은 분자 사이의 인력이 클수록 높다. 결합 에너지는 공유 결합을 형성하는 원자 사이의 인력이 클수록 크므로 공유 결정의 녹는점과 끓는점에 영향을 미친다.

11 **꼼꼼 문제 분석**

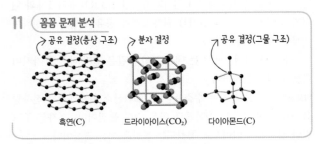

ㄱ. 모두 공유 결합 물질로, 전자를 공유하여 결합하므로 원자와 원자 사이에 공유 전자쌍이 있다.

ㄴ. 드라이아이스는 원자와 원자 사이의 결합력은 강하지만, 분자 사이의 인력이 매우 약해 승화성이 있다.

ㄷ. 흑연은 탄소 원자 1개가 다른 탄소 원자 3개와 결합한 층상 구조이고, 다이아몬드는 탄소 원자 1개가 다른 탄소 원자 4개와 강하게 결합한 3차원 그물 구조이다.

12 ② 열 전도성, ③ 전기 전도성, ④ 전성, ⑤ 연성은 모두 자유 전자에 의해 나타나는 성질이다.

바로알기 ① 금속의 밀도가 큰 것은 원자량이 크기 때문이다.

13 ㄱ. 금속 X(s)의 결합 모형에서 A는 자유 전자에 해당한다.

ㄴ. 금속을 가열하면 자유 전자가 열에너지를 얻게 되고, 큰 열에너지를 가진 자유 전자가 인접한 자유 전자와 금속 양이온에 열에너지를 전달한다. 따라서 금속 X(s)는 열 전도성이 크다.

바로알기 ㄷ. 금속 X(s)에 외부에서 힘을 가하여도 자유 전자인 A가 이동하여 금속 결합이 유지된다.

14 **꼼꼼 문제 분석**

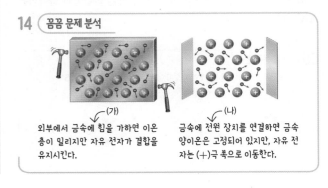

(가) 외부에서 금속에 힘을 가하면 이온층이 밀리지만 자유 전자가 결합을 유지시킨다.

(나) 금속에 전원 장치를 연결하면 금속 양이온은 고정되어 있지만, 자유 전자는 (+)극 쪽으로 이동한다.

ㄷ. (나)에서 전원을 연결하면 금속 양이온은 고정되어 있지만, 자유 전자는 (+)극 쪽으로 이동하며 전류가 흐른다.

바로알기 ㄱ. (가)와 (나)에서 모두 금속 양이온은 고정되어 있고, 자유 전자가 자유롭게 움직인다.

ㄴ. (가)에서 금속은 변형이 일어나지만, 자유 전자가 이동하여 금속 결합이 유지되므로 연성(뽑힘성)과 전성(펴짐성)이 나타난다.

15 꼼꼼 문제 분석

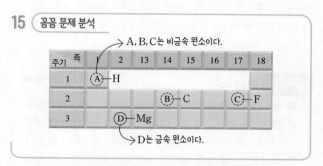

ㄱ. AC(HF)는 공유 결합 물질이므로 분자로 존재한다.

ㄷ. DC$_2$(MgF$_2$)는 이온 결합 물질이므로 액체 상태에서 전기 전도성이 있다.

바로알기 ㄴ. B(C)만으로 이루어진 물질 중 다이아몬드는 그물 구조로 매우 단단하지만, 흑연은 층상 구조로 층과 층 사이의 결합력이 약해 부스러지기 쉽다.

16 꼼꼼 문제 분석

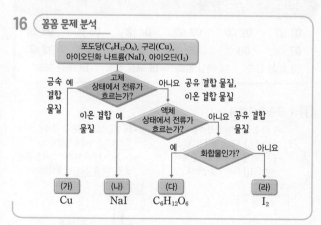

ㄷ. (나)(NaI)와 (라)(I$_2$)는 공통적으로 아이오딘(I)을 포함하고 있다.

바로알기 ㄱ. (가)는 구리(Cu)이다. 아이오딘화 나트륨(NaI)은 (나)에 해당한다.

ㄴ. (다)(C$_6$H$_{12}$O$_6$)는 공유 결합 물질로, 물에 녹았을 때 전하를 띠는 입자가 없으므로 수용액 상태에서 전류가 흐르지 않는다.

17 X는 액체 상태에서는 전기 전도성이 있지만, 고체 상태에서는 전기 전도성이 없으므로 이온 결합 물질이다.

ㄷ. X는 이온 결합 물질이므로 X(s)에 외부에서 힘을 가하면 쉽게 부스러진다.

바로알기 ㄱ. X는 이온 결합 물질이다.

ㄴ. (나)에서 X의 불꽃 반응색이 보라색이므로 X를 구성하는 금속 원소는 칼륨(K)이다. 나트륨(Na)의 불꽃 반응색은 노란색이다.

18 꼼꼼 문제 분석

물질	녹는점 (℃)	끓는점 (℃)	전기 전도성 고체	전기 전도성 액체	물질의 종류 (결정의 종류)
A	−114	78.8	×	×	공유 결합 물질 (분자 결정)
B	97.8	882	○	○	금속 결합 물질 (금속 결정)
C	802	1413	×	○	이온 결합 물질 (이온 결정)
D	1670	2250	×	×	공유 결합 물질 (공유 결정)

ㄱ. B는 고체 상태와 액체 상태에서 모두 전류가 흐르므로 금속 결합 물질이다. 따라서 B에는 자유 전자가 존재한다.

ㄴ. A와 D는 고체 상태와 액체 상태에서 모두 전류가 흐르지 않으므로 공유 결합 물질이다. 따라서 A와 D는 비금속 원소 사이에 전자쌍을 공유하여 생성된 물질이다.

ㄷ. C는 고체 상태에서는 전류가 흐르지 않지만, 액체 상태에서는 전류가 흐르므로 이온 결합 물질이다. 이온 결합 물질은 양이온과 음이온 사이의 정전기적 인력에 의해 결합된 물질이다.

실력 UP 문제

181쪽

01 ③   **02** ⑤   **03** ②   **04** ③

01 꼼꼼 문제 분석

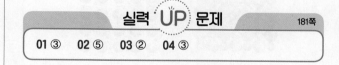

A는 산소(O), B는 플루오린(F), C는 나트륨(Na), D는 염소(Cl)이다.

ㄱ. A는 원자가 전자가 6개이고, B는 원자가 전자가 7개이므로 이들이 결합한 화합물 AB$_2$(OF$_2$)는 공유 결합 물질이다.

ㄴ. CB(NaF)는 이온 결합 물질로 액체 상태에서 전기 전도성이 있다.

바로알기 ㄷ. A는 원자가 전자가 6개이고, D는 원자가 전자가 7개이므로 A 1개는 D 2개와 결합하여 AD$_2$(OCl$_2$)의 안정한 화합물을 생성한다.

02 꼼꼼 문제 분석

2. 3주기 원소 중 실온에서 이원자 분자이면서 기체로 존재하는 물질은 N_2, O_2, F_2, Cl_2이다.

> 원자 반지름은 C<D이고, C와 D가 각각 이원자 분자를 이룰 때 단일 결합을 한다. → C는 2주기 17족 원소인 플루오린(F)이고, D는 3주기 17족 원소인 염소(Cl)이다.

원소	A	B	C	D
원자 반지름(pm)	75	73	71	99.5
이원자 분자를 이루는 공유 결합의 종류	3중 결합	2중 결합	단일 결합	단일 결합

> A~C는 2주기 원소이고, 같은 주기에서 원자 번호가 클수록 원자 반지름이 감소한다. → 원자 반지름이 A>B>C이므로 A는 2주기 15족 원소인 질소(N)이고, B는 2주기 16족 원소인 산소(O)이다.

ㄱ. A는 원자가 전자가 5개이므로 $A_2(N_2)$는 공유 전자쌍이 3개이다. B는 원자가 전자가 6개이므로 $B_2(O_2)$는 공유 전자쌍이 2개이다. 따라서 공유 전자쌍 수는 A_2가 B_2보다 크다.

ㄴ. 이원자 분자를 이룰 때 Ne과 같은 전자 배치를 이루는 원소는 2주기 원소인 A, B, C이다.

ㄷ. A는 원자가 전자가 5개, D는 원자가 전자가 7개이므로 A 1개는 D 3개와 각각 단일 결합을 형성한다. 따라서 이 화합물의 공유 전자쌍 수는 3이다.

03 꼼꼼 문제 분석

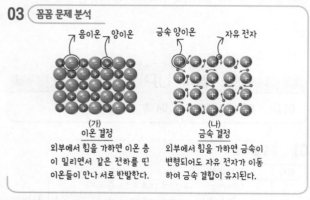

(가)
이온 결정
외부에서 힘을 가하면 이온 층이 밀리면서 같은 전하를 띤 이온들이 만나 서로 반발한다.

(나)
금속 결정
외부에서 힘을 가하면 금속이 변형되어도 자유 전자가 이동하여 금속 결합이 유지된다.

(가)는 이온 결합 물질, (나)는 금속 결합 물질의 결정이다.

ㄴ. (가)와 (나)는 액체 상태에서 모두 전기 전도성이 있다.

바로알기 ㄱ. 이온 결합 물질인 (가)에서 (−)전하를 띠는 입자는 음이온이고, 금속 결합 물질인 (나)에서 (−)전하를 띠는 입자는 자유 전자이다.

ㄷ. 외부에서 힘을 가하면, 이온 결합 물질인 (가)는 같은 전하를 띤 입자들 사이의 반발력에 의해 부서지지만, 금속 결합 물질인 (나)는 자유 전자에 의해 금속 결합이 유지되므로 부서지지 않고 전성(펴짐성) 또는 연성(뽑힘성)이 나타난다.

04 ㄱ. A는 녹는점이 높고 고체와 액체 상태에서 모두 전기 전도성이 있으므로 금속 결합 물질에 해당한다.

ㄴ. C는 녹는점이 비교적 낮고 고체와 액체 상태에서 모두 전기 전도성이 없으므로 공유 결합으로 이루어진 물질이며, 분자로 구성되어 있다.

바로알기 ㄷ. A는 금속 결합 물질, B는 이온 결합 물질로 A와 B는 액체 상태에서 모두 전기 전도성이 있다. A와 B에 전류를 흘려 주면 이온 결합 물질인 B의 경우 양이온은 (−)극 쪽, 음이온은 (+)극 쪽으로 이동하는 반면, 금속 결합 물질인 A의 경우 금속 양이온은 이동하지 않고 자유 전자만 (+)극 쪽으로 이동한다.

중단원 핵심 정리   182~183쪽

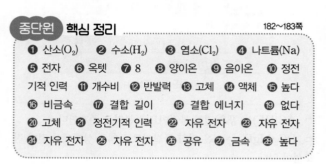

❶ 산소(O_2) ❷ 수소(H_2) ❸ 염소(Cl_2) ❹ 나트륨(Na) ❺ 전자 ❻ 옥텟 ❼ 8 ❽ 양이온 ❾ 음이온 ❿ 정전기적 인력 ⓫ 개수비 ⓬ 반발력 ⓭ 고체 ⓮ 액체 ⓯ 높다 ⓰ 비금속 ⓱ 결합 길이 ⓲ 결합 에너지 ⓳ 없다 ⓴ 고체 ㉑ 정전기적 인력 ㉒ 자유 전자 ㉓ 자유 전자 ㉔ 자유 전자 ㉕ 자유 전자 ㉖ 공유 ㉗ 금속 ㉘ 높다

중단원 마무리 문제   184~187쪽

01 ④   **02** ③   **03** ②   **04** ②   **05** ⑤   **06** ⑤
07 ③   **08** ①   **09** ②   **10** ④   **11** ①   **12** ②
13 해설 참조   **14** 해설 참조   **15** 해설 참조   **16** 해설 참조

01 꼼꼼 문제 분석

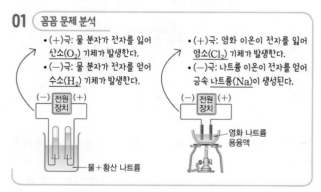

- (+)극: 물 분자가 전자를 잃어 산소(O_2) 기체가 발생한다.
- (−)극: 물 분자가 전자를 얻어 수소(H_2) 기체가 발생한다.

- (+)극: 염화 이온이 전자를 잃어 염소(Cl_2) 기체가 발생한다.
- (−)극: 나트륨 이온이 전자를 얻어 금속 나트륨(Na)이 생성된다.

물+황산 나트륨

염화 나트륨 용융액

A는 (−)극에서 얻어지는 고체이므로 나트륨(Na)이고, B_2는 (−)극에서 얻어지는 기체로 원자 사이에 단일 결합으로 이루어져 있으므로 수소(H_2)이다. C_2는 (+)극에서 얻어지는 기체로 원자 사이에 단일 결합으로 이루어져 있으므로 염소(Cl_2)이다.

ㄴ. A(Na)와 C(Cl)는 NaCl의 성분 원소이다.

ㄷ. B는 수소(H)이므로 원자가 전자가 1개이고, C는 염소(Cl)이므로 원자가 전자가 7개이다. 따라서 B와 C로 이루어진 화합물은 전자쌍을 공유하여 결합되는 공유 결합 물질이다.

바로알기 ㄱ. B는 1족 원소인 수소(H)이다.

02 꼼꼼 문제 분석

이온식	A^+	B^{2-}	C^{2+}	D^-
전자 수	10	10	18	18
원자의 전자 수	11	8	20	17
원소	나트륨(Na)	산소(O)	칼슘(Ca)	염소(Cl)

ㄱ. A와 B의 이온인 A^+과 B^{2-}은 화합물이 전기적으로 중성이 되도록 2 : 1의 개수비로 결합하여 A_2B를 생성한다.

ㄷ. 이온의 전하량은 A와 D의 화합물보다 B와 C의 화합물이 더 크다. 따라서 이온 사이의 거리가 비슷할 경우 녹는점은 A와 D의 화합물보다 B와 C의 화합물이 더 높다.

바로알기 ㄴ. C는 4주기 원소이고, D는 3주기 원소이다.

03 꼼꼼 문제 분석

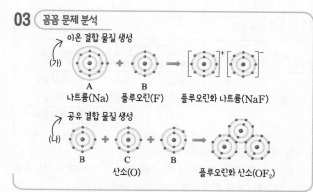

ㄷ. (가)와 (나)의 화합물에서 A~C는 모두 네온(Ne)과 같은 전자 배치를 이루며 옥텟 규칙을 만족한다.

바로알기 ㄱ. (가)에서 A는 원자가 전자 1개를 잃고 양이온이 되고, B는 전자 1개를 얻어 음이온이 되면서 정전기적 인력에 의해 이온 결합을 형성한다. 따라서 전자는 A에서 B로 이동하여 화합물을 생성한다.

ㄴ. (나)에서 C는 B 2개와 각각 전자쌍 1개씩을 공유하여 단일 결합 2개를 형성한다.

04 꼼꼼 문제 분석

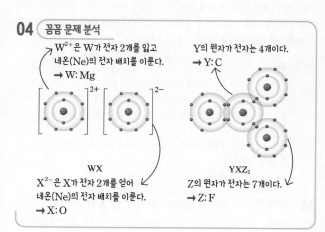

W^{2+}은 W가 전자 2개를 잃고 네온(Ne)의 전자 배치를 이룬다.
→ W: Mg

Y의 원자가 전자는 4개이다.
→ Y: C

WX

YXZ₂

X^{2-}은 X가 전자 2개를 얻어 네온(Ne)의 전자 배치를 이룬다.
→ X: O

Z의 원자가 전자는 7개이다.
→ Z: F

W^{2+}은 W가 전자 2개를 잃고 네온(Ne)의 전자 배치를 이루므로 마그네슘 이온(Mg^{2+})이며, X^{2-}은 X가 전자 2개를 얻어 네온(Ne)의 전자 배치를 이루므로 산화 이온(O^{2-})이다. YXZ_2에서 각 원소가 가진 원자가 전자는 X(O)가 6개, Y가 4개, Z가 7개이므로 Y는 탄소(C), Z는 플루오린(F)이다.

ㄴ. W~Z의 원자가 전자 수는 W가 2, X가 6, Y가 4, Z가 7이므로 원자가 전자 수가 가장 큰 원소는 Z이다.

바로알기 ㄱ. X(O), Y(C), Z(F)는 모두 2주기 원소이지만, W(Mg)는 3주기 2족 원소이다.

ㄷ. W(Mg)와 Z(F)로 이루어진 화합물의 화학식은 WZ_2(MgF_2)이다.

05 ㄱ. 이온 사이의 인력과 반발력이 균형을 이루어 에너지가 가장 낮은 거리에서 이온 결합이 형성된다. 따라서 이온 사이의 거리가 r일 때 Na^+과 Cl^- 사이의 인력과 반발력이 균형을 이루게 된다.

ㄴ. F^-은 Cl^-보다 이온 반지름이 작으므로 NaF이 생성될 때 이온 사이의 거리는 r보다 작다.

ㄷ. K^+은 Na^+보다 이온 반지름이 크므로 이온 결합력은 KCl이 NaCl보다 작다. 따라서 KCl이 생성될 때 방출하는 에너지는 E보다 작다.

06 ㄱ. AX, AY, BZ에서 양이온과 음이온은 모두 1 : 1의 개수비로 결합한다. 이온 결합 물질의 녹는점은 이온 사이의 거리가 짧을수록, 이온의 전하량이 클수록 높으므로 녹는점이 매우 높은 BZ가 AX나 AY에 비해 이온의 전하량이 큼을 알 수 있다. 따라서 전하량은 B 이온이 A 이온보다 크다.

ㄴ. AX와 AY에서 이온 사이의 거리가 AX<AY이므로 원자 반지름은 X<Y이다. X와 Y는 이온의 전하가 같으므로 같은 족 원소이고, 같은 족에서 원자 번호가 클수록 원자 반지름이 커진다. 따라서 Y가 X보다 원자 번호가 크므로 바닥상태에서 전자가 들어 있는 전자 껍질 수는 Y가 X보다 크다.

ㄷ. AX와 BZ는 이온 사이의 거리가 AX<BZ인데, 녹는점은 BZ가 훨씬 높다. 이것은 BZ를 이루는 이온의 전하량이 AX를 이루는 이온의 전하량보다 크기 때문이다.

07 ㄱ. 결합 에너지는 공유 결합이 형성되는 과정에서 에너지가 가장 낮은 지점에서의 에너지에 해당하므로 H_2는 436 kJ/mol이고, Cl_2는 242 kJ/mol이다. 따라서 결합 에너지는 H_2가 Cl_2보다 크다.

ㄴ. 결합 길이는 두 원자가 공유 결합을 이룰 때 두 원자핵 사이의 거리에 해당하므로 H_2는 74 pm이고, Cl_2는 199 pm이다. 따라서 결합 길이는 H_2가 Cl_2보다 짧다.

바로알기 ㄷ. 원자 반지름은 같은 종류의 원자가 공유 결합(단일 결합)을 이룰 때 결합 길이의 절반에 해당하므로 H와 Cl의 원자 반지름은 각각 37 pm, 99.5 pm이다.

08 꼼꼼 문제 분석

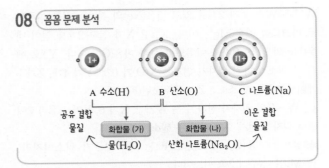

ㄱ. (나)는 이온 결합 물질로 액체 상태에서 전기 전도성이 있다.

바로알기 ㄴ. (가)는 비금속 원소인 A와 B가 결합한 물질이므로 공유 결합으로 이루어진 물질이며, (나)는 비금속 원소인 B와 금속 원소인 C가 결합한 물질이므로 이온 결합으로 이루어진 물질이다.

ㄷ. 분자 결정으로 이루어진 (가)의 녹는점은 이온 결정으로 이루어진 (나)의 녹는점보다 낮다.

09 꼼꼼 문제 분석

A, B, C, E는 비금속 원소이다.

주기 \ 족	1	2	13	14	15	16	17	18
1	⒜H							
2						⒝O	⒞F	
3	⒟Na						⒠Cl	
4		⒡Ca						

D, F는 금속 원소이다.

ㄴ. B(O)와 C(F)의 이온 반지름의 크기는 비슷하며, D₂B(Na₂O)는 전하가 +1인 양이온과 −2인 음이온 사이의 이온 결합 물질이고, DC(NaF)는 전하가 +1인 양이온과 −1인 음이온 사이의 이온 결합 물질이므로 D₂B가 DC보다 이온 사이의 정전기적 인력이 커서 녹는점이 더 높다.

바로알기 ㄱ. A(H)와 B(O)로 이루어진 화합물은 공유 결합 물질이므로 액체 상태에서 전기 전도성이 없다.

ㄷ. E(Cl)와 F(Ca)가 결합하여 FE₂(CaCl₂)를 생성할 때 F는 전자 2개를 잃어 양이온이 되고, E는 전자 1개를 얻어 음이온이 되므로 전자는 F에서 E로 이동한다.

10 꼼꼼 문제 분석

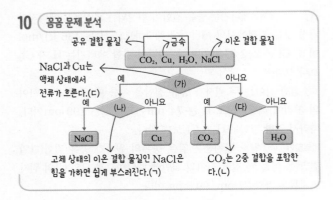

11 A~E의 원자 번호는 각각 6, 8, 9, 11, 12이므로 A~E는 각각 탄소(C), 산소(O), 플루오린(F), 나트륨(Na), 마그네슘(Mg) 중 하나이다. 이때 AD₂, DE₂는 모두 공유 결합으로 이루어져 있으므로 각각 CO₂, OF₂이고, BD, CE는 B와 D, C와 E가 각각 1 : 1의 개수비로 결합한 화합물이므로 BD는 MgO, CE는 NaF이다. 따라서 A는 탄소(C), B는 마그네슘(Mg), C는 나트륨(Na), D는 산소(O), E는 플루오린(F)이다.

ㄱ. B와 C는 각각 마그네슘과 나트륨이므로 ㉠은 '금속 결합'이다.

바로알기 ㄴ. 원자 번호가 가장 큰 원소는 마그네슘(Mg)인 B이다.

ㄷ. BD(MgO)와 CE(NaF)는 이온 결합 물질이므로 고체 상태에서 전기 전도성이 없다.

12 꼼꼼 문제 분석

물질	녹는점(℃)	전기 전도성		물질의 종류
		고체 상태	액체 상태	
A	802	없음	있음	이온 결합 물질
B	1085	있음	있음	금속 결합 물질
C	185	없음	없음	공유 결합 물질

(가)는 이온 결정, (나)는 금속 결정이다.

ㄴ. B는 금속 결합 물질이므로 자유 전자가 존재하고, 이 자유 전자가 열에너지를 전달하므로 열 전도성이 크다.

바로알기 ㄱ. A는 이온 결합 물질이므로 (가)에 해당한다.

ㄷ. C는 공유 결합 물질로, 이온 결합 물질이나 금속 결합 물질에 비해 녹는점이 낮으므로 고체 상태에서 분자 결정으로 존재한다.

13 **모범답안** (1) KCl>KF, F은 2주기 원소이고, Cl는 3주기 원소이므로 이온 반지름이 Cl⁻>F⁻이기 때문이다.

(2) KCl은 전하가 +1인 양이온과 −1인 음이온으로 이루어져 있고, MgO은 전하가 +2인 양이온과 −2인 음이온으로 이루어져 있다. 또, KCl의 성분 원소는 3주기와 4주기 원소이며, MgO의 성분 원소는 2주기와 3주기 원소이다. 따라서 MgO은 KCl에 비해 이온의 전하량이 크고, 이온 사이의 거리가 짧으므로 정전기적 인력이 커서 이온 결합이 형성될 때 방출하는 에너지인 E의 크기가 더 크다.

채점 기준		배점
(1)	이온 반지름으로 r_0의 크기를 옳게 비교하여 서술한 경우	50 %
	이온 반지름은 비교하지 않고 r_0의 크기만 옳게 비교한 경우	20 %
(2)	E의 크기를 이온의 전하량과 이온 사이의 거리로 옳게 서술한 경우	50 %
	이온의 전하량과 이온 사이의 거리는 언급하지 않고 E의 크기만 옳게 서술한 경우	20 %

14 WXY에서 원자가 전자는 W가 7개, X가 5개, Y가 6개이므로 W, X, Y는 각각 플루오린(F), 질소(N), 산소(O)이다.

ZYW에서 Z는 전자 1개를 잃고 양이온인 Z^+이 되므로 리튬 (Li)이고, YW^-은 OF^-이다.

(1) WXY(FNO)는 공유 결합 물질, ZYW(LiOF)는 이온 결합 물질이다.

(2) Z(Li)는 전자 1개를 잃고 양이온인 $Z^+(Li^+)$이 되고, Y(O)는 전자 2개를 얻어 음이온인 $Y^{2-}(O^{2-})$이 되어 결합하므로 화학식은 Z_2Y이다.

(모범답안) (1) ZYW. ZYW는 이온 결합 물질로 액체 상태에서 각 전하를 띠는 이온이 자유롭게 움직일 수 있기 때문이다.

(2) (가) Z_2Y (나) 이온 결합

	채점 기준	배점
(1)	화합물을 옳게 고르고, 그 까닭을 옳게 서술한 경우	50 %
	화합물만 옳게 고른 경우	20 %
(2)	(가)와 (나)를 모두 옳게 쓴 경우	50 %
	(가)와 (나) 중 1가지만 옳게 쓴 경우	20 %

15 (모범답안) MgO. MgO은 이온 사이의 거리가 가장 짧고, 이온의 전하량이 커서 정전기적 인력이 가장 크기 때문이다.

채점 기준	배점
MgO을 쓰고, 그 까닭을 옳게 서술한 경우	100 %
MgO만 쓴 경우	40 %

16 (가)는 공유 결정, (나)는 금속 결정, (다)는 분자 결정, (라)는 이온 결정의 모형이다.

(모범답안) (1) (가) 공유 결합 (나) 금속 결합 (다) 공유 결합 (라) 이온 결합

(2) (나), 자유 전자가 자유롭게 이동하기 때문이다.

(3) (다), 분자 사이의 인력은 원자나 전하를 띤 입자 사이의 인력에 비해 약하기 때문이다.

	채점 기준	배점
(1)	화학 결합의 종류를 모두 옳게 쓴 경우	40 %
	옳게 쓴 화학 결합의 종류당 부분 배점	10 %
(2)	결정을 옳게 고르고, 그 까닭을 옳게 서술한 경우	30 %
	결정만 옳게 고른 경우	10 %
(3)	결정을 옳게 고르고, 그 까닭을 옳게 서술한 경우	30 %
	결정만 옳게 고른 경우	10 %

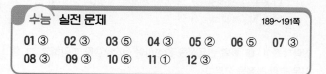

수능 **실전 문제** 189~191쪽

01 ③	02 ③	03 ⑤	04 ③	05 ②	06 ⑤	07 ③
08 ③	09 ③	10 ⑤	11 ①	12 ③		

01 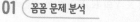 꼼꼼 문제 분석

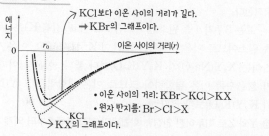

→ KCl보다 이온 사이의 거리가 길다.
→ KBr의 그래프이다.

- 이온 사이의 거리: KBr>KCl>KX
- 원자 반지름: Br>Cl>X

KCl
KX의 그래프이다.

선택지 분석

ㄱ. 원자 반지름은 Cl가 X보다 크다.

ㄴ. 녹는점은 KX가 KCl보다 높다.

✗. KCl에서 K^+의 이온 반지름은 $\frac{r_0}{2}$이다. $\frac{r_0}{2}$가 아니다

전략적 풀이 ❶ 그래프에서 이온 사이의 거리로부터 원자 반지름과 이온 반지름을 비교한다.

ㄱ. 이온 사이의 거리가 KCl>KX이므로 원자 반지름은 Cl> X이다.

ㄷ. KCl을 이루는 K^+과 Cl^-의 크기는 같지 않으므로 K^+의 이온 반지름은 $\frac{r_0}{2}$가 아니다.

❷ 이온 사이의 거리로부터 녹는점을 비교한다.

ㄴ. KX는 KCl과 이온의 전하량이 같고 이온 사이의 거리가 더 짧으므로 정전기적 인력이 더 크다. 정전기적 인력이 클수록 이온 결합력이 커 녹는점이 높으므로 녹는점은 KX가 KCl보다 높다.

02 꼼꼼 문제 분석

- W~Z는 각각 O, F, Na, Mg 중 하나이다.
- 각 원자의 이온은 모두 Ne의 전자 배치를 갖는다.
- W와 X는 3주기 원소이다. → W, X는 각각 Na, Mg 중 하나이다.
- W와 Z는 1 : 2의 개수비로 결합하여 안정한 화합물을 생성한다. → W: Mg, Z: F

선택지 분석

ㄱ. X는 Na이다.

ㄴ. 이온 결합력은 X_2Y가 K_2Y보다 크다.

✗. Y와 Z로 이루어진 안정한 화합물은 액체 상태에서 전기 전도성이 있다. 공유 결합 물질 · 없다

전략적 풀이 ❶ 2주기와 3주기 원소로 구분한 후, W와 Z의 결합비로부터 각 원소의 종류를 파악한다.

ㄱ. W와 X는 3주기 원소이므로 각각 Na과 Mg 중 하나이고, W와 Z는 1 : 2의 개수비로 결합하여 안정한 화합물을 생성하므로 W는 2족 원소인 Mg이다. 따라서 Z는 17족 원소인 F이고, X는 Na이므로 Y는 O이다.

❷ X와 K의 이온 반지름을 비교하여 X_2Y와 K_2Y의 이온 결합력을 비교한다.

ㄴ. X는 3주기 1족 원소인 나트륨(Na)이고, 칼륨(K)은 4주기 1족 원소이므로 이온 반지름은 Na^+이 K^+보다 작고, 이온 사이의 거리는 $X_2Y(Na_2O)$가 $K_2Y(K_2O)$보다 짧다. 이온 사이의 거리가 짧을수록 이온 결합력이 크므로 이온 결합력은 $X_2Y(Na_2O)$가 $K_2Y(K_2O)$보다 크다.

❸ Y와 Z로 이루어진 안정한 화합물의 결합 종류로부터 액체 상태의 전기 전도성을 파악한다.

ㄷ. Y와 Z로 이루어진 안정한 화합물($YZ_2(OF_2)$ 등)은 공유 결합 물질이므로 액체 상태에서 전기 전도성이 없다.

03 꼼꼼 문제 분석

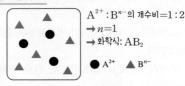

$A^{2+} : B^{n-}$의 개수비 = 1 : 2
→ $n=1$
→ 화학식: AB_2

● A^{2+} ▲ B^{n-}

선택지 분석

ㄱ. B는 3주기 17족 원소이다.

ㄴ. 이 물질의 화학식은 AB_2이다.

ㄷ. 이 물질이 고체 상태일 때 외부에서 힘을 가하면 부스러지기 쉽다.

전략적 풀이 ❶ A^{2+}과 B^{n-}의 전자 배치와 수용액에서의 이온의 개수비로부터 A, B가 어떤 원소인지 파악한다.

ㄱ. A^{2+}은 네온(Ne)의 전자 배치를 이루므로 A는 3주기 2족 원소인 마그네슘(Mg)이다. 또, A^{2+}과 B^{n-}은 1 : 2의 개수비로 결합하므로 $n=1$이고, B^{n-}은 아르곤(Ar)의 전자 배치를 이루므로 B는 3주기 17족 원소인 염소(Cl)이다.

❷ A^{2+}과 B^{n-}의 개수비로부터 화합물의 화학식을 구한다.

ㄴ. A^{2+}과 B^-은 1 : 2의 개수비로 결합하므로 화학식은 AB_2이다.

❸ 이온 결합 물질의 성질을 파악한다.

ㄷ. 이 물질은 이온 결합 물질이므로 고체 상태일 때 외부에서 힘을 가하면 부스러지기 쉽다.

04 꼼꼼 문제 분석

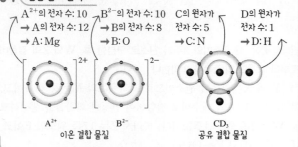

A^{2+}의 전자 수: 10
→ A의 전자 수: 12
→ A: Mg

B^{2-}의 전자 수: 10
→ B의 전자 수: 8
→ B: O

C의 원자가 전자 수: 5
→ C: N

D의 원자가 전자 수: 1
→ D: H

A^{2+} B^{2-}
이온 결합 물질

CD_3
공유 결합 물질

선택지 분석

ㄱ. B와 C는 같은 주기 원소이다.

ㄴ. 액체 상태에서 전기 전도성이 있는 화합물은 AB이다.

ㄷ. B와 D로 이루어진 화합물은 이온 사이의 정전기적 인력에 의해 생성된다.

전략적 풀이 ❶ 화합물의 전자 배치로부터 A~D가 각각 어떤 원소인지 파악한다.

ㄱ. A는 전하가 +2인 양이온, B는 전하가 -2인 음이온으로 네온(Ne)의 전자 배치를 이루므로 A는 3주기 2족 원소인 마그네슘(Mg)이고, B는 2주기 16족 원소인 산소(O)이다. C는 D와 전자쌍 3개를 공유하며 결합하므로 2주기 15족 원소인 질소(N)이고, D는 전자쌍 1개를 공유하며 결합하므로 1주기 1족 원소인 수소(H)이다.

❷ 화합물 AB와 CD_3의 결합 종류로부터 액체 상태에서의 전기 전도성을 파악한다.

ㄴ. AB는 이온 결합 물질이고, CD_3는 공유 결합 물질이다. 액체 상태에서 전기 전도성이 있는 화합물은 이온 결합 물질에 해당하므로 AB이다.

❸ B와 D를 금속 원소 또는 비금속 원소로 구분하고, 이 두 원소가 결합할 때 어떤 화학 결합을 하는지 파악한다.

ㄷ. B(O)와 D(H)는 모두 비금속 원소이므로 결합할 때 전자쌍을 공유하는 공유 결합을 한다. 이온 사이의 정전기적 인력에 의한 결합은 이온 결합이다.

05 꼼꼼 문제 분석

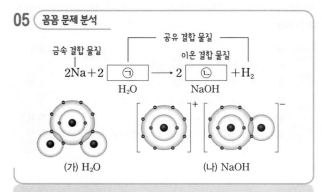

금속 결합 물질

공유 결합 물질
이온 결합 물질

$2Na + 2$ [㉠] → 2 [㉡] $+ H_2$
  H_2O NaOH

(가) H_2O (나) NaOH

선택지 분석

ㄱ. ㉠과 ㉡ 중 액체 상태에서 전기 전도성이 있는 것은 ㉠이다. (㉡)

ㄴ. ㉡에서 모든 원소는 Ne의 전자 배치를 이룬다.

ㄷ. 반응물과 생성물 중 고체 상태에서 전성(펴짐성)이 있는 것은 Na뿐이다.

전략적 풀이 ❶ 화학 반응식을 완성하여 ㉠과 ㉡을 파악하고, 그 중 이온 결합 물질을 고른다.

ㄱ. 나트륨과 물이 반응하면 수소(H_2) 기체가 발생하며, 이를 화학 반응식으로 나타내면 다음과 같다.

$2Na + 2H_2O \longrightarrow 2NaOH + H_2$

따라서 ㉠은 H_2O, ㉡은 $NaOH$이다.

액체 상태에서 전기 전도성이 있는 물질은 이온 결합 물질에 해당하는 ㉡($NaOH$)이다.

❷ (나)의 전자 배치에서 각 원소의 전자 배치가 어떤 비활성 기체와 같은지 파악한다.

ㄴ. ㉡($NaOH$)에서 나트륨(Na)과 산소(O)는 네온(Ne)의 전자 배치를 이루지만, 수소(H)는 헬륨(He)의 전자 배치를 이룬다.

❸ Na, H_2O, $NaOH$, H_2 각각의 결합의 종류를 파악한다.

ㄷ. 반응물과 생성물 중 고체 상태에서 전성(퍼짐성)이 있는 물질은 금속 결합 물질인 Na뿐이다.

06 꼼꼼 문제 분석

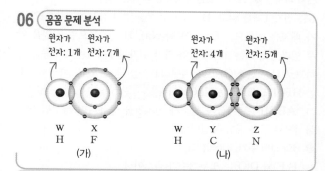

원자가 전자: 1개 원자가 전자: 7개   원자가 전자: 4개 원자가 전자: 5개

W   X   W   Y   Z
H   F   H   C   N
(가)   (나)

선택지 분석

㉠ $W \sim Z$ 중 원자가 전자 수가 가장 큰 원소는 X이다.
㉡ 공유 전자쌍 수는 Z_2가 W_2의 3배이다.
㉢ (가)와 (나)는 모두 공유 결합 물질이다.

전략적 풀이 ❶ 화합물의 전자 배치로부터 $W \sim Z$가 각각 어떤 원소인지 파악한 후, 원자가 전자 수를 비교한다.

(가)에서 W와 X는 전자쌍 1개를 공유하므로 W는 수소(H), X는 플루오린(F)임을 알 수 있다. 또, (나)에서 Y와 Z는 각각 전자쌍 4개, 3개를 공유하므로 Y는 탄소(C), Z는 질소(N)임을 알 수 있다.

ㄱ. 원자가 전자는 W(H)가 1개, X(F)가 7개, Y(C)가 4개, Z(N)가 5개이므로 원자가 전자 수가 가장 큰 원소는 X이다.

❷ W와 Z의 원자가 전자 수를 이용하여 W_2와 Z_2의 화학 결합 과정 및 전자 배치를 파악한다.

ㄴ. 원자가 전자는 W가 1개, Z가 5개이므로 W_2(H_2)는 단일 결합을, Z_2(N_2)는 3중 결합을 형성한다. 따라서 공유 전자쌍 수는 Z_2가 W_2의 3배이다.

❸ (가)와 (나)의 전자 배치로부터 화합물의 결합의 종류를 파악한다.

ㄷ. (가)와 (나)는 모두 전자쌍을 공유하며 안정한 화합물을 생성하므로 공유 결합 물질이다.

07 꼼꼼 문제 분석

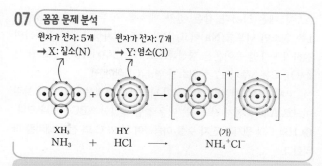

원자가 전자: 5개 → X: 질소(N)   원자가 전자: 7개 → Y: 염소(Cl)

XH_3 HY (가)
NH_3 + HCl ⟶ $NH_4^+Cl^-$

선택지 분석

㉠ (가)에서 Y는 옥텟 규칙을 만족한다.
㉡ X_2에는 다중 결합이 있다.
✗ X와 Y로 이루어진 안정한 화합물은 이온 결합 물질이다.

전략적 풀이 ❶ (가)의 모형에서 Y^-의 전자 배치로부터 옥텟 규칙의 만족 여부를 파악한다.

ㄱ. X는 2주기 원소로 원자가 전자가 5개인 질소(N)이고, Y는 3주기 원소로 원자가 전자가 7개인 염소(Cl)이다. XH_3와 HY가 결합하여 생성된 (가)는 XH_4^+과 Y^-이 이온 결합에 의해 생성된 화합물이다. 따라서 (가)에서 Y(Cl)는 전자를 1개 얻어 음이온이 되면서 옥텟 규칙을 만족한다.

❷ X의 원자가 전자 수를 이용하여 X_2의 결합 과정 및 전자 배치를 파악한다.

ㄴ. X(N)는 원자가 전자가 5개이므로 X와 X는 서로 전자쌍 3개를 공유하며 결합한다. 따라서 X_2에는 다중 결합인 3중 결합이 있다.

❸ X와 Y를 금속 원소 또는 비금속 원소로 구분하고, 이 두 원소가 결합할 때 어떤 화학 결합을 하는지 파악한다.

ㄷ. X(N)와 Y(Cl)는 모두 비금속 원소이므로 서로 전자쌍을 공유하며 결합하여 공유 결합 물질을 생성한다.

08 꼼꼼 문제 분석

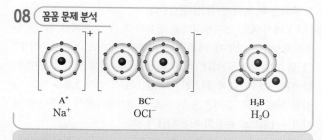

A^+ BC^- H_2B
Na^+ OCl^- H_2O

선택지 분석

㉠ 전기 전도성은 A(s)가 ABC(s)보다 크다.
㉡ H_2와 C_2의 공유 전자쌍 수는 같다.
✗ 화합물 AC와 HC의 화학 결합의 종류는 ~~같다~~. 다르다

전략적 풀이 ❶ 화합물의 전자 배치로부터 $A \sim C$가 각각 어떤 원소인지 파악한 후, A와 ABC의 결합의 종류를 파악한다.

A^+이 네온(Ne)과 같은 전자 배치를 이루므로 A는 3주기 1족 원소인 나트륨(Na)이고, B와 C는 전자쌍 1개를 공유하여 전하가 −1인 음이온을 형성하므로 B는 2주기 16족 원소인 산소(O), C는 3주기 17족 원소인 염소(Cl)이다.

ㄱ. 고체 상태에서 전기 전도성이 나타나는 물질은 금속 결합 물질이므로 $A(s)$의 전기 전도성은 이온 결합 물질인 $ABC(s)$보다 크다.

❷ H와 C의 원자가 전자 수를 이용하여 H_2와 C_2의 전자 배치를 파악한다.

ㄴ. C(Cl)는 원자가 전자가 7개이므로 두 C 원자는 전자쌍 1개를 공유하며 이원자 분자를 생성한다. 따라서 H_2와 C_2의 공유 전자쌍 수는 1로 같다.

❸ 화합물 AC와 HC의 결합의 종류를 파악한다.

ㄷ. 화합물 AC(NaCl)는 이온 결합 물질, HC(HCl)는 공유 결합 물질로 화학 결합의 종류는 같지 않다.

---

09 〔꼼꼼 문제 분석〕

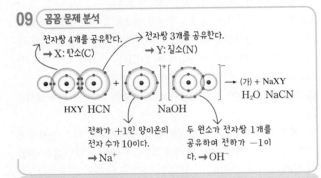

전자쌍 4개를 공유한다.
→ X: 탄소(C)

전자쌍 3개를 공유한다.
→ Y: 질소(N)

HXY HCN   NaOH → (가) + NaXY
                        H_2O NaCN

전하가 +1인 양이온의 전자 수가 10이다.
→ Na^+

두 원소가 전자쌍 1개를 공유하며 전하가 −1이다. → OH^-

선택지 분석

㉠ (가)는 공유 결합 물질이다.

✗ HXY는 액체 상태에서 전기 전도성이 있다. ← HCN (공유 결합 물질)

㉢ NaXY(s)는 외부에서 힘을 가하면 부스러지기 쉽다.

전략적 풀이 ❶ 화합물의 전자 배치로부터 X, Y가 각각 어떤 원소인지 파악한 후, 화학 반응식을 완성한다.

HXY에서 X는 전자쌍 4개를 공유하고, Y는 전자쌍 3개를 공유하므로 X는 2주기 14족 원소인 탄소(C)이고, Y는 2주기 15족 원소인 질소(N)이다. 나머지 반응물은 이온 결합 물질이며, 양이온은 3주기 1족 원소인 나트륨(Na)이 전자 1개를 잃고 형성된 Na^+이고, 음이온은 두 원소가 전자쌍 1개를 공유하며 전하가 −1이므로 수산화 이온(OH^-)이다.

ㄱ. 화학 반응식은 $HCN + NaOH \longrightarrow H_2O + NaCN$이다. 따라서 (가)는 H_2O이므로 공유 결합 물질에 해당한다.

❷ HXY와 NaXY의 결합의 종류를 알고, 각각의 성질을 파악한다.

ㄴ. HXY(HCN)는 공유 결합 물질이므로 액체 상태에서 전기 전도성이 없다.

ㄷ. NaXY(NaCN)는 이온 결합 물질이므로 NaXY(s)는 외부에서 힘을 가하면 부스러지기 쉽다.

---

10 〔꼼꼼 문제 분석〕

C는 전자 1개를 잃고, B는 전자 1개를 얻어 Ne의 전자 배치를 이룬다. → C: Na, B: F

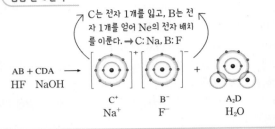

AB + CDA →   +
HF   NaOH

C^+ B^- A_2D
Na^+ F^- H_2O

선택지 분석

㉠ AB는 공유 결합 물질이다.

㉡ B와 D는 같은 주기 원소이다.

㉢ C(s)는 외부에서 힘을 가하면 전성(펴짐성)이 나타난다.

전략적 풀이 ❶ 화합물의 전자 배치로부터 A~D가 각각 어떤 원소인지 파악한 후, AB의 결합의 종류를 파악한다.

C는 전자 1개를 잃고, B는 전자 1개를 얻어 각각 네온(Ne)의 전자 배치를 이루므로 C는 나트륨(Na), B는 플루오린(F)임을 알 수 있다. 또, D는 2개의 A와 각각 전자쌍 1개씩 총 2개를 공유하므로 D는 산소(O), A는 수소(H)임을 알 수 있다. 따라서 AB는 HF이고, CDA는 NaOH이다.

ㄱ. AB(HF)는 비금속 원소가 전자쌍을 공유하며 생성된 화합물이므로 공유 결합 물질이다.

❷ B와 D의 주기를 파악한다.

ㄴ. B(F)와 D(O)는 모두 2주기 원소이다.

❸ C의 결합의 종류를 파악한다.

ㄷ. C(Na)는 금속 결합 물질이므로 C(s)는 외부에서 힘을 가하면 전성(펴짐성)이 나타난다.

---

11 〔꼼꼼 문제 분석〕

전자 1개를 잃어 전하가 +1인 양이온이 된다. → X: Li

전자 1개를 얻어 전하가 −1인 음이온이 된다. → Y: F

전자쌍 2개를 공유한다. → Z: O

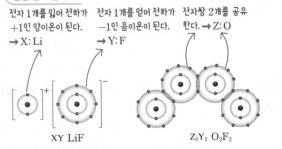

XY LiF Z_2Y_2 O_2F_2

선택지 분석

㉠ X~Z는 모두 같은 주기 원소이다.

✗ 공유 전자쌍 수는 Y_2가 Z_2의 2배이다. ← Z_2 ← Y_2

✗ X와 Z가 결합하여 안정한 화합물을 생성할 때 화학식은 XZ_2이다. ← X_2Z

전략적 풀이 ❶ 화합물의 전자 배치로부터 X~Z가 각각 어떤 원소인지 파악한 후, 각 원소의 주기를 파악한다.

X는 전자 1개를 잃어 전하가 +1인 양이온을 형성하므로 리튬(Li)임을 알 수 있고, Y는 전자 1개를 얻어 전하가 −1인 음이온을 형성하므로 플루오린(F)임을 알 수 있다. 또, Z는 전자쌍 2개를 공유하며 결합하므로 산소(O)이다.

ㄱ. X~Z는 모두 2주기 원소이므로 같은 주기 원소이다.

❷ Y와 Z의 원자가 전자 수를 고려하여 Y_2와 Z_2의 공유 전자쌍 수를 파악한다.

ㄴ. Y(F)의 원자가 전자는 7개이므로 $Y_2(F_2)$의 공유 전자쌍은 1개이고, Z(O)의 원자가 전자는 6개이므로 $Z_2(O_2)$의 공유 전자쌍은 2개이다. 따라서 공유 전자쌍 수는 Z_2가 Y_2의 2배이다.

❸ X와 Z를 금속 원소 또는 비금속 원소로 구분하고, 원자가 전자 수를 고려하여 안정한 화합물의 화학식을 파악한다.

ㄷ. X의 원자가 전자는 1개, Z의 원자가 전자는 6개이다. 따라서 X(Li)와 Z(O)가 결합하여 안정한 화합물을 생성할 때 X는 전하가 +1인 양이온, Z는 전하가 −2인 음이온으로 결합하므로 화학식은 $X_2Z(Li_2O)$이다.

12 꼼꼼 문제 분석

물질		A	B	C	D
녹는점(°C)		802	996	−210	−219
끓는점(°C)		1413	1704	−196	−183
전기 전도성	고체	없음	없음	없음	없음
	액체	있음	있음	없음	없음
물질의 종류		이온 결합 물질		공유 결합 물질	

선택지 분석

ㄱ. 고체 상태인 A에 힘을 가하면 부스러지기 쉽다.

ㄴ. B와 C는 반대 전하를 띤 이온 사이의 정전기적 인력에 의해 결합된 물질이다. A와 B

ㄷ. C와 D는 전자쌍을 공유하는 결합으로 생성된 물질이다.

전략적 풀이 ❶ 전기 전도성으로 물질의 종류를 파악한다.

• 고체 상태에서는 전기 전도성이 없지만, 액체 상태에서는 전기 전도성이 있는 물질은 이온 결합 물질이다. ➡ A와 B는 이온 결합 물질이다.

• 고체 상태와 액체 상태에서 전기 전도성이 없는 물질은 공유 결합 물질이다. ➡ C와 D는 공유 결합 물질이다.

❷ 각 결합의 종류에 따른 물질의 특성을 이해한다.

ㄱ. 이온 결합 물질인 A에 힘을 가하면 이온 층이 밀려 같은 전하를 띤 이온 사이의 반발력에 의해 쉽게 부스러진다.

ㄴ. 반대 전하를 띤 이온 사이의 정전기적 인력에 의해 결합된 물질은 이온 결합 물질인 A와 B이다.

ㄷ. 공유 결합 물질인 C와 D는 전자쌍을 공유하는 공유 결합으로 생성된다.

2 분자의 구조와 성질

1 결합의 극성

1 (1) 플루오린(F)은 공유 전자쌍을 끌어당기는 힘이 가장 큰 원소이므로 전기 음성도가 가장 크다. 따라서 플루오린의 전기 음성도를 4.0으로 정하고, 이 값을 기준으로 다른 원소들의 전기 음성도를 정하였다.

(2) 같은 주기에서는 원자 번호가 커질수록 원자 반지름이 작아지고 유효 핵전하가 증가하므로 전기 음성도가 대체로 커지지만, 같은 족에서는 원자 번호가 커질수록 원자 반지름이 커지므로 전기 음성도가 대체로 작아진다.

(3) 극성 공유 결합으로 이루어진 물질에서 전기 음성도가 큰 원자는 부분적인 음전하(δ^-)를 띠고, 전기 음성도가 작은 원자는 부분적인 양전하(δ^+)를 띤다.

(4) 같은 원소로 이루어진 이원자 분자는 전기 음성도 차이가 없으므로 무극성 공유 결합을 하고 있다.

(5) 전기 음성도가 서로 다른 두 원자 사이에서는 공유 전자쌍이 한 원자 쪽으로 치우치므로 결합의 극성이 나타난다.

2 전기 음성도가 큰 원자는 부분적인 음전하(δ^-)를, 전기 음성도가 작은 원자는 부분적인 양전하(δ^+)를 띤다.

3 결합한 두 원자의 전기 음성도 차이가 클수록 공유 결합의 극성이 커진다.

4 극성 공유 결합은 전기 음성도가 서로 다른 원자 사이의 결합이고, 무극성 공유 결합은 전기 음성도가 같은 원자 사이의 결합이다. 따라서 (가)는 서로 다른 원자 사이의 결합으로 이루어진 ㄴ과 ㄷ이 해당되고, (나)는 서로 같은 원자 사이의 결합으로 이루어진 ㄱ이 해당된다.

5 (가)는 서로 다른 원자 사이의 결합으로 두 원자가 각각 부분적인 전하를 띠므로 극성 공유 결합이다. (나)는 같은 원자 사이의 결합으로 결합이 극성을 띠지 않으므로 무극성 공유 결합이다. (다)는 전기 음성도 차이가 매우 커서 한 원자에서 다른 원자로 전자가 완전히 이동하여 형성되는 이온 결합이다.

6 (1) 쌍극자 모멘트는 전하량과 두 전하 사이의 거리를 곱한 값이며, 단위는 C·m 또는 D(debye)이다.
(2) 무극성 공유 결합의 쌍극자 모멘트 값은 0이다.
(3) 극성 공유 결합의 쌍극자 모멘트 값이 클수록 대체로 결합의 극성이 크다.
(4) 두 원자의 전하량과 두 전하 사이의 거리를 곱한 값이 클수록 쌍극자 모멘트 값이 크다.

200쪽

완자쌤 비법 특강

Q1 (가) Li· (나) ·$\dot{\text{B}}$· (다) ·$\dot{\ddot{\text{N}}}$· (라) :$\ddot{\text{F}}$· (마) Mg·
(바) ·$\dot{\ddot{\text{Si}}}$· (사) :$\dot{\ddot{\text{S}}}$·

Q2 (가) :$\ddot{\text{O}}$::$\ddot{\text{O}}$: (나) H:C:::N: (다) H:$\overset{\ddot{\text{O}}:}{\underset{}{\ddot{\text{C}}}}$:H
(라) 1 (마) 3 (바) 4 (사) 4 (아) 1

개념 확인 문제

201쪽

❶ 원자가 전자 ❷ 홀전자 ❸ 공유 전자쌍 ❹ 비공유 전자쌍
❺ 루이스 구조

1 (1) × (2) × (3) ○ (4) ○   **2** (1) D>C>B (2) B₂: 3, D₂: 1
(3) 공유 전자쌍 수: 2, 비공유 전자쌍 수: 2   **3** ②   **4** (1) 양
(2) 극성 (3) 2 (4) 작   **5** 해설 참조   **6** (1) ○ (2) ○ (3) ×

1 (1) 원자의 루이스 전자점식을 나타낼 때에는 원자가 전자를 원소 기호 주위에 점으로 나타낸다.
(2) 루이스 구조는 공유 전자쌍을 결합선으로 나타내고, 비공유 전자쌍은 그대로 나타내거나 생략한다.
(3) 원자가 전자의 홀전자는 화학 결합에 참여하여 공유 전자쌍을 형성한다.
(4) 루이스 구조에서는 공유 전자쌍 1개를 결합선 1개로 나타낸다. 따라서 2중 결합은 결합선 2개로 나타낸다.

2 (1) B~D는 모두 2주기 원소이며, 같은 주기에서 원자 번호가 클수록 전기 음성도가 크므로 전기 음성도는 D>C>B이다.
(2) 화학 결합을 할 때 홀전자들이 결합에 참여하여 공유 전자쌍을 형성하므로 B₂는 3개, D₂는 1개의 공유 전자쌍을 형성한다.

:B::B: :$\ddot{\text{D}}$:$\ddot{\text{D}}$:

(3) 화학 결합을 할 때 홀전자들이 결합에 참여하여 공유 전자쌍을 형성하므로 C는 A 2개와 각각 전자쌍 1개씩 총 2개를 공유하고, C에는 비공유 전자쌍이 2개 있다.

A:$\ddot{\text{C}}$:
A

3 **바로알기** ② H는 원자가 전자가 1개, Cl는 원자가 전자가 7개로 공유 전자쌍을 1개 형성하므로 HCl의 루이스 전자점식은
H:$\ddot{\text{Cl}}$:이다.

4 (1) 전기 음성도는 Y>X이므로 (가)에서 공유 전자쌍은 Y쪽으로 치우친다. 따라서 X는 부분적인 양전하(δ^+)를 띠고, Y는 부분적인 음전하(δ^-)를 띤다.
(2) (나)에서 X와 Z의 전기 음성도가 다르므로 X와 Z는 극성 공유 결합을 한다.
(3) (가)는 X와 Y 사이에 전자쌍 1개씩 총 2개를 공유한다.
(4) (가)의 비공유 전자쌍은 8개이고, (나)의 비공유 전자쌍은 4개이다. 따라서 비공유 전자쌍 수는 (가)가 (나)보다 더 크다.

5 루이스 구조를 나타낼 때에는 공유 전자쌍은 결합선(−)으로 나타내고, 비공유 전자쌍은 그대로 나타내거나 생략한다.
모범답안

분자	(가)	(나)
루이스 구조	Y−X−Y 또는 :$\ddot{\text{Y}}$−$\ddot{\text{X}}$−$\ddot{\text{Y}}$:	X=Z=X 또는 :$\ddot{\text{X}}$=Z=$\ddot{\text{X}}$:

6 (1) 염소와 나트륨이 이온 결합할 때 나트륨 원자에서 염소 원자로 전자 1개가 이동하므로 루이스 전자점식에서는 나트륨 원자의 점 1개를 염소 원자로 옮겨 표시한다.
(2) 염소 원자는 전자 1개를 얻어 염화 이온이 되므로 염화 이온의 루이스 전자점식은 염소 원자의 루이스 전자점식보다 점이 1개 더 많다.
(3) 나트륨 이온과 염화 이온은 모두 옥텟 규칙을 만족하므로 원자가 전자가 없다.

대표 자료 분석

202쪽

자료 ❶ **1** (가) X=X (나) Y>X (다) Y>Z   **2** (가) 무극성 공유 결합 (나) 극성 공유 결합 (다) 이온 결합
3 (나)>(가)   **4** (1) ○ (2) × (3) ○ (4) ○ (5) ×

자료 ❷ **1** Z   **2** Z>Y>X   **3** 3, 2, 1   **4** (1) ○
(2) × (3) ○ (4) × (5) ○

1-1 꼼꼼 문제 분석

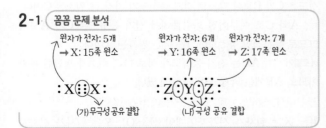

부분적인 전하를 띠지 않는다. / 부분적인 양전하(δ^+)를 띤다. / 부분적인 음전하(δ^-)를 띤다. / 전자가 완전히 이동하여 이온을 형성한다.

X : X / δ^+ X : Y δ^- / Z^+ Y^-

(가) 무극성 공유 결합 / (나) 극성 공유 결합 / (다) 이온 결합

(가)는 같은 원자가 결합하였으므로 전기 음성도가 같다. (나)에서 X는 부분적인 양전하(δ^+)를, Y는 부분적인 음전하(δ^-)를 띠므로 전기 음성도는 Y>X이다. (다)에서 전자가 Z에서 Y로 완전히 이동하였으므로 전기 음성도는 Y>Z이다.

1-2
(가)는 같은 원자가 결합하여 전기 음성도가 같으므로 무극성 공유 결합이고, (나)는 서로 다른 원자가 결합하여 전기 음성도가 다르므로 극성 공유 결합이다. (다)는 양이온과 음이온의 결합이므로 이온 결합이다.

1-3
(가)는 무극성 공유 결합이므로 결합의 쌍극자 모멘트가 0이고, (나)는 극성 공유 결합이므로 결합의 쌍극자 모멘트가 0보다 크다.

1-4
(1) (나)에서 X의 전하는 δ^+로 표시되어 있으므로 X는 부분적인 양전하를 띤다.
(2) 결합한 원자의 전기 음성도 차이가 매우 크면 전기 음성도가 작은 원자에서 전기 음성도가 큰 원자로 전자가 완전히 이동하여 이온 결합을 형성한다. (다)에서는 Z의 전자가 Y로 이동하였다.
(3) (가)는 무극성 공유 결합이고, (나)는 극성 공유 결합이므로 결합의 극성은 (나)가 (가)보다 크다.
(4) (나)에서 Y는 X보다 전기 음성도가 크므로 공유 전자쌍이 Y 쪽으로 치우쳐 Y는 부분적인 음전하(δ^-)를 띠고, X는 부분적인 양전하(δ^+)를 띤다. (다)에서 Y는 Z보다 전기 음성도가 매우 크므로 전자가 Z에서 Y로 완전히 이동하여 Z는 양이온이 되고, Y는 음이온이 된다. 따라서 전기 음성도는 Y>X>Z이다.
(5) Y_2는 결합한 원자의 종류가 같으므로 무극성 공유 결합을 형성한다.

2-1 꼼꼼 문제 분석

원자가 전자: 5개 → X: 15족 원소 / 원자가 전자: 6개 → Y: 16족 원소 / 원자가 전자: 7개 → Z: 17족 원소

: X ⋮⋮ X : / : Z ⋮ Y ⋮ Z :

(가) 무극성 공유 결합 / (나) 극성 공유 결합

X는 원자가 전자가 5개인 질소(N)이고, Y는 원자가 전자가 6개인 산소(O), Z는 원자가 전자가 7개인 플루오린(F)이다. 따라서 원자가 전자 수가 가장 큰 원소는 Z이다.

2-2
같은 주기에서 원자 번호가 커질수록 전기 음성도가 대체로 커지므로 전기 음성도의 크기는 Z(F)>Y(O)>X(N)이다.

2-3
X(N)의 홀전자는 3개로 $X_2(N_2)$는 3중 결합을 이루므로 공유 전자쌍은 3개이다. Y(O)의 홀전자는 2개로 $Y_2(O_2)$는 2중 결합을 이루므로 공유 전자쌍은 2개이다. Z(F)의 홀전자는 1개로 $Z_2(F_2)$는 단일 결합을 이루므로 공유 전자쌍은 1개이다.

2-4
(1) (가)와 (나)에서 모든 원소는 네온(Ne)의 전자 배치를 이루며 옥텟 규칙을 만족한다.
(2) (나)에서 Z는 Y보다 전기 음성도가 크므로 Y는 부분적인 양전하(δ^+)를, Z는 부분적인 음전하(δ^-)를 띤다.
(3) (가)의 결합은 같은 원자 사이의 무극성 공유 결합이므로 쌍극자 모멘트가 0이고, (나)의 결합은 서로 다른 원자 사이의 극성 공유 결합이므로 쌍극자 모멘트가 0이 아니다. 따라서 쌍극자 모멘트는 (나)의 결합이 (가)의 결합보다 크다.
(4) 비공유 전자쌍은 $Y_2(O_2)$의 경우 4개, $Z_2(F_2)$의 경우 6개이다.
(5) X(N)와 Z(F)의 원자가 전자는 각각 5개, 7개이므로 X 1개는 Z 3개와 각각 단일 결합을 형성하여 안정한 화합물 XZ_3 (NF_3)을 생성한다.

내신 만점 문제 (203~206쪽)

01 ⑤	02 ③	03 극성 공유 결합: (나), (다), 무극성 공유 결합: (가)			
04 ②	05 ④	06 ①	07 해설 참조	08 ③	
09 ④	10 ①	11 ③	12 ②	13 해설 참조	14 ①
15 ⑤	16 ③	17 ⑤	18 해설 참조	19 ③	20 ②

01 꼼꼼 문제 분석

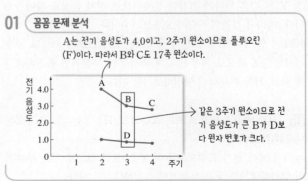

A는 전기 음성도가 4.0이고, 2주기 원소이므로 플루오린(F)이다. 따라서 B와 C도 17족 원소이다.

같은 3주기 원소이므로 전기 음성도가 큰 B가 D보다 원자 번호가 크다.

ㄱ. A는 전기 음성도가 4.0이고, 2주기 원소이므로 플루오린(F)이다.

ㄴ. 같은 주기에서는 원자 번호가 클수록 전기 음성도가 크다. B와 D는 3주기 원소로, B가 D보다 전기 음성도가 크므로 원자 번호도 B가 D보다 크다.

ㄷ. 같은 족 원소인 A~C의 전기 음성도에서 주기가 커질수록 전기 음성도가 작아지는 것으로 보아, 같은 족에서는 원자 번호가 클수록 전기 음성도가 작다는 것을 알 수 있다.

02 꼼꼼 문제 분석

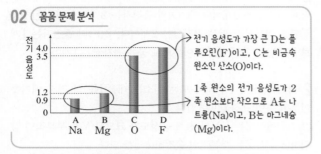

→ 전기 음성도가 가장 큰 D는 플루오린(F)이고, C는 비금속 원소인 산소(O)이다.

→ 1족 원소의 전기 음성도가 2족 원소보다 작으므로 A는 나트륨(Na)이고, B는 마그네슘(Mg)이다.

ㄱ. A는 Na, B는 Mg이므로 A와 B는 3주기 금속 원소이다.
ㄴ. C(O)와 D(F)의 원자가 전자는 각각 6개, 7개이므로 옥텟 규칙을 만족하기 위해 필요한 전자는 각각 2개, 1개이다. 따라서 $C_2(O_2)$는 공유 전자쌍 2개, $D_2(F_2)$는 공유 전자쌍 1개를 형성한다.
바로알기 ㄷ. A(Na)는 금속 원소이고, D(F)는 비금속 원소이므로 두 원소로 이루어진 화합물은 이온 결합 물질이다.

03 (가)는 전기 음성도 차이가 0이므로 무극성 공유 결합이고, (나)와 (다)는 전기 음성도 차이가 0이 아니므로 극성 공유 결합이다.

04 (가)는 전기 음성도 차이가 0이므로 X는 H이고, (다)는 전기 음성도 차이가 가장 크므로 Z는 F이다. 따라서 Y는 Cl이다.
① X~Z 중 전기 음성도가 가장 큰 원소는 F인 Z이다.
③ H−Z의 전기 음성도 차이는 1.9이고, H−X의 전기 음성도 차이는 0이므로 결합의 극성은 H−Z가 H−X보다 크다.
④ X는 H이므로 X−Z에서 원자 사이의 전기 음성도 차이는 (다)와 같은 1.9이다.
⑤ Y_2는 같은 원자가 결합한 분자이므로 전기 음성도 차이가 0이다. 따라서 결합의 쌍극자 모멘트가 0이다.
바로알기 ② H−Z에서 전기 음성도는 Z가 H보다 크므로 공유 전자쌍은 Z 쪽으로 치우친다. 따라서 Z는 부분적인 음전하(δ^-)를 띠고, H는 부분적인 양전하(δ^+)를 띤다.

05 전자 배치 모형으로 보아 X는 수소(H), Y는 질소(N), Z는 나트륨(Na)이다.
ㄴ. (나)에서 전기 음성도는 F이 Y(N)보다 크므로 Y는 부분적인 양전하(δ^+)를, F은 부분적인 음전하(δ^-)를 띤다.
ㄷ. (다)에서 Z(Na)는 전자 1개를 잃고 양이온 $Z^+(Na^+)$이 되고, F은 전자 1개를 얻어 음이온 F^-이 되므로 모든 원자는 옥텟 규칙을 만족한다.
바로알기 ㄱ. (가)는 HF, (나)는 NF_3로 공유 결합 물질이고, (다)는 NaF으로 이온 결합 물질이다.

06 ㄱ. LiF은 결합의 이온성이 50 % 이상이므로 이온 결합으로 이루어진 물질이다.
바로알기 ㄴ. HCl는 HF보다 결합의 이온성이 작으므로 극성이 작다.
ㄷ. HBr는 HCl보다 결합의 공유성이 크다.

07 모범답안 전기 음성도 차이가 커질수록 대체로 결합의 이온성은 커지고, 공유성은 작아진다.

채점 기준	배점
이온성과 공유성의 변화를 모두 옳게 서술한 경우	100 %
이온성과 공유성의 변화 중 1가지만 옳게 서술한 경우	50 %

08 (가)는 무극성 공유 결합, (나)는 극성 공유 결합, (다)는 이온 결합을 나타낸 것이다.
ㄱ. (가)는 같은 원자가 결합을 형성하여 전기 음성도 차이가 없으므로 결합의 쌍극자 모멘트가 0이다.
ㄴ. (가)는 같은 원자가 공유 결합한 무극성 공유 결합이고, (나)는 서로 다른 원자가 결합한 극성 공유 결합이므로 결합의 극성은 (나)>(가)이다.
바로알기 ㄷ. (나)에서 H는 부분적인 양전하(δ^+)를 띠고, Cl는 부분적인 음전하(δ^-)를 띠므로 전기 음성도는 H가 Cl보다 작다. (다)에서 Na의 전자가 Cl로 이동하여 이온을 형성한 후 결합하므로 전기 음성도는 Na이 Cl보다 매우 작다. 따라서 전기 음성도는 Cl>H>Na이다.

09 꼼꼼 문제 분석

전기 음성도: B>A   전기 음성도: C>B → C>B>A

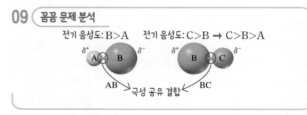

ㄴ. 극성 공유 결합에서 전기 음성도가 큰 원자가 부분적인 음전하(δ^-)를, 전기 음성도가 작은 원자가 부분적인 양전하(δ^+)를 띤다. AB에서 전기 음성도는 B가 A보다 크고, BC에서 전기 음성도는 C가 B보다 크므로 전기 음성도가 가장 큰 원소는 C이다.
ㄷ. A와 C로 이루어진 화합물에서 전기 음성도는 C가 A보다 크므로 부분적인 양전하(δ^+)를 띠는 원자는 A이다.
바로알기 ㄱ. AB는 전기 음성도가 서로 다른 원소가 결합한 분자이므로 AB에는 극성 공유 결합만 있다.

10 X는 원자가 전자가 6개인 산소(O), Y는 원자가 전자가 7개인 플루오린(F), Z는 원자가 전자가 4개인 탄소(C)이다.
ㄱ. 같은 주기에서 원자 번호가 커질수록 전기 음성도가 대체로 커진다. 따라서 전기 음성도는 Y(F)>X(O)>Z(C)이다.

바로알기 ㄴ. (가)와 (나)는 모두 전기 음성도가 서로 다른 원소가 공유 결합을 이루므로 모두 극성 공유 결합만 있다.

ㄷ. (가)에서 전기 음성도는 Y(F)가 X(O)보다 크므로 X는 부분적인 양전하(δ^+)를 띠고, (나)에서 전기 음성도는 X(O)가 Z(C)보다 크므로 X는 부분적인 음전하(δ^-)를 띤다.

11 ㄱ. 쌍극자 모멘트가 0인 결합이 있는 물질은 I_2 1가지이다.

ㄷ. CO_2와 CCl_4에서 C는 O와 Cl보다 전기 음성도가 작으므로 두 화합물 모두에서 부분적인 양전하(δ^+)를 띤다.

바로알기 ㄴ. 극성 공유 결합이 있는 물질은 HF, CO_2, CCl_4의 3 가지이다. KBr은 이온 결합 물질이다.

12 (꼼꼼 문제 분석)

루이스 전자점식	·A·	·B·	:C·
원소	붕소(B)	산소(O)	플루오린(F)
원자가 전자 수	3	6	7

ㄴ. B(O)는 원자가 전자가 6개로 옥텟 규칙을 만족하기 위해서는 전자 2개가 필요하므로 $B_2(O_2)$는 전자쌍 2개를 공유하여 생성된다. 이때 B_2는 같은 원자가 결합하여 생성되므로 무극성 공유 결합을 한다.

바로알기 ㄱ. $AC_3(BF_3)$에서 A(B)는 C(F) 3개와 각각 전자쌍 1개씩을 공유하고, 비공유 전자쌍은 없으므로 옥텟 규칙을 만족하지 않는다.

ㄷ. C는 플루오린(F)으로 전기 음성도가 가장 큰 원소이므로 $BC_2(OF_2)$에서 C(F)가 부분적인 음전하(δ^-)를 띠며, B(O)가 부분적인 양전하(δ^+)를 띤다.

13 B(O)는 원자가 전자가 6개로 옥텟 규칙을 만족하기 위해 필요한 전자는 2개이므로 $B_2(O_2)$는 전자쌍 2개를 공유하여 생성된다. C(F)는 원자가 전자가 7개로 옥텟 규칙을 만족하기 위해 필요한 전자는 1개이므로 $C_2(F_2)$는 전자쌍 1개를 공유하여 형성된다.

모범답안 B_2- :B̈ :: B̈: , C_2- :C̈ : C̈:

채점 기준	배점
B_2와 C_2의 루이스 전자점식을 모두 옥텟 규칙을 만족하게 나타낸 경우	100 %
B_2와 C_2의 루이스 전자점식 중 1가지만 옥텟 규칙을 만족하게 나타낸 경우	50 %

14 ㄱ. 비공유 전자쌍 수는 (가)가 3, (나)가 1, (다)가 0이므로 (가)가 가장 크다.

ㄴ. 전기 음성도는 F>N>H이므로 (가)와 (나)에서 수소(H)는 모두 부분적인 양전하(δ^+)를 띤다.

바로알기 ㄷ. (가)~(다)는 모두 전기 음성도가 서로 다른 원소가 극성 공유 결합을 하고 있으며, 무극성 공유 결합은 없다.

15 (꼼꼼 문제 분석)

(가)	·X·	·Y·	:Z:
원소	탄소(C)	붕소(B)	플루오린(F)
원자가 전자 수	4	3	7

(나)	루이스 전자점식	공유 전자쌍 수	비공유 전자쌍 수
XZ_4	:Z: :Z:X:Z: :Z:	4	12
YZ_3	:Z: :Z:Y:Z:	3	9
HZ	H:Z:	1	3
XH_2Z_2	H :Z:X:Z: H	4	6

ㄱ. 전기 음성도는 Z(F)>H이므로 HZ에서 H는 부분적인 양전하(δ^+)를 띤다.

ㄴ. 화합물에서 Z는 공유 전자쌍 1개, 비공유 전자쌍 3개를 형성한다. 따라서 (나)에서 비공유 전자쌍이 가장 많은 화합물은 Z가 가장 많이 결합된 화합물이므로 XZ_4이다.

ㄷ. XZ_4와 XH_2Z_2는 공유 전자쌍 수가 4로 같다.

16 (꼼꼼 문제 분석)

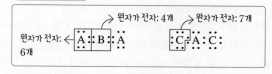

A는 16족 원소, B는 14족 원소, C는 17족 원소이다.

ㄱ. A~C는 모두 2주기 원소이므로 원자 번호는 C>A>B이다.

ㄴ. A~C는 모두 2주기 원소이므로 두 화합물에서 모두 Ne과 같은 전자 배치를 이룬다.

바로알기 ㄷ. 공유 전자쌍 수는 BA_2가 4, AC_2가 2이고, 공유 전자쌍 수와 결합선의 수는 같다.

17~18 (꼼꼼 문제 분석)

원자	전자 배치	원소	원자가 전자 수
A	$1s^2 2s^2 2p^4$	산소(O)	6
B	$1s^2 2s^2 2p^6 3s^1$	나트륨(Na)	1
C	$1s^2 2s^2 2p^6 3s^2 3p^3$	인(P)	5
D	$1s^2 2s^2 2p^6 3s^2 3p^5$	염소(Cl)	7

17 ㄱ. A_2는 같은 원자로 이루어져 있으므로 무극성 공유 결합 물질이다.

ㄴ. A는 비금속 원소, B는 금속 원소이므로 A는 음이온, B는 양이온이 되어 정전기적 인력에 의해 이온 결합을 형성한다.

ㄷ. 화합물 CD_3에서 전기 음성도는 D>C이므로 중심 원자인 C는 부분적인 양전하(δ^+)를 띤다.

18 B는 전자 1개를 잃고 양이온(B^+)이 되고, D는 전자 1개를 얻어 음이온(D^-)이 되어 정전기적 인력에 의해 이온 결합을 형성한다.

(모범답안) $[\text{B}]^+\left[:\ddot{\text{D}}:\right]^-$

채점 기준	배점
B와 D로 이루어진 화합물의 루이스 전자점식을 옥텟 규칙을 만족하게 나타낸 경우	100 %
B와 D로 이루어진 화합물의 루이스 전자점식을 옥텟 규칙을 만족하게 나타내지 못한 경우	0 %

19 (꼼꼼 문제 분석)

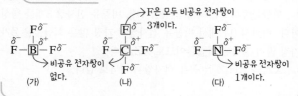

ㄱ. (가)~(다)는 모두 서로 다른 원자 사이의 공유 결합으로 되어 있으므로 극성 공유 결합 물질이다.

ㄴ. 플루오린(F)의 전기 음성도가 가장 크므로 (가)~(다)를 구성하는 중심 원자는 모두 부분적인 양전하(δ^+)를 띤다.

(바로알기) ㄷ. 공유 전자쌍 수는 (가)가 3, (나)가 4, (다)가 3이고, 비공유 전자쌍 수는 (가)가 9, (나)가 12, (다)가 10이다. 따라서 공유 전자쌍 수와 비공유 전자쌍 수를 합한 값이 (가)는 3+9=12, (나)는 4+12=16, (다)는 3+10=13이다.

20 (꼼꼼 문제 분석)

O_2에는 무극성 공유 결합만 있고, H_2O과 CO_2에는 극성 공유 결합만 있다. H_2O_2에서 H−O 결합은 극성 공유 결합, O−O 결합은 무극성 공유 결합이다.

ㄴ. H_2O_2는 극성 공유 결합과 무극성 공유 결합이 모두 있으므로 Ⅱ 영역에 속한다.

(바로알기) ㄱ. Ⅰ 영역에 속하는 분자는 극성 공유 결합만 있는 분자이므로 H_2O과 CO_2로 2가지이다.

ㄷ. CH_4은 전기 음성도가 서로 다른 원소가 결합하는 극성 공유 결합만 있으므로 Ⅰ 영역에 속한다.

01 ⑤ **02** ③ **03** ② **04** ①

01 X~Z는 모두 2주기 원소이고, X_2F_2에서 두 중심 원자 사이의 공유 전자쌍 수가 3이므로 X는 탄소(C)이고, 구조식은 F−C≡C−F이다. Y_2F_2에서 두 중심 원자 사이의 공유 전자쌍 수가 2이므로 Y는 질소(N)이고, 구조식은 F−N=N−F이다.

ㄱ. X~Z는 모두 2주기 원소에 해당하므로 Z_2F_2에서 Z는 산소(O)로 두 중심 원자 사이에 전자쌍 1개를 공유하며, 구조식은 F−O−O−F이다. 따라서 ㉠은 1이다.

ㄴ. (가)(C_2F_2)에서 비공유 전자쌍은 F에 3개씩 총 6개이다.

ㄷ. 원자가 전자 수는 X(C)가 4, Y(N)가 5, Z(O)가 6이다.

02 A~C는 1, 2주기 원소이므로 A는 원자가 전자가 1개인 수소(H), B는 원자가 전자가 6개인 산소(O), C는 원자가 전자가 4개인 탄소(C)이다.

ㄱ. A~C 중 전기 음성도가 가장 큰 원소는 산소인 B이다.

ㄷ. 공유 전자쌍 수는 A_2(H_2)가 1, B_2(O_2)가 2로 B_2가 A_2의 2배이다.

(바로알기) ㄴ. (나)에는 전기 음성도가 서로 다른 원소가 결합한 극성 공유 결합만 있고, 무극성 공유 결합은 없다.

03 (꼼꼼 문제 분석)

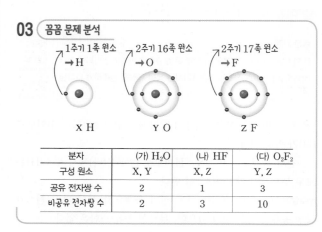

분자	(가) H_2O	(나) HF	(다) O_2F_2
구성 원소	X, Y	X, Z	Y, Z
공유 전자쌍 수	2	1	3
비공유 전자쌍 수	2	3	10

전자 배치 모형으로부터 X는 1주기 1족 원소인 수소(H), Y는 2주기 16족 원소인 산소(O), Z는 2주기 17족 원소인 플루오린(F)임을 알 수 있다. 또, 분자의 구성 원소와 공유 전자쌍 수로부터 (가)는 X_2Y(H−O−H), (나)는 XZ(H−F), (다)는 Y_2Z_2(F−O−O−F)에 해당함을 알 수 있다.

ㄴ. (가)의 H−O 결합, (나)의 H−F 결합, (다)의 F−O 결합은 모두 전기 음성도가 서로 다른 원소 사이의 결합이므로 (가)~(다)에는 모두 극성 공유 결합이 있다.

바로알기 ㄱ. (가)는 X_2Y(H−O−H)이므로 비공유 전자쌍은 Y(O)에 2개 있고, (나)는 XZ(H−F)이므로 비공유 전자쌍은 Z(F)에 3개 있다. 따라서 비공유 전자쌍 수는 (나)가 (가)보다 크다.

ㄷ. (다)의 화학식은 Y_2Z_2(F−O−O−F)이다.

04 (나)의 구성 원소가 3가지이므로 C, N, O, F으로 생성될 수 있는 분자는 F−C≡N, O=N−F 2가지가 가능하며, 그 중 $\dfrac{공유\ 전자쌍\ 수}{비공유\ 전자쌍\ 수}$가 $\dfrac{1}{2}$인 분자 (나)는 O=N−F이다. 따라서 Z는 N이고 Y와 W는 각각 O와 F 중 하나이며, X는 C이다. W가 O이면 (가)는 O=C=C=O이고, $\dfrac{공유\ 전자쌍\ 수}{비공유\ 전자쌍\ 수}$가 $\dfrac{6}{4}=\dfrac{3}{2}$이므로 자료에 부합하지 않는다. 따라서 W는 F이고, (가)는 F−C≡C−F이다.

ㄱ. W~Z 중 원자 번호가 가장 큰 원소는 플루오린(F)인 W이다.

바로알기 ㄴ. 공유 전자쌍 수는 (가)가 5, (나)가 3이다.

ㄷ. 비공유 전자쌍 수는 (가)와 (나)가 모두 6으로 같다.

분자의 구조와 성질

210쪽

개념 확인 문제

❶ 전자쌍 반발 이론 ❷ 비공유 ❸ 공유 ❹ 직선형
❺ 평면 삼각형 ❻ 정사면체형 ❼ 삼각뿔형 ❽ 굽은 형
❾ 1

1 (1) × (2) × (3) ○ **2** (1) (가)>(나)>(다) (2) (가) 정사면체형 (나) 삼각뿔형 (다) 굽은 형 **3** (1) ㄴ, ㄷ, ㄹ, ㅅ (2) ㅂ (3) ㄱ (4) ㅇ (5) ㅁ **4** (1) ○ (2) × (3) ○

1 (1) 전자쌍 반발 이론은 분자에서 중심 원자 주위의 전자쌍들은 가능한 한 멀리 떨어져 있으려 한다는 이론이다.

(2) 전자쌍 반발 이론에 의하면 중심 원자에 전자쌍이 4개 있는 경우 전자쌍이 정사면체의 꼭짓점에 놓일 때 반발력이 가장 작다.

(3) 비공유 전자쌍들 사이의 반발력은 비공유 전자쌍과 공유 전자쌍 사이의 반발력보다 크고, 비공유 전자쌍과 공유 전자쌍 사이의 반발력은 공유 전자쌍들 사이의 반발력보다 크다.

2 X~Z는 원자가 전자가 각각 4개, 5개, 6개인 탄소(C), 질소(N), 산소(O)이다.

(가)는 공유 전자쌍 4개로 이루어진 분자이므로 정사면체형 구조이며, 결합각이 109.5°이다.

(나)는 공유 전자쌍 3개와 비공유 전자쌍 1개로 이루어진 분자이므로 삼각뿔형 구조이며, 결합각이 107°이다.

(다)는 공유 전자쌍 2개와 비공유 전자쌍 2개로 이루어진 분자이므로 굽은 형 구조이며, 결합각이 104.5°이다.

3 (1) 이원자 분자는 직선형 구조이므로 HF와 N_2가 직선형에 해당된다. 또, 중심 원자의 전자쌍이 2개인 $BeCl_2$도 직선형이고, 다중 결합은 전자쌍 1개로 취급하므로 CO_2도 직선형에 해당된다.

(2) 굽은 형은 중심 원자의 공유 전자쌍과 비공유 전자쌍이 모두 2개씩인 구조이므로 H_2O이 해당된다.

(3) 삼각뿔형은 중심 원자의 공유 전자쌍이 3개, 비공유 전자쌍이 1개인 구조이므로 NF_3가 해당된다.

(4) 정사면체형은 중심 원자의 공유 전자쌍이 4개인 구조이므로 CH_4이 해당된다.

(5) 평면 삼각형은 중심 원자의 공유 전자쌍이 3개인 구조이므로 BCl_3가 해당된다.

4 (1) (가)에서 중심 원자인 Be은 원자가 전자가 2개이므로 공유 전자쌍이 2개이다.

(2) (나)의 중심 원자에는 공유 전자쌍만 3개 있으므로 (나)는 평면 삼각형 구조이다. (라)의 중심 원자에는 공유 전자쌍 3개와 비공유 전자쌍 1개가 있으므로 (라)는 삼각뿔형 구조이다.

(3) (다)는 공유 전자쌍 4개로 이루어진 분자이고, (라)는 공유 전자쌍 3개와 비공유 전자쌍 1개로 이루어진 분자이다. 따라서 (다)와 (라)의 중심 원자의 전체 전자쌍 수는 같다.

개념 확인 문제

214쪽

❶ 무극성 ❷ 같은 ❸ 대칭 ❹ 극성 ❺ 다른 ❻ 비대칭
❼ 극성 ❽ 무극성 ❾ 극성 ❿ 무극성 ⓫ 극성 ⓬ 무극성 ⓭ 높

1 (1) × (2) ○ (3) ○ **2** (1) (가), (나) (2) (다) **3** (1) ○ (2) × (3) ○ (4) × **4** HF, SO_2 **5** CO_2, BeF_2

1 (1) 분자 내에 극성 공유 결합이 있더라도 대칭 구조인 경우 결합의 쌍극자 모멘트 합이 0이 되어 무극성 분자이다.
(2) 종류가 같은 원자끼리 무극성 공유 결합을 하여 생성된 이원자 분자는 무극성 분자이다.
(3) 비대칭 구조의 다원자 분자는 결합의 쌍극자 모멘트 합이 0이 아니므로 극성 분자이다.

2 (가)의 BF_3는 평면 삼각형 구조이고, (나)의 CH_4은 정사면체형 구조이며, (다)의 NH_3는 삼각뿔형 구조이다.
(1) 결합의 쌍극자 모멘트 합이 0인 분자는 대칭 구조인 무극성 분자로, 평면 삼각형 구조인 (가)와 정사면체형 구조인 (나)가 해당된다.
(2) 극성 분자는 비대칭 구조인 분자로, 삼각뿔형 구조인 (다)가 해당된다.

3 (1) 물 분자는 극성 분자로 부분적인 전하를 띠므로 물줄기에 대전체를 가까이 대면 물줄기가 대전체 쪽으로 끌려온다.
(2) 수소는 무극성 분자이므로 전기장 속에 있을 때에도 일정한 방향으로 배열되지 않는다.
(3) 극성 물질인 에탄올과 극성 물질인 물은 잘 섞인다.
(4) 분자량이 비슷한 경우 분자의 극성이 클수록 녹는점과 끓는점이 높다. 따라서 극성 물질인 암모니아(NH_3)가 무극성 물질인 메테인(CH_4)보다 녹는점과 끓는점이 높다.

4 CO_2와 O_2는 무극성 분자이고, HF와 SO_2은 극성 분자이다. 기체 상태의 물질을 전기장 속에 넣었을 때 일정한 방향으로 배열되는 분자는 극성 분자이므로 HF와 SO_2이다.

5 CO_2와 BeF_2은 무극성 분자이고, H_2O과 HCN는 극성 분자이다. 무극성 용매에 잘 용해되는 분자는 무극성 분자이므로 벤젠에 잘 용해되는 분자는 CO_2와 BeF_2이다.

대표 자료 분석　　　　　　　　　　　　215쪽

자료 ❶　**1** 해설 참조　　**2** (가) 직선형 (나) 직선형 (다) 평면 삼각형 (라) 굽은 형 (마) 삼각뿔형 (바) 정사면체형
3 (가)=(나)>(다)>(바)>(마)>(라)　　**4** (1) ○ (2) ○ (3) ○ (4) × (5) × (6) ○ (7) ×

자료 ❷　**1** W: 4, X: 5, Y: 7, Z: 6　　**2** X_2: 3, Y_2: 1, Z_2: 2
3 극성 분자: (나), (다), 무극성 분자: (가)　　**4** (1) × (2) × (3) ○ (4) ○ (5) ○

1-1 [꼼꼼 문제 분석]

분자	분자식	루이스 구조	분자 모형
(가)	HCN	H−C≡N:	180°
(나)	BeF_2	:F̈−Be−F̈:	180°
(다)	BF_3	:F̈−B−F̈: / :F̈:	120°
(라)	H_2O	:Ö−H / H	104.5°
(마)	NH_3	H−N̈−H / H	107°
(바)	CH_4	H−C−H (H 위아래)	109.5°

[모범답안]

분자	(가)	(나)	(다)	(라)	(마)	(바)
공유 전자쌍 수	4	2	3	2	3	4
비공유 전자쌍 수	0	0	0	2	1	0

1-2 (가)에 있는 3중 결합은 1개의 전자쌍으로 취급하여 분자의 구조를 결정하므로 (가)는 직선형 구조이다.
(나)는 중심 원자에 공유 전자쌍만 2개 있으므로 직선형 구조이다.
(다)는 중심 원자에 공유 전자쌍만 3개 있으므로 평면 삼각형 구조이다.
(라)는 중심 원자에 공유 전자쌍 2개와 비공유 전자쌍 2개가 있으므로 굽은 형 구조이다.
(마)는 중심 원자에 공유 전자쌍 3개와 비공유 전자쌍 1개가 있으므로 삼각뿔형 구조이다.
(바)는 중심 원자에 공유 전자쌍만 4개 있으므로 정사면체형 구조이다.

1-3 (가)와 (나)의 결합각은 180°, (다)의 결합각은 120°, (라)의 결합각은 104.5°, (마)의 결합각은 107°, (바)의 결합각은 109.5°이다.

1-4 (1) (가)와 (바)의 공유 전자쌍은 모두 4개이다.

(2) 중심 원자에 비공유 전자쌍은 (라)에 2개, (마)에 1개가 있고, (가), (나), (다), (바)에는 없다. 따라서 중심 원자에 비공유 전자쌍이 가장 많은 분자는 (라)이다.

(3) 다중 결합이 있는 분자는 (가)로 1가지이다.

(4) (가), (라), (마), (바)의 중심 원자는 옥텟 규칙을 만족하고, (나)와 (다)의 중심 원자는 옥텟 규칙을 만족하지 않는다.

(5) (다)는 평면 삼각형 구조이고, (마)는 삼각뿔형 구조이다.

(6) 직선형 구조인 분자는 (가)와 (나)로 2가지이다.

(7) 모든 구성 원자가 동일 평면에 있는 분자는 (가), (나), (다), (라)로 4가지이다.

2-1 꼼꼼 문제 분석

분자	CF$_4$	NF$_3$	COF$_2$
	(가)	(나)	(다)
구조식	Y | Y−W−Y | Y	Y | Y−X−Y	Z || Y−W−Y
비공유 전자쌍 수 / 공유 전자쌍 수	$3\dfrac{12}{4}$	$\dfrac{10}{3}$	㉠ $\dfrac{8}{4}$
분자 구조	정사면체형	삼각뿔형	평면 삼각형
분자의 극성	무극성	극성	극성

(가)에서 W의 원자가 전자는 4개이므로 공유 전자쌍은 4개이고, 비공유 전자쌍은 12개이다. 따라서 W는 탄소(C), Y는 플루오린(F)이다. (나)에서 비공유 전자쌍이 10개이므로 X는 질소(N)이다. (다)에서 Z는 W와 2중 결합을 하므로 산소(O)이다. 따라서 원자가 전자 수는 W가 4, X가 5, Y가 7, Z가 6이다.

2-2 $X_2(N_2)$는 3중 결합, $Y_2(F_2)$는 단일 결합, $Z_2(O_2)$는 2중 결합을 이루므로 각각의 공유 전자쌍 수는 3, 1, 2이다.

2-3 (가)는 분자 구조가 대칭을 이루어 결합의 쌍극자 모멘트 합이 0이 되므로 무극성 분자이고, (나)와 (다)는 분자 구조가 비대칭이어서 결합의 쌍극자 모멘트 합이 0이 아니므로 극성 분자이다.

2-4 (1) (가)에서 비공유 전자쌍은 Y(F)에 3개씩 존재하므로 총 12개이다.

(2) (가)는 중심 원자 주위에 공유 전자쌍만 4개 있는 구조로 정사면체형 구조이므로 결합각은 109.5°이다. (나)는 중심 원자 주위에 공유 전자쌍 3개, 비공유 전자쌍 1개 있는 구조로 삼각뿔형 구조를 이루므로 결합각은 약 107°이다. 따라서 결합각은 (가)가 (나)보다 크다.

(3) (다)에서 비공유 전자쌍은 Y(F)에 3개씩 6개와 Z(O)에 2개 존재하므로 총 8개이며, 공유 전자쌍은 4개이다. 따라서 ㉠은 $2(=\dfrac{8}{4})$이다.

(4) (다)는 중심 원자에 2개의 단일 결합과 1개의 2중 결합이 있으므로 분자 구조는 평면 삼각형으로, 모든 구성 원자가 동일 평면에 있다.

(5) (가)는 무극성 분자이고, (나)와 (다)는 극성 분자이다. 극성 용매에 잘 용해되는 분자는 극성 분자이므로 (나)와 (다)이다.

내신 만점 문제

216~220쪽

01 ④	02 ④	03 해설 참조	04 ③	05 ②, ④	06 ③
07 BE$_4$−정사면체형, CE$_3$−삼각뿔형, DE$_2$−굽은 형					08 ③
09 ④	10 ②	11 ③	12 ②	13 ①	14 ③	15 ③
16 ③	17 ⑤	18 ④	19 ③	20 ②	21 ②	22 ⑤
23 ③					

01 ① 전자쌍 반발 이론은 중심 원자의 전자쌍 수에 따라 분자의 구조를 예측할 수 있다는 이론이다.

② 중심 원자에 비공유 전자쌍이 많을수록 전자쌍 사이의 반발력이 커지므로 결합각이 작아진다.

③ 2중 결합이나 3중 결합과 같은 다중 결합은 1개의 전자쌍으로 취급하여 분자의 구조를 결정한다.

⑤ 중심 원자에 공유 전자쌍만 3개 있는 분자의 구조는 평면 삼각형이다.

바로알기 ④ 비공유 전자쌍은 공유 전자쌍에 비해 더 넓은 공간을 차지한다. 따라서 공유 전자쌍 사이의 반발력은 비공유 전자쌍 사이의 반발력보다 작다.

[02~03] 꼼꼼 문제 분석

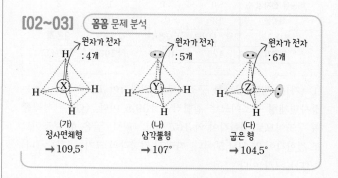

(가) 정사면체형 →109.5°	(나) 삼각뿔형 →107°	(다) 굽은 형 →104.5°

02 ㄴ. (가) 정사면체형 구조의 결합각은 109.5°, (나) 삼각뿔형 구조의 결합각은 107°, (다) 굽은 형 구조의 결합각은 104.5°이므로 결합각의 크기는 (가) > (나) > (다)이다.

ㄷ. X~Z 모두 2주기 원소이고 원자가 전자는 X가 4개, Y가 5개, Z가 6개이므로 원자 번호는 Z > Y > X이다.

바로알기 ㄱ. (나)는 삼각뿔형 구조이므로 입체 구조이고, (다)는 굽은 형 구조이므로 모든 구성 원자가 동일 평면에 있는 평면 구조이다.

03 모범답안 비공유 전자쌍은 공유 전자쌍에 비해 더 넓은 공간을 차지하므로 비공유 전자쌍에 의한 반발력은 공유 전자쌍에 의한 반발력보다 크다. 따라서 비공유 전자쌍 수가 많을수록 결합각이 작아진다.

채점 기준	배점
비공유 전자쌍에 의한 반발력과 공유 전자쌍에 의한 반발력을 비교하여 옳게 서술한 경우	100 %
비공유 전자쌍이 많을수록 결합각이 작아진다고만 서술한 경우	60 %

04 꼼꼼 문제 분석

$$F-B-F \quad F-C-F \quad F-N-F$$

(가) 평면 삼각형 → 120°　(나) 정사면체형 → 109.5°　(다) 삼각뿔형 → 약 107°

ㄱ. 평면 삼각형 구조인 (가)의 결합각은 120°, 정사면체형 구조인 (나)의 결합각은 109.5°, 삼각뿔형 구조인 (다)의 결합각은 약 107°이다. 따라서 결합각은 (가)가 가장 크다.

ㄴ. (나)는 정사면체형 구조로 중심 원자에 모두 같은 원자 4개가 결합하고 있으므로 중심 원자에 있는 전자쌍 사이의 반발력 크기는 모두 같다.

바로알기 ㄷ. (가)는 평면 삼각형이므로 모든 구성 원자가 동일 평면에 있는 평면 구조이고, (다)는 삼각뿔형이므로 입체 구조이다.

05 꼼꼼 문제 분석

화합물	(가)	(나)	(다)	(라)
공유 전자쌍 수	3	4	3	2
비공유 전자쌍 수	0	0	1	2
화합물	BF_3	CF_4	NF_3	OF_2
분자 구조	평면 삼각형	정사면체형	삼각뿔형	굽은 형
결합각	120°	109.5°	약 107°	약 104.5°

① (가)는 평면 삼각형 구조이므로 결합각이 120°이고, (나)는 정사면체형 구조이므로 결합각이 109.5°이다. (다)는 삼각뿔형 구조이므로 결합각이 약 107°이고, (라)는 굽은 형 구조이므로 결합각이 약 104.5°이다. 따라서 결합각의 크기는 (가)>(나)>(다)>(라)이다.

③ 모든 구성 원자가 동일 평면에 있는 분자는 평면 삼각형 구조인 (가)와 굽은 형 구조인 (라)이다.

⑤ 한 분자에서 결합하고 있는 플루오린 원자 수는 (나)>(가)=(다)>(라)이므로 플루오린 원자 수가 가장 작은 분자는 (라)이다.

바로알기 ② (가)는 평면 삼각형 구조이고, (다)는 삼각뿔형 이므로 분자 구조가 서로 다르다.

④ (나)의 중심 원자에는 공유 전자쌍만 4개 있으며, 전자쌍 반발 원리에 의하면 전자쌍 4개가 정사면체의 꼭짓점에 놓일 때 반발력이 가장 작다. 따라서 (나)는 정사면체형 구조이다.

06 **바로알기** ③ CO_2의 루이스 구조는 O=C=O로, 2중 결합만 2개 있다. 2중 결합은 1개의 전자쌍으로 취급하여 분자의 구조를 결정하므로 CO_2의 구조는 직선형이다.

[07~08] 꼼꼼 문제 분석

원소의 루이스 전자점식	Ȧ	·Ḃ·	·Ċ·	:Ḋ·	:Ė·
원자가 전자 수	1	4	5	6	7
원소	수소 (H)	탄소 (C)	질소 (N)	산소 (O)	플루오린 (F)

07 ·B의 원자가 전자는 4개이고, E의 원자가 전자는 7개이므로 B 원자 1개와 E 원자 4개가 전자쌍을 총 4개 공유하여 분자를 생성한다.
➡ 분자식: BE_4

·C의 원자가 전자는 5개이고, E의 원자가 전자는 7개이므로 C 원자 1개와 E 원자 3개가 전자쌍을 총 3개 공유하여 분자를 생성한다. 이때 중심 원자인 C에는 비공유 전자쌍이 1개 있다.
➡ 분자식: CE_3

·D의 원자가 전자는 6개이고, E의 원자가 전자는 7개이므로 D 원자 1개와 E 원자 2개가 전자쌍을 총 2개 공유하여 분자를 생성한다. 이때 중심 원자인 D에는 비공유 전자쌍이 2개 있다.
➡ 분자식: DE_2

분자를 루이스 구조로 나타내면 분자 구조를 쉽게 알 수 있다.

중심 원자	분자식	루이스 구조	분자 구조
B	BE_4	E−B−E (위아래 E)	정사면체형
C	CE_3	E−C̈−E (아래 E)	삼각뿔형
D	DE_2	E−D̈−E	굽은 형

08 ㄱ. B의 원자가 전자는 4개이고, D의 원자가 전자는 6개이므로 B 원자는 2개의 D 원자와 각각 2중 결합을 하여 BD_2 (D=B=D)를 생성한다. 따라서 BD_2에는 2중 결합이 2개 있다.

ㄷ. A의 원자가 전자는 1개이고, B의 원자가 전자는 4개이므로 B 원자 1개와 A 원자 4개가 전자쌍을 총 4개 공유하여 BA_4를 생성한다. 이때 BA_4의 중심 원자에는 공유 전자쌍만 4개 있으므로 BA_4의 구조는 정사면체형이며 결합각은 109.5°이다.

바로알기 ㄴ. CE_3의 중심 원자에는 공유 전자쌍이 3개 있고, 비공유 전자쌍이 1개 있으므로 C는 옥텟 규칙을 만족한다.

09 (가)와 (나)로 가능한 분자는 OF_2와 CO_2이며, (가)는 비공유 전자쌍이 8개이므로 OF_2이고, (나)는 비공유 전자쌍이 4개이므로 CO_2이다. 따라서 X는 F, Y는 O, Z는 C이다.

ㄴ. (나)(CO_2)는 직선형 구조이므로 결합각은 180°이다.

ㄷ. X(F)와 Z(C)로 이루어지고 성분 원자 수가 5인 화합물은 $ZX_4(CF_4)$이므로 비공유 전자쌍은 X(F)에 3개씩 총 12개 있다.

바로알기 ㄱ. (가)(OF_2)는 중심 원자에 비공유 전자쌍이 2개 있으므로 굽은 형 구조이고, (나)(CO_2)는 중심 원자에 비공유 전자쌍이 없으므로 직선형 구조이다.

10 꼼꼼 문제 분석

구분	루이스 구조	분자 구조
HCN	H−C≡N:	직선형
CO_2	Ö=C=Ö	직선형
NF_3	:F̈−N̈−F̈: :F̈:	삼각뿔형
C_2H_2	H−C≡C−H	직선형
NH_4^+	$\begin{bmatrix} H \\ H−N−H \\ H \end{bmatrix}^+$	정사면체형

ㄷ. 중심 원자가 옥텟 규칙을 만족하는 화합물은 HCN, CO_2, NF_3, C_2H_2, NH_4^+이고, 중심 원자에 비공유 전자쌍이 있는 화합물은 NF_3이다. 따라서 (나)와 (다)에 모두 해당하는 화합물은 NF_3이다.

바로알기 ㄱ. (가)에 해당하는 직선형 구조인 화합물은 HCN, CO_2, C_2H_2으로 3가지이다.

ㄴ. (다)에 해당하는 중심 원자에 비공유 전자쌍이 있는 화합물은 NF_3이다.

11 꼼꼼 문제 분석

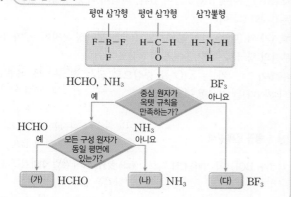

BF_3에서 B 원자에는 공유 전자쌍이 3개 있으므로 B 원자는 옥텟 규칙을 만족하지 않는다. HCHO에서 C 원자에는 공유 전자쌍이 4개 있으므로 C 원자는 옥텟 규칙을 만족한다. NH_3에서 N 원자에는 공유 전자쌍이 3개, 비공유 전자쌍이 1개 있으므로 N 원자는 옥텟 규칙을 만족한다.

(가)는 중심 원자가 옥텟 규칙을 만족하고 모든 구성 원자가 동일 평면에 있는 평면 구조이므로 HCHO이고, (나)는 중심 원자가 옥텟 규칙을 만족하지만 평면 구조가 아니므로 NH_3이다. (다)는 중심 원자가 옥텟 규칙을 만족하지 않으므로 BF_3이다.

ㄱ. (가)에는 탄소(C)와 산소(O) 사이에 2중 결합이 있다.

ㄷ. 비공유 전자쌍은 (가)의 경우 산소(O)에 2개, (나)의 경우 질소(N)에 1개, (다)의 경우 플루오린(F)에 3개씩 총 9개 존재한다. 따라서 비공유 전자쌍이 가장 많은 분자는 (다)이다.

바로알기 ㄴ. (가)는 평면 삼각형 구조이므로 결합각은 약 120°, (나)는 삼각뿔형 구조이므로 결합각은 107°로 (가)가 (나)보다 크다.

12 꼼꼼 문제 분석

ㄷ. (가)의 구조는 직선형으로 대칭 구조이고, (나)의 구조는 굽은 형으로 비대칭 구조이므로 (가)에서 결합의 쌍극자 모멘트 합은 0이고, (나)에서 결합의 쌍극자 모멘트 합은 0이 아니다. 따라서 결합의 쌍극자 모멘트 합은 (나)가 (가)보다 크다.

바로알기 ㄱ. (가)는 서로 다른 원소인 A와 B가 결합하여 생성된 분자이다. 따라서 (가)에는 무극성 공유 결합이 없고, 극성 공유 결합만 있다.

ㄴ. 쌍극자 모멘트를 나타내는 화살표는 전기 음성도가 작아 부분적인 양전하를 띠는 원자에서 전기 음성도가 커 부분적인 음전하(δ^-)를 띠는 원자 쪽으로 향한다. 따라서 (가)에서 전기 음성도는 B가 A보다 크고, (나)에서 전기 음성도는 C가 B보다 크다. 그러므로 전기 음성도는 C>B>A이다.

13 X~Z는 모두 2주기 원소이고 원자가 전자가 각각 5개, 6개, 7개이므로 X는 질소(N), Y는 산소(O), Z는 플루오린(F)이다.

ㄱ. $X_2(N_2)$는 무극성 분자이므로 분자의 쌍극자 모멘트는 0이다.

바로알기 ㄴ. $XZ_3(NF_3)$ 분자는 X(N)에 공유 전자쌍 3개와 비공유 전자쌍 1개가 있으므로 분자 구조는 삼각뿔형이다.

ㄷ. 굽은 형 구조인 $YZ_2(OF_2)$의 결합각은 삼각뿔형 구조인 $XZ_3(NF_3)$의 결합각보다 작다.

14 꼼꼼 문제 분석

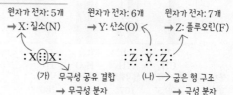

ㄱ. (가)의 경우 공유 전자쌍은 3개, 비공유 전자쌍은 X에 1개씩 총 2개이고, (나)의 경우 공유 전자쌍은 2개, 비공유 전자쌍은 Y에 2개, Z에 각각 3개씩 총 8개이다. 따라서 비공유 전자쌍 수는 (나)가 (가)보다 크다.

ㄷ. X는 원자가 전자가 5개, Z는 원자가 전자가 7개이므로 화합물 XZ_3은 중심 원자 X가 Z 3개와 각각 단일 결합을 하고 비공유 전자쌍이 1개 있는 삼각뿔형 구조이다.

바로알기 ㄴ. (가)는 같은 원자 사이의 결합으로만 이루어진 무극성 분자이고, (나)는 중심 원자에 비공유 전자쌍이 2개 있는 굽은 형 구조이므로 극성 분자이다. 따라서 분자의 쌍극자 모멘트는 (가)가 (나)보다 작다.

---

15 (꼼꼼 문제 분석)

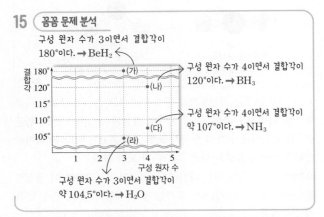

구성 원자 수가 3이면서 결합각이 180°이다. → BeH_2

구성 원자 수가 4이면서 결합각이 120°이다. → BH_3

구성 원자 수가 4이면서 결합각이 약 107°이다. → NH_3

구성 원자 수가 3이면서 결합각이 약 104.5°이다. → H_2O

(가)는 BeH_2, (나)는 BH_3, (다)는 NH_3, (라)는 H_2O이다.

ㄱ. (가)는 직선형 구조, (나)는 평면 삼각형 구조로 분자 구조가 대칭을 이루어 결합의 쌍극자 모멘트 합이 0인 무극성 분자이다. (다)는 삼각뿔형 구조, (라)는 굽은 형 구조로 분자 구조가 비대칭이어서 결합의 쌍극자 모멘트 합이 0이 아닌 극성 분자이다.

ㄴ. (나)는 평면 삼각형 구조이므로 모든 구성 원자가 동일 평면에 있다.

바로알기 ㄷ. 중심 원자에 있는 비공유 전자쌍은 (다)에 1개, (라)에 2개 있으므로 (다)가 (라)보다 적다.

---

16 (꼼꼼 문제 분석)

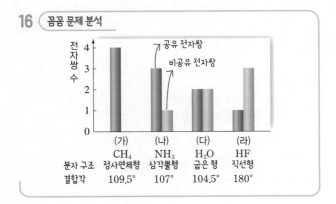

	(가)	(나)	(다)	(라)
	CH_4	NH_3	H_2O	HF
분자 구조	정사면체형	삼각뿔형	굽은 형	직선형
결합각	109.5°	107°	104.5°	180°

전자쌍 수 / 공유 전자쌍 / 비공유 전자쌍

(가)~(라)에서 ■는 공유 전자쌍, ■는 비공유 전자쌍에 해당한다. 따라서 (가)는 CH_4, (나)는 NH_3, (다)는 H_2O, (라)는 HF이다.

ㄱ. (가)는 정사면체형, (나)는 삼각뿔형, (다)는 굽은 형, (라)는 직선형이다. 따라서 분자 구조가 입체 구조인 것은 (가)와 (나)이다.

ㄴ. 결합각은 (나)의 경우 107°이고, (다)의 경우 104.5°이므로 (나)가 (다)보다 크다.

바로알기 ㄷ. (가)는 무극성 분자이므로 분자의 쌍극자 모멘트가 0이고, (라)는 극성 분자이므로 분자의 쌍극자 모멘트가 0이 아니다. 따라서 분자의 쌍극자 모멘트는 (가)가 (라)보다 작다.

---

17 (가)와 (나)에서 공통적인 원소는 X이고 (가)의 경우 공유 전자쌍 수가 2이므로 OF_2이고, (나)의 경우 공유 전자쌍 수가 4이므로 CO_2이다. 따라서 X는 산소(O), Y는 플루오린(F), Z는 탄소(C)이다.

ㄱ. (가)(OF_2)는 중심 원자인 O에 2개의 원자가 결합되어 있고, 비공유 전자쌍이 2개 있으므로 분자 구조는 굽은 형이다. (나)(CO_2)는 중심 원자인 C에 2개의 원자가 결합되어 있고, 비공유 전자쌍이 없으므로 분자 구조는 직선형이다.

ㄴ. 굽은 형 구조인 (가)의 경우 결합각이 약 104.5°이고, 직선형 구조인 (나)의 경우 결합각이 180°이다. 따라서 결합각은 (나)가 (가)보다 크다.

ㄷ. (가)는 극성 분자이고, (나)는 무극성 분자이므로 분자의 쌍극자 모멘트는 (가)가 (나)보다 크다.

---

18 (가)~(다)는 중심 원자가 모두 옥텟 규칙을 만족하며 $\alpha < \beta$이므로 (가)는 H−O−O−H, (나)는 O=C=O이고, X는 O, Y는 C이다. 따라서 (다)는 H−C≡N이고, Z는 N이다.

ㄴ. (나)는 Y(C)와 X(O) 사이에 2중 결합이 있고, (다)는 Y(C)와 Z(N) 사이에 3중 결합이 있다. 따라서 다중 결합이 있는 분자는 (나)와 (다)이다.

ㄷ. (가)와 (다)는 극성 분자이고, (나)는 무극성 분자이다. 따라서 분자의 쌍극자 모멘트는 (가)가 (나)보다 크다.

바로알기 ㄱ. (가)는 X(O)를 중심으로 굽은 형 구조를 이루고, (나)와 (다)는 직선형 구조이다.

---

19 (꼼꼼 문제 분석)

(가) BCl_3 (나) CH_3^+ (다) NH_3 (라) NH_4^+

Cl−B−Cl / Cl

$[H-C-H]^+$ / H

H−N̈−H / H

$[H-N-H]^+$ / H (위) / H (아래)

평면 삼각형 → 120°   평면 삼각형 → 120°   삼각뿔형 → 107°   정사면체형 → 109.5°

ㄱ. 중심 원자에 전자쌍이 3개 존재하는 것은 BCl_3와 원자가 전자 1개를 잃고 수소 원자 3개와 결합하면서 전자쌍을 총 3개 공유하는 CH_3^+이다.

ㄷ. 분자 구조가 대칭 구조인 것은 평면 삼각형 구조인 (가)와 (나), 정사면체형 구조인 (라)로 3가지이다.

바로알기 ㄴ. (다)는 삼각뿔형 구조로 결합각은 107°이고, (라)는 중심 원자에 공유 전자쌍만 4개 있는 정사면체형 구조로 결합각은 109.5°이다. 따라서 결합각은 (다)가 (라)보다 작다.

20 꼼꼼 문제 분석

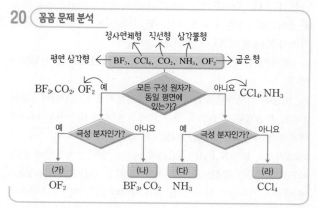

ㄴ. (다)에 해당하는 분자는 입체 구조이면서 극성 분자이므로 삼각뿔형 구조인 NH_3이다. 따라서 분자의 결합각은 107°이다.

바로알기 ㄱ. (가)에 해당하는 분자는 극성 분자이므로 분자의 쌍극자 모멘트가 0이 아니고, (나)에 해당하는 분자는 무극성 분자이므로 분자의 쌍극자 모멘트가 0이다.

ㄷ. 평면 삼각형 구조인 BF_3는 모든 구성 원자가 동일 평면에 있으면서 무극성 분자이므로 (나)에 해당한다. (라)에 해당하는 분자는 입체 구조이면서 무극성 분자이므로 정사면체형 구조인 CCl_4이다.

21 ㄴ. 액체 X는 대전체 쪽으로 끌려오므로 극성 물질이고, 액체 Y는 대전체 쪽으로 끌려오지 않으므로 무극성 물질이다.

ㄴ. 극성 물질과 무극성 물질은 잘 섞이지 않으므로 극성 물질인 액체 X와 무극성 물질인 액체 Y는 잘 섞이지 않는다.

바로알기 ㄱ. 액체 줄기가 대전체 쪽으로 끌려오는 X는 극성 분자이다.

ㄷ. Y는 무극성 분자이므로 기체 상태의 Y를 전기장 속에 넣어도 일정한 방향으로 배열되지 않는다.

22 ㄱ. 무극성 물질인 I_2을 넣었을 때 CCl_4와 C_6H_{14} 층만 보라색으로 변한 것으로 보아 CCl_4와 C_6H_{14}은 무극성 물질이고, H_2O은 극성 물질임을 알 수 있다. 따라서 무극성 물질은 2가지이다.

ㄴ. 분자의 쌍극자 모멘트는 극성 물질인 H_2O이 무극성 물질인 CCl_4보다 크다.

ㄷ. 3가지 액체를 섞으면 무극성 물질인 CCl_4와 C_6H_{14}은 서로 섞이고, 물은 섞이지 않아 2개의 층으로 분리된다.

23 꼼꼼 문제 분석

(가)는 분자의 쌍극자 모멘트가 0이므로 무극성 분자인 XF_4 (CF_4)이다. 구성 원소의 전기 음성도 차이는 (나)가 (다)보다 크고, 쌍극자 모멘트는 (다)가 (나)보다 크므로 (나)는 $YF_3(NF_3)$, (다)는 $ZF_2(OF_2)$이다.

ㄱ. (가)는 정사면체형, (나)는 삼각뿔형 구조이므로 (가)와 (나)는 입체 구조이다.

ㄴ. (가)는 무극성 분자, (다)는 극성 분자이므로 극성 물질에 대한 용해도는 (다)가 (가)보다 크다.

바로알기 ㄷ. 기체 상태로 전기장 속에 넣을 때 일정한 방향으로 배열되는 분자는 극성 분자인 (나)와 (다) 2가지이다.

실력 UP 문제
221쪽

01 ③　**02** ①　**03** ③　**04** ④

01 꼼꼼 문제 분석

분자	(가)	(나)
원자 수비	C↖X↗O ↙ X:Y=1:2	O↖Y↗Z↘H Y:Z=1:2
분자식	$XY_2(CO_2)$	$Z_2Y(H_2O)$
루이스 전자점식	$:\ddot{Y}::X::\ddot{Y}:$	$Z:\ddot{Y}:$ $\ddot{Z}$
분자 구조(결합각)	직선형(180°)	굽은 형(104.5°)

ㄱ. (가)(CO_2)의 결합각은 180°이고, (나)(H_2O)의 결합각은 104.5°이므로 결합각은 (가)가 (나)보다 크다.

ㄷ. (가)에는 공유 전자쌍 4개와 비공유 전자쌍 4개가 존재하고, (나)에는 공유 전자쌍 2개와 비공유 전자쌍 2개가 존재하므로 $\dfrac{\text{비공유 전자쌍 수}}{\text{공유 전자쌍 수}}$는 1로 같다.

바로알기 ㄴ. (가)의 분자 구조는 직선형으로 대칭 구조이므로 분자의 쌍극자 모멘트가 0이고, (나)의 분자 구조는 굽은 형으로 비대칭 구조이므로 쌍극자 모멘트가 0이 아니다. 따라서 쌍극자 모멘트는 (가)가 (나)보다 작다.

02 꼼꼼 문제 분석

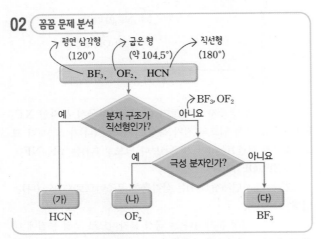

(가)는 분자 구조가 직선형이므로 HCN이고, (나)는 분자 구조가 직선형이 아니고 극성 분자이므로 OF_2이며, (다)는 무극성 분자이므로 BF_3이다.

ㄱ. 공유 전자쌍 수는 (가)(HCN)가 4, (나)(OF_2)가 2이므로 (가)가 (나)보다 크다.

바로알기 ㄴ. 결합각은 굽은 형 구조인 (나)(OF_2)의 경우 약 104.5°이고, 평면 삼각형 구조인 (다)(BF_3)의 경우 120°이므로 (나)가 (다)보다 작다.

ㄷ. (다)(BF_3)에서 중심 원자 B는 공유 전자쌍 3개만 가지고 비공유 전자쌍은 없으므로 옥텟 규칙을 만족하지 않는다.

03 꼼꼼 문제 분석

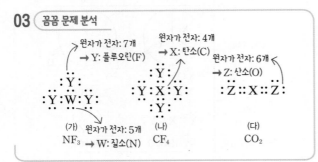

W~Z는 2주기 원소이므로 (가)는 NF_3, (나)는 CF_4, (다)는 CO_2이다.

ㄱ. (가)(NF_3)는 중심 원자에 비공유 전자쌍이 1개 있는 삼각뿔형 구조이므로 극성 분자이고, (나)(CF_4)는 정사면체형 구조로 대칭 구조이므로 무극성 분자이다. 따라서 분자의 쌍극자 모멘트는 (가)가 (나)보다 크다.

ㄷ. XZY_2(COF_2)의 루이스 전자점식은 다음과 같으며, X(C)와 Z(O)의 결합은 2중 결합이다.

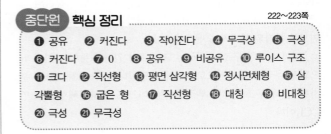

바로알기 ㄴ. (가)(NF_3)의 분자 구조는 삼각뿔형, (나)(CF_4)의 분자 구조는 정사면체형, (다)(CO_2)의 분자 구조는 직선형이다.

04 (가)와 (나)로 가능한 분자는 F−C≡C−F, F−N=N−F, F−O−O−F이며, (가)와 (나)의 공유 전자쌍 수는 각각 4, 5이므로 (가)는 F−N=N−F, (나)는 F−C≡C−F이다. 따라서 X는 질소(N), Y는 탄소(C)이다.

ㄴ. 원자가 전자 수는 X(N)가 5, Y(C)가 4이므로 X가 Y보다 크다.

ㄷ. 비공유 전자쌍은 (가)의 경우 F에 3개씩 6개, X(N)에 1개씩 2개로 총 8개이고, (나)의 경우 F에 3개씩 총 6개이다. 따라서 비공유 전자쌍 수는 (가)가 (나)보다 크다.

바로알기 ㄱ. (가)(N_2F_2)는 X(N)에 비공유 전자쌍이 1개씩 존재하므로 X(N)를 중심으로 굽은 형 구조이고, (나)(C_2F_2)는 Y(C)에 비공유 전자쌍이 없고 중심 원자 사이에 3중 결합이 존재하므로 직선형 구조이다.

중단원 **핵심 정리** 222~223쪽

❶ 공유 　❷ 커진다 　❸ 작아진다 　❹ 무극성 　❺ 극성
❻ 커진다 　❼ 0 　❽ 공유 　❾ 비공유 　❿ 루이스 구조
⓫ 크다 　⓬ 직선형 　⓭ 평면 삼각형 　⓮ 정사면체형 　⓯ 삼각뿔형 　⓰ 굽은 형 　⓱ 직선형 　⓲ 대칭 　⓳ 비대칭
⓴ 극성 　㉑ 무극성

중단원 **마무리 문제** 224~227쪽

01 ④ 　02 ② 　03 ④ 　04 ③ 　05 ⑤ 　06 ② 　07 ③
08 ⑤ 　09 ⑤ 　10 ③ 　11 ⑤ 　12 ③ 　13 ③ 　14 ⑤
15 해설 참조 　16 해설 참조 　17 해설 참조

01 같은 족에서는 원자 번호(주기)가 커질수록 전기 음성도가 대체로 작아진다. 따라서 (가)는 2주기 원소, (나)는 3주기 원소이다.

ㄴ. C는 원자가 전자 수가 7이므로 2주기 17족 원소인 플루오린이다. 따라서 C의 전기 음성도는 4.0이다.

ㄷ. B와 E는 같은 16족 원소이므로 원자 반지름은 3주기 원소인 E가 2주기 원소인 B보다 크다.

바로알기 ㄱ. (가)는 2주기 원소이다.

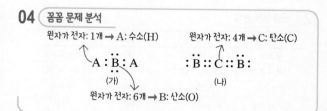

원자가 전자: 1개
→ 리튬(Li)

원자가 전자: 6개
→ 산소(O)

A· ·B· :C· :D·

원자가 전자: 3개
→ 붕소(B)

원자가 전자: 7개
→ 플루오린(F)

ㄷ. A는 Li으로 금속 원소, D는 F으로 비금속 원소이므로 A와 D는 이온 결합을 한다. 따라서 AD(LiF)에서 A는 (+)전하를 띤다.

바로알기 ㄱ. BD₃(BF₃)에서 중심 원자인 B에는 공유 전자쌍만 3개 있으므로 B는 옥텟 규칙을 만족하지 않는다.

ㄴ. C의 원자가 전자는 6개이므로 전자쌍 2개를 공유하여 그림과 같이 C₂를 형성한다. C₂(O₂)에는 공 :C̈::C̈: 유 전자쌍 2개와 비공유 전자쌍 4개가 있으므로 공유 전자쌍 수와 비공유 전자쌍 수가 서로 다르다.

03 X는 전자 2개를 잃고 네온(Ne)의 전자 배치를 이루므로 마그네슘(Mg)이고, Y는 전자 1개를 얻어 네온(Ne)의 전자 배치를 이루므로 플루오린(F)이다. Z는 Y와 전자쌍 4개를 공유하므로 원자가 전자가 4개인 14족 원소이다.

ㄴ. Y(F)의 전기 음성도가 Z보다 크므로 ZY₄에서 Z는 부분적인 양전하(δ^+)를 띠고, Y는 부분적인 음전하(δ^-)를 띤다.

ㄷ. 액체 상태에서 전기 전도성은 이온 결합 물질인 XY₂(MgF₂)가 공유 결합 물질인 ZY₄보다 크다.

바로알기 ㄱ. X(Mg)는 3주기 원소이고, Y(F)는 2주기 원소이다.

원자가 전자: 1개 → A: 수소(H)   원자가 전자: 4개 → C: 탄소(C)

A:B̈:A   :B̈::C::B̈:

(가)   (나)

원자가 전자: 6개 → B: 산소(O)

ㄱ. (가)에서 전기 음성도는 B(O)가 A(H)보다 크므로 중심 원자인 B는 부분적인 음전하(δ^-)를 띤다.

ㄷ. C₂A₂의 루이스 구조는 A−C≡C−A이다. 따라서 C와 C 사이에 3중 결합이 있다.

바로알기 ㄴ. (나)는 서로 다른 원자끼리 공유 결합을 하여 생성된 분자이므로 (나)에는 극성 공유 결합이 있다.

05 (가)는 중심 원자가 공유 전자쌍 2개, 비공유 전자쌍 2개를 가지므로 굽은 형 구조이고, (나)는 중심 원자가 공유 전자쌍 4개로 2중 결합을 가지므로 직선형 구조이다. 또, (다)는 중심 원자가 공유 전자쌍 4개로 3중 결합을 가지므로 직선형 구조이다.

ㄱ. (가)는 굽은 형 구조로 비대칭 구조이므로 극성 분자이고, (나)는 직선형 구조로 대칭 구조이므로 무극성 분자이다. 따라서 분자의 쌍극자 모멘트는 (가)가 (나)보다 크다.

ㄴ. (나)와 (다)는 모두 직선형 구조이므로 결합각은 180°로 같다.

ㄷ. 비공유 전자쌍은 (가)의 경우 산소(O)에 2개, (나)의 경우 산소(O)에 각각 2개씩 총 4개, (다)의 경우 질소(N)에 1개가 존재한다. 따라서 비공유 전자쌍이 가장 많이 존재하는 분자는 (나)이다.

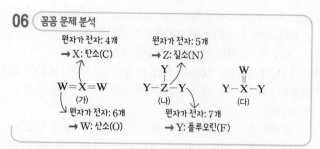

원자가 전자: 4개
→ X: 탄소(C)

원자가 전자: 5개
→ Z: 질소(N)

W=X=W   Y−Z−Y   Y−X−Y
              | ‖
              Y   Y

(가)   (나)   (다)

원자가 전자: 6개
→ W: 산소(O)

원자가 전자: 7개
→ Y: 플루오린(F)

ㄷ. XY₄(CF₄)의 경우 중심 원자에 공유 전자쌍만 4개 존재하므로 정사면체형 구조이다.

바로알기 ㄱ. (가)~(다)를 구성하는 원소는 모두 2주기 원소이고, 모든 원자는 옥텟 규칙을 만족한다. 따라서 원자가 전자가 6개인 W는 산소(O), 원자가 전자가 4개인 X는 탄소(C), 원자가 전자가 7개인 Y는 플루오린(F), 원자가 전자가 5개인 Z는 질소(N)이다. 따라서 전기 음성도가 가장 큰 원소는 Y이다.

ㄴ. (가)는 중심 원자에 2중 결합 2개가 존재하므로 직선형 구조이고, (나)는 중심 원자에 공유 전자쌍 3개와 비공유 전자쌍 1개가 존재하므로 삼각뿔형 구조이다. (다)는 중심 원자에 2중 결합 1개와 단일 결합 2개가 존재하므로 평면 삼각형 구조이다. 따라서 (가)는 대칭 구조이므로 무극성 분자이고, (나)와 (다)는 비대칭 구조이므로 극성 분자이다.

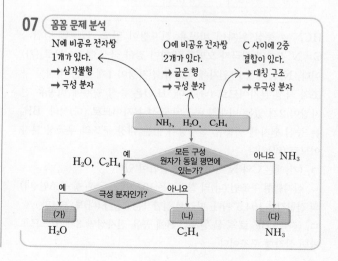

N에 비공유 전자쌍 1개가 있다.
→ 삼각뿔형
→ 극성 분자

O에 비공유 전자쌍 2개가 있다.
→ 굽은 형
→ 극성 분자

C 사이에 2중 결합이 있다.
→ 대칭 구조
→ 무극성 분자

NH₃, H₂O, C₂H₄

모든 구성 원자가 동일 평면에 있는가?
예 → H₂O, C₂H₄
아니요 → NH₃

극성 분자인가?
예 → (가) H₂O
아니요 → (나) C₂H₄

(다) NH₃

(가)는 모든 구성 원자가 동일 평면에 있고 극성 분자이므로 H_2O
이고, (나)는 모든 구성 원자가 동일 평면에 있지만 극성 분자가
아닌 무극성 분자이므로 C_2H_4이다. 따라서 (다)는 NH_3이다.

ㄱ. (가)(H_2O)는 산소(O)에 공유 전자쌍 2개와 비공유 전자쌍 2
개가 있으므로 공유 전자쌍 수와 비공유 전자쌍 수가 같다.

ㄷ. (가)(H_2O)와 (다)(NH_3)에는 단일 결합만 있고, (나)(C_2H_4)에
는 탄소(C) 사이에 2중 결합이 있다.

바로알기 ㄴ. (다)(NH_3)는 질소(N)에 공유 전자쌍 3개와 비공유
전자쌍 1개가 있으므로 분자 구조는 삼각뿔형이다.

08 X가 탄소(C)이면 화합물은 CH_4이고, 질소(N)이면 화합물
은 NH_3이며, 산소(O)이면 화합물은 H_2O이다.

ㄱ. X가 N이면 NH_3이므로 삼각뿔형 구조이다.

ㄴ. CH_4의 결합각은 $109.5°$, NH_3의 결합각은 $107°$, H_2O의 결
합각은 $104.5°$이다. 따라서 결합각이 가장 큰 화합물은 X가 C
일 때이다.

ㄷ. 비공유 전자쌍은 X가 C일 때는 없고, N일 때 1개, O일 때
2개가 존재한다. 따라서 비공유 전자쌍이 가장 많은 화합물은 X
가 O일 때이다.

09 꼼꼼 문제 분석

구분		중심 원자의 비공유 전자쌍 수		
		0	1	2
분자의	극성	(가) HCN	(나) NH_3	(다) H_2O
극성	무극성	(라) BF_3	없음	없음

HCN는 중심 원자에 비공유 전자쌍이 없고, $H-C$ 결합과
$C\equiv N$ 결합의 쌍극자 모멘트 방향이 같아 극성 분자이므로 (가)
이다. NH_3는 중심 원자에 비공유 전자쌍이 1개 있는 비대칭 구
조의 극성 분자이므로 (나)이다. H_2O은 중심 원자에 비공유 전
자쌍이 2개 있는 비대칭 구조의 극성 분자이므로 (다)이다. BF_3
는 중심 원자에 비공유 전자쌍이 없는 대칭 구조의 무극성 분자
이므로 (라)이다.

ㄱ. (가)에는 C와 N 사이에 3중 결합이 있다.

ㄴ. 삼각뿔형 구조인 (나)의 결합각은 $107°$이고, 굽은 형 구조인 (다)
의 결합각은 $104.5°$이다. 따라서 결합각은 (나)가 (다)보다 크다.

ㄷ. (라)는 BF_3로 중심 원자인 B에 공유 전자쌍만 3개 있으므로
평면 삼각형 구조이다.

10 꼼꼼 문제 분석

화합물	H_2O HCN OF_2 CO_2 BeF_2
분류 기준	(가) 중심 원자가 옥텟 규칙을 만족한다. ↳ H_2O, HCN, OF_2, CO_2 (나) 다중 결합이 있다. → HCN, CO_2 (다) 직선형이다. → HCN, CO_2, BeF_2

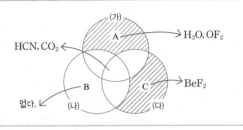

A에 속하는 화합물은 H_2O과 OF_2, C에 속하는 화합물은 BeF_2
이다. 따라서 A와 C에 들어갈 화합물의 개수를 합한 값은
$2+1=3$이다.

11 ㄱ. N와 F으로 이루어지고 분자당 구성 원자 수가 4 이
하인 분자는 N_2F_2($F-N=N-F$) 또는 NF_3이다. 이들의 구
성 원자 수는 각각 4이고, 공유 전자쌍 수는 각각 4, 3이므로
(가)는 N_2F_2, (나)는 NF_3이다. 따라서 $a=4$이고, $b=3$이므로
$a=b+1$이다.

ㄴ. O와 F으로 이루어진 공유 전자쌍 수가 3인 분자는 O_2F_2
($F-O-O-F$)이므로 (다)의 구성 원자 수는 $a(=4)$이다.

ㄷ. 같은 원자로 이루어진 무극성 공유 결합이 있는 분자는 (가)
와 (다) 2가지이다.

12 꼼꼼 문제 분석

분자	(가)	(나)	(다)
구조식	$X=W=X$	$Y-W\equiv Z$	$Y-Z=X$
실제 구조식	$O=C=O$	$F-C\equiv N$	$F-N=O$
분자 구조	직선형	직선형	굽은 형
분자의 극성	무극성	극성	극성
비공유 전자쌍	4개	4개	6개

(가)~(다)의 분자는 모두 2주기 원소로 이루어져 있으므로 (가)
는 $O=C=O$, (나)는 $F-C\equiv N$, (다)는 $F-N=O$이고, W는
탄소(C), X는 산소(O), Y는 플루오린(F), Z는 질소(N)이다.

ㄱ. (가)와 (나)는 직선형 구조이다.

ㄷ. 비공유 전자쌍은 (가)의 경우 산소(O)에 2개씩 총 4개, (나)
의 경우 질소(N)에 1개, 플루오린(F)에 3개로 총 4개, (다)의 경
우 플루오린(F)에 3개, 질소(N)에 1개, 산소(O)에 2개로 총 6개
이다. 따라서 비공유 전자쌍이 가장 많은 분자는 (다)이다.

바로알기 ㄴ. (가)는 대칭 구조로 무극성 분자이고, (다)는 극성 분
자이므로 분자의 쌍극자 모멘트는 (가)가 (다)보다 작다.

13 꼼꼼 문제 분석

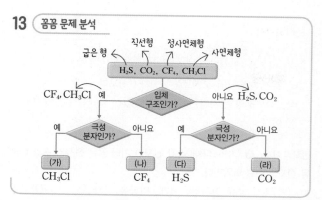

ㄱ. CH₃Cl은 분자 구조가 사면체형이므로 입체 구조이면서 비대칭 구조이다. 따라서 극성 분자이고 (가)에 해당한다.

ㄴ. 물에 잘 용해되는 분자는 극성 분자이므로 비대칭 구조인 (가)(CH₃Cl)와 (다)(H₂S)이다.

바로알기 ㄷ. (나)(CF₄)와 (라)(CO₂)는 서로 다른 원자끼리 극성 공유 결합을 하여 생성된 분자이다.

14 전기장 속에서 HF와 같은 반응을 보이는 분자는 비대칭 구조로 결합의 쌍극자 모멘트 합이 0이 아닌 극성 분자이다. CO₂는 직선형, BF₃는 평면 삼각형, NH₃는 삼각뿔형, H₂O은 굽은 형, CCl₄는 정사면체형, CH₃Cl은 사면체형 구조이므로 극성 분자는 NH₃, H₂O, CH₃Cl이며, 이들 극성 분자는 전기장 속에서 일정한 방향으로 배열된다.

15 모범답안 비공유 전자쌍에 의한 반발력은 공유 전자쌍에 의한 반발력보다 크므로 중심 원자에 비공유 전자쌍이 있는 NH₃의 결합각은 CH₄의 결합각보다 작다.

채점 기준	배점
비공유 전자쌍에 의한 반발력과 공유 전자쌍에 의한 반발력을 비교하여 옳게 서술한 경우	100 %
비공유 전자쌍이 존재하기 때문이라고만 서술한 경우	60 %

16 모범답안 (가) 무극성 분자 (나) 극성 분자, (가)는 중심 원자에 공유 전자쌍만 3개 있으므로 평면 삼각형 구조이다. 즉, (가)는 대칭 구조이므로 분자의 쌍극자 모멘트가 0인 무극성 분자이다. (나)는 중심 원자에 공유 전자쌍 3개와 비공유 전자쌍 1개가 있으므로 삼각뿔형 구조이다. 즉, (나)는 비대칭 구조이므로 분자의 쌍극자 모멘트가 0이 아닌 극성 분자이다.

채점 기준	배점
분자의 극성 여부를 쓰고, 그 까닭을 분자 구조와 관련하여 옳게 서술한 경우	100 %
분자의 극성 여부만 옳게 쓴 경우	60 %

17 모범답안 H₂O은 극성 용매이므로 H₂O 층에는 무극성 물질인 I₂이 녹지 않아 변화가 없고, C₆H₁₄은 무극성 용매이므로 C₆H₁₄ 층에는 무극성 물질인 I₂이 녹아 보라색으로 변한다.

채점 기준	배점
H₂O 층과 C₆H₁₄ 층에서 나타나는 변화와 그 까닭을 옳게 서술한 경우	100 %
H₂O 층과 C₆H₁₄ 층에서 나타나는 변화만 옳게 서술한 경우	60 %

수능 **실전 문제**   229~231쪽

01 ③ **02** ① **03** ① **04** ② **05** ③ **06** ⑤ **07** ①
08 ⑤ **09** ④ **10** ② **11** ⑤ **12** ⑤

01 꼼꼼 문제 분석

분자	구성 원소 수	결합각	$\dfrac{\text{비공유 전자쌍 수}}{\text{공유 전자쌍 수}}$	루이스 전자점식
(가)	3	180°	1	:F:C::N:
(나)	2	<120°	3	:F:C:F: (가운데 F 위아래 배치)
(다)	2	<120°	4	:F:O:F:

선택지 분석

ㄱ. (가)에는 3중 결합이 있다.

ㄴ. (나)의 중심 원자에는 비공유 전자쌍이 있다. 없다

ㄷ. (가)~(다)에 공통으로 들어 있는 원소는 플루오린(F)이다.

전략적 풀이 주어진 조건을 이용하여 분자 (가)~(다)를 알아낸다.

ㄱ. (가)는 서로 다른 3가지 원소로 이루어진 삼원자 이상의 분자이고, 공유 전자쌍과 비공유 전자쌍의 수가 같으며, 결합각이 180°인 직선형 구조의 분자이다. FCN은 공유 전자쌍 4개와 비공유 전자쌍 4개가 존재하고 직선형 구조이므로 조건을 만족하는 분자이다. 따라서 (가)에는 C와 N 사이에 3중 결합이 있다.

ㄴ. (나)는 서로 다른 2가지 원소로 이루어진 삼원자 이상의 분자이고, 비공유 전자쌍 수가 공유 전자쌍 수의 3배이며, 결합각이 120° 미만인 분자이다. CF₄는 공유 전자쌍 4개와 비공유 전자쌍 12개가 존재하고 결합각이 109.5°이므로 조건을 만족하는 분자이다. 따라서 (나)의 중심 원자인 C에는 비공유 전자쌍이 없다.

ㄷ. (다)는 서로 다른 2가지 원소로 이루어진 삼원자 이상의 분자이고, 비공유 전자쌍 수가 공유 전자쌍 수의 4배이며, 결합각이 120° 미만인 분자이다. OF₂는 공유 전자쌍 2개와 비공유 전자쌍 8개가 존재하고 결합각이 약 104.5°이므로 조건을 만족하는 분자이다. 따라서 (가)~(다)에 공통으로 들어 있는 원소는 플루오린(F)이다.

02 꼼꼼 문제 분석

H가 2개 존재하여, 공유 전자쌍이 4개, 비공유 전자쌍이 2개이다. → X와 Y는 각각 탄소(C)와 산소(O) 중 하나이다.

분자	구성 원자 수			공유 전자쌍 수	비공유 전자쌍 수
	X	Y	H		
(가)	1	0	a	a	0
(나)	0	1	b	b	2
(다)	1	c	2	4	2

X가 탄소이고, (가)는 CH_4이다.

(나)의 비공유 전자쌍이 2개이다. → Y는 산소이고, b는 2이다.

선택지 분석

㉠ $a > b + c$이다.

✗ 쌍극자 모멘트는 (가)가 (나)보다 ~~크다.~~ 작다

✗ XY_2에서 비공유 전자쌍 수는 ~~b~~이다. $2b$

전략적 풀이 ❶ (다)에서 제시된 H 원자 수, 공유 전자쌍 수와 비공유 전자쌍 수를 이용하여 (다)의 구조를 파악한 후, (가)와 (나) 분자의 종류를 유추한다.

ㄱ. (다)에서 수소(H) 원자가 2개이고, 공유 전자쌍이 4개, 비공유 전자쌍이 2개 있으므로 X와 Y는 각각 탄소(C)와 산소(O) 중 하나임을 알 수 있다. 따라서 (다)의 분자식은 CH_2O이고 c는 1이다. X가 탄소(C)일 경우 (가)에서 H의 수와 공유 전자쌍 수가 같고, 비공유 전자쌍 수는 0이므로 (가)는 CH_4임을 알 수 있다. 따라서 a는 4이고, (나)는 H_2O로 b는 2이다.

❷ 각 분자의 중심 원자 주위의 공유 전자쌍 수와 비공유 전자쌍 수를 파악하여 분자의 구조와 분자의 극성 여부를 파악한다.

ㄴ. (가)는 CH_4으로 정사면체형의 대칭 구조이므로 무극성 분자이고, (나)는 H_2O로 굽은 형의 비대칭 구조이므로 극성 분자이다. 따라서 쌍극자 모멘트는 (가)가 (나)보다 작다.

❸ XY_2의 실제 분자식을 구하고, 분자가 가진 공유 전자쌍 수와 비공유 전자쌍 수를 파악한다.

ㄷ. X는 탄소(C)이고, Y는 산소(O)이므로 XY_2는 CO_2이다. CO_2에서 비공유 전자쌍은 산소(O)에 각각 2개씩 총 4개 있으므로 비공유 전자쌍 수는 $2b(=4)$이다.

03 꼼꼼 문제 분석

분자	(가)	(나)	(다)
구조식	$O=C=O$	F−N−F | F	F | F−C−F | F
공유 전자쌍 수	4	3	4
비공유 전자쌍 수	4	10	12
분자 구조	직선형	삼각뿔형	정사면체형
분자의 극성	무극성	극성	무극성

선택지 분석

㉠ $\dfrac{\text{공유 전자쌍 수}}{\text{비공유 전자쌍 수}}$가 가장 큰 것은 (가)이다.

✗ 분자의 쌍극자 모멘트는 (가)가 (나)보다 ~~크다.~~ 작다

✗ 모든 구성 원자가 동일 평면에 있는 분자는 ~~(나)와 (다)~~ 이다. (가)

전략적 풀이 ❶ (가)~(다)에서 각 원자가 지닌 공유 전자쌍 수와 비공유 전자쌍 수를 파악한다.

ㄱ. (가)에서 공유 전자쌍은 4개, 비공유 전자쌍은 산소(O)에 2개씩 총 4개 존재한다. (나)에서 공유 전자쌍은 3개, 비공유 전자쌍은 질소(N)에 1개, 플루오린(F)에 3개씩 총 10개 존재한다. (다)에서 공유 전자쌍은 4개, 비공유 전자쌍은 플루오린(F)에 3개씩 총 12개 존재한다. 따라서 $\dfrac{\text{공유 전자쌍 수}}{\text{비공유 전자쌍 수}}$가 가장 큰 분자는 (가)이다.

❷ 각 분자의 구조 및 극성 여부를 파악한다.

ㄴ. (가)는 직선형, (나)는 삼각뿔형, (다)는 정사면체형 구조이다. (가)와 (다)는 대칭 구조이므로 무극성 분자이고, (나)는 극성 분자이다. 따라서 분자의 쌍극자 모멘트는 (가)가 (나)보다 작다.

ㄷ. (가)는 직선형 구조로 모든 구성 원자가 동일 평면에 있고, (나)는 삼각뿔형, (다)는 정사면체형 구조로 입체 구조이다.

04 꼼꼼 문제 분석

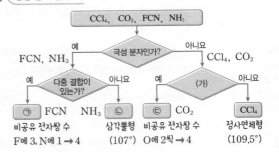

선택지 분석

✗ '공유 전자쌍이 4개인가?'는 (가)로 ~~적절하다.~~ 적절하지 않다

㉡ ㉠과 ㉢의 비공유 전자쌍 수는 같다.

✗ ㉡의 결합각은 CCl_4의 결합각보다 ~~크다.~~ 작다

전략적 풀이 ❶ 주어진 분류 조건을 이용하여 ㉠과 ㉡을 먼저 파악한 후, ㉢과 CCl_4를 구별하기 위한 기준 (가)로 적당한 조건을 파악한다.

ㄱ. 극성 분자는 FCN과 NH_3이고, 그 중 다중 결합이 있는 분자는 FCN이므로 ㉠은 FCN, ㉡은 NH_3이고, ㉢은 CO_2이다. ㉢(CO_2)과 CCl_4는 모두 공유 전자쌍이 4개이므로 '공유 전자쌍이 4개인가?'는 (가)로 적절하지 않다.

❷ 각 분자에 포함된 비공유 전자쌍 수를 파악한다.

ㄴ. ㉠(FCN)의 경우 비공유 전자쌍은 플루오린(F)에 3개, 질소(N)에 1개로 총 4개 존재하고, ㉢(CO_2)의 경우 비공유 전자쌍은 산소(O)에 2개씩 총 4개 존재한다. 따라서 ㉠과 ㉢의 비공유 전자쌍 수는 같다.

❸ 각 분자의 중심 원자에 존재하는 공유 전자쌍 수와 비공유 전자쌍 수를 이용하여 분자의 구조 및 결합각을 파악한다.

ㄷ. ㉡(NH_3)은 N에 비공유 전자쌍이 1개 있으므로 삼각뿔형 구조로 결합각은 107°이고, CCl_4는 C에 공유 전자쌍만 4개 있으므로 정사면체형 구조로 결합각은 109.5°이다. 따라서 ㉡의 결합각은 CCl_4의 결합각보다 작다.

05 꼼꼼 문제 분석

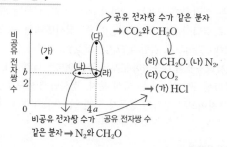

→ 공유 전자쌍 수가 같은 분자
→ CO_2와 CH_2O

→ (라) CH_2O. (나) N_2,
(다) CO_2
→ (가) HCl

비공유 전자쌍 수가 공유 전자쌍 수가
같은 분자 → N_2와 CH_2O

선택지 분석

㉠ $a=2b$이다.

✗ (나)와 (다)에는 무극성 공유 결합이 있다. (다)에는 없다

㉢ (라)의 구조는 평면 삼각형이다.

전략적 풀이 ❶ 주어진 분자의 공유 전자쌍 수와 비공유 전자쌍 수를 파악하여 (가)~(라) 분자를 파악한다.

ㄱ. 주어진 분자의 전자쌍 수는 다음과 같다.

분자	N_2	HCl	CO_2	CH_2O
공유 전자쌍 수	3	1	4	4
비공유 전자쌍 수	2	3	4	2

공유 전자쌍 수가 4(a)로 같은 분자인 CO_2와 CH_2O는 각각 (다)와 (라) 중 하나이고, 비공유 전자쌍 수가 2(b)로 같은 분자인 N_2와 CH_2O는 각각 (나)와 (라) 중 하나이므로 (가)는 HCl, (나)는 N_2, (다)는 CO_2, (라)는 CH_2O이다. 따라서 $a=2b$이다.

❷ 각 분자 내에서 같은 원자끼리의 결합(무극성 공유 결합)이 있는지를 파악한다.

ㄴ. (나)(N_2)는 N 사이에 무극성 공유 결합이 있지만, (다)(CO_2)는 같은 원자 사이의 결합이 없으므로 무극성 공유 결합이 없다.

❸ (라) 분자의 중심 원자에 존재하는 공유 전자쌍 수와 비공유 전자쌍 수를 이용하여 분자의 구조를 파악한다.

ㄷ. (라)(CH_2O)에서 C에는 공유 전자쌍만 4개 있고 그 중 2중 결합이 1개 있으므로 분자 구조는 평면 삼각형이다.

06 꼼꼼 문제 분석

전기 음성도가 F>O>C이다.
→ 전기 음성도 차이($a-b$)는 CF_4>OF_2이다.

분자	CF_4	OF_2	PF_3	ClF
전기 음성도 차이($a-b$)	x	0.5	1.9	1.0

전기 음성도가 N(2주기 15족)>P(3주기 15족)이다.
→ 전기 음성도 차이($a-b$)는 NF_3<PF_3이다.

선택지 분석

㉠ x는 0.5보다 크다.

㉡ 결합각은 CF_4가 OF_2보다 크다.

㉢ NF_3에서 전기 음성도 차이($a-b$)는 1.9보다 작다.

전략적 풀이 ❶ 각 분자를 구성하는 원소의 주기율표 위치를 파악하여 전기 음성도 차이를 유추한다.

ㄱ. 전기 음성도가 가장 큰 원소는 플루오린(F)이며, 2주기 원소에서 전기 음성도는 F>O>C이므로 F과 C의 전기 음성도 차이는 F과 O의 전기 음성도 차이보다 크다. 따라서 x는 0.5보다 크다.

ㄷ. 질소(N)는 2주기 15족 원소이고, 3주기 15족 원소인 인(P)보다 전기 음성도가 크므로 NF_3에서의 전기 음성도 차이는 PF_3에서의 전기 음성도 차이인 1.9보다 작다.

❷ 각 분자의 중심 원자에 존재하는 공유 전자쌍 수와 비공유 전자쌍 수를 이용하여 분자의 구조를 파악한다.

ㄴ. CF_4는 C에 공유 전자쌍만 4개 있으므로 정사면체형 구조이고, OF_2는 O에 공유 전자쌍 2개와 비공유 전자쌍 2개가 있으므로 굽은 형 구조이다. 따라서 결합각은 CF_4가 109.5°, OF_2가 약 104.5°로 CF_4가 OF_2보다 크다.

07 꼼꼼 문제 분석

C에 공유 전자쌍 2개만 있는 것과 같으므로 직선형 구조이다. → 결합각은 180°, 무극성 분자

삼원자 분자	구성 원자의 루이스 전자점식
(가) CO_2	탄소(C)·Ẍ· :Ÿ· 산소(O)
(나) OF_2	산소(O):Ÿ̈: :Z̈· 플루오린(F)

O에 공유 전자쌍 2개와 비공유 전자쌍 2개가 있으므로 굽은 형 구조이다. → 결합각은 약 104.5°, 극성 분자

선택지 분석

㉠ 비공유 전자쌍 수는 (나)가 (가)의 2배이다.

✗ 분자의 쌍극자 모멘트는 (가)가 (나)보다 크다. 작다

✗ 결합각은 (가)와 (나)가 같다. (가)>(나)이다

전략적 풀이 ❶ 루이스 전자점식으로부터 원자 X~Z의 종류를 파악하여 (가)와 (나) 분자를 알아낸 후, 비공유 전자쌍 수를 비교한다.

X는 탄소(C), Y는 산소(O), Z는 플루오린(F)이므로 (가)는 CO_2, (나)는 OF_2이다.

ㄱ. 비공유 전자쌍은 (가)(CO_2)의 경우 O에 2개씩 총 4개, (나) (OF_2)의 경우 O에 2개, 플루오린에 3개씩 총 8개이다. 따라서 비공유 전자쌍 수는 (나)가 (가)의 2배이다.

❷ 각 분자의 구조로부터 분자의 극성과 결합각을 파악한다.

ㄴ. (가)(CO_2)는 무극성 분자이므로 분자의 쌍극자 모멘트가 0이고, (나)(OF_2)는 극성 분자이므로 분자의 쌍극자 모멘트가 0이 아니다. 따라서 분자의 쌍극자 모멘트는 (가)가 (나)보다 작다.

ㄷ. (가)(CO_2)는 직선형 구조이므로 결합각은 $180°$이고, (나) (OF_2)는 굽은 형 구조이므로 결합각은 약 $104.5°$이다.

08 꼼꼼 문제 분석

O=O

분자	구성 원자 수(a)	원자가 전자 수 합(b)	공유 전자쌍 수(c)
O_2	2	12	2
F_2	2	14	1
OF_2	3	20	2

F—F F—O—F

선택지 분석

ㄱ. 공유 전자쌍 수는 O_2가 F_2보다 크다.

ㄴ. OF_2의 분자 구조는 굽은 형이다.

ㄷ. 각 분자에서 $8a=b+2c$이다.

전략적 풀이 ❶ 각 분자를 구성하는 원자 수, 원자가 전자 수의 합, 공유 전자쌍 수를 파악한다.

ㄱ. O_2는 O=O로 공유 전자쌍이 2개이고, F_2는 F—F로 공유 전자쌍이 1개이다. 따라서 공유 전자쌍 수는 O_2가 F_2보다 크다.

ㄷ. 세 분자 모두 다음과 같이 $8a=b+2c$의 관계를 가진다.

O_2: $8×2=12+2×2$

F_2: $8×2=14+2×1$

OF_2: $8×3=20+2×2$

❷ 각 분자의 중심 원자에 존재하는 공유 전자쌍 수와 비공유 전자쌍 수를 이용하여 분자 구조를 파악한다.

ㄴ. OF_2는 중심 원자(O)에 공유 전자쌍 2개와 비공유 전자쌍 2개를 가지므로 분자 구조는 굽은 형이다.

09 꼼꼼 문제 분석

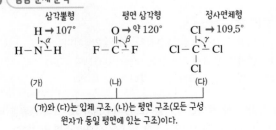

삼각뿔형	평면 삼각형	정사면체형
H → 107°	O → 약 120°	Cl → 109.5°

(가)와 (다)는 입체 구조, (나)는 평면 구조(모든 구성 원자가 동일 평면에 있는 구조)이다.

선택지 분석

✗ (가)와 (나)는 입체 구조이다. (가)와 (다)

ㄴ. 결합각의 크기는 $β>γ>α$이다.

ㄷ. 분자의 쌍극자 모멘트는 (가)가 (다)보다 크다.

전략적 풀이 ❶ 각 분자의 중심 원자에 존재하는 공유 전자쌍 수와 비공유 전자쌍 수로부터 분자의 구조를 파악한다.

ㄱ. (가)는 중심 원자에 공유 전자쌍 3개와 비공유 전자쌍이 1개 있으므로 삼각뿔형, (나)는 중심 원자에 공유 전자쌍 4개가 있고 1개는 2중 결합이므로 평면 삼각형, (다)는 중심 원자에 공유 전자쌍만 4개 있으므로 정사면체형 구조이다. 따라서 (가)와 (다)가 입체 구조이다.

❷ 각 분자의 구조를 고려하여 결합각을 파악한다.

ㄴ. (가)는 삼각뿔형 구조로 결합각 $α$는 $107°$, (나)는 평면 삼각형 구조로 결합각 $β$는 약 $120°$, (다)는 정사면체형 구조로 결합각 $γ$는 $109.5°$이므로 결합각 크기는 $β>γ>α$이다.

❸ 각 분자의 구조를 이용하여 분자의 극성 여부를 파악한다.

ㄷ. 삼각뿔형 구조인 (가)는 극성 분자, 정사면체형 구조인 (다)는 무극성 분자이므로 분자의 쌍극자 모멘트는 (가)가 (다)보다 크다.

10 꼼꼼 문제 분석

• W~Z는 H, C, N, O 중 하나이며, 각 원소의 전기 음성도는 다음과 같다.

원소	H	C	N	O
전기 음성도	2.1	2.5	3.0	3.5

• 분자 (가)~(다)에 대한 자료는 다음과 같다.

분자	(가) CO_2	(나) H_2O	(다) NH_3
구성 원소	W, X	X, Z	Y, Z
전기 음성도 차이	1.0	1.4	0.9
구성 원자 수	3	3	4

직선형, 무극성 / 굽은 형, 극성 / 삼각뿔형, 극성

C(2.5)와 O(3.5)로 이루어진 삼원자 분자 → CO_2

H(2.1)와 O(3.5)로 이루어진 삼원자 분자 → H_2O

H(2.1)와 N(3.0)로 이루어진 사원자 분자 → NH_3

선택지 분석

✗ (가)~(다) 중 결합각이 가장 큰 분자는 (다)이다. (가)

✗ 분자의 쌍극자 모멘트는 (가)가 (나)보다 크다. 작다

ㄷ. ZWY에서 공유 전자쌍 수는 비공유 전자쌍 수의 4배이다.

전략적 풀이 ❶ 각 분자를 구성하는 원소들의 전기 음성도 차이를 이용하여 W~Z에 해당하는 원소를 파악한 후, 각 분자의 구조를 유추한다.

(가)는 전기 음성도 차이가 1.0이므로 C와 O로 이루어진 CO_2이고, (나)는 전기 음성도 차이가 1.4이므로 H와 O로 이루어진 H_2O이다. 이때 (가)와 (나)에 공통적으로 포함된 X는 산소(O)이므로 W는 탄소(C), Z는 수소(H)이며, Y는 질소(N)이고, 따라서 (다)는 NH_3이다.

ㄱ. (가)의 구조는 직선형이므로 결합각은 180°, (나)의 구조는 굽은 형이므로 결합각은 104.5°, (다)의 구조는 삼각뿔형이므로 결합각은 107°이다. 따라서 결합각이 가장 큰 분자는 (가)이다.

❷ 각 분자의 구조를 이용하여 분자의 극성 여부를 파악한다.

ㄴ. (가)는 직선형 구조로 대칭 구조이므로 무극성 분자이고, (나)는 굽은 형 구조이므로 극성 분자이다. 따라서 분자의 쌍극자 모멘트는 (가)가 (나)보다 작다.

❸ 각 분자를 구성하는 원소를 파악한 후 화합물 ZWY의 공유 전자쌍 수와 비공유 전자쌍 수를 파악한다.

ㄷ. ZWY(HCN)에서 공유 전자쌍은 4개, 비공유 전자쌍은 1개이므로 공유 전자쌍 수는 비공유 전자쌍 수의 4배이다.

11 꼼꼼 문제 분석

분자	(가)	(나)	(다)	(라)
	CO_2	COF_2	OF_2	FCN
분자식	WX_2	WXZ_2	XZ_2	ZWY
비공유 전자쌍 수 (상댓값)	1	2	2	x
비공유 전자쌍 수	4	8	8	4
공유 전자쌍 수	4	4	2	4

선택지 분석

ㄱ. $x=1$이다.
ㄴ. W~Z 중 원자가 전자 수가 가장 큰 원소는 Z이다.
ㄷ. (가)~(라) 중 다중 결합이 있는 분자는 3가지이다.

전략적 풀이 ❶ 분자식과 비공유 전자쌍 수의 상댓값을 비교하여 W~Z의 원소와 (가)~(라)의 실제 분자식을 구한 후, (라)의 비공유 전자쌍 수를 구한다.

(가)와 (다)로 가능한 분자는 CO_2와 OF_2이며, CO_2와 OF_2의 비공유 전자쌍 수는 각각 4, 8이므로 (가)는 CO_2, (다)는 OF_2이고, W는 탄소(C), X는 산소(O), Z는 플루오린(F)이다. 따라서 (나)는 COF_2, (라)는 FCN이다.

ㄱ. (라)(FCN)의 비공유 전자쌍 수는 4이므로 비공유 전자쌍 수의 상댓값 $x=1$이다.

❷ W~Z의 원자가 전자 수를 파악한다.

ㄴ. 원자가 전자 수는 W(C)가 4, X(O)가 6, Y(N)가 5, Z(F)가 7이므로 원자가 전자 수가 가장 큰 원소는 Z이다.

❸ 각 분자를 구성하는 중심 원자의 공유 전자쌍 수를 구하여 다중 결합 여부를 파악한다.

(가)(CO_2)에서 C와 O 사이의 결합은 2중 결합, (나)(COF_2)에서 C와 O 사이의 결합은 2중 결합, (라)(FCN)에서 C와 N 사이의 결합은 3중 결합이다. 따라서 다중 결합이 있는 분자는 3가지이다.

12 꼼꼼 문제 분석

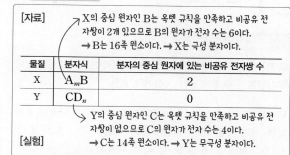

[자료]
X의 중심 원자인 B는 옥텟 규칙을 만족하고 비공유 전자쌍이 2개 있으므로 B의 원자가 전자 수는 6이다.
→ B는 16족 원소이다. → X는 극성 분자이다.

물질	분자식	분자의 중심 원자에 있는 비공유 전자쌍 수
X	A_mB	2
Y	CD_n	0

Y의 중심 원자인 C는 옥텟 규칙을 만족하고 비공유 전자쌍이 없으므로 C의 원자가 전자 수는 4이다.
→ C는 14족 원소이다. → Y는 무극성 분자이다.

[실험]
(가) 시험관에 X와 Y를 넣었더니 섞이지 않고 두 층으로 분리되었다.
(나) 과정 (가)의 시험관에 황산 구리(Ⅱ) 오수화물을 넣고 흔들었더니 한 층에서만 녹았다. → 극성 물질

선택지 분석

ㄱ. X의 분자 구조는 굽은 형이다.
ㄴ. 분자의 쌍극자 모멘트는 X가 Y보다 크다.
ㄷ. (나)에서 X 층에 황산 구리(Ⅱ) 오수화물이 녹았다.

전략적 풀이 ❶ 분자의 중심 원자에 있는 비공유 전자쌍 수로부터 분자 구조를 파악한다.

ㄱ. X의 중심 원자인 B는 옥텟 규칙을 만족하고 비공유 전자쌍이 2개 있으므로 B의 원자가 전자는 6개이다. 따라서 B는 2개의 A 원자와 공유 결합을 형성한다. 즉, X의 중심 원자에는 공유 전자쌍 2개와 비공유 전자쌍 2개가 있으므로 X의 분자 구조는 굽은 형이다.

ㄴ. X의 분자 구조는 굽은 형으로 비대칭 구조이므로 극성 분자이다. 실험 (가)에서 X와 Y는 섞이지 않고 두 층으로 분리되었으므로 Y는 무극성 분자이다. 따라서 분자의 쌍극자 모멘트는 극성 분자인 X가 무극성 분자인 Y보다 크다.

❷ 극성 물질과 무극성 물질의 용해도를 파악한다.

ㄷ. 황산 구리(Ⅱ) 오수화물은 극성 물질이므로 극성 용매인 X 층에 녹는다.

IV

역동적인 화학 반응

1 화학 반응에서의 동적 평형

1 동적 평형

237쪽

개념 확인 문제

❶ 가역 반응 ❷ 오른 ❸ 왼 ❹ 비가역 반응 ❺ 동적 평형
❻ 상평형 ❼ 용해 평형 ❽ 화학 평형

1 (1) ○ (2) × (3) ×　**2** (1) 비가역 (2) 비가역 (3) 가역 (4) 비가
역 (5) 가역　**3** (나)　**4** 용해 속도=석출 속도　**5** (1) × (2)
× (3) ○ (4) ○　**6** ㉠ 정, ㉡ 역, ㉢ 동적 평형

1 (1) 정반응은 화학 반응식에서 오른쪽으로 진행되는 반응이
고, 역반응은 화학 반응식에서 왼쪽으로 진행되는 반응이다.
(2) 가역 반응은 반응 조건에 따라 정반응과 역반응이 모두 일어
날 수 있는 반응이다.
(3) 비가역 반응은 정반응만 일어나거나 정반응에 비해 역반응이
거의 일어나지 않는 반응이다.

2 (1) 메테인의 연소 반응은 역반응이 일어나지 않으므로 비가
역 반응이다.
(2) 마그네슘과 염산이 반응하여 기체가 발생하는 반응은 역반응
이 일어나지 않으므로 비가역 반응이다.
(3) 탄산 칼슘이 이산화 탄소를 포함한 물과 반응하여 탄산수소
칼슘을 생성하는 과정에서 석회 동굴이 만들어지고, 탄산수소 칼
슘 수용액에서 물이 증발하고 이산화 탄소가 빠져나가면서 탄산
칼슘이 석출되는 과정에서 석회 동굴 천장에 종유석이 만들어지
고, 석회 동굴 바닥에 석순이 만들어진다. 따라서 석회 동굴, 종
유석, 석순의 생성 반응은 가역 반응이다.
(4) 염산과 수산화 나트륨 수용액이 반응하여 물을 생성하는 중
화 반응은 정반응이 훨씬 우세하게 일어나고, 역반응이 거의 일
어나지 않으므로 비가역 반응이다.
(5) 푸른색의 황산 구리(Ⅱ) 오수화물을 가열하면 황산 구리(Ⅱ)
오수화물이 물을 잃고 흰색의 황산 구리(Ⅱ)가 되고, 흰색의 황산
구리(Ⅱ)에 물을 떨어뜨리면 황산 구리(Ⅱ)가 물과 결합하여 푸른
색의 황산 구리(Ⅱ) 오수화물이 된다. 따라서 황산 구리(Ⅱ) 오수
화물의 분해와 생성 반응은 가역 반응이다.

3 동적 평형에서는 물의 증발 속도와 수증기의 응축 속도가 같
다. 따라서 증발하는 물 분자 수와 응축하는 수증기 분자 수가 같
은 (나)가 동적 평형에 도달한 상태이다.

4 일정량의 물에 설탕을 계속 넣으면 처음에는 설탕이 물에 녹
지만 어느 순간부터는 설탕이 더 이상 녹지 않는 것처럼 보인다.
이는 설탕의 용해 속도와 석출 속도가 같은 동적 평형에 도달했
기 때문이다.

5 (1) 화학 평형은 가역 반응에서만 성립하므로 정반응과 역반
응이 모두 일어난다. 따라서 화학 평형에서는 반응물과 생성물이
함께 존재한다.
(2), (3) 화학 평형에서는 겉보기에 반응이 멈춘 것처럼 보이지만
정반응과 역반응이 같은 속도로 일어나고 있다.
(4) 화학 평형에서는 정반응과 역반응이 같은 속도로 일어나므로
반응물과 생성물의 농도가 일정하게 유지된다.

6 적갈색을 띠는 이산화 질소(NO_2)를 시험관에 넣어 두면 처
음에는 적갈색의 NO_2가 무색의 사산화 이질소(N_2O_4)로 되는 반
응이 일어나 적갈색이 점점 옅어진다. 충분한 시간이 지나면 무
색의 N_2O_4를 생성하는 정반응과 N_2O_4가 다시 적갈색의 NO_2로
분해되는 역반응이 같은 속도로 일어나는 동적 평형에 도달하여
NO_2와 N_2O_4의 농도가 일정하게 유지되므로 더 이상 적갈색이
옅어지지 않는다.

$$2NO_2(g) \rightleftharpoons N_2O_4(g)$$

대표 자료 분석

238쪽

자료 ❶ **1** $t_1 = t_2 = t_3$　**2** $t_1 < t_2 = t_3$　**3** $t_1 < t_2 = t_3$
4 (1) ○ (2) × (3) ○ (4) ○ (5) ×

자료 ❷ **1** 용해 속도>석출 속도　**2** 용해 속도=석출 속도
3 $t > 4t$　**4** (1) × (2) × (3) ○ (4) ○

1-1 꼼꼼 문제 분석

처음에는 물($H_2O(l)$)의 증발 속도가 수증기($H_2O(g)$)의 응축 속도보다 빠르지만
점점 $H_2O(g)$의 응축 속도가 빨라져 $H_2O(l)$의 증발 속도와 $H_2O(g)$의 응축 속도
가 같은 동적 평형에 도달한다.

동적 평형 상태 ➡ $H_2O(l)$의 증발 속도=$H_2O(g)$의
응축 속도 ➡ $H_2O(l)$과 $H_2O(g)$의 양(mol) 일정

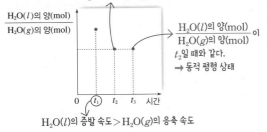

$\dfrac{H_2O(l)의 양(mol)}{H_2O(g)의 양(mol)}$ 이
t_2일 때와 같다.
➡ 동적 평형 상태

$H_2O(l)$의 증발 속도>$H_2O(g)$의 응축 속도

온도가 일정하므로 $H_2O(l)$의 증발 속도는 일정하다. 따라서 t_1
~t_3일 때 $H_2O(l)$의 증발 속도는 모두 같다.

1-2 t_1일 때는 동적 평형에 도달하기 이전 상태이므로 $H_2O(l)$의 증발 속도가 $H_2O(g)$의 응축 속도보다 빠르다. 시간이 지날수록 용기 속 $H_2O(g)$의 양(mol)이 많아지므로 $H_2O(g)$의 응축 속도가 점점 빨라지다가 동적 평형 상태가 되면 $H_2O(l)$의 증발 속도와 $H_2O(g)$의 응축 속도가 같아져 $H_2O(g)$의 응축 속도가 일정해진다. 따라서 $H_2O(g)$의 응축 속도는 $t_1 < t_2 = t_3$이다.

1-3 $H_2O(l)$의 증발이 일어나 $H_2O(g)$ 분자 수가 커지면서 $H_2O(g)$의 응축 속도가 빨라지다가 동적 평형에 도달하며, 동적 평형에 도달하면 용기 속 $H_2O(g)$의 양(mol)은 일정해진다. 따라서 용기 속 $H_2O(g)$의 양(mol)은 $t_1 < t_2 = t_3$이다.

1-4 (1) H_2O의 상변화는 $H_2O(l) \longrightarrow H_2O(g)$의 증발과 $H_2O(g) \longrightarrow H_2O(l)$의 응축이 조건에 따라 모두 일어날 수 있는 가역 반응이다.
(2) t_1일 때는 동적 평형에 도달하기 이전 상태이므로 $H_2O(l)$의 증발 속도가 $H_2O(g)$의 응축 속도보다 빠르다. 따라서 $\dfrac{H_2O(l)\text{의 증발 속도}}{H_2O(g)\text{의 응축 속도}} > 1$이다.

(3) t_2일 때 동적 평형에 도달하였으며, t_3일 때 $\dfrac{H_2O(l)\text{의 양(mol)}}{H_2O(g)\text{의 양(mol)}}$이 t_2일 때와 같으므로 t_3일 때 $H_2O(l)$과 $H_2O(g)$는 동적 평형을 이루고 있다.

(4) t_2일 때 동적 평형에 도달하므로 t_2 이후에는 용기 속 $H_2O(l)$의 양(mol)과 $H_2O(g)$의 양(mol)이 일정하게 유지된다. 따라서 t_2일 때와 t_3일 때 $H_2O(g)$의 양(mol)이 같다.

(5) t_2일 때와 t_3일 때 모두 동적 평형 상태이므로 용기 속 $H_2O(l)$의 양(mol)은 t_2일 때와 t_3일 때가 같다.
따라서 $\dfrac{t_3\text{일 때 } H_2O(l)\text{의 양(mol)}}{t_2\text{일 때 } H_2O(l)\text{의 양(mol)}} = 1$이다.

2-1 **꼼꼼 문제 분석**

[실험 결과]

시간	t	$4t$	$8t$
관찰 결과			
설탕 수용액의 몰 농도(M)	$\dfrac{2}{3}a$	a	

• $4t$일 때 설탕 수용액은 용해 평형에 도달하였다.

$4t$일 때 설탕의 용해 속도와 석출 속도가 같으므로 설탕 수용액의 몰 농도(M)는 일정하다. → $4t$ 이후 설탕 수용액의 몰 농도는 a M로 일정하다.

t일 때는 용해 평형에 도달하기 이전이므로 설탕의 용해 속도가 석출 속도보다 빠르다.

2-2 $4t$일 때는 용해 평형 상태이므로 설탕의 용해 속도와 석출 속도가 같다.

2-3 설탕 수용액의 몰 농도는 $4t$일 때(a M)가 t일 때($\dfrac{2}{3}a$ M)보다 크므로 녹지 않고 남아 있는 설탕의 질량은 t일 때가 $4t$일 때보다 크다.

2-4 (1) $4t$일 때는 용해 평형 상태이므로 설탕의 용해와 석출이 같은 속도로 일어난다. 즉, 설탕의 석출이 일어나므로 석출 속도는 0이 아니다.
(2) $8t$일 때도 용해 평형 상태이므로 설탕의 용해 속도와 석출 속도가 같다.
(3) $4t$일 때 용해 평형에 도달하므로 $4t$ 이후 설탕 수용액의 몰 농도는 일정하다. 즉, 설탕 수용액의 몰 농도는 $4t$일 때와 $8t$일 때가 같으므로 녹지 않고 남아 있는 설탕의 질량은 $4t$일 때와 $8t$일 때가 같다.
(4) $4t$ 이후 설탕 수용액의 몰 농도는 일정하므로 $8t$일 때 설탕 수용액의 몰 농도는 a M이다.

내신 만점 문제
239~241쪽

01 ④　02 ③　03 ②　04 ⑤　05 ③　06 ②　07 ①
08 ④　09 ②　10 해설 참조　11 ③　12 ④

01 ㄴ, ㄷ. 가역 반응은 화학 반응식에서 반응물과 생성물 사이의 화살표를 $\rightleftharpoons$로 나타낸다. 따라서 주어진 반응은 가역 반응이다.
바로알기 ㄱ. CH_4의 연소는 비가역 반응이다.

02 ㄱ. $N_2(g)$와 $H_2(g)$가 반응하여 $NH_3(g)$를 생성하는 반응과 $NH_3(g)$가 분해되어 $N_2(g)$와 $H_2(g)$를 생성하는 반응이 모두 일어날 수 있으므로 제시된 반응은 가역 반응이다.
ㄴ. 정반응은 화학 반응식에서 오른쪽으로 진행되는 반응으로, 화살표 '$\longrightarrow$'로 나타내므로 정반응의 반응물은 $N_2(g)$와 $H_2(g)$이고, 생성물은 $NH_3(g)$이다.
바로알기 ㄷ. 정반응에서 반응물의 계수 합이 4($=1+3$)이고, 생성물의 계수가 2이므로 정반응이 진행되면 기체 분자 수가 감소한다.

03 학생 C. 동적 평형 상태에서는 정반응 속도와 역반응 속도가 같으므로 반응물의 농도와 생성물의 농도가 일정하게 유지된다.
바로알기 학생 A, 학생 B. 동적 평형은 정반응 속도와 역반응 속도가 같아 겉보기에는 반응이 멈춘 것처럼 보이는 상태이다. 따라서 정반응과 역반응이 모두 일어날 수 있는 가역 반응에서만 가능하다.

04 꼼꼼 문제 분석

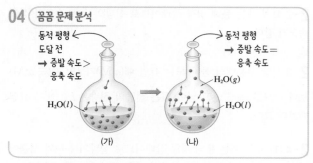

(가) 동적 평형
도달 전
→ 증발 속도 >
응축 속도

(나) 동적 평형
→ 증발 속도 =
응축 속도

$H_2O(g)$

$H_2O(l)$

$H_2O(l)$

(가)　(나)

ㄱ. (가)는 동적 평형에 도달하기 이전 상태이므로 (가)에서 증발 속도는 응축 속도보다 빠르다.

ㄴ. 일정 온도에서 $H_2O(g)$의 응축 속도는 용기 속 $H_2O(g)$ 분자 수에 비례하며, 용기 속 $H_2O(g)$ 분자 수는 (가)에서보다 (나)에서 크다. 따라서 $H_2O(g)$의 응축 속도는 (가)에서보다 (나)에서 빠르다.

ㄷ. 일정량의 $H_2O(l)$을 넣은 상태에서 용기 속 $H_2O(g)$의 양 (mol)은 (가)에서보다 (나)에서 크므로 $H_2O(l)$의 양(mol)은 (나)에서보다 (가)에서 크다.

05 꼼꼼 문제 분석

속도 / 증발 / 응축 / 시간 / t_1 / t_2 / O

$H_2O(l)$의 증발 속도가 $H_2O(g)$의 응축 속도보 다 빠르다. → $H_2O(l)$의 양이 줄어든다.

$H_2O(l)$의 증발 속도와 $H_2O(g)$의 응축 속도가 같은 동적 평형에 도달한 상태이다. → 증발 속도와 응축 속도가 같아 $H_2O(l)$의 양이 일정하게 유지되므로 겉보 기에는 증발과 응축이 멈춘 것처럼 보인다.

ㄱ. t_1에서는 $H_2O(l)$의 증발 속도가 $H_2O(g)$의 응축 속도보다 빠르므로 $H_2O(l)$의 양이 줄어든다.

ㄷ. t_2 이후는 $H_2O(l)$의 증발 속도와 $H_2O(g)$의 응축 속도가 같은 동적 평형에 도달한 상태이므로 용기 속 $H_2O(l)$의 양과 $H_2O(g)$의 양이 일정하게 유지된다.

바로알기 ㄴ. 동적 평형에 도달(t_2)해도 $H_2O(l)$의 증발과 $H_2O(g)$의 응축은 계속 일어난다.

06 꼼꼼 문제 분석

$Br_2(l)$을 넣은 초기 상태
→ 증발 속도
> 응축 속도

동적 평형에 도달한 상태
→ 증발 속도
= 응축 속도

$Br_2(l)$

(가)　(나)

ㄴ. (나)는 동적 평형에 도달한 상태이므로 $Br_2(l)$과 $Br_2(g)$이 함께 존재한다.

바로알기 ㄱ. (가)는 $Br_2(l)$을 넣은 초기 상태이므로 (가)에서 Br_2의 증발 속도는 응축 속도보다 빠르다.

ㄷ. 플라스크 속에 들어 있는 $Br_2(g)$의 양(mol)은 동적 평형에 도달한 (나)가 (가)보다 크다.

07 꼼꼼 문제 분석

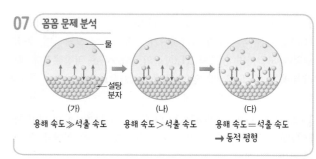

물 / 설탕 분자

(가)　(나)　(다)
용해 속도 ≫ 석출 속도　용해 속도 > 석출 속도　용해 속도 = 석출 속도
→ 동적 평형

ㄱ. (다)에서 용해되는 설탕 분자 수와 석출되는 설탕 분자 수가 같은 것으로 보아 (다)는 설탕의 용해 속도와 석출 속도가 같은 동적 평형에 도달한 상태이다. 동적 평형에서는 물에 녹아 있는 설탕의 양이 일정하므로 (다)에서 설탕물의 농도는 일정하게 유지된다.

바로알기 ㄴ. 물에 용해된 설탕 분자 수는 동적 평형에 도달한 (다)가 (나)보다 크다.

ㄷ. 처음에는 설탕의 용해 속도가 석출 속도보다 빠르지만 시간이 지날수록 용액 속 설탕 분자가 많아지므로 점점 석출 속도가 빨라져 용해 속도와 같아진다. 따라서 설탕의 석출 속도는 (다) > (나) > (가)이다.

08 꼼꼼 문제 분석

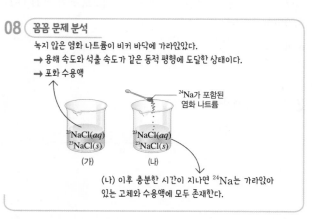

녹지 않은 염화 나트륨이 비커 바닥에 가라앉았다.
→ 용해 속도와 석출 속도가 같은 동적 평형에 도달한 상태이다.
→ 포화 수용액

^{24}Na가 포함된 염화 나트륨

$^{23}NaCl(aq)$
$^{23}NaCl(s)$

$^{23}NaCl(aq)$
$^{23}NaCl(s)$

(가)　(나)

(나) 이후 충분한 시간이 지나면 ^{24}Na는 가라앉아 있는 고체와 수용액에 모두 존재한다.

ㄴ. 동적 평형에서는 수용액에 녹아 있는 염화 나트륨의 양이 일정하므로 (가)에서 염화 나트륨 수용액의 농도는 일정하게 유지된다.

ㄷ. 변화가 일어나지 않는 것처럼 보이는 포화 수용액에서도 염화 나트륨의 용해와 석출은 같은 속도로 끊임없이 일어나고 있다. 따라서 (나) 이후 충분한 시간이 지나면 ^{24}Na는 가라앉아 있는 염화 나트륨 고체와 수용액에 모두 존재한다.

바로알기 ㄱ. (가)는 동적 평형에 도달한 상태이므로 염화 나트륨의 용해 속도와 석출 속도가 같다.

09 (꼼꼼 문제 분석)

용해 평형(동적 평형) 상태 ➡ 용액으로 녹아 들어가는 용질의 양과 석출되는 용질의 양이 같다. ➡ $C_6H_{12}O_6(s)$를 첨가해도 (나)에서 용액 속으로 녹아 들어가는 포도당의 양은 (가)에서와 같다.

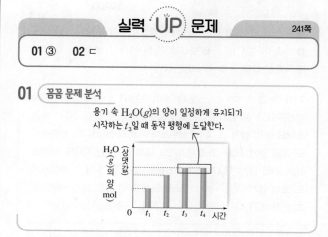

ㄷ. 용액에 녹아 있는 포도당의 양이 (가)와 (나)에서 같으므로 포도당 수용액의 몰 농도는 (가)와 (나)에서 같다.

바로알기 ㄱ, ㄴ. 온도가 일정하고 (가)와 (나)는 모두 용해 평형(동적 평형) 상태이므로 포도당의 용해 속도와 석출 속도는 (가)와 (나)에서 모두 같다.

10 가역 반응은 정반응과 역반응이 모두 일어나므로 용기에 반응물 또는 생성물을 넣고 반응시킨 후 충분한 시간이 지나면 동적 평형에 도달하여 용기 속에는 반응물과 생성물이 함께 존재한다.

(모범 답안) 수소(H_2), 아이오딘(I_2), 아이오딘화 수소(HI). 주어진 반응은 가역 반응이므로 정반응과 역반응이 모두 일어난다. 따라서 충분한 시간이 지나면 정반응과 역반응이 같은 속도로 일어나는 동적 평형에 도달하여 용기 속에는 H_2, I_2, HI가 함께 존재한다.

채점 기준	배점
용기 속에 들어 있는 물질을 모두 쓰고, 그 까닭을 옳게 서술한 경우	100 %
용기 속에 들어 있는 물질만 모두 옳게 쓴 경우	40 %

11 ㄱ, ㄷ. 동적 평형에서는 정반응과 역반응이 같은 속도로 일어나므로 N_2O_4의 생성 속도와 분해 속도가 같고, 용기 속 NO_2와 N_2O_4의 농도가 일정하게 유지된다.

바로알기 ㄴ. 동적 평형에서는 적갈색의 NO_2와 무색의 N_2O_4가 함께 존재한다.

12 t초 이후에는 기체의 색이 변하지 않고 일정해지므로 플라스크 속에 들어 있는 반응물인 N_2O_4의 양(mol)과 생성물인 NO_2의 양(mol)이 일정한 것이다. 따라서 t초에 동적 평형에 도달하였다.

ㄴ. 반응 초기에 N_2O_4를 넣어 반응이 일어날 때 정반응은 기체 분자 수가 증가한다. 따라서 t초 이후에 기체 분자 수는 반응 초기보다 크다.

ㄷ. t초 이후는 동적 평형 상태이므로 반응물인 N_2O_4의 양(mol)과 생성물인 NO_2의 양(mol)이 일정하다.

바로알기 ㄱ. t초 이후는 동적 평형 상태이므로 정반응과 역반응이 멈춘 것이 아니라 같은 속도로 일어난다.

실력 UP 문제

241쪽

01 ③ **02** ㄷ

01 (꼼꼼 문제 분석)

용기 속 $H_2O(g)$의 양이 일정하게 유지되기 시작하는 t_3일 때 동적 평형에 도달한다.

ㄱ. t_3일 때 동적 평형 상태이므로 H_2O의 증발 속도와 응축 속도가 같다.

ㄴ. 일정한 온도에서 $H_2O(l)$의 증발 속도는 일정하고, $H_2O(g)$의 응축 속도는 용기 속 $H_2O(g)$의 양에 비례한다. 이로부터 $H_2O(l)$의 증발 속도는 t_1일 때와 t_2일 때가 같고, $H_2O(g)$의 응축 속도는 t_2일 때가 t_1일 때보다 크다. 따라서 H_2O의 $\dfrac{응축\ 속도}{증발\ 속도}$는 t_2일 때가 t_1일 때보다 크다.

바로알기 ㄷ. t_3일 때와 t_4일 때는 모두 동적 평형 상태이므로 용기 속 $H_2O(g)$의 양(mol)은 t_3일 때와 t_4일 때가 같다.

따라서 $\dfrac{t_3일\ 때\ H_2O(g)의\ 양(mol)}{t_4일\ 때\ H_2O(g)의\ 양(mol)}=1$이다.

02 (꼼꼼 문제 분석)

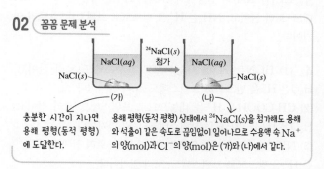

충분한 시간이 지나면 용해 평형(동적 평형)에 도달한다.

용해 평형(동적 평형) 상태에서 $^{24}NaCl(s)$을 첨가해도 용해와 석출이 같은 속도로 끊임없이 일어나므로 수용액 속 Na^+의 양(mol)과 Cl^-의 양(mol)은 (가)와 (나)에서 같다.

ㄷ. (가)와 (나)에서 수용액의 몰 농도는 같으므로 수용액 속 Na^+의 양(mol)은 (가)와 (나)에서 같다. (가)의 수용액 속에는 $^{23}Na^+$만 존재하고 (나)의 수용액 속에는 $^{23}Na^+$과 $^{24}Na^+$이 존재하므로 $^{23}Na^+$의 양(mol)은 (가)에서가 (나)에서보다 크다. 따라서 수용액 속 $^{23}Na^+$의 몰 농도는 (가)에서가 (나)에서보다 크다.

바로알기 ㄱ, ㄴ. (나)는 용해 평형(동적 평형) 상태이므로 NaCl의 용해와 석출이 같은 속도로 일어난다.

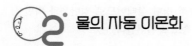

물의 자동 이온화

개념 확인 문제 •

245쪽

❶ 수소(H_2) ❷ 붉은 ❸ 단백질 ❹ 푸른 ❺ 이온
❻ 수소 이온(H^+) ❼ 수산화 이온(OH^-) ❽ 산 ❾ 염기
❿ 양쪽성 물질 ⓫ 수소 이온(H^+)

---

1 (1) ○ (2) × (3) × **2** ㉠ 수소 이온(H^+), ㉡ 산, ㉢ 수산화 이온(OH^-), ㉣ 염기 **3** HCl: 브뢴스테드·로리 산, NH_3: 브뢴스테드·로리 염기 **4** (1) 브뢴스테드·로리 산: HCN, 브뢴스테드·로리 염기: H_2O (2) 브뢴스테드·로리 산: CH_3COOH, 브뢴스테드·로리 염기: H_2O (3) 브뢴스테드·로리 산: NH_4^+, 브뢴스테드·로리 염기: CO_3^{2-} (4) 브뢴스테드·로리 산: HF, 브뢴스테드·로리 염기: $(CH_3)_3N$ **5** H_2O **6** $NH_4^+-NH_3$, H_2O-OH^-

---

1 (1) 물에 녹아 H^+을 내놓는 물질은 아레니우스 산이고, OH^-을 내놓는 물질은 아레니우스 염기이다.
(2) 다른 물질에게 H^+을 내놓는 물질은 브뢴스테드·로리 산이고, 다른 물질로부터 H^+을 받는 물질은 브뢴스테드·로리 염기이다.
(3) 브뢴스테드·로리 산 염기 정의는 수용액이 아닌 조건에서도 산과 염기를 설명할 수 있다.

2 물에 녹아 H^+을 내놓는 물질은 아레니우스 산이고, OH^-을 내놓는 물질은 아레니우스 염기이므로 HCl는 아레니우스 산이고, NaOH은 아레니우스 염기이다.

3 HCl와 NH_3의 반응에서 HCl는 H^+을 내놓으므로 브뢴스테드·로리 산이고, NH_3는 H^+을 받으므로 브뢴스테드·로리 염기이다.

4 (1) HCN는 H^+을 내놓으므로 브뢴스테드·로리 산이고, H_2O은 H^+을 받으므로 브뢴스테드·로리 염기이다.
(2) CH_3COOH은 H^+을 내놓으므로 브뢴스테드·로리 산이고, H_2O은 H^+을 받으므로 브뢴스테드·로리 염기이다.
(3) NH_4^+은 H^+을 내놓으므로 브뢴스테드·로리 산이고, CO_3^{2-}은 H^+을 받으므로 브뢴스테드·로리 염기이다.
(4) HF는 H^+을 내놓으므로 브뢴스테드·로리 산이고, $(CH_3)_3N$은 H^+을 받으므로 브뢴스테드·로리 염기이다.

5 양쪽성 물질은 조건에 따라 산으로 작용할 수도 있고 염기로 작용할 수도 있는 물질이다. HCl와 H_2O의 반응에서 H_2O은 H^+을 받으므로 염기로 작용하고, NH_3와 H_2O의 반응에서 H_2O은 H^+을 내놓으므로 산으로 작용한다. 따라서 양쪽성 물질은 H_2O이다.

$$\overset{\text{짝산 — 짝염기}}{\underset{\text{짝산 — 짝염기}}{NH_3(g)+H_2O(l) \rightleftharpoons NH_4^+(aq)+OH^-(aq)}}$$
염기₁ 산₂ 산₁ 염기₂

정반응에서는 H_2O이 산이고 NH_3가 염기이지만, 역반응에서는 NH_4^+이 산이고 OH^-이 염기이다. 따라서 NH_4^+과 NH_3는 짝산 — 짝염기 관계이고, H_2O과 OH^-도 짝산 — 짝염기 관계이다.

개념 확인 문제 •

248쪽

❶ 물의 자동 이온화 ❷ 물의 이온화 상수(K_w) ❸ 수소 이온 농도 지수(pH) ❹ 작아 ❺ 산성 ❻ 염기성 ❼ 지시약
❽ pH 시험지 ❾ pH 측정기

---

1 (1) ○ (2) × (3) ○ **2** 1×10^{-9} M **3** (1) 산성 (2) 염기성 (3) 염기성 **4** (1) 작다 (2) 커진다 (3) 작아진다 **5** 1×10^{-11} M **6** (1) pH=1, pOH=13 (2) pH=11, pOH=3 **7** (다)>(나)>(가) **8** 1000배

---

1 (1) 물은 H^+을 내놓을 수도 있고 받을 수도 있는 양쪽성 물질이므로 물 분자끼리 H^+을 주고받아 H_3O^+과 OH^-으로 자동 이온화한다.
(2) 순수한 물은 자동 이온화하여 H_3O^+과 OH^-을 1 : 1로 내놓으므로 순수한 물의 $[H_3O^+]$와 $[OH^-]$는 같다.
(3) 25 °C의 순수한 물에서 $[H_3O^+]=[OH^-]=1\times10^{-7}$ M이다.

2 수용액 1 L에 OH^- 1×10^{-5} mol이 녹아 있으므로 수용액의 $[OH^-]$는 1×10^{-5} M이다. 25 °C에서 $[H_3O^+][OH^-]=1\times10^{-14}$이므로 수용액의 $[H_3O^+]$는 1×10^{-9} M이다.

3 25 °C의 중성 용액에서 $[H_3O^+]=[OH^-]=1\times10^{-7}$ M이므로 $[H_3O^+]>1\times10^{-7}$ M인 용액은 산성, $[H_3O^+]<1\times10^{-7}$ M인 용액은 염기성이고, $[OH^-]<1\times10^{-7}$ M인 용액은 산성, $[OH^-]>1\times10^{-7}$ M인 용액은 염기성이다.

4 (1) 산성 용액의 pH는 7보다 작다.
(2) 순수한 물에 염기를 넣으면 수용액의 $[OH^-]$가 $[H_3O^+]$보다 커지므로 pH가 커진다.
(3) pH$=-\log[H_3O^+]$이므로 수용액의 $[H_3O^+]$가 커질수록 pH는 작아진다.

5 pH$=-\log[H_3O^+]$이므로 pH가 3인 산성 용액의 $[H_3O^+]$는 1×10^{-3} M이다. 25 °C에서 $[H_3O^+][OH^-]=1\times10^{-14}$이므로 $[OH^-]$는 1×10^{-11} M이다.

6 (1) pH$=-\log[H_3O^+]=-\log0.1=-\log(1\times10^{-1})=1$이고, 25 °C에서 pH+pOH=14이므로 pOH=13이다.

(2) $pOH = -\log[OH^-] = -\log(1 \times 10^{-3}) = 3$이고, 25 °C에서 $pH + pOH = 14$이므로 $pH = 11$이다.

7 (가)는 HA가 녹아 있는 용액으로, H^+이 OH^-보다 많으므로 산성 용액이다. 따라서 $pH < 7$이다. (나)는 BA가 녹아 있는 용액으로, H^+과 OH^-의 양이 같으므로 중성 용액이다. 따라서 $pH = 7$이다. (다)는 BOH가 녹아 있는 용액으로, OH^-이 H^+보다 많으므로 염기성 용액이다. 따라서 $pH > 7$이다. 이로부터 pH는 (다) > (나) > (가)이다.

8 수용액의 pH가 1씩 작아질수록 수용액의 $[H_3O^+]$는 10배씩 커진다. 탄산음료의 pH는 3이고 우유의 pH는 6이므로 탄산음료의 $[H_3O^+]$는 우유의 $[H_3O^+]$의 1000배이다.

대표 자료 분석

249~250쪽

자료 ① 1 브뢴스테드·로리 산: HCl, 브뢴스테드·로리 염기: H_2O 2 OH^- 3 브뢴스테드·로리 산: H_2O, 브뢴스테드·로리 염기: HCO_3^- 4 (1) ○ (2) × (3) ○ (4) × (5) ○ (6) ×

자료 ② 1 (가) 염기성 (나) 중성 (다) 산성 2 (가) 8 (나) 7 (다) 6 3 (가) 1×10^{-6} M (나) 1×10^{-7} M (다) 1×10^{-8} M 4 (1) × (2) ○ (3) × (4) ○ (5) ○ (6) ×

자료 ③ 1 $[H_3O^+] = [OH^-]$ 2 1×10^{-10} M 3 1×10^{-11} M 4 (1) ○ (2) ○ (3) × (4) ×

자료 ④ 1 $1 \times 10^{-7.5}$ M 2 1×10^{-8} M 3 6 4 (1) ○ (2) ○ (3) × (4) ○

1-1 꼼꼼 문제 분석

(가) $HCl(g) + H_2O(l) \longrightarrow Cl^-(aq) + H_3O^+(aq)$
　　　산　　　염기
(나) $HCO_3^-(aq) + H_2O(l)$
　　　염기　　　　산
　　　　$\longrightarrow H_2CO_3(aq) + \boxed{\ ㉠\ }(aq)$ OH^-
(다) $HCO_3^-(aq) + HCl(aq)$
　　　염기　　　산
　　　　$\longrightarrow H_2CO_3(aq) + Cl^-(aq)$

(가)에서 HCl는 H^+을 내놓으므로 브뢴스테드·로리 산이고, H_2O은 H^+을 받으므로 브뢴스테드·로리 염기이다.

1-2 (나)에서 반응 전후 원자의 종류와 수, 전하량의 총합이 같도록 ㉠의 화학식을 완성하면 OH^-이다.

1-3 (나)에서 H_2O은 H^+을 내놓으므로 브뢴스테드·로리 산이고, HCO_3^-은 H^+을 받으므로 브뢴스테드·로리 염기이다.

1-4 (1) (가)에서 HCl는 H^+을 내놓고 Cl^-이 된다.
(2) (나)에서 H_2O은 H^+을 내놓고 OH^-이 된다.
(3) (다)에서 HCl은 H^+을 내놓으므로 브뢴스테드·로리 산이다.
(4) H_2O은 (가)에서는 브뢴스테드·로리 염기이고, (나)에서는 브뢴스테드·로리 산이다.
(5) H_2O은 (가)에서 브뢴스테드·로리 염기이고, (나)에서 브뢴스테드·로리 산이므로 (가)와 (나)에서 H_2O이 양쪽성 물질로 작용한다.
(6) (나)와 (다)에서 HCO_3^-은 모두 H^+을 받으므로 브뢴스테드·로리 염기이다.

2-1 꼼꼼 문제 분석

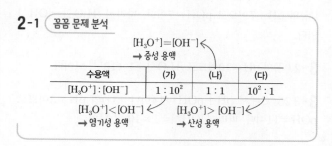

$[H_3O^+] = [OH^-]$ ← → 중성 용액

수용액	(가)	(나)	(다)
$[H_3O^+] : [OH^-]$	$1 : 10^2$	$1 : 1$	$10^2 : 1$

$[H_3O^+] < [OH^-]$ → 염기성 용액　　$[H_3O^+] > [OH^-]$ → 산성 용액

2-2 (가)에서 $[H_3O^+]$를 x M이라고 하면 $[OH^-]$는 $100x$ M이므로 $[H_3O^+][OH^-] = 100x^2 = 1 \times 10^{-14}$이다. 따라서 $x = 1 \times 10^{-8}$이므로 $[H_3O^+] = 1 \times 10^{-8}$ M이다. 이로부터 $pH = -\log[H_3O^+] = -\log(1 \times 10^{-8}) = 8$이다.
(나)에서 $[H_3O^+]$를 x M이라고 하면 $[OH^-]$도 x M이므로 $[H_3O^+][OH^-] = x^2 = 1 \times 10^{-14}$이다. 따라서 $x = 1 \times 10^{-7}$이므로 $[H_3O^+] = 1 \times 10^{-7}$ M이다. 이로부터 $pH = 7$이다.
(다)에서 $[OH^-]$를 y M이라고 하면 $[H_3O^+]$는 $100y$ M이므로 $[H_3O^+][OH^-] = 100y^2 = 1 \times 10^{-14}$이다. 따라서 $y = 1 \times 10^{-8}$이므로 $[OH^-] = 1 \times 10^{-8}$ M이다. 이로부터 $[H_3O^+] = 1 \times 10^{-6}$ M이므로 $pH = 6$이다.

2-3 (가)에서 $[H_3O^+] = 1 \times 10^{-8}$ M이므로 $[OH^-] = 1 \times 10^{-6}$ M이다. (나)에서 $[OH^-] = [H_3O^+] = 1 \times 10^{-7}$ M이고, (다)에서 $[OH^-] = 1 \times 10^{-8}$ M이다.

2-4 (1) (가)는 염기성이므로 $pH > 7$이다.
(2) (나)는 중성이고, (다)는 산성이므로 pH는 (나) > (다)이다.
(3) (나)는 중성으로 $[H_3O^+] = [OH^-]$이므로 $[H_3O^+] = 1 \times 10^{-7}$ M이다.
(4) (다)는 산성으로 $[H_3O^+] > [OH^-]$이므로 $[OH^-] < 1 \times 10^{-7}$ M이다.
(5) (가)의 $[H_3O^+]$는 1×10^{-8} M이고, (나)의 $[H_3O^+]$는 1×10^{-7} M이므로 $[H_3O^+]$의 비는 (가) : (나) = 1 : 10이다.
(6) (가)의 $[OH^-]$는 1×10^{-6} M이고, (다)의 $[OH^-]$는 1×10^{-8} M이므로 $[OH^-]$의 비는 (가) : (다) $= 10^2 : 1$이다.

3-1 꼼꼼 문제 분석

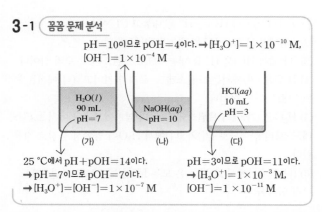

pH=10이므로 pOH=4이다. → $[H_3O^+]=1\times10^{-10}$ M, $[OH^-]=1\times10^{-4}$ M

H$_2$O(l) 90 mL pH=7 (가)
NaOH(aq) pH=10 (나)
HCl(aq) 10 mL pH=3 (다)

25 °C에서 pH+pOH=14이다.
→ pH=7이므로 pOH=7이다.
→ $[H_3O^+]=[OH^-]=1\times10^{-7}$ M

pH=3이므로 pOH=11이다.
→ $[H_3O^+]=1\times10^{-3}$ M, $[OH^-]=1\times10^{-11}$ M

(가)의 pH=7이므로 pOH=7이다. 따라서 $[H_3O^+]=[OH^-]$이다.

3-2 (나)의 pH=10이므로 $[H_3O^+]=1\times10^{-10}$ M이다.

3-3 25 °C에서 pH+pOH=14이다. (다)의 pH=3이므로 pOH=11이다. 따라서 $[OH^-]=1\times10^{-11}$ M이다.

3-4 (1) (가)의 pH=7이므로 $[H_3O^+]=1\times10^{-7}$ M이다.
(2) 25 °C에서 pH+pOH=14이다. (나)의 pH=10이므로 pOH=4이다. 따라서 $[OH^-]=1\times10^{-4}$ M이다.
(3) (다)에서 pH=3이므로 $[H_3O^+]=1\times10^{-3}$ M이고, 용액의 부피가 10 mL이므로 H_3O^+의 양(mol)은 1×10^{-3} M $\times\,1\times10^{-2}$ L $=1\times10^{-5}$ mol이다.
(4) (다)의 pH=3이고, (가)와 (다)를 모두 혼합한 수용액의 부피는 100 mL(=90 mL+10 mL)이므로 (다)를 $\dfrac{1}{10}$로 희석한 용액이다. 따라서 혼합 용액의 pH=4이다.

4-1 꼼꼼 문제 분석

수용액	(가)	(나)	(다)
$\dfrac{[H_3O^+]}{[OH^-]}$	$\dfrac{1}{10}$	100	1
부피(L)		V	$100V$
$[H_3O^+]$: $[OH^-]$	1 : 10	100 : 1	1 : 1

(가)에서 $[H_3O^+]$를 x M이라고 하면 $[OH^-]$는 $10x$ M이므로 $[H_3O^+][OH^-]=10x^2=1\times10^{-14}$이고, $x=1\times10^{-7.5}$이다.

4-2 (나)에서 $[OH^-]$를 y M이라고 하면 $[H_3O^+]$는 $100y$ M이므로 $[H_3O^+][OH^-]=100y^2=1\times10^{-14}$이다. 따라서 $y=1\times10^{-8}$이므로 $[OH^-]=1\times10^{-8}$ M이다.

4-3 (나)에서 $[OH^-]=1\times10^{-8}$ M이므로 $[H_3O^+]=1\times10^{-6}$ M이다. 따라서 pH$=-\log[H_3O^+]=-\log(1\times10^{-6})=6$이다.

4-4 (1) (다)에서 $[H_3O^+]=[OH^-]$이므로 (다)는 중성 용액이다.

(2) (가)의 pH$=-\log(1\times10^{-7.5})=7.5$이고, (나)의 pH$=-\log(1\times10^{-6})=6$이므로 $\dfrac{(가)의\ pH}{(나)의\ pH}>1$이다.

(3) (가)의 $[H_3O^+]=1\times10^{-7.5}$ M이고, (나)의 $[H_3O^+]=1\times10^{-6}$ M이므로 $\dfrac{(가)의\ [H_3O^+]}{(나)의\ [H_3O^+]}=1\times10^{-1.5}$이다.

(4) (나)에서 $[H_3O^+]$는 1×10^{-6} M이고 부피는 V L이므로 H_3O^+의 양(mol)은 $(1\times10^{-6}\times V)$ mol이다. (다)에서 $[H_3O^+]$는 1×10^{-7} M이고 부피는 $100V$ L이므로 H_3O^+의 양(mol)은 $(1\times10^{-7}\times100V)$ mol $=(1\times10^{-5}\times V)$ mol이다. 따라서 $\dfrac{(나)의\ H_3O^+의\ 양(mol)}{(다)의\ H_3O^+의\ 양(mol)}=\dfrac{(1\times10^{-6}\times V)\ mol}{(1\times10^{-5}\times V)\ mol}=\dfrac{1}{10}$이다.

내신 만점 문제
251~254쪽

01 ② **02** ㄴ, ㄷ **03** ④ **04** ③ **05** ③ **06** ④
07 ㄱ, ㄴ, ㄷ **08** 해설 참조 **09** ③ **10** ③ **11** ②
12 ③ **13** ③ **14** 13 **15** ② **16** ② **17** ③ **18** ③
19 ④ **20** ②

01 꼼꼼 문제 분석

수용액	A	B	C	D
리트머스 종이의 색 변화	붉은색 → 푸른색	푸른색 → 붉은색	푸른색 → 붉은색	붉은색 → 푸른색
마그네슘 조각과의 반응	변화 없음	기체 발생	기체 발생	변화 없음

산성 용액 ← B, C
염기성 용액 ← A, D

ㄴ. 염산과 B 수용액은 모두 산성 용액이므로 공통된 성질을 나타낸다.
바로알기 ㄱ. A 수용액의 액성은 염기성이다.
ㄷ. C 수용액은 산성 용액이므로 페놀프탈레인 용액을 떨어뜨려도 색 변화가 없지만, D 수용액은 염기성 용액이므로 페놀프탈레인 용액을 떨어뜨리면 붉은색으로 변한다.

02 ㄴ. 브뢴스테드·로리 산 염기 정의는 H^+의 이동으로 산과 염기를 정의하여 아레니우스 정의로 설명할 수 없는 산과 염기를 설명할 수 있으므로 더 넓은 개념의 정의이다.
ㄷ. 브뢴스테드·로리 산은 H^+을 내놓는 물질이고, 브뢴스테드·로리 염기는 H^+을 받는 물질이다.
바로알기 ㄱ. 아레니우스 산 염기 정의는 수용액인 조건에서만 적용할 수 있다.

03 ④ H_2O은 CH_3NH_2에게 H^+을 내놓으므로 브뢴스테드·로리 산이다.

바로알기 ① H_2O은 HCN으로부터 H^+을 받으므로 브뢴스테드·로리 염기이다.

② H_2O은 NH_4^+으로부터 H^+을 받으므로 브뢴스테드·로리 염기이다.

③ H_2O은 H_2CO_3으로부터 H^+을 받으므로 브뢴스테드·로리 염기이다.

⑤ H_2O은 HCOOH으로부터 H^+을 받으므로 브뢴스테드·로리 염기이다.

04 ㄱ. (가)에서 NH_3는 H_2O로부터 H^+을 받으므로 브뢴스테드·로리 염기이다.

ㄴ. (나)에서 HCl는 H_2O에게 H^+을 내놓으므로 브뢴스테드·로리 산이다.

바로알기 ㄷ. H_2O은 (가)에서는 NH_3에게 H^+을 내놓으므로 브뢴스테드·로리 산이고, (나)에서는 HCl로부터 H^+을 받으므로 브뢴스테드·로리 염기이다.

05 ㄱ. (나)와 (다)에서 반응 전후 원자의 종류와 수, 전하량의 총합이 같도록 ㉠의 화학식을 완성하면 OH^-이다.

ㄴ. (나)에서 HS^-은 H_2O로부터 H^+을 받아 H_2S가 되므로 브뢴스테드·로리 염기이다.

바로알기 ㄷ. H_2O은 (가)에서는 H_2CO_3으로부터 H^+을 받으므로 브뢴스테드·로리 염기이고, (나)와 (다)에서는 각각 HS^-과 $(CH_3)_3N$에게 H^+을 내놓으므로 브뢴스테드·로리 산이다.

06 (가)에서는 H_2O이 HNO_3으로부터 H^+을 받으므로 브뢴스테드·로리 염기이다. (나)에서는 HCO_3^-이 H_2O로부터 H^+을 받으므로 브뢴스테드·로리 염기이다. (다)에서는 H_2O이 HSO_4^-으로부터 H^+을 받으므로 브뢴스테드·로리 염기이다.

07 ㄱ. (가)에서 반응 전후 원자의 종류와 수가 같도록 X의 화학식을 완성하면 NaOH이다. NaOH은 수용액에서 OH^-을 내놓으므로 아레니우스 염기이다.

ㄴ. (나)에서 H_2O은 NH_3에게 H^+을 내놓으므로 브뢴스테드·로리 산이다.

ㄷ. (나)와 (다)에서 NH_3는 각각 H_2O과 HCl로부터 H^+을 받으므로 모두 브뢴스테드·로리 염기이다.

08 **모범 답안** $H_2PO_4^-$과 H_2O, 첫 번째 반응에서 $H_2PO_4^-$은 브뢴스테드·로리 산이고, H_2O은 브뢴스테드·로리 염기이다. 두 번째 반응에서 $H_2PO_4^-$은 브뢴스테드·로리 염기이고, H_2O은 브뢴스테드·로리 산이다. 따라서 $H_2PO_4^-$과 H_2O은 양쪽성 물질이다.

채점 기준	배점
2가지 양쪽성 물질을 모두 쓰고, 그 까닭을 옳게 서술한 경우	100 %
1가지 양쪽성 물질만 쓰고, 그 까닭을 옳게 서술한 경우	50 %
2가지 양쪽성 물질만 모두 옳게 쓴 경우	30 %

09 ㄱ. (가)에서 HCN는 H_2O에게 H^+을 내놓고 CN^-이 된다.

ㄷ. H_2O은 (가)에서는 HCN로부터 H^+을 받는 브뢴스테드·로리 염기이고, (나)에서는 CO_3^{2-}에게 H^+을 내놓는 브뢴스테드·로리 산이다. 따라서 H_2O은 반응 조건에 따라 산과 염기로 작용하는 양쪽성 물질이다.

바로알기 ㄴ. (나)에서 CO_3^{2-}은 H_2O로부터 H^+을 받으므로 브뢴스테드·로리 염기이다.

10 ① 순수한 물은 자동 이온화하여 H_3O^+과 OH^-을 $1:1$로 내놓으므로 순수한 물의 $[H_3O^+]$와 $[OH^-]$는 같다.

② 물의 이온화 상수(K_w)는 일정한 온도에서 그 값이 일정하므로 $[H_3O^+]$와 $[OH^-]$는 반비례 관계이다($[H_3O^+]=\dfrac{K_w}{[OH^-]}$). 따라서 순수한 물에 황산을 넣은 수용액은 산성이므로 수용액에서 $[H_3O^+]$는 $[OH^-]$보다 크다.

④ 25 °C에서 $[H_3O^+][OH^-]=1\times10^{-14}$이므로 pH와 pOH의 합은 14이다.

⑤ 25 °C에서 pH$=7$인 수용액의 액성은 중성이고, pH<7인 수용액의 액성은 산성, pH>7인 수용액의 액성은 염기성이다.

바로알기 ③ $pH=-\log[H_3O^+]$이므로 $[H_3O^+]$가 커질수록 pH는 작아진다.

11 0.01 M 염산에서 $[H_3O^+]$는 염산의 농도와 같은 0.01 M($=1\times10^{-2}$ M)이고, 25 °C에서 $[H_3O^+][OH^-]=1\times10^{-14}$이므로 $[OH^-]$는 1×10^{-12} M이다.

12 ㄱ. 25 °C의 순수한 물에서 $[OH^-]=1\times10^{-7}$ M$=[H_3O^+]$이다.

ㄷ. 산성 용액에서 $[H_3O^+]>1\times10^{-7}$ M$>[OH^-]$이므로 $[H_3O^+]$는 1×10^{-7} M보다 크다.

바로알기 ㄴ. 물의 자동 이온화 반응에서 K_w가 1×10^{-14}로 매우 작은 것으로 보아 물은 매우 일부분만 이온화한다는 것을 알 수 있다. 따라서 생성물의 양(mol)은 반응물의 양(mol)보다 매우 작다.

13 **꼼꼼 문제 분석**

A의 $[H_3O^+]$가 1×10^{-8} M이고, 25 °C에서 $[H_3O^+][OH^-]=1\times10^{-14}$이므로 $[OH^-]$는 1×10^{-6} M이다.

C의 $[OH^-]$가 1×10^{-8} M이고, 25 °C에서 $[H_3O^+][OH^-]=1\times10^{-14}$이므로 $[H_3O^+]$는 1×10^{-6} M이다.

수용액	A	B	C
$[H_3O^+]$(M)	1×10^{-8}	1×10^{-3}	1×10^{-6}
$[OH^-]$(M)	1×10^{-6}	1×10^{-11}	1×10^{-8}
pH	8	3	6

B의 pH$=3$이고, $pH=-\log[H_3O^+]$이므로 $[H_3O^+]=1\times10^{-3}$ M이다. 25 °C에서 $[H_3O^+][OH^-]=1\times10^{-14}$이므로 $[OH^-]=1\times10^{-11}$ M이다.

ㄱ. A의 $[H_3O^+]$가 1×10^{-8} M이므로 $[OH^-]$는 1×10^{-6} M이다.

ㄴ. B의 pH가 3이므로 B는 산성 용액이다.

바로알기 ㄷ. A의 $[H_3O^+]$는 1×10^{-8} M이므로 pH$=-\log(1 \times 10^{-8})=8$이다. C의 $[H_3O^+]$는 1×10^{-6} M이므로 pH$=-\log(1 \times 10^{-6})=6$이다. 따라서 A와 C의 pH는 서로 다르다.

14 NaOH 20 g은 $\dfrac{20\,\mathrm{g}}{40\,\mathrm{g/mol}}=0.5$ mol이다. 즉, NaOH 0.5 mol을 물에 녹여 5 L의 NaOH 수용액을 만들었으므로 $[OH^-]=\dfrac{0.5\,\mathrm{mol}}{5\,\mathrm{L}}=0.1$ M이다. 25 °C에서 $[H_3O^+][OH^-]=1 \times 10^{-14}$이므로 $[H_3O^+]$는 1×10^{-13} M이다. 따라서 NaOH 수용액의 pH$=-\log(1 \times 10^{-13})=13$이다.

15 꼼꼼 문제 분석

구분	수용액	부피(L)	pH	$[H_3O^+]$
(가)	HCl(aq)	1	2	1×10^{-2} M
(나)	NaOH(aq)	2	12	1×10^{-12} M

ㄷ. (가)의 pH는 2이므로 $[H_3O^+]$는 1×10^{-2} M이다. (나)의 pH는 12이므로 $[H_3O^+]$는 1×10^{-12} M이고, 25 °C에서 $[H_3O^+][OH^-]=1 \times 10^{-14}$이므로 $[OH^-]$는 1×10^{-2} M이다. 따라서 (가)의 $[H_3O^+]$와 (나)의 $[OH^-]$는 모두 1×10^{-2} M로 서로 같다.

바로알기 ㄱ. (가)의 pH는 2이므로 (가)의 액성은 산성이다.

ㄴ. (나)의 $[OH^-]$는 1×10^{-2} M($=0.01$ M)이고, 용액의 부피는 2 L이므로 (나)에 들어 있는 OH^-의 양(mol)은 0.01 M$\times$ 2 L$=0.02$ mol이다.

16 꼼꼼 문제 분석

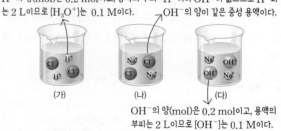

H^+의 양(mol)은 0.2 mol이고, 용액의 부피는 2 L이므로 $[H_3O^+]$는 0.1 M이다.

H^+이나 OH^-이 없으므로 H^+과 OH^-의 양이 같은 중성 용액이다.

OH^-의 양(mol)은 0.2 mol이고, 용액의 부피는 2 L이므로 $[OH^-]$는 0.1 M이다.

(가)의 $[H_3O^+]$는 0.1 M이므로 pH는 1이다. (나)는 중성 용액이므로 $[H_3O^+]$는 1×10^{-7} M이고, pH는 7이다. (다)의 $[OH^-]$는 0.1 M이므로 pOH는 1이다. 25 °C에서 pH$+$pOH$=14$이므로 (다)의 pH는 13이다.

17 ㄱ. A 수용액의 pH가 13이므로 $[H_3O^+]$는 1×10^{-13} M이고, 25 °C에서 $[H_3O^+][OH^-]=1 \times 10^{-14}$이므로 $[OH^-]$는 0.1 M이다. 따라서 $[OH^-]>[H_3O^+]$이다.

ㄷ. C 수용액의 pH가 7이므로 $[H_3O^+]=[OH^-]=1 \times 10^{-7}$ M 이다.

바로알기 ㄴ. B 수용액은 pH가 3이므로 산성 용액이다.

18 꼼꼼 문제 분석

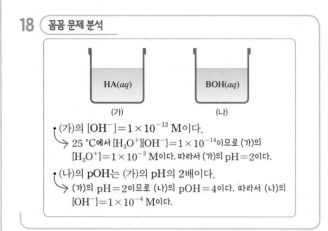

HA(aq) (가)   BOH(aq) (나)

• (가)의 $[OH^-]=1 \times 10^{-12}$ M이다.
  ↳ 25 °C에서 $[H_3O^+][OH^-]=1 \times 10^{-14}$이므로 (가)의 $[H_3O^+]=1 \times 10^{-2}$ M이다. 따라서 (가)의 pH$=2$이다.

• (나)의 pOH는 (가)의 pH의 2배이다.
  ↳ (가)의 pH$=2$이므로 (나)의 pOH$=4$이다. 따라서 (나)의 $[OH^-]=1 \times 10^{-4}$ M이다.

ㄱ. (가)에서 $[OH^-]=1 \times 10^{-12}$ M이고, $[H_3O^+]=1 \times 10^{-2}$ M이다. 따라서 $\dfrac{[H_3O^+]}{[OH^-]}=\dfrac{1 \times 10^{-2}\,\mathrm{M}}{1 \times 10^{-12}\,\mathrm{M}}=1 \times 10^{10}$이다.

ㄴ. (나)의 $[OH^-]=1 \times 10^{-4}$ M이고, 25 °C에서 $[H_3O^+][OH^-]=1 \times 10^{-14}$이므로 $[H_3O^+]=1 \times 10^{-10}$ M이다. 따라서 (나)의 pH$=10$이다.

바로알기 ㄷ. (가)의 $[H_3O^+]=1 \times 10^{-2}$ M이고, (나)의 $[H_3O^+]=1 \times 10^{-10}$ M이므로 $\dfrac{(가)의\ [H_3O^+]}{(나)의\ [H_3O^+]}=\dfrac{1 \times 10^{-2}\,\mathrm{M}}{1 \times 10^{-10}\,\mathrm{M}}=1 \times 10^8$이다.

19 꼼꼼 문제 분석

수용액	$[OH^-]$(M)	$[H_3O^+]$(M)	pH	pOH
(가)	1×10^{-2}	1×10^{-12}	x 12	2
(나)	y	1×10^{-4}	4	10
	1×10^{-10}			

ㄴ. (나)의 pH는 4이므로 (나)의 pOH는 10이다. 따라서 (나)의 $[OH^-]=1 \times 10^{-10}$ M이므로 $y=1 \times 10^{-10}$이다.

ㄷ. (가)의 $[OH^-]=1 \times 10^{-2}$ M이므로 $[H_3O^+]=1 \times 10^{-12}$ M이다. 또, (나)의 pH가 4이므로 pOH는 10이고, $[OH^-]=1 \times 10^{-10}$ M이므로 $[H_3O^+]=1 \times 10^{-4}$ M이다. 따라서 $\dfrac{(가)의\ [H_3O^+]}{(나)의\ [H_3O^+]}=\dfrac{1 \times 10^{-12}\,\mathrm{M}}{1 \times 10^{-4}\,\mathrm{M}}=1 \times 10^{-8}$이다.

바로알기 ㄱ. (가)의 $[H_3O^+]=1 \times 10^{-12}$ M이므로 pH$=12$이다. 따라서 $x=12$이다.

20 ② 우유의 pH는 6이므로 $[H_3O^+]$는 1×10^{-6} M이다. 따라서 우유의 $[H_3O^+]$는 1×10^{-7} M보다 크다.

바로알기 ① pH가 작을수록 산성이 강하므로 산성이 가장 강한 물질은 레몬즙이다.

③ 비눗물의 pH는 10이므로 $[H_3O^+]$는 1×10^{-10} M이다. 25 °C에서 $[H_3O^+][OH^-]=1 \times 10^{-14}$이므로 $[OH^-]$는 1×10^{-4} M이다.
④ pH$=-\log[H_3O^+]$이므로 pH가 클수록 $[H_3O^+]$가 작다. 하수구 세정제의 pH는 베이킹 소다 수용액의 pH보다 크므로 하수구 세정제의 $[H_3O^+]$는 베이킹 소다 수용액의 $[H_3O^+]$보다 작다.
⑤ 수용액의 pH가 1씩 작아질수록 수용액의 $[H_3O^+]$는 10배씩 커진다. 커피의 pH는 5이고, 증류수의 pH는 7이므로 커피의 $[H_3O^+]$는 증류수의 $[H_3O^+]$의 100배이다.

실력 UP 문제

255쪽

01 ③ **02** ① **03** ④ **04** ②

01 반응 전후 원자의 종류와 수가 같도록 화학식 ㉠~㉢을 완성하면 각각 HCl, CH_3OH, HI이다.
첫 번째 반응에서 HCl는 NH_3에게 H^+을 내놓으므로 브뢴스테드·로리 산이다. 두 번째 반응에서 CH_3OH은 HBr에게 H^+을 받으므로 브뢴스테드·로리 염기이다. 세 번째 반응에서 HI는 $(CH_3)_3N$에게 H^+을 내놓으므로 브뢴스테드·로리 산이다.

02 꼼꼼 문제 분석

(가)는 0.1 M HCl(aq)이므로 $[H_3O^+]=0.1$ M이며, (가)의 0.1 M HCl(aq) x mL에 들어 있는 HCl의 양(mol)과 (나)에 들어 있는 HCl의 양(mol)은 같다.

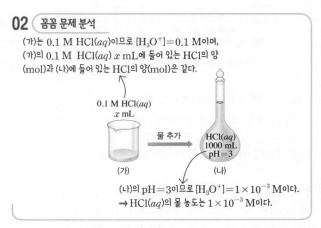

(나)의 pH=3이므로 $[H_3O^+]=1 \times 10^{-3}$ M이다.
→ HCl(aq)의 몰 농도는 1×10^{-3} M이다.

ㄱ. (나)의 HCl(aq)의 pH가 3이므로 HCl(aq)의 몰 농도는 1×10^{-3} M($=0.001$ M)이다. (가)에 물을 추가하여 희석하더라도 용액 속 용질의 양(mol)은 일정하므로 0.1 M$\times x$ mL$=0.001$ M$\times 1000$ mL이다. 따라서 $x=10$이다.
바로알기 ㄴ. 25 °C에서 $[H_3O^+][OH^-]=1 \times 10^{-14}$이다. 이로부터 (가)의 $[H_3O^+]=0.1$ M이므로 $[OH^-]=1 \times 10^{-13}$ M이고, (나)의 $[H_3O^+]=1 \times 10^{-3}$ M이므로 $[OH^-]=1 \times 10^{-11}$ M이다. 따라서 $[OH^-]$는 (나)에서가 (가)에서의 100배이다.
ㄷ. (가)의 $[H_3O^+]=0.1$ M이므로 pH=1이다. 또, (나)의 $[H_3O^+]=1 \times 10^{-3}$ M이므로 pH=3이다. 이때 25 °C에서 pH+pOH=14이므로 pOH=11이다. 따라서 (나)의 pOH−(가)의 pH=11−1=10이다.

03 꼼꼼 문제 분석

(나)는 염기성이므로 pH>7, pOH<7이다. → (나)의 pOH=5이다.

수용액	(가)	(나)	(다)
pH 또는 pOH	3	5	10
부피(mL)	200	500	400
수용액의 액성	산성	염기성	산성

(가)는 산성이므로 pH<7, pOH>7이다. → (가)의 pH=3이다.
(다)는 산성이므로 pH<7, pOH>7이다. → (다)의 pOH=10이다.

ㄴ. (가)의 pH=3이므로 $[H_3O^+]=1 \times 10^{-3}$ M이다. 또, (나)의 pOH=5이며, 25 °C에서 pH+pOH=14이므로 pH=9이다. 이로부터 (나)의 $[H_3O^+]=1 \times 10^{-9}$ M이다. 따라서 $\dfrac{\text{(가)의 } [H_3O^+]}{\text{(나)의 } [H_3O^+]}=\dfrac{1 \times 10^{-3} \text{ M}}{1 \times 10^{-9} \text{ M}}=1 \times 10^6$이다.
ㄷ. (가)의 $[H_3O^+]=1 \times 10^{-3}$ M이고, 부피는 0.2 L이므로 (가)에 들어 있는 H_3O^+의 양(mol)은 1×10^{-3} M$\times 0.2$ L$=2 \times 10^{-4}$ mol이다. 또, (다)의 pOH=10이며, 25 °C에서 pH+pOH=14이므로 pH=4이다. 이로부터 (다)의 $[H_3O^+]=1 \times 10^{-4}$ M이고, 부피는 0.4 L이므로 (다)에 들어 있는 H_3O^+의 양(mol)은 1×10^{-4} M$\times 0.4$ L$=4 \times 10^{-5}$ mol이다. 따라서 H_3O^+의 양(mol)은 (가)가 (다)의 5배이다.
바로알기 ㄱ. (나)의 $[H_3O^+]=1 \times 10^{-9}$ M이고, 25 °C에서 $[H_3O^+][OH^-]=1 \times 10^{-14}$이므로 $[OH^-]=1 \times 10^{-5}$ M이다. 따라서 (나)에서 $\dfrac{[H_3O^+]}{[OH^-]}=\dfrac{1 \times 10^{-9} \text{ M}}{1 \times 10^{-5} \text{ M}}=1 \times 10^{-4}$이다.

04 꼼꼼 문제 분석

(나)의 pOH=13이다. → pH=1이다.
→ $[H_3O^+]=0.1$ M이고, $[OH^-]=1 \times 10^{-13}$ M이다.

수용액	(가)	(나)	(다)
pOH	2	13	12
부피(mL)	100	200	100
$[H_3O^+]$(M)	1×10^{-12}	0.1	1×10^{-2}

(가)에서 $[H_3O^+]=1 \times 10^{-12}$ M이다. → pH=12이고, $[OH^-]=1 \times 10^{-2}$ M이다. → pOH=2이다.
(다)에서 $[H_3O^+]=1 \times 10^{-2}$ M이다. → pH=2이고, $[OH^-]=1 \times 10^{-12}$ M이다. → pOH=12이다.

ㄴ. (가)의 pOH=2이고, (다)의 pH=2이므로 $\dfrac{\text{(가)의 pOH}}{\text{(다)의 pH}}=1$이다.
바로알기 ㄱ. (나)의 $[H_3O^+]=0.1$ M이고, 부피가 0.2 L이므로 H_3O^+의 양(mol)은 0.1 M$\times 0.2$ L$=0.02$ mol이다.
ㄷ. (나)의 $[H_3O^+]=0.1$ M이고, 부피는 0.2 L이므로 (나)에 들어 있는 H_3O^+의 양(mol)은 0.1 M$\times 0.2$ L$=2 \times 10^{-2}$ mol이다. (다)의 $[H_3O^+]=0.01$ M이고 부피가 0.1 L이므로 (다)에 들어 있는 H_3O^+의 양(mol)은 0.01 M$\times 0.1$ L$=1 \times 10^{-3}$ mol이다. 따라서 용액 속 H_3O^+의 양(mol)은 (나)가 (다)의 20배이다.

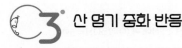

3 산 염기 중화 반응

261쪽

개념 확인 문제

❶ 중화 반응 ❷ 알짜 이온 반응식 ❸ 구경꾼 이온 ❹ 염
❺ 수소 이온(H^+) ❻ 수산화 이온(OH^-) ❼ 중화 적정
❽ 표준 용액 ❾ 중화점

1 (1) × (2) ○ (3) ○ **2** H_2O **3** (1) $H^+(aq) + OH^-(aq) \longrightarrow$ $H_2O(l)$ (2) Na^+, SO_4^{2-} **4** 25 mL **5** 0.05 M **6** (1) (가) 염기성 (나) 염기성 (다) 중성 (라) 산성 (2) (다) (3) (가) 파란색 (나) 파란색 (다) 초록색 (라) 노란색

1 (1) 산의 종류에 따라 음이온이 다르고, 염기의 종류에 따라 양이온이 다르므로 중화 반응으로 생성되는 염의 종류는 반응하는 산과 염기의 종류에 따라 달라진다.
(2) 중화 반응에서 산의 H^+과 염기의 OH^-은 1 : 1의 몰비로 반응한다.
(3) 지시약은 용액의 pH에 따라 색이 변하므로 지시약을 사용하면 중화점을 찾을 수 있다.

2 산 염기 중화 반응에서 반응하는 산과 염기의 종류에 관계없이 항상 물이 생성되므로 두 반응에서 공통된 생성물은 H_2O이다.

3 (1) 알짜 이온 반응식은 실제 반응에 참여한 이온만으로 나타낸 화학 반응식이다.
(2) 구경꾼 이온은 반응에 참여하지 않고 반응 후에도 용액에 그대로 남아 있는 이온이다.

4 0.1 M $HCl(aq)$ 100 mL를 완전히 중화하는 데 필요한 0.2 M $Ca(OH)_2$ 수용액의 최소 부피를 x라고 하면 중화 반응의 양적 관계는 다음과 같다.
$1 \times 0.1\,M \times 100\,mL = 2 \times 0.2\,M \times x$, $x = 25\,mL$

5 $HCl(aq)$ 20 mL를 적정하는 데 사용한 0.1 M NaOH 수용액의 부피가 10 mL이므로 $HCl(aq)$의 몰 농도를 x라고 하면 중화 반응의 양적 관계는 다음과 같다.
$1 \times x \times 20\,mL = 1 \times 0.1\,M \times 10\,mL$, $x = 0.05\,M$

6 (1) (가)와 (나)는 용액 속에 OH^-이 있으므로 염기성, (다)는 용액 속에 H^+이나 OH^-이 없으므로 중성, (라)는 용액 속에 H^+이 있으므로 산성이다.
(2) 중화 반응이 완결된 용액은 H^+과 OH^-이 모두 반응한 용액으로 (다)이다.
(3) BTB 용액은 산성 용액에서 노란색, 중성 용액에서 초록색, 염기성 용액에서 파란색을 나타낸다.

대표 자료 분석

262~263쪽

자료 ❶ **1** $\frac{1}{2}$ **2** $\frac{1}{2}$과 같다. **3** A: $Z(OH)_2$ 수용액, B: YOH 수용액 **4** I: 산성, II: 산성 **5** 양이온: H^+, Z^{2+}, 음이온: X^{2-} **6** H^+: $(0.6V - 10a) \times 10^{-3}$ mol, Z^{2+}: $5a \times 10^{-3}$ mol, X^{2-}: $0.3V \times 10^{-3}$ mol **7** (1) × (2) ○ (3) ○ (4) ×

자료 ❷ **1** (가) 산성 (나) 산성 **2** H^+, A^{2-}, Na^+ **3** H^+ **4** (1) × (2) × (3) ○ (4) ○

자료 ❸ **1** 0.1 M **2** 20 **3** 뷰렛 **4** (1) ○ (2) × (3) ○

1-1 꼼꼼 문제 분석

- H_2X 수용액에는 H^+과 X^{2-}이 2 : 1의 몰비로 존재하므로 $\dfrac{\text{음이온 수}}{\text{양이온 수}} = \dfrac{1}{2}$이다.
- H_2X 수용액에 1가 염기인 YOH 수용액을 중화점까지 넣을 때는 넣어 준 OH^-과 H^+이 1 : 1의 몰비로 반응하고, 반응하여 소모된 H^+ 수만큼 Y^+이 첨가되므로 용액에서 $\dfrac{\text{음이온 수}}{\text{양이온 수}} = \dfrac{1}{2}$이 된다.
- H_2X 수용액에 2가 염기인 $Z(OH)_2$ 수용액을 넣을 때는 넣어 준 OH^-과 H^+이 1 : 1의 몰비로 반응하고, H^+이 2개 반응하여 소모될 때 Z^{2+}이 1개 첨가되므로 용액에서 $\dfrac{\text{음이온 수}}{\text{양이온 수}}$는 $\dfrac{1}{2}$보다 크다.

혼합 용액	I	II
혼합 용액에 존재하는 모든 이온의 몰 농도의 합(상댓값)	8	5
혼합 용액에서 $\dfrac{\text{음이온 수}}{\text{양이온 수}}$	$\dfrac{3}{5}$	$\dfrac{3}{5}$

H_2X 수용액에 A 수용액을 첨가하여 만든 혼합 용액 I에서 $\dfrac{\text{음이온 수}}{\text{양이온 수}}$가 $\dfrac{1}{2}$보다 크다. → 수용액 A는 $Z(OH)_2$ 수용액이고, 수용액 B는 YOH 수용액이다.

H_2X 수용액에는 H^+과 X^{2-}이 2 : 1의 몰비로 존재한다.

1-2 H_2X 수용액에 YOH 수용액을 중화점까지 첨가한 경우 넣어 준 OH^- 수만큼 H^+ 수가 감소하고, 감소한 H^+ 수만큼 Y^+ 수가 증가하므로 혼합 용액 속 $\dfrac{\text{음이온 수}}{\text{양이온 수}} = \dfrac{1}{2}$이다.

1-3 H_2X 수용액에 A 수용액을 첨가하여 만든 혼합 용액 I에서 $\dfrac{\text{음이온 수}}{\text{양이온 수}}$가 $\dfrac{1}{2}$보다 크므로 수용액 A는 2가 염기인 $Z(OH)_2$ 수용액이다. 또, 혼합 용액 I과 II에서 $\dfrac{\text{음이온 수}}{\text{양이온 수}}$가 같으므로 혼합 용액 I에 수용액 B를 넣을 때 감소한 H^+ 수와 염기의 양이온 수가 같다. 따라서 수용액 B는 1가 염기인 YOH 수용액이다.

1-4 혼합 용액 III이 중성인데, 혼합 용액 I과 II는 산 수용액에 염기 수용액을 넣어 만들므로 혼합 용액 I과 II는 모두 산성이다.

1-5 혼합 용액 Ⅰ은 산성이고, H_2X 수용액에 $Z(OH)_2$ 수용액을 첨가하여 만든 용액이므로 용액 속에 존재하는 양이온은 H^+, Z^{2+}이고, 음이온은 X^{2-}이다.

1-6 $0.3\ M\ H_2X$ 수용액 V mL에 들어 있는 H^+의 양(mol)은 $2 \times 0.3\ M \times V \times 10^{-3}\ L = 0.6V \times 10^{-3}\ mol$이고, X^{2-}의 양(mol)은 $0.3\ M \times V \times 10^{-3}\ L = 0.3V \times 10^{-3}\ mol$이다. $a\ M$ $Z(OH)_2$ 수용액 5 mL에 들어 있는 Z^{2+}의 양(mol)은 $a\ M \times 5 \times 10^{-3}\ L = 5a \times 10^{-3}\ mol$이고, OH^-의 양(mol)은 $2 \times a\ M \times 5 \times 10^{-3}\ L = 10a \times 10^{-3}\ mol$이다. 혼합 용액 Ⅰ은 산성 용액이고, H^+과 OH^-은 1 : 1의 몰비로 반응하므로 용액 속 H^+의 양(mol)은 $(0.6V - 10a) \times 10^{-3}\ mol$이다.

1-7 (1) 혼합 용액 Ⅰ에서 모든 양이온의 양(mol)은 $(0.6V - 10a) \times 10^{-3}\ mol + 5a \times 10^{-3}\ mol = (0.6V - 5a) \times 10^{-3}\ mol$이고, 음이온의 양(mol)은 $0.3V \times 10^{-3}\ mol$이므로 용액에서 $\dfrac{\text{음이온 수}}{\text{양이온 수}} = \dfrac{0.3V \times 10^{-3}}{(0.6V - 5a) \times 10^{-3}} = \dfrac{3}{5}$에서 $1.5V = 3(0.6V - 5a)$이다. 따라서 $V = 50a$이다. 또, 혼합 용액 Ⅰ에 수용액 B(YOH 수용액)를 첨가할 때 전체 이온 수가 변하지 않으므로 혼합 용액 Ⅰ과 Ⅱ에서 전체 이온 수는 같고, 용액에 존재하는 모든 이온의 몰 농도 합의 비가 Ⅰ : Ⅱ = 8 : 5이므로 용액의 부피비는 Ⅰ : Ⅱ = 5 : 8이다. 따라서 $(V + 5) : (V + 20) = 5 : 8$이므로 $V = 20$이다.

(2) $V = 50a$이고, $V = 20$이므로 $a = 0.4$이다.

(3) 혼합 용액 Ⅰ에 들어 있는 H^+의 양(mol)은 $(0.6V - 10a) \times 10^{-3}\ mol = 8 \times 10^{-3}\ mol$이고, $0.4\ M\ YOH$ 수용액 15 mL에 들어 있는 OH^-의 양(mol)은 $0.4\ M \times 15 \times 10^{-3}\ L = 6 \times 10^{-3}\ mol$이므로 혼합 용액 Ⅱ에 존재하는 H^+의 양(mol)은 $2 \times 10^{-3}\ mol$이다.

(4) 혼합 용액 Ⅲ이 중성이므로 혼합 용액 Ⅱ에 넣어 준 $0.4\ M$ YOH 수용액 x mL에 들어 있는 OH^-의 양(mol)은 $2 \times 10^{-3}\ mol$이다. 따라서 $0.4 \times x = 2$이므로 $x = 5$이다.

2-1 꼼꼼 문제 분석

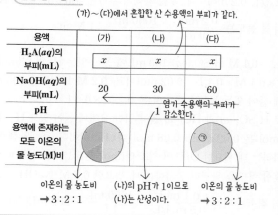

(가)~(다)에서 혼합한 산 수용액의 부피가 같다.

용액	(가)	(나)	(다)
$H_2A(aq)$의 부피(mL)	x	x	x
$NaOH(aq)$의 부피(mL)	20	30	60
pH		1	
용액에 존재하는 모든 이온의 몰 농도(M)비			㉠

염기 수용액의 부피가 감소한다.

이온의 몰 농도비 → 3 : 2 : 1

(나)의 pH가 1이므로 (나)는 산성이다.

이온의 몰 농도비 → 3 : 2 : 1

(나)의 pH=1이므로 (나)는 산성이다. (가)는 (나)와 산 수용액의 부피는 같지만 (나)보다 염기 수용액의 부피가 작으므로 (나)와 같이 산성이다.

2-2 (가) 용액에는 H_2A가 이온화하여 생성된 H^+, A^{2-}과 NaOH이 이온화하여 생성된 Na^+이 존재한다. 이때 (가)는 산성 용액이므로 OH^-은 모두 반응하여 존재하지 않는다.

2-3 (가) 용액에 존재하는 이온의 몰 농도비는 3 : 2 : 1이다. 이온의 양(mol)이 가장 큰 이온을 A^{2-}이라고 하면 다음과 같다. H_2A 수용액에서 H^+과 A^{2-}은 2 : 1의 개수비로 존재하므로 A^{2-}의 양(mol)을 $3n$ mol이라고 하면 반응 전 H^+의 양(mol)은 $6n$ mol이다. 이때 A^{2-}의 양(mol)이 가장 커야 하고, 이온의 몰 농도비가 3 : 2 : 1이려면 넣어 준 NaOH 수용액 속 Na^+의 양(mol)은 $2n$ mol이거나 n mol이어야 한다.

• Na^+의 양(mol)이 $2n$ mol일 때 H^+ $6n$ mol 중 $2n$ mol이 OH^- $2n$ mol과 반응하므로 H^+의 양(mol)은 $4n$ mol이다. 따라서 이온의 몰 농도비는 $H^+ : A^{2-} : Na^+ = 4 : 3 : 2$가 된다.

• Na^+의 양(mol)이 n mol일 때 H^+ $6n$ mol 중 n mol이 OH^- n mol과 반응하므로 H^+의 양(mol)은 $5n$ mol이다. 따라서 이온의 몰 농도비는 $H^+ : A^{2-} : Na^+ = 5 : 3 : 1$이 된다.

이 2가지 경우는 모두 조건에 부합하지 않으므로 적합하지 않다. 또, 이온의 양(mol)이 가장 큰 이온을 Na^+이라 하고 Na^+의 양(mol)을 $3n$ mol이라고 하면 H^+과 A^{2-}의 양(mol)은 각각 n mol, $2n$ mol이며, 이때는 (나) 용액의 액성이 염기성이 되어 적합하지 않다. 따라서 이온의 양(mol)이 가장 큰 이온은 H^+이다.

2-4 (1) (가)는 산성 용액이므로 OH^-이 존재하지 않는다.

(2), (3) 용액 (가)에서 이온의 양(mol)이 가장 큰 이온이 H^+이고, 이온의 몰 농도비가 3 : 2 : 1이므로 $0.2\ M\ H_2A$ 수용액 x mL에 들어 있는 H^+의 양(mol)이 $4n$ mol일 때 A^{2-}의 양(mol)은 $2n$ mol이고, $y\ M$ NaOH 수용액 20 mL에 들어 있는 Na^+과 OH^-의 양(mol)은 각각 n mol이다. 따라서 용액 (다)에서 혼합 전의 이온의 양(mol)이 H^+ $4n$ mol, A^{2-} $2n$ mol, Na^+ $3n$ mol, OH^- $3n$ mol이므로 혼합 후의 이온의 양(mol)은 Na^+ $3n$ mol, A^{2-} $2n$ mol, H^+ n mol이다. 따라서 ㉠은 A^{2-}이고, 이온의 양(mol)이 가장 큰 이온은 Na^+이다.

(4) 용액 (나)에서 pH=1이므로 $[H^+] = 0.1\ M$이고, $0.2\ M$ H_2A 수용액 x mL에 들어 있는 H^+의 양(mol)과 $y\ M$ NaOH 수용액 30 mL에 들어 있는 OH^-의 양(mol)의 차는 (나)에 들어 있는 H^+의 양(mol)과 같다. 따라서 다음과 같은 식이 성립한다.
$(2 \times 0.2\ M \times x \times 10^{-3}\ L) - (y\ M \times 30 \times 10^{-3}\ L)$
$= 0.1\ M \times (x + 30) \times 10^{-3}\ L$
또, 용액 (가)에 존재하는 이온의 몰비는 $A^{2-} : Na^+ = 2 : 1$이므로
$(0.2\ M \times x \times 10^{-3}\ L) : (y\ M \times 20 \times 10^{-3}\ L) = 2 : 1$이다.
이 두 식을 풀면 $x = 20$, $y = 0.1$이다.

3-1 꼼꼼 문제 분석

[실험 과정] → CH_3COOH 수용액의 몰 농도가 $\frac{1}{10}$이 된다.

(가) 농도(x)를 모르는 CH_3COOH 수용액 10 mL에 물을 넣어 100 mL 수용액을 만든다.

(나) (가)에서 만든 수용액 ㉠ mL를 삼각 플라스크에 넣고 페놀프탈레인 용액을 몇 방울 떨어뜨린다.
→ ㉡은 표준 용액을 넣어 사용하는 기구이다.

(다) 그림과 같이 ㉡ 에 들어 있는 0.2 M 수산화 나트륨(NaOH) 수용액을 (나)의 삼각 플라스크에 한 방울씩 떨어뜨리면서 삼각 플라스크를 흔들어 준다.

(라) (다)의 삼각 플라스크 속 수용액 전체가 붉은색으로 변하는 순간 적정을 멈추고, 적정에 사용된 NaOH 수용액의 부피(V)를 측정한다.

[실험 결과] → 중화 반응에 사용된 0.2 M NaOH 수용액의 부피가 10 mL이다.
· V: 10 mL　　· x: 1.0 M
과정 (가)의 처음 CH_3COOH 수용액의 몰 농도가 1.0 M이다.

농도를 모르는 CH_3COOH 수용액의 몰 농도가 1.0 M이고, 과정 (가)에서는 1.0 M CH_3COOH 수용액 10 mL에 물을 넣어 100 mL로 만들었으므로 $\frac{1}{10}$로 희석했다. 따라서 과정 (가)에서 만든 CH_3COOH 수용액의 몰 농도는 0.1 M이다.

3-2 0.1 M CH_3COOH 수용액 ㉠ mL를 완전히 중화시키는 데 사용된 0.2 M NaOH 수용액의 부피가 10 mL이므로 다음과 같은 양적 관계가 성립한다.

$1 \times 0.1\,M \times ㉠\,mL = 1 \times 0.2\,M \times 10\,mL$

따라서 ㉠=20이다.

3-3 실험 기구 ㉡은 적정에 사용한 표준 용액을 넣어 부피를 측정할 때 사용하는 뷰렛이다.

3-4 (1) 용액의 부피를 정확히 취하여 옮길 때 사용하는 실험 기구는 피펫이다.

(2) 중화 반응에 사용된 0.2 M NaOH 수용액의 부피가 10 mL이므로 NaOH의 양(mol)은 $0.2\,M \times 10 \times 10^{-3}\,L = 2 \times 10^{-3}\,mol$이다.

(3) 중화 반응에서 산이 내놓은 H^+과 염기가 내놓은 OH^-은 1 : 1의 몰비로 반응하여 물(H_2O)을 생성한다. 따라서 반응한 NaOH의 양(mol)과 생성된 H_2O의 양(mol)이 같다. CH_3COOH 수용액과의 중화 반응에 사용된 NaOH의 양(mol)은 $2 \times 10^{-3}\,mol$이므로 과정 (라)에서 생성된 H_2O의 양(mol)도 $2 \times 10^{-3}\,mol$이다.

01 ㄱ, ㄷ	02 ④	03 ③	04 ②	05 ②	06 해설
참조	07 ④	08 ③	09 ③	10 ③	11 ⑤	12 ①
13 (가) → (다) → (나)	14 ③	15 ㄷ	16 ④	17 ②
18 ③	19 ③	20 ④	21 ③	22 ②	23 ④

01 ㄱ. 중화 반응은 산의 H^+과 염기의 OH^-이 1 : 1의 몰비로 반응하여 물과 염을 생성하는 반응이다.

ㄷ. 구경꾼 이온은 반응에 참여하지 않는 이온이다.

바로알기 ㄴ. 염은 산의 음이온과 염기의 양이온이 결합한 물질이다.

02 ㄴ, ㄷ. 생선 비린내(염기)를 없애기 위해 레몬즙(산)을 뿌리거나, 위액(산)이 많이 분비되어 속이 쓰릴 때 제산제(염기)를 먹는 것은 중화 반응을 이용한 예이다.

바로알기 ㄱ. 바다에 녹조가 생겼을 때 황토를 뿌리면 황토가 녹조의 성분인 플랑크톤이나 조류와 흡착하여 바닥으로 가라앉으므로 녹조를 제거할 수 있는데, 이는 중화 반응을 이용하지 않는다.

03 꼼꼼 문제 분석

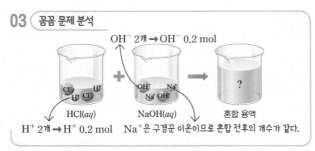

OH⁻ 2개 → OH⁻ 0.2 mol

HCl(aq)　　NaOH(aq)　　혼합 용액

H^+ 2개 → H^+ 0.2 mol　　Na^+은 구경꾼 이온이므로 혼합 전후의 개수가 같다.

ㄱ. 중화 반응에서 산의 H^+과 염기의 OH^-은 1 : 1의 몰비로 반응하여 물을 생성하므로 혼합 용액의 액성은 중성이다.

ㄴ. HCl(aq) 100 mL에 들어 있는 H^+의 양(mol)은 0.2 mol이고, NaOH 수용액 100 mL에 들어 있는 OH^-의 양(mol)은 0.2 mol이므로 혼합 후 생성된 물의 양(mol)은 0.2 mol이다.

바로알기 ㄷ. Na^+은 구경꾼 이온이므로 혼합 용액에 들어 있는 Na^+의 양(mol)은 NaOH 수용액에 들어 있는 Na^+의 양(mol)과 같은 0.2 mol이다. 혼합 용액의 부피는 200 mL이므로 Na^+의 몰 농도는 $\frac{0.2\,mol}{200\,mL} \times \frac{1000\,mL}{1\,L} = 1\,M$이다.

04 0.1 M $H_2SO_4(aq)$ 100 mL에 들어 있는 H^+의 양(mol)은 $2 \times 0.1\,M \times 0.1\,L = 0.02\,mol$이고, 0.2 M HCl(aq) 400 mL에 들어 있는 H^+의 양(mol)은 $0.2\,M \times 0.4\,L = 0.08\,mol$이므로 $H_2SO_4(aq)$과 HCl(aq)을 혼합한 용액에 들어 있는 H^+의 양(mol)은 $0.02\,mol + 0.08\,mol = 0.1\,mol$이다. 즉, 완전히 중화하는 데 필요한 OH^-의 최소 양(mol)은 0.1 mol이다. 따라서 혼합 용액을 완전히 중화하는 데 필요한 0.5 M NaOH 수용액의 최소 부피는 $\frac{0.1\,mol}{0.5\,mol/L} \times \frac{1000\,mL}{1\,L} = 200\,mL$이다.

05 꼼꼼 문제 분석

양이온 ▲의 수는 (가)와 (다)에서 같다. ➡ ▲은 구경꾼 이온이므로 Na^+이다. 따라서 (가)는 NaOH 수용액이다.

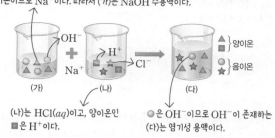

(나)는 HCl(aq)이고, 양이온인 ■은 H^+이다.

●은 OH^-이므로 OH^-이 존재하는 (다)는 염기성 용액이다.

ㄴ. (다)에는 OH^-이 존재하므로 (다)의 액성은 염기성이다.

바로알기 ㄱ. (가)와 (다)에 들어 있는 ▲은 양이온이고 구경꾼 이온이므로 Na^+이다.

ㄷ. 같은 부피 속에 들어 있는 전체 이온 수는 (가)>(나)이므로 몰 농도는 NaOH 수용액>HCl(aq)이다.

06 모범 답안 0.1 M KOH 수용액 30 mL에 들어 있는 이온은 K^+ 3개, OH^- 3개이고, KOH 수용액과 HCl(aq)의 몰 농도가 같으며, KOH 수용액의 부피가 HCl(aq)의 3배이므로 0.1 M HCl(aq) 10 mL에 들어 있는 이온은 H^+ 1개, Cl^- 1개이다. 따라서 혼합 용액에는 K^+, OH^-, Cl^-이 들어 있고, 이온 수비는 $K^+ : OH^- : Cl^- = 3 : 2 : 1$이다.

채점 기준	배점
이온의 종류와 이온 수비를 그 까닭과 함께 옳게 서술한 경우	100 %
이온의 종류와 이온 수비만 옳게 쓴 경우	40 %

07 꼼꼼 문제 분석

HCl(aq) 5 mL에 들어 있는 H^+ 수를 N이라고 하면 혼합 전후 용액에 들어 있는 이온 수는 다음과 같이 나타낼 수 있다.

	혼합 용액	(가)	(나)	(다)	(라)
혼합 전	HCl(aq)(mL)	5	10	15	20
	H^+ 수	N	$2N$	$3N$	$4N$
	Cl^- 수	N	$2N$	$3N$	$4N$
	NaOH(aq)(mL)	25	20	15	10
	Na^+ 수	$5N$	$4N$	$3N$	$2N$
	OH^- 수	$5N$	$4N$	$3N$	$2N$
혼합 후	H^+ 수	0	0	0	$2N$
	Cl^- 수	N	$2N$	$3N$	$4N$
	Na^+ 수	$5N$	$4N$	$3N$	$2N$
	OH^- 수	$4N$	$2N$	0	0
	전체 이온 수	$10N$	$8N$	$6N$	$8N$
	액성	염기성	염기성	중성	산성

ㄴ. (나)에서 혼합 전 수용액에 들어 있는 H^+ 수는 $2N$이고, OH^- 수는 $4N$이다. (라)에서 혼합 전 수용액에 들어 있는 H^+ 수는 $4N$이고, OH^- 수는 $2N$이다. 따라서 혼합 후 생성되는 물 분자 수는 $2N$으로 같다.

ㄷ. (가)~(라)에 들어 있는 전체 이온 수는 각각 $10N$, $8N$, $6N$, $8N$이므로 전체 이온 수가 가장 작은 용액은 (다)이다.

바로알기 ㄱ. pH가 가장 작은 용액은 산성 용액인 (라)이다.

08 꼼꼼 문제 분석

HNO$_3$(aq) 20 mL와 NaOH 수용액 40 mL를 혼합한 (나)의 pH가 7인 것으로 보아 HNO$_3$(aq)과 NaOH 수용액은 1:2의 부피비로 반응하여 완전히 중화된다. 따라서 HNO$_3$(aq) 20 mL에 들어 있는 H^+ 수를 N이라고 하면 NaOH 수용액 40 mL에 들어 있는 OH^- 수는 N이고, 혼합 전 용액에 들어 있는 이온 수를 다음과 같이 나타낼 수 있다.

혼합 용액	혼합 전 용액의 부피(mL)				pH
	HNO$_3$(aq)		NaOH(aq)		
(가)	10	H^+ $\frac{1}{2}N$	50	OH^- $\frac{5}{4}N$	㉠
(나)	20	H^+ N	40	OH^- N	7
(다)	30	H^+ $\frac{3}{2}N$	30	OH^- $\frac{3}{4}N$	㉡

ㄱ. (가)에서 혼합 전 수용액에 들어 있는 H^+ 수는 $\frac{1}{2}N$이고, OH^- 수는 $\frac{5}{4}N$이므로 혼합 후 남아 있는 OH^- 수는 $\frac{3}{4}N$이다. 따라서 (가)의 액성은 염기성이고, pH는 7보다 크다. (다)에서 혼합 전 수용액에 들어 있는 H^+ 수는 $\frac{3}{2}N$이고, OH^- 수는 $\frac{3}{4}N$이므로 혼합 후 남아 있는 H^+ 수는 $\frac{3}{4}N$이다. 따라서 (다)의 액성은 산성이고, pH는 7보다 작다. 그러므로 ㉠>㉡이다.

ㄴ. HNO$_3$(aq)과 NaOH 수용액은 1:2의 부피비로 반응하므로 몰 농도비는 2:1이다. 따라서 단위 부피당 음이온 수비는 HNO$_3$(aq):NaOH 수용액=2:1이다.

바로알기 ㄷ. Na^+과 NO_3^-은 구경꾼 이온이고, (다)는 산성 용액이므로 용액 속 이온은 NO_3^-이 Na^+보다 많다.

09 꼼꼼 문제 분석

(나)는 중성이다. ➡ H$_2$A(aq)는 2가 산이고, BOH(aq)은 1가 염기이며, 반응 부피비가 H$_2$A(aq):BOH(aq)=1:2이므로 몰 농도는 서로 같다. H$_2$A(aq) 5 mL에 들어 있는 전체 이온의 양(mol)을 $3n$ mol이라고 하면 BOH(aq) 5 mL에 들어 있는 전체 이온의 양(mol)은 $2n$ mol이고, 혼합 전후 용액에 들어 있는 이온의 종류와 양(mol)은 다음과 같다.

혼합 용액	혼합 전 용액의 부피(mL)					액성
	H$_2$A(aq)	H$^+$(mol)	A^{2-}(mol)	BOH(aq)	B$^+$(mol)	OH$^-$(mol)	
(가)	5	$2n$	n	25	$5n$	$5n$	㉠
(나)	10	$4n$	$2n$	20	$4n$	$4n$	중성
(다)	20	$8n$	$4n$	10	$2n$	$2n$	

	혼합 후 용액 속 이온의 양(mol)	전체 이온의 양(mol)
(가)	A^{2-} n mol, B$^+$ $5n$ mol, OH$^-$ $3n$ mol	$9n$ mol
(나)	A^{2-} $2n$ mol, B$^+$ $4n$ mol	$6n$ mol
(다)	H$^+$ $6n$ mol, A^{2-} $4n$ mol, B$^+$ $2n$ mol	$12n$ mol

ㄱ. H_2A 수용액과 BOH 수용액은 $1:2$의 부피비로 반응하여 완전히 중화되므로 (가)에서는 반응하지 않은 BOH 수용액이 $15\,mL$ 남는다. 따라서 (가)의 액성은 염기성이다.

ㄷ. 용액 속 전체 이온의 양(mol)은 (다)가 (나)의 2배이고, 용액의 부피는 (나)와 (다)가 같으므로 용액에 존재하는 모든 이온의 몰 농도(M)의 합은 (다)가 (나)의 2배이다.

바로알기 ㄴ. 같은 부피($5\,mL$)의 H_2A 수용액에 들어 있는 전체 이온의 양(mol)을 $3n$ mol이라고 하면 BOH 수용액에 들어 있는 전체 이온의 양(mol)은 $2n$ mol이다. 따라서 같은 부피 속 전체 이온의 양(mol)은 H_2A 수용액이 BOH 수용액의 1.5배이다.

10 꼼꼼 문제 분석

산과 염기가 모두 1가인 경우 혼합 용액이 산성일 때 이온 수가 가장 큰 이온은 산의 구경꾼 이온이고, 혼합 용액이 염기성일 때 이온 수가 가장 큰 이온은 염기의 구경꾼 이온이며, 혼합 용액이 중성일 때 이온 수가 가장 큰 이온은 산과 염기의 구경꾼 이온이다.

혼합 용액	혼합 전 용액의 부피(mL)					용액에서 몰 농도가 가장 큰 이온의 양 ($\times 10^{-3}$ mol)
	HCl(aq)		NaOH(aq)			
	H^+	Cl^-	Na^+	OH^-		
	($\times 10^{-3}$ mol)		($\times 10^{-3}$ mol)			
(가)	10	1.5	1.5	20	2	2	Na^+ 2
(나)	20	3	3	20	2	2	Cl^- 3

- (가)와 (나)에서 염기 수용액의 부피는 같고, 용액에서 몰 농도가 가장 큰 이온의 양은 다르다. ➡ 용액의 액성은 (가)와 (나)가 서로 다르다.
- (나)가 (가)보다 HCl(aq)의 부피가 크므로 (가)는 염기성, (나)는 산성이거나 (가)는 염기성, (나)는 중성이거나 (가)는 중성, (나)는 산성이다. 이때 (가)는 염기성, (나)는 중성이거나 (가)는 중성, (나)는 산성인 경우에는 (가)와 (나)에서 몰 농도가 가장 큰 이온의 양(mol)이 서로 같아야 하는데 서로 다르므로 옳지 않다. ➡ (가)는 염기성이고, (나)는 산성이다.
- (가)는 염기성이고, (나)는 산성이다. ➡ (가)에서 몰 농도가 가장 큰 이온은 Na^+이므로 Na^+의 양(mol)은 2×10^{-3} mol이고, (나)에서 몰 농도가 가장 큰 이온은 Cl^-이므로 Cl^-의 양(mol)은 3×10^{-3} mol이다.

ㄱ. (가)는 염기성이므로 양(mol)이 가장 큰 이온은 Na^+이다.

ㄴ. x M HCl(aq) $20\,mL$에 들어 있는 Cl^-의 양(mol)이 3×10^{-3} mol이므로 x M$\times 20 \times 10^{-3}$ L$=3 \times 10^{-3}$ mol에서 $x=0.15$이다. 또, y M NaOH 수용액 $20\,mL$에 들어 있는 Na^+의 양(mol)이 2×10^{-3} mol이므로 y M$\times 20 \times 10^{-3}$ L$=2 \times 10^{-3}$ mol에서 $y=0.1$이다. 따라서 $\dfrac{x}{y}=\dfrac{3}{2}$이다.

바로알기 ㄷ. (가)에서 Na^+의 양(mol)이 2×10^{-3} mol이므로 0.1 M NaOH 수용액 $20\,mL$에 들어 있는 Na^+과 OH^-의 양(mol)은 각각 2×10^{-3} mol이다. (나)에서 Cl^-의 양(mol)이 3×10^{-3} mol이므로 0.15 M HCl(aq) $20\,mL$에 들어 있는 H^+과 Cl^-의 양(mol)은 각각 3×10^{-3} mol이다. H^+과 OH^-은 $1:1$의 몰비로 반응하므로 (가)에는 OH^- 0.5×10^{-3} mol이 있고, (나)에는 H^+ 1×10^{-3} mol이 있다. 따라서 (가)와 (나)의 혼합 용액은 H^+이 존재하므로 혼합 용액의 액성은 산성이다.

11 꼼꼼 문제 분석

0.1 M HCl(aq) $5\,mL$에 들어 있는 Cl^-의 양(mol)이 0.1 M$\times 5 \times 10^{-3}$ L $=5 \times 10^{-4}$ mol이므로 혼합 용액에 들어 있는 Cl^- 1개는 Cl^- 5×10^{-4} mol 이다. ➡ 입자 1개는 5×10^{-4} mol에 해당한다.

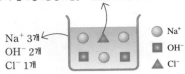

ㄱ. 0.1 M HCl(aq) $5\,mL$에 들어 있는 H^+과 Cl^-의 양(mol)은 각각 0.1 M$\times 5 \times 10^{-3}$ L$=5 \times 10^{-4}$ mol이다. 구경꾼 이온은 반응 전후 그 수가 변하지 않으므로 혼합 용액에 들어 있는 Cl^- 1개는 Cl^- 5×10^{-4} mol이다. 즉, 혼합 용액에서 입자 1개는 5×10^{-4} mol에 해당한다. 혼합 용액에 들어 있는 Na^+이 3개이므로 Na^+의 양(mol)은 1.5×10^{-3} mol이고, 0.1 M NaOH 수용액 x mL에 들어 있는 Na^+의 양(mol)이 1.5×10^{-3} mol이다. NaOH의 양(mol)은 Na^+의 양(mol)과 같으므로 NaOH 수용액의 부피는 $\dfrac{1.5 \times 10^{-3}\ mol}{0.1\ mol/L} \times \dfrac{1000\ mL}{1\ L}$ $=15\,mL$이다. 따라서 x는 15이다.

ㄴ. 혼합 용액은 OH^-이 존재하는 염기성 용액이므로 페놀프탈레인 용액을 넣으면 붉게 변한다.

ㄷ. 혼합 용액에는 OH^- 2개가 들어 있고, 혼합 용액에서 입자 1개는 5×10^{-4} mol이므로 혼합 용액에 들어 있는 OH^-의 양(mol)은 1×10^{-3} mol이다. 또, 0.1 M HCl $10\,mL$에 들어 있는 H^+의 양(mol)은 1×10^{-3} mol이다. 따라서 혼합 용액에 0.1 M HCl(aq) $10\,mL$를 넣으면 완전히 중화된다.

12 꼼꼼 문제 분석

0.3 M NaOH 수용액 $10\,mL$에 들어 있는 Na^+의 양(mol)은 0.3 M $\times 10 \times 10^{-3}$ L$=3 \times 10^{-3}$ mol이고, 0.1 M HCl(aq) $20\,mL$에 들어 있는 Cl^-의 양(mol)은 0.1 M$\times 20 \times 10^{-3}$ L$=2 \times 10^{-3}$ mol이므로 Na^+의 양(mol)이 Cl^-의 양(mol)의 1.5배이다. ➡ ▲: Na^+, ●: Cl^-, ●: OH^-

ㄱ. 이 용액은 OH^-이 존재하므로 액성은 염기성이다.

바로알기 ㄴ. ●은 OH^-이다.

ㄷ. 혼합 용액의 액성이 염기성일 때 생성된 물의 양(mol)은 혼합 전 산 수용액에 들어 있는 H^+의 양(mol)과 같다. 따라서 생성된 물의 양(mol)은 반응한 0.1 M HCl(aq) $20\,mL$에 들어 있는 H^+의 양(mol)과 같다. 즉, 0.1 M$\times 20 \times 10^{-3}$ L$=2 \times 10^{-3}$ mol $=0.002$ mol이다.

13 일반적인 중화 적정 방법은 다음과 같다.
농도를 모르는 산 수용액이나 염기 수용액을 삼각 플라스크에 넣고 지시약을 2방울~3방울 떨어뜨린다. → 뷰렛에 표준 용액을 넣고 삼각 플라스크에 천천히 떨어뜨린다. → 지시약에 의해 삼각 플라스크 속 액용 전체의 색이 변하는 순간 뷰렛의 꼭지를 잠그고 적정에 사용된 표준 용액의 부피를 구한다.
따라서 (가) → (다) → (나) 순이다.

14 $H_2SO_4(aq)$ 10 mL를 적정하는 데 사용된 0.1 M NaOH 수용액의 부피가 20 mL이므로 $H_2SO_4(aq)$의 몰 농도를 x라고 하면 중화 반응의 양적 관계는 다음과 같다.
$2 \times x \times 10\ mL = 1 \times 0.1\ M \times 20\ mL$, $x = 0.1\ M$

15 (가)는 삼각 플라스크, (나)는 부피 플라스크, (다)는 피펫이다.
ㄷ. (다)는 액체의 부피를 취해 옮길 때 사용한다.
바로알기 ㄱ. (가)는 중화 적정 실험에서 농도를 모르는 산 또는 염기 수용액을 넣어 적정할 때 사용한다.
ㄴ. (나)는 일정 몰 농도의 용액을 만들 때 사용한다. 적정에 사용된 표준 용액의 부피를 측정할 때 사용하는 실험 기구는 뷰렛이다.

16 꼼꼼 문제 분석

KOH 수용액을 넣어도 그 수가 일정하므로 중화 반응에 참여하지 않는 구경꾼 이온인 Cl⁻이다.

혼합 전 → KOH(aq) 10 mL / K⁺ 2개 OH⁻ 2개 → 혼합 후

→ KOH 수용액을 넣을 때 그 수가 감소하므로 중화 반응에 참여하는 H⁺이다.

KOH 수용액을 넣은 뒤 존재하므로 구경꾼 이온인 K⁺이다.

ㄴ. HCl(aq) 15 mL에 들어 있는 전체 이온은 6개이고, 혼합 용액에 ▲(K⁺)이 2개 있으므로 KOH 수용액 10 mL에 들어 있는 이온은 K⁺ 2개, OH⁻ 2개로 전체 4개이다. 즉, 같은 부피에 들어 있는 이온 수가 같으므로 HCl(aq)과 KOH 수용액의 몰 농도는 같다.
ㄷ. 혼합 용액은 H⁺이 존재하므로 산성 용액이다. 따라서 pH는 7보다 작다.
바로알기 ㄱ. 혼합 용액은 H⁺이 존재하는 산성 용액이므로 OH⁻은 존재하지 않는다. 따라서 KOH 수용액을 넣은 뒤 존재하는 ▲은 구경꾼 이온인 K⁺이다.

17 ㄴ. 중화 반응이 완결된 용액은 H⁺과 OH⁻이 모두 반응한 용액이므로 (다)에서 중화 반응이 완결되었다. 따라서 0.1 M HCl(aq) 20 mL를 완전히 중화하는 데 사용한 NaOH 수용액의 부피는 10 mL이다.

NaOH 수용액의 몰 농도를 x라고 하면 중화 반응의 양적 관계는 다음과 같다.
$1 \times 0.1\ M \times 20\ mL = 1 \times x \times 10\ mL$, $x = 0.2\ M$
즉, HCl(aq)의 몰 농도는 0.1 M이고, NaOH 수용액의 몰 농도는 0.2 M이므로 단위 부피당 전체 이온 수는 NaOH 수용액이 HCl(aq)보다 많다.
바로알기 ㄱ. (나)에는 반응하지 않은 H⁺이 남아 있으므로 용액의 액성은 산성이고, pH는 7보다 작다.
ㄷ. (가)에서 (다)로 진행될수록 중화 반응이 일어나므로 생성된 물 분자 수가 증가한다. (다) 이후에는 중화 반응이 일어나지 않으므로 (다) → (라)에서는 물 분자가 생성되지 않는다.

18 꼼꼼 문제 분석

(가)와 (다)에서 개수가 같다. → 중화 반응에 참여하지 않는 구경꾼 이온인 A⁻이다. / (다)에 적게 존재한다. → 중화 반응에 참여하는 OH⁻이다.

HA(aq) 20 mL → BOH(aq) 10 mL / B⁺ 2개 OH⁻ 2개 → ? (나) → BOH(aq) 10 mL / B⁺ 2개 OH⁻ 2개 → (다)

(가) → (나) → (다)

(다)에 존재하지 않는다. → 중화 반응에 참여하는 H⁺이다. / (다)에 가장 많이 존재한다. → 중화 반응에 참여하지 않는 구경꾼 이온인 B⁺이다.

ㄱ. ●은 (다)에 존재하지 않으므로 중화 반응에 참여하는 H⁺이다.
ㄴ. (다)에는 (가)에 있는 H⁺ 3개가 없고, OH⁻ 1개가 있으므로 BOH 수용액 20 mL에는 OH⁻ 4개가 존재한다. 따라서 BOH 수용액 10 mL에는 B⁺ 2개와 OH⁻ 2개가 존재한다. (나)는 (가)(H⁺ 3개, A⁻ 3개)에 BOH 수용액 10 mL(B⁺ 2개, OH⁻ 2개)를 넣어 준 것이므로 H⁺ 1개, A⁻ 3개, B⁺ 2개가 들어 있다. 따라서 (나)에 들어 있는 ▲(B⁺)은 2개이다.
바로알기 ㄷ. (다)에는 OH⁻ 1개가 들어 있으므로 (다)의 액성은 염기성이다. 따라서 BTB 용액을 떨어뜨리면 파란색을 띤다.

19 꼼꼼 문제 분석

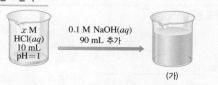

x M HCl(aq) 10 mL pH=1 → 0.1 M NaOH(aq) 90 mL 추가 → (가)

· x M HCl(aq)의 pH=1이므로 $[H_3O^+] = 0.1\ M$이다. ➡ $x = 0.1$
· 0.1 M HCl(aq) 10 mL에 들어 있는 H⁺의 양(mol)은 $0.1\ M \times 10 \times 10^{-3}\ L = 1 \times 10^{-3}\ mol$이다.
· 0.1 M NaOH 수용액 90 mL에 들어 있는 OH⁻의 양(mol)은 $0.1\ M \times 90 \times 10^{-3}\ L = 9 \times 10^{-3}\ mol$이다.
· 혼합 용액 (가)에서는 H⁺ $1 \times 10^{-3}\ mol$과 OH⁻ $1 \times 10^{-3}\ mol$이 반응하고, OH⁻ $8 \times 10^{-3}\ mol$이 남는다.

ㄱ. 혼합 전 H^+의 양(mol)은 1×10^{-3} mol이고, OH^-의 양(mol)은 9×10^{-3} mol이며, 산이 내놓은 H^+과 염기가 내놓은 OH^-은 $1:1$의 몰비로 반응하므로 중화 반응으로 생성된 물의 양(mol)은 1×10^{-3} mol이다.

ㄴ. 0.1 M HCl(aq) 10 mL에 들어 있는 Cl^-의 양(mol)은 H^+의 양(mol)과 같으므로 1×10^{-3} mol이다. 또, 혼합 용액 (가)에서 OH^-의 양(mol)은 8×10^{-3} mol이므로 혼합 용액 (가)에서 $\dfrac{OH^-\text{의 양(mol)}}{Cl^-\text{의 양(mol)}} = \dfrac{8 \times 10^{-3}\,\text{mol}}{1 \times 10^{-3}\,\text{mol}} = 8$이다.

바로알기 ㄷ. (가)에는 OH^- 8×10^{-3} mol이 들어 있으므로 용액 (가)를 완전히 중화시키는 데 필요한 H^+의 양(mol)은 8×10^{-3} mol이다. x M($=0.1$ M) HCl(aq) 10 mL에 들어 있는 H^+의 양(mol)이 1×10^{-3} mol이므로 필요한 x M HCl(aq)의 부피는 80 mL이다.

20 꼼꼼 문제 분석

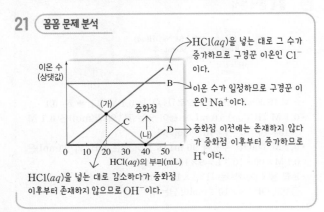

이온의 양(mol)

→NaOH 수용액을 넣는 대로 그 수가 증가하므로 구경꾼 이온인 Na^+이다.

HNO$_3$(aq)에 들어 있는 H^+과 NO_3^-의 양(mol)이 같고, NaOH 수용액에 들어 있는 Na^+과 OH^-의 양(mol)이 같다. → 중화 반응에서 H^+과 OH^-은 $1:1$의 몰비로 반응하므로 Na^+의 양(mol)과 NO_3^-의 양(mol)이 같은 지점에서 중화 반응이 완결된다.

ㄴ. x M HNO$_3$(aq) 50 mL를 완전히 중화하는 데 0.1 M NaOH 수용액 100 mL가 사용되었으므로 중화 반응의 양적 관계는 다음과 같다.

$1 \times x$ M $\times$ 50 mL $= 1 \times 0.1$ M $\times$ 100 mL, $x = 0.2$

ㄷ. y는 0.2 M HNO$_3$(aq) 50 mL에 들어 있는 NO_3^-의 양(mol)이다. 즉, 0.2 M $\times$ 50×10^{-3} L $= 0.01$ mol이므로 y는 0.01이다.

바로알기 ㄱ. ㉠은 NaOH 수용액을 넣는 대로 그 수가 증가하므로 중화 반응에 참여하지 않는 구경꾼 이온인 Na^+이다.

21 꼼꼼 문제 분석

이온 수 (상댓값)

→HCl(aq)을 넣는 대로 그 수가 증가하므로 구경꾼 이온인 Cl^-이다.

→이온 수가 일정하므로 구경꾼 이온인 Na^+이다.

→중화점 이전에는 존재하지 않다가 중화점 이후부터 증가하므로 H^+이다.

HCl(aq)을 넣는 대로 감소하다가 중화점 이후부터 존재하지 않으므로 OH^-이다.

① A는 HCl(aq)을 넣는 대로 그 수가 증가하므로 중화 반응에 참여하지 않는 구경꾼 이온인 Cl^-이다. B는 HCl(aq)을 넣어도 그 수가 일정하므로 구경꾼 이온인 Na^+이다.

② (나)는 중화 반응이 완결되는 중화점이다. 즉, 0.1 M NaOH 수용액 20 mL를 완전히 중화하는 데 x M HCl(aq) 40 mL가 사용되었으므로 중화 반응의 양적 관계는 다음과 같다.

1×0.1 M $\times$ 20 mL $= 1 \times x$ M $\times$ 40 mL, $x = 0.05$

④ (나)(중화점)에서 생성된 물의 양(mol)은 0.1 M NaOH 수용액 20 mL에 들어 있는 OH^-의 양(mol)과 같으므로 0.1 M $\times$ 20×10^{-3} L $= 2 \times 10^{-3}$ mol이다.

⑤ 중화점인 (나)까지 전체 이온 수는 일정하므로 (가)와 (나)에서 용액 속 전체 이온 수는 서로 같다.

바로알기 ③ (가)는 중화점에 도달하기 이전이므로 (가)에서 용액의 액성은 염기성이다. 따라서 pH는 7보다 크다.

22 꼼꼼 문제 분석

HCl(aq)을 넣는 대로 그 수가 증가하므로 구경꾼 이온인 Cl^-이다.

이온 수 (상댓값)

→이온 수가 일정하므로 구경꾼 이온인 Na^+이다.

HCl(aq)을 넣는 대로 감소하다가 중화점 이후부터 존재하지 않으므로 OH^-이다.

→중화점 이전에는 존재하지 않다가 중화점 이후부터 증가하므로 H^+이다.

첨가한 HCl(aq)의 부피가 20 mL일 때 중화 반응이 완결된다.

(가)는 HCl(aq)을 10 mL 넣어 준 지점이고, (나)는 HCl(aq)을 25 mL 넣어 준 지점이다. NaOH 수용액 10 mL에 들어 있는 Na^+ 수를 $4N$이라고 하면, HCl(aq)을 20 mL 넣을 때 중화 반응이 완결되므로 HCl(aq) 20 mL에 들어 있는 Cl^- 수도 $4N$이다. 따라서 (가)에서 Na^+ 수는 $4N$이고, HCl(aq) 25 mL를 넣어 준 (나)에서 Cl^- 수는 $5N$이다. 또, (가)의 부피는 20 mL이고, (나)의 부피는 35 mL이므로 $\dfrac{(가)\text{에서 }[Na^+]}{(나)\text{에서 }[Cl^-]} = \dfrac{\dfrac{4N}{20}}{\dfrac{5N}{35}} = \dfrac{7}{5}$이다.

23 꼼꼼 문제 분석

생성된 H$_2$O의 양 ($\times 10^{-3}$ mol)

→생성된 H$_2$O의 양이 최댓값이 되는 B 지점에서 중화 반응이 완결된다.

NaOH 수용액 20 mL를 첨가한 B 지점이 중화점이므로 중화 반응의 양적 관계는 다음과 같다.

1×0.4 M $\times$ 10 mL $= 1 \times x$ M $\times$ 20 mL, $x = 0.2$

또, 중화 반응으로 생성된 H_2O의 양(mol)은 0.4 M $HCl(aq)$ 10 mL에 들어 있는 H^+의 양(mol)과 같으므로 0.4 M $\times 10 \times 10^{-3}$ L $= 4 \times 10^{-3}$ mol이다. 따라서 $y = 4$이다.

ㄴ. Cl^-은 구경꾼 이온이므로 A에서 그 양(mol)은 0.4 M $HCl(aq)$ 10 mL에 들어 있는 H^+의 양(mol)과 같다. 따라서 0.4 M $\times 10 \times 10^{-3}$ L $= 4 \times 10^{-3}$ mol이다. Na^+도 구경꾼 이온이므로 C에서 그 양(mol)은 0.2 M NaOH 수용액 40 mL에 들어 있는 OH^-의 양(mol)과 같다. 따라서 0.2 M $\times 40 \times 10^{-3}$ L $= 8 \times 10^{-3}$ mol이다. 이로부터 $\dfrac{\text{C에서 } Na^+\text{의 양(mol)}}{\text{A에서 } Cl^-\text{의 양(mol)}} = \dfrac{8 \times 10^{-3} \text{ mol}}{4 \times 10^{-3} \text{ mol}} = 2$이다.

ㄷ. 일정량의 $HCl(aq)$에 NaOH 수용액을 넣을 때 NaOH 수용액 속 OH^-과 $HCl(aq)$ 속 H^+이 1 : 1의 몰비로 반응하고, 반응하여 소모된 H^+의 양만큼 Na^+이 첨가되므로 중화점까지 용액 속 전체 이온의 양(mol)은 일정하다. 이때 용액의 부피는 A < B이므로 용액 속 전체 이온의 몰 농도의 합은 A > B이다.

바로알기 ㄱ. $x = 0.2$이고, $y = 4$이므로 $\dfrac{x}{y} = \dfrac{0.2}{4} = 0.05$이다.

실력 UP 문제
269쪽

01 ③ **02** ③ **03** ③ **04** ⑤

01 꼼꼼 문제 분석

1가 산과 1가 염기를 혼합한 용액의 액성이 산성이면 용액 속 전체 이온의 양(mol)은 혼합 전 산 수용액 속 전체 이온의 양(mol)과 같고, 용액의 액성이 염기성이면 용액 속 전체 이온의 양(mol)은 혼합 전 염기 수용액 속 전체 이온의 양(mol)과 같다.

혼합 용액		(가)	(나)	(다)	(라)
혼합 전 용액의 부피 (mL)	$HA(aq)$	20	15	10	5
	$BOH(aq)$	10	15	20	25
전체 이온의 양(mol)		$16n$	$12n$	$8n$	$10n$

• (가)~(다)에서 전체 이온의 양(mol)이 감소한다. ➡ (가)와 (나)는 산성 용액이고, (다)는 중성 용액이다.
• HA 수용액이 5 mL 감소할 때마다 전체 이온의 양(mol)이 $4n$ mol씩 감소한다. ➡ HA 수용액 5 mL에 들어 있는 전체 이온의 양(mol)은 $4n$ mol이므로 H^+과 A^-의 양(mol)은 각각 $2n$ mol이다.
• (라)에서는 (다)에 비해 HA 수용액의 부피가 감소하고, BOH 수용액의 부피가 증가할 때 전체 이온의 양(mol)이 증가하므로 (라)는 염기성 용액이다. ➡ (라)에서 전체 이온의 양(mol)은 BOH 수용액 25 mL에 들어 있는 전체 이온의 양(mol)과 같으므로 BOH 수용액 25 mL에 들어 있는 B^+과 OH^-의 양(mol)은 각각 $5n$ mol이다.

HA 수용액 5 mL에 들어 있는 A^-의 양(mol)이 $2n$ mol이므로 HA 수용액 15 mL에 들어 있는 A^-의 양(mol)은 $6n$ mol이고, BOH 수용액 25 mL에 들어 있는 B^+의 양(mol)이 $5n$ mol이므로

BOH 수용액 15 mL에 들어 있는 B^+의 양(mol)은 $3n$ mol이다. 따라서 (나)에서 $\dfrac{A^-\text{의 양(mol)}}{B^+\text{의 양(mol)}} = \dfrac{6n \text{ mol}}{3n \text{ mol}} = 2$이다.

02 꼼꼼 문제 분석

★, ▲은 (가)와 (나)에 모두 존재하고, ●은 (가)에만, ■은 (나)에만 존재한다. ➡ $HA(aq)$의 부피는 (가)>(나)이므로 ●은 H^+이고, ■은 OH^-이다.

혼합 용액		(가)	(나)
혼합 전 용액의 부피(mL)	$HA(aq)$	20	10
	$BOH(aq)$	x	20
1 mL에 들어 있는 이온 모형		(모형)	(모형)

(나)에는 OH^-이 존재하므로 (나)는 염기성 용액이며, (나)에 가장 많이 수로 존재하는 ▲은 B^+이고, ★은 A^-이다.

ㄱ. ★은 A^-이다.

ㄷ. 넣어 준 HA 수용액의 부피비는 (가) : (나) = 2 : 1이므로 혼합 용액 속 A^-의 몰비도 (가) : (나) = 2 : 1이다. (가)와 (나) 1 mL에 들어 있는 A^-(★)은 각각 2개와 1개이며, 용액 속 이온의 양(mol)은 1 mL에 들어 있는 이온의 양(mol)과 용액의 부피를 곱해서 구하므로 (가) : (나) = $2 \times (20 + x)$: $1 \times (10 + 20)$ = 2 : 1이다. 따라서 $x = 10$이다.

바로알기 ㄴ. (나)에서 이온의 몰비는 B^+ : A^- = 2 : 1이고, 용액의 부피비는 HA 수용액 : BOH 수용액 = 1 : 2이므로 HA 수용액과 BOH 수용액의 몰 농도는 같다. 따라서 $\dfrac{a}{b} = 1$이다.

03 꼼꼼 문제 분석

H_2A 수용액 속 이온 수비는 H^+ : A^{2-} = 2 : 1이고, 2가 산인 H_2A 수용액에 1가 염기인 BOH 수용액을 넣을 때 반응한 H^+ 수만큼 B^+이 첨가된다. ➡ 중화점까지 용액 속 $\dfrac{\text{음이온 수}}{\text{양이온 수}} = \dfrac{1}{2}$이다.

$\dfrac{\text{음이온 수}}{\text{양이온 수}}$ 가 $\dfrac{1}{2}$ 보다 크므로 (다)는 염기성 용액이다. ➡ (다)에 들어 있는 양이온은 B^+뿐이고, 음이온은 A^{2-}과 OH^-이다.

용액	(가)	(나)	(다)
$BOH(aq)$의 부피(mL)	10	20	30
$\dfrac{\text{음이온 수}}{\text{양이온 수}}$	y	$\dfrac{1}{2}$	$\dfrac{2}{3}$

$\dfrac{\text{음이온 수}}{\text{양이온 수}}$ 가 $\dfrac{1}{2}$ 인 (나)보다 BOH 수용액의 부피가 작으므로 중화점에 도달하기 전이다. ➡ (가)는 산성 용액이다.

ㄱ. (다)에서 $\dfrac{\text{음이온 수}}{\text{양이온 수}}$ 가 $\dfrac{1}{2}$ 보다 크므로 (다)는 염기성이다.

ㄴ. (다)는 염기성 용액이므로 (다)에 들어 있는 양이온은 B^+뿐이고, 음이온은 A^{2-}과 OH^-이다. 용액 속 용질의 양은 용액의 몰 농도와 부피의 곱에 비례한다. 따라서 (다)에 혼합한 x M

BOH 수용액의 부피가 30 mL이므로 (다)에 들어 있는 양이온 B^+의 수를 $30x(=x\times30)$라고 하면, x M BOH 수용액 속 OH^- 수도 $30x$이며, 0.4 M H_2A 수용액 20 mL에 들어 있는 A^{2-} 수는 $8(=0.4\times20)$이고, H^+ 수는 $16(=2\times0.4\times20)$이다. 이로부터 (다)에서 OH^- 수는 $30x-16$이므로 (다)에서 음이온 수는 $(30x-16)+8=30x-8$이고, 양이온 수는 $30x$이다. 따라서 (다)에서 $\dfrac{\text{음이온 수}}{\text{양이온 수}}=\dfrac{30x-8}{30x}=\dfrac{2}{3}$이므로 $x=0.8$이다.

바로알기 ㄷ. (가)는 $\dfrac{\text{음이온 수}}{\text{양이온 수}}$가 $\dfrac{1}{2}$인 (나)보다 BOH 수용액의 부피가 작으므로 산성 용액이다. 따라서 $\dfrac{\text{음이온 수}}{\text{양이온 수}}(y)=\dfrac{1}{2}$이다.

04 꼼꼼 문제 분석

이온의 양 $(\times10^{-3}\text{ mol})$

A 이온 → NaOH 수용액을 넣는 대로 그 양이 증가하므로 구경꾼 이온인 Na^+이다.

B 이온 → 이온의 양이 일정하므로 구경꾼 이온인 Cl^-이다.

y

0 ── 20 ── NaOH(aq)의 부피(mL)

Na^+의 양과 Cl^-의 양이 같아지는 지점이므로 중화점이다. → 0.2 M HCl(aq) 10 mL를 완전히 중화하는 데 사용된 NaOH 수용액의 부피가 20 mL이다.

ㄱ. 넣어 준 NaOH 수용액의 부피에 따라 A 이온의 양이 증가하므로 A는 구경꾼 이온인 Na^+이다.

ㄴ. B 이온은 Cl^-이고, 0.2 M HCl(aq) 10 mL에 들어 있는 Cl^-의 양(mol)은 $0.2\text{ M}\times10\times10^{-3}\text{ L}=2\times10^{-3}\text{ mol}$이므로 $y=2$이다.

ㄷ. 0.2 M HCl(aq) 10 mL를 완전히 중화하는 데 사용된 NaOH 수용액의 부피가 20 mL이므로 NaOH 수용액의 몰 농도는 0.1 M이다. 따라서 $x=0.1$이다. 이로부터 0.4 M HCl(aq) 10 mL에 들어 있는 B 이온(Cl^-)의 양(mol)은 $0.4\text{ M}\times10\times10^{-3}\text{ L}=4\times10^{-3}\text{ mol}$이고, $3x(=0.3)$ M NaOH 수용액 10 mL에 들어 있는 A 이온(Na^+)의 양(mol)은 $0.3\text{ M}\times10\times10^{-3}\text{ L}=3\times10^{-3}\text{ mol}$이다. 따라서 0.4 M HCl(aq) 10 mL에 $3x$ M NaOH 수용액 10 mL를 넣은 혼합 용액 속 $\dfrac{\text{A 이온의 양 (mol)}}{\text{B 이온의 양(mol)}}=\dfrac{3\times10^{-3}\text{ mol}}{4\times10^{-3}\text{ mol}}=\dfrac{3}{4}$이다.

중단원 핵심 정리
270~271쪽

❶ 정반응 ❷ 역반응 ❸ 가역 반응 ❹ 비가역 반응 ❺ 증발 ❻ 응축 ❼ 용해(석출) ❽ 석출(용해) ❾ 화학 평형 ❿ 수소(H_2) ⓫ 붉은 ⓬ 산 ⓭ 염기 ⓮ 산 ⓯ 염기 ⓰ 양쪽성 물질 ⓱ 1×10^{-14} ⓲ 수소 이온 농도 지수(pH) ⓳ 작아 ⓴ 산성 ㉑ 염기성 ㉒ 중화 반응 ㉓ 구경꾼 이온 ㉔ 염 ㉕ 1:1 ㉖ 표준 용액 ㉗ 중화점 ㉘ H^+ ㉙ Na^+

중단원 마무리 문제
272~276쪽

01 ⑤ 02 ④ 03 ③ 04 ③ 05 ③ 06 ③ 07 ③
08 ① 09 ① 10 ② 11 ② 12 ① 13 ④ 14 ③
15 ⑤ 16 ③ 17 해설 참조 18 해설 참조 19 해설 참조
20 해설 참조 21 해설 참조 22 해설 참조

01 ㄱ. 푸른색의 $CuSO_4\cdot5H_2O$을 가열하면 물이 떨어져 나가면서 흰색의 $CuSO_4$가 된다.

ㄴ, ㄷ. $CuSO_4\cdot5H_2O$의 분해와 생성은 가역 반응이므로 흰색의 $CuSO_4$에 물을 넣으면 다시 푸른색의 $CuSO_4\cdot5H_2O$이 된다.

02 꼼꼼 문제 분석

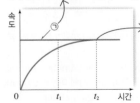

증발 속도> 응축 속도 → h_1

h_2가 일정하게 유지된다. → 증발 속도=응축 속도 → 동적 평형

(가)   (나)

④ 용기 속에 수증기 분자가 많을수록 수증기의 응축 속도가 빠르다. 용기 속 수증기 분자는 (가)에서보다 동적 평형에 도달한 (나)에서 더 많으므로 수증기의 응축 속도는 (나)>(가)이다.

바로알기 ① (가)는 동적 평형에 도달하기 이전이므로 수증기의 응축 속도가 물의 증발 속도보다 느리다.

② (나)에서는 물의 증발과 수증기의 응축이 같은 속도로 계속 일어나고 있다.

③ 일정한 온도에서 물의 증발 속도는 일정하므로 물의 증발 속도는 (가)와 (나)가 같다.

⑤ 용기 속 수증기 분자 수는 (나)>(가)이다.

03 꼼꼼 문제 분석

일정 온도에서 그 속도가 일정하므로 ㉠은 $H_2O(l)$의 증발 속도이다.

속도

㉠

시간에 따라 용기 속 $H_2O(g)$ 분자 수가 증가하면서 응축 속도가 빨라지다가 증발 속도와 응축 속도가 같아지는 t_2일 때 동적 평형에 도달한다.

0 ── t_1 ── t_2 ── 시간

ㄱ. 일정 온도에서 그 속도가 일정한 ㉠은 증발 속도이다.

ㄴ. t_1은 동적 평형에 도달하기 이전 상태로 증발 속도>응축 속도이므로 증발되는 $H_2O(l)$ 분자 수>응축되는 $H_2O(g)$ 분자 수이다. t_2는 동적 평형 상태로, 증발되는 $H_2O(l)$ 분자 수와 응축되는 $H_2O(g)$ 분자 수가 같으므로 용기 속 $H_2O(l)$의 양은 $t_1>t_2$이다.

바로알기 ㄷ. t_2일 때는 $H_2O(l)$의 증발과 $H_2O(g)$의 응축이 같은 속도로 일어난다.

04 꼼꼼 문제 분석

일정량의 물에 용질 X를 넣을 때 초기에는 용해 속도가
석출 속도보다 빠르므로 용해된 X의 질량이 커진다.

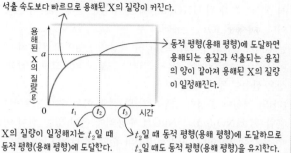

→ 동적 평형(용해 평형)에 도달하면 용해되는 용질과 석출되는 용질의 양이 같아져 용해된 X의 질량이 일정해진다.

X의 질량이 일정해지는 t_2일 때 동적 평형(용해 평형)에 도달한다.

t_2일 때 동적 평형(용해 평형)에 도달하므로 t_3일 때도 동적 평형(용해 평형)을 유지한다.

ㄱ. t_1일 때는 동적 평형(용해 평형)에 도달하기 이전 상태이므로
X의 용해 속도는 석출 속도보다 빠르다.

ㄷ. t_2와 t_3일 때는 모두 동적 평형(용해 평형) 상태이므로 녹지
않고 남아 있는 X의 질량이 t_2일 때와 t_3일 때가 같다.

바로알기 ㄴ. t_2일 때 동적 평형(용해 평형)에 도달하므로 t_2일 때
X의 용해와 석출은 멈춘 것이 아니라 같은 속도로 일어난다. 따
라서 X의 석출 속도는 0이 아니다.

05 꼼꼼 문제 분석

처음에는 정반응 속도가 역반응 속도보다 빠르다.

더 이상 적갈색이 옅어지지 않는다. → 정반응과 역반응이 같은 속도로 일어나는 동적 평형에 도달하여 NO_2와 N_2O_4의 농도가 일정하게 유지되기 때문이다.

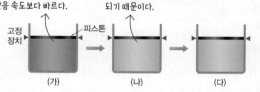

고정 장치   피스톤

(가)   (나)   (다)

ㄱ. (가)는 동적 평형에 도달하지 않은 상태이므로 정반응 속도가
역반응 속도보다 빠르다.

ㄴ. (나)는 동적 평형에 도달한 상태이므로 반응물인 NO_2와 생
성물인 N_2O_4가 함께 존재한다.

바로알기 ㄷ. (나)에서 동적 평형에 도달하였으므로 (다)에서도 동적
평형 상태를 유지한다. 따라서 N_2O_4의 농도는 (나)와 (다)가 같다.

06 꼼꼼 문제 분석

(가) $H_3PO_4(s) + H_2O(l) \longrightarrow H_2PO_4^-(aq) + H_3O^+(aq)$
산   염기

(나) $H_2PO_4^-(aq) + H_2O(l) \longrightarrow HPO_4^{2-}(aq) + H_3O^+(aq)$
산   염기

(다) $HPO_4^{2-}(aq) + H_2O(l) \longrightarrow PO_4^{3-}(aq) + H_3O^+(aq)$
산   염기

ㄱ. (가)에서 H_3PO_4은 H^+을 내놓으므로 브뢴스테드·로리 산
이다.

ㄷ. (가)와 (다)에서 H_2O은 모두 H^+을 받으므로 브뢴스테드·로
리 염기이다.

바로알기 ㄴ. (나)에서 $H_2PO_4^-$은 H^+을 내놓으므로 브뢴스테드·
로리 산이다.

07 꼼꼼 문제 분석

HBr
(가) $X(aq) + H_2O(l) \longrightarrow H_3O^+(aq) + Br^-(aq)$
      산   염기

NH₃
(나) $Y(g) + H_2O(l) \longrightarrow NH_4^+(aq) + OH^-(aq)$
    염기   산

HBr   NH₃
(다) $X(aq) + Y(g) \longrightarrow NH_4Br(aq)$
    산   염기

ㄱ. (가)에서 X는 화학식이 HBr이며, H^+을 내놓고 Br^-이 되
므로 브뢴스테드·로리 산이다.

ㄷ. Y는 화학식이 NH_3이며, (나)와 (다)에서 모두 H^+을 받으므
로 브뢴스테드·로리 염기이다.

바로알기 ㄴ. (나)에서 H_2O은 Y에게 H^+을 내놓고 OH^-이 되므
로 브뢴스테드·로리 산이다.

08 꼼꼼 문제 분석

(나)의 pH = 12이므로 $[H_3O^+] = 1 \times 10^{-12}$ M이고, 25 °C에서
$[H_3O^+][OH^-] = 1 \times 10^{-14}$이므로 $[OH^-] = 1 \times 10^{-2}$ M이다.

구분	(가)	(나)
pH	x	12
부피(mL)	90	10
$\dfrac{[H_3O^+]}{[OH^-]}$	1×10^8	y

(가)에서 $[OH^-] = a$ M이라고 하면 $[H_3O^+] = 1 \times 10^8 a$ M이다.
→ 25 °C에서 $[H_3O^+][OH^-] = 1 \times 10^8 \times a^2 = 1 \times 10^{-14}$이므로
$a = 1 \times 10^{-11}$이다. 따라서 $[H_3O^+] = 1 \times 10^{-3}$ M이고, $[OH^-]$
$= 1 \times 10^{-11}$ M이다.

ㄱ. (가)에서 $[H_3O^+] = 1 \times 10^{-3}$ M이므로 pH = 3이다. 따라서
$x = 3$이다.

바로알기 ㄴ. (나)에서 $[H_3O^+] = 1 \times 10^{-12}$ M이고, $[OH^-] = 1 \times$
10^{-2} M이므로 $\dfrac{[H_3O^+]}{[OH^-]} = \dfrac{1 \times 10^{-12}\,\text{M}}{1 \times 10^{-2}\,\text{M}} = 1 \times 10^{-10}$이다.

ㄷ. (가)에서 H_3O^+의 양(mol)은 1×10^{-3} M $\times 90 \times 10^{-3}$ L $=$
9×10^{-5} mol이고, (나)에서 OH^-의 양(mol)은 1×10^{-2} M $\times$
10×10^{-3} L $= 10 \times 10^{-5}$ mol이다. H_3O^+과 OH^-은 1 : 1의
몰비로 반응하므로 (가)와 (나)를 모두 혼합한 용액 속에는 OH^-
가 있으며, 그 양(mol)은 1×10^{-5} mol이다. 이때 혼합 용액의
부피가 100 mL = 0.1 L이므로 $[OH^-] = 1 \times 10^{-4}$ M이며,
25 °C에서 $[H_3O^+][OH^-] = 1 \times 10^{-14}$이므로 $[H_3O^+] = 1 \times$
10^{-10} M이다. 따라서 혼합 용액의 pH = 10이다.

09 꼼꼼 문제 분석

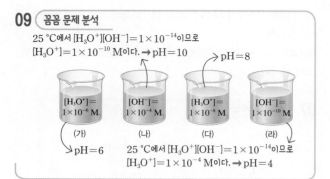

25 °C에서 $[H_3O^+][OH^-]=1\times10^{-14}$이므로
$[H_3O^+]=1\times10^{-10}$ M이다. → pH=10

pH=8

25 °C에서 $[H_3O^+][OH^-]=1\times10^{-14}$이다. → pH=4

ㄱ. pH는 (가)가 6이고, (다)가 8이므로 (다)가 (가)보다 2 크다.
바로알기 ㄴ. (나)의 pH는 10이므로 (나)의 액성은 염기성이다.
ㄷ. (라)의 pH는 4이다.

10 꼼꼼 문제 분석

0.1 M HCl(aq) 5 mL에 들어 있는 H^+ 수와 Cl^- 수를 각각 N이라고 하면 0.2 M KOH 수용액 5 mL에 들어 있는 K^+ 수와 OH^- 수는 각각 $2N$이다.

	혼합 용액	(가)	(나)	(다)	(라)	(마)
혼합 전	HCl(aq)(mL)	10	15	20	25	30
	H^+ 수	$2N$	$3N$	$4N$	$5N$	$6N$
	Cl^- 수	$2N$	$3N$	$4N$	$5N$	$6N$
	KOH(aq)(mL)	30	25	20	15	10
	K^+ 수	$12N$	$10N$	$8N$	$6N$	$4N$
	OH^- 수	$12N$	$10N$	$8N$	$6N$	$4N$
혼합 후	H^+ 수	0	0	0	0	$2N$
	Cl^- 수	$2N$	$3N$	$4N$	$5N$	$6N$
	K^+ 수	$12N$	$10N$	$8N$	$6N$	$4N$
	OH^- 수	$10N$	$7N$	$4N$	N	0
	전체 이온 수	$24N$	$20N$	$16N$	$12N$	$12N$
	생성된 물 분자 수	$2N$	$3N$	$4N$	$5N$	$6N$
	액성	염기성	염기성	염기성	염기성	산성

ㄷ. (가)에 들어 있는 전체 이온 수는 $24N$이고, (마)에 들어 있는 전체 이온 수는 $12N$이므로 용액 속 전체 이온 수는 (가)>(마)이다.
바로알기 ㄱ. H^+과 OH^-은 1 : 1의 몰비로 반응하여 물을 생성하므로 (나)에서 생성된 물 분자 수는 $3N$이고, (라)에서 생성된 물 분자 수는 $5N$이다.
ㄴ. (다)에는 반응하지 않은 OH^-이 남아 있다. 따라서 (다)의 액성은 염기성이다.

11

1가 산과 1가 염기를 혼합하면 중화 반응으로 감소하는 H^+이나 OH^-의 수만큼 같은 수의 염기의 양이온이나 산의 음이온이 증가한다. 따라서 혼합 용액에 들어 있는 전체 이온 수는 혼합 용액의 액성이 산성이라면 혼합 전 산 수용액에 들어 있는 전체 이온 수와 같고, 염기성이라면 혼합 전 염기 수용액에 들어 있는 전체 이온 수와 같으며, 중성이라면 혼합 전 산 수용액 또는 염기 수용액에 들어 있는 전체 이온 수와 같다.

• (가)의 액성이 산성인 경우: (가)의 전체 이온 수가 $2N$이므로 혼합 전 HNO$_3$(aq)에 들어 있는 전체 이온 수는 $2N$이다. 따라서 (나)의 혼합 전 HNO$_3$(aq)에 들어 있는 전체 이온 수는 $4N$이다. 이때 NaOH 수용액의 부피가 같고, HNO$_3$(aq)의 부피는 (나)가 (가)보다 크므로 (나)의 액성은 산성이고, (나)의 전체 이온 수는 $4N$이어야 한다. 그러나 그렇지 않으므로 (가)의 액성은 산성이 될 수 없다.

• (가)의 액성이 중성인 경우: (가)의 전체 이온 수가 $2N$이므로 혼합 전 HNO$_3$(aq)과 NaOH 수용액에 들어 있는 전체 이온 수는 각각 $2N$이다. 따라서 (나)의 혼합 전 HNO$_3$(aq)에 들어 있는 전체 이온 수는 $4N$, NaOH 수용액에 들어 있는 전체 이온 수는 $2N$, (나)에 들어 있는 전체 이온 수는 $4N$이어야 한다. 그러나 그렇지 않으므로 (가)의 액성은 중성이 될 수 없다.

• (가)의 액성이 염기성인 경우: (가)의 전체 이온 수가 $2N$이므로 혼합 전 NaOH 수용액에 들어 있는 전체 이온 수는 $2N$이다. 따라서 (나)의 혼합 전 NaOH 수용액에 들어 있는 전체 이온 수는 $2N$이다. (나)의 전체 이온 수는 $3N$이므로 (나)의 혼합 전 HNO$_3$(aq)에 들어 있는 전체 이온 수는 $3N$이고, (가)의 혼합 전 HNO$_3$(aq)에 들어 있는 전체 이온 수는 $1.5N$이다. 이는 모든 조건을 만족하므로 (가)의 액성은 염기성이다.

혼합 용액		(가) 염기성	(나) 산성
혼합 전 용액의 부피(mL)	HNO$_3$(aq)	10	20
	HNO$_3$(aq)의 전체 이온 수	$1.5N$	$3N$
	NaOH(aq)	20	20
	NaOH(aq)의 전체 이온 수	$2N$	$2N$
전체 이온 수		$2N$	$3N$

ㄷ. HNO$_3$(aq) 10 mL에 들어 있는 전체 이온 수는 $1.5N$이고, NaOH 수용액 10 mL에 들어 있는 전체 이온 수는 N이다. 따라서 단위 부피당 전체 이온 수는 HNO$_3$(aq)이 NaOH 수용액의 1.5배이다.
바로알기 ㄱ. (가)의 액성은 염기성이다.
ㄴ. (나)에 들어 있는 전체 이온 수와 혼합 전 HNO$_3$(aq)에 들어 있는 전체 이온 수는 $3N$으로 같으므로 (나)의 액성은 산성이다.

12

ㄱ. 중화 적정 실험에서 적정에 사용된 표준 용액의 부피를 측정할 때 사용하는 기구는 뷰렛이다.
바로알기 ㄴ. 산이 내놓은 H^+과 염기가 내놓은 OH^-은 1 : 1의 몰비로 반응하여 H_2O을 생성하므로 중화점까지 생성된 물의 양(mol)은 반응한 산 또는 염기의 양(mol)과 같다. 따라서 생성된 물의 양(mol)은 반응한 NaOH 수용액의 양(mol)과 같으므로 $0.2\text{ M}\times20\times10^{-3}\text{ L}=4\times10^{-3}$ mol이다.
ㄷ. x M CH$_3$COOH 수용액 10 mL를 완전히 중화하는 데 사용된 0.2 M NaOH 수용액의 부피가 20 mL이므로 중화 반응의 양적 관계는 다음과 같다.
$1\times x\text{ M}\times10\text{ mL}=1\times0.2\text{ M}\times20\text{ mL}$, $x=0.4$

13 꼼꼼 문제 분석

[실험 과정]
(가) x M 염산(HCl(aq)) 20 mL에 y M 수산화 나트륨(NaOH) 수용액 10 mL를 혼합한 용액 Ⅰ을 만든다.
(나) 용액 Ⅰ에 NaOH 수용액 V mL를 추가하여 용액 Ⅱ를 만든다. → Cl⁻의 양(mol)은 용액 Ⅰ과 Ⅱ에서 같고, Na⁺의 양(mol)은 용액 Ⅱ에서 Ⅰ에서보다 크다.

[실험 결과]
• 용액 Ⅰ과 Ⅱ에서 이온의 양(mol)

용액	이온의 양(mol)			
	A Cl⁻	B	C	D OH⁻
Ⅰ 산성	$2a$	a	a	0
Ⅱ 염기성	$2b$			b

용액 Ⅰ에서 B 이온과 C 이온은 각각 H⁺, Na⁺ 중 하나이며, A 이온의 양(mol)이 B 이온과 C 이온의 양(mol)의 2배이므로 Cl⁻의 양(mol)이 Na⁺의 양(mol)의 2배이다. → x M HCl(aq) 20 mL에 들어 있는 Cl⁻의 양(mol)이 y M NaOH 수용액 10 mL에 들어 있는 Na⁺ 양(mol)의 2배이므로 $x=y$이다.

용액 Ⅰ에는 존재하지 않고 용액 Ⅱ에만 존재하는 D는 OH⁻이다. → 용액 Ⅰ은 OH⁻이 없고, H⁺, Cl⁻, Na⁺이 있으므로 산성이다. 따라서 양(mol)이 가장 큰 A 이온은 Cl⁻이며, Ⅰ과 Ⅱ에서 Cl⁻의 양(mol)은 같으므로 $a=b$이다.

HCl(aq)과 NaOH 수용액의 몰 농도가 같고, 용액 Ⅰ에 들어 있는 H⁺의 양(mol)이 a mol이며, 용액 Ⅰ에 NaOH 수용액 V mL를 추가한 용액 Ⅱ에서 OH⁻의 양(mol)이 $b(=a)$ mol이므로 NaOH 수용액 V mL에 들어 있는 OH⁻의 양(mol)은 $2a$ mol이다. 따라서 추가한 NaOH 수용액의 부피 $V=20$이다.

14 꼼꼼 문제 분석

HNO₃(aq)에서 H⁺ 수=NO₃⁻ 수이고, KOH 수용액에서 K⁺ 수=OH⁻ 수이다. → NO₃⁻ 수와 K⁺ 수가 같은 지점이 중화점이므로 KOH 수용액 15 mL를 넣은 지점이 중화점이다.

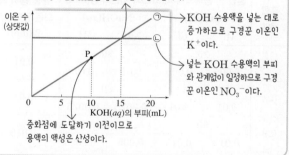

→ KOH 수용액을 넣는 대로 증가하므로 구경꾼 이온인 K⁺이다.
→ 넣는 KOH 수용액의 부피와 관계없이 일정하므로 구경꾼 이온인 NO₃⁻이다.
중화점에 도달하기 이전이므로 용액의 액성은 산성이다.

① ㉠은 KOH 수용액을 넣는 대로 증가하므로 중화 반응에 참여하지 않는 구경꾼 이온인 K⁺이다.
② ㉡은 넣는 KOH 수용액의 부피와 관계없이 일정하므로 중화 반응에 참여하지 않는 구경꾼 이온인 NO₃⁻이다.
④ P는 중화점에 도달하기 이전이므로 P 용액의 액성은 산성이다. 따라서 ㉡(NO₃⁻)이 가장 많이 존재한다.
⑤ HNO₃(aq) 30 mL에 KOH 수용액 15 mL를 넣을 때 완전히 중화되므로 HNO₃(aq)과 KOH 수용액의 농도비는 1 : 2이

다. 따라서 단위 부피당 양이온 수비는 HNO₃(aq) : KOH 수용액=1 : 2이다.

바로알기 ③ P 용액은 산성 용액이므로 페놀프탈레인 용액의 색 변화가 없다. 따라서 P 용액은 무색이다.

15 꼼꼼 문제 분석

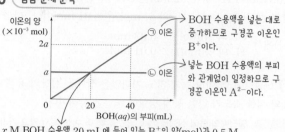

→ BOH 수용액을 넣는 대로 증가하므로 구경꾼 이온인 B⁺이다.
→ 넣는 BOH 수용액의 부피와 관계없이 일정하므로 구경꾼 이온인 A²⁻이다.

x M BOH 수용액 20 mL에 들어 있는 B⁺의 양(mol)과 0.5 M H₂A 수용액 20 mL에 들어 있는 A²⁻의 양(mol)이 같다.

0.5 M H₂A 수용액 20 mL에 들어 있는 H⁺의 양(mol)은 2×0.5 M$\times20\times10^{-3}$ L$=20\times10^{-3}$ mol이고, A²⁻의 양(mol)은 0.5 M$\times20\times10^{-3}$ L$=10\times10^{-3}$ mol이므로 $a=10$이다. 또, x M BOH 수용액 20 mL에 들어 있는 B⁺의 양(mol)과 0.5 M H₂A 수용액 20 mL에 들어 있는 A²⁻의 양(mol)이 같으므로 BOH 수용액의 몰 농도는 H₂A 수용액의 몰 농도와 같다. 따라서 $x=0.5$이므로 $a\times x=10\times0.5=5$이다.

16 꼼꼼 문제 분석

혼합 용액에 들어 있는 전체 이온의 양(mol)은 혼합 용액의 액성이 산성이면 혼합 전 산 수용액에 들어 있는 전체 이온의 양(mol)과 같고, 염기성이면 혼합 전 염기 수용액에 들어 있는 전체 이온의 양(mol)과 같다.

NaOH 수용액에 HCl(aq)을 넣으면 중화 반응으로 감소하는 OH⁻의 수만큼 같은 수의 산의 음이온(Cl⁻)이 증가한다. → 중화점까지 전체 이온 수는 일정하다.

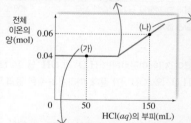

→ (나)는 중화점 이후 용액 → 산성 용액 → 혼합 전 HCl(aq) 150 mL에 들어 있는 전체 이온의 양(mol)은 0.06 mol이다.

(가)는 중화점 이전 용액 → 염기성 용액 → 혼합 전 NaOH 수용액 100 mL에 들어 있는 전체 이온의 양(mol)은 0.04 mol이다.

ㄱ. (가)는 중화점 이전 용액이므로 염기성 용액이다.
ㄴ. 혼합 전 NaOH 수용액 100 mL에 들어 있는 전체 이온의 양(mol)이 0.04 mol이므로 Na⁺의 양(mol)은 0.02 mol이다. 혼합 전 HCl(aq) 150 mL에 들어 있는 전체 이온의 양(mol)이 0.06 mol이므로 Cl⁻의 양(mol)은 0.03 mol이다. 그러므로 HCl(aq) 50 mL에 들어 있는 Cl⁻의 양(mol)은 0.01 mol이다.

따라서 (가)에서 $\dfrac{\text{Na}^+\text{의 양(mol)}}{\text{Cl}^-\text{의 양(mol)}}=\dfrac{0.02\ \text{mol}}{0.01\ \text{mol}}=2$이다.

바로알기 ㄷ. 혼합 전 NaOH 수용액 100 mL에는 Na^+과 OH^-이 각각 0.02 mol씩 들어 있고, 혼합 전 HCl(aq) 150 mL에는 H^+과 Cl^-이 각각 0.03 mol씩 들어 있다. Cl^-은 중화 반응에 참여하지 않는 구경꾼 이온이므로 (나)에서 Cl^-의 양(mol)은 0.03 mol이다. 또, H^+은 중화 반응에 참여하는 이온이므로 0.03 mol의 H^+ 중 0.02 mol은 OH^-과 반응하고 0.01 mol만 남기 때문에 (나)에서 H^+의 양(mol)은 0.01 mol이다. 따라서 (나)에서 $\dfrac{Cl^-\text{의 양(mol)}}{H^+\text{의 양(mol)}}=\dfrac{0.03\ mol}{0.01\ mol}=3$이다.

17 설탕이 더 이상 녹지 않고 가라앉은 상태는 설탕의 용해 속도와 석출 속도가 같은 동적 평형에 도달한 상태이다.

모범 답안 일정량의 물에 설탕을 계속 넣었을 때 더 이상 녹지 않고 가라앉은 상태는 설탕의 용해 속도와 석출 속도가 같은 동적 평형에 도달한 상태이다. 이때 설탕을 더 넣어 주어도 설탕의 용해 속도와 석출 속도는 같으므로 수용액에 용해된 설탕의 양은 증가하지 않는다. 따라서 설탕물의 농도는 일정하게 유지된다.

채점 기준	배점
동적 평형과 관련하여 설탕물의 농도가 일정하게 유지된다고 서술한 경우	100 %
설탕물의 농도가 일정하게 유지된다고만 서술한 경우	40 %

18 양쪽성 물질은 산으로도 작용할 수 있고 염기로도 작용할 수 있는 물질이다.

모범 답안 HCO_3^-. 첫 번째 반응에서 HCO_3^-은 H^+을 내놓으므로 브뢴스테드·로리 산으로 작용하고, 두 번째 반응에서 HCO_3^-은 H^+을 받으므로 브뢴스테드·로리 염기로 작용한다. 즉, 주어진 반응에서 HCO_3^-은 산으로도 작용하고 염기로도 작용하므로 양쪽성 물질이다.

채점 기준	배점
양쪽성 물질로 작용하는 물질과 그 까닭을 옳게 서술한 경우	100 %
양쪽성 물질로 작용하는 물질만 옳게 쓴 경우	40 %

19 **모범 답안** 순수한 물이 자동 이온화하면 H_3O^+과 OH^-을 1 : 1로 내놓으므로 순수한 물의 $[H_3O^+]$와 $[OH^-]$가 같다. 따라서 순수한 물의 액성은 중성이다.

채점 기준	배점
물의 자동 이온화와 관련하여 순수한 물의 액성이 중성인 까닭을 옳게 서술한 경우	100 %
순수한 물의 $[H_3O^+]$와 $[OH^-]$가 같기 때문이라고만 서술한 경우	50 %

20 (가)에 들어 있는 H_3O^+의 양(mol)이 0.02 mol이고, 부피가 200 mL이므로 $[H_3O^+]=\dfrac{0.02\ mol}{0.2\ L}=0.1$ M이다. 따라서 pH $=-\log(1\times10^{-1})=1$이고, 25 °C에서 pH+pOH=14이므로 pOH=13이다. 또, (나)의 pOH는 (가)보다 1만큼 작으므로 pOH=12이다. 따라서 pH=2이므로 $[H_3O^+]=1\times10^{-2}$이다.

모범 답안 $x=13$, $y=1\times10^{-3}$. (가)에 들어 있는 H_3O^+의 양(mol)이 0.02 mol이고, 부피가 200 mL이므로 $[H_3O^+]=0.1$ M이다. 따라서 pH=1이고, pOH=13이므로 $x=13$이다. 또, (나)의 pOH=12이므로 pH=2이다. 이로부터 $[H_3O^+]=1\times10^{-2}$ M이고, H_3O^+의 양(mol)은 1×10^{-2} M $\times100\times10^{-3}$ L $=1\times10^{-3}$ mol이다. 따라서 $y=1\times10^{-3}$이다.

채점 기준	배점
풀이 과정과 x와 y의 값을 모두 옳게 서술한 경우	100 %
풀이 과정을 옳게 서술하였지만 x와 y의 값 중 1가지만 옳게 쓴 경우	70 %
x와 y의 값만 옳게 쓴 경우	40 %

21 1가 산과 1가 염기의 혼합 용액이 염기성일 때 용액 속 양이온의 수는 혼합 전 염기 수용액 속 양이온 수와 같고, 혼합 용액이 산성일 때 용액 속 양이온의 수는 혼합 전 산의 양이온(H^+) 수와 같다. NaOH 수용액의 Na^+은 구경꾼 이온이므로 용액 속 이온의 양은 넣어 준 NaOH 수용액의 부피에 비례한다. 넣어 준 NaOH 수용액의 부피는 (가)가 (나)보다 크지만 용액 속 모든 양이온의 양(mol)은 0.01 mol로 같으므로 (가)와 (나)의 액성이 다르고, (가)의 액성은 염기성이다. 이로부터 NaOH 수용액 80 mL에 들어 있는 Na^+과 OH^-의 양(mol)은 각각 0.01 mol 이다. (나)의 액성은 (가)와 다른데, (나)의 액성이 중성이라면 용액 속 양이온의 양(mol)은 혼합 전 NaOH 수용액의 Na^+의 양(mol)과 같으며, (가)와 (나)의 혼합 전 NaOH 수용액의 부피비가 4 : 3이므로 용액 속 양이온의 양(mol)은 (나)에서가 (가)에서의 $\dfrac{3}{4}$이 되어야 하는데, 양이온의 양(mol)이 같으므로 조건에 맞지 않다. 따라서 (나)의 액성은 산성이다. 이로부터 혼합 전 각 용액에 들어 있는 이온의 양(mol)은 다음과 같다.

혼합 용액	혼합 전 용액의 부피(mL)와 이온의 양(mol)				혼합 용액 속 모든 양이온의 양(mol)
	HCl(aq)		NaOH(aq)		
	H^+	Cl^-	Na^+	OH^-	
(가)	20		80		0.01
	0.005	0.005	0.01	0.01	
(나)	40		60		0.01
	0.01	0.01	0.0075	0.0075	
(다)	60		40		0.015
	0.015	0.015	0.005	0.005	

같은 부피에 들어 있는 이온의 양(mol)은 HCl(aq)이 NaOH 수용액의 2배이므로 x : $y=2$: 1이다.

모범 답안 2. 넣어 준 NaOH 수용액의 부피는 (가)가 (나)보다 크지만 혼합 용액 속 모든 양이온의 양(mol)은 같으므로 (가)와 (나)의 액성이 다르며, (가)는 염기성이고, (나)는 산성이다. NaOH 수용액 80 mL에 들어 있는 Na^+의 양(mol)과 HCl(aq) 40 mL에 들어 있는 H^+의 양(mol)이 같으므로 용액의 몰 농도는 HCl(aq)이 NaOH 수용액의 2배이다. 따라서 x : $y=2$: 1이므로 $\dfrac{x}{y}=2$이다.

채점 기준	배점
풀이 과정과 답을 모두 옳게 서술한 경우	100 %
풀이 과정만 옳게 서술한 경우	60 %
답만 옳게 쓴 경우	40 %

22 (모범 답안) 1 M, $\frac{1}{10}$로 묽힌 식초 20 mL를 적정하는 데 사용한

0.1 M NaOH 수용액의 부피가 20 mL이므로 $\frac{1}{10}$로 묽힌 식초 속

CH_3COOH의 몰 농도를 x라고 하면 중화 반응의 양적 관계는 다음과 같다.

$1 \times x \times 20\ mL = 1 \times 0.1\ M \times 20\ mL$, $x = 0.1\ M$

따라서 묽히기 전 식초 속 CH_3COOH의 몰 농도는 1 M이다.

채점 기준	배점
풀이 과정과 답을 모두 옳게 서술한 경우	100 %
풀이 과정만 옳게 서술한 경우	60 %
답만 옳게 쓴 경우	40 %

수능 **실전 문제**   278~281쪽

01 ⑤	**02** ③	**03** ①	**04** ①	**05** ②	**06** ②	**07** ⑤
08 ③	**09** ④	**10** ②	**11** ①	**12** ③	**13** ④	**14** ②
15 ⑤						

---

01 (꼼꼼 문제 분석)

증발 속도와 응축 속도가 같다. → 동적
평형(상평형) 상태에 도달하였다.

시간	t	$2t$	$4t$
증발 속도	a	a	a
응축 속도	b	a	x

$H_2O(g)$

$H_2O(l)$

선택지 분석

ㄱ. $x = a$이다.

ㄴ. t일 때 $H_2O(l)$의 증발 속도는 $H_2O(g)$의 응축 속도보다 빠르다.

ㄷ. 용기 속 $H_2O(l)$의 양(mol)은 $2t$일 때와 $4t$일 때가 같다.

전략적 풀이 ❶ 동적 평형에 도달한 시간을 찾는다.

ㄱ. 일정한 온도에서 증발 속도와 응축 속도가 같은 $2t$일 때 동적
평형(상평형)에 도달하였다. 따라서 $2t$ 이후 $H_2O(l)$의 증발 속도
와 $H_2O(g)$의 응축 속도는 같으므로 $x = a$이다.

❷ 동적 평형에 도달하기 전의 증발 속도와 응축 속도를 비교한다.

ㄴ. t일 때는 동적 평형(상평형)에 도달하기 이전 상태이므로
$H_2O(l)$의 증발 속도는 $H_2O(g)$의 응축 속도보다 빠르다.

❸ 동적 평형 상태에서는 증발하는 $H_2O(l)$ 분자 수와 응축하는
$H_2O(g)$ 분자 수가 같다는 것을 적용한다.

ㄷ. $2t$ 이후에는 동적 평형(상평형) 상태를 유지하므로 $2t$ 이후

증발하는 $H_2O(l)$ 분자 수와 응축하는 $H_2O(g)$ 분자 수가 같다.
따라서 용기 속 $H_2O(l)$의 양(mol)은 $2t$일 때와 $4t$일 때가 같다.

---

02 (꼼꼼 문제 분석)

$\dfrac{증발\ 속도}{응축\ 속도} = 1$이다. → 증발 속도와 응축 속도가 같은 동적 평형(상평형)
상태이다. → t_3일 때 동적 평형(상평형)에 도달하였다.

시간	t_1	t_2	t_3
$\dfrac{증발\ 속도}{응축\ 속도}$	a	b	1
$\dfrac{X(l)의\ 양(mol)}{X(g)의\ 양(mol)}$		1	c

동적 평형(상평형)에 도달하기 이전 상태이다.

선택지 분석

ㄱ. $a > 1$이다.

ㄴ. $b = 1$이다. >

ㄷ. t_3일 때 $X(l)$와 $X(g)$는 동적 평형을 이루고 있다.

전략적 풀이 ❶ 동적 평형에 도달한 시간을 찾는다.

일정한 온도에서 $\dfrac{증발\ 속도}{응축\ 속도} = 1$인 t_3일 때 증발 속도와 응축 속

도가 같은 동적 평형(상평형)에 도달하였다.

❷ 동적 평형에 도달하기 전의 증발 속도와 응축 속도를 비교하여

$\dfrac{증발\ 속도}{응축\ 속도}$ 값을 파악한다.

ㄱ, ㄴ. t_3일 때 동적 평형(상평형)에 도달하므로 t_1, t_2일 때는 동
적 평형(상평형)에 도달하기 이전 상태이다. 즉, t_1, t_2일 때 $X(l)$
의 증발 속도는 $X(g)$의 응축 속도보다 크므로 $a > 1$, $b > 1$이다.

❸ 동적 평형 상태의 특징을 이해한다.

ㄷ. t_3일 때 $X(l)$의 증발 속도와 $X(g)$의 응축 속도가 같으므로
$X(l)$와 $X(g)$는 동적 평형(상평형)을 이루고 있다.

---

03 (꼼꼼 문제 분석)

t_2 이후 용액 속 용해된 X의 양(mol)이 증가하지 않고 일정해진다.
→ t_2일 때 동적 평형(용해 평형)에 도달하였다.

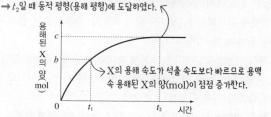

X의 용해 속도가 석출 속도보다 빠르므로 용액
속 용해된 X의 양(mol)이 점점 증가한다.

선택지 분석

ㄱ. t_1일 때 X의 용해 속도는 석출 속도보다 빠르다.

ㄴ. t_2일 때 X의 석출 속도는 0이다. 0이 아니다

ㄷ. t_2일 때 고체 X를 추가하면 X 수용액의 몰 농도는 증가
한다. 일정하다

전략적 풀이 ❶ 동적 평형에 도달한 시간을 찾는다.

t_2 이후 용액 속 용해된 X의 양(mol)이 증가하지 않고 일정해지므로 t_2일 때 동적 평형(용해 평형)에 도달하였다.

❷ 동적 평형에 도달하기 전의 용해 속도와 석출 속도를 비교한다.

ㄱ. t_2일 때 동적 평형(용해 평형)에 도달하므로 t_1일 때는 동적 평형(용해 평형)에 도달하기 이전 상태이다. 따라서 t_1일 때 X의 용해 속도는 석출 속도보다 빠르다.

❸ 동적 평형의 정의를 이용하여 동적 평형 상태에서 용해와 석출이 일어나는지의 여부를 파악한다.

ㄴ. t_2일 때 동적 평형(용해 평형) 상태이므로 X의 용해와 석출은 같은 속도로 일어난다. 따라서 t_2일 때 X의 석출 속도는 0이 아니다.

❹ 일정 온도에서 동적 평형에 도달하면 용액의 몰 농도가 일정해짐을 이해한다.

ㄷ. 동적 평형(용해 평형) 상태인 t_2일 때 고체 X를 추가해도 용해되는 용질 입자 수는 일정하므로 X 수용액의 몰 농도는 증가하지 않고 일정하다.

04 꼼꼼 문제 분석

처음에는 X의 용해 속도가 석출 속도보다 빠르므로 고체 X의 양이 점점 감소한다.

용해 속도와 석출 속도가 같은 동적 평형(용해 평형)에서는 녹지 않고 남아 있는 고체 X의 양이 일정하게 유지된다. → t_2일 때는 동적 평형(용해 평형) 상태이다.

선택지 분석

ㄱ. t_1에서 X의 용해 속도는 석출 속도보다 빠르다.

✗ X 수용액의 농도는 t_2에서보다 t_1에서 크다. 작다

ㄷ. X의 석출 속도는 t_1에서보다 t_2에서 빠르다.

전략적 풀이 ❶ 동적 평형 상태인 시간을 찾는다.

일정한 온도에서 수용액에 녹지 않고 남아 있는 고체 X의 양이 일정하게 유지되는 t_2일 때는 용해 속도와 석출 속도가 같은 동적 평형(용해 평형) 상태이다.

❷ 동적 평형에 도달하기 전의 용해 속도와 석출 속도를 비교한다.

ㄱ. t_1일 때는 동적 평형(용해 평형)에 도달하기 이전이므로 X의 용해 속도가 석출 속도보다 빠르다.

❸ 동적 평형에 도달하기 전과 도달한 이후의 수용액에 용해된 X의 양을 파악한다.

ㄴ. 수용액에 용해된 X의 양은 t_1에서보다 동적 평형(용해 평형) 상태인 t_2에서 많다. 따라서 물은 100 g으로 일정하므로 X 수용액의 농도는 t_2에서보다 t_1에서 작다.

ㄷ. 수용액에 용해된 X의 양이 많을수록 석출 속도가 빠르므로 X의 석출 속도는 t_1에서보다 t_2에서 빠르다.

05 꼼꼼 문제 분석

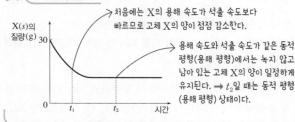

선택지 분석

✗ (가)는 아레니우스 산이다. 이 아니다

ㄴ. (나)는 브뢴스테드·로리 산이다.

✗ (다)는 브뢴스테드·로리 염기이다. 산

전략적 풀이 ❶ (가)~(다)가 어떤 물질인지 파악한다.

(가)는 NH_3, (나)는 HCl, (다)는 H_2O이다.

❷ 아레니우스 산 염기 정의를 알고, 주어진 반응에서 해당 물질이 아레니우스 산으로 작용하는지 확인한다.

ㄱ. (가)는 NH_3로, 물에 녹아 H^+을 내놓지 못하므로 아레니우스 산이 아니다.

❸ 브뢴스테드·로리 산 염기 정의를 알고, 주어진 반응에서 해당 물질이 브뢴스테드·로리 산이나 염기로 작용하는지 확인한다.

ㄴ. (나)는 HCl로, H^+을 내놓으므로 브뢴스테드·로리 산이다.

ㄷ. (다)는 H_2O로, H^+을 내놓으므로 브뢴스테드·로리 산이다.

06 꼼꼼 문제 분석

(가) $HF(l) + H_2O(l) \longrightarrow H_3O^+(aq) + F^-(aq)$
산   염기

(나) $HS^-(aq) + H_2O(l) \longrightarrow S^{2-}(aq) + \boxed{\ \ ⊙\ \ }(aq)$
산   염기 H_3O^+

(다) $HS^-(aq) + HF(l) \longrightarrow H_2S(aq) + F^-(aq)$
염기   산

선택지 분석

✗ ⊙은 OH^-이다. H_3O^+

ㄴ. (가)와 (다)에서 HF는 모두 브뢴스테드·로리 산이다.

✗ (나)와 (다)에서 HS^-은 모두 브뢴스테드·로리 염기이다.
(나)에서는 브뢴스테드·로리 산, (다)에서는 브뢴스테드·로리 염기이다.

전략적 풀이 ❶ 반응 전후 H^+의 이동을 이용하여 ⊙을 알아낸다.

ㄱ. (나)에서 HS^-이 H^+을 내놓고 S^{2-}으로 되므로 H_2O은 H^+을 받아 H_3O^+으로 된다. 따라서 ⊙은 H_3O^+이다.

❷ 브뢴스테드·로리 산 염기 정의를 알고, 주어진 반응에서 브뢴스테드·로리 산과 염기를 구분해 본다.

ㄴ. HF는 (가)와 (다)에서 모두 H^+을 내놓으므로 브뢴스테드·로리 산이다.

ㄷ. HS^-은 (나)에서는 H^+을 내놓으므로 브뢴스테드·로리 산이고, (다)에서는 H^+을 받으므로 브뢴스테드·로리 염기이다.

07 꼼꼼 문제 분석

pH=3이므로 $[H_3O^+]=1\times10^{-3}$ M이고, 25 ℃에서 $[H_3O^+][OH^-]=1\times10^{-14}$이므로 $[OH^-]=1\times10^{-11}$ M이다.

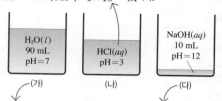

(가) H₂O(l) 90 mL pH=7
(나) HCl(aq) pH=3
(다) NaOH(aq) 10 mL pH=12

pH=7이므로 $[H_3O^+]=[OH^-]$이다.

pH=12이며, 25 ℃에서 pH+pOH=14이므로 pOH=2이고, $[OH^-]=1\times10^{-2}$ M이다.

선택지 분석

ㄱ. (가)에서 $\dfrac{[H_3O^+]}{[OH^-]}=1$이다.

ㄴ. (나)에서 $[OH^-]=1\times10^{-11}$ M이다.

ㄷ. (가)와 (다)를 모두 혼합한 수용액의 pOH=3이다.

전략적 풀이 ❶ 25 ℃의 물과 수용액에서 $[H_3O^+][OH^-]=1\times10^{-14}$로 일정하다는 것을 적용한다.

ㄱ. (가)의 pH=7이고, 25 ℃에서 $[H_3O^+][OH^-]=1\times10^{-14}$이므로 $[H_3O^+]=[OH^-]=1\times10^{-7}$ M이다. 따라서 (가)에서 $\dfrac{[H_3O^+]}{[OH^-]}=1$이다.

ㄴ. (나)의 pH=3이므로 $[H_3O^+]=1\times10^{-3}$ M이고, 25 ℃에서 $[H_3O^+][OH^-]=1\times10^{-14}$이므로 $[OH^-]=1\times10^{-11}$ M이다.

❷ 25 ℃에서 pH+pOH=14인 것을 적용한다.

ㄷ. (다)의 pH=12이고, 25 ℃에서 pH+pOH=14이므로 pOH=2이다. (가)는 물 90 mL이고, (다)는 NaOH 수용액 10 mL이므로 (가)와 (다)를 모두 혼합한 수용액의 부피는 100 mL이다. 따라서 (가)와 (다)를 모두 혼합한 수용액은 (다)를 $\dfrac{1}{10}$로 희석한 용액이므로 혼합 용액의 pOH=3이다.

08 꼼꼼 문제 분석

산성 수용액의 pH<7이고, 염기성 수용액의 pH>7이므로 pH는 산성 수용액<염기성 수용액이다. pH는 (가)<(나)이므로 (가)는 염산(HCl(aq))이고, (나)는 수산화 나트륨(NaOH) 수용액이다.

수용액	(가)	(나)
pH	x	$3x$
OH⁻의 양(mol)	y	10^9y
부피(mL)	10	100

선택지 분석

ㄱ. $x=4$이다.

ㄴ. $y=1\times10^{-12}$이다.

ㄷ. (나)에서 $[OH^-]=1\times10^{-4}$ M이다. 1×10^{-2} M

전략적 풀이 ❶ 수용액에서 $pH=-\log[H_3O^+]$이고, 25 ℃에서 pH+pOH=14임을 적용하여 x와 y를 구한다.

ㄱ, ㄴ. (가)의 pH=x이므로 $[H_3O^+]=10^{-x}$ M이고, pOH=$14-x$이므로 $[OH^-]=10^{-(14-x)}$ M이다. 이로부터 (가)의 OH⁻의 양(mol)은 $10^{-(14-x)}$ M$\times10\times10^{-3}$ L=10^{x-16} mol이다. 따라서 $y=10^{x-16}$이다. 또, (나)의 pH=$3x$이므로 pOH=$14-3x$이고, $[OH^-]=10^{-(14-3x)}$ M이며, OH⁻의 양(mol)은 $10^{-(14-3x)}$ M$\times100\times10^{-3}$ L=10^{3x-15} mol이다. 따라서 (나)의 OH⁻의 양(mol)은 다음과 같은 식이 성립한다.

$$10^9y=10^9\times10^{x-16}=10^{x-7}=10^{3x-15}$$

따라서 $x-7=3x-15$이므로 $x=4$이다. 그리고 (가)의 OH⁻의 양(mol)에서 $y=10^{x-16}$이므로 $y=1\times10^{-12}$이다.

❷ x 값을 이용하여 (나) 수용액의 pH를 파악한 후 25 ℃에서 pH+pOH=14임을 적용하여 pOH를 구해 $[OH^-]$를 구한다.

ㄷ. (나)의 pH=$3x$이고 $x=4$이므로 (나)의 pH=12이다. 따라서 pOH=2이므로 $[OH^-]=1\times10^{-2}$ M이다.

09 꼼꼼 문제 분석

(나)에서 $[H_3O^+]=[OH^-]$이다.

수용액	(가)	(나)	(다)
$[H_3O^+]$: $[OH^-]$	$1:10^4$	$1:1$	$10^2:1$

(가)의 $[H_3O^+]=x$ M이라고 하면 $[OH^-]=10^4x$ M이다.

(다)의 $[OH^-]=y$ M이라고 하면 $[H_3O^+]=10^2y$ M이다.

선택지 분석

ㄱ. (가)의 pH=10이다. 9

ㄴ. (나)의 액성은 중성이다.

ㄷ. $[OH^-]$는 (가) : (다)=$10^3:1$이다.

전략적 풀이 ❶ 25 ℃ 수용액에서 $[H_3O^+][OH^-]=1\times10^{-14}$임을 이용하여 (가)의 pH를 구한다.

ㄱ. (가)의 $[H_3O^+]=x$ M이라고 하면 $[H_3O^+]:[OH^-]=1:10^4$이므로 $[OH^-]=10^4x$ M이고, $[H_3O^+][OH^-]=10^4x^2=1\times10^{-14}$이므로 $x=1\times10^{-9}$이다. 따라서 pH=9이다.

❷ $[H_3O^+]=[OH^-]$인 수용액은 중성임을 이해하여 (나)의 액성을 판단한다.

ㄴ. (나)에서 $[H_3O^+]:[OH^-]=1:1$이므로 $[H_3O^+]=[OH^-]$이다. 따라서 (나)는 중성 용액이다.

❸ 25 ℃ 수용액에서 $[H_3O^+][OH^-]=1\times10^{-14}$임을 이용하여 (다)의 $[OH^-]$를 구한다.

ㄷ. (다)의 $[OH^-]=y$ M이라고 하면 $[H_3O^+]:[OH^-]=10^2:1$이므로 $[H_3O^+]=10^2y$ M이고, 25 ℃에서 $[H_3O^+][OH^-]=10^2y^2=1\times10^{-14}$이므로 $y=1\times10^{-8}$이다. 또, (가)에서 $[H_3O^+]=1\times10^{-9}$이므로 $[OH^-]=1\times10^{-5}$ M이다. 따라서 $[OH^-]$는 (가) : (다)=1×10^{-5} M : 1×10^{-8} M=$10^3:1$이다.

10 꼼꼼 문제 분석

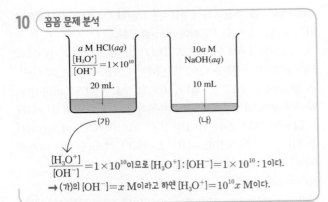

(가)

(나)

$\dfrac{[H_3O^+]}{[OH^-]}=1\times10^{10}$이므로 $[H_3O^+]:[OH^-]=1\times10^{10}:1$이다.

→ (가)의 $[OH^-]=x$ M이라고 하면 $[H_3O^+]=10^{10}x$ M이다.

선택지 분석

✕ $a=0.1$이다. 0.01

✕ $\dfrac{(나)의\ pH}{(가)의\ pH}<6$이다. >

ㄷ (나)에 물을 넣어 100 mL로 만든 NaOH 수용액에서 $\dfrac{[Na^+]}{[H_3O^+]}=1\times10^{10}$이다.

전략적 풀이 ❶ 25 ℃ 수용액에서 $[H_3O^+][OH^-]=1\times10^{-14}$임을 적용하여 HCl(aq)의 몰 농도를 구한다.

ㄱ. (가)에서 $\dfrac{[H_3O^+]}{[OH^-]}=1\times10^{10}$이므로 $[H_3O^+]:[OH^-]=1\times10^{10}:1$이다. 이로부터 (가)의 $[OH^-]=x$ M이라고 하면 $[H_3O^+]=10^{10}x$ M이고, $[H_3O^+][OH^-]=10^{10}x^2=1\times10^{-14}$이므로 $x^2=1\times10^{-24}$에서 $x=1\times10^{-12}$이다. 따라서 (가)의 $[H_3O^+]=10^{10}x$ M$=0.01$ M이므로 HCl(aq)의 몰 농도 $a=0.01$이다.

❷ 25 ℃ 수용액에서 $[H_3O^+][OH^-]=1\times10^{-14}$임을 적용하여 (가)와 (나)의 pH를 구한다.

ㄴ. (가)에서 $[H_3O^+]=0.01$ M이므로 $pH=-\log[H_3O^+]=-\log(1\times10^{-2})=2$이다. 또, (나)에서 NaOH 수용액의 몰 농도는 $10a$ M인데, $a=0.01$이므로 NaOH 수용액의 몰 농도는 0.1 M이다. 따라서 $[OH^-]=0.1$ M이며, $[H_3O^+][OH^-]=1\times10^{-14}$이므로 $[H_3O^+]=1\times10^{-13}$ M이다. 이로부터 (나)의 $pH=-\log[H_3O^+]=-\log(1\times10^{-13})=13$이다. 따라서 $\dfrac{(나)의\ pH}{(가)의\ pH}=\dfrac{13}{2}>6$이다.

❸ 용액에 물을 넣어 용액의 부피가 10배가 되면 용액의 몰 농도는 $\dfrac{1}{10}$로 됨을 이해한다.

ㄷ. (나)에 물을 넣어 100 mL로 만들면 부피가 10배가 되므로 NaOH 수용액의 몰 농도는 $\dfrac{1}{10}$배인 0.01 M이 된다. 따라서 $[Na^+]=[OH^-]=0.01$ M이다. 이때 $[H_3O^+][OH^-]=1\times10^{-14}$이므로 $[H_3O^+]=1\times10^{-12}$ M이다. 따라서 $\dfrac{[Na^+]}{[H_3O^+]}=\dfrac{1\times10^{-2}\ M}{1\times10^{-12}\ M}=1\times10^{10}$이다.

---

11 꼼꼼 문제 분석

수용액 속 Cl^-의 양(mol)은 넣어 준 HCl(aq)의 부피에 비례한다.

염기 수용액의 부피가 x mL로 같으므로 (가)~(다)에서 A^{2+}의 양(mol)은 모두 같다.

수용액	(가)	(나)	(다)
$A(OH)_2(aq)$의 부피(mL)	x	x	x
HCl(aq)의 부피(mL)	20	30	60
pH		⑬	
용액에 존재하는 모든 이온의 몰 농도(M)비	2 3 1	(나)의 액성은 염기성이다.	2 3 1

(가)는 (나)보다 산 수용액의 부피가 작으므로 (가)의 액성도 염기성이다.

선택지 분석

① $\dfrac{1}{40}$ ✕ $\dfrac{1}{35}$ ✕ $\dfrac{1}{30}$ ✕ $\dfrac{1}{25}$ ✕ $\dfrac{1}{20}$

전략적 풀이 ❶ 수용액 (나)의 액성이 염기성이라는 것을 이용하여 수용액 (가)의 액성을 파악하고, 용액 속 이온의 몰비를 찾아낸다.

수용액 (가)에 존재하는 3가지 이온의 몰 농도비는 $3:2:1$이다. (가)는 염기성이므로 용액에 존재하는 이온은 A^{2+}, OH^-, Cl^-이고, 몰 농도가 가장 큰 이온을 A^{2+}이라고 하면 다음과 같다. $A(OH)_2$ 수용액에서 A^{2+}과 OH^-은 $1:2$의 개수비로 존재하므로 A^{2+}의 양(mol)을 $3n$ mol이라고 하면 혼합 전 OH^-의 양(mol)은 $6n$ mol이고, OH^-과 Cl^-의 몰비가 $2:1$ 또는 $1:2$이다.

• 수용액 (가)에 존재하는 양(mol)이 가장 작은 이온을 Cl^-이라고 하면 용액에 존재하는 Cl^-의 양(mol)이 n mol이므로 반응한 H^+의 양(mol)이 n mol이고, 반응한 OH^-의 양(mol)도 n mol이므로 용액에 존재하는 OH^-의 양(mol)은 $5n$ mol이다.

구분	A^{2+}	OH^-	H^+	Cl^-
혼합 전 이온 양(mol)	$3n$	$6n$	n	n
혼합 후 이온 양(mol)	$3n$	$5n$	0	n

따라서 수용액 (가)에 존재하는 이온의 몰비가 $A^{2+}:OH^-:Cl^-=3:5:1$이므로 자료에 부합하지 않는다.

• 수용액 (가)에 존재하는 양(mol)이 가장 작은 이온을 OH^-이라고 하면 용액에 존재하는 OH^-의 양(mol)이 n mol이므로 반응한 OH^-의 양(mol)이 $5n$ mol이고, 반응한 H^+의 양(mol)도 $5n$ mol이므로 용액에 존재하는 Cl^-의 양(mol)은 $5n$ mol이다.

구분	A^{2+}	OH^-	H^+	Cl^-
혼합 전 이온 양(mol)	$3n$	$6n$	$5n$	$5n$
혼합 후 이온 양(mol)	$3n$	n	0	$5n$

따라서 수용액 (가)에 존재하는 이온의 몰비가 $A^{2+}:OH^-:Cl^-=3:1:5$이므로 자료에 부합하지 않는다.

또, 이온의 양(mol)이 가장 큰 이온을 Cl^-이라 하고 Cl^-의 양

(mol)을 $3n$ mol이라고 하면 OH^-과 A^{2+}의 양(mol)은 각각 n mol, $2n$ mol이며, 이때는 (나) 용액의 액성이 산성이 되어 적합하지 않다. 따라서 몰 농도가 가장 큰 이온은 OH^-이다. OH^-의 양(mol)을 $3n$ mol이라고 하면 산이 내놓은 H^+과 염기가 내놓은 OH^-이 1 : 1의 몰비로 반응하므로 수용액 (가)에서 A^{2+}의 양(mol)은 $2n$ mol, Cl^-의 양(mol)은 n mol이다.

구분	A^{2+}	OH^-	H^+	Cl^-
혼합 전 이온 양(mol)	$2n$	$4n$	n	n
혼합 후 이온 양(mol)	$2n$	$3n$	0	n

❷ 산의 수용액과 염기의 수용액의 부피에 비례하여 용액 속 이온의 양이 증가함을 적용하고, 중화 반응의 양적 관계를 이용하여 수용액 (다)의 ㉠ 이온을 파악한다.

수용액 (가)에서 혼합 전 $HCl(aq)$ 20 mL에 들어 있는 H^+과 Cl^-의 양(mol)은 각각 n mol이므로 수용액 (다)에서 혼합 전 $HCl(aq)$ 60 mL에 들어 있는 H^+과 Cl^-의 양(mol)은 각각 $3n$ mol이고, $A(OH)_2$ 수용액 x mL에 들어 있는 A^{2+}과 OH^-의 양(mol)은 각각 $2n$ mol과 $4n$ mol이다. 따라서 수용액 (다)에 존재하는 A^{2+}은 $2n$ mol, Cl^-은 $3n$ mol, OH^-은 n mol이므로 이온의 몰 농도가 가장 작은 ㉠은 OH^-이다.

❸ 25 ℃에서 pH+pOH=14임을 적용하여 수용액 (나)의 $[OH^-]$와 염기 수용액의 부피(x), 산 수용액의 몰 농도(y)를 파악한다.

수용액 (나)의 pH=13인데, pH+pOH=14이므로 pOH=1이다. 따라서 $[OH^-]$=0.1 M이다. 이때 0.2 M $A(OH)_2$ 수용액 x mL가 내놓은 OH^-의 양(mol)과 y M $HCl(aq)$ 30 mL가 내놓은 H^+의 양(mol)의 차는 수용액 (나)의 OH^-의 양(mol)과 같으므로 다음 관계식이 성립한다.

$(2 \times 0.2\,M \times x \times 10^{-3}\,L) - (y\,M \times 30 \times 10^{-3}\,L)$
$= 0.1\,M \times (x+30) \times 10^{-3}\,L \Rightarrow 0.1x - 10y = 1$

또, 수용액 (가)에서 A^{2+}과 Cl^-의 몰비가 2 : 1이므로 다음 관계식이 성립한다.

$0.2\,M \times x \times 10^{-3}\,L : y\,M \times 20 \times 10^{-3}\,L = 2 : 1 \Rightarrow x = 200y$

두 식을 풀면 x=20, y=0.1이다.

❹ H^+과 OH^-은 1 : 1의 몰비로 반응함을 이용하여 수용액 (다)에서 ㉠ 이온의 몰 농도를 구한다.

수용액 (다)에서 ㉠은 OH^-이고, 혼합 전 0.2 M $A(OH)_2$ 수용액 20 mL에 들어 있는 OH^-의 양(mol)은 $2 \times 0.2\,M \times 20 \times 10^{-3}\,L$ $= 8 \times 10^{-3}$ mol이다. 또, 0.1 M $HCl(aq)$ 60 mL에 들어 있는 H^+의 양(mol)은 $0.1\,M \times 60 \times 10^{-3}\,L = 6 \times 10^{-3}$ mol이다. 이때 H^+과 OH^-은 1 : 1의 몰비로 반응하므로 각각 6×10^{-3} mol씩 반응하고, OH^-이 2×10^{-3} mol 남는다. 따라서 수용액 (다)에 들어 있는 OH^-의 양(mol)은 2×10^{-3} mol이고, 용액의 전체 부피가 20 mL+60 mL=80 mL이므로 ㉠의 몰 농도는 $\dfrac{2 \times 10^{-3}\,mol}{80 \times 10^{-3}\,L} = \dfrac{1}{40}$ M이다.

12 꼼꼼 문제 분석

[실험 과정]

(가) x M HA 수용액 25 mL에 물을 넣어 100 mL 수용액을 만든다.
└ 물을 넣었을 때 용액의 부피가 묽히기 전의 4배이므로 묽힌 용액의 몰 농도는 묽히기 전의 $\frac{1}{4}$배가 된다. 따라서 $\frac{1}{4}x$ M이다.

(나) 삼각 플라스크에 (가)에서 만든 수용액 40 mL를 넣고 페놀프탈레인 용액을 2방울~3방울 떨어뜨린다.

(다) (나)의 삼각 플라스크에 0.2 M 수산화 나트륨(NaOH) 수용액을 조금씩 떨어뜨리면서 삼각 플라스크를 잘 흔들어 준다.

(라) (다)의 삼각 플라스크 속 용액 전체가 붉은색으로 변하는 순간 적정을 멈추고, 적정에 사용된 NaOH 수용액의 부피(V_1)를 측정한다.

(마) x M HA 수용액 대신 y M H_2B 수용액을 사용해서 과정 (가)~(라)를 반복하여 적정에 사용된 NaOH 수용액의 부피(V_2)를 측정한다. (가) 과정에서 묽힌 용액의 몰 농도는 묽히기 전의 $\frac{1}{4}$배이므로 $\frac{1}{4}y$ M이다.

[실험 결과]
· V_1: 40 mL   · V_2: 16 mL

$\frac{1}{4}x$ M HA 수용액 40 mL를 적정하는 데 사용된 0.2 M NaOH 수용액의 부피가 40 mL이다.

$\frac{1}{4}y$ M H_2B 수용액 40 mL를 적정하는 데 사용된 0.2 M NaOH 수용액의 부피가 16 mL이다.

선택지 분석
① 0.72 ② 0.84 ③ 0.96 ④ 1.02 ⑤ 1.24

전략적 풀이 ❶ 일정 농도의 용액에 물을 넣어 묽힌 용액 속 용질의 양은 일정하므로 몰 농도비는 용액의 부피에 반비례한다는 것을 적용하여 x를 구한다.

x M HA 수용액 25 mL에 물을 넣어 100 mL 수용액을 만들었다. 따라서 물을 넣었을 때 용액의 부피가 묽히기 전의 4배이므로 묽힌 용액의 몰 농도는 $\frac{1}{4}x$ M이다. 즉, $\frac{1}{4}x$ M HA 수용액 40 mL를 적정하는 데 사용된 0.2 M NaOH 수용액의 부피가 40 mL이므로 다음과 같은 양적 관계가 성립한다.

$1 \times \frac{1}{4}x\,M \times 40\,mL = 1 \times 0.2\,M \times 40\,mL$, $x = 0.8$

❷ 산의 가수에 따라 산이 내놓은 H^+의 양(mol)이 다름을 적용하여 y 값을 구한다.

y M H_2B 수용액 25 mL에 물을 넣어 100 mL 수용액을 만들었으므로 묽힌 용액의 몰 농도는 $\frac{1}{4}y$ M이다. 즉, $\frac{1}{4}y$ M H_2B 수용액 40 mL를 적정하는 데 사용된 0.2 M NaOH 수용액의 부피가 16 mL이므로 다음과 같은 양적 관계가 성립한다.

$2 \times \frac{1}{4}y\,M \times 40\,mL = 1 \times 0.2\,M \times 16\,mL$, $y = 0.16$

따라서 $x+y$=0.8+0.16=0.96이다.

13

꼼꼼 문제 분석

[자료]
• 수용액에서 HA는 H^+과 A^-으로, BOH는 B^+과 OH^-으로 모두 이온화한다.

[실험 과정]
(가) x M HA 수용액 10 mL를 비커에 넣는다.
(나) (가)의 비커에 y M BOH 수용액 a mL를 넣는다.
(다) (나)의 비커에 x M HA 수용액 b mL를 넣는다.

[실험 결과]
• 각 과정 후 수용액에 대한 자료 ← (가)와 (다)에는 존재하지 않는 Y 이온은 OH^-이다.

과정		(가)	(나)	(다)
음이온의 몰 농도(M)	X 이온 A^-	0.4	0.2	0.3
	Y 이온 OH^-	⓪	0.4	⓪

(가)에 존재하는 음이온인 X 이온은 A^-이고, (가)에 들어 있는 A^-의 몰 농도는 0.4 M이다. → HA 수용액의 몰 농도는 0.4 M이다.

선택지 분석

①̶ $\dfrac{1}{2}$ ②̶ $\dfrac{2}{3}$ ③̶ $\dfrac{3}{4}$ ④ $\dfrac{3}{2}$ ⑤̶ $\dfrac{5}{2}$

전략적 풀이 ❶ 산 수용액의 음이온의 몰 농도는 산 수용액의 몰 농도와 같다는 것을 적용하여 HA 수용액의 몰 농도 x를 구한다.

(가)에 들어 있는 음이온인 A^-의 몰 농도는 0.4 M이므로 HA 수용액의 몰 농도는 0.4 M이다. 따라서 $x=0.4$이다.

❷ 산 수용액 속 구경꾼 이온은 그 양이 일정함을 적용하여 BOH 수용액의 부피 a를 구한다.

구경꾼 이온인 A^-의 양(mol)은 (가)와 (나)에서 같고, 몰 농도는 (나)가 (가)의 절반이므로 부피는 (나)가 (가)의 2배이다. 따라서 $a=10$이다.

❸ 산 수용액 속 H^+은 넣어 준 염기 수용액의 OH^-과 1 : 1의 몰비로 반응하여 그 양이 감소하는 것을 이용하여 BOH 수용액의 몰 농도 y를 구한다.

(가)에서 H^+의 양(mol)은 $0.4 \text{ M} \times 10 \times 10^{-3} \text{ L} = 4 \times 10^{-3}$ mol이고, (가)에 y M BOH 수용액 10 mL를 넣어 만든 (나)에서 OH^-의 양(mol)은 $0.4 \text{ M} \times 20 \times 10^{-3} \text{ L} = 8 \times 10^{-3}$ mol이다. 이때 산 수용액의 H^+은 넣어 준 염기 수용액의 OH^-과 1 : 1의 몰비로 반응하므로 y M BOH 수용액 10 mL에 들어 있는 OH^-의 양(mol)은 12×10^{-3} mol이다. 즉, 같은 부피(10 mL)에 들어 있는 이온의 양(mol)은 BOH 수용액이 HA 수용액의 3배이므로 BOH 수용액의 농도는 HA 수용액의 3배이다. 따라서 $y=1.2$이다.

❹ 산 수용액 속 구경꾼 이온은 그 양이 일정함을 적용하여 HA 수용액의 부피 b를 구한다.

(다)에서 A^-의 양(mol)은 (가)의 HA 수용액 10 mL 속 A^-의 양(mol)과 (다)에서 넣어 준 HA 수용액 b mL 속 A^-의 양(mol)의 합과 같으므로 다음과 같은 관계가 성립한다.

$0.3 \text{ M} \times (20+b) \times 10^{-3} \text{ L} = 0.4 \text{ M} \times 10 \times 10^{-3} \text{ L} + 0.4 \text{ M} \times b \times 10^{-3} \text{ L} \Rightarrow 3 \times (20+b) = 40+4b, \ b=20$

따라서 $\dfrac{y}{x} \times \dfrac{a}{b} = \dfrac{1.2}{0.4} \times \dfrac{10}{20} = \dfrac{3}{2}$이다.

14

꼼꼼 문제 분석

[자료]
• 수용액에서 H_2X는 H^+과 X^{2-}으로 모두 이온화한다.
$$H_2X \longrightarrow 2H^+ + X^{2-}$$
→ 이온의 양(mol)은 양이온 : 음이온 = 2 : 1이므로 H_2X 수용액에서 $\dfrac{\text{양이온의 양(mol)}}{\text{음이온의 양(mol)}} = 2$이고, 1가 염기인 NaOH 수용액을 추가하면 넣어 준 OH^-만큼 H^+이 감소하고 감소한 H^+만큼 Na^+이 첨가되므로 중화점까지 $\dfrac{\text{양이온의 양(mol)}}{\text{음이온의 양(mol)}} = 2$가 된다.

[실험 과정]
(가) a M H_2X 수용액 V mL와 b M NaOH 수용액 50 mL를 혼합하여 용액 I을 만든다.
(나) 용액 I에 c M 염산(HCl(aq)) 20 mL를 추가하여 용액 II를 만든다.

[실험 결과]
• 용액 I과 II에 대한 자료 → 용액 I의 $\dfrac{\text{양이온의 양(mol)}}{\text{음이온의 양(mol)}} < 2$이다.
→ 용액 I의 액성은 염기성이다.

용액	I	II
$\dfrac{\text{양이온의 양(mol)}}{\text{음이온의 양(mol)}}$	$\dfrac{5}{3}$	$\dfrac{3}{2}$
모든 이온의 몰 농도의 합(상댓값)	1	1

용액 I과 II의 $\dfrac{\text{양이온의 양(mol)}}{\text{음이온의 양(mol)}}$이 서로 다르다. → 용액 II의 액성은 용액 I과 다르므로 산성이다.

선택지 분석

①̶ $\dfrac{4}{7}$ ② $\dfrac{3}{5}$ ③̶ $\dfrac{7}{10}$ ④̶ $\dfrac{3}{4}$ ⑤̶ $\dfrac{3}{2}$

전략적 풀이 ❶ 일정량의 2가 산 수용액에 1가 염기 수용액을 넣을 때 용액 속 양이온의 양(mol)과 음이온의 양(mol)의 변화를 파악하여 용액 I과 II의 액성을 판단한다.

H_2X 수용액에서 $\dfrac{\text{양이온의 양(mol)}}{\text{음이온의 양(mol)}} = 2$이고, NaOH 수용액을 추가하면 넣어 준 OH^-만큼 H^+이 감소하고 감소한 H^+만큼 Na^+이 첨가되므로 중화점까지 $\dfrac{\text{양이온의 양(mol)}}{\text{음이온의 양(mol)}} = 2$가 된다.

용액 I에서 $\dfrac{\text{양이온의 양(mol)}}{\text{음이온의 양(mol)}} = \dfrac{5}{3}$로 2보다 작으므로 용액 I의 액성은 염기성이고, 용액에 존재하는 양이온은 Na^+이다. 이때 Na^+의 양(mol)을 $5k$ mol이라고 하면 혼합 전후 용액 I에 들어 있는 이온의 종류와 양(mol)은 다음과 같다.

구분	Na^+	H^+	X^{2-}	OH^-
혼합 전 이온 양(mol)	$5k$	$4k$	$2k$	$5k$
혼합 후 이온 양(mol)	$5k$	0	$2k$	k

용액 Ⅱ의 액성은 산성이므로 용액에 존재하는 양이온은 Na^+, H^+이고 음이온은 X^{2-}, Cl^-이다.

❷ 용액 Ⅱ의 액성과 $\dfrac{\text{양이온의 양(mol)}}{\text{음이온의 양(mol)}}$의 값을 이용하여 c M $HCl(aq)$ 20 mL에 들어 있는 이온의 양(mol)을 구한다.

c M $HCl(aq)$ 20 mL에 들어 있는 H^+과 Cl^-의 양(mol)을 각각 x mol이라고 하면, H^+ x mol 중 k mol은 OH^-과 반응하므로 용액 Ⅱ 속 H^+의 양(mol)은 $(x-k)$ mol이다. 즉, 용액 Ⅱ의 양이온의 양(mol)은 Na^+ $5k$ mol, H^+ $(x-k)$ mol이고, 음이온의 양(mol)은 X^{2-} $2k$ mol, Cl^- x mol이다. 따라서 $\dfrac{\text{양이온의 양(mol)}}{\text{음이온의 양(mol)}} = \dfrac{5k+(x-k)}{2k+x} = \dfrac{3}{2}$이므로 $x=2k$이다. 이로부터 용액 Ⅱ에 들어 있는 이온의 종류와 양(mol)은 다음과 같다.

Na^+	H^+	X^{2-}	Cl^-
$5k$	k	$2k$	$2k$

❸ 용액 Ⅰ과 용액 Ⅱ의 전체 이온의 양(mol)과 부피를 이용하여 H_2X 수용액의 부피(V)를 구한다.

용액 Ⅰ에 들어 있는 전체 이온의 양은 $8k$ mol, 부피는 $(V+50)$ mL이고, 용액 Ⅱ에 들어 있는 전체 이온의 양은 $10k$ mol, 부피는 $(V+70)$ mL이다. 이때 용액 Ⅰ과 Ⅱ에서 모든 이온의 몰 농도(M)의 합이 같으므로 다음 관계식이 성립한다.

$$\dfrac{8k}{V+50} = \dfrac{10k}{V+70} \;\Rightarrow\; 10(V+50)=8(V+70),\; V=30$$

❹ 3가지 산, 염기 수용액의 구경꾼 이온의 양(mol)과 용액의 부피로부터 각 용액의 몰 농도를 비교한다.

a M H_2X 수용액 30 mL에 들어 있는 X^{2-}의 양(mol)이 $2k$ mol, b M $NaOH$ 수용액 50 mL에 들어 있는 Na^+의 양(mol)이 $5k$ mol, c M $HCl(aq)$ 20 mL에 들어 있는 Cl^-의 양(mol)이 $2k$ mol이므로 각 용액의 몰 농도비는 $a:b:c=\dfrac{2k}{30}$ $:\dfrac{5k}{50}:\dfrac{2k}{20}=2:3:3$이다. 따라서 $\dfrac{b}{a+c}=\dfrac{3}{5}$이다.

15 꼼꼼 문제 분석

용액 A와 용액 B는 혼합한 $NaOH$ 수용액의 부피는 같고, HX 수용액의 부피만 V mL만큼 차이가 있다. → 용액 A와 용액 B에서 OH^-의 양(mol)의 차는 HX 수용액 V mL에 들어 있는 H^+의 양(mol)과 같다.

혼합 용액	A	B	C	D
$[H^+]$ 또는 $[OH^-]$(M)	$\dfrac{3}{10}[OH^-]$	$\dfrac{1}{5}[OH^-]$	x	$\dfrac{2}{15}[H^+]$
액성	염기성	염기성		산성

↳용액 B의 액성이 염기성이므로 B보다 산 수용액이 적게 들어간 A의 액성도 염기성이다.

선택지 분석

① $\dfrac{1}{15}$ ② $\dfrac{2}{15}$ ③ $\dfrac{4}{15}$ ④ $\dfrac{3}{8}$ ⑤ $\dfrac{1}{3}$

❶ 산 수용액 속 H^+은 넣어 준 염기 수용액의 OH^-과 1 : 1의 몰비로 반응하여 그 양이 감소한다는 것을 적용하여 HX 수용액 V mL 속 H^+의 양(mol)을 파악한다.

용액 B의 액성이 염기성이므로 용액 B보다 산 수용액이 적게 들어간 용액 A의 액성도 염기성이고, 용액 A 속 OH^-의 양(mol)은 $\dfrac{3}{10}$ M $\times(10+2V)\times10^{-3}$ L $=\dfrac{3}{10}\times(10+2V)\times10^{-3}$ mol이고, 용액 B 속 OH^-의 양(mol)은 $\dfrac{1}{5}$ M $\times(10+3V)\times10^{-3}$ mol $=\dfrac{1}{5}\times(10+3V)\times10^{-3}$ mol이다. 이때 용액 A와 B에서 OH^-의 양(mol)의 차는 HX 수용액 V mL에 들어 있는 H^+의 양(mol)과 같다. 따라서 HX 수용액 V mL에 들어 있는 H^+의 양(mol)은 $\dfrac{3}{10}\times(10+2V)\times10^{-3}$ mol $-\dfrac{1}{5}\times(10+3V)\times10^{-3}$ mol $=1\times10^{-3}$ mol이다.

❷ 용액 A에서 반응의 양적 관계를 적용하여 부피를 파악한다.

0.8 M $NaOH$ 수용액 10 mL에 들어 있는 OH^-의 양(mol)은 0.8 M $\times10\times10^{-3}$ L $=8\times10^{-3}$ mol이고, HX 수용액 $2V$ mL에 들어 있는 H^+의 양(mol)은 2×10^{-3} mol이다. 용액 A는 염기성이므로 OH^-의 몰 농도가 $\dfrac{3}{10}$ M이며, 0.8 M $NaOH$ 수용액 10 mL에 들어 있는 OH^-의 양(mol)과 HX 수용액 $2V$ mL에 들어 있는 H^+의 양(mol)의 차는 용액 A에 들어 있는 OH^-의 양(mol)과 같으므로 다음 관계식이 성립한다.

$(8\times10^{-3}$ mol$)-(2\times10^{-3}$ mol$)=\dfrac{3}{10}$ M $\times(10+2V)\times10^{-3}$ L

$\Rightarrow 6\times10^{-3}$ mol $=\dfrac{3}{10}(10+2V)\times10^{-3}$ mol, $V=5$

❸ D 용액 속 H^+의 양(mol)을 이용하여 H_2Y 수용액의 몰 농도를 구하고, C 용액 속 $[H^+]$ 또는 $[OH^-]$를 구한다.

용액 D의 부피가 30 mL이고 액성이 산성이므로 용액 속 H^+의 양(mol)은 $\dfrac{2}{15}$ M $\times30\times10^{-3}$ L $=4\times10^{-3}$ mol이다. 이때 0.8 M $NaOH$ 수용액 10 mL에 들어 있는 OH^-의 양(mol)은 8×10^{-3} mol이므로 혼합 전 H_2Y 수용액 20 mL에 들어 있는 H^+의 양(mol)은 12×10^{-3} mol이다. 따라서 H_2Y 수용액의 몰 농도는 $\dfrac{6\times10^{-3}\text{ mol}}{20\text{ mL}}\times\dfrac{1000\text{ mL}}{1\text{ L}}=0.3$ M이다.

용액 C에서 혼합 전 0.3 M H_2Y 수용액 5 mL에 들어 있는 H^+의 양(mol)은 2×0.3 M $\times5\times10^{-3}$ L $=3\times10^{-3}$ mol이고, 혼합 전 0.8 M $NaOH$ 수용액 10 mL에 들어 있는 OH^-의 양(mol)은 8×10^{-3} mol이므로, 두 용액을 혼합한 용액 C에는 OH^-이 5×10^{-3} mol 들어 있다. 이때 용액 C의 부피가 15 mL이므로 $[OH^-]=\dfrac{5\times10^{-3}\text{ mol}}{15\text{ mL}}\times\dfrac{1000\text{ mL}}{1\text{ L}}=\dfrac{1}{3}$ M이다. 따라서 $x=\dfrac{1}{3}$이다.

2 화학 반응과 열의 출입

1 산화 환원 반응

1 (1), (2) 어떤 물질이 산소를 얻거나 전자를 잃는 반응은 산화이고, 산소를 잃거나 전자를 얻는 반응은 환원이다.
(3) 산화와 환원은 항상 동시에 일어난다.
(4) 산화 환원 반응에서 전자를 잃는 물질이 있으면 반드시 전자를 얻는 물질도 있으므로 산화와 환원은 항상 동시에 일어난다.

2 철의 제련 과정에서 Fe_2O_3은 산소를 잃고 Fe로 환원되고, C는 산소를 얻어 CO_2로 산화된다.

3 Na은 전자를 잃고 Na^+으로 산화되고, Cl는 전자를 얻어 Cl^-으로 환원된다.

4 (1) 전자를 잃음: 산화 / 전자를 얻음: 환원
$$2Mg(s)+O_2(g) \longrightarrow 2MgO(2Mg^{2+}+2O^{2-})(s)$$

(2) 전자를 얻음: 환원 / 전자를 잃음: 산화
$$Mg(s)+2HCl(aq) \longrightarrow MgCl_2(aq)+H_2(g)$$

(3) 전자를 잃음: 산화 / 전자를 얻음: 환원
$$Fe(s)+CuSO_4(aq) \longrightarrow FeSO_4(aq)+Cu(s)$$

(4) 전자를 잃음: 산화 / 전자를 얻음: 환원
$$2AgNO_3(aq)+Cu(s) \longrightarrow 2Ag(s)+Cu(NO_3)_2(aq)$$

5 전자를 잃음: 산화 / 전자를 얻음: 환원
$$Zn(s)+CuSO_4(aq) \longrightarrow ZnSO_4(aq)+Cu(s)$$

(1), (2) 수용액에 녹아 있는 Cu^{2+}이 Cu로 석출되면서 수용액의 푸른색이 옅어지는 것으로 보아 수용액은 Cu^{2+} 때문에 푸른색을 띰을 알 수 있다.
(3), (4), (5) Zn은 전자를 잃고 Zn^{2+}으로 산화되고, Cu^{2+}은 그 전자를 얻어 Cu로 환원되므로 전자는 Zn에서 Cu^{2+}으로 이동한다.

1 (1) 산화수가 증가하는 반응은 산화, 산화수가 감소하는 반응은 환원이다.
(2) 이온 결합 물질에서 산화수는 물질을 구성하고 있는 각 이온의 전하와 같다. 따라서 NaCl에서 Na의 산화수는 +1이다.
(3) 공유 결합 물질에서 산화수는 전기 음성도가 큰 원자 쪽으로 공유 전자쌍이 모두 이동한다고 가정할 때, 각 원자가 가지는 전하이다. CO_2에서 C는 2개의 O에게 전자 4개를 잃은 것이므로 C의 산화수는 +4이다.
(4) 화합물에서 O의 산화수는 대체로 −2이지만 과산화물에서는 −1이고, 플루오린 화합물에서는 +2이다.
(5) 화합물은 전기적으로 중성이므로 원자들의 산화수 합은 0이다.

2 (1) HNO_3: H의 산화수는 +1이고, O의 산화수는 −2이며, 화합물에서 각 원자의 산화수의 합은 0이다. N의 산화수를 x라고 하면 $(+1)+x+(-2)\times3=0$이므로 $x=+5$이다.
(2) NaH: 금속의 수소 화합물에서 H의 산화수는 −1이다.
(3) H_2O_2: 과산화물에서 O의 산화수는 −1이다.
(4) CH_4: H의 산화수는 +1이고, 화합물에서 각 원자의 산화수의 합은 0이다. C의 산화수를 x라고 하면 $x+(+1)\times4=0$이므로 $x=-4$이다.
(5) OF_2: 플루오린 화합물에서 O의 산화수는 +2이다.
(6) HClO: H의 산화수는 +1이고, O의 산화수는 −2이며, 화합물에서 각 원자의 산화수의 합은 0이다. Cl의 산화수를 x라고 하면 $(+1)+x+(-2)=0$이므로 $x=+1$이다.

3 (1) 산화수 증가: 산화 / 산화수 감소: 환원
$$2\underline{H}_2(g)+O_2(g) \xrightarrow{} 2\underline{H}_2O(g)$$
(0, 0, +1−2)

(2) 산화수 감소: 환원 / 산화수 증가: 산화
$$2K\underline{I}(aq)+\underline{Cl}_2(g) \longrightarrow \underline{I}_2(s)+2K\underline{Cl}(aq)$$
(+1−1, 0, 0, +1−1)

(3) 산화수 증가: 산화 / 산화수 감소: 환원
$$\underline{Fe}_2O_3(s)+3\underline{C}O(g) \longrightarrow 2\underline{Fe}(s)+3\underline{C}O_2(g)$$
(+3−2, +2−2, 0, +4−2)

4 (1) 자신은 산화되면서 다른 물질을 환원시키는 물질은 환원제이다.

(2) 화학 반응에서 산화수가 감소하는 원자를 포함한 물질은 자신은 환원되는 것이므로 다른 물질을 산화시키는 산화제이다.

(3) F_2은 다른 물질로부터 전자를 얻어 환원되기 쉬우므로 다른 물질을 산화시키는 산화제로 사용되고, Na은 다른 물질에게 전자를 주고 산화되기 쉬우므로 다른 물질을 환원시키는 환원제로 사용된다.

5 산화제는 자신은 환원되면서 다른 물질을 산화시키는 물질, 환원제는 자신은 산화되면서 다른 물질을 환원시키는 물질이다.

(1) $\underset{\text{산화제}}{\underset{0}{N_2}(g)} + \underset{\text{환원제}}{\underset{0}{3H_2}(g)} \longrightarrow \underset{-3\ +1}{2NH_3}(g)$

산화수 증가: 산화
산화수 감소: 환원

(2) $\underset{\text{환원제}}{\underset{0}{Zn}(s)} + \underset{\text{산화제}}{\underset{+1\ -1}{2HCl}(aq)} \longrightarrow \underset{+2\ -1}{ZnCl_2}(aq) + \underset{0}{H_2}(g)$

산화수 증가: 산화
산화수 감소: 환원

(3) $\underset{\text{산화제}}{\underset{+4\ -2}{SO_2}(g)} + \underset{\text{환원제}}{\underset{+1\ -2}{2H_2S}(g)} \longrightarrow \underset{+1\ -2}{2H_2O}(l) + \underset{0}{3S}(s)$

산화수 증가: 산화
산화수 감소: 환원

6 주어진 산화 환원 반응식에서 각 원자의 산화수 변화는 다음과 같다.

$\underset{+2}{Fe^{2+}} + \underset{+7\ -2}{MnO_4^-} + \underset{+1}{8H^+} \longrightarrow \underset{+3}{Fe^{3+}} + \underset{+2}{Mn^{2+}} + \underset{+1\ -2}{4H_2O}$

1 증가
5 감소

Fe의 산화수는 $+2$에서 $+3$으로 1 증가하고, Mn의 산화수는 $+7$에서 $+2$로 5 감소한다. 따라서 a는 1이고, b는 5이다. 이를 바탕으로 증가한 산화수와 감소한 산화수가 같도록 계수를 맞춘다.

$5Fe^{2+} + MnO_4^- + 8H^+ \longrightarrow 5Fe^{3+} + Mn^{2+} + 4H_2O$

$1 \times 5 = 5$
$5 \times 1 = 5$

따라서 c는 5이고, d는 1이다.

대표 자료 분석   291쪽

자료 ❶ **1** H: 1 증가, O: 2 감소   **2** 0, -1 **3** 5 감소
4 (1) × (2) ○ (3) ○ (4) × (5) ○ (6) × (7) ○

자료 ❷ **1** 산화되는 물질: H_2, 환원되는 물질: CO   **2** 산화되는 물질: CO, 환원되는 물질: H_2O **3** Mn: 3 감소, S: 2 증가   **4** (1) × (2) ○ (3) × (4) × (5) ○ (6) × (7) ○

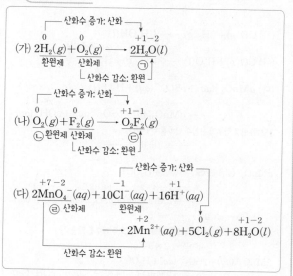

1-1 꼼꼼 문제 분석

(가) $2\underset{0}{H_2}(g) + \underset{0}{O_2}(g) \longrightarrow 2\underset{+1\ -2}{H_2O}(l)$ ⓐ

산화수 증가: 산화
산화수 감소: 환원
환원제   산화제

(나) $\underset{0}{O_2}(g) + \underset{0}{F_2}(g) \longrightarrow \underset{+1\ -1}{O_2F_2}(g)$ ⓒ

산화수 증가: 산화
ⓑ 환원제 산화제
산화수 감소: 환원

(다) $2\underset{+7\ -2}{MnO_4^-}(aq) + 10\underset{-1}{Cl^-}(aq) + 16\underset{+1}{H^+}(aq)$

산화수 증가: 산화
ⓓ 산화제   환원제

$\longrightarrow 2\underset{+2}{Mn^{2+}}(aq) + 5\underset{0}{Cl_2}(g) + 8\underset{+1\ -2}{H_2O}(l)$

산화수 감소: 환원

(가)에서 H의 산화수는 H_2에서 0이고, H_2O에서 $+1$이므로 H의 산화수 변화는 1 증가이다. O의 산화수는 O_2에서 0이고 H_2O에서 -2이므로 O의 산화수 변화는 2 감소이다.

1-2 (나)에서 F의 산화수는 F_2에서 0이고, O_2F_2에서 -1이다. 화합물에서 F의 산화수는 -1이다.

1-3 (다)에서 Mn의 산화수는 MnO_4^-에서 $+7$이고, Mn^{2+}에서 $+2$이다. 이때 MnO_4^-에서 Mn의 산화수를 x라고 하면 $x + (-2) \times 4 = -1$이므로 $x = +7$이다. 따라서 Mn의 산화수 변화는 5 감소이다.

1-4 (1) (가)에서 H의 산화수는 H_2에서 0이고, H_2O에서 $+1$이다. 따라서 H_2를 구성하는 H의 산화수가 증가하므로 H_2는 산화된다.

(2) (가)에서 O의 산화수는 O_2에서 0이고, H_2O에서 -2이다. 따라서 O_2를 구성하는 O의 산화수가 감소하므로 O_2는 자신은 환원되면서 H_2를 산화시키는 산화제이다.

(3) (나)에서 F의 산화수는 F_2에서 0이고, O_2F_2에서 -1이다. 따라서 F_2를 구성하는 F의 산화수가 감소하므로 F_2은 환원된다.

(4) (나)에서 O의 산화수는 O_2에서 0이고, O_2F_2에서 $+1$이다. 따라서 O의 산화수는 증가한다.

(5), (6) (다)에서 Mn의 산화수는 MnO_4^-에서 $+7$이고, Mn^{2+}에서 $+2$이다. 따라서 MnO_4^-을 구성하는 Mn의 산화수가 감소하므로 MnO_4^-은 자신은 환원되면서 Cl^-을 산화시키는 산화제이다.

(7) O의 산화수는 ⓐ에서 -2, ⓑ에서 0, ⓒ에서 $+1$, ⓓ에서 -2이다. 따라서 산화수가 가장 큰 값은 $+1$이다.

$$\overset{+2-2}{\text{(가) CO}}(g) + 2\overset{0}{\text{H}_2}(g) \longrightarrow \overset{-2+1-2+1}{\text{CH}_3\text{OH}}(l)$$

$$\overset{+2-2}{\text{(나) CO}}(g) + \overset{+1-2}{\text{H}_2\text{O}}(l) \longrightarrow \overset{+4-2}{\text{CO}_2}(g) + \overset{0}{\text{H}_2}(g)$$

$$\overset{+7-2}{\text{(다) }a\text{MnO}_4^-}(aq) + \overset{+4-2}{b\text{SO}_3^{2-}}(aq) + \overset{+1-2}{\text{H}_2\text{O}}(l)$$
$$\longrightarrow \overset{+4-2}{a\text{MnO}_2}(aq) + \overset{+6-2}{b\text{SO}_4^{2-}}(aq) + \overset{-2+1}{c\text{OH}^-}(aq)$$

1단계 반응 전후의 산화수 변화를 확인한다.

2 증가

$$\overset{+7-2}{a\text{MnO}_4^-}(aq) + \overset{+4-2}{b\text{SO}_3^{2-}}(aq) + \overset{+1-2}{\text{H}_2\text{O}}(l)$$
$$\longrightarrow \overset{+4-2}{a\text{MnO}_2}(aq) + \overset{+6-2}{b\text{SO}_4^{2-}}(aq) + \overset{-2+1}{c\text{OH}^-}(aq)$$

3 감소

2단계 증가한 산화수와 감소한 산화수가 같도록 계수를 맞춘다.

$2 \times 3 = 6$

$$2\text{MnO}_4^-(aq) + 3\text{SO}_3^{2-}(aq) + \text{H}_2\text{O}(l)$$
$$\longrightarrow 2\text{MnO}_2(aq) + 3\text{SO}_4^{2-}(aq) + c\text{OH}^-(aq)$$

$3 \times 2 = 6$

3단계 산화수 변화가 없는 원자들의 수가 같도록 계수를 맞춘다.

$$2\text{MnO}_4^-(aq) + 3\text{SO}_3^{2-}(aq) + \text{H}_2\text{O}(l)$$
$$\longrightarrow 2\text{MnO}_2(aq) + 3\text{SO}_4^{2-}(aq) + 2\text{OH}^-(aq)$$

(가)에서 C의 산화수는 CO에서 $+2$이고, CH_3OH에서 -2로 4 감소이므로 CO는 환원된다. 또, H의 산화수는 H_2에서 0이고 CH_3OH에서 $+1$로 1 증가이므로 H_2는 산화된다.

2-2 (나)에서 C의 산화수는 CO에서 $+2$이고, CO_2에서 $+4$로 2 증가이므로 CO는 산화된다. 또, H의 산화수는 H_2O에서 $+1$이고, H_2에서 0으로 1 감소이므로 H_2O은 환원된다.

2-3 (다)에서 Mn의 산화수는 MnO_4^-에서 $+7$이고, MnO_2에서 $+4$이므로 산화수는 3 감소이다. 또, S의 산화수는 SO_3^{2-}에서 $+4$이고, SO_4^{2-}에서 $+6$이므로 산화수는 2 증가이다.

2-4 (1) (가)에서 CO는 환원되므로 H_2를 산화시키는 산화제이다.
(2) (나)에서 H_2O은 환원되므로 CO를 산화시키는 산화제이다.
(3) (다)에서 Mn는 산화수가 감소하므로 MnO_4^-은 환원된다. 따라서 MnO_4^-은 SO_3^{2-}을 산화시키는 산화제이다.
(4) (다)에서 산화 환원 반응식을 완성하면 다음과 같다.
$$2\text{MnO}_4^- + 3\text{SO}_3^{2-} + \text{H}_2\text{O} \longrightarrow 2\text{MnO}_2 + 3\text{SO}_4^{2-} + 2\text{OH}^-$$
이로부터 $a=2$, $b=3$, $c=2$이므로 $a+b+c=7$이다.
(5) 완성된 산화 환원 반응식에서 MnO_4^-과 SO_3^{2-}의 계수비는 $2 : 3$이므로 MnO_4^-과 SO_3^{2-}은 $2 : 3$의 몰비로 반응한다.
(6) MnO_4^-과 SO_3^{2-}은 $2 : 3$의 몰비로 반응하므로 SO_3^{2-} 1 mol을 산화시키는 데 필요한 MnO_4^-의 최소 양(mol)은 $\dfrac{2}{3}$ mol이다.
(7) MnO_4^- 1 mol이 반응할 때 Mn의 산화수는 3 감소하므로 이동하는 전자는 3 mol이다.

01 ④	02 ①	03 ⑤	04 ③	05 ②	06 학생 C
07 ③	08 ①	09 ㄱ, ㄷ	10 해설 참조	11 ④	12 ④
13 ③	14 (가) Cl_2 (나) HCl (다) AgNO_3			15 ②	16 ⑤
17 ⑤	18 ②	19 ②	20 ③	21 ①	22 ④	23 ⑤
24 ②					

01 ㄴ. 어떤 물질이 전자를 얻는 반응은 환원이다.
ㄷ. 산화 환원 반응에서 산소를 얻거나 전자를 잃는 물질이 있으면 반드시 산소를 잃거나 전자를 얻는 물질이 있으므로 산화와 환원은 항상 동시에 일어난다.
바로알기 ㄱ. 어떤 물질이 산소를 잃는 반응은 환원이다.

02 ㄱ. (가)에서 Na은 전자를 잃고 Na^+으로 산화된다.

전자를 잃음: 산화
$$2\text{Na}(s) + \text{Cl}_2(g) \longrightarrow 2\text{NaCl}(2\text{Na}^+ + 2\text{Cl}^-)(s)$$
전자를 얻음: 환원

바로알기 ㄴ. (나)에서 Ag^+은 전자를 얻어 Ag이 되므로 AgNO_3은 환원된다.

전자를 잃음: 산화
$$2\text{AgNO}_3(aq) + \text{Fe}(s) \longrightarrow 2\text{Ag}(s) + \text{Fe(NO}_3)_2(aq)$$
전자를 얻음: 환원

ㄷ. (나)에서 Ag^+ 2개가 감소할 때 Fe^{2+} 1개가 생성되므로 용액 속 양이온 수는 감소한다.

03 꼼꼼 문제 분석

A는 Ag^+과 Cu^{2+}을 환원시키지 못한다.
→ A는 Ag과 Cu보다 산화되기 어렵다.

금속	AgNO_3 수용액	CuSO_4 수용액
A	반응 안함	반응 안함
B	금속 Ag 석출	반응 안함
C	금속 Ag 석출	금속 Cu 석출

B는 자신은 산화되면서 Ag^+을 Ag으로 환원시키지만 Cu^{2+}을 환원시키지 못한다. → B는 Ag보다 산화되기 쉽고, Cu보다 산화되기 어렵다.

C는 자신은 산화되면서 Ag^+을 Ag으로, Cu^{2+}을 Cu로 환원시킨다. → C는 Ag과 Cu보다 산화되기 쉽다.

C는 Ag과 Cu보다 산화되기 쉽고, B는 Ag보다 산화되기 쉬우며, A는 Ag보다 산화되기 어렵다. 따라서 산화되기 쉬운 정도는 C > B > A이다.

04 전자를 잃음: 산화
(가) $$\text{Zn}(s) + \text{CuSO}_4(aq) \longrightarrow \text{ZnSO}_4(aq) + \text{Cu}(s)$$
전자를 얻음: 환원

전자를 잃음: 산화
(나) $$\text{Zn}(s) + 2\text{HCl}(aq) \longrightarrow \text{ZnCl}_2(aq) + \text{H}_2(g)$$
전자를 얻음: 환원

ㄱ. (가)와 (나)에서 Zn은 전자를 잃고 Zn^{2+}으로 산화된다.

ㄴ. (나)에서 Zn이 Zn^{2+}으로 산화되어 수용액에 녹아 들어가므로 Zn판의 크기는 점점 작아진다.

바로알기 ㄷ. (가)에서 Cu^{2+} 1개가 감소할 때 Zn^{2+} 1개가 생성되므로 용액 속 전체 이온 수는 변화가 없다. (나)에서 H^+ 2개가 감소할 때 Zn^{2+} 1개가 생성되므로 용액 속 전체 이온 수는 감소한다.

05 ④ 같은 원자라도 결합하는 원자의 종류에 따라 전기 음성도 차이가 달라져 전자를 잃거나 얻을 수 있으므로 여러 가지 산화수를 가질 수 있다.

⑤ 공유 결합 물질에서 산화수는 구성 원자 중 전기 음성도가 큰 원자 쪽으로 공유 전자쌍이 모두 이동한다고 가정할 때 각 원자가 가지는 전하이므로 전기 음성도가 큰 원자의 산화수는 음수이고, 전기 음성도가 작은 원자의 산화수는 양수이다. 따라서 전기 음성도가 큰 원자는 전기 음성도가 작은 원자보다 산화수가 작다.

바로알기 ② 화합물에서 H의 산화수는 대체로 +1이지만, 금속의 수소 화합물에서는 −1이다.

06 학생 C: OF_2에서 O는 F보다 전기 음성도가 작으므로 산화수가 +2이고, CO_2에서 O의 산화수는 −2이다. 따라서 O의 산화수는 OF_2에서가 CO_2에서보다 크다.

바로알기 학생 A: H의 산화수는 HCl에서는 +1이고, LiH에서는 −1로 서로 다르다.

학생 B: 전기 음성도는 F>N>C>H이다. 따라서 FCN(F−C≡N)에서 C 주변의 공유 전자쌍은 F과 N 쪽으로 이동한다고 가정하므로 C는 전자 4개를 잃은 것이다. 그러므로 C의 산화수는 +4이다. 또, HCN(H−C≡N)에서 H−C 결합의 전자쌍은 C 쪽으로 이동하고, C≡N 결합의 전자쌍은 N 쪽으로 이동한다고 가정하므로 C는 전자 2개를 잃은 것이다. 따라서 C의 산화수는 +2이다. 그러므로 FCN과 HCN에서 C의 산화수는 다르다.

07 꼼꼼 문제 분석

• 질소(N_2) 기체와 수소(H_2) 기체를 반응시키면 암모니아(NH_3) 기체가 생성된다.

$$\overset{0}{N_2}(g)+\overset{0}{3H_2}(g)\longrightarrow \overset{-3+1}{2NH_3}(g)$$

• 메테인(CH_4)을 공기 중에서 연소시키면 이산화 탄소(CO_2) 기체가 발생한다.

$$\overset{-4+1}{CH_4}(g)+\overset{0}{2O_2}(g)\longrightarrow \overset{+4-2}{CO_2}(g)+\overset{+1-2}{2H_2O}(l)$$

• 염산(HCl)에 마그네슘(Mg) 조각을 넣으면 수소(H_2) 기체가 발생한다.

$$\overset{0}{Mg}(s)+\overset{+1-1}{2HCl}(aq)\longrightarrow \overset{+2-1}{MgCl_2}(aq)+\overset{0}{H_2}(g)$$

N의 산화수는 N_2에서는 0이고, NH_3에서는 −3이므로 3만큼 감소한다. C의 산화수는 CH_4에서는 −4이고, CO_2에서는 +4이므로 8만큼 증가한다. H의 산화수는 HCl에서는 +1이고, H_2에서는 0이므로 1만큼 감소한다.

08 산화 환원 반응은 반응 전후에 산화수가 변하는 원자가 있어야 한다.

ㄱ. $\overset{0}{2Al}(s)+\overset{0}{3Cl_2}(g)\longrightarrow \overset{+3-1}{2AlCl_3}(s)$

Al의 산화수는 0에서 +3으로 증가하고, Cl의 산화수는 0에서 −1로 감소한다. 이와 같이 산화수가 변하는 원자가 있으므로 산화 환원 반응이다.

바로알기 ㄴ. $\overset{+2-2+1}{Mg(OH)_2}(aq)+\overset{+1-1}{2HCl}(aq)$

$$\longrightarrow \overset{+2\ -1}{MgCl_2}(aq)+\overset{+1-2}{2H_2O}(l)$$

산 염기 중화 반응은 반응 전후에 산화수가 변하는 원자가 없으므로 산화 환원 반응이 아니다.

ㄷ. $\overset{+1-1}{NaCl}(aq)+\overset{+1+5-2}{AgNO_3}(aq)\longrightarrow \overset{+1+5-2}{NaNO_3}(aq)+\overset{+1-1}{AgCl}(s)$

앙금 생성 반응은 반응 전후에 산화수가 변하는 원자가 없으므로 산화 환원 반응이 아니다.

09 화학 반응 전후 원자의 종류와 수가 같도록 화학 반응식을 완성하면 ㉠은 NaCl, ㉡은 HCl이다.

(가) $2Na(s)+Cl_2(g)\longrightarrow 2NaCl(s)$

(나) $H_2(g)+Cl_2(g)\longrightarrow 2HCl(g)$

ㄱ. (가)에서 Na은 전자를 잃고 Na^+이 되고, Cl는 전자를 얻어 Cl^-이 되며, Na^+과 Cl^-이 정전기적 인력으로 결합하여 NaCl을 형성한다.

ㄷ. 1족 금속 원소인 Na의 산화수는 +1이고, H의 산화수는 대부분 +1이다. 따라서 Cl의 산화수는 NaCl과 HCl에서 모두 −1이다.

바로알기 ㄴ. (나)에서 H의 산화수는 H_2에서 0이고, HCl에서 +1이므로 산화수가 증가한다. 따라서 H_2는 산화된다.

10 공유 결합 물질에서 산화수는 구성 원자 중 전기 음성도가 큰 원자 쪽으로 공유 전자쌍이 모두 이동한다고 가정할 때, 각 원자가 가지는 전하이다.

모범 답안 (가)에서 전기 음성도는 B>A이므로 공유 전자쌍이 모두 B 쪽으로 이동한다고 가정한다. 따라서 B는 4개의 A로부터 각각 전자를 1개씩 얻은 것이므로 B의 산화수는 −4이다.

(나)에서 전기 음성도는 C>B이므로 공유 전자쌍이 모두 C 쪽으로 이동한다고 가정한다. 따라서 B는 2개의 C에게 전자 4개를 잃은 것이므로 B의 산화수는 +4이다.

채점 기준	배점
(가)와 (나)에서 B의 산화수를 전기 음성도와 관련하여 옳게 서술한 경우	100 %
(가)와 (나)에서 B의 산화수만 옳게 쓴 경우	40 %

11 꼼꼼 문제 분석

전기 음성도가 X>H이므로 X−H 결합에서 공유 전자쌍이 모두 X 쪽으로 이동한다고 가정한다.

루이스 구조로부터 Z의 원자가 전자 수는 7이다. → Z는 17족 원소이다.

$$\begin{matrix} & H+1 & \\ +1 & \parallel & +1 \\ H&=&X&=&H \\ & \parallel & -4 \\ & H+1 & \end{matrix}$$

(가)

$$\begin{matrix} & +1 & \\ & H & \\ +1 & \parallel & 0 \\ H&\equiv&X&\equiv&Y \\ & +1\ 0 & -2 \end{matrix}$$

(나)

$$:\ddot{Z}=X\equiv\ddot{Z}:$$
$$-1 \ +1 \ +1 \ -1$$

(다)

루이스 구조로부터 X의 원자가 전자 수는 4이고, Y의 원자가 전자 수는 6이다. → X는 14족 원소, Y는 16족 원소이다.

ㄴ. X는 14족 원소이고, Y는 16족 원소이므로 원자 번호는 Y>X이다. 또, 같은 주기에서 원자 번호가 커질수록 전기 음성도가 대체로 커지므로 14족 원소보다 16족 원소의 전기 음성도가 크다. 따라서 전기 음성도는 Y>X이다. XY_2(Y=X=Y)에서 X=Y 결합의 공유 전자쌍이 모두 전기 음성도가 큰 Y 쪽으로 이동한다고 가정하므로 Y는 X로부터 전자 2개를 얻은 것이다. 따라서 Y의 산화수는 −2이다.

ㄷ. Y는 16족 원소이고, (다)에서 Z는 17족 원소이므로 전기 음성도는 Z>Y이다. YZ_2에서 Y−Z 결합의 공유 전자쌍이 모두 전기 음성도가 큰 Z 쪽으로 이동한다고 가정하므로 Y는 2개의 Z에게 각각 전자를 1개씩 잃은 것이다. 따라서 Y 원자는 부분적인 양전하(δ^+)를 띤다.

바로알기 ㄱ. 전기 음성도가 X>H이므로 (가)에서 X−H 결합의 공유 전자쌍이 모두 X 쪽으로 이동한다고 가정한다. 따라서 X는 4개의 H로부터 각각 전자를 1개씩 얻은 것이므로 X의 산화수는 −4이다.

12 꼼꼼 문제 분석

W는 화합물에서 산화수가 +1이므로 다른 원자와 결합했을 때 다른 원자에게 전자를 잃는다.

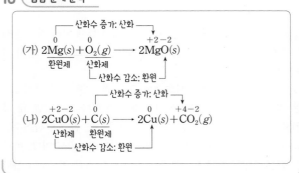

X는 화합물에서 산화수가 −1이므로 다른 원자와 결합했을 때 공유 전자쌍이 X 쪽으로 이동한다고 가정할 수 있다.

ㄴ. X가 화합물에서 가질 수 있는 산화수는 −1이고, 화합물에서 구성 원자의 산화수의 합은 0이다. 따라서 YX_2에서 Y의 산화수를 x라고 할 때 $x+(-1)\times2=0$에서 $x=+2$이다.

ㄷ. X가 화합물에서 가질 수 있는 산화수는 −1이고, 화합물에서 구성 원자의 산화수의 합은 0이다. 따라서 ZX_4에서 Z의 산화수를 y라고 할 때 $y+(-1)\times4=0$에서 $y=+4$이다.

바로알기 ㄱ. W는 산화수가 +1이므로 다른 원자와 결합했을 때 다른 원자에게 전자를 잃고, X는 산화수가 −1이므로 다른 원자와 결합했을 때 다른 원자로부터 전자를 얻는다고 가정할 수 있다. 따라서 전기 음성도는 X>W이다.

13 꼼꼼 문제 분석

산화수 증가: 산화
(가) $2Mg(s)+O_2(g) \longrightarrow 2MgO(s)$
$\quad 0 \quad\quad 0 \quad\quad\quad +2-2$
환원제 산화제
산화수 감소: 환원

산화수 증가: 산화
(나) $2CuO(s)+C(s) \longrightarrow 2Cu(s)+CO_2(g)$
$\quad +2-2 \quad 0 \quad\quad 0 \quad\quad +4-2$
산화제 환원제
산화수 감소: 환원

ㄱ. (가)에서 Mg의 산화수는 Mg에서 0이고, MgO에서 +2이므로 산화수가 증가한다. 따라서 Mg은 산화된다.

ㄷ. (가)와 (나)는 모두 산화수가 변하는 원자가 있으므로 산화 환원 반응이다.

바로알기 ㄴ. (나)에서 Cu의 산화수는 CuO에서 +2이고, Cu에서 0이므로 산화수가 감소한다. 따라서 CuO는 자신은 환원되면서 C를 산화시키는 산화제이다.

14 꼼꼼 문제 분석

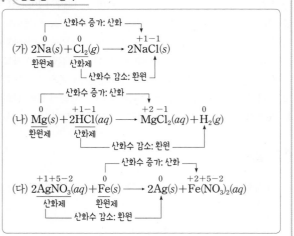

(가)에서 Cl의 산화수는 Cl_2에서 0이고, NaCl에서 −1이므로 산화수가 감소한다. 따라서 Cl_2는 자신은 환원되면서 Na을 산화시키는 산화제이다. (나)에서 H의 산화수는 HCl에서 +1이고, H_2에서 0이므로 산화수가 감소한다. 따라서 HCl은 자신은 환원되면서 Mg을 산화시키는 산화제이다. (다)에서 Ag의 산화수는 $AgNO_3$에서 +1이고, Ag에서 0이므로 산화수가 감소한다. 따라서 $AgNO_3$은 자신은 환원되면서 Fe을 산화시키는 산화제이다.

15 꼼꼼 문제 분석

$$
\begin{array}{l}
\text{(가)}\ \overset{+2-2}{2NO}(g)+\overset{0}{O_2}(g)\longrightarrow \overset{+4-2}{2NO_2}(g)\\[4pt]
\text{(나)}\ \overset{+4-2}{2NO_2}(g)+\overset{+1-2}{H_2O}(l)\longrightarrow \overset{+1+5-2}{HNO_3}(aq)+\overset{+1+3-2}{HNO_2}(aq)\\[4pt]
\text{(다)}\ \overset{+1+5-2}{HNO_3}(aq)+\overset{+1-2}{H_2O}(l)\longrightarrow \overset{+1-2}{H_3O^+}(aq)+\overset{+5-2}{NO_3^-}(aq)
\end{array}
$$

ㄴ. (나)의 질소 화합물 중 N의 산화수는 NO_2에서 $+4$, HNO_3에서 $+5$, HNO_2에서 $+3$이다. 따라서 산화수가 가장 작은 N를 포함한 화합물은 HNO_2이다.

바로알기 ㄱ. (가)에서 N의 산화수는 $+2$에서 $+4$로 증가하므로 NO는 자신은 산화되면서 O_2를 환원시키는 환원제이다.

ㄷ. (다)에는 반응 전후에 산화수가 변하는 원자가 없으므로 (다)는 산화 환원 반응이 아니다.

16 꼼꼼 문제 분석

- $2XY+Y_2\longrightarrow 2XY_2$
- XY와 XY_2에서 Y의 산화수는 $-a$이다. ($a>0$) → 음수
  → X와 Y로 이루어진 화합물 XY와 XY_2에서 Y의 산화수는 모두 음의 값을 가진다. → X－Y 결합의 공유 전자쌍이 모두 Y 쪽으로 이동한다고 가정할 수 있다.

ㄱ. 화합물 XY와 XY_2에서 Y의 산화수는 모두 음의 값을 가지므로 X－Y 결합의 공유 전자쌍이 모두 Y 쪽으로 이동한다고 가정할 수 있다. 따라서 전기 음성도는 X < Y이다.

ㄴ. 화합물에서 구성 원자의 산화수의 합은 0이다. Y의 산화수가 $-a$이므로 X의 산화수는 XY에서는 $+a$이고, XY_2에서는 $+2a$이다. 따라서 X의 산화수는 XY_2에서가 XY에서의 2배이다.

ㄷ. Y의 산화수는 Y_2에서 0이고, XY_2에서 $-a$이므로 산화수가 감소한다. 따라서 Y_2는 자신은 환원되면서 XY를 산화시키는 산화제이다.

17 꼼꼼 문제 분석

(가) 공기 중에서 붉은색의 구리줄을 가열하였더니 검게 변하였다.

산화수 증가: 산화
$$
\overset{0}{2Cu}(s)+\overset{0}{O_2}(g)\longrightarrow \overset{+2-2}{2CuO}(s)
$$
산화수 감소: 환원

(나) 검게 변한 구리줄에 수소(H_2) 기체를 공급하면서 가열하였더니 다시 붉은색의 구리줄이 되었다. → 검게 변한 구리줄은 산화 구리(Ⅱ)(CuO)이다.

산화수 증가: 산화
$$
\overset{+2-2}{CuO}(s)+\overset{0}{H_2}(g)\longrightarrow \overset{0}{Cu}(s)+\overset{+1-2}{H_2O}(l)
$$
산화수 감소: 환원

ㄱ. (가)에서 Cu의 산화수는 Cu에서 0이고, CuO에서 $+2$이므로 2만큼 증가한다.

ㄴ. (나)에서 Cu의 산화수는 CuO에서 $+2$이고, Cu에서 0이므로 산화수가 감소한다. 따라서 검게 변한 구리줄(CuO)은 환원된다.

ㄷ. (나)에서 H의 산화수는 H_2에서 0이고, H_2O에서 $+1$이므로 산화수가 증가한다. 따라서 H_2는 자신은 산화되면서 CuO를 환원시키는 환원제이다.

18 꼼꼼 문제 분석

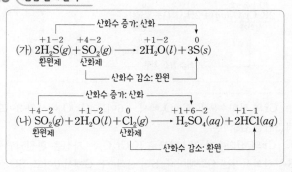

ㄱ. (가)에서 S의 산화수는 H_2S에서 -2이고, S에서 0이다. 따라서 S의 산화수가 증가하므로 H_2S는 산화된다.

ㄷ. (가)에서 S의 산화수는 SO_2에서 $+4$이고, S에서 0으로 감소하므로 (가)에서 SO_2은 자신은 환원되면서 H_2S를 산화시키는 산화제이다. (나)에서 S의 산화수는 SO_2에서 $+4$이고, H_2SO_4에서 $+6$으로 증가하므로 (나)에서 SO_2은 자신은 산화되면서 Cl_2를 환원시키는 환원제이다.

바로알기 ㄴ. (나)에서 Cl의 산화수는 Cl_2에서 0이고, HCl에서 -1이다. 따라서 Cl의 산화수가 감소하므로 Cl_2는 자신은 환원되면서 SO_2을 산화시키는 산화제이다.

19 꼼꼼 문제 분석

(가) 각 원자의 산화수 변화를 확인한다.

1 증가
$$
\underset{\;}{\overset{+4\ -2}{MnO_2}}(s)+\overset{+1-1}{HCl}(aq)\longrightarrow \overset{+2\ -1}{MnCl_2}(s)+\overset{0}{Cl_2}(g)+\overset{+1-2}{H_2O}(l)
$$
2 감소

(나) 산화되는 원자 수와 환원되는 원자 수를 맞추고, 증가한 산화수와 감소한 산화수가 같도록 계수를 맞춘다.

$1\times2=2$
$$
MnO_2(s)+2HCl(aq)\longrightarrow MnCl_2(s)+Cl_2(g)+H_2O(l)
$$
$2\times1=2$

(다) 산화수 변화가 없는 원자들의 수가 같도록 계수를 맞춘다.
$$
MnO_2(s)+4HCl(aq)\longrightarrow MnCl_2(s)+Cl_2(g)+2H_2O(l)
$$

(가)에서 Cl의 산화수는 −1에서 0으로 증가하므로 a는 1이고, Mn의 산화수는 +4에서 +2로 감소하므로 b는 2이다. (다)에서 산화수 변화가 없는 원자들, 즉 H와 O의 수가 같도록 계수를 맞추면 H의 수는 $c=2d$ 식이 성립하고, O의 수는 $d=2$가 성립하므로 c는 4이고, d는 2이다. 따라서 $a+b+c+d=1+2+4+2=9$이다.

20 꼼꼼 문제 분석

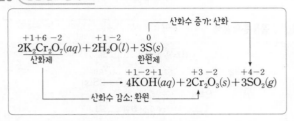

ㄱ. Cr의 산화수는 $K_2Cr_2O_7$에서 +6이고, Cr_2O_3에서 +3이므로 3만큼 감소한다.

ㄴ. Cr의 산화수가 감소하므로 $K_2Cr_2O_7$은 자신은 환원되면서 S을 산화시키는 산화제이다. S의 산화수는 S에서 0이고, SO_2에서 +4로 증가하므로 S은 자신은 산화되면서 $K_2Cr_2O_7$을 환원시키는 환원제이다.

바로알기 ㄷ. $K_2Cr_2O_7$ 1 mol이 반응할 때 Cr의 산화수가 3만큼 감소하고, 환원되는 Cr 원자의 양(mol)이 2 mol이므로 이동하는 전자는 6 mol이다.

21 꼼꼼 문제 분석

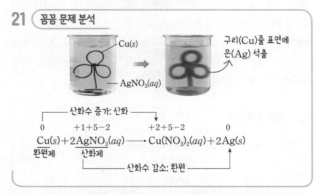

ㄱ. Cu의 산화수는 Cu에서 0이고, $Cu(NO_3)_2$에서 +2이므로 Cu의 산화수는 증가한다.

바로알기 ㄴ. Ag의 산화수는 $AgNO_3$에서 +1이고, Ag에서 0이므로 감소한다. 따라서 $AgNO_3$은 자신은 환원되면서 Cu를 산화시키는 산화제이다.

ㄷ. 0.1 M $AgNO_3$ 수용액 100 mL에 들어 있는 $AgNO_3$의 양(mol)은 $0.1 M \times 0.1 L = 0.01$ mol이다. 화학 반응식에서 Cu와 $AgNO_3$은 1:2의 몰비로 반응하므로 0.1 M $AgNO_3$ 수용액 100 mL를 모두 환원시키는 데 필요한 Cu의 최소 양(mol)은 0.005 mol이다.

22 꼼꼼 문제 분석

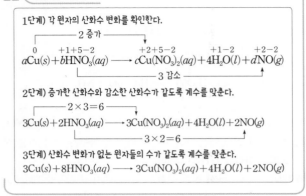

ㄴ. 완성된 화학 반응식에서 Cu와 HNO_3의 계수비는 3:8이므로 Cu와 HNO_3은 3:8의 몰비로 반응한다. 따라서 Cu 0.03 mol을 모두 산화시키는 데 필요한 HNO_3의 최소 양(mol)은 0.08 mol이다.

ㄷ. 완성된 산화 환원 반응식에서 Cu와 NO의 계수비는 3:2이므로 Cu와 NO는 3:2의 몰비로 반응한다. 따라서 Cu 3 mol이 산화될 때 NO 기체 2 mol이 생성됨을 알 수 있다. 0 °C, 1 atm에서 기체 1 mol의 부피가 22.4 L이므로 NO 기체 2 mol의 부피는 44.8 L이다.

바로알기 ㄱ. $a=3$, $b=8$, $c=3$, $d=2$이므로 $a+b+c+d=16$이다.

23 꼼꼼 문제 분석

$$\overset{+2}{5Co^{2+}}(aq) + a\overset{+7-2}{MnO_4^-}(aq) + 8\overset{+1}{H^+}(aq)$$
$$\longrightarrow 5\overset{+m}{Co^{m+}}(aq) + a\overset{+2}{Mn^{2+}}(aq) + b\overset{+1-2}{H_2O}(l)$$

반응 전후 산화수 변화가 없는 원자의 수를 맞추면, 반응물에서 H의 원자 수는 8이므로 생성물에서 H_2O의 계수인 $b=4$이고, 생성물에서 O의 원자 수가 4이므로 MnO_4^-의 계수인 $a=1$이다.
$$5Co^{2+}(aq) + MnO_4^-(aq) + 8H^+(aq)$$
$$\longrightarrow 5Co^{m+}(aq) + Mn^{2+}(aq) + 4H_2O(l)$$

ㄱ. $a=1$이고, $b=4$이므로 $a+b=5$이다.

ㄴ. 산화 환원 반응식을 완성하면 다음과 같다.
$$5Co^{2+}(aq) + MnO_4^-(aq) + 8H^+(aq)$$
$$\longrightarrow 5Co^{m+}(aq) + Mn^{2+}(aq) + 4H_2O(l)$$

Mn의 산화수는 MnO_4^-에서 +7이고, Mn^{2+}에서 +2이다. 따라서 Mn의 산화수 변화는 5 감소인데, 감소한 산화수와 증가한 산화수가 같아야 하므로 Co의 전체 산화수 변화는 5 증가이어야 한다. Co의 산화수는 Co^{2+}에서 +2이고, Co^{m+}에서 +m이며, 화학 반응식에서 Co^{2+}과 Co^{m+}의 계수가 5이므로 Co^{2+}에서 Co^{m+}로 될 때 산화수 변화는 1 증가이어야 한다. 따라서 $m=3$이다.

ㄷ. MnO_4^- 1 mol이 반응할 때 Mn의 산화수는 5만큼 감소하므로 이동하는 전자의 양(mol)은 5 mol이다.

24 꼼꼼 문제 분석

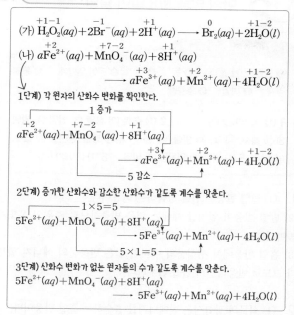

$$(가)\ \overset{+1-1}{H_2O_2}(aq)+\overset{-1}{2Br^-}(aq)+\overset{+1}{2H^+}(aq)\longrightarrow \overset{0}{Br_2}(aq)+\overset{+1-2}{2H_2O}(l)$$

(나) $a\overset{+2}{Fe^{2+}}(aq)+\overset{+7-2}{MnO_4^-}(aq)+\overset{+1}{8H^+}(aq)$

$\longrightarrow a\overset{+3}{Fe^{3+}}(aq)+\overset{+2}{Mn^{2+}}(aq)+\overset{+1-2}{4H_2O}(l)$

1단계) 각 원자의 산화수 변화를 확인한다.

─── 1 증가 ───

$a\overset{+2}{Fe^{2+}}(aq)+\overset{+7-2}{MnO_4^-}(aq)+\overset{+1}{8H^+}(aq)$

$\longrightarrow a\overset{+3}{Fe^{3+}}(aq)+\overset{+2}{Mn^{2+}}(aq)+\overset{+1-2}{4H_2O}(l)$

─── 5 감소 ───

2단계) 증가한 산화수와 감소한 산화수가 같도록 계수를 맞춘다.

─── 1×5=5 ───

$5Fe^{2+}(aq)+MnO_4^-(aq)+8H^+(aq)$

$\longrightarrow 5Fe^{3+}(aq)+Mn^{2+}(aq)+4H_2O(l)$

─── 5×1=5 ───

3단계) 산화수 변화가 없는 원자들의 수가 같도록 계수를 맞춘다.

$5Fe^{2+}(aq)+MnO_4^-(aq)+8H^+(aq)$

$\longrightarrow 5Fe^{3+}(aq)+Mn^{2+}(aq)+4H_2O(l)$

ㄴ. (나)에서 Mn의 산화수는 MnO_4^-에서 $+7$이고, Mn^{2+}에서 $+2$이다. 따라서 Mn의 산화수가 감소하므로 Mn를 포함한 MnO_4^-은 자신은 환원되면서 Fe^{2+}을 산화시키는 산화제이다.

바로알기 ㄱ. (가)의 H_2O_2에서 O의 산화수는 -1이고, (가)와 (나)의 H_2O, MnO_4^-에서 O의 산화수는 -2이다.

ㄷ. (나)에서 H_2O과 Fe^{2+}의 반응 몰비는 $4:5$이므로 H_2O 1 mol이 생성될 때 반응한 Fe^{2+}의 양(mol)은 $\frac{5}{4}$ mol=1.25 mol이다.

실력 UP 문제

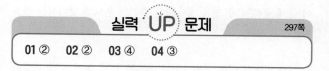

297쪽

01 ② **02** ② **03** ④ **04** ③

---

01 꼼꼼 문제 분석

X의 산화수는 $+1$이고, Z의 산화수가 0이므로 Y의 산화수는 -2이다.
→ Z 주위의 공유 전자쌍 수가 4이므로 Z는 C이고, Y는 O이다.

(H) ─ (H)
$\overset{+1}{X}\overset{Y-2}{=}\overset{-1}{Y}-\overset{-1}{Y}\overset{+1}{=}X$ (가)

(H) (H)
$\overset{+1}{X}-\overset{0}{Z}-\overset{+1}{X}$ (나)

(H) ─ (H)
$\overset{+1}{X}=\overset{Y-2}{(Z)}-(\overset{+3}{Z})=\overset{-2}{Y}-\overset{+1}{X}$
X(H) (다)

Y의 산화수가 -1이므로 X의 산화수는 $+1$이다. → X~Z는 1, 2주기의 원소이며, X는 $+1$의 산화수를 가지는 분자를 형성하는 비금속 원소이므로 H이다.

X−Z 결합의 공유 전자쌍은 모두 Z쪽으로 이동하고, Z−Y 결합과 Z=Y 결합의 공유 전자쌍은 모두 Y 쪽으로 이동한다. → Z의 산화수는 ㉠이 -3이고, ㉡이 $+3$이다.

ㄴ. (다)에서 Z의 산화수는 ㉠이 -3이고, ㉡이 $+3$이므로 Z의 산화수는 ㉡이 ㉠보다 6만큼 크다.

바로알기 ㄱ. (나)에서 Y의 산화수는 -2이다.

ㄷ. X는 H이고 Z는 C이므로 $Z_2X_2(X-Z\equiv Z-X)$에서 X−Z 결합의 공유 전자쌍은 Z 쪽으로 이동한다고 가정할 수 있다. 따라서 Z의 산화수는 -1이다.

---

02 꼼꼼 문제 분석

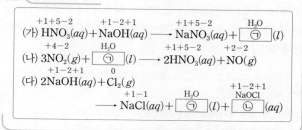

$$(가)\ \overset{+1+5-2}{HNO_3}(aq)+\overset{+1-2+1}{NaOH}(aq)\longrightarrow \overset{+1+5-2}{NaNO_3}(aq)+\boxed{㉠}(l)$$

$$(나)\ 3\overset{+4-2}{NO_2}(g)+\boxed{㉠}(l)\longrightarrow 2\overset{+1+5-2}{HNO_3}(aq)+\overset{+2-2}{NO}(g)$$

$$(다)\ 2\overset{+1-2+1}{NaOH}(aq)+\overset{0}{Cl_2}(g)$$
$$\longrightarrow \overset{+1-1}{NaCl}(aq)+\boxed{㉠}(l)+\boxed{㉡}(aq)$$

반응 전후 원자의 종류와 수가 같도록 화학 반응식을 완성하면 ㉠은 H_2O, ㉡은 $NaOCl$이다.

ㄷ. (다)에서 Cl의 산화수는 Cl_2에서 0, NaCl에서 -1, NaOCl에서 $+1$이다. 따라서 Cl의 산화수 중 가장 큰 값은 $+1$이다.

바로알기 ㄱ. (가)에서 N의 산화수는 모두 $+5$로 변하지 않는다.

ㄴ. (나)에서 ㉠은 H_2O이고, 반응 전후 H와 O의 산화수는 각각 $+1$, -2로 변하지 않는다. 따라서 ㉠은 산화제나 환원제가 아니다. N의 산화수는 NO_2에서 $+4$이고, HNO_3에서 $+5$, NO에서 $+2$이므로 NO_2 3개 중 2개는 HNO_3으로 산화되고, 1개는 NO로 환원된다.

---

03 꼼꼼 문제 분석

1단계) 각 원자의 산화수 변화를 확인한다.

─── 3×2=6 감소 ───

$a\overset{+1+6-2}{K_2Cr_2O_7}(aq)+b\overset{0}{C}(s)\longrightarrow c\overset{+3-2}{Cr_2O_3}(s)+a\overset{+1+4-2}{K_2CO_3}(aq)+\overset{+2-2}{CO}(g)$
㉠ ㉡ ㉢

─── 4 증가 ───
─── 2 증가 ───

→ Cr의 산화수는 $K_2Cr_2O_7$에서 $+6$이고, Cr_2O_3에서 $+3$이며, Cr 원자 수가 2이므로 전체 산화수 변화는 6 감소이다.

2단계) 증가한 산화수와 감소한 산화수가 같도록 계수를 맞춘다.

─── 6 감소 ───

$K_2Cr_2O_7(aq)+2C(s)\longrightarrow cCr_2O_3(s)+K_2CO_3(aq)+CO(g)$

─── 4 증가 ───
─── 2 증가 ───

→ 생성물에서 CO의 계수가 1이므로 C가 CO로 될 때 산화수 변화는 2 증가이며, Cr의 전체 산화수 변화가 6 감소이므로 C의 전체 산화수 변화는 6 증가이어야 한다. 따라서 K_2CO_3의 계수 $a=1$이며, 생성물의 C 수가 2이므로 반응물의 C의 계수 $b=2$이다. 또, 반응물에서 Cr의 수가 2이므로 생성물에서 Cr의 수도 2이다. 따라서 Cr_2O_3의 계수 $c=1$이다.

$K_2Cr_2O_7(aq)+2C(s)\longrightarrow Cr_2O_3(s)+K_2CO_3(aq)+CO(g)$

산화 환원 반응식을 완성하면 다음과 같다.

$K_2Cr_2O_7(aq)+2C(s) \longrightarrow Cr_2O_3(s)+K_2CO_3(aq)+CO(g)$

ㄴ. 산화 환원 반응식에서 $a=1$, $b=2$, $c=1$이므로 $a+b+c=4$이다.

ㄷ. ㉠의 산화수는 0, ㉡의 산화수는 $+4$, ㉢의 산화수는 $+2$이다. 따라서 ㉠, ㉡, ㉢의 산화수의 합은 $0+(+4)+(+2)=+6$이다.

바로알기 ㄱ. Cr의 산화수는 $K_2Cr_2O_7$에서 $+6$이고, Cr_2O_3에서 $+3$이므로 Cr의 산화수는 감소한다. 따라서 Cr을 포함하고 있는 $K_2Cr_2O_7$은 자신은 환원되면서 다른 물질(C)을 산화시키는 산화제이다.

04 꼼꼼 문제 분석

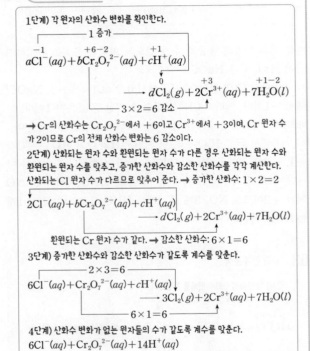

산화 환원 반응식을 완성하면 다음과 같다.

$6Cl^-(aq)+Cr_2O_7^{2-}(aq)+14H^+(aq)$
$\longrightarrow 3Cl_2(g)+2Cr^{3+}(aq)+7H_2O(l)$

ㄱ. Cl의 산화수는 Cl^-에서 -1이고, Cl_2에서 0이므로 Cl의 산화수는 증가한다. 따라서 Cl^-은 산화된다.

ㄷ. 산화 환원 반응식에서 $a=6$, $b=1$, $c=14$, $d=3$이므로 $a+b+c+d=24$이다.

바로알기 ㄴ. Cr의 산화수는 $Cr_2O_7^{2-}$에서 $+6$이고, Cr^{3+}에서 $+3$이므로 Cr의 산화수는 감소한다. 따라서 Cr을 포함하고 있는 $Cr_2O_7^{2-}$은 자신은 환원되면서 다른 물질(Cl^-)을 산화시키는 산화제이다.

화학 반응에서 열의 출입

개념 확인 문제 •

302쪽

❶ 발열 ❷ 흡열 ❸ 높 ❹ 낮 ❺ 간이 열량계 ❻ 통열량계 ❼ 비열 ❽ 열용량

1 (1) × (2) ○ (3) ○ **2** (1) 흡열 (2) 흡열 (3) 발열 (4) 발열
3 ㉠ 흡수, ㉡ 낮, ㉢ 방출, ㉣ 높 **4** ㉠ 방출, ㉡ 높, ㉢ 흡수,
㉣ 낮 **5** (1) 비열 (2) 열용량 (3) 비열 **6** (1) (가) (2) (나)

1 (1) 발열 반응은 열을 방출하는 반응이다.
(2) 발열 반응이 일어날 때에는 열을 방출하므로 주위의 온도가 높아진다.
(3) 흡열 반응에서 생성물의 에너지 합은 반응물의 에너지 합보다 크므로 반응하면서 열을 흡수한다.

2 (1) 식물의 광합성은 빛에너지를 흡수하는 흡열 반응이다.
(2) 탄산수소 나트륨의 열분해는 열을 흡수하는 흡열 반응이다.
(3) 메테인의 연소는 열을 방출하는 발열 반응이다.
(4) 산과 염기의 중화 반응은 열을 방출하는 발열 반응이다.

3 수산화 바륨 팔수화물과 질산 암모늄의 반응은 흡열 반응이다. 따라서 반응이 일어나면 열을 흡수하므로 주위의 온도가 낮아진다. 또, 염산과 아연의 반응은 발열 반응이다. 따라서 반응이 일어나면 열을 방출하므로 주위의 온도가 높아진다.

4 휴대용 손난로는 철 가루가 산화될 때 열을 방출하여 주위의 온도가 높아지는 것을 이용한 것이다. 또, 냉각 팩은 질산 암모늄이 물에 용해될 때 열을 흡수하여 주위의 온도가 낮아지는 것을 이용한 것이다.

5 (1) 비열은 어떤 물질 1 g의 온도를 1 °C 높이는 데 필요한 열량으로, 단위는 $J/(g \cdot °C)$이다.
(2) 열용량은 어떤 물질의 온도를 1 °C 높이는 데 필요한 열량으로, 단위는 $J/°C$이다.
(3) 어떤 물질이 방출하거나 흡수하는 열량은 그 물질의 비열에 질량과 온도 변화를 곱하여 구한다.

6 (1) (가)는 구조가 간단하여 쉽게 사용할 수 있는 간이 열량계로, 단열이 잘되지 않아 열 손실이 많으므로 정밀한 실험에 이용되지 않는다.
(2) (나)는 단열이 잘되도록 만들어져 있고 매우 단단한 강철 용기로 되어 있는 통열량계로, 열 손실이 거의 없어 열량을 비교적 정확하게 측정할 수 있다.

대표 자료 분석

자료 ①
1 ㉠ 발열 반응, ㉡ 흡열 반응, ㉢ 발열 반응   **2** ㉠ 반응물의 에너지 합>생성물의 에너지 합, ㉡ 반응물의 에너지 합<생성물의 에너지 합, ㉢ 반응물의 에너지 합>생성물의 에너지 합   **3** (1) ○ (2) ○ (3) ✕ (4) ✕

자료 ②
1 열   **2** 발열 반응   **3** (1) ✕ (2) ○ (3) ○ (4) ○ (5) ✕

1-1 꼼꼼 문제 분석

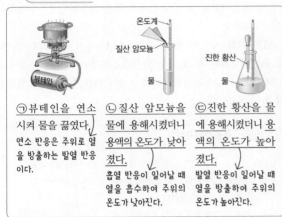

㉠뷰테인을 연소시켜 물을 끓였다. 연소 반응은 주로로 열을 방출하는 발열 반응이다.

㉡질산 암모늄을 물에 용해시켰더니 용액의 온도가 낮아졌다. 흡열 반응이 일어날 때 열을 흡수하여 주위의 온도가 낮아진다.

㉢진한 황산을 물에 용해시켰더니 용액의 온도가 높아졌다. 발열 반응이 일어날 때 열을 방출하여 주위의 온도가 높아진다.

반응 ㉠이 일어날 때 출입하는 열로 물을 끓이는 것으로 보아 반응 ㉠은 열을 방출하는 발열 반응이다. 반응 ㉡이 일어날 때 용액의 온도가 낮아졌으므로 반응 ㉡은 열을 흡수하는 흡열 반응이다. 반응 ㉢이 일어날 때 용액의 온도가 높아졌으므로 반응 ㉢은 열을 방출하는 발열 반응이다.

1-2 반응물의 에너지 합이 생성물의 에너지 합보다 큰 반응에서는 열을 방출하고, 생성물의 에너지 합이 반응물의 에너지 합보다 큰 반응에서는 열을 흡수한다. 따라서 발열 반응인 ㉠과 ㉢에서는 반응물의 에너지 합이 생성물의 에너지 합보다 크고, 흡열 반응인 ㉡에서는 반응물의 에너지 합이 생성물의 에너지 합보다 작다.

1-3 (1) 반응 ㉠이 일어날 때 주위로 열을 방출하므로 주위의 온도가 높아진다.
(2) 반응 ㉡은 흡열 반응으로 주위의 온도가 낮아지므로 냉각 팩에 이용할 수 있다.
(3) 중화 반응은 발열 반응이다. 따라서 흡열 반응인 ㉡의 열의 출입 방향은 산 염기 중화 반응에서의 열의 출입 방향과 다르다.
(4) 수산화 바륨 팔수화물과 질산 암모늄의 반응은 흡열 반응이다. 따라서 발열 반응인 ㉢의 열의 출입 방향은 수산화 바륨 팔수화물과 질산 암모늄의 반응에서의 열의 출입 방향과 다르다.

2-1 꼼꼼 문제 분석

[실험 과정]
(가) 그림과 같이 25 ℃의 물 100 g이 담긴 열량계를 준비한다.
(나) (가)의 열량계에 25 ℃의 $CaCl_2$ w g을 넣어 녹인 후 수용액의 최고 온도를 측정한다.

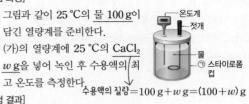
온도계
젓개
물
㉠스타이로폼 컵
수용액의 질량=100 g+w g=(100+w) g

[실험 결과]
• 수용액의 최고 온도: 30 ℃
수용액의 온도가 25 ℃에서 30 ℃로 높아진 것으로 보아 $CaCl_2$의 용해 반응은 발열 반응이다.

열량계 내부와 외부 사이의 열 출입을 막기 위해 스타이로폼 컵을 사용한다.

2-2 $CaCl_2$을 물에 용해시킬 때 수용액의 온도가 용해 전보다 높아졌으므로 $CaCl_2$의 용해 반응은 열을 방출하는 발열 반응이다.

2-3 (1) $CaCl_2$이 물에 용해되는 반응은 발열 반응이므로 주위로 열을 방출한다.
(2) 열량계 속 용액의 온도가 높아지면 반응이 일어날 때 열을 방출한 것이고, 열량계 속 용액의 온도가 낮아지면 반응이 일어날 때 열을 흡수한 것이다.
(3), (4) 간이 열량계로 열량을 측정할 때는 반응에서 출입한 열은 모두 간이 열량계 속 용액의 온도 변화에 이용된다고 가정한다. 따라서 $CaCl_2$이 물에 용해될 때 방출한 열량은 용액이 흡수한 열량과 같다. 용액이 흡수한 열량은 용액의 비열, 용액의 질량, 용액의 온도 변화의 곱으로 구하므로 용액의 비열을 알아야 $CaCl_2$이 물에 용해될 때 방출한 열량을 구할 수 있다.
(5) $CaCl_2$이 물에 용해되는 반응은 발열 반응이므로 냉각 팩에 이용할 수 없다.

내신 만점 문제

01 ④   **02** ② **03** ③ **04** ② **05** ⑤ **06** ③
07 ㄱ, ㄴ **08** ⑤ **09** ③ **10** ③ **11** ④ **12** ③
13 ㄷ **14** 해설 참조

01 ①, ②, ⑤ 발열 반응은 생성물의 에너지 합이 반응물의 에너지 합보다 작아 반응이 일어날 때 열을 방출하는 반응이다. 따라서 발열 반응이 일어나면 주위의 온도가 높아진다.
③ 흡열 반응은 열을 흡수하는 반응이다.
바로알기 ④ 산과 염기의 중화 반응과 연소 반응은 발열 반응의 예이다.

02 학생 C. 금속과 산의 반응은 반응이 일어날 때 열을 방출하는 발열 반응이다.

바로알기 학생 A. 흡열 반응은 반응이 일어날 때 주위로부터 열을 흡수하므로 주위의 온도가 낮아진다.

학생 B. 화학 반응은 열을 방출하는 발열 반응과 열을 흡수하는 흡열 반응이 있다.

03 꼼꼼 문제 분석

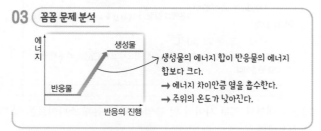

ㄱ. 생성물의 에너지 합이 반응물의 에너지 합보다 크므로 열을 흡수하는 흡열 반응이다.

ㄴ. 열을 흡수하므로 주위의 온도가 낮아진다.

바로알기 ㄷ. 철이 녹스는 반응은 발열 반응이므로 주어진 반응과 열의 출입 방향이 반대이다.

04 꼼꼼 문제 분석

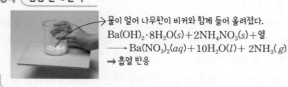

ㄷ. 질산 암모늄의 용해는 흡열 반응이므로 주어진 반응과 열의 출입 방향이 같다.

바로알기 ㄱ. 비커와 나무판 사이의 물이 언 것으로 보아 반응이 일어날 때 주위의 온도가 낮아짐을 알 수 있다.

ㄴ. 주어진 반응은 흡열 반응이므로 반응물의 에너지 합이 생성물의 에너지 합보다 작다.

05 ㄱ, ㄴ. ㉠에서 생석회가 물에 용해될 때 열이 발생하므로 발열 반응이다. ㉡에서 염화 칼슘이 물에 용해될 때 발생하는 열로 음식을 데우므로 이 반응도 발열 반응이다. 따라서 ㉠과 ㉡은 모두 열을 방출하는 발열 반응이다.

ㄷ. 발열 반응은 반응이 일어날 때 주위로 열을 방출하므로 반응물의 에너지 합은 생성물의 에너지 합보다 크다.

06 ㄱ, ㄴ. NH_4NO_3이 용해될 때 비닐 팩이 차가워지는 것으로 보아 NH_4NO_3의 용해는 흡열 반응이다.

$NH_4NO_3(s) + 열 \longrightarrow NH_4^+(aq) + NO_3^-(aq)$

따라서 NH_4NO_3이 용해될 때 주위의 온도는 낮아진다.

바로알기 ㄷ. 흡열 반응에서 반응물의 에너지 합은 생성물의 에너지 합보다 작다.

07 ㄱ. 손난로는 철 가루가 산소와 반응할 때 열을 방출하여 주위의 온도가 높아지는 발열 반응을 이용한 것이다.

ㄴ. 눈이 내린 도로에 염화 칼슘을 뿌려 눈을 녹이는 것은 염화 칼슘이 용해될 때 열을 방출하여 주위의 온도가 높아지는 발열 반응을 이용한 것이다.

바로알기 ㄷ. 에어컨에서 액체 냉매가 기화할 때는 열을 흡수하여 주위의 온도가 낮아진다.

08 ㄱ. 제시된 반응은 철로에 균열이 생긴 틈을 반응에서 방출되는 높은 열에 의해 용융된 철로 메우는 데 이용되므로 발열 반응이다.

ㄴ. 발열 반응이므로 물질의 에너지 합은 반응물인 ㉠이 생성물인 ㉡보다 크다.

ㄷ. Al의 산화수는 Al에서 0이고, Al_2O_3에서 +3으로 증가하므로 Al은 산화된다. 또, Fe의 산화수는 Fe_2O_3에서 +3이고, Fe에서 0으로 감소하므로 Fe_2O_3은 환원된다. 따라서 이 반응은 산화 환원 반응이다.

[09~10] 꼼꼼 문제 분석

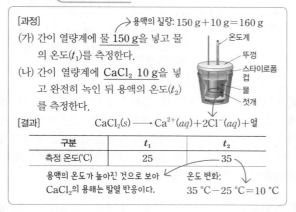

[과정]
용액의 질량: 150 g + 10 g = 160 g
(가) 간이 열량계에 물 150 g을 넣고 물의 온도(t_1)를 측정한다.
(나) 간이 열량계에 $CaCl_2$ 10 g을 넣고 완전히 녹인 뒤 용액의 온도(t_2)를 측정한다.

[결과] $CaCl_2(s) \longrightarrow Ca^{2+}(aq) + 2Cl^-(aq) + 열$

구분	t_1	t_2
측정 온도(℃)	25	35

용액의 온도가 높아진 것으로 보아 $CaCl_2$의 용해는 발열 반응이다.

온도 변화: 35 ℃ − 25 ℃ = 10 ℃

09 ㄱ. 용액의 온도가 높아진 것으로 보아 $CaCl_2$이 물에 용해될 때 열을 방출한다.

ㄷ. $CaCl_2$ 1 mol이 물에 용해될 때 출입하는 열량(J/mol)은 $CaCl_2$ 1 g이 물에 용해될 때 출입하는 열량에 $CaCl_2$의 화학식량을 곱하여 구한다. 따라서 $CaCl_2$의 화학식량을 추가로 알아야 한다.

바로알기 ㄴ. $CaCl_2$이 물에 용해될 때 출입(방출)한 열량은 용액이 얻은 열량과 같다. 용액의 질량은 160 g(= 150 g + 10 g)이고, 온도 변화는 10 ℃이므로 비열이 4.2 J/(g·℃)인 용액이 얻은 열량(Q)은 다음과 같다.

$Q = cm\Delta t = 4.2$ J/(g·℃) $\times 160$ g $\times 10$ ℃ $= 6720$ J

용해된 $CaCl_2$의 질량은 10 g이므로 $CaCl_2$ 1 g이 물에 용해될 때 출입하는 열량은 $\dfrac{6720 \text{ J}}{10 \text{ g}} = 672$ J/g이다.

10 ㄱ, ㄴ. $CaCl_2$이 용해될 때 출입하는 열량을 구할 때 출입하는 열은 모두 용액의 온도 변화에 이용된다고 가정한다. 그런데 반응에서 방출한 열의 일부가 열량계 밖으로 빠져나가거나 용액 이외에 실험 기구 등의 온도를 변화시키는 데 쓰이는 경우 실험값은 이론값보다 작게 된다.
바로알기 ㄷ. $CaCl_2$을 용해시키기 전의 물의 온도가 실제보다 낮게 측정되면 용액의 온도 변화가 크게 계산되므로 실험값은 이론값보다 커진다.

11 과자 1 g이 연소할 때 방출하는 열량은 물이 얻은 열량($Q=cm\Delta t$)을 연소한 과자의 질량으로 나누어 구한다. 따라서 물의 비열, 물의 질량, 물의 온도 변화, 연소한 과자의 질량을 알아야 한다.
바로알기 ④ 물의 분자량은 과자 1 g이 연소할 때 방출하는 열량을 구할 때 필요하지 않다.

12 꼼꼼 문제 분석

[탐구 과정 및 결과]
• 25 ℃의 물 96 g이 담긴 열량계에 25 ℃의 <u>수산화 나트륨</u>
<u>(NaOH)</u> 4 g을 넣어 녹인 후 수용액의 최고 온도를 측정한다.
→ 용액의 질량=96 g+4 g=100 g
• 수용액의 최고 온도: 35 ℃ 온도 변화: 35 ℃−25 ℃=10 ℃
[자료]
• NaOH의 화학식량: 40
→ NaOH 4 g → $\dfrac{4 \text{ g}}{40 \text{ g/mol}}$=0.1 mol
• 수용액의 비열: 4 J/(g·℃)

ㄱ. NaOH이 물에 녹은 용액의 온도가 용해 전보다 높아졌으므로 NaOH이 물에 녹는 반응은 발열 반응이다.
ㄴ. NaOH 4 g이 물에 녹을 때 방출한 열량은 용액이 흡수한 열량과 같다. 또, '용액이 흡수한 열량=용액의 비열×용액의 질량×용액의 온도 변화'이므로 용액이 흡수한 열량(Q)은 다음과 같다.
$Q=cm\Delta t=4 \text{ J/(g·℃)}\times100 \text{ g}\times10 \text{ ℃}=4000 \text{ J}=4 \text{ kJ}$
바로알기 ㄷ. NaOH 4 g은 0.1 mol이고, NaOH 0.1 mol이 물에 녹을 때 출입한 열량은 4 kJ이므로 NaOH 1 mol이 물에 녹을 때 출입하는 열량은 40 kJ이다.

13 꼼꼼 문제 분석

용해 후 온도가 낮아짐 → 흡열 반응

물질	t_1(℃)	t_2(℃)
고체 X	20	16
고체 Y	20	23

용해 후 온도가 높아짐 → 발열 반응

ㄷ. 물에 녹인 고체 X와 Y의 질량이 1 g으로 같고, 두 수용액의 비열이 같으므로 온도 변화가 클수록 출입하는 열량이 크다. 온도 변화는 X가 4 ℃이고, Y가 3 ℃로, X>Y이므로 출입하는 열량은 X>Y이다.
바로알기 ㄱ. 고체 X가 물에 용해될 때 용액의 온도가 낮아진 것으로 보아 고체 X가 용해될 때 열을 흡수한다. 따라서 고체 X의 용해는 흡열 반응이다.
ㄴ. 고체 Y가 물에 용해될 때 용액의 온도가 높아진 것으로 보아 고체 Y가 용해될 때 열을 방출한다.

14 C가 연소할 때 방출한 열량은 통열량계 속 물과 통열량계가 얻은 열량과 같다.
방출하거나 흡수한 열량=물이 얻거나 잃은 열량+통열량계가 얻거나 잃은 열량=$c_물 m_물 \Delta t+C_{통열량계}\Delta t$
[모범 답안] 25.5 kJ/g. C가 연소할 때 방출한 열량(Q)은 다음과 같다.
$Q=c_물 m_물 \Delta t+C_{통열량계}\Delta t$
$=4.2 \text{ kJ/(kg·℃)}\times2 \text{ kg}\times10 \text{ ℃}+1.8 \text{ kJ/℃}\times10 \text{ ℃}$
$=102 \text{ kJ}$
연소한 C의 질량은 4 g이므로 C 1 g이 연소할 때 방출하는 열량은 25.5 kJ/g이다.

채점 기준	배점
방출하는 열량을 옳게 구하고, 풀이 과정을 옳게 서술한 경우	100 %
풀이 과정만 옳게 서술한 경우	60 %
방출하는 열량만 옳게 구한 경우	40 %

실력 UP 문제
307쪽

01 ⑤ **02** ③ **03** ㄱ, ㄴ **04** ③

01 ㄱ, ㄷ. $CO_2(s)$가 $CO_2(g)$로 승화될 때 열을 흡수하여 주위의 온도가 낮아지기 때문에 아이스크림을 녹지 않게 보관할 수 있다. 즉, $CO_2(s)$의 승화 반응은 흡열 반응이다. 따라서 물질의 에너지는 생성물이 반응물보다 크므로 물질 1 mol의 에너지는 $CO_2(s)<CO_2(g)$이다.
ㄴ. Mg이 공기 중의 산소와 반응하여 산화될 때 밝은 불꽃을 내며 타는 것으로 보아 Mg의 산화 반응은 열을 방출하는 발열 반응이다.

02 꼼꼼 문제 분석

(가) $CH_4(g)+2O_2(g) \longrightarrow CO_2(g)+2H_2O(l)$
메테인의 연소 반응 → 발열 반응
(나) $HCl(aq)+NaOH(aq) \longrightarrow H_2O(l)+NaCl(aq)$
산 염기 중화 반응 → 발열 반응
(다) $6CO_2(g)+6H_2O(g) \longrightarrow C_6H_{12}O_6(s)+6O_2(g)$
광합성(빛에너지 흡수) → 흡열 반응

ㄱ. 반응 (가)는 연료인 메테인의 연소 반응으로, 열을 방출하는 발열 반응이다.

ㄴ. 반응 (나)는 산 염기 중화 반응으로, 발열 반응이므로 열을 방출한다.

바로알기 ㄷ. 반응 (다)는 광합성으로, 흡열 반응이므로 물질의 에너지 총합은 생성물이 반응물보다 크다.

03 ㄱ. HCl(aq)과 NaOH 수용액을 혼합하였을 때 용액의 온도가 높아진 것으로 보아 HCl(aq)과 NaOH 수용액의 중화 반응은 발열 반응이다.

ㄴ. HCl(aq)과 NaOH 수용액의 중화 반응에서 출입(방출)한 열량은 용액이 얻은 열량과 같다. 용액의 밀도가 1 g/mL이므로 혼합 용액의 질량은 200 g이다. 온도 변화는 0.6 ℃(=25.6 ℃−25 ℃)이고, 용액의 비열은 4.2 J/(g·℃)이므로 용액이 얻은 열량은 다음과 같다.

$Q = cm\Delta t = 4.2\ \text{J/(g·℃)} \times 200\ \text{g} \times 0.6\ \text{℃} = 504\ \text{J}$

바로알기 ㄷ. 0.1 M HCl(aq) 100 mL와 0.1 M NaOH 수용액 100 mL에 들어 있는 H$^+$과 OH$^-$의 양(mol)이 각각 0.1 M × 0.1 L = 0.01 mol이므로 실험에서 생성된 물의 양(mol)은 0.01 mol이다. 0.01 mol의 물이 생성될 때 출입한 열량이 504 J이므로 1 mol의 물이 생성될 때 출입하는 열량은 $\dfrac{504\ \text{J}}{0.01\ \text{mol}} = 50400\ \text{J/mol} = 50.4\ \text{kJ/mol}$이다.

04 ㄱ. NaOH이 물에 용해될 때 용액의 최종 온도(30 ℃)가 용해 전(20 ℃)보다 높아졌으므로 NaOH의 용해 반응은 열을 방출하는 발열 반응이다.

ㄴ. NH$_4$NO$_3$이 물에 용해될 때 용액의 최종 온도(14 ℃)가 용해 전(20 ℃)보다 낮아졌으므로 NH$_4$NO$_3$의 용해 반응은 열을 흡수하는 흡열 반응이다.

바로알기 ㄷ. 용해 과정에서 방출하거나 흡수하는 열량은 용액이 얻거나 잃은 열량과 같으며, '용액이 얻거나 잃은 열량=용액의 비열×용액의 질량×용액의 온도 변화'이다.

NaOH이 물에 용해될 때 출입(방출)한 열량은 용액이 얻은 열량과 같다. 용액의 질량은 104 g(=100 g+4 g)이고, 온도 변화는 10 ℃(=30 ℃−20 ℃)이므로 용액이 얻은 열량(Q_1)은 다음과 같다.

$Q_1 = cm\Delta t = 4\ \text{J/(g·℃)} \times 104\ \text{g} \times 10\ \text{℃} = 4160\ \text{J}$

NH$_4$NO$_3$이 물에 용해될 때 출입(흡수)한 열량은 용액이 잃은 열량과 같다. 용액의 질량은 104 g(=100 g+4 g)이고, 온도 변화는 6 ℃(=20 ℃−14 ℃)이므로 용액이 잃은 열량(Q_2)은 다음과 같다.

$Q_2 = cm\Delta t = 4\ \text{J/(g·℃)} \times 104\ \text{g} \times 6\ \text{℃} = 2496\ \text{J}$

따라서 $\dfrac{a}{b} = \dfrac{Q_1}{Q_2} = \dfrac{4160\ \text{J}}{2496\ \text{J}} = \dfrac{5}{3}$이다.

중단원 핵심 정리 308~309쪽

❶ 산화 ❷ 환원 ❸ 산화 ❹ 환원 ❺ 산화 ❻ 환원
❼ 전하 ❽ 큰 ❾ −2 ❿ 0 ⓫ 산화 ⓬ 환원 ⓭ 산화
⓮ 환원 ⓯ 환원 ⓰ 산화 ⓱ 산화제 ⓲ 환원제 ⓳ 발열
⓴ 흡열 ㉑ 높 ㉒ 낮 ㉓ 간이 열량계 ㉔ 통열량계

중단원 마무리 문제 310~314쪽

01 ④	02 ③	03 ④	04 ④	05 ④	06 ③	07 ④
08 ③	09 ⑤	10 ①	11 ③	12 ③	13 ②	14 ④
15 ⑤	16 ④	17 ⑤	18 ③	19 ③	20 ①	21 해

설 참조 **22** 해설 참조 **23** 해설 참조

01 산화 환원 반응은 반응 전후에 산화수가 변하는 원자가 있어야 한다.

ㄴ. $\overset{+1\ -1}{2H_2O_2}(l) \longrightarrow \overset{+1\ -2}{2H_2O}(l) + \overset{0}{O_2}(g)$

반응 전후에 산화수가 변하는 원자가 있으므로 산화 환원 반응이다.

ㄷ. $\overset{0}{2Mg}(s) + \overset{+4\ -2}{CO_2}(g) \longrightarrow \overset{+2\ -2}{2MgO}(s) + \overset{0}{C}(s)$

반응 전후에 산화수가 변하는 원자가 있으므로 산화 환원 반응이다.

바로알기 ㄱ. $\overset{+6\ -2}{SO_3}(g) + \overset{+1\ -2}{H_2O}(l) \longrightarrow \overset{+1\ +6\ -2}{H_2SO_4}(aq)$

반응 전후에 산화수가 변하는 원자가 없으므로 산화 환원 반응이 아니다.

02 (꼼꼼 문제 분석)

루이스 구조로부터 각 원소의 원자가 전자 수는 W는 1, X는 4, Y는 7, Z는 6이다.
➡ X는 2주기 14족 원소(C), Y는 2주기 17족 원소(F), Z는 2주기 16족 원소(O)이므로 전기 음성도는 Y>Z>X이다. 또, W~Z는 1, 2주기 원소이므로 W는 1주기 1족 원소(H)이다.

· (가)에서 X=Z 결합의 공유 전자쌍은 Z 쪽으로 모두 이동하고, X−Y 결합의 공유 전자쌍은 Y 쪽으로 모두 이동한다고 가정한다. ➡ X의 산화수는 양의 값을 가진다.

· (가)에서 X의 산화수는 양의 값을 가지고, $\dfrac{\text{X의 산화수}}{\text{W의 산화수}} = +2$이므로 W의 산화수는 양의 값을 가진다. ➡ W−X 결합의 공유 전자쌍은 X 쪽으로 모두 이동한다고 가정할 수 있으므로 산화수는 W가 +1, X가 +2이다. 이때 X는 W에게 1개의 전자를 얻은 것이고, X는 Z에게 2개의 전자를, Y에게 1개의 전자를 잃은 것으로 볼 수 있다.

ㄱ. Y는 2주기 17족 원소, Z는 2주기 16족 원소이므로 전기 음성도는 Y>Z이다.

ㄴ. (나)의 $W-X$ 결합에서 공유 전자쌍은 X 쪽으로 모두 이동하고, $X-Y$ 결합에서 공유 전자쌍은 Y 쪽으로 모두 이동한다고 가정할 수 있으므로 W의 산화수는 +1이고, Y의 산화수는 -1이다. 따라서 $\dfrac{\text{Y의 산화수}}{\text{W의 산화수}}=-1$이다.

바로알기 ㄷ. X의 산화수는 (가)에서 +2이고, (나)에서 0이므로 (가)에서가 (나)에서보다 2만큼 크다.

03 꼼꼼 문제 분석

$$\underset{A_2B}{\overset{+1-2}{A_2B}}+\underset{C_2}{\overset{0}{C_2}} \longrightarrow \underset{2A}{\overset{0}{2A}}+\underset{BC_2}{\overset{+4-2}{BC_2}}$$

원자	㉠ C		㉡ A		㉢ B	
	반응물	생성물	반응물	생성물	반응물	생성물
산화수	0	$-x$	+1	0	$-x$	$+y$
	C_2	BC_2의 C	A_2B의 A	A	A_2B의 B	BC_2의 B

• 원소를 구성하는 원자의 산화수는 0이다. ➡ ㉠은 C, ㉡은 A이다. 나머지 ㉢은 B이다.
• A_2B에서 A의 산화수가 +1이므로 B의 산화수는 -2이다. ➡ $x=2$이다.
• BC_2에서 C의 산화수가 -2이므로 B의 산화수는 +4이다. ➡ $y=4$이다.

$x=2$이고, $y=4$이므로 $x+y=6$이다.

04 꼼꼼 문제 분석

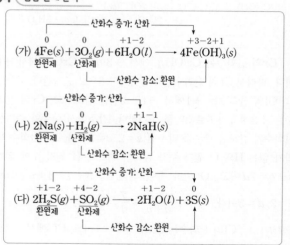

(가)에서 O의 산화수는 0에서 -2로 감소하므로 O_2는 자신은 환원되면서 Fe을 산화시키는 산화제이다. (나)에서 H의 산화수는 0에서 -1로 감소하므로 H_2는 자신은 환원되면서 Na을 산화시키는 산화제이다. (다)에서 S의 산화수는 SO_2에서 +4이고, S에서 0으로 감소하므로 SO_2은 자신은 환원되면서 H_2S를 산화시키는 산화제이다.

05 주어진 화학 반응식을 완성하면 다음과 같다.

$$\underset{H_2S}{\overset{+1-2}{H_2S}}(g)+\underset{2HNO_3}{\overset{+1+5-2}{2HNO_3}}(aq) \longrightarrow \overset{0}{S}(s)+\underset{2H_2O}{\overset{+1-2}{2H_2O}}(l)+\underset{2NO_2}{\overset{+4-2}{2NO_2}}(g)$$

ㄴ. S의 산화수는 H_2S에서 -2이고, S에서 0이므로 2 증가한다.

ㄷ. S의 산화수는 -2에서 0으로 증가하므로 H_2S는 자신은 산화되면서 HNO_3을 환원시키는 환원제이다.

바로알기 ㄱ. X는 NO_2이고, 이때 N의 산화수는 +4이다.

06 꼼꼼 문제 분석

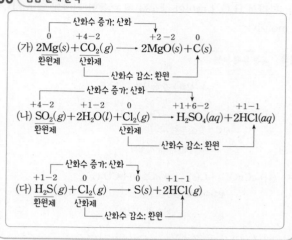

ㄱ. (가)에서 C의 산화수는 CO_2에서 +4이고, C에서 0으로 감소한다. 따라서 CO_2는 자신은 환원되면서 Mg을 산화시키는 산화제이다.

ㄴ. (나)와 (다)에서 Cl의 산화수는 Cl_2에서 0이고, HCl에서 -1로 감소한다. 따라서 Cl_2는 (나)와 (다)에서 모두 환원된다.

바로알기 ㄷ. (다)에서 Cl_2는 환원되고 H_2S는 산화되므로 Cl_2가 H_2S보다 더 강한 산화제이다.

07 ㄴ. (가)에서 N의 산화수는 N_2에서 0이고, NH_3에서 -3으로 감소한다. 따라서 N_2는 자신은 환원되면서 H_2를 산화시키는 산화제이다.

ㄷ. (나)에서 Zn 1 mol이 전자 2 mol을 잃고 Zn^{2+}을 생성하므로 Zn 1 mol이 반응할 때 이동하는 전자는 2 mol이다.

바로알기 ㄱ. (가)에서 H의 산화수는 H_2에서 0이고, NH_3에서 +1이므로 증가한다.

08 꼼꼼 문제 분석

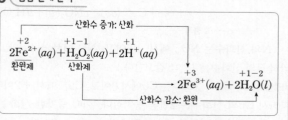

ㄱ. Fe의 산화수는 +2에서 +3으로 증가한다. 따라서 Fe^{2+}은 산화된다.

ㄴ. O의 산화수는 H_2O_2에서 −1이고, H_2O에서 −2로 감소한다. 따라서 H_2O_2는 자신은 환원되면서 Fe^{2+}을 산화시키는 산화제이다.

바로알기 ㄷ. Fe^{2+} 1개가 반응하여 1개의 Fe^{3+}으로 될 때 이동한 전자는 1개이다. 산화 환원 반응식에서 Fe^{2+}과 H_2O의 반응 계수가 같으므로 반응한 Fe^{2+}과 생성된 H_2O의 반응 몰비가 같다. 따라서 H_2O 1 mol이 생성될 때 이동한 전자의 양(mol)은 1 mol이다.

09 꼼꼼 문제 분석

$$(가)\ \overset{+2-2}{CuO}(s)+\overset{0}{H_2}(g) \longrightarrow \overset{0}{Cu}(s)+\overset{+1-2}{H_2O}(l)$$
산화수 증가: 산화
산화수 감소: 환원

$$(나)\ a\overset{+2-2}{CuO}(s)+\overset{0}{C}(s) \longrightarrow a\overset{0}{Cu}(s)+\overset{+4-2}{CO_2}(g)$$
2
산화수 증가: 산화
2
산화수 감소: 환원

$$(다)\ \overset{+2-1}{CuCl_2}(aq)+\overset{0}{Zn}(s) \longrightarrow \overset{0}{Cu}(s)+\overset{+2-1}{ZnCl_2}(aq)$$
산화수 증가: 산화
산화수 감소: 환원

ㄱ. (가)에서 H의 산화수는 H_2에서 0이고, H_2O에서 +1이다. 따라서 H의 산화수가 증가하므로 H_2는 산화된다.

ㄴ. (나)에서 Cu의 산화수는 CuO에서 +2이고, Cu에서 0이므로 Cu의 산화수 변화는 2 감소이다. 또, C의 산화수는 C에서 0이고, CO_2에서 +4이므로 C의 산화수 변화는 4 증가이다. 이때 증가한 산화수와 감소한 산화수가 같도록 계수를 맞추어야 하므로 CuO와 Cu의 반응 계수 $a=2$이다. 따라서 C와 Cu의 반응 몰비가 1 : 2이므로 Cu 1 mol이 생성될 때 반응한 C의 양(mol)은 0.5 mol이다.

ㄷ. (가)~(다)에서 Cu의 산화수는 모두 +2에서 0으로 2만큼 감소한다.

10
1 감소
$$\overset{0}{Cu}(s)+a\overset{+5-2}{NO_3^-}(aq)+b\overset{+1-2}{H_3O^+}(aq)$$
$$\longrightarrow \overset{+2}{Cu^{2+}}(aq)+c\overset{+4-2}{NO_2}(g)+d\overset{+1-2}{H_2O}(l)$$
2 증가

ㄱ. N의 산화수는 NO_3^-에서 +5이고, NO_2에서 +4이다. 따라서 N의 산화수는 1만큼 감소한다.

바로알기 ㄴ. Cu의 산화수는 Cu에서 0이고, Cu^{2+}에서 +2이다. 따라서 Cu의 산화수는 2만큼 증가한다. 이때 증가한 산화수와 감소한 산화수가 같도록 계수를 맞추면 $a=2$, $c=2$이다.

1×2=2
$$Cu(s)+2NO_3^-(aq)+bH_3O^+(aq)$$
$$\longrightarrow Cu^{2+}(aq)+2NO_2(g)+dH_2O(l)$$
2×1=2

ㄷ. 산화수 변화가 없는 H, O의 원자 수가 반응물과 생성물에서 같아야 한다. 이를 통해 H 원자 수가 같아야 하므로 $3b=2d$ 식이 성립하고, O 원자 수가 같아야 하므로 $6+b=4+d$ 식이 성립한다. 따라서 $b=4$, $d=6$이므로 $b+c+d=4+2+6=12$이다.
$$Cu(s)+2NO_3^-(aq)+4H_3O^+(aq)$$
$$\longrightarrow Cu^{2+}(aq)+2NO_2(g)+6H_2O(l)$$

11 꼼꼼 문제 분석

1단계) 각 원자의 산화수 변화를 확인한다.
3 증가
$$a\overset{+3-2+1}{Cr(OH)_4^-}(aq)+3\overset{+1-2}{ClO^-}(aq)+b\overset{-2+1}{OH^-}(aq)$$
$$\longrightarrow c\overset{+6-2}{CrO_4^{2-}}(aq)+3\overset{-1}{Cl^-}(aq)+d\overset{+1-2}{H_2O}(l)$$
2 감소

2단계) 증가한 산화수와 감소한 산화수가 같도록 계수를 맞춘다.
3×2=6
$$2Cr(OH)_4^-(aq)+3ClO^-(aq)+bOH^-(aq)$$
$$\longrightarrow 2CrO_4^{2-}(aq)+3Cl^-(aq)+dH_2O(l)$$
2×3=6

3단계) 산화수 변화가 없는 원자들의 수가 같도록 계수를 맞춘다.
$$2Cr(OH)_4^-(aq)+3ClO^-(aq)+2OH^-(aq)$$
$$\longrightarrow 2CrO_4^{2-}(aq)+3Cl^-(aq)+5H_2O(l)$$

ㄱ. Cr의 산화수는 $Cr(OH)_4^-$에서 +3이고, CrO_4^{2-}에서 +6이다. 따라서 Cr의 산화수는 +3에서 +6으로 증가한다.

ㄷ. Cl의 산화수는 +1에서 −1로 2만큼 감소하고, Cr의 산화수는 +3에서 +6로 3만큼 증가한다. 감소한 산화수와 증가한 산화수가 같도록 계수를 맞추면 $a=2$, $c=2$이다. 또, 산화수 변화가 없는 H와 O 원자 수가 같아야 하므로 H 원자 수에 의해 $8+b=2d$이고, O 원자 수에 의해 $8+3+b=8+d$이므로 $b=2$, $d=5$이다. 따라서 $\dfrac{c+d}{a+b}=\dfrac{7}{4}>1$이다.

바로알기 ㄴ. Cl의 산화수는 ClO^-에서 +1이고, Cl^-에서 −1로 서로 다르다.

12
5 감소
$$a\overset{+2}{Sn^{2+}}(aq)+b\overset{+1}{H^+}(aq)+c\overset{+7-2}{MnO_4^-}(aq)$$
$$\longrightarrow d\overset{+4}{Sn^{4+}}(aq)+e\overset{+1-2}{H_2O}(l)+f\overset{+2}{Mn^{2+}}(aq)$$
2 증가

Sn의 산화수는 $+2$에서 $+4$로 2만큼 증가하고, Mn의 산화수는 $+7$에서 $+2$로 5만큼 감소한다. 이를 바탕으로 증가한 산화수와 감소한 산화수가 같도록 계수를 맞춘다.

$$5Sn^{2+}(aq)+bH^+(aq)+2MnO_4^-(aq)$$
$$\xrightarrow{\quad 5\times2=10\quad} 5Sn^{4+}(aq)+eH_2O(l)+2Mn^{2+}(aq)$$
$$\underset{2\times5=10}{}$$

산화수 변화가 없는 원자들의 수가 같도록 계수를 맞춘다.
$$5Sn^{2+}(aq)+16H^+(aq)+2MnO_4^-(aq)$$
$$\longrightarrow 5Sn^{4+}(aq)+8H_2O(l)+2Mn^{2+}(aq)$$
따라서 $a=5$, $b=16$, $c=2$, $d=5$, $e=8$, $f=2$이므로 $a\sim f$의 합은 $5+16+2+5+8+2=38$이다.

13 〔 꼼꼼 문제 분석 〕

$$\underset{+3-2}{(가)\ Fe_2O_3(s)}+\underset{+2-2}{3CO(g)}\longrightarrow \underset{0}{2Fe(s)}+\underset{+4-2}{3CO_2(g)}$$
$$\underset{+2}{(나)\ 5Sn^{2+}(aq)}+\underset{+7-2}{2MnO_4^-(aq)}+\underset{+1}{aH^+(aq)}$$
$$\longrightarrow \underset{+m}{5Sn^{m+}(aq)}+\underset{+2}{2Mn^{2+}(aq)}+\underset{+1-2}{bH_2O(l)}$$

ㄷ. (나)에서 산화수 변화가 없는 H, O의 원자 수가 같아야 한다. 따라서 O 원자 수에 의해 $b=8$이고, H 원자 수에 의해 $a=2b$이므로 $a=16$이다. 이로부터 MnO_4^-과 H_2O의 반응 몰비가 $2:8=1:4$이므로 H_2O 1 mol이 생성될 때 반응한 MnO_4^-의 양(mol)은 0.25 mol이다.

바로알기 ㄱ. (가)에서 Fe의 산화수는 Fe_2O_3에서 $+3$이고, Fe에서 0이므로 3만큼 감소한다. 이때 반응한 Fe 원자 수가 2이므로 전체 산화수 변화는 6 감소이다.
ㄴ. (나)에서 Mn의 산화수는 MnO_4^-에서 $+7$이고, Mn^{2+}에서 $+2$이므로 산화수는 5만큼 감소한다. 이때 반응한 Mn 원자 수가 2이므로 전체 산화수 변화는 10 감소이다. 감소한 산화수가 10이므로 증가한 산화수도 10이어야 하는데 Sn^{2+}과 Sn^{m+}의 반응 계수가 5이므로 $5\times(m-2)=10$이다. 따라서 $m=4$이다.

14 ㄱ. 식물의 광합성은 빛에너지를 흡수하는 흡열 반응이다.
ㄴ. 메테인의 연소 반응은 열을 방출하는 발열 반응이므로 난방에 이용할 수 있다.
ㄷ. 철 가루의 산화는 열을 방출하는 발열 반응이므로 이를 이용하여 손난로를 만든다.
ㄹ. 물의 전기 분해는 전기 에너지를 흡수하는 흡열 반응이며, 물을 전기 분해하면 수소 기체와 산소 기체를 얻을 수 있다.

15 ㄱ. NO의 분해 반응은 생성물의 에너지 합이 반응물의 에너지 합보다 작으므로 에너지 차이만큼 열을 방출하는 발열 반응이다.

ㄴ. NO의 분해 반응이 일어날 때 열을 방출하므로 주위의 온도가 높아진다.
ㄷ. 아연과 염산의 반응은 발열 반응이므로 NO의 분해 반응과 열의 출입 방향이 같다.

16 ㄴ. (나)에서 휴대용 냉각 팩에 들어 있는 질산 암모늄이 물에 용해될 때 팩이 차가워지므로 질산 암모늄이 물에 용해될 때 열을 흡수한다.
ㄷ. (다)에서 겨울철 도로에 쌓인 눈에 염화 칼슘을 뿌리면 염화 칼슘이 물에 용해될 때 열을 방출하여 눈이 녹으므로 염화 칼슘의 용해 반응은 발열 반응이다.
바로알기 ㄱ. (가)에서 물이 증발할 때 주위의 온도가 낮아져 시원해지는 것으로 보아 물의 증발 과정에서 열을 흡수한다.

17 ㄷ, ㄹ. NaOH 1 mol이 물에 용해될 때 방출하는 열량은 용액이 얻은 열량($Q=cm\Delta t$)을 용해된 NaOH의 양(mol) ($=\dfrac{\text{용해된 NaOH의 질량(g)}}{\text{NaOH의 화학식량(g/mol)}}$)으로 나누어 구한다. 실험에서 측정한 자료는 물의 질량, 물의 처음 온도, 용해된 NaOH의 질량, 용액의 최고 온도이므로 용액의 비열과 NaOH의 화학식량을 추가로 알아야 한다.
바로알기 ㄱ, ㄴ. NaOH 1 mol이 물에 용해될 때 방출하는 열량을 구하는 과정에서 물의 밀도나 물의 분자량은 필요하지 않다.

18 〔 꼼꼼 문제 분석 〕

고체 X가 용해될 때 수용액의 최종 온도는 용해 전보다 낮아진다. ➡ 고체 X의 용해 반응은 흡열 반응이다.

수용액	용질	용질의 질량(g)	최종 온도(℃)
(가)	고체 X	1	20
(나)	고체 Y	1	t
(다)	고체 Y	2	28

고체 Y가 용해될 때 수용액의 최종 온도는 용해 전보다 높아진다. ➡ 고체 Y의 용해 반응은 발열 반응이다.

ㄱ. 고체 X가 물에 용해되는 반응은 흡열 반응이므로 용해될 때 열을 흡수한다.
ㄴ. 고체 Y가 물에 용해되는 반응은 발열 반응이다.
바로알기 ㄷ. 고체 Y가 물에 용해되는 반응은 발열 반응이므로 수용액의 최종 온도는 용해 전 온도인 25 ℃보다 높아야 한다. 따라서 $t>25$이다.

19 C_2H_5OH이 연소할 때 방출한 열량은 통열량계 속 물과 통열량계가 얻은 열량과 같다. 물의 질량은 2 kg이고, 물의 온도 변화는 10 ℃($=35\ ℃-25\ ℃$)이며, 물의 비열은 4.2 kJ/(kg·℃)이다. 통열량계의 열용량이 3 kJ/℃이므로 통열량계 속 물과 통열량계가 얻은 열량은 다음과 같다.

방출한 열량(Q)=물이 얻은 열량+통열량계가 얻은 열량

$=c_{물}m_{물}\Delta t+C_{통열량계}\Delta t$

$=4.2$ kJ/(kg·℃)$\times 2$ kg$\times 10$ ℃$+3$ kJ/℃$\times 10$ ℃$=114$ kJ

연소한 C_2H_5OH의 질량은 4 g이므로 C_2H_5OH 1 g이 연소할

때 방출하는 열량은 $\dfrac{114 \text{ kJ}}{4 \text{ g}}=28.5$ kJ/g이다.

---

20 꼼꼼 문제 분석

(가)의 최종 온도는 용해 전보다 낮다.
→ 고체 X의 용해 반응은 흡열 반응이다.

온도계
뚜껑
스타이로폼
컵
물
젓개

수용액	용질	최종 온도(℃)
(가)	고체 X	17.6
(나)	고체 Y	21.3
(다)	고체 Z	24.5

(나)의 최종 온도는 용해 전보다 높다.
→ 고체 Y의 용해 반응은 발열 반응이다.

(다)의 최종 온도는 용해 전보다 높다.
→ 고체 Z의 용해 반응은 발열 반응이다.

ㄱ. 고체 X가 물에 용해되는 반응은 흡열 반응이다. 따라서 반응이 일어날 때 열을 흡수하여 주위의 온도가 낮아지므로 이 반응을 이용하여 냉각 팩을 만들 수 있다.

바로알기 ㄴ. 고체 Y가 물에 용해되는 반응은 발열 반응이다.

ㄷ. 고체 Y와 고체 Z가 각각 물에 용해될 때 '방출하는 열량=용액의 비열×용액의 질량×용액의 온도 변화'이다.

이때 물 100 g에 녹인 고체 Y와 고체 Z의 질량이 같고, 두 수용액의 비열이 같으므로 용액의 온도 변화가 클수록 출입하는 열량이 크다. 따라서 각 물질 1 g이 용해될 때 출입하는 열량은 고체 Z가 고체 Y보다 크다.

---

21 꼼꼼 문제 분석

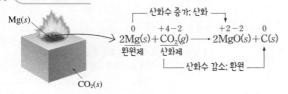

Mg(s)

산화수 증가: 산화

$\overset{0}{2Mg(s)}+\overset{+4\,-2}{CO_2(g)} \longrightarrow \overset{+2\,-2}{2MgO(s)}+\overset{0}{C(s)}$

환원제 산화제

산화수 감소: 환원

$CO_2(s)$

모범 답안 산화제: CO_2, 환원제: Mg, C의 산화수는 CO_2에서 $+4$이고, C에서 0으로 감소하므로 CO_2는 자신은 환원되면서 Mg을 산화시키는 산화제이다. Mg의 산화수는 Mg에서 0이고, MgO에서 $+2$로 증가하므로 Mg은 자신은 산화되면서 CO_2를 환원시키는 환원제이다.

채점 기준	배점
산화제와 환원제를 쓰고, 그 까닭을 옳게 서술한 경우	100 %
산화제와 환원제만 옳게 쓴 경우	40 %

---

22 모범 답안 0.5 mol, $C_2O_4^{2-}$과 MnO_4^-은 $5:2$의 몰비로 반응하므로 MnO_4^- 0.2 mol을 모두 환원시키는 데 필요한 $C_2O_4^{2-}$의 최소 양(mol)은 0.5 mol이다.

채점 기준	배점
$C_2O_4^{2-}$의 최소 양(mol)을 옳게 구하고, 그 까닭을 옳게 서술한 경우	100 %
$C_2O_4^{2-}$의 최소 양(mol)만 옳게 구한 경우	40 %

---

23 HCl(aq)과 KOH 수용액의 중화 반응에서 방출한 열량은 용액이 얻은 열량과 같다. 용액의 밀도가 1 g/mL이므로 혼합 용액의 질량은 200 g이다. 용액의 온도 변화는 6 ℃($=31$ ℃-25 ℃)이고, 용액의 비열은 4.2 J/(g·℃)이다.

모범 답안 50400 J/mol, HCl(aq)과 KOH 수용액의 중화 반응에서 방출한 열량(Q)은 다음과 같다.

$Q=cm\Delta t=4.2$ J/(g·℃)$\times 200$ g$\times 6$ ℃$=5040$ J

1 M HCl(aq) 100 mL와 1 M KOH 수용액 100 mL에 들어 있는 H^+과 OH^-의 양(mol)은 각각 0.1 mol이므로 생성된 물의 양(mol)은 0.1 mol이다. 물 0.1 mol이 생성될 때 방출한 열량이 5040 J이므로 물 1 mol이 생성될 때 방출하는 열량은 50400 J/mol이다.

채점 기준	배점
방출하는 열량을 옳게 구하고, 풀이 과정을 옳게 서술한 경우	100 %
풀이 과정만 옳게 서술한 경우	60 %
방출하는 열량만 옳게 구한 경우	40 %

수능 실전 문제
316~319쪽

01 ④ 02 ⑤ 03 ② 04 ① 05 ② 06 ③ 07 ③
08 ③ 09 ⑤ 10 ① 11 ④ 12 ⑤ 13 ③ 14 ⑤
15 ③ 16 ⑤

---

01 꼼꼼 문제 분석

C는 원소이므로 산화수는 0이다.

$\cdot \overset{0}{2C(s)}+\overset{0}{O_2(g)} \longrightarrow \overset{+2\,-2}{2CO(g)}$ → 화합물에서 O의 산화수는 -2이고, H의 산화수는 $+1$이다.
ⓐ ⓑ

$\cdot \overset{-1\,+1}{2C_2H_2(g)}+\overset{0}{5O_2(g)} \longrightarrow \overset{+4\,-2}{4CO_2(g)}+\overset{+1\,-2}{2H_2O(l)}$
ⓒ ⓓ

선택지 분석

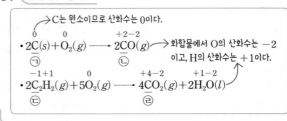

① 2 ② 3 ③ 4 ④ 5 ⑤ 6

전략적 풀이 ❶ 원소의 산화수는 0임을 적용하여 C의 산화수를 구한다.

ⓐ은 원소 상태로 존재하는 C의 산화수이므로 0이다.

❷ 화합물에서 H, O의 산화수는 각각 $+1$, -2임을 적용하여 C의 산화수를 구한다.

CO에서 O의 산화수 -2이고 화합물을 구성하는 각 원자의 산화수의 합은 0이므로 ⓑ은 $+2$이다. C_2H_2에서 H의 산화수가 $+1$이므로 ⓒ은 -1이고, CO_2에서 O의 산화수가 -2이므로 ⓓ은 $+4$이다. 따라서 ⓐ$+$ⓑ$+$ⓒ$+$ⓓ$=+5$이다.

02 꼼꼼 문제 분석

(가)의 루이스 구조에서 (가)를 구성하는 각 원자가 옥텟 규칙을 만족하도록 각 원자 주위에 비공유 전자쌍을 그리면 비공유 전자쌍 수는 X 원자가 1, Y 원자가 2, Z 원자가 3이다. → X는 15족 원소, Y는 16족 원소, Z는 17족 원소이다.

$$\ddot{Y}=\ddot{X}-\ddot{Z}:\qquad Z-\underset{|}{\overset{|}{X}}-X-Z\qquad Z-Y-Z$$

(가) ⓐ   (나) ⓑ   (다) ⓒ

선택지 분석

ㄱ 전기 음성도는 Y>X이다.

ㄴ (가)~(다)에서 Z의 산화수는 모두 −1이다.

ㄷ ⓐ+ⓑ+ⓒ=+7이다.

전략적 풀이 **❶** (가)~(다)를 구성하는 각 원자의 원자가 전자 수를 파악하여 전기 음성도를 비교한다.

ㄱ. (가)~(다)의 루이스 구조에서 각 원자의 비공유 전자쌍 수는 X 원자가 1, Y 원자가 2, Z 원자가 3이다. 따라서 X는 2주기 15족 원소, Y는 2주기 16족, Z는 2주기 17족 원소이다. 이로부터 원자 번호는 X<Y<Z이고, 전기 음성도는 X<Y<Z이다.

❷ 공유 결합 물질에서 두 원자 사이의 공유 전자쌍은 전기 음성도가 큰 원자 쪽으로 모두 이동한다고 가정하는 것을 적용하여 각 원자의 산화수를 구한다.

ㄴ. X~Z 중 Z의 전기 음성도가 가장 크므로 (가)~(다)에서 Z와 결합한 각 원자의 공유 전자쌍은 Z 쪽으로 모두 이동한다고 가정한다. 따라서 (가)~(다)에서 Z의 산화수는 모두 −1이다.

ㄷ. 전기 음성도는 X<Y<Z이다. 이를 통해 (가)의 Y=X 결합에서 공유 전자쌍은 Y 원자 쪽으로 모두 이동하고, (가)와 (나)의 X−Z 결합에서 공유 전자쌍은 Z 원자 쪽으로 모두 이동한다고 가정하므로 X의 산화수 ⓐ은 +3이고, ⓑ은 +2이다. 또, (다)의 Y−Z 결합에서 전자쌍은 Z 원자 쪽으로 모두 이동한다고 가정하므로 Y의 산화수 ⓒ은 +2이다. 따라서 ⓐ+ⓑ+ⓒ=+7이다.

03 꼼꼼 문제 분석

$$\underset{+4\,-2}{(가)\ 3NO_2(g)}+\boxed{ⓐ}\underset{H_2O}{(l)}\longrightarrow \underset{+1+5\,-2}{2HNO_3(aq)}+\underset{+2\,-2}{NO(g)}$$

$$\underset{+1\,-2+1}{(나)\ 2NaOH(aq)}+\underset{0}{Cl_2(g)}$$

$$\longrightarrow \underset{+1\,-1}{NaCl(aq)}+\boxed{ⓐ}\underset{H_2O}{(l)}+\boxed{ⓑ}\underset{NaOCl}{(aq)}$$

선택지 분석

ㄱ (가)에서 ⓐ은 산화된다. 산화되거나 환원되지 않는다

ㄴ (나)에서 NaOH은 환원제이다. 가 아니다

ㄷ ⓑ에서 Cl의 산화수는 +1이다.

전략적 풀이 **❶** 반응물과 생성물의 원자의 종류와 수가 같도록 화학 반응식을 완성하고, 구성 원자의 산화수를 구하여 산화 또는 환원되는 물질을 판단한다.

ㄱ. ⓐ은 H_2O이고, 반응 전후 H의 산화수는 +1이고, O의 산화수는 −2로 변하지 않는다. 따라서 H_2O은 산화되거나 환원되지 않는다.

❷ 구성 원자의 산화수를 구하고, 산화수 변화를 확인하여 산화제와 환원제를 파악한다.

ㄴ. (나)에서 반응 전후 Na의 산화수는 +1, O의 산화수는 −2, H의 산화수는 +1로 변하지 않으므로 NaOH은 산화되거나 환원되지 않는다. 따라서 NaOH은 산화제나 환원제가 아니다.

ㄷ. ⓑ은 NaOCl이며, Na의 산화수는 +1이고, O의 산화수는 −2이며, 구성 원자의 산화수의 합이 0이므로 Cl의 산화수는 +1이다.

04 꼼꼼 문제 분석

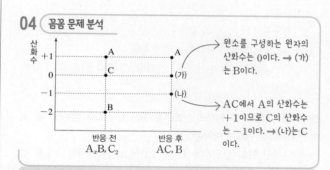

→ 원소를 구성하는 원자의 산화수는 0이다. → (가)는 B이다.

→ AC에서 A의 산화수는 +1이므로 C의 산화수는 −1이다. → (나)는 C이다.

선택지 분석

ㄱ A_xB에서 x는 2이다.

ㄴ (가)는 C이고, (나)는 B이다. → B / C

ㄷ A~C 중 A의 전기 음성도가 가장 크다. 작다

전략적 풀이 **❶** 산화수를 정하는 규칙을 생각해 본다.

ㄱ. 화합물에서 각 원자의 산화수의 합은 0이다. A_xB에서 A의 산화수는 +1이고, B의 산화수는 −2이므로 $(+1)\times x+(-2)=0$에서 $x=2$이다.

ㄴ. 반응 후 생성물은 AC와 B이고, 화합물에서 각 원자의 산화수의 합은 0이다. AC에서 A의 산화수는 +1이므로 C의 산화수는 −1이다. 따라서 (나)는 C이다. 또, 원소를 구성하는 원자의 산화수는 0이므로 (가)는 B이다.

❷ 공유 결합 물질에서 산화수와 전기 음성도의 관계를 파악한다.

ㄷ. 공유 결합 물질의 구성 원자 중에서 전기 음성도가 큰 원자는 공유 전자쌍을 얻은 것과 같으므로 산화수가 음수이고, 전기 음성도가 작은 원자는 공유 전자쌍을 잃은 것과 같으므로 산화수가 양수이다. A와 B로 이루어진 A_xB에서 A의 산화수는 +1로 양수이므로 A가 B보다 전기 음성도가 작다. 또, A와 C로 이루어진 AC에서 A의 산화수는 +1로 양수이므로 A가 C보다 전기 음성도가 작다. 따라서 A~C 중 A의 전기 음성도가 가장 작다.

05 꼼꼼 문제 분석

$$
\underset{\text{환원제}}{\overset{0}{\text{(가)}\ 2H_2(g)}}+\underset{\text{산화제}}{\overset{0}{O_2(g)}}\longrightarrow \overset{+1-2}{2H_2O(l)}
$$
산화수 증가: 산화
산화수 감소: 환원 ㉠

$$
\overset{0}{\text{(나)}\ O_2(g)}+\underset{\text{㉡환원제 산화제}}{\overset{0}{F_2(g)}}\longrightarrow \overset{+1-1}{O_2F_2(g)}㉢
$$
산화수 증가: 산화
산화수 감소: 환원

$$
\text{(다)}\ \overset{+1-1}{5H_2O_2(aq)}+\underset{㉣}{\overset{+7-2}{2MnO_4^-(aq)}}+\overset{+1}{6H^+(aq)}
$$
$$
\longrightarrow \overset{+2}{2Mn^{2+}(aq)}+\overset{0}{5O_2(g)}+\overset{+1-2}{8H_2O(l)}
$$

선택지 분석

✗. (가)에서 H_2는 ~~산화제~~이다. 환원제

㉡. (다)에서 Mn의 산화수는 감소한다.

✗. ㉠~㉣에서 O의 산화수 중 가장 큰 값과 작은 값의 합은 ~~0~~이다. -1

전략적 풀이 ❶ 구성 원자의 산화수를 구하고, 산화수 변화를 확인하여 산화제와 환원제를 파악한다.

ㄱ. (가)에서 H의 산화수는 H_2에서 0이고, H_2O에서 +1로 증가한다. 따라서 H_2는 자신은 산화되면서 O_2를 환원시키는 환원제이다.

ㄴ. (다)에서 Mn의 산화수는 MnO_4^-에서 +7이고, Mn^{2+}에서 +2이므로 Mn의 산화수는 감소한다.

❷ 구성 원자의 산화수를 구하고, 여러 화합물에서 같은 종류의 원자의 산화수를 비교한다.

ㄷ. ㉠에서 O의 산화수는 -2, ㉡에서 O의 산화수는 0, ㉢에서 O의 산화수는 +1, ㉣에서 O의 산화수는 -1이다. 따라서 ㉠~㉣에서 O의 산화수 중 가장 큰 값은 +1이고, 가장 작은 값은 -2이므로 그 합은 (+1)+(-2)=-1이다.

06 꼼꼼 문제 분석

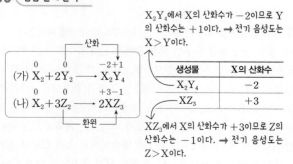

X_2Y_4에서 X의 산화수가 -2이므로 Y의 산화수는 +1이다. → 전기 음성도는 X>Y이다.

산화

$$
\overset{0}{\text{(가)}\ X_2}+\overset{0}{2Y_2}\longrightarrow \overset{-2+1}{X_2Y_4}
$$
$$
\overset{0}{\text{(나)}\ X_2}+\overset{0}{3Z_2}\longrightarrow \overset{+3-1}{2XZ_3}
$$
환원

생성물	X의 산화수
X_2Y_4	-2
XZ_3	+3

XZ_3에서 X의 산화수가 +3이므로 Z의 산화수는 -1이다. → 전기 음성도는 Z>X이다.

선택지 분석

㉠. (가)에서 Y_2는 산화된다.

✗. (나)에서 Z_2는 ~~환원제~~이다. 산화제

㉢. 전기 음성도는 Z>X>Y이다.

전략적 풀이 ❶ 각 원자의 산화수를 구하고, 산화수 변화를 확인하여 산화와 환원되는 물질을 찾는다.

ㄱ. (가)에서 Y의 산화수는 0에서 +1로 증가하므로 Y_2는 산화된다.

❷ 산화되는 물질을 찾아 환원제를 파악한다.

ㄴ. (나)에서 Z의 산화수는 0에서 -1로 감소하므로 Z_2는 자신은 환원되면서 X_2를 산화시키는 산화제이다.

❸ 각 원자의 산화수를 확인하여 전기 음성도를 비교한다.

ㄷ. (가)의 생성물 X_2Y_4에서 산화수는 X가 음의 값이고, Y가 양의 값이므로 전기 음성도는 X>Y이다. 또, (나)의 생성물 XZ_3에서 산화수는 X가 양의 값이고 Z가 음의 값이므로 전기 음성도는 Z>X이다. 따라서 전기 음성도는 Z>X>Y이다.

07 꼼꼼 문제 분석

$$
\text{(가)}\ \overset{+2+4-2}{CaCO_3(s)}+\overset{+1-1}{2HCl(aq)}
$$
$$
\longrightarrow \overset{+2-1}{CaCl_2(aq)}+\overset{+1-2}{H_2O(l)}+\underset{CO_2}{\boxed{㉠}}(g)
$$
$$
\text{(나)}\ \overset{+3-2}{Fe_2O_3(s)}+a\overset{+2-2}{CO(g)}\longrightarrow b\overset{0}{Fe(s)}+c\boxed{㉠}(g)\overset{+4-2}{CO_2}
$$

1단계) 각 원자의 산화수 변화를 확인한다.

2 증가
$$
\overset{+3-2}{Fe_2O_3(s)}+a\overset{+2-2}{CO(g)}\longrightarrow b\overset{0}{Fe(s)}+c\overset{+4-2}{CO_2(g)}
$$
3 감소

2단계) 산화되는 원자 수와 환원되는 원자 수가 다른 경우 산화되는 원자 수와 환원되는 원자 수를 맞추고, 증가한 산화수와 감소한 산화 수를 각각 계산한다.

산화되는 C 원자 수가 같다. → 증가한 산화수: 2×1=2
$$
Fe_2O_3(s)+aCO(g)\longrightarrow 2Fe(s)+cCO_2(g)
$$
환원되는 Fe 원자 수가 다르므로 맞추어 준다. → 감소한 산화수: 3×2=6

3단계) 증가한 산화수와 감소한 산화수가 같도록 계수를 맞춘다.

2×3=6
$$
Fe_2O_3(s)+3CO(g)\longrightarrow 2Fe(s)+3CO_2(g)
$$
6×1=6

3단계) 산화수 변화가 없는 원자들의 수가 같도록 계수를 맞춘다.
$$
Fe_2O_3(s)+3CO(g)\longrightarrow 2Fe(s)+3CO_2(g)
$$

선택지 분석

㉠. (나)에서 C의 산화수는 2만큼 증가한다.

㉡. (나)에서 $a+c=3b$이다.

✗. ~~(가)와 (나)는 모두 산화 환원 반응이다.~~ (나)만 산화 환원 반응이다

전략적 풀이 ❶ 반응 전후 원자의 종류와 수가 같도록 ㉠의 화학식을 완성한 후 각 원자의 산화수를 구한다.

반응 전후 원자의 종류와 수가 같도록 화학식을 완성하면 ㉠은 CO_2이다.

ㄱ. (나)에서 C의 산화수는 CO에서 $+2$이고, ㉠ CO_2에서 $+4$이다. 따라서 C의 산화수는 2만큼 증가한다.

❷ 산화 환원 반응식을 완성하여 반응 계수를 구한다.

ㄴ. (나)의 산화 환원 반응식을 완성하면 다음과 같다.

$$Fe_2O_3(s) + 3CO(g) \longrightarrow 2Fe(s) + 3CO_2(g)$$

따라서 $a=3$, $b=2$, $c=3$이므로 $a+c=3b$이다.

❸ 반응 전후 원자의 산화수 변화가 있는 반응이 산화 환원 반응임을 이해한다.

ㄷ. (가)에서 C의 산화수는 $CaCO_3$에서 $+4$이고, ㉠ CO_2에서도 $+4$이다. 또, Ca, O, H, Cl의 산화수도 반응 전후 각각 $+2$, -2, $+1$, -1로 변하지 않으므로 (가)는 산화 환원 반응이 아니다. (나)에서는 C의 산화수가 $+2$에서 $+4$로 증가하고, Fe의 산화수가 $+3$에서 0으로 감소하므로 (나)는 산화 환원 반응이다.

08 꼼꼼 문제 분석

$$\overset{+4\,-2}{(가)\,SO_2(g)} + \overset{+1\,-2}{2H_2O(l)} + \overset{0}{Cl_2(g)}$$
$$\longrightarrow \overset{+1\,+6\,-2}{H_2SO_4(aq)} + \overset{+1\,-1}{2HCl(aq)}$$

$$\overset{0}{(나)\,2F_2(g)} + \overset{+1\,-2}{2H_2O(l)} \longrightarrow \overset{0}{O_2(g)} + \overset{+1\,-1}{4HF(aq)}$$

$$\overset{+7\,-2}{(다)\,aMnO_4^-(aq)} + \overset{+1}{bH^+(aq)} + \overset{+2}{cFe^{2+}(aq)}$$
$$\longrightarrow \overset{+2}{Mn^{2+}(aq)} + \overset{+3}{cFe^{3+}(aq)} + \overset{+1\,-2}{dH_2O(l)}$$

1단계) 각 원자의 산화수 변화를 확인한다.

1 증가
$$\overset{+7\,-2}{aMnO_4^-(aq)} + \overset{+1}{bH^+(aq)} + \overset{+2}{cFe^{2+}(aq)}$$
$$\longrightarrow \overset{+2}{Mn^{2+}(aq)} + \overset{+3}{cFe^{3+}(aq)} + \overset{+1\,-2}{dH_2O(l)}$$
5 감소

2단계) 증가한 산화수와 감소한 산화수가 같도록 계수를 맞춘다.

$1 \times 5 = 5$
$$MnO_4^-(aq) + bH^+(aq) + 5Fe^{2+}(aq)$$
$$\longrightarrow Mn^{2+}(aq) + 5Fe^{3+}(aq) + dH_2O(l)$$
$5 \times 1 = 5$

3단계) 산화수 변화가 없는 원자들의 수가 같도록 계수를 맞춘다.

$$MnO_4^-(aq) + 8H^+(aq) + 5Fe^{2+}(aq)$$
$$\longrightarrow Mn^{2+}(aq) + 5Fe^{3+}(aq) + 4H_2O(l)$$

선택지 분석

ㄱ. (가)에서 SO_2은 환원제이다.

ㄴ. (나)에서 O의 산화수는 증가한다.

✗. (다)에서 $a+b>c+d$이다. =

전략적 풀이 ❶ 각 원자의 산화수를 구하고, 산화수 변화를 확인하여 산화제와 환원제를 찾는다.

ㄱ. (가)에서 S의 산화수는 SO_2에서 $+4$이고, H_2SO_4에서 $+6$이다. 따라서 S의 산화수가 증가하므로 SO_2은 자신은 산화되면서 Cl_2를 환원시키는 환원제이다.

ㄴ. (나)에서 O의 산화수는 H_2O에서 -2이고, O_2에서 0이므로 증가한다.

❷ 산화 환원 반응식을 완성하여 반응 계수를 구한다.

ㄷ. (다)의 산화 환원 반응식을 완성하면 다음과 같다.

$$MnO_4^-(aq) + 8H^+(aq) + 5Fe^{2+}(aq)$$
$$\longrightarrow Mn^{2+}(aq) + 5Fe^{3+}(aq) + 4H_2O(l)$$

따라서 $a=1$, $b=8$, $c=5$, $d=4$이므로 $a+b=c+d$이다.

09 꼼꼼 문제 분석

$$\overset{0}{(가)\,2Na(s)} + \overset{+1\,-2}{2H_2O(l)} \longrightarrow \overset{+1\,-2\,+1}{2NaOH(aq)} + \overset{0}{H_2(g)}$$

$$\overset{+3\,-2}{(나)\,Fe_2O_3(s)} + \overset{+2\,-2}{3CO(g)} \longrightarrow \overset{0}{2Fe(s)} + \overset{+4\,-2}{3CO_2(g)}$$

$$\overset{+2}{(다)\,aSn^{2+}(aq)} + \overset{+7\,-2}{2MnO_4^-(aq)} + \overset{+1}{bH^+(aq)}$$
$$\longrightarrow \overset{+4}{cSn^{4+}(aq)} + \overset{+2}{2Mn^{2+}(aq)} + \overset{+1\,-2}{dH_2O(l)}$$

1단계) 각 원자의 산화수 변화를 확인한다.

5 감소
$$\overset{+2}{aSn^{2+}(aq)} + \overset{+7\,-2}{2MnO_4^-(aq)} + \overset{+1}{bH^+(aq)}$$
$$\longrightarrow \overset{+4}{cSn^{4+}(aq)} + \overset{+2}{2Mn^{2+}(aq)} + \overset{+1\,-2}{dH_2O(l)}$$
2 증가

2단계) 증가한 산화수와 감소한 산화수가 같도록 계수를 맞춘다.

$5 \times 2 = 10$
$$5Sn^{2+}(aq) + 2MnO_4^-(aq) + bH^+(aq)$$
$$\longrightarrow 5Sn^{4+}(aq) + 2Mn^{2+}(aq) + dH_2O(l)$$
$2 \times 5 = 10$

3단계) 산화수 변화가 없는 원자들의 수가 같도록 계수를 맞춘다.

$$5Sn^{2+}(aq) + 2MnO_4^-(aq) + 16H^+(aq)$$
$$\longrightarrow 5Sn^{4+}(aq) + 2Mn^{2+}(aq) + 8H_2O(l)$$

선택지 분석

ㄱ. (가)에서 H_2O은 산화제이다.

ㄴ. (나)에서 Fe의 산화수는 감소한다.

ㄷ. (다)에서 $\dfrac{a \times b}{c \times d} = 2$이다.

전략적 풀이 ❶ 각 원자의 산화수를 구하고, 산화수 변화를 확인하여 산화제와 환원제를 찾는다.

ㄱ. (가)에서 H의 산화수는 H_2O에서 $+1$이고, H_2에서 0이다. 따라서 H의 산화수가 감소하므로 H_2O은 자신은 환원되면서 Na을 산화시키는 산화제이다.

ㄴ. (나)에서 Fe의 산화수는 Fe_2O_3에서 $+3$이고, Fe에서 0이
므로 감소한다.

❷ 산화 환원 반응식을 완성하여 반응 계수를 구한다.

ㄷ. (다)의 산화 환원 반응식을 완성하면 다음과 같다.

$5Sn^{2+}(aq)+2MnO_4^-(aq)+16H^+(aq)$
$$\longrightarrow 5Sn^{4+}(aq)+2Mn^{2+}(aq)+8H_2O(l)$$

따라서 $a=5$, $b=16$, $c=5$, $d=8$이므로 $\dfrac{a\times b}{c\times d}=\dfrac{5\times16}{5\times8}=2$
이다.

10 꼼꼼 문제 분석

선택지 분석

㉠ (가)에서 O의 산화수는 2만큼 증가한다.

✗ (나)에서 BrO_3^-은 환원제이다. 산화제

✗ (나)에서 I^- 2 mol이 반응하면 H_2O 3 mol이 생성된다. 1

전략적 풀이 ❶ 각 원자의 산화수를 구하고, 산화수 변화를 확인하여
산화제와 환원제를 찾는다.

ㄱ. (가)에서 O의 산화수는 O_2에서 0이고, OF_2에서 $+2$이므로
2만큼 증가한다.

ㄴ. (나)에서 Br의 산화수는 BrO_3^-에서 $+5$이고 Br^-에서 -1
이다. 따라서 Br의 산화수가 감소하므로 BrO_3^-은 자신은 환원
되면서 I^-을 산화시키는 산화제이다.

❷ 산화 환원 반응식을 완성한 후, 산화 환원 반응식으로부터 반응하
는 물질 사이의 양적 관계를 확인한다.

ㄷ. (나)에서 I의 산화수는 I^-에서 -1이고 I_2에서 0이며, I의 원
자 수가 2이므로 전체 산화수의 변화는 2 증가이다. 또, Br의 산
화수는 6 감소이다. 이때 증가한 산화수와 감소한 산화수가 같도
록 계수를 맞춘 후, 산화수 변화가 없는 H, O 원자 수가 같도록
계수를 맞추면 다음과 같다.

$BrO_3^-(aq)+6I^-(aq)+6H^+(aq)$
$$\longrightarrow Br^-(aq)+3I_2(aq)+3H_2O(l)$$

I^-과 H_2O의 반응 몰비가 $6:3=2:1$이므로 I^- 2 mol이 반응
하면 H_2O 1 mol이 생성된다.

11 꼼꼼 문제 분석

선택지 분석

✗ (가)에서 ㉠은 산화된다. 환원

㉡ (나)에서 ㉠은 환원제이다.

㉢ (다)에서 MnO_4^- 2 mol이 반응하면 SO_4^{2-} 3 mol이
생성된다.

전략적 풀이 ❶ 각 원자의 산화수를 구하고, 산화수 변화를 확인하여
산화제와 환원제를 찾는다.

(가)와 (나)에서 반응 전후 원자의 종류와 수가 같도록 화학식을 완성하면 ㉠은 CO이다.

ㄱ. (가)에서 C의 산화수는 ㉠ CO에서 +2이고, CH_3OH에서 −2이다. 따라서 C의 산화수는 감소하므로 CO는 환원된다.

ㄴ. (나)에서 C의 산화수는 ㉠ CO에서 +2이고, CO_2에서 +4이다. 따라서 C의 산화수가 증가하므로 CO는 자신은 산화되면서 H_2O을 환원시키는 환원제이다.

❷ 산화 환원 반응식을 완성한 후, 산화 환원 반응식으로부터 반응하는 물질 사이의 양적 관계를 확인한다.

ㄷ. (다)에서 Mn의 산화수는 MnO_4^-에서 +7이고, MnO_2에서 +4이므로 3만큼 감소한다. S의 산화수는 SO_3^{2-}에서 +4이고, SO_4^{2-}에서 +6이므로 2만큼 증가한다. 감소한 산화수와 증가한 산화수가 같도록 계수를 맞춘 후, 산화수 변화가 없는 H, O의 원자 수가 같도록 계수를 맞추면 다음과 같다.
$$2MnO_4^-(aq)+3SO_3^{2-}(aq)+H_2O(l)$$
$$\longrightarrow 2MnO_2(aq)+3SO_4^{2-}(aq)+2OH^-(aq)$$
MnO_4^-과 SO_4^{2-}의 반응 몰비가 2 : 3이므로 MnO_4^- 2 mol이 반응하면 SO_4^{2-} 3 mol이 생성된다.

12 꼼꼼 문제 분석

1단계) 각 원자의 산화수 변화를 확인한다.

3 감소

$$\overset{+2}{6Fe^{2+}}(aq)+a\overset{+6\ -2}{Cr_2O_7^{2-}}(aq)+b\overset{+1}{H^+}(aq)$$
$$\longrightarrow \overset{+3}{6Fe^{3+}}(aq)+c\overset{+3}{Cr^{3+}}(aq)+d\overset{+1\ -2}{H_2O}(l)$$

1 증가

2단계) 산화되는 원자 수와 환원되는 원자 수가 다른 경우 산화되는 원자 수와 환원되는 원자 수를 맞추고, 증가한 산화수와 감소한 산화수를 각각 계산한다.
환원되는 Cr 원자 수가 다르므로 맞추어 준다. → 감소한 산화수: $3×2=6$
$$6Fe^{2+}(aq)+aCr_2O_7^{2-}(aq)+bH^+(aq)$$
$$\longrightarrow 6Fe^{3+}(aq)+2Cr^{3+}(aq)+dH_2O(l)$$
산화되는 Fe 원자 수가 같다. → 증가한 산화수: $1×6=6$

3단계) 증가한 산화수와 감소한 산화수가 같도록 계수를 맞춘다.

$6×1=6$
$$6Fe^{2+}(aq)+Cr_2O_7^{2-}(aq)+bH^+(aq)$$
$$\longrightarrow 6Fe^{3+}(aq)+2Cr^{3+}(aq)+dH_2O(l)$$
$6×1=6$

4단계) 산화수 변화가 없는 원자들의 수가 같도록 계수를 맞춘다.
$$6Fe^{2+}(aq)+Cr_2O_7^{2-}(aq)+14H^+(aq)$$
$$\longrightarrow 6Fe^{3+}(aq)+2Cr^{3+}(aq)+7H_2O(l)$$

선택지 분석

① $\dfrac{7}{6}$ mol   ② $\dfrac{5}{2}$ mol   ③ $\dfrac{7}{2}$ mol

④ 5 mol   ⑤ 7 mol

전략적 풀이 ❶ 증가한 산화수와 감소한 산화수가 같도록 계수를 맞추어 산화 환원 반응식을 완성한다.

Cr의 산화수는 $Cr_2O_7^{2-}$에서 +6이고, Cr^{3+}에서 +3이므로 3만큼 감소한다. 이때 원자 수가 2이므로 전체 산화수 변화는 6 감소이다. Fe의 산화수는 Fe^{2+}에서 +2이고, Fe^{3+}에서 +3이므로 1만큼 증가하고 원자 수가 6이므로 전체 산화수 변화는 6 증가이다. 즉, Cr의 전체 산화수 변화는 6 감소이고, Fe의 전체 산화수 변화는 6 증가이다. 감소한 산화수와 증가한 산화수가 같도록 계수를 맞춘 후, 산화수 변화가 없는 H, O의 원자 수가 같도록 계수를 맞추면 다음과 같다.
$$6Fe^{2+}(aq)+Cr_2O_7^{2-}(aq)+14H^+(aq)$$
$$\longrightarrow 6Fe^{3+}(aq)+2Cr^{3+}(aq)+7H_2O(l)$$

❷ 산화수 변화를 확인하여 산화제를 찾은 후 완성된 산화 환원 반응식으로부터 반응하는 물질 사이의 양적 관계를 확인한다.

Cr의 산화수는 $Cr_2O_7^{2-}$에서 +6이고, Cr^{3+}에서 +3이므로 감소한다. 따라서 환원되는 물질은 $Cr_2O_7^{2-}$이므로 산화제는 $Cr_2O_7^{2-}$이다. 완성된 산화 환원 반응식에서 $Cr_2O_7^{2-}$과 H_2O의 반응 몰비는 1 : 7이므로 산화제인 $Cr_2O_7^{2-}$ 1 mol이 반응할 때 생성되는 H_2O의 양(mol)은 7 mol이다.

13 꼼꼼 문제 분석

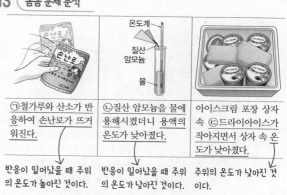

㉠철가루와 산소가 반응하여 손난로가 뜨거워진다. | ㉡질산 암모늄을 물에 용해시켰더니 용액의 온도가 낮아졌다. | 아이스크림 포장 상자 속 ㉢드라이아이스가 작아지면서 상자 속 온도가 낮아졌다.

반응이 일어났을 때 주위의 온도가 높아진 것이다. | 반응이 일어났을 때 주위의 온도가 낮아진 것이다. | 주위의 온도가 낮아진 것이다.

선택지 분석

㉠ ㉠은 발열 반응이다.

㉡ ㉡ 반응이 일어날 때 열을 흡수한다.

✗ ㉢ 과정에서 열을 <s>방출한다</s>. 흡수

전략적 풀이 ❶ 온도 변화를 파악하여 발열 반응인지 흡열 반응인지 판단한다.

ㄱ. ㉠ 반응에서 주위의 온도가 높아지므로 ㉠ 반응은 열을 방출하는 발열 반응이다.

ㄴ. ㉡ 반응에서 주위의 온도가 낮아지므로 ㉡ 반응은 열을 흡수하는 흡열 반응이다.

ㄷ. ㉢ 과정에서 주위의 온도가 낮아지므로 ㉢ 과정에서 열을 흡수한다.

14 (꼼꼼 문제 분석)

• ㉠염화 암모늄을 물에 용해시켰더니 용액의 온도가 낮아졌다. ↘주위의 온도가 낮아진 것이다.
• ㉡메테인을 연소시켜 물을 끓였다. ↘열을 방출하는 반응이 일어난 것이다.

선택지 분석

학생 Ⓐ ㉠은 흡열 반응이야.
학생 Ⓑ ㉡은 발열 반응이야.
학생 Ⓒ ㉠ 반응에서 생성물의 에너지 합이 반응물의 에너지 합보다 커.

전략적 풀이 ❶ 반응 전후 온도 변화를 파악하여 발열 반응인지 흡열 반응인지 판단한다.

학생 A. ㉠ 반응이 일어날 때 용액의 온도가 낮아졌으므로 ㉠ 반응은 열을 흡수하는 흡열 반응이다.

학생 B. ㉡ 반응에서 출입하는 열로 물을 끓이므로 ㉡ 반응은 열을 방출하는 발열 반응이다.

학생 C. 흡열 반응에서 생성물의 에너지 합이 반응물의 에너지 합보다 크다.

15 (꼼꼼 문제 분석)

[실험 과정]
(가) 그림과 같이 25 °C 물 100 g이 담긴 열량계를 준비한다.
(나) (가)의 열량계에 25 °C의 NH_4NO_3 w g을 넣어 녹인 후 수용액의 최종 온도를 측정한다.

온도계
젓개
물
㉠스타이로폼 컵

열량계 속 물이 얻거나 잃은 열량은 반응이 일어날 때 출입하는 열량과 같다.
→ 열량계 속 열이 주위로 빠져나가거나 주위로부터 열을 흡수하지 않아야 한다.

[실험 결과]
• 수용액의 최종 온도: 21 °C
↘용해 후 최종 온도는 용해 전보다 낮다.
→ 반응이 일어날 때 주위의 열을 흡수한다.

선택지 분석

㉠ ㉠은 열량계 내부와 외부 사이의 열 출입을 막기 위해 사용한다.
✗. NH_4NO_3이 용해되는 반응은 발열 반응이다. 흡열
㉢ NH_4NO_3이 용해될 때 출입하는 열량을 구하기 위해 수용액의 비열을 알아야 한다.

전략적 풀이 ❶ 용해 과정에서 흡수하는 열량은 용액이 잃은 열량과 같다는 것을 생각한다.

ㄱ. 열량계를 이용하여 용해 과정에서 출입하는 열량을 구할 때 열량계와 주위 사이의 열의 이동이 없어야 한다. ㉠은 열량계 내부와 외부 사이의 열 출입을 막기 위해 사용한다.

❷ 반응 전후 온도 변화를 파악하여 발열 반응인지 흡열 반응인지 판단한다.

ㄴ. NH_4NO_3이 용해될 때 용액의 최종 온도가 용해 전보다 낮으므로 NH_4NO_3이 용해되는 반응은 흡열 반응이다.

❸ 화학 반응에서 출입하는 열을 측정할 때 필요한 요소를 생각해 본다.

ㄷ. NH_4NO_3의 용해 과정에서 흡수하는 열량은 용액이 잃은 열량과 같고, 용액이 잃은 열량은 '용액의 비열×용액의 질량×용액의 온도 변화'와 같다. 따라서 실험 과정에서 용액의 질량과 용액의 온도 변화는 측정했으므로 용액의 비열을 알아야 한다.

16 (꼼꼼 문제 분석)

[실험 과정]
(가) 그림과 같이 20 °C 물 50 g이 담긴 열량계를 준비한다.
(나) (가)의 열량계에 20 °C의 고체 X w g을 넣어 녹인 후 수용액의 최종 온도(t_1)를 측정한다.
(다) 고체 X가 용해될 때 출입한 열량(Q_1)을 구한다.
(라) 고체 X w g 대신 고체 Y w g으로 (가)~(다)를 수행하여 수용액의 최종 온도(t_2)를 측정하고, 출입한 열량(Q_2)을 구한다.

20 °C
젓개

[자료 및 실험 결과]
• 수용액의 비열은 4 J/(g·°C)이다.
• t_1: 22 °C   • t_2: 19 °C
  고체 X가 용해되는 과정에서 온도가 높아진다. → 열을 방출한다.   고체 Y가 용해되는 과정에서 온도가 낮아진다. → 열을 흡수한다.

선택지 분석

㉠ 고체 X가 물에 용해되는 반응은 발열 반응이다.
㉡ 고체 Y가 물에 용해되는 반응이 일어날 때 열을 흡수한다.
㉢ $\dfrac{Q_1}{Q_2}=2$이다.

전략적 풀이 ❶ 반응 전후 온도 변화를 파악하여 발열 반응인지 흡열 반응인지 판단한다.

ㄱ. 고체 X가 물에 용해되는 과정에서 용액의 온도가 높아지므로 이 반응은 열을 방출하는 발열 반응이다.

ㄴ. 고체 Y가 물에 용해되는 과정에서 용액의 온도가 낮아지므로 이 반응은 열을 흡수하는 흡열 반응이다.

❷ '열량(Q)=용액의 비열(c)×용액의 질량(m)×용액의 온도 변화(Δt)'를 이용하여 각 과정에서 출입하는 열량을 구한다.

$Q_1 = 4 \text{ J/(g·°C)} \times (50+w) \text{ g} \times (22-20) \text{ °C} = 8(50+w) \text{ J}$
$Q_2 = 4 \text{ J/(g·°C)} \times (50+w) \text{ g} \times (20-19) \text{ °C} = 4(50+w) \text{ J}$

따라서 $\dfrac{Q_1}{Q_2} = \dfrac{8(50+w) \text{ J}}{4(50+w) \text{ J}} = 2$이다.